分析化学手册

第三版

⑥

液相色谱分析

张玉奎　主编

张维冰　邹汉法　张丽华　副主编

化学工业出版社

·北京·

《分析化学手册》第三版在第二版的基础上作了较大幅度的增补和删减，保持原手册 10 个分册的基础上，将其中 3 个分册进行拆分，扩充为 6 册，最终形成 13 册。

本分册内容由两篇组成，第一篇介绍有关液相色谱方法和各种分离模式的原理、仪器及参数、使用方法等，包括液相色谱基础、液相色谱固定相与色谱柱、高效液相色谱分离模式及仪器系统、多维色谱及联用技术、定性与定量方法、毛细管电泳、毛细管电色谱、微流控芯片分析、平面分离技术以及样品预处理技术；第二篇为谱图选集，共分 5 章，精选了不同行业内 700 多张不同化合物的谱图。

与第二版相比，本分册在方法部分增加了近 10 年来发展迅速的多维液相色谱、联用技术、微流控芯片等多种方法和技术，对原有的方法也做了大规模的更新；谱图选集按化合物类别进行编排，比第二版按方法编排更利于有关行业的分析人员检索和参考。

本书适合化学及分析科学与技术相关领域的研究人员和技术人员学习与查阅。

图书在版编目（CIP）数据

分析化学手册. 6. 液相色谱分析/张玉奎主编. —3 版.
北京：化学工业出版社，2016.1（2023.1 重印）
ISBN 978-7-122-25726-0

Ⅰ.①分…　Ⅱ. ①张…　Ⅲ. ①分析化学-手册②液相色谱-光谱分析-手册　Ⅳ. ①O65-62

中国版本图书馆 CIP 数据核字（2015）第 282259 号

责任编辑：李晓红　傅聪智　任惠敏　　装帧设计：王晓宇
责任校对：宋　夏

出版发行：化学工业出版社（北京市东城区青年湖南街 13 号　邮政编码 100011）
印　　装：北京虎彩文化传播有限公司
787mm×1092mm　1/16　印张 40¼　字数 1050 千字　2023 年 1 月北京第 3 版第 5 次印刷

购书咨询：010-64518888　　售后服务：010-64518899
网　　址：http://www.cip.com.cn
凡购买本书，如有缺损质量问题，本社销售中心负责调换。

定　　价：198.00 元

《分析化学手册》（第三版）编委会

吴海龙　湖南大学

许国旺　中国科学院大连化学物理研究所

严秀平　南开大学

杨峻山　中国医学科学院药用植物研究所

杨芃原　复旦大学

杨秀荣　中国科学院院士
　　　　中国科学院长春应用化学研究所

姚守拙　中国科学院院士
　　　　湖南大学，湖南师范大学

于德泉　中国工程院院士
　　　　中国医学科学院药物研究所

俞汝勤　中国科学院院士
　　　　湖南大学

张新荣　清华大学

张玉奎　中国科学院院士
　　　　中国科学院大连化学物理研究所

赵墨田　中国计量科学研究院

郑国经　北京首钢冶金研究院
　　　　（现北冶功能材料有限公司）

郑　健　中华人民共和国科学技术部

朱俊杰　南京大学

庄乾坤　国家自然科学基金委员会化学科学部

本分册编写人员

主　编：张玉奎

副主编：张维冰　邹汉法　张丽华

编　者（按姓氏汉语拼音排序）：

方　群　冯钰锜　谷　雪　李　彤　梁　振

钱俊红　施治国　苏立强　唐　涛　陶定银

王　彦　魏　芳　魏远隆　徐　丽　阎　超

杨长龙　张丽华　张凌怡　张庆合　张维冰

张养军　邹汉法

序

分析化学是人们获得物质组成、结构及相关信息的科学，即测量与表征的科学。其主要任务是鉴定物质的化学组成及含量测定、确定物质的结构形态及其与物质性质之间的关系。分析化学是一门社会和科技发展迫切需要的、多学科交叉结合的综合性科学。现代分析化学必须回答当代科学技术和社会需求对现存的方法和技术的挑战，因此实际上已发展成为“分析科学”。

《分析化学手册》是一套全面反映现代分析技术，供化学工作者使用的专业工具书。《分析化学手册》第一版于 1979 年出版，有 6 个分册；第二版扩充为 10 个分册，于 1996 年至 2000 年陆续出版。手册出版后，受到广大读者的欢迎，成为国内很多分析化验室和化学实验室的必备图书，对我国科技进步和社会发展都产生了重要作用。

进入 21 世纪，随着科技进步和社会发展对分析化学提出的种种要求，各种新的分析手段、仪器设备、信息技术的出现，极大地丰富了分析化学学科的内涵、促进了学科的发展。为更好总结这些进展，为广大读者服务，化学工业出版社自 2010 年起开始启动《分析化学手册》（第三版）的修订工作，成立了由分析化学界 30 余位专家组成的编委会，这些专家包括了 10 位中国科学院院士、中国工程院院士和发展中国家科学院院士，多位长江学者特聘教授和国家杰出青年基金获得者，以及各领域经验丰富的专家。在编委会的领导下，作者、编辑、编委通力合作，历时六年完成了这套 1800 余万字的大型工具书。

本次修订保持了第二版 10 分册的基本架构，将其中的 3 个分册进行拆分，扩充为 6 册，最终形成 10 分册 13 册的格局：

1	基础知识与安全知识	7A	氢-1 核磁共振波谱分析
2	化学分析	7B	碳-13 核磁共振波谱分析
3A	原子光谱分析	8	热分析与量热学
3B	分子光谱分析	9A	有机质谱分析
4	电分析化学	9B	无机质谱分析
5	气相色谱分析	10	化学计量学
6	液相色谱分析		

其中，原《光谱分析》拆分为《原子光谱分析》和《分子光谱分析》;《核磁共振波谱分析》拆分为《氢-1核磁共振波谱分析》和《碳-13核磁共振波谱分析》;《质谱分析》新增加了无机质谱分析的内容，拆分为《有机质谱分析》和《无机质谱分析》，并对仪器结构及方法原理进行了全面的更新。另外，《热分析》增加了量热学方面的内容，分册名变更为《热分析与量热学》。

本版修订秉承的宗旨：一、保持手册一贯的权威性和典型性，体现预见性和前瞻性，突出新颖性和实用性；二、继承手册的数据查阅功能，同时注重对分析方法和技术的介绍；三、着重收录了基础性理论和发展较成熟的方法与技术，删除已废弃的或过时的内容，更新有关数据，增补各领域近十年来的新方法、新成果，特别是计算机的应用、多种分析技术联用、分析技术在生命科学中的应用等方面的内容；四、在编排方式上，突出手册的可查阅性，各分册均编排主题词索引，与目录相互补充，对于数据表格、图谱比较多的分册，增加表索引和谱图索引，部分分册增设了符号与缩略语对照。

手册第三版获得了国家出版基金项目的支持，编写与修订工作得到了我国分析化学界同仁的大力支持，全套书的修订出版凝聚了他们大量的心血和期望，在此谨向他们，以及在编写过程中曾给予我们热情支持与帮助的有关院校、科研院所及厂矿企业的专家和同行，致以诚挚的谢意。同时我们也真诚期待广大读者的热情关注和批评指正。

《分析化学手册》(第三版)编委会

2016年4月

前　言

本分册自1984年问世至今已有30余年，第二版2000年出书距今也有10余年的时间了。这期间，高效液相色谱得到了长足的进步，尤其在仪器性能和色谱分离介质等方面得到了更大的发展，目前已经成为几乎被应用于所有科研、生产、生活领域的经典工具。

任何一门科学的发展离不开其所处的时代背景和社会需求，分离科学的发展也不例外。随着材料科学、环境科学的发展，具有特殊结构高分离效能或者高选择性的新型固定相被研究与开发，新型样品预处理技术的发展，极大地丰富了高效液相色谱的研究手段。本次再版的目的既希望尽可能反映液相色谱的最新研究成果和进展，同时基于《分析化学手册》（以下简称《手册》）作为案头书的属性，也将对液相色谱的基本原理、基本方法进行系统地梳理，以使读者可以更便捷地查阅和使用。与前一版相比，本书结构上没有做太大的调整，这对于已经习惯于将本《手册》作为工具书的读者非常有利。然而，本次修订在内容上做了较大幅度的修改和增补，删除了一些过时的内容，也更多地补充了一些实用的、新的知识，以保证《手册》作为工具书的权威性。

值得一提的是，本书在色谱固定相、分离模式方面，以及对于谱图库的架构做了较大幅度的补充和完善。尽管液相色谱可以通过流动相体系的改变来便捷地调节分离选择性，然而随着材料科学的发展迅速，尤其是近年来纳米技术的发展，带动了新型固定相和分离介质的快速发展。随着新型固定相的不断问世，液相色谱不仅在分离模式的选择方面增加了发展的空间，在同一个分离模式下，也有更多的对选择性细微差别的固定相可供选择。

互联网时代的进步，对于所有学科的知识获取都带来了巨大的冲击，液相色谱也不例外。在本书的前两版中，第二篇的谱图库部分主要来源于发表的纸质版杂志、会议文集等。例如，第二版中，为了完成下篇的谱图库部分，当初共收集了6000余张纸质版谱图，并从中筛选出近千张编辑成册。本次修改中，这部分谱图大多来源于互联网，尤其是国际上比较大的仪器公司的应用谱图库。共收集了2万余张谱图，通过与版权人沟通，最终整理筛选出700余张谱图成册。在信息量、内容的完善程度上，显然这种方法具有更大的优越性，内容也较之前更加丰富和全面，具有更好的权威性和代表性。值得注意的是，这次收集的谱图中仅有少量经典的平面色谱、毛细管电色谱等内容，这主要是出于对于其应用范围、方法的稳定性和普适性的考虑。

本书的编者中部分为前一版的作者，对于手册内容的整体延续性极为有利；同时也邀请了多位在液相色谱领域长期工作的专家和热心实践者参与，书中的诸多成果可能就来自于其自己实验室的研究工作。

液相色谱的发展很大程度上得益于近期材料科学、微电子技术、微加工技术的发展。对复杂环境样品、生物样品研究的需求也是其外在的强大驱动力。HPLC 从理论、分离模式、方法发展等方面已经趋于成熟，甚至一些研究先驱也将研究重点和方向转入质谱、微流控芯片等其他领域，也因此可以相信基于编者的知识储备和经验完成的本手册将在较长的一段时间内不会过时，仍有较高的参考价值。

本书第一篇中第一章由中国科学院大连化学物理研究所张玉奎编写；第二章由中国计量科学研究院张庆合和张权青编写；第三章由华东理工大学张凌怡和中国科学院大连化学物理研究所邹汉法编写；第四章由大连依利特分析仪器有限公司李彤、唐涛和四川出入境检验检疫局检验检疫技术中心魏远隆编写；第五章由华东理工大学张维冰和美国 Johns Hopkins Bloomberg School of Public Health 陶定银编写；第六章由华东理工大学钱俊红和张维冰编写；第七章由华中科技大学徐丽、中国农业科学院武汉油料作物研究所魏芳、武汉大学施治国和冯钰锜编写；第八章由上海交通大学阎超、王彦和谷雪编写；第九章由浙江大学方群编写；第十章由军事医学科学院张养军编写；第十一章由中国科学院大连化学物理研究所张丽华和梁振编写；第二篇由齐齐哈尔大学苏立强和韩爽、中国计量科学研究院陶红及华东理工大学张维冰收集整理。全书最终由张玉奎和张维冰统筹定稿。

在本书的编写过程中，得到了编者所在单位及其同仁的鼎力支持和帮助，卢佩章院士对本书的出版给予了热情关注。MERCK 公司的 Wen Jiang 博士在 HILIC 模式色谱柱及方法发展方面给出了一些有益的指导，化学工业出版社三位编辑在书的整体设计、内容选择、结构设计等提出了诸多宝贵建议，在此一并表示由衷的感谢。

由于时间较为仓促，谬误和不当之处在所难免，恳请读者批评指正。

张玉奎

2016 年春于大连

目　录

第一篇　液相色谱方法

第二篇 谱图选集

第一篇
液相色谱方法

第一章　液相色谱基础

第一节　概　述

色谱学作为最强的现代分离分析手段，已经走过百年历史。尤其是近 30 年来，不仅原有的气相色谱、液相色谱、薄层色谱、凝胶渗透色谱和纸色谱等色谱学分支得到了较大的发展，而且毛细管电泳、毛细管电色谱、逆流色谱等新型色谱分离模式也不断问世，标志着这一古老又新型的学科有着强大生命力和重要的应用价值。

色谱法的发展得益于微电子、微加工等现代科学技术的发展，以及石油化工、有机合成、生理生化、医药卫生，乃至空间探索等诸多领域的应用需求。色谱-质谱联用、色谱-红外光谱联用、多维色谱技术等各种联用技术的出现，更开辟了复杂混合物分析检测的新天地。目前，色谱法已经成为人们认识客观世界必不可少的工具，并在不断丰富、提高和发展。

一、液相色谱发展简史

早在 1903 年，俄国植物学家 Tsweet[1~3]发表了一篇题为“一种新型吸附现象及其在生化分析上的应用”的论文，提出了应用吸附原理分离植物色素的新方法，并被其命名为色谱法（chromatography），这一工作标志着现代色谱学的开始。Tsweet 将碳酸钙装入竖立的玻璃管中，并从顶端倒入植物色素的石油醚浸取液，进一步采用溶剂冲洗，溶质在柱的不同部位形成色带，第一次向人们公开展示了采用色谱法提纯的植物色素溶液以及色谱图——显示着彩色环带的柱管。

20 多年后，Kuhn 等[4]为了证实蛋黄内的叶黄素系植物叶黄素与玉米黄质的混合物，参考 Tsweet 的方法，以粉碎的碳酸钙装填色谱柱，成功地从蛋黄中分离出植物叶黄素。这一工作的意义不仅仅在于证明了蛋黄内叶黄素是氧化类胡萝卜素的混合物，更重要的是证实了色谱法可以用于制备分离。此后，色谱分离方法逐步为人们所认识，并被应用于不同物质的分离研究。

1941 年，Martin 等[5]采用水饱和的硅胶颗粒为固定相，以含有乙醇的氯仿溶液为流动相分离乙酰基氨基酸的工作是分配色谱的首次应用。他们也在总结其研究成果的基础上提出了著名的色谱塔板理论，为从理论上诠释色谱过程奠定了基础。

最初的液相色谱柱多采用碳酸钙、硅胶、氧化铝等填充的玻璃柱管，流动相加在柱管上端，靠重力作用向下迁移，而对分离组分的检测则依靠肉眼的观察或将吸附剂从柱管中取出后进一步分析。20 世纪 60 年代，随着气相色谱相关知识的积累，人们将在气相色谱中获得的系统理论与实践经验应用于液相色谱研究，研制成功了细粒度高效填充色谱柱，极大地提高了液相色谱的分离效能，也标志着高效液相色谱（HPLC）时代的开始。采用高压泵输送流动相替代重力驱动，不仅使柱效率更高，也极大地加快了液相色谱的分析速度。液相色谱与光学检测技术的结合更使得同时完成分离分析任务成为可能。

稳定高效的色谱柱是建立适用范围广、重现性理想的分离分析方法的基础，其作为HPLC分离过程的核心，在过去30年中，色谱固定相的发展主要经历了以下几个阶段：20世纪60年代，薄壳型填料被引入HPLC，结合低流速往复泵和在线检测器，使得分离效率提高了一个数量级；70年代，稳定化学键合硅胶代替传统的液液色谱固定相，同时10μm以下微球固定相高压匀浆填充技术的发展，极大地促进了HPLC方法的广泛应用，使其成为高速、高效分离分析的最主要手段；80年代，生物色谱填料的开发为HPLC在生命科学研究领域的地位奠定了坚实基础；随着90年代生物医药研究与开发的迅猛发展，各种类型的高通量及手性色谱柱纷纷出现，同时针对环境、化学及其他特殊问题的专用色谱柱也使得HPLC几乎能够应用于所有领域。随着高效固定相的研制以及装柱技术的不断改进，液相色谱柱效得到不断提高。近年来，为了满足复杂样品分离分析的需要，采用亚微米粒径固定相的超高压力的液相色谱仪（UPLC）的问世，极大地提高了分离效率，也使得液相色谱可以应用的领域进一步拓宽。

高效液相色谱仪主要由进样系统、输液系统、在线检测系统、数据处理系统等部分组成，其结构如图1-1所示。1975年，美国道（Dow）化学品公司研制成功采用电导检测器的新型离子交换色谱仪，用抑制柱扣除高本底电导，进而检测无机离子和有机离子，这种方法被称为离子色谱法（IC）。离子色谱法使高效液相色谱法的分析范围扩展到分析常见的大多数无机阴离子、有机阴离子及60余种金属阳离子。

图1-1　高效液相色谱仪器的构造

20 世纪 80 年代，许多分析仪器厂家开始投入大量的资金及技术力量研究开发高效液相色谱产品。美国的 Waters、P-E、Varian、HP、SP、Bekman，日本的岛津、日立，法国的吉尔森等公司大量推出自己的 HPLC 产品，而且产品的更新换代迅速，性能不断提高，功能日益增强。以日本岛津公司为例，在不到十年中就推出了近十代产品，可见其发展势头之迅猛。伴随着液相色谱仪器性能的不断改善，新型分离模式也不断出现，使液相色谱无论在技术上还是在仪器上都产生了一个又一个的飞跃。

高效液相色谱与光谱技术联用方法的研究一直是色谱学科的研究热点[6~9]。20 世纪 80 年代，可同时得到每个组分 HPLC-UV 三维谱图的二极管阵列检测器（DAD）问世，对紫外-可见光谱的快速扫描检测，使液相色谱提供的信息量大幅度增加，也为模式识别等化学计量学中的许多手段提供了重要的应用领域。1990 年以后，HPLC-MS、HPLC-FTIR 等色谱-光谱联用技术逐渐成熟，为解决 HPLC 的定性问题提供了多种实用、有效的手段。

20 世纪 90 年代，以电驱动替代高压的毛细管电泳、毛细管电色谱技术得到较快的发展。电渗流的特殊形成机制，使得更小粒径的固定相以及整体柱技术得到更好的应用。将其与微流控芯片技术结合，综合了多种现代科学技术的特点，在仪器的微型化、快速分析、现场分析等方面具有极大的发展潜力。

为适应生命科学的发展，以制备色谱为主要对象的非线性色谱获得了长足的发展，人们运用色谱法已能够制备微量而贵重的生物活性化合物。基于天然产物分离制备、生物制药等方面的需要，大规模的工业色谱技术、模拟移动床色谱技术、逆流色谱技术等得到发展，成为液相色谱法理论与应用研究的另一个重要分支。

在数据采集与处理方面，20 世纪 60 年代初期，机械式色谱积分器的应用极大地提高了色谱峰面积测定的准确度。20 世纪 70 年代初期，带小型微处理机的色谱仪的问世，标志着色谱仪的发展进入了一个新的时代。随着计算机应用的普及，高效液相色谱专家系统[10]被成功研发，液相色谱数据处理系统的发展已经达到除可以进行数据采集、数据处理外，还可以用来控制、优化色谱操作条件的水平。具有数据处理、仪器控制等功能的色谱工作站已经成为目前液相色谱仪的必备组件。

今天，色谱仪器、色谱技术仍在继续向前飞速发展，各种类型的自动化、智能化、专属化的液相色谱仪不断涌现；液相色谱-质谱联用、液相色谱-核磁联用等联用仪的应用与普及；多维液相色谱仪器系统的产业化，“整体柱”、亚微米固定相的应用，新型固定相基质的合成以及特异的高选择性固定相研究的不断推进，使液相色谱技术有了日新月异的变化。

科技和经济的竞争在某种意义上表现为科技条件，特别是科学仪器的装备、数量、水平及其附属条件的竞争。凡是科学技术上的重大发现、发明，重大突破和成就，皆是以全新的实验手段和方法的突破为先导。正因为科学仪器在科学研究、国民经济和社会的各领域中所发挥的巨大作用，世界各国，尤其是发达国家不惜投入大量人力、财力进行相关的研究与开发。色谱分析技术与仪器作为一种重要的科学手段，其研发与生产已经达到非常高的水平，不但仪器功能多、性能指标高，而且品种齐全、性能稳定，可极大地满足不同领域的研究与应用需求。

二、液相色谱基本原理

色谱法作为一种分离方法，利用物质在两相中吸附或分配系数的微小差异达到分离的目的。当两相作相对移动时，被测物质在两相之间进行反复多次的质量交换，使原来微小的性质差异产生放大的效果，达到分离、分析样品组成及测定样品的一些物理化学参数的目的。色谱法的最大特点在于能将复杂的混合物样品中的相关组分逐一分离后，再分别进行检测。

因此与其他分析化学方法相比较，色谱法具有准确性高、分析选择性好的特征。

液相色谱过程中，组分在相对运动、不相混溶的两相间交换，其中相对静止的一相被称为固定相，而另一相对运动的相被称为流动相。不同组分在两相间的吸附、分配、离子交换、亲和力或分子尺寸等性质存在微小差别，经过连续多次的交换，这种性质的微小差别被叠加、放大，最终得到分离。不同组分性质上的微小差别是色谱分离的根本，即必要条件；而性质上有微小差别的组分之所以得以分离，是因为它们在两相之间进行了上千次甚至上百万次的质量交换，这是色谱分离的充分条件。

液相色谱与气相色谱相比，其最大特点是可以分离不可挥发或受热后不稳定的物质，而这类物质在已知化合物中占有相当大的比例。显然，液相色谱不仅兼具色谱法独有的高效、快速、灵敏的特征，也具有更为广阔的应用空间。近来，液相色谱在生命科学、环境科学等领域中显示出突出的作用[11,12]，分析、分离和纯化生物大分子物质的研究极为活跃；而离开液相色谱，对复杂环境样品的分析检测将不可能实现。手性分子的分离和分析是液相色谱的重要对象，手性分离在制药领域已被广泛应用。色谱的重要性首先在于它使性质上非常接近的物质的分离测定成为可能，这正是近代化学、生物学研究中一个极为重要和不可缺少的手段。

三、液相色谱分类

液相色谱分离模式众多，应用范围广泛。从不同的角度考虑，可以有不同的分类结果。

按照色谱柱的形状进行分类，可以分为平面色谱和柱色谱两大类。而根据固定相的形态进行分类，高效液相色谱也可以分为颗粒固定相液相色谱和整体柱液相色谱两类。柱色谱法中，固定相装在柱管中，流动相依靠重力、压力或泵流过柱床使被分离物质分离后依次流出色谱柱，达到混合物中不同组分分离的目的；平面色谱法中固定相被涂布于平面载板上，通常依靠毛细管作用使流动相流经固定相，使混合物分离并将被分离后的组分保留在涂布固定相的平板上，然后进行显色、定性和定量。

根据进样量、色谱柱尺寸或采用的固定相颗粒大小进行分类，液相色谱可分为毛细管液相色谱（柱内径小于 500μm）、微柱液相色谱（柱内径小于 1mm）、高效液相色谱（一般柱内径为 4.6mm）、半制备液相色谱（柱内径大于 10mm，通常用于少量制备和简单分析）和制备色谱等类别。根据流动相驱动力的差别，可分为低压、中压和高压色谱三类。

按照流动相在色谱柱内的运动方向进行分类，对于通常的柱色谱，流动相沿柱管的纵向流动；而在径向色谱中，流动相沿柱径向流动。径向色谱一般用于分离制备。

液相色谱基于溶质分子的任一种或多种物理化学性质的差别进行分离，因此可以采用或构建不同的液相色谱分离模式。溶质分子结构不同，其与流动相和固定相分子间相互作用的范德华力不同，依分子间相互作用力差别进行分离是液相色谱中采用的最常用手段。根据流动相与固定相极性的差别，可将液相色谱分为正相色谱和反相色谱两种模式。流动相极性大于固定相极性时，称为反相色谱（RP）；反之，称为正相色谱（NP）。溶质分子与固定相的作用形式以及大小、溶解性、带电性质等也可被应用于分离，由此派生出吸附色谱、分配色谱、体积排阻色谱、离子交换色谱及亲和色谱等类别。表 1-1 中给出了不同的液相色谱分类方法，表 1-2 中也给出了常见的液相分离模式及其应用范围。

（1）吸附色谱法　固定相为吸附剂，靠组分在吸附剂上吸附系数（吸附能力）的差别达到分离的目的。

（2）分配色谱法　高效液相色谱中最常采用的分离模式。固定相为液态（或准液态），利用样品组分在固定相与流动相中的溶解度不同所产生的分配系数差别达到分离的目的。

（3）体积排阻色谱法　又称为尺寸排阻色谱法。采用凝胶作为固定相，依组分的分子尺寸与凝胶孔径间的关系（即渗透系数的差别）进行分离。按流动相的性质不同（亲油或亲水）又可分为凝胶渗透色谱（GPC）与凝胶过滤色谱（GFC）两类。主要用于生物大分子的分离。

（4）离子交换色谱法　采用离子交换树脂作为固定相，依样品离子与固定相表面离子交换基团的交换能力（交换系数）的差别来分离。离子交换色谱法按分离对象或流路与柱系统的不同，还可进一步细分。

（5）亲和色谱法　将具有生物活性的配基（如酶、辅酶、抗体等）键合到载体或基质表面上形成固定相，利用蛋白质或生物大分子与固定相表面上配基的专属性亲和力进行分离。这种方法多用于分离和纯化蛋白质、多肽等生物活性样品。

（6）化学键合相色谱法　将固定相的官能团键和在载体表面所形成的固定相称为化学键合相。采用化学键合相的色谱方法称为化学键合相色谱法。化学键合相可作为液-液分配色谱、离子交换色谱、折射率色谱等的固定相。由于化学键合相的官能团不易流失，因而被广泛应用于各类高效液相色谱方法中。反相键合相色谱是目前应用最为广泛的色谱方法之一。在反相键合相色谱流动相中加入离子对试剂或离子抑制剂（弱酸、弱碱或缓冲盐），则分别称之为离子对色谱法（PIC 或 IPC）及离子抑制色谱法（ISC）。

表 1-1　液相色谱法分类

按固定相形态分类		按作用原理分类		按物理特征分类	
固定相	名　称	原　理	名　称	特　征	名　称
液　体	液-液色谱	分　配	液-液分配色谱	平面固定相	平面色谱
固　体	液-固色谱	吸　附	液-固吸附色谱	纸固定相	纸色谱
		分子大小	体积排阻色谱	薄层固定相	薄层色谱
		离子交换能力	离子交换色谱	颗粒固定相填充	填充色谱
		亲和力	亲和色谱	色谱柱中空	空心柱色谱
		电渗及电泳	毛细管电泳	采用高压流动相	高压液相色谱

表 1-2　按照色谱模式分类的原理及应用范围

模式	固定相种类	分离原理	应用对象
反相	C_{18}、C_8、C_4、C_1、苯基	溶质疏水性不同导致其在流动相和固定相之间分配系数的差异	大多数有机物；多肽、蛋白质、核酸等生物大、小分子，样品一般溶于水中
正相	SiO_2、CN、NH_2	溶质极性不同导致其在极性固定相上吸附强度的差异	中、弱和非极性化合物，样品一般溶于有机溶剂
离子交换	强阳、弱阳、强阴、弱阴	溶质电荷不同及其与离子交换固定相库仑作用力的差异	离子和可离解化合物
凝胶	凝胶渗透、凝胶过滤	溶质分子尺寸及形状不同使得其在多孔填料中滞留时间存在差异	可溶于有机溶剂或水的任何非交联型化合物
疏水	丁基、苯基、二醇基	溶质的弱疏水性及其对流动相盐浓度依赖性的差别	水溶性生物大分子
亲水（HILIC）	硅胶、聚乙二醇键合、两性离子固定相	多保留机制，包括分配机制、离子交换、偶极-偶极相互作用等	糖类、氨基酸和肽的分离；也应用于极性药物、代谢物
亲和	种类较多	溶质与固定相表面配基之间的弱相互作用所导致的分子识别现象	多肽、蛋白质、核酸、糖缀合物等生物分子及可与生物分子产生亲和相互作用的小分子
手性	手性色谱	手性化合物与配基间的手性识别作用	手性拆分

第二节 液相色谱术语

色谱术语已有国家标准可供参照[13,14]。在本系列手册气相色谱分册[15]中已列出的色谱常用术语，一般不再重复，但考虑到系统的完整性，这里对某些重要概念再次给出相应说明。这里基于国家标准和最近发表的色谱文献列出液相色谱常用符号、术语及对应的英文名称。平面色谱、毛细管电泳、芯片中常用符号及术语将在相关部分介绍。

一、一般术语

定性分析（qualitative analysis） 为检测试样中的元素、官能团或混合物的组成成分而进行的分析。

定量分析（quantitative analysis） 为测定试样中各种成分（如元素、根或官能团等）的含量而进行的分析。

常量分析（macro analysis） 一般指试样质量大于 0.1g 的分析，也可指被测组分量高于千分之一的分析。

半微量分析（semimicro analysis） 一般指试样质量在 10～100mg 的分析。

微量分析（micro analysis） 一般指试样质量在 1～10mg 的分析，也可指被测组分含量约为万分之一至百万分之一的分析。

超微量分析（ultramicro analysis） 一般指试样质量小于 1mg 或取样体积小于 0.01ml 的分析。

痕量分析（trace analysis） 指物质中被测组分质量分数小于 0.01%的分析，也可指被测组分含量在百万分之一以下的分析。

超痕量分析（ultra-trace analysis） 物质中被测组分质量分数小于 0.0001%的分析。

绝对误差（absolute error） 测量结果减去被测量的[约定]真值。

相对误差（relative error） 绝对误差与被测量的[约定]真值之比。

随机误差（random error） 在重复测量中按不可预见方式变化的测量误差的分量。

系统误差（systematic error） 在重复测量中保持不变或按可预见方式变化的测量误差的分量。

标准偏差（standard deviation） 在对同一被测量进行 n 次测量时，表征测量结果分散程度的参数，用符号 S 表示。

$$S=\sqrt{\frac{\sum_{i=1}^{n}(X_i-\overline{X})^2}{n-1}} \tag{1-1}$$

式中，X_i 为第 i 次测量结果；$\overline{X}$ 为所测量的 n 个结果的算术平均值。

注：标准偏差不应与总体标准偏差σ混淆。个数为 N，数字期望（或真值）为 m 的总体标准偏差σ按公式（1-2）计算：

$$\sigma=\sqrt{\frac{\sum_{i=1}^{n}(X_i-m)^2}{N}} \tag{1-2}$$

相对标准偏差（relative standard deviation，*RSD*） 标准偏差（*S*）与算术平均值的绝对值之比。

$$RSD=\frac{S}{|\bar{X}|} \tag{1-3}$$

测量不确定度（uncertainty of measurement） 表征被测量的真值在某个量值范围的一种估计。

测量不确定度一般包含多个分量，其中一些分量可在测量结果统计分布的基础上进行估计，并可用标准偏差表征，其他分量只能基于经验或由其他信息估计。

标准物质（standard material） 具有足够的准确度，可用以校准或检定仪器、评定测量方法或给其他物质赋值的物质。

校准（calibration） 在规定条件下为确定测量仪器或测量系统的示值与被测量相对应的已知值之间关系的一组操作。

校准液（calibration solution） 准确知道其成分，用以校准仪器的溶液。通常由一种或多种校准组分和一种溶剂组成。

试验溶液（test solution） 已知其成分，用以对仪器进行试验的溶液。

校准组分（calibration component） 直接用于校准和测试的组分。

浓度（concentration） 表示物质中不同组分之间相对量的一种数量标记。分析中常用的有质量浓度（单位为 kg/L）、物质的量浓度（单位为 mol/L）、质量摩尔浓度（单位为 mol/kg）、质量分数（%）和体积分数（%）等。

试样（sample） 供试验或分析用的被测物质。

范围（range） 由上、下限所限定的一个量的区间。

注：“范围”通常加修饰语。例如：测量范围、标度范围等。

量程（span） 仪器测量上限值与下限值的代数差。

稳定性（stability） 在规定工作条件下，输入保持不变，在规定时间内仪器示值保持不变的能力。可以用量程漂移、零点漂移或基线漂移表示。

量程漂移（span drift） 在规定工作条件下，规定时间内的量程变化。

零点漂移（zero drift） 在规定工作条件下，规定时间内零点示值的偏移。

基线漂移（baseline drift） 在规定工作条件下，规定时间内，仪器的响应信号随时间定向的缓慢变化。

基线（base-line） 在恒定的条件下，仪器的响应信号曲线。

液相色谱仪的基线是指在仅有流动相通过检测系统时的响应信号曲线。

输出波动（output fluctuation） 又称噪声。

不是由被测组分的浓度或任何影响量变化引起的相对于平均输出的起伏。

灵敏度（sensitivity） 仪器的输出量与输入量之比，常用符号 *S* 表示。

对于非线性响应的仪器，则为输出量对输入量的导数：

$$S=\frac{dR}{dQ} \tag{1-4}$$

式中，*R* 为输出量；*Q* 为输入量。

检测限（limit of detection） 仪器能确切反应的输入量的最小值。通常定义为三倍噪声与灵敏度之比，用符号 *D* 表示：

$$D=\frac{3N}{S} \tag{1-5}$$

式中，N 为噪声，即基线的波动，以 mV 或 A 表示。

准确度（accuracy）　示值与被测量真值（约定真值）的一致程度。

准确度等级（accuracy class）　根据仪器准确度高低所划分的等级。

重复性（repeatability）　用相同的方法，相同的试样，在相同的条件下测得的一系列结果之间的一致程度。通常用相对标准偏差表示。相同的条件指同一操作者，同一仪器，同一实验室和短暂的时间间隔。

再现性（reproducibility）　对相同的试样，在不同的条件下测得的单个结果之间的一致程度。常用的有测量的再现性和方法的再现性。对于测量的再现性，不同的条件指不同操作者，不同仪器，不同实验室，不同或相同的时间；对于方法的再现性，则方法应保持相同。

线性（linearity）　仪器（或元件）的输出与输入呈一次函数关系的特性。

非线性（non-1inearity）　仪器（或元件）的输出与输入不是一次函数关系的特性。

校准曲线（calibration curve）　在规定条件下，表示被测量值与仪器实测值之间的关系曲线。

线性范围（linear range）　仪器的输出与输入保持线性的输入量的范围。也可以该范围的最大值与最小值之比来表示。

选择性（selectivity）　仪器对被测物质以外的其他物质呈低灵敏度或无灵敏度的能力。

二、色谱曲线

色谱图（chromatogram）　色谱柱流出物通过检测器系统时所产生的响应信号对时间或流动相流出体积的曲线图，或者通过适当方法观察到的纸色谱或薄层色谱斑点、谱带的分布图。

色谱峰（chromatographic peak）　色谱柱流出组分通过检测器系统时所产生的响应信号的微分曲线。

峰底（peak base）　峰的起点与终点之间连接的直线（图 1-2 中的 CD）。

峰高（peak height）　色谱峰最大值点到峰底的距离（h）（图 1-2 中的 BE）。

峰宽（peak width）　在峰两侧拐点（图 1-2 中的 F、G）处所作切线与峰底相交两点间的距离（图 1-2 中的 KL）。用 W 表示。

半高峰宽（peak width at half height）　通过峰高的中点作平行于峰底的直线，此直线与峰两侧相交两点之间的距离（图 1-2 中的 HJ）。用 $W_{h/2}$ 表示。

峰面积（peak area）　峰与峰底之间的面积（图 1-2 中的 $CHEJDC$）。用 A 表示。

拖尾峰（tailing peak）　后沿较前沿平缓的不对称的峰。

前伸峰（leading peak）　前沿较后沿平缓的不对称的峰。

假峰（ghost peak）　除组分正常产生的色谱峰以外，由于仪器条件的变化等原因而在谱图上出现的色谱峰，即并非由试样所产生的峰。这种色谱峰并不代表具体某一组分，容易给定性、定量带来误差。

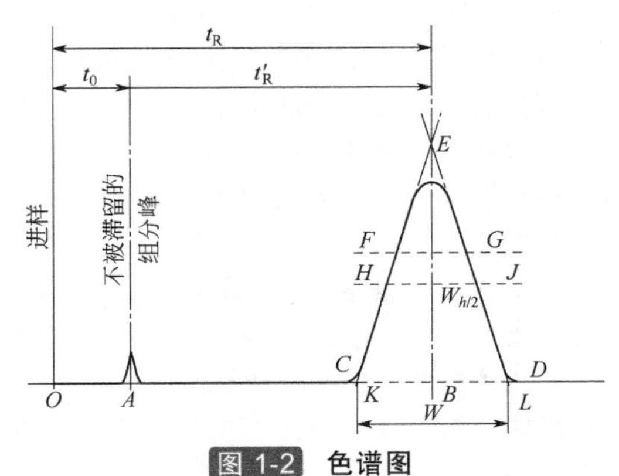

图 1-2　色谱图

畸峰（distorted peak） 形状不对称的色谱峰，前伸峰、拖尾峰都属于此类。

反峰（negative peak） 也称倒峰或负峰，即出峰的方向与通常的方向相反的色谱峰。

拐点（inflection point） 色谱峰上二阶导数等于零的点。

三、分离模式

液相色谱法（LC，liquid chromatography） 用液体作为流动相的色谱方法。

液-液色谱法（LLC，liquid-liquid chromatography） 将固定液涂渍在载体上作为固定相的液相色谱法。

液-固色谱法（LSC，liquid-solid chromatography） 一般指吸附剂作为固定相的液相色谱法。

正相液相色谱法（NPLC，normal phase liquid chromatography） 固定相的极性较流动相的极性强的液相色谱法。

反相液相色谱法（RPLC，reversed phase liquid chromatography） 固定相的极性较流动相的极性弱的液相色谱法。

高效液相色谱法（HPLC，high performance liquid chromatography） 具有高分离效能的柱液相色谱法。

体积排阻色谱法（SEC，size exclusion chromatography） 用化学惰性的多孔性物质作为固定相，试样组分按分子体积（严格来讲是流体力学体积）进行分离的液相色谱法。

凝胶过滤色谱法（GFC，gel filtration chromatography） 水或水溶液作为流动相的体积排阻色谱法。

凝胶渗透色谱法（GPC，gel permeation chromatography） 有机溶剂作为流动相的体积排阻色谱法。

亲和色谱法（affinity chromatography） 用连接在基体上的配位体作为固定相，使与蛋白质或其他大分子发生可逆的高选择性的相互作用，利用不同亲和力进行分离的液相色谱法。

离子交换色谱法（IEC，ion exchange chromatography） 以离子交换作用分离离子型化合物的液相色谱法。

离子色谱法（IC，ion chromatography） 含有某种特定离子的水溶液作为流动相，流出液通过抑制柱或不通过抑制柱，在降低流动相背景信号的条件下用于分离离子的液相色谱法。

离子抑制色谱法（ISC，ion suppression chromatography） 通过调解流动相的 pH 值来抑制试样组分的电离，以分离离子型化合物的液相色谱法。

离子对色谱法（IPC，ion pair chromatography） 用形成离子对化合物进行分离的液相色谱法。

疏水作用色谱法（HIC，hydrophobic interaction chromatography） 用适度疏水性的固定相，含盐的水溶液作为流动相，借疏水作用分离生物大分子化合物的液相色谱法。

亲水作用色谱法（HILIC，hydrophilic interaction chromatog raphy） 采用亲水性的固定相，疏水性较强的流动相的色谱方法。可以认为是采用一般正相色谱固定相与反相色谱流动相的色谱分离方法。

制备液相色谱法（preparative liquid chromatography） 用能处理较大量试样的色谱系统进行分离、切割和收集组分，以提纯化合物的液相色谱法。

迎头色谱法（frontal chromatography） 又称前沿法。将试样连续地通过色谱柱，吸附或溶解最弱的组分首先以纯物质状态流出色谱柱，然后顺次流出的是次弱组分和第一流出组分的混合物，依此类推，从而实现混合物分离的色谱法。常用于色谱溶剂的提纯或液体中痕量组分的富集。

冲洗色谱法（elution chromatography） 又称洗脱法、洗提法或淋洗法。将试样加在色谱柱的一端，用在固定相上被吸附或溶解能力比试样中各组分都弱的流动相作为冲洗剂，由于试样中各组分在固定相上的吸附溶解能力不同，于是被冲洗剂带出柱的先后次序亦不同，从而使试样中各组分彼此分离的一种色谱法。

顶替展开法（displacement development） 又称取代法或顶替法。将试样加入色谱柱后，注入一种对固定相吸附或溶解能力较试样中诸组分都强的物质，将试样中诸组分依次顶替出色谱柱，从而实现混合物分离的色谱法。

吸附色谱法（adsorption chromatography） 固定相是一种吸附剂，利用吸附剂对试样中诸组分吸附能力的差异，实现试样中诸组分分离的色谱法。

分配色谱法（partition chromatography） 固定相是液体，利用液体固定相对试样中诸组分溶解能力的不同，即试样中诸组分在流动相与固定相中分配系数的差异，实现试样中诸组分分离的色谱法。

络合色谱法（complexation chromatography） 利用化合物配合性能的差异进行分离的色谱方法。在固定相中加入能与被分离组分形成配合物的试剂，试样通过时，因各组分生成的配合物稳定性不同从而被分离。适用于分离性质相近似的化合物。

催化色谱法（catalytic chromatography） 将催化剂和固定相结合起来的一种色谱法。催化反应直接在柱内进行，同时进行分离。可用于研究催化反应过程及反应力学等有关问题。

循环色谱法（recycle chromatography） 采用程序控制的切换方法，使混合物多次循环地通过色谱柱系统，用不太长的柱就可以得到长柱分离效果的色谱法。分离效率随循环次数增加有提高，但循环次数不宜过多。

超高压液相色谱法（UPLC，ultrahigh pressure chromatography） 与传统高效液相色谱法（HPLC）相比，其是在更高操作压力下进行分离的液相色谱法。

配位体色谱法（ligand chromatography） 又称配位体交换色谱法。利用物质与金属离子间络合或取代配位体强度不同而实现分离的色谱方法。色谱柱中填充有配位作用的金属离子的离子交换树脂，当试样通过时，因络合程度相异、保留时间不同而被分离。

四、仪器

液相色谱仪（liquid chromatograph） 液相色谱法采用的装置。

制备液相色谱仪（preparative liquid chromatograph） 制备液相色谱法采用的装置。

高效液相色谱仪（high performance liquid chromatograph） 采用小粒径固定相，以高压泵输送流动相的液相色谱装置。

超高压液相色谱仪（ultra-high press liquid chromatograph） 采用较高效液相色谱仪更小粒径的固定相、更高输液压力的液相色谱装置。

闪式液相色谱仪（flash liquid chromatograph） 采用大颗粒、宽分布固定相，以重力或低压驱动进行快速分离制备的液相色谱装置。

凝胶渗透色谱仪（gel permeation chromatograph） 凝胶渗透色谱法采用的装置。

色谱柱（chromatographic column） 内有固定相，用以分离混合组分的柱子。

微粒柱（microparticle column） 柱填充剂颗粒平均直径为不大于 15μm 的色谱柱。

微填充柱（micro-packed column） 填充微粒固定相的内径一般为 0.5～1mm 的色谱柱。

填充毛细管柱（packed capillary column） 填充微粒固定相的毛细管柱。

空心柱（open tubular column） 内壁有固定相的开口毛细管柱。

微径柱（microbore column） 柱管内径不大于1mm的色谱柱。

混合柱（mixed column） 填充有两种或两种以上混合固定相的色谱柱。

组合柱（coupled column） 串联或并联不同性能的固定相的色谱柱。

预柱（pre-column） 置于色谱柱前、内有填充剂的柱管，如保护柱、预饱和柱、浓缩柱等。

保护柱（guard column） 用于除去有害物质，以延长柱寿命的预柱。

预饱和柱（pre-saturation column） 使流动相在进入色谱柱前被固定液饱和，以防止色谱柱内固定液流失而具有较高固定液含量的预柱。

整体柱（monolithic column） 以整体材料作为分离介质的色谱柱，也叫连续床色谱柱。

抑制柱（suppression column） 离子色谱法中，利用离子交换反应抑制色谱柱后流出液中流动相的高电导率离子的柱管。

往复泵（reciprocating pump） 用电动机驱动活塞在液缸内作往复运动，从而输送流动相的部件。

注射泵（syringe pump） 用电动机驱动，液缸内活塞以一定的速率向前推进，从而输送流动相的部件。

气动泵（pneumatic pump） 用气体作动力驱动活塞输送流动相的部件。

蠕动泵（peristaltic pump） 用挤压富有弹性的软管的方式输送流动相的部件。

柱塞泵（plunger pump） 一种以小直径宝石杆作活塞，缸体容积较小的往复泵。其流量可以采用电子线路进行闭环控制，恒流精度较高。

检测器（detector） 能检测色谱柱流出组分及其量的变化的器件。

微分检测器（differential detector） 响应值取决于组分瞬时量的检测器。

积分检测器（integral detector） 响应值取决于组分累积量的检测器。

总体性能检测器（bulk property detector） 响应值取决于流出液某些物理性质总变化的检测器。

溶质性能检测器（solute property detector） 响应值取决于流出液中组分的物理或化学特性的检测器。

（示差）折光检测器（[differential] refractive index detector） 利用流出液和流动相之间折射率的差异而产生电信号的器件。

荧光检测器（fluorescence detector）利用组分在光源激发下发射荧光而产生电信号的器件。

紫外-可见光检测器（ultraviolet visible detector） 利用组分在紫外-可见光的波长范围内有特征吸收而产生电信号的器件。

电化学检测器（electrochemical detector） 通过色谱柱流出物的电化学过程而产生电信号的器件。

蒸发（激光）光散射检测器（evaporative [laser] light scattering detector） 利用激光器作光源，测量高分子溶液散射光强度的电信号的器件。是一种分子量检测器。

浓度敏感型检测器（concentration sensitive detector） 又称浓度型检测器。响应值取决于组分浓度的检测器。

质量流速敏感型检测器（mass flow rate sensitive detector） 又称质量型检测器。响应值取决于组分质量流量的检测器。

质谱检测器（MSD，mass spectrometric detector） 使所含组分离子化，然后利用不同离子在电场或磁场的运动行为的不同，把离子按质荷比（m/z）分开而得到质谱，通过样品的质谱和相关信息，可以得到样品的定性定量结果的检测器。

微库仑检测器（micro coulometric detector）　又称电量检测器。利用为使库仑池恢复平衡而消耗的电量与被测组分的化学当量的关系进行分析的检测器。主要用于检测含硫、氮、卤素等的化合物。

光电二极管阵列检测器（photodiode array detector）　利用光电二极管阵列（或 CCD 阵列、硅靶摄像管等）作为检测元件的检测器。

柱后反应器（post-column reactor）　对色谱柱流出组分进行化学反应的器件。

体积标记器（volume marker）　在体积排阻色谱法中，标记洗脱体积的记录或计数的器件。

记录器（recorder）　记录由检测系统所产生的随时间变化的电信号的仪器。

积分仪（integrator）　按时间累积检测系统所产生电信号的仪器。

馏分收集器（fraction collector）　可按时间或体积收集色谱柱流出液的装置。

进样器（injector）　用于将样品注入液相色谱系统的装置。

工作站（work station）　记录并处理色谱信号、数据的装置，目前大多数色谱工作站具有数据处理、分析功能，有些也兼具仪器控制功能。

储液器（reservoir）　液相色谱仪中存储流动相的容器。

液相色谱柱装填机（packing machine [1iquid chromatographic column]）　装填液相色谱柱的专用装置。它由一个高压泵和匀浆罐组成。

五、固定相和流动相

固定相（stationary phase）　色谱柱内、薄层板、薄层棒或纸上（包括纸本身）不移动的、起分离作用的物质。

固定液（stationary liquid）　固定相的组成部分，指涂渍在载体表面起分离作用的物质。

载体（support）　负载固定液的惰性固体物质。

柱填充剂（column packing）　用于填充色谱柱的粒状固定相，或连续床层固定相。

化学键合相填充剂（chemically bonded phase packing）　用化学反应在载体表面键合特定基团的填充剂。

薄壳型填充剂（pellicular packing）　在惰性核表面有一均匀多孔薄层的填充剂。

多孔型填充剂（porous packing）　颗粒表面的孔延伸到颗粒内部的填充剂。

吸附剂（adsorbent）　具有吸附活性并用于色谱分离的固体物质。

离子交换剂（ion exchanger）　一种具有可交换离子的聚合电解质，能参与溶液中离子的交换作用而不改变其本身的一般物理特性。

基体（matrix）　负载亲和配位体或其他活性基团的固体物质。

流动相（mobile phase）　在液相色谱中用以携带试样以及展开或洗脱组分的液体。

洗脱淋洗剂（eluant）　在柱液相色谱法中用作流动相的液体。

改性剂（modifier）　加入流动相中能改变分离性能的少量试剂或溶剂。

六、色谱参数

色谱数据（chromatography data）　包括仪器信息（仪器编号、仪器控制及序列参数日志等）、样品名称、操作者姓名、谱图数据、分析结果（积分参数及结果、校准表、报告模板、分析报告等）、审计跟踪信息。

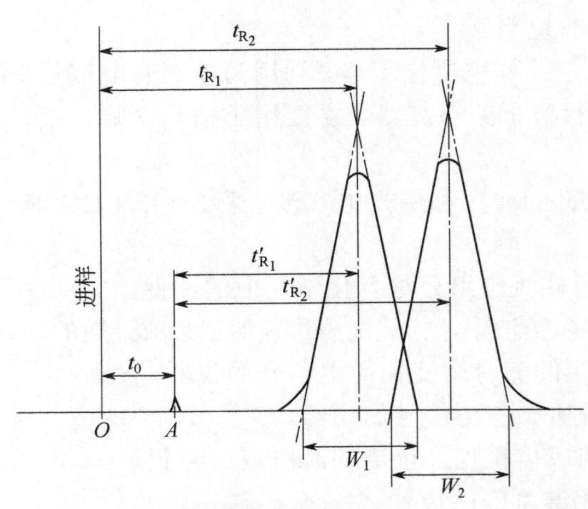

图 1-3 色谱参数

死时间（t_0，dead time） 不被固定相滞留的组分，从进样到出现峰最大值所需的时间，见图 1-3。

保留时间（t_R，retention time） 组分从进样到出现峰最大值所需的时间，见图 1-3。

调整保留时间（t'_R，adjusted retention time） 减去死时间的保留时间，见图 1-3。

死体积（V_0，dead volume） 不被固定相滞留的组分，从进样到出现峰最大值所需的流动相体积。

$$V_0=t_0\times F_C \tag{1-6}$$

其中，F_C 为体积流量。

保留体积（V_R，retention volume） 组分从进样到出现峰最大值所需的流动相的体积。

$$V_R=t_R\times F_C \tag{1-7}$$

调整保留体积（V'_R，adjusted retention volume） 减去死体积的保留体积。

柱外体积（V_{ext}，extra-column volume） 从进样系统到检测器之间色谱柱以外的流路部分所占有的体积。

粒间体积（V_m，interstitial volume） 色谱柱填充剂颗粒间隙中流动相所占有的体积。

多孔填充剂的孔体积（V_p，pore volume of porous packing） 色谱柱中多孔填充剂的所有孔洞中流动相所占有的体积。

液相总体积（V_{tol}，total liquid volume） 粒间体积、孔体积和柱外体积之和。

$$V_{tol}=V_m+V_p+V_{ext} \tag{1-8}$$

洗脱体积（V_e，elution volume） 从进样开始计算的通过色谱柱的实际洗脱剂体积。

流体动力学体积（V_h，hydrodynamic volume） 每摩尔的高分子化合物在溶液中运动时所占有的体积。其与高分子化合物的分子量（M）和特性黏度（η）的乘积成正比。

$$V_h \propto [\eta]\times M \tag{1-9}$$

相对保留值（$r_{i.s}$，relative retention value） 在相同操作条件下，组分与参比组分的调整保留值之比。

$$r_{i.s}=\frac{t_{R(i)}}{t_{R(s)}}=\frac{V_{R(i)}}{V_{R(s)}} \tag{1-10}$$

分离因子（α，separation factor） 在相同操作条件下，两个相邻组分的调整保留值之比。液相色谱中，考虑到死时间不易测定，此外，具有不同容量因子溶质的理论塔板数基本相同，因此常直接用保留时间之比考察相邻两峰的分离效果。

折合塔板高度（h_r，reduced plate height） 折合成固定相单位粒径的理论塔板高度。

$$h_r=\frac{H}{d_p} \tag{1-11}$$

式中，H 为塔板高度；d_p 为粒径。

分离度（R，resolution） 两个相邻色谱峰的分离程度，以两个组分保留值之差与其平均峰宽值之比表示，见图 1-3。

$$R = \frac{2(t'_{R(2)} - t'_{R(1)})}{W_2 + W_1} \qquad (1\text{-}12)$$

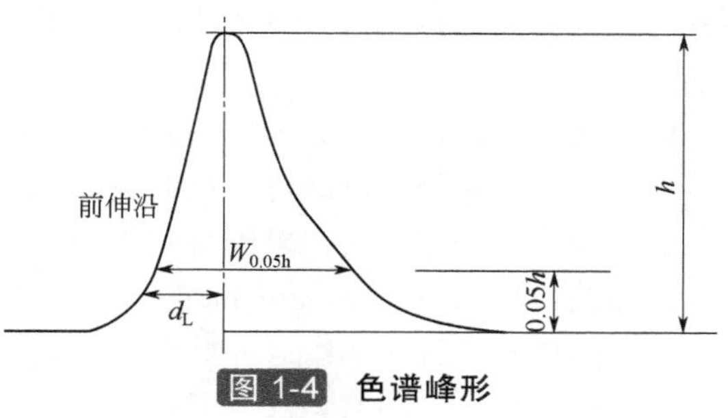

图 1-4　色谱峰形

液相载荷量（liquid phase loading）　在填充柱中，固定液与固定相包括固定液和载体的相对量，用质量分数表示，%。

离子交换容量（ion exchange capacity）　单位质量或体积的离子交换剂中含有可交换的离子的物质的量，以 mmol/g 或 mmol/ml 表示。

负载容量（loading capacity）　在柱效能下降不超过 10%的情况下色谱柱的最大进样量。

渗透极限（permeability limit）　在体积排阻色谱法中，柱上能够进行分离的高分子化合物的最低分子量值。

排阻极限（$V_{h,max}$，exclusion limit）　在体积排阻色谱法中，柱上能够进行分离的高分子化合物的最高分子量值。

拖尾因子（T，tailing factor）　在 5%峰高处的峰宽（$W_{0.05h}$）与峰极大值到前伸沿之间二倍距离（$2d_L$）之比，见图 1-4。

$$T = \frac{W_{0.05h}}{2d_L} \qquad (1\text{-}13)$$

柱外效应（extra-column effect）　从进样系统到检测器之间色谱柱以外的流路部分，由进样方式、扩散等因素对柱效产生的影响。

管壁效应（wall effect）　组分在流动相内移动的过程中，由于色谱柱中央和边缘部分的流速不一致所产生的径向扩散对柱效的影响。

间隔臂效应（spacer arm effect）　配位体与基体之间连接的间隔臂分子的间隔长度对配位体与大分子之间的亲和力所产生的影响。

柱效能（column efficiency）　色谱柱在色谱分离过程中主要由动力学因素操作参数所决定的分离效能。通常用理论塔板数、理论塔板高度或有效塔板数表示。

理论塔板数（N，number of theoretical plate）　表示柱效能的物理量。

$$N = 5.54\left(\frac{t_R}{W_{h/2}}\right)^2 = 16\left(\frac{t_R}{W}\right)^2 \qquad (1\text{-}14)$$

式中，$W_{h/2}$ 为半高峰宽，cm 或 min；W 为峰宽，cm 或 min。

理论塔板高度（H，height equivalent to a theoretical plate）　单位理论塔板的柱长。

有效塔板数（N_{eff}，number of effective plate）　用调整保留时间表示柱效能的物理量。

$$N_{eff} = 5.54\left(\frac{t'_R}{W_{h/2}}\right)^2 = 16\left(\frac{t'_R}{W}\right)^2 \qquad (1\text{-}15)$$

分离数（T_z，separation number）　两个相邻的正构烷烃峰之间可容纳的峰数。

容量因子（k'，capacity factor）　在平衡状态时，组分在固定液与流动相中的质量之比。

柱容量（column capacity）　又称柱负荷。在不影响柱效能的情况下允许的最大进样量。

七、其他概念

归一化法（normalization method）　一种液相色谱定量方法。试样中全部组分都显示出色谱峰时，测量的全部峰值，经相应的校正因子校准并归一化后，计算每个组分的百分含量的方法。

内标法（internal standard method） 一种液相色谱定量分析方法。在已知量的试样中加入能与所有组分完全分离的已知量的内标物质，用相应的校正因子校准待测组分的峰值并与内标物质的峰值进行比较，求出待测组分的百分含量的方法。

外标法（external standard method） 一种液相色谱定量方法。在相同的操作条件下，分别将等量的试样和含待测组分的标准试样进行色谱分析，比较试样与标准试样中待测组分的峰值，求出待测组分的含量的方法。

叠加法（addition method） 一种液相色谱定量分析方法。测量试样中待测组分及一邻近组分的峰值后，在已知量的试样中加入一定量的待测组分，再测量此两组分的峰值，求出待测组分含量的方法。

峰面积百分比法（peak area percent） 计算其中一组分峰面积在样品中所有组分峰面积之和的百分数的定量方法。

$$X_i = \frac{A_i}{\sum A_i} \times 100\% \tag{1-16}$$

式中：X_i为试样中组分i的含量；A_i为试样中组分i的峰面积，cm^2。

普适校准曲线、函数（calibration function or curve [function]） 在体积排阻色谱法中，用流体动力学体积作为分子参数的分离校准曲线或函数。

谱带扩展（band broadening） 纵向扩散、传质阻力等因素的影响使组分在色谱柱内移动的过程中谱带宽度增加的现象。

分离作用的校准函数或校准曲线（universal calibration function or curve [of separation]） 在色谱柱的理想工作条件下，用数学函数或曲线形式表示的单分散高分子的分子参数（如分子量，特性黏度，流体力学体积等）与其保留体积之间的关系。

加宽校正（broadening correction） 在体积排阻色谱法中，对谱带加宽引起的误差进行的校正。

加宽校正因子（broadening correction factor） 对色谱峰的加宽进行校正的数值因子。

溶剂强度参数（ε^0，solvent strength parameter） 以溶剂作为流动相时，在选定的吸附剂上的洗脱能力的大小，相当于每一单位面积的吸附剂表面上溶剂的吸附能。

洗脱序列（elutropic series） 根据溶剂强度参数由小到大排列的顺序。

等度洗脱（isocratic elution） 用单一的或一定组成的流动相连续洗脱的过程。

梯度洗脱（gradient elution） 间断地或连续地改变流动相的组成或其他操作条件，从而改变其色谱洗脱能力的过程。

再循环洗脱（recycling elution） 色谱柱流出组分经过再循环装置又送入色谱柱进行再分离，以增加分离程度的洗脱过程。

线性溶剂强度梯度洗脱（linear solvent strength gradient elution） 流动相中溶剂强度参数较强或较弱的组分的体积百分数随时间或洗脱体积呈线性变化。

程序溶剂（programmed solvent） 按照预定程序连续地或分阶地改变流动相组成的一种技术。

程序压力（programmed pressure） 按照预定程序连续地或分阶地增加操作系统压力的一种技术。

程序流速（programmed flow）　按照预定程序连续地或分阶地改变流动相移动速度的一种技术。

匀浆填充（slurry packing）　用适当的溶剂将填充剂配制成匀浆悬浮液，然后在高压下填充色谱柱的方法。

停流进样（stop-flow injection）　暂停流动相液流后再注入试样的进样操作。

阀进样（valve injection）　试样的计量管连接在输送流动相的进样阀的旁路上，通过阀的切换，使流动相通过计量管注入试样的进样操作。

柱上富集（on-column enrichment）　试样通过色谱柱时，使痕量组分在色谱柱上逐渐地增加的一种分离技术。

流出液（eluate）　在色谱过程中，通过色谱柱后流出的液体。

柱上检测（on-column detection）　利用高灵敏检测技术，对毛细管柱中固定相末端的流出组分直接进行检测，以减少毛细管柱与检测器之间的柱外效应。

柱寿命（column life）　色谱柱保持在一定的柱效能条件下使用的期限。

柱流失（column bleeding）　固定液随流动相流出柱外的现象。

脱气（degassing）　除去流动相中溶解的气体的操作。

沟流（channeling）　色谱柱填充层出现开裂的槽沟，携带组分的流动相顺着槽沟移动，而不能与固定相充分有效接触的现象。

过载（overloading）　进样量超出柱容量时，产生不对称峰形的现象。此时溶质在填料上的吸附为非线性吸附，在大多数情况下，随进样量增加，溶质的保留时间减小。

第三节　几个重要色谱参数的计算及测定方法

一、保留时间和保留体积

保留时间（t_R）为从进样开始到柱后出现组分浓度最大值所需的时间，而保留体积（V_R）为在保留时间内流动相流过的体积。溶质的流出时间与流动相流速成反比，保留时间和保留体积呈正比例关系。在色谱柱内不保留组分的流出时间为死时间（t_0），死时间不仅与柱结构有关，而且也与进样系统和检测系统有关。当柱外体积可以忽略不计时，死体积（V_0）等于柱内流动相所占有的体积，也用 V_m 表示。如果固定相的体积为 V_s，则对于不同的色谱模式，皆有：

$$V_R = V_m + kV_s \tag{1-17}$$

分配系数（k）定义为：

$$k = \frac{n_s V_m}{n_m V_s} \tag{1-18}$$

其中，n_s、n_m 分别为溶质在固定相和流动相中的量。

调整保留时间（t'_R）为溶质的保留时间中扣除死时间得到的结果，能更确切地反映溶质被保留的特征。对应的，溶质保留体积与死体积之差为调整保留体积（V'_R）。

$$t'_R = t_R - t_0 \tag{1-19}$$

$$V'_R = V_R - V_m \tag{1-20}$$

保留时间与保留体积之间的关系由式（1-7）确定。色谱系统及操作条件一定时，不同化合物具有特定的保留值，这也是色谱定性的基本依据。

容量因子（k'）是色谱法中广泛采用的另一个保留值参数。定义为样品组分在固定相和流动相中量的比值。

$$k' = \frac{n_s}{n_m} \tag{1-21}$$

结合几种色谱保留参数的定义，可以得到：

$$k = k' \frac{V_m}{V_s} \tag{1-22}$$

$$k' = \frac{t_R - t_0}{t_0} = \frac{t'_R}{t_0} \quad 或 \quad t_R = t_0(1+k') \tag{1-23}$$

在液相色谱中，由于流动相参与溶质的分配过程，因此样品组分的保留值不仅与固定相的性质和柱温有关，而且也与流动相的组成和性质有关，但理论上与流动相流速及柱尺寸无关。

液相色谱中死时间的测定较为复杂。这是因为一方面很难找到在固定相上完全不保留，而在常用的紫外检测器上有响应信号的惰性溶质用于死时间的测定；另一方面由于空间排斥作用，一些较大的溶质不能进入到固定相微孔中，可能在真实死时间前流出，不易被判断。液相色谱中一般常用下面几种方法测定死时间。

① 用混合溶剂作为流动相时，以在检测器上有显著信号的纯溶剂作为测定死时间的标记物。

② 在全浓度范围内连续变化的流动相组成，以蛋白质保留值最小的保留时间作为死时间。

③ 在正相色谱中，采用紫外检测器时，四氯乙烯可作为惰性溶质。在反相色谱中也可采用苯甲酸、硝酸、亚硝酸或高氯酸等作为惰性溶质[16]。

④ 采用比流动相溶剂分子少一个“CH_2”基团的同系物测定。如以己烷为流动相溶剂时，可以采用戊烷测定死时间。也可以通过同系线性规律经计算得到[17]。

⑤ 用放射性标记的方法测定。如以水为流动相时可以采用重水为标记物进行测定。

在实验条件不具备，且只需要死时间的估值时，可采用公式（1-24）计算：

$$t_0 = \frac{空柱管体积 \times 柱总孔隙度(\varepsilon_T)}{流动相体积流量(F_c)} \tag{1-24}$$

计算准确程度与柱径的均匀程度、填充的紧密程度及柱外死体积所占的比例有关。对填充良好的色谱柱，以多孔硅胶为基质的填料，ε_T=0.82～0.85；而对于薄壳型填料，$\varepsilon_T \approx 0.4$。

二、柱效能指标

在色谱过程中，柱效是色谱柱分离能力的度量，主要由操作参数和动力学因素决定。一般可通过测定色谱柱的塔板数、分离度等加以评价。

假设溶质谱带的分布满足高斯分布，可将理论塔板数（N）定义为：

$$N = \left(\frac{t_R}{\sigma}\right)^2 \tag{1-25}$$

其中σ为分布的方差。

以式（1-25）计算柱效不很方便，可以将其改写成：

$$N = 5.54\left(\frac{t_R}{W_{h/2}}\right)^2 = 16\left(\frac{t_R}{W}\right)^2 \quad (1\text{-}14)$$

理论塔板高度（H）被定义为单位理论塔板所占据的色谱柱长度（L），即

$$H = \frac{L}{N} \quad (1\text{-}26)$$

考虑到样品在通过柱内空隙时并不与固定相发生质量交换，因此采用调整保留时间计算塔板数更为合理，如此得到的塔板数被称为有效塔板数（N_{eff}）：

$$N_{eff} = 5.54\left(\frac{t'_R}{W_{h/2}}\right)^2 = 16\left(\frac{t'_R}{W}\right)^2 \quad (1\text{-}15)$$

或

$$N_{eff} = N\left(\frac{k'}{1+k'}\right)^2 \quad (1\text{-}27)$$

显然，当 k' 较小时，理论塔板数与有效塔板数相差较大。随着 k' 的增加，两者之差逐渐减小。

单位有效塔板所占据的色谱柱长度称为有效塔板高度（H_{eff}）：

$$H_{eff} = \frac{L}{N_{eff}} = H\left(\frac{1+k'}{k'}\right)^2 \quad (1\text{-}28)$$

相邻两峰保留时间之差与半高峰宽之和（$\Delta t_{1/2}$）的比值被定义为分离效能总指标（K_1）：

$$K_1 = \frac{t_{R(2)} - t_{R(1)}}{\Delta t_{1/2(1)} + \Delta t_{1/2(2)}} \quad (1\text{-}29)$$

注意到两峰相邻时近似地有 $\Delta t_{1/2(1)} = \Delta t_{1/2(2)}$，因此：

$$K_1 = \frac{t_{R(2)} - t_{R(1)}}{2\Delta t_{1/2}} \quad (1\text{-}30)$$

两组分保留值之差与其平均峰宽值之比被定义为分离度（R）：

$$R = \frac{2(t_{R(1)} - t_{R(2)})}{W_2 + W_1} \quad (1\text{-}12)$$

分离度也可以用于表示两相邻色谱峰的分离程度。由于两峰相邻，$W_1 \approx W_2$，因此：

$$R = \frac{t_{R(2)} - t_{R(1)}}{W} \quad (1\text{-}31)$$

R 与 K_1 之间的关系为：

$$K_1 = 0.59R \quad (1\text{-}32)$$

对于痕量组分（尤其是复杂样品体系中的痕量组分）的分析，通常采用峰高定量，因此在色谱图上至少应得到一个表示其存在的肩峰。如图 1-5 所示，定义峰高分离度（R_h）：

$$R_h = \frac{h_{max} - h_i}{h_{max}} \quad (1\text{-}33)$$

式中，h_{max} 为两峰中较矮组分的峰高。

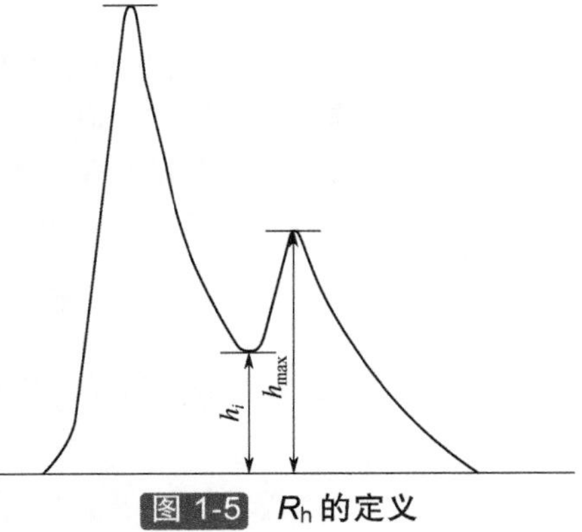

图 1-5　R_h 的定义

一般认为只要 $R_h>5\%$就可以满足色谱定性的要求。

为了使总分离效能指标能直接与所分析组分的多少相关联，可以用峰容量（P）来评价色谱柱。峰容量（P）被定义为：色谱条件一定时，在指定的时间内，能够在色谱柱中流出的满足分离度要求的等高色谱峰的个数。

当所有溶质具有相同柱效 n^{∞}时，有：

$$P=\frac{\ln(1+k'_p)}{\ln(2.35K_1/\sqrt{n^{\infty}+1})}+1 \tag{1-34}$$

式中，k'_p 为最后一个峰的容量因子。

对蛋白质、天然产物等的多维分析，也常采用特别的峰容量定义。

第四节　液相色谱基础理论

色谱过程可以看作是一种特殊的管路系统输运过程，组分在色谱过程中受到多种流与力的作用，不同分子结构的组分在迁移过程中所受到的滞留作用也有所不同，并产生迁移速度差别，最后实现分离。

色谱理论可分为色谱热力学和色谱动力学两大部分。色谱热力学理论主要研究溶质在柱过程中的分离机制及分子特征与分离结果之间的关系；而色谱动力学主要研究溶质在色谱过程中的输运规律，解释色谱流出曲线的形状，探求影响色谱区带展宽及峰形的因素，从而为获得高效能色谱分离结果提供理论指导，为峰形预测、重叠峰的定量解析以及选择最佳色谱分离方法奠定理论基础。

一、相平衡理论

相平衡理论认为溶质在流动相和固定相之间达成平衡。

分配系数（k）为一定温度下样品组分在固定相和流动相间达到分配平衡时的浓度比：

$$k=\frac{n_s V_m}{n_m V_s} \tag{1-17}$$

组分在两相中的浓度很稀，操作条件（流动相、固定相、温度等）一定时，根据亨利定律，不同组分的分配系数差异只取决于物质的结构特征。对不同的色谱分离模式，可将式（1-17）的分配系数定义拓宽为吸附色谱的吸附系数、离子交换色谱的选择性系数及凝胶色谱的渗透系数等。

如果单位时间内一个溶质分子在流动相和固定相中出现的概率分别为 p' 和 $1-p'$，说明该分子在两相中的停留时间之比为$(1-p')/p'$。对大量溶质分子，则表示有 p' 的溶质分子存在于流动相中，而 $1-p'$ 的溶质分子存在于固定相中。结合式（1-17），有：

$$\frac{1-p'}{p'}=k\frac{V_s}{V_m}=\frac{n_m}{n_s} \tag{1-35}$$

再根据 p' 的意义，溶质分子流经整个色谱柱所需时间为不保留组分所需时间的 $1/p'$ 倍，因此：

$$(t_R-t_0)/t_0=k\frac{V_s}{V_m}=k' \tag{1-36}$$

式（1-36）说明，溶质的分配系数越大，其在色谱柱中的停留时间越长。

分配系数取决于流动相、固定相及样品组分的性质与实验条件。在液相色谱中，固定相确定后，主要靠调整流动相极性来调节分配系数。

在实验条件一定时，溶质的保留时间取决于其分配系数，而分配系数与溶质的分子结构有关，这也是通过溶质保留时间进行定性的结构基础。可以通过调节操作条件获得适宜的保留时间范围及组分间的分配系数差别。

由式（1-36）可以进一步得到分配系数与保留体积的关系：

$$V_{\mathrm{R}} = V_0\left(1 + k\frac{V_{\mathrm{s}}}{V_{\mathrm{m}}}\right) \tag{1-37}$$

式（1-37）说明 k 越大，溶质的保留体积越大。由于保留时间与流动相流量有关，而保留体积与流速无关，因此也常用保留体积定性。式（1-37）是凝胶色谱法中应用最多的公式之一。

同理，将式（1-37）与薄层色谱中比移值的定义结合，也可得到分配系数（k）与比移值（R_{f}）的关系

$$R_{\mathrm{f}} = \frac{V_{\mathrm{m}}}{V_{\mathrm{m}} + kV_{\mathrm{s}}} \tag{1-38}$$

式（1-38）是薄层色谱的基本公式之一。

根据分配系数与比移值的关系，也可以得到：

$$R_{\mathrm{f}} = \frac{1}{1 + k'} \tag{1-39}$$

可以看出，k' 大的组分，R_{f} 值小。在硅胶（极性吸附剂）为固定相的吸附色谱法中，增大展开溶剂的极性，极性组分在流动相中的溶解度增加，容量因子变小，可以增大组分的 R_{f} 值。

二、塔板理论

塔板理论将色谱过程与化工蒸馏塔中的精馏过程加以类比，其基本假设包括以下几点。

① 色谱柱由若干个理论塔板串联而成，溶质在塔板内两相间的分配可以瞬时达到平衡。

② 各塔板的高度 H 为常数，因此柱长为 L 的色谱柱对应的塔板数为：

$$N = \frac{L}{H} \tag{1-26}$$

③ 流动相通过色谱柱时不是采用连续前进的方式，而是跳跃式地前进。设 q 与 x 分别为柱的横截面积和流动相占横截面的分数。因此，在一个塔板内流动相占有的空间为 Hqx。当通过色谱柱的流动相体积为 V 时，相当于流动相在柱内每个塔板上跳动的次数（r）为：

$$r = \frac{V}{Hqx} \tag{1-40}$$

④ 流动相不可压缩。

⑤ 塔板从柱头至柱尾依次编号为 0,1,…,N。故总塔板数为 N+1。色谱过程开始时全部样品集中在第 0 号塔板上。

⑥ 溶质在流动相与固定相之间的分配系数为常数。

在每块塔板上，某一个溶质分子出现在流动相内的概率 p_{m} 等于在该塔板上流动相中溶质

分子的个数与整个塔板上溶质分子个数之比。由于分子个数与浓度成正比，故有：

$$p_{\mathrm{m}} = \frac{Hqxc}{Hqxc_{\mathrm{m}} + Hq(1-x)c_{\mathrm{s}}} = \frac{1}{1+\frac{c_{\mathrm{s}}}{c_{\mathrm{m}}} \times \frac{1-x}{x}} \tag{1-41}$$

式中，c_{m}、c_{s} 分别为溶质在流动相和固定相中的浓度。结合容量因子的概念，整理得：

$$p_{\mathrm{m}} = \frac{1}{1+k'} \tag{1-42}$$

显然，在该塔板上，分子出现在固定相内的概率为 $1-p_{\mathrm{m}}=k'/(1+k')$。当流动相跳动 r 次时，如在第 n 号塔板上可发现这个分子，必须要求在这 r 次跳动中该分子有 n 次存在于流动相中，而 $r-n$ 次存在于固定相中。分子 n 次出现在流动相内的概率为 p_{m}^{n}；$r-n$ 次出现在固定相内的概率为 $(1-p_{\mathrm{m}})^{r-n}$。因而，在 r 次跳动中该分子有 n 次存在于流动相中，而 $r-n$ 次存在于固定相中的概率为 $p_{\mathrm{m}}^{n}(1-p_{\mathrm{m}})^{r-n}$。完成上述的跳动可以按多种方式进行，相当于在 r 个球中拣出 n 个球的方式总数，其组合为 $r!/[(r-n)!n!]$，故该分子经过 r 次跳动后，于第 n 号塔板上出现的概率：

$$p(r,n) = p_{\mathrm{m}}^{n}(1-p_{\mathrm{m}})^{r-n} r!/[(r-n)!n!] \tag{1-43}$$

设进样浓度为 c_0，那么在 n 号塔板上样品的浓度：

$$c(r,n) = c_0 p_{\mathrm{m}}^{n}(1-p_{\mathrm{m}})^{r-n} r!/[(r-n)!n!] \tag{1-44}$$

式（1-44）描述的“流出曲线”为非对称性的离散分布形式。在 r 与 n 都很大的情况下，在其极大值点附近作 Taylor 展开，并取前三项作为近似，可以得到：

$$\begin{aligned} c &= \frac{m}{b\sqrt{\pi}}\exp[-\frac{(V-V_{\mathrm{R}})^2}{b^2}] \\ &= c_{\max}\exp[-\frac{(V-V_{\mathrm{R}})^2}{b^2}] \end{aligned} \tag{1-45}$$

其中，m 为样品量，$b_2 = 2HLq^2x^2k'(1+k')$。

式（1-45）描绘的色谱流出曲线是以 $V = V_{\mathrm{R}}$ 为对称轴的正态分布曲线。

色谱流出曲线达到极大值时：

$$c_{\max} = \frac{m}{\sqrt{2\pi HLq^2x^2k'(1+k')}} \tag{1-46}$$

由式（1-46）可见：

① 进样量 m 越大，则 $c_{\max}$ 越大，$c_{\max}$ 与 m 成正比，这也是色谱峰高定量法的理论根据；

② 塔板高度 H 越小，即柱效越高时，$c_{\max}/m$ 越大；

③ 色谱柱越细，填充越紧密，$c_{\max}/m$ 越大；在保持其他参数不变时，q/m 相同，$c_{\max}$ 也相同，因此单位体积柱管进样量大小可作为衡量柱管荷载的指标；

④ 色谱柱越短，$c_{\max}/m$ 越大；

⑤ 迟流出的组分 k' 值大，增加流动相内强溶剂浓度（液相色谱）都会使 k' 变小，$c_{\max}/m$ 增加。

在式（1-45）中，当浓度为最大值的二分之一时，$\Delta V = V - V_{\mathrm{R}}$，用 $\Delta V_{1/2}$ 表示。注意到 $V_{\mathrm{R}} = Lqx(1+k')$，则有：

$$V_R / \Delta V_{1/2} = \frac{1}{2\sqrt{2\ln 2}}\sqrt{\frac{L}{H}}\sqrt{\frac{1+k'}{k'}} \tag{1-47}$$

因此

$$N = 8\ln 2\left(\frac{V_R}{\Delta V_{1/2}}\right)^2 \tag{1-48}$$

当采用时间坐标时，计算理论塔板数的公式可改写式（1-14）的形式。式（1-14）和式（1-48）是在 $k' \gg 1$ 时得到的简化形式，实际上无论 k' 是否大于 1，这种计算理论塔板数的方法已成为习惯用法。

三、速率理论

色谱平衡理论假设组分在整个色谱过程中任一瞬间都能达成分配平衡，得到了组分区带在柱内输运的基本关系式。但由于平衡的假设，使其无法说明组分纵向扩散和传质速率的有限性对色谱峰展宽的影响。从严格的色谱动力学观点讲，应当根据色谱柱内组分移动的实际情况列出相应的动力学输运方程，通过求解这些偏微分方程组获得描述色谱流出曲线形状的关系式。

考虑到谱带运动过程中组分在流动相与固定相之间的平衡不能瞬间达成，也就是说组分在两相间交换的传质速率并非无限大，实现分配平衡需要足够的时间。在不考虑纵向扩散影响的情况下，根据物料平衡原理可以得到：

$$u\frac{\partial c_m}{\partial x} + k'\frac{\partial c_s}{\partial t} + \frac{\partial c_m}{\partial t} = 0 \tag{1-49}$$

其中，u 为流动相线速度。

进一步假设溶质在两相间的传质速率遵循线性动力学方程：

$$-\frac{\partial c_m}{\partial t} = \beta(c_s - kc_m) \tag{1-50}$$

其中β称为动力学系数，它概括了由流动相到固定相及从固定相到流动相的整个两相传质过程。

在柱头，组分浓度的变化曲线，即进样函数曲线为：

$$c(0,t) = f(c) \tag{1-51}$$

在采用脉冲进样条件下，通过 Laplace 变换的方法求解式（1-49）～式（1-51），可以得到在柱后流出组分的保留时间和塔板高度的表达式：

$$t_R = \frac{L}{u}(1+k') \tag{1-52}$$

$$H = \frac{2uk'}{\beta(1+k')^2} \tag{1-53}$$

如同化学反应一样，决定β的主要因素是整个过程中的控制步骤，即速度最慢的步骤。对吸附色谱而言，一般认为在吸附剂的内、外表面吸附速度都比较快，因而决定β的主要因素是溶质分子通过流动相扩散至固定相内表面的过程，即控制步骤为流动相的传质过程。

如果认为载体表面涂有一层厚度为 d_f 的液膜，且液膜传质是主要控制步骤，把液膜表面视为球面，则有：

$$\beta_{\mathrm{L}}=\frac{\pi^2 D_{\mathrm{s}}}{4d_{\mathrm{f}}^2} \tag{1-54}$$

其中，D_s为溶质在液膜中的扩散系数。

色谱系统中，谱带展宽可以分为柱内展宽和柱外展宽两部分[18]：

$$\sigma^2=\sigma_{柱外}^2+\sigma_{柱内}^2 \tag{1-55}$$

柱外谱带展宽又称“柱外效应”，指从进样点到检测池间除色谱柱以外的所有流路导致的谱带变宽。包括进样器、连接管、检测池等因素。

$$\sigma_{柱外}^2=\sigma_{进样}^2+\sigma_{连接管}^2+\sigma_{接头}^2+\sigma_{检测池}^2+\sigma_{其他}^2 \tag{1-56}$$

由于液体的扩散系数小，流动相流量也很少，因此柱外效应在液相色谱中十分明显，细内径柱的表现更为突出。柱内因素引起的谱带展宽现象为柱内谱带展宽，主要包括涡流扩散、分子扩散、内扩散传质、固相传质等几部分。

涡流扩散指由于固定相颗粒对流动相流动的阻滞作用，导致流动方向不断改变，从而使组分在流动相中形成涡流的现象。涡流扩散使组分的谱带展宽正比于填料的颗粒度（d_p）：

$$H_{涡流扩散}=2\lambda d_{\mathrm{p}} \tag{1-57}$$

式中，λ为填充不规则因子，反映了柱内固定相填充的不均匀程度。

分子扩散指组分的浓差梯度引起的扩散，服从爱因斯坦扩散方程：

$$H_{分子扩散}=2\gamma D_{\mathrm{m}} \tag{1-58}$$

式中，γ为与扩散有关的常数；D_m为溶质在流动相中的扩散系数。在流动相线速度不很低的情况下，$H_{分子扩散}$很小，一般可忽略。

流型扩散指由于流动相的径向速度梯度引起的质量输运现象，可表示为：

$$H_{流型扩散}=\frac{c_{\mathrm{f}} d_{\mathrm{p}}^2 u}{D_m} \tag{1-59}$$

式中，c_f为与流型有关的常数；u为流动相线速度。

在固定相孔隙内，流动相液体相对静止，组分进入其中通过扩散进行的传质过程为内扩散传质。由内扩散传质引起的塔板高度增加为：

$$H_{内扩散传质}=\frac{c_{\mathrm{sm}} d_{\mathrm{p}}^2 u}{D_{\mathrm{m}}} \tag{1-60}$$

式中，c_{sm}为与颗粒内孔的传质阻力有关的常数。

固相传质指组分从流动相和固定相界面到固定相内部及返回的传质过程。

$$H_{固相传质}=\frac{c_{\mathrm{k}} d_{\mathrm{f}}^2 u}{D_{\mathrm{s}}} \tag{1-61}$$

其中，c_k为与固定相传质阻力有关的常数。

综合式（1-56）～式（1-61），可以得到修正的 Van Deemter 方程：

$$H=\frac{\sigma_{柱内}^2}{L}=2\lambda d_{\mathrm{p}}+\frac{2\gamma D_{\mathrm{m}}}{u}+\frac{c_{\mathrm{m}} d_{\mathrm{p}}^2 u}{D_{\mathrm{m}}}+\frac{c_{\mathrm{sm}} d_{\mathrm{p}}^2 u}{D_{\mathrm{m}}}+\frac{c_{\mathrm{k}} d_{\mathrm{f}}^2 u}{D_{\mathrm{s}}} \tag{1-62}$$

塔板高度与流动相流速之间的关系如图 1-6 所示。

由式（1-62），要获得高效能的液相色谱分析结果，一般可采用的措施包括：短进样时间；

小粒度固定相；改善传质过程；选择适当的流动相以及减小检测器死体积等。

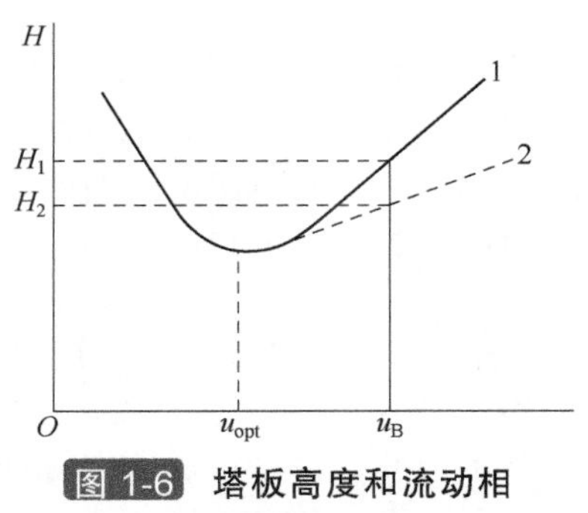

图 1-6　塔板高度和流动相线速度的关系

四、几个重要的理论关系式

1. 色谱指数修正高斯模型

实际色谱过程中很难获得高斯曲线形式的对称峰，一般都是拖尾的不对称形式，拖尾色谱峰可以采用指数修正的高斯模型描述：

$$H(t)=\frac{A}{\sigma\tau 2\pi}\exp\left[-\left(\frac{t-t_{\mathrm{g}}-t'}{2\sigma}\right)^{2}-\frac{t'}{\tau}\right]\mathrm{d}t' \quad (1\text{-}63)$$

式中，A 为色谱峰面积；σ 是反映峰展宽的高斯峰的标准偏差；τ 是反映色谱峰拖尾程度的拖尾因子；t 为时间参量；t_{g} 是峰质心的保留时间；t' 为虚拟积分变量。实验和理论皆证明 σ 和 τ 与保留值存在线性关系：

$$\left.\begin{aligned}\sigma&=a_1+b_1t\\ \tau&=a_2+b_2t\end{aligned}\right\} \quad (1\text{-}64)$$

这一结果可用于色谱全谱图的拟合及不完全分离色谱峰的定量，对提高非对称峰的定量精度也很有帮助。

2. 半峰宽规律

在一定线速范围内，峰形变化尺度 $W_{h/2}$ 和保留时间 t_{R} 之间存在线性关系：

$$W_{h/2}=a+bt_{\mathrm{R}} \quad (1\text{-}65)$$

其中，a、b 为经验常数。式（1-65）说明，为了使峰不至于过度展宽，分析时间应控制在合理范围内。Snyder 等[18]认为，从定量分析的角度讲，分析时间不得超过 21 倍的死时间。

3. 流动相组成与容量因子的关系

液相色谱中应用最为广泛的是反相色谱，其流动相的优化组合直接关系到分离效果。在只有一种强溶剂（甲醇或乙腈等）的情况下，Snyder 等通过实验证实，溶质的容量因子的对数值与极性溶剂的摩尔分数或体积分数呈线性关系，即

$$\ln k'=a+cC_{\mathrm{B}} \quad (1\text{-}66)$$

其中，a、c 为常数，C_{B} 为强溶剂体积分数。

卢佩章等[19]也从理论上得到相同的关系式，并且研究了 a、b 与溶质分子结构、固定相性质等的关系。针对正相色谱，他们也得到类似的关系式：

$$\ln k'=a+b\ln C_{\mathrm{B}}+cC_{\mathrm{B}} \quad (1\text{-}67)$$

其中，a、b、c 为经验常数。

对大多数小分子化合物来说，c 约为 4。采用式（1-66）和式（1-67）可以进行流动相的优化和梯度选择。

4. 温度规律与熵焓补偿

根据容量因子的定义，以及溶质在流动相和固定相之间分配常数与其迁移 Gibbs 自由能 ΔG 的关系可以得到：

$$\ln k'=\ln V_{\mathrm{m}}/V_{\mathrm{s}}-\Delta G/RT \quad (1\text{-}68)$$

式（1-68）中，ΔG 作为一热力学参数，针对特定的溶质和实验体系为常数，因此可以改写成：

$$\ln k' = a + b / T \tag{1-69}$$

其中，a、b 为经验常数。

式（1-69）说明，溶质的容量因子对数与柱温倒数呈正比。一般地，$\Delta G<0$，因此随着温度的增加，溶质的保留时间缩短，分析时间加快。

由化学热力学可知：

$$\Delta G = \Delta H + RT\Delta S \tag{1-70}$$

其中，ΔH、ΔS 是与ΔG 对应过程的焓变和熵变。

将式（1-68）与式（1-70）结合有

$$\ln k' = \ln V_{\mathrm{m}} / V_{\mathrm{s}} - \Delta S - \Delta H / RT \tag{1-71}$$

由式（1-71）可知，溶质的容量因子，或者说两种组分的分离效果，不仅与其在两相之间迁移的焓变有关，也与其熵变有关，为两者综合作用的结果。

通常情况下，异构体分离的迁移熵变基本相同，因此主要由两者迁移的焓变差确定分离效果。而对于手性化合物的分离而言，对映体的迁移焓变相同，分离效果主要取决于其熵变。

第五节　常用液相色谱参考资料及相关网站

一、国内出版的图书类参考资料

书　　名	作　　者	出　版　社	出版时间/年
实用高效液相色谱法的建立（第 2 版）	L.R.Snyder，J.J.Kirkland，J.L.Glajch 著；张玉奎，王杰，张维冰译	华文出版社	2001
常用中药材 HPLC 指纹图谱测定技术	蔡宝昌，刘训红	化学工业出版社	2005
高速逆流色谱分离技术及应用	曹学丽	化学工业出版社	2005
毛细管电泳技术及应用（第 2 版）	陈义	化学工业出版社	2006
色谱分析概论（第 2 版）	傅若农	化学工业出版社	2005
高效液相色谱法纯化蛋白质理论与技术	郭立安	陕西科学技术出版社	1993
中药数字化色谱指纹谱	洪筱坤，王智华	上海科学技术出版社	2003
色谱-原子光谱/质谱联用技术及形态分析	胡斌江，祖成	科学出版社	2005
高效液相色谱仪器系统（第 2 版）	李彤，张庆合，张维冰	化学工业出版社	2005
色谱模型理论导引	林炳昌	科学出版社	2004
色谱柱技术（第 2 版）	刘国诠，余兆楼	化学工业出版社	2006
气相色谱方法及应用	刘虎威	化学工业出版社	2003
高效液相色谱法及其专家系统	卢佩章，张玉奎，梁鑫淼	辽宁科学技术出版社	1992
高效液相色谱法	卢佩章，邹汉法，张玉奎	科学出版社	1998
毛细管电色谱及其在生命科学中的应用	罗国安	科学出版社	2005
离子色谱方法及应用（第 2 版）	牟世芬，刘克纳，丁晓静	化学工业出版社	2005
色谱质谱联用技术	盛龙生	化学工业出版社	2006
生物大分子的液相色谱分离和制备（第 2 版）	师治贤，王俊德	科学出版社	1996
实用色谱	施祖辉	测绘出版社	2001
袖珍实用色谱	孙烨	上海科学普及出版社	2005
现代色谱法及其在医药中的应用	孙毓庆	人民卫生出版社	1998
现代色谱法及其在药物分析中的应用	孙毓庆	科学出版社	2005

续表

书　　名	作　　者	出　版　社	出版时间/年
色谱在药物分析中的应用	田颂九，胡昌勤，马双成	化学工业出版社	2006
色谱定性与定量（第 2 版）	汪正范	化学工业出版社	2007
色谱联用技术（第 2 版）	汪正范，杨树民，吴侔天，岳卫华	化学工业出版社	2007
高效液相色谱法	王俊德，商振华，郁温璐	中国石化出版社	1992
色谱分析样品处理（第 2 版）	王立，汪正范	化学工业出版社	2006
色谱在食品安全分析中的应用	王绪卿，吴永宁等	化学工业出版社	2005
最新色谱分析检测方法及应用技术实用手册	王宇成	吉林省出版发行集团	2004
色谱仪器维护与故障排除（第 2 版）	吴方迪	化学工业出版社	2003
气相色谱检测方法（第 2 版）	吴烈钧	化学工业出版社	2005
现代色谱分析	何华，倪坤仪	化学工业出版社	2004
中药色谱指纹图谱	谢培山	人民卫生出版社	2005
工业色谱基础理论和应用	叶振华	中国石化出版社	1998
高效液相色谱方法及应用（第 2 版）	于世林	化学工业出版社	2005
制备色谱技术及应用（第 2 版）	袁黎明	化学工业出版社	2012
液相色谱检测方法（第 2 版）	云自厚，欧阳津，张晓彤	化学工业出版社	2005
常用中药液相与气相色谱鉴定	张贵君	化学工业出版社	2005
毛细管电色谱理论基础	张维冰	科学出版社	2006
现代色谱分析	张祥民	复旦大学出版社	2004
分析化学手册（第 2 版）：第 6 分册．液相色谱分析	张玉奎，张维冰，邹汉法	化学工业出版社	2003
中药高效液相色谱法应用	赵陆华	中国医药科技出版社	2005
毛细管电色谱及其应用	邹汉法，刘震，叶明亮，张玉奎	科学出版社	2002

二、国内期刊及联系方式

（1）分析化学（FENXI HUAXUE，Chinese Journal of Analytical Chemistry）
编辑部地址：长春市人民大街 159 号；邮编：130022
电话：（0431）5262017，E-mail: fxhx@ns.ciac.ac.cn；网址：http://www.ciac.jl.gn/fxhx

（2）分析科学学报（FENXI KEXUE XUEBAO，Journal of Analytical Science ）
编辑部地址：湖北省武昌武汉大学化学与环境科学学院；邮编：430072
电话：（027）87682248；E-mail: fxkxxb@whu.edu.cn
网址：http://www.fxkxxb.whu.edu.cn/

（3）分析试验室（FENXI SHIYANSHI，Chinese Journal of Analysis Laboratory ）
编辑部地址：北京新街口外大街 2 号；邮编：100088
电话：（010）82013328 或 62014488-5112；E-mail: fenxi@public.sti.ac.cn
网址：http://www.analab.cn/index.asp

（4）分析测试学报（FENXI CESHI XUEBAO，Journal of Instrumental Analysis）
编辑部地址：广州市先烈中路 100 号中国广州分析测试中心内；邮编：510070
电话：（020）87759776；E-mail: fxcxb@china.com
网址：http://www.fxcsxb.com

（5）理化检验-化学分册［LIHUA JIANYAN（HUAXUE FENCE），Physical Testing and Chemical Analysis，Part B. Chemical Analysis］

编辑部地址：上海市邯郸路 99 号；邮编：200437

E-mail: hx@mat-test.com；网址：http://www.mat-test.com/index.asp

（6）冶金分析（YEJIN FENXI，Metallurgical Analysis）

编辑部地址：北京市海淀区学院南路 76 号；邮编：100081

电话：（010）62182398/1032；E-mail: yjfx@analysis.org.cn，yjfx@chinajournal.net.cn

网址：http://journal.yejinfenxi.cn

（7）岩矿测试（YANKUANG CESHI，Rock and Mineral Analysis）

编辑部地址：北京市阜外百万庄路 26 号；邮编：100037

电话：（010）68999562；E-mail: ykcs_zazhi@163.com，ykcs_zazhi@sina.com

网址：http://www.ykcs.ac.cn

（8）色谱（SE PU，Chinese Journal of Chromatography）

编辑部地址：大连市中山路 457 号；邮编：116023

电话：（0411）4379021；E-mail: sepu@dicp.ac.cn，

网址：http://www.chrom-china.com

（9）中华检验医学杂志（ZHONGHUA JIANYAN YIXUE ZAZHI，Chinese Journal of Laboratory Medicine）

编辑部地址：北京市东四西大街 42 号；邮编：100710

电话：（010）65122268-1447；E-mail: cmajy@public.sti.ac.cn

（10）临床检验杂志（LINCHUANG JIANYAN ZAZHI，Chinese journal of clinical laboratory science）

编辑部地址：南京市中央路 42 号；邮编：210008

电话：（025）7714280；E-mail: jcls@publicl.ptt.js.cn

（11）上海医学检验杂志（SHANGHAI YIXUE JIANYAN ZAZHI，Shanghai Journal of Medical Laboratory Sciences）

编辑部地址：上海市泰安路 120 弄 3 号；邮政编码：200052

电话：（021）62830572；E-mail: shyxjyzzs@fm365.com

（12）药物分析杂志（YAOWU FENXI ZAZHI，Chinese Journal of Pharmaceutical Analysis）

编辑部地址：北京天坛西里 2 号中国检定所编辑室；邮编：100050

电话：（010）67058427；E-mail: ywfxzz@periodicals.net.cn

（13）植物检疫（ZHIWU JIANYI，Plant Quarantine）

编辑部地址：北京市朝阳区高碑店北路甲 3 号；邮编：100029

电话：（010）85773355-2273，2274；E-mail: zwjy@ chinajournal.net.cn

网址：http://www.cncait.net/jky/ybkw/180154.shtml

（14）中国环境监测（ZHONG GUO HUANJING JIANCE，Environmental Monitoring in China）

编辑部地址：北京市安外大羊坊 8 号（乙）；邮编：100012

电话：（010）84943034，3035，3036；E-mail: iaob@chinajournal.net.cn

网址：http//www.cnemc.cn/

（15）中国无机分析化学文摘（ZHONGGUO WUJI FENXIHUAXUE WENZHAI，Inorganic Analytical Abstracts of China）

编辑部地址：北京市西直门外文兴街 1 号；邮编：100044

电话：（010）68333366-3430；E-mail: binfubox@mail.sparkice.com.cn

更名为：中国无机分析化学（ZHONGGUO WUJI FENXIHUAXUE，Chinese Journal of Inorganic Analytical Chemistry）

编辑部地址：北京市南四环西路 188 号总部基地 18 区 23 号楼；邮编：100160

电话：86-10-63299759；E-mail: zgwjfxhx@bgrimm.com，zgwjfxhx@163.com

（16）化学分析计量（HUAXUE FENXIJILIANG，Chemical Analysis and Meterage）

编辑部地址：山东省济南市 108 信箱；邮编：250031

电话：（0531）85878132；E-mail: cam@cam1992.com，anameter@126.com

（17）分析测试技术与仪器（FENXI CESHI JISHU YU YIQI，Analysis and Testing Technology and Instruments）

编辑部地址：兰州市天水中路 18 号；邮编：730000

E-mail: fxcs@licp.cas.cn

（18）检验检疫科学（JIAN YAN JIAN YI KE XUE，Inspection and Quarantine Science）

编辑部地址：北京市朝阳区高碑店北路甲 3 号中国检验检疫科学研究院；邮编：100026

电话：（010）85773355-2274，85745896-8816；E-mail: jyjykx@ sina.com

（19）分析仪器（FENXI YIQI，Analytical Instrumentation ）

编辑部地址：北京市海淀区温泉北京分析仪器研究所；邮编：100095

电话：（010）62403151；E-mail: fxyqzz@126.com

（20）光谱学与光谱分析（GUANG PU XUE YU GUANG PU FEN XI，Spectroscopy and Spectral Analysis）

编辑部地址：北京市海淀区魏公村学院南路 76 号；邮编：100081

电话：（010）62181070；E-mail：chngpxygpfx@sina.com

（21）光谱仪器与分析（GUANG PU YI QI YU FEN XI）

编辑部地址：北京市东直门外西八间房北京瑞利分析仪器公司；邮编：100015

电话：（010）64362531-343 或 236；E-mail：xhye@braic.com

（22）现代仪器（XIANDAI YIQI，Modern Instruments）

编辑部地址：北京市西城区西直门南大街 2 号成铭大厦 B1 座；邮编：100035

电话：(010)65132649; E-mail: info@csimc.com.cn; 网址: http://www.moderninstrs.org.cn/

（23）中国科学（B 辑）[ZHONGGUO KEXUE（BJI），Science in China，Series B]

编辑部地址：北京东黄城根北街 16 号；邮编：100717

电话：（010）64016732；E-mail: chemistry@scichina.org，网址：scichina.com

（24）化学学报（HUAXUE XUEBAO，Acta Chimica Sinica）

编辑部地址：上海枫林路 354 号；邮编：200032

电话：（021）54925242；E-mail: hxxb@sioc.ac.cn，网址：www.sioc.ac.cn

（25）高等学校化学学报（GAODENG XUEXIAO HUAXUE XUEBAO，Chemical Journal of Chinese Universities）

编辑部地址：长春市吉林大学南湖校区综合楼 207 室；邮编：130012

电话：（0431）88499216；E-mail: cjcu@mail.jlu.edu.cn；网址：http://www.cjcu.jlu.edu.cn/

（26）化学通报（HUAXUE TONGBAO，Chemistry Bulletin）

编辑部地址：北京 2709 信箱；邮编：100080

电话：（010）62554183；E-mail: hxtb@public.sti.ac.cn，hxtb@infoc3.icas.ac.cn

（27）光谱实验室（GUANGPU SHIYANSHI，Chinese Journal of Spectroscopy Laboratory）
编辑部地址：北京市高梁桥斜街 13 号院 35 号楼 204 室；邮编：100081
电话：（010）62183031；E-mail: gpsys@263.net，gpsys@periodicals.net.cn

（28）环境科学学报（HUANJING KEXUE XUEBAO，Acta Scientiae Circumstantiae）
编辑部地址：北京市海淀区双清路 18 号；邮编：100085
电话：（010）62941073；E-mail: hikxxb@rcees.ac.cn

（29）环境化学（HUANJING HUAXUE，Environmental Chemistry）
编辑部地址：北京市海淀区双清路 18 号；邮编：100085
电话：（010）62923569；E-mail：hjhx@rcees.ac.c；网址：http://hjhx.rcees.ac.cn

（30）化学研究与应用（HUAXUE YANJIU YU YINGYONG，Chemical Research and Application）
编辑部地址：成都市望江路 29 号四川大学化学学院内；邮编：610064
电话：（028）5412290/5412800；E-mail: suqcp@mail.sc.cninfo.net
网址：www.huaxueyanjiu.com.cn

（31）质谱学报（ZHI PU XUEBAO，Journal of Chinese Mass Spectrometry Society）
编辑部地址：北京 275 信箱 65 分箱《质谱学报》编辑部；邮编：102413
电话：（010）69357734；E-mail: jcmss401@163.com；网址：jcmss.com.cn

三、国外期刊及网址

序号	期刊名	网　址
1	Analyst	http://pubs.rsc.org/en/journals/journalissues/an
2	Analytica Chimica Acta	http://www.sciencedirect.com/science/journal/00032670
3	Analytical Biochemistry	http://www.sciencedirect.com/science/journal/00032697
4	Analytical Chemistry	http://pubs.acs.org/journals/ancham
5	Analytical and Bioanalytical Chemistry	http://springer.com/chemistry/analytical+chemstry/journal/216
6	Analytical Communications	http://www.rsc.org/Publishing/Journals/ac/index.asp
7	Analytical Letters	http://www.tandf.co.uk/journals/titles/00032719.asp
8	Analytical Sciences	http://www.jsac.or.jp/analsci/
9	Biomedical Chromatography	http://www.interscience.wiley.com/jpages/0269-3879/
10	Chromatographia	http://www.springerlink.com/link.asp?id=110810
11	Critical Reviews in Analytical Chemistry	http://www.tandf.co.uk/journals/titles/10408347.asp
12	Electroanalysis	http://onlinelibrary.wiley.com/journal/10.1002/（ISSN）1521-4109
13	Electroanalytical Chemistry	http://www.sciencedirect.com/science/journal/00220728
14	Electrophoresis	http://onlinelibrary.wiley.com/journal/10.1002/（ISSN）1522-2683
15	Field Analytical Chemistry and Technology	http://onlinelibrary.wiley.com/journal/10.1002/（ISSN）1520-6521
16	Fresenius Journal of Analytical Chemistry	http://www.sid.ir/en/index.asp
17	HRC-Journal of High Resolution Chromatography	http://www3.interscience.wiley.com/cgi-bin/jhome/5008460
18	Instrumentation Science & Technology	http://www.tandf.co.uk/journals/titles/10739149.asp
19	International Journal of Environmental Analytical Chemistry	http://www.gbhap.com/journals/128/128-top.htm

续表

序号	期刊名	网 址
20	Journal of Analytical Toxicology	http://www.ingentaconnect.com/content/pres/jat
21	Journal of AOAC International	http://www.atypon-link.com/AOAC/loi/jaoi
22	Journal of Chemometrics	http://www.interscience.wiley.com/jpages/0886-9383/
23	Journal of Chromatographic Science	http://www.j-chrom-sci.com/
24	Journal of Chromatography A	http://www.sciencedirect.com/science/journal/00219673
25	Journal of Chromatography B	http://www.sciencedirect.com/science/journal/15700232
26	Journal of Electroanalytical Chemistry	http://www.sciencedirect.com/science/journal/00220728
27	Journal of Liquid Chromatography & Related Technologies	http://www.dekker.com/servlet/product/productid/JLC
28	Journal of Microcolumn Separations	http://onlinelibrary.wiley.com/journal/10.1002/（ISSN）1520-667X
29	Journal of Pharmaceutical and Biomedical Analysis	http://www.sciencedirect.com/science/journal/07317085
30	Journal of the American Society for Mass Spectrometry	http://www.sciencedirect.com/science/journal/10440305
31	LC GC	http://www.lcgcmag.com/lcgc/
32	LC GC-Magazine of Separation Science	http://www.techexpo.com/toc/lcgc.html
33	Microchemical Journal	http://www.sciencedirect.com/science/journal/0026265X
34	Phytochemical Analysis	http://onlinelibrary.wiley.com/journal/10.1002/（ISSN）1099-1565
35	Rapid Communications in Mass Spectrometry	http://onlinelibrary.wiley.com/journal/10.1002/（ISSN）1097-0231
36	Reviews in Analytical Chemistry	http://www.degruyter.com/view/j/revac
37	Sensors and Actuators B-Chemical	http://www.sciencedirect.com/science/journal/09254005
38	Spectrochimica Acta Part A : Molecular and Biomolecular Spectroscopy	http://www.sciencedirect.com/science/journal/13861425
39	Talanta	http://www.sciencedirect.com/science/journal/00399140
40	Trac-Trends in Analytical Chemistry	http://www.sciencedirect.com/science/journal/01659936
41	Vibrational Spectroscopy	http://www.sciencedirect.com/science/journal/09242031

四、国内外其他相关网站

1. 国内网站

小木虫 http://emuch.net/

生物谷 http://www.bioon.com/

中国化工仪器网 http://www.chem17.com/

仪器信息网 http://www.instrument.com.cn/

色谱世界 http://www.chemalink.net/

中国色谱网 http://www.sepu.net

分析测试百科网 http://www.caigou.com.cn/

仪器仪表交易网 http://www.testmart.cn/

中国分析仪器网 http://www.54pc.com/

阿仪网 http://www.app17.com/

中国生物器材网 http://www.bio-equip.com/

中国仪表网 http://www.ybzhan.cn/

来宝网 http://www.caigou.com.cn/

生物无忧 http://www.51atgc.com/

生化分析仪器网 http://www.yiqiwu.com/

生技网 http://www.biogo.net/

生物吧 http://www.biobars.cn/a/yiqi/

实验室中国 http://www.labscn.com.cn/

中国生物器材网 http://www.bio-equip.com/

生物帮 http://www.bio1000.com/

中国上海仪器网 http://www.sh17.cn/

丁香通 http://www.biomart.cn/

仪思网 http://www.instrument-mart.com/
我要仪器网 http://www.5117.com/
中国仪器之家 http://www.17baba.com/
仪众国际 http://www.1718china.com/
分析化学网 http://www.analchem.cn/index.php

2. 国外网站

（1）High-performance liquid chromatography http://en.wikipedia.org/wiki/High-perfor-mance_liquid_chromatography

（2）HPLC Training http://www.lcresources.com/training/training.html

（3）HPLC Resources-Main http://www.forumsci.co.il/HPLC/

（4）HPLC/ LC-MS | ResearchGate http://www.researchgate.net/

参考文献

[1] Tswett M. Ber Dtsch Bot Ges，1906，24：316.
[2] Tswett M. Ber Dtsch Bot Ges，1906，24：384.
[3] Tswett M. Ber Dtsch Bot Ges，1907，25：1907.
[4] Kuhn K，Winterstein A，Lederer E. Z Physiol Chem，1931，196：141.
[5] Martin A J P，Synge R L M. Biochem J，1941，35：1358.
[6] 谷春秀，赵伟，于志勇，等. 生命科学仪器，2012，2：40.
[7] 杨开广，张丽华，张玉奎. 郑州轻工业学院学报：自然科学版，2012，5：1.
[8] 富玉，陈能武. 中国测试技术，2007，3：36.
[9] 张祥民，张丽华，张玉奎. 色谱，2012，3：222.
[10] 卢佩章，张玉奎，梁鑫淼. 高效液相色谱法及其专家系统. 沈阳：辽宁科学技术出版社，1992：1.
[11] 张玉奎. 现代生物样品分离分析方法. 北京：科学出版社，2003：1.
[12] 汪尔康，陈义. 生命分析化学. 北京：科学出版社，2006：34.
[13] GB/T 9008—2007.
[14] 张玉奎，张维冰，邹汉法. 分析化学手册（第 2 版）：第六分册. 液相色谱分析. 北京：化学工业出版社，2003：7.
[15] 李浩春. 分析化学手册（第 2 版）：第 5 分册. 气相色谱分析. 北京：化学工业出版社，2003：7.
[16] 苏立强，彭丽萍. 齐齐哈尔师范学院学报：自然科学版，1994，14（2）：30.
[17] 尤慧艳，张维冰，张玉奎. 科学技术与工程，2002，3：9.
[18] Valko K, Snyder L R, Glajch L. J Chromatogr A, 1993, 656：501.
[19] 卢佩章，戴朝政，张祥民. 色谱理论基础. 北京：科学出版社，2001：第二章.

第二章　液相色谱固定相与色谱柱

第一节　液相色谱柱的结构与特征

一、色谱柱的分类

基于不同原理和角度，高效液相色谱柱和固定相可以有不同的分类方式。液固色谱固定相按基质材料可分为无机氧化物、聚合物等主要类型；按结构和形状分为薄壳型和全孔型，无定形和球形，整体柱等；按固定相表面改性与否分为吸附型和化学键合型；按照分离模式可以分为正相、反相、离子交换、疏水作用、体积排阻、亲和、手性等类型；按照分离规模及色谱柱的几何尺寸，可以分为制备柱、分析柱、微型柱等类型。表 1-1 中已经给出了按照分离模式分类的原理及适用范围；表 2-1 中列出了柱型与样品容量的关系。

表 2-1　液相色谱的不同柱型

柱　　型	柱内径	流动相流速	样品容量
制备柱	4in（≈100mm）	960ml/min	2.5g
制备柱	2in（≈50mm）	240ml/min	600mg
制备柱	1in（≈25mm）	61ml/min	150mg
半制备柱	9mm	11ml/min	25mg
常规柱	4.6mm	0.5～2.0ml/min	0.2～7mg
细内径柱	2.1mm	0.2～0.4ml/min	0.05～0.2mg
微　　柱	0.8～1.0mm	25～60μl/min	50～500μg
毛细管柱	0.1～0.5mm	1～15μl/min	1～50μg
纳米柱	≤0.1mm	≤1μl/min	≤1μg

二、色谱柱的结构

现代高效液相色谱大多采用小粒径固定相以获得高柱效，较大的阻力需要在高压下运行，这也要求色谱柱及其连接必须满足耐高压、不泄漏、死体积小等条件。为了保证色谱柱具有良好的密封性能，通常使用带锥套的线密封连接方式。图 2-1 给出了常见的高效液相色谱柱结构。

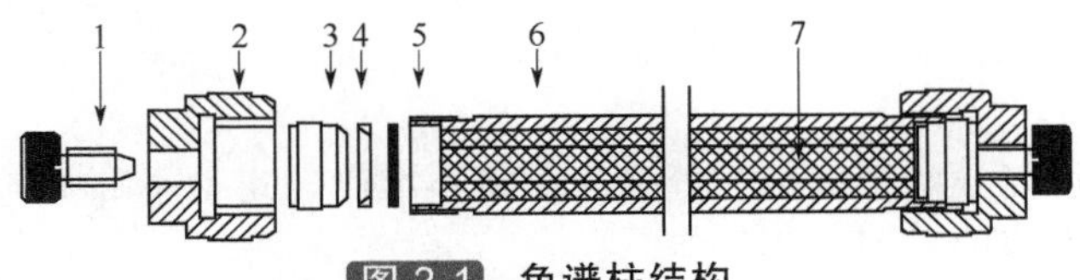

图 2-1　色谱柱结构

1—塑料保护堵头；2—柱头螺栓；3—刃环；4—密封圈；5—筛板；6—色谱柱管；7—固定相

在图 2-1 中，当旋紧柱头螺母时，刃环在压力作用下向左方移动，刃环前端很薄的边沿在挤压下会变形并包紧色谱柱管，同时与锥面接触形成环状的密封面。这种由金属在高压下变形而形成的密封紧密可靠，可保证色谱柱在非常高的压力下正常工作。

不同厂家生产的色谱柱出口和入口的接头长度和刃环的角度不同，因此，不同品牌的色谱柱可能需要使用不同的金属刃环和接头，可采用通用接头或者 PEEK 接头。

三、柱性能评价

色谱柱的类型和构型（粒度、长度、内径等）选择通常由分离目的决定，对特定类型的色谱柱，不同的品牌之间也可能存在很大的差异。色谱柱要求的主要性能指标包括[2~8]：理论塔板数、峰不对称因子、对两种不同溶质的选择性、色谱柱的反压、保留值的重现性、键合相浓度、色谱柱的稳定性等。

许多生产商为每支色谱柱提供测试色谱图和前四项数据，有的厂家也提供同一批次或不同批次保留值重现性的数据、键合相浓度数据与柱稳定性数据。

1. 理论塔板数

塔板数（N）是色谱柱的一个基本参数，一支色谱柱的理论塔板数越高，则流出曲线的方差或峰宽越小，色谱峰越尖锐，表明色谱柱对溶质的分离能力强，即柱效高。

提高色谱柱理论板数的因素包括：色谱柱填充良好、增加色谱柱长度、在最佳流速下运行、采用较小粒度固定相、采用低黏度流动相、升高色谱柱温度、采用小分子化合物测定。

表 2-2 中给出了填充良好的各种长度与粒度不同固定相的典型 HPLC 色谱柱在最佳条件下的塔板数（采用小分子中性样品，分子量约为 200）。

表 2-2 在最佳测试条件下，填充良好的 HPLC 色谱柱的塔板数

微粒直径/μm	柱长/cm	塔板数 N
10	15	6000～7000
10	25	8000～10000
5	10	7000～9000
5	15	10000～12000
5	25	17000～20000
3	5	6000～7000
3	7.5	9000～11000
3	10	12000～14000
3	15	17000～20000
1.7	5	约 10000

一般情况下，正常装填的色谱柱对小分子样品分离的理论塔板数可近似表示为：

$$N \approx \frac{3500L}{d_p} \tag{2-1}$$

式中，L 为柱长，cm；d_p 为固定相粒径，μm。

2. 峰不对称度

不对称的色谱峰可能导致塔板数与分离度测定不准确、定量不准确、分离度降低与检不出峰尾中的小峰、保留值的重现性不好等。

实际工作中，通常采用峰不对称因子 A_s 表示峰形的不对称度或拖尾程度，理想色谱峰的 A_s 值为 0.95～1.1（对称峰 A_s=1.0），实际分析中被测样品的 A_s 值一般应小于 1.5。

《美国药典》、《中国药典》等规定用色谱柱拖尾因子（*T*）表示色谱峰的对称性。表 2-3 中列出了两者的对应关系：

表 2-3　峰不对称因子与峰拖尾因子的关系

峰不对称因子（10%峰高）	1	1.3	1.6	1.9	2.2	2.5
峰拖尾因子（5%峰高）	1	1.2	1.4	1.6	1.8	2

3. 渗透性

色谱柱的渗透性可以用特定条件下的压力降作为衡量指标。渗透性与运行条件、色谱柱尺寸和固定相粒度有关。随色谱柱增长和固定相粒径减小反压升高，用不规则微粒固定相填充的色谱柱压力可能会较高。不同品牌的固定相粒度分布范围差别较大，因此反压也可能有很大的差异。供应商报告的反压一般是在特定操作条件下测试的结果。

球形固定相填充的色谱柱的压力降可近似表示为：

$$P=\frac{3000L\eta}{t_0 d_p^2} \tag{2-2}$$

式中，P 为压力降，psi（1psi=6894.76Pa）；η为流动相黏度，cP。

4. 柱体积

不同规格的色谱柱所填充的固定相量很容易被估算，但是由于不同品牌、基质的固定相密度差别较大，估算的结果有时偏差较大。高效液相色谱柱的固定相填充体积与质量之间的近似关系在表 2-4 中给出。

表 2-4　填充高效液相色谱柱体积计算表

$OD \times L$/(mm×cm)	色谱柱管总体积[$\pi(OD/2)^2L$]/ml	固定相体积/ml	固定相质量/g
1.0×100	0.086	0.06	0.07
1.0×150	0.114	0.08	0.10
2.1×100	0.343	0.24	0.29
2.1×150	0.529	0.37	0.45
4.6×100	1.657	1.16	1.40
4.6×150	2.500	1.75	2.11
4.6×250	4.143	2.90	3.50
7.8×300	14.343	10.04	12.12
10.0×150	11.786	8.25	9.96
10.0×250	19.643	13.75	16.59
10.0×300	23.557	16.49	19.90
21.0×250	86.586	60.61	73.15
50.0×250	490.871	343.61	414.69

色谱柱的死体积是指色谱柱中除固定相之外的体积，不同规格色谱柱的大约死体积如表 2-5 所示。对常规分析柱，内径 4.6mm、柱长 150mm 和 250mm 的色谱柱死体积分别约为 1.5ml 和 2.5ml，当流动相线速度为 1ml/min 时，死时间约为 1.5min 和 2.5min。

表 2-5 不同规格色谱柱的死体积

色谱柱种类	柱长/mm	柱内径/mm	大约死体积
纳米柱	150	0.075	400nl
	150	0.10	700nl
毛细管柱	150	0.3	6μl
	150	0.5	15μl
微径柱	150	1.0	70μl
细内径柱	15	2.1	30μl
	30	2.1	60μl
	50	2.1	100μl
溶剂节省柱	100	3.0	0.43ml
	150	3.0	0.64ml
分析柱	15	4.6	0.15ml
	30	4.6	0.30ml
	50	4.6	0.50ml
	75	4.6	0.75ml
	150	4.6	1.5ml
	250	4.6	2.5ml

第二节 液相色谱固定相基质

一、固定相基质的特征

由于 HPLC 分离过程涉及物理化学作用、流体动力学、热力学过程等，因而对固定相基质材料的物理化学性质有比较严格的要求。液相色谱固定相基质可分为无机氧化物、有机聚合物和无机有机杂化材料三种类型。杂化基质作为一类新型液相色谱固定相基质，近两年发展较快[9]，但大多尚处于研究阶段。无机和有机两类基质的主要特征比较见表 2-6，表 2-7 中也列出了理想 HPLC 用基质材料的物理化学性质。

表 2-6 液相色谱主要固定相基质比较

项目	无机基质	有机基质
种类	氧化硅、氧化铝、氧化锆、氧化钛、氧化铈、氧化钍、氧化镁等无机氧化物及复合无机氧化物、分子筛、羟基磷灰石、石墨化碳等	聚羟基甲基丙烯酸丙酯（PHAM）、2-羟基甲基丙烯酸与二甲基丙烯酸酯的共聚物（HEMA）、聚乙烯醇（PVA）等亲水性聚合物；聚苯乙烯-二乙烯基苯交联共聚物（PS-DVB）、聚二乙烯基苯（DVB）、聚甲基丙烯酸酯等疏水性聚合物或烷基配体改性 PS-DVB、PHAM、HEMA、PVA 等；葡聚糖、琼脂糖、纤维素、糊精等
优点	机械强度高，溶胀性小，耐高压，可通过表面改性引入多种功能基	化学稳定性好，使用 pH 值范围宽；表面性质均匀，溶质和固定相之间较少发生非特征性吸附；蛋白质等生物活性物质的回收率高；具有较好的重复性和独特的选择性；易获得较高的柱容量（吸附容量、离子交换容量等）
缺点	表面性质比较复杂，容易导致溶质分子非特征性吸附和多保留机理，改性固定相稳定性和重复性不够理想	固定相机械强度不高，随流动相中有机溶剂变化时会溶胀，微生物存在时易降解，耐高温性能较差，色谱柱效比较低

表 2-7 理想 HPLC 固定相基质的基本要求[10]

编号	指标	符号	单位	范围	理论最佳值	测量方法
1	比表面积	*SBET*	m^2/g	150～500	320	氮气或者氩气低温吸附脱附法
2	平均孔径	*D*	nm	10～30	10	

续表

编号	指标	符号	单位	范围	理论最佳值	测量方法
3	孔容	V_p	cm^3/g	2.0	1.2	
4	平均粒径	D_p	μm	3～7	3.8	激光计数显微镜
5	粒径分布	—	μm	±1	±0.5	显微镜分析
6	孔隙率	ε	—	≥0.42	≤0.84	色谱法
7	痕量金属	—	$\times10^{-6}$	—	≤500	ICP，AAS
8	密度	σ_s	g/cm	0.4～0.6	0.45	比重计法
9	微粒形状	—	—	不规则形	球形	显微法
10	表面 pH 值	—	—	—	3≤pH≤7	分散溶液测定 pH
11	OH 基团的浓度	α(OH)	$\mu mol/m^2$	8	5≤α(OH)≤8	光谱法和化学法

实际应用中很难得到完全理想的固定相基质，一般需要根据分离分析的具体要求，综合考虑与权衡后进行选择。

二、基质的形态

目前 HPLC 分析中常用的几种形态的固定相如图 2-2 所示，主要包括全多孔微球、薄壳型微球、灌流色谱固定相和整体材料，其中由于全多孔微球固定相具有能够很好地兼顾柱效、样品容量、使用寿命等众多理想的性质，应用最为普遍。

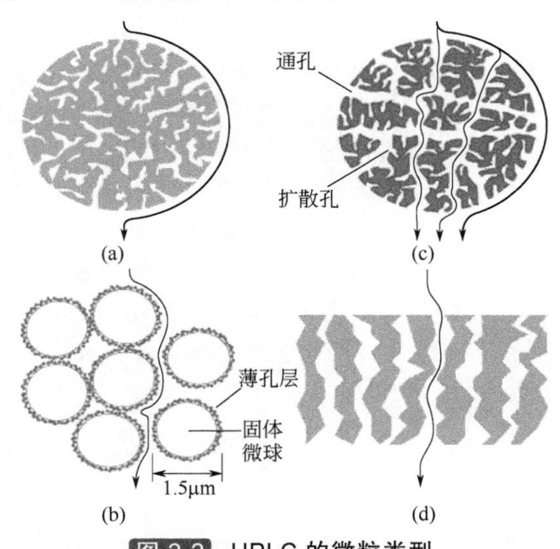

图 2-2　HPLC 的微粒类型

（图示大致为所用微粒的相对大小）

（a）全多孔微球；（b）薄壳型微球；（c）灌流色谱固定相；（d）整体材料

综合考虑柱效、反压和寿命等方面的因素，在分析型 HPLC 中约 5μm 粒径的固定相应用最为广泛，1.5～3μm 的多孔或无孔微粒在快速分离中显示出较为明显的优势。粒度分布范围越窄，填充色谱柱床的稳定性越好、柱效越高、压力降越小，一般要求粒度分布范围不超过平均值的±50%。对小分子的分离，固定相的孔径在 7～12nm、表面积在 150～400m^2/g 的范围比较适合；对分子量大于 10000Da 甚至更大分子的分离，需要采用孔径大于 15nm 的微粒，以使溶质能够进入到微孔结构内部的活性表面，达到更好的分离效果。近年来，随着超高压液相色谱仪器的商品化，亚-2μm 色谱固定相得到更多的应用。表 2-8 中列出了一些商品化的亚-2μm 固定相，表 2-9 中也给出了不同性质固定相微粒的应用特性。

表 2-8 部分商品化的亚-2μm HPLC 固定相

厂商	产品系列	平均粒径/μm
Agilent	Zorbax RR	1.8
Alltech	Alltima，Platinum，ProSphere	1.5
Bischoff	ProntoPEARL sub-2 TPP Ace	1.8
Thermo	Hypersil GOLD 1.9μm	1.9
Waters	ACQUITY	1.7

表 2-9 不同性质的固定相微粒的应用特性

特　　性	用　　途
5μm 全多孔微粒	大多数分离
3μm 全多孔微粒	快速分离
1.5μm 薄壳型微粒	极快速分离（尤其是大分子）
+50%（均值的）粒度分布	稳定、重现、高柱效柱，柱压低
7～12nm 孔径，150～400m^2/g（小孔）	小分子分离
15～100nm 孔径，10～150m^2/g（大孔）	大分子分离

三、常用固定相基质

1. 硅胶微粒

硅胶及键合硅胶是开发最早、研究深入、应用广泛的 HPLC 固定相。未改性硅胶表面化学性质随制备和处理条件不同而变化[11~13]。如图 2-3 所示，水合硅胶的表面一般存在三种类型的硅羟基，热处理温度高于 800℃时，硅胶表面的硅羟基（—SiOH）表层大部分不再存在，在 HPLC 中已无使用价值。用于进行键合反应制备改性硅胶 HPLC 固定相的硅胶表面需要进行完全羟基化，硅胶表面硅羟基最大浓度约为 8μmol/m^2。游离硅羟基酸性很强，能与碱性溶质产生强相互作用，因此该类硅胶固定相往往使碱性化合物保留值增加、峰变宽、拖尾。完全羟基化的硅胶基质固定相氢化硅羟基浓度较高，有时可达总数的 25%～30%，氢化硅羟基的酸性比游离硅羟基弱，有利于碱性化合物的色谱分离，表 2-10 为硅胶上官能团对不同结构化合物吸附能力强弱的比较。

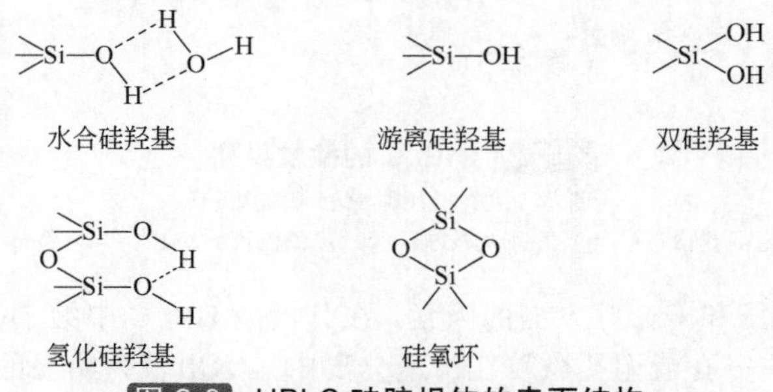

图 2-3 HPLC 硅胶担体的表面结构

硅胶基质的纯度对许多极性化合物的分离极为重要，Fe、Al、Ni、Zn 等金属杂质能与某些溶质络合，引起不对称或拖尾峰，甚至溶质完全被固定相吸附，不能洗脱。硅胶晶格中的其他金属（尤其是铝）能使表面硅羟基活性增强，酸性增强。因此，许多 HPLC 分离，尤其是碱性与强极性化合物需用高纯硅胶。表 2-11 列出了一些适用于碱性化合物分离的硅胶品牌。

表 2-10　硅胶上官能团吸附强弱的分类

吸附强弱	官能团
无吸附	脂肪烃
弱吸附	烯烃、硫醇、硫醚、单环和双环芳烃及卤代芳烃
中等吸附	稠环芳烃、醚、腈、硝基化合物和大多数羰基化合物
强吸附	醇、酚、酰胺、亚胺、酸
一般规律	（1）氟化物＜氯化物＜溴化物＜碘化物； （2）官能团之间的内氢键将使保留值减小； （3）极性基团附近有庞大烷基存在时，保留值减小； （4）顺式几何异构体比反式几何异构体的保留值大； （5）环己烷衍生物和甾体的中位基团比轴端取代基有更强的保留性

表 2-11　可用于分离碱性化合物的硅胶基质色谱柱品牌

Altima	RSIL	Inertsil	Techsphere-BDS
Betasil	Supelcosil ABZ+	Kromasil	Vydac
DeltaBond	Supersphere RP	LiChrospher Select B	YMC-Basic
Encapharm RP	Symmetry	Nucleosil AB	Zorbax Rx，SB，XDB
Hypersil-DBS	Synchropak RP-SCD		

2. 多孔聚合物

聚合物固定相在氨基酸、有机酸、多糖以及无机离子分离中应用较多。常用的反相 HPLC 聚合物基质固定相由二乙烯基苯交联的聚苯乙烯制成，取代异丁烯酸与聚乙烯醇基质固定相也已经商品化。由于大多数多孔聚合物在 pH=1～13 范围内具有良好的稳定性，可以在高 pH 值条件下使强碱性溶质以自由态或非电离形态存在，改善色谱峰形，得到较好分离。有些碱性化合物可以采用替代离子对色谱法，用 0.1mol/L 的氢氧化钠将强保留物质从柱中洗脱出来。

采用 C_{18}、$—NH_2$ 和—CN 等功能团对多孔聚合物微粒表面进行改性能够得到不同选择性的正相或反相色谱固定相；采用—COOH、$—SO_3H$、$—NH_2$ 和 $—NR_3^+$ 等改性多孔二乙烯基苯交联的聚苯乙烯聚合物可以得到离子交换色谱固定相。

与硅胶基质离子交换剂相比，聚合物基质离子交换剂存在柱效低、分离慢的缺点，并且这种担体在不同有机改性剂中的溶胀程度不同，填充床会因微粒溶胀不同而变化，在梯度洗脱中溶胀现象更加明显。但由于其可以在宽 pH 值范围下运行，已被广泛用于生物样品的分离、提纯，如在高 pH 值下清除内毒素和其他生物污染物。

大多数聚合物基质的机械强度较差，通常不能在较高的压力下使用。无机有机杂化基质通过在基质中构建硅骨架使其机械强度得到改善。同时，可以对其表面存在的不同位点进行不同的改性，制备多种分离机制复合的固定相[14]，满足特殊的分离需求。

3. 石墨化碳固定相

不经过特殊衍生处理的石墨化碳即可作为正相、反相、离子交换等不同分离模式的色谱固定相。不同于硅胶基质的烷基键合相，石墨化碳表面与溶质存在偶极作用，对极性化合物的保留一般比烷基键合硅胶或多孔聚合物强，因此可用于分离在 C_{18} 键合相柱上保留较小的强亲水性化合物。

石墨化碳固定相 pH 稳定性好，可以在低或高 pH 值条件下运行，也可以在高温下运行，实现快速分离。目前商品化的 HYPERCARB 固定相的比表面积约为 $120m^2/g$，平均孔径 25nm，平均粒度有 5μm 和 7μm 两种规格，含碳量 100%，耐压超过 40MPa（400 bar）。

4. 化学键合固定相

化学键合固定相借助于化学反应的方法将有机分子以共价键连接在基质上制得，其优越性可概括为：①减弱基质表面活性位点，清除可能的催化活性；②耐溶剂冲洗，这是传统的液液分配色谱（LLC）逐渐被键合相色谱取代的根本原因；③热稳定性好；④表面改性灵活，便于工业规模制备键合固定相。

目前，高效液相色谱中 80%以上的分析方法采用这种固定相，表 2-12 中列出了不同分离模式 HPLC 的常用固定相及其特点。

表 2-12 HPLC 中常用的固定相

固定相	特 点
反相（与离子对）固定相	
C_{18}（十八烷基或 ODS）	稳定性好，保留能力强，用途广
C_8（辛基）	与 C_{18} 相似，但保留能力降低
C_4	保留能力弱，多用于肽类与蛋白质分离
C_1［三甲基硅烷（TMS）］	保留最弱，不稳定
苯基，苯乙基	保留适中，选择性有所不同
—CN（氰基）	保留值适中，正相与反相均可使用
$—NH_2$（氨基）	保留弱，用于烃类，稳定性不够理想
聚苯乙烯基①	在 $1<pH<13$ 的流动相中稳定，某些分离峰形好、柱寿命长
正相色谱固定相	
—CN（氰基）	稳定性好，极性适中，用途广
—OH（二醇基）	极性大于—CN
$—NH_2$（氨基）	极性强，稳定性不够理想
硅胶①	耐用性好，价廉，操作不够方便，用于制备色谱较多
尺寸排阻色谱固定相	
硅胶①	耐用性好，作吸附剂用
硅烷化硅胶	吸附性弱，溶剂兼容性好，适用于有机溶剂
—OH（二醇基）	不够稳定，凝胶过滤色谱使用
聚苯乙烯基①	广泛用于凝胶渗透色谱，水和强极性有机溶剂不相溶
离子交换色谱固定相	
键合相	稳定性与重现性均不理想
聚苯乙烯基①	柱效不高，稳定，重现性好

① 非键合相。除另有说明，均为硅胶基质键合相。

烷基与取代烷基改性硅胶固定相一般通过单官能团二甲基氯硅烷或三氯硅烷与表面硅羟基反应得到，图 2-4 是分别采用两种单体得到的十八烷基（ODS 或 C_{18}）键合固定相的表面结构示意图。二甲基氯硅烷单体的反应过程容易控制，得到的固定相的重现性好，由于溶质分子在较薄的固定相层内扩散，传质过程迅速，柱效较高。采用三氯硅烷为单体制备键合相过程中羟基之间会发生二级反应，得到交联型键合固定相。与非交联型固定相比较，制备的重现性比较难于控制，柱效也相对较低。

5. 整体柱

整体柱（monolithic column），又称为连续床层固定相（continuous-bed stationary phase）。作为一种整体、连续的分离介质，整体柱通常采用原位聚合的方法在色谱柱空柱管内合成，或采用类似浇铸的方法制备成相应的形状。硅胶基质整体柱的制备工艺与应用如图 2-5 所示。

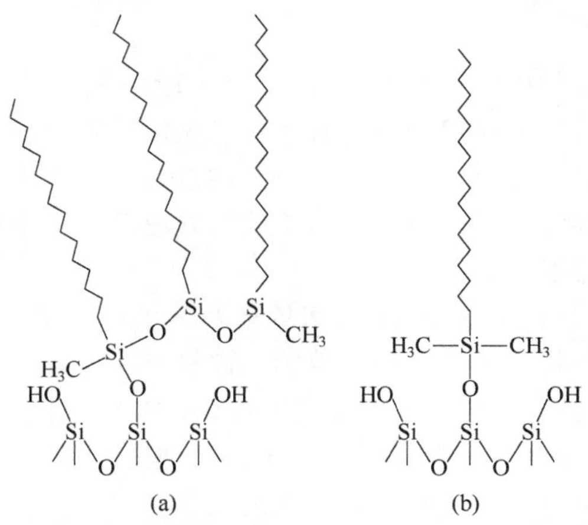

图 2-4 交联型（a）和非交联型（b）ODS 固定相表面结构

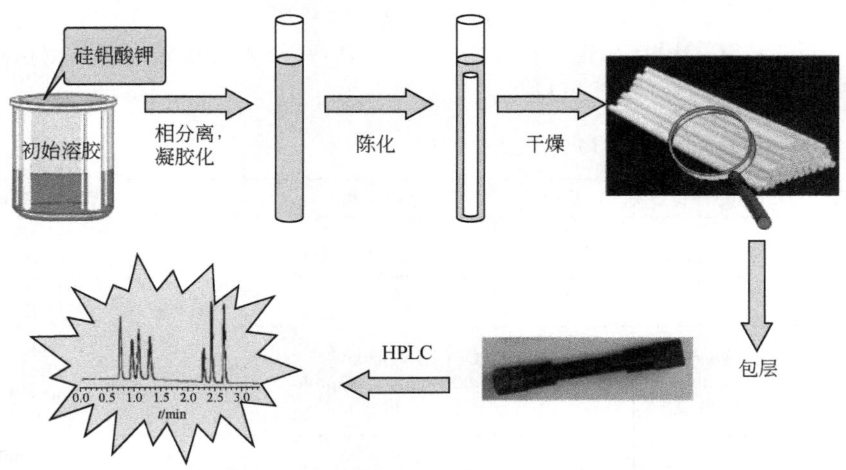

图 2-5 硅胶基质整体柱的制备工艺与应用

整体柱基质主要有聚合物和硅胶基质两种，聚合物基质的整体柱应用更多，主要有聚丙烯酰胺、聚苯乙烯和聚甲基丙烯酸酯等类型，应用于多肽、低聚核苷酸、合成聚合物和小分子化合物的分离。表 2-13 列出了部分商品化的整体柱信息。

表 2-13 部分商品化整体固定相

产品	形状	厂商	化学组成	分离模式
CIM disc	盘状	BIA Separations	改性聚甲基丙烯酸酯或聚苯乙烯共聚物	离子交换，疏水作用，反相，生物亲和
CB Silica plate	盘状	Conchrom	改性硅胶	反相，正相
SepraSorb	盘状	Sepragen	改性纤维素	离子交换
CIM tube	管状	BIA Separations	改性聚甲基丙烯酸酯	离子交换
UNO	柱状	BioRad	聚丙烯酰胺共聚物	离子交换
Swift	柱状	ISCO	改性聚甲基丙烯酸酯或聚苯乙烯共聚物	离子交换，反相
Chromolith	柱状	Merck	改性硅胶	反相
Monoliths	柱状	LC Packings	聚苯乙烯共聚物	反相

6. 核壳型表面多孔层

核壳型填料就是在坚实的硅胶核心上生成一个均匀的多孔外壳。由于拥有核心硅球，多孔层厚度小、孔浅，样品只需要花费少量的时间便能从硅球表面的孔中扩散出，在较短时间完成扩散和传质。具有相对死体积小、出峰迅速、柱效高、渗透性好、机械强度高、装柱容易等特点。梯度洗脱时，当流动相组成改变后，孔内外流动相可迅速达到平衡。也存在柱容量小、最大允许样品量受限等缺陷。

已有安捷伦、菲罗门、Sigma-Aldrich 等多家公司推出核壳型填料产品（见表 2-14[15]），可用于大分子和小分子的分析。这种填料装填的色谱柱反压较低，因此可以在常规的 HPLC 上运行，部分实现亚-2μm 填料的优势，可视为 UPLC/UHPLC 好的替代品。菲罗门公司除了提供 2.6μm 粒径的核壳型填料，还推出了 1.7μm 粒径规格的填料，对比亚-2μm 的全多孔填料，该种填料在相同的压降下，能得到更好的分离效率。研究表明，同样尺寸的核壳填料，柱效为亚-2μm 柱效的 80%，压力却只有亚-2μm 的 45%。由于核壳型填料能用于 HPLC 与 UHPLC 系统，所以可以预料在未来会有更多其他的公司推出此类产品。另外，针对亚-3μm 的核壳填料，越来越多的固定相也正在研发当中，相信在不久的将来，其固定相的种类将能与亚-2μm 或常规的 HPLC 全多孔填料相当。

表 2-14 部分生产和供应核壳型填料的厂家及产品

产　品	厂　商	粒径/μm	固定相	描　述
Ascertis Express	Supelco/ Sigma Aldrich	2.7	C_8，C_{18}，phenyl-hexyl，RP-Amide，peptide，ES-C_{18}	壳厚：0.5μm；孔径：90Å、160Å（peptide ES）；压力限制：600bar；柱尺寸：(30～150)mm×1.0mm/2.1mm/3.0mm/4.6mm；也可提供毛细管柱
Halo	Advanced Material Technology	2.7	C_8，C_{18}，phenyl-hexyl，RP-Amide，peptide，ES-C_{18}	壳厚：0.5μm；孔径：90Å、160Å（peptide ES）；压力限制：600bar；柱尺寸：(30～150)mm×1.0mm/2.1mm/3.0mm/4.6mm；也可提供毛细管柱
Kinetex	Phenomenex	1.7，2.6	C_8，C_{18}，XB-C_{18}，PFP（PFP=五氟苯基）	壳厚：0.35μm（2.6μm 颗粒）和 0.23μm（1.7μm 颗粒）；孔径：100Å；压力限制：800bar（2.6μm），1000bar（1.7μm）；柱尺寸：(50～150)mm×2.1mm/3.0mm/4.6mm；也可提供毛细管柱
Poroshell 120,300	Agilent Technologies	2.7（120），5.0（300）	SB-C_{18}，EC-C_{18}，EC-C_8，SB-C_3，SB-C_8，SB-C_{18}，extend（双齿 C_{18}）	壳厚：0.50μm（2.7μm 颗粒）和 0.25μm（5.0μm 颗粒）；孔径：120Å（2.7μm）、300Å（5.0μm）；压力限制：600bar（2.7μm），400bar（5.0μm）；柱尺寸：(50～150)mm×2.1mm，3.0mm 及 4.6mm（120Å），12.5mm 和 75mm×0.5mm，1.0mm 及 2.1mm（300Å）；也可提供毛细管柱

第三节　不同分离模式的液相色谱固定相

一、反相色谱固定相

1. 硅胶基质反相色谱固定相

反相高效液相色谱中使用的固定相大多是各种烃基硅烷的化学键合硅胶。烷基链长可以是 C_2、C_4、C_6、C_8、C_{16}、C_{18} 和 C_{22} 等，最常用的是 C_{18}（又称 ODS），即十八烷基硅烷键合硅胶。键合烷基的链长对键合相的样品负荷量、溶质的容量因子及其选择性有不同的影响，当烷基键合相表面浓度（mol/m^2）相同时，随着烷基链长增加，碳含量成比例增加，溶质保留值增加。

1990 年，Du Pont 公司 Kirkland 等[16]采用带有二丁基或异丙基等较大基团的卤代硅烷代替甲基卤代烷进行表面硅烷化制备键合固定相，被称作 SB 技术。由于位阻效应，较大的疏水基团从空间上起到了保护硅胶表面的作用，可明显降低硅胶的水解作用，减少键合相的流失，固定相稳定使用 pH 值上限达到 9.0 以上。SB 技术解决了 C_8、CN 和 Ph 固定相，特别是 CN 固定相的稳定性问题。

有些硅烷键合相（如 C_8、C_{18}）的生产厂家采用被称为“封尾”（endcapping）的工艺，使硅胶担体表面完全反应（硅烷化）。封尾包括键合固定相与小分子硅烷进行的后续反应，如三甲基氯硅烷、二甲基二氯硅烷或（不经常的）六甲基二硅氮烷。这种方法通过反应掉一些残余硅羟基，增加担体的覆盖率，以尽量减少与溶质发生不良作用。然而，封尾也并不能完全克服酸性硅胶担体的缺点，并且这些小分子的封尾基团在低 pH 值反相色谱的分离中极易从固定相上水解下来，使其在 pH<3 时抗干扰、耐用性不强，封尾的色谱柱在中等与高 pH 值（pH=6～9）时更稳定。

改变键合基团的性质，如在烷基键合相中引入极性基团掩蔽残留硅羟基，利用碱稳定的金属氧化物如 ZrO_2、TiO_2、MgO 等涂覆 SiO_2 表面也能够提高固定相的稳定性，使其适用于更多的领域。此外，使用保护柱也可以对分析柱起到一定的保护作用。

2. 高分子类型的反相色谱固定相

微球形交联聚苯乙烯树脂是目前使用较为广泛的高分子基质反相色谱固定相，这种树脂表面具有疏水特征，可以直接用作 RPC 固定相。另外，乙酸乙烯酯共聚物、带有 C_{18} 烷基侧链的聚丙烯酰胺、聚甲基丙烯酸的烷基酯化物、聚乙烯醇的酯化物、C_{18} 烷基键合的聚乙烯醇、C_{18} 烷基衍生的交联聚苯乙烯以及苯基或烷基衍生的羟基化聚醚树脂等作为反相色谱固定相也有应用。

高分子类固定相可以在较宽的 pH 值（pH=2～12，甚至 pH=1～14）范围内使用，在典型反相色谱流动相条件下（乙腈-水或甲醇-水溶液），色谱性能类似于硅胶基质的烷基键合固定相。表 2-15 给出了部分商品的高分子类型反相色谱固定相的基本信息。

表 2-15　部分高分子类型高效反相色谱固定相

名　称	基质材料	粒度/μm	孔径/nm	应　用
TSK gel Phenyl-5PW RP	亲水高聚物	10	100	分离蛋白质、肽、核酸等，M_W＞10000
TSK gel Octadecyl-4PW	亲水高聚物	10	50	分离蛋白质、肽等，M_W＜10000
TSK gel Styrene-250	PS-DVB	5，10		分离药物、食品添加剂等
TSK gel Octadecyl-NPR	聚丙烯酸酯类	2.5	非多孔	快速分离蛋白质等
Hamilton PRP-1	PS-DVB	10	7.5	分离核苷、磺胺药等
Hamilton PRP-3	PS-DVB	10	30	分离蛋白质、肽等
ARPP	PS-DVB	5，10	8	类似于 C_{18} 键合相固定相
PLRP-S	PS-DVB	8，10	30，100	分离蛋白质、肽等
ACT-1	PS-DVB-C_{18}	10		与 C_{18} 键合相固定相性能相同
Shodex RS pak DS-613	PS-DVB			类似于 C_{18} 键合相固定相
Polypore phenyl RP	PS-DVB	10	30	分离生物大分子化合物
Polypore RP	PS-DVB	10	8	类似于 C_{18} 键合相固定相

续表

名称	基质材料	粒度/μm	孔径/nm	应用
Bio Gel PRP 70-5	含苯基高聚物	5	7	分离高分子和有机物
Bio Gel PRP+	含苯基高聚物	70	100	分离高分子和有机物
SOURCE 15RPC	PS-DVB	15		在碱性条件下分离纯化血管紧张肽、激素及酸性条件下不稳定的生长因子等
SOURCE 30RPC	PS-DVB	30		
POROS R	PS-DVB	10，20		快速分离生物大分子，在碱性条件下分离血管紧张肽等
POROS-C18	PS-DVB	10，20		

3. 强极性化合物分离反相色谱固定相

在较强极性化合物反相色谱分离中，由于流动相有机溶剂的比例相对较低，固定相表面的烷基链会发生一定程度的收缩，使得化合物的保留时间不稳定或分离效果变差。Waters 公司[17]采用三步反应制备了包埋氨基甲酸酯的 C_8、C_{10}、C_{12}、C_{14}、C_{16} 和 C_{18} 系列固定相，Kirkland 等[18]也采用低酸度的超纯硅胶微球为基质，制备了二异丙基基团侧链保护的包埋酰胺基团十四烷基键合固定相。极性基团的引入使得固定相的亲水性明显提高，能够在纯水作为流动相的条件下实现强极性化合物的分离，极性、离子型和强碱性化合物都能得到很好的分离。表 2-16 列出了一些可用于高含量水流动相的反相色谱固定相。

表 2-16 可用于高含量水流动相反相色谱固定相

品牌	厂商	功能基团
Alltima AQ	Alltech Associates	C_{18}
Aqua	Phenomenex	C_{18}
AquaSep	ES Industries	烃基醚
AquaSep Basic C18	ES Industries	C_{18}
AquaSep-WP	ES Industries	烃基醚
Aquasil C18	Thermo Hypersil-Keystone	C_{18}
Chemcobond ODS W	DyChrom	C_{18}
Genesis AQ	Argonaut Technologies	C_{18} 短烷基链
HydroBond PS	Mac-Mod Analytical	C_8，C_{18}
Hydrosphere C18	YMC	C_{18}
MetaSil Aq	Ansys Technologies	C_{18}
Multospher 120 RP 18-AQ	CS-Chromatographie Service	C_{18}
Nucleosil 100-5 Nautilus	Macherey-Nagel	C_{18}
Polarity dC18	Waters	C_{18}
PrincetonSpher C-27	Princeton Chromatography	C_{27}
ProntoSIL C18 AQ Plus	Bischoff Chromatography	C_{18}
Synergy Hydro-RP	Phenomenex	C_{18}
YMC AQ	YMC	未知
Zurbax StableBond AQ	Agilent Technologies	专属

4. 全氟烷基键合固定相

近年来，有多家色谱公司制备了全氟代烷基键合硅胶色谱固定相。与传统烷基键合硅胶固定相比较，卤代化合物、芳香异构体和其他极性化合物的保留更强，洗脱顺序也发生了改变。与碳氢键相比，碳氟键的极性更强，在烷基固定相中引入氟会引起溶质-固定相作用的明显变化，使卤代化合物或其他极性化合物的保留更强，分离选择性也会发生变化。

碳氟的偶极作用和其较强的刚性结构导致的形状选择性使得全氟烷基键合固定相在分

离含羟基、羧基、硝基和其他极性功能基化合物方面具有显著优势。功能基团在芳香环或其他刚性环上时选择性优势尤其明显[19]。全氟烷基键合固定相可以应用于表面活性剂分析、超临界流体色谱、离子对分离等方面。目前，商品化的氟烷键合硅胶固定相多为 Restek、ES Industries、Thermo Hypersil-Keystone 等公司的产品。

二、正相色谱固定相

正相色谱法是最常用的 HPLC 分离方法之一，固定相一般采用硅胶、氧化铝和极性基团键合的硅胶等。正相色谱中，溶质在柱中固定相上不断进行吸附-解吸循环，根据不同被测物在吸附剂上吸附作用的差异而获得分离。

溶质和固定相间的吸附作用有两类：①溶质和溶剂分子对吸附剂表面特定位置的竞争作用，这使得溶剂组成的改变往往会引起分离情况发生很大变化；②溶质所带官能团与吸附剂表面相应的活性中心之间的相互作用，这种作用与溶质分子的几何形状有关，当官能团的位置与吸附中心匹配时，作用较强；反之，则作用较弱。

优良的正相色谱固定相应当具有以下基本特性：①表面具有极性活性基团，即吸附位点；②具有适宜形状，最好呈微米级微球形，且粒径分布均匀；③具多孔性并有高比表面积，以承载较大的样品负荷；④在操作条件下化学性质稳定；⑤具有高机械强度；⑥价格合理且可稳定供应。

表 2-17 中列出了一些常见的商品极性化学键合相，这些固定相皆可以用于正相色谱分离。

表 2-17 部分商品极性化学键合相

商品名	供应商	颗粒形状	粒径/μm	功能基团
μBondapak 糖柱	Waters	无定形	8～12	
Bondapak CN	Waters	无定形	8～12	氰基
Cyano Sil-X-I	Perkin-Elmer	无定形	13±5	氰基
Durapak Carbowax（Porasil C）	Waters	无定形	37～75	键合聚乙二醇 400
Durapak OPN（Porasil）	Waters	无定形	37～75	通过 Si—O—C 键键合的氧二丙腈基
FE Sil-X-I	Perkin-Elmer	无定形	13±5	氟代醚基
Kromasil NH_2	Akzo Nobel	球形	5，10	氨基
LiChrosorb DIOL	E.Merck	无定形	5，10	二醇基
Micropak CN	Varian	无定形	10	烷基氰基
Nucleosil CN	Macherey Nagel & Co	球形	5，10	氰基
Nucleosil NO_2	Macherey Nagel & Co	球形	5，10	硝基
Partisil PAC	Phase Sep.Ltd.	无定形	10	烷基氰基
Platinum CN	Alltech	球形	1.5，3，5，10	烷基氰基
Platinum NH_2	Alltech	球形	1.5，3，5，10	氨基
Sil 60-CN	Macherey Nagel	无定形	5，10	氰基
Sil 60-NO_2	Macherey Nagel	无定形	5，10	硝基
Supelcosil LC-CN	Supelco		3，5	氰基
Supelcosil LC-NH_2	Supelco	球形	3，5	氨基
Supelcosil LC-Diol	Supelco	球形	3，5	二醇基
Vydac TP polar	Macherey Nagel	无定形	10	
Zorbax CN	Agilent	球形	3，5	烷基氰基
Zorbax NH_2	Agilent	球形	3，5	氨基

三、离子交换色谱固定相

离子交换色谱固定相也称离子交换剂，主要有键合硅胶和聚合物两类。离子交换剂上的活性离子交换基团决定着其性质和功能，表 2-18 列出了一些主要的有机离子交换剂的类型和性质[2]。

表 2-18 常见有机离子交换剂的类型和性质

种类	缩写	官能团	基质材料	类型	pK_a值
阳离子交换剂	S	$—SO_3^-$	树脂	强酸性	
	SM	$—CH_2SO_3^-$	树脂	强酸性	
	SE	$—C_2H_4SO_3^-$	纤维素，葡聚糖	强酸性	<1.0
	SP	$—C_2H_6SO_3^-$	葡聚糖	强酸性	<1.0
	P	$—PO_3^-$	纤维素，树脂	中强酸性	3.6
	C	$—COO^-$	亲水合成胶，树脂	弱酸性	
	CM	$—CH_2COO^-$	纤维素，葡聚糖，树脂	弱酸性	4.5
阴离子交换剂	TAM	$—CH_2N^+(CH_3)_3$	树脂	强碱性	>13
	HEDAM	$—CH_2N^+(CH_3)_2C_2H_4OH$	树脂	强碱性	
	TEAE	$—C_2H_4N^+(C_2H_5)_3$	纤维素	强碱性	>13
	QAE	$—C_2H_4N^+(C_2H_5)_2CH_2CH(OH)CH_3$	葡聚糖	强碱性	>13
	GE	$—C_2H_4NHC{=}N^+H_2(NH_2)$	纤维素	中强碱性	
	MP	$—C_2H_4N^+H_2CH_3$	树脂	强碱性	
	DEAE	$—C_2H_4N^+H(C_2H_5)_2$	纤维素，葡聚糖	中强碱性	9.5～10
	ECTEOLA	不稳定胺的混合物	纤维素	中等/弱碱性	
	AE	$—C_2H_4N^+H_3$	纤维素	弱碱性	
	PEI	$—(C_2H_4N^+H_2)_nC_2H_4\ NH_3^+$	纤维素	弱碱性	
	AAM	$—N^+HR_2$	树脂	弱碱性	
	PAB	$—CH_2C_6H_6\ NH_3^+$	纤维素	弱碱性	

由传统的多糖类软质凝胶（包括葡聚糖、琼脂糖、纤维素等类型）所制得的强、弱阴离子和阳离子交换色谱固定相，虽然机械强度较低，只能在低流速下使用，但普遍具有很好的亲水性和生物相容性，而且样品负载量高，价格便宜，所以至今仍被广泛应用。表 2-19 中给出了几种应用广泛的多糖基质的离子交换色谱固定相。

表 2-19 多糖基质离子交换色谱固定相

产　品	每毫升载量（*D*）	颗料大小/μm	耐压/MPa	最高流速/(cm/h)	特性与应用
Q Sepharose H.P.	70mg BSA	34	0.5	150	颗粒小、分辨率高，适于经济的精细分离、纯化生化物质
SP Sepharose H.P.	55mg 核糖核酸酶	34	0.5	150	
Q Sepharose F.F.	120mg HSA	90	0.3	750	高流速，高负载量，适于快速分离、纯化大量的生化物质粗产品
SP Sepharose F.F.	70mg 核糖核酸酶	90	0.3	750	
DEAE Sepharose F.F.	110mg HAS	90	0.3	750	
CM Sepharose F.F.	50mg 核糖核酸酶	90	0.3	750	
Q Sepharose XL	>130mg BSA	90	0.3	700	超高负载量，适于粗分离生化物质
SP Sepharose XL	>160mg Lysozyme	90	0.3	700	
Q Sepharose Big Beads		200	0.3	1800	大颗粒、高稳定性，适于快速粗分离生化物质
SP Sepharose Big Beads		200	0.3	1800	

在以多孔交联聚苯乙烯微球为基质的 IEC 固定相中，Mono Beads 系列、SOURCE 系列和 POROS 系列产品代表了目前商品聚合物基质离子交换色谱固定相的水平。由于这些固定相在柱效、穿透性、分离度、负载量、回收率等方面的优势，其在快速分离纯化生物大分子中表现出极其优异的性能。

Mono Beads 系列包括 Mono Q、Mono S、Mono P 三种型号，都是以 10μm 颗粒单分散的大孔 PS-DVB 微球为基质，经亲水化处理后再连接相应官能团制得。这类树脂具有中度交换容量。Q 型与 S 型每毫升的蛋白负载量分别为 65mg HAS 和 75mg IgG。

SOURCE 系列的 IEC 固定相包括 15Q、15S、30Q、30S 以及 RESOURCE Q 与 S 等型号。单分散树脂的粒径有 15μm 和 30μm 两种，机械强度高、化学稳定性好，可以满足酸碱溶液柱上清洗的要求。Q 型负载量为 45～50mg/ml 白蛋白，S 型负载量为 80mg/ml 溶菌酶。这类树脂也属于高分辨率的 IEC 固定相，其最大的特点是高速、低反压，在 1800cm/h 的高流速下反压仅 1MPa，适合于在所有类型高、中、低压色谱系统中使用，柱效可达每米 30000 理论塔板数，非常适于精细分离、纯化各种生化物质。

灌流色谱固定相 POROS 系列中，其离子交换型包括 Q（Quarternized PEI）、DEAE、S(sulfoethyl)和 CM 四种产品型号，按颗粒大小又可分为 H 系列(10μm)和 M 系列(20μm)。这类兼备分离制备与分析检测用的离子交换固定相具有高分辨、高容量、高流速、低反压等特点。它们通常可在 1000～5000cm/h 甚至更高线速下工作，并维持柱效在整个范围内基本不变。

TSK gel DEAE-5PW、SP-5PW、CM-5PW 等是以大孔亲水性高聚物羟基化聚醚凝胶为基质的 IEC 固定相，它们都是在亲水性凝胶过滤色谱固定相（TSK gel PW）的基础上发展起来的。这种大孔径、小粒度、中等交换容量的树脂对蛋白质、肽类、核酸等活性生化样品均表现了良好的分离效能。由于这类树脂通过 0.1～0.5mol/L NaOH 溶液的洗涤很容易被再生，所以可采用较大颗粒（20～30μm）的固定相完成大规模分离制备。

以亲水性大孔交联聚甲基丙烯酸羟基乙酯微球为基质的各种离子交换树脂在高效 IEC 固定相中也占有重要地位。例如，由 Spheron 凝胶所衍生的携带有 DEAE、TEAE、SP、CM 基团的树脂，其性能指标（包括粒度大小、孔径分布、强度、亲水性能、交换容量、负载量、回收率、pH 值与流速的适应范围等）均适合分离各种生物样品。类似结构的 Macrosphere/R DEAE、QAE、CM 和 SB 树脂也是蛋白质、核酸等生物大分子分离的高效 IEC 固定相。

表 2-20 列出了常见高聚物基质 IEC 固定相（包括非多孔固定相）的结构与性能特征[2]。除 Aminex HPX 系列之外，均可在 pH=2～12（甚至更宽）的范围内使用。

表 2-20 常见的高聚物基质高效离子交换色谱固定相

名　称	基　质	官能基团	粒度/μm	孔径/nm	应　用
Mono Q	PS-DVB	$—NMe_3^+$	10	80	分离纯化蛋白质等
Mono S	PS-DVB	$—SO_3^-$	10	80	
TSK gel SP-5PW	亲水性高聚物	SP	10	100	分离蛋白质、肽、核酸等
TSK gel DEAE-5PW	亲水性高聚物	DEAE	10	100	
TSK gel CM-5PW	亲水性高聚物	CM	10	100	
TSK gel DEAE-NPR	亲水性高聚物	DEAE	2.5	非多孔	快速分离蛋白质、核酸等
TSK gel SP-NPR	亲水性高聚物	SP	2.5	非多孔	
TSK gel SCX	PS-DVB	$—SO_3^-$	10		分离氨基酸、碱基、有机酸、糖类
TSK gel SAX	PS-DVB	$—NR_3^+$	10		

续表

名　　称	基　　质	官能基团	粒度/μm	孔径/nm	应　　用
Macrosphere/R DEAE	HEMA 高聚物	DEAE	10	35	分离蛋白质等
Macrosphere/R QAE	HEMA 高聚物	QAE	10	35	
Macrosphere/R CM	HEMA 高聚物	CM	10	35	
Macrosphere/R SB	HEMA 高聚物	SB	7	35	
Bio-Gel MA7P	高聚物	PEI	7	非多孔	快速分离蛋白质、肽、核酸等
Bio-Gel MA7C	高聚物	CM	7	非多孔	
Bio-Gel MA7S	高聚物	SP	7	非多孔	
Bio-Gel MA7Q	高聚物	$—NR_3^+$	8，10	非多孔	
PL-SAX	PS-DVB	$—NR_3^+$	8，10	100、400	分离蛋白质等
PL-SCX	PS-DVB	$—SO_3^-$	10	100、400	
Hydrophase PEI	高聚物	PEI	10	50	
Hydrophase CM2	高聚物	CM	10～15	50	
Hitachi gel 3011-N	PS-DVB	$—NR_3^+$	15		分离核苷酸、有机酸、糖类等
Hitachi gel 3011-S	PS-DVB	$—SO_3^-$	10		分离核酸碱基、氨基酸等
Hitachi gel 3015-C	PS-DVB	—COOH	10～15		分离胺类等
BIO-10	PS-DVB	$—SO_3^-$	5		分离酸性肽类等
BIO-20	PS-DVB	$—SO_3^-$	5		分离碱性肽类
Benson BA-X	PS-DVB	$—NE_3^+$	7～10		分离氨基酸、糖类等
Benson BC-X	PS-DVB	$—SO_3^-$	7～10		分离氨基酸、肽类等
Benson BCOOH	聚丙烯酸酯类	—COOH	7～10		分离蛋白质、药物等
Aminex HPX87 系列	PS-DVB	阳离子型	9		分离糖类、有机酸、醇类等
Aminex HPX42 系列	PS-DVB	阳离子型	9		分离寡糖等
SOURCE 15 Q	PS-DVB	阴离子型	15		高分辨率精细分离纯化生物化物质
SOURCE 15 S	PS-DVB	阳离子型	15		
SOURCE 30 Q	PS-DVB	阴离子型	30		极快速中度至精细分离纯化生化物质
SOURCE 30 S	PS-DVB	阳离子型	30		
POROS Q	PS-DVB	季铵型	10，20	超大孔	极快速分离纯化生化物质
POROS DEAE	PS-DVB	DEAE	10，20	超大孔	
POROS S	PS-DVB	磺碳型	10，20	超大孔	
POROS CM	PS-DVB	CM	10，20	超大孔	

四、体积排阻色谱固定相

体积排阻色谱固定相包括具有确定孔径的有机和无机凝胶两大类，常用的凝胶包括硅胶、葡聚糖或琼脂糖凝胶、二乙烯基苯、丙烯酸酯、聚苯乙烯等。不同的凝胶在性能、使用及装柱方法等方面存在明显差异。由于聚合物固定相有轻微的交联，置于溶剂中时会产生 1nm 的有效孔径。实际上在聚合物和硅胶固定相中，孔径有着不同的意义：硅胶固定相的孔径指的是实际可测的数据，能够通过压汞法或氮气吸附法测得；而聚合物固定相中“孔径”描述的是聚合物链长延伸时排除的空间。例如：一个指定的 100nm 的聚合物 SEC 固定相近似地等效于孔径为 8nm 的硅胶。

改性硅胶和未改性硅胶均可作为体积排阻色谱固定相，用于非水溶剂体系进行凝胶渗透色谱（GPC）分析，或以水溶液为流动相分离水溶液高聚物。为了克服硅胶表面残余硅羟基所导致的不可逆吸附，一般通过与小分子硅烷化试剂作用，以尽可能地将表面残余的硅羟基覆盖。此外，调整流动相的性质也会改善或降低凝胶表面对溶质的非特异性吸附。例如，在亲水凝胶色谱流动相中添加中性盐（一般加 0.15mol/L NaCl）即可使残余硅羟基的离子交换影响降至可忽略的程度。

硅胶在作为凝胶过滤色谱（GFC）固定相使用时，往往需对其表面加以改性。目前商品化固定相中应用最广的二醇型化学键合硅胶的表面改性过程见图 2-6。未经改性的多孔硅胶或可控孔径玻璃可以直接用于中性糖的寡聚物和聚合物的分离，但用于生物高分子分离时，通常需进行表面亲水处理。表 2-21 列出了常见的无机基质亲水凝胶的性能参数。

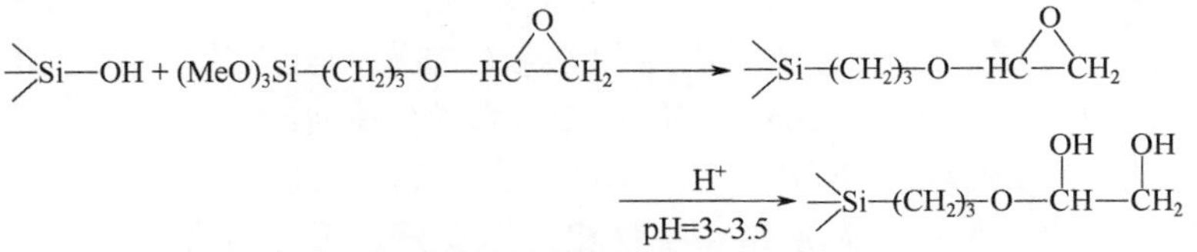

$$\equiv Si{-}OH + (MeO)_3Si{-}(CH_2)_3{-}O{-}HC\overset{O}{\frown}CH_2 \longrightarrow \equiv Si{-}(CH_2)_3{-}O{-}HC\overset{O}{\frown}CH_2$$

$$\xrightarrow[pH=3\sim3.5]{H^+} \equiv Si{-}(CH_2)_3{-}O{-}\underset{}{CH}(OH){-}CH_2(OH)$$

图 2-6 二醇型化学键合硅胶的制备

表 2-21 常见的无机基质亲水凝胶固定相

商品名称	键合相	粒径/m	孔径/nm	孔容/(ml/g)	比表面积/(m²/g)	排阻极限			供应厂家或公司
						蛋白	葡聚糖	聚苯乙烯	
Aquapore-OH	二醇相（甘油基）	10	10	1.71	350	1×10^5	9×10^4		Beownleelabs
			30	2.2	100	1×10^5	8×10^5		
			50	—	—	—	2×10^5		
			100	—	—	—	2×10^7		
			400	—	—	—	—		
Lichrospher Diol	二醇	10	10	1.2	250			8×10^4	Merck
			30	2.0	250			3×10^5	
			50	0.8	50			6×10^5	
			100	0.8	20			1.4×10^5	
			400	0.8	6			8×10^5	
Protein Columns	二醇	10	6	0.4	190	2×10^4			Waters
1125			12.5	0.96	320	8×10^4			
1250			25	0.98	130	5×10^5			
SyChropack GPC	二醇	10	10	0.97	250	5×10^5	10^5	8×10^4	SynChrm Inc
			30	1.48	—		10^6	3×10^5	
			50	0.91	50	5×10^5	3×10^5	6×10^5	
			100	0.8	20	2×10^7	3×10^7	1.4×10^6	
			400	—	8	—		3×10^6	
TSK gel G2000 SW	表面羟基	10	13	0.8～1.0	—	1×10^5			TOSOH（东曹）
TSK gel G3000 SW	表面羟基	10	24	1.5～2.0	—	5×10^5			
TSK gel G4000 SW	表面羟基	10	45	2.4～2.8	—	7×10^5			

TSK-GEL SW 系列 GFC 色谱固定相是亲水改性硅胶固定相的典型代表，其 pH 值适用范围为 2.5～7.5，可以使用乙腈、丙酮、甲醇或乙醇等与水完全互溶的有机溶剂，适合用于分析分离蛋白质和多肽类样品。10μm 的 TSK gel G2000 SW、TSK gel G3000 SW 和 13μm 的 TSK gel G4000 SW 色谱柱应用最多；TSK gel G2000 SWXL 和 TSK gel G3000 SWXL 是 5μm 的高效固定固色谱柱，TSK gel 4000 SWXL 是 8μm 的高效固定相色谱柱。

高聚物类型 GPC 固定相以交联共聚的苯乙烯-二乙烯苯多孔微球为代表，固定相的孔径大小与孔的形态因致孔方法而异。单纯由交联网络所决定的孔一般都是均匀的微孔，排阻极限可达聚苯乙烯分子量 5×10^5；结构非均匀的固定相通常采用非良溶剂致孔，排阻极限可高达聚苯乙烯分子量 10^7。

交联聚苯乙烯多孔微球作为高效的 GPC 固定相已有许多商业化产品，如 μ-Spherogel 系列，Shodex GPC-A、GPC-H、GPC-KF 系列，PLRP-S 系列，TSK gel-H、gel-HXL 系列，Styragel 系列，HSG 系列等。这些固定相大多为 10μm 左右粒度的均匀微球；颗粒机械强度良好，可以在较高流速和压力下使用，柱效一般为每米数万塔板数。

传统的 GFC 中使用的高聚物类型固定相都是软质凝胶，主要包括：葡聚糖型凝胶如 Sephadex 系列；琼脂糖型凝胶如 Sepharose 系列、Bio-Gel A 系列；聚丙烯酰胺型凝胶如 Bio-Gel P 系列等。这些软质凝胶的粒度分布范围宽，颗粒强度低，不能经受高压操作，分离速度慢，只适于普通柱色谱分离。但是其亲水性和生物相容性良好，因此适合于大规模分离纯化生物大分子和水溶性高聚物。

在传统多糖型凝胶的基础上已相继发展出多系列高交联结构的多糖型凝胶。这些凝胶的物化参数和性能指标均有很明显的改进与提高，颗粒分布范围比较窄，具有良好的机械强度和化学稳定性，可以在较高流速下进行操作，也能够在广泛 pH 值范围内使用和用酸、碱溶液清洗色谱柱。表 2-22 中给出了部分常见的可用作 GFC 固定相的多糖型凝胶。

表 2-22 常见的多糖型凝胶过滤色谱固定相

产品	分离范围（球蛋白）	粒度/μm	耐压/MPa	最高流速/(cm/h)	特性/应用
Superdex 30 prep grade	$<1\times10^4$	22～44	0.3	90	重组蛋白肽类、多糖、小蛋白等
Superdex 75 prep grade	$3\times10^3\sim7\times10^4$	22～44	0.3	90	重组蛋白、细胞色素
Superdex 200 prep grade	$1\times10^4\sim6\times10^5$	22～44	0.3	90	单抗、大蛋白
Superose 6 prep grade	$5\times10^3\sim5\times10^6$	20～40	0.4	40	肽类蛋白、多糖、寡核苷酸、病毒
Superose 12 prep grade	$1\times10^3\sim3\times10^5$	20～40	0.7	40	肽类蛋白、多糖
Sephacryl S-100 HR	$1\times10^3\sim1\times10^5$	25～75	0.2	60	肽类、激素、小蛋白
Sephacryl S-200 HR	$5\times10^3\sim2.5\times10^5$	25～75	0.2	60	蛋白，如小血清蛋白、白蛋白、血液抗体、单抗（lgG/MAB）
Sephacryl S-300 HR	$1\times10^4\sim1.5\times10^6$	25～75	0.2	60	蛋白，如膜蛋白和血清蛋白、血液抗体、单抗（lgG/MAB）
Sephacryl S-400 HR	$2\times10^4\sim8\times10^6$	25～75	0.2	50	多糖，具延伸结构的大分子如蛋白多糖、脂质体<25000 碱基对的 DNA 限制片段
Sephacryl S-500 HR	葡聚糖 $4\times10^4\sim2\times10^7$	25～75	未经测试	40	<25000 碱基对的 DNA 限制片段，如 DNA 限制片段
Sephacryl S-1000 HR	葡聚糖 $5\times10^5\sim1\times10^8$	40～105	0.1	300	巨大多糖分子、蛋白多糖；小颗粒分子如膜结合囊（<300～400nm 直径）或病毒
Sepharose 6 Fast Flow	$1\times10^4\sim4\times10^6$	45～165	0.1	250	巨大分子如 DNA 质粒、病毒
Sepharose 4 Fast Flow	$6\times10^4\sim2\times10^7$	45～165	0.005	15	巨大分子如重组乙型肝炎表面抗原、病毒
Sepharose CL-2B	$7\times10^4\sim4\times10^7$	60～200	0.005	26	蛋白、大分子复合物、病毒核酸、蛋白多糖、分子量的测量，特别是不能溶解/凝集于水溶液的分子
Sepharose CL-4B	$6\times10^4\sim2\times10^7$	45～165	0.012	26	大蛋白、肽类、多糖，特别是不能溶解/凝集于水溶液的分子及分子的测定
Sepharose CL-6B	$1\times10^4\sim4\times10^6$	45～65	0.02	30	蛋白、肽类、多糖，特别是不能溶解/凝集于水溶液的分子及分子的测定

表 2-22 中，不同系列的产品各有其突出的特点，例如：Superdex 的分辨率高；Superose 的分离范围很宽；Sepharose FF 适于高流速分离；Sephacryl 经济实用且品种多样；Sepharose CL 更适合于含有机溶剂样品的分离。

OH pak 和 Ion pak 两个系列产品是日本 Shodex 公司为分离水溶性高分子而发展出的具有多种分离范围的亲水性高效 SEC 固定相。Ion pak 属于以 PS-DVB 微球为基质的强酸性阳离子交换剂，可用于不含离子化基团的诸如多糖和寡糖类化合物的分离。阳离子化合物能被吸附，而阴离子化合物则被排阻。PL-GFC 系列产品是由孔径与之相对应的 PLRP-S 系列树脂发展的适于生物大分子分离的亲水性高效 SEC 固定相。基于聚乙烯醇基质的 Asahipak GS 系列作为高效 GFC 固定相，可用于诸如支链淀粉、蛋白质、肽类等化合物的分离。

在合成亲水性高聚物凝胶中，羟基化聚醚树脂 TSK gel PW 系列在 GFC 中应用最为广泛。TSK gel PW 系列色谱柱的 pH 适用范围为 2～12，可使用含有 50%有机溶剂的流动相，使用温度达 80℃（TSK gel G-DNA-PW 为 50℃）。TSK gel PW 有七种不同孔径的固定相，通常分析色谱柱使用的固定相粒度为 10μm 和 17μm，制备柱使用的固定相粒度为 17μm、22μm 或 25μm。TSK gel PW_{XL} 系列色谱柱所使用的固定相是具有更高柱效的 6μm、10μm 或 13μm 固定相。因为 TSK gel PW 固定相具有非常宽的分离范围和线性良好的校正曲线，适用于以凝胶色谱的模式分析分离蛋白质、多肽、多糖、寡糖、DNA、RNA、水溶性的有机聚合物等样品。相对而言，TSK gel SW 色谱柱适合于分析分离单分散性的生物大分子，如蛋白等，而 TSK gel PW 色谱柱更适合于多糖、合成聚合物等多分散性样品的分析分离。

带有小孔结构的树脂如 G2000PW 和 TSK gel G-Oligo-PW 系列可用于高分辨地分离寡糖类化合物。大孔结构的 PW 树脂，如 G5000PW 和 G6000PW 作为 GFC 固定相，虽然对普通蛋白质的分辨率低，但可用于大分子蛋白质的分离。PW 树脂也可用于核酸，如 DNA 碎片、RNA 和寡核苷酸的分离。TSK gel G-DNA-PW 系列色谱柱则是分离 1000～7000 碱基对的大 DNA 碎片的专用柱。

PW 系列特别适合于多糖类化合物的分离，混合床层的 TSK gel GMPW（它是 G2500PW、G3000PW 和 G6000PW 混合物）填充柱、G6000PW+G3000PW 填充柱、G5000PW+G3000PW 填充柱和 TSK gel PW_{XL} 系列色谱柱都有几乎成线性的分子量校正曲线，适宜宽分子量范围，所有非离子型、阴离子型和阳离子型的多糖类化合物以及多糖的衍生物，都能成功得以分离。

表 2-24 给出了目前世界上主要凝胶色谱固定相厂商及其产品的信息，表 2-23 和表 2-25 中也汇总了中国计量科学研究院可提供的分子量标准物质信息。

表 2-23　中国计量科学研究院窄分布聚苯乙烯分子量标准物质

标准物质编号	标准值与不确定度	数均分子量（25℃）/(g/mol)	重均分子量（25℃）/(g/mol)	特性黏数（25℃）/(ml/g)
GBW（E）050001	标准值	4.18×10^{-4}	4.63×10^{-4}	27.15
	相对标准不确定度	0.2	0.6	0.24
GBW（E）050002	标准值	14.36×10^{-4}	17.24×10^{-4}	67.79
	相对标准不确定度	0.7	0.6	0.22
GBW（E）050003	标准值	50.4×10^{-4}	63.5×10^{-4}	169.13
	相对标准不确定度	2.2	1.0	0.53

表 2-24 部分商品凝胶色谱固定相

公司	网址	产品	固定相类型	粒径/μm	孔径/Å	应用	特征
Agilent Technologies	www.agilent.com/chem	Zorbax PSM/PSM S	硅胶、硅烷化和未硅烷化	5，8	60，300，1000	有机和水流动相的聚合物	耐压 3000psi（20.69MPa）
Jordi Associates	www.jordiassoc.com	JordiGel DVB JordiGel Glucose-DVB JordiGel Hydroxylated-DVB JordiGel Sulfonated DVB JordiGel Wax DVB	DVB，葡聚糖 DVB，羟基化 DVB，磺酸化 DVB，wax DVB	5	102～105	有机、中性、极性和右旋糖苷；负电荷极性、正电荷极性	高温高压
Eprogen，Inc.（MICRA）	www.eprogen.com	SynChropak GPC SynChropak CATSEC	丙三醇键合硅胶和聚胺键合硅胶	5，7，10	60，100，300，500，1000，4000	蛋白质、肽、水溶性阴离子和中性聚合物	不同规格
Phenomenex	www.phenomenex.com	PhenoGel	苯乙烯 DVB	5，10，20	50～106 和混合床	传统聚合物、橡胶、植物色素、甘油三酸酯	稳定到 140℃；最高 205℃；混合床，不同尺寸
Polymer Laboratories	www.polymerlabs.com	PLGel，PL Aquagel，PLHTS，PLHFIP，PLO- LigoPore，PL Mixed LS	PV/DVB，一些特殊材料	3，5，6，8，10，15，20	50～106 和混合床	有机、水性、高速、极性溶剂、低聚物、GPC 用光散射检测器	操作温度达 220℃；不同尺寸
Polymer Standards Service	www.polymer.de	SDV，Polefin，High- Speed，GRAM，MCX，Suprema，HEMA，PFG，Novema	聚苯乙烯/DVB，磺酸化 SDV	3，5，8，10，20	50～108 和混合床	高温、高速、极性溶剂、阴离子、中性、水溶性、六氟异丙醇分析	
Showa Denko	www.sdk.co.jp/index_e.htm	Asaipak GF，Shodex	乙烯醇聚合物，多孔 S/DVB	5，6，7，9	60～1000	水相和非水相	
Tosoh Biosep	www.tosohbiosep.com	TSK-Gel SW，PW，HW TSK-Gel H	硅胶或聚合物材料	5，10，13	10～250	水相和非水相	
Waters	www.waters.com	Styragel，ultrahydrogel	苯乙烯 DVB，甲基丙烯酸酯	5，6，10，20	50～107；120～2000	水相和非水相	室温到 180℃

表 2-25 中国计量科学研究院窄分布葡聚糖分子量标准物质

标准物质编号	重均分子量/(g/mol)	分子量分布	相对扩展不确定度（k=2）/%
GBW（E）050004	4.32×10^{-3}	1.49	7.6
GBW（E）050005	1.26×10^{-4}	1.77	7.8
GBW（E）050006	6.06×10^{-4}	1.51	7.6
GBW（E）050007	1.10×10^{-5}	1.33	7.8
GBW（E）050008	2.89×10^{-5}	1.38	7.8
GBW（E）050009	5.21×10^{-5}	1.44	7.6

五、亲水作用色谱固定相

亲水作用色谱（HILIC）是具有不同酸碱特性且可电离化合物分离的有效手段。其概念最早由 Alpert 于 1990 年提出[20]。强极性样品在反相液相固定相上保留很弱，而在正相分离条件下保留过强，难以洗脱。此外，强极性样品通常在正相色谱中常用的非水相流动相中溶解度极低，不能发展出普适的分析方法。除了对强极性化合物和亲水化合物有良好的保留和分离选择性，亲水作用色谱还具有采用的流动相体系简单、易于操作、可以方便地与质谱偶联等优势。

近年来，亲水作用色谱受到了越来越多的关注。药物分析、代谢组学、蛋白质组学等研究热点领域需要完成大量强极性化合物的分离分析任务，HILIC 以其自身具有的特殊优势可以发挥重要作用。美国 FDA 在 2008 年发布的“LCMS/MS 检测婴儿配方乳制品中的三聚氰胺和三聚氰酸”中即采用了默克公司生产的亲水作用色谱柱（ZIC®-HILIC）作为标准方法的开发工具。《中国药典》2010 年版也开始使用 HILIC 方法。

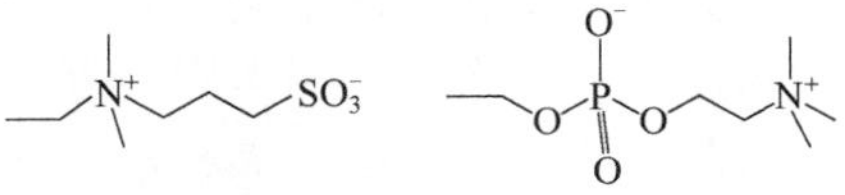

默克公司是最早开展 HILIC 色谱柱研究的公司之一，已经开发出的 ZIC®-HILIC 系列产品规格见表 2-26。其在固定相表面键合两性离子（见图 2-7），可以更好地发挥 HILIC 固定相与流动相匹配分离极性化合物的优势。

ZIC®-HILIC　　ZIC®-cHILIC

图 2-7 两性离子固定相

表 2-26 ZIC®-HILIC 系列产品规格

柱管规格/(mm × mm)	固定相粒径/μm	孔径/ Å
50×2.1	3.5	100
100×2.1	3.5	100
150×2.1	3.5	100
150×4.6	3.5	100
50×2.1	3.5	200
100×2.1	3.5	200
150×2.1	3.5	200
150×4.6	3.5	200
50×2.1	5	200
50×4.6	5	200
50×7.5	5	200
100×2.1	5	200
100×4.6	5	200
150×2.1	5	200

续表

柱管规格/(mm×mm)	固定相粒径/μm	孔径/Å
150×4.6	5	200
150×7.5	5	200
250×4.6	5	200
150×4.6	10	100
150×7.5	10	100
250×4.6	10	100

注：柱管为 PEEK 柱。

六、疏水作用色谱固定相

疏水作用色谱（hydrophobic interaction chromatography，HIC）是为了适应活性生物大分子特别是蛋白质的分离而发展起来的一种液相色谱方法。分离机理与反相色谱的强疏水性作用类似，但是其分离机制更多地依赖于溶质与固定相表面之间弱的疏水性相互作用。HIC 柱固定相的表面具有弱疏水性特征，在高离子强度流动相条件下，蛋白质分子中的疏水性部分与固定相表面产生疏水性相互作用而被吸附，当流动相的离子强度逐渐降低时，蛋白样品则按其疏水性特征被依次洗脱，疏水性越强，洗脱的时间越长，进而实现分离。与反相色谱相比，HIC 方法避免了流动相中使用大量有机溶剂，能有效地保持被分离物质的生物活性，因此在生化样品的分离纯化方面被广泛采用。

常见的商品键合相 HIC 固定相基质材料包括硅胶和高聚物两种。高聚物基质包括多糖型凝胶（如各种交联琼脂糖凝胶）和合成高聚物微球（如羟基化聚醚树脂、交联聚甲基丙烯酸酯类树脂、交联聚苯乙烯树脂）等。为了提高基质表面的疏水性，可以采用键合羟丙基、甲基、丙基、丁基、苯基、戊基、苯甲基等短链烷烃的方法，也可以在硅胶上先键合上环氧丙氧基三乙氧基硅烷，再在路易斯酸催化下接上短链烷氧基制成醚型键合相；将聚乙二醇与环氧化硅胶反应，则可制备出聚乙二醇（即聚醚类）型 HIC 固定相。表 2-27 中给出了部分常见的高聚物基质与多糖基质的 HIC 固定相。

表 2-27 部分常见的高聚物基质与多糖基质的疏水作用色谱固定相

名称	基质	官能团	粒度/μm	孔径/nm	应用
TSK gel Phenyl-5PW	亲水性高聚物	苯基	10	100	分离纯化蛋白质等
TSK gel Ether-5PW	亲水性高聚物	醚	10	100	分离纯化蛋白质等
TSK gel Butyl-NPR	亲水性高聚物	丁基	2.5	非多孔	分析分离蛋白质、肽等
SOURCE ETH	PS-DVB	醚	15		快速高分辨分离蛋白质、肽类等
SOURCE PHE	PS-DVB	苯基	15		快速高分辨分离蛋白质、肽类等
SOURCE ISO	PS-DVB	异丙基	15		快速高分辨分离蛋白质、肽类等
HRLC MP7 HIC	高聚物	甲基	7	90	分离蛋白质等
Macrosphere/R HIC	HEMA 高聚物	酯基	10	35	分离蛋白质等
POROS Phenyl	PS-DVB	苯基	10，20	贯流孔	快速分离纯化蛋白质等
POROS Butyl	PS-DVB	丁基	10，20	贯流孔	快速分离纯化蛋白质等
POROS Ether	PS-DVB	醚	10，20	贯流孔	快速分离纯化蛋白质等
POROS Diol	PS-DVB	二醇	10，20	贯流孔	快速分离纯化蛋白质等
Alkyl Superose	多糖	烷基	12	大孔	适于纯化疏水性强及不稳定的蛋白质

续表

名　称	基　质	官能团	粒度/μm	孔径/nm	应　用
Phenyl Superose	多糖	苯基	12	大孔	分离纯化蛋白质、酶等
Phenyl Sepharose HR	多糖	苯基	34	大孔	蛋白纯化及分离制备
Phenyl Sepharose FF	多糖	苯基	90	大孔	快速蛋白与生物分子制备
Butyl Sephavose FF	多糖	丁基	90	大孔	快速蛋白与生物分子制备
Octyl Sepharose FF	多糖	辛基	90	大孔	快速蛋白与生物分子制备

七、高效亲和色谱固定相

亲和色谱（AFC）是利用生物分子之间特异性相互作用实现分离的液相色谱分离模式。亲和色谱是一种特异性的分离技术，这种特异性相互作用是活性生物大分子固有的特征，例如酶能与底物、抑制物、辅酶等结合；抗体能与互补的抗原相结合；凝集素能与细胞的表面抗原以及某些糖类相结合；激素能与蛋白及细胞受体形成复合物；基因可与核酸和阻遏蛋白相互作用等。亲和色谱以其极高的选择性不可替代地应用于复杂生物体系的分离、分析中。

传统亲和色谱多使用天然或合成高分子载体（葡聚糖凝胶、琼脂糖凝胶等），机械强度差，难以提高淋洗速度。高效亲和色谱采用可控孔径硅胶、可控孔径玻璃等无机基质，机械强度高且易于通过各种化学键合而增加配基牢度，具有很好的应用前景。有机聚合物基质主要有多糖型和高聚物型两大类。无机基质的主要缺陷为耐受 pH 值范围较窄（pH=2～8），并且残余硅羟基可造成非特异吸附而降低收率，甚至导致产品失活。

按照亲和色谱配体性能即固定相所携带配体对被分离物质的选择性特征，可分为专用性和通用性两大类。就亲和配体的连接方式而言，既可以将配体与基质直接偶联，也可以在基质与配体之间插入一适当长度的链状间隔臂间接连接。由于适当的间隔壁链段可以有效地克服基质表面的几何位阻效应，使得配体更容易与被分离物结合，通常带有间隔臂的 AFC 固定相往往具有更为优异的色谱性能。对于以小分子为配体分离大分子的亲和固定相来说，间隔臂的作用显得更为重要。AFC 固定相的间隔臂主要包括烃类、链状的聚胺类、肽类、链状聚醚类等。

常见的多糖型凝胶，如 Sepharose 4B 与 6B、Sepharose 4FF 与 6FF、Sepharose CL-4B 与 CL-6B 等，均可用作 AFC 固定相的基质。这些凝胶经活化处理后，与上述各类亲和配体进行偶联，可制备出具有相应分离作用的亲和色谱分离介质。

具有适宜结构参数和物化性质的各种合成高聚物微球，如交联聚苯乙烯、交联聚甲基丙烯酸酯类、亲水性的羟基化聚醚、交联聚乙烯醇等树脂基本上都可作为基质树脂，用于制备高效 AFC 固定相。表 2-28 列出了一些商品的 HPAC 固定相，除少数为高聚物外，大多为硅胶基质。表 2-29 中也给出了一些商品的高聚物基质 HPAC 固定相[2]。

表 2-28　商品高效亲和色谱固定相

类　型	商品名	基　质	粒径/μm	主要用途	厂　商[①]
醛基		硅胶	10，30	偶联氨基	SE，ST，C
氯甲酸酯	HyPAC Carbonite N	硅胶	5～10	偶联氨基	BA
环氧	Ultraffinity-EP	硅胶	10	偶联氨基	B
	Eupergit	丙烯酸酯	30	偶联氨基	R
	Durasphere A	硅胶	7	偶联氨基	A
羟基丁二酸	Affiprep 10	聚合物	40～60	偶联氨基	BR

续表

类　型	商品名	基　质	粒径/μm	主要用途	厂　商[①]
三氟代乙酰磺酸（Tresyl）	Selectispher Tresyl	硅胶	10	偶联氨基	PR，P
	Shim-Pack AFC-TR	硅胶	10	偶联氨基	S
	TSK gel Tresyl-5PW	PS-DVB	10	偶联氨基	TS
	YMC-Pack	硅胶	10	偶联巯基	Y
清蛋白	Resolvosil BSA-7	硅胶	7	对映体分离	MN
硼酸盐	Selectispher Boronate	硅胶	10		PB
	TSK gel Boronate-5PW	PS-DVB	10		TS
	Shim-Pack AFC-BN	硅胶	10		S
	YMC-Pack	硅胶	10		Y
蓝染料	Selectispher	硅胶	10	需辅酶的酶	PB
	Cibacron Blue	琼脂糖		干扰素	SA
	Shodex AF-PAK	聚合物	15～20	凝集素等	SD
	TSK gel Blue-5PW	PS-DVB	10		TS
	Durasphere	硅胶	7		A
	Shim-Pack AFC-CB	硅胶	10		S
伴刀豆球蛋白 A	Selectispher Con A	硅胶	10	抗体球蛋白	PB
	Shodex AF-PAK	聚合物	15～20	抗体球蛋白	SD
	Durasphere Con A	硅胶	7	抗体球蛋白	A
	Shim-Pack AFC-CA	硅胶	10	抗体球蛋白	S
亚氨基二乙酸	Immunodiacetic acid	硅胶	10	固定金属	SE
	Si 100	硅胶		固定金属	
	Shodex AF-PAK	硅胶	15～20	固定金属	SD
血清类黏蛋白	LKB-Enantiopac	硅胶	10	胰蛋白酶	PHL
蛋白质 A	Durasphere	硅胶	10	IgG，IgG 亚类	PB，P
	Protein A	硅胶	7	IgG，IgG 亚类	A
	Shim-Pack AFC-PRA	硅胶	10	IgG，IgG 亚类	S
	Shodex AF-PAK	聚合物	15～20	IgG，IgG 亚类	SD
	Protein A Soperose	琼脂糖	10	IgG，IgG 亚类	PHL
	HiPac Protein A	硅胶	30	IgG，IgG 亚类	C
	PL-AFC Protein A	聚合物	15～20	IgG，IgG 亚类	PL
	Affiprep Prot A	聚合物	40～60	IgG，IgG 亚类	BR
蛋白质 G	Selectispher Protein G	硅胶	10	IgG，IgG 亚类	PB
	Shim-Pack AFC-PRG	硅胶	10	IgG，IgG 亚类	S
	Gammabind HPLC	硅胶	30	IgG，IgG 亚类	G
	YMC-Pack	硅胶	10	IgG，IgG 亚类	Y

① 供应公司或厂家：A—Alltech；B—Beckman；BA—Barspec；BR—Bio-Rad；C—Chromatochemn；G—Genex；MN—Nachery-Nagel；P—Pierce；PB—Perstorp Biolytica AB；PHL—Pharmacia；PL—Polymer Lab；R—Rhom-Pharma；S—Shimadzu；SA—Sigma-Aldrich；SE—Serva；SD—Showadenko；ST—Sterogen；TS—Toso Haas；Y—YMC。

表 2-29　部分高聚物基质的高效亲和色谱固定相

配　基	名　称	基　质	粒度/μm	主要应用
羟基琥珀酰胺	Affi-Prep 10	高聚物	50	分离伯氨基偶合物等
蛋白 A	Bio-Gel Protein A	高聚物	50	分离纯化抗体等
蛋白 A	Affi-Prep Prot A	高聚物	40～60	分离纯化免疫球蛋白等
蛋白 A	PL-AFC Protein A	高聚物	10～25	分离纯化免疫球蛋白等
Cibacron 蓝	Shodex AF-PAK	高聚物	15～20	分离纯化酶类等
伴刀豆球蛋白 A	Shodex AF-PAK	高聚物	15～20	分离糖类等
亚氨基二乙酸	TSK gel Chelate –5PW	亲水性高聚物	10	分离纯化蛋白质、酶类等
肝素	TSK gel Heparin-5PW	亲水性高聚物	10	纯化蛋白酶、核酸酶类等
Cibacron 蓝	TSK gel Blue-5PW	亲水性高聚物	10	纯化核酸酶、细胞生长素等
m-氨基苯基硼酸	TSK gel Boronate-5PW	亲水性高聚物	10	分离糖蛋白、糖类、转移 RNA 等
p-氨基苯甲脒	TSK ABA-5PW	亲水性高聚物	10	纯化蛋白酶、激酶等
蛋白 A	PreteimA POROS	DS-DVB	10，20	分离纯化 IgG
IDA	Imidodiacetate POROS	DS-DVB	10，20	分离纯化蛋白质等

八、灌流色谱固定相

灌流色谱（perfusion chromatography）所采用的固定相中存在两种孔结构：一种是孔径在 600～800nm 范围内的特大孔，称为通孔或穿透孔（through pore）；另一种是孔径在 50～150nm 范围内连接特大孔的较小的孔，称为扩散孔（diffusive pore）。贯通的大孔可以允许流动相直接进入固定相颗粒的内部并贯穿而过。

灌流色谱柱可以同时具有高流速、高效率、高样品负载量和低操作压力的特点。基于灌流色谱固定相的分离模式在生物大分子分离上表现出独特的优势，其中 PerSeptive Biosystem 公司（PE 公司）的 POROS®品牌应用最为广泛，表 2-30 对其产品特征作了系统汇总。

表 2-30　PerSeptive Biosystem 公司灌流色谱固定相的类型

模式	POROS®系列	灌流色谱固定相的类型
阴离子交换	POROS HQ	聚苯乙烯-季铵盐
	POROS QE	聚苯乙烯-季铵盐
	POROS PI	聚酰亚胺
	POROS D	二乙基氨乙基
阳离子交换	POROS HS	磺丙基
	POROS S	磺乙基
	POROS SP	磺丙基
	POROS CM	羧甲基
疏水作用	POROS HP2	高密度苯基
	POROS PE	苯基醚
	POROS ET	乙基醚
金属螯合	POROS MC	亚胺-二乙酸基
亲和	POROS A	重组蛋白 A
	POROS G	重组蛋白 G
	POROS HE	肝素

续表

模式	POROS®系列	灌流色谱固定相的类型
预活化基球	POROS AL	酰基
	POROS EP	环氧基
	POROS OH	羟基
	POROS NH	氨基
	POROS HY	酰肼
反相	POROS R1	PS-PVB
	POROS R2	PS-PVB
	POROS Oligo-R3	PS-PVB
	PepMap C18	硅胶基质

九、手性色谱固定相

对映异构体的液相色谱分离常用三种方法：①将对映异构体衍生成为非对映异构体衍生物进行分离；②使用手性流动相添加剂直接拆分；③使用手性固定相（chiral stationary phase，CSP）直接拆分。

手性固定相拆分的基础在于未消旋的手性固定相和手性溶质之间的对映体分子作用力的差别。手性固定相分离的方式具有经济、有效、可以进行大规模制备分离等优点，应用广泛。

手性固定相一般可分为配体交换手性固定相、高分子型手性固定相、键合及涂敷型手性固定相（CSP）等类型。配位体交换色谱法（ligand exchange chromatography，LEC）是指在形成离子配合物的空间内形成配位键的同时，固定相与被拆分的分子之间发生内部相互作用，这种相互作用通过金属配合物的配位空间完成，是连于中心金属离子上的配位体的交换过程。

早期用于拆分对映体的基体材料一般是羊毛、葡聚糖等天然的光学活性物质。基于类似的原理，缩水甘油甲基丙烯酸-co-亚乙基二异丁烯酸酯、聚甲基丙烯酰胺、聚硅氧烷、光学活性聚氨基甲酸乙酯以及聚苯乙烯等具有手性中心的合成聚合物固定相已经商品化。另外采用分子印迹技术制备的聚合物在手性识别方面也有应用[21]。

键合及涂敷型手性固定相是将具有手性识别作用的配基通过稳定的共价键连接或以物理方法涂敷于适当的固相载体上制备出的手性固定相。按照配基的不同，也可以分为 Prikle 型固定相、多糖类手性固定相、环糊精类手性固定相、蛋白类手性固定相、抗生素手性固定相等种类。

Prikle 型固定相是键合手性异构体固定相，早期有二硝基苯甲酰氨基酸 CSP、乙内酰脲衍生 CSP、*N*-芳基氨基酸衍生 CSP、二苯并[*c*]呋喃酮衍生 CSP 以及 DNB-氨基酸 CSP 等手性固定相。其配基分子中具有自由的和离子化的羟基，可以通过 π-π、氢键以及静电相互作用进行手性拆分。

多糖类手性固定相中的多糖可以是纤维素、直链淀粉或环糊精。纤维素和直链淀粉是最容易得到的光学活性高分子，而且很容易被修饰，生成如多糖三酯和三氨基甲酸酯衍生物以制备 CSP。环糊精则是另一大类具有手性识别能力的手性配基。在纤维素类手性固定相中，纤维素三(3,5-二甲苯基)氨基甲酸酯（Chiralcel OD）显示出很高的光学分辨能力，提供了有实用价值的 CSP。这种 CSP 在含有己烷和 2-丙醇的洗脱体系中较稳定，在水-乙腈（含高氯酸）混合体系中也可拆分几种 *β*-阻断类药物；直链淀粉类，三(3,5-二甲苯基)氨基甲酸酯衍生物 22（Chiralpak AD）对大多数消旋体均具有极高的手性识别能力。表 2-31 中列出了一些商品多糖类手性固定相的信息。

糊精是淀粉的部分水解产物，它会在CD-糖基-转移酶的作用下生成环糊精。环糊精（CD）则是含有以 α-1,4-连接的 β-吡喃葡萄糖单元的环状非还原寡糖。常见的环糊精有三种，最小的是 α-CD（六个葡萄糖单元），其次是 β-CD（七个葡萄糖单元）和 γ-CD（八个葡萄糖单元），皆被广泛用于手性固定相的制备或作为 HPLC 及毛细管电泳（CE）中的手性添加剂。

蛋白类手性固定相一般以硅胶为基质。商品化的用于拆分对映异构体的蛋白质配基有牛血清白蛋白（BSA）、人血清白蛋白（HAS）、糖蛋白如 α_1-酸性糖蛋白、卵黏蛋白、抗生物素蛋白、纤维素酶、胰蛋白酶、α-胰凝乳蛋白酶和溶菌酶等，伴清蛋白、黄素蛋白、纤维素酶、纤维二糖水解酶以及胃蛋白酶等用于 CSP 的配基也有报道。表 2-32 给出了主要手性色谱固定相厂商及产品，表 2-33 也给出了部分 Dailcel 手性色谱柱使用的流动相限制条件。

表 2-31　部分商品多糖类手性固定相信息

多糖类衍生物	商品名	厂　商
微晶纤维素三醋酸酯	Chiralcel CA-1 Cellulose triacetate Cellulose Cel-Ac-40xF	Daicel Merck Macherey-Nagel
纤维素三醋酸酯（涂敷至硅胶）	Chiralcel OA	Daicel
纤维素三苯甲酸酯（涂敷至硅胶）	Chiralcel OB	Daicel
纤维素三苯氨基甲酸酯（涂敷至硅胶）	Chiralcel OC	Daicel
纤维素三(3,5-二甲苯基)氨基甲酸酯（涂敷至硅胶）	Chiralcel OD Chiralcel OD-R	Daicel Daicel
纤维素三(4-氯苯基)氨基甲酸酯（涂敷至硅胶）	Chiralcel OF	Daicel
纤维素三(4-甲苯基)氨基甲酸酯（涂敷至硅胶）	Chiralcel OG	Daicel
纤维素三(4-甲苯基)甲酸酯（涂敷至硅胶）	Chiralcel OJ	Daicel
纤维素三肉桂酸酯（涂敷至硅胶）	Chiralcel OK	Daicel
直链淀粉三(3,5-二甲苯基)氨基甲酸酯（涂敷至硅胶）	Chirapak AD	Daicel
直链淀粉三[(*S*)-1-苯乙基]氨基甲酸酯（涂敷至硅胶）	Chiralpak AS	Daicel

表 2-32　主要手性色谱固定相厂商及产品

公司名称及网址	手性功能团种类	品　牌	模　式
Advanced Separation Technologies http://www.astecusa.com	环糊精（3 类）	Cyclobond（Ⅰ，Ⅱ，Ⅲ）	RP，PO
	衍生环糊精（7 类）	Cyclobond（RSP，SP，DM，AC，RN，SN，DMP）	RP，NP，PO
	聚合物（键合羧甲基环糊精，3 类）	apHera（ACD，BCD，GCD）	RP，NP，PO
	大环糖肽（4 类）	Chirobiotic（V，T，R，TAG）	RP
	蛋白质（3 类）	Chiral（AGP，CBH，HSA）	RP
	配体交换（1 类）	CLC	RP
	π-π 相互作用（3 类）	Cyclobond（RN，SN，DMP）	NP，RP，PO
ChromTech, Ltd. http://www.chromtech.se	蛋白质（3 类）	Chiral-(AGP，CBH，HSA)	RP
Daicel Chemical Industries http://www.daicel.co.jp/chiral http://www.chiraltech.com/use.htm	改性纤维素（14 类）	Chiracel（OA，OB，CA-I，OB-H，OC，OD，OD-H，OD-R，OD-RH，OF，OG，OJ，OJ-R，OK）	NP，PO

续表

公司名称及网址	手性功能团种类	品　牌	模　式
Daicel Chemical Industries http://www.daicel.co.jp/chiral http://www.chiraltech.com/use.htm	衍生直链淀粉（2类）	Chiralpak（AD，AS）	RP
	配体交换（4类）	Chiralpak（WH，WM，WE，MA + coating）	NP，PO
	冠醚（2类）	Crownpak（CR）	RP
	合成聚合物（2类）	Chiralpak（OT，OP）	RP NP
Eka Chemicals http://www.ekachemicals.com	衍生酒石酸胺聚合物（2类）	Kromosil CHI-DMB Kromosil CHI-TBB	NP，PO NP，PO
IRIS Technologies http://www.iristechnologies.net/index.html	π-π 相互作用（6类）	Chiris D1，D2，D3	NP
		Chiris AD1，AD2，AD3	NP
Macherey-Nagel http://www.macherey-nagel.com/	蛋白质（2类，BSA）	Resolvosil BSA-7，BSA-7PX	RP
	配体交换（1类）	Nucleosil Chiral-1	RP
	环糊精（4类）	Nucleodex β-OH；α-，β-，γ-PM	RP
	π-π 相互作用（2类）	Nucleosil Chiral-2，Chiral-3	NP，PO
Merck http://www.merck.de	配体交换（2类）	LiChrospher 100 RP-8，RP-18	RP
	聚合物（2类）	ChiraSpher，ChiraSphe	NP，RP
	π-π 相互作用（2类）	r NT	NP NP
	微晶纤维素（1类）	ChiraSep DNBPG，Whelk-O 1	NP
	环糊精（2类）	Cellulose triacetate ChiraDex，ChiraDex Gamma	
Phenomenex http://www.phenomenex.com/phen/home.htm	π-π 相互作用（11类）	Chirex	NP
	配体交换（1类）	Chirex	RP
Regis Technologies http://www.registech.com/chiral/index.htm	π-π 相互作用（9类）	Phenylglycine，leucine，Whelk-O 1，β-Gem 1，α-Burke 2，Pirkle 1-J，Naphthylleucine，Ulmo，Dach-DNB	NP，PO
	配体交换（1类）	Davankov	RP
	蛋白质（3类）	Chiral-（AGP，CBH，HSA）	RP
Showa Denko http://www.sdk.co.jp/shodex/english/contents.htm	衍生环糊精（4类）	ORpak 环糊精	RP
	蛋白质（1类）BSA	AFpak ABA-894	RP
	配体交换（1类）	ORpak CRX-894	RP
Sumika Chemical Analysis Service http://www.scas.co.jp/english/index.html	π-π 相互作用（4类）	Sumichiral OA-2000 系列	NP
	π-π 相互作用（11类）	Sumichiral OA-3000，4000 系列	NP
	配体交换（4类）	Sumichiral OA-5000，6000 系列	RP
Thermo Hypersil http://www.thermohypersil.com	蛋白质（2类）	Keystone HAS，BSA	RP
	β-环糊精（2类）	Keystone β-OH，PM	RP，PO
Tosoh http://www.tosoh.com/EnglishHomePage/tchome.htm	蛋白质（1类）	TSK gel Enantio L1	RP
	Ovamucoid（1类）	TSK gel Enantio-OVM	RP
YMC http://www.ymc.co.jp/en/index.html	环糊精（3类）	YMC Chiral β-CDxtrins BR	RP
	π-π 相互作用（2类）	YMC Chiral NEA（R）（S）	NP

注：表中 RP 代表反相，NP 代表正相，PO 代表极性有机相。

表 2-33　部分 Dailcel 手性色谱柱使用的流动相条件限制

色谱柱	甲醇	乙醇	异丙醇	乙腈（无烷烃）	酸[3]	碱[3]	水
AD	0～5%或 60～100%甲醇的烷烃溶液[1]	0～15%或 60%～100%乙醇的烷烃溶液	0～100%异丙醇的烷烃溶液	0～100%乙腈的异丙醇溶液；0～15%乙醇或甲醇的乙腈溶液	TFA<0.5%，（推荐<0.2%）	DEA 或 TEA<0.5%（推荐<0.2%）	< 5%
AD-RH	20%～100%甲醇的水溶液	20%～100%乙醇的水溶液	20%～100%异丙醇的水溶液	20%～100%乙腈的水溶液	pH=2～7	非水相：DEA<0.5%（推荐<0.2%） 水相：硼酸盐（pH<9）	0～80%
AS	0～100%甲醇的烷烃溶液[1]	0～100%乙醇的烷烃溶液	0～100%异丙醇的烷烃溶液	0～100%乙腈的醇溶液	TFA<0.5%（推荐<0.2%）	DEA/TEA<0.5%（推荐<0.2%）	<5%
OD/OD-H	0～100%甲醇的烷烃溶液[1]	0～100%乙醇的烷烃溶液	0～100%异丙醇的烷烃溶液	用 OD-R	TFA<0.5%，（推荐<0.2%）	DEA/TEA<0.5%（推荐<0.2%）	使用 OD-R
OD-R[2]	100%甲醇 20%～80%甲醇水溶液	100%乙醇 20%～80%乙醇水溶液	100%异丙醇 20%～80%异丙醇的水溶液	20%～80%乙腈水溶液	pH=2～7	非水相：DEA<0.5%（推荐<0.2%） 水相：硼酸盐（pH<9）	0～80%
OJ	推荐 OJ-R	0～100%乙醇的烷烃溶液 0～100%乙醇的甲醇，异丙醇	0～100%异丙醇的水溶液 0～100%异丙醇的甲醇，乙醇	使用 OJ-R	TFA<0.5%（推荐<0.2%）	DEA 或 TEA<0.5%（推荐<0.2%）	使用 OJ-R
OJ-R	100%甲醇 20%～80%甲醇水溶液	100%乙醇 20%～80%乙醇水溶液	100%异丙醇 20%～100%异丙醇水溶液	0～100%乙醇溶液 20%～80%水溶液	pH=2～7	非水相：DEA<0.5%（推荐<0.2%） 水相：硼酸盐（pH<9）	0～80%

① 等体积的甲醇和乙醇混合后与烷烃混合。

② OD-R 色谱柱最好不用烷烃类流动相。

③ DEA 和 TFA 在色谱柱中有记忆效应。其中，TFA 为三氟乙酸，DEA 为二乙胺，TEA 为三乙胺。

注：从烷烃类溶剂转换到极性溶剂时，用异丙醇最少冲洗 3 倍柱体积，冲洗压力小于<4MPa。

第四节 色谱柱常见问题

液相色谱柱在使用过程中往往会出现许多问题，但概括而言，可以分为两类：①色谱柱稳定性问题；②色谱柱性能下降或者失效。

一、键合硅胶固定相的稳定性

硅烷键合相的流失是由于硅烷键合于硅胶基质上的Si—O—Si键的水解，在高温、低pH值及水比例高的流动相中，离解加剧。因此稳定性与键合相的类型、流动相pH、所用缓冲液与有机改性剂的种类等有关，键合硅胶正相、反相、离子对和离子交换色谱柱的稳定性会有差异。在相同条件下应用时，长链的烷基（如C_{18}与C_8）键合相固定相一般比短链的键合相更稳定；交联型键合硅烷固定相可改善低pH值时键合相的稳定性，改善空间保护官能团也能够有效改善硅烷固定相在低pH值时的稳定性。两个异丙基、异丁基等体积较大的基团连接于硅烷Si原子上，可以对Si—O—Si键有一定保护作用，这种固定相比常规的二甲基取代硅烷键合相的含碳量少（表面覆盖率低），保留值小。

在pH≥7时稳定使用HPLC柱应遵循以下原则：①使用致密键合的长链烷基（如C_{18}、C_8等）并经封尾的固定相；②使用以硅溶胶工艺制得的硅胶基质（Hypersil、Kromasil、Spherisorb、Zorbax等），以减少硅胶的溶解；③用有机的、枸橼酸与硼酸盐缓冲液，以减少硅胶基质的溶解（尽可能避免使用磷酸盐、铵盐与碳酸盐）；④保持0.01～0.05mol/L的缓冲液浓度；⑤色谱柱温＜40℃；⑥为使色谱柱稳定，用缓冲盐阳离子 $Li^+ > Na^+ > K^+ > NH_4^+$；⑦加入碱性流动相添加剂（如三乙胺），以保持良好的分离重现性。表2-34比较了不同条件下统计的色谱柱分析样品次数。

表2-34 通常色谱柱进样次数

样品种类	正常分析次数
1．干净样品（均匀溶液，其所有成分在每次样品进样之间能完全流出色谱柱）	1000～2000
2．复杂和脏样品，或在较为极端条件下分析的样品	200～500
3．生物或极为复杂的样品（如肝脏提取物、富含有机物的土壤等）	50～200
4．特殊情况下，没有预处理的样品一次进样导致柱头筛板堵塞或色谱柱头固定相变性，色谱柱失效	0

二、色谱柱性能下降或失效

导致色谱柱性能下降或失效的常见问题包括：色谱柱反压增加；谱峰拖尾；塔板数下降；选择性下降；保留降低（或碱性化合物在硅胶基质柱上增大）等。其原因可概括为：进口筛板或柱床部分堵塞；吸附样品杂质等污染物；柱填充不良；机械及热冲击造成柱床断层；基质或固定相化学破坏。表2-35系统地总结了导致色谱柱失效的常见问题及可能原因。

表2-35 色谱柱的常见问题及可能原因

原　因	压力升高	谱峰拖尾	塔板数降低	选择性变差	保留值减小
筛板堵塞	×	×	×		
柱床断层		×	×		
样品吸附			×	×	×
化学破坏		×	×	×	×

1. 筛板堵塞

色谱柱入口筛板堵塞是最常见问题之一，会导致柱压升高、色谱峰拖尾、塔板数降低等问题。通常分析的样品中微粒杂质最有可能堵塞色谱柱入口，因此分析时需要先过滤或者离心，乳浊或浑浊样品应以 0.25μm 滤膜处理，也可以用针头过滤器过滤。进样器与泵密封垫的磨损也会带入微粒，在进样阀与色谱柱之间使用 0.25μm 或 0.45μm 的在线过滤器，通常可避免这类问题。色谱柱反压的逐渐增加通常说明在线过滤器需要更换；筛板部分堵塞或色谱柱进口处固定相塌陷会导致异常峰形。

2. 强保留样品组分

强吸附性的样品组分吸附在柱头固定相上能严重影响色谱柱寿命。像生物组织或体液（如血浆）的提取物、天然产物等复杂样品极易造成柱头的污染。相对较纯的样品一般不会出现这一问题。在色谱柱应用中，色谱峰严重拖尾或分裂往往是强保留污染物在柱头吸附的体现。

在进样阀与分析柱之间加一支保护柱，在污染物进入色谱柱之前将其截留，能够有效避免强吸附组分对色谱柱的污染。保护柱通常装填与分析柱相当的固定相，长度为 1～2cm。这种保护柱在用过之后可与分析柱分开，用强溶剂反向冲洗，以除去其中的污染物。

每次使用结束后用强溶剂冲洗色谱柱（先卸下保护柱），能够除去可能吸附在柱头的强保留组分，有效延长色谱柱使用寿命，在特殊情况下，可用强溶剂反向冲洗色谱柱。在梯度分离中，用强溶剂清洗色谱柱较方便，每次梯度结束时，以 100%强（B）溶剂冲洗色谱柱至少 20～30 倍柱体积。

3. 色谱柱装填不良或色谱柱床层破坏

装填不良的色谱柱，在短时间应用后，填充床的压缩通常使柱头处产生塌陷，导致柱效突然降低。色谱柱的初始评价指标如塔板数、不对称因子等往往不能很好地表征色谱柱床层的稳定性，这种情况只能在实际应用中发现。

色谱柱使用过程中的骤然压力波动、机械撞击或温度骤然变化都会对色谱柱床层产生影响，导致峰形变差和柱效降低。在进样过程中，进样阀转动太慢可引起压力波动，使色谱柱床产生裂隙，在柱切换时也存在同样的问题。使用填充良好的色谱柱，在较低柱压下操作，可大大减少由于压力波动造成的色谱柱损坏。

4. 保留值与选择性变化

相同类型的键合相色谱柱，甚至同一品牌的色谱柱，在进行分析方法建立时对同一样品可能会得到不同的分离效果，其原因是固定相的制备重复性偏差，或采用的原料、生产工艺等不同。用由弱酸性高纯度（B 型）硅胶制得的固定相分离碱性化合物，批次之间的变化不很大。不同厂家的同种类型色谱柱（如 C18 柱）很难能得到相同的分离效果。

键合相色谱柱不同引起的保留值与选择性变化的原因可概括为：硅胶基质的物理化学性质存在差异，如比表面积、平均孔径、纯度等；键合相存在差异，如交联型和非交联型、键合相密度、封尾剂及封尾的完全程度。

硅胶基质表面积的不同可引起保留值的变化。表面积增加，有机相的量与保留值提高。硅胶基质表面上硅羟基类型及浓度的差异也能引起保留值及分离选择性的不同。

非交联型键合固定相制得的色谱柱的批次之间的重现性好于交联型键合固定相，致密键合固定相比低硅烷浓度键合相的重现性好，也更稳定。封尾处理的固定相对不同性质样品的选择性与峰形会有差异。另外，硅烷化反应条件的不同也可能导致不同品牌键合相之间保留行为的差异。

5. 保留值与分离度重现性变化

在实际分离过程中，除了色谱柱不重复带来的的问题外，流动相、流速、进样量、温度等因素均会引起分离性能的差异。表 2-36 中列出了保留值与重复性变化的主要原因。

表 2-36 保留值与重复性变化的主要因素分析

问　题	原　因	主要变化
柱间差异	基质、键合相差异	k'，α
使用期间柱变化	柱床扰乱 键合相流失 硅胶基质溶解 强保留化合物吸附	N k'，α N K'，N
柱外效应	进样量大；进样阀-色谱-检测器之间、检测池、接头体积大	N
分离控制不好	流动相组分改变 流速变化 温度变化	k'，α N① K'，α，N①
柱平衡慢	再平衡时间不足	k'，α
柱超载	样品质量太大	k'，N

① N 值的变化通常很小。

缓冲液选择不正确，如缓冲盐浓度太低、超出有效的缓冲 pH 范围，都可能导致保留值重现性不好与峰拖尾的现象。溶剂在放置和脱气过程中都可能导致部分溶剂蒸发损失，使流动相组成发生变化，保留值重现性变差。由于仪器故障导致的流速变化会使所有谱峰的保留值发生改变，检测器基线漂移，噪声提高，同时色谱柱反压波动增大，对色谱柱性能与寿命均有害。

进样量过大能引起柱超载，峰的保留时间和（/或）柱效降低。柱温变化是保留值变化的常见原因，用离子对 HPLC 与 RPC 分离离子或可电离的化合物时，情况尤其明显。

6. 色谱峰拖尾

表 2-37 对色谱峰拖尾的主要原因作了系统分析。

表 2-37 色谱峰拖尾的主要原因分析

可能原因	解决方案
色谱柱问题	色谱柱污染：清洗色谱柱。如果问题还没解决，更换色谱柱 柱效下降：用已知柱效的色谱柱更换当前柱。进行一系列标准进样，比较保留时间，如果是可重复的，就表示原来的色谱柱已被污染。清洗色谱柱，如果保留时间还不稳定，问题可能是溶剂的不混溶性、溶剂污染、保护柱或在线过滤器污染
保护柱问题	1．保护柱应该在测试柱效时将其卸下 2．保护柱也可能是污染源，所以在更换色谱柱的时候有必要将保护柱一起更换 3．更换污染的或者柱效下降的保护柱后再测试系统的柱效 4．按照前面讨论检查是否色谱柱污染或柱效下降
进样阀问题	阀的漏液或故障；进样口的堵塞或损伤
检测器问题	检查检测器的时间常数设定是否正确，做必要的调整

三、色谱柱的清洗与再生

除非特殊说明，在所有情况下，所用溶剂的体积应该是色谱柱体积的 40～60 倍。应在清洗过程开始和结束时各测一次柱效和容量因子等色谱参数，比较色谱柱性能的改善，以确定清洗的效果。确保色谱柱中没有样品和缓冲溶液，清洗前所用的溶剂应与最初清洗时所用的溶剂相溶。应确保实验测试时所用的流动相与色谱柱中最后的溶剂相溶。

1. 柱子的清洗

即使样品和流动相已做过前处理，也仍难以完全避免柱子受到污染，因此必须对柱子进行清洗。清洗应定期进行，如果在短期内分析许多样品，则以每日清洗一次为宜，至少也应一周一次，防止有太多杂质在柱上堆积。

反相柱的常规洗涤办法：分别取甲醇、三氯甲烷、甲醇-水各 20 倍柱体积（即对于一根 4.6mm×25cm 的柱来说，通常是 50～60ml，而对于 9.4mm×50cm 的柱来说，通常是 500～600ml），使之通过柱子。然后用流动相平衡（通常仍用 20 倍柱体积），柱一般将恢复正常。如果选择性仍和以前不一样，则表明还有其他杂质留在柱子里，这时应考虑更加严格地清洗：先用 20 倍柱体积的水，再用相同体积 0.05mol/L 硫酸，最后用流动相溶剂、酸洗常能洗下有机溶剂所不能洗下的剩余杂质。在低 pH 值下做长期（一天或更长）清洗是不适宜的，但 50ml 洗液以 2ml/min 的速度清洗 25min，一般对键合相没有损害。注意，强碱不能用来清洗任何微粒硅胶柱（不论是键合相还是非键合相），因为硅胶骨架会溶解。对严重污染的反相柱，只能采用再生的方法。

2. 柱头塌陷的处理

拆下不锈钢烧结过滤器后，检查柱床，常可见柱头塌陷，此时先剔掉无规则床层和带色填料，使柱床呈白色并完全水平，再使甲醇作糊状填料匀浆液，将填料匀浆液滴在柱上靠重力从匀浆液中排出甲醇液，重复数次，直到水平，完成柱的再生。此时，如果柱头孔隙深度小于 1cm，可以采用下述局部重装的办法，否则，柱应当完全重装或更换。

柱入口局部重装时采用的填料可以和原填料一样，也可以用玻璃珠。粒径大于 20μm 的可用敲打充填法干装。如果粒径小于 20μm 则要用合适的溶剂配成匀浆，匀浆逐次加入，每次加入前都要使上一次加入的全部沉降。把孔隙填满后，用刮刀将填料刮平。更换柱入口接头，把柱重新接到液相色谱系统中，慢慢地增加流动相流速和系统压力，直到达到操作上限。让相当于 10～20 倍柱体积的流动相通过柱子，然后逐渐降低柱流速，并使压力降为零，再把柱子卸下来，并卸下入口接头，观察柱的入口。此时孔隙应当减小，但是由于新加入的填料在系统的操作压力下压入柱头，孔隙不可能一次被全部充满。重复上述局部重装过程，直到柱上加不进更多的填料为止。一旦柱子填充完毕，可加进混合样品，测定柱子的性能是否已经改善。

3. 柱再生

色谱柱使用一段时间后，柱效将会下降，必须进行再生处理。再生处理包括活化（自右向左）和净化（自左向右）两种。对不同的填料处理方法不同，同一种填料也可以采用不同的处理方法。

硅胶、氧化铝和极性（正相）键合相色谱柱可以采用以下程序再生：三甲基戊烷或己烷→三氯乙烷→乙酸乙酯→丙酮→乙醇→水，采用上述溶剂依次以 1ml/min 的流速通过色谱柱，洗脱量约为 20ml。然后反方向重复上述过程。

反相色谱柱常用甲醇-水或乙腈-水作流动相，有时还可能含有控制 pH 值的盐、酸或离子型溶剂。对硅胶或以硅胶为基质的键合（或离子交换）填料，为避免硅胶溶解，pH 值不应超过 8.5。再生时将 25ml 纯甲醇及 25ml 甲醇-氯仿（1∶1）混合液依次通过色谱柱淋洗，然后用所选的流动相平衡。

离子交换色谱柱的再生方法有两种：①先用 25ml 蒸馏水通过柱子以除去所有的缓冲盐

类；然后采用 25ml 甲醇冲洗柱子，以除去由于分配效应而残存在骨架中的杂质；再用 25ml 蒸馏水除去不溶于甲醇的残存盐类；最后用缓冲液平衡。②先用 0.1mol/L 的柠檬酸洗涤；然后用水洗涤（不要用碱性溶液，以防硅胶基质溶解）；最后用缓冲液平衡。

如果柱头被污染，可以在出口处用输液泵反相压入溶剂，通常选用有一定黏度的溶剂（如甘油-水或水-甲醇），将填料从内慢慢推出少许，停泵，切除柱头已污染的填料，放入烧杯中清洗后，再重新装填，测定柱效至达到要求。

常见色谱柱再生用溶剂及其顺序见表 2-38，带金属抗衡离子的聚合物色谱柱的再生方法见表 2-39。

表 2-38 常见色谱柱再生用溶剂及其顺序

固定相类型	再生溶剂及顺序
正相固定相	用四氢呋喃冲洗；甲醇冲洗；四氢呋喃冲洗；二氯甲烷冲洗；无苯正己烷冲洗
反相固定相	用 HPLC 级水冲洗，在冲洗过程中时加入 4 等份 200μl 的二甲亚砜（DMSO）；依次用甲醇、氯仿、甲醇冲洗
阴离子交换固定相	依次用 HPLC 级水、甲醇、氯仿冲洗
阳离子交换固定相	用 HPLC 级水冲洗，在冲洗的过程中加入 4 等份 200μl 的 DMSO；四氢呋喃冲洗
蛋白质凝胶过滤固定相	去除蛋白质尺寸排阻介质中的污染物有两种清洗/再生的方法：①弱保留蛋白质，用 30mol/L pH=3.0 的磷酸盐缓冲液冲洗；②强保留蛋白质，用 100%的水到 100%的乙腈梯度洗脱 60min

表 2-39 带金属抗衡离子的聚合物色谱柱的再生方法

色谱柱类型	金属污染物	有机污染物	色谱柱清洗
氢离子型	用 25℃的 0.1mol/L H_2SO_4 溶液以 0.1ml/min 的流速反向冲洗 4～16h	用 25℃的 20∶80 的乙腈水溶液以 0.1ml/min 的流速反向冲洗 4h	用 65℃的 20∶80 的乙腈-0.01mol/L H_2SO_4 溶液以 0.1ml/min 的流速反向冲洗 4h
钙离子型	用 25℃的 0.1mol/L pH=6.3 的 $Ca(NO_3)_2$ 溶液以 0.1ml/min 的流速反向冲洗 4～16h	用 25℃的 20∶80 的乙腈水溶液以 0.1ml/min 的流速反向冲洗 4h	用 25℃的 20∶80 的乙腈水溶液以 0.1ml/min 的流速反向冲洗 4h
钠离子型	用 85℃的 0.1mol/L 的 $NaNO_3$ 溶液以 0.1ml/min 的流速反向冲洗 4～16h	用 25℃的 20∶80 的乙腈水溶液以 0.1ml/min 的流速反相冲洗 4h	用 25℃的 20∶80 的乙腈水溶液以 0.1ml/min 的流速反向冲洗 4h
银离子型	没有再生过程的报道	用 25℃的 20∶80 的乙腈水溶液以 0.1ml/min 的流速反向冲洗 4h	用 25℃的 20∶80 的乙腈水溶液以 0.1ml/min 的流速反向冲洗 4h
铅离子型	用 85℃的 0.1mol/L pH=3.3 的 $Pb(NO_3)_2$ 溶液以 0.1ml/min 的流速反向冲洗 4～16h	用 25℃的 20∶80 的乙腈水溶液以 0.1ml/min 的流速反向冲洗 4h	用 25℃的 20∶80 的乙腈水溶液以 0.1ml/min 的流速反向冲洗 4h

参 考 文 献

[1] Snyder L R，Kirkland J J，Glajch J L，Practical HPLC Method Development. Second Edition. John Wiley & Sons，Inc，New York，1997: 78，275.

[2] 刘国诠. 色谱柱技术. 北京：化学工业出版社，2001.

[3] 邹汉法，张玉奎，卢佩章. 高效液相色谱法. 北京：科学出版社，1998.

[4] Schulte M，Lubda D，Delp A，Dingenen J. J High Resol Chromatogr，2000，23：100.

[5] Engelhardt H，Jungheim M. Chromatographia，1990：29.

[6] 李彤，张庆合，张维冰. 高效液相色谱仪器系统. 北京：化学工业出版社，2005.

[7] 王俊德，商振华，郁蕴璐. 高效液相色谱法. 北京：中国石化出版社，1992，93：185.
[8] Galushko S V. J Chromatogr，1991，552：91.
[9] 张永平. 新型高效液相色谱基质材料与功能化材料的合成及应用研究. 上海：华东理工大学博士学位论文，2009.
[10] Horvath C，Melander W R，Molnar I. Anal Chem，1997，49：142.
[11] Kaliszan R. Quantitative Structure-Chromatographic Retention Relationship. New York: Wiley，1987.
[12] Kimata K，Iwaguchi K，Orishi S，Jinno K，Eksteen R，Hosoya K，Tanaka N. J Chromatogr Sci，1989，27：721.
[13] Nawrocki J. Chromatographia，1991，31：177.
[14] 俞晖. 苯基桥联杂化硅胶基质高效液相色谱填料及硅胶表面修饰的研究. 上海：华东理工大学博士学位论文，2013.
[15] Majors R E. LC-GC North America，2010，28(12)：1.
[16] Kirkland J J，Boyes B E，DeStefano J J. Amer Lab，1994，26：36.
[17] O Gara J E，Alden B A，Walter T H，Petersen J S，Niederlander C L，Neue U D. Anal Chem，1995，67：3809.
[18] Kirkland J J，Henderson J W，Martosella J D，et al. LC-GC，1999，17（7）：634.
[19] Sagliano N，Flovd T R，Hartwick T A，et al. J Chromatogr，1988，443：155.
[20] Alpert A J. J Chromatogr，1990，499：177.
[21] 袁黎明. 制备色谱技术及应用. 第 2 版. 北京：化学工业出版社，2005：146.

第三章　高效液相色谱分离模式

第一节　分离模式与洗脱溶剂

高效液相色谱拥有众多分离模式，建立液相色谱分离方法的第一步即是根据样品种类选择合适的分离模式。理论上，任何一种化合物的性质都可以构建相应的分离模式。图 3-1 所示为一个蛋白质分子。根据其分子量、带电性质、生物活性、溶解性能等性质，可以分别构建凝胶色谱、离子交换、亲和色谱、反相色谱等分离模式，用于其与其他化合物的分离。

一、分离模式的选择

样品的性质不同、分离的目的不同，所选择的分离模式和所发展的对应的分析方法也不同。图 3-2 中给出了基于样品的一般性质选择分离模式的基本原则。

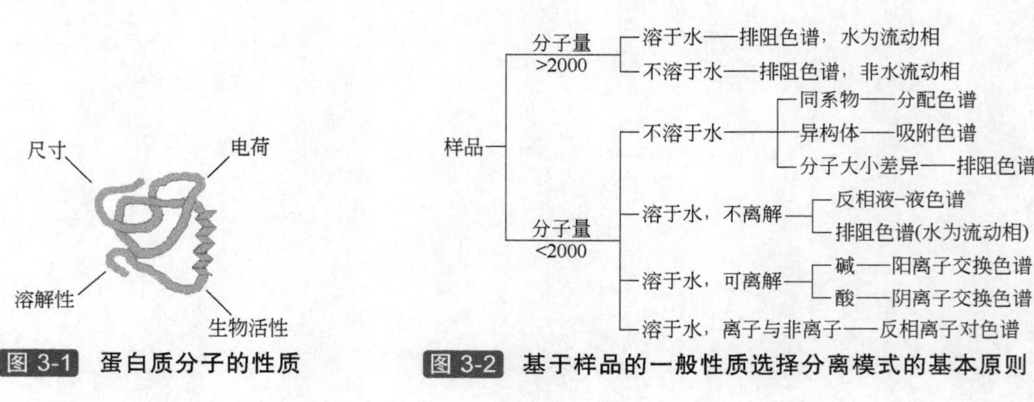

图 3-1　蛋白质分子的性质

图 3-2　基于样品的一般性质选择分离模式的基本原则

二、洗脱溶剂的特征

高效液相色谱中，不同分离模式通常需要选择相应的洗脱溶剂。当以溶剂作为质子给予体、接受体以及其偶极相互作用强度组成一个三角形坐标时，可发现选择性相似的溶剂分布在三角形平面中的一定区域内，从而构成选择性不同的溶剂分组[1]。图 3-3 为溶剂选择性分组的三角形坐标，表 3-1 也列出了依据溶剂选择性分组的各种有机化合物的类型。

由表 3-1 可知，常用溶剂可分为 8 个选择性不同的特征组，处于同一组中的溶剂具有相似的特性。因此对某一指定的分离，若某种溶剂不能给出良好的分离选择性，就可用另一种其他组的溶剂来替代，从而可明显地改善分离选择性。

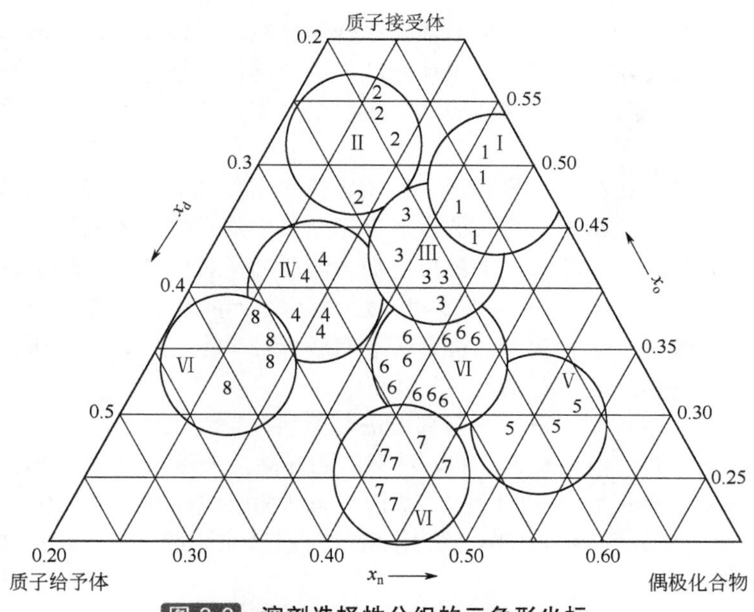

图 3-3 溶剂选择性分组的三角形坐标

注：x_n、x_d、x_o 分别代表偶极相互作用、质子给予体作用及质子接受体作用的强度

表 3-1 溶剂选择性分组

组　别	溶剂名称
Ⅰ	脂肪族醚、三级烷胺、四甲基胍、六甲基磷酰胺
Ⅱ	脂肪醇
Ⅲ	吡啶衍生物、四氢呋喃、酰胺（除甲酰胺外）、乙二醇醚、亚砜
Ⅳ	乙二醇、苯甲醇、甲酰胺、乙酸
Ⅴ	二氯甲烷、二氯乙烷
$Ⅵ_a$	磷酸三甲苯酯、脂肪族酮和酯、聚醚、二氧六环
$Ⅵ_b$	腈、砜、碳酸丙烯酯
Ⅶ	硝基化合物、芳香醚、芳烃、卤代芳烃
Ⅷ	氟烷醇、间甲苯酚、氯仿、水

第二节　反相液相色谱法

反相液相色谱（RPLC）是分离大多数常规样品的首选分离模式，它比其他液相色谱分离模式的适用范围更宽、更方便。据统计，在高效液相色谱法中，70%～80%的样品可采用反相键合相色谱法完成[2]。极性、非极性，水溶性、油溶性，离子性、非离子性，小分子、大分子，以及具有官能团差别或分子量差别的同系物，均可采用反相液相色谱技术实现分离。

一、原理及色谱柱推荐

反相色谱固定相的极性弱于流动相，样品在极性流动相和非极性固定相间分配，疏水性强（非极性）的化合物保留较强，流动相组成一定时，样品按照其疏水性由弱到强的顺序流出色谱柱。

用于反相色谱分离的固定相一般通过在基质（包括高纯硅胶、有机聚合物、石墨化碳及有机-无机杂化材料等）表面共价键合有机硅烷或沉积聚合物有机涂层，其中应用最为广泛的是硅胶基质的化学键合相固定相，也可对多孔聚合物微粒加以改性得到不同选择性的反相色谱固定相，如修饰了 C_{18} 烷基侧链的聚丙烯酰胺、聚甲基丙烯酸的烷基酯化物、聚乙烯醇的酯化物、C_{18} 烷基键合的聚乙烯醇、C_{18} 烷基衍生的交联聚苯乙烯以及苯基或烷基衍生的羟基化聚醚树脂等。

化学键合反相色谱中，随着键合相疏水基团链长的增加或疏水性的增加而增大。键合烷基的链长对键合相的样品负荷量、溶质的容量因子及其选择性有不同的影响，当烷基键合相表面浓度（mol/m^2）相同时，随着烷基链长增加，溶质的保留值增加。烃基链长可以是 C_2、C_4、C_6、C_8、C_{16}、C_{18}、C_{22}、C_{30} 等，图 3-4 为 ODS（C_{18}）的空间结构示意图。ODS 有较高的碳含量和好的疏水性，对各种类型的样品分子有较强的适应能力，从非极性的芳烃到氨基酸、肽、儿茶酚胺和许多药物的分析皆可适用。

从图 3-4 可见，疏水性烷基链几乎全部覆盖在基质硅球的表面。一般认为，反相色谱的分离机理为液液分配过程。但也有人证实，对不同的样品，采用 ODS 色谱柱进行分离，可能同时存在吸附和分配两种机制[3]，且随样品结构及流动相组成的变化而变化。图 3-5 描述了溶质在 ODS 表面的行为。弱溶剂水不与疏水性的 C_{18} 链产生强的相互作用，强溶剂可以将溶质从固定相上顶替下来。

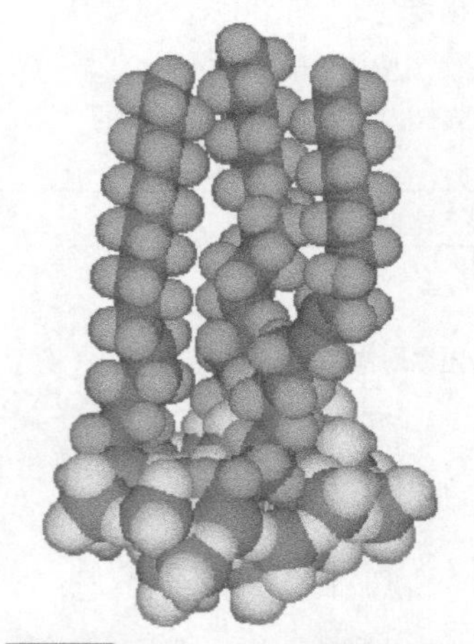

图 3-4 ODS 空间结构示意图

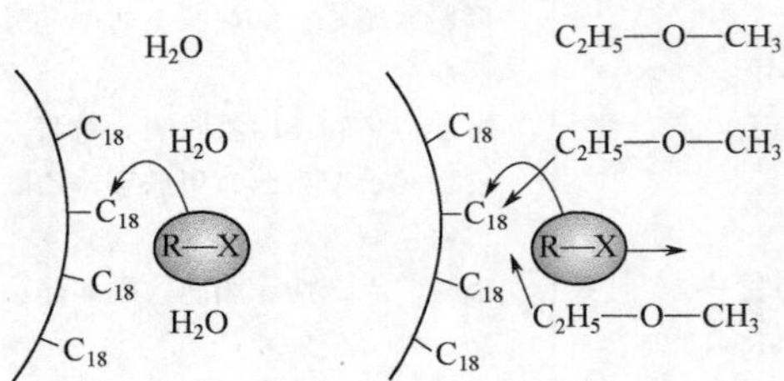

图 3-5 溶质在 ODS 表面的行为

多环芳烃键合相与 C_{18} 性质接近，适合于芳香族化合物的分离。键合短链烷基（C_3、C_4）的大孔硅胶（20～40nm）键和含氟硅烷键合相的发展满足了蛋白质、酶等生物大分子分离的需要。由于碳氟键的极性比碳氢键更强，氟的引入使卤代化合物或其他极性化合物在固定相上保留更强，分离选择性也会发生变化。全氟烷基键合固定相可以应用于表面活性剂分析、超临界流体色谱、离子对分离等方面。不经过特殊衍生处理的石墨化碳固定相作为反相色谱固定相，除了可以在低或高 pH 值条件下运行外，还可同时实现高温快速分离。

短链烷基（C_6、C_8）硅烷由于分子尺寸较小，与硅胶表面键合时可以有比长链烷基更高的覆盖度和较少的残余羟基，适合于极性样品的分析。为适应蛋白质、酶等生物大分子分离的需要，一些键合有短链烷基（C_3、C_4）的大孔硅胶（20～40nm）键合相也发展起来。与 C_{18} 相比，C_4、C_8 等的疏水性较弱，因此对于溶质的保留随碳链的加长而逐渐增强，见图 3-6。

硅胶键合固定相对碱性化合物的吸附主要是表面残余硅羟基和微量不纯金属杂质的作用，采用金属杂质含量极低的硅胶作为制备键合固定相的基质能够部分改善固定相性能。在色谱分离中，可通过在流动相中添加胺改性剂、降低流动相 pH 值、增加流动相离子强度、加入离子对试剂等方法消除残余硅羟基的作用。此外，在 pH>8 的流动相条件下，SiO_2 会溶解，而在 pH<2 时，键合相会逐渐水解，因此硅胶基质固定相能够稳定使用的 pH 值范围相对较窄，不能满足部分样品尤其是生物组分和碱性药物的分离要求。

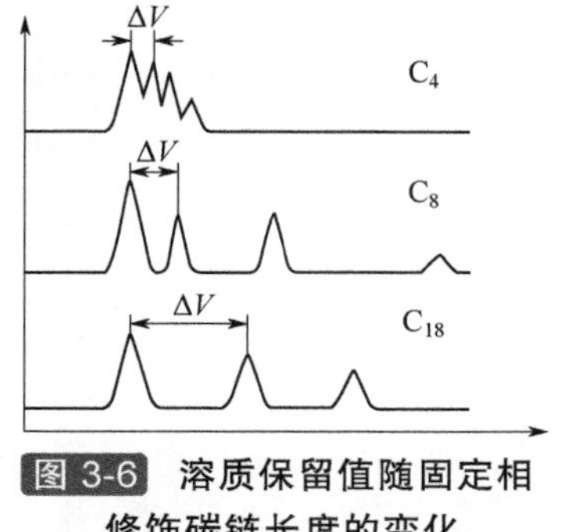

图 3-6　溶质保留值随固定相修饰碳链长度的变化

采用高分子反相固定相时，可根据被分离样品的分子量大小选择合适孔径的固定相。PLRP-S 固定相分离肽类和蛋白质时，孔径为 10nm 的固定相，适合于分离 15～20 个氨基酸长度的肽类；孔径为 30nm 的固定相，适合于中等分子量的球形蛋白质；孔径为 100nm 的固定相，适宜于较大的球状蛋白质或纤维状结构的化合物；而孔径为 400nm 的超大孔固定相，则可分离很大分子量的样品。RPLC 中常用的固定相见表 3-2。

表 3-2　RPLC 中常用的固定相

固定相	特　点
化学键合相	
C_{18}（十八烷基或 ODS）	稳定性好；保留能力强；用途广
C_8（辛基）	与 C_{18} 相似，但保留能力降低
C_3，C_4	保留能力弱；多用于肽类与蛋白质分离
C_1［三甲基硅烷（TMS）］	保留最弱；最不稳定
苯基，苯乙基	保留适中；选择性有所不同
—CN（氰基）	保留值适中；正相与反相均可使用
$—NH_2$（氨基）	保留弱；用于烃类；稳定性不够理想
全氟代烷基	对卤代化合物、芳香异构体和其他极性化合物的保留更强
非化学键合相	1<pH<13，流动相中稳定；对某些分离峰形好，柱寿命长
聚苯乙烯基石墨化碳	0<pH<14，流动相中稳定；可在高温下使用

二、流动相

在反相色谱中，流动相的极性大于固定相极性，溶质按其疏水性大小进行分离，极性越大或疏水性越小的溶质，与非极性的固定相的结合越弱，越先被洗脱。

反相色谱中改变分离选择性的方法包括：流动相组成、柱类型和柱温。通过改变流动相组成可以便捷有效地改善分离选择性。反相色谱流动相通常以水为基础，加入一定量的能与水互溶的甲醇（MeOH）、乙腈（ACN）、四氢呋喃（THF）等极性溶剂。选择不同的有机溶剂不仅影响溶质的保留，对分离选择性也有影响。

甲醇毒性为乙腈的 1/6，价格便宜，是反相色谱中使用最多的非极性溶剂。其给予质子和接受质子的能力最强，氢键作用力最大。与甲醇相比，乙腈的溶剂强度较高且黏度低，且可满足在紫外区 185～205nm 检测的要求。四氢呋喃分子体积较大，色散力、疏水作用最强，洗脱强度最大。

流动相的强度随着溶剂的极性增加而降低。常用溶剂洗脱强度的强弱顺序为：

水（最弱）<甲醇<乙腈<乙醇<四氢呋喃<丙醇<二氯甲烷（最强）

对于强疏水性样品，采用 100%乙腈仍无法洗脱时，可考虑采用更强的流动相（如高百分比的 THF-H_2O 体系或 THF-ACN 体系）。除二氯甲烷与水无法混溶外，上述其他溶剂都可与水混用。二氯甲烷常用来清洗被强保留样品污染的反相色谱柱。甲醇、乙腈和四氢呋喃与水的混合物的洗脱强度之间存在以下经验换算关系[2]：

$$\varphi_{乙腈} = 0.32\varphi_{甲醇}^2 + 0.57\varphi_{甲醇} \tag{3-1}$$

$$\varphi_{四氢呋喃} = 0.66\varphi_{甲醇} \tag{3-2}$$

其中，$\varphi_{甲醇}$、$\varphi_{乙腈}$、$\varphi_{四氢呋喃}$分别为乙腈、甲醇和四氢呋喃与水混合溶剂的体积分数。实际上，除了考虑洗脱强度外，还必须考虑分离选择性的变化。

流动相中不含水的分离模式称为非水反相色谱（NARP），主要用于保留极强或即使采用100%乙腈仍难以洗脱的强疏水性样品的分离。NARP 流动相通常为极性不同的两种有机溶剂的混合液。一般来说，高极性的溶剂采用乙腈或甲醇，低极性溶剂采用四氢呋喃、氯仿、二氯甲烷、丙酮等。通过改变两种有机溶剂的比例或温度可有效控制样品的保留强弱。由于采用二氯甲烷等溶剂限制了低波长 UV 检测的应用，且正相色谱能够方便地分离强极性样品，通常情况下不推荐采用 NARP。

三、方法发展

在建立反相液相色谱方法时，初始实验通常采用普适性较好的 C8 或 C18 柱[4]。色谱柱应具有适当的反压（<2500psi）、合理的柱效（N>8000）、运行时间短（<15min）。通常采用 0.46cm×15cm×5μm C18 或 C8 柱。进样前用 10 倍柱体积流动相平衡以保证实验的重现性。

为获得较低的柱压和较高的柱效，初始柱温可设定为 35℃或 40℃，没有柱温箱的情况下则在室温下测定。为保证检测灵敏度，初始进样量可设为 25～50μl，方法优化后根据柱尺寸减小至所需值（如采用$\phi_{内}$ 0.4～0.5cm 色谱柱时，进样量应小于 25μl 或 10μg）。

采用反相液相色谱法可通过改变流动相种溶剂种类、浓度（B%）和柱温等参数实现多数样品的分离。初始流动相 pH 通常选取较低 pH 值（pH=2～3），这是因为在低 pH 下，硅羟基质子化从而可以降低其活性。此外，由于与常见酸碱官能团 pK_a 相差较远，具有酸碱性样品的保留不会受到 pH 值微小变化的影响。方法优化过程中如需对 pH 进行优化，应在其他条件优化后进行。

综上所述，对于中性样品，初始条件为 15cm×5μm C18 或 C8 柱，乙腈-水流动相，2ml/min 流速，柱温 35℃或 40℃，梯度设置采用 5%～100%乙腈，60min；对于离子型样品，流动相水相改为 25～50mmol/L 磷酸缓冲溶液（pH=2～3）；对于中性和离子型共存的样品，采用后者作为流动相。

根据初始条件获得的色谱图可以初步判断所需要发展的方法采用等度洗脱或梯度洗脱。如果所有组分均在相对较窄的梯度时间内集中流出，则说明后续实验可采用等度洗脱。由梯度保留值范围比梯度时间可以估算等度条件下色谱柱及流速的保留值范围。例如，令最后被洗脱的组分和第一个被洗脱的组分保留时间之差为Δt_R，梯度时间为 t_C，当$\Delta t_R/t_C$=0.25 时，对应的等度保留值范围为 1<k'<10；当$\Delta t_R/t_C$=0.40 时，对应的等度保留值范围为 0.5<k'<20。当等度保留值在 0.5<k'<20 范围之内时，可采用等度分离条件，等度分离的 B%根据初始梯度条件下最后一个流出色谱柱组分的保留时间决定。

采用梯度洗脱时，以初始梯度实验第一个流出色谱柱组分对应 B%作为推荐梯度的初始B%，以最后一个流出色谱柱组分对应的 B%作为推荐梯度的最终 B%。接下来可通过改变梯度实现样品的更好分离。

在初始条件下保留较弱的组分通常为以离子形态存在的碱性溶质（pH=2～3），分离效果较差。对 $pK_a<8$ 的弱碱性溶质，可通过增大流动相 pH 值提高其保留值；但对碱性较强的溶质，则需加入磺酸盐离子对试剂增加其保留值。而对初始条件下难以洗脱的强保留组分，可采用四氢呋喃-水体系进行洗脱、非水反相分离或改成正相色谱模式进行分离。

向流动相中加入改性剂主要有两种方法。

（1）离子抑制法　在反相色谱中常向含水流动相中加入酸、碱或缓冲溶液，以使流动相的 pH 控制一定数值，抑制溶质的离子化，减少谱带拖尾，改善峰形，以提高分离的选择性。例如在分析有机弱酸时，常向甲醇-水流动相中加入 1%的甲酸（或乙酸、三氯乙酸、H_3PO_4、H_2SO_4），就可抑制溶质的离子化，获对称的色谱峰。对弱碱性样品，向流动相中加入 1%的三乙胺也可达到相同的效果。

（2）离子强度调节法　在反相色谱中，在分析易离解的碱性有机物时，随流动相 pH 值的增加，键合相表面残存的硅羟基与碱的阴离子的亲和能力增强，会引起峰形拖尾并干扰分离，此时若向流动相中加入 0.1%～1%的乙酸盐或硫酸盐、硼酸盐，就可利用盐效应减弱残存硅羟基的干扰作用，抑制峰形拖尾并改善分离效果。但应注意经常使用磷酸盐或卤化物会引起硅烷化固定相的降解。

显然，向含水流动相中加入无机盐后会使流动相的表面张力增大，对非离子型溶质，会引起保留值增加；对离子型溶质，会随盐效应的增加引起保留值的减小。

第三节　正相液相色谱法

正相液相色谱（NPLC）是最常用的 HPLC 分离方法之一。与 RPLC 相反，其固定相极性大于流动相，样品的保留值随流动相极性降低而增加。NPLC 常用于分离中性和离子样品。

一、原理与色谱柱推荐

正相液相色谱为典型的液-固吸附色谱。溶质在柱中固定相上反复进行吸附-解吸过程，根据不同被测物在吸附剂上吸附作用的强弱进行分离。其分离机理如图 3-7 所示。

溶质和固定相间的吸附作用包括：①溶质和溶剂分子对吸附剂表面特定位置的竞争作用，这使得溶剂组成的改变往往会引起分离情况发生很大变化；②溶质所带官能团与吸附剂表面相应的活性中心之间的相互作用，这种作用与溶质分子的几何形状有关，当官能团的位置与吸附中心匹配时，保留较强；反之，则保留较弱。

溶质所带官能团的性质是决定其吸附作用的主要因素，若溶质分子所带官能团的极性强、数目多，则保留也强。不同异构体的相对吸附作用常有较大差异，因而，正相色谱法分离异构体比其他色谱法更为优越。

固定相一般采用硅胶、氧化铝和极性基团键合的硅胶等[5]。硅胶是最常用的正相色谱固定相，已经被广泛应用于环境样品、石油化工样品的分析方法建立。由于在高 pH 值时硅胶能够溶解，要获得满意的使用寿命，不应在 pH=8 以上使用某些硅胶基质的色谱柱。此外，硅胶基质表面的酸性使其不适宜分离碱性化合物。

Al_2O_3 作为正相色谱固定相对不饱和化合物，特别是芳香族化合物、多核芳烃有较强的保留能力，可以将芳烃异构体良好分离；此外，当样品为碱性化合物时，若使用硅胶则会造成严重吸附，溶质峰拖尾或难以洗脱，此时宜选用 Al_2O_3 进行分离。

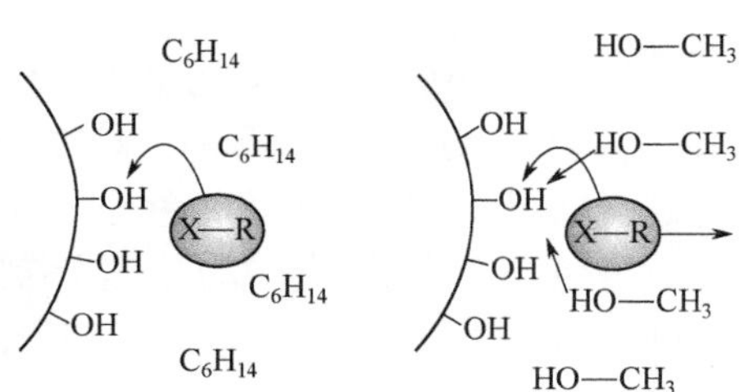

图 3-7　正相色谱机理

极性键合相一般指键合有机分子中含有某种极性基团，与硅胶相比，这种极性键合相的表面上能量分布相对均匀，因而吸附活性也比一般的硅胶低。最常用的有氰基（—CN）、二醇基（Diol）、氨基（$—NH_2$）等。极性键合相的极性通常弱于硅胶，所以更适于对中等极性物质的分离。

氨基键合相固定相的吸附过程与 SiO_2 相似但又有所不同，如图 3-8 所示。Si—OH 呈酸性，而$—NH_2$ 呈碱性，所以用于正相冲洗时表现有不同的选择性。$—NH_2$ 具有强的氢键结合能力，对某些多官能团化合物，如甾体、强心苷等有较强的分离能力。在酸性介质中，这种键合相作为一种离子交换剂，可用于分离酚、羧酸、核苷酸等。氨基可与糖类分子中的羟基发生选择性相互作用，因而用乙腈-水做流动相时可以分离单、双和多糖，这已成为一种糖类分析的常规方法。此时尽管从流动相角度看为反相，但从机理上讲为正相色谱，因为流动相中水含量的增加使溶质的保留值降低。

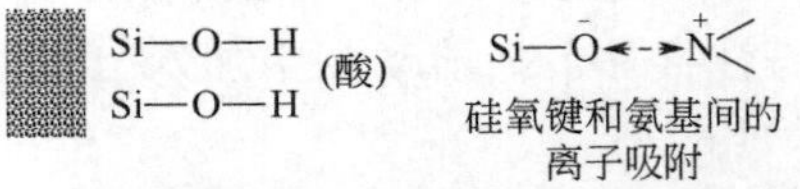

Si—O—H (酸)
Si—O—H

$Si—\overset{-}{O}\leftarrow\text{-}\text{-}\rightarrow\overset{+}{N}<$
硅氧键和氨基间的离子吸附

图 3-8 氨基键合相固定相与硅胶的对比

氰基键合相的分离选择性与硅胶相似，但因极性比硅胶弱，所以在相同流动相条件下的保留值较硅胶小；或者若要维持相似的保留值，可用极性更小的流动相冲洗。氰基键合相与某些含有双键的化合物发生选择性相互作用，因而对双键异构体或含有不等量双键数的环状化合物有更好的分离能力。

二醇基键合相是缩甘油氧丙基硅烷键合相的水解产物［$Si(CH_2)_3OCH_2CH(OH)CH_2OH$］，对有机酸和某些低聚物可获得好的分离。二醇基的另一个用途是可进行某些蛋白质的水系体积排阻色谱分离。

二、流动相

在正相液相色谱中，由于固定相的极性大于流动相的极性，所以增加流动相的极性，洗脱能力增加，样品的保留值降低。一般地，应选择极性适当溶剂，使样品的 $1<k'<10$。

正相液相色谱以非极性或弱极性溶剂为流动相，溶质与流动相的相互作用较弱，通常是在饱和烷烃（如正己烷）中加入一种极性较大的溶剂（如异丙醚）作为极性调节剂构成的混合溶剂。混合溶剂系统的溶剂强度可随其组成连续变化，易于找出具有适宜溶剂强度的溶剂系统。混合溶剂也可以保持溶剂的低黏度，以降低柱压和提高柱效，以及提高选择性，改善分离。调节极性调节剂的种类和浓度可以改变溶剂的强度从而改变分离选择性。对于难以达到所需要分离选择性的情况，还可以考虑使用三元或四元溶剂体系。

正相色谱一般为吸附色谱，常用的溶剂可按其对固定相的吸附强度进行分类，通常以溶剂强度参数 ε^0 值[6]作为衡量溶剂强度的指标。ε^0 被定义为：

$$\varepsilon^0=\frac{E}{A} \tag{3-3}$$

式中，E 为吸附能；A 为吸附剂的表面积。显然，ε^0 表示溶剂分子在单位吸附剂表面上的吸附自由能，ε^0 越大，固定相对溶剂的吸附能力越强，则溶质的 k'值越小，即溶剂的洗脱能力越强。表 3-3 列出了正相色谱中以硅胶为吸附剂时常用溶剂的溶剂强度参数。

正相色谱中溶质分子的 k'值随溶剂 ε^0 值的增加而下降，因此溶剂洗脱能力顺序可用于寻找最佳的溶剂强度。表 3-4 列出了正相色谱中以硅胶为吸附剂时一些二元流动相的洗脱能力顺序。

表 3-3 常用溶剂的洗脱能力

溶剂	溶剂强度ε^0	溶剂	溶剂强度ε^0
正己烷	0.00	乙酸乙酯	0.38
异辛烷	0.01	二噁烷	0.49
四氯化碳	0.11	乙腈	0.50
四氯丙烷	0.22	异丙醇	0.63
氯仿	0.26	甲醇	0.73
二氯甲烷	0.32	水	20.73
四氢呋喃	0.35	醋酸	20.73
乙醚	0.38		

表 3-4 硅胶柱上液-固色谱洗脱剂的溶剂序列

ε^0	Ⅰ	Ⅱ	Ⅲ
0.00	戊烷	戊烷	戊烷
0.05	42%氯化异丙烷-戊烷	3%二氯甲烷-戊烷	4%苯-戊烷
0.10	10%氯化异丙烷-戊烷	7%二氯甲烷-戊烷	11%苯-戊烷
0.15	21%氯化异丙烷-戊烷	14%二氯甲烷-戊烷	26%苯-戊烷
0.20	4%乙醚-戊烷	26%二氯甲烷-戊烷	4%乙酸乙酯-戊烷
0.25	11%乙醚-戊烷	50%二氯甲烷-戊烷	11%乙酸乙酯-戊烷
0.30	23%乙醚-戊烷	82%二氯甲烷-戊烷	23%乙酸乙酯-戊烷
0.35	56%乙醚-戊烷	3%乙腈-苯	56%乙酸乙酯-戊烷
0.40	2%甲醇-乙醚	11%乙腈-苯	
0.45	4%甲醇-乙醚	31%乙腈-苯	
0.50	8%甲醇-乙醚	乙腈	
0.55	20%甲醇-乙醚		
0.60	50%甲醇-乙醚		

在实际分离中，正相液相色谱的分离选择性不仅取决于ε^0，还受溶质与溶剂分子间的氢键作用等其他相互作用影响。预测α值随溶剂组成的变化时，应遵循以下规则：

① 当强溶剂浓度很大或很小时，一般会得到较大的α值；

② 含醇的溶剂系统常常会得到与其他溶剂系统不同的α值；

③含强碱性或非碱性强溶剂组分的溶剂系统可能达到较大的α值。

三、方法发展

正相液相色谱方法建立的一般模式与反相液相色谱类似[4]。正相液相色谱的色谱柱选择范围较宽，氰基柱通常是首选；与氰基柱相比，硅胶柱可获得更大的α值，适合于异构体和疏水性溶质的分离，但分析时必须严格控制流动相中水含量，也不适于梯度分离；二醇基柱和氨基柱稳定性较差，仅在其他类型正相色谱柱无法完成分离时采用；氧化铝柱具有独特的分离选择性，但有柱效低、保留值不定、回收率低等缺点，很少使用。

一般来说，柱尺寸为0.46cm×25μm×5μm，初始流速设为2ml/min，柱温为35℃或室温，初始进样量较大，但不应超过50μl或50μg。

正相液相色谱流动相首选是正己烷和丙醇组成的混合溶剂，正己烷-丙醇不仅在低紫外波长区吸收较弱，还可提供较宽的溶剂强度范围，适于分离极性差异较大的样品。除正己烷外，溶解性较好的 1,1,2-三氟三氯乙烷（FC113）也可作为混合溶剂中的 A 溶剂，由于在低波长吸收较强，只能用于 235nm 以上的检测，并且其对臭氧的破坏作用也限制了其使用。除丙醇外，B 溶剂还可采用二氯甲烷、甲基叔丁醚、乙酸乙酯、乙腈等，其中丙醇适于低波长检测（＜215nm）条件下强极性样品的分离；二氯甲烷是高波长（＞235nm）检测条件下的 B 溶剂首选，但洗脱强度较低；甲基叔丁醚和乙酸乙酯可在 225nm 以上波长使用，其加入可改变α值；乙腈也可改变样品的α值，并在 195nm 以上波长范围均无明显紫外吸收，但是与正己烷的混溶性较差，需要另外加入共溶剂才可使用。

与反相液相色谱方法优化过程相似，可采用 0～100%丙醇-正己烷初始梯度在氰基柱上进行初始条件分离，根据结果调整梯度程序或估算等度分离条件。为了调节分离选择性，可调节 B%或采用两种 B 溶剂，但流动相中通常不应超过三种溶剂。当仅改变流动相组成效果不明显时，可改变柱类型以获得更好的分离效果。

在正相液相色谱柱上，流动相中的极性溶剂与固定相相互作用较强，调整流动相比例时需要更长的平衡时间（至少 20 倍柱体积）。

水是强极性溶剂，与硅胶或氧化铝键合相当牢固，流动相中含有的微量水分会被固定相从流动相中萃取出来，导致保留时间下降。流动相中水分受到空气湿度影响，难以保证流动相的含水量固定不变，因此，采用硅胶柱时，通常会用一定量的水平衡流动相，保证含水量稳定。

第四节　离子交换液相色谱法

离子交换色谱（ion exchange chromatography，IEC）是最早应用的液相色谱技术之一。离子交换色谱法针对离子型样品，根据样品离子与固定相表面离子交换基团的交换能力差异进行分离，对生物样品，如蛋白质、肽类、氨基酸、核酸、核苷、碱基、碳水化合物等的分离尤为适宜，因此已成为相关领域中非常有效的分析检测和分离纯化手段。

一、原理与色谱柱推荐

IEC 分离机理建立在样品分子与固定相表面基团之间电荷相互作用的基础上，这种相互作用可能表现为离子与离子、偶极与离子或者其他动态平衡作用力的形式。图 3-9 直观地给出了样品离子在色谱柱中发生的离子交换过程。样品离子将同离子从固定相表面顶替下来，带电性质、分子结构等不同，其与固定相表面的作用力也不同，因此被顶替的难易程度存在差异，最终实现分离。

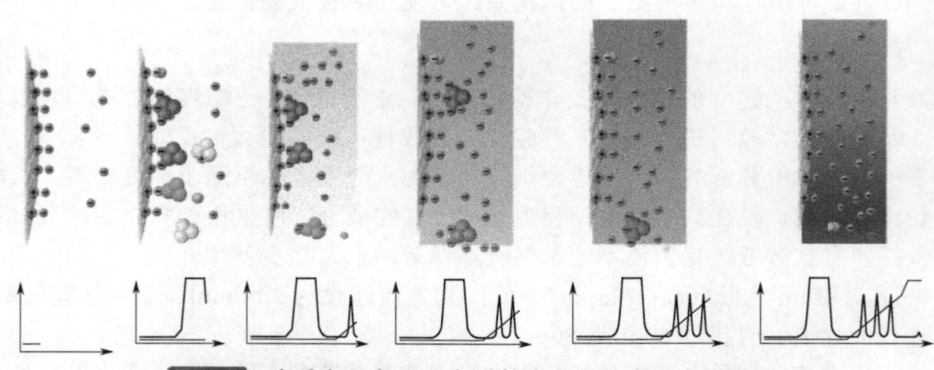

图 3-9 溶质离子在 IEC 色谱柱中发生的离子交换过程

按所使用的离子交换剂的不同，IEC 方法可分强阴、强阳、弱阴、弱阳离子交换色谱四种模式。离子交换固定相大多在有机高聚物或硅胶上接枝离子交换基团制备。离子交换剂上的活性离子交换基团决定着其性质和功能，带磺酸基的为强阳离子交换剂；带羧酸基的为弱阳离子交换剂；带季铵基（$—R_4N^+$）的为强阴离子交换剂；带伯、仲、叔氨基的为弱阴离子交换剂[7]。使用最多的阴离子交换基团是季铵、二乙氨基乙基和聚乙亚胺，使用最多的阳离子交换基团是磺丙基和羧基。

硅胶基质离子交换键合相具有刚性强、耐压及无树脂固有的溶胀和收缩现象等优点。此外，硅胶基质粒度小、均匀性好、表面传质过程快，因而柱效比离子交换树脂柱高。离子交换键合相柱的操作比树脂柱简单，通常在室温下操作即可获得良好的分离。

有机高分子类离子交换固定相如纤维素、葡萄糖、琼脂糖的衍生物等具有全 pH 值（1～14）范围适用、可以选择各种缓冲液流动相体系、使用寿命长、色谱柱易于再生、固定相色谱容量高、非特性吸附少、有利于保持样品生物活性等特点，因此在离子交换色谱固定相中占据主要地位。

聚合物基质的离子交换色谱固定相通常用聚苯乙烯和二乙烯基苯进行交联共聚生成不溶性的聚合物基质，再对芳环进行磺化制成强酸性阳离子交换剂；或对芳环进行季铵盐化，制成带有烷基胺官能团的强碱性阴离子交换剂。虽然多孔聚苯乙烯树脂仍在 HPLC 中使用，但其柱效较低，这是由于聚合物基质中的微孔扩散速度较慢，导致传质阻力较大造成的。常用的聚合物基质还有 PS-DVB、羟基化聚醚凝胶、交联聚甲基丙烯酸羟基乙酯等。

两性离子交换剂是一类具有特殊结构的离子交换剂，在其基质中既含有阳离子交换基团，又含有阴离子交换基团。这类离子交换剂在与电解质接触时可形成内盐，用水洗的办法很容易使其再生。偶极子型离子交换剂作为两性离子交换剂的一种特殊类型，通过氨基酸键合到葡聚糖或琼脂糖上制得，其在水溶液中可形成偶极子，这种离子交换剂非常适合于能与偶极子发生相互作用的生物大分子的分离。

以多糖类软质凝胶（包括葡聚糖、琼脂糖、纤维素等类型）作为基质的离子交换固定相具有全 pH 值（1～14）范围适用、与各种缓冲液流动相体系兼容、非特性吸附少、有利于保持样品生物活性、良好的亲水性和生物相容性、使用寿命长、色谱柱易于再生、样品负载量高、价格便宜等特点。虽然也有机械强度较低、只能在低流速下使用的缺点，但其仍在离子交换色谱固定相中占据主要地位。

非多孔结构可以有效地避免溶质在固定相内部的吸附与扩散，所以对改善色谱柱效、提高样品回收率以及保持大分子溶质的生物活性都是很有利的，但交换容量相对较低。这类填料普遍有很高的柱效和样品回收率，尤其适合于快速分离活性生物大分子。用作高效分离柱的非多孔型填料，一般粒度只有几微米，颗粒小而均匀，刚性良好，色谱穿透性强，流速适应范围宽。

二、流动相

离子交换色谱常用缓冲溶液作为流动相，有时加入与水混溶的有机溶剂。水不仅是理想的溶剂，同时还具有使溶质离子化的特性。被分离组分在离子交换柱中的保留时间除与样品组分的离子和树脂上的离子交换基团作用的强弱有关外，还受流动相的 pH、离子强度、加入有机溶剂种类等因素的影响。

改变流动相的 pH 值还会影响弱酸性或弱碱性溶质的电离情况，从而改变其对溶质保留的强弱。强阳/阴离子交换剂的交换容量（单位质量交换剂中有用官能团数目）不随 pH 值改

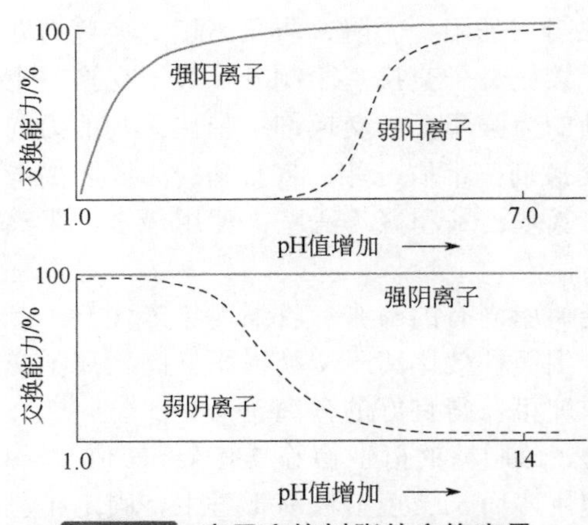

图 3-10　离子交换树脂的交换容量

变。但改变 pH 值可以增加或减少弱离子交换剂离子交换基团上可解离的 H^+或 OH^-的数目，因此流动相 pH 值直接影响固定相的离子交换容量。图 3-10 为不同模式离子交换树脂的交换容量随 pH 值的变化关系。

pH 值降低，弱阳离子交换剂的离子化受到抑制，交换容量降低，溶质的保留值减小；阴离子交换剂则恰好相反。当 pH 值增大，酸失去质子，发生解离，产生在阴离子交换固定相上保留的负离子；反之，当 pH 值减小，碱得到质子，产生在阳离子交换固定相上保留的正离子。因此，pH 值增大时，在阴离子交换色谱中组分的保留值增大，在阳离子交换色谱中组分的保留值将减小。流动相 pH 值的变化也能改变分离的选择性，不过选择性随 pH 值的变化较难预测。使用阳离子交换剂时，常选用含磷酸根离子、甲酸根离子、醋酸根离子或柠檬酸根离子的缓冲液；使用阴离子交换剂时，则常选用含氨水、吡啶等的缓冲液。

离子交换色谱中的溶剂强度主要取决于流动相中盐的总浓度即离子强度，增加流动相中盐的浓度，溶质离子与所加盐的离子争夺离子交换基团上反电荷位置的能力降低，溶质的保留值降低。流动相的离子强度越高，越不利于溶质的解离，也降低了溶质的保留。

由于不同盐的离子与离子交换剂作用强度不同，因此流动相中所加盐的类型对样品离子的保留值有很大影响。在阴离子交换色谱中，具有不同阴离子的盐相对洗脱强度顺序为：

$$F^-（弱）< OH^- < CH_3COO^- < Cl^- < SCN^- < Br^- < CrO_4^- < NO_3^- < I^- < C_2O_4^{2-} < SO_2^{2-}$$
$$< 柠檬酸根（强）$$

在阳离子交换色谱中，阳离子的洗脱强度顺序为：

$$Li^+（弱）< H^+ < Na^+ < NH_4^+ < K^+ < Rb^+ < Cs^+ < Ag^+ < Mg^{2+} < Zn^{2+} < Co^{2+} < Cu^{2+} < Cd^{2+}$$
$$< Ni^+ < Ca^{2+} < Pb^{2+} < Ba^{2+}（强）$$

在离子交换流动相中加入少量的甲醇、四氢呋喃、乙腈等有机溶剂，可以增加样品的溶解度，减少峰拖尾现象，但是有机溶剂的加入也会导致保留值下降。

三、方法发展

建立离子交换分离方法选用的色谱柱必须与待分离组分相匹配。例如，对酸性化合物或阴离子，采强阴离子交换柱；对碱性化合物或阳离子，采用强阳离子交换柱。通常不用离子交换法同时分离阳离子和阴离子。

阴离子交换分离要求流动相的 pH 值大于样品的 pK_a，通常采用 pH＞6 的水缓冲液作为流动相；而阳离子交换则要求 $pH < pK_a$，通常采用 pH＜6 的水缓冲液。初始条件的流动相中缓冲盐浓度应较低（2～5mmol/L），以避免与样品离子竞争保留。

通常需在水缓冲液中加入 0.5～1mol/L 的盐以保持一定的离子强度。采用 NaCl 可实现在低波长下的检测，但是 pH 值较低（pH＜5）时，容易腐蚀系统管路，需每天冲洗系统。乙酸钠对系统无腐蚀性，但只能在 230nm 以上检测。硫酸钠和磷酸钠也无腐蚀性，其中磷酸钠洗脱能力较强，可在低浓度下进行洗脱。

在流动相中加入有机溶剂可避免样品聚集或疏水作用引起的峰展宽或变形。高浓度有机溶剂可能会破坏生物样品活性，如无需考虑失活，则可加入较高浓度有机溶剂以改善峰形。

与反相分离类似，用 0～100%盐梯度确定样品的相对保留值，判断等度分离可行性及等度分离的盐浓度。如溶质在初始条件下不能全部流出色谱柱，则可通过增加柱温、流动相中加入一定比例的甲醇改善分离，也可改用弱阴/阳离子交换柱降低溶质的保留值。

对离子交换分离方法进行优化可采用多种途径，如改变梯度程序、缓冲溶液 pH、流动相中盐的种类和浓度、有机调节剂种类和加入量等。

第五节 体积排阻色谱法

体积排阻色谱法（SEC）又称凝胶色谱法，通常用于分子量大于 2000 的样品的分离。SEC 方法最广泛的用途是测定聚合物的分子量分布，对某些大分子样品如蛋白质、核酸等，也是一种很有效的分离纯化手段。SEC 方法能简便快速地分离样品中分子量相差较大的组分，因而适合于未知样品的初步探索性分离，无需进行复杂实验就能较为全面地了解样品组成分布的概况。

SEC 方法按其流动相体系通常分为两大类，即适合于分离水溶性样品的凝胶过滤色谱（GFC）和适合于分离油溶性样品的凝胶渗透色谱（GPC），两种方法的分离原理虽然相同，但采用的固定相、分离对象和使用技术完全不同。

一、原理与色谱柱推荐

体积排阻色谱法依据固定相凝胶的孔容及孔径分布、样品分子量大小及其分布以及相互匹配情况实现样品的分离[8]。由图 3-11，在固定相确定的分子量范围内，洗脱顺序按照分子大小分布。当样品分子量较大，以至于被完全排除在固定相微孔之外时（全排阻），其保留体积等于色谱柱内微粒间的空隙体积；而分子量足够小的分子可以完全进入微孔中，其保留体积为空隙体积和固定相中微孔体积之和。固定相的分子量测定范围即为全渗透和全排阻之间的分子量范围。

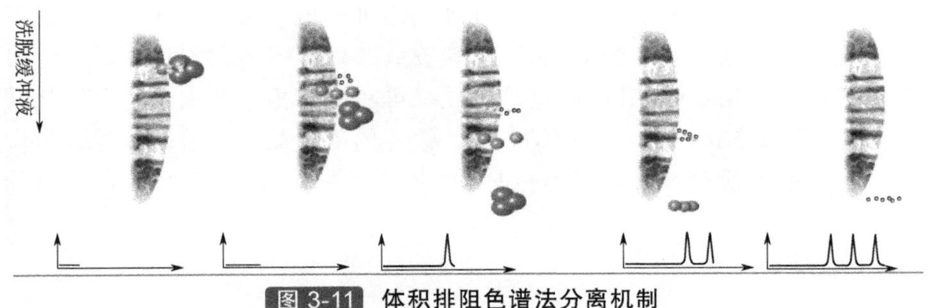

图 3-11 体积排阻色谱法分离机制

理想的体积排阻色谱固定相应具有窄的孔径分布范围，而系列色谱固定相应具有宽范围的孔径分布，可根据样品的不同选择不同分子量范围的 SEC 柱，也可将不同规格的 SEC 柱串联使用，用于分离更大分子量范围的样品。“混合柱床”是将不同孔径固定相混合装填在一支色谱柱中，与单分散固定相色谱柱相比，其具有更宽的孔径分布，可用于分离更大分子量范围的样品。

凝胶色谱固定相包括具有确定孔径的半刚性的交联聚合物凝胶和刚性的无机凝胶两大类，不同的凝胶在性能、使用及装柱方法等方面存在明显差异。常用的聚合物凝胶包括葡聚糖或琼脂糖凝胶、二乙烯基苯、丙烯酸酯、聚苯乙烯等。其中交联苯乙烯或聚甲基丙烯酸酯凝胶多用于合成高分子的分离；联苯乙烯主要用于油溶性化合物的分离；而交联甲基丙烯酸酯柱则多用于水溶性合成高聚物的分离。无机凝胶主要是硅胶，硅胶粒径通常为5～10μm，孔径范围为50nm～0.1μm，能够在含水流动相和极性有机溶剂中使用，一般于生物大分子的分离。无机凝胶在高压或高流速下柱床稳定，热稳定性好，能够长期使用。

二、流动相

体积排阻色谱法中，实际的分离效果与样品、流动相之间的相互作用无关，因此改变流动相的组成一般不会改变分离度。当采用示差折光检测器时，为提高检测灵敏度，应使流动相的折射率与被测样品的折射率有尽可能大的差别。若使用紫外吸收检测器，也应采用在检测波长无紫外吸收的溶剂。

体积排阻色谱法中流动相的选择原则：

① 流动相对样品应有足够的溶解能力，黏度小，与检测器匹配；

② 流动相必须与固定相相匹配，能浸润凝胶，如对苯乙烯-二乙烯基苯聚合物固定相应选择非极性流动相；多孔硅胶固定相应选择极性强的流动相；

③ 为增加样品溶解度而采用高柱温操作时，应选用高沸点溶剂；

④ 为消除排阻效应，针对不同固定相，流动相中应保持一定离子强度，并选择与固定相作用强于样品的溶剂为流动相。

凝胶渗透色谱主要用于高聚物分子量的测定。四氢呋喃对此类样品有良好的溶解性能，且可使小孔径聚苯乙烯凝胶溶胀，黏度也较低，因此被广泛使用作为GPC流动相。但因其在储运过程中特别是在光照射条件下，容易生成过氧化物，使用前必须除去。二甲基甲酰胺、邻二氯苯、间甲酚等溶剂可在高柱温条件下使用；强极性的六氟异丙醇、三氟乙醇等可用于粒度小于10μm的凝胶柱。

在凝胶过滤色谱中，通常以具有不同pH值的缓冲溶液作为流动相。当采用亲水性有机凝胶（葡聚糖、琼脂糖、聚丙烯酰胺等）、硅胶或改性硅胶为固定相时，固定相与样品间可能存在多种相互作用影响GFC测定准确性，可在流动相中添加少量无机盐以保持一定的离子强度（0.1～0.5 mol/L），其中钠、钾、铵等的硫酸盐、磷酸盐消除吸附作用的效果较好。当使用硅胶基质凝胶时，流动相的pH值应保持在4～8的范围，以免硅胶键合相被破坏。

三、方法发展

建立SEC方法时，应选用分子量范围能覆盖所有样品组分分子量的色谱柱。除了根据样品分子量选择固定相的孔径大小外，还需根据样品特征选择固定相种类。小颗粒硅胶固定相可以在高流速下使用，分离速度快，是分析型SEC首选。

GPC分离中，通常采用标准曲线法测定高分子物质的分子量。选用与被测样品类型相似的窄分布（单分散）标样在同一条件下分离，以保留体积对分子量的对数作图，在一定分子量范围内得到相对分子质量的标准曲线，见图3-12。

体积较大的溶质分子难以进入到固定相的孔内，因此被先洗脱出来，使分子量-洗脱体积曲线的线性范围与待测样品的分子量范围匹配。

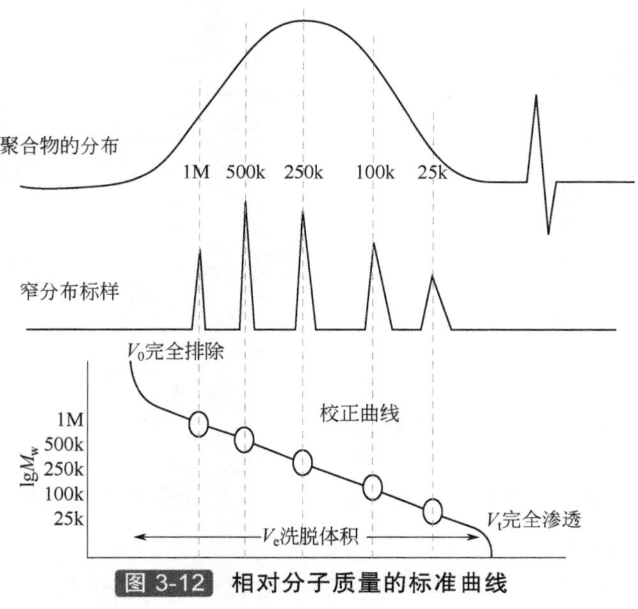

图 3-12　相对分子质量的标准曲线

第六节　亲和色谱法

亲和色谱（AFC）作为一种特异性分离技术，基于生物分子的活性特征，以其极高的选择性不可替代地被应用于复杂生物体系中特定组分的分离。

一、原理与色谱柱推荐

亲和色谱基于生物分子固有的特异性相互作用进行样品的高选择性分离。特异性相互作用包括酶能与底物、抑制物、辅酶等的结合；抗体与抗原的结合；凝集素与细胞表面抗原以及某些糖类的结合等。其分离原理如图 3-13 所示。

将可以与目标分离分子产生特异性相互作用的分子固定在固定相基质上，复杂样品基质中的分子由于不存在这种特异性作用，因此与固定相的作用相对较弱，被率先洗脱。目标分子最后被洗脱。

依亲和色谱固定相所带配基与样品之间相互作用可将其分为专用型和通用型两类。亲和配基既可以与基质直接偶联，也可以通过间隔臂间接连接（图 3-14）。

适当的间隔臂可以有效地克服基质表面的位阻效应，使得配体更容易与被分离物结合，带有间隔臂的 AFC 固定相往往具有更为优异的色谱性能。对以小分子为配体分离大分子的亲和固定相来说，间隔臂的作用显得更为重要。AFC 固定相的间隔臂按其结构类型，主要包括烃类、链状的聚胺类、肽类、链状聚醚类等。氨烷基化合物 $NH_2(CH_2)_nR$ 是常用的间隔臂，其中，R 可为羧基、羟基、氨基或配位体自身。具有疏水性的间隔臂可能与配基或样品间产生非特异相互作用，干扰亲和分离。为消除非特异性吸附干扰，可在沿间隔臂分子的长轴方向某些原子上偶联亚氨基、羟基等官能团，增加亲水性。

亲和色谱固定相上固定的配基包括染料配基、金属离子配基、包合配合物配基、特异性配基、电荷转移配基和共价配基。三嗪活性染料的结构与生物酶的天然底物接近，可与酶活蛋白质的活性位点结合应用于亲和色谱。Cu^{2+}、Zn^{2+}、Ni^{2+}、Fe^{2+}、Fe^{3+}等金属离子通过具有螯合作用的有机官能团固定在基质或间隔臂上，利用螯合物中的金属离子与生物分子间的特异性亲和作用实现生物分子的分离或纯化。常用的螯合剂包括亚氨基二乙酸、亚氨基二乙醛

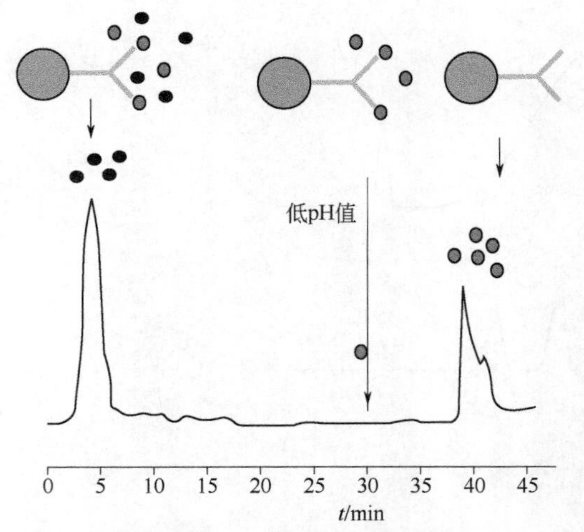

图 3-13 亲和色谱分离原理

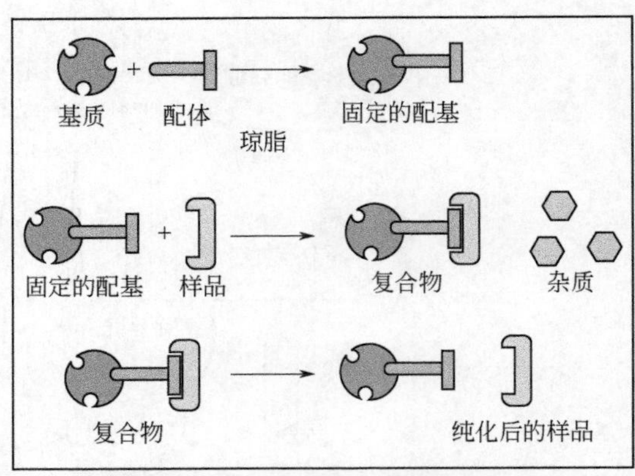

图 3-14 通过间隔臂间接连接配基

肟、硫脲、吡啶咪唑、8-羟基喹啉等。

包合物配基由主体与客体分子间特殊亲和作用力形成，主体化合物具有环状结构或空穴，客体分子可以被包合在环内或空穴内形成包合物。常用的主体分子包括环糊精、冠醚、杯芳烃等。

二、流动相

为了保持生物分子的活性，一般需要采用温和的洗脱条件。亲和色谱中通常采用具有不同 pH 的缓冲溶液作为流动相，缓冲体系由无机或有机弱酸、弱碱与其盐组成。为保持生物分子的活性，pH 值保持在 6～8 之间。满足这一条件的缓冲体系较少，包括磷酸盐、三(羟甲基)氨基甲烷（Tris-HCl）、硼酸盐等。磷酸盐缓冲溶液缓冲容量较小，且容易与高价阳离子生成沉淀，并在很多代谢体系中起到抑制剂的作用。Tris-HCl 体系在 pH＜7.5 时缓冲容量小，有较强反应活性，也同样对很多代谢体系有抑制剂作用。硼酸盐体系可与众多生物有机物生成配合物影响分离。甘氨酰甘氨酸在 pH＞8 时缓冲能力极强，但 pH=7.5 以下几乎没有缓冲作用。

由 Good 等设计研发的 Goods 系列缓冲溶液包括 12 种缓冲溶液，具有缓冲能力强、低离子强度等特征，可在 pH=6.1～10.7 范围内应用于生物学和生理学研究。

通用型亲和配基与溶质之间作用力通常不强，大多数情况下非选择性流动相即可完成不同组分的分离。当生物分子与配基形成稳定常数较小的配合物时，等度条件下，采用洗脱能力弱的、具有不同 pH 值的缓冲溶液即可使配合物解离实现洗脱[9]。当除了配位作用，还有静电吸引力、氢键力或疏水相互作用等引起的非特异性相互作用存在时，可通过改变 pH 值、离子强度、流动相极性、加入离液序列试剂等消除其干扰。其中离液序列试剂可改变生物分子结构，使蛋白质变性从而破坏亲和作用。采用低浓度离液序列试剂能够在尽可能保持蛋白质分子结构基础上实现快速洗脱。

专用型亲和配基与目标溶质间亲和作用较强，需要采用含有特定组分、具有超强洗脱能力的流动相进行洗脱。此时，通常在流动相中加入另一种游离配基以取代固定相上的配基与目标化合物结合实现洗脱。此外，还可以通过选择性断裂固定相基质与配基之间的化学键的方法实现洗脱。由于洗脱后目标分子仍与配基相连，需采用适当方法（如改变 pH 值或加入变性剂等）将其游离出来。

三、方法发展

在亲和色谱分析中，分离、纯化的对象皆为氨基酸、多肽、蛋白质、核碱、核苷、核苷酸、寡聚和多聚核苷酸、核糖核酸、脱氧核糖核酸以及酶、辅酶、寡糖、多糖等生物分子，其中大多数为极性化合物，不少还具有生物活性。因此，当从固定相上将它们洗脱下来时，需使用 pH 值接近于中性的稀缓冲溶液，以在比较温和的洗脱条件下，保持其生物活性。

亲和色谱分离进行前，需先对固定相进行平衡，平衡缓冲溶液的 pH、离子强度、温度和化学组成都应使配基与溶质之间产生较强的相互作用以利于保留。温度是亲和色谱分离的重要条件，亲和作用强度通常随温度升高而减小，可利用不同的温度吸附和脱附。配基与生物分子间相互作用达到平衡的过程缓慢，样品应以较慢速度加载，流动相流速也不应过快。对亲和力较强的固定相，样品体积的影响不大；亲和力较弱时，样品体积不宜过大。梯度洗脱时，可采用温度梯度、pH 梯度或离子强度梯度。

第七节 其他分离模式

一、离子对液相色谱

酸碱性较强的物质因其极性较强，在反相固定相上保留较弱，当样品与离子对试剂缔合形成离子对后，形成较为稳定的中性复合物（图 3-15），其在反相固定相上的保留被大大增强。对酸性溶质，多用季铵盐做离子对试剂；而对碱性溶质，多用烷基磺（硫）酸盐。

离子对液相色谱使用的色谱柱和流动相与反相色谱相似，主要区别在于流动相离子对试剂的加入。洗脱顺序与离子对极性大小相反，极性大的离子对保留弱，极性小的离子对保留强，与反相保留规律一致。

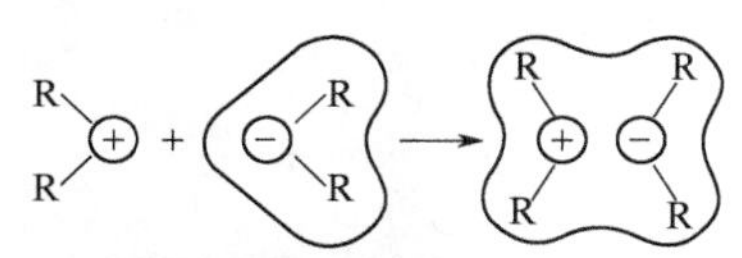

图 3-15 离子对的形成

保留的强弱可由离子对的束缚强度和对离子的浓度控制。对离子疏水基的疏水性越强，保留越强。当流动相中离子对试剂浓度增加时，柱吸附容量增加，其达到饱和时吸附容量达到最大。pH 也是影响保留强弱的重要因素，当溶质离子浓度达到最大时，保留值最大。缓冲剂（或盐）的浓度增加会降低形成离子对的样品保留，一般不采用改变离子强度的方法调节分离选择性。

离子对色谱流动相中短链离子对试剂的浓度为 0.01mol/L，C_{10} 以上烷基链离子对试剂浓度为 0.005mol/L。常用水-甲醇或水-乙腈体系。由于乙腈对很多离子对试剂的溶解性较差，限制了其应用。在离子对试剂存在条件下，柱平衡过程缓慢，容易造成重现性差、基线不稳，因此不推荐采用梯度洗脱。当采用小分子离子对试剂如三氟乙酸、三乙胺等时，柱平衡速度较快，常用于肽和蛋白质梯度分离的添加剂。

烷基磺酸盐和四烷基铵盐都可在 210nm 进行紫外检测。分离碱性化合物常用磺酸盐增加质子化碱和其他阳离子的保留，烷基硫酸盐和高氯酸盐也可用于分离碱性化合物。四烷基铵盐用于酸性样品，增加解离的酸和其他阴离子的保留值。通常，电荷相反的离子对试剂不能同时使用，否则其互相结合容易抵消各自对样品的保留。

显然，离子对色谱作为改善反相色谱分离的补充方法，其方法建立和使用较为复杂，且易受其他因素的影响。

二、离子色谱

离子色谱（ion chromatography，IC）方法出现于 20 世纪 70 年代中期，目前已形成一个独立的色谱分支，主要用于无机和有机离子的分离分析。

常见的离子色谱一般有单柱系统和双柱系统之分。早期的抑制系统常使用一根具有相反离子交换作用的高交换容量的填充柱，后来逐渐发展成可以自动再生的纤维抑制柱和薄膜抑制柱。

单柱 IC 方法所使用的柱填料一般都是低交换容量的多孔性离子交换剂，早期的单柱离子色谱填料用多孔树脂 XAD 经浅度离子化制得，目前较为广泛应用的填料如 TSK gel-IC-Anion-PW 和 TSK gel-IC-Cation-PW，其交换容量分别为(30±3)μmol/ml 和(12±3)μmol/ml。

在双柱 IC 方法中所使用的填料，如 Dionex 的 AS 系列（阴离子分析柱）和 CS 系列（阳离子分析柱），皆为以交联聚苯乙烯为基质的具有薄壳结构的离子交换剂。

三、亲水作用色谱

亲水作用色谱（HILIC）是具有不同酸碱特性及可电离化合物分离的有效手段。采用含水流动相进行的亲水作用色谱虽然流动相组成与反相色谱类似，但因其流动相极性小于固定相极性，本质上属于正相色谱，其与其他分离模式的关系如图 3-16 所示。

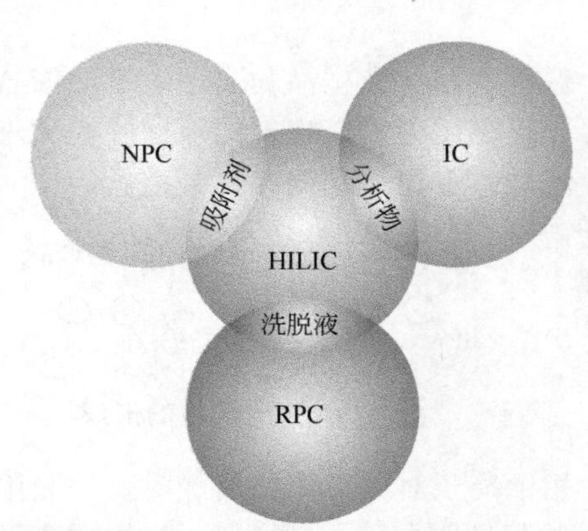

图 3-16 HILIC 与其他分离模式的关系

HILIC 的保留机理复杂，一般认为分配机理、离子交换、偶极-偶极相互作用同时作用。水相多时 RP 机理占主要作用，样品的保留随着有机相的增加而减小，直到最小值；当进一步增加有机相含量时，保留反而增加，此时，极性相互作用在高有机相条件下起主要作用。

近年来，亲水作用色谱受到了越来越多的关注，一方面是强极性化合物的分离是药物分析、代谢组学、蛋白质组学等研究热点领域发展的需要，另一方面也是由于其自身具有特殊优势。除了对强极性化合物和亲水化合物有良好的保留和分离选择性，亲水相互作用色谱还具有采用的流动相体系简单、易于操作、可以方便地与质谱偶联等优势。

新型亲水作用色谱固定相的开发，一定程度上解决了传统正相色谱固定相应用于亲水作用色谱带来的问题。酰胺类固定相具有良好的亲水性和稳定性，且具有电中性特征，弥补了氨基柱的缺陷。多元醇羟基固定相具有良好的极性和亲水性，不发生电离，反应活性也较低，稳定性好，是理想的亲水色谱固定相。与二醇基固定相相比，多元醇羟基丰富的表面醇羟基和特异的空间构型增强了其对强极性化合物的保留和分离选择性。两性离子固定相表面同时具有正、负电荷，其总体的表面电荷效应较小，具有良好的亲水性，已在多肽和蛋白质亲水色谱模式分离中显示出了巨大的潜力。

四、疏水作用色谱

疏水作用色谱（hydrophobic interaction chromatography，HIC）是为了适应活性生物大分子特别是蛋白质的分离而发展起来的一种液相色谱方法。分离机理与反相色谱的强疏水性作用类似，但是其分离机制更多地依赖于溶质与填料表面之间弱的疏水性相互作用。HIC 柱填料的表面具有弱疏水性特征，在高离子强度流动相条件下，蛋白质分子中的疏水性部分与填料表面产生疏水性相互作用而被吸附，当流动相的离子强度逐渐降低时，蛋白样品则按其疏水性特征被依次洗脱，疏水性越强，洗脱的时间越长，进而实现分离。与反相色谱比较，HIC方法避免了流动相中使用大量有机溶剂，能有效地保持被分离物质的生物活性，因此在生化样品的分离纯化方面被广泛采用。

疏水色谱固定相由基质和修饰在基质上的配基构成[9]。琼脂糖凝胶、葡聚糖和高分子聚合物表面有羟基，可以被有机基团取代制备疏水色谱固定相，其优点是 pH 值范围较广，但机械强度差。硅胶基质借助形成≡Si—O—Si—C 键或≡Si—C 键才稳定，只能在 pH=2～8 时使用，但能承受的压力较大；也可在硅胶表面包裹一层高分子材料作为 HIC 固定相，显示出良好的性能。疏水色谱中的配基多为含 N 或 O 的中等疏水的有机基团，如亚甲基、苯基、甲基等。

流动相盐浓度较高时，蛋白质与固定相间疏水相互作用力强，随着盐浓度降低，洗脱强度增大，蛋白质按照疏水性从小到达的顺序依次洗脱。HIC 的流动相是高离子强度的盐水溶液，影响洗脱的因素包括：盐的种类、离子强度、pH 和柱温。

不同种类盐的洗脱能力强弱为：

$$KSCN > CaCl_2 > NH_4Cl > NaCl > Na_2SO_4$$

为了保持分离后蛋白质的活性，HIC 中通常采用$(NH_4)_2SO_4$、NH_4OAc、磷酸盐和氯化钠等盐水溶液为流动相，梯度洗脱进行分离。强酸、强碱可能引起蛋白质变性，因此流动相 pH 必须在蛋白质不失活范围内。在疏水色谱中，蛋白质的保留对温度比较敏感，柱温升高，疏水作用增强，保留值增加，可利用温度变化研究蛋白质构象。在流动相中添加乙二醇、尿素、蔗糖等物质可降低流动相极性，减弱蛋白质的保留。此外，表面活性剂和甲醇也可改变蛋白质的选择性，但需注意是否会造成蛋白质失活。

参考文献

[1] Snyder L R，Carr P W，Rutan S C. J Chromatogr A，1993，656：537.

[2] 苏立强. 色谱分析法. 北京：清华大学出版社，2009：171.

[3] 耿信笃，弗莱德依瑞格涅尔. 中国化学，2003，21(3)：311.

[4] 森德尔 L R，柯克兰 J J，格莱吉克 J L 著. 张玉奎，王杰，张维冰译. 实用高效色谱法的建立. 第 2 版. 北京：华文出版社，2001：425.

[5] 杜一平. 现代仪器分析方法. 上海：华东理工大学出版社，2008：86.

[6] Snyder L R. In High-Performance Liquid Chromatography: Advanced and Perspecitives: Vol 3. C. Hovrvath，ed. San Diego，CA: Academic Press，1983: 157.

[7] 丁明玉. 离子色谱原理与应用. 第 1 版. 北京：清华大学出版社，2001：4.

[8] 张文清. 分离分析化学. 第 1 版. 上海：华东理工大学出版社，2007：235.

[9] 张玉奎，张维冰，邹汉法. 分析化学手册：第 2 版. 第六分册. 北京：化学工业出版社，2000：54.

第四章　高效液相色谱仪器系统

高效液相色谱仪是实现高效液相色谱分析的基本设备，主要由输液系统、进样器、分离柱、检测器和系统控制与数据处理系统等单元组成，此外也包括辅助的在线脱气、柱温控制、自动进样等组件，以及相应的连接管路、接头等。

第一节　高效液相色谱输液系统

一、输液系统的构成及要求

输液系统包括储液装置及吸液组件、流动相脱气装置和输液泵，其主要作用为驱动流动相携带样品在色谱柱中实现分离，并送达检测器完成检测。

液相色谱输液系统应该满足以下要求：

① 耐高压，传统 HPLC 泵的最高工作压力一般为 6000psi 左右；对填料粒径 3～5μm，色谱柱内径 3～5mm 的情况，可以保证流动相流速在 1～3ml/min 的范围；对小于 2μm 的小粒径色谱填料，输液系统的工作压力可达 10000psi 以上；

② 流量重复性好，输液平稳，脉动小，流量范围宽，流量准确度高；

③ 溶剂置换容易，系统死体积小；

④ 具有压力检测与保护功能；

⑤ 拥有时间流速程序控制和梯度功能；

⑥ 满足 GXP 等法规的仪器维护记录验证的基本要求；

⑦ 联用功能与系统的可扩展性；

⑧ 耐用，维护方便；

⑨ 惰性接触液体表面材料，适用于生物活性样品。

对液相色谱输液系统的综合评价涉及许多方面，包括基本功能、基本参数、耐用性、使用方便性、组合和扩展性等，通常可以用流量的准确度、流量的稳定性、压力的准确性、压力脉动、系统密封性、梯度重复性和准确性等几个基本指标来衡量其性能。

二、储液装置及吸液组件

储液装置用于储存符合 HPLC 要求的流动相，一般应满足如下要求。

① 足够的容积：通常为 500～2000ml，采用微柱或制备柱的系统可以适当缩小或加大。

② 与流动相不发生化学反应：一般采用以玻璃、不锈钢或聚四氟乙烯为衬里的容器；最常用的为透明高硼酸硅玻璃瓶；也有适用于需要避光流动相用的棕色瓶、需要加压流动相用的耐压溶剂瓶。

③ 与其他部件连接方便。

吸液组件包括将流动相与输液泵连接的管路和过滤流动相的溶剂过滤头。

用于连接的管路，一般为外径(1/8)″FEP（特氟龙）管，该材质具有良好的耐酸碱及耐腐蚀性。

溶剂过滤头采用多孔的烧结不锈钢材料制作，可以耐受大多数流动相条件。其2～40μm的微孔可以有效滤除流动相中的颗粒物。

三、流动相脱气装置

流动相进入高压输液泵前必须脱气，否则流动相通过色谱柱时其中的气泡受到压力而压缩；流出色谱柱到检测器时，因常压而将气泡释放出来，造成基线不稳，检测器噪声增大，仪器不能正常工作，在梯度淋洗时这种情况尤为突出。

流动相脱气方式可分为离线脱气和在线脱气两种形式，现在很多商品化仪器都配备在线脱气装置，能够很好地去除大部分气泡。常用的离线脱气方法有三种：低压脱气法、吹气脱气法和超声波脱气法。

1. 低压脱气法

将配好的流动相置于容器中，电磁搅拌、水泵抽真空，可同时加温或向溶剂中吹氮。由于抽真空或加热过程中可能导致流动相中低沸点溶剂的挥发，进而影响其组成，因此不适于二元以上溶剂组成的流动相脱气。

2. 吹气脱气法

向溶剂中吹入氦气等小分子惰性气体，以使溶解在流动相中的其他气体脱出。

3. 超声波脱气法

将溶剂瓶置于超声波清洗槽中，以水为介质超声脱气，500ml溶液超声10～15min方可达到脱气效果。该方法简单方便，不影响溶剂组成，适用于各种溶剂。使用时应避免溶剂瓶与超声波清洗槽底或壁接触，造成溶剂瓶破裂。

四、输液泵

1. 输液泵的分类

按照液体输出的形式，输液泵可分为恒压泵和恒流泵两大类。

恒压泵输出稳定的压力。当系统阻力不变时，恒压亦可达到恒流的效果。如果系统阻力变化，输入压力虽然不变，流量却可随阻力而变化。

恒流泵可以在不同的系统压力下输出恒定流量的液体。尤其是当使用梯度洗脱流动相时，随着流动相比例的变化，系统压力随之改变，恒流泵同样可以输出恒定流量的液体。

在泵和系统所允许的最大压力下操作时，恒压泵较方便且安全，因此有些恒流泵亦带有恒压输液的功能，以满足多种需要。

2. 对液相色谱输液泵的要求

高效液相色谱柱填料颗粒较小，色谱柱的背压较大。为了使输液泵可提供流量稳定、重现性好的流动相，对输液泵有以下要求。

① 流量稳定：输出的流动相基本无脉冲，流量重复性*RSD*值优于0.3%，目前主流生产厂家均能达到0.1%。

② 输出压力高，密封性能好：最高输出压力可达40～60MPa；超高压液相色谱耐压甚至需超过100MPa。

③ 流量范围宽，且连续可调：分析型，0.100～10.000ml/min；半制备型，10～100ml/min；

制备型，100～1000ml/min；工业制备型，大于 1000ml/min。随着微纳技术的发展，目前已有微纳输液泵的最小流量可以低至纳升级。

④ 泵死体积小，有利于洗脱液的更换。

⑤ 耐腐蚀性好：在分析生物样品、极性样品时流动相常用腐蚀性较大的缓冲液，泵材质的耐腐蚀性要求很高。通常采用不锈钢材质，对生物样品的分离也常采用 PEEK 材质。为了减缓柱塞磨损，许多厂商的柱塞泵都附有清洗装置，可自动冲洗。

⑥ 具有梯度洗脱功能。

3. 输液泵原理及特点

液相色谱用高压输液泵可分为液压隔膜泵、气动放大泵、螺旋注射泵和往复柱塞泵四种，其中液压隔膜泵和气动放大泵为恒压泵，螺旋注射泵和往复柱塞泵为恒流泵。高压输液泵的特点见表 4-1。

表 4-1 高压输液泵的特点

泵类型	优　点	缺　点
液压隔膜泵	高压密封易于解决，多用于计量泵	吸液和排液切换时压力波动较大
气动放大泵	输液时压力稳定，多用于装柱系统	流量调节不便，随着流路阻力的变化，流量亦随之改变
螺旋注射泵	流量稳定，属恒流泵	单缸结构间断式供液，双缸结构可连续供液；更换液剂、清洗不便
往复柱塞泵	液缸容积恒定，通过改变柱塞往复频率实现流量调节	输出的流动相有明显脉动

4. 液压隔膜泵

液压隔膜泵的结构如图 4-1 所示。传动机构带动柱塞在液压腔内往复运动，使液压油的压力产生变化，并带动液压隔膜位移。隔膜的运动带动单向阀吸液和排出，输送流动相进入色谱系统。

5. 气动放大泵

气动放大泵根据压力传递的原理设计，其结构如图 4-2 所示。活塞有大小两个截面，高压气体推动大的截面 A_1 运动，小的截面 A_2 随之推动液体溶剂运动，产生输液的效果。截面两端压力相等，输出的压强与截面积成反比。因此，只要两截面的面积比值足够大，即可得到很高压力的液体输出。

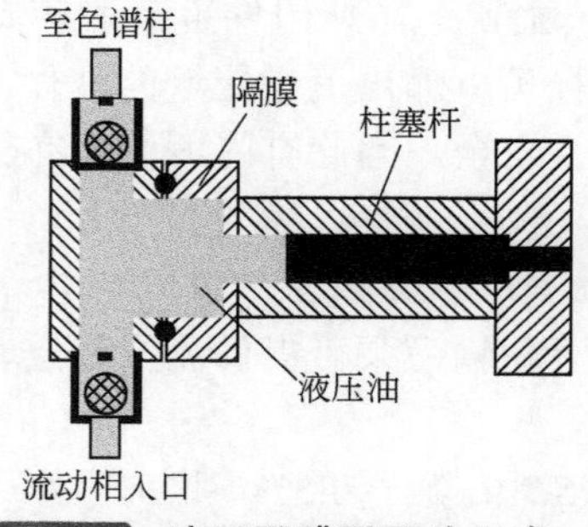

图 4-1 液压隔膜泵泵头示意

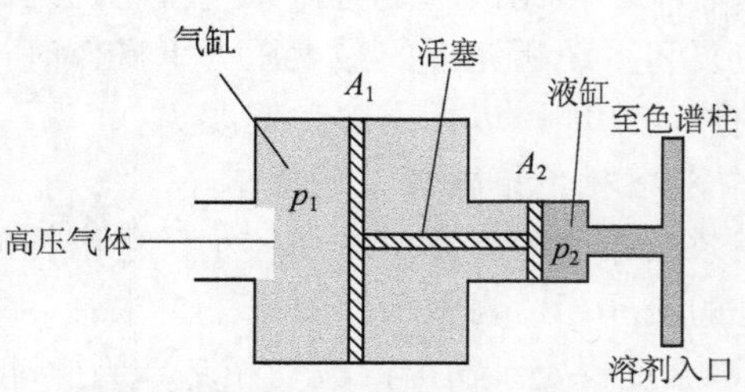

气缸
活塞
A_1
液缸
至色谱柱
A_2
p_1
高压气体
p_2
溶剂入口

图 4-2 气动放大泵示意

6. 螺旋注射泵

螺旋注射泵的原理见图 4-3。电机通过丝杠带动活塞运行，达到输送液体的效果。调整电机速度可以达到调节液体输出速度的目的。

7. 往复柱塞泵

往复柱塞泵是目前HPLC系统中最多采用的一种高压输液泵，表4-2中给出了主要商品化输液泵的性能比较。

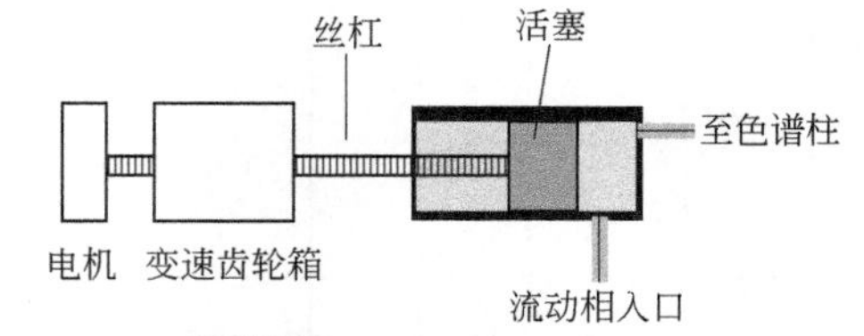

图4-3 螺旋注射泵示意

往复柱塞泵包括单柱塞、双柱塞（又分为并联式和串联式）和三柱塞泵等不同类型。泵腔一般很小，多在100μl以下。工作时电机带动凸轮转动，并带动柱塞杆在液缸内作往复运动。由于柱塞往复运动频率高，因此对密封环耐磨性、单向阀的刚性和精度要求很高。密封环常用特殊的聚四氟乙烯制成，单向阀球、座和柱塞杆则用人造红宝石材料制作。增加柱塞数可减小脉动，流量更平稳，但构造也相应复杂，故障率增加。

单柱塞泵的结构如图4-4所示。柱塞运行分为吸液和排液两个阶段。在吸液阶段，柱塞杆往凸轮方向运行，出口单向阀关闭，流动相从入口单向阀吸入；排液阶段，柱塞杆反方向运行，入口单向阀关闭，流动相自出口单向阀压入到色谱系统。

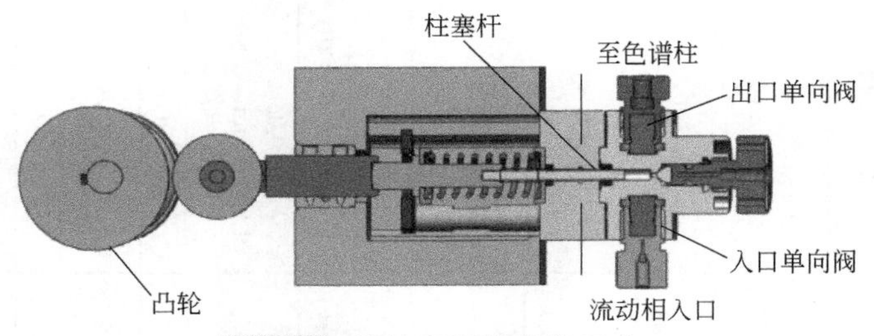

图4-4 单柱塞泵柱结构示意

由于在吸液阶段输液泵没有液体输出，流动相流量的脉动不能满足色谱分析的要求，仪器无法正常工作，因此在实际应用中多采用双头泵和加脉动阻尼器以降低脉动。单柱塞泵排液特征如图4-5所示。

串联式双柱塞泵的结构如图4-6所示。液体从主泵头的入口进入主泵腔，并由其出口流路进入副泵头入口，再由副泵头的出口进入色谱系统。

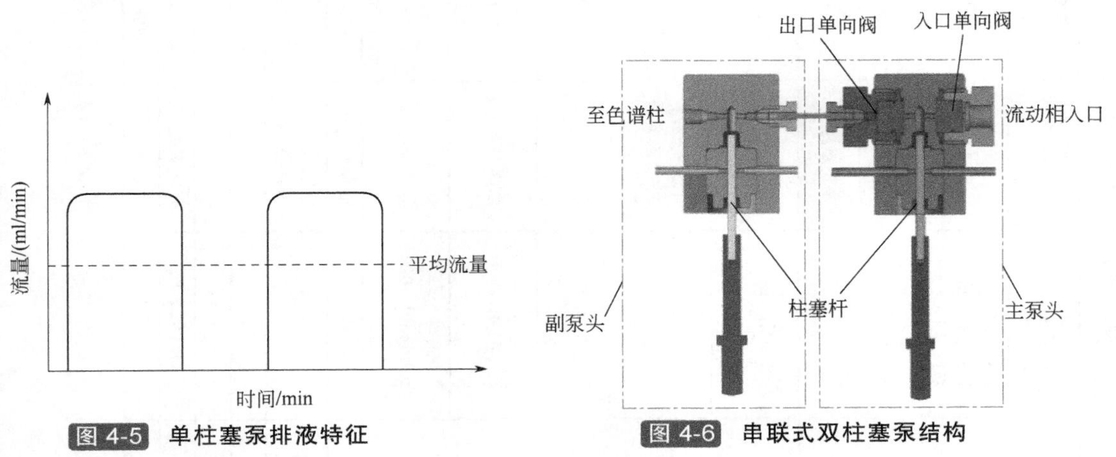

图4-5 单柱塞泵排液特征

图4-6 串联式双柱塞泵结构

输液过程可以分为两个阶段：第一个阶段，主泵头处于吸液状态，入口单向阀打开，出口单向阀关闭；与此同时，副泵头处于排液状态；第二个阶段，主泵头处于排液状态，入口

表 4-2 主要商品化高压恒流泵性能指标对照

厂家	泵型号	泵柱塞	流量范围 /(ml/min)	流速准确度	流速精度	压力范围	自动泵塞清洗装置	在线脱气系统
Agilent	G1310B 单元泵/ G1312B 二元泵/ G1311 四元泵	串联双柱塞	0.001～5.000	±1%或 10μl/min 取较大值	≤0.07%*RSD* 或 0.02ml/ min *SD*，取较大值	5ml/min 时最高压力 60MPa		有
Waters	Alliance 2695	串联双柱塞	0.000 和 0.010～10.000	±1%	<0.075% *RSD*	0～34.5MPa	有	有
	1515/1525 二元高压梯度泵	并联双柱塞	0.00～10.00	±1%	≤0.1% *RSD*	0～40.1MPa		
SHIMADZU	LC-20AD	并联双柱塞	0.0001～10.0000	1%或 2μl/min 其中较大值以内（0.01～2ml/min）	≤0.06% *RSD*	0～40MPa	有	有
	LC-20AB	并联双柱塞（2 式）	0.0001～10.0000	1%或 2μl/min 其中较大值以内（0.01～2ml/min）				
	LC-20AT	串联双柱塞	0.001～10.0	2%或 2μl/min 其中较大值以内（0.01～2ml/min）				
大连依利特	P1201	串联双柱塞	0.001～9.999	≤±0.2%（1.000ml/ min，8.5MPa，水，室温）	≤0.075%（1.000ml/ min，8.5MPa，水，室温）	0～42MPa	有	有
	iChrom P5100	并联双柱塞	0.001～10.000	≤±0.2%（1.000ml/ min，8.5MPa，水，室温）	≤0.06%（1.000ml/min，8.5MPa，水，室温）	0～50MPa	有	有
普源精电	L-3320	串联双柱塞	0.001～10.0	±0.5%	0.50%	8000psi	有	有
北分瑞利	SY-8000	串联式双柱塞往复泵	0.001～9.999	0.10%	0.07% *RSD*	0～42MPa		
普析	L6		0.001～10.000	≤±1%	≤0.075% *RSD*		有	有
东西电子	LC-5510		0.001～10.000	≤±0.5%				
伍丰	EX1600LP/HP	并联双柱塞	0.001～9.999		<0.06% *RSD*	0～42MPa	有	有
福立	FL2200	串联双柱塞	0.001～9.999	≤±1%	≤0.1% *RSD*	0～42MPa		

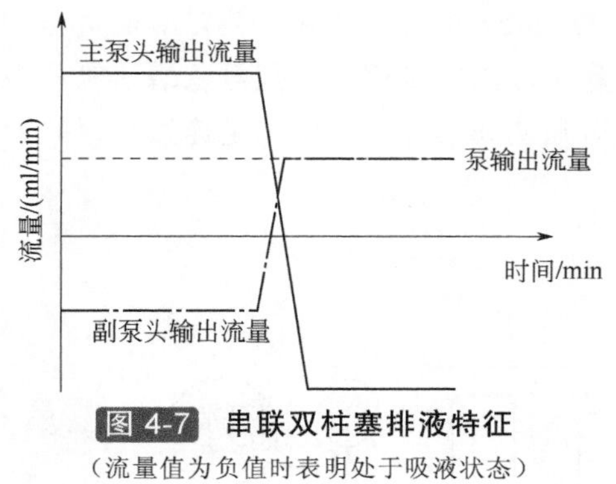

图 4-7 串联双柱塞排液特征
（流量值为负值时表明处于吸液状态）

单向阀关闭，出口单向阀打开，排出的液体一部分直接进入色谱系统，一部分蓄积到副泵头泵腔中，此阶段副泵头处于吸液状态。两个泵头始终有一个处于排液状态，减小了输液的脉动。排液特征见图 4-7。

并联式双柱塞泵的结构如图 4-8 所示。采用两相差 180° 的凸轮分别推动两个柱塞，泵头 1 吸入流动相时，泵头 2 输出流动相到色谱柱；反之，泵头 1 输出流动相到色谱柱时，泵头 2 吸入流动相，两个泵头流量互补。其输液特征见图 4-9。

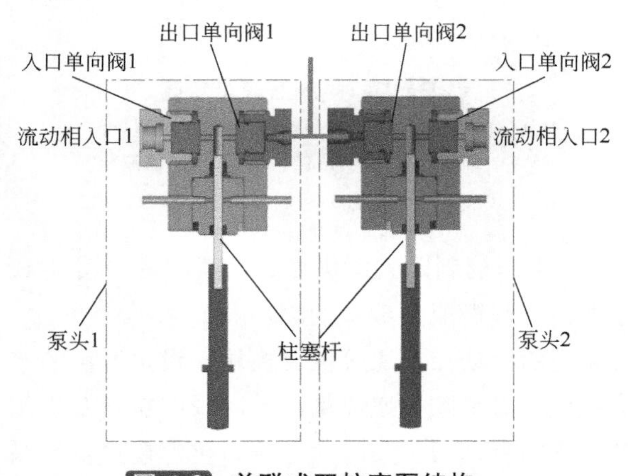

图 4-8 并联式双柱塞泵结构

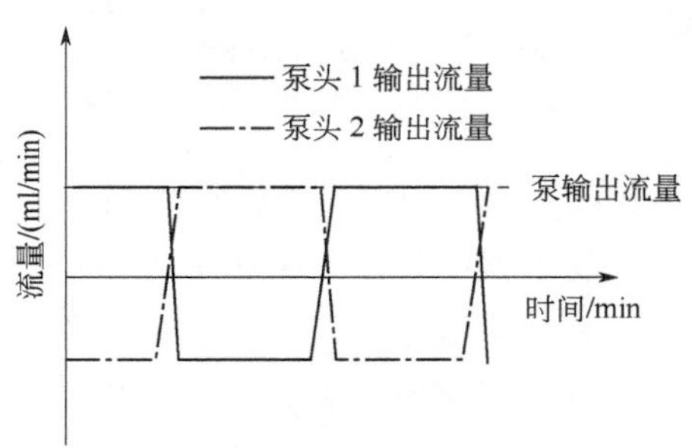

图 4-9 并联式双柱塞泵排液特征

并联双柱塞泵与串联双柱塞泵的区别在于后者较前者少用两组单向阀。由于单向阀的沾污往往是泵恒流输液性能下降的主要原因，因此一台泵所用的单向阀越少，发生故障的机会也越少。串联泵仅有主泵头从溶剂瓶中吸液，副泵头从主泵头中吸液，所以同样行程的串联泵与并联泵相比，流量为并联泵的一半。

8. 新型输液泵

随着液相色谱技术的发展，对输液压力、流量稳定性的要求越来越高。基于不同机理的新型输液泵被研发成功，尤其是适用于微柱液相色谱的微纳输液泵。尽管这些概念泵尚不能达到实用的要求，但也为仪器厂商的新型仪器开发提供了一些全新的思路。

磁致伸缩泵[1]是一种能够提供纳升微流量的色谱泵，其结构如图 4-10 所示。主要由进、出口单向阀，隔膜，磁致伸缩体和外加磁场装置构成。通过外加磁场的变化改变磁致伸缩体的尺寸。当外加磁场增大时，磁致伸缩体机械尺寸变大，推动隔膜向前运动，流动相从出口单向阀流出；当外加磁场减小时，磁致伸缩体机械尺寸变小，隔膜受弹簧的推力，做回程运动，完成吸液。如此反复，完成吸排液过程。

热膨胀泵[2,3]是一种通过热膨胀原理实现微流量液体输出的色谱泵，其结构如图 4-11 所示。控制器作为输液泵的控制中心，接收温度传感器反馈的信息，并控制加热装置升温、降温及四通阀的切换。当温度处于下降阶段，四通阀的 51 和 52 相连，泵处于补充溶剂状态；当温度处于上升阶段，四通阀的 51 和 53 相连，液体膨胀，输出微流量溶剂至色谱系统。实际应用中，可并联两套热膨胀泵至四通阀的 54，并加入压力传感器，可以满足连续微流的输液要求。

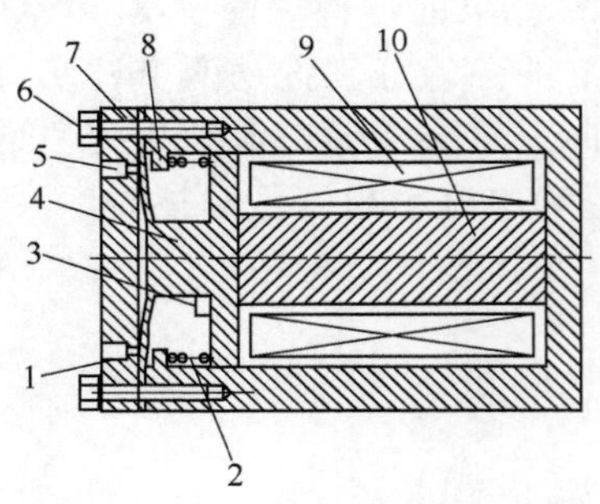

图 4-10 磁致伸缩泵示意图

1—进口单向阀；2—弹簧；3—温度测控装置；4—隔膜；5—出口单向阀；6—泵头连接螺栓；7—泵头壳体；8—凸起；9—外加磁场装置；10—磁致伸缩体

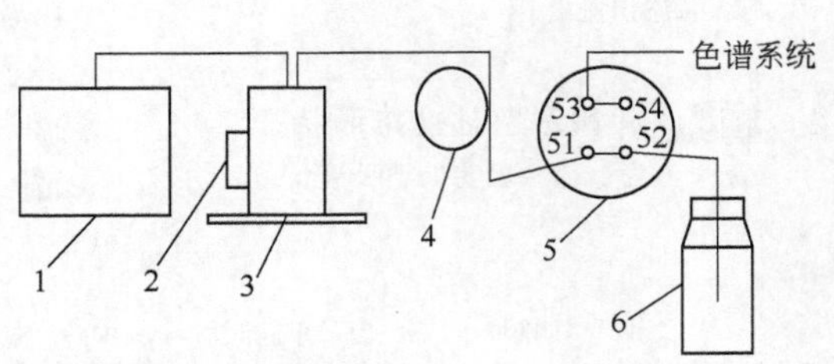

图 4-11 热膨胀泵示意图

1—控制器；2—温度传感器；3—加热装置；4—储液线圈；5—两位四通阀；6—储液瓶

相变恒流泵[4]由泵腔、加热制冷、压力传感、电路控制四大模块组成，其结构如图 4-12 所示。利用蓄能材料发生相变时体积膨胀的原理，实现微流量液体的输出。

泵腔模块里储存有相变材料和色谱系统所使用的流动相。通过控制模块，设定所需的流量。电路控制模块将指令传递给加热制冷模块，通过对泵腔传递热量，泵腔中的材料发生相变，产生体积变化，并推动活塞输出高压、微流量的流动相。实时通过压力传感模块反馈系统压力，对相变过程进行调整，稳定推动微量流动相进入色谱柱。

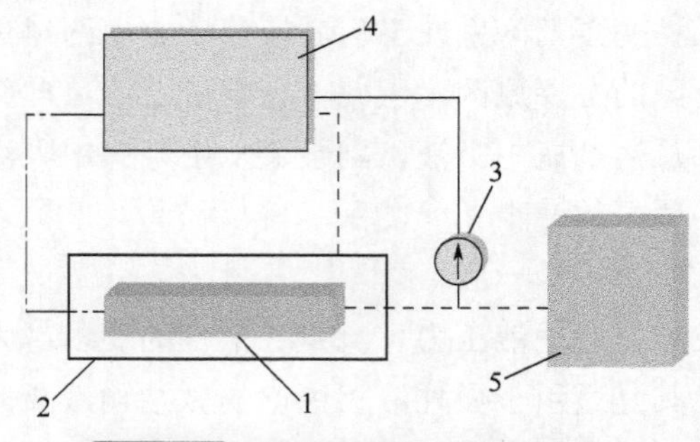

图 4-12 相变恒流泵结构示意图

1—泵腔；2—加热制冷模块；3—压力传感模块；4—电路控制模块；5—液相色谱仪

第二节 梯度洗脱系统

梯度洗脱是采用两种（或多种）不同极性的溶剂，在分离过程中按一定程序连续改变流动相的浓度配比和极性的一种洗脱模式。色谱分离要求在尽量短的时间内获得足够的分辨率。

梯度洗脱的目的：

① 分离保留值范围较宽的复杂混合物，随保留值增大，谱带变宽，峰检测发生困难；甚至保留值太大，难于洗脱，采用梯度洗脱可以解决这类问题；

② 通过流动相极性的变化来调整被分离样品的选择因子和保留时间，以使柱系统具有最好的选择性和最大的峰容量。

梯度洗脱技术能够提高分离度，缩短分析时间，降低最小检测量并提高分析精度。对复杂混合物，特别是保留性能相差较大的混合物的分离，梯度洗脱是一种极为重要的手段。梯度洗脱装置可以分为高压梯度和低压梯度两种模式。表 4-3 比较了各种梯度洗脱系统的特征。

表 4-3 不同梯度洗脱系统的比较

特　　性	二元高压梯度	二元低压梯度	多元低压梯度
洗脱范围	较广	较广	广
梯度的重现性	好	较好	较好
成本	较高	低	低
改变流动相	容易	容易	较容易
力学性能	较简单、较可靠	简单、可靠	较简单、较可靠
自动化难易程度	容易	容易	较容易
对溶解气体敏感性	较敏感	敏感	敏感
梯度准确性	准确	较准确	较准确
不同溶剂混合能力	较强	较强	强
方便性	方便	方便	较方便

一、高压梯度装置

高压梯度又称内梯度，采用多个高压泵将不同的流动相增压后送入梯度混合室混合后再送入色谱柱，其原理如图 4-13 所示。流动相中有几种变化组分即称为几元梯度。如二元梯度洗脱需两台高压输液泵；而三元梯度洗脱需三台高压输液泵。每一台高压输液泵输出量由程序控制器控制，按设定的程序将不同量的溶剂输送到混合室中混合，产生任意形式的梯度洗脱曲线。

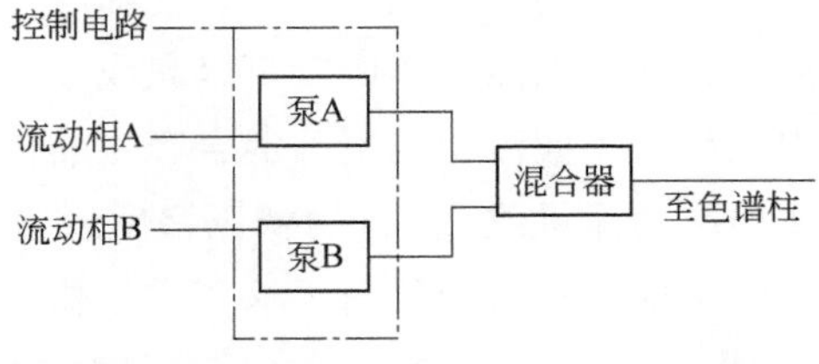

图 4-13 二元高压梯度洗脱装置示意图

混合器结构如图 4-14 所示。由于其在高压下混合不同的溶剂，要求其体积应尽量小、混合效率高，以保证得到重复性好、滞后时间短的梯度洗脱曲线，此外混合器也应便于清洗。滞后时间由泵、混合器和输液管道的死体积决定。

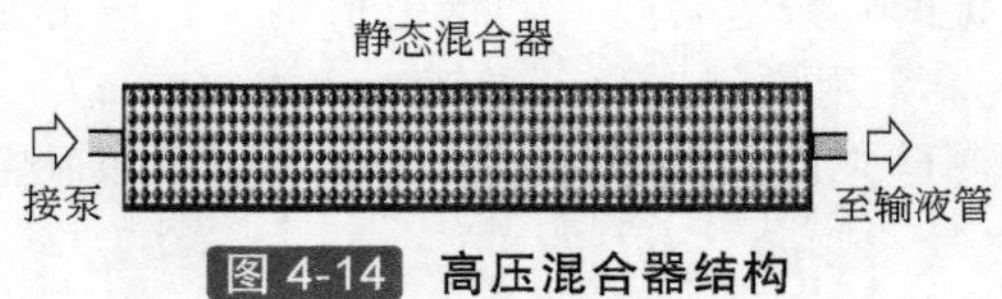

图 4-14 高压混合器结构

高压梯度可获得任意形式的梯度洗脱曲线，精度高，易于实现自动控制。在高压下混合流动相不易产生气泡，对流动相的脱气要求较低。但高压梯度需使用多台高压输液泵，成本较高。

二、低压梯度装置

低压梯度又称外梯度，是在常压下将流动相的不同组分混合后再用高压输液泵送入色谱柱的方法，其原理如图 4-15 所示，图 4-16 也给出了其结构图。利用电磁比例阀控制不同溶剂的流量变化，使溶剂按不同比例被输送入到混合室中混合，然后用一台高压输液泵将混合好的流动相输送到色谱柱中。

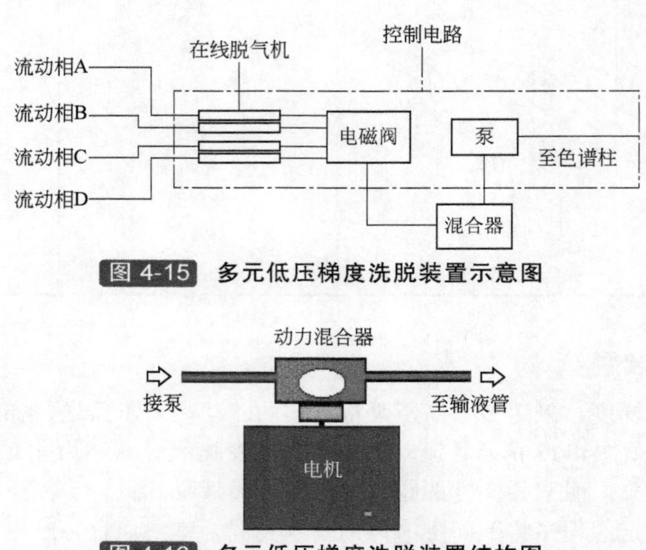

图 4-15 多元低压梯度洗脱装置示意图

图 4-16 多元低压梯度洗脱装置结构图

低压梯度装置同样要求泵和混合室的死体积尽量小，使梯度变化更接近于连续变化。低压梯度装置采用一台高压输液泵，结合电磁比例阀就可以完成多元梯度洗脱操作。此外，在流动相被加压输入到色谱柱中之前，不同流动相组分混合产生的体积变化已完成，可避免高压梯度装置中流动相体积变化引起的流量改变。采用低压梯度装置时，各流动相组分混合前、后均需脱气，否则混合过程中产生的气泡将使仪器无法正常工作。

第三节 进样系统

进样系统是将一定量的待分析样品送入色谱仪的装置，可分为手动进样阀和自动进样器两种形式。高效液相色谱仪对进样系统要求如下：耐高压；进样量准确；进样重复性好；方便、适用，进样量最好可变；应能尽量避免流量或压力波动。

一、手动进样阀

手动进样阀的生产厂家不多，且主要集中在欧美，其中 Rheodyne 公司是一家专门从事各种阀件生产的专业公司。图 4-17 为 Rheodyne 公司的 7725i 六通进样阀的分解图，转子密封和定子面密封是其核心。

手动进样阀的进样过程包括两个状态：取样（load）和进样（inject）。如图 4-18 所示，进样阀有 6 个连接孔，通常 1、4 连接定量环，2 连接输液泵，3 连接色谱柱，5、6 分别连通废液。当进样阀处于取样状态时，2、3 位相通，流动相不过定量环，直接进入色谱柱，此时通过进样针可将样品注入到定量环中；当进样阀处于进样状态时，1、2 位相通，3、4 位相通，流动相流过定量环，将样品带入到色谱柱中，实现进样。

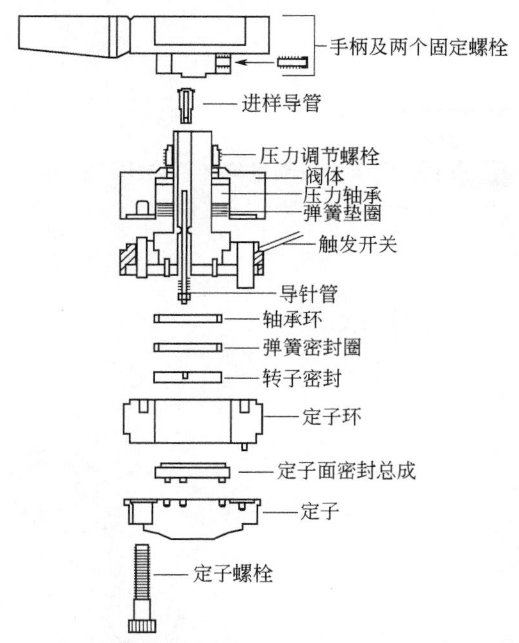

图 4-17 手动六通进样阀分解图

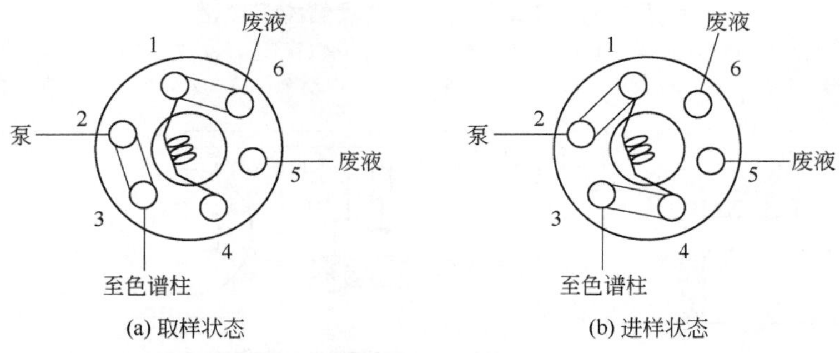

图 4-18 手动进样阀取样和进样状态示意

二、自动进样器

自动进样器在程序控制器或微机控制下可自动完成取样、进样、清洗等一系列操作，操作者只需将样品按顺序装入储样装置。

圆盘式自动进样器与链式自动进样器已逐渐被坐标式自动进样器所取代，目前各厂商的主流产品也基本上为坐标式自动进样器，表 4-4 对部分厂商型号的自动进样装置的技术指标做了汇总。几种典型自动进样装置的结构在图 4-19～图 4-21 中给出，表 4-5 也给出了不同自动进样器的工作步骤。

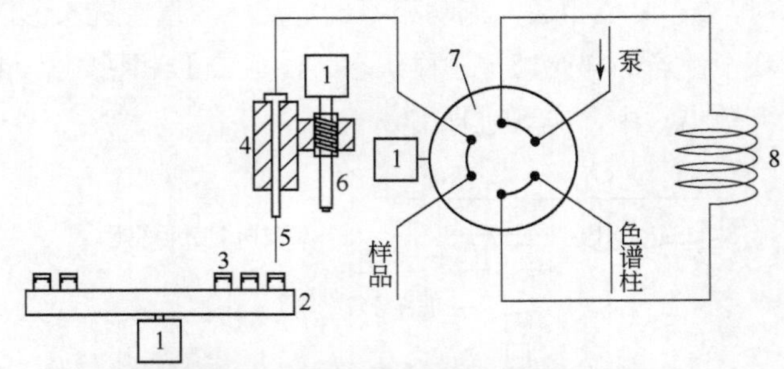

图 4-19 圆盘式自动进样装置结构示意图

1—电机；2—储样圆盘；3—样品瓶；4—取样针滑块；5—取样针；6—丝杠；7—二位六通阀；8—定量环

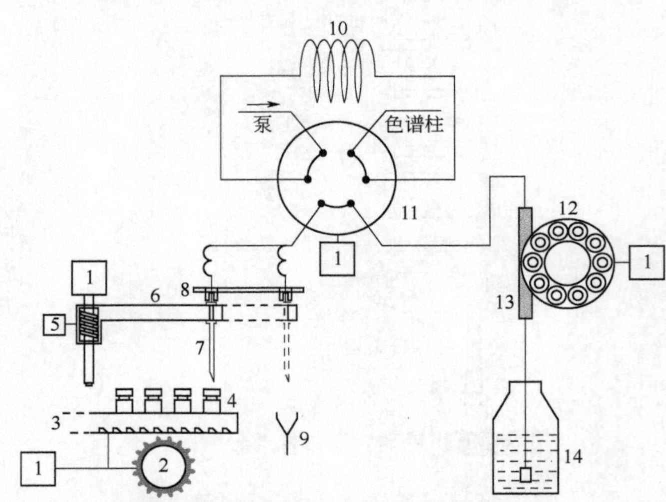

图 4-20 链式自动进样装置结构示意图

1—电机；2—链轮；3—样品链；4—样品瓶；5—转角机构；6—取样针滑块；7—取样针；8—取样针定位；9—废液排放口；10—定量环；11—二位六通阀；12—蠕动泵；13—硅胶管；14—清洗液瓶

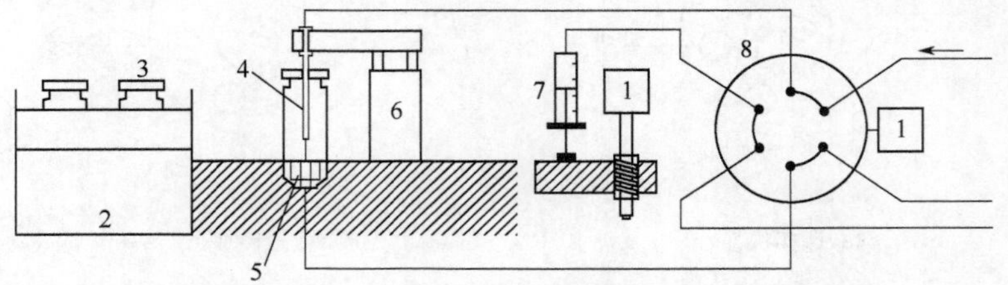

图 4-21 坐标式自动进样装置结构示意

1—电机；2—坐标式储样盘；3—样品瓶；4—取样针；5—取样针插入口；6—取样针升降机；7—吸样泵；8—二位六通阀

表 4-4 部分厂商自动进样器的技术指标

厂　商	型　号	进样范围	进样精度	进样准确度	残　留
Agilent	Infinity1290（G4226A）	0.1～20μl 增量 0.1μl	5～40μl，＜0.25% *RSD*；2～5μl，＜0.5% *RSD*；0.5～2μl，＜0.7% *RSD*	±1%（10μl，*n*=10）	
	Infinity1260（G1367E）	0.1～100μl 增量 0.1μl	5～40μl，＜0.25% *RSD*；2～5μl，＜0.5% *RSD*；1～2μl，＜0.7% *RSD*；0.5～1μl，＜1.5% *RSD*	±1%（10μl，*n*=10）	
	Infinity1260（G2260A）	0.1～900μl 增量 0.1μl	1～5μl，＜3% *RSD*；5～2000μl，＜0.5% *RSD*；2000～5000μl，＜1% *RSD*，均以峰面积计算		
	Infinity1220	0.1～100μl 增量 0.1μl	5～100μl，＜0.25% *RSD*；1～5μl，＜1% *RSD*		
SHIMADZU	SIL-20A	0.1～100μl（标准）1～2000μl（选购件）	＜0.2% *RSD*（指定条件下，进样体积 10μl）	1%以下	＜0.0025%（萘，洗必泰）
	SIL-10AF		＜0.5% *RSD*		
Waters	Alliance2695		≤0.5% *RSD*	±1μl	＜0.1%
	2707		＜1.0%		
	ACQUITY UPLC	0.1～50.0μl	满 10μl 环进样，＜0.3% *RSD*；非满环 20%～75%进样，环体积为 1μl、2μl、5μl、10μl、20μl、50μl 时，＜1% *RSD*		＜0.005% 或＜2nl
Thermo	ASI-100	1～250μl	0.3% *RSD*（进样体积 5μl）		＜0.005%
HITACHI	L2200	0.1～50μl，可扩展至 4500μl	0.3% *RSD*（进样体积 10μl）		＜0.01%
Spark	Alias	0～9999μl，1μl 增量	满环进样，＜0.3% *RSD*；部分体积进样，＜0.5% *RSD*；无损耗进样，＜1% *RSD*		标准清洗，＜0.05%；额外清洗，＜0.01%

表 4-5 不同自动进样器的工作步骤

自动进样器	工作步骤
圆盘式自动进样器	① 电机带动储样盘旋转，将待分析样品置于取样针下方 ② 电机正转丝杠带动取样针滑块向下移，把取样针插入样品瓶塑料盖，取样针滑块继续下移，将瓶盖推入瓶内，在瓶盖挤压下样品经管道注入二位六通阀定量环，完成取样动作 ③ 二位六通阀切换，完成进样 ④ 电机反转，丝杆带动取样针滑块上移，取样针恢复原位
链式自动进样器	① 链轮拨动样品链，将待分析样品瓶置于取样针下 ② 转角机构由虚线位置转到实线位置，并下降插入样品瓶内 ③ 蠕动泵正转将样品吸入定量环，完成取样动作 ④ 二位六通阀切换，完成进样 ⑤ 转角机构退回虚线位置 ⑥ 蠕动泵反转输入清洗液，清洗取样系统 ⑦ 二位六通阀复原 ⑧ 蠕动泵正转吸入空气，干燥取样管路
坐标式自动进样器	① 取样针升起 ② 微机控制坐标，储样盘将待分析样品瓶置于取样针下 ③ 取样针下降，插入样品瓶内 ④ 自动吸样泵开启，取样量由微机控制 ⑤ 取样针下降插入取样插入口 ⑥ 二位六通阀切换，由流动相将样品载入色谱柱系统 ⑦ 吸样泵复位，二位六通阀复位

三、进样对峰扩展的影响

进样技术包括进样体积、进样时间、样品浓度、选用的进样装置、进样方式和进样位置。进样体积过大会使柱效下降，峰变宽。进样时间越短越好，但较难控制，阀进样操作中进样时间受流动相的流速影响。控制样品浓度，浓度过大易使柱头瞬间饱和，造成谱峰严重展宽，分离度下降。柱头超载不仅与固定相有关，而且与溶质及溶剂的性质有关。一般认为样品浓度对谱峰扩展的影响比样品体积更为重要。

进样装置的死体积包括进样装置本身及其与色谱柱的连接部分的体积，死体积过大将使峰扩展增加。进样方式和进样位置对柱前峰扩展也有影响。采用“点进样”方式可减少柱前峰扩展，即将样品“呈点状”瞬间注入到柱头的中心处，并使流动相流过整个注入口的截面。

第四节　检测系统

检测器、泵与色谱柱是组成 HPLC 的三大关键部件。样品组分经色谱柱分离后与流动相一起进入到检测器中。检测器将样品的物理或化学特性信息转换为易测量的电信号输入到数据处理系统，从而得到样品组分分离的色谱图。由谱峰的位置、形状和大小可以判断分离的优劣，同时进行定性、定量分析。有关质谱检测器的性能与特征将在第五章中详细介绍。

一、检测器的基本特性

HPLC 中流动相和样品组分的物理化学性质往往十分近似，只能以不受流动相干扰的样品组分的物理和化学性质作为检测目标，如流动相没有紫外吸收而被测组分有紫外吸收，可用紫外检测器。HPLC 缺少普适的通用型检测器，灵敏度高的检测器相对较少，理想的 HPLC 检测器要求对不同样品，在不同浓度和淋洗条件下，能准确、及时、连续地反映出流出组分浓度的变化。

理想的 HPLC 检测器应具备以下特性：

- 具有高的灵敏度和可预测的响应，至少能检测出 10^{-6}g 的样品；
- 对样品的所有组分都有响应，或具有可预测的特异性，适用范围广；
- 不受温度和流动相流速变化的影响；
- 噪声低，漂移小，响应与流动相的组成无关，可用作梯度洗脱；
- 死体积小，不造成柱外谱带扩展；
- 响应值随样品组分量的增加而线性增加，线性范围宽；
- 不破坏样品组分；
- 能对被检测的峰提供定性和定量信息；
- 使用方便、可靠、耐用，易清洗和检修；
- 响应时间足够快。

实际上，目前 HPLC 使用的检测器中没有一种能够完全符合以上特点。但是，在一定条件下都能符合某些特定的要求。因此，根据不同的分离目的可以对这些要求予以取舍，选择较为合适的检测器，或者去创造条件，以使现有的检测器满足工作需要。

二、检测器的分类

根据不同的分类原则，HPLC 检测器可以有不同的分类方法。表 4-6 给出了按检测器性质及按测量信号性质分类的情况；表 4-7 也给出了按测量原理分类的结果。

表 4-6 按检测器性质及按测量信号性质分类的结果

分类原则	类别	响应原理	性能特点	代表类型
按检测器性质分类	总体性能检测器	响应值取决于流出物（包括样品和流动相）某些物理性质的总的变化	适用范围广，但流动相本身也有响应，易受温度变化、能量波动及流动相组成等因素的影响，引起较大的基线噪声和漂移，灵敏度低，不适于痕量分析，且不能用于梯度洗脱	示差折光检测器、介电常数检测器、电导检测器等
	溶质性能检测器	响应值取决于流动相中溶质的物理或化学特性	仅对被测定的物质有较大响应，而对流动相本身没有响应或响应很小，所以检测灵敏度高，受操作条件变化和外界环境影响较小，可用作梯度洗脱	紫外-可见检测器、荧光检测器、化学发光检测器、质谱检测器、安培检测器、手性检测器等
按测量信号性质分类	浓度敏感型检测器	响应值正比于溶质在流动相中的浓度，测量的是流动相中溶质浓度瞬间的变化	样品量一定时，检测器的瞬间响应，即峰高响应值与流动相流速无关；峰面积响应值与流速成反比，峰面积与流速的乘积为常数	大部分常用的液相检测器都属于此类，如紫外-可见检测器等
	质量敏感型检测器	响应值正比于单位时间内通过检测器的物质质量，即正比于质量流速	峰面积与流动相流速无关，峰高响应与流速成正比	库仑检测器

表 4-7 按测量原理分类的结果

分类	原理	性能	代表类型
光学性质检测器	根据被测物质对光的吸收、发射和散射等性质进行检测	应用范围广，普遍灵敏度较高	紫外-可见检测器、示差折光检测器、荧光检测器、蒸发光散射检测器、化学发光检测器、手性检测器等
电学及电化学性质检测器	根据被测物质的电化学性质进行检测	灵敏度高	安培检测器、电导检测器、库仑检测器、介电常数检测器、极谱检测器等
热学性质检测器	利用热学原理进行检测	灵敏度高	光声检测器、热透镜和光热偏转检测器等

除上述分类方式外，还可按信号记录方式的不同将液相色谱检测器分为积分型检测器和微分型检测器。积分型检测器显示的信号是在给定时间内物质通过检测器的总量，色谱图为台阶型曲线，灵敏度低，定性困难，应用很少。微分型检测器显示的信号表示在给定时间内每一瞬间时通过检测器的组分量，得到一系列峰形色谱图，灵敏度高，应用广泛。此外还可按样品是否变化将液相检测器分为破坏性和非破坏性检测器，其中破坏性检测器不能用于制备色谱。

三、检测器的性能指标

评价不同类型的检测器，除各自的特征指标外，还有一些共同的性能指标。

1. 噪声和漂移

噪声是指由检测器输出与被测样品组分无关的无规则波动信号，在特定灵敏度下用响应单位表示，可分为高频噪声和短周期噪声两种。前者俗称“毛刺”，由比色谱峰出现频率高得多的基线无规则变动构成。一般来说，高频噪声并不影响色谱峰的分辨，但可以影响检出限。这种噪声通常来自仪器的电子系统，因此关泵、流动相停止流动时仍然存在。高频噪声可用适当的滤波系统加以消除。短周期噪声由与色谱峰出现频率相似的基线无规则变动构成，它与色谱峰很相似，因此难以分辨，特别是对小色谱峰影响更大。

对不同类型的检测器，短周期噪声的主要来源可能不同。检测器本身部件不稳定、流动相含有气泡或被污染、温度和流速变化等都可能引起短周期噪声。对示差折光率检测器而言，周围环境、流动相流速变化引起的温度和压力波动，使检测池内液体的折射率发生改变，这是引起短周期噪声的主要原因。短周期噪声是与流动相有关的噪声，在关泵后随之消失。

漂移是指基线随时间的增加朝单一方向（向上或向下）的偏离，由比色谱峰出现的频率低得多的基线无规则变动构成。造成漂移的原因包括：检测器预热时间不够，环境温度或流动相流速的缓慢变化，柱中固定相流失，刚更换的新流动相在柱中尚未达到平衡等。检测器产生的漂移一般用一段时间内（一般为几个小时）检测器响应值的变化表示。通常用停流和不停流各走 30min 的基线来评价一个检测器产生的噪声及漂移的大小。

噪声和漂移直接影响分析工作的误差及检测能力，严重时使仪器系统无法正常工作，可根据不同情况采取相应措施加以消除。图 4-22 中分别给出了噪声、极限等的识别及表示方法。

噪声常用峰对峰的方法表示，即校正过漂移后，在测量时间内最大值减最小值的峰值差，如图 4-22（d）所示。也可以将漂移以回归曲线斜率的方式给出，测定线性回归的标准偏差的 6 倍值作为噪声，如图 4-22（f）所示。

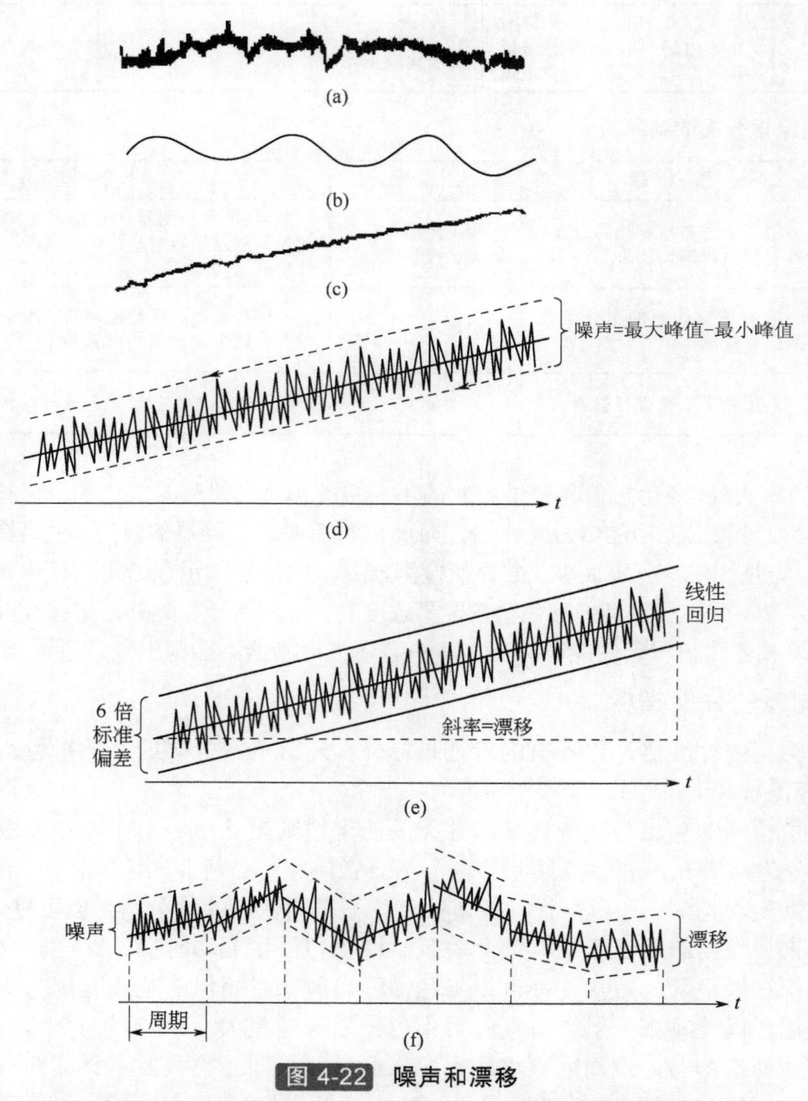

图 4-22 噪声和漂移

（a）短噪声；（b）长噪声；（c）漂移；（d），（e），（f）噪声和漂移的表示方式

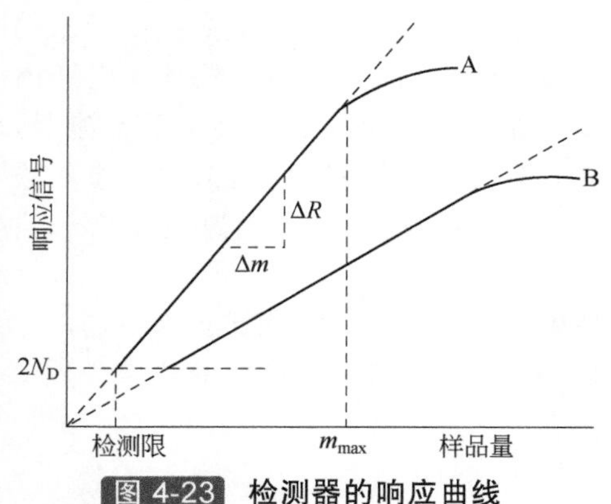

图 4-23 检测器的响应曲线

2. 灵敏度

灵敏度也称响应值，是一定量物质通过检测器时所产生的信号的大小。检测器对样品检测的灵敏度是衡量检测器质量的一个重要指标。以进入检测器的样品量（m）对检测器产生的响应值（R）作图，可以得到如图 4-23 所示的响应值曲线。曲线中直线部分的斜率就是检测器的灵敏度（S），即

$$S=\Delta R/\Delta m \tag{4-1}$$

对浓度型检测器，Δm 以 g/ml 为单位，而ΔR 的单位则视不同检测器而异。

由图 4-23 可知：在同一检测器上，A、B 两种物质的斜率不同，斜率越大，灵敏度越高，即检测器的灵敏度与样品性质有关。因此用这种方法给出灵敏度数值时，需同时说明是何种样品及用何种溶剂。检测器限制了最大允许进样量（m_{max}），超过此限，响应信号不再与样品量成线性关系。灵敏度越高，检测限越小。

灵敏度是衡量检测器性能的重要指标，可用来评价检测器的好坏，并可同其他种类的检测器比较。使用者希望检测器有较高的灵敏度，因灵敏度高，就意味着对等量的同一样品，检测器的响应信号大。但是检测器灵敏度的高低，并不能严格表示检测器的检测能力。

3. 检测限

检测限是指在噪声背景上恰能产生可辨认样品峰时的最低样品量。一般定义为可辨认峰信号的 3 倍于噪声信号时的样品量，检测器的检测限与整个仪器的噪声水平有关，可在检测器的响应值曲线中表示出来。检测限（D）与噪声（N）和灵敏度（S）的关系为：

$$D=3N/S \tag{4-2}$$

检测限实质上是信噪比，它考虑了噪声的影响，因而能更全面地反映检测器质量，在评价检测器优劣时不可缺少，是衡量检测器性能的重要指标。但检测限不只与检测器有关，而是与整个仪器系统都有关。如减小色谱柱尺寸（柱长、内径）和柱外死体积（样品池、进样器、连接管等）都可降低检测限。此外，检测限与仪器操作条件也有关，电压不稳定、流动相有气泡产生、仪器被玷污、环境温度波动等与噪声有关的因素都将影响检测限。

可以把一个已知量的标准溶液不经过色谱分离，直接注入到检测器中，根据检测限的定义来测定其大小；也可以先通过换算得到灵敏度，再实际测量噪声，按照公式求得检测限。

4. 线性范围

线性范围是指检测器的响应值与样品量之间保持线性关系的样品量范围，以呈线性响应时样品量的上下限比值表示。

线性范围的下限即为该仪器的检测限。当样品量大于某值时，响应值曲线开始向下弯曲，此时的样品量为最大进样量。超过最大进样量，检测器的响应值不再随着样品量的增加而线性地增加。只有在线性范围内，用检测器响应值进行样品的定量分析才方便可靠，因此检测器的线性范围应尽可能大，以便可以同时测定大量和痕量的样品组分。

5. 检测器死体积

检测器的死体积也是一个重要的检测器性能参数。死体积过大，将使色谱峰变宽，检测器的灵敏度和分辨率降低。

检测器死体积由样品池体积和样品池到色谱柱的连接管路体积组成。在满足检测要求的前提下，应尽可能减小死体积。因此，检测器设计要使连接管路尽可能短，并且选用细内径管，但应注意，连接管内径减小时，管内压力会有所增加。样品池的大小决定于检测器，太小会降低灵敏度。有关研究表明，当样品池的体积小于有关峰体积的 1/10 时，检测器形成的峰扩展将不明显。目前使用的检测池体积大多数都小于等于 8μl，对常规分析一般没有多大影响。

当使用小体积高效柱时，检测池引起的峰扩展与使用常规液相色谱柱相比更为明显，尤其是对出峰较早的化合物。这种情况下检测池体积一般小于 5μl，微量色谱柱的体积应减少到 1μl，甚至更小。

6. 检测器的响应时间

检测器的响应时间定义为从样品进入检测池到真实信号输出 63.2%的时间，是样品进入检测器产生响应信号时间的度量，反映了检测器跟踪被分离样品组分浓度变化的快慢程度。响应时间过长及响应过慢，会使色谱峰变形失真，记录的谱峰比真实的谱峰显著加宽，峰高也比真实峰高低，类似于柱效降低，影响色谱分析的可靠性和准确性，这种情况在进行快速分析时尤为突出。响应时间过短，高频噪声影响严重。研究表明检测器响应时间最大不应超过色谱峰标准偏差的三分之一。目前使用的检测器和记录仪的响应时间一般在 0.5～1.0s 较为合适。

7. 其他参数

上述各项性能指标是影响检测器质量的主要因素，在选择检测器时需要综合考虑。此外，流动相的流速、压力和温度变化对检测器的噪声、漂移和响应值都有影响。不同类型的检测器对这些因素变化的敏感程度不同。

检测器的最大工作压力和温度适用范围、检测器的配件和流路系统的气密性、操作维修的简易性、耐用可靠性等都是需要考虑的因素。

四、几种常见 HPLC 检测器

1. 紫外-可见光检测器（UV-VIS）

紫外-可见光检测器是 HPLC 中应用最为广泛的检测器，其使用率占到 70%左右，对占物质总数约 80%的有紫外吸收的化合物均有响应，既可测 190～350nm 范围（紫外光区）的光吸收变化，也可向可见光范围 350～700nm 延伸。这种检测器灵敏度高，线性范围宽，对流速和温度变化不敏感，可用于梯度洗脱分离。紫外-可见光检测器要求被检测样品组分有紫外-可见光吸收，而使用的流动相无紫外吸收或紫外吸收波长与被测组分紫外吸收波长不同，在被测组分紫外-可见吸收波长处没有吸收。

紫外-可见光检测器是通过测定样品在检测池中吸收紫外-可见光的大小来确定样品含量的，其工作原理基于朗伯-比耳定律：

$$A=\lg(I_0/I)=\varepsilon bc \tag{4-3}$$

式中，A 为吸光度；I_0 为入射光强；I 为透射光强；ε 为样品的摩尔吸收系数；b 为光程长；c 为样品的物质的量浓度。

一般选择在被分析物有最大吸收光的波长下进行工作，以获得最大的灵敏度和抗干扰能力。测定波长的选择取决于待测溶质的成分和分子结构，分子中光吸收性强的基团叫发色基团，它与分子的外层电子或价电子有关。表 4-8 中列出了一些典型发色基团的摩尔吸收系数和相应的最大吸收波长。

表 4-8 一些典型发色基团的摩尔吸收系数和相应的最大吸收波长

发色团系统	λ_{max}/nm	ε	λ_{max}/nm	ε
醚基 —O—	185	1000		
硫醚基 —S—	194	4000	215	1000
氨基 $—NH_2$	195	2800		
硫醇基 —SH	195	1400		
二硫化基 —S—S—	194	5500	255	400
溴化物 —Br	208	300		
碘化物 —I	260	400		
腈 —CN	160			
乙炔化物 —C≡C—	175～180	6000		
砜 $—SO_2$	180			
肟 —C=N—OH	190	5000		
叠氮化物 $—N_3$	190	5000		
烯烃类 —C=C—	190	8000		
酮 —C=O	195	1000	270～285	18～30
硫酮 —C=S	205	强		
酯 —COOR	205	50		
醛 —CHO	210	强	280～300	11～18
羧酸 —COOH	200～210	50～70		
亚砜 >S=O	210	1500		
硝基化合物 $—NO_2$	210	强		
亚硝酸酯 —ONO	220～230	1000～2000	300～400	10
偶氮 —N=N—	285～400	3～25		
苯	184	46700	202	6900
联苯			246	20000
萘	220	112000	275	7900
蒽	252	199000	375	7900

在选择测定波长时，必须考虑到所使用的流动相组成，因为各种溶剂都有一定的透过波长下限值，超过这个波长，溶剂的吸收会变得很强，以至于不能很好地测出待测物质的吸光强度。表 4-9 列出了 HPLC 中常用溶剂透过波长的下限，下限值一般是指溶剂在以空气为参考，样品池厚度（即光程长）为 1cm 的条件下，恰好产生吸光度值为 1.0 时相应的波长，也就是在溶剂透过率为 10%时相应的波长。表 4-10 中也列出了一些可用紫外光检测的无机物离子。

表 4-9 HPLC 中常用溶剂透过波长的下限

溶剂	透过波长下限/nm	溶剂	透过波长下限/nm
丙酮	330	二氯甲烷	230
乙腈	210	*N,N*-二甲基甲酰胺	270
苯	280	二噁烷	220
三溴甲烷	360	二乙醚	260
乙酸丁酯	255	环戊烷	210
丁醚	235	甲乙酮	223
二硫化碳	380	二甲苯	290
四氯化碳	265	异丙醚	220
氯仿	245	氯代丙烷	225
环己烷	210	二乙胺	275
二氯乙烷	230	甲酸乙酯	260

续表

溶剂	透过波长下限/nm	溶剂	透过波长下限/nm
乙酸乙酯	260	吡啶	305
甘油	220	四氯代乙烯	290
庚烷	210	甲苯	285
乙烷	210	间二甲苯	290
甲醇	210	2,2,4-三甲基戊烷	210
甲基环己烷	210	异辛烷	210
甲酸甲酯	265	乙醚	220
硝基甲烷	265	甲基异丁酮	330
正戊烷	210	四氢呋喃	220
异丙醇	305	戊醇	210

表 4-10 一些可用紫外光检测的无机物离子

阴离子	波长/nm	阴离子	波长/nm	阴离子	波长/nm
溴酸盐	200	碘化物	227	亚硝酸盐	211
溴化物	200	金属氯化物	215	硫化物	215
铬酸盐	365	金属氰化物	215	硫氰酸盐	215
碘酸盐	200	硝酸盐	202	硫代硫酸盐	215

操作使用紫外-可见光检测器的注意事项：

① 因紫外光会损伤眼睛，不要直接观察点亮的紫外灯。

② 对高压仪器部件等接触时要小心。

③ 某些光源会产生臭氧，对人有害。用惰性气体吹扫检测器是最常用的消除有害气体的办法，热催化也可以用来分解臭氧。

④ 检测池容易发生泄漏。紫外-可见光检测器的溶剂泄漏时，溶剂蒸气可能毁坏光学元件表面。

2. 光电二极管阵列检测器（DAD）

普通的紫外-可见吸收检测器只能测定某一波长时吸光度与时间关系曲线，即只能作二维图谱。要测定某组分的紫外-可见吸收光图谱，需采用“停泵扫描”的方法，使被测组分停留在检测池中，然后用波长扫描测定。光电二极管阵列检测器（DAD）能够同时测定吸光度、时间、波长三者的关系，通过计算机处理，显示出三维图谱（图 4-24），也可以作出任意波长下的吸光度-时间曲线（色谱图）和任意时间的吸光度-波长曲线（紫外-可见光谱图）。

DAD 光路如图 4-25 所示。光源发出的光经过凹面镜（或透镜）聚焦在检测池上。光束通过检测池时被样品特征吸收，然后被光栅分光形成按波长顺序分布的光谱带。光谱带被聚焦在阵列式的接收器上（一般由 512～1024 个光电二极管排列组成，波长范围为 190～800nm，光电二极管越多，分辨率越高），阵列上每个光电二极管同时收到不同波长的信号，并通过电子学的方法依次被快速扫描提取，存储到计算机中。扫描速度极快，每幅图像仅需 10ms，远远超过色谱峰流出速度，因此可用来观察色谱柱流出物的每个瞬间的动态光谱吸收图，即不需要停留跟随色谱峰扫描。经计算机处理后，构成时间-波长-吸光值三维光谱色谱图。

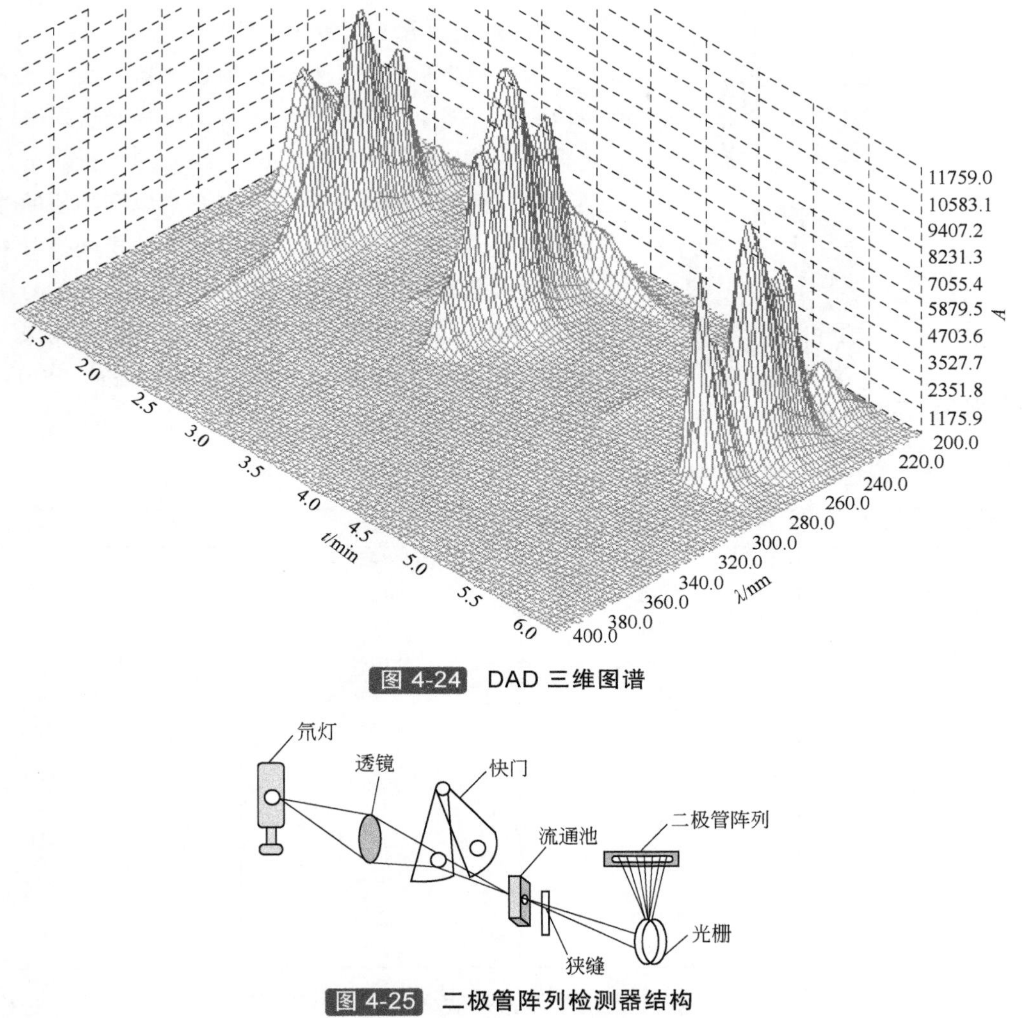

图 4-24　DAD 三维图谱

图 4-25　二极管阵列检测器结构

DAD 与普通紫外-可见光检测器相比，光路安排上有明显区别。前者光源发出的光束先通过检测池被吸收后再被分光；后者光源发出的光束先被分光，然后选择一束特定波长的光束通过检测器。因此前者很难制成双光束检测器，检测稳定性较差；后者可把通过检测池前的单色光分成两束，一束通过检测池，另一束作为参考，实现双光束检测，检测稳定性大大提高。

二极管阵列检测器可以提供关于色谱分离、定性定量的丰富信息；也给出了一些特殊功能，如色谱峰的准确定性、峰纯度检验、峰抑制、宽谱带检测、选择最佳波长等。其主要特点包括：①可以同时得到多个波长下的色谱图，因此可以计算不同波长的相对吸收比。②可以在色谱分离期间对每个色谱峰的指定位置实时记录吸收光谱图，并计算其最大吸收波长。③在色谱运行期间可以逐点进行光谱扫描，得到以时间-波长-吸收值为坐标的三维图形（三维色谱光谱图），可直观、形象地显示组分的分离情况及各组分的紫外-可见吸收光谱。由于每个组分都有全波段的光谱吸收图，因此可利用色谱保留值规律及光谱特征吸收曲线综合进行定性分析。④可以选择整个波长范围、几百纳米的宽谱带检测，仅需一次进样，将所有组分检测出来。

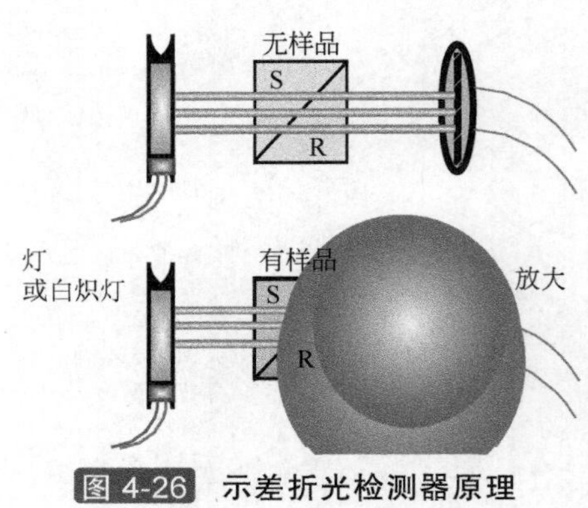

图 4-26 示差折光检测器原理

3. 示差折光检测器（RID）

示差折光检测器也称光折射检测器，是一种通用型检测器。基于连续测定色谱柱流出物光折射率的变化来测定溶质浓度（图 4-26），溶液的光折射率是溶剂（流动相）和溶质各自的折射率乘以其物质的量浓度之和，溶有样品的流动相和单纯流动相光折射率之差即表示样品在流动相中的浓度。原则上凡是与流动相光折射率有差别的样品都可用其检测，检测限可达 10^{-6}～10^{-7}g/ml。表 4-11 中给出了常用溶剂在 20℃时的折射率。

表 4-11 常用溶剂在 20℃时的折射率

溶　剂	折射率	溶　剂	折射率
水	1.333	苯	1.501
乙醇	1.362	甲苯	1.496
丙酮	1.358	己烷	1.375
四氢呋喃	1.404	环己烷	1.462
乙烯乙二醇	1.427	庚烷	1.388
四氯化碳	1.463	乙醚	1.353
氯仿	1.446	甲醇	1.329
乙酸乙酯	1.370	乙酸	1.329
乙腈	1.344	苯胺	1.586
异辛烷	1.404	氯代苯	1.525
甲基异丁酮	1.394	二甲苯	1.500
氯代丙烷	1.389	二乙胺	1.387
甲乙酮	1.381	溴乙烷	1.424

RID 按结构可分为反射式、偏转式、干涉式和克里斯琴效应等类型。其共同特点是检测器的响应信号反映了样品检测池和参比池之间的折射率之差。偏转式折光检测器测量范围较宽（1.00～1.75），线性范围可达 1.5×10^4，灵敏度较高，但是其池体积较大，一般只在制备色谱和凝胶色谱中使用。干涉式折光检测器是根据对干涉光强度的测量，得到介质折射率的变化，进而确定样品池中样品的浓度。此类检测器的灵敏度高于反射式和偏转式，但由于线性范围太窄（约为 10^3），故很少采用。当流动相的折射率与检测池内特殊固体物质的折射率不相近时，在液固界面上将发生多重光散射和折射，其结果表现为光强减弱，这就是克里斯琴效应。根据这一原理设计出的折光检测器称为克里斯琴示差折光检测器，这种检测器的线性范围要小于其他形式的三种检测器，检测限一般可达 10^{-6}。

通常的示差折光检测器均为反射式，因其池体积很小（一般为 5μl 左右），可获得较高的灵敏度，图 4-27 给出了其光路示意。

由光源发出的光经垂直光栏和平行光栏，透射准直成两个能量相等的平行细光束。两平行光束射入棱镜，棱镜上装有样品池和参比池，它们的底面是经专门抛光的不锈钢镜面，池体的液槽由夹在棱镜和不锈钢之间的聚四氟乙烯垫片经挖空后形成。透射光在界面上经反射回来后，再经透镜聚焦在光敏电阻上，将光信号转变成电信号，光源装在一个可调的支架上，可调节入射角使之接近于临界角，以获得尽可能高的灵敏度。

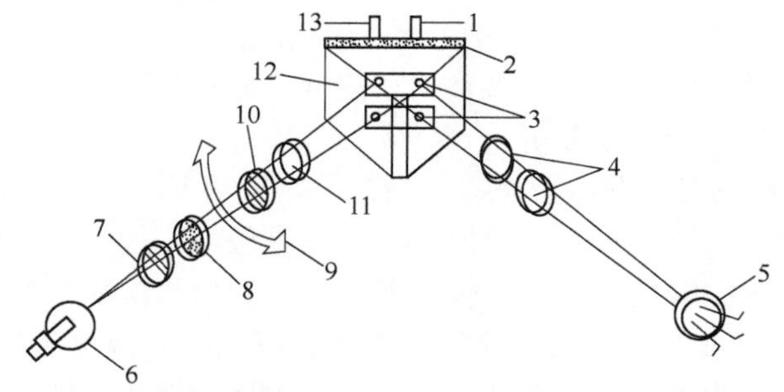

图 4-27　反射式示差折光检测器光路示意

1—流通池参比通道；2—检测池底板；3—流通池；4—透镜2；5—检测元件；6—光源；7—狭缝1；8—红外滤光片；9—投射器旋转机构；10—狭缝2；11—透镜1；12—棱镜；13—流通池样品通道

RID 作为一种通用型检测器，其优点是通用性强，结构简单，操作便利。然而其缺点也显而易见，由于折射率对温度的变化非常敏感，大多数溶剂折射率的温度系数约为 5×10^{-4}，因此检测器必须恒温，才能获得精确的结果。即使是室温的变化也会影响基线的稳定性，大的溶剂前延峰可能会掩盖前期脱洗的色谱峰，洗脱液的组成一定要恒定，不能使用梯度洗脱。检测池不能带压工作，在与其他检测器串联使用时应放在最后。

4. 蒸发光散射检测器（ELSD）

蒸发光散射检测器是一种高灵敏度、通用型检测器，尤其对一些较难分析的样品，如磷脂、皂苷、生物碱、甾族化合物等无紫外吸收或紫外末端吸收的化合物更具有其他 HPLC 检测器无法比拟的优越性。其主要特点包括：

① 可以用来检测任何挥发性低于流动相的样品，包括氨基酸、脂肪酸、糖类、表面活性剂等；

② 对流动相的组成不敏感，可以用于梯度洗脱；

③ 对各种物质具有几乎相同的响应，浓度测定更加简单易行；

④ 检测灵敏度要高于低波长紫外检测器和示差折光检测器，检测限可低至 10^{-10}g；

⑤ 操作简便，可以与任何品牌的 HPLC 系统连接。

ELSD 由雾化器、加热漂移管和光散射池三部分组成（见图 4-28）。色谱流出液在雾化器的入口端被吹入的气体（通常为氮气）部分雾化，较大的液滴聚集下来流到下端的虹吸管中作为废液排出，而气溶胶进入到管中。气溶胶通过蒸发管时，其中的溶剂被蒸发掉，剩余的样品溶质被送入检测池。由于 ELSD 需将溶剂（即流动相）蒸发掉才能对样品溶质进行检测，所以要求色谱流出液中的溶剂是可蒸发的有机溶剂或水，而不允许含有无机酸、碱或盐，ELSD 通常采用的溶剂或有机改性剂列于表 4-12 中。

表 4-12　ELSD 中常用溶剂与有机改性剂

HPLC 流动相	反相：CH_3OH，CH_3CN，H_2O
	正相：$CHCl_3$，CH_2Cl_2，$(C_2H_5)_2O$，C_6H_{14}
SFC 流动相	CO_2，CH_3OH，$(C_2H_5)_3N$
其他流动相改性剂	NH_4OH，$(C_2H_5)_3N$，NH_4OAc，HCOOH，CH_3COOH，CF_3COOH

在蒸发管末端，载气将样品溶质微粒带入检测池。检测池由一定角度的钨/卤灯（有的 ELSD 以激光作为光源）和光电倍增管组成。光源发出的光在样品微粒上发生散射后被光电倍增管检测。散射光强度与样品微粒质量的关系为：

$$I=km^b \tag{4-4}$$

式中，m 为微粒质量；k、b 为实验条件（如温度、流动相性质等）决定的常数。因此可以根据散射光强度对样品进行定量分析。

ELSD 作为通用型检测器也存在着一些不足：①耗气量大（大约 500ml/min，相当于 1 钢瓶气体/24h）；②对某些样品（如磷脂）检测器线性范围较窄，质量与峰面积有时不成线性关系，常需要通过计算机模拟来校正响应，较为复杂；③若样品溶质为挥发性的，将会与溶剂一同蒸发，导致无法检测或响应极弱，往往需要通过降低蒸发温度才能准确定量；④ELSD 检测要求流动相及流动相中加入的改性剂必须有良好的挥发性，这样就使非挥发性的缓冲盐的应用受到了限制。

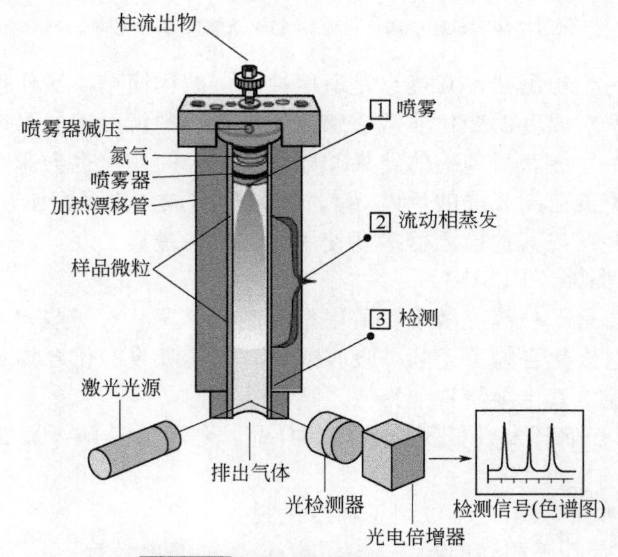

图 4-28 发光散射检测器原理

5. 荧光检测器（FLD）

许多化合物，特别是芳香族化合物、生化物质，如有机胺、维生素、激素、酶等被入射的紫外光照射后，能吸收一定波长的光，使原子中的某些电子从基态中的最低振动能级跃迁到较高电子能态的某些振动能级。之后，由于电子在分子中的碰撞，消耗一定的能量而下降到第一电子激发态的最低振动能级，再跃迁回到基态中的某些不同振动能级，同时发射出比原来所吸收的光频率较低、波长较长的光，即荧光。被这些物质吸收的光称为激发光，产生的荧光称为发射光。荧光的强度与入射光强度、量子效率、样品浓度成正比。荧光检测器光路系统如图 4-29 所示。

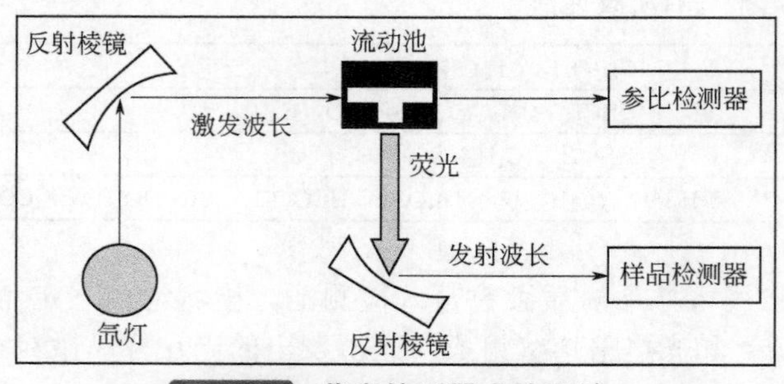

图 4-29 荧光检测器光路系统

光源发出的光经半透镜分成两束后，分别通过吸收池和参比池，再经滤光片照射到光电倍增管上，变成可测量的信号。参比池有助于消除外界的影响和流动相所发射的本底荧光。一般采用氙灯作光源，以便获得宽波长范围（250～600nm）的连续光谱。若在半透镜前置一单色器分光，测量池后也采用单色器选择测定波长，这种结构即为荧光分光检测器。

某些物质虽然本身不发光，但含有适当的官能团可与荧光剂发生衍生化反应，生成荧光衍生物，它们也可用荧光检测。衍生化方法有两种：其一为柱前衍生化，此法较简单，但定量重复性较差；其二为柱后衍生化，此法重复性好，但会造成谱峰的扩展。在氨基酸和肽的分析中，经常采用荧光胺作为衍生化试剂，邻苯二甲醛、丹酰氯也是常用的衍生化试剂。

FLD 的最大优点是极高的灵敏度和良好的选择性，其灵敏度比紫外-可见检测器高约两个数量级，最小检测量可达 10^{-13}g，适合于痕量分析。线性范围较宽，约为 10^4～10^5，可用于梯度洗脱，受外界条件的影响较小，而且它所需要的试样很小，因此在药物和生化分析中有着广泛的用途。但是它只能检测有荧光基团和衍生化之后有荧光基团的化合物，这就限制了其应用，而且对通常发生在荧光测量中的一些干扰非常敏感，如背景荧光和猝灭效应等。

6. 电导检测器（CD）

电导检测器是离子色谱中使用最广泛的检测器，其作用原理是用两个对电极测量水溶液中离子型溶质的电导，由电导的变化测定淋洗液中溶质浓度。这种检测器的死体积小，如采用抑制电导法，其灵敏度可达 10^{-8}g/ml，线性动态范围为 10^3。

将电解质溶液置于施加电场的两个电极间，溶液的电导值（电阻值 R 的倒数）与电极截面积 A_i、两极间的距离 l 和各离子电导的总和$\Sigma c_i\lambda_i$之间的关系为：

$$\frac{1}{R}=\frac{1}{1000}\times\frac{A_i}{l}\times\sum c_i\lambda_i \tag{4-5}$$

式中，c_i 为某一离子的物质的量浓度；λ_i 为该离子的摩尔电导。

离子的摩尔电导随溶液浓度的改变而变化。在无限稀释的情况下，离子的摩尔电导达到最大值，称为极限摩尔电导。表 4-13 中列出了常见离子在水中的极限摩尔电导值。

表 4-13　水溶液中离子的极限摩尔电导

离子	λ^-	离子	λ^-	离子	λ^+	离子	λ^+
OH^-	198	乙酸盐	41	H^+	350	Zn^{2+}	53
F^-	54	丙酸盐	36	Li^+	39	Hg^{2+}	53
Cl^-	76	SCN^-	66	Na^+	50	Cu^{2+}	55
Br^-	78	SO_4^{2-}	50	K^+	74	Pb^{2+}	71
I^-	77	CO_3^{2-}	72	NH_4^+	73	Co^{2+}	53
NO_3^-	71	PO_4^{3-}	69	Ag^+	62	Fe^{3+}	68
HCO_3^-	45	$Fe(CN)_4^{2-}$	101	Ti^+	75	Mg^{2+}	53
IO_3^-	41	$Fe(CN)_2^-$	111	Ca^{2+}	60	$CH_3NH_3^+$	58
ClO_3^-	65	BrO_3^-	55	Sr^{2+}	59	$(CH_3)_2NH_2^+$	52
ClO_4^-	67	甲酸盐	56	Ba^{2+}	64	$(CH_3)_3NH^+$	47

电导测量中，A_i/l 称为电导池常数（k）。电导池常数为 1 时，测定出的电导值称为比电导率，其单位为Ω/cm，水溶液的电导值常用单位为 mΩ/cm。比电导率仅与溶液中离子浓度有关，浓度在 10^{-3}mol/L 以下的稀溶液，离子摩尔电导值接近极限摩尔电导值。可以用表 4-13 中的数据和公式（4-5）计算溶液的电导值。

电导检测器是一种通用型电化学检测器，具有结构简单、操作成本低及死体积小等特点。电导检测器测量的是溶液的电导或电阻，因此，主要用于检测以水溶液为流动相的离子型溶质。当流动相的离子浓度恒定时，由于电导检测器对流速和压力的变化不敏感，可用于梯度洗脱的测量。温度对电导检测器的影响较大，每升高 1℃，电导率增加 2%～2.5%，借助热敏电阻监控器和电子补偿电路可以消除温度的影响，一般情况下电导检测器都应置于绝热恒温设备中。

7. 安培检测器

安培检测器是电化学检测器中应用最广泛的一种检测器。安培检测器要求在电解池内有电解反应的发生，即在外加电压的作用下，利用待测物质在电极表面上发生氧化还原反应引起电流的变化而进行测定的一种方法。

工作电极一般是以碳糊、石墨或玻碳为基质，表面经过严格抛光制成。碳糊电极在制备时要按一定比例掺入精制液体石蜡、润滑剂、矿物油或硅油等。参比电极一般为 Ag/AgCl 电极，辅助电极是用金或铂金制成的。一般在工作电极和参比电极之间施加一恒定的电位，经过色谱分离后的溶质通过一个很小体积的薄层池，当所加的电位比要分析溶质的氧化电位更正时（若使用还原剂则所加的电位要比分析溶质的还原电位更负），溶质就会在电极和溶液之间发生氧化（或还原）反应，这样在溶液和电极之间就会产生电子转移，从而形成电流。将这种很微弱的电流接收、放大并记录下来，就可得到色谱图。

安培检测器采用固体工作电极，电极可用于较高的正电位，故能检测氧化性物质，适用范围很宽，一般是 4～5 个数量级，有的可达 6 个数量级。安培检测器结构简单，池体积小，响应快，噪声低，灵敏度高，最小检测限可达 10^{-9}～10^{-12}，选择性高。但是安培检测器所使用的流动相必须具有导电性，对流动相的流速、温度、pH 值等因素的变化比较敏感，在测量还原电流时，流动相中痕量的氧也可能发生电解反应，引起干扰。此外，由于电极表面不能更新，容易污染，需要经常清洗或更换。

8. 化学反应检测器

HPLC 的发展要求通用型的高灵敏度检测器。前面介绍的 HPLC 常用检测器中灵敏度高者都是选择型检测器，要求被测物质具有某些特定的性质。通用型的检测器如示差折光和蒸发光散射的灵敏度皆不高，达不到分析微量以及痕量成分的目的。化学反应检测器就是将被测物质进行某种化学反应（衍生反应、酶反应等）后再用高灵敏度的某种检测器进行检测。氨基酸分析仪是其典型应用。将无色的氨基酸通过色谱柱分离后与衍生化试剂茚三酮反应，生成在 570nm 处有强吸收的有色化合物，然后用紫外-可见光吸收检测器检测。表 4-14 列出了适用于化学反应检测器的一些化学物质。

表 4-14 用于 HPLC 化学反应检测器的某些化学物质

试　剂	检测化合物	说　明
荧光胺	胺、氨基酸、肽	快速，很灵敏，荧光检测
邻苯二甲醛	胺、氨基酸	快速，很灵敏，荧光检测
茚三酮	胺、氨基酸	140℃，1min，570nm、440nm 检测
邻硝基酚酸钠	羧酸、其他酸	快速，432nm 检测
2,4-二硝基苯肼	醛、酮	反应时间 3min，430nm 检测
Ce^{4+}	酚、糖类、羧酸、其他可氧化有机物	反应时间和温度对不同化合物不同，荧光检测
酶和酶作用物	酶抑制剂（如有机磷和氨基甲酸酯杀虫剂）	很灵敏，特征反应

续表

试　　剂	检测化合物	说　　明
对某一特定酶的反应物	任何酶类（例如乳酸脱氢酶、肌磷酸转移酶、碱性磷酸酯等）	很灵敏，特征反应
Griess 试剂	亚硝酸酯、亚硝酰、亚硝基、氨基甲酸酯、亚硝酸烷基酯	反应时间 3min，550nm 检测
铁氰化合物	还原糖、可氧化的化合物	用电化学检测器检测亚铁氰化物
新亚铜试剂	还原糖	反应 3～15min，97℃
5,5′-二硫代(2-硝基)苯甲酸	硫醇或带有—SH 的酶类	快速反应，412nm 检测
乙二胺-六氰高铁酸盐	儿茶酚胺	75℃，5min，λ_{ex} 400nm，λ_{em} 510nm，荧光检测
Kober 反应（硫酸-氢醌）	雌激素类	120℃，10～15min，λ_{ex} 535nm，λ_{em} 561nm，荧光检测
9,10-菲醌	胍基化合物	60℃，2min，λ_{ex} 365nm，λ_{em} 460nm，荧光检测
N-甲基烟酰氯	—CH_2—CO—基团	100℃，2min，λ_{ex} 380nm，λ_{em} 450nm，荧光检测
异烟肼	Δ^4-3-17 酮甾类	70℃，2min，λ_{ex} 360nm，λ_{em} 460nm，荧光检测

化学反应检测器的最初阶段多采用液液化学反应，这种反应方式会引起本底增高，并由于柱外效应引起谱带展宽，限制了化学反应检测器的使用。近年来开始探索液固化学反应在化学反应检测器中的应用，发展了固相化学反应检测器。这大大减小了柱外效应，过量的反应试剂和催化剂也不会进入检测器，减小了本底和对谱带展宽的影响，使化学检测器得到较快的发展。特别是近年来生物医学使用了固定化酶反应器，大大提高了 HPLC 化学反应检测器的检测能力。

9. 其他检测器

在 HPLC 中除上述常用检测器外，还有一些检测器可供选择使用。

（1）介电常数检测器　一种通用型检测器，灵敏度低，通用性强。工作原理：随流动相中流出组分的改变，其介电常数、电容量也改变，因此测定流动相的电容量变化，即可检测组分的变化。介电常数检测器性能类似于示差折光检测器，但其应用不如前者普遍。

（2）电位测定检测器　利用离子选择电极测定流出液的电位，流出液组成改变，电位也发生变化。使用不同的离子选择电极（如卤离子电极、银离子电极等）可测定不同的离子浓度变化情况。

（3）放射性检测器　一种检测流动相中有放射性标记组分的特殊检测器。其响应范围很宽，对没有放射性的流动相成分的改变不敏感，可有效地使用梯度洗脱技术。

（4）光电导检测器　是利用某些化合物受强烈紫外光照射引起光电离形成离子的现象，在电导池中检测。这种检测器对卤代物和许多含硫和氮的光敏化合物有选择性响应。光电导检测器对某些化合物的灵敏度比紫外-可见光吸收检测器还高，可达 10g，两者线性范围相似。

（5）红外检测器　红外吸收可用作 HPLC 的选择性检测。这种方法主要用于凝胶色谱，且只能用于流动相对所用红外波长没有吸收的体系。这里所说的红外检测器与 HPLC-FTIR 联机时 FTIR 作为检测器不同，后者由于快速扫描和快速傅里叶变换，不用停流就可以得到每一个色谱峰的红外光谱图。

（6）手性检测器　常用的手性检测器包括激光旋光检测器和圆二色检测器。主要用于对药物等具有光学对映异构体的分离分析。旋光检测器是基于旋光活性化合物折射率的差异进行分离，对旋光化合物而言是一种通用型检测器；圆二色检测器是基于圆二色性（由于包含发色团的分子的不对称性而引起左右两圆偏振光具有不同的光吸收的现象）制造的检测器，其较旋光检测器具有更高的选择性。二者都是中等灵敏度的检测器，对温度和泵的脉动、溶解气体等造成的压力改变而导致的流动相折射率变化非常敏感。

第五节　色谱配件

一、管路和连接件

1. 管路

根据承受压力的大小和流动相、样品性能的差异，液相色谱中需要采用不同材质的管路，常用的管路材质包括不锈钢管、聚四氟乙烯管、聚乙烯或聚丙烯管，以不锈钢管最为常用。管路材质选择的不合适将导致谱带展宽，甚至引起样品变性，直接影响分析结果的可靠性。

不锈钢管耐腐蚀性好，有精密的同轴度，一般用于有高压的部分。但其柔韧性不如聚合物管，且价格高，制造工艺要求精密，因此在吸液、排液等部分不采用。不锈钢管不易切割，切口不易平整，选用时应注意管孔、接头孔的匹配。新购买的管线需要清洗才能使用，但是现在一般从专业公司购买的基本都经过处理，可直接使用。

聚四氟乙烯管是最好的可塑性管子，价格低，可适应容器的形状，对 HPLC 使用的化学试剂呈惰性。一般在液相色谱中，从储液瓶到泵一般使用聚四氟乙烯管，检测器出口之后的废液管、放空阀管路、进样器排液口等一般可使用聚乙烯或聚丙烯管。

PEEK（聚醚醚酮）是一种耐高温、高性能的热塑性特种工程塑料，具有良好的力学性能和耐化学品、耐磨损、耐水解等性能，一般可耐 30MPa 的高压，比不锈钢管更具惰性，且切割方便，适宜于生物样品的分离分析与制备，一般用在生物分离泵等系统中代替不锈钢管。

在液相色谱系统中，除柱系统外，管路、连接件以及进样器、检测器的死体积均可引起色谱峰的展宽。管路引起的峰展宽正比于管路的长度，也随管路内径增大单调增加，因此从进样器到柱及柱到检测器应尽可能采用较短且较细内径的连接管，采用大内径柱可以用较大内径的管路，管路选择的基本原则是：有样品通过的管路内径要细，而排放管路应尽可能稍粗。

2. 连接件

连接件是液相色谱系统中连接管路和各个组件的媒介，俗称接头，一般分为高压接头和低压接头。高压接头一般为不锈钢材质，需要使用扳手等工具安装；低压接头常采用高聚物材质，如 PEEK 头等，一般只需手拧即可安装。不管是哪种接头，发生的故障相似，一般都是渗漏或死体积增大，需拆下重新安装或更换。接头安装时不要拧太紧，保证不漏液即可。不锈钢接头耐压高但是其柔韧性差，不适宜反复拆卸安装，所以色谱柱与保护住之间的不锈钢连接件应尽可能固定使用。新的连接件一般卡套和螺母分离包装，使用前需定位卡套和管路口之间的距离，不同的生产厂商标准各有不同，安装时需注意甄别。

二、其他配件

1. 脱气及脱气装置

气泡是高效液相系统不可避免的问题。流动相配好后首先需要经过过滤和脱气才能放入储液瓶使用。过滤的滤膜分为有机系膜和水系膜，规格分为 0.22μm、0.45μm 不等，一般来说 0.45μm 已经足够使用，0.22μm 主要用在 LC-MS 系统上。有机系膜用来过滤纯有机流动相和部分含有机溶剂流动相，水系膜只能过滤纯水和水溶性缓冲盐流动相，切不可过滤有机溶剂，否则水膜会被溶解。脱气分为离线泵前脱气和在线脱气。目前离线泵前脱气一般使用超声波脱气法，一般 500ml 溶液超声 20～30min 即可，但需注意超声后流动相需冷却后使用。

现代高效液相色谱系统一般配置在线脱气装置，将真空脱气装置串联在储液系统中，利用半透膜过滤器，只允许气体分子通过，液体分子无法通过，这样将溶解在流动相中的微量气体排除。使用在线真空脱气机可以有效地降低基线噪声，保证保留时间的重现性，从而达到良好满意的分析结果。

2. 在线清洗装置

高效液相色谱系统经常使用缓冲盐流动相，长期使用缓冲盐会加速柱塞杆、密封圈的磨损，进而导致各种问题。在线清洗装置就是在泵头安装一个蠕动泵清洗器，一般使用 10%异丙醇水溶液冲洗柱塞杆和密封圈，可有效地减小密封圈的磨损。需要注意的是：一旦安装了在线清洗装置，一定要设置蠕动泵的转速，维持每分钟几滴流量即可。

3. 柱温箱

柱温箱是高效液相色谱的重要配套设施之一，正确控制色谱柱的温度，对提高色谱柱柱效、改善色谱峰分离度、缩短保留时间以达到理想的分析效果非常重要。

柱温箱一般由温度控制器及恒温箱两部分组成，如 Agilent HPLC 1200 标配的柱温箱利用半导体控制温度，溶剂管路先在柱温箱中预热，然后才进入柱子，保证温度的稳定性。温度控制范围可达低于室温 10～80℃，降温速度快，温度控制稳定，保证了保留时间的重现性。

第六节　液相色谱仪器常见问题及解决方法

一、液相色谱输液泵常见故障

泵是液相色谱最重要的核心部件之一，要保持泵的良好操作性能，必须保持系统的清洁，保证溶剂和试剂的质量，对流动相进行过滤和脱气。

预防泵故障可采用以下措施：①高质量试剂和 HPLC 级溶剂；②过滤流动相和溶剂并脱气；③每天开始使用时放空排气，工作结束后从泵中洗去缓冲液；④不让腐蚀性溶剂滞留泵中；⑤定期更换密封圈，必要时添加润滑油；⑥流速调节应缓慢渐进，切勿大流速开泵关泵。

液相色谱系统故障有一半以上都是由泵故障引起的，表 4-15 中给出了液相色谱泵常见的一些故障及解决方法。

表 4-15　常见的液相色谱泵的故障及解决方法

现　　象	原　　因	排除方法
泵不工作(风扇不转，面板灯不亮)	1. 泵电源连接不正常 2. 保险丝烧断	1. 检查各种连线、插线板、电源等是否正常 2. 更换保险丝
泵不输液	1. 泵头内有气泡积聚 2. 入口单向阀堵塞 3. 出口单向阀堵塞 4. 密封圈损坏 5. 排空阀打开或泄漏 6. 泵头溶剂不互溶 7. 泵马达问题 8. 线路板故障	1. 排除气泡 2. 清洗或更换 3. 清洗或更换 4. 更换 5. 关闭排空阀，如果溶剂继续泄漏，更换密封垫 6. 改用互溶性溶剂冲洗泵 7. 联系供应商 8. 联系供应商
泵头泄漏	1. 密封圈磨损 2. 柱塞杆磨损 3. 泵头太松 4. 进口单向阀未拧紧	1. 更换 2. 修理或更换 3. 旋紧泵头螺栓，注意力量均匀，避免过紧 4. 拧紧（注意不要太紧）

续表

现象	原因	排除方法
泵脉冲/流速不稳	1. 流动相脱气不彻底 2. 泵头内有气泡积聚 3. 泵头溶剂不互溶 4. 泵密封圈或柱塞杆磨损 5. 入口阀脏或失效 6. 高灵敏噪声过滤器堵塞或有缺损 7. 系统其他位漏液或堵塞	1. 重新过滤脱气，必要时使用在线真空脱气机 2. 排除气泡 3. 更换合适互溶性溶剂 4. 更换 5. 清洗阀或更换 6. 检查并排除 7. 逐段检查管路进行排除
没有压力	1. 压力传感器损坏 2. 进样阀、泵连接管路泄漏	1. 更换压力传感器 2. 排除泄漏
压力低于正常值	1. 某连接件处泄漏 2. 泵密封圈损坏	1. 检查泄漏部位并排除 2. 更换
压力高于正常值	1. 泵出口过滤器堵塞 2. 色谱柱或保护住被杂质堵塞 3. 某处管路连接件堵塞 4. 压力传感器指示不正确	1. 拆下用5%硝酸超声清洗，换纯水洗净后装上 2. 更换色谱柱或保护住，或者重新装填柱头 3. 逐段检查并排除 4. 打开放空阀，设置流速为零，调节传感器压力为零，必要时更换。
压力不稳	压力波动一般是流速不稳定引起的	参见“流速不稳”解决办法
泵运转声音异常	1. 泵密封圈干化 2. 泵密封圈不适应流动相（常表现在正反相溶剂切换中） 3. 柱塞杆密封黏结	1. 若适用，清洗柱塞，清洗系统；用适当的溶剂通过泵头的路径润湿柱塞 2. 更换与流动相所使用溶剂匹配的专用密封圈 3. 检查，更换

二、自动进样器常见故障

正确使用进样器对分析结果的准确性和重复性至关重要。进样器损坏或零件不配套可引起峰变宽、样品体积改变、渗漏或压力升高。表4-16给出了一些常见的自动进样器故障现象及解决办法。

预防进样器故障的措施包括：①正确安装进样阀，保持清洁；②样品必须是无固体颗粒的均匀液体，对于特别脏的样品，必要时可经0.45μm滤膜过滤，样品应选用合适溶剂溶解，与流动相互溶；③样品瓶应充分洗净后使用，大小匹配样品架，瓶盖隔膜垫密封性能良好，便于针头穿刺数次不渗漏，且无残留样品积聚隔膜垫处；④样品支架安装到位，避免针扎错位；⑤进样针应经常检查维护，必要时更换，注意准确设置针吸液高度，防止针头弯曲；⑥编辑进样器冲洗程序，每次进样前和进样后都应冲洗进样阀，清洗针外壁，防止交叉污染；⑦建立系统期间核查档案，定期对进样器进行峰面积重复性考察，随时维护校正。

表4-16 常见的自动进样器故障现象及解决方法

现象	原因	排除方法
样品进样问题（不进样，出现不正常峰型）	1. 进样阀本身问题 2. 针头堵塞 3. 注射器或样品定量环装置中有气泡 4. 从空样品瓶中进样 5. 样品瓶中样品量少 6. 样品黏度太大 7. 进样口顶端螺母太紧（产生真空） 8. 进样器密封垫问题	1. 清洗，维修或更换 2. 疏通进样针，必要时更换 3. 排除气泡 4. 检查样品瓶位置，设置正确瓶号 5. 增加样品量或使用内插管 6. 减慢针抽样速度或用合适溶剂稀释 7. 旋松 8. 更换

续表

现　　象	原　　因	排除方法
样品残留	1. 针头清洗系统问题 2. 进样体积太大	1. 更换清洗针头的溶剂；更换被污染的砂芯；反复多次清洗针；增加清洗针溶剂体积 2. 减小进样体积或更换大定量环
进样体积不准确	1. 瓶中样品量不够 2. 注射器泄漏 3. 样品黏度大 4. 样品瓶中产生真空 5. 由泵流量不稳，温度波动等系统问题引起 6. 计量泵不准	1. 保证样品量足够，调整好针吸液高度 2. 修理，更换 3. 稀释样品或减慢针抽取样品速度 4. 旋松瓶盖，瓶中样品不要装太满 5. 检查基线是否稳定，出峰保留时间是否一致，排除系统问题 6. 校准计量泵，必要时更换
针头弯曲	1. 针头从样品瓶盖中不能拔出 2. 隔膜垫阻力太大 3. 样品架安装不到位	1. 去掉样品瓶盖，更换弯曲针头 2. 选用合适的隔膜垫 3. 重新安装样品架

三、根据色谱图的变化判断仪器故障

色谱分析的焦点是色谱图。不管分析何种类型的样品，多少会遇到色谱峰不对称或峰型变异、宽峰、肩峰甚至出负峰等问题。根据色谱图的变化可以判断仪器状态是否合适，色谱分析方法是否理想，从而不断改进分析方法，优化仪器条件，进而得到满意的分离分析结果。色谱的核心就是"看图说话"，优秀的色谱工作者必须根据色谱图的变化分析原因，解决问题，表 4-17 列出了常见的一些色谱图问题及相关的分析原因和解决办法。

表 4-17　常见色谱图问题及相关原因分析和解决办法

现　　象	原　　因	排除方法
进样后不出峰	1. 检测器选择不当 2. 样品浓度低于仪器检出限 3. 信号记录问题 4. 注射器堵塞或泄漏导致样品没有被注入色谱系统	1. 选择合适的检测器，如样品没有吸收就不要选用 UV-VIS，而应换用其他检测器 2. 增大样品浓度，改进方法，选用灵敏度高的检测器 3. 检查信号记录连接线，保证采样正确及时 4. 修理或更换注射器
峰响应强度低	1. 进样针漏 2. 定量环堵塞 3. 信号衰减设置错误 4. 其他进样体积不准确引起的原因	1. 更换进样针 2. 疏通定量环，必要时更换 3. 设置正确的信号衰减比 4. 参见自动进样器故障排除章节
额外的峰	1. 样品中有其他组分 2. 进样过程污染 3. 上次进样色谱柱中未被洗脱的组分 4. 鬼峰	1. 正常 2. 充分清洗进样装置，防止交叉污染 3. 重新用强洗脱剂冲洗色谱柱再换用流动相充分平衡 4. 检查流动相是否干净；尽量使用流动相作为样品溶剂；减少进样体积，合理调整进样量；检查检测器是否被污染；若为梯度洗脱，进空白试样扣除基线噪声
峰前延	1. 柱温低 2. 样品溶剂选择不适当 3. 样品过载 4. 保护柱失效 5. 色谱柱性能下降或不合适	1. 调整合适柱温 2. 选择合适样品溶剂，尽量选用流动相 3. 减小进样体积或稀释样品浓度 4. 更换保护柱芯或重新装填 5. 修复或更换色谱柱

续表

现　　象	原　　因	排除方法
峰拖尾	1．色谱柱选择不当，试样与固定相间有作用 2．进样技术差 3．样品在流动相中溶解度小 4．进样量过大 5．色谱柱筛板堵塞或脏 6．色谱柱柱头塌陷 7．保护柱失效 8．存在未被完全分离的峰 9．流动相选择不当 10．色谱柱与阀的连接管连接处出现死区	1．选用合适色谱柱 2．提高进样技术 3．换用溶解性强的流动相或者先用强溶剂溶解样品，再用大量流动相稀释 4．减少进样量，避免样品过载 5．超声清洗筛板或更换 6．重新装填色谱柱头 7．更换或重新装填保护柱芯 8．优化分析方法分离未被分离的峰，梯度洗脱或更换长柱分析 9．使用添加剂抑制，消除拖尾 10．更换连接件重新安装
峰宽	1．流动相组成变化 2．流动相流速太低 3．漏液（特别是在柱子和检测器之间） 4．检测器时间常数太大 5．柱外效应影响： ① 柱子过载 ② 检测器对反应时间或池体积响应过大 ③ 柱子与检测器之间的管路太长或管路内径太大 ④ 记录仪响应时间太长 6．缓冲液浓度太低 7．保护柱污染或失效 8．柱头塌陷，色谱柱污染或失效，塔板数较低 9．呈现两个或多个未被完全分离的物质的峰 10．柱温过低 11．保留时间过长	1．重新制备新的流动相 2．调节流速 3．检查接头是否松动、泵是否漏液、是否有盐析出以及不正常的噪声。如果必要更换密封 4．调整设定 5．采取各种措施尽量减小柱外效应： ① 减小进样体积 ② 减少响应时间或使用更小的流通池 ③ 减小管路长度，使用内径合适的短管路 ④ 减少响应时间 6．增大缓冲液浓度，调整合适的 pH 值 7．更换或重新装填保护柱 8．重新装填被污染的部分，再生色谱柱或更换新柱 9．优化分离条件，分离未被分离组分 10．调整适宜柱温 11．改变流动相组分增加洗脱能力或者使用梯度洗脱
峰分叉	1．色谱柱柱效下降或被污染 2．保护柱失效 3．进样体积太大或样品浓度高致使柱过载 4．样品溶剂与流动相不互溶	1．修复色谱柱或更换 2．更换或重新装填保护柱芯 3．减小进样体积或稀释样品浓度 4．选用合适溶剂，尽量选择流动相作溶剂
负峰	1．检测器正负极接反 2．使用示差折光检测器时，样品的折射率小于流动相溶剂的折射率 3．流动相不干净，本底吸收值较高 4．样品池与参比池接反 5．进样过程混入气泡 6．用 UV 检测器时，溶解样品所用的溶剂与流动相溶剂不能互溶或两溶剂 pH 值不同。当溶剂流过检测池时，光在两种不互溶的溶剂界面上产生了折射，从而使光电池接受到不同强度的光，光强度减弱，以至于低于参比，也可出负峰	1．重新连接信号线 2．换用合适流动相或人为改变检测器极性得到正峰 3．重新配流动相 4．掉换 5．排除气泡后再进样 6．尽量采用能与流动相互溶的溶剂来溶解样品，最好使用流动相作为样品溶剂

续表

现　　象	原　　因	排除方法
峰分离度下降	1．色谱柱柱效低或被污染 2．保护柱失效 3．进样体积过大或样品浓度大 4．流动相污染或变质	1．修复色谱柱或更换 2．更换或重新装填保护柱 3．减小进样体积或稀释样品浓度 4．重新配流动相
保留时间不重复	1．新旧流动相切换时间不够，系统未充分平衡 2．柱温波动 3．缓冲液缓冲能力不够 4．系统存在气泡 5．系统泄漏 6．流速不稳定 7．柱塌陷或形成短路通道 8．进样体积太大或样品浓度大致使柱过载 9．流动相配比不正确或被污染	1．增加平衡时间充分平衡，尤其是正相色谱体系 2．增加柱温箱恒温 3．增大缓冲液浓度，提高缓冲能力 4．排除气泡 5．检查堵漏 6．设置正确流速，查找流速波动原因 7．修复或更换色谱柱 8．减小进样体积或稀释样品浓度 9．重新配流动相
基线漂移	1．柱温波动 2．流动相不均匀 3．流通池被污染或有气体 4．检测器出口阻塞（高压造成流通池窗口破裂，产生噪声基线） 5．流动相配比不当或流速变化 6．柱平衡慢，特别是流动相发生变化时 7．流动相污染、变质或由低品质溶剂配成 8．样品中有强保留的物质以馒头峰样被洗脱出，从而表现出一个逐步升高的基线 9．使用循环溶剂，但检测器未调整 10．检测器没有设定在最大吸收波长处 11．固定相流失	1．调节室温，增加柱恒温箱 2．使用 HPLC 级的溶剂，高纯度的盐和添加剂；流动相在使用前进行脱气，使用在线真空脱气机 3．用甲醇或其他强极性溶剂冲洗流通池；如有需要，可以用 1mol/L 的硝酸（不要用盐酸） 4．取出阻塞物或更换管子；参考检测器手册更换流通池窗 5．更改配比或流速；为避免这个问题可定期检查流动相组成及流速 6．用中等强度的溶剂进行冲洗，更改流动相时，在分析前用 10～20 倍体积的新流动相对柱子进行冲洗 7．检查流动相的组成；使用高品质的化学试剂及 HPLC 级的溶剂 8．使用保护柱，如有必要，在进样之间或在分析过程中，定期用强溶剂冲洗柱子 9．重新设定基线；当检测器动力学范围发生变化时，使用新的流动相 10．将波长调整至最大吸收波长处 11．更换色谱柱
基线噪声（规则）	1．在流动相、检测器或泵中有气泡 2．系统漏液 3．流动相混合不完全 4．温度影响（柱温过高，检测器未加热） 5．在同一条台面上有其他电子设备 6．泵振动 7．使用了循环溶剂	1．流动相脱气，冲洗系统以除去检测器或泵中的空气 2．检查管路接头是否松动，泵是否漏液，是否有盐析出和不正常的噪声。如有必要，更换泵密封圈 3．用手摇动使混合均匀或使用低黏度的溶剂 4．减少温度差异或加上热交换器 5．断开 LC、检测器和记录仪，检查干扰是否来自于外部，加以更正 6．在系统中加入脉冲阻尼器 7．使用新配流动相
基线噪声（不规则）	1．系统不稳或没有达到平衡 2．系统泄漏 3．流动相污染或分解 4．柱被污染 5．色谱柱填料流失或阻塞 6．流动相混合不均或混合器工作不正常 7．检测池被污染 8．系统内有气泡 9．检测器内有气泡 10．检测器灯能量不足	1．分析之前应有足够的时间使系统平衡 2．检查并进行维修 3．清洗溶剂储液瓶、清洗溶剂入口过滤器、使用 HPLC 级试剂 4．冲洗柱或更换色谱柱 5．重新装填或更换色谱柱 6．维修或更换混合器 7．用甲醇或其他强极性的溶剂冲洗流通池 8．排除气泡，用强极性的溶剂清洗系统 9．清洗检测器，在检测器后面安装背景压力调节器 10．更换新灯

四、液相色谱仪日常维护及注意事项

1. 液相色谱中对流动相的要求

① 溶剂必须“干净”，在使用前需经过滤板除去颗粒杂质，必要时，在进样口再加一块滤板，以除去可能由泵带来的颗粒。

② 必须控制吸附色谱中溶剂的含水量，过量水会使吸附剂活性降低，溶质保留值下降。

③ 如需在一定 pH 值下操作，需定期测定流动相的 pH 值，大气中的 CO_2 溶解在流动相内将引起 pH 值的变化，特别是储液瓶密闭不严时这种影响的可能性更大。

④ 软质或半软质填料的溶胀率随溶剂极性的变化而变化，使用新柱时应先用 25～30 倍柱容积的合适流动相平衡；更换流动相时，如果两种流动相互不相溶，需采用过渡溶剂使前一种流动相逐步溶解除去（例如，2,2,4-三甲基戊烷换成甲醇时，必须用乙酸乙酯或其他溶剂过渡，直到标准物保留值达到稳定状态）。

⑤ 为延长不易装填、价格昂贵的高效柱寿命，可在进样器和色谱柱之间安装顶柱（顶柱应有足够的杂质容量），对流动相和样品中的颗粒和杂质进行最后的过滤；在填充和连接顶柱时，不应有额外造成谱带变宽、分离度下降的死体积；顶柱与色谱柱的体积之比应保持为 1∶15 至 1∶25，以减少谱带变宽。

2. 液相色谱柱的日常维护

① 拿到一根新色谱柱时，先看使用说明书，再测柱效，保留在新色谱柱上测得的色谱图，并记录条件，并定期检测柱效和检测仪器的谱带展宽。

② 每次开机时，流速和柱压要逐渐增加，突然迅速增加会使柱床受到冲击，引起紊乱，产生空隙。

③ 在进样前使色谱系统充分平衡，是否平衡可由基线加以判断。

④ 在进样前，检查色谱系统的各个接头，通常由此发现是否有漏液现象。如有漏液，空气会从漏缝进入系统引起基线漂移、影响峰高和峰面积的重复性。

⑤ 不要把柱接头上得太紧，否则易损坏接头螺纹，引起渗漏。

⑥ 不要把柱子放在有气流的地方或直接放在阳光下，气流和阳光会使柱子产生温度梯度，造成基线漂移；如果怀疑基线漂移是由温度梯度引起的，可以设法使柱子恒温。

⑦ 若仪器用作常规分析，样品种类有限，但分析次数很多，则不妨为每一类常规分析配置一根专用柱，这样有助于延长柱寿命。

⑧ 样品的前处理问题：待测样品要先除去微粒及杂质；了解样品在流动相中的溶解度，如样品的溶剂不是流动相，一定要用流动相试溶解度，防止其在流动相中析出；了解样品与色谱柱的基质/填料是否相互作用。

⑨ 流动相选择问题：流动相使用的溶剂必须是 HPLC 及试剂，必须过滤除去微粒；使用超纯水，水中有机杂质含量要低；缓冲液的 pH 值和浓度在填料的允许范围内；流动相对样品要有一定的溶解度；有机溶剂或水的比例要符合色谱柱所允许的使用范围，如普通 C_{18} 柱要求有机相比例≥5%。

⑩ 如果怀疑样品会污染色谱柱，可以用合适的试剂（几百毫升）慢慢冲洗柱子过夜，第二天早晨再用流动相重新平衡柱子（约 3min）。

⑪ 如果条件允许，可以给色谱柱加装一些在线保护装置，如在线过滤器、保护住等，这些都可大大延长色谱柱的使用寿命。

⑫ 柱要加标签，新旧分开，柱效高的色谱柱用来分析含量高的杂质少的样品，柱效差的

可分析含量低杂质峰多“脏”的样品，不要放在温度变化很大的地方。

!3 柱子不用或储藏时，存放前先除去杂质、盐；选择合适的存放溶剂，避免色谱柱床的干枯；避免机械震动；防止细菌生长；注意存放的温度。

3. 色谱分析中蒸馏水的处理

水为液相色谱中最常用的溶剂，其中的有机杂质种类和处理方法见表 4-18。

表 4-18 水中的有机杂质种类及处理方法

杂质种类	来 源	预防方法
菌类	细菌在清洗盛水的容器中生长（添加保护剂可避免或抑制细菌，但大多会干扰色谱过程，尤其不利于紫外检测）	使用棕色瓶避光保存水 把水放在冰箱里，可抑制细菌的生长。 直接把水和φ=10%（或 15%）的有机溶剂混合储存，这种混合液体可直接用作反相色谱的冲洗剂
制造盛水容器的材料	塑料中的某些组分会扩散进入水里，影响梯度操作，污染柱子	采用玻璃或金属容器；玻璃容器中的金属离子也有可能从表面浸析出来，但没有有机杂质污染严重
挥发性有机杂质	一些有机杂质很难蒸馏彻底	让水通过 50cm 的 C_{18} 多孔硅胶柱，有机杂质在柱内保存，由此而除去

参 考 文 献

[1] 磁致伸缩纳升微流量色谱泵：中国，201120071423.4. 2011.

[2] 一种用于高效液相色谱的热膨胀高压梯度连续微流泵系统：中国，201210131051.9. 2012.

[3] 相变驱动流体的输液泵：中国，201110266948.8. 2011.

[4] 吴方迪，张庆合. 色谱仪器维护与故障排除. 第 2 版. 北京：化学工业出版社，2008.

[5] 云自厚，欧阳律，张晓彤. 液相色谱检测方法. 第 2 版. 北京：化学工业出版社，2006.

[6] 于世林. 高效液相色谱方法及应用. 第 2 版. 北京：化学工业出版社，2005.

[7] 张庆合，张维冰，杨长龙，李彤. 高效液相色谱实用手册. 北京：化学工业出版社，2008.

[8] 张玉奎，张维冰，邹汉法. 分析化学手册. 第 2 版. 第六分册. 液相色谱分析. 北京：化学工业出版社，2000.

[9] 李彤，张庆合，张维冰. 高效液相色谱仪器系统. 北京：化学工业出版社，2005.

第五章　多维液相色谱及 LC-MS 联用技术

多维色谱技术的历史可以追溯到 1944 年，Martin 等利用纸色谱法[1]在两次分析中将流动相以直角的方式洗脱样品，第一次实现了二维的高效分离。1978 年，Frei 等[2]设计出阀切换系统，构建了 GPC/RPLC 模式的二维液相色谱。由于采样不足（切阀时间长达 75min），分离度有限，1990 年，Jorgenson 等[3,4]改进了 Frei 的装置，构建了 IEC/SEC 二维系统，通过降低采样时间，协调两维分离间的流动相梯度和流量，实现了较高的正交性分离，并第一次以 3D 图的方式展现出色谱图。为了与传统的“中心切割”方法相区别，Jorgenson 将这种方法命名为“全二维（comprehensive）”，以表示该方法包括了样品的全部信息。质谱联用是全二维分离的另一重要进展。Opiteck 等[5,6]在所构建的 IEC/RP 和 SEC/RP 系统中，首次将电喷雾质谱和 UV 与二维液相色谱系统在线联用进行蛋白质和多肽鉴定。近年来，随着样品复杂程度的增加和多维液相色谱分离技术与质谱联用技术的提高，多维色谱越来越体现出其巨大的优势。

色谱联用技术就是将一种色谱仪器和另一种仪器通过一种称为“接口”的装置直接连接起来，将通过色谱仪分离开的各种组分逐一通过接口送入到第二种仪器中进行分析。因此接口是色谱联用技术中的关键装置，它要协调前后两种仪器的输出和输入间的矛盾。接口的存在既要不影响前一级色谱仪器对组分的分离性能，又要同时满足后一级仪器对样品进样的要求和仪器的工作条件。通过接口将具有两种不同分析方法的仪器结合起来，可获得两种仪器单独使用时所不具备的功能。联接在前的色谱仪起到了对样品进行分离提纯的作用，而联用仪的后一级仪器实质上是前级色谱仪的一种特殊的检测器，其作用是对样品进行检测定性。

第一节　二维液相色谱的原理与仪器构造

一、二维液相色谱基本原理

1. 定义

二维液相色谱（2D-LC）是将分离机理不同而又相互独立的两支色谱柱串联起来构成的分离系统。样品经过第一维色谱柱分离后进入切换接口中，通过接口的富集、浓缩以及切割后进入第二维色谱柱继续分离。二维液相色谱通常采用两种不同的机理分离分析样品，即利用样品的不同性质如分子量、等电点、亲水性、特殊分子间作用（亲和）等把复杂混合物（如多肽）分成单一组分。

2. 分类

二维液相色谱使用两支或多支色谱柱，并通过一定的切换接口实现样品的柱间转移。切换中根据切割组分是否全部进入第二维中，可将二维系统分为部分切换和整体切换（全二维）

两种模式；根据切割组分是否直接进入第二维中，分为离线和在线两种模式。

部分切换模式通常采用中心切割（heart cutting）技术，只将第一维洗脱的样品组分中感兴趣的部分导入第二维进一步分析。全二维模式将第一维洗脱的样品组分全部导入第二维中继续分析。显然，与中心切割模式相比，样品没有丢失或浪费，整体模式能得到全部样品组分的信息。在采用分流技术的二维系统中，有时尽管只有部分样品进入第二维系统中，但是其能够代表样品组分的全部信息，也属于全二维系统的范畴。

3. 全二维液相色谱

全二维液相色谱（comprehensive two-dimensional liquid chromatography）能得到全部样品组分的信息，近年来在复杂组分的分离分析中应用很广。

全二维分离应满足以下条件：①样品的每一部分都受到不同模式的分离；②有样品组分以相等的比例（100%或稍低一些，即并不要求全部 100%分析物，只要分流的部分能代表所有样品组分信息即可）转移到第二维及后续的检测器中；③在第一维中已得到的分辨率基本上维持不变。"基本"指通过测量全二维中第一维轴上的某个特殊峰对应的第一维的分辨率与一维情况相比减少不超过 10%。

其中，条件①说明了样品分离的正交性，③说明了与传统串联色谱柱方法的不同，②与③也指出了全二维与传统中心切割技术的区别。②则要求进入第二维的样品组分能够代表全部样品的信息。

4. 峰容量

峰容量被用来描述分离系统中所能容纳色谱峰的个数，指在特定的分析时间内，色谱图上按一定分离度所能放置的峰的个数。显然，峰容量由峰宽决定，而峰宽与塔板数和分离度有关，多数分离技术中实际分离的峰宽是随机的，因此，实际峰容量与理论不符。

峰容量提供了对分离性能的更为通用的估计。等度分离时，峰宽不是恒定的，峰容量的计算公式为：

$$P = 1 + \frac{\sqrt{N}}{4}\ln\frac{t_R}{t_0} \tag{5-1}$$

在梯度洗脱条件下，可以认为峰宽不变[7]。式（5-1）可以改写为：

$$P = \frac{\sqrt{N}}{4}\ln\left(\frac{t_R}{t_0} - 1\right) \tag{5-2}$$

显然，恒定的峰宽具有更大的峰容量。峰容量的计算也可以简单直观地由保留时间除以峰宽得到，即

$$P=(t_R-t_0)/W \tag{5-3}$$

式（5-3）在讨论实际样品峰容量时较有效，因为其根据色谱图上的分离时间来计算，而不受限于一维或多维技术。由于峰的随机分布，实际谱图上的色谱峰数目总是小于计算得到的理论结果。Neue[8]最近综述了在等度反相色谱、体积排阻色谱、多肽梯度分离等方面计算峰容量的不同方法。

Giddings[9]认为多维色谱峰容量的计算可以由单维色谱峰容量的乘积估算：

$$P_T=P_1 \cdot P_2 \cdots P_i \tag{5-4}$$

实际二维峰容量通常低于预测值，因为这种计算方法忽视了两维间保留相关性的区间。在计算实际峰容量时，需要对一些相互影响的因素进行评估，包括正交性和采样频率等。

5. 正交性

用于构建二维系统的每一种模式的分离机理应尽量不同，即要求分离的正交性。对于完全正交的二维分离系统，理论上系统的分辨率是对应每一种一维模式分辨率平方和的平方根。如果采用的两种分离机制是互相独立的并且具有完全不同的保留曲线，或者说具有不同的选择性，则认为该2D分离是正交的[10~13]。

真正意义上的正交很难实现，因为正交性不仅取决于分离机制，而且依赖于溶质的性质以及分离条件。目前，可以得到多种多样的固定相，它们在表面化学、支撑材料、碳负荷、孔径等方面都有区别，而流动相的特性可以通过调整改性剂、pH、温度或加入离子对试剂等方式改变。根据样品中成分的物理化学性质如尺寸、电荷、极性、疏水性等选出恰当的固定相和流动相后，才有可能构建出比较成功的正交组合。

6. 采样频率

为极大限度地保持第一维分离所得到的分辨率，必须在第一维上沿洗脱方向转移大量的馏分。由于样品在被导入第二维之前会出现混合过程，当采样频率或循环周期大于在第一维色谱柱上分离峰宽时将会显著降低第一维的分离能力。第二维上的快速分析是全多维的先决条件，这意味着在第二维只有很短的分离时间，因此第二维上的峰容量相对较低。

高通量与充分分离难以同时实现。第一维上的峰会因采用较低的流速（低于最佳流速，柱效急剧降低）而展宽。为了避免第一维中分离度降低太多，一般认为需在第一维峰的每个峰宽的8倍标准偏差（8σ）相当的时间内采样三次以上。实际操作中，建议以最小四次采样代替。

二、二维液相色谱的组成

二维液相色谱系统主要由进样系统、分离系统、接口切换系统、分流及馏分收集系统、检测系统以及软件控制系统六大部分组成，如图5-1所示。二维液相色谱是在一维色谱的基础上构建的，其中进样系统、检测系统等都与一维色谱类似；而分离系统包括第一维及第二维分离系统，由各自的泵系统及柱系统组成；切换系统主要连接第一维及第二维色谱，同时切割第一维洗脱产物，并将其导入第二维中，可根据分离目的的不同采用一定形式的接口；分流及馏分收集系统为可选部件，主要用于调节流量、收集分流后的产物等。

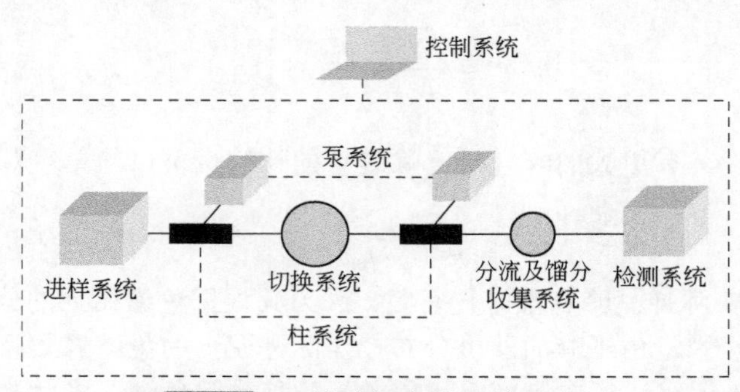

图 5-1 二维液相色谱系统组成

根据正交分离的机理，用于构建二维液相色谱的模式包括高效液相色谱、电色谱、电泳等模式。其中前者可以采用反相色谱（RP）、正相色谱（NP）、体积排阻色谱（SEC）、亲和色谱（AC）、离子交换色谱（IEC）等；后两者有毛细管电色谱（CEC）、毛细管等电聚焦（CIEF）、胶束电动毛细管色谱（MEKC）、毛细管区带电泳（CZE）、凝胶电泳（GE）等。二维液相色谱的灵活性在于能够便捷地实现不同模式之间的偶联，如高效液相色谱与电色谱[14]、电泳与高效液相色谱[15]以及不同类型高效液相色谱之间的偶联，如 SEC/RP、IEC/RP、AC/RP、IEC/SEC、NP/RP 等。此外，在高效液相色谱的反相模式中，选择合适的流动相，根据固定相极性差异的不同也可以组建不同的二维分离系统[16]。

第二节　二维液相色谱接口技术

接口是二维液相色谱的核心，接口的设计决定了系统的实际分离效能。按连接方式的不同可以将接口分为定量环接口、捕集柱接口、整体无接口式二维系统等[17~19]。根据样品经过接口后状态变化进行分类，也可分成柱内转移形式、柱间转移接口、富集式接口和稀释式接口等。

一、柱内转移形式

柱内转移形式是指样品经过两种机理分离时不转移出柱外，包括连续二维液相色谱模式和单柱二维液相色谱模式等。

1. 连续二维液相色谱系统（directly coupled column interface）

连续二维模式不用接口，两维色谱柱直接连接，第一维的流出物直接、连续地进入第二维，如图 5-2 所示。直接转移模式仅需要一套梯度泵，是最简单的二维液相色谱系统。两种分离机理的色谱柱直接联用时，两维都必须进行梯度洗脱，否则第一维已经分离的组分会在第二维重新混合。

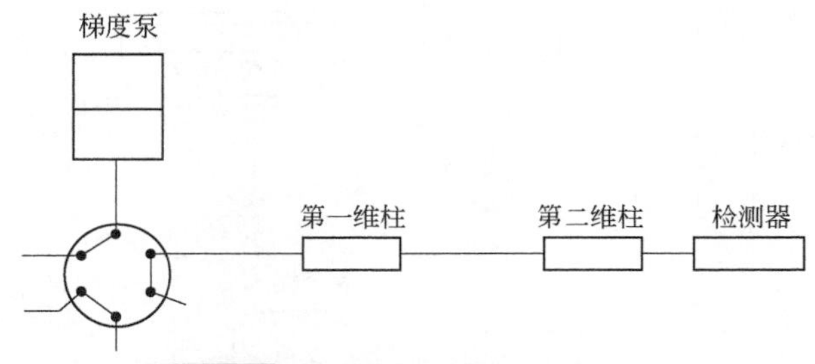

图 5-2　连续二维液相色谱示意

2. 多维蛋白质识别技术（multidimensional protein identification technology，MudPIT）

Yates 等[20~23]在一支色谱柱内依次填充两种或多种不同分离机理的色谱填料，多种填料直接相连，采用多步梯度步骤洗脱蛋白质样品。色谱柱的末端拉成尖端，直接连接质谱，对蛋白质定性，如图 5-3 所示。一次分析，MudPIT 技术可以定性分析超过 1000 个蛋白质，整个 MudPIT 系统的峰容量可达到 23000，二维液相色谱部分的峰容量约为 3200。

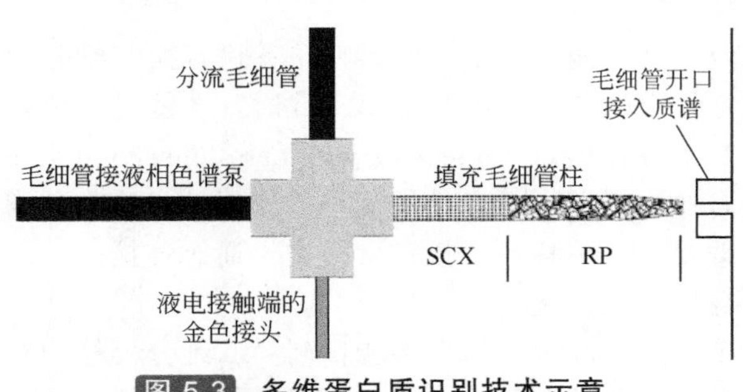

图 5-3　多维蛋白质识别技术示意

SCX—强阳离子色谱；RPC—反相色谱

二、柱间转移接口

样品从第一维通过接口转移到第二维的过程中，不经过处理，在到达第二维分离时仍保持第一维分离后的浓度和组分状态，称为柱间转移接口，包括定量环接口、平行柱接口和停流接口等。

1. 定量环接口

定量环接口（loop interface）通常由两个相同体积的样品环和两位十通阀或两位八通阀组成，也可以组合使用多个六通阀。一个样品环收集存储第一维洗脱产物，另一个样品环中存储的馏分转移到第二维中进行分离，两个样品环交替进行。1978 年，Frei[2]用一个八通阀和两个样品环构建了如图 5-4 所示的 SEC/RP 二维液相色谱系统，用于分析植物提取物。随后，这种技术被广泛接受，用于各种二维液相色谱系统。定量环接口结构简单，操作方便，通用性强，是二维液相色谱中应用最为广泛的一种接口。样品环的体积由第一维的流量和第二维的分离时间决定，可以通过改变样品环的体积来改变第二维的进样量。其缺点包括：样品环增加了系统的死体积；第二维的进样体积限制了样品环的体积和第一维的流量；第一维的流动相会对第二维的分离造成影响；稀释效应会降低系统的灵敏度。另外，当两个定量环"不对称"时，样品的保留时间会有差异[24]。需要指出的是，当定量环接口采用八通阀设计时，两个样品环中流动相的流向不同，是"不对称"的。并且要实现全二维分析，样品环体积要远大于所收集馏分的体积，这是因为馏分在定量环中成抛物线分布。

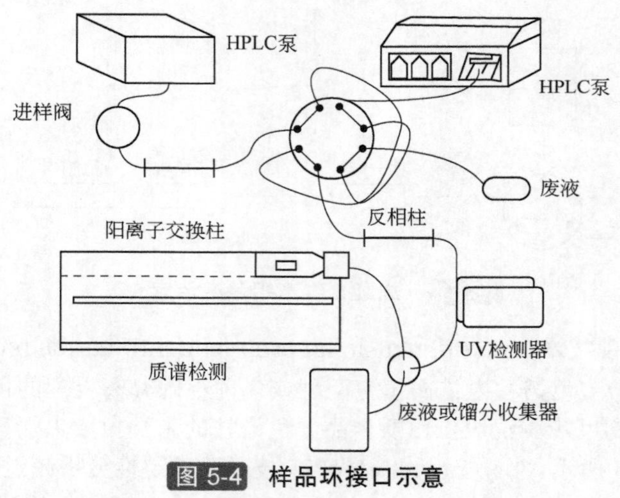

图 5-4 样品环接口示意

2. 平行柱接口

平行柱系统为使用两支（或两支以上）色谱柱平行进行第二维分析第一维中相继洗脱出来的馏分。只有两支平行柱上的分离时间和效率一致时，才能进行色谱图整合以获得全部分离的色谱图或等高线图。平行柱接口（interface with parallel second dimension columns）运行的困难是如何使几支色谱柱协调运行[25]。使用同一厂家同一批次的色谱柱和优化系统（调整管路长度等）显得格外重要[26]。将样品环接口（两位十通阀连接）中的样品环用第二维分离色谱柱代替即可构建平行柱二维系统。

平行柱接口可以将第一维的洗脱产物直接转移到第二维分析柱的柱头，在第二维柱头实现样品的富集浓缩。大多数情况下，第二维应使用相同的色谱柱，其对样品的保留行为必须严格相同。但 Haefliger[27,28]报道了使用两根不同的色谱柱（C2 和 C4）为第二维的平行柱接口的RP/RP二维液相色谱系统，并用于表面活性剂的分析。为了增加第二维平行柱的分离度，可以在平行柱后串联一支反相柱，延长分离空间，可有效地提高峰容量。

为了提高系统的峰容量，Wagner等[29]使用4根平行柱作为第二维，构建了IEC/RP二维液相色谱系统，用于多肽和蛋白质的分析。一支色谱柱上样，两支色谱柱分析，第四支色谱柱再生同时进行，极大地提高了系统的峰容量。张祥民等[30]以SCX（强阳离子交换）作为第一维分离模式，10根平行的RP柱作为第二维分离模式，构建了2D-SCX/（阵列）RP系统（如图5-5所示），采用这一系统从肝癌组织中提取的蛋白质酶解产物中鉴定出1202种蛋白质。

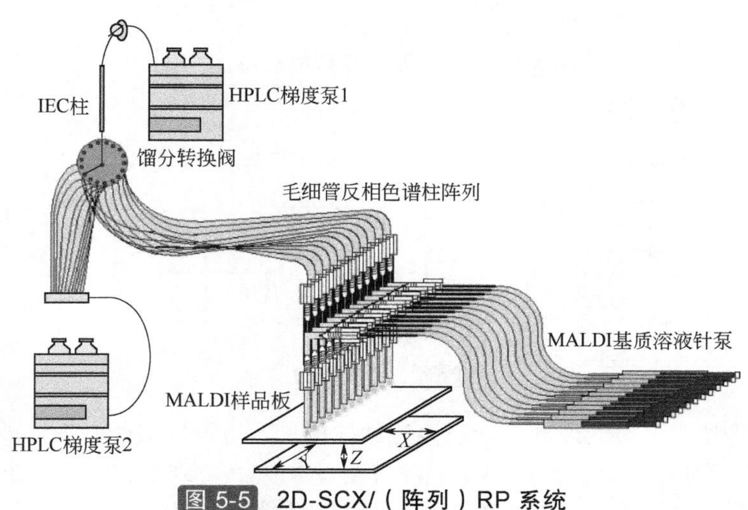

图5-5 2D-SCX/（阵列）RP系统

MALDI—基质辅助激光解吸离子化；IEC—离子交换色谱

3. 样品环-平行柱接口（loop-parallel column interface）

尽管增加采样速率对系统峰容量有利，但全二维液相色谱系统装置限制了第二维的分析时间，从而不可避免地限制了第二维的分离空间。同时，由于流动相不兼容，进一步减少了第二维的分离空间[19]。将平行柱接口与样品环接口或捕集柱接口组合使用，可以有效提高系统的峰容量。

常规平行柱接口的采样时间与第二维的分析循环时间相同，增加定量环（或捕集柱）后，馏分的收集不会影响到第二维的分离和再生，样品环交替进样到第二维的方式使得第二维的分析时间可以是采样时间的两倍，极大地增加了系统峰容量。Venkatramani等[31~33]用一个12通阀连接3个样品环和两支反相柱构建了RP/RP二维液相色谱系统，切割时间仅为12s。Francois等[34]以2个十通阀连接2个样品环和两个平行柱构建的NP/2RP二维液相色谱系统，如图5-6所示，分析柠檬油萃取物的系统峰容量从497（NP/RP）增加到1095（NP/2RP）。

4. 停流接口

停流接口（stop-flow interface）使用一个多通切换阀连接两维色谱柱[19,35,36]，在第一维洗脱产物被直接转移到第二维色谱柱柱头后，第一维系统停流，进行第二维分离。第二维分离结束后，再进行下一循环，直至所有组分均经过二维分离，其结构如图5-7所示。停流接口的优点是第二维分离时间没有限制，可以获得很高的分辨率和峰容量，两维分离之间没有死体积。其缺点是分离时间长，第一维的停流可能会造成峰展宽、变形。

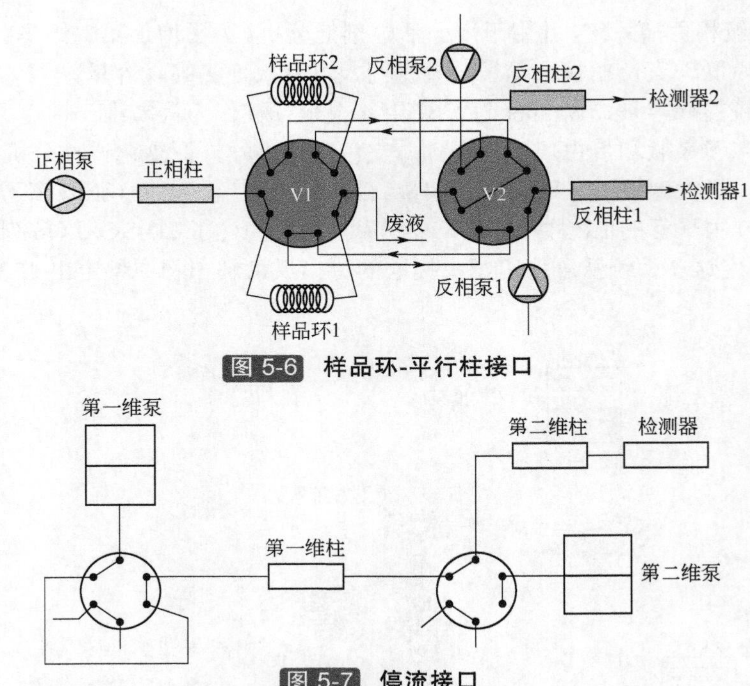

图 5-6 样品环-平行柱接口

图 5-7 停流接口

Kohne 等[37,38]使用多个六通阀设计了停流进样接口，通过柱头的峰压缩减少第一维的峰展宽。Blahova 等[39]使用一个六通阀建立了停流接口 RP/RP 二维液相色谱系统；Bedani 等[40]也建立了类似配置的停流接口 SEC/RP 二维液相色谱系统。

三、富集式接口

馏分从第一维洗脱出来之后，经过富集、浓缩后转移到第二维进行分析，可有效地降低峰展宽，被称为富集式接口，包括捕集柱接口、捕集柱-平行柱、溶剂蒸发接口等。

1. 捕集柱接口

捕集柱接口（packed loop interface）通常由两个相同的捕集柱和多通切换阀组成，从第一维洗脱下来的馏分到达捕集柱后，馏分中的组分在捕集柱柱头富集，完成后反冲捕集柱上的样品到第二维进行分离，捕集柱起到在两维间形成溶质“重新聚焦”的作用[41]，其结构如图 5-8 所示。

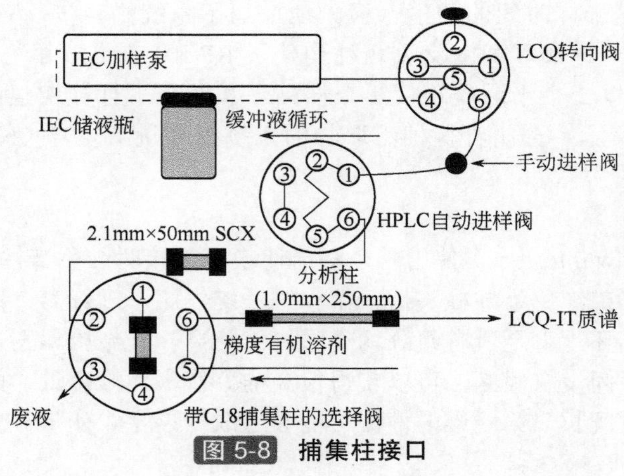

图 5-8 捕集柱接口

捕集柱在第一维流动相洗脱条件下对样品的保留能力比第一维色谱柱强，在第二维流动相洗脱条件下易于洗脱。当第一维洗脱产物流经捕集柱时，溶质在捕集柱头被富集浓缩，切换阀后，第二维溶剂将经过捕集柱富集浓缩的组分反冲入第二维色谱柱进一步分离。捕集柱接口克服了样品环接口的缺点，但是对捕集柱的固定相选择、两维分离的流动相有所限制。为了加快第二维的分离速度和使系统更稳定，可以在第二维使用高温分离[42]。

2. 捕集柱-平行柱接口（packed loop-parallel column interface）

与样品环-平行柱接口类似，增加捕集柱对馏分的收集不会影响到第二维的分离和再生，捕集柱交替进样到第二维的方式使得第二维的分析时间可以是采样时间的两倍，极大地增加了系统峰容量。Venkatramani 等[31]用一个 12 通阀和 3 个捕集柱构建了 RP-RP 二维液相色谱系统，其结构如图 5-9 所示。第一维的洗脱产物被富集在 C22 中，与此同时 C21 中富集的一维洗脱产物由 P2 流动相淋洗，进入检测器。C21 分析完成后，切换 10 通阀到另一模式，刚富集在 C22 中的样品组分由 P2 流动相淋洗进入检测器，而 C21 开始富集第一维洗脱产物。通过 10 通阀的切换，两支反相柱 C21、C22 交替富集，并进行第二维分离分析。切割时间仅为 12s。

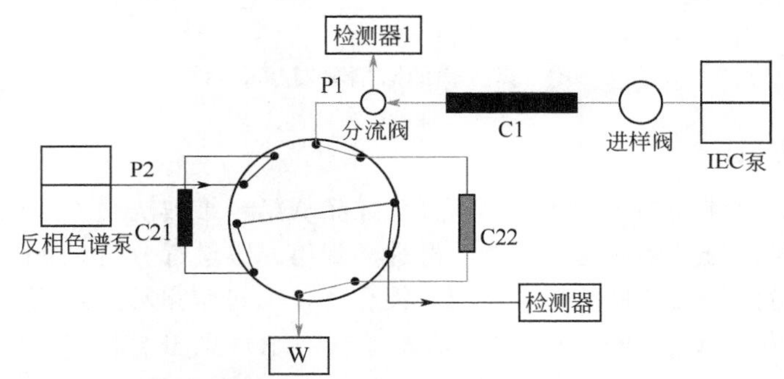

图 5-9　平行柱交替富集分析接口示意图

C1—离子交换色谱柱；C21—反相色谱富集柱1；C22—反相色谱富集柱2；IEC泵—离子交换色谱泵；P1—离子交换色谱流路；P2—反相色谱流路

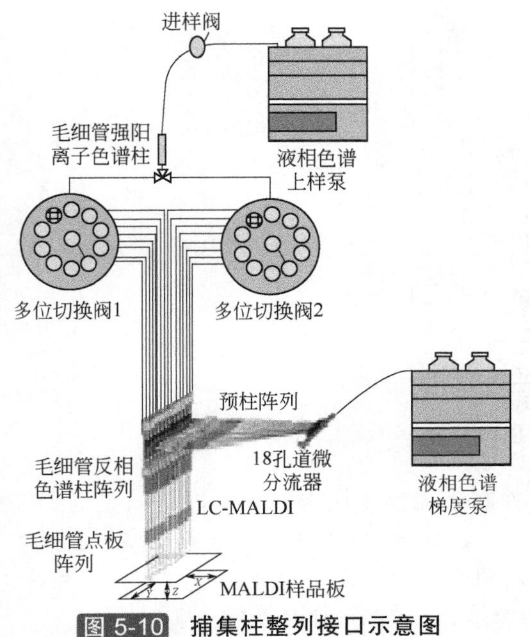

图 5-10　捕集柱整列接口示意图

3. 捕集柱阵列（SPE array interface）

使用多个捕集柱同时富集第一维洗脱下来的馏分，从而给第二维分离以充足的时间，可以实现更高的峰容量。Wilson 等[43,44]使用两个捕集柱阵列（每个阵列含 9 个捕集柱）构建了亲水作用色谱 HILIC/RP 二维液相色谱系统，第二维的分离时间不受第一维的限制，达到了 53min，可以获得很高的分辨率和峰容量。张祥民[45]将强阳离子交换分离的 18 个组分捕集到 18 根预柱上后，再将其转移至 18 根毛细管 RP 柱上进行分离，最后直接点样至基质辅助激光解吸离子化质谱的靶板上进行鉴定，其结构如图 5-10 所示。与传统的 SCX/RP 系统相比，可将蛋白质组样品的分离时间由 54h 缩短至 3h，分离通量提高 18 倍。

4. 真空辅助溶剂蒸发接口

真空辅助溶剂蒸发接口（vacuum-assisted evaporation interface）的第一维洗脱产物到达接口时，溶剂在真空辅助下蒸发，而样品在样品环中得以保留，进一步通过第二维流动相将样品环中保留的馏分导入第二维进行分离。真空辅助溶剂蒸发接口实现了正相/反相两维流动相快速转换[46~48]，解决了两维流动相不互溶的问题。同时，由于样品在样品环中被浓缩，减少了第一维切割组分进入第二维的体积和峰宽展宽。真空辅助溶剂蒸发接口示意见图 5-11。

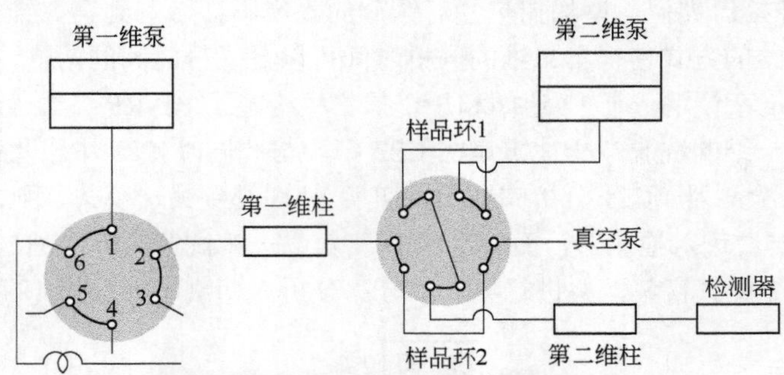

图 5-11 真空辅助溶剂蒸发接口示意

四、稀释式接口

在第一维和第二维流动相不匹配的情况下，样品从第一维被洗脱下来以后，可通过稀释，降低流动相相对于第二维的溶剂强度，之后再进样到第二维进行分析。Liu 等[49]以 RP 为第一维，洗脱下来的馏分经过与乙腈-水（95∶5）混合后，通过定量环到达第二维 HILIC 色谱，从而构建了在线 RP/HILIC 二维液相系统。稀释式接口示意见图 5-12。

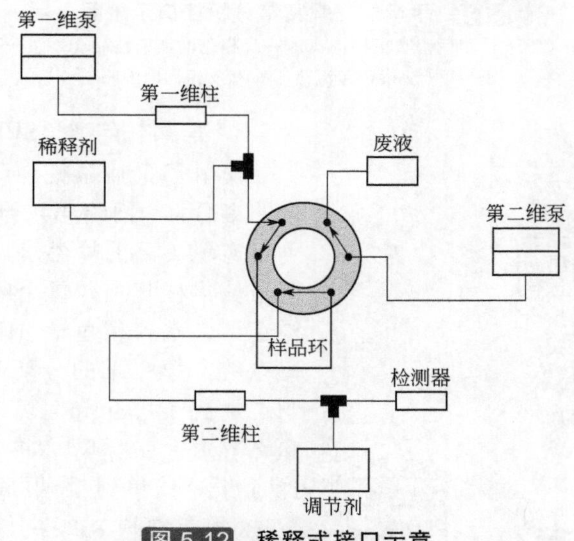

图 5-12 稀释式接口示意

根据正交分离的机理，二维液相色谱的灵活性在于能够便捷地实现不同模式之间的偶联。一维分离中反相色谱法（RP）、离子交换色谱法（IEC，包括阳离子交换和阴离子交换）、体积排阻色谱法（SEC）和正相色谱法（NP）等各种机理均可以用于构建二维液相色谱系统，提高分离的选择性和峰容量。因为与 ESI-MS 的兼容性好，RP 一般用作第二维。

第三节 液相色谱-质谱联用仪

色谱的优势在于分离，为混合物中目标化合物的分析提供了最有效的选择，但其难以得到物质的结构信息，主要依靠与标准物对比来判断未知物。质谱法（mass spectrometry，MS）本属于纯物理方法，但以其高速、高选择性、高灵敏度及能够提供分子量与结构信息等特点在分析领域有较广泛的应用。质谱分析的样品需要进行纯化，具有一定的纯度之后才可以直接进行分析。高效液相色谱-质谱（HPLC-MS）联用技术是将高效液相色谱与质谱串联成整机使用的检测技术，充分结合了 HPLC 的高分离能力和 MS 的强定性能力。MS 的正常工作需要高真空环境，而 HPLC 常规分析在常温常压下进行，为实现两者成功联用，其接口技术最为关键，理想的“接口”装置需要能够使来自 HPLC 的连续流动相迅速气化，在保证 MS 高真空工作环境的前提下，去除流动相中基质对质谱的污染，使待测样品电离成带电离子，然后进入质量分析器分析。

一、液相色谱用质谱检测器的特征

常见的质谱仪主要有磁偏转式质谱、四极杆质谱（Q-MS）、离子阱质谱（IT-MS）、飞行时间质谱（TOF-MS）和傅里叶变换离子回旋共振质谱（FTICR-MS）五种类型。HPLC 主要与 Q-MS、IT-MS、TOF-MS 和 FTICR-MS 联用，其中最具前景的是 LC-TOF-MS。质谱检测器可以给出分子量的信息，因而可用于定性和结构分析。高效液相色谱与质谱联用接口近年来有了革命性的发展。ESI（electrospray ionization）离子源的出现使质谱成为小分子和生物大分子分析的最主要手段。

液-质联用接口存在的主要问题包括：

（1）真空接口问题　LC 的流出物是溶液，而质谱是高真空系统。如果让溶液全部气化，按计算将产生 500～4000ml/min 的气体，而质谱采样仅能接受 10～50ml/min 的气体。因此在引入质谱之前必须先经过分流和雾化。

（2）离子化问题　常规的气相电离方法一般不适合于 LC 分离后的化合物，这些化合物具有热不稳定性、极性和分子量大的特点。

（3）去溶剂问题　洗脱液经气化或雾化后得到含有大量溶剂分子和微量样品分子的混合气（雾），如果将它们全部送入质谱，根本无法得到待分析样品的信息，尽可能地除去溶剂分子是提高谱图信噪比和仪器最低检测限的重要环节。

理想的 LC-MS 接口应当具有以下特点：①高效率的样品转移；②可接受的样品转移精度；③可容忍不同的 LC 方法；④可容忍不同的质谱操作条件；⑤样品在转移过程中不被分解损失；⑥色谱在质谱中保持完整；高速、方便可靠，仅需要操作人员有限的技术。

二、液相色谱-质谱联用中的常用质谱

质谱以及液相色谱质谱联用拥有极其广泛的生产线，产品层出不穷，质谱厂家推出新产品以及技术解决方案的速度更是惊人。表 5-1 列举了目前市场上最常见的质谱系统以及厂家，并包含了一些技术参数[50]，如分辨率（resolution power）、质量准确度（mass accuracy）、质量（m/z）扫描范围以及数据采集速度等。分辨率指质谱分开两个峰的能力，不同的质谱有不同的计算方法。质量准确度是指质谱仪测到的质量与理论质量的相对偏差，用 10^{-6} 表示。一般而言，在样品分析时加内标可以帮助质谱获得最好的质量准确度。比如，可以利用双 ESI 源的质谱，一个 ESI 接口连接到 HPLC 的流出液，另一个则可以连接到标准离子校准液，实现实时的校准。除了内标之外，如果质谱具有一定的稳定度，外标法也可以获得比较

理想的质量准确度。离子回旋共振（ICR）类质谱拥有最高的质量准确度，依次为 Orbitrap 和 TOF 类质谱。不过也要指出的是，ICR 类质谱需要较长的采集时间去获得足够的镜像电流（image current），从而获得最高的准确度和分辨率。因此，ICR 和 Orbitrap 很难在维持最快采集速度的同时拥有最高的质量准确度。在所有分析器中，TOF 类质谱的扫描速度最快，其理论 *m/z* 扫描范围没有限制，在 LC-MS 的联用中，TOF 的扫描范围常常可以达到几万。

质谱法通过对被测样品离子的质荷比的测定进行分析。不同的测定需求对质谱的要求也不尽相同。表 5-2 给出了常见的几类质谱性能的统计结果。标准的四极杆质谱是最简单也是最实惠的质谱，其分离能力约为一个质量单位，虽然也可以通过牺牲离子传输效率和灵敏度来改善分离能力，但是总体而言四极杆的分辨能力是最有限的。相对四极杆而言，球形离子阱或者线性离子阱的分辨能力要略微高一些，但是它们仍然属于低分辨质谱。对低分辨质谱而言，其质量准确度要低于 100×10^{-6}（对于 *m/z* 1000 的化合物，$\Delta m/z$ 误差为 0.1），如此低的准确度是无法满足化合物成分分析的。相对而言，高分辨质谱拥有较高的准确度，可以实现很多低分辨质谱无法完成的任务。

表 5-1 最常见的质谱系统厂家以及性能①

分析器类型	仪器名称及厂家	分辨率（FWHM）	质量准确度/10^{-6}		*m/z* 扫描范围	数据采集速度/Hz
			内标	外标		
Q	6150，Agilent	—	—	—	10～1350	10②
	Flexar SQ 300 MS，PerkinElmer	—	—	—	20～3000	10②
	LCMS-2020，Shimadzu	—	—	—	10～2000	15②
	LC/MS Purification System，Gilson	—	—	—	50～3000	10②
	MSQ plus，Thermo Scientific	—	—	—	17～2000	12②
	SQ Detector 2，Waters	—	—	—	2～3072	15②
IT	Amazon Speed ETD，Bruker Daltonics	—	—	—	50～6000	52②
	LCQ Fleet，Thermo Scientific	—	—	—	15～4000	12②
LIT	LTQ Velos Pro，Thermo Scientific	—	—	—	15～4000	66②
QQQ	6490，Agilent	—	—	—	5～1400	10②
	LCMS-8030，Shimadzu	—	—	—	10～2000	15②
	TQ Detector，Hitachi	—	—	—	2～2000	10②
	Triple Quad 5500，AB SCIEX	—	—	—	5～1250	12②
	TSQ Vantage，Thermo Scientific	7500（*m/z* 508）	5	—	10～3000	5②
	XEVO TQ-S，Waters	—	—	—	2～2048	10②
Q-LIT	QTRAP 5500，AB SCIEX	9200（*m/z* 922）	—	—	5～1250	20②
TOF	6230 TOF，Agilent	24000（*m/z* 1522）	1～2	—	25～20000	40
	AccuTOF，Jeol	6000（*m/z* 609）	5	—	6～10000	10
	AxION 2 TOF MS，PerkinElmer	12000（*m/z* 922）	2	—	18～12000	70
	Citius，Leco	100000（*m/z* 609）	＜1	—	50～2500	200
	micrOTOF II focus，Bruker Daltonics	16500（*m/z* 922）	＜2	＜5	50～20000	40
	XEVO G2 TOF，Waters	22500（*m/z* 956）	＜1	—	20～16000	30

续表

分析器类型	仪器名称及厂家	分辨率（FWHM）	质量准确度/×10^{-6}		m/z扫描范围	数据采集速度/Hz
			内标	外标		
IT-TOF	LCMS-IT-TOF，Shimadzu	10000（m/z 1000）	3	5	50～5000	10
Q-TOF	maXis 4G，Bruker Daltonics	60000（m/z 1222）	<0.6	<2	50～20000	30（MS），10（MS/MS）
	micrOTOF-Q II，Bruker Daltonics	20000（m/z 922）	<2	<5	50～20000	20
	TripleTOF 5600，AB SCIEX	35000（m/z 956）	0.5	2	5～40000	25（MS），100（MS/MS）
	XEVO G2 QTOF，Waters	22500（m/z 956）	<1	—	20～16000	30
	6550 QTOF，Agilent	42000（m/z 922）	<1	—	50～10000	50
Q-IMS-TOF	Synapt G2-S HDMS，Waters	40000（m/z 956）	<1	—	20～100000	30
Orbitrap	Exactive，Thermo Scientific	100000（m/z 200）	<2	<5	50～4000	10（RP，10000）
Q-Orbitrap	Q Exactive，Thermo Scientific	140000（m/z 200）	<1	<5	50～4000	12（RP，17500）
LIT-Orbitrap	Orbitrap Elite，Thermo Scientific	240000（m/z 400）	<1	<3	50～4000	8（RP，15000）
Q-ICR	SolariX 15T，Bruker Daltonics	2500000（m/z 400）	<0.25	<0.6	100～10000	—
LIT-ICR	LTQ FT Ultra 7T，Thermo Scientific	750000（m/z 400）	<1	<1.2	50～4000	2（RP，50000）

① 如果同一厂家同一系列有多款仪器，仅列入性能最佳的仪器。所有参数均来自于厂家。

② 对低分辨质谱仪数据采集频率的计算主要是参考厂家的速度（Da/s），此处根据扫描范围为$\Delta m/z = 1000$ 来重新计算了采集速度的数值。

表 5-2 液相色谱质谱联用中的常用质谱的应用参数

分析器类型①	分辨率/10^3	质量准确度/10^{-6}	m/z扫描范围（上限）/10^3	数据采集速度/Hz	动态线性范围
Q	3～5	low②	2～3	2～10	10^5～10^6
IT	4～20	low	4～6	2～10	10^4～10^5
TOF	10～60	1～5	10～20	10～50	10^4～10^5
Orbitrap	100～240	1～3	4	1～5	5×10^3
ICR	750～2500	0.3～1	4～10	0.5～2	10^4

① TOF、Orbitrap 和 ICR 同时也包含了与 Q 或者 LIT 作为第一个分析器构成的杂交类质谱。

② 采用双曲面的四极杆质量准确度有时会好于 5×10^{-6}。

一般而言，四极杆类质谱是最简单及最便宜的质谱，依次则为球形离子阱和线性离子阱类质谱。TOF 类质谱是高分辨质谱中最经济实惠的，拥有高的数据采集速度、宽的质量扫描范围以及相对较高的质量准确度和分辨率等令人印象深刻的参数。Orbitrap 和 ICR 都是高端的质谱仪，拥有最高的参数和复杂的仪器结构。

对 2012 年 3 月以前发表的学术文章进行检索，并对其采用的质谱类型进行分类和统计，结果见图 5-13。排在前三位的依次为离子阱（IT）、Q-TOF 和 TOF、三重四极杆（QQQ），相当于 LC-MS 总量的 84%。在定量分析的领域中，QQQ 占有绝对统治地位。因为 QQQ 最重要的选择反应监测（SRM）和多反应监测（MRM）两个功能仍然是 LC-MS 定量领域的“黄金”标准。杂交类质谱，如Q-TOF，因为可以同时提供高分辨的一级质谱和二级质谱，在化合物结构的分析中应用广泛。最近，质谱的发展侧重于从低分辨到高分辨的转移，包括TOF类质谱以及具有超高分辨率（分辨率＞100000）的FT质谱，主要是因为这类质谱可以提供更多的定性定量的应用潜力，比如基于高分辨质谱的SRM或者SIM的前体离子的分离窗口更窄，有利于选择性和灵敏度的改善。

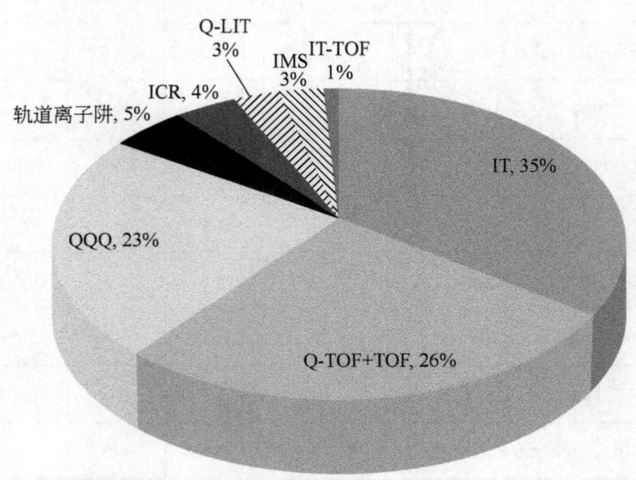

图 5-13 不同类型的质谱在发表文章中所占的比重

（数据基于Web of Science检索，2012年3月1日）

第四节 HPLC-MS接口技术

接口技术是液-质联用的重要技术之一。在液质联用接口技术发展过程中先后出现了20多种接口，其中大气压离子化（API）接口是当前应用最广泛的接口技术。大气压离子化技术主要包括电喷雾离子化（electrospray ionization，ESI），大气压化学离子化（atmospheric pressure chemical ionization，APCI）和大气压光离子化（atmospheric pressure photoionization，APPI）三种模式。表5-3给出了代表性的LC-MS接口的重大进展。

表 5-3 **LC-MS接口的重大进展**

时间	相关技术
20世纪70年代	直接进样（DLI）、流动床技术
20世纪80年代	热喷雾（TSI）、高临界萃取、连续原子束快速轰击（CF-FAB），粒子束
20世纪90年代后	大气压下电离（ADI），主要包括大气压下碰撞电离或大气压下放电电离（APCI）、电喷雾（ESI，包括辅助喷雾ESI、气动辅助ESI，离子喷雾ISI）、基体（质）辅助激光解吸离子化（MALDI）

一、电喷雾离子化

电喷雾（ESI）技术作为质谱的一种进样方法起源于20世纪60年代，直到1984年Fenn实验组对这一技术的研究取得了突破性进展。1985年，电喷雾进样与大气压离子源成功连接[51]。1987年，Bruins等[52]发展了空气压辅助电喷雾接口，解决了流量限制问题，随后第一台商业化生产的带有API源的液-质联用仪问世。ESI的快速发展主要源自于使用电喷雾离子化蛋白质的多电荷离子在四极杆仪器上分析大分子蛋白质，大大拓宽了分析化合物的分子量范围。

ESI 源主要由五部分组成：①流动相导入装置；②真正的大气压离子化区域，通过大气压离子化产生离子；③离子取样孔；④大气压到真空的界面；⑤离子光学系统，该区域的离子随后进入质量分析器。在 ESI 中，离子的形成是分析物分子在带电液滴的不断收缩过程中喷射出来的，即离子化过程是在液态下完成的。液相色谱的流动相流入离子源，在氮气流下汽化后进入强电场区域，强电场形成的库仑力使小液滴样品离子化，离子表面的液体借助于逆流加热的氮气分子进一步蒸发，使分子离子相互排斥形成微小分子离子颗粒。这些离子可能是单电荷或多电荷，取决于分子中酸性或碱性基团的体积和数量。

ESI 是一种“软”电离方法，结构非常简单，只需在内衬细石英毛细管（内径 0.03～0.1mm）的不锈钢管上施加高压（3～5kV），就可以与相距约 1cm 的反电极（接地）之间形成电喷雾。和 MALDI 相比，省去了昂贵的激光源，操作上更简单。

电喷雾的电离机理主要有两种解释。一般来讲，电喷雾方法适合使溶液中的分子带电而离子化。离子蒸发机制是主要的电喷雾过程，但对质量数大的分子化合物，带电残基的机制也会起相当重要的作用。

（1）离子蒸发机制　施加高压的毛细管针尖与反电极之间可产生强电场，并使毛细管针尖上的溶液表面的电荷数急剧增加，形成带高密度电荷的液滴，与此同时溶剂不断蒸发，当液滴电荷之间的库仑排斥力大于其表面张力时，液滴即爆裂形成小雾滴，并在电场的作用下运动。小雾滴可在强电场中继续破裂，形成更小的带电雾滴，如此不断破裂，最后形成气相离子化分子。

（2）带电残基（分子）机制　首先也是强电场使溶液带电，形成带电雾滴。带电的雾滴向带相反电势的电极方向运动，并迅速去溶剂。溶液中分子所带电荷在去溶剂时被保留在分子上，结果形成离子化的分子。

电喷雾离子化技术的突出特点：可以生成高度带电的离子而不发生碎裂；可将质荷比降低到各种不同类型的质量分析器都能检测的程度；通过检测带电状态可计算离子的真实分子量，同时，解析分子离子的同位素峰也可确定带电数和分子量；另外，ESI 可以很方便地与其他分离技术联结，如液相色谱、毛细管电泳等，可方便地纯化样品用于质谱分析。因此在药残、药物代谢、蛋白质分析、分子生物学研究等诸多方面得到广泛的应用。

ESI 技术的主要优点：离子化效率高；离子化模式多，正负离子模式均可以分析；对蛋白质的分析分子量测定范围高达 10^5 以上；对热不稳定化合物能够产生高丰度的分子离子峰；可与大流量的液相色谱联机使用；通过调节离子源电压可以控制离子的断裂，给出结构信息。

多电荷峰是 ESI 谱的最大特点，可以在不增加对分析器质量检测上限的基础上，提高对大分子检测的能力。带有多重电荷的离子产生近似高斯分布的一系列峰（常称作包络），对应于多电荷离子的不同质荷比。只有那些在多电荷状态下可以稳定存在的被测物，如蛋白质、肽、核酸，才能用电喷雾或离子喷雾质谱分析。由于带多重电荷，因此分子量非常大的物质（如蛋白质）的质荷比能够在商品化四极杆质谱的仪器检测限之内，甚至可以在低质量范围质谱仪器的检测限之内。这一特性再加上明显的无反常峰，0.01%或更好的质量准确度，pmol 的检测限与大于 100000Da 的质量检测范围等特点，将 ESI-MS 推向 MS 的最前列。

随着碰撞冷却聚焦技术（CIF）和碰撞诱导解析技术（CID）等离子调制技术的应用，ESI-TOF-MS 也能完成在离子阱质谱仪（IT-MS）上实现的 MS/MS 检测和反应质谱，这一特征对蛋白质的测序分析、构象分析以及生物分子的机理分析都有很大帮助。另外 ESI 能与 LC 和 CE 较容易地在线联用也是其被普遍采用的原因之一。

通常 ESI 所能承受的液体流量为 1～20μl/min。与 LC 联用的电喷雾与最初的电喷雾（ESP）

技术有所不同，最值得注意的是鞘气或载气的应用，常被称为离子喷雾。当洗脱液在常压下喷雾时，一种有机屏蔽液通常与流出的水溶性溶剂混合，使表面张力降低，带电小液滴的挥发能力增强，可大大提高 ESI 的溶液流量（称为离子喷雾）。ESI 对溶液性质的忍耐性较差，影响喷雾离子化效率的因素多；碎片干扰峰较多是其主要缺点。

电喷雾离子源的发展具有两大趋势，一方面发展在低流速下实现稳定喷雾的离子源称为纳升电喷雾源(流速在 1～1000nl/min)，另一方面则是发展在高流速下的气体辅助电喷雾(1～1000μl/min)。纳升喷雾开始于 20 世纪 90 年代中期，Wilm 等[53]发展了纳升流速条件下的喷雾，主要是应用于蛋白质二维胶的胶上酶解产物的蛋白质鉴定。气体辅助电喷雾主要是借助于高温气体帮助液滴中的液体蒸发，从而可以获得更小的液滴，最终形成库仑爆炸实现离子化的过程。气体辅助电喷雾的发展使得快速液相色谱以及超高压液相色谱与质谱的联用变得可行和高效。

二、大气压化学离子化

大气压化学离子化（APCI）是指借助于电晕放电启动一系列气相反应以完成离子化的过程，因此也称为放电电离或等离子电离。大气压化学离子化技术应用于液-质联用仪由 Horning 等人[54]于 20 世纪 70 年代初发明，直到 20 世纪 80 年代末才真正得到突飞猛进的发展，与 ESI 源的发展基本同步。APCI 先将溶液引入热雾化室。雾化室通常要求有较高的温度，有助于溶剂的蒸发，提高去溶剂效果。在雾化室的尾部安置一个放电针，并加高压使之产生电晕放电，背景气离子化后与样品分子经过复杂的反应后生成准分子离子，然后经筛选狭缝进入质谱计。在电离过程中，通过分子的质子化，如碱性分子带 H_3O^+，或者电荷交换带电，酸性分子去质子化，也可以捕获电子后离子化，如卤素和芳香烃。整个电离过程在大气压条件下完成。

由于 APCI 使用的是热喷雾，因此不适合于热不稳定的样品分析；另外，APCI 产生的是单电荷离子，不利于对大分子的检测。APCI 与 ESI 同样是一种较“温和”的软电离方法，但碎片离子峰比 ESI 丰富，而且对溶剂的选择、流速和添加物等也不很敏感，有助于扩大其应用范围。

APCI 主要针对含酸基或碱基（如烷烃、醇、醛、酮、醚）的样品，而且样品本身容易蒸发，或者流出液的流速、溶剂、添加物与 ESI 方式不适合时使用。

APCI 的优点是：形成的是单电荷的准分子离子，不会发生 ESI 过程中因形成多电荷离子而发生信号重叠、降低图谱清晰度的问题；适应高流量的梯度洗脱的流动相；采用电晕放电使流动相离子化，能大大增加离子与样品分子的碰撞频率，比化学电离的灵敏度高 3 个数量级；液相色谱-大气压化学电离串联质谱成为精确、细致分析混合物结构信息的有效技术。在 APCI 离子源中，样品溶液借助于雾化气的作用，喷入高温蒸发器，使得溶剂和溶质均成为气体，通过电晕放电来电离气相中的分析物。因此 APCI 适合分析具有一定挥发性的中、低极性小分子化合物，如醇和醚等。此外，APCI 通常易与正相色谱连接。非极性溶剂易于蒸发，生成的试剂离子是强气相酸，易于将质子转移至样品分子。

三、大气压光离子化

大气压化学电离的模式中，除了最常用的 ESI 和 APCI 之外，大气压光离子化（APPI）最近也发展迅速，成为 ESI 和 APCI 重要的互补手段。APPI 是在大气压下利用光化作用将气相分析物离子化的技术，离子源的构成与 APCI 极为相似。离子源包含加热的雾化气辅助样品溶液喷雾和去溶剂化，以及一个真空紫外灯（VUV）或者紫外灯（UV）来诱导离子化。目前有两种主要的商品化的 APPI 离子源，一种是由 Bruins 等人[55]在 21 世纪初时发展的 Photospray，主要用于 AB SCIEX 公司的质谱仪器上。另外一种是由 Syagen 科技公司[56]发展的 PhotoMate，可用于多种公司的质谱仪上。在 PhotoMate 离子源中，长寿命的氪灯释放出能量在 10.0eV 和 10.6eV 的光量子。该能级能量足够高，可以离子化很多的有机化合物，但是将空气和常见的液相色谱流动相（如甲醇、乙腈和水）的离子化减至最低。因为 APPI 直接将待测物电离，所以它不局限于气相、酸碱化学的原理，而且 APPI 离子源可以将其他大气压离子化技术无法电离的化合物离子化。

掺杂剂（dopant）可以明显改善 APPI-MS 的信号强度，一般可以添加在流动相或者色谱柱后混合。比较有效的掺杂剂可以在 UV 光下离子化，然后可以与分析物发生电荷交换或者质子转移。丙酮和甲苯应用的比较广泛。

四、基质辅助激光解吸离子化

基质辅助激光解吸离子化（MALDI）也是一种软电离法，使用特定波长的激光（常用的是 337nm 和 355nm）照射到样品靶上，样品靶上的基质将吸收到的能量传递给样品，样品产生瞬间膨胀相变而发生本体解吸，使样品离子化。MALDI 谱中单电荷分子离子峰和双电荷分子离子峰最强，随着样品分子量的增大，双电荷离子峰相对丰度也增加，并可出现多电荷离子。

由于引入 MALDI 作为离子源，飞行时间质谱（TOF-MS）已成为近年来最重要的 MS 仪器之一，几乎所有 TOF-MS 生产厂家均用 MALDI 作为常规离子源。TOF-MS 中，带电粒子在加速电场的作用下加速通过漂移管。离子根据其质荷比不同，到达检测器区域的时间不同，实现检测。显然，分辨率受漂移时间差异的影响很大。

随着质谱仪的改进、新基质的引入和新技术的使用，借助于反射装置，连续梯度（曲线）反射及类似装置，已使 TOF-MS 的分辨率与大多数其他 MS 技术相近。MALDI-TOF-MS 的最高分辨率可超过 20000。在同一台 TOF-MS 上，使用 MALDI 作离子源时的分辨率要比使用 ESI 时高出一倍以上。

MALDI 的质量检测精度高（$<5\times10^{-6}$）、灵敏度高（pmol 级）；质子化正离子和去质子负离子可同时产生并检测；主要产生单电荷峰，碎片峰少，有利于对复杂混合物的检测。另外，MALDI 能忍受高浓度的盐、缓冲剂和其他难挥发成分，降低了对样品预处理的要求。MALDI 的缺点是：对基质的选用要求较高；谱图的碎片峰信息较少，不利于对样品结构的细致分析。另外，MALDI 在分析大分子量样品时对仪器的质量检测上限要求较高，这也是其配用在 TOF-MS 上比用在其他质谱上更多的原因之一。

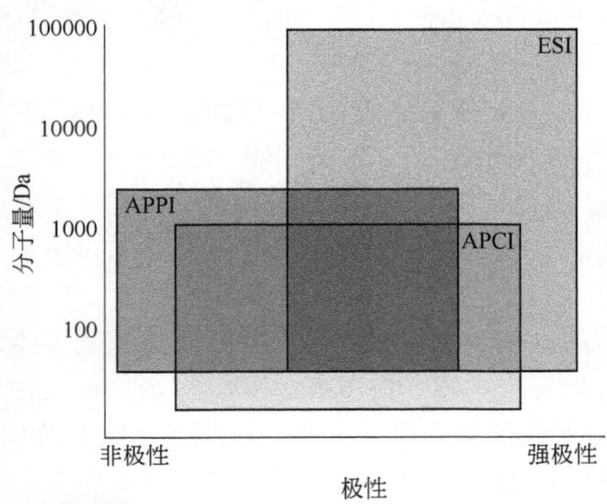

图 5-14 各种离子源适用化合物分析范围

综合来说，每一种离子源都有其特殊的应用范围，比如 ESI 偏好强极性的化合物，可分析的分子量范围较广；APCI 对弱极性和中等极性的化合物都可以取得比较理想的结果，但是其分子量范围较窄；而 APPI 则可以分析 ESI 和 APCI 不能分析的非极性化合物，具体应用范围可参考图 5-14。

第五节　多维液相色谱-质谱联用技术的应用

最近十年，为了满足复杂天然产物、蛋白质等样品的分析需求，多维液相色谱的发展日新月异。无论采用何种方式的多维液相色谱作为分离手段，结合质谱分析作为“一维”均可以为整个系统提供更可靠的定性和定量的分析能力。在多维液相色谱的应用中，至少有三分之一以上的多维色谱选择质谱作为检测器。目前多维色谱质谱联用主要应用于蛋白质、天然产物、医药、生物、环境样品等分析。

一、多维液相色谱质谱应用于蛋白质及其酶解产物分析

蛋白质组学研究的目标是系统分析生物体内蛋白质结构、功能以及相互作用与动态变化，是系统生物学时代热点研究领域之一[57]。蛋白质组研究技术日新月异，既可将成百上千种蛋白质的分析时间缩短至数小时至几天，还可同时给出组织或细胞蛋白质分子的大量信息，这种技术优势对鉴别细胞的特定功能蛋白质及特定阶段功能蛋白质尤为重要。多数真核生物蛋白质组样品十分复杂，如哺乳动物的细胞具有 20000 种以上不同类型蛋白质。人类编码基因总数约 25000～30000，与之对应的人类蛋白质组的复杂性更加惊人。若人类蛋白质组中有 50000 种基因产物，每种基因产物平均有 10 种接合变体、裂解产物和转录后修饰产物，则蛋白质的形式将远远大于 500000[58]。二维凝胶电泳（2D-PAGE）技术作为蛋白质分析的经典方法，凭借其无可比拟的分离能力在蛋白质组分离技术中占据重要地位。但该技术仍存在一些难以克服的缺点，如难以分离极酸、极碱或疏水性但具有重要生物功能的蛋白质，操作费时、费力、易损失样品、难于自动化及易污染样品等。多维液相色谱可以根据肽段的电荷、疏水性、亲水性等对其进行分离，提高进入质谱前的离子化效率，降低质谱检测的复杂程度。同时，色谱的分离可以将蛋白质样品中的高丰度和低丰度的肽段进行分离，避免在同一时间进入质谱检测器，可以有效改善蛋白质样品鉴定的动态范围。根据构造方式不同，目前主要有离线多维、在线多维和集成化多维模式三种多维色谱质谱蛋白质组分析模式。

1. 离线多维分离技术（offline MD-HPLC）

离线模式的多维色谱分离系统将第一维的馏分通过馏分收集器等方式进行收集而后重新进样到下一维分析。因为是离线操作，可以通过离线方法进行除盐和去除流动相，系统构建灵活，不受分离模式以及流速的限制。

在离线 MD-HPLC 中，第一维的选择包括强阳离子交换色谱（SCX）[59]、强阴离子交换色谱（SAX）[60]、反相色谱（RPLC）[61]、尺寸排阻色谱（SEC）[62]、HILIC[63]等分离模式，最后一维的分离一般都选择分辨率较高的 RPLC。

在多种分离模式的离线多维分离系统中，SCX 的大柱容量优点使 2D-SCX-RPLC 在“Bottom-up”技术中应用最为广泛。为此 Li 等[59]系统优化经过 SCX 预分离后的肽段进入第二维 RPLC 的进样量，将优化的条件应用于乳腺癌细胞 MCF-7 提取蛋白质酶解产物分析。将第一维分成 28 个馏分，每个馏分进样 1μg 至第二维 RPLC 进行分离和鉴定，总共鉴定到假阳性率低于 0.19%的 2362 个唯一性蛋白质。

反相色谱具有高分辨率的优点，但因分离溶剂的不兼容很难将两种 RPLC 组成在线多维色谱分离系统，而在离线模式中通过离线的蒸干等方法去除第一维 RPLC 有机溶剂使得这种组合成为可能。最近 Song 等[61]开发了一种新型 2D-RPLC 馏分混合模式，收集第一维 RPLC 大量馏分并依次排序标记，从馏分中间数字分成两组，对两组中间隔相等的馏分进行混合，然后将混合后的样品蒸干进样至第二维 RPLC 分析，并进一步成功应用于实际样品鼠肝磷酸

化肽段的分析。

尽管离线多维模式优势很多，但仍存在一些不可避免的弊端，如每次分离时间较长，样品存在污染、损失风险及第一维需要较大上样量等，这些都限制了一些珍贵样品的分离分析。

2. 在线多维分离技术（online MD-HPLC）

Yates 等[21]开发的多维蛋白质鉴定技术（MudPIT）将在线多维分离技术真正引入蛋白质组学领域。他们利用一根含有反相填料和强阳离子交换填料的新型一体式色谱柱实现了在线多维分离，提高了蛋白质的鉴定能力。利用该系统分离大肠杆菌提取蛋白质的酶解产物，将 SCX 保留住的样品分成 15 个盐台阶梯度依次洗脱进入 RPLC 柱头，然后启动第二维梯度分离和质谱鉴定，总共鉴定到 1484 个蛋白质，其中包括一些低丰度蛋白质，这项技术在当时的蛋白质领域绝对是革命性的技术。他们[64]进一步对 MudPIT 进行改进以提高磷酸化肽的鉴定效率，他们将弱阴弱阳混合床离子交换色谱柱作为第一维分析柱以改善肽段的回收率以及正交性，其磷酸化肽鉴定数目较传统的 SCX 系统提高 94%。

传统 MudPIT 技术都采用盐梯度洗脱，进行质谱分析前需要将这些盐进行去除。Dai 等[65]将一根 SCX 色谱柱与 RPLC 色谱柱进行串联开发出一套基于 pH 梯度的洗脱系统，通过改变洗脱溶剂的 pH 值将 SCX 色谱柱上保留的肽段在极低盐浓度条件下进行洗脱，对质谱不构成危害的同时回避了除盐程序。

色谱柱长受反压的限制阻碍了填充型 MudPIT 色谱柱的应用，Wang 等[66]开发了在一根内径为 100μm 的毛细管内制作一段长 10cm SCX 和一段长 65cm RPLC 的一体式整体色谱柱，整个系统的反压仅为 900psi（6.18MPa）。对 10μg 的酵母蛋白质酶解产物进行鉴定，在 12h 的分析时间内总共鉴定到 780 个唯一性蛋白质。

MudPIT 技术在蛋白质组学领域应用广泛，但同时也存在一些弊端，如上样速度慢、盐洗脱过程直接面向质谱易污染质谱、色谱柱制作困难、重现性差及流动相选择面窄等。大内径捕集柱与小内径分析柱结合的自动放空进样分析系统的出现则解决了上述问题[67]（图 5-15）。采用该系统一方面可实现快速上样，另一方面可在上样的同时实现在线除盐。该系统一般采用长 2～4cm 的填充柱或长 5～7cm 的整体柱作为捕集柱，为了增加上样量和上样速度，捕集柱的内径为分析柱的 2～3 倍。纳升 RPLC 系统的捕集柱选择参见表 5-4。Wang 等[68]最近将（内径）150μm 的磷酸根 SCX 整体柱与内径 75μm RPLC 分析柱结合构建二维分离系统。SCX 整体柱在 40μl/min 的流速条件下上样反压仅为 900psi（6.18MPa）。对 19μg 的酵母提取蛋白质酶解产物分析时，采用 17 个台阶的在线二维总共鉴定到 5608 条唯一性肽段对应于假阳性率为 0.46%的 1522 个唯一性蛋白质。

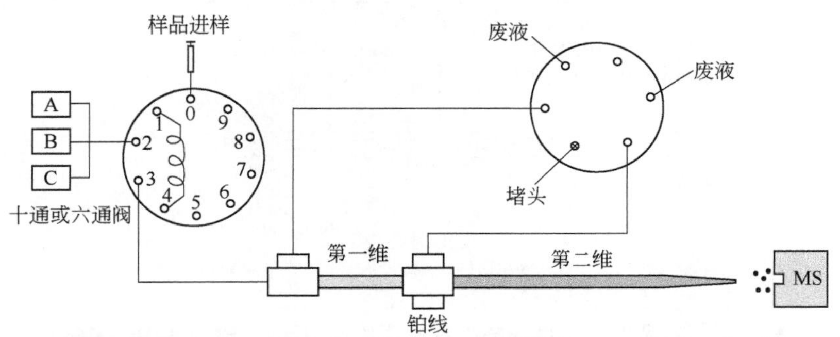

图 5-15　大内径捕集柱与小内径分析柱结合的自动放空进样分析系统

表 5-4 纳升 RPLC 系统的捕集柱选择

内径/μm		流速/(μl/min)	
HPLC 柱①	捕集柱②	HPLC 柱①	捕集柱②
15	50	约 0.02	约 8
30	75	约 0.07	约 13
50	150	约 0.14	约 75
75	200	约 0.40	约 120

① 填充柱直径 3μm，长 86cm；
② 填充柱直径 5μm，长 4cm。

增加第二维色谱柱长可以有效改善第二维的分离效率，因此也可以减少盐台阶的数目，提高整个分析过程的效率。Tao 等[69]利用 SCX 色谱柱和长 30cm 的 RPLC 串联微柱，构建了串联长柱二维色谱分离系统，与采用常规μRPLC 短柱（10cm）的二维色谱分离系统相比，蛋白质鉴定总数提高 38%，单位时间内鉴定的蛋白质数目提高近 1 倍。

为改善 MD-HPLC 系统的检测灵敏度，降低最后一维 RPLC 的内径最为有效。Luo 等[70]将一维 SCX 色谱柱（内径 100μm，填充 5μm、300Å 的 PolySULFOETHYL A 强阳离子交换填料）、聚苯乙烯-二乙烯基苯（PS-DVB）反相整体柱作为捕集柱（内径 50μm）与 PS-DVB 分析柱（10μm×3.2m）构建成超灵敏的二维系统。分析 75ng SiHa 细胞提取蛋白质酶解产物时（相当于 600 个细胞），总共鉴定到 1071 条唯一性肽段对应于 536 个唯一性蛋白质。随后他们[71]对系统进行改进，在 SCX 色谱柱之前串接一根填充型 RP 捕集柱构成一个“三相”的 SCX-PLOT-MS 系统（图 5-16），实现了样品的在线除盐浓缩。

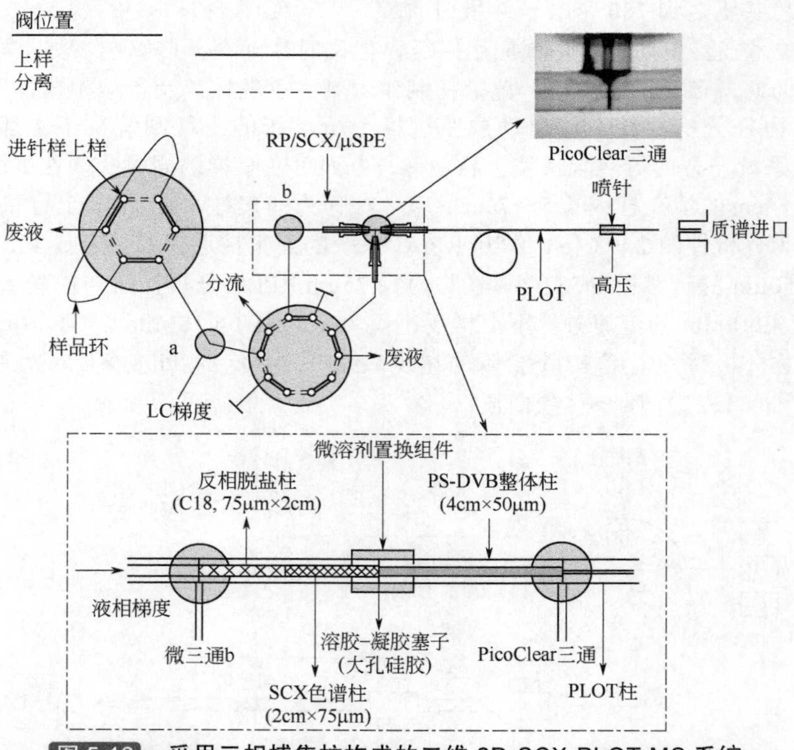

图 5-16 采用三相捕集柱构成的二维 2D-SCX-PLOT-MS 系统

RP/SCX/μSPE—反相-强阳离子交换-微固相萃取

除 MudPIT 在线多维分析技术外，包含切换阀和捕集柱的在线多维系统在蛋白质组学中亦有广泛应用。Zhou 等[72]构建了一种全自动 SCX-RPLC-ESI-MS/MS 二维系统，该系统采用两根平行反相捕集柱（320μm×20mm）交替捕集样品，并采用连续的 pH 梯度洗脱程序，鉴定蛋白质数目比传统的盐梯度显著增加（鼠肝蛋白质数目，3391 相对于 2981），且每个相邻级分之间重复鉴定的肽段数目显著减小。

尽管在线多维系统具有高自动化、重复性好及高通量等优势，但亦存在一些弊端，如在线系统流动相、流速及分析时间的匹配较难从而限制多维模式的选择。表 5-5 列出了离线、在线以及集成化平台分离模式的部分应用结果。

表 5-5 在线、离线以及集成化 MD-HPLC 系统在蛋白质组学研究的部分应用举例

模式	选择柱		样品注入量	质谱仪	分析时间	数据处理参数	鉴定的蛋白质/多肽	参考文献
	第一维	第二维						
离线	SCX：2.1mm×250mm（内径 5μm，孔径 300Å）	RP：75μm×10cm	乳腺癌 MCF-7 细胞 28μg	QTOF Premier mass spectrometer（Waters）	＞59h	MASCOT search program FDR＜0.19%	2362 个蛋白质	[60]
	RP：2.1mm×250mm；C18（内径 5μm，孔径 300Å）	RP：75μm×12cm；C18（内径 5μm，孔径 120Å）	8mg 富含 Ti^{4+}-IMAC 微球的老鼠肝脏	LTQ XL IT（Thermo Finnigan）	＞41.5h	BioWorks Software and APIVASE FDR＜1%	487 个磷肽，来自总计 45 个馏分中的 6 个馏分	[62]
在线	SCX：150μm×7cm；phosphate monolithic	RP：ϕ75μm×12cm；C18（内径 5μm，孔径 120Å）	酵母 19μg	LTQ XL IT（Thermo Finnigan）	＞38h	BioWorks Software FDR＜0.46%	1522 个蛋白质/5608 个多肽	[68]
	RP-WAX/SCX：250μm×(2.5+2.5)cm；RP（内径 5μm）	RP：ϕ100μm×10cm；C18（内径 3μm）	HeLa 细胞核提取物约 50μg	LTQ XL IT（Thermo Finnigan）	约 19.5h	BioWorks Software，RawExtract，PARC algorithm and DTASelect 2.0 FDR＜1%	2891 个蛋白质/17262 个多肽	[64]
混合模式	蛋白质分离 WAX/WCX：300μm×10cm（内径 5μm，无孔）	多肽分离 RP：300μm×10cm；C18（内径 5μm，孔径 200Å）	人肺癌细胞线 H446 30μg	LCQ^{DUO}（Thermo Finnigan）	24h	BioWorks Software FDR＜5%	284 个蛋白质/1042 个多肽	[73]

3. 集成化多维平台技术（Integrated multi-dimensional systems）

对基于“bottom-up”策略的蛋白质组学研究而言，蛋白质的酶解过程至关重要。然而常用的自由溶液酶解方法具有酶解时间长、酶不能重复利用、易自降解等诸多缺点。近年来为了克服上述问题，人们将蛋白酶固定在不同的基质上制备成固定化酶反应器（immobilized enzymatic reactor，IMER），既提高了蛋白质酶解速率、避免蛋白质样品的手工操作，同时也降低了蛋白质样品被污染的可能性[74]。目前，纳米材料、琼脂糖、膜材料、平板材料、毛细管以及整体材料等多种材料均被应用于酶的固定化。

集成化多维技术平台主要是将已经发展的固定化酶反应器与液相色谱系统联用构成的。Calleri 等[75]实现了 IMER 与液相色谱-质谱系统完全在线联用。该方法将蛋白质首先通过 IMER 在线酶解，酶解产物被捕集在预柱上，然后在线样品除盐、肽段样品反冲出预柱，经过分析柱进一步地分离后通过质谱进行检测。他们采用肌红蛋白评价该系统，流速 1ml/min

仍可以高效酶解，肌红蛋白序列覆盖率与自由溶液酶解相当，灵敏度为 0.1mg/ml。

除将蛋白质酶解过程与后续的分离过程实现在线联用外，Zhang 等[76]进一步构建了一个高度集成化的系统。他们将蛋白质变性、还原、烷基化、酶解及肽段分离鉴定等步骤高度集成化，如图 5-17 所示。运用该系统对鼠肝提取蛋白质（约 1mg/ml，溶解于含 10mmol/L DTT 的 1mol/L 尿素溶液）进行分析，其分析时间由传统离线的 30h 左右缩短至 3h 以内。

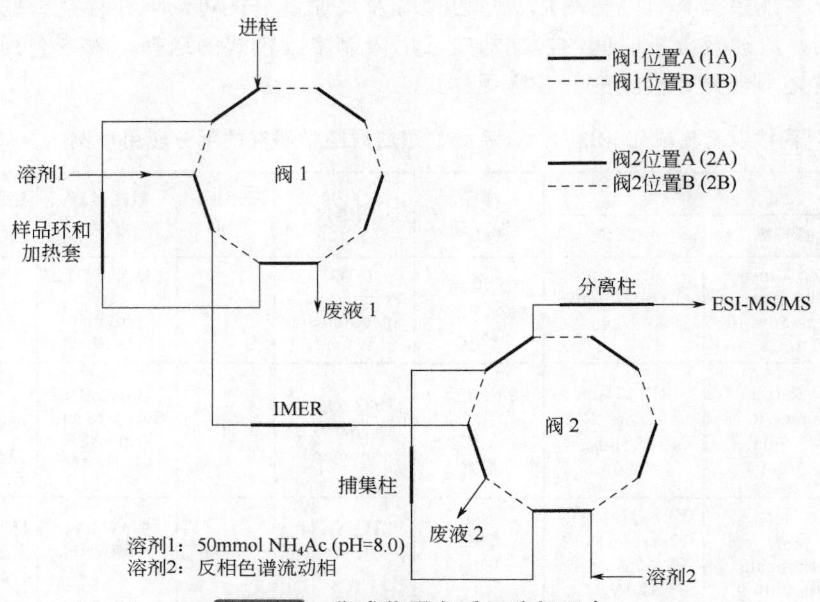

图 5-17 集成化蛋白质组分析平台

在蛋白质酶解前进行蛋白质的在线分离可有效改善集成化蛋白质组学系统的蛋白质鉴定效率。Yuan 等[73]将弱阴弱阳混合床离子交换色谱微柱（300μm×100mm）作为蛋白质分离柱，将分离后的蛋白质直接通过 IMER 进行在线酶解，然后通过两根 C8 的捕集柱（500μm×2mm）对酶解肽段进行交替捕集，最后采用微柱液相色谱（300μm×100mm）质谱联用系统对肽段实现分离鉴定。该分析平台较传统鸟枪（shotgun）技术可在更短时间内（24h，相比于 44h）鉴定出更多的蛋白质（284 个，相比于 216 个）。

二、多维液相色谱应用于天然产物分析

天然产物的组成相当复杂，并且其浓度范围广，对分析方法要求很高。为了准确鉴定这些对人体有利或者有害的化合物，液相色谱质谱联用是非常好的选择，特别是针对那些没有标准品的化合物。在现实生活中，样品的复杂程度往往使得单种分析方法难以对其进行分析，多维液相色谱尤其是与质谱的联用可有效提高分离能力，改善对这些天然产物的定性定量分析的准确程度。

1. 甘油三酯

甘油三酯（triacylglycerol，TAG）是由长链脂肪酸和甘油形成的脂肪分子，它是人体内含量最多的脂类，大部分组织均可以利用甘油三酯分解产物供给能量，同时肝脏、脂肪等组织还可以进行甘油三酯的合成，在脂肪组织中储存。不同脂肪酸链的组合可以形成多种复杂的甘油三酯，由于其非挥发性的特质，主要采用 HPLC 进行分析，尤其是非水相的 RPLC 和银离子液相色谱。对检测器而言，除了蒸发光散射（ELS）之外，APCI-MS 在提供脂肪酸的结果的同时还可以提供位点信息，使得其在甘油三酯的分析中占有越来越重要的地位。当然

无论哪种检测器，分离效果的好坏对检测影响很大。

Dugo 等[77]将银离子液相色谱作为第一维，非水反相色谱作为第二维构建了二维液相色谱对甘油三酯类化合物进行分析。这两种模式的分离具有完全不同的分离机理，所以可以认为二者是完全正交的。第一维选择微柱（内径 1.0mm）或者细内径柱（内径 2.1mm）、银离子色谱柱采用 Nucleosil 5-SA 色谱柱。分离系统采用一个二位十孔阀并连接上两个定量环作为接口。第一维的流动相采用添加一定量乙腈的正己烷，而第二维则利用异丙醇和乙腈形成的梯度进行分离。极低流速的第一维（窄径柱）、高流速的第二维（整体柱）以及在分析物由第一维转移到第二维时保持第二维的弱洗脱能力的溶剂所占比例一直很高，有效解决了溶剂的不兼容和分析物的聚焦问题。进质谱前，采用分流器将第二维的流速降低。分析结果见图 5-18，总共分离和鉴定了 19 种甘油三酯。

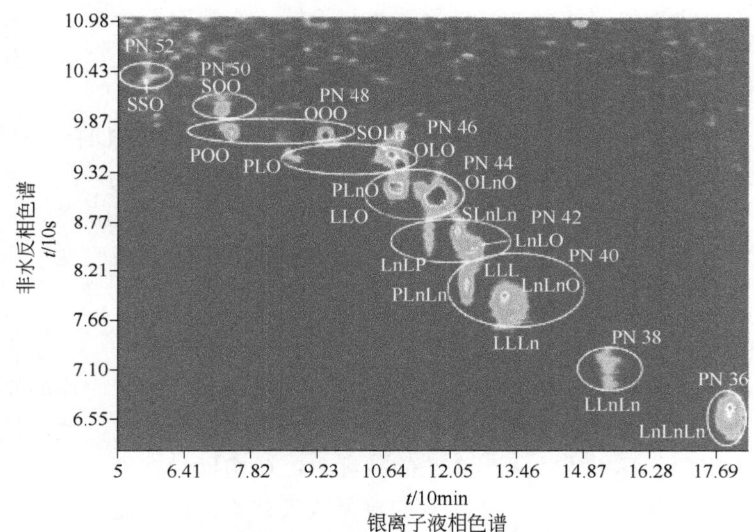

图 5-18　亚麻籽中甘油三酯的二维液相色谱-质谱分析

Klift[78]也报道了一种新颖的多维液相色谱质谱联用的方法，用于玉米油中的甘油三酯的快速高效分析。他们采用甲醇替代正己烷用于银离子液相色谱，因此第一维的溶剂要弱于第二维，使得分析物可以容易地在第二维色谱柱头进行富集，解决了溶剂不兼容性的问题。

2. 类胡萝卜素

类胡萝卜素是一类四萜烯（即分子中包含 40 个碳原子，由 4 个萜烯基团而来，每个萜烯基团包含 10 个碳原子，或者说由 8 个异戊二烯基本单位构成）及其氧化衍生物——叶黄素类。结构上，类胡萝卜素有一个多聚烯主链，末端基团可以为环，可以有氧原子的附加。由于这类化合物结构相似，分子量很接近，采用单一模式的分离方法和检测方式都难以实现化合物的分离和鉴定。Dugo[79]采用 NPLC 与 RPLC 分别为第一维和第二维构成的二维液相色谱系统对 Citrus 产物中的类胡萝卜素进行分离，利用二极管阵列结合质谱检测器进行检测。在这类方法中，一维的 NPLC 采用氰基色谱柱的 NP 模式对含有烃类化合物和叶黄素类进行分离；第二维的 RPLC 条件下，类胡萝卜素脂类化合物会根据不同的疏水性进行有效分离。结合二极管阵列和质谱的双模式检测，总共发现了 19 种化合物，部分为新发现的。

3. 甜菊糖苷

甜菊糖苷是一种从菊科草本植物甜叶菊（或称甜菊叶）中精提的新型天然甜味剂，而南美洲使用甜叶菊作为药草和代糖已经有几百年历史。国际甜味剂行业的资料显示，甜菊糖苷已在亚洲、北美、南美洲和欧盟各国广泛应用于食品、饮料、调味料的生产中。Hyotylainen 等[80]采用 C18 色谱柱作为第一维的色谱分离，NH_2 作为第二维的色谱分离，TOF-ESI 系统作为检测器，操作模式为负离子模式，质谱扫描窗口为 m/z 150～1400，通过一系列的色谱柱选择优化，所有的糖苷均被鉴定出，且质量准确度在 10×10^{-6} 以内。

4. 多酚抗氧化剂

多酚抗氧化剂是植物及微生物中产生的酚类次生代谢产物，具有潜在促进健康作用的化合物。它存在于一些常见的植物性食物，如可可豆、爆米花、茶、大豆、红酒、蔬菜和水果中。由于其组成过于复杂，采用一维的 HPLC 是很难实现实际样品中的多酚表征的。Hyotylainen 等[81]采用 RPLC 和 RPLC 组成的二维分离系统，TOF 作为检测器对复杂样品中的多酚类化合物进行分析。他们利用一根 C18 色谱柱作为第一维分离色谱柱，将传统的 RPLC 条件分离很好的化合物直接连接到质谱检测器进行检测，实现定性分析，剩余的不易分离的化合物则转移到另一根 C18 色谱柱中，采用添加了离子对试剂的 RPLC 进行分离，并采用二极管阵列检测器进行检测和定量分析。

Hájek 等[82]采用 PEG 色谱柱作为第一维，分别采用不同色谱填料的 C18 和 C8（表面多孔颗粒填料，整体柱以及全多孔颗粒填料）色谱柱作为第二维，实现了对 27 种抗氧化剂的分离。第二维的分离中，表面多孔的色谱填料和整体柱改善了分辨率、提高了分离速度。整体柱的通透性更好，降低了柱压，便于使用更长的色谱柱和较快的分离速度。他们也采用不同的检测器实现了啤酒中多酚类化合物的阳性鉴定。

三、中药分析

中药是中国医药学的瑰宝，在临床应用了几千年，其疗效经过了实践的检验，已成为国际天然药物的重要组成部分。中药成分非常复杂，分布从强极性到非极性，从小分子到大分子，而且各成分丰度的差异很大。采用传统的一维 HPLC 难以对其组分进行全分离。二维液相色谱（2D-HPLC）作为多维液相分离技术的典型代表，不仅能够提供更高的峰容量，而且具有较高的分辨率和分离能力。

Zou 研究组[83]建立了基于八通阀/定量环接口的 2D-HPLC，将氰基柱和 ODS 反相色谱柱作为二维分析色谱柱，氰基柱上的馏分分别被定量环收集和进样。经过反相色谱柱分离后，直接进入紫外检测器和大气压电离质谱进行检测。他们将该系统用于川芎提取物中活性成分的分离，检出 52 个组分，鉴定了其中的 11 种化合物，峰容量达到 840。他们[84,85]进一步改良上述系统，将硅胶整体柱用于第二维分离，并发展了新的数据处理方法对川芎和当归提取物进行分析，取得了良好效果；也将质脂体色谱柱和 ODS 反相色谱柱分别作为二维分析色谱柱用于银杏叶提取物的组成研究，共检测到至少 41 个组分。结合紫外可见光谱和质谱信息，初步鉴定了银杏内酯 B、银杏内酯 C、白果内酯、槲皮素芸香糖苷和槲皮素等 13 个组分。

Sheng 等[86]建立了离子交换-反相二维分离系统，以苦参生物碱为对象，采用强酸性阳离子交换柱作为预分离柱，使生物碱在富集柱上浓缩；然后切换至分析柱系统，以反相柱和碱性流动相分离生物碱。采用二极管阵列检测器和质谱检测，检出了氧化苦参碱等 5 种生物碱。Zhang 等[87]以东北红豆杉和伤愈组织粗提物中的紫杉醇，以及石芽茶提取物中的黄酮类化合物为研究对象，发展了相应的 HPLC-MS 联用技术。分别采用氰基柱和 C_{18} 整体柱，建立了基于十通阀/定量环接口的 2D-HPLC 系统；以紫外和大气压化学离子化（APCI）-离子阱串联质谱作为检测器，分析了石芽茶的提取物，鉴定出 57 个组分，峰容量达到 1240。

在中药研究中，样品提取技术受到越来越多的关注。相对于传统的有机溶剂提取，SFE 采用二氧化碳作为萃取介质，具有无溶剂残留、速度快、效率高、能耗较少、成本低和安全性好等优点。Zhang 等[88]还建立了新型的 SFE-2D-HPLC-APCI-MS/MS 在线联用系统，将样品的预处理、分离和鉴定集成到一个平台上，如图 5-19 所示。SFE-2D-HPLC-APCI-MS/MS 联用系统不仅避免了手工操作，可以有效防止萃取产物中有效成分的变质降解。该系统被用于灵芝子实体的在线萃取和全组分分析，分离检测到至少 73 个化合物，总系统峰容量可达到 1643。

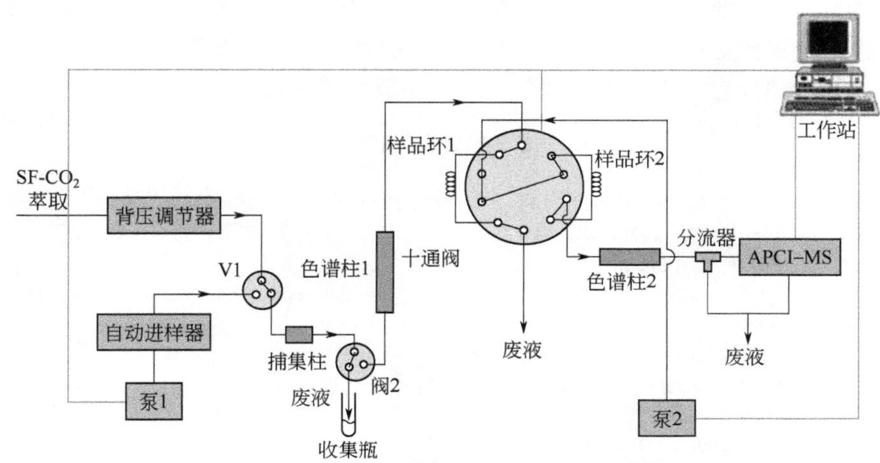

图 5-19　SFE-2D-HPLC-APCI-MS/MS 在线联用系统示意图

四、磷脂、有机物分析

磷脂（phospholipid），也称磷脂类、磷脂质，是含有磷酸的脂类，属于复合脂。磷脂是含有磷脂根的类脂化合物，是生命基础物质。而细胞膜就由 40%左右的蛋白质和 50%左右的脂质（磷脂为主）构成。它是由卵磷脂、肌醇磷脂、脑磷脂等组成。这些磷脂分别对人体的各部位和各器官起着相应的功能。磷脂对活化细胞，维持新陈代谢、基础代谢及荷尔蒙的均衡分泌，增强人体的免疫力和再生力，都能发挥重大的作用。磷脂为两性分子，一端为亲水的含氮或磷的尾，另一端为疏水（亲油）的长烃基链。

对磷脂的分析主要流行两种互补的方法，一是直接将样品打入质谱不经过任何分离（鸟枪法）；另一种是采用液相色谱或者气相色谱进行分离，再通过质谱进行检测。鸟枪法的优势是快速、操作简便，但由于样品组成复杂、离子化抑制、高丰度化合物干扰等因素往往很难获得满意的结果。基于此，Sato 等[89]发展了一种新型多维液相色谱质谱系统用于全面、快速、高灵敏度以及定量分析磷脂。他们通过第一维离子交换色谱柱将低丰度的酸性磷脂从高丰度的中性和碱性磷脂中分离，然后依次将馏分转移到 EDTA 预洗过的第二维 C18 色谱柱进行分离，直接串联质谱进行检测。质谱扫描范围从 m/z 400～2000，并结合数据依赖模式的 MS/MS 和 MS/MS/MS 进行结构确认，实现了同时进行高低丰度的磷脂定量分析。

大气气溶胶是悬浮在大气中的固态和液态颗粒物的总称，粒子的空气动力学直径多在 0.001～100μm 之间，非常之轻，足以悬浮于空气之中，当前主要包括 6 大类 7 种气溶胶粒子，即沙尘气溶胶、碳气溶胶（炭黑和有机碳气溶胶）、硫酸盐气溶胶、硝酸盐气溶胶、铵盐气溶胶和海盐气溶胶。尽管气溶胶在大气中的含量相对较少，但它在大气过程中所起的作用却不容忽视，其突出的作用表现在气溶胶不仅对大气能见度、太阳散射和辐射、大气温度等具有较多影响，而且由于其粒径小、表面积大，为大气环境化学提供了反应床，从而影响大气的各种化学作用，同时影响人类健康。Pol[90]等发展了全二维液相色谱质谱平台以分析大气气溶胶中的有机酸。采用微型强氧离子交换色谱柱作为第一维色谱分离，C18 色谱柱作为第二维色谱分离并串联 TOF 质谱作为检测器。方法的检测限为 2～200ng/ml，平均的保留时间误差约为 0.1%，色谱峰面积的平均误差为 8%（10μg/ml，n=3）。

毋庸置疑，多维液相色谱系统拥有比一维色谱系统更强的分析能力，可以实现挑战性的分离任务。与质谱的联用更进一步帮助色谱未能分离化合物的鉴定。近年来，色谱柱的发展迅速，分离效果改善，批次间的重现性也获得提高。同时，超高压液相色谱（UHPLC）的出现也推动着色谱填料的更新与发展，可以预见未来的多维系统将会向更加快速、高效、集成、自动化发展，应用领域也会逐步拓宽到更多具有挑战性的领域。

参 考 文 献

[1] Consden R，Martin A H G，A J P，Biochem J，1944，38：224-232.
[2] Erni F，Frei R W. J Chromatogr A，1978，149：561.
[3] Bushey M M，Jorgenson J W. Anal Chem，1990，62：161.
[4] Cohen S，Schure M. Multidimensional liquid chromatography：theory and applications in industrial chemistry and the life sciences[M]. Wiley-Interscience，2008.
[5] Opiteck G J，Lewis K C，Jorgenson J W. Anal Chem，1997，69：1518.
[6] Opiteck G J，Jorgenson J W，Anderegg R J. Anal Chem，1997，69：2283.
[7] Horvath C，Lipsky S，Anal Chem，1967，39：1893.
[8] Neue U D. J Chromatogr A，2008，1184：107.
[9] Giddings J. Anal Chem，1984，56：1258.
[10] Giddings J. J Chromatogr A，1995，703：3.
[11] Liu Z，Patterson Jr D G，Lee M L. Anal Chem，1995，67：3840.
[12] Slonecker P J，Li X，Ridgway T H，Dorsey J G. Anal Chem，1996，68：682.
[13] Jandera P. Lc-Gc Europe，2007，20：510.
[14] Guiochon G，Marchetti N，Mriziq K，Shalliker R A. J Chromatogr A，2008，1189：109.
[15] Davis J，Giddings J. Anal Chem，1983，55：418.
[16] 高明霞，张祥民. 中国科学 B 辑，2009，39：670.
[17] 王智聪，张庆合，赵中一，等. 分析化学，2005，33.
[18] 丁坤，吴大朋，关亚风. 色谱，2009，28：1117.
[19] Francois I，Sandra K，Sandra P. Anal Chim Acta，2009，641：14.
[20] Lin D，Alpert A，Yates J. Am Genomic/Proteomic Technol，2001，1：38.
[21] Washburn M，Wolters D，Yates J. Nat Biotechnol，2001，19：242.
[22] Wolters D A，Washburn M P，Yates J R. Anal. Chem，2001，73：5683.
[23] Mawuenyega K G，Kaji H，Yamauchi Y,et al. J Proteome Res，2003，2：23.
[24] Haefliger O P，Anal Chem，2003，75：371.
[25] Fairchild J N，Horvath K，Guiochon G. J Chromatogr A，2009，1216：6210.
[26] Franois I，Sandra K，Sandra P. Anal Chim Acta，2009，641：14.
[27] Haefliger O P. Anal Chem，2003，75：371.
[28] Li D X，Zhang L Y，Wang Z C，et al. Chromatographia，2011，73(9-10)：871.
[29] Wagner K，Miliotis T，Marko-Varga G，et al. Anal Chem，2002，74：809.
[30] Liu C，Zhang X. J Chromatogr A，2007，1139：191.
[31] Venkatramani C J，Patel A. J Sep Sci，2006，29：510.
[32] Venkatramani C J，Zelechonok Y. Anal Chem，2003，75：3484.
[33] Venkatramani C J，Zelechonok Y. J Chromatogr A，2005，1066：47.
[34] Francois I，de Villiers A，Tienpont B，et al. J Chromatogr A，2008，1178：33.
[35] 兰韬，焦丰龙，唐涛，等. 色谱，2008，26：374.
[36] Wei Y，Lan T，Tang T，et al. J Chromatogr A，2009，1216：7466.
[37] Kohne A P，Welsch T. J Chromatogr A，1999，845：463.
[38] Kohne A P，Dornberger U，Welsch T. Chromatographia，1998，48：9.
[39] Blahova E，Jandera P，Cacciola F，Mondello L. J Sep Sci，2006，29：555.

[40] Bedani F，Kok W T，Janssen H G. J Chromatogr A，2006，1133：126.
[41] Sandra K，Moshir M，D'Hondt F，et al. J Chromatogr B，2009，877：1019.
[42] 李笃信，魏远隆，宋伦，等. 化学学报，2009，67：2481.
[43] Mihailova A，Malerod H，Wilson S R，et al. J Sep Sci，2008，31：459.
[44] Wilson S R，Jankowski M，Pepaj M，et al. Chromatographia，2007，66：469.
[45] Gu X，Deng C H，Yan G Q，Zhang X M. J Proteome Res，2006，5：3186.
[46] Tian H，Xu J，Guan Y. J Sep Sci，2008，31：1677.
[47] Tian H，Xu J，Xu Y，Guan Y. J Chromatogr A，2006，1137：42.
[48] Ding K，Xu Y，Wang H，et al. J Chromatogr A，2010，1217：5477.
[49] Liu A，Tweed J，Wujcik C E. J Chromatogr B，2009，877：1873.
[50] Holčapek M，Jirásko R，Lísa M. J Chromatogr A，2012，1259：3.
[51] Whitehouse C M，Dreyer R N，Yamashita M，Fenn J B. Anal Chem，1985，57：675.
[52] Bruins A P，Covey T R，Henion J D. Anal Chem，1987，59：2642.
[53] Wilm M，Mann M. Anal Chem，1996，68：1.
[54] Horning E C，Carroll D I，Dzidi I，et al. J Chromatogr，1974，99：13.
[55] Robb D B，Covey T R，Bruins A P. Anal Chem，2000，72：3653.
[56] Syage J A，Evans M D，Hanold K A. Am Lab，2000，32：24.
[57] Jensen O N. Nat Rev Mol Cell Biol，2006，7：391.
[58] Righetti P G，Castagna A，Antonioli P，Boschetti E. Electrophoresis，2005，26：297.
[59] Wang N，Xie C，Young J B，Li L. Anal Chem，2009，81：1049.
[60] Cho C K，Shan S J，Winsor E J，Diamandis E P. Mol Cell Proteomics，2007，6：1406.
[61] Song C，Ye M，Han G，et al. Anal Chem，2010，82：53.
[62] Zhang J，Xu X，Gao M，et al. Proteomics，2007，7：500.
[63] Boersema P J，Divecha N，Heck A J. J Proteome Res，2007，6：937.
[64] Motoyama A，Xu T，Ruse C I，et al. Anal Chem，2007，79：3623.
[65] Dai J，Shieh C H，Sheng Q H，et al. Anal Chem，2005，77：5793.
[66] Wang F，Dong J，Ye M，et al. J Proteome Res，2008，7：306.
[67] Shen Y，Moore R J，Zhao R，et al. Anal Chem，2003，75：3596.
[68] Wang F，Dong J，Jiang X，et al. Anal Chem，2007，79：6599.
[69] Tao D，Qiao X，Sun L，et al. J Proteome Res，2011，10：732.
[70] Luo Q，Yue G，Valaskovic G A，et al. Anal Chem，2007，79：6174.
[71] Luo Q，Gu Y，Wu S L，et al. Electrophoresis，2008，29：1604.
[72] Zhou H，Dai J，Sheng Q H，et al. Electrophoresis，2007，28：4311.
[73] Yuan H，Zhang L，Hou C，et al. Anal Chem，2009，81：8708.
[74] Ma J，Zhang L，Liang Z，et al. Anal Chim Acta，2009，632：1.
[75] Calleri E，Temporini C，Perani E，et al. J Chromatogr A，2004，1045：99.
[76] Ma J，Liu J，Sun L，et al. Anal Chem，2009，81：6534.
[77] Dugo P，Kumm T，Crupi M L，et al. J Chromatogr A，2006，1112：269.
[78] van der Klift E J C，Vivó-Troyols G，Claassen F W，et al. J Chromatogr A，2008，1178：43.
[79] Dugo P，Herrero M，Kumm T，et al. J Chromatogr A，2008，1189：196.
[80] Pol J，Hohnova B，Hyotylainen T. J Chromatogr A，2007，1150：85.
[81] Kivilompolo M，Hyotylainen T. J Chromatogr A，2007，1145：155.
[82] Hájek T，Skerikova V，Cesla P，et al. J Sep Sci，2008，31：3309.
[83] Chen X G，Kong L，Su X Y，et al. J Chromatogr A，2004，1040：169.
[84] Hu L H，Chen X G，Kong L，et al. J Chromatogr A，2005，1092：191.
[85] 陈学国，孔亮，盛亮洪，等. 色谱，2005，23：46.
[86] 盛龙生，王颖，马仁玲，等. 中国天然药物，2003，1：61.
[87] Zhang J，Tao D，Duan J，et al. Anal Bioanal Chem，2006，386：586.
[88] Zhang J，Zhang L，Duan J，et al. J Sep Sci，2006，29：2514.
[89] Sato Y，Nakamura T，Aoshima K，Oda Y. Anal Chem，2010，82：9858.
[90] Pol J，Hohnova B，Jussila M，Hyotylainen T. J Chromatogr A，2006，1130：64.

第六章 定性定量方法

液相色谱法作为一种重要的分离分析手段，具有能通过色谱柱分离复杂样品中不同组分的能力，这种能力是任何其他分析方法所无法比拟的。对色谱柱分离后的组分进行定性及定量鉴定，是色谱工作者完成分析工作的一个重要环节。尽管液相色谱法包括多种模式，但无论采用何种模式，对样品进行定性及定量分析皆基于通过检测器得到的谱图信息。

第一节 液相色谱定性分析

液相色谱过程中影响溶质迁移的因素较多，同一组分在不同色谱条件下的保留值可能相差很大。即便在相同的操作条件下，同一组分在不同色谱柱上的保留也可能有很大差别。在同一根色谱柱上的分离，有时甚至会因为流动相组成的改变而出现出峰次序颠倒的现象。显然，与气相色谱相比，液相色谱法定性的难度更大。对液相色谱中组分定性方法的研究一直是色谱工作者努力探求的一项重要工作。这里只介绍几种最常用的定性方法，对一些复杂的定性研究将不涉及，有兴趣的读者可参阅专著［1～7］。

一、利用已知标准样品定性

在具有已知标准物质的情况下，利用标准样品对未知化合物定性是最常用的液相色谱定性方法，这也是唯一在任何条件下都有效的方法。当无标准物时，其他定性方法才被推荐采用。

液相色谱的分离机理比较复杂，除了吸附和分配机理外，还有离子交换、体积排除、亲和作用、疏水作用等分离机理。组分的保留行为不仅与固定相有关，还与流动相的种类及组成有关。因此，利用该法定性的依据是：在相同的色谱操作条件下（包括柱长、固定相、流动相等），组分有固定的色谱保留值。即在同一根色谱柱上，用相同的色谱操作条件分析未知物与标准物，通过比较它们的色谱图，对未知物进行比较鉴别。当未知峰的保留值与某一已知标准物完全相同时，可以初步判断未知峰与该标准物是同一物质；在色谱柱改变或流动相组成经多次改变后，被测物的保留值与已知标准物的保留值仍能相一致，能够进一步证明被测物与标准物是同一物质（如图 6-1 所示）。

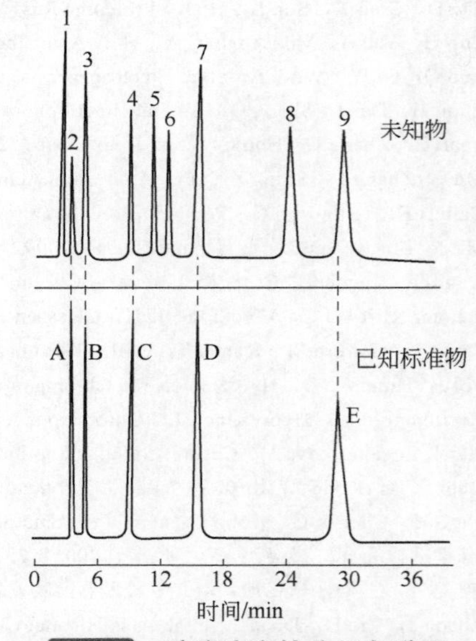

图 6-1 醇溶液定性分析色谱图

已知标准物：A—甲醇；B—乙醇；C—正丙醇；D—正丁醇；E—正戊醇

二、利用检测器的选择性定性

各种不同的液相色谱检测器均有其独特的性能。示差折光检测器是一种通用性的检测器，但是灵敏度一般较低；紫外、荧光及电化学检测器为选择性检测器，灵敏度相对比较高。选择性检测器只对某类或某几类化合物有响应，可以借此对特定化合物进行定性分析。在相同色谱条件下，同一样品在不同检测器上有不同的响应信号，亦可结合几种选择性检测器的测试结果对其定性。

样品经色谱柱分离后进入并联或串联的几种（两种或两种以上）检测器，根据其响应情况可以初步判别未知化合物的具体类别。以烃类及其衍生物为例，在紫外光谱区（190～400nm）饱和烷烃的响应很小；而以共轭双键结合的分子如芳香烃等则有较强的响应，分子中苯环的数量越多，响应越强。对于包含几种烃类组分的混合物样品，将色谱柱中的流出物同时引入并联的两种检测器，或按顺序依次引入串联的两种检测器，可以得到两张色谱图，对比各组分在不同谱图上的相对峰高可初步判别组分所属化合物的类型。

在实际分析中多采用双检测器定性。同一检测器对不同种类化合物的响应值有所不同，而不同检测器对同一化合物的响应也不相同。当某一被测化合物同时被两种或两种以上检测器检测时，两个检测器或几个检测器对被测化合物检测灵敏度比值与被测化合物的结构性质密切相关，可以用来对被测化合物进行定性分析，这就是双检测器体系的原理。

双检测器体系的连接方式可采用串联连接和并联连接两种方式。当两种检测器中的一种是非破坏性检测器（如 TCD）时，可采用简单的串联连接，将非破坏性检测器串接在破坏性检测器之前。此时要注意两个检测器的出峰时间差。若两种检测器都是破坏性的，则需采用并联方式连接。在色谱柱的出口端连接一个三通，然后分别连接到两个检测器上。连接后的两台检测器同时进行数据采集，对照所得到的两张色谱图可进行定性。

图 6-2 为三组分样品经色谱柱分离后分别在并联的紫外和示差折光检测器上得到的色谱图。比较图 6-2 中（a）和（b），可以对样品中的三个组分的类别作出初步判定。相对而言，峰 1 在紫外检测器上的响应较高，峰 2 和峰 3 的响应则很弱，初步判断组分 1 可能带有苯环。而组分 2 和组分 3 不大可能带有芳环。总之，比较各组分在不同检测器上的色谱图相对响应值，有可能粗略地推测某一类化合物是否存在。

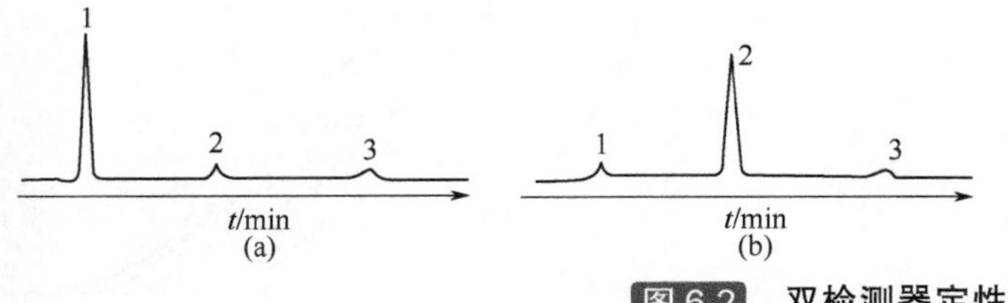

固定相：Nucleosil-CN
流动相：10mmol/L乙酸水溶液+0.18mmol/L *N*-二甲基普罗替林
溶　质：1—辛胺；2—辛磺酸；3—辛硫酸
紫外检测波长：292nm

图 6-2　双检测器定性

（a）UV；（b）RI

三、利用 DAD 三维图谱检测器定性

光电二极管阵列检测器（DAD）可以对色谱峰进行光谱扫描。在进行未知组分与已知标准物质比对时，除了比较未知组分与已知标准物质的保留时间外，还可比较两者的紫外光谱图。如果保留时间一样，两者的紫外光谱图也完全一样，则可基本上认定两者是同一物质；若保留时间虽一样，但两者的紫外光谱图有较大差别，则两者不是同一物质。这种利用三维图谱比较对照的方法大大提高了保留值比较定性方法的准确性。传统的方法是：在色谱图上

某组分的色谱峰极大值出现时，即最高浓度谱带进入检测器时，通过停泵等手段，使组分在检测池中滞留，然后对检测器中的组分进行全波长（180～800nm）扫描，得到该组分的紫外-可见光谱图。取可能的标准样品按同样方法处理，对比两者光谱图即能鉴别该组分是否与标准品相同。对某些有特征紫外光谱图的化合物，也可以通过对照标准谱图的方法来识别未知化合物（如图 6-3）。

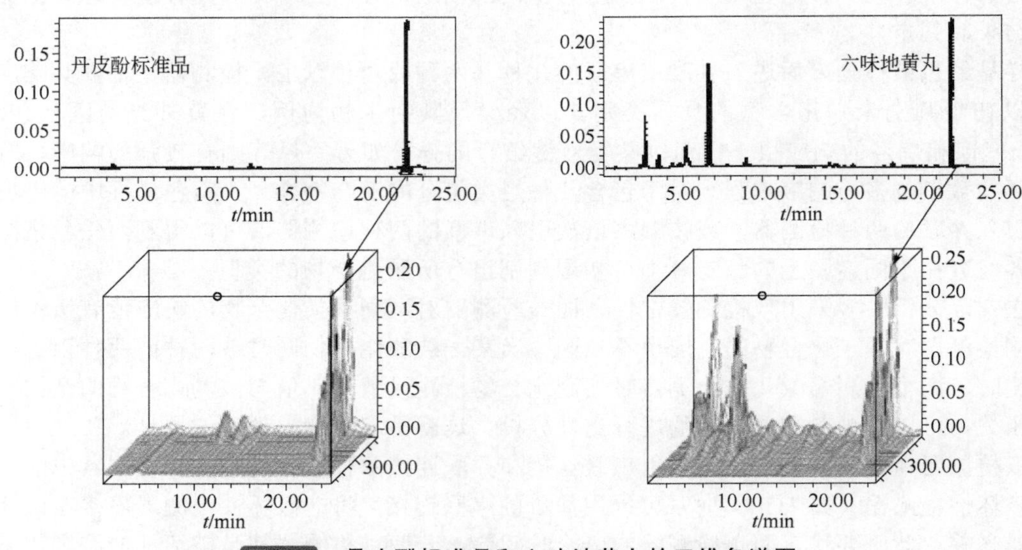

图 6-3 丹皮酚标准品和六味地黄丸的三维色谱图

DAD 不仅可以得到样品色谱图，还可以得到样品的时间-检测波长-色谱信号的三维谱图，可以很方便地观察到不同出峰时间段内组分的紫外（或紫外-可见）区光谱图，通过样品的光谱图也可以进行样品鉴别，对液相色谱定性具有更大的优势。图 6-4 是一组化合物的色谱光谱图，图 6-5 是对应的光谱图。通过对比色谱峰上各点的光谱图可以判别峰的纯度，而与标准品的紫外光谱图或标准谱图相比较，也可以进一步确认未知化合物的结构。

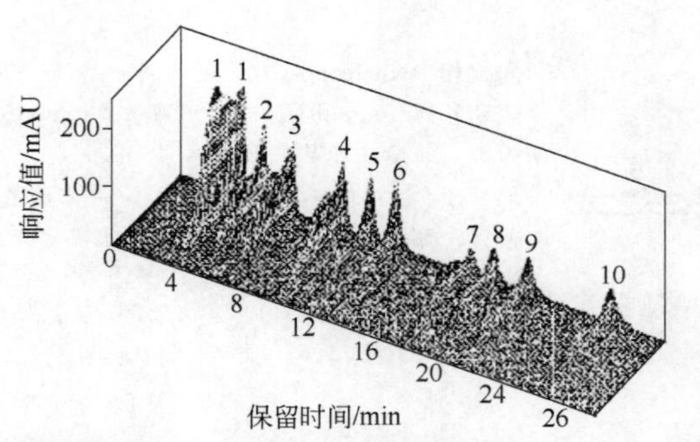

图 6-4 10 种头孢类抗生素混合物的三维色谱图

1—头孢吡肟；2—头孢米诺；3—头孢他啶；4—头孢唑肟；5—头孢克洛；6—头孢氨苄；7—头孢曲松；8—头孢拉定；9—头孢呋辛；10—头孢唑啉

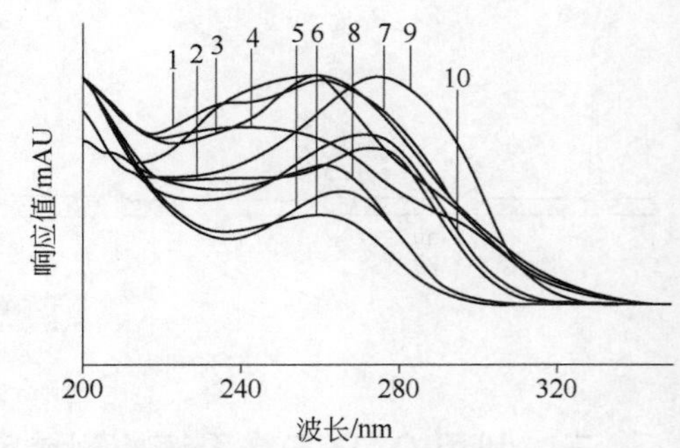

图 6-5 10 种头孢类抗生素的光谱图

注：图中标记 1～10 同图 6-4

实际上，当样品中的不同化合物具有相同的 UV 生色团时，DAD 的定性功能很有限。且当流动相或其他因素改变时也会对 DAD 的峰定性产生一定的影响[8]。

四、利用保留值规律定性

与气相色谱相比，液相色谱中组分的保留行为也不仅只与固定相有关，还与流动相的种类及组成有关，为了使样品中的多种溶质组分得到更好的分离，可以通过改变流动相组成等手段实现。相应地，亦可以根据某一化合物在特定条件下的保留值变化规律来推测其结构特性。在液相色谱中，溶质保留值变化规律一般受 3 个或 3 个以上因素的协同制约，从而给这种提供定性信息方法的实践带来很大困难。

对通过流动相组成与化合物保留值之间关系的理论研究，一些在局部范围内有参考应用价值的经验关系式已经被得到[9]，可以在一定程度上用于样品的定性。

1. 反相色谱中的 a、c 指数定性

理论研究表明，在以键合硅胶为固定相的反相色谱中，溶质保留值与流动相组成关系式中的系数能够反映溶质的结构特征，因此可用于对溶质的辅助定性。液相色谱中存在如下规律：

$$\ln k'=a+c\varphi_B \tag{6-1}$$

其中，a、c 为常数，φ_B 为强溶剂的体积分数。

对非极性、同系物或极性相似、氢键作用能相似的组分，a、c 之间有很好的线性关系：

$$a=E_1+E_2c \tag{6-2}$$

其中：

$$E_1=I_1-\frac{I_2}{m_2}m_1+\left(I_3-\frac{m_3}{m_2}I_2\right)\mu_A{}^2+\left(I_4-\frac{m_4}{m_2}I_2\right)XA_x$$

$$E_2=\frac{I_2}{m_2}$$

式中，I_1、I_2、I_3、I_4 是与色谱柱以及流动相种类有关的常数；m_1、m_2、m_3、m_4 是与流动相有关的常数；X 为相互作用能；μ_A 为组分的偶极矩。

采用一个化合物校正后，即可从作用指数 c 计算出 a，并由式（1-66）计算出容量因子。所以建立一个指数 c 的数据库就可以对非极性或同系物进行保留值预测及定性。

对于同种类型的键合均匀的 C18 固定相，当组分与固定相作用不发生氢键变化以及构象变化时，各 C18 柱热力学上的差别主要反映在固定相 C18 的键合量、比表面积以及柱相比上。同一种化合物在两支不同色谱柱上的参数 a 有简单的线性关系：

$$a_1=k_1+k_2a_2 \tag{6-3}$$

不同极性取代基化合物的定性需同时建立 a、c 双参数数据库，在作用指数的基础上，将保留指数换算为参数 a，再利用式（6-3）定性。

采用作用指数定性时，可先选几个标准物来标定柱系统，获得式（6-3）的线性关系。卢佩章等[1]给出了 460 种化合物在 C18 柱上不同条件下的参数 a、c，并提出了不同柱系统、不同冲洗剂浓度组成时参数 a、c 之间的换算方法。在相同的色谱条件下，如果样品中某一组分的 a、c 值与一已知标样相同，即可认定两者为同一种化合物。

2. 有机酸碱的 pH-pK_a 规律定性

在反相液相色谱系统中，改变流动相 pH 值，不同种类的可解离有机酸、碱等样品的保留值变化有其独特的规律，如图 6-6 所示。

对一类有机酸组分而言，在特定的条件下其解离常数 pK_a 本不变，流动相中 pH 值变化后，对有机酸的解离起到调节作用，因此溶质的容量因子也将随之变化。对于有机碱类的溶质，容量因子随流动相 pH 值的变化与有机酸正相反。因此，对一个未知化合物而言，测定其容量因子随流动相 pH 值的变化规律，即能判断其为有机酸类或有机碱类化合物，以及其酸、碱性的强弱。

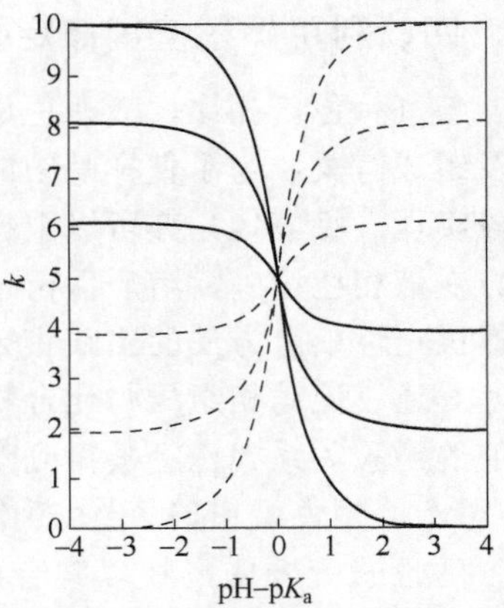

图 6-6 一元有机酸（实线）、碱（虚线）的容量因子与流动相 pH-pK_a 关系

3. 碳数规律定性

利用碳数规律定性，可以在已知同系物中几个组分保留值情况下，推出同系物中其他组分的保留值，然后与未知物的色谱图进行对比分析。

容量因子（k'）是溶质的一种结构型物性参量，其对数值与同系物碳数之间存在良好的线性关系[10]：

$$\ln k' = a + bn \tag{6-4}$$

其中，a、b 为常数，n 为同系物碳数。

对于包含有同系物组分的样品，已知部分同系物在色谱图中位置的情况下，可以根据碳数规律推出同系物中其他组分的保留值，并对同系物的未知部分进行定性。

利用碳数规律定性时，应先判断未知物类型，才能寻找适当的同系物。与此同时，要注意当碳原子数较小或较大时，可能与线性关系发生偏差。

这一规律适用于任何同系物，如有机化合物中含有的硅、硫、氮、氧等元素的原子数及某些重复结构单元（如苯环、C═C、亚氨基等）的数目均与溶质容量因子的对数呈线性关系，同样适用于上述规律。

五、联用技术结合定性

色谱法具有很高的分离效能，但它不便于对已分离的组分直接定性。而红外光谱、质谱、核磁共振等是剖析有机物结构的强有力工具，特别适用于对单一组分定性，但是它们对混合物无能为力。将色谱仪与定性分析的仪器联用，则可以取长补短，解决组成复杂的混合物的定性问题。随着计算机技术的发展及应用，色谱联用技术得到了很好的发展[11]。

近年来，液相色谱与其他分析方法的联用技术得到较大的发展，曾经需要离线完成的定性工作可以很便利地在线解决。高效液相色谱-质谱联用技术为样品特别是生物大分子的定性分析提供了一种强有力的手段，它能准确测得未知物分子量，是目前解决复杂未知物定性分析的最有效工具之一；高效液相色谱-核磁共振联用技术是有机化合物结构分析的强有力的工具，特别是对同分异构体的分析十分有用；高效液相色谱-红外光谱联用技术在有机化合物的结构分析中有着很重要的作用，可用于对官能团定性；色谱-原子光谱（原子吸收光谱和原子发射光谱）联用技术主要用于金属或非金属元素的定性、定量。关于联用技术的应用，最近已有相关专著问世[12,13]，可供参考。高效液相色谱与质谱联用技术已经在第五章介绍过，这里不再赘述。

1. 与红外光谱仪联用

红外光谱是一种强有力的结构鉴定手段，几乎没有两种物质有完全相同的红外光谱。20 世纪 80 年代后，傅里叶变换红外技术得到迅速发展。傅里叶变换红外光谱仪（FTIR）具有测量快速（0.2s）、灵敏度高（纳克级）的特点，能够在得到色谱图的同时监测每个色谱峰的完整光谱。

与 HPLC 联用的傅里叶联用光谱仪有两种类型，一类不必除去流动相，仪器的数据处理系统能够通过差减的方式扣除溶剂的红外吸收光谱，得到被测物的红外光谱。由于流动相组成通常不是单一的，且各组分含量不定，所以光谱差减较困难。一般只适用于正相色谱，对于反相色谱，需要采用细内径柱和氘代溶剂。另一类需除去溶剂后进行检测，已有的接口包括漫反射转盘接口、缓冲存储接口和粒子束接口等。各种接口有其适用范围和限制。总之，傅里叶变换红外光谱仪在提高灵敏度、记录光谱等方面的改进，可使它用于普通 HPLC 分析物的检测，但联用技术特别是接口技术尚有较大的改进空间。

2. 与核磁共振的联用

与其他 HPLC 检测器相比，核磁共振（NMR）是一种信息丰富的检测手段，其化学位移和偶合常数能提供丰富的有关分子中每个氢原子的局部电子环境的结构信息。在有机结构分析四大谱（红外光谱、紫外光谱、核磁共振、质谱）中，NMR 是最好的一种推断化合物结构的手段。HPLC 与 NMR 联用的有利条件是：HPLC 与 NMR 都是在溶液状态下操作，无需挥发和加热步骤。核磁共振对样品是非破坏性的，为实现 HPLC-NMR-MS 三联用和 HPLC-NMR-FTIR-MS 四联用提供了可能性。

LC-NMR 联用技术在 20 世纪 80 年代初期已经开始研究，但是由于 NMR 灵敏度低（10^{-4}～10^{-5}g），液相色谱使用的氘代溶剂十分昂贵和溶剂信号对样品的干扰等技术上的原因，联用技术发展缓慢。近年来，NMR 技术迅猛发展，磁场强度不断提高，氘锁通道性能改善，可以不用或少用氘代试剂，在抑制溶剂峰方面也有很大进展，设计方面已有专为 LC-NMR 联用的流动液槽探头。LC-NMR 联用主要有三种模式：连续流动模式、停止流动模式和峰存储模式，也有多种接口可供选择。

3. 与原子吸收光谱仪的联用

HPLC 能分离各种各样的有机或无机金属化合物的样品，原子吸收光谱（AAS）仪对大多数元素能做选择性的、高灵敏度的检测。HPLC 和 AAS 的联机使用，在环境和生物化学研究中已得到应用。

HPLC 柱流出物是溶液，而 AAS 测定所用样品也为液体，因此 HPLC 与 AAS 的联机较为方便，一般认为只需将 HPLC 流出液引入原子化器即可。但困难是 HPLC 柱流出液的流速（0.5～2ml/min）和样品溶液引入 AAS 仪的流速（2～10ml/min）不匹配，一般而言，一滴液滴（100μl）可满足 AAS 的分析要求，因此采用人工调节使两者匹配很困难。一种分析小量样品的原子吸收注入方法已经被发展。用液滴形成器收集 HPLC 流出物，产生的小液滴落入漏斗中，然后被吸入火焰，实现 AAS 分析。

4. 与原子发射光谱仪的联用

许多元素受到适当的激发时会发射特征波长的辐射，可采用原子发射光谱（AES）仪进行测定。同 AAS 比较，AES 能够同时进行多元素测量，适合于在线监测 HPLC 柱流出物。

AES 分析温度大大高于 AAS 分析同种元素时所需要的温度，这是因为在 AES 中要使原子激发，而在 AAS 中仅是原子的气化。AES 常用的激发原子的方法包括火焰法和电感耦合等离子体法，二者都已用于 HPLC-AAS 联用仪器系统。相比之下，电感耦合等离子体 AES（ICPAES）比火焰 AES（FAES）的灵敏度更高。

ICPAES 用作 HPLC 检测器对多数金属离子的检测限达到 10^{-9}～10^{-10}g/ml。虽然与 HPLC-FAES 相比，HPLC-ICPAES 法具有更高的灵敏度和选择性，但其成本却高得多。HPLC-ICPAES 已用于许多物质的测定，如螯合物中的铜，有机金属配合物中的金属，磷酸盐中的磷，生物样品中的砷、蛋白质、核糖核酸、硒等。

HPLC-ICP 接口连接的主要问题是典型的 LC 流动相流速不适于等离子体源。这种专属原子发射光谱检测器一般使用在线雾化激发小体积（5～200μl）液体，液体转化成气溶胶后引入原子激发池，使用一种全注入微浓喷雾器，有助于提高较低的雾化和迁移效率。减小等离子体焰炬、水冷喷雾室、采用低压和低流炬、氧掺杂等方法也可以提高转化效率。

5. 与电子自旋共振光谱仪的联用

除了红外光谱区，电磁辐射的微波光谱区也已经被开发使用，成为一种有用的检测器。电子自旋共振光谱（ESR）可以满足 HPLC 对检测器的许多要求，如检测限、选择性、溶剂可溶性等，但目前应用不多。

ESR 的研究对象是至少具有一个未成对电子的原子或分子。分子中的未成对电子在直流磁场作用下产生能级分裂，当施加在垂直于磁场方向上的电磁波满足一定条件时，处于低能级的电子吸收电磁波能量跃迁到高能级，产生电子顺磁共振现象。吸收信号的一次微分谱图反映样品的结构信息，对吸收曲线进行积分，可测得顺磁物质的自旋浓度，从而实现对样品进行定性、定量分析。

为了获取 ESR 光谱，样品被放在强磁场区，用微波激发。在 0.34T（3400G）磁场区，共振所需频率为 9.5×10^9Hz，最小可测量 10～13mol 未成对电子，这使 ESR 可能成为一个最灵敏的检测器。HPLC 与 ESR 的连接无需特殊的接口。

用 ^{60}Co 放射源的强 γ 射线激发生物分子如氨基酸、核酸，能获得样品的 ESR 谱，但由于混合物样品的谱图重叠，需要在样品结构测定前进行 HPLC 分离。其缺点是许多自由基的生命周期太短而不能实现分离，为此可以使用各种自旋捕捉试剂来提高自由基的生命周期[14]。在 HPLC-ESR 的联用分析中，除了可以获得样品浓度信息外，还可以通过停流获得样品的 ESR 谱，得到未成对电子的化学环境信息。ESR 作为 HPLC 的检测器，具有很高的选择性，特别是对不同氧化态的金属的分析；缺点是 ESR 的灵敏度不够高，且价格昂贵。

利用金属元素与自旋标记试剂反应形成配合物，通过测定配体的 ESR 信号，而不是金属元素的顺磁性，也可以进行多元素的分析。

6. 与表面增强拉曼光谱仪的联用

当一束单色光照射到样品上后，样品分子使入射光发生散射。在散射光谱中出现频率为几个波数到几千个波数的散射光为拉曼散射。不同的分子或结构有特征的拉曼位移，拉曼光谱线的强度与入射光的强度和样品分子的浓度成正比，据此可以对样品分子定性、定量分析。目前的拉曼光谱一般都采用激光激发，虽然激光使拉曼效应增强了，但拉曼散射仍比较弱，而表面增强拉曼散射（SERS）可以使拉曼散射截面增加 5～6 个数量级，具有较高的灵敏度，有利于满足痕量分析检测的需要。SERS 已经成为检测药物、生物医学和环境等领域痕量有机化合物的高灵敏度、高选择性和灵活性的一项技术。

许多分子都能产生拉曼散射，但 SERS 效应只有在少数金属（Ag、Au、Cu、Li、Na、K 等）表面上才能出现，其中银的表面增强效果最佳。为了使金属表面达到能产生 SERS 效应的粗糙度，可以采用多种处理办法，其中采用银、金的胶体溶液有较好的效果。但胶体溶液具有凝絮趋向，会导致结果重现性差；而流动系统，如流动注射技术和高效液相色谱，有助于减少凝絮趋向。近年来，采用银的胶体溶液的 SERS 在 HPLC 中的应用逐渐发展。研究结果表明，较高的温度会加大胶体凝集，增强拉曼信号，这不但可以得到通常的二维色谱图（时间-SERS 强度），而且能获得三维图谱（时间-拉曼位移-SERS 强度），为定性分析提供更多的依据。

检测器使用普通的流通池时，每次都需要用稀硝酸清洗整个系统，以去除银的胶体溶液和其他物质在管壁的沉积。这些沉积物具有较强的记忆效应，会产生色谱峰的拖尾、基线漂移、谱图干扰等。为此，有人提出了一种无窗流通池的设计，柱后流出液与 Ag 的胶体溶液混合后进行检测，效果较好。

六、化学方法定性

化学方法定性就是利用化学反应，使样品中某些化合物与特定试剂发生反应，生成相应的衍生物，常用的方法有柱前预处理、柱上选择除去和柱后衍生三种。

1. 柱前预处理法

这是使用物理或化学消除剂将样品中某类化合物消除、减少或转化，从而得知样品中是否含有这类官能团化合物的方法。操作时将给定的消除剂涂在载体上或直接放在消除柱中，或放在进样的注射器中，当样品与消除剂接触后，消除剂迅速使这类化合物发生不可逆吸附或化学反应，进而使其色谱峰消失、变小或发生位移，通过比较色谱图，可以判定样品中有无这类官能团化合物的存在。

使用这种方法时可直接在色谱系统中装上预处理柱，如果反应过程进行较慢或进行复杂的试探性分析，也可使试样与试剂在注射器内或者其他小容器内反应，再将反应后的试样注入色谱柱。

2. 柱上选择除去法

与柱前预处理法的原理相同，将某些有特征性吸附的吸附剂装入一个短柱内，或将某些特征化学试剂涂到一些载体上，再装入一个短柱内，将该短柱（称为预柱）串联在分析柱前，使样品中某些组分在通过预柱时被吸附或与这些特征化学试剂发生化学反应而被吸附，从而使这些组分不能进入分析柱被分析，在色谱图上与这些组分相对应的色谱峰将消失。

3. 柱后流出物化学反应定性法

将色谱分离后的组分直接通入到某些特征试剂中，或将柱后流出物收集后再加入特征试剂，观察这些组分与特征试剂发生化学反应后的某些变化，如颜色变化、沉淀出现，有气体放出或其他明显变化，即可对未知组分的类型作出初步鉴定。

用柱后流出物化学反应定性时，使用的检测器应为非破坏性检测器，即样品在检测器内不能发生化学反应。

第二节　定量分析方法

HPLC 不仅是一种分离手段，同时也是一种优良的定量分析技术。它不仅能够用于对样品（包括纯样品）中基本或主成分的定量，还能用于对中等浓度多组分混合物的分析以及基体中痕量（10^{-9} 或更低）杂质的浓度评价。精心设计行之有效的分析方法可以对主成分的分析在准确度和精密度两方面显示出较高的水平［精密度为±(1%～2%)；准确度为±2%］。色谱法定量的依据是：样品中各组分的质量或其在流动相中的浓度与检测器的响应信号成正比关系。因此，进行色谱定量分析时需要准确测量检测器的响应信号（峰面积或峰高）；准确求得比例常数（校正因子）；正确选择合适的定量计算方法，将测得的峰面积或峰高换算为组分的含量。

一、信号的测量

1. 噪声与漂移

在第四章介绍的 HPLC 检测器评价方法中已经详细论述了检测器噪声与漂移的测定方

法。然而，对 HPLC 分析方法来说，仍然需要确定噪声与漂移。尽管皆通过相应的检测器加以测量，然而两者有着本质的差别。前者只是单纯地评价一个单元组件，后者与整个仪器系统及分析方法有关。

噪声是指在没有分析物的情况下基线信号值的不稳定程度，可分为短期、长期和基线飘移三种基本类型。

检测器噪声、泵系统的脉动以及积分系统的电子噪声等许多因素均会引起短期噪声。长期噪声可由外在因素或系统本身引起，长期噪声一旦被识别，一般在确定 HPLC 方法之前可以被校正。

基线漂移被认为是一种特殊类型的长期噪声，梯度洗脱过程中经常出现。前一次进样迟洗脱的组分可能会被看作基线飘移，这些强保留组分在再次进样时才被洗脱掉。谱带很宽，有时很难与其他类型的基线飘移区别开来，这种基线问题常在等度分离中出现。修正基线漂移也可能得到较精确的峰高和峰面积的测量结果，色谱工作站一般能够对基线飘移做出很好的修正。

基线飘移有时由检测器性能的变化造成。有些示差检测器对温度波动特别敏感，检测器单元中任何温度改变均会导致输出信号严重飘移。在 UV 检测器中，灯（老化）的强度或二极管或光电管强度的变化有时也会导致基线飘移。

色谱仪开机预热 20min 后，记录基线 1h，取 1h 内平行包络线的中心线的起点与终点的差值为检测器基线漂移（图 6-7）。选取所记录基线中噪声较大的 5min 作为计算噪声的基线，以 1min 为界画平行包络线（如图 6-8 所示），按式（6-5）计算短期基线噪声。五个平行包络线宽度的平均值作为检测器短期基线噪声。

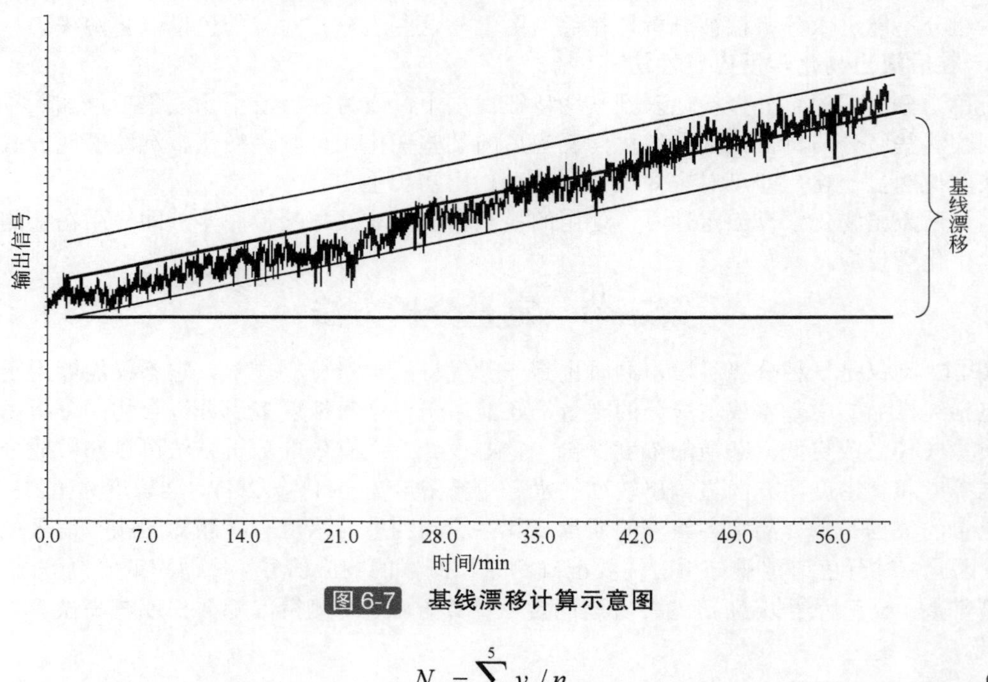

图 6-7 基线漂移计算示意图

$$N_{\mathrm{d}}=\sum_{i=1}^{5} y_i / n \qquad (6\text{-}5)$$

式中，N_{d} 表示短期基线噪声；y_i 表示第 i 个平行包络线基线宽度；n 是平行包络线的个数（此处 n=5）。

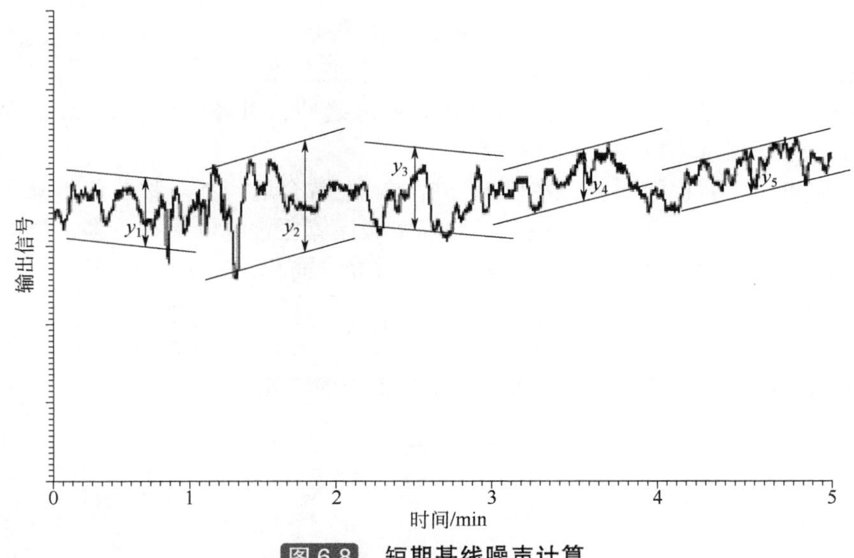

图 6-8　短期基线噪声计算

2. 峰高

检测器测量被测组分响应值的最简单表达方式是信号峰的高度。对完全分离的单一组分，峰高是指从基线到峰顶点的距离，其中基线值取峰前和峰尾多点数据的平均。长期噪声或飘移造成基线改变时，须修正峰高的测量值。

对完全没有分开的峰，可以使用切线铲削的方法来确定峰高，如图 6-9 中的主成分峰与峰 1。但切线铲削法仅适用于那些小峰处于大峰拖尾部分的情况[15]。不同的色谱工作站对基线的选取、峰起落点的确定有一些差异，因此对这种复杂情形的处理结果可能也会存在一定的差异[16]。

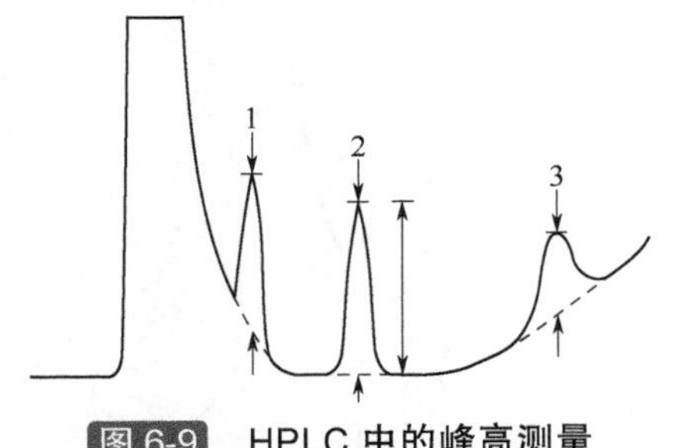

图 6-9　HPLC 中的峰高测量

3. 峰面积

峰面积是 HPLC 中最常用的定量方法。完全分离色谱峰的峰面积可定义为信号强度在峰开始到峰终止的这段时间内面积的积分值。

测量峰面积的准确性取决于多种因素，其中基线的正确选取，精确地定义峰起落点是关键，需要收集足够的数据以精确评价真实峰面积。不对称峰或拖尾峰很难确定峰的起落点，从而导致定量不准。色谱工作站中皆有计算峰面积的功能，也可以利用手工来完成。

大多数色谱工作站的峰检测（对峰面积而言）是利用一设定的阈值来判断峰的起落点。不恰当的阈值设定将会影响定量的准确度，对不同的方法建立可以人工干预进行适当调整。

（1）对称峰的峰面积的测量　手工计算峰面积通常采用“峰高×峰半宽法”。对于对称峰形，峰面积计算公式为：

$$A=1.065W_{1/2}h \tag{6-6}$$

式中，系数1.065为色谱峰与三角形面积之间的校正系数。

按式（6-6）计算峰面积时，需注意峰宽测量的准确性。对峰宽小于2mm的色谱峰，通过放大色谱峰后进行测量可以减小计算误差。

（2）不对称峰的峰面积的测量　在色谱分析中，经常会遇到不对称的色谱峰，如图6-10所示。对于此类色谱峰，可采用峰高乘以平均峰宽法计算色谱峰峰面积。即选取峰高与在峰高的0.85和0.15处峰宽平均值的乘积来表示该色谱峰峰面积。

$$A=\frac{1}{2}h(W_{0.85}+W_{0.15}) \tag{6-7}$$

式中，$W_{0.85}$、$W_{0.15}$分别为峰高的0.85处和0.15处的峰宽。

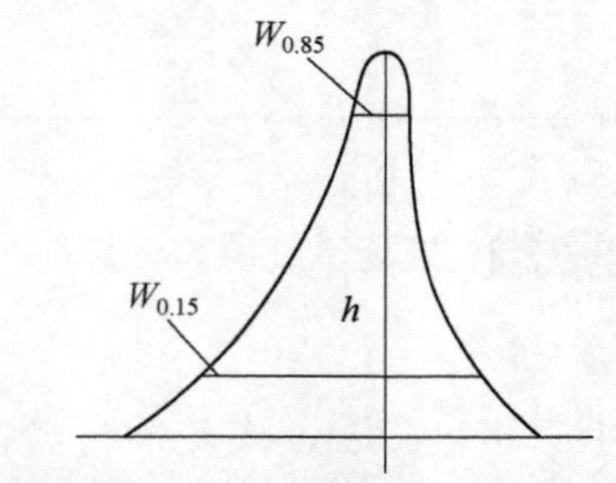

图6-10　不对称色谱峰面积的测量

（3）大峰上的小峰的峰面积测量　分析某主成分中痕量组分时，痕量组分色谱峰会受到主峰的干扰，经常会出现下面的情况：主峰未回到基线，杂质已开始出峰，或在主峰前沿出现一个杂质小峰。常见的情况如图6-11所示，此时测量附在主峰上的杂质小峰峰面积的关键在于如何确定色谱峰峰高。

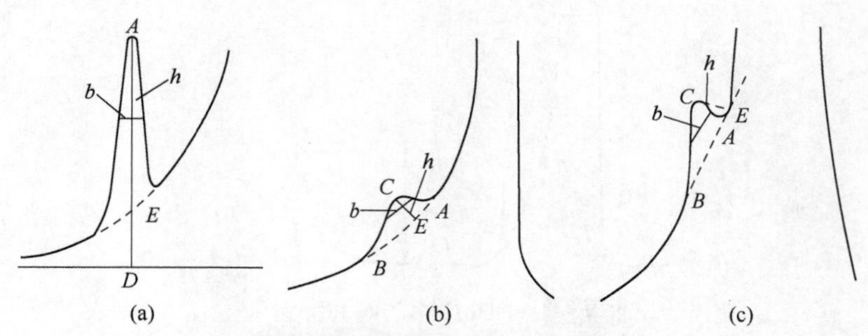

图6-11　大峰上小峰面积测量

图6-11（a）所示的峰形，沿主峰底部划出杂质峰的基线，由峰顶点A作主峰基线的垂线AD，与杂质峰的峰底相交于点E，则AE为杂质峰的峰高（h）。峰高一半处峰宽为b，则杂质峰峰面积为$A=h \cdot b$。

图6-11（b）所示的峰形，首先作峰起点A和终点B的连线AB，从小峰顶点C作AB的垂直线交AB于E，则CE即为小峰的峰高（h），CE一半处峰宽为b（过CE中点作AB平行线，可得b），则杂质峰峰面积为$A=h \cdot b$。

图6-11（c）所示的峰形，作峰起点A和终点B的连线，过峰顶点C作AB的垂线，与BA延长线相交于E点，CE即为小峰的峰高（h），CE一半处峰宽为b（过CE中点作AB平行线，可得b），则杂质峰峰面积为$A=h \cdot b$。

（4）基线漂移时色谱峰面积的测量　如果峰面积测量时发生基线漂移，当灵敏度不改变时，若产生的色谱峰形状与大峰上小峰的形状相似，计算方法同上。

图 6-12 所示的峰形，基线的漂移程度不大、色谱峰比较窄。首先划出漂移基线 AB，过峰顶点 E 作时间坐标的垂线，交 AB 于 F，EF 即为峰高（h），过 EF 中点作时间坐标的平行线，得到该色谱峰的半高峰宽（b），该色谱峰峰面积 $A=h \cdot b$。

图 6-13 所示的峰形，基线 AB 漂移较大、色谱峰较宽，此时由顶点 E 作 AB 的垂线，与 AB 相交于 G，EG 即为色谱峰峰高（h）。过 EG 中点作漂移基线的平行线与色谱峰两侧分别相交于 F、H，FH 即为半高峰宽（b），该色谱峰峰面积 $A=h \cdot b$。

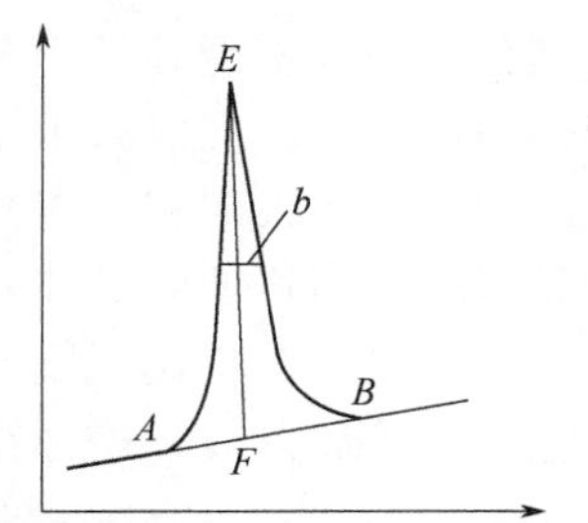

图 6-12　基线漂移较小的峰面积测量

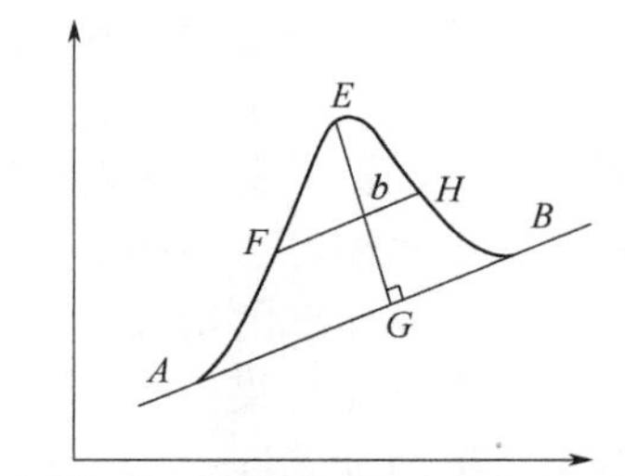

图 6-13　基线漂移较大时的峰面积测量

图 6-14 所示的峰形，2 号峰测量时所用的灵敏度与 1 号峰和 3 号峰不同，如果变换灵敏度时不影响 2 号峰的起点和终点的记录，则基线位置及色谱峰面积可按前面所述方法确定。若变换灵敏度时，2 号峰的起点和终点位置不能明确确认时，确定峰高较为复杂。先作 1 号峰和 3 号峰所用灵敏度档的漂移基线，再由 2 号峰顶点 M 作时间坐标的垂线，交漂移基线于 A，交时间坐标于 O。将 OA 的距离乘（或除）以变挡的倍数，即可确定变挡后漂移的基线与峰高的交点 B，连接原点与 B，即可得变挡基线，MB 即为峰高（h），过 MB 中点作变挡基线的平行线可得 2 号峰半高峰宽（b）。2 号峰的峰面积 $A=h \cdot b$。

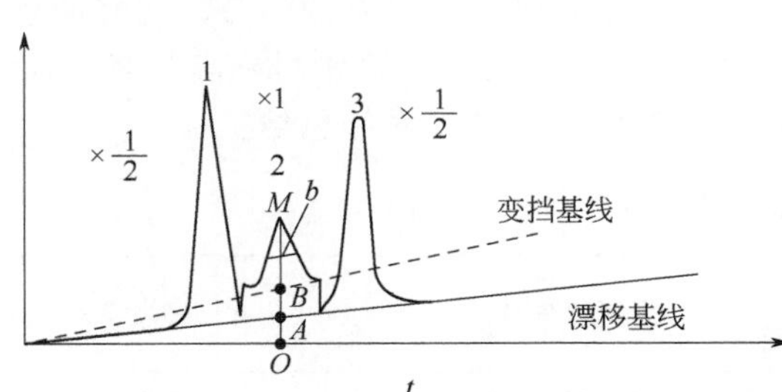

图 6-14　灵敏度改变时峰面积的测量

（5）重叠峰的峰面积测量　色谱分析中常遇到不能完全分离的重叠峰，如图 6-15 和图 6-16 所示，其色谱峰面积测量有所差异。

图 6-15 所示的峰形，两色谱峰交点位于小峰半峰高以下，可按上述方法测量色谱峰高及半高峰宽，色谱峰峰面积可按峰高（h）和半高峰宽（b）的乘积计算。

图 6-16 所示的峰形，两色谱峰交点位于小峰半峰高以上，可采用谷-谷切割，由交点 Y 作基线的垂线，将两色谱峰分开，然后可用积分仪测量由该垂线分开的两个色谱峰的峰面积。用此方法测量峰面积，当两色谱峰峰高（或峰面积）不等时，小峰峰面积测量的相对误差将随大峰与小峰的峰高（或峰面积）比值的增大而显著增大。

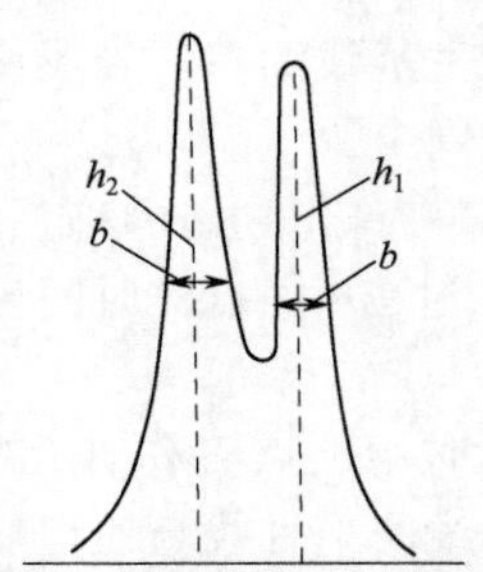

图 6-15 两峰重叠交点低于小峰半峰高

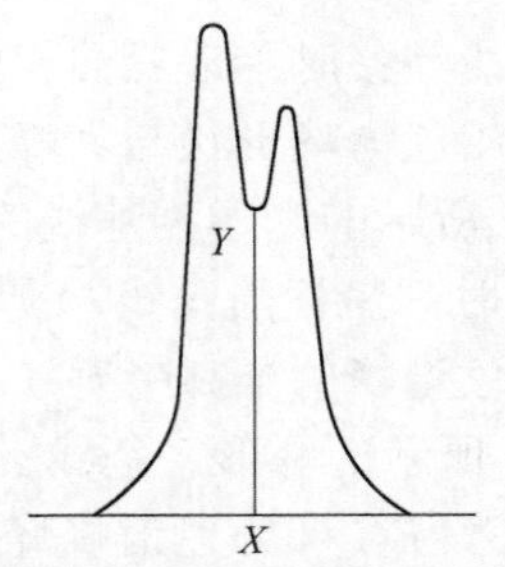

图 6-16 两峰重叠交点高于小峰半峰高

随着电子信息科学的发展以及计算机应用的普及，绝大部分色谱仪都配备了积分仪色谱数据处理机——色谱工作站，使色谱峰高和峰面积的测量变得相对简单，同时减少了峰高和峰面积的测量误差，提高了仪器的自动化程度。根据需要，人们可预先设定积分参数（半峰宽、峰高和最小峰面积等）和基线，仪器根据这些参数来计算每个色谱峰的峰高和峰面积，并直接给出峰高和峰面积的结果，以便于定量计算使用。但当计算机无法正确识别一个完整的色谱峰，以至于计算结果出错时，也需要人为地正确调整色谱峰的起落点，增加或删除色谱峰，以保证结果的准确性。

色谱图上基本的定量数据是峰面积和峰高，色谱定量分析的基础是得到的峰面积（或峰高）和进样量呈函数关系。因此在定量分析时，必须得到峰面积（或峰高）的数据，其测量的准确程度将直接影响定量结果的准确度，峰面积测定需根据不同的色谱峰形采用不同的测量计算方法。峰高和峰面积均可以在 HPLC 中作为定量依据，对于近似对称的色谱峰，计算峰高要比计算峰面积优越得多。

对于一定的样品，如果操作条件保持不变，在一定的进样量范围内，半高峰宽基本不变，峰高可直接代表组分的浓度。由峰高代替峰面积计算，方法快速、简便，适用于固定不变的常规分析。与使用面积定量法比较，对于出峰早的组分，由于半高峰宽很小，相对测量误差大，这时用峰高定量更准确。对于出峰晚、峰较宽的组分，用峰面积定量更准确。

检测器的响应值受多种因素的影响，且这些因素对峰高和峰面积的影响并非一致，表 6-1 中对不同因素的影响极其定量方法的选择作了系统总结。

表 6-1 色谱参数变化与定量方法选择

实验条件	可能的原因	变化参数	好的定量方法	
			面积	峰高
流动相/固定相	（1）梯度洗脱；流动相分级 （2）吸附活性的变化 （3）固定相流失	k	×	
速率	泵不精确；流速改变	N		×
柱效	（1）柱床压缩 （2）柱进口端强保留组分的堆积 （3）柱填料的分解	N	×	
温度	柱温不稳定	k	×	
峰形	（1）化学反应造成的非高斯峰 （2）检测器响应慢 （3）填充不均匀等	—	×	×[①]
样品体积	进样重复性差	V_s	—	—

① 峰形严重拖尾。

二、定量方法

峰高和峰面积测量仅是对检测信号的一种响应，该响应需同组分的浓度或者质量结合方可完成定量方法。无论在相同的还是不同的色谱条件下进行的试验，均要采取一定的手段加以校正，才可能得到准确的定量结果。主成分自身对照法、峰面积归一化、内标法、外标法及标准加入法是 HPLC 定量分析中常用的校正技术。

不加校正因子的主成分自身对照法是最简单的定量方法，也可以认为是峰面积归一化法的特殊形式，其使用前提是假定杂质与主成分的响应因子基本相同。一般情况下，如杂质与主成分的分子结构相似，响应因子将不会有太大差别。峰面积归一化法简便快捷，但因各杂质与主成分响应因子不一定相同、杂质量与主成分量不一定在同一线性范围内、仪器对微量杂质和常量主成分的积分精度及准确度不相同等因素，所以在质量标准中采用有一定的局限性。

已知杂质对主成分的相对响应因子在 0.9～1.1 范围内时，可以用主成分的自身对照法计算含量[17,18]，超出 0.9～1.1 范围时，宜用杂质对照品法计算含量，也可用加校正因子的主成分自身对照法。理想的定量方法为已知杂质对照品法与未知杂质不加校正因子的主成分自身对照法两者的结合。研究人员可根据实际情况选用合适的定量方法。

1. 归一化法

对色谱图中所有色谱峰进行积分后得出总的峰面积，每个峰在总面积中所占的百分数可视为归一化峰面积。这种方法经常被用作确定杂质或次要组成在纯物质中的含量。

把所有出峰的组分（混合物中各组分）含量之和按 100%计，计算其中某一组分含量百分数的定量方法，称为归一化法。此方法要求欲测样品中各组分均能流出色谱柱，并在检测器上都能独立产生信号，其中组分 i 的质量分数可按式（6-8）计算：

$$W_i = \frac{m_i}{\sum_i m_i} = \frac{f_i A_i}{\sum_i f_i A_i} \times 100\% \tag{6-8}$$

式中，A_i 为组分 i 的峰面积；f_i 为组分 i 的质量校正因子。当 f_i 为摩尔校正因子或体积校正因子时，所得结果分别为组分 i 的摩尔百分含量或体积百分数。

若样品中的组分为同系物或同分异构体，校正因子近似相等，可不用引入校正因子，将峰面积或峰高直接利用归一化公式计算：

$$W_i = \frac{A_i}{\sum_i A_i} \times 100\% \tag{6-9}$$

高效液相色谱中通常使用的检测器均为紫外、荧光检测器等选择性检测器，它们对不同结构化合物的响应值差别较大，有时甚至可以相差几个数量级，对成分复杂的样品分析而言，采用归一化法定量显然不可行。示差折光或蒸发光散射（ELS）检测器等通用型检测器对许多化合物有相似的响应，因此可以采用峰面积归一化法定量。只含有 UV 响应相似化合物的样品也可以采用这种方法定量。实际上，在无法得到标准品的情况下，采用归一化峰面积方法进行定量分析相当方便，尽管可能不很准确。

归一化法的优点是简便、准确，进样量、流速、柱温等条件的变化对定量结果的影响很小。归一化法也存在诸多缺陷，首先校正因子的测定较为麻烦，虽然一些校正因子可以从文献中查到或经过理论计算求得，但要得到准确的校正因子，还需要用每一组分的基准物质直接测定；再者必须所有组分都出峰，且重叠色谱峰影响峰面积的测量。因此方法的应用受到一定程度的限制，在使用选择性检测器时，一般不用该法。

2. 外标校正法

外标法是以被测组分的纯品（或已知其含量的标样）作为标准品进行对比定量的一种方法。取一定量标准品（即一定量已知浓度的溶液）在给定的色谱条件下注入色谱柱，并由检测器测定其响应值（峰面积或峰高）。在一定浓度范围内，标样量与响应值之间一般有比较好的正比例关系：

$$A_0=f_0c_0V_0 \tag{6-10}$$

式中，A_0 为峰面积；V_0 为注入的标样溶液体积；c_0 为标样溶液浓度；系数 f_0 可由实验测得。

在完全相同的色谱条件下，如果未知样品的进样量为 V_1，实验测得的与标样相同组分的峰面积为 A_1，根据式（6-10），由已知的 A_0、V_0 和 c_0 等即能求出样品中该种组分的相对浓度 c_1：

$$c_1=\frac{A_1c_0V_0}{A_0V_1}=\frac{A_1}{f_0V_1} \tag{6-11}$$

对一种新样品的高效液相色谱方法发展，或者仪器系统较为稳定的常规分析，一般需要采用外标作出校正曲线，并进一步进行定量校正。标准曲线法首先采用欲测组分的标准样品绘制标准工作曲线，如图 6-17 所示。

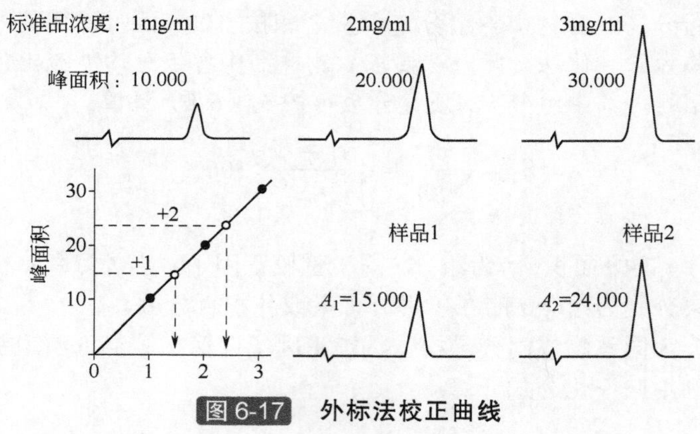

图 6-17 外标法校正曲线

用标准样品配制成不同浓度的标准系列，在与分析欲测组分相同的色谱条件下，进行等体积进样，作出峰面积对浓度的工作曲线。理论上，此标准工作曲线应是通过原点的直线。若测定法方法存在系统误差，标准工作曲线不通过原点。标准工作曲线的斜率即为绝对校正因子。在图 6-17 中，样品 1 和样品 2 对应的浓度分别为 1.5mg/ml 和 2.4mg/ml。从理论上讲，截距为零的校正曲线只需一个标样即可确定，但在实际工作中一般使用两个或更多个浓度的标准溶液。标准溶液的浓度应当与未知样浓度接近。色谱法在线性范围内一般均能提供较好的响应与浓度的线性关系。对浓度较大的样品，作适当稀释，使之范围落入线性范围是一种很好的选择。

在测定样品中的组分含量时，应该在与绘制标准工作曲线完全相同的色谱条件下，注射相同量或已知量的试样进行色谱分析，得到色谱图，测量色谱峰的峰面积或峰高，根据校正曲线或响应因子，结合式（6-10）和式（6-11）可以求出其浓度值。

标准曲线法的优点是：绘制好标准工作曲线后测定工作操作简单，计算方便，可直接从标准工作曲线上读出含量，特别适合于大批量样品分析。

标准曲线法的缺点是：仪器和操作条件对分析结果的影响很大，要求分析组分与其他组分完全分离、色谱分析条件也必须严格一致；而且标准物的色谱纯度要求高（或用准确知道浓度的标准物，配置浓度时进行折算）；标准曲线法属于绝对定量法，标准工作曲线绘制时，一般使用欲测组分的标准样品（或已知准确含量的样品），因此对样品前处理过程中欲测组分的变化无法进行补偿。因为在样品分析过程中，色谱条件（检测器的响应性能、柱温度、流动相流速及组成、进样量、柱效等）很难严格保证完全相同，因此容易出现较大误差，故标准工作曲线使用一段时间后应当采用标准物质及时进行校正。

对不需要大量制备的样品而言，外标法非常有效。外标法由于方法操作和计算都比较简单，因此在液相色谱定量分析中经常被采用。但是这种方法对操作条件的稳定性要求较高，如检测器灵敏度、流动相流速组成等不能有太大变化。为了使溶液浓度保持恒定，要求标样及被测溶液被很好地密封，并且每次进样体积要有好的重复性，否则将会影响到定量结果的准确性。

液相色谱自动进样器的进样精度一般优于 0.5%，这对大多数分析来说已足够。如采用手工（注射器）操作，精密度要相对差一些，常需要配合其他校正技术。

外标法是实验室最常用的定量方法，定量结果准确，它具有如下特点：不需所有的峰都流出或被检测到，只对目标组分作校正；需要标准样品；进样量必须准确；仪器必须有良好的稳定性。

当被测试样中各组分浓度变化范围不大时，可不必绘制多点的标准曲线，而用单点校正法（比较法）。即配制一个和被测组分含量接近的标准溶液，定量进样，根据被测组分和外标组分峰面积比或峰高比计算被测组分的含量。使用单点校正法需注意的是：当方法存在较大的系统误差时，该法的误差较大。

3. 内标校正法

向样品和校正溶液中加内标物是另一种校正技术。内标是不同于待测组分但能与待测组分完全分离的纯物质，选择的内标物还应当具有与待测组分相似的性质。当样品中有几种被测组分时，要求内标物的保留值介于几种组分之间，还需避免与其他组分峰重叠。

适宜的内标物需满足以下要求：化学结构与待测组分相似（同系物、异构体）；不存在于待测样品中；不与样品组分发生任何化学反应；保留值与待测组分相近；浓度（响应值）与待测组分相当；与其他组分分离良好，但不能相距太远；理化性质与待测组分相似，有相似分离萃取性质。

内标法定量的具体操作步骤如下。

① 先用分析天平准确称取被测组分 a 的标样 W_a(g)，再称取内标物 W_s(g)，并加入一定量的溶剂将其溶解，如此得到的溶液作为混合标样使用。取一定体积混合标样注入色谱柱，得到的被测组分及内标物色谱峰的峰面积分别为 A_a 和 A_s，相对响应值为：

$$S_a = \frac{A_a / W_a}{A_s / W_s} \tag{6-12}$$

值得注意的是，式（6-12）中 W_a、W_s 分别是混合标样溶液中所含有的总的被测组分 a 及内标物的绝对质量。内标法校正曲线如图 6-18 所示。

② 称取含 a 组分的被测物 W（g），另准确称取内标物 W_s'（g），将两者混合并用一定量溶剂配制成混合溶液。取一定体积混合样品注入色谱柱，可得被测组分及内标物的色谱峰面积分别为为 A_a' 和 A_s'，则被测样品中目标组分的响应值：

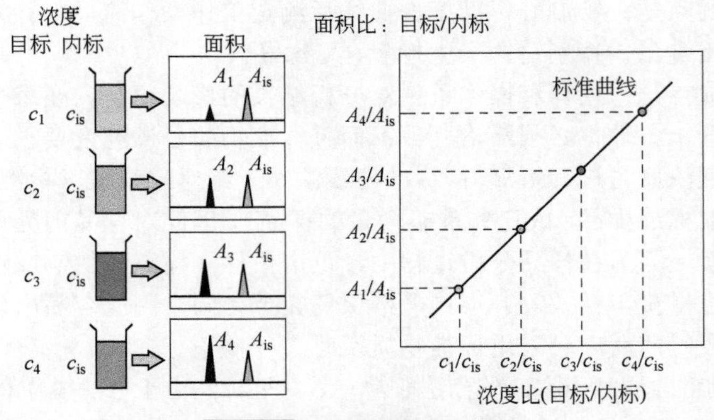

图 6-18 内标法校正曲线

$$S_a = \frac{A_a / W_a}{A_s / W_s} \tag{6-13}$$

即

$$W'_a = \frac{A'_a W'_s}{A'_s f_a} \tag{6-14}$$

组分 a 在被测样品中的含量：

$$a = \frac{W'_a}{W} \times 100\% \tag{6-15}$$

如果被测样品中除 a 组分外，还有 b、c、d 等其他组分，均可按此方法，先分别求得每种组分的响应值，然后再进一步求得组分在样品中的含量。

与外标校正类似，采用单点校正偏差较大，通常需要在不同浓度的样品溶液中加入相同浓度的内标物配制成校正液，然后做出校正曲线。并进一步确定样品中的目标组分含量。

内标法能够补偿由于仪器波动造成的样品体积或浓度的改变。使用内标的一个很重要的原因在于样品有时需要繁杂的预处理或制备。样品处理包括反应（衍生）、过滤、萃取等，这些步骤均会导致样品的损失，而在样品处理前加入合理选择的内标物能够校正这些损失。此外，内标法定量操作过程中将样品和内标物混在一起注入色谱柱，进样体积的不重复对峰面积所造成的影响可以在计算过程中被抵消，因此只要混合溶液中被测组分与内标物量的比值恒定，溶剂体积的变化就不会影响定量结果。

要求内标物与样品中所有组分均完全分离或许比较苛刻，对简单的混合物可能并不太难，但对复杂样品来说很难达到，此时使用内标物也许并不实际。内标法的精密度次于外标法，因为内标要求对两个峰的结果同时加以测定，而外标仅需一个峰。此外，选择一种与其他峰无任何干扰的内标物也增加了方法的复杂性，因此内标法仅用在要求制备大量样品方面，大多数常规分析采用外标法或许更适宜。

内标法的优点：使用时没有归一化法的那些限制，可以抵消色谱条件（如柱温、载气流速、桥电流和进样量）、进样量不够准确等原因带来的定量分析误差，特别是在样品前处理（如浓缩、萃取、衍生化等）前加入内标物，然后再进行前处理时，可部分补偿欲测组分在样品前处理时的损失。内标法是以待测组分和内标物的峰高比或峰面积比求算试样含量的方法。内标法可以分为校正曲线法、内标一点法（内标对比法）、内标二点法及校正因子法。

内标法的缺点：选择合适的内标物比较困难，内标物的称量要准确，操作复杂，且必须事先测得相对校正因子；同时加入内标物之后，在分离条件上比原样品要求更高一些（要求被测组分、内标物与其他组分都能分离）。

4. 标准加入法

标准加入法也叫叠加比较法，是一种特殊的内标法。在选择不到合适的内标物时，以样品中已有组分作内标物，将该组分纯物质加入到待测样品中，然后在相同的色谱条件下，比较加入欲测组分纯物质前后欲测组分的峰面积（或峰高），从而计算出欲测组分在样品中的含量。

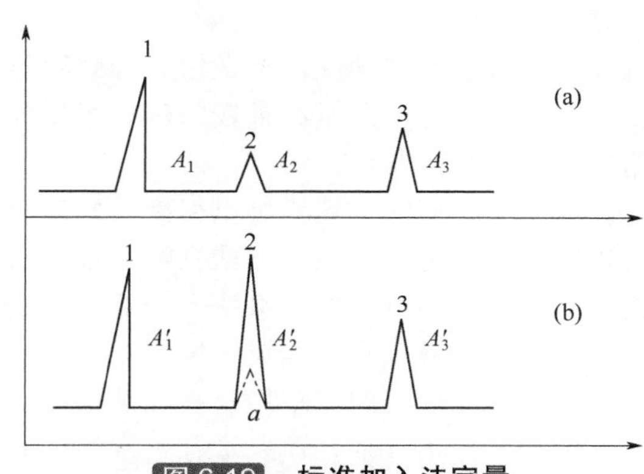

图 6-19 标准加入法定量

（a）未知样品的色谱分离谱图；（b）加入内标物后的色谱分离谱图（此图以组分2为内标物）

标准加入法测定多组分样品时，可选择样品中任一组分的纯物质作为内标物（选择样品中含量小的组分）进行定量分析。具体步骤是：首先将样品进行色谱分析，得到色谱图，然后同内标法，称取样品 m（g），加入作为内标物的组分 m_i（g），在相同的色谱操作条件下进行试验，得到对应的色谱图。由图 6-19 中的两张色谱图可知原样品中组分 i（组分 2）的色谱峰面积分别为 A_2，原样品中加入标准物后的色谱峰面积分别为 A'_2，然后按内标法计算出组分 i（组分 2）的定量结果。

根据图 6-19（a），有：

$$w_i=f_iA_i \tag{6-16}$$

同样，由图 6-19（b），有：

$$w_i+\Delta w_i=f'_iA'_i \tag{6-17}$$

结合式（6-16）和式（6-17），得到组分 i 的计算公式

$$w_i=\Delta w_i\bigg/\left(\frac{A'_i}{A_i}-1\right) \tag{6-18}$$

式中，w_i 为样品中组分 i 的含量，$\Delta w_i=m_i/m$。

标准加入法的特点：进样量不必十分精确，操作简便，不需另外的标准物质作内标物，且更利于色谱分离；在样品前处理前加入已知量的内标物组分，可避免在前处理过程中欲测组分的损失对定量结果的影响。为保护结果的准确性，要求两次进样量必须完全相同，并要求两次色谱条件完全相同以保证校正因子完全相等。

5. 痕量组分定量分析方法

HPLC 是分析各种类型样品中痕量组分（≤0.01%）的一种有效技术。HPLC 分析痕量组分的优势有：高分离能力，适合准确定量；较好的灵敏度和选择性；某些样品的预处理简单；

可以对原始样品预富集以提高灵敏度。痕量分析的目的不同于混合物中主成分的定量检测，需要解决的问题是测定混合物中一种或几种组分的微量浓度。痕量分析的主要目的在于准确求出痕量组分的浓度，由于本身低浓度的限制，通常只要求精密度在5%～15%范围内。

通常情况下，样品无需预处理可以直接注入HPLC柱中，然而有时痕量组分在分析之前必须经过固相萃取、液液萃取、过滤、组合柱和柱后反冲等处理步骤，以使其浓度达到可以检测的范围，或去除一些可能影响分离、检测的组分。样品中经常含有中性、碱性和酸性组分，以及疏水性较强的物质，样品预处理能有选择性地去除某些组分而保留所需组分。此外，样品的预处理也可用来改善分析的准确度。

为最大限度地消除干扰并得到最佳的准确度，痕量组分峰必须与邻近峰完全分开。两峰靠得很近且痕量组分峰较主成分先流出时，测量结果较精确。相反地，痕量组分峰在主成分峰拖尾的边缘上洗脱时，精确定量将很困难。

痕量分析通常采用等度洗脱的分离模式，这样可以得到较好的检测基线和保留时间重现性。痕量组分的定量分析常采用峰高定量法。这种方法受峰重叠影响较小（准确度最好）且具有足够的精密度。在痕量分析中为得到最好的灵敏度，一般尽可能加大进样量。假若样品量有限，使用较小内径的色谱柱可以有效提高检测灵敏度。

痕量分析外标校正法：大多数痕量组分的校正均是在样品基体（如血清）中进行的。在空白（无分析物的基体）溶液中加入校正标准物，并进行正常的样品制备。校正范围应该包含样品中待测物的浓度，且不应与样品中待测痕量组分浓度相差太多。在精心设计的痕量分析方法中，校正曲线应该能外延至纵坐标的零点。如果外延至零点以下，说明在分离中已有部分样品损失。如果校正线外延至零点以上，说明基线干扰或样品中的其他组分产生干扰。

在痕量分析中一般需要样品的预处理过程（萃取、固相萃取等），为确保足够的准确度，对大多数系统分析物的绝对回收率至少为75%。当回收率太低或不稳定时，适当的内标能改善痕量分析的精度。假若空白样品无法得到也可采用标准加入法。

标准加入法通过往样品基体中加入不同质量的待测物，并分别测出样品的响应值，用响应值对加入的待测物浓度作图，然后将直线外延至与横坐标相交所对应的值即是样品中待测物的浓度（图6-20）。

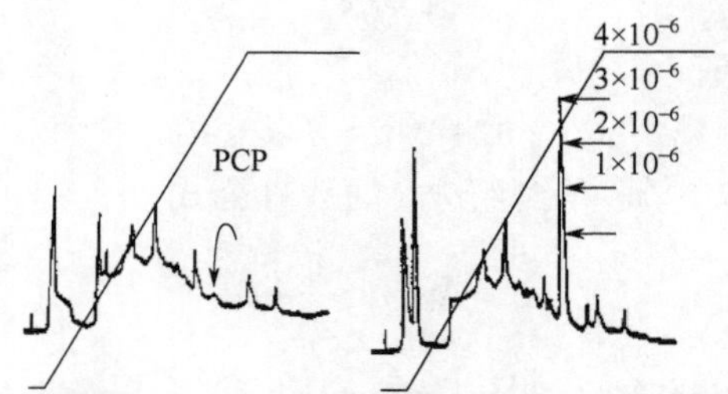

图6-20 标准加入法对废水中痕量五氯苯（PCP）的定量分析

第三节 方法论证

一、方法论证规范

HPLC方法建立后，通常需进行论证。方法全面论证包括专属性、线性、准确性、精密度、回收率、灵敏度等诸多内容[19]，表6-2给出了满足精密准确、稳定可靠并可移植转让的严格HPLC标准方法的论证方案。一般情况下，针对不同的分析目的，可能只要求一次成功的分离或能快速、"粗略"地答复某一特定问题，则只需要对其中的几项加以考察。通过方法论证可能找出可能因仪器和操作者的不同而导致的潜在问题。

表 6-2　严格 HPLC 标准方法的论证方案

序　号	论证方案
1	应预备数据表明所需方法的性能
2	应有为其他操作者使用的书面分析步骤
3	以一个以上的系统或操作者，用包括期望组分和期望被测物浓度的样品系统地论证方法的性能，比较不同时间和不同实验室之间的实验数据
4	应得到色谱柱的期望寿命以及柱间重现性的数据
5	研究不正常的结果，以纠正潜在的问题
6	研究所有影响分离的条件（温度、流动相组成、pH 值等）；规定这些条件的限度；对可能发生的问题（关键谱峰对分离不足；随运行时间延长，最末谱峰保留值增加等）提出建议措施

注：主要用于日常工作或质量监控方法。

二、方法论证中的问题

随着方法建立的进行，可能会出现各种问题，表 6-3 中列出其中的一些问题及可能的原因。其他问题还包括：①开始时色谱图中有的谱峰可能比所期望的要宽（塔板数低），或谱峰严重拖尾；②在方法应用中还会发现用同一（或不同）厂家的"规格相同"色谱柱替代原柱后，分离情况会变得难以接受；③常规实验室无法用（规格相同的）另柱重复方法；色谱柱寿命短（如进样不足 100 次即不能再用）；④（同一色谱柱）重复进样的色谱图不一样，定量精度较差；⑤保留时间从一系列运行的开始直至结束一直漂移；⑥在后面样品的色谱图中可能出现其他峰干扰被测物测定。

表 6-3　方法建立和论证期间可能出现的问题

序　号	问　题	评　论
1	塔板数低	色谱柱选择不对，二次保留、峰形不好的影响
2	色谱柱易变性	色谱柱选择不对，二次保留的影响
3	色谱柱寿命短	色谱柱选择不对，样品需预处理
4	保留值变化	色谱柱平衡不够，样品需预处理，键合相流失
5	定量精度差	需更好地校正，找出误差的来源
6	出现新的干扰峰	初始分离不够或初始样品无代表性

将长期使用的常规方法，最好先对这些问题进行预测并加以改善，方法重现性差会直接影响质量控制或生产实验室的工作。

好的方法可以容忍实验条件的微小变化，一般色谱工作者容易掌握、便于移植。可通过一定的实验设计，研究不同条件对分离的影响。

三、准确度、精密度和线性范围

HPLC 定量技术的方法论证要求给出方法的准确度、精密度和线性范围。准确度定义为测量值与真实值接近的程度，真实值可通过各种方法来确定[19]，准确度值通常用相对误差表示：

$$E_r = \frac{x_i - \mu}{\mu} \tag{6-19}$$

式中，E_r 为相对误差；x_i 为测量值；μ 为真实值。

精密度是指同一样品多次测量结果的重复程度，包括使用不同的仪器、样品制备、实验室以及不同的操作人员等在一天或经过数天所得到结果之间的重现性，通常用相对标准偏差表示：

$$RSD = \frac{1}{x}\sqrt{\frac{\sum_{i=1}^{n}(x_i - \overline{x})^2}{n-1}} \times 100\% \tag{6-20}$$

式中，$\overline{x}$ 表示 n 次测量结果的算术平均值；x_i 表示第 i 次的测量结果；n 是总的测量次数。

线性范围是指响应值与样品浓度的校正曲线近似成直线关系的范围，即数据满足线性方程的程度，每一种被分析物在较宽的浓度检测范围有良好的线性响应是定量分析方法的关键。响应值与样品浓度之间的线性关系可以表示为：

$$y=mx+b \tag{6-21}$$

式中，y 为检测器的响应值；x 为样品组分的浓度；m 为直线的斜率；b 为直线的截距。理想情况下，$b \approx 0$，即响应值与浓度呈正比例关系，这种情况下测量更精密且计算容易，同时可用较少的标准样品数据确定方程中的系数。

对于稀溶液样品，UV 检测器的响应值与溶质浓度间的关系符合 Beer 定律，即正比例关系。线性校正也可以说明系统在所研究的浓度范围内运转良好。此外，线性方法（$b \approx 0$）可以用一个（最好为两个）点提供快速方便地检验校正的准确度。假如新校正结果较原有值有大于 2σ的偏差则要求重新校正。$b \neq 0$ 的线性响应或者非线性响应对某些方法可能更合适，但数据处理过程将较为复杂。

四、检测限和定量限

分析物最小可测量浓度［或称作检测限（LOD）］是指能被可靠检测的最小浓度。LOD 与体系的信号和噪声有关，通常被定义为信噪比（S/N'）至少为 3∶1 的峰。图 6-21 给出了典型的检测器信号是噪声三倍的例子，噪声（峰对峰）为 10 个单位而信号为 30 个单位。

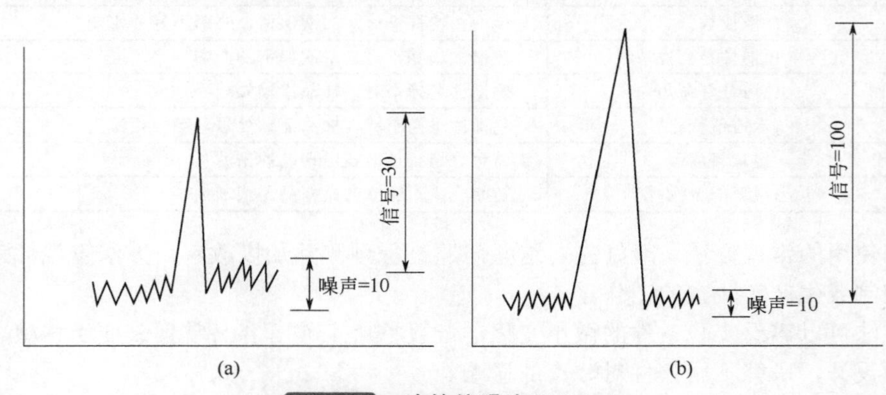

图 6-21 峰的信噪比(S/N')=3

（a）检测限（LOD）=3∶1；（b）定量限（LOQ）=10∶1

最大定量限是指使用定量方法能够可靠测定的最大浓度。最小定量限［亦被称为定量限（LOQ）］是指在某一指定水平的准确度和精密度下能够可靠定量的最低浓度。LOQ 有三种不同的表达方式：①类似于 LOD，但要求信噪比（S/N'）至少为 10；②定义某一精密度，然后根据实验确定相对于该水平的精密度需要多大的峰高；③假定基线噪声近似为一宽度为 4 个标准偏差（$N'=4\sigma$）单位宽度的高斯分布。若 $S/N'=5$，用峰高测量估计的最好精密度约±10%。

最大定量限通常由检测器的线性范围决定（即检测器随溶质浓度的增加不再呈线性响应）。最大和最小定量限决定了方法应用的浓度或质量范围。假如需要更高浓度样品的定量分析，将样品稀释至可检测的范围内是有效扩大检测范围的一种简便、有效的手段。

参考文献

[1] 卢佩章，张玉奎，梁鑫淼. 高效液相色谱法及其专家系统. 沈阳：辽宁科学技术出版社，1992：429-550.

[2] 卢佩章，戴朝政，张祥民. 色谱理论基础. 第 2 版. 北京：科学出版社，1997：291-319.

[3] 高鸿. 分析化学前沿. 北京：科学出版社，1991：145-152.

[4] 邹汉法，张玉奎，卢佩章. 液相色谱法. 北京：科学出版社，1998：326-371.

[5] 邹汉法，张玉奎，卢佩章. 离子对高效液相色谱法. 郑州：河南科学技术出版社，1994：176-210.

[6] 李浩春. 分析化学手册：第五分册. 气相色谱分析，北京：化学工业出版社，1999：226-262.

[7] 王俊德，商振华，郁温璐. 高效液相色谱法. 北京：中国石化出版社，1992：223-233.

[8] Gnishka E and Zamir I. in Chemical Analysis，Vol. 98，High Performance Liquid Chromatography，Brown P R and Hartwick R A，eds.，Wiley，New York，1989，Chapter 13.

[9] 吴也平，彭丽萍. 齐齐哈尔师范学院学报，1994，14：21.

[10] 聂长明，范明舫. 有机化学，2000，20：122.

[11] http://www.ahsystem.com/eluxdos.html.

[12] 汪正范，杨树民，吴侔天，岳卫华. 色谱技术丛书：色谱联用技术. 第 2 版. 北京：化学工业出版社，2007.

[13] 汪正范. 色谱技术丛书：色谱定性与定量. 第 2 版. 北京：化学工业出版社，2007.

[14] Makino K，Moriya F，Hatano H. Radiat Phys Chem，1984，23（1-2）：217.

[15] Hadden N，et al. Basic Liquid Chromatography. Walnut Creek，CA：Varian Aerograph，1971.

[16] 罗荣模，王泳涛. 中国计量学院学报，2003，14：24.

[17] E Katz，ed. Quantitative Analysis Using Chromatographic Techniques. New York：Wiley. 1987.

[18] Anderson G M，Purdy W C. Anal Lett，1977（10）：493.

[19] ［美］L R 森德尔，J J 柯克兰，J L 格莱吉克. 实用高效液相色谱法的建立. 第 2 版. 张玉奎，王杰，张维冰译. 北京：华文出版社，2001.

第七章　毛细管电泳

第一节　毛细管电泳原理

一、概述

电泳（electrophoresis）是指带电粒子在电场作用下，向与其所带电荷电性相反的电极方向移动的现象，利用这种现象对化学或生物化学组分进行分离分析的技术称为电泳技术。目前，电泳技术已广泛应用于生物化学、分子生物学、遗传学、免疫学、医学、药学等领域。

电泳及相关技术自问世以来，获得了巨大的发展，其发展大致可分为两个阶段。①平板电泳：20 世纪 80 年代以前，电泳技术围绕制胶、电泳、染色三个技术环节不断改进，在提高分辨率、灵敏度、简化操作、缩短电泳时间以及扩大应用范围等方面开展了系统的探索与尝试。②毛细管电泳：1981 年，Jorgenson 等在内径 75μm 的石英毛细管内进行电泳分析，柱效高达 40 万塔板/米，这促进电泳技术发生了根本性的变革，迅速成为可与气相色谱（GC）、高效液相色谱（HPLC）相媲美的崭新的分离分析技术——毛细管电泳（capillary electrophoresis，CE）。相比于传统的平板电泳，其重要改进在于采用了内径为微米级（10～100μm）的石英毛细管作为分离通道，从而电泳过程中所产生的热量能够快速散发，焦耳热效应大大减小，使采用高电场成为可能；另一方面，高达数万伏电压的使用，增大了电场推动力，可采用更长的毛细管，进一步使分离能力增加。CE 的柱效远高于 HPLC，理论塔板数可达每米几十万塔板，且具有分析速度快，分离效率高，操作方便，样品、溶剂消耗少等优点，自其出现以来，立即引起了广泛的关注。

1984 年 Terabe 等[1]发展了以组分在毛细管内的胶束和缓冲溶液之间分配为基础进行分离的毛细管胶束电动色谱（micellar electrokinetic capillary chromatography，MEKC）。1987 年 Hjerten 等[2]将传统的等电聚焦过程引入到 CE 中，发展了基于等电点不同而实现分离的毛细管等电聚焦（capillary isoelectric focusing，CIEF）。同年，Cohen 等[3]提出了基于分子量大小筛分机理的毛细管凝胶电泳（capillary gel electrophoresis，CGE）。1988—1989 年出现的第一批 CE 商品仪器，以及 1989 年第一届国际 CE 会议的召开，标志着一门新的分支学科的诞生。

CE 技术在经历了 20 世纪八九十年代的快速发展之后，出现了一段时间的停滞，主要受限于当时精密仪器制造加工技术的不足，导致 CE 重现性较差，难以满足日常定量、定性分析要求。随着 21 世纪生命医药科学的兴起及仪器技术的革新，CE 再次进入了研究者的视野。在分离分析生物大分子如蛋白、多肽、DNA、RNA、细胞等时，CE 相比 HPLC 具有较大优势，如样品耗量少、分析速度快等。尤其是随着芯片电泳的出现，仪器的进一步微型化使其在快速、高通量检测生物大分子方面比 CE 更具优势，更适合珍贵样本的快速分析。

质谱检测器和 CE 联用技术可以提供更加丰富的信息。目前，CE 已经成功地和多重四级杆质谱、离子肼质谱、时间飞行质谱、电感耦合等离子体质谱、磁质谱和傅里叶变换离子回旋共振质谱等联用。在复杂生物体系的分离鉴定和复杂中药体系的分离分析中发挥着越来越重要的作用。

手性药物分离是医药研究的另一个重要领域。CE 用于手性分离时，操作方便，成本低，仅需在运行缓冲液中加入手性选择剂即可，更换手性选择剂也非常容易，同时其分离效率往往高于 HPLC，因而越来越多的医药工作者采用 CE 技术来分析手性药物。

随着科学技术的发展，对分析技术的要求越来越高，分离分析对象也越来越复杂。虽然 CE 技术中有一些在线富集方法，能够在一定程度上直接用于复杂样本的分析，然而为了进一步纯化样本、富集目标物，越来越多的样品前处理方法和 CE 在线或离线联用，如固相萃取、固相微萃取、液液萃取、液液微萃取等。这些方法一般操作较为简单，能够有效地去除基质干扰物，使样品适合于 CE 进样，提高分析的选择性和灵敏度。在前处理步骤中亦可对目标物进行衍生化，使之更适于 CE 检测。样品前处理结合 CE 在线富集技术往往能极大程度地提高富集倍数，得到满意的灵敏度，非常适合于复杂样本中痕量目标物的分析检测。

二、基本理论

1. 电渗现象与电渗流

当固体与液体接触时，在适当条件下，因固体表面分子离解和/或吸附溶液中的离子，在液-固界面之间会形成双电层，二者之间存在电位差。当对液体两端施加电压时，液体相对于固体表面会发生移动，这种液体相对于固体表面移动的现象称为电渗现象，其中整体移动的液体称为电渗流（electroosmotic flow，简称 EOF）。以未进行表面修饰的熔融石英毛细管为例，当使用含有一定电解质浓度的极性溶剂作为流动相，且 pH＞2.2 时，毛细管内壁的硅羟基离解使其表面带负电荷。为达到电荷平衡，溶液中的正离子会聚集在管内壁表面附近形成双电层，双电层靠近溶液的一面因电荷的累积不同又可分为紧密层（Stern 层）和扩散层，如图 7-1 所示。当毛细管两端施加电压时，组成扩散层的阳离子向负极移动，由于这些离子是溶剂化的，会带动毛细管中的溶液整体向负极运动，形成电渗流。

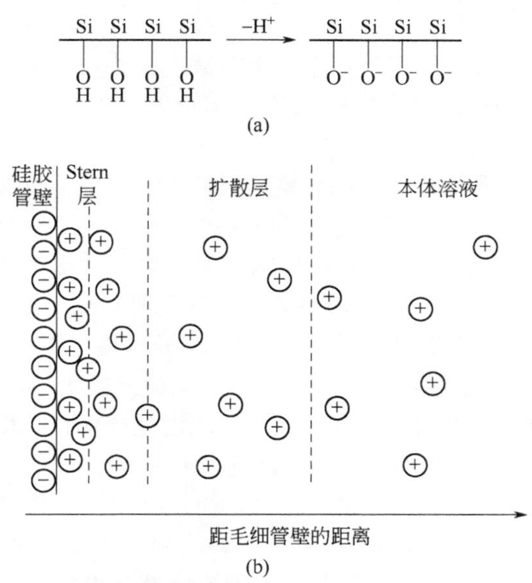

图 7-1　石英毛细管双电层示意图

（a）硅羟基解离；（b）双电层形成

EOF 的大小用电渗流速度 v_{EOF} 表示，它取决于电渗淌度 μ_{EOF} 和电场强度 E，即

$$v_{EOF}=\mu_{EOF}E \tag{7-1}$$

μ_{EOF} 取决于电泳介质及双电层的 Zeta 电势，即

$$\mu_{EOF}=\varepsilon_0\varepsilon\xi \tag{7-2}$$

式中，ε_0 为真空介电常数；ε 为介电常数；ξ 为 Zeta 电势。由式（7-1）和式（7-2）可得

$$v_{EOF}=\varepsilon_0\varepsilon\xi E \tag{7-3}$$

v_{EOF} 可通过测定 EOF 标识物在电泳中的迁移速度而获得，其计算公式为

$$v_{EOF}=L_{eff}/t_{EOF} \tag{7-4}$$

式中，L_{eff} 为毛细管有效长度；t_{EOF} 为 EOF 标记物（一般是中性物质）的迁移时间。

EOF 的流型与 HPLC 流型不同。用激光照射荧光样品在毛细管中不同时间时的形状，就可以看出这两种驱动力对流型的影响，如图 7-2 所示。

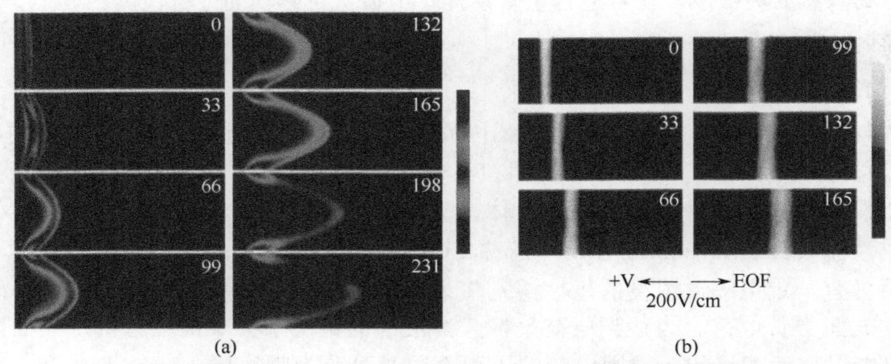

图 7-2 压力（a）和电（b）驱动的柱床流型剖面图

（a）内径100μm毛细管，图中标示时间单位为ms，荧光物质为右旋糖苷，水溶液体系；
（b）内径75μm毛细管，图中标示时间单位为ms，荧光物质为5-(6)-羧基-Q-罗丹明，
溶液为乙腈-三羟甲基氨基甲烷（Tris）缓冲液（pH=8），电场为200V/cm

可以看出，EOF 为塞式流型，整体移动，谱带展宽很小。HPLC 为抛物线流型，管壁处流速低，管中心处的流体速率为平均速率的 2 倍，谱带展宽较大。这种流型很好地解释了 CE 柱效较 HPLC 提高的原因。

EOF 的大小主要受电场强度、毛细管材料、电解质溶液性质等影响。从式（7-3）可知，EOF 大小和 E 成正比，当毛细管长度一定时，EOF 大小正比于工作电压。不同材料毛细管的表面电荷特性不同，即使是相同材质、相同厂家，由于生产批次不同，毛细管表面电荷也可能存在差异，致使所产生的 EOF 大小会略有差别。这也是造成 CE 重现性较差的原因之一。

电解质溶液性质的影响因素主要包括溶液 pH、离子种类、温度、添加剂等。对于石英毛细管，溶液 pH 值升高，表面硅羟基电离能力增强，电荷密度增加，Zeta 电势增大，EOF 则增大；当 pH＜3 时，毛细管内表面硅羟基电离少，表面呈电中性，EOF 接近零。因此 CE 运行时，通常采用缓冲溶液来维持体系 pH 值在合适的范围。

缓冲溶液离子强度大小会影响双电层的厚度、溶液黏度和工作电流，进而影响 EOF。缓冲溶液离子强度增加，EOF 变小。温度对 EOF 的影响源于“焦耳热”，即毛细管溶液中有电流通过时产生的热量。CE 中的焦耳热与背景电解质的摩尔电导、浓度及电场强度成正比。温度每变化 1℃，将引起背景电解质溶液黏度变化 2%～3%。毛细管内温度的升高使溶液的黏度下降，导致 EOF 增大。缓冲液中加入盐的浓度增高时，溶液的离子强度增大，黏度增加，

EOF 减小。在缓冲液中引入表面活性剂可改变 EOF 的大小甚至方向；加入有机溶剂如甲醇、乙腈，可减小 EOF。显然，单一条件的变化会使 CE 分析中多种参数发生变化。

EOF 的方向取决于毛细管管壁表面电荷的性质。管壁带负电荷，EOF 流向负极；管壁带正电荷，EOF 流向正极。对石英毛细管而言，不做特殊处理时管壁通常带负电荷，EOF 流向负极。

有时需要调控 EOF 的方向和大小以获得快速分离或提高分离效率。EOF 大小的调控主要根据上述讨论的几个因素进行；EOF 方向的控制一般可以通过毛细管管壁改性，或在缓冲液中加入添加剂实现。例如，为获得流向正极的 EOF，可在毛细管管壁键合阳离子基团，或在缓冲液中加入大量的阳离子表面活性剂，使石英毛细管管壁带正电荷，溶液表面带负电荷。在分离蛋白质等生物大分子时，一般需要通过改性毛细管来抑制生物大分子在毛细管壁的不可逆吸附。

2. 电泳与电泳淌度

电泳是带电离子在电场中的定向移动，不同离子具有不同的泳动速度。当带电离子以速度 v_{EP} 在电场中运动时，受到大小相等、方向相反的电场推动力和平动摩擦阻力的作用。

电场力：
$$F_E=qE \tag{7-5}$$
阻力：
$$F=fv_{EP} \tag{7-6}$$
故：
$$qE=fv_{EP} \tag{7-7}$$

其中，q 为离子所带的有效电荷；E 为电场强度；v_{EP} 为离子在电场中的泳动速度；f 为平动摩擦系数（对球形离子而言，f=6$\pi\eta\gamma$，γ为离子的表观液态动力学半径，η 为介质的黏度）。

对式（7-7）换型有：

$$v_{EP}=\frac{qE}{f}=\frac{q}{6\pi\gamma\eta}E \tag{7-8}$$

从式（7-8）可知，不同离子在相同电场中具有不同的电泳速度，这也是 CE 分离的基础。

电泳淌度（mobility）是指带电离子在单位电场下的迁移速度。

无限稀释溶液中带电离子在单位电场强度下的平均迁移速度被称为绝对淌度（absolute mobility），用μ_{ab}表示，可在手册中查阅。

可解离溶质在实际溶液中的淌度被称为有效淌度（effective mobility），用μ_{eff}表示，可由实验测定。

$$\mu_{eff}=\sum a_i\mu_i \tag{7-9}$$

其中，a_i 为溶质 i 的解离度；μ_i 为溶质 i 在解离状态下的绝对淌度。

离子在实际分离过程中的迁移速度被称为表观迁移速度 v_{ap}，对应的淌度为表观淌度，用 μ_{ap} 表示。因此

$$v_{ap}=\mu_{ap}E \tag{7-10}$$

进一步有：

$$\mu_{ap}=\frac{v_{ap}}{E}=\frac{q}{6\pi\gamma\eta} \tag{7-11}$$

3. 迁移速度

一般而言，EOF 的速度约等于一般离子电泳速度的 5～7 倍。电场作用下，毛细管柱中出现电泳和电渗现象。带电粒子的迁移速度为电泳速度和电渗速度的矢量和。各种电性离子

在石英毛细管柱中的迁移速度为：

$$v_{+}=v_{EOF}+v_{+EP} \quad (\text{阳离子})$$

$$v_{-}=v_{EOF}+v_{-EP} \quad (\text{阴离子})$$

$$v_{0}=v_{EOF} \quad (\text{中性样品})$$

对正离子而言，两种效应的运动方向一致，在负极最先流出；中性物质无电泳现象，仅随 EOF 运动，在阳离子之后流出；阴离子的电泳方向和 EOF 方向相反，最后在负极流出或者不流出。由于中性物质不带电，传统的区带电泳无法实现其分离。

迁移速度可通过实验得到。已知毛细管有效长度 L_{eff}，测定离子的迁移时间 t，计算得到：

$$v_{ap}=\frac{L_{eff}}{t} \tag{7-12}$$

4. 区带展宽与柱效

与 HPLC 相同，CE 的柱效也用塔板数 N 或者塔板高度 H 来表示，公式分别为：

$$N=\frac{\mu_{ap}L_{eff}}{2D}E \tag{7-13}$$

$$H=L_{eff}/N \tag{7-14}$$

其中，D 为扩散系数。

由于 CE 中无涡流扩散，而一般传质阻抗可忽略，因此，CE 中峰展宽主要由纵向扩散引起。纵向扩散引起的峰展宽由扩散系数和迁移时间决定。大分子的扩散系数小，可获得更高的分离效率，因此，CE 更适宜于大分子的高效分离。毛细管的载样容量有限，当进样量太大时，会引起严重的峰展宽，分离效率明显下降。在实际操作时，进样量通常很小，约为纳升级。

电泳过程产生的焦耳热是引起峰展宽的另一个重要因素，焦耳热可表示为：

$$Q=\frac{VI}{\pi r^{2}L}=\Lambda_{m}c_{m}E^{2} \tag{7-15}$$

其中，Λ_m 为电解质溶液的摩尔电导；I 为工作电流；c_m 为电解质浓度。

毛细管中产生的焦耳热会通过管壁不断散失，然而在散热过程中，毛细管内易形成中心温度高、管壁温度低的梯度，破坏了塞型流型，导致区带展宽。为减小焦耳热，可通过减小毛细管内径实现。高端的毛细管电泳仪配备有冷却装置，通过循环冷凝液控制散热以降低焦耳热效应。

在 CE 分离中，溶质与管壁间可能存在吸附、静电吸引等多种作用，造成谱带展宽。电荷数较多的蛋白质分子、多肽等样品，吸附问题尤其严重。通常需要对毛细管内壁进行适当处理后再用于样品分离。为减小吸附，可加入两性离子代替强电解质。两性离子一端带正电，另一端带负电，带正电一端可与管壁负电中心作用，当浓度约为溶质的 100～1000 倍时，能够有效抑制管壁对蛋白质的吸附，同时两性离子对溶液电导影响较小，对 EOF 影响不大。

当溶质区带与缓冲溶液区带的电导差异较大时，也有可能会造成谱带展宽。实际操作中，应尽量选择与试样淌度相匹配的背景电解质溶液。另外，在 CE 操作中应尽量维持毛细管两端的缓冲液液面高度相同，当毛细管两端液面高度不同时，进样端和出口端存在压力差，会出现抛物线形的层流，导致谱带展宽。

5. 分离度

分离度是衡量 CE 将样品组分分开的能力，可沿用液相色谱中分离度的计算公式。

CE 中影响分离度的主要因素包括：工作电压、毛细管有效长度与总长度比、样品组分的有效淌度差等。

第二节 毛细管电泳分离模式

CE 按分离介质和分离原理不同，存在多种操作模式，表 7-1 中列出了常见的 CE 分离模式及其特征。最常用的 CE 分离模式包括毛细管区带电泳（CZE）、胶束电动毛细管色谱（MEKC）、毛细管凝胶电泳（CGE）、毛细管等电聚焦（CIEF）和毛细管等速电泳（CITP）等[4]。

表 7-1 毛细管电泳主要分离模式

类别	类型	英文全称	英文缩写	说明
空管	毛细管区带电泳	capillary zone electrophoresis	CZE	毛细管和电极槽灌有相同的缓冲液
	胶束电动毛细管色谱	micellar electrokinetic capillary chromatography	MEKC	在 CZE 缓冲液中加入一种或多种胶束
	毛细管等电聚焦	capillary isoelectric focusing	CIEF	管内装 pH 梯度介质，相当于 pH 梯度 CZE
	毛细管等速电泳	capillary isotachophoresis	CITP	使用两种不同的 CZE 缓冲液
	开管毛细管电色谱	open-tube capillary electrochromatography	OTCEC	使用固定相涂层毛细管
	亲和毛细管电泳	affinity capillary electrophoresis	ACE	在CZE缓冲液或毛细管内加入亲和作用试剂
填充柱	毛细管凝胶电泳	capillary gel electrophoresis	CGE	管内填充凝胶介质，用 CZE 缓冲液
	填充毛细管电色谱	packed-column capillary electrochromatography	PCCEC	毛细管内填充色谱填料

一、毛细管区带电泳

1. 基本原理

毛细管区带电泳（CZE）是指溶质在毛细管内的缓冲液中以不同速度迁移而形成一个个独立溶质带的电泳模式，区带电泳分离的基础是溶质的淌度差别。在直流高压驱动下，各被测物质基于净电荷与质量比（荷质比）间的差异，其以不同的速度在电解质溶液中移动而实现分离。CZE 是 CE 中最简单、应用最广的一种操作模式，是其他操作模式的基础。

若被测物质为荷正电离子，其电泳方向与电渗方向一致，表观淌度最大，迁移时间最短，首先出峰；对于中性分子，表观淌度即为电渗淌度，随后出峰；若被测物质为荷负电离子，电泳淌度与电渗淌度相反且通常小于电渗淌度，则最后出峰。对同电性离子而言，因在固定实验条件下电渗淌度相等，只能通过改变其荷质比获得不同的电泳淌度进行分离。

显然，CZE 模式是分离荷电离子最有效的方法，通过改变缓冲液 pH 值而获得不同荷质比的被测组分，从而使其部分或完全分离。对中性分子来说，则必须在缓冲液中加入添加剂（如环糊精等），通过分析物与添加剂的配位、缔合作用使其具有不同的荷质比从而实现分离。

2. 分离介质的选择

毛细管区带电泳介质实际上是一种具有 pH 缓冲能力的均匀溶液，通常称为电泳缓冲液（running buffer），简称缓冲液，由缓冲试剂、pH 调节剂、溶剂和添加剂组成。缓冲液的选择可分为 pH 与缓冲试剂选择、添加剂选择和溶剂选择等。

缓冲体系由缓冲试剂和 pH 调节剂两部分构成。缓冲试剂和缓冲体系 pH 的选择是决定分离成败的一大关键。CE 中常用的缓冲试剂主要有磷酸、柠檬酸、乙酸、三羟甲基氨基甲烷

（Tris）等，表 7-2 给出了一些 CE 中常用的缓冲试剂。不同的缓冲试剂具有不同的 pH 缓冲范围，应用时可根据实际需要选择。对于氨基酸、肽和蛋白质等两性样品，采用酸性（pH≈2）或碱性（pH＞9）分离条件，容易得到好的结果；对于糖类样品，通常在 pH=9～11 之间分离效果较好；对于，羧酸或其他样品，在 pH=5～9 之间分离效果较好。

表 7-2 CE 中常用的缓冲试剂

试剂	英文缩写	pK_a（25℃）
磷酸	—	2.14，7.10，13.3
柠檬酸	—	3.06，4.74，5.40
甲酸	—	3.75
琥珀酸	—	4.19，5.57
乙酸	—	4.75
2-(*N*-吗啡啉)乙磺酸	MES	6.13
2-[(2-氨基-2-氧代乙基)氨基]乙磺酸	ACES	6.75
3-(*N*-吗啡啉)丙磺酸	MOPSO	6.79
2-[*N*,*N*-二(2-羟乙基)氨基]乙磺酸	BES	7.16
3-(*N*-吗啡啉)丙磺酸	MOPS	7.2
2-羟基-3-[*N*,*N*-二(2-羟乙基)氨基]丙磺酸	DIPSO	7.5
N-(2-羟乙基)哌嗪-*N'*-乙磺酸	HEPES	7.51
2-羟基-3-[*N*-三(羟甲基)甲氨基]丙磺酸	TAPSO	7.56
N-(2-羟乙基)-哌嗪-*N'*-(2-羟丙磺酸)	HEPPSO	7.9
N-(2-羟乙基)哌嗪-*N'*-丙磺酸	EPPS	7.9
哌嗪-*N*,*N'*-二(乙磺酸)	POPSO	7.9
N-三(羟甲基)甲基甘氨酸	Tricine	8.05
三羟甲基氨基甲烷	Tris	8.1
二聚甘氨酸	GlyGly	8.2
N,*N*-二(2-羟乙基)甘氨酸	Bicine	8.25
3-[*N*-三(羟甲基)甲氨基]丙磺酸	TAPS	8.4
硼酸	—	9.14
2-(环己氨基)乙磺酸	CHES	9.55
3-(环己氨基)丙磺酸	CAPS	10.4

优化缓冲试剂的浓度时，一般控制在 10～200mmol/L。电导率高的缓冲试剂如磷酸盐和硼砂等，其浓度多控制在 20mmol/L 附近；而电导小的试剂如硼酸等，其浓度可在 100mmol/L 以上。有时为了抑制蛋白质吸附等特殊目的，可以选择＞0.5mol/L 的浓度，但需降低分离电压，以减少发热量。

如果缓冲体系各参数经优化后仍不能得到良好的分离结果，可考虑使用添加剂。最简单的添加剂是无机电解质，如 NaCl、KCl 等。较高浓度的电解质可以压缩区带、抑制蛋白质等分子在管壁上的吸附。然而，高浓度电解质也容易导致体系过热，样品谱带扩散，从而使分离效率下降。当严重过热时，管内甚至会出现气泡，导致分离无法进行。用两性有机电解质代替无机电解质可降低电导，克服过热问题。

除无机电解质添加剂外，常用的添加剂还包括非电解质高分子、荷电表面活性剂、功能性添加剂等。非电解质高分子，如纤维素、聚乙烯醇、多糖等，可形成分子团或特殊的局部结构，影响样品的迁移，从而改善其分离，高分子亦可强烈吸附在毛细管壁上，影响电渗进而影响分离过程；荷电表面活性剂如十二烷基硫酸钠、十二烷基季铵盐等，具有吸附、增溶、形成胶束等功能；合适浓度的阳离子表面活性剂如十六烷基季铵盐，能在石英毛细管表面形成单层或双层吸附层，故可用于 EOF 的控制或抑制蛋白质在管壁上的吸附；高浓度的表面活性剂能形成胶束，可作为毛细管电色谱准固定相；功能性添加剂，如手性冠醚、环糊精及其衍生物等，可通过分子间各种复杂的相互作用来影响对样品的分离，在手性拆分方面有优势。

CE 缓冲液一般用水配制，但也可加入少量的有机溶剂，以改善分离度或分离选择性。常用的有机溶剂添加剂包括甲醇、乙醇、乙腈、丙酮、甲酰胺、二甲基亚砜等。非水 CE 采用有机溶剂缓冲体系，或添加少量的水以调节分离。非水 CE 选择的范围较小，需考虑电解质溶解能力、样品的灵敏检测等问题。

二、胶束电动毛细管色谱

胶束电动毛细管色谱（MEKC）作为 CE 与胶束增溶作用相结合的分离技术，使 CE 不仅能用于带电物质的分离，也适合于电中性物质的分离，大大拓宽了 CE 的应用范围。目前 MEKC 已成功地用于氨基酸、维生素、各种药物及中间体、有机化合物和环境污染物等的分离分析，在生物、药物、环境、化工、食品等领域发挥着重要的作用。

1. 基本原理

在缓冲溶液中加入离子型表面活性剂，当其浓度达到或超过临界胶束浓度时，表面活性剂单体就会聚集形成胶束（准固定相），利用溶质在水相和胶束相间的分配差异进行分离的 CE 模式称为胶束电动毛细管色谱。

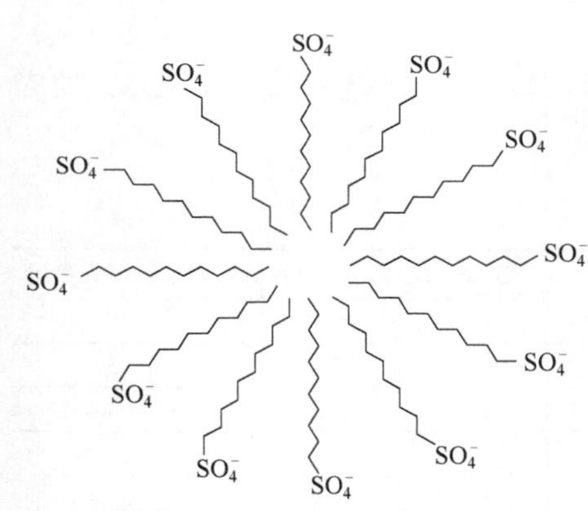

图 7-3　十二烷基硫酸钠（SDS）胶束的结构示意图

胶束一般是由 10～50 个碳原子单位组成的长链分子，它具有头部（或外层）亲水、尾部（或内层）疏水的特征。在水溶液中，头部暴露在外，尾部包在胶束中。图 7-3 是十二烷基硫酸钠（SDS）胶束的示意结构，内部有一个疏水核，外层布满了亲水的 SO_4^-。

在 MEKC 系统中，实际上存在着类似于色谱的两相：作为载体的液相（流动相），以及起到固定相作用的胶束相。溶质在两相间分配，由其在胶束中不同的保留能力而实现分离。在 SDS 胶束 MEKC 中，与 CZE 一样，缓冲液在靠近管壁处带正电，使其具有大的电渗流，向负极移动。对 SDS 胶束而言，其外围带有较多的负电荷，电泳淌度朝正极，然而，在一般情况下电渗流的速度大于胶束的迁移速度，因此，胶束最终会以较低的速度向负极迁移。MEKC 有别于普通色谱的一个重要特性为它的“固定相”是移动的，这种移动的“固定相”又被称为“准固定相”。

本质上，MEKC 基于组分在胶束相及流动相分子之间相互作用的差异分离。溶质在毛细管柱内同时受到胶束和缓冲液的作用，当样品组分与胶束作用力强时，其在胶束相中的浓度较大，在缓冲液中的浓度较小。这种作用力的强弱反映为分配系数的差别。MEKC 中常用容量因子 k'来间接地描绘分配系数，定义为：

$$k' = \frac{\text{溶质在胶束中的量}}{\text{溶质在溶液中的量}} \tag{7-16}$$

在 MEKC 中，中性粒子由于本身疏水性的差异而得以分离。具有不同疏水性的粒子与胶束的相互作用不同，疏水性强的组分在胶束相中分配多，保留强；疏水性弱的组分在缓冲液中分配多，保留弱。采用阴离子表面活性剂或阳离子表面活性剂时，因胶束带电性质的差别，保留强弱与保留时间的关系相反。

2. 胶束的选择

在 MEKC 中，表面活性剂的种类、性质及浓度是 MEKC 条件选择的关键因素。

MEKC 中使用的胶束必须符合以下几点要求：①在溶液中形成的胶束足够稳定，且与溶质的缔合速度快；②表面活性剂的临界胶束浓度（CMC）不宜太高，形成的胶束必须是均匀、透明的液体，以便能用光学检测器进行在线柱上检测；③胶束的黏度应较小，以保证有足够大的淌度；④表面活性剂种类繁多，大致可分为阴离子、阳离子、两性离子和中性分子表面活性剂。原则上凡能在水或极性有机溶剂中形成胶束的物质，都可用于 MEKC。然而在实际工作中，由于受 CE 分离效率及其检测等方面的限制，可供选择的表面活性剂种类并不多。

选择表面活性剂可参考以下经验：①对大多数中性溶质，SDS 具有广泛适用性；②对极性溶质，含不同极性基团的表面活性剂表现出不同的选择性，甚至能改变样品的保留行为；③对易在毛细管管壁产生吸附的大分子的分离，可以选择阳离子胶束体系，但应注意，如果 EOF 方向反转，必须切换电极；④对离子性溶质的分离，其疏水性和电荷都会影响分配，电荷极性不同的胶束可能产生完全不同的选择性，一般应选择与溶质电荷相反的胶束体系，以利于加强溶质和胶束的相互作用；⑤对手性化合物的拆分，需要用手性胶束或手性化合物的混合胶束；⑥阳离子表面活性剂可能会改变电渗方向，使得电渗流从负极流向正极，此时需根据分析物的性质选择合适的电极及进样端。

常用的几种表面活性剂及其主要性质如表 7-3 所示，其中十二烷基硫酸钠（SDS）的应用最为普遍。

表 7-3 四类表面活性剂中典型化合物的性质

类 型	表面活性剂	英文名称	缩写符号	CMC/(mmol/L)	分子聚集数目
阴离子	十二烷基硫酸钠	sodium dodecanesulfate	SDS	8.1	62
	十二烷基磺酸钠	sodium dodecanesulfonate	SDS	7.2	54
	十四烷基硫酸钠	sodium tetradecylsulfate	STS	2.1（50℃）	138（40℃）
	胆酸	cholic acid	ChA	14	2～4
	脱氧胆酸	deoxylcholic acid	DChA	5.0	4～10
	牛磺胆酸	taurocholic acid	TChA	10～15	4
阳离子	十六烷基三甲基溴化铵	cetyltrimethylammonium bromide	CTAB	9.2×10^{-4}	61
	十四烷基三甲基溴化铵	tetradecyltrimethylammonium bromide	TTAB	3.5	75
	十二烷基三甲基溴化铵	dodecyltrimethylammonium bromide	DTAB	14	50
	十二烷基三甲基氯化铵	dodecyltrimethylammonium chloride	DTAC	16	—
两性离子	胆酰胺丙基二（甲基）氨基丙磺酸	3-[(3-cholamidopropyl)-dimethyl-ammonio]-propanesulfonate	CHAPS	8.0×10^{-3}	10
中性分子	十二烷基-β-D-麦芽糖苷	dodecyl-β-D-maltoside	DMS	1.6×10^{-4}	—

3. 影响分离的因素

MEKC 中由于引入了分配机理，除纵向扩散外，准固定相的性质、传质阻力的大小及体系温度对分离均有较大的影响。

不同表面活性剂由于其物理化学性质的差异，所形成胶束的性质（如电荷、CMC、胶束聚集数及几何形状等）不同，对溶质增溶能力不同，从而可以调控分离选择性。胶束作为准固定相，其浓度对分离也有很大的影响。随着表面活性剂的浓度增加，胶束数目增加，胶束相的体积增大，相比增大，减少了胶束多分散性引起的区带展宽，从而有利于提高柱效；但当表面活性剂浓度太大时，一方面可能导致溶质保留时间延长，增加纵向扩散，另一方面易于产生更多的焦耳热，两方面的影响均会导致柱效降低。

选择缓冲溶液应考虑其 pH 适用范围、缓冲溶液的组成与表面活性剂及样品的匹配性，并要求在检测条件下无吸收或低吸收。另外，缓冲溶液的组成和浓度对分离选择性有一定的影响，对表面活性剂在水中的溶解度也有影响。MEKC 采用的缓冲溶液一般为无机钠盐类，pH 值在 6～9 范围内的磷酸盐、硼砂缓冲溶液最为常用。

MEKC 中改变选择性最方便有效的方法是在缓冲溶液中加入有机试剂，形成有机试剂-水混合溶剂体系。常用的有机溶剂有甲醇、乙醇、乙腈和异丙醇等。所添加有机溶剂的种类、浓度对分离均有影响，不仅影响流动相的性质，而且会影响准固定相以及毛细管壁的性质。除有机溶剂外，其他物质如尿素、环糊精等也能作为添加剂，用于改善分离的选择性。另外，实验参数，如电压、毛细管内径、长度以及柱温等对分离也有明显影响。

三、毛细管凝胶电泳

1. 基本原理

毛细管凝胶电泳（CGE）作为 CE 的重要模式之一，综合了 CE 和平板凝胶电泳的优点，它是以凝胶或聚合物网络为分离介质，基于被测组分的质荷比和分子体积不同进行分离，质荷比相同而分子体积不同的物质，如 DNA、蛋白质等主要基于其分子体积分离。由于凝胶网络的筛分作用，溶质在电泳迁移中受阻碍，分子越大，阻碍越大，迁移越慢。

2. 聚合物的选择

CGE 中常用的聚合物可分为凝胶和线型聚合物溶液两大类。凝胶又可分为共价交联型和氢键型。当 CGE 采用水溶性线型聚合物溶液代替凝胶时，被称为无胶筛分。

交联聚丙烯酰胺是一种广泛应用的凝胶基质，由单体丙烯酰胺和交联剂 *N,N'*-亚甲基双丙烯酰胺共聚而成的三维网状多孔聚合物。它具有机械强度好、有韧性、化学性质稳定、呈电中性、对许多样品无吸附作用等优点，用于 CE 中，其三维多孔结构具有分子筛效应，是一种性能优良的筛分介质。此外，它还可有效减少溶质扩散，阻挡毛细管壁对溶质的吸附及消除电渗流等。

交联聚丙烯酰胺凝胶毛细管柱的常用制备方法：在内表面预处理过的毛细管中导入丙烯酰胺单体及交联剂溶液，采用前沿聚合、光引发聚合等方法，在加压或减压条件下进行反应。为避免聚合过程中产生气泡，可适当加入消泡剂、变性剂等。

凝胶溶液中单体、交联剂、聚合条件等决定了凝胶的浓度、黏度、弹性和机械强度。凝胶浓度有两种表示方法，丙烯酰胺及亚甲基双丙烯酰胺的总百分浓度 T 和交联度 C，分别表示为：

$$T = \frac{a+b}{m} \times 100\% \tag{7-17}$$

$$C = \frac{b}{a+b} \times 100\% \tag{7-18}$$

其中，a 为丙烯酰胺的质量，g；b 为亚甲基双丙烯酰胺的质量，g；m 为溶液的体积，ml。

a/b 接近 30 时可以制成完全透明且富有弹性的凝胶。可以通过调节 T 和 C 改变凝胶的孔径大小。

由于在毛细管中灌制凝胶介质难度较大，许多研究者更倾向于使用非胶（NG）筛分介质。非胶筛分介质是一些亲水线型或枝状高分子，如线型聚丙烯酰胺（PLA）、甲基纤维素（MC）、羟丙基甲基纤维素（HPMC）、羟乙基纤维素（HEC）、聚乙烯醇等。这些物质溶解于水中，浓度达到一定值时会自组装形成动态网络。此类 CGE 毛细管柱的制备方法一般将预先聚合好的聚合物溶解在缓冲溶液中，采用静力学方法装入毛细管中。线型聚合物溶液不易产生气泡，且较稳定，但分辨率一般不如交联聚丙烯酰胺。

将不同聚合度的聚乙烯醇或聚环氧乙烷进行组合，能够构建出适合于 DNA 测序的 NG 筛分介质。以不同浓度的纤维素溶液为 NG 筛分介质，结合 SDS 也可以进行蛋白质分子量的测定。

3. 影响分离的因素

影响 CGE 分离的因素很多，有毛细管尺寸、凝胶浓度、电场强度、进样、柱重现性及寿命等。

目前，CGE 主要应用于分子生物学和蛋白质化学，凝胶筛分介质主要依据样品分子的尺寸来选择，在分离小片段 DNA 或进行 DNA 测序时，通常使用线型或交联度介于 5%T～10%T 的聚丙烯酰胺凝胶。在分离大片段 DNA、双链 DNA 或某些蛋白质时，可采用琼脂糖凝胶。表 7-4 列出了对应于不同样品种类和分子量范围的凝胶选择参考方案。

表 7-4 不同分子量范围的凝胶支持介质选择

样品与大小	凝胶种类	凝胶浓度
线状 DNA 分子/kb		
5～60	琼脂糖	0.3g/100ml
1～20		0.6g/100ml
0.8～10		0.7g/100ml
0.5～7		0.9g/100ml
0.4～6		1.2g/100ml
0.2～3		1.5g/100ml
0.1～2		2.0g/100ml
碎片 DNA/bp①		
1000～2000	聚丙烯酰胺（含 7～8mol/L 尿素）	T=3.5%，C=3%～5%
0～500		T=5.0%，C=3%～5%
0～400		T=8.0%，C=3%～5%
0～200		T=12.0%，C=3%～5%
寡糖	聚丙烯酰胺	T>15.0%，C=3%～5%
线型蛋白质/kD		
57～212	SDS-聚丙烯酰胺	T=5.0%，C=0～3.5%
36～94		T=7.5%，C=0～3.5%
16～68		T=10%，C=0～3.5%
12～43		T=15%，C=0～3.5%
同聚氨基酸	聚丙烯酰胺②	T=5%～15%

① 用线状凝胶时浓度应提高 2%以上；可以甲酰胺为变性添加剂。

② 分离度与 pH 值和样品有关。

四、毛细管等电聚焦

1. 基本原理

毛细管等电聚焦（CIEF）是一种基于物质的等电点不同在毛细管内进行分离的电泳技术。它不仅可以实现样品的浓缩，而且具有极高的分辨率，通常可以分离等电点差异小于 0.01pH 单位的相邻蛋白质。CIEF 在蛋白质和肽的分离分析上有很好的应用前景。

在 CIEF 中，先通过管壁涂层使电渗流减到最小，以防蛋白质吸附及避免稳定的聚焦区带被破坏，再将样品与两性电解质混合进样，两端储瓶内的缓冲液分别为强酸和强碱。加高压（6～8kV）3～5min 后，在毛细管内部建立起 pH 梯度，样品组分依据所带电性质向正极或负极泳动，柱内 pH 值与该组分的等电点（pI）相同时，溶质分子的净电荷为零，宏观上该组分将聚集在该点不再进一步迁移，从而实现复杂样品中各组分的分离。聚焦后，通过改变检测器末端储瓶内缓冲液的 pH 值，使聚焦的样品组分依次通过检测器而得以确认。近年来，CIEF 作为一种特殊的微分离技术，在蛋白质、抗体、临床样品等生命活性物质的分离分析方面已得到越来越广泛的应用。

2. 聚焦过程的条件优化

CIEF 使用的载体两性电解质一般是由多胺化合物（如四乙烯四胺、四乙烯五胺）和 α，β-不饱和羧酸（如丙烯酸）随机聚合制得的混合物，其中包含有数以千计的不同 pI 值的化合物，足以满足所需要的 pH 梯度。对要求得到更加连续、均匀的 pH 梯度的场合，如测定 pI 值，可以选择混合两性电解质。

与毛细管区带电泳（CZE）相同，CIEF 的进样方法可采用流体动力学和电泳两种模式，流体动力学模式又可以分为压力和真空两种方法；由于组分电泳速度的差别，电泳进样可能导致不同组分的进样量的不同。CZE 中一般要求进样量低于毛细管体积的 1%左右才能获得比较好的分离效果，而 CIEF 进样操作中可以将整个毛细管柱灌满，因而可以处理比 CZE 更多的样品。

聚焦完成后须使样品迁移通过检测窗口来进行检测（全柱检测方法除外）。迁移样品的方法包括电渗流、压力/真空、化学驱动。在毛细管两端加电压的同时利用一定的真空度迁移分离区带，既能保持流形基本不变，不破坏 pH 梯度，也可使迁移速度加快，从而获得很好的迁移效果。化学驱动法通过改变 pH 梯度分布［即在阴极或阳极池中加入酸、碱、盐（通常是 NaCl）］使样品流出。为了改善该方法对末端组分的迁移效果，通常采用两性电解质代替 NaCl。在采用阴极迁移方式时，pI 值较低的两性电解质可以改善酸性组分的迁移；pI 值适中的两性电解质可以改善酸性和中性组分的迁移。

生物大分子特别是蛋白质在 CIEF 中由于组分聚焦在等电点处时其净电荷为零（分子间的静电排斥消失），再加上 CIEF 特有的浓缩作用，而极易相互聚集，进而产生沉淀；以及疏水性强的组分在水溶液中溶解度很小的问题。为解决上述问题，CIEF 中通常需要在溶液加入一些添加剂如表面活性剂、乙二醇、尿素、山梨醇糖、蔗糖等，防止沉淀或起增溶的作用，甲基纤维素的加入还可以随时填补毛细管管壁涂层的流失。

柱长、操作电压、聚焦和迁移时间等都将影响分离结果。短柱与全柱检测方法结合，有利于加快分析速度。长柱能获得较大的峰容量，但是分离柱太长又会带来操作上的不便，通常使用的柱长是 10～80cm。

高电压是 CIEF 高分辨率的基础，但是过高的电压将会导致焦耳热过大，使溶液黏度降低，加剧组分扩散，降低分离效率，因此，操作电压通常选择 200～1000V/cm。

在 CIEF 中，应提供足够的聚焦时间，避免聚焦尚未完成即开始迁移。然而，值得注意的是，聚焦时间也并非越长越好，因为样品在毛细管中停留太久，会增加其沉淀的概率，常用聚焦时间为 3～30min。一般认为，聚焦结束时电流强度应降低到初始值的 10%以下。

五、毛细管等速电泳

1. 基本原理

毛细管等速电泳（CITP）是一种“移动边界”电泳技术，它采用两种不同的缓冲液系统，一种被称为“前导电介质（leading electrolyte）”，充满整个毛细管柱；另一种被称为“尾随电介质（terminating electrolyte）”，置于一端的储瓶中。前者淌度高于任何样品组分，后者淌度则低于任何样品组分，被分离的组分按其淌度的不同夹在中间，以同一速度移动，实现分离。当体系中有任何两个区带脱节，其间阻抗趋于无穷大，电场强度迅速增加，迫使后一区带迅速赶上，保持恒定速度。

当系统达到稳定状态时，由于在不同区带中形成了不同强度的电场，各区带将紧紧邻接而不脱离，保持相同速度前进，形成等速状态。区域长度与样品含量成正比，这为样品定量分析提供了依据，而通过电导又可获得定性信息。

由于没有其他载体电解质，各区带不会出现交错或混合，保持着鲜明的界线，即“自锐化效应”。等速电泳的分辨率很高，不存在色谱或电泳分离过程中样品扩散效应，有利于制备高纯度的样品。

2. 条件优化

改善样品有效迁移率是改善分离的有效方法，目前广泛采用的措施包括：使用不同极性的溶剂；改变前导电解质 pH；在前导电解质中加入能与样品形成配合物的添加剂（如环糊精等），该方法尤其适合于光学、几何异构体的分离。

CITP 法由于其固有的特点，应用范围十分广泛，不仅适用于药物中一些无机离子、生物碱、抗生素、麻醉药、有机酸的分离分析，还特别适用于分析一些生物大分子，如氨基酸、肽类和蛋白质等。由于其区带自锐化效应和强浓缩效应，通常与其他电泳模式联用，实现样品的柱上浓缩。

第三节 毛细管电泳仪器

毛细管电泳仪主要由高压电源、毛细管、进样系统、检测器及数据记录和处理系统组成，如图 7-4 所示，有些仪器还包括温度控制系统。

一、高压电源

毛细管电泳仪的电源为高压直流电源，电压范围一般在 0～±30kV，且连续可调，输出电压的精度要求高于 1%。直流高压通过两个插入电解质溶液中的铂电极加在毛细管两端。

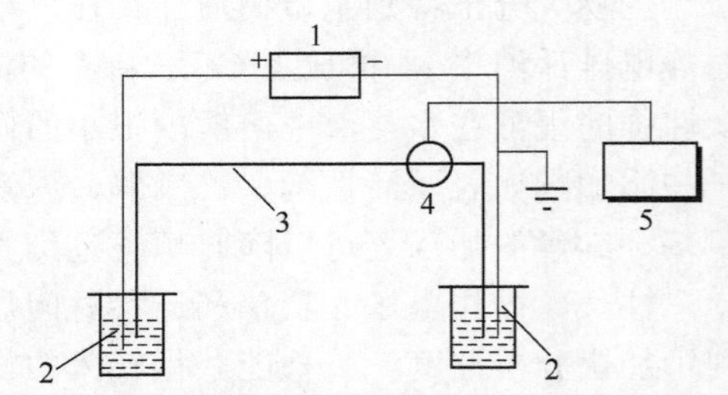

图 7-4 毛细管电泳仪示意图

1—高压电源；2—金属电极；3—毛细管；4—检测器；5—数据记录和处理系统

鉴于仪器在高电压下运行，操作时应特别注意安全。现在商品化的毛细管电泳仪一般都带有自动断流装置，当系统敞开时，高压电源会自动切断。另外，高压电源应当在干燥的环境中运行，以避免因尖端放电而影响分析结果或损坏仪器。

二、分离毛细管

广泛使用的是石英材质毛细管，但石英毛细管易折断，为增强其韧性，通常在管外表面均匀涂覆聚酰亚胺涂层。CE 使用的毛细管内径通常为 10～100μm，外径 350～400μm。

CE 一般为在线检测，如用光学检测，要求毛细管具有良好的透光性。然而，聚酰亚胺涂层透光性差，在实际使用中，通常需进行酸腐蚀法或者烧灼法除掉部分聚酰亚胺涂层（如图 7-5 所示），实现光路通透以利于样品检测。

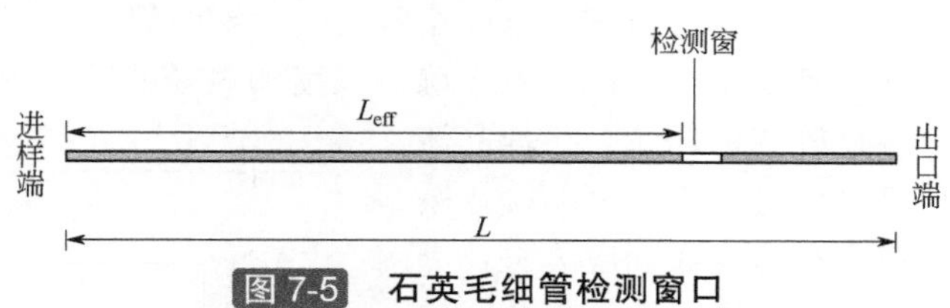

图 7-5 石英毛细管检测窗口

L—毛细管总长度；L_{eff}—毛细管有效长度

三、进样系统

CE 的进样量非常小，一般仅为纳升级。进样过程通常是将毛细管的进样端插入到样品溶液中，然后用重力、电场力、压力等作为驱动力驱使样品进入毛细管中，可通过控制驱动力的大小和进样时间控制进样量。

压力进样是通过在进样端和出口端形成压力差，样品溶液在压力差作用下进入毛细管，从而实现进样。形成压力差一般有三种方式：进样端加正压；出口端加负压；进样端和出口端形成高度差，通过重力产生压力差（如图 7-6 所示）。目前，商品化的仪器一般是利用正压进样。

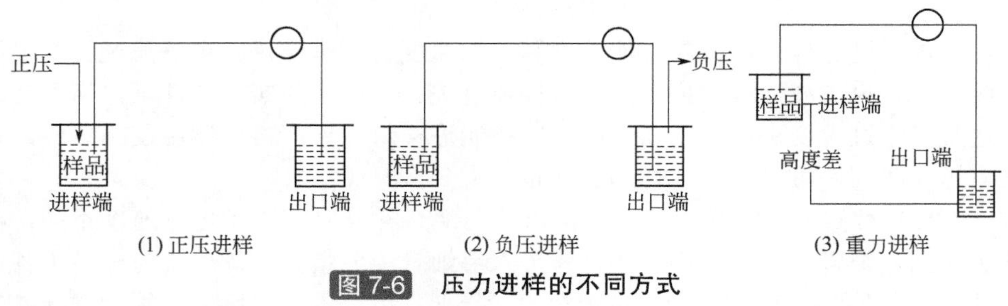

图 7-6 压力进样的不同方式

压力进样的进样量大小主要取决于进样区带的长度 l，而

$$l=ut \tag{7-19}$$

式中，t 为进样时间；u 为进样速度。由贝努利方程可知，管内流体的速度满足：

$$u=\frac{\Delta pr^2}{8\eta L} \tag{7-20}$$

式中，Δp 为进样端与出口端的压力差；r 为毛细管半径；η 为溶液的黏度系数；L 为毛细管的长度。因此进样区带的长度为：

$$l=\frac{\Delta pr^2}{8\eta L}t \tag{7-21}$$

进样体积 V 可由样品区带长度与毛细管横截面积的乘积得到：

$$V=\frac{\Delta p \pi r^4}{8\eta L}t \tag{7-22}$$

进一步基于样品浓度 c 可以得到进样量 m 的表达式：

$$m=\frac{\Delta p \pi r^4}{8\eta L}tc \tag{7-23}$$

由式（7-23）可知，进样量的大小与进出口端压力差、毛细管半径的四次方、进样时间成正比，与溶液黏度、毛细管长度成反比。对于确定长度和内径的毛细管，可以通过改变进出口端压力差和进样时间来改变进样量。当样品溶液的黏度保持不变时，可以使进样量十分精确。采用压力进样时，进样量的大小与电泳淌度无关，因此，此进样方式对样品溶液中的离子没有电压（电动）进样中的“离子歧视效应”，可以反映出样品中不同组分的真实含量。

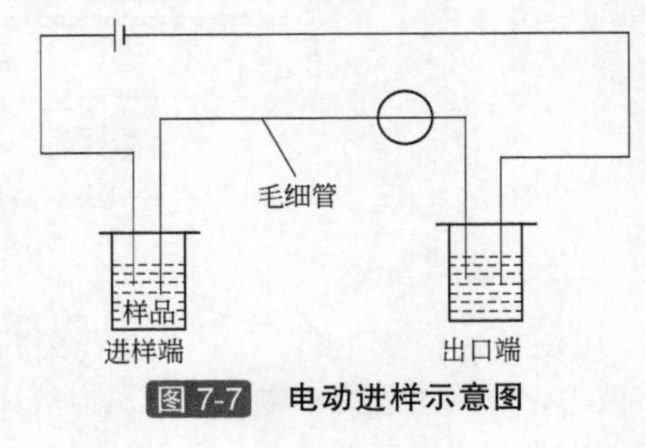

图 7-7 电动进样示意图

电动进样过程如图 7-7 所示。进样时，将进样端的缓冲液换成样品溶液，接通高压电源，样品溶液中的组分在电场和电渗流的作用下进入到毛细管中。

电动进样量：

$$m=l\pi r^2 c \tag{7-24}$$

由于进样长度

$$l=(v_{\mathrm{EOF}}+v_{\mathrm{EP}})t \tag{7-25}$$

因此，可以通过进样时间、电渗流速度和电泳速度得到进样量。电渗流速度和电泳速度与电场强度有关，也与缓冲液和样品离子的性质有关。在一定的实验条件下，当需要改变进样量时，通常可通过改变进样电压和进样时间控制进样量。若严格控制温度等条件，精确地改变进样电压和时间，可以准确地控制进样量。

由式（7-25）可知，当样品为含有不同组分的混合样品时，由于电泳速度不同，样品中不同组分进入到毛细管中的量将不一致，即进入毛细管中各组分的浓度比与样品中各组分的浓度比不同，产生“歧视效应”。当电渗流速度较小时，组分电泳速度的差别对进样量影响很大。此时，样品溶液中的离子浓度可以在很大程度上影响其进入毛细管中物质的量。由于组分“歧视效应”的存在，样品溶液中盐离子的比例越大，检测物离子的比例就越小，待测物的信号就越弱。所以电动进样时，样品溶液中的盐离子浓度会很大程度上影响检测灵敏度，脱盐处理可以有效地提高检测灵敏度。

四、恒温系统

在电泳过程中，毛细管内会因焦耳热效应而产生径向温度梯度，引起迁移速度沿径向分布变化，降低分离效率；另外，外界气温的不稳定也会导致分离难以重现。为了避免这些问题，通常需将毛细管置于恒温环境中。商品化仪器大多有温控系统，如风冷（强制空气对流）和液冷对毛细管降温，其中液冷效果较好，但风冷控制系统的结构简单。

风冷控温包括制冷单元、风扇和温度显示等部分。制冷单元通常以制冷半导体为基础，可以实现制冷。风扇用于强制空气流动，以加速毛细管内外的热交换。风冷控温系统容易制作，不影响分离操作，但控温效果不够理想。

液冷控温是将毛细管置于一恒温液体中，相对于风冷控温，液冷控温更为精确。一般而言，液冷体系中，在 20kV 以下操作时，可以用水作为冷却介质；20kV 以上时需用煤油或氟代烷烃作为冷却介质。冷却介质一般由专门的制冷系统冷却或恒温，通过一定的流路进行循环。图 7-8 所示是以水为冷却介质的简易毛细管控温设计。

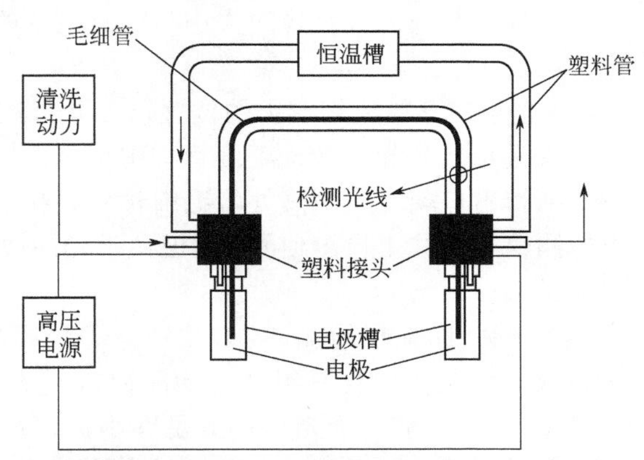

图 7-8 以水为冷却介质的毛细管控温设计

五、检测器

就 CE 而言，细内径毛细管提供了极高的分离效能，但同时给样品检测带来不便，对检测技术要求更高。如何提升检测器的灵敏度，同时避免明显的区带展宽，一直是 CE 技术发展中面临的关键问题。迄今为止，已有许多检测技术与 CE 联用，在不同的应用领域发挥作用。

光吸收法、电化学法以及质谱法等许多方法均可用于 CE 检测，表 7-5 中列出了 CE 中常用检测方法及其优缺点。

表 7-5 CE 中常用检测方法及其优缺点

检测方法	浓度检测限/(mol/L)	优缺点
紫外	$10^{-5}\sim10^{-9}$	通用型，二极管阵列紫外检测可得到光谱信息
荧光	$10^{-7}\sim10^{-9}$	灵敏度高，但样品常需衍生化
激光诱导荧光	$10^{-14}\sim10^{-16}$	灵敏度极高，样品常需衍生化，价格高
安培	$10^{-10}\sim10^{-11}$	灵敏度高，选择性好，但通常只用于电活性物质分析，需要专门的电子装置
电导	$10^{-7}\sim10^{-8}$	通用型，但需要专门的电子装置，毛细管需处理
质谱	$10^{-8}\sim10^{-9}$	灵敏并能提供结构信息，CE 和 MS 之间的接口复杂

紫外检测是绝大多数商品化仪器的检测手段。荧光检测可以提供更高的检测灵敏度。当采用激光光源代替普通激发光源，实现激光诱导荧光（LIF）检测，灵敏度能达到单分子检测水平。电化学检测也可以达到很高的灵敏度。质谱作为检测手段也渐趋成熟，CE-MS 联用技术将在第四节详细介绍。发展新型检测器、提高检测灵敏度以及发展联用技术是 CE 研究的重要内容。

1. 紫外检测器

基于样品的紫外吸收进行检测是 CE 中应用最广泛的检测方法。因被测组分和背景电解质的吸光度不同，当被测组分通过检测窗口时，吸光度将发生变化，其大小与被测组分的浓度、吸收系数和光路长度成比例关系，符合朗伯-比耳定律。

对于本身没有紫外吸收的待测物，可在背景电解质中添加一些具有紫外吸收的物质，这样分析物通过检测窗口时会形成倒峰，通过计算该倒峰的面积可对分析物进行定量分析，这种方法称为间接检测法。在一定浓度范围内，负峰的大小与被测组分的浓度成正比。一般间接紫外检测法的灵敏度比直接法低 1～2 个数量级。

在 CE 紫外检测中，根据透光窗口开在毛细管上的位置，可分为柱内（in column）检测或柱上（on column）检测，前者是指紫外光可穿透毛细管柱中填充的固定相，直接通过固定相进行检测；后者是指在距毛细管出口端一定距离处将毛细管外壁涂层烧掉，留下一段 1～2mm 的窗口进行检测。柱内检测信号比柱上检测信号强，但由于光的散射作用，噪声比较大，且重现性不佳，因此应用较少。

CE 中直接在毛细管上开检测窗口（在线检测）的方法消除了常规检测器存在的死体积，避免了检测池内样品区带的展宽（事实上，样品组分在检测窗口段依然在进行分离），有利于提升检测灵敏度。然而，值得注意的是，透光窗口应足够小，检测区的宽度应小于样品组分的区带宽度，CE 峰宽一般在 2～5mm 之间，因此，透光窗的尺寸以控制在峰宽的 1/3 以内为宜。

紫外检测器按检测方式可分为固定波长、可变波长、二极管阵列和波长扫描检测器等类型。前两种类型结构简单，灵敏度高；后两种类型能够提供时间-波长-吸光度三维图谱。UV 检测方法操作简单，可靠性高，应用广泛，然而，由于光程过短等原因，UV 检测灵敏度通常不高。

可以采用以下几种方法来提高检测灵敏度：①通过提高光源强度、减少背景光的干扰、采用数字滤波、设计优秀的信号放大系统等方式来改善信噪比；②对检测波进行优化，如在低波长区检测；③扩展吸光光路长度，采用泡型或 Z 形检测池、采用矩形或扁形毛细管等。

2. 激光诱导荧光检测器

激光诱导荧光检测器（laser induced fluorescence detector，LIF）是 CE 最灵敏的检测器之一。LIF 仅对产生荧光或被选择性荧光标记的分子有响应，可有效消除基体的干扰，在痕量生物样品和环境监测方面应用广泛。由于大多数分析对象没有荧光基团，通常需要进行荧光标记，恰当地选择荧光衍生试剂和激发波长对检测灵敏度的提高具有重要意义。

某些物质吸收了与其自身特征频率相同的光子以后，分子或原子中的某些电子从基态中的最低振动能级跃迁到能级较高的激发能态，然后再无辐射跃迁到第一电子激发态中的最低振动能级。荧光是电子由第一电子激发态最低振动能级跃迁至基态时，发出比原来吸收波长长的一种光。荧光的产生与分子结构密切相关。对某一化合物而言，在给定条件下，其荧光光谱是一定的，这是样品定性的依据。样品溶液的荧光强度与其吸收系数、量子效率和浓度相关。样品稀溶液荧光强度 F 的表达式为：

$$F = K\phi\ln\left(\frac{I_0}{I_0 - I_A}\right) = K\phi I_0 \varepsilon bc \qquad (7\text{-}26)$$

其中，ϕ是荧光物质的量子效率；I_0是激发光强度；I_A为荧光物质吸收光强度；ε是该物质的摩尔吸收系数；b为吸收光程；c为物质浓度；K是与收集效率、传输效率等因素相关的常数。在给定的荧光物质浓度较低的情况下，荧光强度与荧光物质的浓度成正比，这是荧光检测的定量基础。

LIF 检测系统的光学部件有激光光源、滤光片、透镜、光阑和检测池等。激光光源亮度极高，光照密度大，相对于其他普通光源，它还具有单色性强、方向性强等特点。滤光片主要有带通滤光片、截止滤光片，具有透射率高、体积小、成本低、截通率高的优点。透镜有聚光透镜和荧光收集透镜两种，通常可由显微物镜代替。光阑（diaphragm）主要滤除非特异性杂散光，同时尽可能地通过荧光，其孔径大小需通过实验优化。

检测池是影响检测灵敏度的关键因素之一，发展新型检测池是 CE 重要的研究方向。性能优秀的检测池应具有对激发光畸变小，有利于收集荧光，柱外效应小等特点。常见的检测池类型包括以下几种[5]。

① 在线检测池（on-column detection cell）：制法简单，是目前 CE 等分析系统中应用最广泛的一种检测模式，但存在激光束光学畸变大、杂散光和噪声较强等缺点。

② 鞘流池（sheath flow cell）：可消除熔硅/空气和熔硅/溶剂界面的杂散光干扰，避免检测池受到样品的污染，但是该检测池需要特殊定制，而且实际操作烦琐。

③ 液芯波导（LCW）检测池：LCW 是一种全反射检测池，荧光在池壁内全反射输出，而激发光被消除。

④ 微芯片检测池：检测池通常为数十微米宽和数十微米深的通道。

依光路结构的不同，荧光检测器主要有三种类型：正交型、共线型和轴向入射型。光路结构设计的基本原则为：高效激发荧光、高效收集荧光和消除荧光背景噪声。

荧光检测灵敏度高，但是具有天然荧光的只有少数化合物，大多数物质不发荧光，或荧光量子产率很低，或无法直接进行荧光检测，需要间接荧光检测或荧光衍生检测。间接检测法是一种近似通用的检测方法，其机理是物理置换，即具有强信号背景的探针被分析物取代后产生弱的信号，表现为负峰。和直接检测法相比，间接法灵敏度较低，存在基线漂移、噪声大和扰动现象，而且对杂质也没有选择性。目前超过 90%的 LIF 检测采用的是衍生法，即通过化学衍生将化合物标记上荧光基团。根据衍生反应发生在分离前、分离中和分离后顺序的不同，衍生法分为柱前衍生（pre-column derivatization）、在柱衍生（on-column derivatization）和柱后衍生（post-column derivatization）。

3. 电化学检测器（electrochemical detector，ECD）

电化学检测方法是根据电化学原理和物质的电化学性质进行检测，可避免光学类检测器遇到的光程太短的问题，对电活性组分的检测具有许多优点，包括灵敏度高，检出限可达 pg～ng 级；选择性好，特别适合复杂体系如生物体液、匀浆液等体系中电活性物质的检测，非电活性物质也采用间接法进行测定；线性范围宽，一般为 3～4 个数量级；设备装置简单，成本较低。电位检测、电导检测和安培检测 CE 电化学检测的三种基本模式。

（1）电位检测　电位检测是利用离子选择性电极（ISE）对待测物质的选择性响应进行检测的方法。其原理是由于溶液中的离子有选择地转移到亲脂性的膜上，导致检测器内部填充溶液与样品溶液之间产生电位差，此电位差是两种溶液中活性离子比率对数的线性函数，这是对样品进行检测的依据。电位检测法因需选择性高的离子选择电极而一次只能检测少数几种被测物，与毛细管电泳的高分离效率不匹配，难以广泛应用，而且由于 ISE 的种类有限，导致能测定的物质种类有限。

（2）电导检测　电导检测通过测量电极间由于离子化合物的电荷迁移引起的电导率与背景电解质之间电导率的差异来实现。早期电导检测法仅应用于离子色谱，很少用于CE，这主要是因为在内径很细的熔硅毛细管中设计一个死体积很小的电导检测器非常困难。随着微加工技术的进步，电导检测才逐渐应用于CE中。电导检测的仪器装置比较简单，一个探头和一个响应电路即可满足检测需求，这为仪器的微型化提供了方便。电导检测可分为接触式电导检测和非接触式电导检测。接触式电导检测中工作电极与毛细管缓冲介质相连接，分析物经毛细管被工作电极检测出，这种方法存在电极易损坏的缺点。非接触式电导检测中工作电极环在毛细管外，高频信号传送至检测器电极上，因此电极可检测到较强的信号变化。

（3）安培检测　在三种电化学检测模式中，安培检测是应用最普遍的一种电化学检测法，它具有灵敏度高、选择性好、响应速度快等优点。其原理是基于醇、酚类、氨基酸、生物碱、多肽等具有电活性的物质在恒电位电极上发生氧化还原反应时所产生的电流响应与其浓度成一定比例关系而进行检测的一种方法。

安培检测比电导检测、紫外检测的灵敏度高，选择性也更好。安培检测是在固定电位的电极上实现的。在电极表面，电活性物质如醇、酚类、氨基酸、糖、多肽、生物碱等发生氧化或还原反应产生电流响应，该电流响应同其浓度成一定的比例关系。也可以通过一些间接方法对没有电化学活性的物质进行安培检测。

用于毛细管电泳安培检测的电极包括碳电极、金属电极、酶电极、化学修饰电极等，其中常用的碳电极有玻碳电极、碳纤维电极、石墨电极等，金属电极包括Pt、Au、Cu、Ni等；从电极的形状分类，主要包括柱状电极、圆盘电极和微电极。柱状电极噪声较大，影响检测限，相比而言，盘状电极的优势更大。

安培检测方式包括离柱安培检测、柱端安培检测和柱内安培检测三种。

离柱安培检测是用一联结器将分离毛细管与检测毛细管连接，此联结器提供了一个电流接地的通路，使CE分离系统与EC检测系统隔离，这种模式可减少分离高电压对检测电势的影响，并降低了对EC检测信号的干扰，因此，联结器是该检测方式的关键。

将检测电极置于毛细管出口位置进行检测称为柱端安培检测。一般认为使用内径小于25μm的毛细管时，分离电压对检测噪声无明显影响。检测池与分离通道口的距离太近（＜30μm）时，分离通道的电压微小波动将会引起检测电势的很大变化，对检测产生很大干扰；而两者距离太远时，将影响检测灵敏度。

相对于离柱方式，柱端检测更加简便易行。被测物的半波电势以及工作电极电势偏离量大小取决于CE分离电压、缓冲液浓度、毛细管末端与工作电极的距离以及毛细管内径。在以有机溶剂为电泳介质的柱端安培检测中，工作电极检测电势范围加宽，贵金属电极检测性能更加稳定，分离电场对检测系统的影响则呈现出不同的规律，如工作电极电势偏离与电泳缓冲体系浓度无关，分离电压越高信号基线越稳定等。

柱内安培检测采用一种特殊设计的电动隔绝电势，将工作电极置于分离通道中。与柱端安培检测相比，不需要联结器，且两者所得到谱峰的塔板高度和峰斜率差别并不明显。柱内安培检测可用于分离衍生化后的氨基酸，在相关物质检测时，可替代LIF。

安培检测由于具有选择性好、灵敏度高、成本低等特点已经成为CE最佳的检测方式之一，尤其适用于那些直接光学检测的物质（如脂肪族化合物）。其应用可涉及所有与分析化学有关的领域，适用的研究对象也相当广泛，包括无机离子、生命大分子等等。

第四节　毛细管电泳-质谱联用技术

毛细管电泳具有极强的分离能力，而质谱方法不仅灵敏度高，也可以直接进行组分的定性。毛细管电泳-质谱（CE-MS）联用技术在一次分析中可同时得到迁移时间、分子量、碎片特征等信息，是集高效分离与高灵敏定性定量检测为一体的样品分析技术，已被广泛用于蛋白质、肽、核苷酸、药物及其代谢产物等的分离分析。但质谱检测也有其自身的缺点，如仪器价格昂贵，与 CE 联用技术难度大等。

CE-MS 早期的发展主要集中在方法学的研究，包括 CE 模式、质谱类型以及接口技术。常用的 CE 模式如 CZE、MEKC、毛细管电色谱（CEC）等均在 CE-MS 中得到了应用。相关联用极大地拓展了 CE-MS 所能分析样品的范围。

CE-MS 联用面临的主要问题是 CE 背景缓冲液中的盐与表面活性剂（MEKC）、毛细管壁涂层等会降低被分析物的离子化效率，甚至可能严重污染离子源。采用挥发性缓冲盐或者部分填充技术是行之有效的解决方法。此外，采用非水毛细管电泳（NACE），选用表面张力低、挥发性好的有机溶剂，作为 CE 缓冲液，在与 CE-MS 联用中有很好的应用前景。

各种类型质量分析器的质谱仪都可与 CE 联用，目前，三重四极杆质谱（TQ-MS）和离子阱质谱（IT-MS）因仪器结构简单、分析速度快等优点应用最为广泛；飞行时间质谱（TOF-MS）和傅里叶变换离子回旋共振质谱（FT-ICR-MS）具有高的质量分辨率和准确度，适用于分析大分子。CE-MS 联用中，离子源也是关键部件，快原子轰击（FAB）、电喷雾电离（ESI）、大气压化学电离（APCI）、电感耦合等离子体（ICP）、大气压光离子化（APPI）等离子源均适合 CE-MS，其中，ESI 是最常用、最成熟的技术。

一、CE–MS 接口的基本构成

接口技术是实现 CE-MS 联用的关键。CE-MS 联用分为离线联用和在线联用两种方式。离线联用中接口仅仅对已分离样品进行有效收集，并不涉及到真正意义上的联用；与离线联用相比，在线联用更具优越，其样品损失少、自动化程度高、分析速度快是目前研究的热点。

在线联用接口的功能是将已分离的样品转移至质谱仪中，获得稳定的雾流（spray-current）并实现高效的离子化。一般而言，CE 分离时需要合适的离子强度和低挥发性的流动相体系，而 MS 却与之相反，低盐浓度及高挥发性更容易实现良好的雾化及离子化，因此必须优化接口技术，每一种接口应选择相应的缓冲液。ESI 接口作为最早出现的在线联用接口技术，使得被分析物带上多电荷后采用质谱仪可以检测分子量达几万甚至十几万的生物大分子。由于 ESI 自身优势以及 CE-ESI-MS 接口技术的日趋成熟，CE-ESI-MS 已成为 CE-MS 联用技术中占主导地位的方法。目前，CE-ESI-MS 接口主要分为鞘液接口（sheath flow interface）和无鞘液接口（sheathless interface）两种。

二、鞘液接口

鞘液接口技术是最早实现商品化的 CE-MS 接口技术。在鞘液接口中，与质谱 ESI 离子源直接相连的是一个如图 7-9 所示的 3 层套管。电泳流出物从中心毛细管流出，鞘液从中间套管流出并在出口处与电泳流出液混合，鞘气体则从最外层套管中喷出。混合后的溶液进入喷雾头，在高电场的作用下电喷雾形成带电液滴，液滴经溶剂蒸发后得到多电荷准分子离子，然后这些离子通过毛细管或小孔进入到质量分析器的真空腔进行分析。

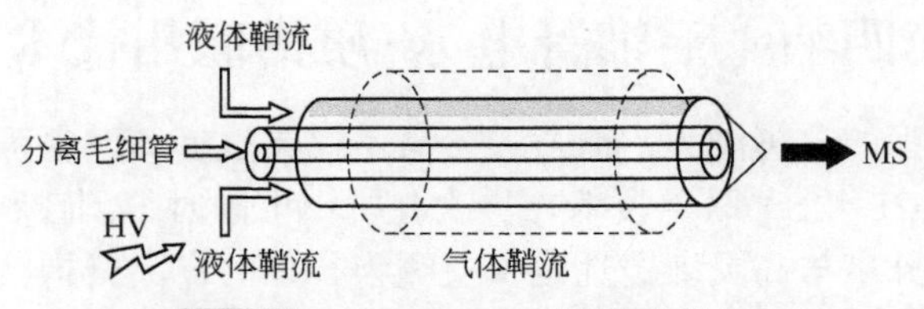

图 7-9 CE-ESI-MS 鞘流式接口

鞘液接口技术中，鞘气起稳定电喷雾、辅助液滴雾化及溶剂蒸发的作用。鞘液的作用包括：建立电连接，形成电泳的电流通路；提高液体流量，有助于形成稳定的电喷雾；调整电泳流出物的酸度，提高离子化效率；稀释电泳流出物[6]。

鞘液流量显著高于 CE 流速，通常为每分钟纳升至数微升之间。由于鞘液的稀释作用，雾流稳定性得到改善。理想的鞘液中的盐浓度应在高分离（高盐浓度）和高雾化（低盐浓度）间优化。由于鞘液在雾化过程中完全蒸发，鞘液的稀释并不显著降低检测灵敏度。但混合液体的体积应尽可能小，以避免谱带展宽[7]。

三、无鞘液接口

随着科学研究和分析方法对仪器的灵敏度要求越来越高，无鞘液接口技术由于不存在稀释效应而备受青睐，并在微喷雾（μESI）和纳喷雾（nESI）离子化中得到应用。无鞘流型电喷雾接口能够显著降低检测限和提高灵敏度，已有研究表明，无鞘流型接口能够将灵敏度提高 1 个数量级。

无鞘液接口不能像鞘液接口一样依靠稳定的喷雾实现电流回路，因此必须采用一些其他的方法来形成电流回路。无鞘流接口又可分为液体导通和非液体导通两类。

非液体导通接口对应于纳喷，通过在喷口及附近的导电涂层（金属和导电高分子）来施加电压。2006 年，Zamfir 等[8]将分离毛细管的末端做成锥形并在其上涂渍一层铜，利用铜涂层形成稳定的电流回路，其结构见图 7-10。由于金属容易被腐蚀，导致金属涂层接口的持久性应用变差。为了适当弥补金属涂层的不足，变通方法是连接一小段金属毛细管喷嘴，或在管内直接安置电极。显然，该类接口不存在任何稀释效应，而且喷头的结构简单，制作也容易，但使用寿命较短。

在 CE 毛细管的出口端简单地贴上电极或用铅笔涂抹之，也可以实现喷雾。这种方法更加简单经济，亦可满足长期的应用需求。

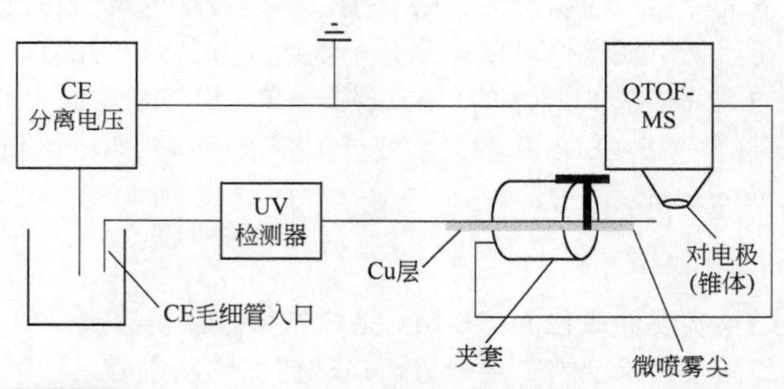

图 7-10 CE-ESI-MS 无鞘流接口示意图（非液体导通）

液接型接口是无鞘液接口技术中比较特别的一种。与其他无鞘液接口相比，液接型接口可以通过液接液体来改变 CE 运行缓冲液的组成，使其满足电喷雾离子源的要求。与鞘液接口相比，液接型接口不存在鞘液的稀释作用。然而液接型接口最大的问题在于液接处有一定的死体积，会影响分离。通过在液接接口上加压可在一定程度上解决这个问题。Fanali 等[9]设计了一种如图 7-11 所示的加压液接型接口，采用这种接口可保证从毛细管末端到喷雾尖端的样品区带的浓度分布不变，将样品在接口处的稀释和扩散控制到最小[10]。

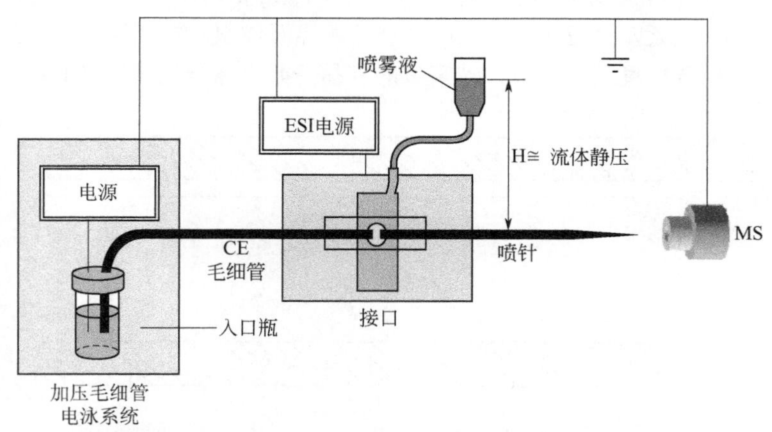

图 7-11 CE-ESI-MS 无鞘液接口示意图（液体导通）

毛细管局部多孔化学刻蚀是一种常用的无死体积的无鞘液接口技术。段继诚等[7]采用此方法设计了如图 7-12 所示的纳流无鞘液接口。使用氢氟酸对石英毛细管外壁进行刻蚀，在刻蚀部分内外两侧充满电解质溶液，并施加一定的电压以形成稳定的电流回路。采用这种新型接口，样品的流量最低可达到 20nl/min；在 50～500nl/min 流量范围内该接口具有较高的 MS 响应信号，同时该接口设计与金属涂层接口相比具有稳定性好及使用寿命长等特点[11]。

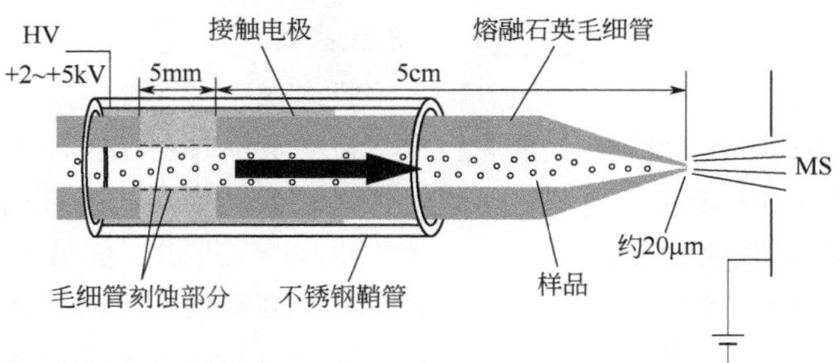

图 7-12 CE-ESI-MS 纳升级毛细管刻蚀接口

随着 CE-MS 技术的进步，它在生命科学以及与人类生存息息相关的食品、药品领域日益发挥着重要的作用，如用于代谢组学研究及生物标志物筛选、食品中残留有机污染物的检测、药物及其代谢物的分析等。

第五节 进样富集技术

毛细管内径小，进样量有限，检测灵敏度较低。尤其是采用紫外检测时光程较短，灵敏度较差。为提高 CE 的检测灵敏度，研究者们开展了一系列的探索工作，包括设计新型高灵敏检测器，对现有的紫外检测器加以改进等。富集技术是广泛采用的、提高 CE 检测灵敏度的有效方法，它操作简单，无需额外的仪器装置或设计，根据不同样品基质和分析目标物的性质，可采用适当的富集技术，有效降低检测限，去除杂质干扰。

一、场放大富集

场放大富集（field-amplified sample stacking，FASS）是一种常用的CE在线富集技术，它基于样品基质和电解质缓冲液电导率的差异进行富集。首先在进样端形成一定低电导的区带，该区带具有高电场，样品离子在此高电场中快速移动［图7-13(a)］；当运动到缓冲液界面时，电场强度急剧减小，样品离子的运动速度降低，因此在缓冲液界面堆积，浓度陡增，从而达到富集的目的［图7-13(b)］；当电导梯度消失之后，被富集的样品开始电泳分离［图7-13(c)］。

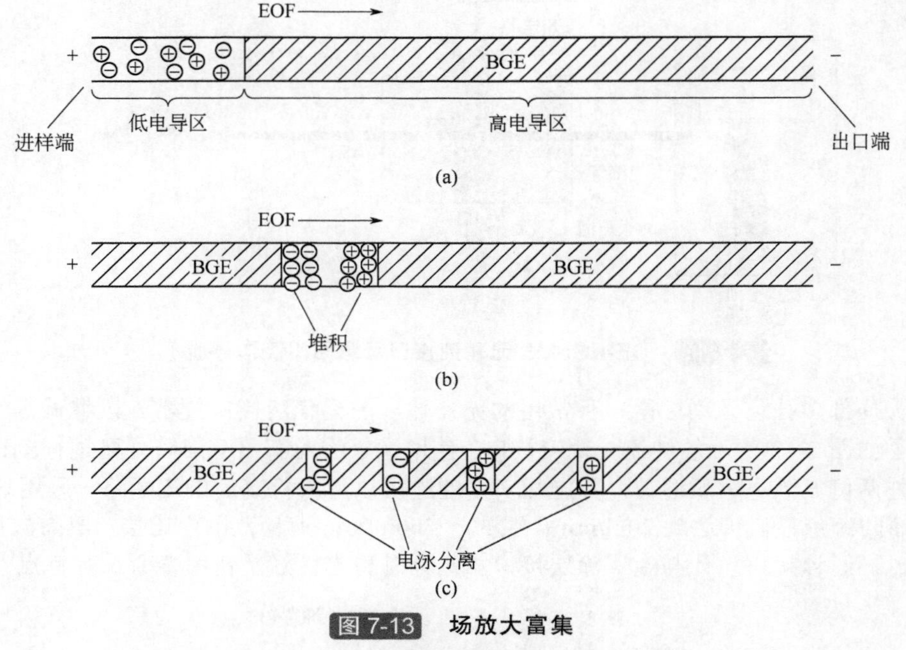

图7-13 场放大富集

BGE—背景电解质；EOF—电渗流

FASS的关键是构建低电导区带，通常的方法是在毛细管中压入一小段低电导溶液，如甲醇、纯水（称之为water plug，“水塞”）等。样品在此区带与缓冲液的界面浓缩而得以富集。为进一步提高检测灵敏度，FASS还可与大体积进样方法联用，灵敏度可提高到10^3以上。FASS可用于正、负离子同时富集，主要通过反转电极来实现。正向电压进样时，正离子得到富集，然后立刻反转电压，使负离子得以富集。这种方法也被称为柱头场放大样品堆积。

进行场放大富集的前提是样品溶液的电导和电解质缓冲液电导存在较大差异。纯水或纯溶剂用以溶解分析物可能是最理想的。但是，由于样品区带和电解质区带电导不同会导致不同区域的电渗流大小有差异，在毛细管内出现层流导致富集效果降低，即所谓的“去堆积”。因此，在使用此法时，常常采用稀释的电解质缓冲液溶解样品，如10倍稀释的缓冲液。场放大富集对高盐基质的样品溶液，如血样、尿样等生物样品，效果不佳。其主要原因是难以形成低电导区，采用上述在进样前加一段“水塞”的方法可在一定程度上提高富集效果，或者在进样之前对样品进行“脱盐”处理。

二、等速电泳聚焦

等速电泳（isotachophoresis）的分辨率一般较差，目前多用来进行富集。其基本原理是将两种淌度差别很大的缓冲液分别作为前导离子和尾随离子，试样离子的淌度全部位于两者之间，并以同一速度移动。

等速电泳聚焦过程如图 7-14 所示。首先进样，使试样离子位于前导离子和尾随离子之间[图 7-14(a)]；然后施加分离电压，试样离子则在前导离子和尾随离子之间聚焦[图 7-14(b)]；聚焦后的试样离子形成独立的区带，以相同的速度运动[图 7-14(c)]。该方法可用于阴离子或阳离子的富集，并可用于高盐样品的富集，但阴离子与阳离子不能同时富集。

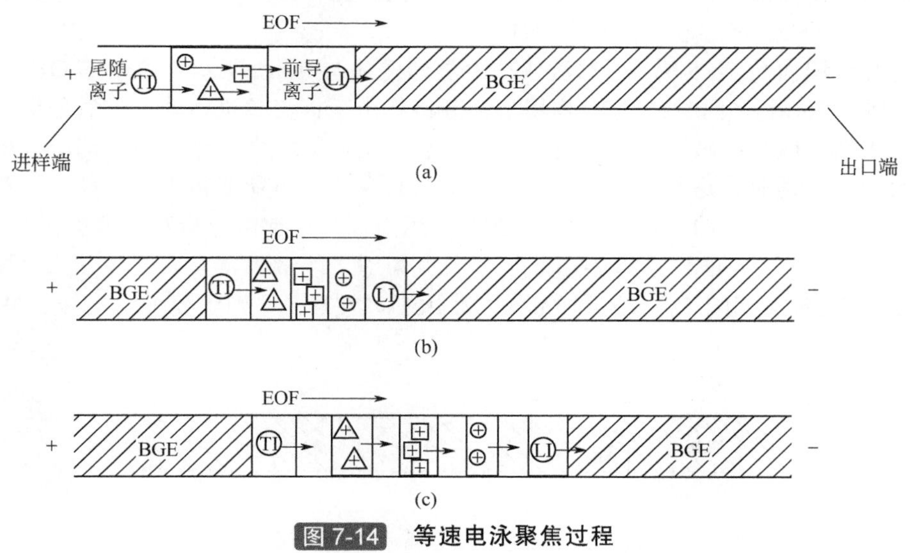

图 7-14　等速电泳聚焦过程

三、pH 调制堆积

pH 调制堆积（pH-mediated stacking）起初用于阳离子富集，为酸富集方法。具体运行过程见图 7-15。首先进阳离子样品，然后引入一段强酸溶液[图 7-15(a)]；然后加运行电压，强酸可以与样品溶液中和而产生一段低电导区，从而形成高电场[图 7-15(b)]；样品离子在高电场条件下快速移动到样品溶液与缓冲液的界面处，实现富集[图 7-15(c)]；堆积之后的样品再进行电泳分离。该方法适用于高盐基质的样品溶液，对血样、尿样等生物样品有很好的富集作用。现今也发展出碱富集方法，对阴离子样品同样可以达到很好的富集效果。

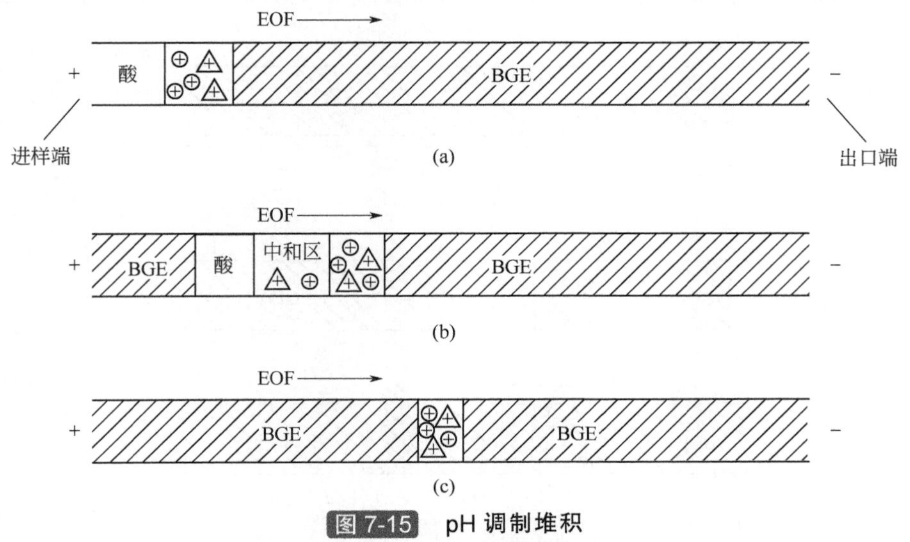

图 7-15　pH 调制堆积

四、动态 pH 连接

动态 pH 连接（dynamic pH junction）主要用于弱酸组分以及两性组分的富集。电解质缓冲液主要根据分析物的 pK_a 或者官能团的性质来选择。分析物一般溶解在一种和电解质电导率相同的低 pH 值溶液中，并且分析物在此样品溶液中电泳速度很小或近乎为零。电泳所用缓冲液则为较高 pH 值缓冲液，即富含 OH^-。

具体运行过程如图 7-16 所示。用流体动力学进样并加电压后，缓冲液中的 OH^- 由负极向正极运动［图 7-16(a)］。同时在 EOF 作用下，分析物由正极向负极运动。虽然分析物带正电荷或者呈电中性，但是在碱性条件下它们具有捕获负电荷的能力。当样品前端的分析物与反方向运动的 OH^- 相遇时，这些分析物将中和一部分自身的正电荷或带上负电荷，导致向负极运动的速度减慢。而后端的分析物仍然在 EOF 作用下以高于前端分析物的速度向负极运动，使得分析物在 pH 连接处堆积［图 7-16(b)］富集。相对于场放大富集，这种方法对样品基质的电导率要求不高，适用于高盐基质样品。如要用于碱性样品，则需要采用反转 EOF 的方法来实现[12]。

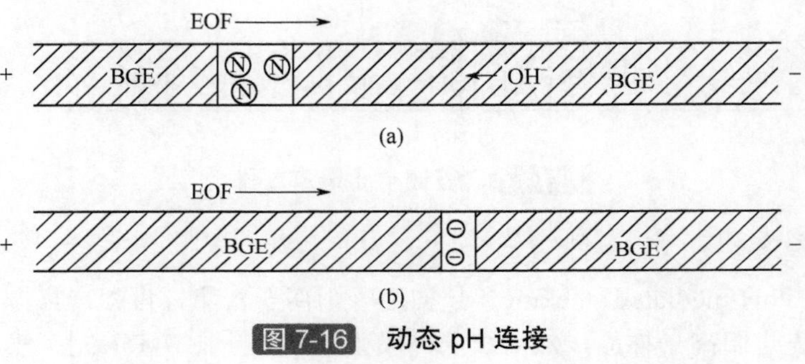

图 7-16 动态 pH 连接

五、扫集技术

扫集技术（sweeping）由 Terabe 等提出，主要在胶束电动色谱中使用，其原理如图 7-17 所示。缓冲液为含有表面活性剂（如 SDS）的胶束溶液，样品溶液不含表面活性剂。进样后，采用负高压电源驱动，正电荷离子或中性化合物向进样端（负极）运动或者静止不动，负电

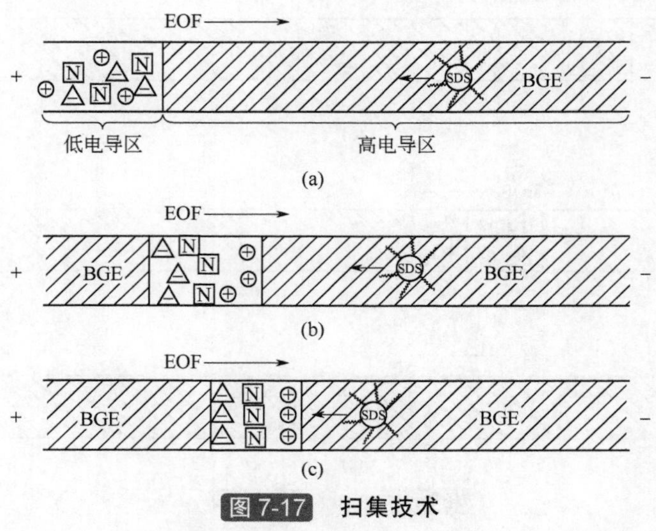

图 7-17 扫集技术

荷离子则反方向运动。因此，负电性SDS胶团将进入毛细管，穿过样品区带，此时样品中的不同组分在胶束中进行分配、富集，组分随着SDS一起向正极移动，然后按胶束电动色谱分离机理进行分离。富集效果主要取决于样品组分与胶束之间的相互作用，作用越强，富集效果越好。

该法的优点是既能富集带电荷的组分，又能富集中性组分，针对不同的富集需求，可以选择阴离子表面活性剂、阳离子表面活性剂、中性表面活性剂或环糊精类添加剂等。

六、固相萃取

固相萃取（solid-phase extraction，SPE）是在液固萃取和柱色谱技术基础上发展起来的一种样品预处理技术，主要用于样品的分离、纯化和浓缩。当样品通过填充有吸附剂的萃取柱时，分析物和部分杂质被保留在柱上，选择合适的溶剂去除杂质，洗脱分析物，从而达到分离、纯化、富集的目的。SPE具有有机溶剂用量少、选择性好、预处理过程简单、省时、省力等优点，是一种比较理想的纯化、富集方法，已广泛应用于医药、食品、环境、商检、化工等领域。

SPE常采取离线萃取模式与CE联用实现对样品的分析，引入阀切换技术亦可实现固相萃取与CE在线联用。然而SPE在线萃取操作较繁琐，需要特殊设计的接口，实用性较差。目前，一些新型的样品预处理技术，如管内固相微萃取，可直接和CE在线联用，对样品中痕量目标物进行检测分析。

总而言之，CE是一个正在蓬勃发展、具有极大应用前景的技术，随着相关理论体系的完善、相关应用体系的建立，有望在生命科学、生物医药、环境检测等方面发挥越来越重要的作用。

参考文献

[1] Terabe S，Otsuka K，Ichikawa K，et al. Anal Chem，1984，56：111.

[2] Hjerten S，Liao J，Vao K. J Chromatogr，1987，387：127.

[3] Cohen A，Karger B. J Chromatogr，1987，397：409.

[4] 陈义. 毛细管电泳技术及应用. 北京：化学工业出版社，2006：1.

[5] 余长柱. 毛细管电泳激光诱导荧光检测方法及应用研究［D］. 合肥：中国科学技术大学. 2008.

[6] 许桂苹. 毛细管电泳及其质谱联用技术在复杂体系中的分析应用研究［D］. 南宁：广西大学. 2005.

[7] 李廷富. 脑损伤基因差异表达与损伤时间推断的实验研究［D］. 重庆：重庆医科大学. 2004.

[8] Zamfir A D，Dinca N，Sisu E，et al. J Sep Sci，2006，29：414.

[9] Fanali S，Dorazio G，Foret F，et al. Electrophoresis，2006，27：4666.

[10] 周志贵，李珉，白玉，刘虎威. 色谱，2009，27（5）：598.

[11] 段继诚，刘和春，梁振，等. 高等学校化学学报，2007，28(1)：29.

[12] Kim J B，Okamoto Y，Terabe S. J Chromatogr A，2003，1018：251.

第八章　毛细管电色谱

第一节　毛细管电色谱基本原理

毛细管电色谱（capillary electrochromatography，CEC）是一种综合了高效液相色谱（HPLC）和毛细管电泳（CE）的双重优势而发展起来的高效微分离技术，它兼具毛细管区带电泳（CZE）和微径高效液相色谱（μHPLC）的分离机理，既可以分离中性物质也能够分离带电物质，同时具备高柱效、高选择性、高分辨率和快速分离的特点。近年来，随着各类组学的快速发展和环境医药等行业对复杂样品及痕量样品检验要求的不断提高，毛细管电色谱技术作为分离分析领域的一种新的发展向标在其理论基础、仪器设备及应用方面都取得了很大的进步和发展。

毛细管电色谱的基本原理是在熔融石英毛细管中填充或者在其管壁涂敷、键合色谱固定相，用高压直流电源（施加一定的电场）代替高压泵，即依靠电渗流（EOF）来推动流动相，使中性和带电样品分子根据它们在色谱固定相和流动相间的分配系数的不同及自身电泳淌度的差异而达到分离。相对于常规的液相色谱而言，该技术采用电渗流作为流动相推动力，流型呈柱塞状，不仅克服了高效液相色谱中“抛物线型”压力流本身流速不均匀引起的峰展宽，而且不受柱内反压的限制，可以使用更小粒径的色谱填料，因而使毛细管电色谱的理论塔板数大大高于高效液相色谱，能达到接近于毛细管电泳的高理论塔板数。同时，由于引入了高效液相色谱固定相，毛细管电色谱又兼具了高效液相色谱的高选择性，使其能同时用于中性和带电物质的分离。另外，作为一种微柱分离分析技术，毛细管电色谱很容易实现与其他分析技术的联用，如与质谱（CEC-MS）、激光诱导荧光（CEC-LIF）、电化学（CEC-ECD）及核磁共振（CEC-NMR）等检测器的联用。

一、毛细管电色谱的发展

毛细管电色谱的发展可追溯到 20 世纪 50 年代，Mould 等[1]将电场施加到薄层液相色谱中，成功分离了胶棉中的寡糖成分。Pretorious 等[2]首次将电场引入到高效液相色谱中，显示了以电渗流作为流动相推动力进行分离的巨大优势，但由于当时使用的毛细管柱直径较大，未能充分发挥毛细管电色谱的优越性。

1981 年，Jorgenson 等[3]发表了毛细管电色谱发展史上具有里程碑意义的工作，他们将 10μm 粒径的 Partisil ODS-2 颗粒填充入内径 170μm 的毛细管中，成功地分离了多环芳烃类化合物，获得了每米 31000 理论塔板数的柱效。Tsuda 等[4]首次应用开管毛细管电色谱对多环芳烃进行了分离。随后，Martin 等[5,6]研究了开管柱电色谱的纵向扩散与峰展宽机制，从理论上证实了以电渗流作为流动相推动力的优越性。

Knox 和 Grant[7,8]研究了大量有关毛细管填充柱电色谱的理论问题，详细探索了毛细管填充柱电色谱中谱峰展宽的影响因素，从理论和试验上验证了毛细管电色谱在分离方面的巨大优势。Tsuda 等[9]发展了毛细管电色谱连续进样技术，利用压力流和电渗流双重作用对待测样品进行了富集和分离。Smith 和 Evans[10,11]分别采用粒径 1.5μm 和 3μm 的 ODS 及 3μm 的 SCX 固定相通过毛细管电色谱进行药物分离，获得了 0.9～2 及 0.04 的折合塔板高度。Bayer 等[12]利用高压液相色谱泵首次实现了毛细管电色谱的梯度洗脱，并利用该技术成功地分离了寡聚核苷酸。Jacobson 等[13]制作了第一个毛细管电色谱芯片。Lord 等[14]发展了毛细管电色谱-质谱联用技术，并将其应用于染料分析。Bayer 等[15]首次实现了毛细管电色谱与核磁共振的联用。阎超等[16]发明了毛细管电色谱柱的电动填充技术，而且研制并推出了世界上第一台专用梯度加压电色谱仪。总之，虽然毛细管电色谱技术的发展历史不是很长，但是它在理论完善、技术设备改进及应用领域等方面都取得了长足的发展。

CEC 以内含色谱固定相的毛细管为分离柱，兼具 CE 与 HPLC 的双重分离机理，既可分离带电物质也可分离中性物质。CEC 的主要优点包括：依靠电渗流驱动流动相，具有 CE 塞式流的优点，减少了峰展宽，从而具有与 CE 相似的高柱效、高分辨率，同时因不受柱内反压的限制，可使用比液相色谱更小颗粒的填料，使柱效、分辨率、峰容量和分离速度都得到极大的提高；高选择性——结合了液相色谱固定相和流动相选择性多的优点，形成了独特的高效、微量、快捷的特点；克服了 CE 不能分离电中性物质的缺点。

二、毛细管电色谱的电动分离机理

在毛细管电色谱中，中性溶质靠电渗流的驱动作用在毛细管柱内完成输运过程；对于带电溶质，电渗流不仅影响其分离选择性，也影响整个分析过程的快慢。因此研究电渗流的产生机理和变化规律对毛细管电色谱分析方法的建立以及溶质的输运动力学研究都具有非常重要的意义[17,18]。

同毛细管电泳类似，电渗流是毛细管电色谱分离技术的基本现象，其来源于外加电场对管壁溶液双电层的作用，见图 7-1。在毛细管电色谱中，流动相的流动速度以电渗流来衡量，理解电渗流的规律对有效地控制电渗流，实现毛细管电色谱分离的最优化有非常重要的意义。

在毛细管电色谱中，尽管毛细管中填充了各种填料，但产生电渗流的情况也类似于毛细管电泳。不同的是，在填充毛细管中无论是毛细管内壁还是填料本身都能产生电渗流。一般来说，电渗流在填充毛细管中任意流体通道中的速度可以用 Rice 和 Whitehead[19]提出的公式（8-1）表示：

$$u(r)=\frac{\varepsilon_0\varepsilon_r\zeta E}{\eta}\left[1-\frac{I_0(\kappa r)}{I_0(\kappa a)}\right] \tag{8-1}$$

式中，E 是电场强度；ε_0 和 ε_r 分别代表真空介电常数和溶剂的介电常数；ξ、η 和 κ 分别是 Zeta 电势、流动相的黏度和双电层厚度的倒数；I_0 为零阶 Bessel 函数；r 和 a 分别为任一通道距离中心通道的距离和单个通道的半径。

电渗流在任一流体通道中单位横截面积上的平均速度为

$$u(r)=\frac{\varepsilon_0\varepsilon_r\zeta E}{\eta}\left[1-\frac{2I_1(\kappa r)}{\kappa a I_0(\kappa a)}\right] \tag{8-2}$$

式中，I_1 为一阶 Bessel 函数。

对于较大的 κa（＞20）值，式（8-1）和式（8-2）可简化为

$$u_{\infty}=\frac{\varepsilon_0\varepsilon_r\zeta E}{\eta}=\frac{U\varepsilon\zeta}{L\eta} \tag{8-3}$$

其中：

$$\zeta=\frac{\delta\sigma}{\varepsilon_r\varepsilon_0} \tag{8-4}$$

$$\delta=\frac{1}{\kappa}=\sqrt{\frac{\varepsilon_r\varepsilon_0 RT}{2cF^2}} \tag{8-5}$$

式中，U 和 L 分别是分离电压和毛细管总长度；δ 和 σ 分别为双电层厚度和毛细管内壁表面电荷超量；c 和 F 分别是电解质浓度和法拉第常数。

从式（8-3）、式（8-4）和式（8-5）可知，电渗流与流动相的介电常数、黏度以及电解质的浓度等因素有关，而与柱的直径和填充微粒的大小无关，因而其线性流速不受柱填充不均匀等因素的影响。但上述公式对电渗流的预测大于实际值[20]，这是因为填料的引入改变了流动相的路径同时也减小了有效电场，从而使流速减小。在填充毛细管中，流体的通道是很复杂的，Wan 等[21]给出了流体通道直径（D）与填料粒径（d_p）的表达式

$$D=0.42d_p\frac{n}{1-n} \tag{8-6}$$

式中，n 和 d_p 分别为填充空隙率和填料直径。

由式（8-6）可知，流体通道与填料大小和填充的孔隙率有关。而填充的孔隙率与填充的方法和填料性质等有关，一般来说 n 值为 0.26～0.48。

在毛细管电色谱中，影响电渗流大小的因素很多。通常认为在反相毛细管电色谱中，在低 pH 值范围内，电渗淌度随流动相 pH 值的增加而增大；在高 pH 值范围内，由于固定相表面硅羟基完全解离而使电渗淌度基本保持不变。此外，流动相中有机改性剂浓度对电渗淌度的影响还与有机改性剂的种类有关。在常用的乙腈-水体系中，电渗淌度通常随着有机改性剂浓度的增大而增加。流动相中电解质浓度对电渗淌度的影响比较复杂。Wan[21]认为在开管柱中，电渗淌度随电解质浓度的增加而减少；在填充柱中，电解质浓度的变化对电渗淌度几乎没有影响。Cikalo 等[22]发现，在填充柱中电渗淌度随电解质浓度的增加而减小。而 Pyell 等[23]研究表明电渗淌度随电解质浓度增加而先增大后减小，并在 0.4～4mmol/L 范围内存在最高值。上述结果的不一致性与他们所用的柱模式以及流动相中电解质的浓度范围有关。此外，毛细管电色谱填充柱中填充床层和开管部分性能差异引起的轴向非均匀性也会对电渗淌度产生影响[24,25]。

总之，在毛细管电色谱中，电渗流的大小是多种因素综合作用的结果。为充分发挥毛细管电色谱的优势，控制和选择适当的分离条件以获得最大的电渗流速度是十分必要的。

三、毛细管电色谱的色谱保留机理

毛细管电色谱中的电动分离机理与在毛细管电泳中类似。不同的是毛细管电色谱中填充或涂敷有色谱填料，填料颗粒表面也会产生双电层，如图 8-1 所示。由于填料表面积远大于毛细管壁面积，所以填料表面硅羟基产生的电渗流在 CEC 中占主导作用。由于同时存在固定相、流动相和电场，因此样品中各组分在其中的保留既取决于它们在两相间相互作用的不同，又和它们在电场中迁移速率的差异有关。

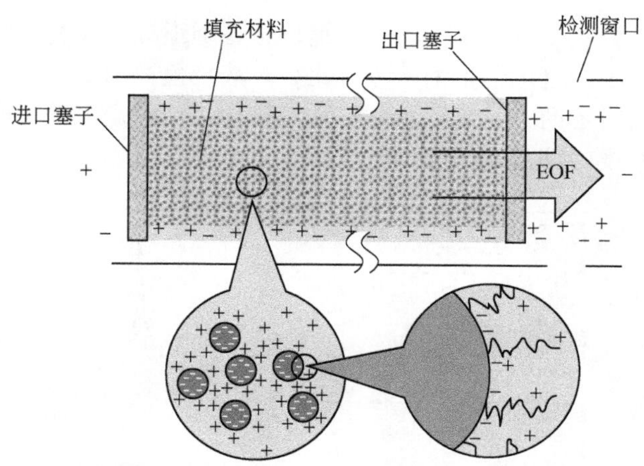

图 8-1 毛细管电色谱填充柱电渗流示意图

Horvath 等[26]认为，化合物在毛细管电色谱中的容量因子（k''）可表示为：

$$k''=k+k(\mu_{ep}/\mu_{eo})+\mu_{ep}/\mu_{eo} \tag{8-7}$$

其中，k 是化合物在纯色谱中的容量因子；μ_{ep} 和 μ_{eo} 分别为溶质的电泳淌度和电渗淌度。

式（8-7）同时反映了毛细管电色谱中两种作用机理。当溶质为中性化合物时，μ_{ep} 为零，它在电色谱中的容量因子与其在液相色谱中的相同，反映纯色谱过程；当溶质带电荷，但在固定相中没有保留时，k 为零，k''反映了它在电场中的迁移；当溶质既带电荷又有保留时，式（8-7）既包含了色谱过程和电泳过程，同时还有它们的共同作用项存在。

溶质在毛细管电色谱中的迁移速率 u_s 可通过下式计算：

$$u_s=\frac{u_{ep}+u_{eo}}{1+k} \tag{8-8}$$

因此，更实用的 k''表达式可以写成：

$$k''=\frac{(u_{ep}+u_{eo})^2}{u_{eo}u_s}-1 \tag{8-9}$$

其中，u_{eo} 和 u_s 值可由实验直接测出，而 u_{ep} 值比较难获得，它的真实值在电色谱填充柱中可能受填充床层阻碍作用的影响，但可以用相同电解质条件下开管柱的值代替[27]。

四、毛细管电色谱的谱带展宽和柱效评估

1. 溶质迁移引起的谱带展宽

色谱峰的柱效评估就是评价区带在色谱过程中区带宽度的增加，理论塔板高度方程可用来描述这些因素对色谱区带扩张的影响。根据 Van Deemter 方程，填充柱毛细管电色谱的塔板高度可以按式（8-10）计算：

$$H=A+B/u+Cu=2\lambda d_p+\frac{2\gamma D_m}{u}+\frac{k''ud_p^{\ 2}}{30D_{sz}(1+k'')^2} \tag{8-10}$$

式中，A、B 和 C 分别为涡流扩散、轴向扩散和传质阻力项系数；u 为流动相线速度；λ 为弯曲因子；d_p 为填料粒径；γ为轴向扩散的阻碍因子；D_m 为溶质在流动相中的扩散系数；k'' 为溶质在电色谱中的容量因子；D_{sz} 为溶质在固定相中的扩散系数。

图 8-2 描述了在电渗流和压力驱动下填充柱中产生的两种流型。可以看出，在以电渗流为推动力的体系中，在不发生双电层叠加的情况下，电渗流速度不受通道大小的影响，整个

流型呈塞子型；而在压力驱动条件下，流动相速度在各通道处按抛物线型分布，通道直径大的地方流速快。因此，毛细管电色谱的 A 项要比高效液相色谱的小。此外，在毛细管电色谱中还可以通过减小填料粒径的方法进一步减小涡流扩散对塔板高度的贡献，而在高效液相色谱中填料粒径的减小却要受柱系统压力的限制。

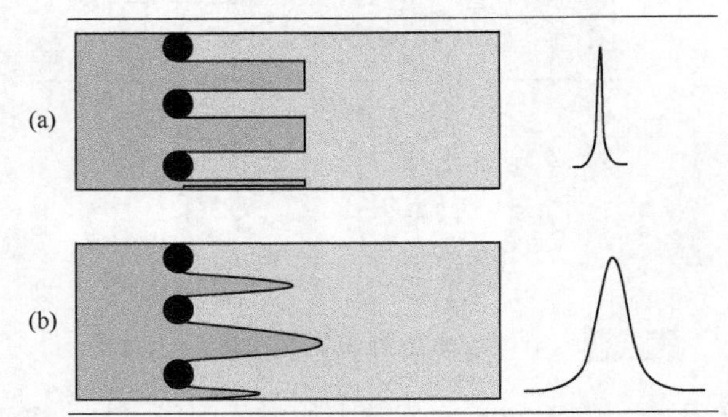

图 8-2 填充柱中电渗流（a）和压力（b）驱动的流型比较

式（8-10）中的 C 项产生于溶质在固定相和流动相间的非瞬间平衡。影响溶质在固定相中扩散速率的主要参数 D_{sz} 可以用式（8-11）描述[28]：

$$D_{sz} = D_m \frac{\gamma_{sm}\phi + \gamma_s \dfrac{D_s}{D_m}[k''(1-\phi) - \phi]}{k''(1-\phi)} \tag{8-11}$$

式（8-11）中，γ_{sm} 和 γ_s 分别为在滞留流动相和固定相中扩散阻力因子；ϕ 为流动相和固定相颗粒所占空间的比例。

当溶质在固定相中扩散速率很小时，D_s/D_m 可以忽略不计；如果假设 ϕ=0.5，C 项可以近似写为

$$Cu = \frac{1}{30}\left(\frac{k''}{1+k''}\right)^2 \frac{d_p^2 u}{D_{sm}} \tag{8-12}$$

式（8-12）中，$D_{sm}=\gamma_{sm}D_m$ 为溶质在滞留流动相和固定相间的扩散系数。最大 C 项值可以在 k'' 很大的情况下获得。如果假设流速为 1mm/s，D_{sm} 为 $6\times10^{-10}m^2/s$，则可以得到 5μm 和 0.5μm 粒径的填充柱中 Cu 值分别为 1.3μm 和 0.13μm。也就是说，如果毛细管电色谱采用亚微米粒径填料，A 和 C 项对塔板高度的贡献与轴向扩散项相比可以忽略不计，可获得毛细管电色谱填充柱的极限塔板高度和极限死时间：

$$H = \frac{2D_m\eta}{\varepsilon_0\varepsilon_r\zeta E} \tag{8-13}$$

$$t_0 = \frac{l^2\eta}{\varepsilon_0\varepsilon_r\zeta E} \tag{8-14}$$

从式（8-13）和式（8-14）可以看出，在填充柱毛细管电色谱中，柱效和分析时间与分离电压和填充柱长有关。在焦耳热可以忽略不计的条件下，应尽可能选用高电压和短柱进行分离。

对填充柱毛细管电色谱和高效液相色谱中 Van Deemter 方程进行比较结果表明前者的 A、C 项系数要小于后者，而 B 项系数相近[29,30]。这就是毛细管电色谱的柱效要高于液相色谱的原因。

在开管毛细管电色谱和开管液相色谱中，固定相传质阻力通常可以忽略不计。因此，塔板高度可用下式来描述：

$$H = 2D_{\mathrm{m}} / u + C_{\mathrm{m}} u d_{\mathrm{c}}^2 / D_{\mathrm{m}} \tag{8-15}$$

式（8-15）中，D_{m}为溶质在流动相中的扩散系数；C_{m}为流动相的传质阻力系数；u为流动相线速度；d_{c}为毛细管内径。

根据Golay[31]和Aris[32]方程，在压力驱动（PD）和电渗流驱动（ED）体系中，C值可以分别用以下两式描述：

$$C_{\mathrm{m}}^{\mathrm{PD}} = \frac{1+6k''+11k''^2}{96(1+k'')^2} \tag{8-16}$$

$$C_{\mathrm{m}}^{\mathrm{ED}} = \frac{k''^2}{16(1+k'')^2} \tag{8-17}$$

Crego等[33]还根据式（8-16）和式（8-17）描述了$C_{\mathrm{m}}^{\mathrm{PD}}$、$C_{\mathrm{m}}^{\mathrm{ED}}$以及$C_{\mathrm{m}}^{\mathrm{PD}} / C_{\mathrm{m}}^{\mathrm{ED}}$与$k''$间的相互关系：$C_{\mathrm{m}}^{\mathrm{PD}}$和$C_{\mathrm{m}}^{\mathrm{ED}}$均随$k''$的增加而增大，但$C_{\mathrm{m}}^{\mathrm{PD}}$始终大于$C_{\mathrm{m}}^{\mathrm{ED}}$，进一步说明开管电色谱的柱效要比开管液相色谱高。

从式（8-15）还可以看出，在开管柱模式下，柱内径的大小对塔板高度也有影响。在开管电色谱和开管液相色谱中，k''一定时柱内径和流动相速度对塔板高度也有一定的影响：在柱内径和流动相速度相同的情况下，电渗流驱动体系的塔板高度要小于压力驱动。尽管两种体系中塔板高度均随柱内径的增加而增大，但电渗流驱动下增大的速度明显小于压力驱动体系，尤其在高流速范围内。另外，对于压力驱动系统，液体流动由机械控制，所以受制于填料粒径大小，小粒径的填料就会使得背压升高而难以使用，柱长也同样受限。

$$u = \frac{d_{\mathrm{p}}^2 \Delta p}{\phi \eta L} \tag{8-18}$$

式中，Δp是压力降，是无量纲的液体阻力因子。但是背压在CEC中是不存在的。

当填料间通道的直径远大于双电层厚度时，u_{eo}取决于通道的形状和大小，双电层厚度和通道直径对流型的影响如图8-3所示。当d/δ值减小时，u_{eo}也减小，从流型侧面图可以看出塞状流已受影响。Knox和Grant指出[34]当溶液的离子强度为0.001mol/L和0.1mol/L时，u_{eo}不受明显影响的最小粒径分别是0.4μm和0.04μm。所以在CEC中可以使用更长的柱子填充更小粒径的颗粒来提高柱效和峰容量，而且如果不考虑填充均匀性的问题则CEC中的流速是处处相同的。

图8-4描述了Van Deemter方程塔板高度H和流速u在CEC和HPLC中的关系，相比压力驱动的体系，CEC中可以使用更高的流速来减少分析时间，因为线性流速的增加对塔板高度增加的程度相对小很多，尤其是在小颗粒的填料中。而且粒径小于1.5μm时柱子产生的反压极大，普通的液相色谱泵甚至超高压液相色谱（UPLC）也很难推动流动相了，只有电渗流驱动的体系才能应用。

Knox等[34]按照Horváth模型[35]描述电色谱理论塔板高度方程，得到

$$H=H_{\mathrm{disp}}+H_{\mathrm{e,diff}}+H_{\mathrm{i,diff}}+H_{\mathrm{t,diff}}+H_{\mathrm{kin}} \tag{8-19}$$

式中，H_{disp}是溶质轴向扩散穿过填料微粒内部引起的理论塔板高度；$H_{\mathrm{e,diff}}$是溶质透过填料表面涂层时，涂层膜的阻力造成的理论塔板高度；$H_{\mathrm{i,diff}}$是溶质在填料之间扩散引起的理论塔板高度；$H_{\mathrm{t,diff}}$是溶质穿过不同的流体通道时传质阻力造成的理论塔板数高度；H_{kin}是溶质与固定相传质过程中慢的动力学平衡造成的理论塔板高度。并且：

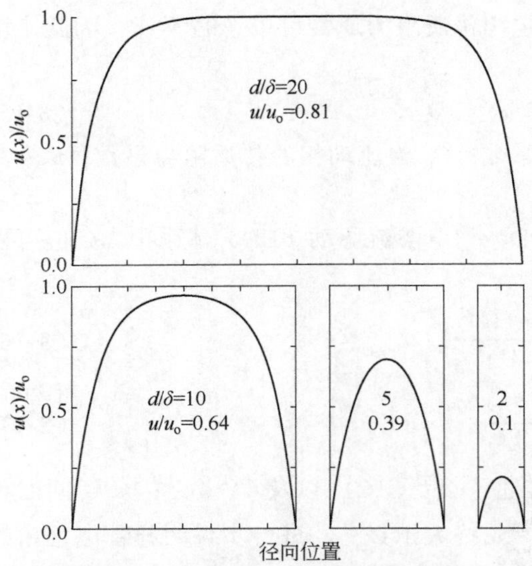

图 8-3 不同通道直径和双电层厚度比的柱流速流型侧面图

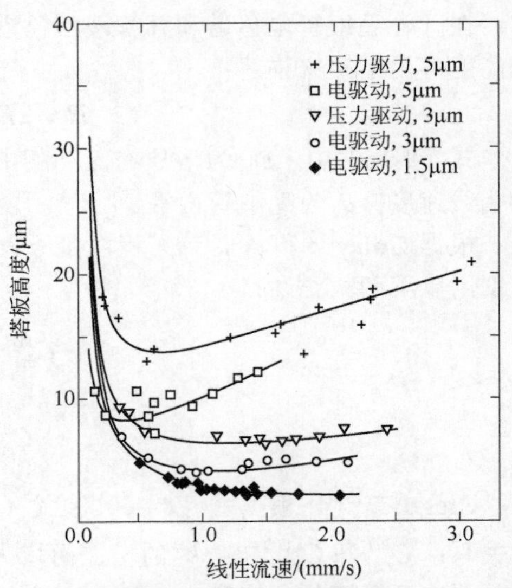

图 8-4 不同粒径和不同驱动力下塔板高度的比较

$$H_{\mathrm{e,diff}}=\frac{\kappa(\varphi+\kappa+\kappa\varphi)^2\lambda d_{\mathrm{p}}^{5/3}u^{2/3}}{D_{\mathrm{m}}^{2/3}(1+\varphi^2)(1+\kappa)^2} \tag{8-20}$$

其中

$$\varphi=\frac{\varepsilon_{\mathrm{i}}(1-\varepsilon_{\mathrm{e}})}{\varepsilon_{\mathrm{e}}};\quad \omega=\frac{6(1-\varepsilon_{\mathrm{e}})}{\varepsilon_{\mathrm{e}}\Omega};\quad \kappa=\frac{\varepsilon_{\mathrm{e}}}{3\Omega(1-\varepsilon_{\mathrm{e}})};\quad \varepsilon_{\mathrm{e}}=\frac{V_{\mathrm{e}}}{V_{\mathrm{c}}} \tag{8-21}$$

$$H_{\mathrm{i,diff}}=\frac{\theta(\varphi+\kappa+\kappa\varphi)^2 d_{\mathrm{p}}^2 u}{30D_{\mathrm{m}}\varphi(1+\varphi)^2(1+\kappa)^2} \tag{8-22}$$

$$H_{\mathrm{kin}}=\frac{2\kappa^2 u}{(1+\varphi)(1+\kappa)\beta\kappa_{\mathrm{a}}} \tag{8-23}$$

$$\beta=\frac{V_{\mathrm{s}}}{V_{\mathrm{m}}}=\frac{(1-\varepsilon_{\mathrm{T}})(\rho_{\mathrm{sil}}l/\rho_{\mathrm{s}})}{\varepsilon_{\mathrm{T}}-(1-\varepsilon_{\mathrm{T}})(\rho_{\mathrm{sil}}l/\rho_{\mathrm{s}})} \tag{8-24}$$

对抛物线流型

$$H_{\mathrm{t,diff,lam}}=(6R^2-16R+11)\left(\frac{r_{\mathrm{c}}^2 u}{24D_{\mathrm{m}}}\right) \tag{8-25}$$

对塞式流型

$$H_{\mathrm{t,diff,EOF}}=(1-R)^2\left(\frac{r_{\mathrm{c}}^2 u}{4D_{\mathrm{m}}}\right) \tag{8-26}$$

式中，ω为填料孔隙率的结构因子；λ为影响流速的阻力结构因子；γ为阻力因子；κ为填充因子；φ为填料颗粒的内体积与填料颗粒之间的体积比率；ε_{i}和ε_{e}为颗粒内孔率和填料颗粒的孔隙率；Ω为形状因子，是由颗粒间的孔隙率决定的；θ为弯曲因子；β为相比；κ_{a}为溶质与固定相相互作用的速率常数；ε_{T}为柱的孔隙率；ρ_{sil}和ρ_{s}分别为硅胶颗粒和填料颗粒的密度；l为固定相的容量；D_{m}为溶质的扩散系数；V_{e}和V_{c}分别为填料内体积和柱的总体积；r_{c}为单个流体通道的半径。

H_{disp}也可以表示为

$$H_{\text{disp}} = H_{\text{a,diff}} H_{\text{eddy,diff}} = \frac{2\gamma D_{\text{m}}}{u} + \frac{2\lambda d_{\text{p}} u^{1/3}}{u^{1/3} + \omega(D_{\text{m}} / d_{\text{p}})} \quad (8\text{-}27)$$

式中，$H_{\text{a,diff}}$ 和 $H_{\text{eddy,diff}}$ 分别为溶质轴向扩散和流速差异造成的理论塔板高度。

根据式（8-19）～式（8-27），可以对电色谱柱效进行评估。在式（8-20）中，结构因子 λ 是与流动相的流型有关的参数。一般来说，在塞式流型中，λ 的值约为抛物线流型的 1/10～1/20。因此，轴向扩散对塔板高度的贡献比在液相色谱中小得多。由式（8-25）和式（8-26）可见，在电色谱和液相色谱中，溶质穿过不同的流体通道时传质阻力对理论塔板高度贡献的差别，在电色谱中传质阻力的贡献也小于在液相色谱中的情况。

2. 焦耳热效应引起的谱带展宽

所谓的焦耳热效应是指在 CEC 系统中由于温度梯度而引起的谱带展宽，这些是电分离技术的共性。尽管在 CEC 中电渗流只有 CE 的 40%～60%，但热效应仍不容忽视。这是因为随着温度的增加，常常在毛细管中形成气泡，使基线噪声增大，严重时甚至使填料干涸，最终导致电渗流消失，使分离终止。同时由于温度梯度的存在引起流速梯度，造成谱带展宽。在压力驱动和电渗流驱动体系中，柱心与柱内壁间的温度差可以分别用以下两式描述[7]：

$$\Delta T^{\text{PD}} = \frac{Qd_{\text{c}}^2}{16K} = \frac{\varepsilon}{16K\phi\eta}(d_{\text{p}}d_{\text{c}})^2\left(\frac{\Delta p}{L}\right)^2 \quad (8\text{-}28)$$

$$\Delta T^{\text{ED}} = \frac{Qd_{\text{c}}^2}{16K} = E^2\lambda c\varepsilon d_{\text{c}}^2 / 16K \quad (8\text{-}29)$$

其中，Q 为单位体积的热量产生率；K 为流动相介质的热导率；λ 为当量电导。

表 8-1 分别给出了在以压力和电渗流为推动力的体系中，不同种类和不同内径柱系统中的 Q 和 ΔT[37]。从表中数据可以看出，在相同柱内径的情况下，电驱动体系产生的温度差要比压力驱动产生的大得多。因此，在电色谱模式中应尽可能选用细内径的毛细管以减少焦耳热效应。此外，根据式（8-29），毛细管电色谱的流动相还应选择电导率较低的电解质，如 Tris 和 MES 等，而且电解质浓度不宜过高，场强不宜太大。此外，采用良好的柱冷却系统也可以有效地减少系统产生的焦耳热。

表 8-1　压力和电渗流驱动体系中不同类型与不同内径柱系统中的 Q 和 ΔT

柱型	柱内径	驱动力类型	Q/(W/cm³)	ΔT/K
填充柱	4.6mm	压力流	0.077	0.25
		电渗流	300	992
	200μm	压力流	0.045	3×10^{-4}
		电渗流	300	1.9
毛细管填充柱	100μm	压力流	0.045	7×10^{-5}
		电渗流	300	0.47
	50μm	压力流	0.045	2×10^{-5}
		电渗流	300	0.12
毛细管开管柱	50μm	压力流	4×10^{-6}	2×10^{-9}
		电渗流	375	0.15
	10μm	压力流	1×10^{-4}	2×10^{-9}
		电渗流	375	6×10^{-3}

3. 柱外效应引起的谱带展宽

毛细管电色谱中柱外效应引起的谱带展宽主要来自于进样和检测。由于毛细管电色谱通常采用柱上检测，检测引起的谱带展宽往往可以忽略不计。因此，进样过程引起的谱带展宽成为柱外效应的主要因素。

Pyell 等[36]对毛细管电色谱中样品区带宽度进行了系统研究。如果考虑样品溶液和流动相间差别引起的样品区带压缩效应，毛细管电色谱中最大进样电压 U_{max} 和最长进样时间 t_{max} 可按式（8-30）和式（8-31）计算：

$$U_{max} = 0.7\frac{LL_T(1+k_s)}{\mu_{eo}t_I\sqrt{N}} \tag{8-30}$$

$$t_{max} = 0.7\frac{LL_T(1+k_s)}{\mu_{eo}U_I\sqrt{N}} \tag{8-31}$$

其中，L 和 L_T 分别代表从进样端到检测窗口的柱长以及总柱长；s 表示溶质在以样品溶液为流动相体系中的容量因子；μ_{eo} 为电渗淌度；N 为塔板数；U_I 和 t_I 分别为进样电压和进样时间。

Crego 等[33]认为，在毛细管电色谱体系中，当样品区带长度引起的方差小于 0.013 倍的溶质在柱内迁移引起的方差时，进样引起的柱外效应属于正常范围。为获得高柱效，开管柱电色谱的进样体积应在 pl 级，而填充柱电色谱的进样体积可以为 nl 级。Bruin 等[37]指出，毛细管进样端界面的不规则性也会在进样时引起较大的柱外效应。因此，在柱制备时应尽可能使进样端切面平整。

综上所述，毛细管电色谱中谱带展宽主要是由溶质柱内迁移、焦耳热和进样过程引起的。在实验中，应尽可能综合考虑各种影响因素，以获得最佳分离效果。

第二节 毛细管电色谱仪器

一、概述

CEC 仪器很简单，相当多的 CEC 分离分析实验在常规的毛细管电泳仪上完成。因此，最基本的毛细管电色谱仪器与毛细管电泳仪相同，主要由以下几部分组成（见图 7-4）：①压力驱动或电驱动的进样装置；②毛细管色谱柱；③检测器；④高压电源。

最初的商品化的电泳仪由于存在两项缺陷而不能很便捷地当做毛细管电色谱实验仪器：①气泡的产生常使电流中断；②不能用作梯度洗脱。因此，科研工作者在此方面投入了大量精力克服这些困难，其中包括 Smith[10]和 Evans[38]以及 Boughtflower[39]，后来 Smith 和 Carter-Finch 利用 ABI 和 Prince 的设计将最高达到 35bar（1bar=10^5Pa）的气压加载到进口端和出口端的缓冲液瓶上，以避免气泡的产生[40]。表 8-2 给出了可用作毛细管电色谱的商用电泳仪。

为了实现梯度洗脱，已有多种方案被提出，加压毛细管电色谱（pressurized capillary electrochromatography，pCEC）为其中最具代表性的一种。Yan[41]等设计了一种不利用液相泵而实现梯度洗脱的 CEC 仪器（见图 8-5）。通过两根开管毛细管与色谱柱相连形成一个“T”字结构，并将这两根开管毛细管分别浸润在不同的缓冲液（流动相）中，与高压电源相接。通过调节电压使两根开管毛细管以不同的速度驱动不同的流动相，从而产生溶剂的梯度洗脱。实验中，通过电脑程序调节高压电源 1 和 2 的电压，从而调节流动相 1 和 2 的流速，样品在毛细管中被梯度洗脱。

表 8-2 可用作电色谱实验的商用电泳仪

规格	Agilent Technologies CE	Beckman Coulter P/ACE MDQ	Prince Technologies PrinCE-C 660
操作方式	电压电流恒定	电压电流恒定	电压电流恒定
进样方式	电动（0～±30kV）	电动（0～±10kV）	电动［(0～±30)kV］
	压力	压力	压力
电压范围	±30kV	±30kV	±30kV
电流范围	±300μA	±300μA	±200μA
25℃恒温装置	加压气流传送（15～60℃）	液体循环冷却（15～60℃）	加压气流传送（20～60℃）
样品瓶数量	48	2×96	30～48
允许柱长	最低有效长度 24.5cm 最低总长度 33.0cm	有效长度 21～100cm 总长度 31.12～110cm	未知
检测器	UV/VIS-PDA、荧光和 LIF	UV/VIS-PDA、LIF 和 LCQ_{DUO}-MS 系统	可以和多种检测器连接

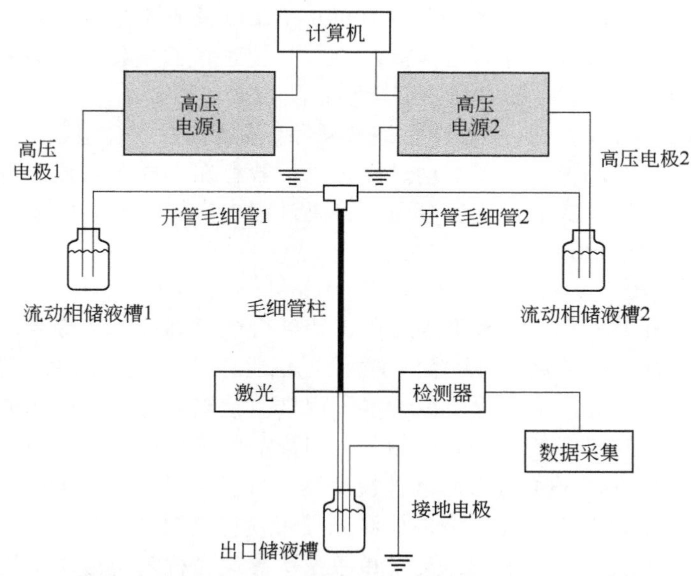

图 8-5 利用电渗流驱动实现溶剂梯度洗脱的 CEC 装置

二、毛细管电色谱的进样及富集技术

（一）毛细管电色谱的进样系统

与毛细管电泳相似，一般的毛细管电色谱（CEC）中常规进样方式主要有流体力学和电动进样两种，而在加压毛细管电色谱（pCEC）中则通常采用常规液相色谱的阀分流进样[42]。

流体力学进样方式依靠毛细管两端的压力差将样品导入毛细管。当将毛细管的两端置于不同的压力环境中时，管中溶液即能流动，将样品液带入。产生压力差的方式可以通过虹吸、在进样端加压或在检测端抽真空等方法来实现，见图 7-6。

进样体积（V_{inj}）可以通过 Hagen-Poiseuille 方程求出：

$$V_{inj}=\frac{c_0\pi\Delta pr^4t_{inj}}{8\eta L} \tag{8-32}$$

由式（8-32），分离体系确定后，V_{inj} 由样品浓度（c_0）、两端压力差Δp 和进样时间 t_{inj} 决定。缓冲液黏度η受温度影响，若要精确控制进样量，则要求保持温度恒定（±0.1℃）。流体力学方式比较适用于开管毛细管电色谱操作；对于填充柱电色谱，由于分离柱的阻力很大，则需在进样端施加较高的压力才能进行进样操作。

电动进样是将进样两端的缓冲溶液池换上样品管并施加一定电场来实现的，见图 7-7。通常所施加场强为分离场强的 1/5 到 1/3。

进样量 Q（g 或 mol）由式（8-33）计算：

$$Q=(\mu_{ef,i}+\mu_{eo})E\pi r^2C_it_{inj} \tag{8-33}$$

由式（8-33）可知，除了毛细管内径（r）和样品浓度（C_i）外，决定进样量的还有场强、进样时间和离子表观淌度$(\mu_{ef,i}+\mu_{eo})$。对于离子组分，由于表观淌度不同，会产生进样歧视，降低分析的准确性和可靠性，这是电动进样的最大缺点。但此方法进样简单，当缓冲液黏度较大或分离柱的柱压较大时，这种进样方式就非常有用。

阀进样主要应用于加压毛细管电色谱中，由于进样量极小，一般采用分流装置进行加压电色谱和阀进样操作。通常采用 1μl 的定量环，分流比控制在约 100∶1，也就是说真正进入电色谱的样品量只有进样环的百分之一（约 10nl）。Alexander 等[43]所建立的阀进样装置可以与自动进样器连接，连续进行多样品的分析；Yan 等[44]建立了一套加压梯度洗脱电色谱系统（TriSep 2000GV），并利用该系统对碱性药物进行了分析。

不管采用以上哪种进样方式，都要注意避免样品的超载，否则会引起区带扩散；由于 CEC 的流动相挥发性较大，在流体力学和电动进样时，一般存在进样瓶与背景电解液瓶切换的过程，要尽可能不让柱进样端的溶剂挥发掉而在分离过程中产生气泡。由于电色谱中存在固定相，因此进样量可以比毛细管电泳大一些。

（二）毛细管电色谱中的样品富集

毛细管电色谱为高效液相色谱和毛细管电泳相结合的分离技术，综合了高效液相色谱的高选择性和毛细管电泳的高分离效能[2,45,46]。由于毛细管电色谱采用的毛细管柱一般较细，样品的进样量很小；另一方面，毛细管电色谱多采用柱上检测的方法，检测的光程很短。这使得毛细管电色谱虽然达到了很低的质量检测限，但样品的浓度检测限相对仍较高。

在现有的检测条件下，采用通用型紫外检测器一般仅可达到 10^{-6}mol/L[47]，安捷伦公司推出的 Z 型和带有泡型的毛细管通过增加检测光程可使检测灵敏度提高几倍，然而泡型池和 Z 型池的存在会损失柱效和分离度[48]。荧光和激光诱导荧光检测可显著地提高检测灵敏度，但缺乏普适性。质谱法灵敏度高，选择性强，能提供分子结构信息和二级分离，是毛细管电泳和电色谱非常理想的检测器，但目前缺乏稳定、可靠的毛细管电色谱-质谱接口[49]。

研究毛细管电色谱中的样品富集技术对拓宽其应用范围具有非常重要的实际意义。常用的离线样品富集方法有液-液萃取、固相萃取、固相微萃取等，在线的富集方法有常规样品堆积、场放大样品堆积、大体积样品堆积等。下面将分别对其进行介绍。

1. 离线样品富集

液-液萃取（liquid-liquid extraction，LLE）方法是最先使用的离线富集方法。据调查，在分析化学实验室中几乎半数的人员常常使用液-液萃取[50]。在 LLE 方法的应用中，与水不互溶的有机相可以用来提取憎水性的样品，将溶剂挥发干后所得的溶质重新溶解到较小体积的溶剂中，从而实现样品浓缩。Michael 等[51]利用 1-乙基-3-甲基咪唑啉双(三氟甲基磺酰基)亚胺（EMIM TFSI）对样品进行液液萃取，经过处理后，样品的富集效率达到了 1000 倍；Fang 等[52]采用超临界流体萃取的方法对土壤中的酚类物质进行了富集，之后利用毛细管电色谱进行分析，样品的检测限达到了 0.0032～0.014mg/kg。虽然 LLE 的使用频率较高，但也存在较大缺点：通常所需要的时间较长、工作量大；需要消耗大量的有机溶剂从而造成二次污染；而且干扰比较多，很多物质容易同时被提取出来。因而 LLE 现在正逐渐被 SPE 和 SPME 所取代。

固相萃取（solid-phase extraction，SPE）属于吸附萃取技术，其最大的特点是能在萃取的同时对分析物进行浓缩。吸附剂被填充在短管中，样品溶液通过时，分析物被吸附萃取，然后再用不同溶剂将分析物选择性地洗脱下来。如果使用的洗脱溶剂的体积比样品溶液的体积小，样品就会得到浓缩。Gaelle 等[53]通过光引发的方法在玻璃芯片上建立了一个丙烯酸酯类毛细管整体柱通道，可同时用于样品的富集和分离，利用该方法对中性物质和带电离子均获得了较高的富集效率。Vizioli 等[54]利用自制的粒径为 20～30μm 的 C_{18} 颗粒对土壤中的两种稀有金属镧和钆进行了富集，在 7psi 下进样 24s，样品的检测灵敏度提高了 1000 倍，达到了 20～80pg/L，利用该方法对自来水进行检测，得到了许多不能鉴定的金属离子峰。同 LLE 相比，SPE 具有装置简单、溶剂消耗量少、可用于现场预处理、易于实现自动化等优点，但 SPE 也存在操作烦琐、空白值高、易堵塞吸附柱而导致重现性不够理想等缺点。

固相微萃取（solid-phase microextraction，SPME）是在 SPE 基础上发展起来的，均匀涂渍在硅纤维上的圆柱状吸附剂涂层在萃取时既继承了 SPE 的优点，又有效地克服了其缺陷，操作简单，重现性好，从萃取到进样完全不使用有机溶剂，解吸快速、完全。SPME 也可直接同 CE 和 CEC 联用。张颖等[55]将固相微萃取和加压毛细管电色谱联用，对水中痕量的丙烯酰胺进行了富集、测定，萃取体积比达到了 100 倍，获得了约 60 倍的富集效率。

2. 在线样品富集

毛细管电色谱柱上的富集可以分为进样过程富集和连续堆积两类。当样品溶液与运行缓冲液组成存在差别时，可能会导致溶质分子作用力的改变或溶质形态的变化，使溶质在两区带中的迁移速率产生差别，导致溶质柱内运输过程中的分布改变，区带被压缩或拉伸。不仅可以通过调节两区带化学组成和操作条件等手段来实现溶质在电色谱柱内的富集，也可以采用改变固定相性质的手段达到使样品在柱内不同区域迁移速率不同，进而达到样品局部堆积的目的。连续堆积技术的原理与进样富集类似，可以认为是进样过程富集在整个分离过程中的延续[56]。

一般地，毛细管电泳中采用的在线样品富集技术皆可用于毛细管电色谱，此外，毛细管电色谱依其自身的特点，也可以采用特别的在线富集技术[60]。

三、CEC 联用检测器

1. 紫外检测

CEC 的检测器有多种，紫外检测（UV-vis）检测器具有普适性，是最常用的检测器。有紫外吸收的物质一般都可用 UV 检测器直接检测，对一些本身没有紫外吸收的物质，可在背景电解质中添加一些具有 UV 吸收性质的物质，这样分析物通过检测窗口时会形成倒峰，通过计算倒峰的面积可对分析物进行定量分析，这种方法叫间接 UV-vis 检测。

2. 激光诱导荧光检测

荧光检测特别是激光诱导荧光（laser induced fluorescence，LIF）检测器的灵敏度比常规的 UV-vis 检测低 5～6 个数量级，被认为是灵敏度最高的检测器之一，其检出限可达到 10^{-10}～10^{-12}mol/L。早期的 LIF 检测器多使用非相干光源，现在则利用高强度、高相干性的激光作激发光源，可聚焦到接近衍射极限，适用于非常窄孔径柱的激发。通过光纤或合理的光学设计，激光很容易聚集在毛细管中心，既提高了激发效率，又减少了光散射，从而显著地降低了检出限。LIF 用于 CEC 的检测的仪器结构见图 8-6[57~59]。

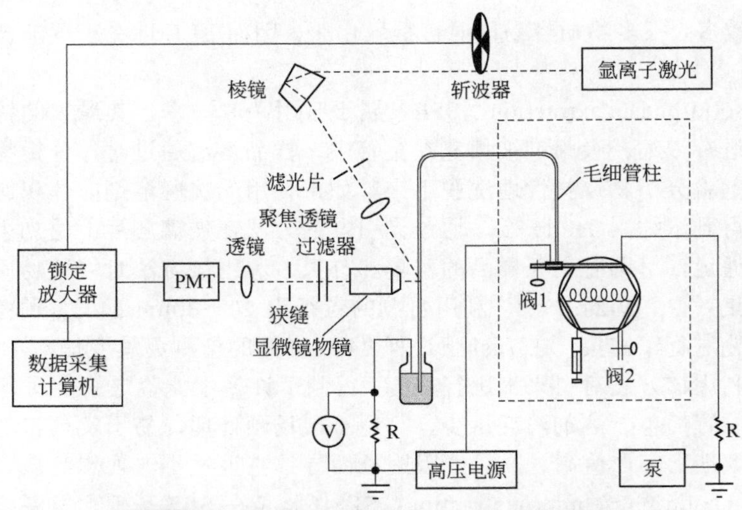

图 8-6 毛细管电色谱-激光诱导荧光检测装置

3. 化学发光检测

化学发光检测（CL）的最大特点是光学系统简单、无需外加光源和分光系统，背景噪声低，避免了杂散光和光源不稳定性的影响，因而具有很高的检测灵敏度（10^{-8}～10^{-10}mol/L）。CL 检测的另一个优点是所谓的"化学窄带"效应[60,61]，这是因为 CL 反应的动力学速度很快，在样品还未来得及充分扩散到本底溶液前就已产生化学发光信号。它适合于小体积在线快速检测，记录信号峰尖锐，不会造成明显的区带展宽，但缺点是选择性较差。将高灵敏度的 CL 技术与高分辨的微分离技术相结合，是目前微分析中较为理想的分离分析方法。图 8-7 为 CEC 与 CL 的一种离柱式联用模式[62]。

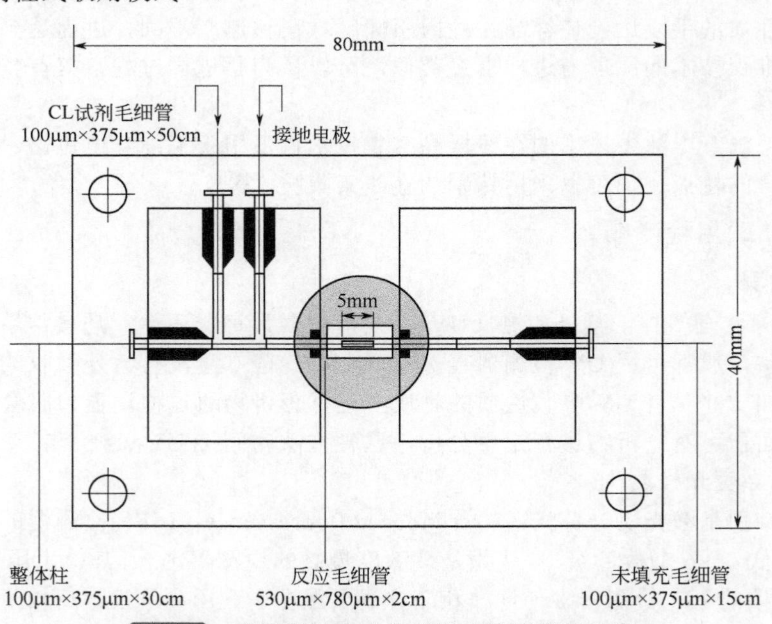

图 8-7 离柱同轴流式化学发光检测接口示意

4. 电化学检测

电化学检测（electrochemical detection，ECD）也是一种常用的检测方法，包括安培法

(ampermetric detection，AD)、电导法（conductivity detection）和电位法（potentionmetry），所以 ECD 也普遍应用于 CEC 联用中[63]。

ECD 可避免光学检测器所遇到的光程短问题，是一类灵敏度较高的检测器，优点表现在：①灵敏度高，检出限可达 pg～ng 级；②选择性好，适合复杂体系（如生物体液、匀浆）下的电活性物质的检测；③仪器装置简单，成本较低，可用于一般实验室。缺点是仅适合于检测电活性物质或衍生化测定一些非电活性物质，在商品化过程中需要解决诸如高压电场隔离、电极精确定位等一系列问题。安培检测法是 CEC-ECD 联用研究的首选方法[64~66]，它是基于电活性物质在电极表面上发生氧化或还原反应产生电流响应与其浓度成比例这一原理而建立起来的，而且易于实现和操作。根据检测区域与高压电场区域有无电场隔离，安培检测又可分为离柱（off-column）和柱端（end-column）两种检测方式。2000 年，Hilmi 等首次将安培检测技术用于 CEC 的研究，对柱端式 CEC-ECD 检测装置做了详细的介绍（见图 8-8），并系统考察了不同粒径毛细管填充柱对 13 种爆炸物（芳香族硝基化合物和硝胺类）分离的影响。

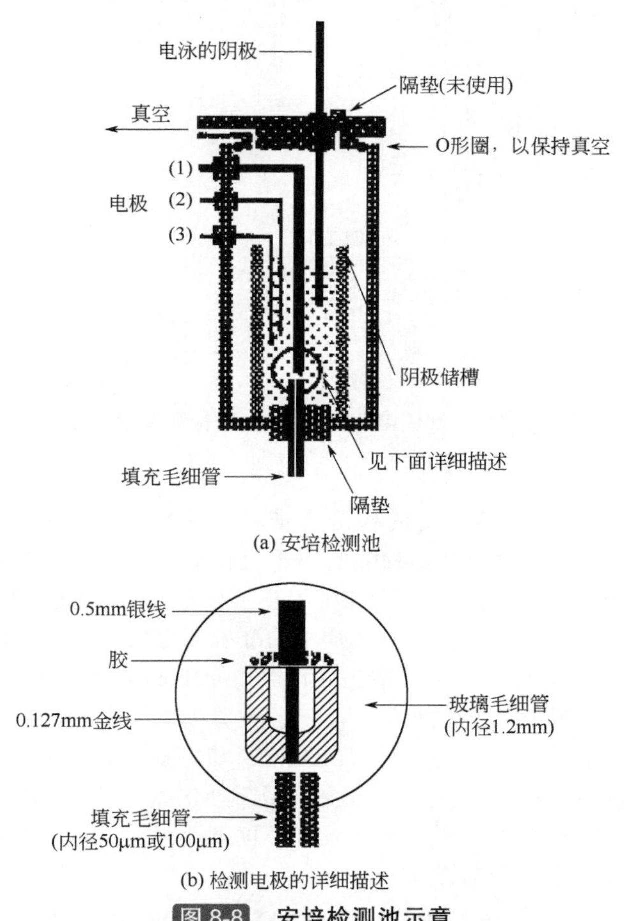

图 8-8 安培检测池示意

5. 核磁共振检测器

NMR 是有机化合物结构鉴定最强有力的分析手段之一，但 NMR 的两个不足使得其与 CEC 的联用具有一定的挑战性：①相对于其他分析方法，NMR 是一种较不灵敏的分析方法，需要的样品量在毫升（ml）级，而 CEC 的样品量却在纳升（nl）级；②NMR 需纯净的分析物，否则样品与杂质信号峰的重叠将加大鉴定的难度。近年来随着 NMR 理论和技术的发展，出现了许多新技术新方法，使得多重溶剂峰的有效抑制和信噪比大幅度增强成为可能。Bayer 等[67~69]和 Sweedler 等[70]两小组在 CEC-NMR 联用方面做了大量的研究工作。Bayer 等[67]首次设计的一种可与 CE、CEC 和 μHPLC 联用的接口装置，如图 8-9 所示。采用连续流和停流两种模式，尤其是停留模式可以有效避免信号峰的重叠，提高了分辨率。该装置实现了异构体、同系物组分的分离与鉴定。此后，Bayer 等[69]分别对梯度 CEC-NMR 以及 pCEC-NMR 联用技术进行了深入的研究，结果表明，施加适当的压力可有效抑制气泡而不影响分离柱效。

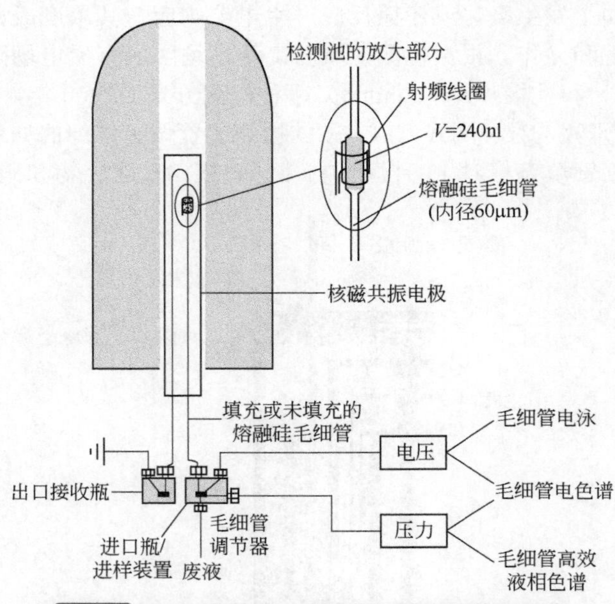

图 8-9 毛细管电色谱-核磁共振检测装置示意

6. 质谱检测

为了提高 CEC 的应用范围，新的检测方法也被不断地开发，特别是与质谱（mass spectrometry，MS）的联用技术。CEC-MS 联用不仅使检测灵敏度大大提高，而且可提供相对分子量（M_r）信息及丰富的结构信息。CEC 的高效分离能力和 MS 的高鉴定能力相结合，使得对纳升级样品进行分子结构分析和分子质量的准确测定成为可能。1991 年 Verheij 等[71]第一次将 CEC 与 MS 联用，使用快原子轰击（fast atom bombardment，FAB）作为离子源。此后 CEC-MS 联用技术有了较快的发展。

CEC 和 MS 的联用技术可以分为脱机（off-line）和联机（on-line）两种方式。联机的关键是如何将 CEC 的流出物以在线的方式有效地传送到 MS 而不损失分离效率，这就需要很好地设计接口。实际上，由于 CEC 与毛细管电泳仪器的通用性，其与质谱联用接口也具有通用性，相关技术已经在第七章第四节详述。

第三节 毛细管电色谱柱

毛细管电色谱柱是电色谱分离技术的核心和瓶颈。按照固定相在毛细管中的存在形式，毛细管电色谱柱可以分为开管柱、填充柱和整体柱。毛细管开管柱是通过在毛细管内壁涂布或键合有机改性剂而制备获得的，这种色谱柱存在柱容量较低的缺点，故其应用范围比较窄；毛细管填充柱是目前最常用的毛细管色谱柱；毛细管整体柱则是一种新型的色谱柱，有人将其誉为第四代分离介质，具有极好的发展前景[72]。

一、毛细管开管柱

毛细管开管柱是通过涂布、键合和溶胶-凝胶等技术将固定相涂敷或键合到毛细管内壁上的一种分离柱。开管电色谱柱避免了颗粒填充过程和柱塞制作，但其柱效和柱容量都比填充柱低。因此，开管柱制备技术的关键在于增大比表面积，制备相比大和柱容量高的色谱柱。目前应用的开管柱主要分为物理吸附开管柱和化学键合开管柱两种类型。

物理吸附开管柱制作简单，主要是通过高聚物和石英毛细管内壁以范德华力和氢键相互作用而制备，也可以通过电荷作用使固定相吸附在毛细管内壁上。化学键合开管柱与物理吸附开管柱相比柱寿命长、稳定性好、应用更广泛[73,74]。

Pesek 等[75]在内径 50μm 的毛细管内壁进行了蚀刻和化学修饰，将四种不同的官能团（C_5、C_{18}、二醇和胆固醇）键合在管壁，用于核苷酸、核苷、氨基酸和神经递质这些极性小分子的毛细管电色谱分析。重复进样 300～400 次后，所制备的开管柱稳定性和重现性良好。结果也表明键合固定相的选择性对分析物的迁移时间和分辨率影响很大。

Zhang[76]等用热引发原位聚合法制备了恩诺沙星印迹开管毛细管电色谱柱，并将其应用于水产品中恩诺沙星（ENR）和环丙沙星（CIP）的残留检测。实验表明，恩诺沙星印迹开管柱对目标分子的选择性良好，能快速高效地使恩诺沙星和环丙沙星达到基线分离，建立了毛细管电色谱法同时测定水产品中恩诺沙星和环丙沙星药物残留的方法。在毛细管电色谱操作模式下，流动相为 30mmol/L Na_2HPO_4-30mmol/L NaH_2PO_4（pH=8.9），温度 25℃，进样 3s，分离电压 15kV，在检测波长为 280nm 处得到鲢鱼肌肉组织中恩诺沙星和环丙沙星的标准色谱图和加标样品色谱图，见图 8-10。环丙沙星的保留时间约为 8.6min，恩诺沙星的保留时间约为 9.3min。

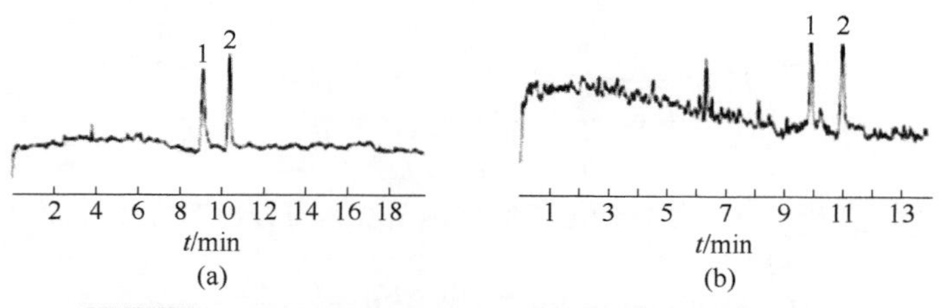

图 8-10　标准样品（a）和加标样品（b）电色谱图

色谱峰：1—CIP；2—ENR

流动相：30mmol/L Na_2HPO_4-30mmol/L NaH_2PO_4（pH=8.9）

进样，3s；温度，25℃；分离电压，15kV；检测波长，280nm

Chia-Hsin Lee[77]等利用氧氯化锆可与毛细管内壁的硅醇基发生反应，350℃下反应 8h，制备成二氧化锆纳米颗粒（ZrO_2NPs）涂层的毛细管开管柱，图 8-11 给出的 SEM 图证明在毛细管内壁形成了 ZrO_2NPs 层。笔者用这种开管柱对连铁蛋白、磷酸化蛋白和糖蛋白进行了 CEC 分离。

Xie 等[78]以γ-(2,3-环氧丙氧基)丙基三甲氧基硅烷为偶联剂，将羧甲基壳聚糖键合至毛细管内壁上，制备了新型多糖修饰的毛细管电色谱柱，并将其用于四种核苷酸（腺嘌呤核苷酸、鸟嘌呤核苷酸、胞嘧啶核苷酸、尿嘧啶核苷酸）的分离，结果见图 8-12，柱效达到 36000～182000m^{-1}，重现性良好。他们[79]也将羧甲基壳聚糖（CMC）以共价键修饰在毛细管开管柱内壁，进行碱性蛋白质和鸦片生物碱的 CEC 分离。在阳极电渗流模式（pH＜4.3）下，四种碱性蛋白质——胰蛋白酶、核糖核酸酶 A、溶菌酶和细胞色素 C 成功分离，避免了碱性蛋

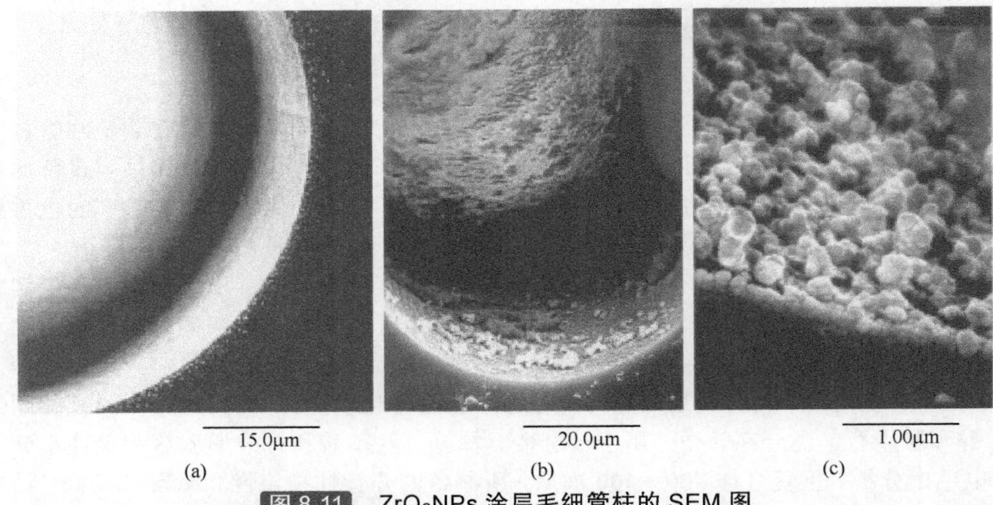

图 8-11 ZrO_2NPs 涂层毛细管柱的 SEM 图

（a）裸露毛细管柱截面图；（b）ZrO_2NPs涂层毛细管柱截面图；（c）是（b）的放大图

白在毛细管内壁的吸附；在阴极电渗流模式（pH＞4.3）下，四种鸦片生物碱也达到基线分离。图 8-13 将裸露的和经 CMC 修饰过的毛细管内壁的电镜照片加以比较，可以看出 CMC 涂层牢固地结合在毛细管内壁，从而极大地增加了柱的表面积。

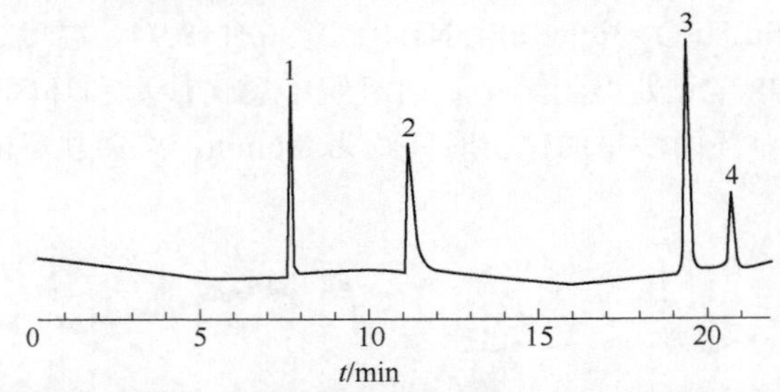

图 8-12 多糖修饰的毛细管电色谱柱用于分离四种核苷酸

出峰顺序：1—尿嘧啶核苷酸（UMP）；2—鸟嘌呤核苷酸（GMP）；3—腺嘌呤核苷酸（AMP）；4—胞嘧啶核苷酸（CMP）

毛细管柱：内径50μm，有效长度40cm，总长度62cm

流动相，20mol/L磷酸盐缓冲液；检测波长，254nm；电压，18kV；pH=3.0

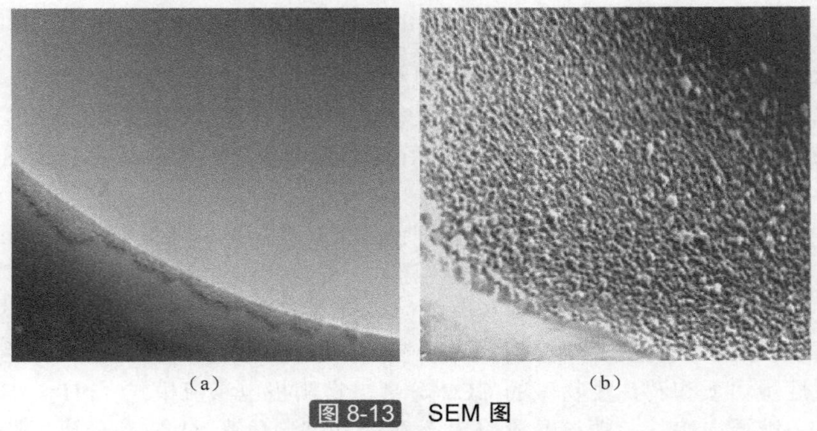

图 8-13 SEM 图

（a）未经修饰的毛细管表面；（b）修饰后的毛细管表面

Wei 等[80]将单体分子印迹聚合物（OMNiMIPs）2-甲基丙烯酰丙基甲基丙烯酸酯（MAM）键合在毛细管内壁，制备成毛细管印迹开管柱。由于 MAM 不含可离子化的官能团，无法产生电渗流，因而将 3-(三甲氧基)丙基甲基丙烯酸酯（γ-MPS）结合在固定相基质上，利用其酯键（Si—O—C）水解产生电渗流，并在 CEC 模式下分离对映体。在 *S*-氨氯地平（AML）印迹毛细管上的对映体分辨率达到了 16.1，选择因子为 3.23，柱效达到 26053/m。此外，他们还以 *S*-萘普生（ANP）和 *S*-酮洛芬（KET）作为模板分子进行了分子印迹涂层和分离。

二、毛细管填充柱

毛细管电色谱填充柱作为一类最常用的 CEC 柱，可供选择的固定相种类丰富，具有高柱效、种类多、易商品化等优势。填充柱的制备关键有两步：一是柱塞的制作，二是柱的填充。其中柱塞制作更为重要，正是因为填充柱的塞子制备工艺对操作者要求比较高，所以其应用也受到了一定的限制。

柱两端的塞子是填充柱产生气泡的主要原因。合格的塞子必须满足如下要求：机械强度高；化学惰性好；有合适的孔隙率；死体积小。

William Bragg[81]等制作了无塞子的毛细管电色谱填充柱，并将其和电喷雾质谱联用。他们先分别在两根毛细管的一端制备锥形末端，然后立即对柱进行填充，未形成锥形末端的两根柱的两端用市售连接头连接起来，如图 8-14 所示。弹性连接头（elastomeric insert）保证了两段毛细管连接在一起时不会发生碾磨。这种无塞柱降低了气泡形成的可能性，而且死体积更小，柱效更高，且灵敏度和分辨率并未见降低。笔者用这种无塞柱的制备方法制备了一系列填充柱（C6/SCX，C6/SAX），以 ESI-MS 为检测器进行了阳离子［甲胺（MMA）、二甲胺（DMA）］、阴离子（C_6SO_4～$C_{18}SO_4$）和非离子（Brij 30 和 Brij 56）化合物等的分离。

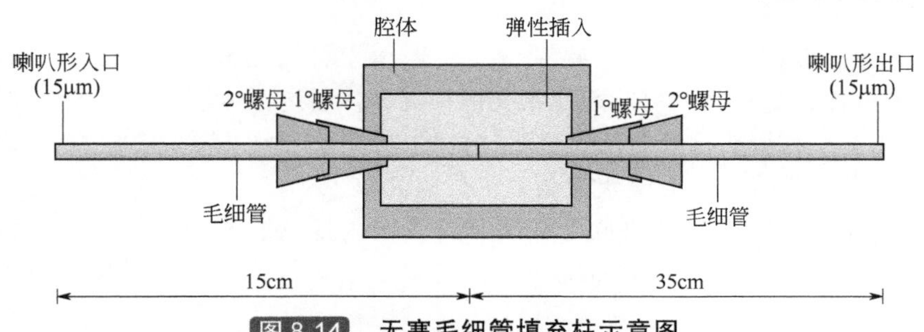

图 8-14　无塞毛细管填充柱示意图

填充柱所用的填料类型多样，包括有机基质类填料（如有机聚合物、改性多糖等）和无机基质类填料（如衍生化苯基、氨基、氰基、C_{18} 硅胶、氧化锆等）。

Ans Hendrickx 等[82]将六种多聚糖类手性选择体固定相 Chiralpaks AD-RH、Chiralcels OD-RH、LuxC2、LuxA2、LuxC4、Sp5 填充到熔融石英毛细管（100μm×375μm）中，对非酸性药物进行 CEC 的手性分离，并从有机相浓度、缓冲液 pH、外加电压、温度等方面优化了筛选策略。优化后，19 种非酸性化合物中 17 种（89.5%）可以达到基线分离。

Qu 等[83]在直径 1.3μm 的非多孔单分散硅胶球表面涂布了纳米金颗粒（AuNPs 平均直径 12nm）与正十八硫醇，将其填充到毛细管柱中（见图 8-15），并用这种自制的正十八硫醇纳米金颗粒硅胶球（C_{18}-AuNPs-SiO_2）分离多环芳烃化合物。在 pCEC 分离模式下，最高柱效达 250000/m，且在很宽的 pH 范围（pH=1～12）内稳定性良好。

毛细管电色谱填充柱的填充方法主要有高压匀浆填充法、电动填充法和拉伸填充法三种。拉伸填充法不能用于键合填料；高压匀浆填充法需要高压系统，基本结构与高压液相色谱柱填充系统相同，虽填充的重现性通常较差，但装置易得；电动填充法类似于电泳或电动进样，系统结构比较简单，且能制备出高效率的柱子，是普遍采用的填充方法之一[84]。Yan[85]提出了一种新的电动填充法（见图 8-16），利用 EOF 和压力结合进行填充，填充过程中使用高压电场来产生强的 EOF 作为推动力使得填料紧密堆积。使用电动填充法可得到非常均匀的填充柱床，且填充时间短、柱效高。

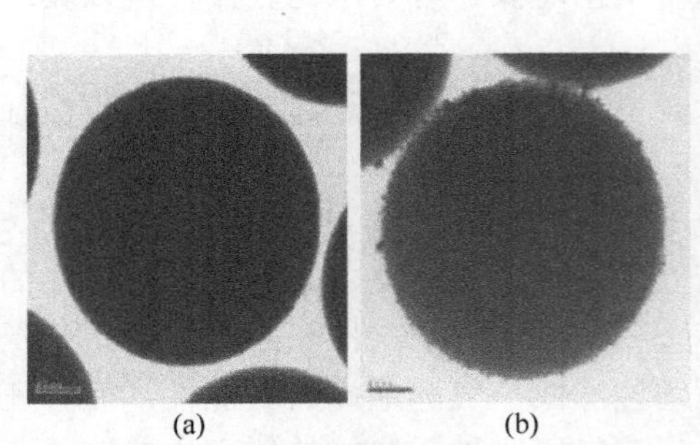

图 8-15 硅胶球的透射电镜（TEM）图

（a）未经AuNPs涂层的硅胶球；（b）经AuNPs涂层后的硅胶球

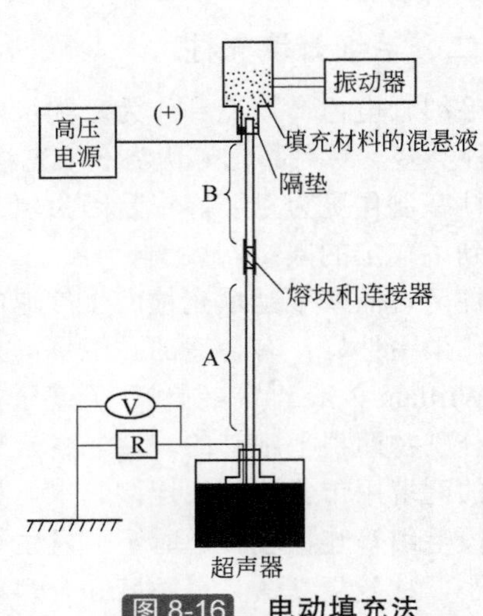

图 8-16 电动填充法

三、毛细管整体柱

整体柱（monolithic column）又称棒柱（rod）、连续床层（continuous bed）、无塞柱（fritless column），是由单体、交联剂、引发剂和致孔剂等混合，通过原位制备而成的棒状整体材料。整体柱是一种用有机或无机聚合方法在色谱柱内进行原位聚合的连续床固定相，具有制备简单、重现性好、多孔性优越、分离快速高效等优点。

1989 年，Hjerten 等[86]通过原位聚合制备得到聚丙烯酰胺凝胶连续床。与早期的填充柱相比，整体柱具有渗透性好、制备简单、无需塞子制作等优点，已引起人们越来越多的关注[87]。

根据整体柱使用的材料的不同，可以分为硅胶整体柱、有机聚合物整体柱以及杂化整体柱三种。每种整体柱都具有各自的优缺点，可用于特定的分离目的。

1. 无机硅胶毛细管整体柱

毛细管硅胶整体柱是指在一定温度下用氢氧化钠、盐酸或水对石英毛细管先进行预处理，然后将溶胶-凝胶溶液引入经预处理的毛细管中，经水解、缩聚反应而得到具有三维网络结构的硅胶整体柱。通过动态改性（或动态吸附）可形成不同的色谱模式固定相；采用硅烷化试剂通过柱上键合反应将其衍生化为反相形式的固定相，在柱上键合不同的基团也可用于其他色谱模式。毛细管硅胶整体柱在 CEC 应用中有很大的优势，它克服了传统 CEC 中难以解决的填充困难、塞子效应、气泡问题，并将壁效应大大降低。相对于其他 CEC 介质，硅胶整体柱具有制备简单、机械强度高、性能稳定、柱效高等优异特性，具有很大的开发、研究与应用价值。

1996 年，Minakuchi 等[88]首次研制了一种溶胶-凝胶整体柱，并且对孔径的控制上也有深入的研究，极大地推动了凝胶整体柱的研究水平。Puy 等[89]在 CEC 中采用溶胶-凝胶合成、后凝胶过程热处理制备毛细管硅胶整体柱，并对硅胶整体柱和辛基嫁接的硅胶整体柱进行热处理，研究热处理对此整体柱的结构和色谱性能的影响。

凝胶整体柱的特点是比表面积大，通透性良好，机械强度理想等，最大的优点在于可以对孔结构进行人为控制，孔隙率在 80%以上[90]。同时，凝胶整体柱也具有 pH 适用范围小，抗溶剂性能差等缺点。根据不同的制备方法，凝胶整体柱还可分为溶胶-凝胶整体柱和以填充柱为基础的凝胶整体柱。

2. 有机聚合毛细管整体柱

有机聚合物整体柱以有机物为材料，通过原位聚合形成一种“连续床”，即整体柱。有机聚合整体柱的优点在于其制备简单，生物相容性方面表现优异，另外，它适用的 pH 范围较宽，酸碱性都能够得到应用。当然它也存在一定的缺陷，如易溶胀、机械强度差、不易受热等。

Kubin 等[91]在 1967 年就已经研究得到一种可分离蛋白质的凝胶整体柱，他们以聚 2-羟乙基甲基丙烯酸酯凝胶制备得到了整体柱。此后，有机基质整体柱逐渐引起了色谱界的注意，并获得了成功的应用。

制备有机聚合整体柱所需的材料包含单体、交联剂、致孔剂和引发剂，将它们按一定配比混合后，注入到模具中，以光[92]、热[93]、γ 射线[94]等方式促使混合原料发生原位聚合反应，在反应完全后，选择适当的溶液将未反应的物质溶解出去，这样就得到了可供分析样品的有机聚合物整体柱。毛细管有机聚合物整体柱在致孔剂存在下，由单体和交联剂在毛细管内由自由基引发原位聚合而制得。目前制备有机聚合物型整体柱的单体主要有丙烯基类和苯乙烯类化合物。根据材料和功能不同，可分为聚丙烯酸酯类整体柱、聚苯乙烯类整体柱、聚丙烯酰胺类整体柱和分子印迹整体柱。

（1）单体　可根据所需实现的整体柱的功能选择单体，被使用最多的属甲基丙烯酸酯类功能单体，Vaz 等[95]在熔融石英毛细管内壁涂敷聚丙烯酸酯，然后采用光引发方式制备光聚合溶胶凝胶整体柱，并将它用于 CEC 中，可对含有硫脲、丙苯、菲和芘的混合标样进行分离。单体的选择也关乎到整体柱的工作机理，例如亲水整体柱、疏水整体柱、离子交换整体柱等。常用的单体可分为：丙烯酰胺类，如甲基丙烯酰胺、甲基丙烯酸丁酯；苯乙烯类；甲基丙烯酸酯类。

（2）交联剂　交联剂的选择相对于单体的选择来说较少，常用的如乙二醇二甲基丙烯酸酯（ethylene dimethacrylate，EDMA）[96]、三羟甲基丙烷三甲基丙烯酸酯（trimethylolpropane trimethacrylate，TRIM）[97]、亚甲基双丙烯酰胺（methylene bisacrylamide，Bis）[98]、季戊四醇三丙烯酸酯（pentaerythritol triacrylate，PETA）[99]都可作为交联剂，不同交联剂对整体柱性质也有影响，因此相同的单体与不同的交联剂组合得到的整体柱的性质可能大相径庭。而交联剂的含量也是影响柱子分离效果的因素之一，一般交联剂的配比增加会引起通透性下降、比表面积增加等。

（3）致孔剂　致孔剂多为二元溶剂体系，一种为良溶剂，另一种为不良溶剂，两者的比例对孔的结构、孔径大小有直接影响。常用的二元溶剂体系有正丙醇-1,4-丁二醇、甲苯-十二醇、环己烷-十二醇等。

（4）引发剂　引发剂起到引起原位聚合反应的作用，常用的引发剂是偶氮二异丁腈（AIBN）。

Fréchet 等[100]采用大比表面积的高交联有机聚合物合成毛细管整体柱。以苯乙烯-氯甲基乙烯基苯-二乙烯基苯为联合单体，以偶氮二异丁基腈（AIBN）为引发剂，以甲苯和十二醇为二元致孔剂，通过原位自由基聚合制备了聚(苯乙烯-氯甲基乙烯基苯-二乙烯基苯)毛细管整体柱。在 0.25μl/min 流速下先用 1,2-二氯乙烷冲洗该柱 2h，然后在流速为 0.25μl/min 时用泵将含 1g $FeCl_3$ 的 20ml 1,2-二氯乙烷压入该柱，冰浴中保持 2h，然后在 80℃水浴中反应 24h，最后用水冲洗色谱柱。高交联整体柱特有的孔结构由互相连接的微球组成，这些孔是由单体与致孔剂在聚合过程中的相分离所致。该含有小孔阵列的高交联整体柱的比表面积达到 $663m^2/g$。该整体柱由于包含中孔，在等度洗脱条件下分离了尿嘧啶和烷基苯，用尿嘧啶测定的理论塔板数高达 $73000m^{-1}$。

3. 有机-无机杂化毛细管整体柱

杂化整体柱的制备采用四烷氧基硅烷和含有功能基团的三烷氧基硅烷通过水解缩合反应形成有机-硅胶杂化整体柱。已有的制备方法分为一步法和两步法。一步法是在一定的 pH 条件下，使得水解与缩合反应同时发生。而两步法基于硅烷在酸性条件下水解反应的速率比硅羟基间的缩合速率高很多，相反在碱性条件下缩合的速率远高于水解反应速率的这一原理制备。这种制备方法的影响因素比较多，例如水含量、pH、反应温度、硅烷的比例等。已有文献报道的杂化整体柱有 C8、C3、氨丙基、烯基、烯丙基、巯基等多种杂化整体柱[101~104]。

硅胶柱材料纯度高，柱内的电渗流较小。Yan 等[105]采用溶胶-凝胶及有机-无机杂化技术，在硅胶整体柱表面引入苯基疏水基团和弱阴离子交换剂丙氨基基团，这样就大大加强了柱内电渗流，提高了分离效率，加快了分析速度。Yan 等[106]还提出了一种新颖的硅胶整体柱制备技术，将 H_2O、HCl、TEOS 和 C_8-TEOS 混合在一起生成溶胶，然后加入十二胺促使溶胶转变为凝胶。采用这种方法制备获得的整体柱不需要进一步衍生，可直接用于反相模式分离样品。他们采用这种整体柱分离多环芳烃（PAH）取得了理论塔板数为 $180000m^{-1}$ 的高分离效率。

邹汉法等[107]以带有多个甲基丙烯酸基团的多面体寡聚倍半硅烷（POSS）为交联剂，以合成的含有 18 个长碳链的甲基丙烯酸季铵盐为单体，制备了无机-有机杂化整体柱（见图 8-17）。此聚合过程与单纯的有机聚合物整体材料制备过程相似，简单方便。孔尺寸的大小以及孔的通透率可以通过调节原料组成来改变。无机纳米粒子交联试剂的使用使合成的杂化整体柱同时具有有机聚合物整体柱和硅胶整体柱的优点，力学稳定性高，耐酸碱性好（适用的 pH 范围为 1～11），其内部结构的扫描电镜如图 8-17 所示；作为高效液相色谱微柱分离小分子物质的理论塔板数达到了 $50000m^{-1}$；而作为毛细管电泳分离介质，其理论塔板数更高达 $223000m^{-1}$。

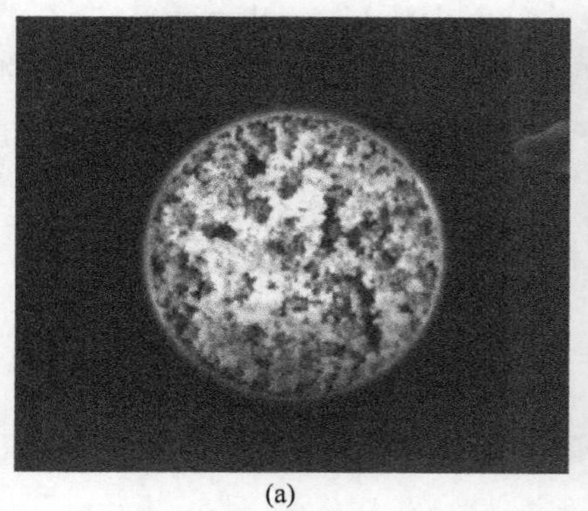

(a)

(b)

图 8-17 无机-有机杂化整体柱的 SEM 扫描电镜图

Feng 等[108]将四乙氧基硅烷和辛基三乙氧基硅烷（C_8-TEOS）通过两步酸碱催化水解浓缩合成辛基功能化的杂化硅胶整体柱，用作毛细管高效液相色谱在线预浓缩的固相微萃取小柱，使用多环芳烃（PAH）作为分析物研究此整体柱的提取性能。

将两种固定相合成在一根整体柱中，还可以得到新型双相整体柱。Karenga 等[109]改进了双相整体柱，一段为聚萘甲基丙烯酸甲酯整体柱，另一段为聚丙烯酸十八酯整体柱，两种均具有亲水性。改变两种固定相的长度比例，可控制电渗流的变化结果，如图 8-18 所示。

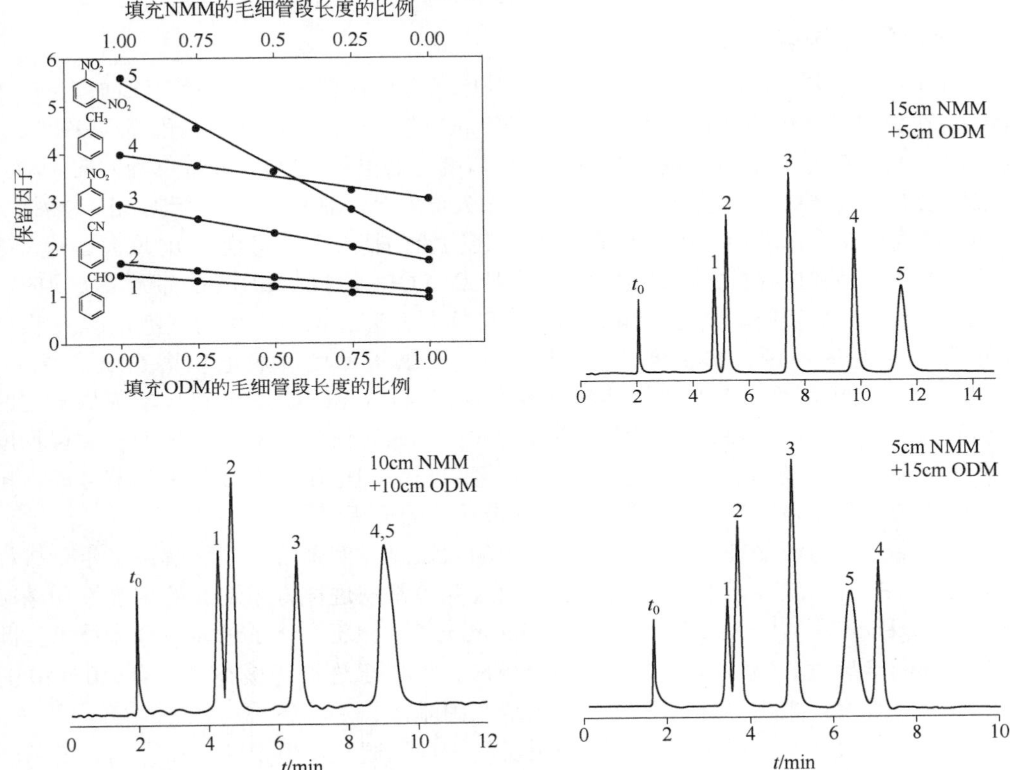

图 8-18　双相整体柱 ODM/NMM 固定相合成长度比例对溶质保留因子的影响

色谱峰：1—苯甲醛；2—苯基腈；3—硝基苯；4—甲苯；5—间硝基苯

毛细管柱：长度27cm，有效长度20cm，内径100μm

流动相：1mmol/L磷酸盐缓冲液（pH=7.0）-50%乙腈

运行电压：20kV

硫脲为EOF标记物

第四节　加压毛细管电色谱

“纯粹”的电色谱在实际应用时有着天然的弱点，即在电流通过毛细管柱中的流动相时容易产生气泡和干柱（焦耳热作用），从而使电流中断和电渗流停止，毛细管柱必须重新用流动相润湿后方能再次使用。加压毛细管电色谱（pCEC）将高压泵和进样阀引入到 CEC 中，从而进一步拓展 CEC 的优势，不仅解决了气泡、干柱等问题，而且实现了定量阀进样和二元梯度洗脱[110,111]。pCEC 具有电渗流和压力流双重驱动力，同时包含了高效液相色谱和电色谱的分离机理[112]，既具有高柱效的优点，同时又由于压力的引入，分离过程受 pH 值和缓冲液的限制相对减小，既可分离电中性物质，又能选择性地分离带电物质，对复杂样品显示了极大的分离潜力。

在 pCEC 分离过程中压力与电压同时作为样品在柱管中输运的推动力，因此在电压减小、压力增大的情况下可以使用较粗管径的毛细管而使焦耳热不至于太大，可以使检测光程加长，提高检测的灵敏度；pCEC 是电动分离与液相色谱技术的理想结合，具有高柱效、高选择性、高分辨率、快速分离的特点，在一台仪器上可同时实现 pCEC、CE 和微径液相色谱三种功能；它的溶剂和样品的消耗量只有液相色谱的万分之一。因此，pCEC 在生命科学、中医药研究、药物分析、环境保护、食品安全、化学化工等领域得到了广泛的应用[113]。

一、pCEC 的基本原理

同 CE、CEC 一样，pCEC 的主要驱动力也是电场在填料表面和毛细管内表面产生的电渗流（EOF），在使用同一根毛细管色谱柱的情况下，pCEC 可比微径高效液相色谱（μHPLC）获得更高的柱效。CEC 中一般进口端为高电势，出口端为低电势，EOF 顺着电场方向流动，由于进口端连接的是进样阀和泵系统，为了保护操作人员安全，通常进口端接地，出口端接负高压。但 pCEC 也可在出口端接正极，在 EOF 小于压力流的情况下，可使 EOF 反向运行，改变不同物质的出峰顺序和选择性等，这是其他分离技术如 CE、CEC、μHPLC 都无法实现的。

pCEC 中另一个重要的驱动力是压力流，它可抑制分离过程中产生的气泡，解决了 CEC 无法实现梯度洗脱的问题。Yan 等[114,115]建立了一套加压梯度洗脱电色谱系统（TriSep^{TM} 2100）。此系统主要用两个微流泵输送溶液并经混合阀混合，在 pCEC 柱进口端提供一定的压力来抑制气泡的产生；二元微流泵系统可通过程序控制两种流动相的混合比例，实现梯度洗脱。整个系统通过电驱动与压力驱动相结合，可运用压力和电压两个参数来调节分离，拓宽了其分离能力和应用范围[116]，使其能应用于复杂样品的分析[117]。

在 pCEC 中，压力流的使用可引入 HPLC 中的六通进样阀系统，从而解决了定量进样的问题，克服了 CEC 和 CE 中流体力学进样、重力进样等常规进样方式造成的重复性和精确度差等缺点。Hugener 等[118]、Yao 等[119]以及 Nakashima 等[120]还设计了进样前分流技术，此技术可增加进样的准确度、减少样品扩散及柱外效应，但由于进样环极小（只有 10～20nl），操作起来有一定难度；采用进样后分流可避免这些困难。

在 pCEC 中分流系统一般采用反压阀和限流柱。反压阀提供恒定的反压，当泵的总流速变大时，分流因反压不变，毛细管柱中的流动相流速也不变，但进样量会变小。限流柱可以是填充柱或空毛细管，由于只起到分流作用，一般长度为 2m 左右、内径为 50μm 的空毛细管即可。反压阀和限流柱可单独使用也可同时使用。

二、仪器构造

pCEC 主要包括溶剂输送模块、进样阀模块、高压电源模块和检测模块等。图 8-19 和图 8-20 分别为 TriSep-2010 CEC 系统的外观和结构图。

1. 溶剂输送模块

在加压毛细管电色谱中，流动相是通过溶剂输送系统运输的。流动相的流速会影响待分离物质的保留时间，所以对加压毛细管电色谱系统来说，泵的稳定是非常重要的，因为只有稳定的溶剂输送系统才能保证分析结果的可靠性和重复性。

加压毛细管电色谱中的溶剂输送系统与普通液相色谱中的溶剂输送系统很相似。由于毛细管色谱柱的流速在每分钟几百纳升级，而普通的液相色谱泵无法在如此低的流速下保持恒定，以目前的技术，制造纳升级流速的泵有较大难度，所以加压毛细管电色谱的系统中运用了分流模式。

图 8-19　加压毛细管电色谱仪器

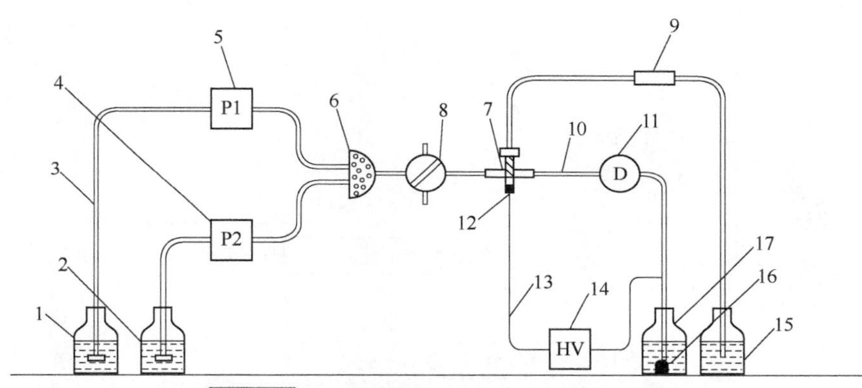

图 8-20　TriSep-2010 CEC 系统的结构图

1—流动相储液槽1；2—流动相储液槽2；3—聚四氟乙烯管；4—泵2；5—泵1；6—微混合器；7—四通微分流阀；8—六通阀；9—背压调节器；10—色谱柱；11—检测器；12—接地电极；13—电线；14—高压电源；15—废液1；16—电极；17—废液2

另外，加压毛细管电色谱可以如 HPLC 一样，实现梯度洗脱，由于两个泵的流速都很小，所以其混合器必须足够小以避免梯度延迟，一般选择的混合器体积为 10～50μl。

2. 进样阀模块

理想的 pCEC 进样模式的要求是非常有挑战性的。它需要适应 10nl 级进样量、具有良好的重复性和可靠性、尽量缩小其对柱外峰展宽的贡献，并且需要实现自动化。同时，柱前分流避免了色谱柱进样量的超载，通过调节分流比和定量环可以控制进样量。准确的进样量可以通过非保留化合物出峰时间和毛细管内径计算得出。

3. 高压电源模块

pCEC 系统中具有双重驱动力压力流和电渗流（EOF），压力流由溶剂输送模块提供，电渗流则由高压电源模块提供，通过在毛细管色谱柱两端施加电压形成。高压电源模块一般可提供–30～+30kV 的稳定电压，电压的正负端可以根据需要自由选择。通过调节电压和压力的比例，还可以调节被分离混合物的选择性、柱效和分析速度。

4. 检测器模块

pCEC 的检测器有很多种，紫外（UV-Vis）检测器是其中最为常见的检测器，激光诱导荧光（LIF）检测器、电化学检测器、质谱（MS）检测器等都实现了与加压毛细管电色谱的联用。

三、加压毛细管电色谱多维分离技术

魏娟[121]等建立了毛细管等电聚焦（CIEF）/pCEC 二维联用平台，其结构见图 8-21。第一维建立的一步法 CIEF 可方便样品的迁移，使二维过程更易行。第一维毛细管柱末端的电隔离槽装置方便样品的收集，也保证了实验的安全性。以 BSA 的胰蛋白酶解肽段对该二维平台进行评价，通过全多维分析共检测到大约 300 个肽段，理论峰容量约为 36000。比单维分离的方法总峰容量和整体分离能力都得到了很大的提升。将 CIEF/pCEC 二维系统应用在人血红细胞破碎液（HRBCL）的蛋白质和酶解多肽的图谱构建中，建立了可靠的 CIEF/pCEC 离线分离体系。此后，该研究组[122]以电隔离槽和六通阀作为接口搭建了 CIEF 与 pCEC 在线二维联用平台，并用 BSA 酶解多肽进行评价。同时将其应用在 HRBCL 及其胰蛋白酶裂解液的研究中，证明该系统不仅可以用于复杂多肽样品的分离，而且对复杂的生物大分子也可以实现很好的分离。

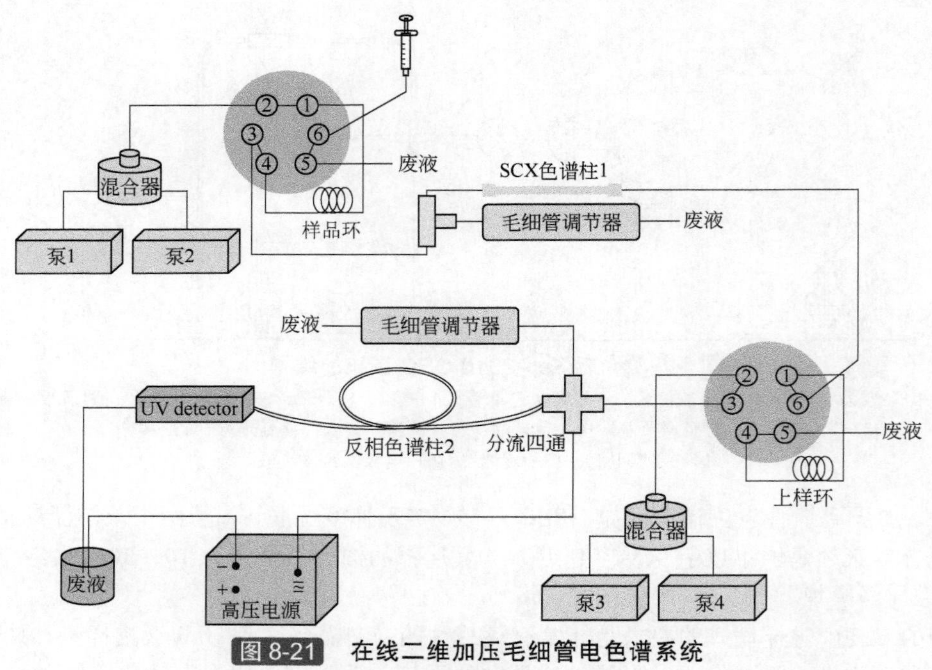

图 8-21 在线二维加压毛细管电色谱系统

强阳离子交换色谱（SCX）/pCEC 被用在中药黄柏提取物的分离中[123]。该研究中第一维 μ-SCXLC 采用线性盐梯度分离，样品被切割成 11 个馏分，洗脱收集后进入第二维，第二维脱盐后，采用 RP-pCEC 进行分离分析，梯度洗脱。以中药黄柏提取物为样品，此二维系统的分辨率和峰容量都较一维系统有很大提高，理论峰容量可达 900 左右，证明构建的二维体系非常适合复杂样品的分离分析。

吴漪等[124]构建了两种亲水性液相色谱和反相加压毛细管电色谱二维系统——氰基液相色谱-反相加压毛细管电色谱（CN-LC/RP-pCEC）和氨基液相色谱-反相加压毛细管电色谱（Amide-LC/RP-pCEC）。第一维亲水色谱分别选用氰基和氨基两种亲水模式色谱柱，流动相采用甲醇-水体系；第二维采用反相 C_{18} 色谱柱，流动相采用乙腈-水体系。利用三种色谱柱对不同极性物质分离能力带来的互补性和正交性，不同流动相带来的选择性，在离线收集浓缩的方法解决两维流动相匹配问题的基础上，构建了两种离线 CN-LC/RP-pCEC 和 Amide-LC/RP-pCEC 二维联用模式，并用于复杂样品 BSA 酶解液和人血清酶解液的分离分析，峰容量达到了 600～700。他们也构建了反相加压毛细管电色谱和反相液相色谱-离子阱质谱（RP-pCEC/RP-LC-LTQ）二维分离系统。考虑到多肽类物质在不同 pH 下在反相色谱上保留情况不同，第一维 RP-pCEC 采用碱性流动相，第二维 RP-LC 采用酸性流动相，且第二维直接与 LTQ 质谱相连，用于肝硬化病人蛋白质组学研究。此二维体系可鉴定出人血浆酶解液中 4760 个非冗余肽段。正常人和肝硬化病人的血浆中均鉴定出 100 个以上的蛋白，并找到了 31 个差异蛋白。

第五节　毛细管电色谱的应用

一、毛细管电色谱在生物样品中的应用

生物大分子是生命科学研究的基础内容和重要组成部分，毛细管电色谱作为一种具有双重分离机理的分析方法，在生物分子的分离分析方面具有独特的优势。其应用主要集中在氨基酸、多肽和蛋白质以及核酸等生物样品中。

1. 氨基酸的分析

目前 UV-Vis 和 LIF 仍然是电色谱（CEC）和加压毛细管电色谱（pCEC）最常用的检测方法。Ru 等[125]利用 pCEC-UV-Vis 的方法对氨基酸进行分析检测。使用反相 C18 填充毛细管柱（375μm×130mm×3μm），利用 50mmol/L 乙酸钠（pH=6.4）和离子对试剂（*N,N*-二甲基甲酰胺）分离了 18 种氨基酸的衍射物，结果见图 8-22。通过加压力流，使得 *RSD* 小于 2.5%。

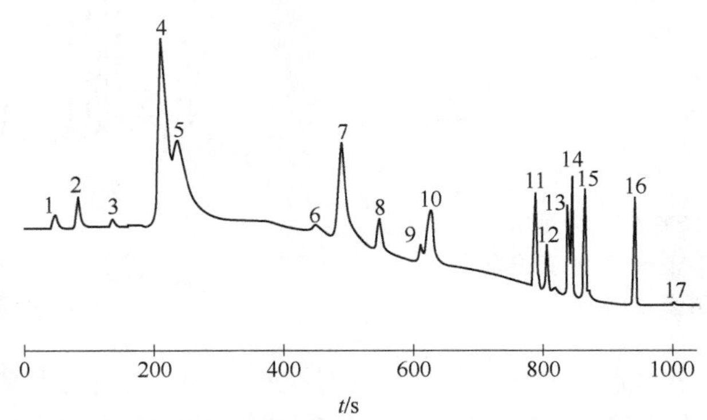

图 8-22　18 种氨基酸的加压毛细管电色谱图

2. 多肽和蛋白质的分析

用毛细管电泳（CE）分析蛋白质，最主要的困难是蛋白质上疏水基团和阳离子基团与毛细管硅羟基作用导致蛋白质在毛细管壁的吸附，抑制蛋白质和多肽在毛细管壁上吸附是分析蛋白质和多肽的最主要的挑战。目前有多种方法抑制蛋白质在管壁上的非特异性吸附，如高或低的 pH 值，较大的电解质浓度。其中最主要的是有动态涂层（在缓冲液中加入小分子和亲水性高聚物）和永久涂层（包括与毛细管内壁共价结合和物理吸附，如聚丙烯酰胺，PVA，PEG 或纤维素）。

聚胺和阴离子聚酸、聚乙烯磺酸[126]可以有效抑制蛋白质在石英毛细管上的吸附。简单的动态吸附可以在 10mmol/L 的磷酸缓冲盐中添加 2mmol/L 的 CTAB，反转 EOF（见图 8-23），并且抑制酸性和碱性蛋白质和多肽的吸附[127]。

半永久的非共价的石英毛细管也可以用 *N,N*-双十二烷基 *N,N*-二甲基溴化铵[128]反转 EOF 和抑制碱性蛋白质在酸性条件下的解离，这种方法可抑制蛋白质和多肽潜在的吸附。目前商品化的双层动态的涂层，如 CEoFix kits，可以在 CE 模式上用于多肽分离。共价键涂层单一的 1-(4-碘代丁基)-4-氮杂-1-偶氮二环[2.2.2]辛烷碘化物用于阳离子的涂层，可强烈地抑制多肽和蛋白质吸附，并且可以非常快速、高效地反转 EOF[129]。

蛋白质和多肽在塑料微流控芯片上的吸附也很严重，这是蛋白质的疏水基团与疏水的内表面强烈作用所致。一种 PEG 功能化的酸性共聚物塑料微流控芯片可以不经过表面处理分离 FITC 标记的蛋白，柱效达到理论塔板数 47000m^{-1}，在 3.5cm 分析通道上，分析时间小于 40s[124]。通过使用聚阳离子聚胺和阴离子聚酸，聚乙烯磺酸的双层和多层的涂层也可制得动态和永久的毛细管涂层[130]。

填充了强阳离子固定相的 CEC 被用于分离昆虫的蛋白质的混合物[131,132]，结果见图 8-24。对 9 种多肽在 7cm 的毛细管柱上 10min 内达到了基线分离。加压毛细管电色谱可以进行梯度洗脱，流动相被 EOF 和压力流共同推动，可以改善中性和带电物质的分离度和选择性。使用 3μm 的 C18 反相硅胶颗粒，CEC 也被用于分离中性的寡肽[133]。

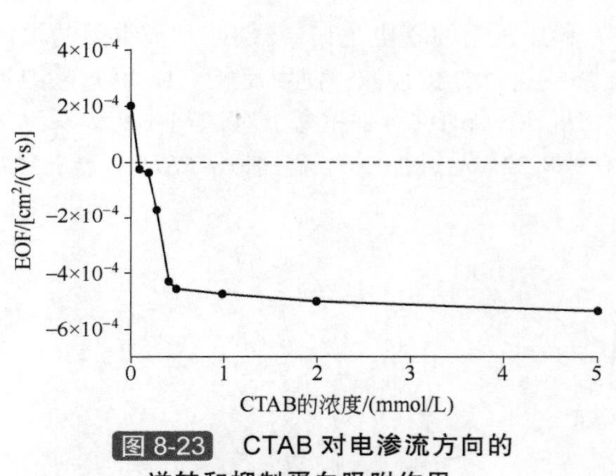

图 8-23 CTAB 对电渗流方向的逆转和抑制蛋白吸附作用

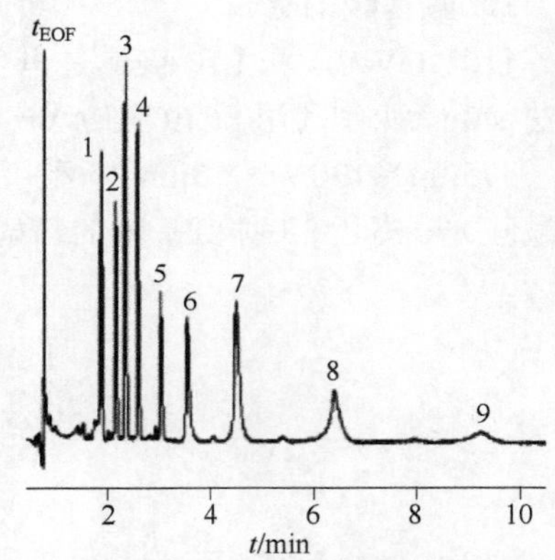

图 8-24 九种昆虫抑卵肽毛细管电色谱上的分离

整体柱也被用于分离多肽和其他分析物。在优化流动相（缓冲盐种类、离子强度、CAN 比例）后，Fréchet 等[134]对 10 种多肽和细胞色素 C 裂解液的分析中到达了 160000 的理论塔板数。Rassi 等[135]利用丙烯酸十八酯和三甲醇丙烷三甲基丙烯酸酯作为致孔剂，使用环己醇、乙二醇和水的三元致孔剂制备的整体柱来分析溶菌酶和细胞色素 C 的胰蛋白酶水解物。Gu 等[136]采用聚甲基丙烯酸的毛细管整体柱也分离和鉴定了三种囊藻毒素。

Pesek 等[137]制备开管毛细管（OT-CEC），在 300～400℃，氟化氢铵的存在下处理毛细管，使毛细管内壁表面积增大 1000 倍，一定程度上改善了开管柱的低容量，并且改性后的毛细管的表面特性不同。他们在化学改性后的毛细管壁上键合 C_{18} 或者胆固醇后再与 ESI-MS 联用，高效分离了 9 种多肽荷尔蒙和细胞色素 C。

利用毛细管等电聚焦（CIEF）与加压毛细管电色谱（pCEC）具有正交的分离机理，魏娟[138]搭建了 CIEF/pCEC 二维分离系统，该二维体系从样品的等电点、疏水性、分子量和带电荷情况等方面进行多重定位，实现了对复杂蛋白质/多肽样品的高效全多维分析，结果见图 8-25。

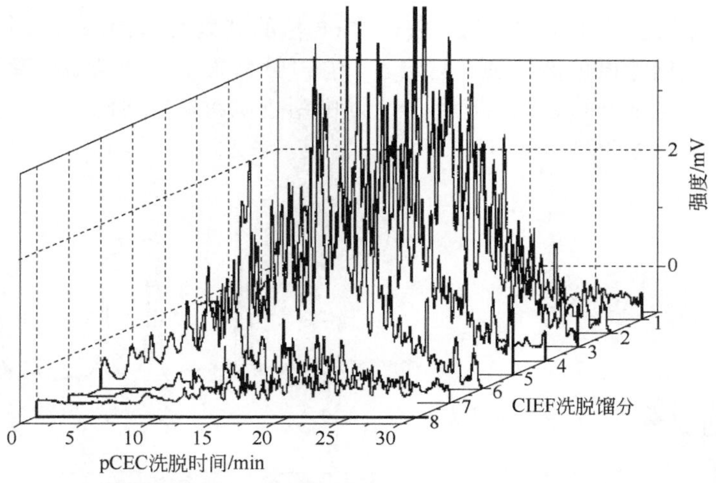

图 8-25 BSA 酶解多肽在线 CIEF/pCEC 分离

3. 核酸及其他生物样品的分析

核苷酸具有高极性和亲水性，导致其在反相色谱柱上几乎不保留，在 pCEC 模式下制备的用赖氨酸-γ-(2,3-环氧丙氧)丙基三甲氧基硅烷改性后的多孔硅胶整体柱具有两性离子模式，可以跟核苷酸产生静电吸附，结合电泳保留机制可用于核苷酸的分离[139]，结果见图 8-26。Huang 等[140]利用 9-乙基腺嘌呤、甲基丙烯酸、乙二醇二甲基丙烯酸酯和引发剂制备了核苷酸的分子印记毛细管柱，识别效率很高。

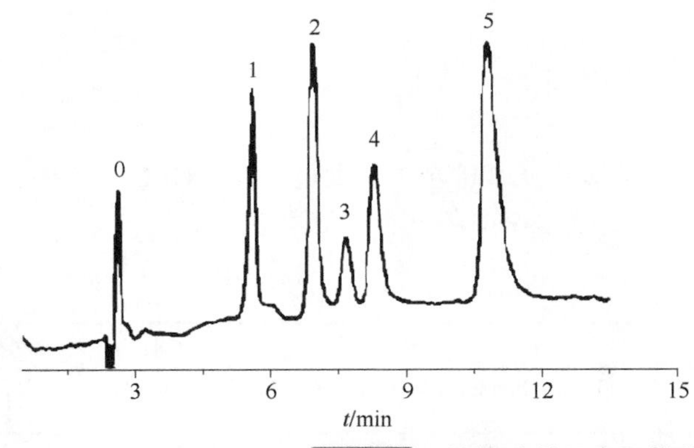

分离条件：57cm（有效长度37cm）×75μm
流动相：10mmol/L TEA缓冲液（pH =6.5），
含有75%乙腈
压　力：6.8 MPa
流　速：0.1ml/min
检测波长：254 nm

图 8-26 核苷酸样品在两性整体柱上的分离

分析物：0—甲苯；1—5-UMP；2—5-IMP；3—5-IMP；4—5-CMP；5—5-GMP

核酸、核苷和核苷酸在生命过程中具有重要的作用。Huang 等[141]通过溶胶-凝胶在熔融石英毛细管的内部合成了键合有 3-(2-氨酸乙基)丙基配基的硅胶整体柱，并将其应用在核酸类物质的 pCEC 研究中，发现其选用的 NH—CH_2—CH_2—NH_3 可和铁离子形成复合物，从而很大程度地提高了对核苷酸的分离效果。

Xie 等[142]利用氯甲酸乙酯作为衍生化试剂，利用 pCEC 进行代谢组学的研究，建立了测定尿样中内源性代谢物的 pCEC 方法，结果见图 8-27，证实高能量摄食而导致肥胖的大鼠和正常老鼠尿液的代谢图谱相差很大。

4. 其他生物样品

张颖等[143]采用固相微萃取和加压毛细管电色谱（pCEC）方法测定水中痕量丙烯酰胺。

以活性炭吸附和富集样品中的丙烯酰胺，获得约 60 倍的富集效率。萃取洗脱液进一步用配有紫外检测器的加压毛细管电色谱仪进行测定。李博祥等[144]采用了加压毛细管色谱建立了一种高效、简便的糖皮质激素分析方法，适用于头发中糖皮质激素的检测，8 种糖皮质激素实现了快速分离，结果见图 8-28。

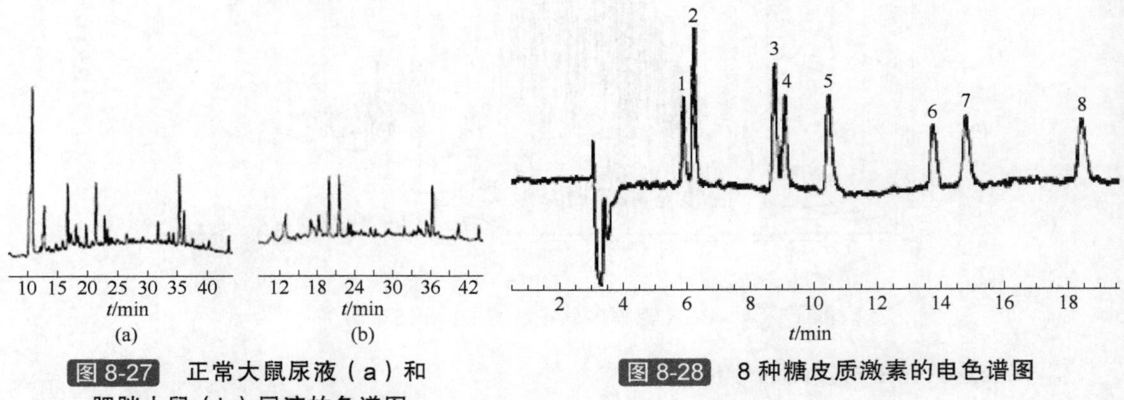

图 8-27 正常大鼠尿液（a）和肥胖大鼠（b）尿液的色谱图

图 8-28 8 种糖皮质激素的电色谱图

玛尔江·巴哈提别克等[145]建立了鸡蛋样品中四环素类农药多残留同时检测的加压毛细管电色谱分析方法。以二氯甲烷为沉淀剂，处理鸡蛋样品，并运用加压毛细管电色谱法进行快速检测。李新燕等[146]以甲基丙烯酸丁酯（BMA）和 3-{N^3,N-二甲基-[2-(2-甲基丙-2-烯酰氧基)乙基]铵}丙烷-1-磺酸内盐（SPE）为单体，制备了新型的亲水作用毛细管整体柱，并用于分析奶制品中的三聚氰胺。

二、毛细管电色谱在药物分析中的应用

1. 中药分析

中药由于组成复杂，高效分离是研究其药效物质基础至关重要的一步。CEC 用于中药分离研究日益广泛，表 8-3 给出了最近几年 CEC 技术在中药分析的应用。

表 8-3 pCEC 技术在中药分析中的应用

样品	分析技术	色谱柱填料	分离条件	参考文献
黄柏	pCEC	C_{18}	流动相：A．20mmol/L NH_4Cl 溶液；B．乙腈；电压，12kV	[147]
槐花、槐角	pCEC	整体柱	流动相：8mmol/L NaH_2PO_4、8mmol/L Na_2HPO_4 溶液（pH=8.02）；电压，12kV	[148]
红花	pCEC	C_{18}	流动相：A．水-0.02% TFA；B．95%甲醇-5%水-0.02%TFA；电压，5kV	[149]
川穹	pCEC	C_{18}	流动相：A．水-0.02% TFA；B．95%甲醇-5%水-0.02%TFA；电压，-10kV	[150]
银杏	pCEC	C_{18}	流动相：A．水-0.05% TFA；B．35%甲醇-65%乙腈-0.05% TFA；电压，6kV	[144]
白芷	pCEC	甲基丙烯酸酯整体柱	流动相：A．20mmol/L NaH_2PO_4（pH=4.95）；B．乙腈；电压，-25kV	[151]
冬虫夏草	pCEC	聚甲基丙烯酸丁酯整体柱	流动相：20mmol/L 硼砂水溶液（pH=3.5）；电压，15kV	[152]
冬虫夏草	pCEC	C_{18}	流动相：2mmol/L 三乙胺+4mmol/L 乙酸-乙酸铵溶液（pH=5.3），3%乙腈为添加剂；采用步进电压（0～5min，20kV；5～12min，20kV→30kV；12～20min，30kV）	[153]

续表

样品	分析技术	色谱柱填料	分离条件	参考文献
蝉翼藤	pCEC	C18	流动相：乙腈-25mmol/L 乙酸缓冲液（φ=50/50，pH=4.5）；电压，25kV	[154]
大黄	pCEC	C18	流动相：A．乙酸-乙酸钠缓冲溶液（0.1mol/L NaAc+0.3mol/L HAc，pH=4.5）或 TAE 缓冲溶液（Tris 浓度为 0.1mol/L，EDTA 浓度为 0.001mol/L，用 HAc 调节 pH 值至 8.0）；B．乙腈；电压，−3kV	[155]
北五味子	pCEC	聚丙烯酰胺整体柱	流动相：乙腈−10mmol/L Tris-15mmol/L 硼砂（pH=8.2）（V/V=30/70）；电压，22.5kV	[156]
白藜芦醇	pCEC	C18	流动相：乙腈-水（φ=60/40）；电压，15kV	[157]
复方丹参注射液	pCEC	C18	流动相：甲醇−2mmol/L 磷酸缓冲液（φ=30/70）（pH=3.0）；电压，−8kV	[158]

2. 手性分离

手性化合物的分离对药物的研发有着重要的意义。CEC 和 pCEC 已成为手性药物拆分的有效手段。大多实验室在利用 CEC 或 pCEC 进行手性分离时，是通过修饰、改变或合成新的手性固定相并优化电色谱条件来达到提高分离效率的目的的。常见的 CEC 和 pCEC 手性分离介质大体可分为两类：专属型的手性固定相和通用型的手性固定相。专属型的手性固定相一般是针对某一药物或某一结构类型而设计的，多采用将对映体中的左旋或右旋分子，如萘普生、布洛芬、佐米曲普坦等，键合到毛细管壁制成开管涂层毛细管柱，或制成分子印迹聚合物整体柱，以此实现该类结构的化合物对映体的手性识别和拆分。另一类是通用型的手性固定相，这一类手性固定相可用于同时拆分多种结构类型的对映异构体，如环糊精、万古霉素、去甲万古霉素、磺化多糖、卵白素等。表 8-4 给出了近几年应用 CEC 和 pCEC 进行手性拆分的具体实例。

表 8-4　CEC 或 pCEC 技术在手性药物拆分中的应用

样品	色谱柱填料	分离条件	参考文献
4-羟基-苯异丙胺对映体	甲基丙烯酸甘油酯（GMA）和双(六-O-丁烯二酸单酯)-β-环糊精	流动相：乙腈−9mmol/L 磷酸盐缓冲溶液（pH=4.2）（φ=60/40）；电压，20kV	[159]
吉培福林对映体	单(六-O-甲基丙烯酸酯)-环糊精（CD）	流动相：5mmol/L NaH_2PO_4-Na_2HPO_4（pH=2.5）；电压，20kV	[160]
1-甲基-3-苯基丙胺对映体	羟丙基-β-环糊精（HP-β-CD）	流动相：乙腈−5mmol/L 磷酸盐体系溶液（pH=7.6）（φ=60/40）；电压，10kV	[161]
美西律对映体	羟丙基-β-环糊精（HP-β-CD）	流动相：乙腈−10mmol/L 磷酸盐体系（pH=2.5）（φ=50/50）；电压，10kV	[162]
罗格列酮	伊瑞霉素键合手性整体柱	流动相：5mmol/L NaH_2PO_4（pH=3.05）；电压，−10kV	[163]
地匹福林对映体	甲基丙烯酸甘油酯-β-环糊精	流动相：5mmol/L NaH_2PO_4（pH=5.0）；电压，17kV	[164]
盐酸安非他酮对映体	甲基丙烯酸甘油酯（GMA）和双（六-O-丁烯二酸单酯）-β-环糊精	流动相：乙腈−5mmol/L 磷酸盐水溶液（pH=4.2）（φ=70/30）；电压，15kV	[165]
安息香，华法林等	磺化多糖硅胶柱	流动相：乙腈−5mmol/L NH_4COOH 水溶液（pH=3.5）（φ=70/30）；电压，15kV	[166]
特布他林，扑尔敏	聚 β-环糊精，羧甲基-β-环糊精	流动相：0.2mol/L Tris-0.3mol/L 硼酸（pH=9.0），5%（φ）Tween 20；电压，20kV	[167，168]
环己巴比妥，甲基苯巴比妥，华法林，托吡卡胺，布洛芬，盐酸普萘洛尔	烯丙基-β-环糊精	流动相：0.1mol/L Tris-0.15mol/L 硼酸（pH=8.2）	[169]

续表

样品	色谱柱填料	分离条件	参考文献
布洛芬，美托洛尔	聚轮烷-聚丙烯酰胺（由阴阳离子-环糊精衍生物形成）	流动相：甲醇-水（φ=50/50）-0.05% AcOH-0.05% TEMED	[170，171]
盐酸普萘洛尔，美托洛尔	甲基丙烯酸（0.24mol/L），三羟甲基丙烷三甲基丙烯酸酯（0.24mol/L）	流动相：乙腈-4 mol/L 或 2mol/L NH_4OAc（pH=3.0）（φ=80/20）	[172]
罗哌卡因，甲哌卡因，布比卡因	甲基丙烯酸（0.24～0.48mol/L），三羟甲基丙烷三甲基丙烯酸酯（0.24～0.48mol/L）	流动相：乙腈-25mmol/L 磷酸或柠檬酸缓冲液（pH=2～6.5）（φ=80/20）	[173]
1,1-双-2,2-萘酚	甲基丙烯酸，乙烯甲基丙烯酸酯	流动相：乙腈（φ=60%～80%）-（10～50mmol/L）乙酸盐缓冲液；电压，10kV	[174]
萘普生	甲基丙烯酸，乙烯甲基丙烯酸酯	流动相：乙腈（φ=60%～90%）-（10～50mmol/L）乙酸盐缓冲液（pH=2～5）；电压，15kV	[175]
布洛芬	4-乙烯基吡啶，乙烯甲基丙烯酸酯，3-(甲基丙烯酰)丙基三甲氧基硅烷	流动相：乙腈（φ=40%～80%）-乙酸盐缓冲液（pH=2.5～5）	[176]
布洛芬	4-乙烯基吡啶	流动相：25mmol/L NH_4Ac；25mmol/L TEA-乙酸盐缓冲液；乙腈-12.5mmol/L TEA-磷酸缓冲液（pH=3.0）	[177]
萨立多胺，华法林，氯杀鼠灵，非洛地平	*N*-(羟甲基)丙烯酰胺，哌嗪双丙烯酰胺，烯丙基缩水甘油醚，乙烯基磺酸	流动相：乙腈-三乙胺醋酸缓冲液（pH=5）（φ=15/85）	[178]
华法林，延胡索乙素，安息香，吲哚洛尔，吲达帕胺，吡喹酮	*N,N'*-亚甲基双丙烯酰胺，2-(甲基丙烯酰)乙基三甲基甲基硫酸盐，2,2'-偶氮二异丁腈	流动相：40%乙腈-4mmol/L TEA-磷酸盐缓冲液（pH=6.8）；40%乙腈-4mmol/L 磷酸盐缓冲液（pH=6.8）	[179]
甲氟喹	聚甲基丙烯酸酯	流动相：A，甲醇-水或乙腈-水（φ=80/20）；B，甲醇-乙腈（φ=80/20 或 20/80）	[180]
布洛芬，萘普生	聚(甲基丙烯酸缩水甘油酯+乙烯甲基丙烯酸酯)	流动相：乙腈-甲醇（φ=90/10～50/50），CH_3COOH-TEA（70/1）50～350mmol/L	[181]
苯丙氨酸，酪氨酸，色氨酸，丙氨酸，赖氨酸，组氨酸，精氨酸，美西律，奥昔布宁氯化物	聚(甲基丙烯酸缩水甘油酯+乙烯甲基丙烯酸酯)	流动相：5mmol/L 磷酸盐缓冲液或硼酸缓冲液（pH=3.5～8.5）	[182]
安息香	四甲氧基硅烷，聚(乙烯乙二醇)-0.01mol/L 乙酸	流动相：甲醇-50mmol/L MES 或 Tris（pH=7.0）（φ=30/70）	[183]
特布他林，沙利度胺，安息香	溶胶凝胶处理	流动相：甲醇-乙腈-CH_3COOH-TEA（φ=80/20/0.1/0.1），乙腈-10mmol/L TEA 磷酸缓冲液（pH=6.5）（φ=20/80）	[184]
安息香，芬扑罗，卡洛芬，布洛芬	包被于溶胶凝胶基质（四甲氧基硅烷，乙醇，HCl）	流动相：甲醇-20mmol/L MES（pH=6）（φ=30/70），电压，25kV；甲醇-硼酸盐缓冲液（φ=70/30，30/70）；电压，20kV	[185]
奥美拉唑，5-羟基奥美拉唑	卵白素（avidin）	流动相：10mmol/L 乙酸铵缓冲液（pH=5.8）-5%甲醇（φ）；电压，-30kV	[186]
萨立多胺，布比卡因，华法林	万古霉素整体柱	流动相：乙腈-0.15%TEAA（pH=4.6）（φ=20/80）；电压，20kV	[187]
普萘洛尔	全苯基衍生化-β-环糊精键合硅胶	流动相：0.2% TEAA 缓冲液（pH=4.2）-甲醇（φ=45/55）；电压，-15kV	[188]
米氮平	万古霉素键合硅胶	流动相：100mmol/L 乙酸铵缓冲液（pH=6）-H_2O-甲醇-乙腈（φ=5/15/30/50）；电压，25kV	[189]

续表

样品	色谱柱填料	分离条件	参考文献
甲氟喹，克伦特罗，丙萘洛尔，沙丁胺醇，他林洛尔，索他洛尔，利米特罗	反-(1*S*,2*S*)-2-(*N*-4-烯丙氧基-3,5-二氯苯甲酰)环氧己烷磺酸铵键合硅胶	流动相：乙腈-甲醇（φ=80/20），含25mmol/L 甲酸和 12.5mmol/L 2-氨基-1-丁醇；电压，17kV	[190]
佐米曲普坦	佐米曲普坦整体柱	流动相：乙腈-50mmol/L Tris（pH=5.4）（φ=70/30）；电压，5kV	[191]
萨立多胺	去甲万古霉素整体柱	流动相：乙腈-TEAA（φ=15/85）；电压，12kV	[192]
萨立多胺，华法林，吲达帕胺，安息香	去甲万古霉素整体柱	流动相：乙腈-TEAA 缓冲液（pH=4.8）（φ=15/85）或乙腈-TEAA 缓冲液（pH=6.8）（φ=15/85）；电压，12kV	[193]

3. 药物分析

目前有关CEC和pCEC的报道中，很多是以药物为模型化合物来研究评价色谱柱的性能；同时也有很多研究尝试将CEC或pCEC用于生物体液，如尿液、血液等临床药品分析检测中，这为临床或相关药检机构实现药品的快速高效检测提供了更新更好的选择。表 8-5 总结了pCEC在药物分析中应用的文献。

表 8-5 CEC 或 pCEC 在药物分析中的应用

待测物	检测方法	色谱柱	检测限	参考文献
6 种利尿剂	pCEC-UV	聚 1-十六碳烯-三羟甲基丙烷三甲基丙烯酸酯	0.35～0.65μg/ml	[115]
林可霉素类药物	pCEC-ECL	多胺修饰改性涂层柱	0.06μmol/l	[194]
甲氧苄啶及四种杂质	pCEC-UV	C18	0.52～3.18μg/ml	[195]
大麻碱类	CEC-UV	C18	—	[132]
中性类固醇及其共轭物	CEC-LIF	疏水性整体住	10～18mol/L	[196]
阿霉素	pCEC-VDLIF	C18	1.7×10^{-6}g/L	[156]
普鲁卡因，噻吗洛尔，氨溴索，甲氧氯普胺，萘普生，安替吡啉	pCEC-UV	C18	—	[197]
海洛因中酸性和中性杂质	pCEC-LIF	C18，C12	66pg/ml	[198]
核黄素类	pCEC-LIF	磺基化-*N*-甲基丙烯酸十八烷基酯整体柱	0.5nmol/L	[158]
非固醇类消炎药	PCEC-UV/MS	聚(甲基丙烯酸-二乙烯基苯)整体柱	UV：3.4～10μg/L MS：0.01～0.19μg/L	[199]
固醇类药物	CEC–UV	两性嵌段共聚物开管柱	—	[200]
头孢唑林，头孢他啶，头孢曲松	chip-CEC-UV	C18	—	[201]
二乙基己烯雌酚，己烷雌酚，己二烯雌酚	pCEC-UV	C18	—	[202]

三、CEC 在食品安全与环境安全中的应用

1. 食品中营养成分

食品安全检测中食品自身物质含量的监测是确保其质量的方法。由于多数有机和生物分子等检测物质在 210nm 波长附近有吸收，因此，CEC-UV 在这一领域用途广泛。

Herrero-Martinez 等[203]利用 CEC 检测了蔬菜中类胡萝卜素（β-胡萝卜素、番茄红素、叶

黄素），并与反相液相色谱（RPLC）方法进行了比较，CEC 方法中类胡萝卜素的分离效率达到理论塔板数 66000～128000m^{-1}，证实该方法具有高效、分辨率高、分析时间短等特点。他们还将此方法用于西红柿、菠菜和玉米中检测类胡萝卜素，证实了该方法的可行性。Lerma-García 等[204]使用甲基丙烯酸酯整体柱为固定相，在 10min 内完成蔬菜油中生育酚的定量分析，检测限均低于 2.3mg/ml，日间及柱间重复性良好，该检测方法快速可靠，并可运用于检测橄榄油中是否掺入低成本的食用油。同时，该研究小组使用月桂醇丙烯酸酯酯基的整体柱检测特级初榨橄榄油中酚醛的比例[195]，通过线性分析酚醛比例判断橄榄油的地理来源。该方法可在 25min 内完成检测，快速高效。此外，他们使用丙烯酸十八酯（ODA）整体柱为固定相，利用毛细管电色谱-紫外可见法对植物油中的甘油三酯进行评价，检测在 12min 内完成。通过数据分析，判断植物油的分类，该方法正确判定了 6 种不同植物来源（玉米、橄榄、榛子、花生、大豆和向日葵）的植物油[205]，方法简单可靠。图 8-29 是 3 个不同来源植物油的电色谱分离示意图，图中峰号 1—9 文献未给出具体的成分名称。

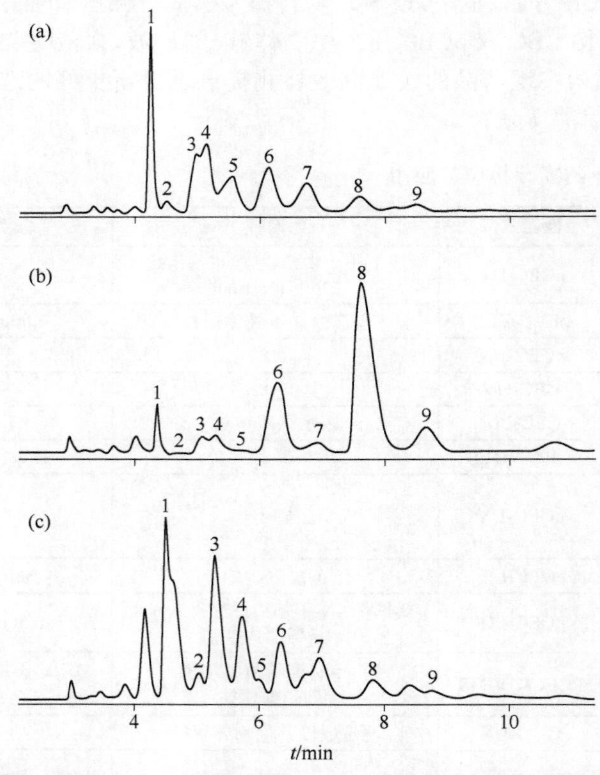

图 8-29　玉米油（a）、榛子油（b）、大豆油（c）的电色谱分离图

Adalid 等[206]以疏水性的甲基丙烯酸酯整体柱为固定相，利用 CEC-UV 方法快速检测了西红柿中的类胡萝卜素，分离时间低于 5.0min，此方法可以广泛用于茄科中其他水果中的类胡萝卜素含量检测。Chizzali 等[207]利用类似整体柱作固定相，定量分析了减肥产品、枳子皮、芸香科植物提取物中的肾上腺素含量，为减肥产品的质量控制提供了参考。

Chen 等[208]结合加压液体萃取（PLE）和毛细管电色谱（CEC）技术，成功应用于定量检测甘草的 5 个黄酮类化合物，即甘草苷、异甘草苷、芒柄花苷、甘草素和异甘草素，对甘草的质量控制有较大帮助。校准曲线呈良好的线性关系（R^2＞0.9993），检测限和定量限分别为 2.1μg/ml 和 8.3μg/ml，回收率为 98.2%～103.8%。Stege 等[209]建立了 CEC 检测复杂食品中褪黑色素含量的新方法，该方法运用固定羧酸多壁碳纳米管作为固定相，成功应用于红、白葡萄酒，葡萄皮和鼠尾草植物提取物中褪黑色素的检测，具有高分辨率、重现性良好等特点，与传统毛细管相比具有更高效率，检测限达到 0.01ng/ml。Uysal 等[210]用 CEC 方法检测了茶叶中的儿茶酚和甲基黄嘌呤。采用该方法同时检测了绿茶和红茶中的几种多酚类：(+)-儿茶酚、(–)-表儿茶酚、(–)-表没食子儿茶素、茶碱和咖啡因。该方法所用的 C_{18} 固定相适合于分离极性化合物。该方法的线性关系良好（R^2＞0.9992），检出限为 1μg/ml，定量限为 2μg/ml。

2. 食品添加剂

苏丹红、孔雀石绿、三聚氰胺等问题的暴露使人们对食品添加剂的安全性颇为关注，希望能迅速建立起添加剂的分析检测及其含量测定方法。Chen 等[208]以甲基丙烯酸丁酯（BMA）和 3-{*N*,*N*-二甲基-[2-(2-甲基丙-2-烯酰氧基)乙基]铵}丙烷-1-磺酸内盐（SPE）为单体，制备了新型的亲水作用毛细管整体柱，并通过三聚氰胺在此柱上的保留行为证明其具有亲水性。以加压毛细管电色谱技术为平台，优化了整体柱基于亲水作用分离分析奶制品中三聚氰胺的色谱条件。当流动相中乙腈与 10mmol/L 磷酸盐缓冲液的体积比为 80∶20，pH 值为 3.0，电压为 3kV，检测波长为 215nm 时，三聚氰胺能获得很好的分离。建立的 pCEC 分析方法的检出限为 0.05 mg/L。该方法简单方便，回收率较高，而且流动相中无需添加离子对试剂，适合于奶制品中三聚氰胺的定量测定，分离结果见图 8-30。

Liu 等[65]利用 pCEC-AD 检测创建了快速分离与检测分析辣椒中 4 种苏丹染料的方法。此方法具有较好的稳定性和重现性。检测出 4 种苏丹染料的检出限范围为 8.0×10^{-7}～1.2×10^{-6}mol/L，分离效率达到理论塔板数 4×10^4m^{-1}。pCEC-AD 检测优势明显，但在食品分析、环境分析、生化分析等领域中还有许多空白，发展前景广阔。

3. 农药残留和环境残留

食品中的农药残留是食品安全领域关注的重要问题之一。玛尔江等[215]建立了鸡蛋样品中四环素类农药多残留同时检测的加压毛细管电色谱分析方法。方法中以二氯甲烷为沉淀剂处理鸡蛋样品，运用加压毛细管电色谱法进行快速检测。以甲醇-乙腈–20mmol/L 草酸溶液（pH=4.25）（体积比 10∶20∶70）作流动相，等度洗脱，外加电压为–4kV，检测波长为 270nm。经方法学考察，4 种四环素类药品土霉素、4-差向金霉素、盐酸金霉素、强力霉素在各自标准曲线浓度范围内线性良好，R^2 均在 0.993 以上。回收率为 80.46%～100.49%，日内和日间精密度的相对标准偏差（*RSD*）均低于 5%。该方法简单方便，重现性好，准确可靠，回收率较高，适用于鸡蛋样品中抗生素残留的测定。图 8-31 为该方法在不同电压下对四种四环素类混合物的色谱图。

陈国南等[212,213]在应用 CEC 技术检测农药残留方面做了很多工作。该研究组采用 pCEC-UV 并结合固相微萃取（SPME）技术，在 20min 内分离检测了 10 种氨基甲酸酯类农药，检出限为 0.05～1.6mg/kg。将所建立的 SPME-CEC-UV 方法用于 8 种蔬菜样品测定，平均回收率为 51.3%～109.2%，该方法杂质干扰少，灵敏度高。同时还利用 pCEC-UV 对蔬菜中的 6 种拟除虫菊酯类农药进行同时检测，检出限在 0.05～0.08mg/kg。Lü 等[214]采用加压毛细管电色谱法，在整体柱上实现了马拉硫磷、二嗪农、甲基对硫磷、杀螟硫磷、倍硫磷、甲基毒死蜱和毒死蜱共 7 种有机磷类化合物的分离检测。整体固定相具有渗透性好，传质速度快等优点，7 种物质 10min 内实现快速分离测定。同时也检测了鱼肉中 7 种氟喹诺酮类药物残留[215]。通过改变缓冲溶液的浓度和 pH、有机相的浓度、在电解液中加入表面活性剂及

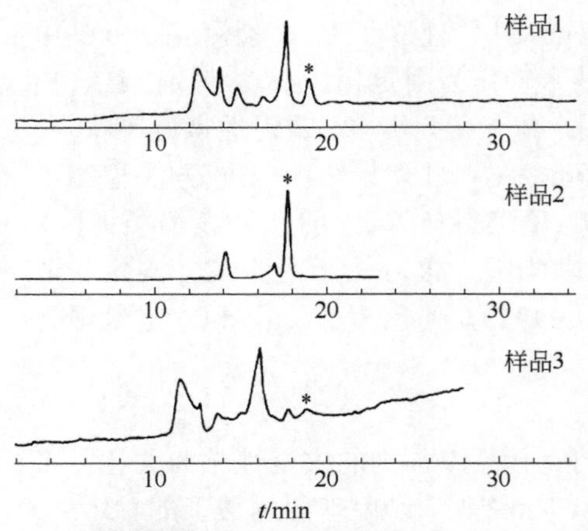

图 8-30 实际奶粉样品（1～3）在整体柱上的 pCEC 谱图

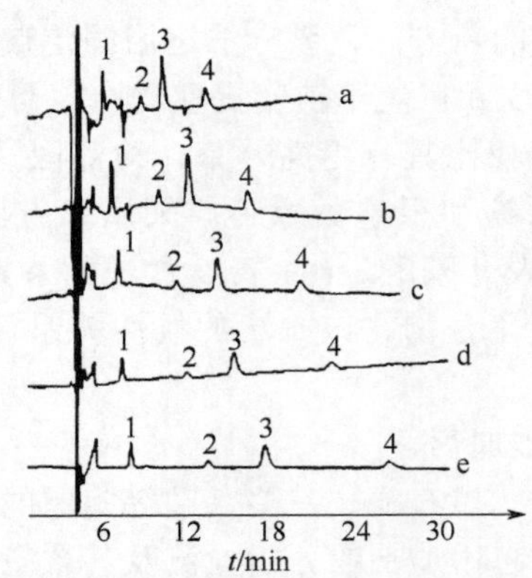

图 8-31 四环素类药品在不同电压下的色谱图

色谱峰：1—土霉素；2—4-差向金霉素；3—盐酸金霉素；4—强力霉素

外加电压：a—-8kV；b—-6kV；c—-4kV；d—-2kV；e—0kV

离子对试剂、改变外加电压等方法优化改进实验条件，使 7 种氟喹诺酮类药物基线分离。方法简单、快速且重现性好，平均回收率为 81.6%～97.6%。

Rassi 等[216,217]采用 CEC 和 CE 电驱动微分离技术对农药残留作了一系列的研究，先后建立了离线和在线富集技术结合 CEC-LIF 的多种检测体系，分析对象涉及脲类除草剂、苯胺类杀虫剂、酚类杀虫剂及其相关代谢物。董洁莹等[218]建立了加压毛细管电色谱法同时测定鳗鱼中磺胺嘧啶、磺胺间甲氧嘧啶、磺胺喹噁啉、磺胺甲噁唑、磺胺二甲异噁唑 5 种磺胺类药物残留的分析方法。样品均质后经乙酸乙酯提取，无水硫酸钠脱水，HLB 固相萃取柱净化，最后利用加压毛细管电色谱进行检测。通过优化有机相的比例，流动相中的盐浓度和电压等色谱条件，控制 5 种药物的出峰时间在 6.5min 内，磺胺嘧啶、磺胺间甲氧嘧啶检测限为 0.02mg/kg；磺胺喹噁啉的检测限为 0.03mg/kg；磺胺甲噁唑、磺胺二甲异噁唑的检测限为 0.04mg/kg。该法快速、准确，能够满足日常检测需要。Cheng[219]等利用毛细管电色谱与质谱联用与聚（DVB-OMA）的整体柱检测肉类中的九种磺胺类抗生素。分析跟踪肉类样本中磺胺类抗生素。通过改善整体住的粗糙度、优化流动相，提高了色谱效率和分辨率。Pesek 等[220]采用毛细管开管柱电色谱检测技术分析了牛奶中的 5 种抗生素：氨苄西林、四环素、土霉素、氯霉素和红霉素。毛细管内壁用 4-氰基-4′-正戊氧基-1,-1′-联苯进行修饰后用于分离检测。该方法通过改变流动相的 pH 和有机溶剂的配比对检测条件进行优化，从而建立了简单快速的检测方法。

CEC 也广泛用于稠环芳烃、芳香胺、苯酚、除草剂、杀虫剂等环境毒物和无机离子等环境污染物的分析检测，如 Dadoo[221]等通过采用 pCEC 技术检测了 10 种稠环芳烃类的环境污染物，该方法的理论塔板数为 700000/m。

参 考 文 献

[1] Mould D L，Synge R L M. Analyst，1952，77：964.
[2] Pretorious V，Hopkins B J，Schieke J D. J Chromatogr，1974，99：23.
[3] Jorgenson J W，Lukaca K D. J Chromatogr，1981，218：209.
[4] Tsuda T，Nomura K，Nakaggawa G J. J Chromatogr，1982，248：241.
[5] Martin M，Guiochon G. Anal Chem，1984，56：614.
[6] Martin M，Guiochon G，Walbroehl Y. Anal Chem，1985，57：559.

[7] Knox J H，Grant I H. Chromatographia，1984，24：135.
[8] Knox J H. Chromatographia，1928，26：329.
[9] Tsuda T，Muramatsu Y. J Chromatogr，1990，515：645.
[10] Smith N W，Evans M B. Chromatographia，1994，38：649.
[11] Smith N W，Evans M B. Chromatographia，1995，41(3-4)：197.
[12] Behnke H，Bayer E. J Chromatogr A，1994，680：93.
[13] Jacobson S C，Hergenroeder R，Kouthy L B. Anal Chem，1994，66：2369.
[14] Lord G A，Gordon D B，Tetler L W. J Chromatogr A，1995，700：27.
[15] Pusecher K，Schewitz J，Bayer E. Anal Chem，1998，70：3280.
[16] Yan C. US，5354163. 1995-09-26.
[17] 罗国安，王义明，陈令新，梁琼麟. 毛细管电色谱及其在生命科学中的应用. 北京：科学出版社，2005.
[18] 张丽华. 毛细管电色谱保留行为及其新技术的研究（博士学位论文）. 大连：中国科学院大连化学物理研究所，2000.
[19] Rice C L，Whitehead R. J Phys Chem，1965，69：4017.
[20] Knox J H，Grant I H. Chromatographia，1991，32：317.
[21] Wan Q H. Anal Chem，1997，69(3)：361.
[22] Cikalo M G，Bartle K D，Myers P. J Chromatogr A，1999，836：35.
[23] Banholczer A，Pyell U. J Chromatogr A，2000，869：363.
[24] Choudhary G，Horváth C. J Chromatogr A，1997，781：161.
[25] Rathore A S，Horváth C. Anal Chem，1998，70：3069.
[26] Rathore A S，Horváth C. J Chromatogr A，1996，743(2)：231.
[27] Lelièvre F，Yan C，Zare R N，Gareil P. J Chromatogr A，1996，723(1)：145.
[28] Knox J H，Scott H P. Journal of Chromatography A，1984，316：311.
[29] Wen E，Asiaie R，Horváth C. J Chromatogr A，1999，855：349.
[30] Zhang Y K，Wei S，Zhang L H，Zou H F. J Chromatogr A，1998，802：59.
[31] Golay M J E，Desty D H. Gas chromatography. London：Publ Butterworths，1959，36.
[32] Aris R. Proc Roy Soc(Lond)，1953，67：A235.
[33] Crego A L，González A，Marina M L. Crit Rev in Anal Chem，1996，26(4)：261.
[34] Knox J H，Grant I H. Chromatographia，1991，32：317.
[35] Horváth C，Lin H J. J Chromatogr，1978，149：43.
[36] Pyell U，Rebscher H，Banholczer A. J Chromatogr A，1997，779：155.
[37] Bruin G J M，Tock P P H，Kraak J C，Poppe H. J Chromatogr A，1990，517：557.
[38] Smith N W，Evans M B. Chromatographia，1995，41：197.
[39] Boughtflower R J，Underwood T，Paterson C J. Chromatographia，1995，40：329.
[40] Smith N W，Carter-Finch A S. J Chromatogr A，2000，892：219.
[41] Yan C，Dadoo R，Zare R N，Rakestraw D J，Anex D S. Anal Chem，1996，68：2726.
[42] 邹汉法，刘震，叶明亮，张玉奎. 毛细管电色谱及其应用. 北京：科学出版社，2001：69.
[43] Alexander J N，Poli J B，Markidex K E. Anal Chem，1999，71：2398.
[44] Zhang K，Yan C，Gao R Y，et al. Chinese J Chem，2003，21：419.
[45] Jorgenson J W，Lukacs K D. J Chromatogr，1981，218：209.
[46] Knox J H，Grant I H. Chromatogria，1984，24：13.
[47] 李瑞江. 中国科学院大连化学物理研究所博士论文，1998.
[48] Heiger D N，Kalternbach P，Seivert H J. Electrophoresis，1994，15：1234.
[49] Moring S E，Patel R T，Soest R E J. Anal Chem，1993，65：3454.
[50] Ronald E M. LC-GC INT，1997，42：93.
[51] Michael C，Breadmore. J Chromatogr A，2011，1218：1347.
[52] Fang Y S，Long Y H. J Chromatogr A，2001，907：301.
[53] Gaelle P，Violaine A，Stephanie D，Marie C H. Electrophoresis，2009，30：515.
[54] Vizioli N，Gil R，Martinez L D，Silva M F. Electrophoresis，2009，30：2681.
[55] 张颖，钱晓敏，张钱丽，屠一锋. 常熟理工学院学报：自然科学版，2007，21：65.
[56] 张维冰. 毛细管电色谱理论基础. 北京：科学出版社，2006：139.
[57] Roberto M，Emanuele M，Laura M，et al. Electrophoresis，2011，32(20)：2809.

第一篇

[58] Virginia P F，Elena D V，Antonio L C，et al. Electrophoresis，2011，33：1.

[59] Yan C，Dadoo R，Zhao H，et al. Anal Chem，1995，67(13)：2026.

[60] Rule G，Seitz W R. Clin Chem，1979，25(9)：1635.

[61] Grayeski M L，Weber A J. Anal Lett，1984，17(13)：1539.

[62] Lin Z A，Lin J，Wu X P. Electrophoresis，2008，29：401.

[63] Dossi N，Toniolo R，Pizzariello A，et al. Electrophoresis，2011，32(8)：906.

[64] Hilmi A，Luong J H T. Electrophoresis，2000，21(7)：1395.

[65] Liu S F，Wu X P，Xie Z H，et al. Electrophoresis，2005，26(12)：2342.

[66] 史静静. 开管毛细管电色谱——电致化学发光测定微量抗生素的研究［D］. 福州：福州大学，2010.

[67] Pusecker K，Schewitz J，Gfrörer P，et al. Anal Chem，1998，70(15)：3280.

[68] Gfrörer P，Schewitz J，Pusecker K，et al. Electrophoresis，1999，20(1)：3.

[69] Gfrörer P，Tseng L H，Rapp E，et al. Anal Chem，2001，73(14)：3234.

[70] Jayawickrama D A，Sweedler J V. J Chromatogr A，2003，1000(1-2)：819.

[71] Verheij E R，Tjaden U R，Nissen M W A，et al. J Chromatogr A，1991，554(1-2)：339.

[72] Colon L A，MaloneyT D，Anspach J，Colon H. Adv Chromatogr，2003，42：43.

[73] 叶明亮，邹汉法，刘震，等. 分析测试学报，1999，18：1.

[74] 吴漪，张晓辉，魏娟，等. 色谱，2009，27(5)：609.

[75] Pesek J J，Matyska M T，Nshanian M. Electrophoresis，2011，32：1728.

[76] 张倩，吕运开. 广东化工，2011，38(5)：296.

[77] Lee C H，Huang B Y，Chen Y C，Liu C P，Liu C Y. Analyst，2011，136：1481.

[78] Zhou S Y，Lin X C，Xie Z H. Chinese J Chromatogr，2011，29(8)：786.

[79] Zhou S Y，Tan J J，Chen Q H，Lin X C，Lü H X，Xie Z H. J Chromatogr A，2010，1217：8346.

[80] Wei Z H，Wu X，Zhang B，et al. J Chromatogr A，2011，1218：6498.

[81] William B，Shahab A S. J Chromatogr A，2011，1218：8691.

[82] Hendrickx A，Mangelings D，Chankvetadze B，Heyden Y V. Electrophoresis，2011，32：2718.

[83] Qu Q S，Peng S W，Mangelings D，Hu X Y，Yan C. Electrophoresis，2010，31：556.

[84] 陈义. 毛细管电泳技术及应用. 北京：化学工业出版社，2006.

[85] Yan C. US，5453163. 1993-10-29.

[86] Hjerten S，Liao J L，Zhang R. J Chromatogr，1989，473：273.

[87] Lammerhofer M，Peters E C，Yu C，etal. Anal Chem，2000，72(19)：676.

[88] Minakuchi H，Nakanishi K，Soga N，Ishizuka N，Tanaka N. J Anal Chem，1996，68：3498.

[89] Puy G，Roux R，Demesmay C，et al. J Chromatogr A，2007，1160：156.

[90] Ishizuka N，Kobayashi H，Minakuchi H，et al. J Chromatogr，2002，960(1)：85.

[91] Kubin M，Spacek P，Chromecek R. Collect Czech Chem Commun，1967，32：3881.

[92] Feng Q，Yan Q Z，Ge C C. 高分子科学：英文版，2009，27(5)：7.

[93] 卢明华，李鑫，冯强，陈国南，张兰. 色谱，2010，28(3)：253.

[94] Safranya A，Beiler B，Laszlo K，Svec F. J Polymer，2005，46：2862.

[95] Vaz F A S，Castro P M，Molina C，et al. Talanta，2008，76：226.

[96] Li Y，Chen Y，Xiang R，et al. J Anal Chem，2005，77：1398.

[97] Dong J，Zhou H，Wu R，et al. J Sep Sci，2007，30(17)：2917.

[98] Dong J，Qu J J，Dong X L，et al. J Separation Science，2007，30(17)：2986.

[99] Karenga S，Rassi Z E J. Electrophoresis，2010，31：3192.

[100] Urban J，Svec F，Fréchet JMJ. Anal Chem，2010，82：1621.

[101] W L Watson，M Mudrik，Wheeler R. J Anal Chem，2009，81：3851.

[102] Yan L J，Zhang Q H，Feng Y Q，et al. J Chromatogr A，2006，1121(1)：92.

[103] Tian Y，Zhang L F，Zeng Z R，et al. Electrophoresis，2008，29(4)：960.

[104] Xu Li，Lee Hian Kee. J Chromatogr A，2008，1195(1-2)：78.

[105] Yan L J，Zhang Q H，Zhang W B，et al. Electrophoresis，2005，26：2935.

[106] Yan L J，Zhang Q H，Feng Y Q，et al. J Chromatogr A，2006，1121：92.

[107] Wu M H，Wu R A，Zou H F，et al. Anal Chem，2010，82：5447.

[108] Zheng M M，Lin B，Feng Y Q. J Chromatogr A，2007，1164：48.

[109] Karenga S，El Rassi Z. Electrophoresis，2011，32(9)：1033.
[110] Jiang Z J，Gao R Y，Zhou Y B，et al. Microco l Sep，2001，13(5)：191.
[111] Yan C. US, 6569325. 2003205227.
[112] Thomas E，Unger K K. Trends in Analytical Chemistry，1996，15(9)：463.
[113] Wu Y，et al. Chinese Journal of Chemistry，2009，27：609.
[114] Zhang K，Jiang Z J ，Yao C Y，et al. J Chromatogr A，2003，987：453.
[115] Zhang K，Yan C，Yao C Y，et al. Chinese J Chem，2003，21：419.
[116] Cao F，Zhang W B，Yan C，et al. Chinese J Anal Chem，2004，32(2)：143.
[117] Wu K X，Gu X，Yan C. Chinese Journal of Analytical Chemistry，2009，37(4)：581.
[118] Hugener M，Tinkle A P，Nissien W M A. J Chromatogr A，1993，647：375.
[119] Yao C Y，Gao R Y，Yan C. J Sep Sci，2003，26：37.
[120] Nakashima R，Kitagawa S，Yoshida T，et al. J Chromatogr A，2004，1044：305.
[121] 魏娟，谷雪，王彦等. 分析化学，2011，39(2)：188.
[122] Wei J，Gu X，Wang Y，et al. Electrophoresis，2011，32(2)：230.
[123] Wu Y，Wang Y，Gu X，et al. Journal of Separation Science，2011，34(9)：1027.
[124] 吴漪，上海交通大学博士学位论文，2011，7.
[125] Ru Q H，Yao J，Luo G A，Zhang Y X，Yan C. J Chromatogr A，2000，894：337.
[126] Catai J R，Torano J S，de Jong G J，Somsen G W. Analyst，2007，132(1)：75.
[127] Liu Q，et al. Electrophoresis，2009，30：2151.
[128] Liu J，Sun X，Lee M L. Anal Chem，2007，79(5)：1926.
[129] Mohabbati S，Hjerten S，Westerlund D. Anal Bioanal Chem，2008，390(2)：667.
[130] Sázelová P，et al. Electrophoresis，2007，28：756.
[131] Rocco A，et al. Electrophoresis，2007，28：1689.
[132] Lurie I S，Meyers R P，Conver T S，et al. Anal Chem，1998，70(15)：3255.
[133] Sedláková P，Miksik I，Gatschelhofer C，Sinner F M，Buchmeiser M R. Electrophoresis，2007，28：2219.
[134] Augustin V，Stachowiak T，Svec F，Fréchet J M. Electrophoresis，2008，29：3875.
[135] Karenga S，EI Rassi Z. Journal of Separation Science，2008，31：2677.
[136] Gu C，et al. Electrophoresis，2008，29：3887.
[137] Pesek J J，Matyska M T，Salgotra V. Electrophoresis，2008，29：3842.
[138] 魏娟. 毛细管等电聚焦/加压毛细管电色谱多维联用及其在多肽蛋白质分离中的应用. 上海：上海交通大学，2011.
[139] Huang G，Zeng W，Lin X，Xie Z. J Sep Sci，2010，33(11)：1625.
[140] Huang Y C，Lin C C，Liu C Y. Electrophoresis，2004，25(4-5)：554.
[141] Huang G H，Zeng W C，Lian Q Y，et al. J Sep Sci，2008，31：2244.
[142] Qu Q S，Mangelings D，Shen F，et al. J Chromatogr A，2007，1169：228.
[143] 张颖，钱晓敏，张钱丽，屠一锋. 常熟理工学院学报，2007：65.
[144] 李博祥，郑敏敏，卢兰香，吴晓苹. 色谱，2011，29：798.
[145] 玛尔江. 巴哈提别克. 应用加压毛细管电色谱技术检测鸡蛋中农兽药残留的研究 [D]. 上海：上海交通大学，2011.
[146] 李新燕，王彦，谷雪，陈妍，阎超. 色谱，2010，28(3)：231.
[147] 吴漪，王彦，谷雪等. 中国科学，2009，39(8)：767.
[148] 刘海兴，刘凤芹，于爱民等. 化学试剂，2006，28(6)：349.
[149] Xie G X，Qiu M F，Zhao A H，et al. Chromatographia，2006，64：739.
[150] Xie G X，Zhao A H，Li P，et al. Biomed Chromatogr，2007，21：867.
[151] 王佳静，陈昭，吴玉田等. 色谱，2010，28(3)：240.
[152] 郭怀忠，毕开顺，孙毓庆. 中国中药杂志，2009，34(5)：587.
[153] 李绍平，杨丰庆，王一涛. 冬虫夏草中核苷类成分的毛细管电动力色谱分析［C］. 第六届中国药学会学术年会论文集. 广州：中国药学会，2006：3404.
[154] 廖杰，薄涛，刘虎威. 色谱，2006，24(4)：421.
[155] 颜流水，王宗花，罗国安，等. 高等学校化学学报，2004，25(5)：827.
[156] Kvasnickova L，Glatz Z，Sterbova H，et al. J Chromatogr A，2011，916：265.
[157] 杨俊佼，苏秀兰，方平等. 色谱，2004，22(3)：270.
[158] 杨瑞芬，冯钰锛，达世禄. 中国药学杂志，2004，39(5)：380.

[159] 胡林峰，张裕平，王雪静等. 理化手册——化学分册，2010，46(9)：1058.
[160] 杨胜凯，张裕平，范立群等. 分析测试学报，2009，28(5)：608.
[161] 李英杰，孙鹏，高立娣. 应用化学，2010，27(2)：246.
[162] 李英杰，孙鹏，高玉玲等. 理化手册——化学分册，2010，46(4)：441.
[163] 雷雯，张凌怡，万莉等. 色谱，2010，28(10)：977.
[164] 李英杰，张春雨，高晴等. 分析试验室，2011，30(4)：104.
[165] 杨胜凯，俞露，范立群.长春大学学报，2009，19(4)：56.
[166] Zheng J，Bragg W，Hou J G，et al. Journal of Chromatography A，2009，1216：857.
[167] Koide T，Ueno K. Anal Sci，1998，14：1021.
[168] Koide T，Ueno K. Anal Sci，2000，16：1065.
[169] Vegvari A，Foldesi A，Hetenyi C，et al. Electrophoresis，2000，21：3116.
[170] Kornysova O，Machtejevas E，Kudirkaite V，et al. J Biochem Biophys Methods，2002，50：217.
[171] Kornysova O，Surna R，Snitka V，et al. J Chromatogr A，2002，971：225.
[172] Schweitz L，Andersson L I，Nilsson S. Anal Chem，1997，69：1179.
[173] Schweitz L，Andersson L I，Nilsson S. J Chromatogr A，1997，792：401.
[174] Liu Z S，Xu Y L，Wang H，et al. Anal Sci，2004，20：673.
[175] Xu Y L，Liu Z S，Wang H F，et al. Electrophoresis，2005，26：804.
[176] Deng Q L，Lun Z H，Gao R Y，et al. Electrophoresis，2006，27：4351.
[177] Spegel P，Schweitz L，Andersson L I，et al. Chromatographia，2008，69：277.
[178] Kornysova O，Owens P K，Maruska A. Electrophoresis，2001，22：3335.
[179] Dong X，Wu R A，Dong J，et al. Electrophoresis，2008，29：919.
[180] Preinerstorfer B，Lindner W，Laemmerhofer M，et al. Electrophoresis，2005，26：2005.
[181] Tian Y，Zhong C，Fu E，et al. J Chromatogr A，2009，1216：1000.
[182] Li Y，Song C，Zhang L，et al. Talanta，2010，80：1378.
[183] Chen Z，Nishiyama T，Uchiyama K，et al. Anal Chim Acta，2004，501：17.
[184] Dong X，Dong J，Ou J，et al. Electrophoresis，2007，28：2606.
[185] Wistuba D，Banspach L，Schurig V，et al. Electrophoresis，2005，26：2019.
[186] Olsson J，Blomberg L G. Journal of Chromatography B，2008，875：329.
[187] Kornysova O，Jarmalaviciene R，Maruska A. Electrophoresis，2004，25：2825.
[188] Lin B，Zhe M M，Ng S C，et al. Electrophoresis，2007，28：2771.
[189] Zeineb A，Valentina S，Giovanni D，et al. Electrophoresis，2007，28：2717.
[190] Preinerstorfer B，Hoffmann C，Lubda D，et al. Electrophoresis，2008，29：1626.
[191] Wang H F，Zhu Y Z，Lin J P，et al. Electrophoresis，2008，29：952.
[192] Tang A N，Wang X N，Ding G S，et al. Electrophoresis，2009，30：682.
[193] Ding G S，Tang A N. J Chromatogr A，2008，1208：232.
[194] 史静静，陈清华，张晓伟等. 分析化学，2009，37(增刊)，D107.
[195] Lerma-García M J，Lantano C，Chiavaro E，et al. Food Res Inter，2009，42：1446.
[196] Amy H Q，Anders P，Andrew G B，et al. J Chromatogr A，2000，887：379.
[197] Dittmann M M，Masuch K，Rozing G P. J Chromatogr A，2000，887：209.
[198] Lurie I S，Anex D S，Fintschenko Y，et al. Journal of Chromatogr A，2001，924：421.
[199] Hsu C H，Cheng Y J，Singco B，et al. Journal of Chromatogr A，2011，1218：350.
[200] Shen Y，Li Q，Jiang L，et al. Talanta，2011，84：501.
[201]Gaspar A，Hernandez L，Stevens S，Gomez F A. Electrophoresis，2008，29：1638.
[202] Liu S F，et al. Journal of Chromatography A，2005，1092：258.
[203] Herrero-Martínez J M，Eeltink S，Schoenmakers P J，et al. J Sep Sci，2006，29：660.
[204] Lerma-García M J，Simó-Alfonso E F，Ramis-Ramos G，et al. Electrophoresis，2007，28：4120.
[205] Lerma-García M J，Vergara-Barberan M，Herrero-Martinez J M，et al. J Chromatogr A，2011，1218：7528.
[206] Adalid A M，Herrero-Martínez J M，Roselló S，et al. Electrophoresis，2008，29：4603.
[207] Evelyn C，Ivo N，Markus G. J Sep Sci，2011，34：2301.
[208] Chen X J，Zhao J，Meng Q，et al. J of Chrom A，2009，1216：7329.
[209] Stege P W，Sombra L L，Messina G，et al. Electrophoresis，2010，31：2242.

[210] Uysal U D，Aturki Z，Raggi M A，et al. J Sep Sci，2009，32：1002.
[211] Bahatibieke M，Xue Y Y，Wang Y，et al. Chinese J Antibiot，2011，36(7)：536.
[212] Wu X P，Wang L，Xie Z H，et al. Electrophoresis，2006，27：768.
[213] Ye F G，Xie Z H，Wu X P，et al. Talanta，2006，69：97.
[214] Lü H X，Wang J B，Wang X C. Chinese J Spectr Lab，2007，24(4)：735.
[215] Lü H X，Wu X P，Xie Z H，et al. J Sep Sci，2005，28(5)：2210.
[216] Yang C M，Rassi Z E. Electrophoresis，1999，20：2337.
[217] Yang C M，Rassi Z E. Electrophoresis，2000，21：1977.
[218] Dong J Y，Ouyang K，Cao G Z，et al. J of Zhejiang Ocean University，2011，30(5)：392.
[219] Cheng Y J，Huang S H，Singco B，et al. J Chromatogr A，2011，1218：7640.
[220] Pesek J J，Matyska M T，Bloomquist T，et al. J Liq Chromatogr Relat Technol，2003，26(13)：2119.
[221] Dadoo R，Zare R N，Yan C，et al. Anal Chem，1998，70(22)：4787.

第九章　微流控芯片分析

第一节　微流控芯片

微流控芯片（microfluidic chip）是指在方寸大小的微芯片上加工微通道网络，通过对通道内微流体的操纵和控制，实现整个化学和生物实验室的功能。它还有一个更为形象的名称“芯片实验室”（lab on a chip）。微流控芯片技术最早起源于20世纪90年代初，由瑞士的Manz和Widmer提出的以微机电加工技术（microelectromechanical systems，MEMS）为基础的“微型全分析系统”（miniaturized total analysis systems 或 micro total analysis systems，μTAS）概念[1]，其目的是通过化学分析设备的微型化与集成化，最大限度地把分析实验室的功能转移到便携的分析设备中，实现分析实验室的“个人化”和“家用化”。微流控芯片系统具有微量、高效、快速、高通量、微型化、集成化和自动化的特点，同时，微系统内存在的显著的尺度效应，如层流效应、快速传质传热效应、界面效应，以及擅长进行单个细胞操控的能力，使得微流控芯片系统表现出许多区别于宏观系统的独特优势。目前，微流控芯片技术已在化学、生物学、医学、药学等众多领域获得了快速发展和广泛应用，被列为21世纪最为重要的前沿技术之一[2~4]。随着微流控芯片技术的发展及其研究成果的积累，也逐渐形成了一门多学科交叉的新兴学科——微流控学（microfluidics）：在微米尺度空间内操控微量流体的技术与科学。近年来，在微流控研究领域还出现了许多新的分支，如纳流控芯片与纳流控学、多相微流控技术，以及仿生器官芯片（organ on a chip）和人体芯片（human on a chip）等。纳流控学是在纳米尺度空间内操控超微量流体的技术与科学。多相微流控系统通过对微米级结构中多相流体的操控，生成超微量的微液滴（颗粒）反应器，并以此作为基本操作单元进行后续的多种操控、反应、培养、分析和筛选。与常规单相微流控系统相比，多相微流控系统的优点包括反应器体积微小（nl～pl）、分析通量高、反应效率高、样品无扩散、样品间无交叉污染等优点，是进行单分子、单细胞分析和微量样品处理的理想工具。仿生器官芯片和人体芯片的概念则是利用微流控系统对微流体、细胞及其微环境的灵活操控能力，在微流控芯片上构建可模拟器官和人体功能的集成微系统，为体外药物筛选和生物医学研究提供成本更低，同时更接近人体真实生理和病理情况的筛选模型。

一、微流控芯片的加工

通常用于微流控芯片加工的材料有单晶硅、玻璃、石英、高分子聚合物等。硅材料的微细加工工艺比较成熟，加工精度高，且可加工复杂的三维结构；缺点是易碎、不透光、电绝缘性能不好，影响了其在微流控芯片中的应用。玻璃和石英材料具有良好的透光性和耐腐蚀性，机械强度高，微加工工艺较为成熟，材料表面有较好的亲水性和电渗性质，且易于使用不同的化学方法对芯片进行表面改性。

经常用于制作微流控芯片的高分子聚合物主要有聚二甲基硅氧烷（polydimethylsiloxane,

PDMS）、聚甲基丙烯酸甲酯（polymethylmethacrylate，PMMA）、聚碳酸酯（polycarbonate，PC）、聚苯乙烯（polystyrene，PS）等。高分子聚合物材料通常具有种类多、透光性好、加工成型方便、成本低等优点，适于进行微流控芯片的批量加工。其中，PDMS 是目前使用最多的芯片加工材料。PDMS 芯片具有良好的微结构成形性、透光性和生物相容性，同时也具有一定的弹性和化学惰性。其芯片加工成本低廉，操作较为简单，易于在常规实验室普及。

微流控芯片的加工技术多起源于微电子工业中的微细加工技术。通常芯片的加工流程分为芯片微结构加工和芯片的封合两部分。用于微流控芯片加工的光刻和蚀刻技术起源于制作半导体及集成电路芯片所广泛使用的经典技术，已广泛地用于硅、玻璃和石英芯片的加工。其加工过程分为三个阶段：光刻掩模的制备、光刻、蚀刻。图 9-1 为典型玻璃基质微流控芯片的光刻和湿法刻蚀加工过程示意[2,5]。

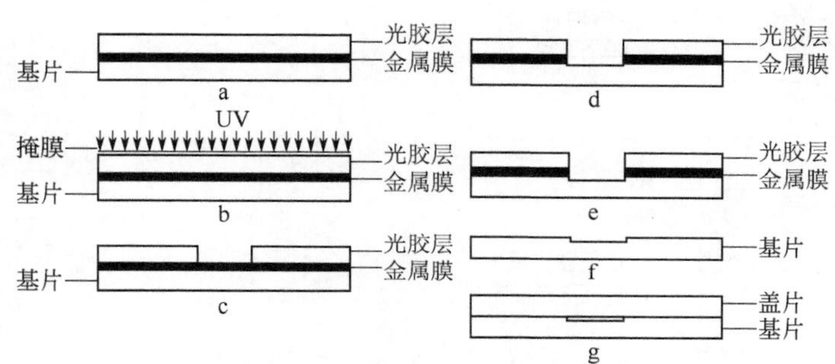

图 9-1　玻璃芯片的光刻和湿法刻蚀加工过程

a—在洁净的玻璃基片表面镀金属铬层作为牺牲层，再以甩胶机在铬层上均匀地涂布光胶层；b—将掩模覆盖在基片上，紫外光透过掩模照射涂有光胶的基片，被照射的光胶发生光化学反应；c—用显影液除去曝光的光胶；d—采用硝酸铈铵和高氯酸混合溶液腐蚀以除去基片上暴露的铬层；e—将基片浸入含氢氟酸的刻蚀溶液中，在一定温度和搅拌条件下，刻蚀一定时间（数分钟到数小时）；f—刻蚀结束后，清洗基片，并除去光胶和牺牲层；g—芯片的封合

高分子聚合物芯片上微结构的加工方法主要有模塑法、热压法、软光刻法、激光烧蚀法、LIGA 技术等。多数高聚物芯片的加工需预先加工微结构的模具，如加工微通道的阳模。通常可用于阳模加工的材料有硅、玻璃、环氧基 SU-8 负光胶、PDMS 和电铸金属件等。

芯片的封合技术有热键合法、阳极键合法、常温键合法、黏结法、表面活化键合法等。不同材质的芯片，其封合方法有所不同。硅芯片的封合通常采用热键合法和阳极键合法，热键合温度高达 800～1000℃。玻璃芯片封合多采用热键合法和常温键合法，分别可在 620℃和室温实现永久键合和非永久键合。高聚物芯片的热键合温度通常在 100～130℃。PDMS 芯片只需将基片和盖片贴合就可得到具有密闭通道的芯片。如在封合前利用等离子体对芯片表面进行氧化处理或用紫外线照射，可大大提高 PDMS 芯片的封合强度。

二、微流体的驱动和控制

微流控芯片系统中操作的核心是对微流体的驱动和控制，而微流体的驱动是实现微流体控制的前提和基础。微流体驱动系统依据系统有无活动的机械部件，可分为有活动机械部件和无活动机械部件的微驱动系统（泵），即机械和非机械驱动系统；依据系统所用驱动力的不同，可分为流体动力、气动动力、电渗动力、电磁动力、重力（流体静压力）、热气动动力、表面张力、剪切力、离心力、声波动力、压电动力等。

在微流控芯片中使用的流体动力驱动系统主要有微量注射泵和各类微机械往复泵。前者具有驱动性能稳定可靠、流量范围可在(pl～nl～μl)/min之间灵活可调的优点，但其体积较大，不易实现系统微型化；后者体积微小，易在芯片上实现集成化，但结构复杂，加工难度大，造价高。在PDMS芯片中，通常采用基于PDMS气动微阀的微蠕动泵驱动流体[6]。上述微阀和微泵采用多层软光刻技术加工，具有结构简单，体积微小，易实现芯片集成化、规模化加工的特点，其结构和工作原理如图9-2所示[6]。此外，重力和负压驱动方法因其简便易行，也是芯片系统中经常使用的流体驱动方法。

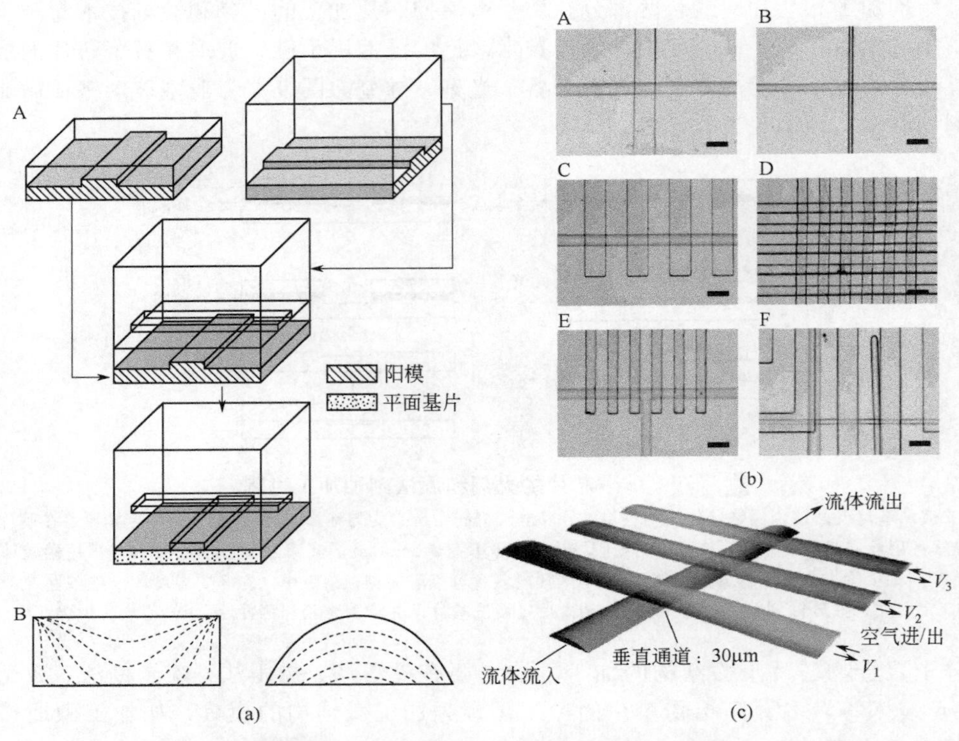

图9-2 PDMS微阀和泵的结构及工作原理

（a）采用多层软光刻技术加工微阀流程图及微阀通道封闭示意图（B）；（b）各类气动PDMS微阀和微泵的显微照片；（c）由三个微阀构成的微蠕动泵结构

（a）图中：A—微阀加工流程；B—微阀通道封闭结构；

（b）图中：A—简单开关阀，控制通道宽200μm，流动通道宽100μm；B—30×50开关阀；C—蠕动泵；D—网格开关阀；E—切换阀；F—七层测试结构

电渗流是微流控芯片毛细管电泳系统中使用最广的驱动和控制技术。电渗流驱动的原理是在微通道两端施加高电压，利用微通道与流体界面上存在的双电层进行驱动，具有方法简单、液流呈扁平流型且无脉动、驱动同时可以实现无阀的微流控操作等优点。但电渗流驱动系统的稳定性易受流体介质组成和微通道表面性质变化的影响。

除微流体的驱动技术外，其他的微流体控制技术还包括微阀控制、芯片微结构控制、多相流体控制，以及基于光、电、磁、声、热等效应的控制技术。阀是在流动通道内起控制性限流作用的器件。按阀的功能可分为单向阀和切换阀。按阀的结构可分为机械阀和非机械阀。按阀中有无制动器可分为主动阀和被动阀。PDMS气动微阀是微流控芯片系统中使用较多的一类主动阀。被动阀的典型代表是利用通道表面张力变化产生阻流作用的突破阀。芯片微结

构控制技术包括改变微通道构型、改变通道表面性质、通道内外附加微装置三类技术。上述技术在各微流控芯片分析系统中均有不同形式的应用。

第二节　微流控芯片分析系统

完整的微流控芯片分析系统应包括取样、进样、试样预处理、高分辨分离、检测及系统控制和数据处理显示等单元系统。然而，芯片系统是否需要全部集成以上各单元子系统，还需考虑实际的分析任务需求，以及系统加工技术和成本的限制。

一、微流控进样系统

微流控芯片进样是芯片分析系统中的关键技术之一，广泛应用于芯片毛细管电泳、芯片色谱、流动注射、连续流动分析系统的进样操作。以芯片毛细管电泳系统为例，其主要进样方式有基于时间的门式进样法（gated injection）[2,7]和基于体积的“十”字通道夹流进样法（pinched injection）[2,8]。

门式进样法原理如图 9-3 所示。其优点是便于进行换样操作，适用于在线连续监测和芯片上多维分离系统，但进样过程存在电动进样的歧视性效应。

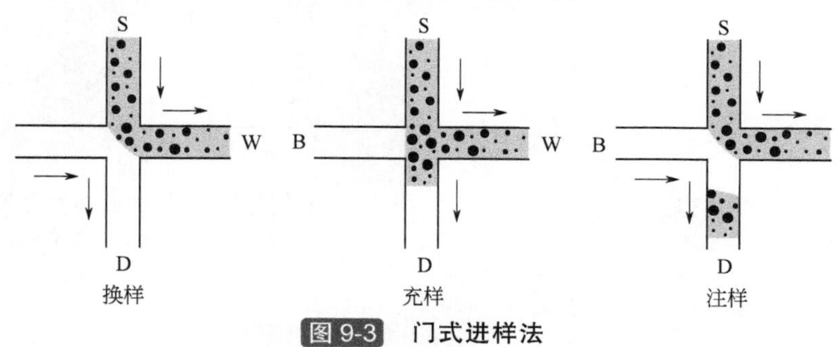

图 9-3　门式进样法

S—试样；B—缓冲液；D—分离分析通道；W—废液

箭头表示液流流动方向；图中小直径圆点表示电场下迁移速度快的离子，大直径圆点表示迁移速度慢的离子

“十”字通道夹流进样法的工作原理见图 9-4。夹流进样法的优点是可消除进样过程中的电歧视效应和泄漏效应，准确重现地控制进样体积和试样区带宽度。

二、微流控试样预处理系统

微流控芯片系统可实现的样品前处理操作包括：基于多相层流的无膜扩散分离、过滤、渗析、液液萃取、固相萃取、样品稀释与浓集以及浓度梯度的形成等，还能够完成多种化学和生物反应，如酶催化反应、免疫反应、聚合酶链反应（PCR）等，以及与细胞分析相关的细胞培养、操控、刺激和单细胞捕获等。

基于多相层流的扩散分离技术是一种极具微流控特色的无膜分离技术。由于在微通道中流体的雷诺数远小于 1，流体总是表现为稳定的层流状态，因此，多束连续流动的流体在通道中可以形成平行流动、不相混合的多相流形，而流体中的溶质和不溶性微粒可通过分子扩散在两相之间转移，完成分离操作。通常，用于多相层流分离的芯片通道构型主要有 H 形通道[9]和 T 形通道[10]两种。多相层流芯片分离原理见图 9-5。

利用多相层流扩散分离系统，根据微粒子大小不同，扩散系数不同，可快速实现小分子、离子与大分子及微粒之间的分离，对试样进行净化，完成常规的离心、过滤、渗析等分离操作。还可用于实现蛋白质组研究中蛋白质样品的脱盐和净化操作。此外，利用多相层流扩散

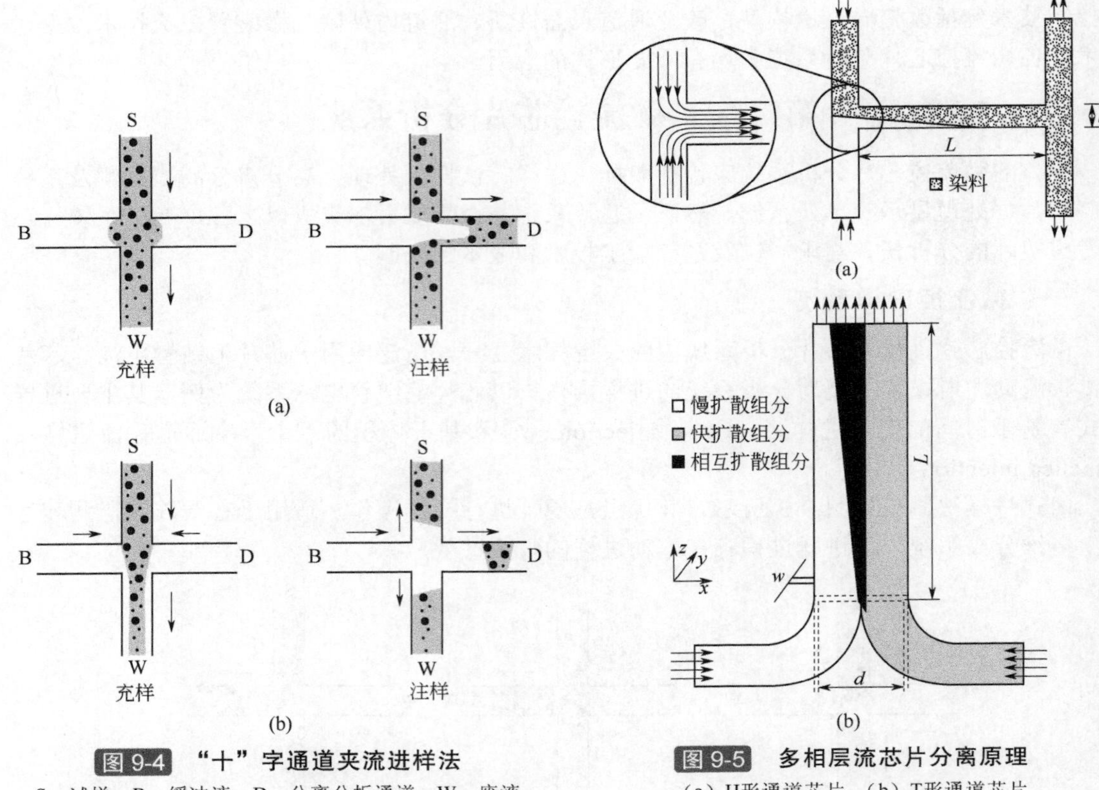

图 9-4 "十"字通道夹流进样法

S—试样；B—缓冲液；D—分离分析通道；W—废液
箭头表示液流流动方向；图中小直径圆点表示电场下迁移速度快的离子，大直径圆点表示迁移速度慢的离子

图 9-5 多相层流芯片分离原理

（a）H形通道芯片；（b）T形通道芯片

系统还可以在微通道内形成大范围的浓度梯度。如 Dertinger 等[11]报道的一种微流控混合器，利用微流控通道网络在通道中产生具有复杂构型的浓度梯度。该混合器的基本构型如图 9-6 所示。系统利用多层次的分流、汇流混合通道，形成多股不同浓度的液流，最后众多浓度不同的液流并行汇合形成多相层流，并依靠分子扩散形成横向的浓度梯度。

聚合酶链反应（polymerase chain reaction，PCR）是 20 世纪 90 年代迅速发展起来的一种基因扩增技术，它通过温度循环实现特定 DNA 片段的体外酶促合成，迅速使目标分子的数量呈指数级扩增，具有特异性强、灵敏度高、操作简便等特点，广泛应用于生命科学领域。常规的 PCR 方法存在耗时长、操作烦琐、试剂消耗大等缺点。微流控系统为 PCR 反应提供了一个新的平台，它具有通量高、热传导效率高、污染小、试剂消耗小、易集成等优点。根据芯片设计和热循环方式不同，芯片 PCR 技术又分为微室静态式和连续流动式两种。前者在芯片上集成加工温度可周期性变化的反应小室实现变温扩增，而后者则依靠反应液循环流过三个不同温区的通道而实现扩增。图 9-7 为一种典型的基于微室静态式的集成 PCR-CE 系统[12]。在芯片上集成加工体积为 280nl 反应室，并在其中完成 PCR 扩增，产物直接引入 CE 通道进行分离，检测灵敏度可降至单个拷贝 DNA。图 9-8 为一种典型的连续流动式 PCR 芯片结构示意图[13]。该芯片采用逶迤式的通道构型，在约 3cm×4cm 的玻璃芯片上加工出总长度约 2.2m 的样品通道，可实现 20 个循环的 PCR 扩增。采用该系统考察了不同流速下（5.8～72.9nl/s 范围内）176bp DNA 的 PCR 扩增效果，20 个循环总扩增时间为 18.7～1.5min。

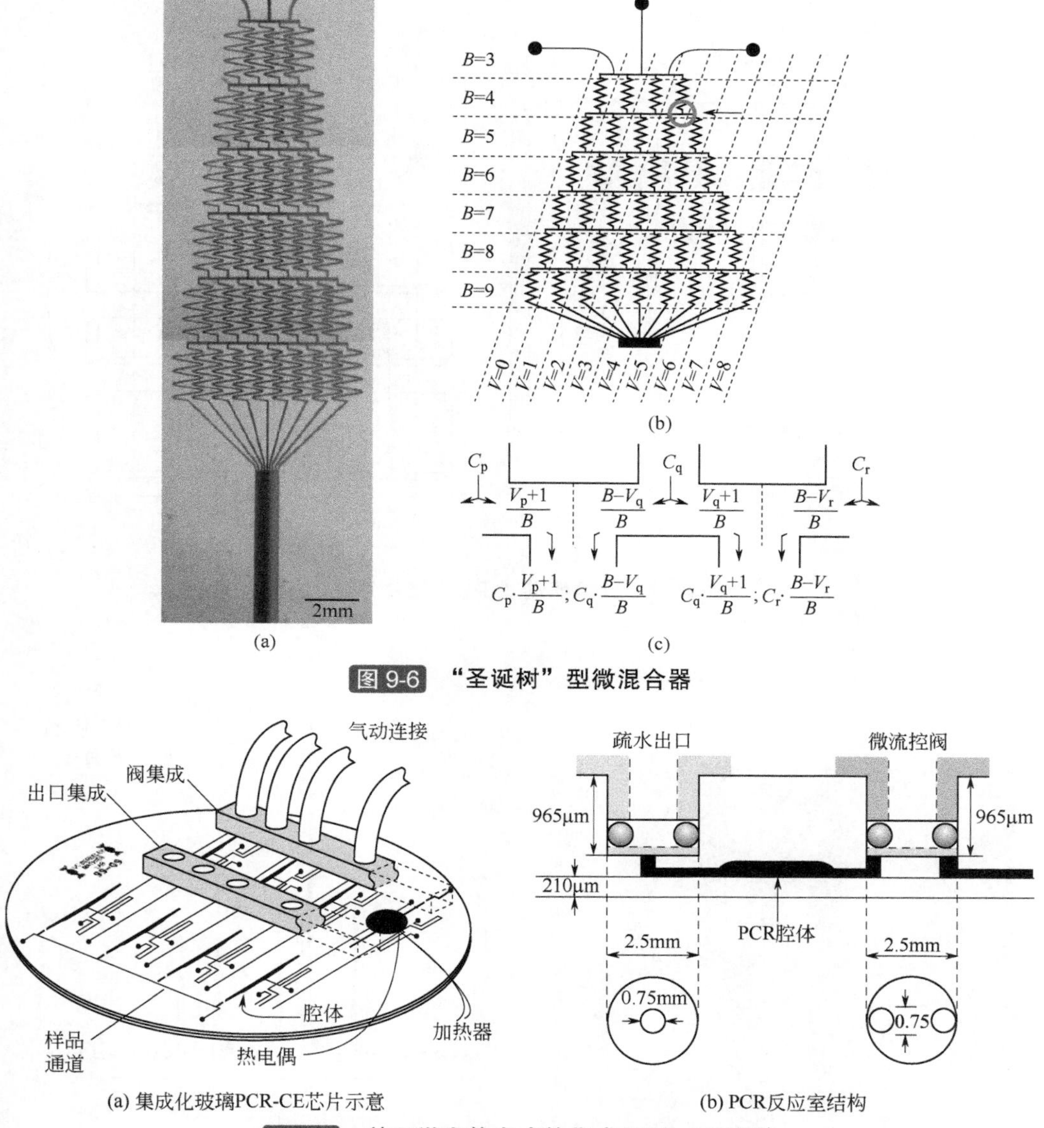

(a)　(b)　(c)

图 9-6　“圣诞树”型微混合器

(a) 集成化玻璃PCR-CE芯片示意　(b) PCR反应室结构

图 9-7　基于微室静态式的集成 PCR-CE 系统

三、高分辨分离系统

在微流控芯片上集成的高分辨分离系统主要有毛细管电泳系统和高效液相色谱系统两类。芯片毛细管电泳在芯片微通道中完成样品组分的进样、电泳分离和检测，图 9-9 为典型的“十”字通道毛细管电泳芯片照片及其分离氨基酸的结果[14]。在分离原理上，芯片电泳与常规毛细管电泳相似，可完成多种模式的电泳分离，包括自由区带电泳、胶束电动色谱、凝胶电泳、等电聚焦、等速电泳、电色谱等。但由于其可通过微通道设计方便地实现小体积（pl～nl 级）进样和施加更高的分离场强，在分离分析性能上较常规毛细管电泳系统有显著的提高，可实现对氨基酸、多肽、蛋白质、核酸等生物样品的高速、高效（塔板数 106m^{-1}）和高通量的分离分析。此外，利用芯片通道设计，借助 MEMS 技术，还可以在芯片上集成加工各种操作单元，包括样品预处理、进样、电泳、多维电泳、检测等单元，实现分析系统的微型化、集成化和自动化。

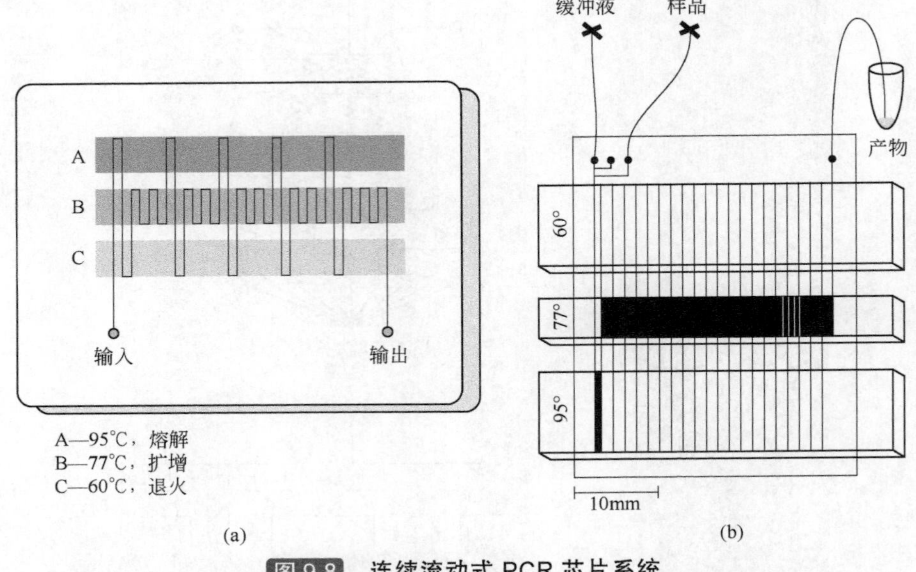

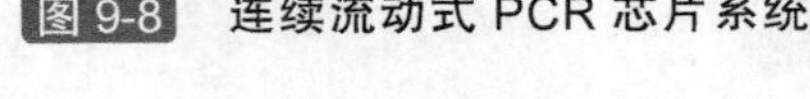
图 9-8 连续流动式 PCR 芯片系统

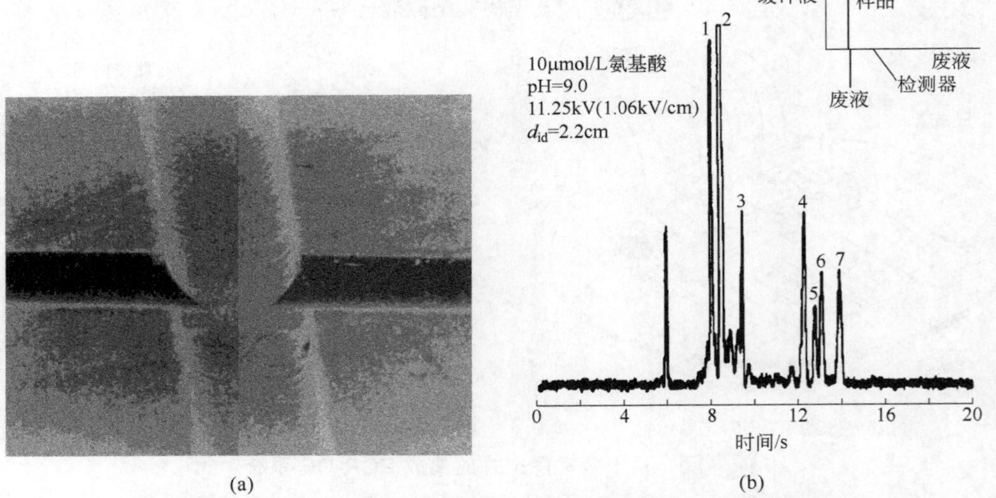

图 9-9 十字通道毛细管电泳芯片照片及其对氨基酸的分离结果

（a）玻璃基质毛细管电泳芯片通道电镜照片；
（b）毛细管电泳芯片分离6种荧光标记氨基酸电泳图
1—精氨酸；2—FITC；3—谷氨酰胺；4—苯丙氨酸；5—天冬酰胺；6—丝氨酸；7—甘氨酸

Agilent 公司发展了一种集成化液相色谱芯片[15]，借助激光加工技术，将液相色谱进样阀、预富集柱、色谱分离柱和电喷雾喷针集成加工于高聚物芯片上，如图 9-10 所示。样品首先被通入预富集柱进行富集，然后旋转进样阀，流动相将富集在预富集柱上的样品洗脱进入色谱柱进行分离，分离后的组分通过电喷雾喷针进入质谱进行检测。该系统可实现对微量样品的快速富集、色谱分离和质谱检测，并成功应用于酶解牛血清蛋白（BSA）样品的分析和肿瘤标志物的发现。

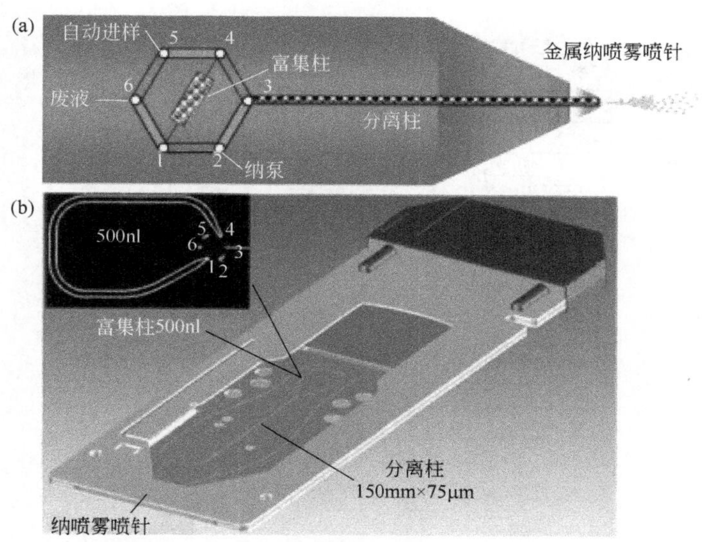

图 9-10 Agilent 公司研发的集成化液相色谱芯片

四、检测系统

原理上，常规分析系统中使用的检测方法均可应用到微流控芯片系统中。与传统的仪器分析检测系统相比，微流控芯片分析系统对检测器有一些特殊的要求，如更高的检测灵敏度和信噪比。在芯片微通道中，待测溶液的体积微小（通常在纳升、皮升，甚至飞升水平），通常较常规系统减小 2～6 个数量级，因此要求检测系统具有更高的检测灵敏度和信噪比。此外，如果需要实现分析系统的整体集成化与微型化，还要求检测器具有体积小、系统集成、性能稳定可靠、成本低等特点。根据检测原理，微流控芯片分析系统中常用的检测器有光学检测器、电化学检测器和质谱检测器等。其中，光学检测器还分为荧光、吸收光度、化学发光、激光热透镜、核磁共振、原子光谱、示差折光检测器等。

1. 荧光检测

荧光法因其具有检测灵敏度高、检测区域小、线性范围宽的优点，是微流控芯片系统中使用最多的检测方法。适于芯片系统使用的荧光检测器主要有常规的倒置荧光显微镜和激光诱导荧光(LIF)检测器。LIF 是检测灵敏度最高的检测方法之一，一般可达到 10^{-9}～10^{-12}mol/L，甚至可达到单分子检测水平。

根据光路结构的不同，LIF 检测系统主要可分为共聚焦和非共焦两种结构类型，而非共焦结构中又可再分为正交结构、斜射结构、透射结构等多种光路模式（图 9-11）[16]。共聚焦 LIF 检测器具有精密的光路结构，适合于荧光成像、断层扫描和高灵敏度检测等，其缺点是光学结构复杂、体积较大、不易微型化。而非共焦结构的 LIF 检测器的光路结构相对简单，易于搭建和实现微型化，但其缺点是不适于高分辨的光学信号测量，如荧光成像。

图 9-12 为一种典型的用于微流控芯片的共聚焦型 LIF 检测器[17]结构示意图，主要由激光光源、二向色镜、聚光透镜、针孔滤波器和滤光片等元件构成。激光束经扩束器扩束准直，再经二向色镜反射至与芯片平面垂直的方向上，由物镜聚焦后垂直入射到芯片微通道内的检测区域；激发产生的荧光经由同一物镜收集，并透过二向色镜，经另一透镜聚焦，在聚焦点位置由针孔滤波器滤除杂散光，再经滤光片进一步滤除干扰光后成像在光探测元件的检测区域上。

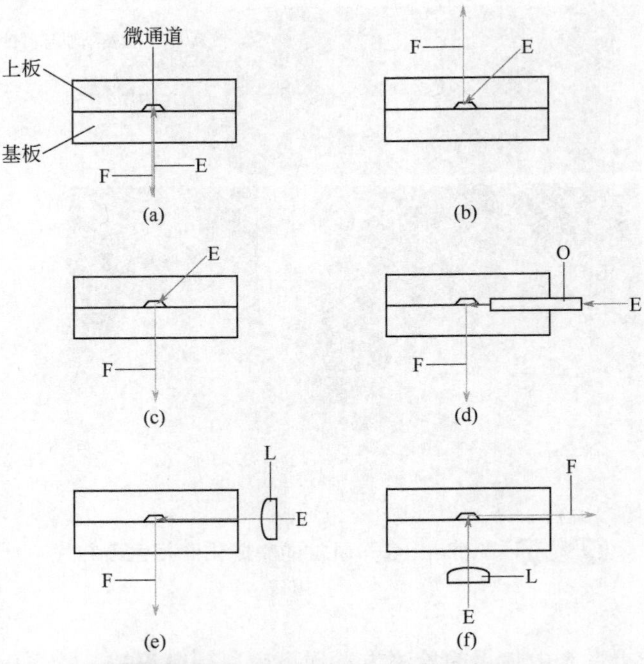

图 9-11 激光诱导荧光检测系统光路模式

（a）共焦结构；（b），（c）斜射结构；（d），（e），（f）正交结构

E—激发光；F—荧光；L—透镜；O—光纤

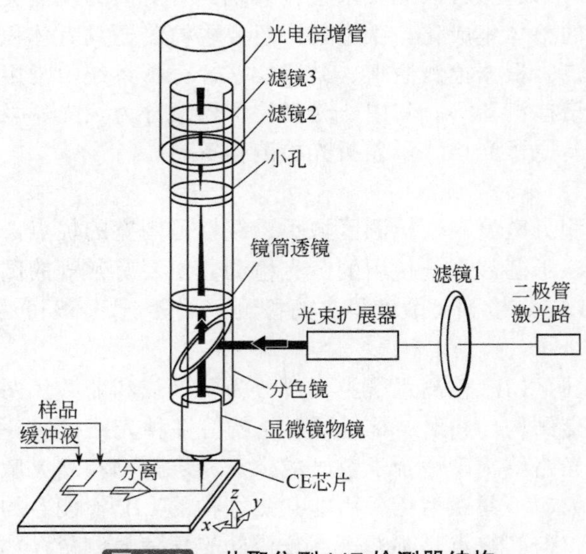

图 9-12 共聚焦型 LIF 检测器结构

图 9-13 为一种正交型光路结构 LIF 检测器[16]。在该光路中，激发光路和荧光采集光路处于相互垂直的平面，其优点是激发光对荧光检测的干扰少，且系统结构相对简单，易于搭建。系统利用芯片经过抛光的侧壁作为荧光的出射区，通过在与激光光路垂直的平面上偏 45°方向检测荧光，有效地降低了激发光散射对荧光检测的干扰，获得高检测灵敏度，系统对荧光素钠的检测限低至 1.1pmol/L（S/N=3）。

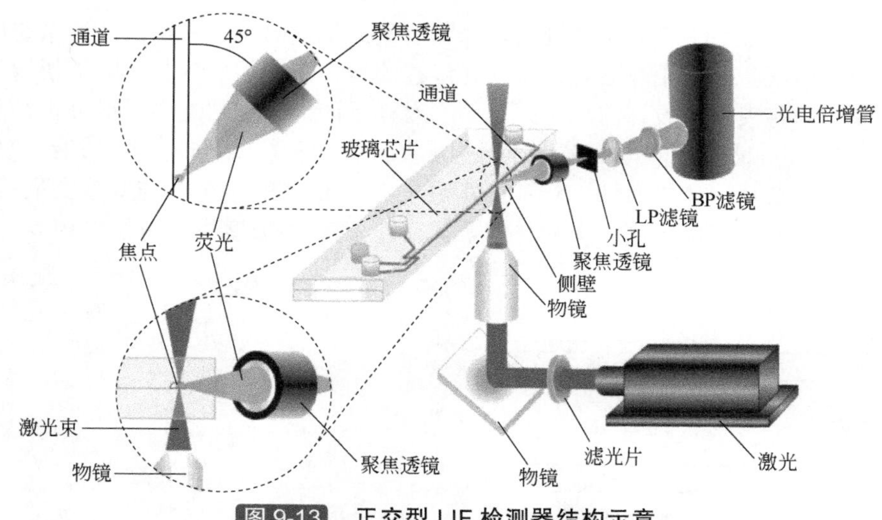

图 9-13 正交型 LIF 检测器结构示意

2. 吸收光度检测

吸收光度检测是一种应用广泛、通用性较强的光学检测方法。但由于在芯片微通道中检测区域体积微小，吸收光程短，导致对吸光度检测的灵敏度较低，其应用受到很大限制。有关微流控吸收光度检测方法的研究主要集中于如何提高芯片检测池的吸收光程。如在芯片微通道的轴向方向检测，或加工具有多重反射或液芯波导功能的芯片微检测池（图 9-14），以提高检测灵敏度。

此外，还有一种利用体视镜或显微镜匹配 CCD 摄像头成像的方法可较方便地实现芯片上的吸收光度检测。该法可实现芯片上一定区域的面阵检测，但受检测光程的限制，仅适用于检测微结构内浓度较高的待测物。

3. 电化学检测

电化学检测方法具有检测灵敏度高、检测体积小、设备简单、易于微型化等特点，在实现微流控芯片系统集成化和微型化，以及检测通道阵列化等方面具有独特的优势。根据检测原理的不同，用于芯片分析系统的电化学检测器主要包括安培检测器、电导检测器和电位检测器。

安培检测器一般采用三电极体系，检测灵敏度较高，且具有一定的选择性，在芯片毛细管电泳系统中应用较多。安培检测器在用于毛细管电泳系统时需解决电泳分离高电压对安培检测系统的干扰问题，即实现电泳系统与安培检测的电场隔离。根据检测器位置的不同，安培检测器可分为离柱式（off-column）和柱端式（end-column）两种[2]。离柱式安培检测采用导电接口（亦称去耦器）将微通道分为分离通道和检测通道两部分，通过使分离电压在导电接口处接地的方法，使电泳分离电场与检测系统隔离。在用于电泳芯片的柱端安培检测系统中，按工作电极加工位置的不同，可分为流经式（flow-by）、流向式（flow-onto）、和流通式（flow-through）三种类型的检测池[2]，如图 9-15 所示。多数安培检测器的工作电极均直接加工在芯片通道上，有利于形成集成化的芯片系统，同时也适于实现芯片的批量化生产。但这样的集成化电极一旦钝化后则不易清洗和更换，较适合于一次性使用。

4. 质谱检测

质谱检测法具有样品无需标记、耗样量小、检测灵敏度高、信息量大的特点，是一种理想的芯片检测方法。与微流控芯片联用的质谱系统主要采用电喷雾离子化（ESI）和基质辅助激光解吸离子化（MALDI）两种离子化方法。具有纳升级电喷雾离子源的质谱系统因其流量与芯片系统较为匹配，适于用作芯片系统的在线检测器。微流控芯片与电喷雾质谱系统联用的关键之一是电喷雾喷针的设计和加工，其结构对样品的离子化程度和质谱分析性能有重要的影响。用于芯片-质谱系统的电喷雾喷针结构主要分为四种模式，包括芯片边缘喷针、芯片耦合毛细管喷针、芯片一体化喷针、外置可移动式喷针（如图 9-16）。与其他类型芯片相比，一体化电喷雾芯片具有集成度高、无死体积等优点，在芯片-质谱系统中使用较多。

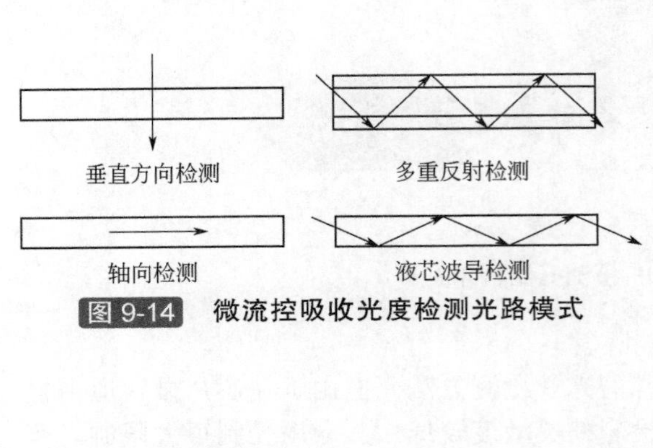

图 9-14 微流控吸收光度检测光路模式

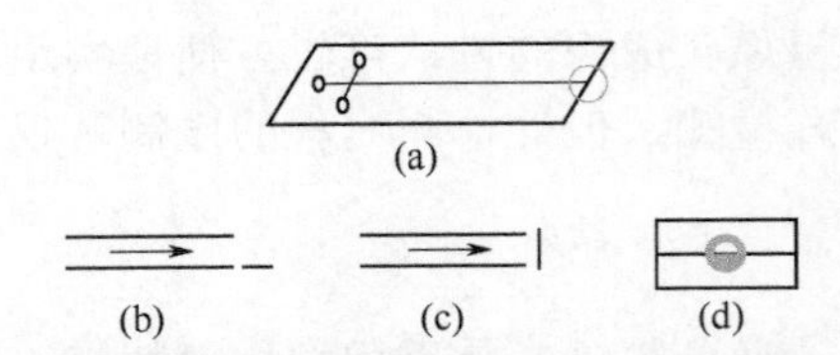

图 9-15 微流控芯片安培检测器结构

（a）“十”字通道毛细管电泳芯片；（b）流经式检测池；（c）流向式检测池；（d）流通式检测池（端视）

（箭头表示通道中的液流方向，阴影部分表示工作电极）

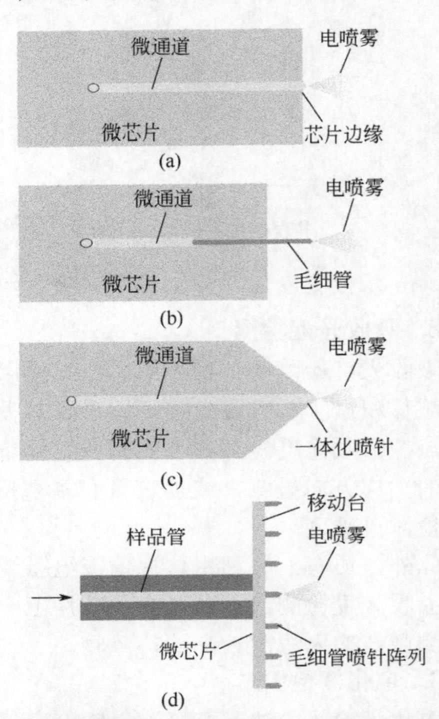

图 9-16 电喷雾芯片的喷针结构

（a）在芯片边缘形成电喷雾；（b）芯片通道与毛细管电喷雾喷针耦合；（c）在芯片边缘微加工一体化电喷雾喷针；（d）芯片通道出口依次与电喷雾喷针阵列连接

第三节 微流控芯片分析系统的应用

微流控芯片系统在微量、高通量分析，以及分析仪器微型化、集成化、自动化和便携化方面所具有的独特优势，使其在化学、生物学和医学研究，临床医学诊断，高通量药物筛选，卫生防疫，食品安全，司法鉴定，环境监测，空间和天体生物学研究等众多领域具有广阔的应用前景。

在基于阵列毛细管电泳的 DNA 测序技术研究方面，1999 年，Mathies 研究组[18]报道了基于圆盘式玻璃芯片的 96 通道毛细管电泳芯片。在直径 150mm 的圆盘式芯片上，高密度加工了 96 个呈辐射排布的毛细管电泳通道阵列，每个通道长 160mm，采用旋转扫描 LIF 系统进行检测，在 120s 内平行分离 96 个 DNA 片段样品。在 2001 年，该研究组又制备了直径达 200mm 的圆盘芯片，将芯片上集成的通道数增加至 384 个[19]。系统在 325s 内成功平行分离 379 个 DNA 样品（成功率 98.7%），对 100～1000bp DNA 标准物的分辨率达到 10bp（图 9-17）。

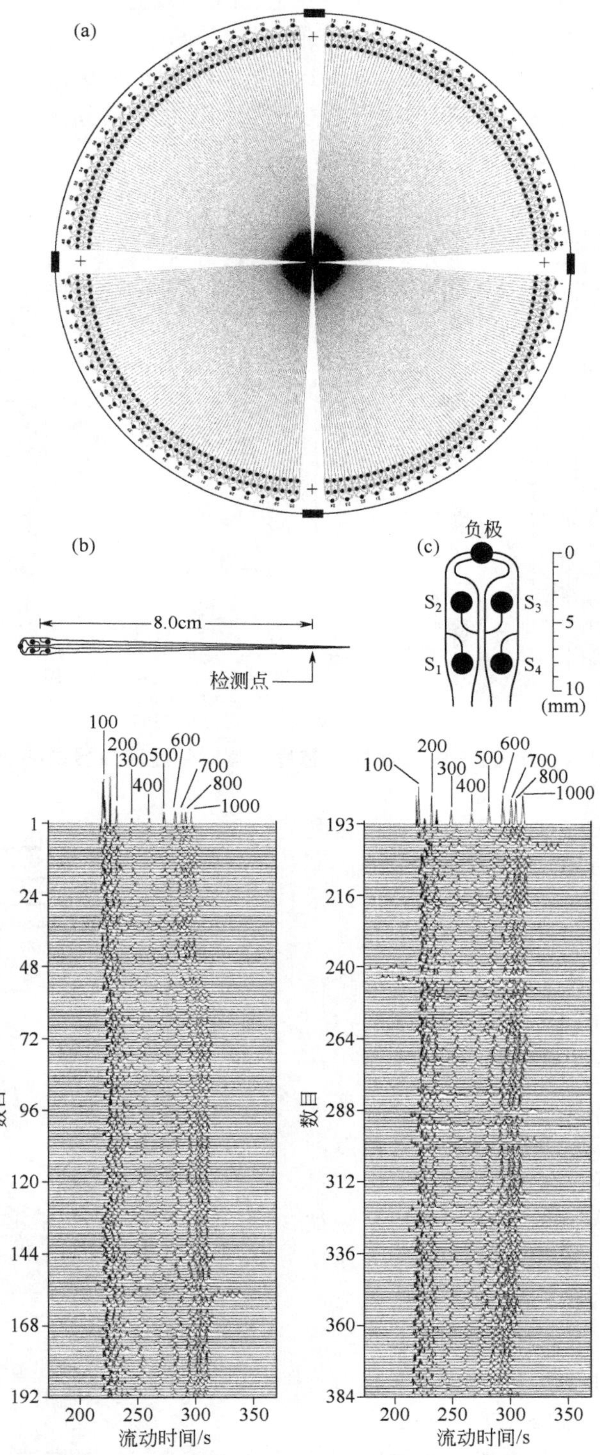

图 9-17　384 通道圆盘芯片及其对 DNA 片段的分离

每个分离通道宽60μm，深30μm，有效分离距离8.0cm；

S_1～S_4分别为四个样品液池，“负极”为四个通道共用的负极液池

2003 年，Ramsey 研究组[20]报道了基于毛细管胶束电动色谱（MEKC）和区带电泳（CZE）的二维分离芯片（见图 9-18）。其中，MEKC 通道长 19.6cm，CE 通道长 1.3cm，分离场强和分离效率（塔板高度）分别为 200V/cm、0.9μm 和 2400V/cm、0.3μm。采用激光诱导荧光检测，系统被成功应用于蛋白质酶解产物的二维分离，在 15min 分离时间内获得 4200 的峰容量，其中第一维分离峰容量为 110，第二维为 38。

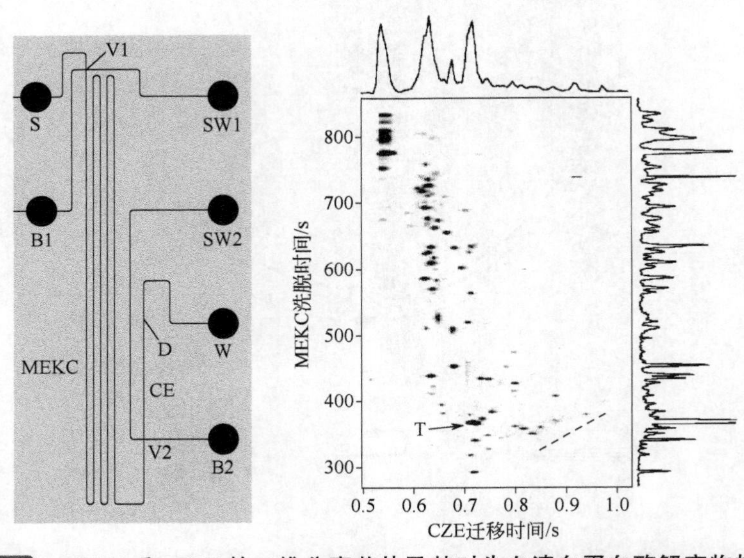

图 9-18 MEKC 和 CZE 的二维分离芯片及其对牛血清白蛋白酶解产物的分离

2001 年，Delamarche 研究组[21]研制了微马赛克型免疫分析（micromosaic immunoassay）芯片（如图 9-19 所示）。该型芯片通常由一个刻蚀有多条微通道的盖片和一个 PDMS 基片组成。测定前，先在 PDMS 基片上固定多条抗体（或抗原）的条带。测定时，待测抗原（或抗体）的流动通道与固定条带相互垂直接触，由于待测物与固定条带的特异性反应，在芯片上形成了马赛克形的结构，有免疫反应发生的地方即可检测到荧光信号。利用这种芯片，可实现多样品、多指标的微量免疫分析。该芯片系统被用于蛋白 A 与八种不同来源 IgG 之间相互作用的研究，试剂消耗量仅为 1μl，抗原-抗体反应仅需 3min，总分析时间为 20min。

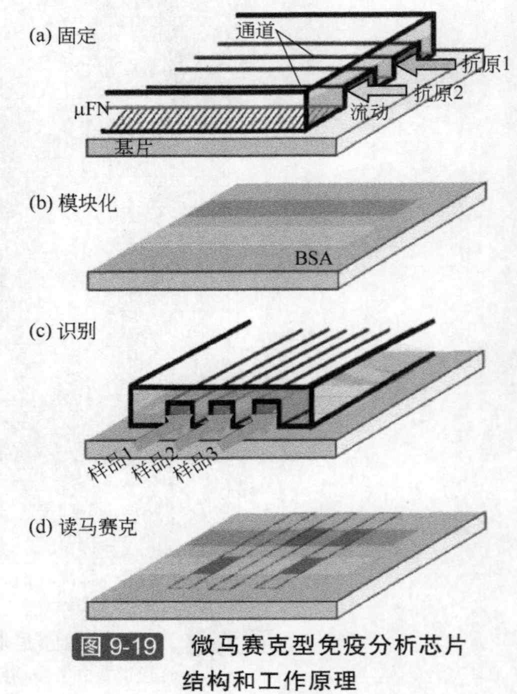

图 9-19 微马赛克型免疫分析芯片结构和工作原理

在微流控芯片技术研究的早期，Burns 等[22]在实现分析系统的整体集成化方面做出了示范性的工作，将用于 DNA 分析的加热反应、分离、检测等单元集成化加工在一个芯片上（图 9-20），系统达到很高的集成度。

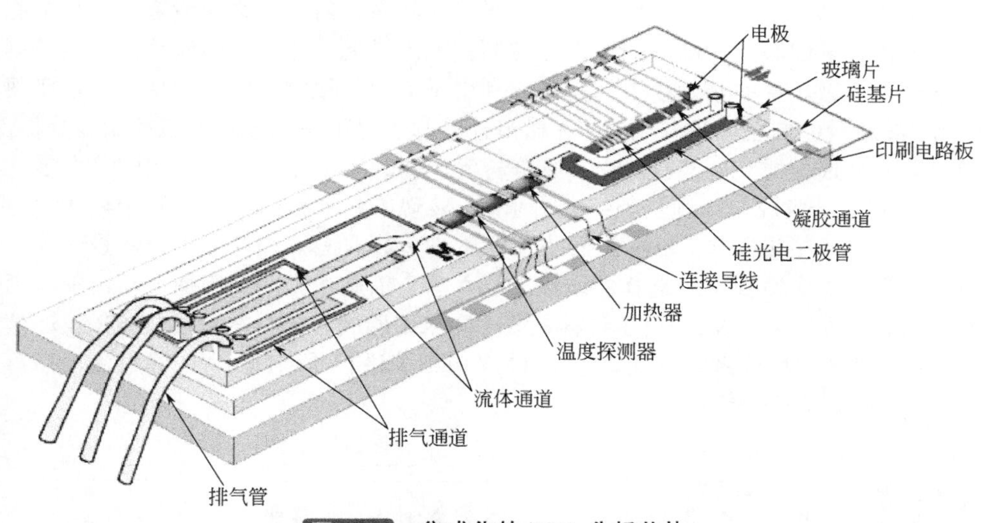

图 9-20　集成化的 DNA 分析芯片

近年来，因在仪器微型化和集成化方面的优势，微流控芯片系统在床边检验（point of care testing，POCT）领域的应用不断拓展，文献报道了多种可满足 POCT 需求的芯片系统。2004 年，Liu 等[23]报道了电解泵驱动的聚乙烯（PE）预封装复合芯片，用来完成细胞捕获、DNA 提取、PCR 扩增和 DNA 杂交等操作。分析过程所用试剂连同试样都预封装在三层复合芯片内（见图 9-21），芯片由 PC 盖片、PC 基片和印制电路板（PCB）构成，芯片上加工有多个液池，分别用于试样、清洗液、杂交试剂、PCR 试剂的储存，还集成加工了电解泵、石蜡热阀、压电制动的混合器、微阵列电极检测器等。系统可自动完成基于磁珠的血液样品中目标病原体的捕获、清洗、细胞破膜、PCR 试剂加入、PCR 循环变温、PCR 产物的杂交及检测。

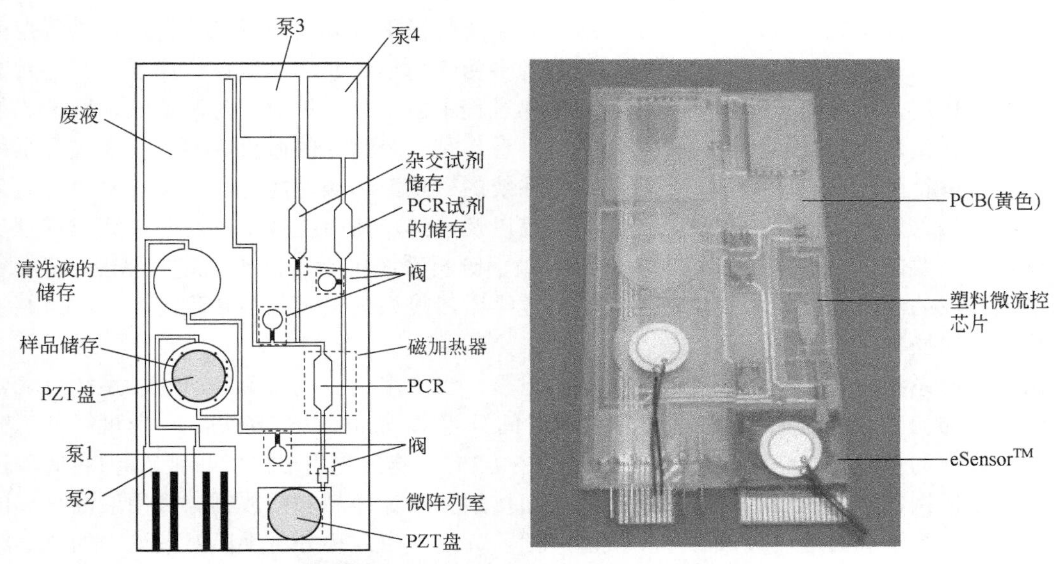

图 9-21　全集成复合芯片结构和实物照片

微流控芯片是进行细胞操纵和研究的理想平台，其系统内微米级的通道尺寸与细胞大小相匹配，易于进行多细胞或单细胞的操纵与控制。利用微流控芯片对微流体的灵活控制能力能实现对细胞生长微环境的精确模拟与控制。利用微流控芯片集成度高的特点，可实现多通道、规模化、高通量的细胞分析与研究。在微流控芯片上已可完成多种细胞控制和分析操作，包括细胞培养、分选、捕获、破膜、内容物分析等。2007 年，Quake 研究组[24,25]发展了一种基于 PDMS 微阀的全集成单细胞基因组分析系统，实现了单细胞捕获、细胞裂解、PCR 扩增、实时定量荧光检测等多步操作。单细胞捕获过程如图 9-22 所示，细胞分离微腔设计为可寻址的阵列结构，借助显微镜观察，选择性地逐一泵入单个细胞，完成细胞捕获后，关闭细胞分离微腔入口微阀，再根据图 9-23 所示过程，顺序引入细胞裂解液、中和液、PCR 反应液进行单细胞基因组扩增。采用该系统对人口腔中 TM7 门细菌进行单细胞分析，经过测序后可得到多于 1000 种基因序列图谱[25]。

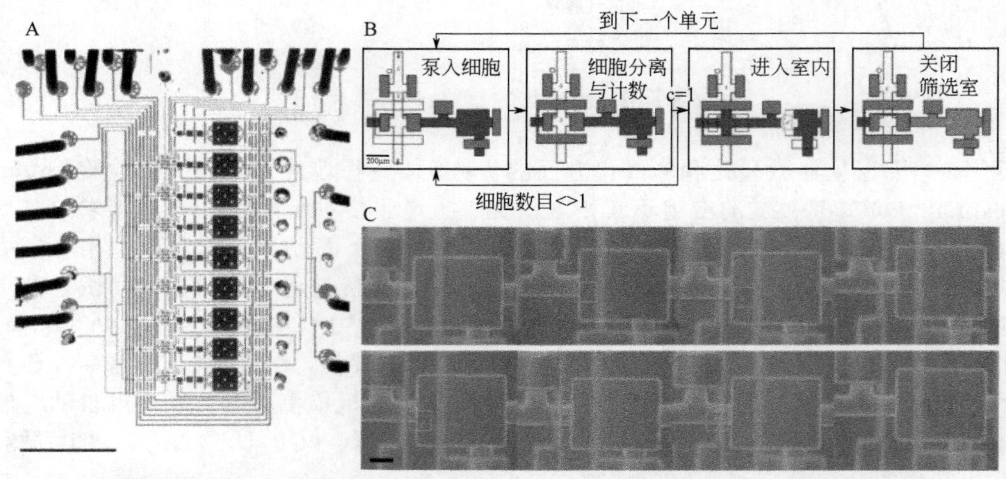

图 9-22 用于单细胞捕获及基因组 DNA 扩增的集成化 PDMS 芯片系统

在多相微流控研究领域，目前占主导地位的系统是基于液滴的微流控系统。在微流控液滴系统中，一相液体被与其不互溶的另一相或者多相隔离形成非连续流体。由于不互溶相的隔离和保护作用，可避免液滴之间在传输和储存过程中由于分子扩散、对流或吸附所造成的样品稀释和交叉污染问题。因此，每个液滴可以看作是一个独立的微反应器，可在飞升至纳升级体积上进行生化反应和测定。利用微流控系统的微量液体操控能力，可实现液滴的定量生成、试剂加入、液滴融合、分裂、储存、捕获以及筛选，从而在液滴反应器中完成常规反应及分析所需要的全部操作。图 9-24 为微流控液滴分析系统中不同操作模式的原理示意，包括基于连续流的液滴系统、基于电润湿操纵的数字微流控系统、滑移芯片系统、顺序组装液滴系统和顺序操作二维液滴阵列系统[26]。

由于液滴系统中水相液滴被不互溶的油相包裹，当应用于在线监测领域时，系统可真实地记录样本的初始状态信息，达到较高的监测时间分辨率。Ismagilov 研究组[27]发展了基于微流控液滴技术的化学极（chemistrode）系统（图 9-25）。将预先生成的水相液滴-油相间隔流直接导入取样探针芯片通道内，与被测样品表面接触并带走样品的释放物。采用液滴分裂的方法将含有样品组分的液滴分成四个子液滴，然后分别使用四种分析手段对液滴中的化学组分进行定性和定量测定。液滴型取样探针的空间分辨率可达 15μm。该系统被应用于单个胰岛样品的胰岛素应激释放研究。

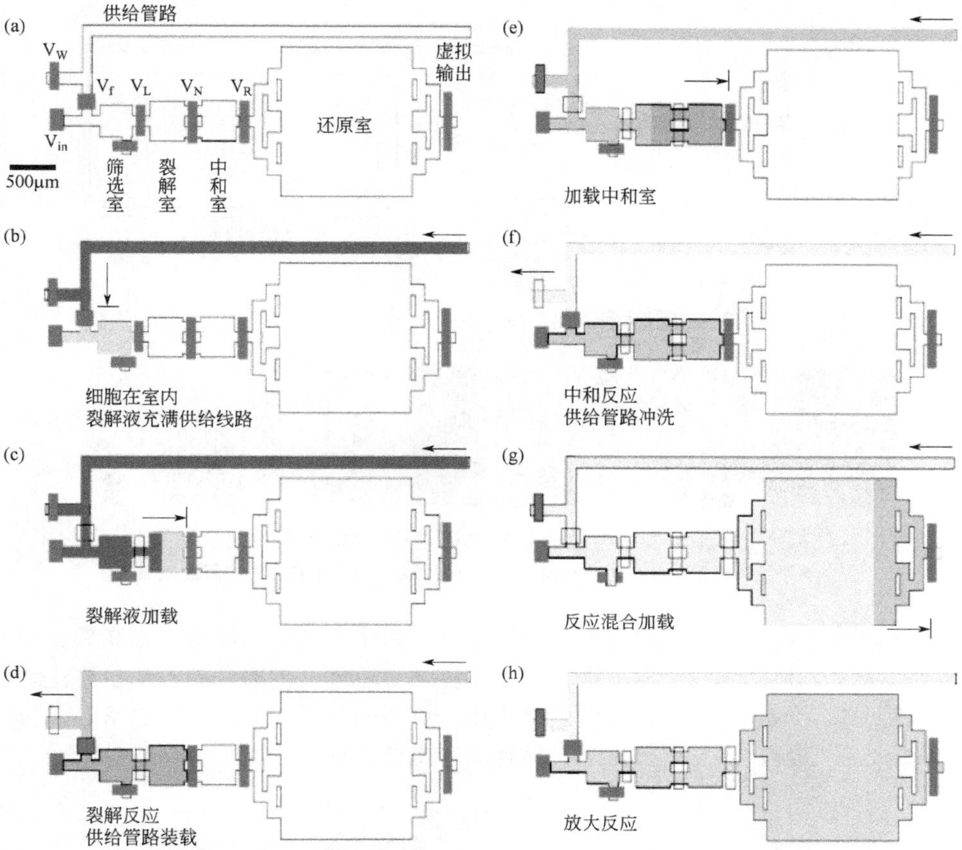

(a)
供给管路
V_W
V_f
V_L
V_N
V_R
虚拟输出
V_{in}
还原室
500μm
筛选室
裂解室
中和室
(b)
细胞在室内
裂解液充满供给线路
(c)
裂解液加载
(d)
裂解反应
供给管路装载
(e)
加载中和室
(f)
中和反应
供给管路冲洗
(g)
反应混合加载
(h)
放大反应

图 9-23 单细胞基因组 DNA 扩增系统多步液体操纵过程示意图

(a1)
S
R
R′
O
(a2)
S_2
O
S_1
R
(b1)
C_1
S
R
C_2
(b2)
(c1)
C_1
R
S
C_2
(c2)
(d1)
O
S
(d2)
R
(d3)
O
(e1)
(e2)
(e3)
R′
O
S
R
C
放置液滴
液滴取样
液滴融合

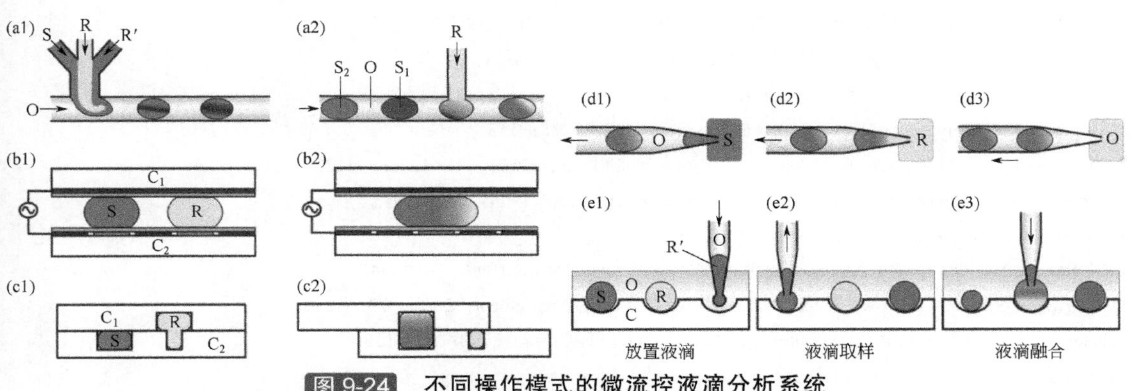

图 9-24 不同操作模式的微流控液滴分析系统

(a)连续流液滴系统；(b)基于电润湿操纵的数字微流控系统；(c)滑移芯片系统；

(d)顺序组装液滴系统；(e)顺序操作二维液滴阵列系统

S—样品；S_1—样品 1；S_2—样品 2；R—试剂 1；R′—试剂 2；O—油相；

C_1—上片；C_2—下片；C—微孔阵列芯片

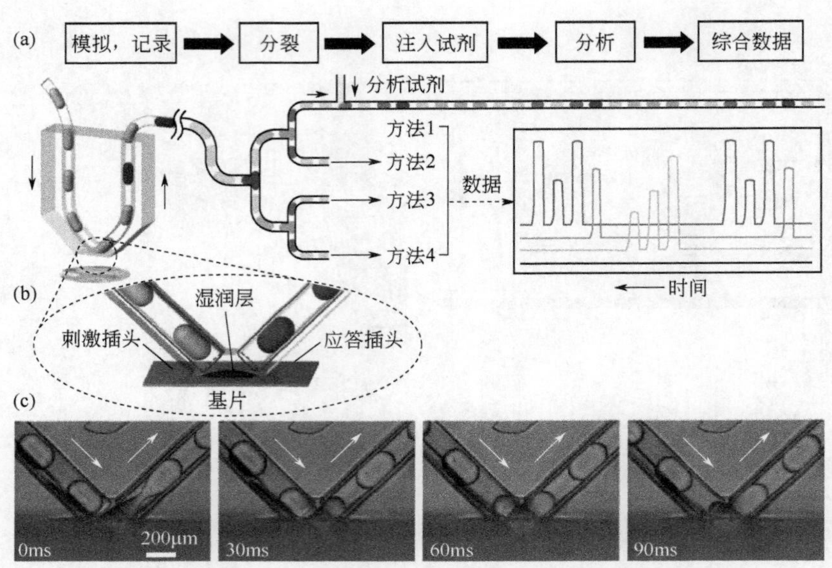

图 9-25 基于微流控液滴技术的化学极（chemistrode）系统

（a）系统工作流程；（b）系统结构和工作原理示意；（c）取样探针取样过程照片

作为新一代微流控技术的典型代表，液滴微流控系统所具有的超微量、高效、高通量等诸多优点使其成为一种在微观尺度上进行化学和生物学研究的重要工具，现已广泛地应用于规模化单分子 DNA（数字 PCR）或蛋白质检测、单细胞分析、高通量药物筛选、蛋白质结晶筛选、在线活体监测、高效可控化学材料合成等重要领域。

参 考 文 献

[1] Manz A，Graber N，Widmer H M. Sens Actuators B，1990，B1：244.

[2] 方肇伦. 微流控分析芯片. 北京：科学出版社，2003：1.

[3] 方肇伦. 微流控分析芯片的制作及应用. 北京：化学工业出版社，2005：1.

[4] 林炳承，秦建华. 微流控芯片实验室. 北京：科学出版社，2006：1.

[5] McCreedy T，Trends. Anal Chem，2000，19：396.

[6] Unger M A，Chou H P，Thorsen T，et al. Science，2000，288：113.

[7] Jacobson S C，Hergenroder R，Moore A W，Ramsey J M. Anal Chem，1994，66：4127.

[8] Jacobson S C，Hergenroder R，Koutny L B，et al. Anal Chem，1994，66：1107.

[9] Brody J P，Yager P. Sens Actuators A，1997，58：13.

[10] Kamholz A E，Weigl B H，Finlayson B A，Yager P. Anal Chem，1999，71：5340.

[11] Dertinger S. K W，Chiu D T，Jeon N L，Whitesides G M. Anal Chem，2001，73：1240.

[12] Lagally E T，Simpson P C，Mathies R A. Sensor Actuat B-Chem，2000，63：138.

[13] Kopp M U，de Mello A J，Manz A. Science，1998，280：1046.

[14] D Jed Harrison D J，Fluri K，Seiler K，et al. Science，1993，261：895.

[15] Yin N F，Killeen K，Brennen R，et al. Anal Chem，2005，77：527.

[16] Fu J L，Fang Q，Zhang T，Jin X H，Fang Z L，Anal Chem，2006，78：3827.

[17] Jiang G F，Attiya S，Ocvirk G，et al. Biosens Bioelectron，2000，14：861.

[18] Shi Y，Simpson P C，Scherer J R，et al. Anal Chem，1999，71：5354.

[19] Emrich C A，Tian H，Medintz I L，Mathies R A. Anal Chem，2002，74：5076.

[20] Ramsey J D，Jacobson S C，Culbertson C T，Ramsey J M. Anal Chem，2003，75：3758.
[21] Bernard A，Michel B，Delamarche E. Anal Chem，2001，73：8.
[22] Brenner M，Niederwieder. The Thin-layer chromatography of amino acids，Experientia，1960，16：378.
[23] Liu R H，Yang J N，Lenigk R，Bonanno J，Grodzinski P. Anal Chem，2004，76：1824.
[24] Marcy Y，Ishoey T，Lasken R S，et al. PloS Genet，2007，3：1702.
[25] Marcy Y，Ouverney C，Bik E M，et al. Proc Natl Acad Sci，2007，104：11889.
[26] Zhu Y，Zhang Y X，Cai L F，Fang Q. Anal Chem，2013，85：6723.
[27] Chen D，Du W，Liu Y，et al. Proc Natl Acad Sci，2008，105：16843.

第十章　平面分离技术

第一节　概　述

平面分离技术是相对于柱分离技术而言的，与柱分离方法的原理完全相同，只是平面分离技术一般为离线操作，而柱分离技术为在线操作。平面分离方法包括平面色谱法（纸色谱法和薄层色谱法）和平板电泳法（纸电泳法、薄层电泳法和凝胶电泳法）。

纸色谱法的载体为滤纸，其主要原料为纤维素。薄层色谱是在吸附色谱法基础上发展起来的。早在 1938 年，Измайлов 等[1]首先利用薄层色谱法鉴定了颠茄酊等十六种植物制剂。取酊剂一滴，点在氧化铝薄板上，用酒精作展开剂进行分离后，在荧光灯下对出现的不同色带进行鉴别。1946 年 Consden 等用硅胶薄层进行的氨基酸电泳，以及用纸、醋酸纤维、纤维素或淀粉、聚丙烯酰胺凝胶、琼脂糖凝胶等支持物做成薄膜或薄层的电泳通称为薄层电泳，这种技术被广泛应用于无机、有机、药物、生物和高分子等各领域。

自 1941 年 Martin 采用基于分配原理的硅胶柱色谱法成功地分离了氨基酸[2]，1944 年 Martin 等[3]尝试用纸作载体分离了蛋白质水解液中的氨基酸，从此出现了纸色谱法。1938 年 Izmailov 等[4]首次在显微镜载玻片上涂布氧化铝薄层，用微量圆环技术分离了多种植物酊剂中的成分，这是最早的薄层色谱法。20 世纪 50 年代，Kirchner 及 Miller 等[5~10]在上述方法的基础上用硅胶为吸附剂、煅石膏为黏合剂，涂在玻璃载板上制成硅胶薄层，成功地分离了挥发油，从而发展了薄层色谱法。

平面色谱法设备简单、操作方便、分离速度快、灵敏度及分辨率高，特别是薄层色谱法具有显色剂选择范围宽、负载量较纸色谱大，且切割色带较柱色谱方便等优点，因此，在分离分析及小量制备工作中逐渐地取代了纸色谱法。经典的薄层色谱法在仪器自动化程度、分辨率及重现性等方面不及以后发展起来的气相色谱法和高效液相色谱法，被认为只是一种定性和半定量的方法而未受到足够的重视。但薄层色谱法具有以下特点：由于固定相是一次性使用，样品的预处理比较简单；应用范围广，对被分离物质的性质没有限制；具有多路柱效应，可同时平行分离多个样品；分离样品所需展开剂量极少，既节约溶剂又可减少污染；固定相特别是流动相选择范围宽，有利于不同性质化合物的分离；应用不同的展开方式有利于难分离物质对的分离；在同一色谱上可根据被分离化合物的性质选择不同显色剂或检测方法进行定性或定量；由于所有斑点均储存在薄层板上，可随时对谱图在相同或不同参数下重复扫描检测，得出最佳结果，并可与标准品进行对比及计算；薄层色谱技术可以提供原始彩色图像，不仅便于保存原始图谱，并且通过薄层色谱图像分析可提供多层面的信息，直观性、可比性极强。

由于平面色谱具有诸多柱色谱不具备的特征，因此其在实际工作中仍被广泛应用[11]。20 世纪 80 年代后发展起来的仪器化平面色谱（instrumental planar chromatography）或现代化薄层色谱（modern TLC）在高效薄层板上进行混合物组分分离，并且其每一步骤以一整套适当的仪器来代替以往的手工操作，能够得到分辨率极高的色谱图，再配以高质量的薄层扫描仪，极大地提高了定量结果的重现性及准确度。薄层色谱法在医药工业、食品化学、环境化学、临床化学、法检分析以及化学化工等领域获得广泛地应用，成了许多实验室常用的分离分析手段，并有多部有关平面色谱的专著问世[12~20]。

第二节 纸色谱法

纤维素作为纸色谱法载体的原料，是一种惰性物质，含有很多羟基，亲水性较强，能吸收 22%左右的水分，其中约有 6%的水分与纤维素上的羟基结合形成液液分配色谱中的固定相，待分离的混合物点在滤纸条的一端后，将其悬挂在密闭的展开室内，待滤纸条被展开剂蒸气饱和后，将纸的点样端浸入展开剂中，展开剂依靠毛细作用流向纸的另一端，被分离的各种物质因在固定相及流动相中分配系数不同而得到分离。虽然纸纤维对某些化合物有时也存在吸附作用和弱离子交换作用，但在纸色谱中起主要分离作用的是被分离物质在两相中的分配机制，因此纸色谱法属于液-液分配色谱法。在柱色谱中，当固定相的极性大于流动相的极性时，称为正相分配色谱法，反之，则为反相分配色谱法。一般纸色谱为正相分配色谱法，但在用低极性的液体，如烃类（石蜡油、十一烷、硅油等）处理滤纸后作为固定相，再以极性大的溶剂为流动相时，才为反相分配纸色谱法。

一、原理与基本理论

混合溶质在滤纸上的分离可依赖于表面吸附、离子交换和溶剂之间的分配。在可解离化合物的分离过程中，必然会与纸纤维的极性组分和其中的杂质之间发生作用。虽然在所有滤纸为载体的色谱分离中也存在某种程度的吸附作用和离子交换现象，但通常认为分离机制主要是溶质在两个不混溶相（immiscible phases）之间的分配。

在早期氨基酸混合物的分离中，滤纸用水饱和的溶剂蒸气平衡后，用溶剂展开时，氨基酸可得到分离。一般认为，纸纤维对溶剂中存在的水有着较强的亲和力，而对有机液体亲和力很小。纸本身是固定液相的一种惰性支持介质。溶剂流经含有溶质的滤纸区域时，在流动的有机相和固定的水相之间发生分配作用。有些溶质离开纸进入有机相，当流动的溶剂流到不含溶质的滤纸区域时，两相之间再次发生分配。此时，溶质又从有机相转移到纸上。随着溶剂不断流动，溶质在两相之间的分配继续进行，溶质在滤纸上沿着溶剂的流动方向移动。

在纸上进行色谱分离所发生的过程与分馏极为相似，可以采用与柱色谱中相同的方法研究溶质在纸色谱上的分离行为。把纸色谱看作由连续的许多薄层所组成，从每一层中流出的溶液在下一层固定相中进行平衡，薄层的厚度相当于一理论薄层（height equivalent to one theoretical plate，HETP）。忽略扩散的影响，且溶质在两相中的分配不依赖于其浓度以及其他溶质的存在。假定一定量的单一溶质开始时全部集中在第一薄层上，然后再加溶剂进行色谱分离。

单位质量的溶质被加入到第一薄层上时，有

$$c_0V'=1 \tag{10-1}$$

式中，c_0 为溶质的初始浓度，V'为薄层中除去基质后的体积。

当流动相流过无限小的体积δV 时，应有 $c_0\delta V$ 的溶质从第一薄层进入到第二薄层，由式（10-1）有：

$$c_0\delta V=\delta V/V' \tag{10-2}$$

随着溶剂不断流动，可以得到每一薄层中的溶质含量，表 10-1 中给出了流动 4 体积溶剂时每一薄层的溶质含量。

表 10-1 薄层中溶质含量

溶剂体积	连续的薄层数			
	1	2	3	4
0	1	0		
1	$1-\delta V/V'$	$\delta V/V'$		
2	$(1-\delta V/V')^2$	$2(1-\delta V/V')\delta V/V'$	$(\delta V/V')^2$	
3	$(1-\delta V/V')^3$	$3(1-\delta V/V')^2\delta V/V'$	$3(1-\delta V/V')(\delta V/V')^2$	$(\delta V/V')^3$
4	$(1-\delta V/V')^4$	$4(1-\delta V/V')^3\delta V/V'$	$6(1-\delta V/V')^2(\delta V/V')^2$	$4(1-\delta V/V')\delta V/V'$

显然，每一薄层中溶质的含量可以用一个二项式函数表示，当 n 次连续的溶剂体积流过时，在 r+1 薄层中溶质的总量为：

$$Q_{r+1}=\frac{n!(1-\delta V/V')^{n-r}(\delta V/V')^r}{r!(n-r)!} \tag{10-3}$$

当 n 很大时，上式可改写成：

$$Q_{r+1}=\frac{1}{r!}\left(\frac{n\delta V}{V'}\right)^r \mathrm{e}^{\frac{r\delta V}{V'}} \tag{10-4}$$

此处 $n\delta V$ 就是用于展层的溶剂体积 V，当 r 充分大时，采用 Stirling 近似，式（10-4）可以被进一步改写成：

$$Q_{r+1}=\frac{1}{\sqrt{2\pi r}}\left(\frac{V}{rV'}\right)^r \mathrm{e}^{\frac{V}{V'}} \tag{10-5}$$

当 $1=rV'$时，Q_{r+1} 具有最大值

$$Q_{(r+1)\max}=\frac{1}{\sqrt{2\pi r}} \tag{10-6}$$

设每一薄层的厚度为 h，则从薄层顶端算起到这一薄层的距离为 $r_{\max}h$，因此：

$$r_{\max}h=hV/V' \tag{10-7}$$

即溶质最浓的位置与展层溶剂的体积成正比。定义比移值

$$R=\frac{\text{最大浓度的溶质移动位置}}{\text{溶剂的表观移动位置}} \tag{10-8}$$

如果薄层总的横截面积为 A；流动相的横截面积为 A_1；固定相的横截面积为 A_s，可以得到：

$$R=\frac{A}{A_1+\alpha A_s} \tag{10-9}$$

其中，$\alpha=c_s/c_1$ 为分配系数；c_1、c_s 分别为平衡时溶质在流动相和固定相中的浓度。

由于用纸色谱分离情况下 R 值不可能实际测得，这引进一个新的定义

$$R_f=\frac{\text{色谱带的移动位置}}{\text{溶剂的表观迁移位置}} \tag{10-10}$$

因此

$$R_f = \frac{RA_l}{A} = \frac{A_l}{A_l + \alpha A_s} \tag{10-11}$$

或

$$\alpha = \frac{A_l}{R_f A_s} - \frac{A_l}{A_s} = \frac{A_l}{A_s}\left(\frac{1}{R_f} - 1\right) \tag{10-12}$$

假如知道纸的含水量，由纸质量和纸色谱质量之比可以推算出 A_l/A_s 值。在含水量不同条件下对一些氨基酸进行分离实验，在表 10-2 中列出了分配系数的直接测定值和利用 A_l/A_s 与 R_f 通过式（10-12）的计算结果。

表 10-2　一些氨基酸分配系数的实测值与理论值对比

实验编号		1	2	3	4	直接测定
纸的含水量/%		28.7	18.2	22.6	17.7	
A_l/A_s		3.25	4.56	3.70	2.93	
分配系数	甘氨酸	70.4	70.4	70.4	70.4	70.4
	丙氨酸	35.9	39.9	43.7	36.6	42.3
	缬氨酸	12.2	14.1	14.8	12.5	13.8
	正缬氨酸	8.7	10.8	10.5	9.2	9.5
	亮氨酸	4.5	5.4	5.6	6.0	5.5
	正亮氨酸	3.5	4.2	4.4	4.6	3.2

由表 10-2 看出，计算值与直接测定值相比有一定偏差。实际上，氨基酸之间的相互作用、纸本身的异质性、纸上饱和水的程度以及许多其他的因素都会给获得精确的分配系数带来影响。再者，全部溶质一开始就不全部集中在第一层，而是分布于若干层。溶质的分离程度低于理论预测值主要是由两方面原因造成的：第一，分配系数并不是一个稳定的常数，而是随着溶液浓度的增加而逐渐降低；第二，浓度高的部分比浓度低的部分移动更快，其结果造成带的前部变得更窄而后部变得更宽。在滤纸的不同水平面上溶剂对固定相的比率也会有变化，离溶剂槽距离越大，R_f 值就越小，此外，平行实验中的水相与直接测定中的水相的性质也不尽相同，这些都是不能得到一个精确值的原因。

虽然分配系数对解释 R_f 值的不同有所帮助，但也有例外。纸的吸附作用常常是一个重要因素，在某种情况下是起支配作用的一种因素，例如在某些染料的分离中就是如此。单独用水也可以在纸上分离少数几种氨基酸，在这种情况下很显然并不存在两相之间的分配。

二、影响分离的因素

溶质、溶剂和滤纸的性质以及展层的温度等都会影响分离。

1. 样品的性质影响

一般说来，分子中极性基团增加，极性随着增加，则分配系数变大，R_f 值变小。常见的极性基团有—COOH、$—NH_2$ 等。在同系物中随着$—CH_2$ 基团的增加，分子的极性降低。例如下列三种酸的极性顺序为：

$$\underset{\text{草酸}}{HOOC—COOH} > \underset{\text{丙二酸}}{HOOC—CH_2—COOH} > \underset{\text{琥珀酸}}{HOOC—CH_2—CH_2—COOH}$$

草酸的极性最大，琥珀酸的极性最小。而 R_f 值的大小正好相反，草酸最小，琥珀酸最大。二羧基氨基酸、碱性氨基酸含有的极性基团多于中性脂肪族氨基酸，所以前两类氨基酸的 R_f 值一般要比后一类氨基酸小。

分子中所含的极性基团不变，增加非极性成分越多，则整个分子的极性降低就越大，R_f 值也就越大。如中性脂肪族氨基酸中 α-氨基异丁酸、缬氨酸和异亮氨酸三者结构基本相似，但异亮氨酸所含—CH_2 基多于前二者，所以 R_f 值也比前二者大。碳链结构上的变化对 R_f 值的影响极微，例如 α-氨基异丁酸、缬氨酸和正缬氨酸这类同分异构体，R_f 值基本相同，用纸色谱不容易分离。

2. 溶剂的性质

在氨基酸的纸色谱分离中，用酚、水作溶剂与用正丁醇、甲酸、水作溶剂二者比较，脯氨酸在前一种溶剂中的 R_f 值比缬氨酸大。但在后一种溶剂中则相反，缬氨酸的 R_f 值大于脯氨酸。这是因为酚比丁醇更容易给出质子，脯氨酸的—NH—基比缬氨酸的—NH_2 基更易接受质子，酚的酸性大于丁醇，而脯氨酸的碱性又大于缬氨酸。

在用与水完全互溶的脂肪族醇类作溶剂时，醇类的—CH_2 基数目与溶质的 R_f 值呈反比关系，—CH_2 基增加，R_f 值相应变小。

同一种有机溶剂由于含水量增加，某些溶质相应地易于进入有机相，R_f 值变大。所以在用与水部分混溶的有机溶剂进行色谱分离时，为了增大溶质的 R_f 值，可以在其中加入某种与水完全混溶的有机溶剂或有机酸、碱，使与水的混溶度增加，从而达到提高 R_f 值的目的。

3. 溶剂的 pH 值

弱酸与弱碱的解离度与 pH 值有关，当溶剂的 pH 值改变时，溶质的解离度随之改变，致使在两相中的分配改变，结果造成 R_f 值的改变。就氨基酸而言，改变溶剂的 pH 值，酸性氨基酸和碱性氨基酸比中性氨基酸受 pH 值的影响更大。

4. 展层温度

水在有机相中的溶解度随着温度的变化而变化，相应地，展层温度的改变会使溶质的 R_f 值改变。但在有些溶剂体系中，R_f 值不随温度的变化而变化，因为这一类溶剂体系的组成不随温度变化，或者与水完全互溶。

对温度敏感的溶剂体系，在色谱分离时必须严格控制温度；一般温度变化不超过±0.5℃为宜。并且，色谱分离中一般不用水饱和的温度敏感型溶剂，因为展层温度一旦降低，水将析出成两相而破坏了原有的色谱分离体系，导致色谱分离行为改变。

5. 滤纸的性质

色谱滤纸由百分之百的棉花高度精制而成，根据化学和机械处理的不同，形成不同品种。若滤纸厚薄不匀，含水量不一致，溶剂沿着纤维方向的流动就会紊乱，导致溶剂前沿不整齐，色谱分离点畸形，影响对 R_f 值的测定。

纸纤维常含有 Ca^{2+}、Fe^{2+}、Mg^{2+}、Cu^{2+}等金属离子，这些离子能够与分离物质（如氨基酸等）形成配合物。如果金属离子的含量较高，配位作用会影响溶质在两相中的分配，导致 R_f 值改变。此外，溶剂配制的时间长短，滤纸的含水量，展层的方向、长度和方法，样品点位置离溶剂槽的距离，溶剂槽中溶剂的剂量，平衡条件的不同等都能对 R_f 值产生影响，在做平行实验时必须予以注意。

三、实验材料（滤纸）与设备（展开室等）

1. 滤纸与溶剂

用于色谱分离的滤纸必须具备下述条件：

① 质地均匀、厚薄一致，对光检查时浆点越少越好；

② 具有一定的纯净度，含金属离子或其他显色物质越少越好；

③ 具有一定的机械强度，被溶剂浸润后仍能站立；

④ 分离样品不易扩散，分离斑点轮廓清楚不拖尾；

⑤ 在垂直方向的溶剂展开时，左右两端流速基本一致，前沿平整。

如果滤纸含有显色物质，不宜做定量分析用。若含金属离子较多，可将滤纸放在 0.4mol/L HCl 中或 pH=8.5 的 0.2% EDTA 钠盐溶液中浸泡 24h，然后用蒸馏水淋洗去除浸泡液，再依次用乙醇、乙醚洗涤后平放，在 30℃干燥后使用。

在选择滤纸时，除考虑上述条件外，也应考虑到样品用量和拟完成的色谱分离时间。如果样品量大，必须采用厚滤纸；如需在短时间内取得分离结果，可采用快速滤纸。

为了得到更好的分离结果，常用两相溶剂体系。对溶剂及操作的要求包括：

① 溶剂应采用色谱级或分析纯级，必要时经重蒸馏处理；

② 流速不宜太快，样品点在溶剂中的扩散程度要尽量小，色谱分离前后样品点的大小应基本上不变；

③ 被分离物质在两相中的分配应较快地达到平衡；

④ 溶剂和被分离物质相互不起化学反应；

⑤ 溶剂不改变分离物的性质，不干扰显色剂的灵敏度；

⑥ 溶剂的组成不随温度或时间而变化，极为稳定；

⑦ 被分离物质各组分的 R_f 值在所选的溶剂中应在 0.05～0.09 之间，各分离组分不应集中在滤纸的某一区域而应分布全面，彼此间的 R_f 差值不应小于 0.05。

事实上，上述条件很难全部达到，在实际工作中只能根据具体条件综合考虑。

2. 展开室与展开方式

展开室一般选择底面平整的圆形或长方形玻璃容器。容器必须密闭不漏气，最简单的密闭办法是在容器口上涂一层凡士林，然后用磨砂玻璃盖上。

展开方式大致有上行、下行和辐射行三种形式，分别见图 10-1～图 10-3。上行、下行又可有单向和双向形式。

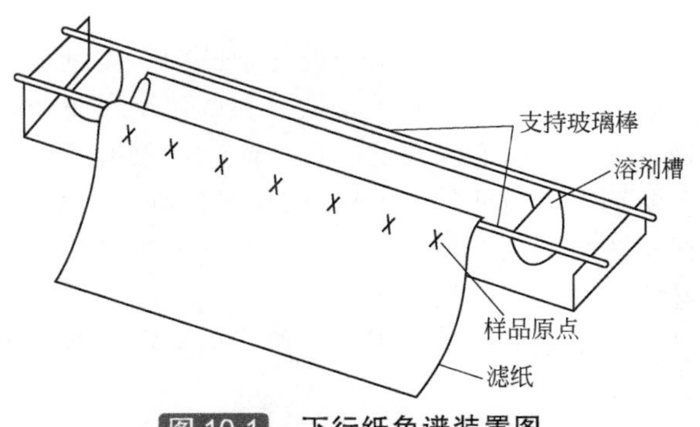

图 10-1　下行纸色谱装置图

如图 10-1 所示，下行纸色谱分离必须要有个溶剂槽盛放溶剂，加入溶剂时必须小心，以免溶剂前沿不齐。在整个溶剂展开过程中，溶剂的蒸气压应保持一定。这就需要在溶剂展开之前，将容器和纸用平衡溶剂进行平衡。一般碱性体系，平衡溶剂用水饱和溶剂相，展开剂用溶剂饱和水相。酸性体系平衡溶剂相与展开剂相相同，平衡温度应与展开温度一致。平衡时间从 2～24h 不等，需根据预试实验来决定。

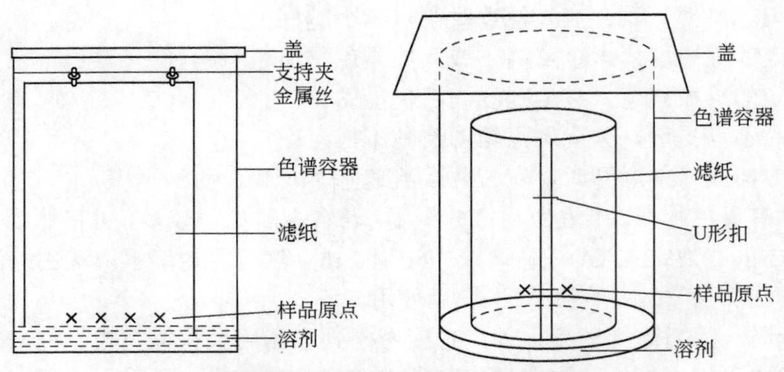

图 10-2 两种上行纸色谱装置图

进行双向展开时，第一向展开后纸上的溶剂必须去除干净，滤纸干燥后，沿溶剂前沿截去溶剂没有流到的部分，转 90° 后再用第二向溶剂展开。展开时间随温度和纸的大小、性质而有所变化。一般是待溶剂流至距纸的另一端 1cm 时为止。

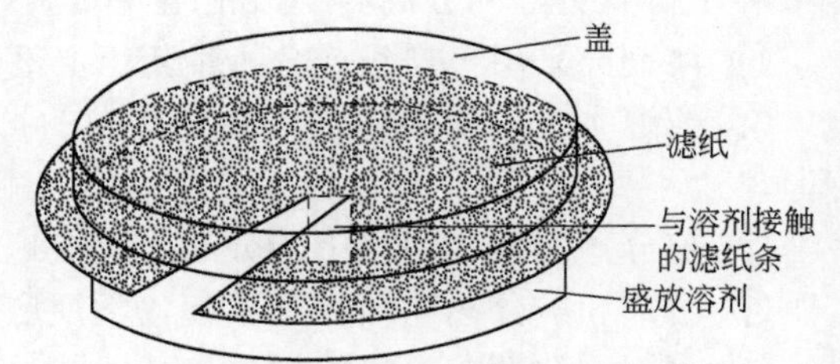

图 10-3 辐射行纸色谱装置图

辐射行纸色谱容器可用适当大小的培养皿代替，如图 10-3 所示。圆形滤纸要比培养皿直径稍大，能搁在其上。从边缘至圆心剪下一条宽 2～3mm 的纸条，截成适当长度，使其能浸入盛在下层培养皿中的溶剂内。样品加在直径为 20mm 的圆周上，样品点彼此间距离为 10mm，溶剂沿着浸在溶剂中的纸条上升进行展开。

展开用的温度一般分常温和高温两种。高温展开需要有能加热至 60℃的可调恒温鼓风烘箱，由于温度高溶剂蒸发快、蒸气压大，更应注意容器的密闭问题。

3. 定位

为了对纸色谱的分离结果进行定性和定量分析，展开以后，从色谱箱中取出滤纸并记下溶剂前沿，用电热风扇吹干或在鼓风烘箱中干燥。如果溶质没有天然颜色须进行定位，可以采用化学、物理、放射性等方法定位。

（1）化学方法　常用浸渍或喷洒方法使适当的化学试剂（显色剂）与色谱组分接触起反应，形成有色的或有荧光的衍生物。有时必须将纸保温以使反应完全。在某些情况下需要在纸上依次喷洒两种或三种试剂以获得所需要的颜色。配制显色剂所用溶剂的选择必须是使溶质和它们的衍生物在这个溶剂中有最低的溶解度，这样显色斑点就不易扩散而固定在滤纸上。最常用的溶剂是丙酮，在无法用丙酮时，也可用乙醇或正丁醇或其他溶剂代替。喷洒比浸渍方法操作更方便。喷洒显色剂时尽可能均匀一致。

用显色剂检出化合物的最低限，随着所用显色剂、化合物类型、所用滤纸以及斑点的致密程度等的不同而有异。

如果依次先后喷洒几种显色剂，有可能从一个色谱上获得最大数量的检出结果。例如，先用茚三酮试剂检出氨基酸，再用 Ehrlich 试剂（酸溶液）检出吲哚，然后用茴香胺试剂检出咪唑和羟基吲哚。

显色剂的种类很多，不仅不同的化合物有不同的显色剂，就是同一种化合物也有不同的显色剂。作为显色剂应尽量满足下述条件：不与滤纸起化学反应；挥发性大易于去除；含水量少，以免样品各组分的斑点扩散、移动或变形。

色谱显色干燥后，应该用铅笔将有色斑点画下边框，因为许多显色剂随着时间的延长色斑会逐渐变浅或褪色，特别是含量少的组分，本身呈色较浅更应立刻画下边框以免遗漏。

（2）物理方法　许多有机物质在 240～260nm 之间有紫外吸收，如 DNP-氨基酸、PTH-氨基酸、嘌呤、嘧啶等核酸组成物质，用该波长的光照射时就会吸收一部分光产生暗区。也有的化合物在紫外光照射下会产生荧光，如 DNS-氨基酸有不同颜色的强荧光。如果在纸上喷洒荧光素，则可以增加斑点的检出灵敏度，这样的处理也可以使荧光背景和吸收暗区形成鲜明的对照。

有些化合物用 360nm 光照射会发荧光（加热色谱或冷却色谱以后），或用 250nm 光照射会发磷光（在某种情况下只是湿态有磷光，纸上的干燥斑点不发磷光），这样就可以在暗室用长波或短波紫外光照射进行检出。

（3）微生物法　微生物法是基于对某些微生物的生长抑制作用来决定是否存在有关化合物。例如，某些抗生素有专一的抑制作用，而一些杂质、抗生素的分解产物或一些无生物活性的人造物质则对微生物的生长没有抑制作用。基于此建立的方法步骤如下：将色谱平贴在接种有某种试验生物的琼脂平板的表面（常用的微生物是枯草杆菌），在 37℃保温 15～20h 后，在有抗生素扩散进琼脂平板的部位，明显可见没有微生物生长。

为了缩短检测时间和使抑制生长区明显可见，可在琼脂平板上喷洒 2,3,5-三苯基四唑化氯溶液，保温 4h 后再喷洒 2,6-二氯酚靛酚溶液，再保温 30min 后，抑制生长区就显出蓝色斑点，其余部分为白色。抑制生长区的直径大小与抗生素的浓度有关，可作为半定量的依据。

（4）放射性法　由于同位素 ^{14}C、^{35}S 和 ^{32}P 可以发射 β 射线，将含有放射性同位素的色谱与 X 线片直接接触，X 线片被 β 射线曝光就可以检出含有 ^{14}C、^{35}S 和 ^{32}P 的化合物位置。X 线片经暗室方法显影以后便精确地显示出放射性斑点自身的“肖像”。从相应的色谱上洗下放射性物质，并加入非放射性的可疑化合物一起再进行色谱分离。如果得到的放射性斑点和用特殊试剂显色的斑点是一致的，那么就可以认为二者是同一化合物。

如果待检测的样品不具有放射性，也可以采用同位素指示剂的方法。色谱分离后，纸上的色谱点可用放射性试剂处理，使其形成一种具有放射性的衍生物，然后再用放射自显影方法定位。

四、定性与定量

1. 定性

R_f 值作为定性的基本参数，对其精确地、重复地测定非常重要。在同样条件下，各种物质的 R_f 值为常数，所以在同样条件下和标准物质的 R_f 值比较，就可定性地知道该分离组分是何种物质。

测定 R_f 值时必须注意如下几点：应用同一种规格滤纸，经过相同方法处理；用同一种方法制备样品，加样量一致；使用新鲜配制的、同样级别的试剂和相同方法进行处理；展开前充分平衡，平衡至色谱分离的温度，温差不超过±5℃；展开时间一致。

测定 R_f 值所用的标尺如图 10-4 所示。测定时将滤纸平放在标尺下面，左端刻度 0 与样品原点底线对齐，右端刻度 1.0 与溶剂前沿对齐，移动中心标杆对准斑点中心，所指示的读数就是该组分的 R_f 值。

如果溶剂流出滤纸，没有溶剂前沿可量时，可用一标准物质的位置作参照，再计算被分离组分的 R_f 值，如图 10-5 所示。在糖类的纸色谱中常常需要让溶剂流出滤纸，并用葡萄糖在纸上的位置作参照。

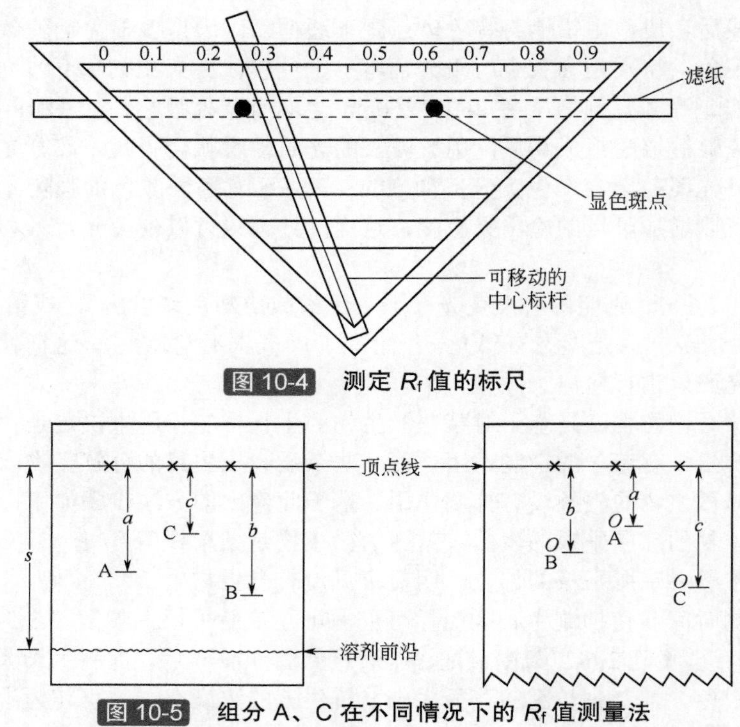

图 10-4 测定 R_f 值的标尺

图 10-5 组分 A、C 在不同情况下的 R_f 值测量法

在图 10-5 中，分离物质 A、C 的移动距离分别为 a、c；参照物质 B 的移动距离为 b。令 $R_{f(B)}(A)$、$R_{f(B)}(C)$分别为用参照物 B 时组分 A 和 C 的 R_f 值，则

$$R_f(C)=\frac{c}{s}$$

$$R_{f(B)}(A)=\frac{a}{b} \text{ 或 } R_{f(B)}(C)=\frac{c}{b}$$

$$R_f(A)=\frac{a}{s}$$

$$R_{f(B)}(C)=\frac{c}{b} \text{ 或 } R_{f(B)}(A)=\frac{a}{b}$$

以葡萄糖为参照物 B 时，有：

$$R_f(\text{葡萄糖为参照})=\frac{\text{分离物质的移动距离}}{\text{葡萄糖的移动距离}}$$

2. 定量方法

纸色谱的定量测定方法很多，最常用的不需特殊仪器设备的方法就是比色法。也可利用光密度计直接进行测定，画出距离-光密度曲线，利用求积仪求出曲线面积再算出百分含量。也可用紫外分光光度计画出吸收曲线，得到特性吸收峰高，再和标准物质的吸收峰比较，算出含量。目前，测量和计算都已有了自动化的仪器。

（1）洗脱比色法　洗脱比色法可分为单张滤纸法和平行滤纸法两种方法。

① 单张滤纸法。经特殊显色剂显色后，按照同样大小的面积将纸色谱上各显色斑点剪下，用特殊的洗脱剂将颜色洗脱下来。在同一张色谱纸上无显色斑点处剪下同样大小的纸片，加入同样的洗脱剂洗脱，作为空白。选择好某一特定的波长在分光光度计上测出洗脱液的 *OD*

（A）值，再从标准曲线上查出该物质的含量。

② 平行滤纸法。在相同条件下作两张色谱图，将一张显色后与另一张未显色的重合，剪下显色斑点的相应部分纸片，然后再加显色剂显色，用分光光度计测定。这种方法的灵敏度要比单张滤纸法高，但操作要求严格，工作量大。

（2）斑点面积法　Fisher 等发现一定量加样体积中含量不同，展开后斑点面积的大小也不同。面积的大小与浓度的对数成比例关系。使用此法时先作标准曲线，然后根据分离斑点面积的大小，从标准曲线上查出含量。

标准曲线制作方法示例：在 5μl 加样体积中分别含有 1.25mg、2.5mg、5.0mg 和 10mg 的标准样品，点样后进行色谱分离，显出色谱斑点后用铅笔仔细地画下斑点面积，用求积仪求出各个斑点的面积大小，对浓度的对数作图，得到一直线。为了获得精确的实验结果，每一种含量应重复作 5～10 次，基本上在同一水平时这个数值才可取用。

五、应用——氨基酸分析

由于纸色谱法操作简便，不需要大量样品和特殊仪器设备，定性定量又有一定的准确性，因此在生物化学、药物学、生理学、有机和无机化学、医学检验及医药工业等领域得到广泛应用。这里以多肽及蛋白质的氨基酸分析为例说明其应用。

1. 样品处理

（1）多肽及蛋白质的水解

① HCl 水解。方法 1：取一定量多肽或蛋白质，10ml 6mol/L HCl 回流水解 20h。在 35℃真空干燥或在蒸汽浴上去除剩余 HCl，然后将残留物（经水解的样品）放在盛有 NaOH 的真空干燥器中干燥 24h，取出溶于少量温水，过滤，滤液再真空干燥，最后溶在大约 1ml 10%异丙醇中点样。也可以用加入 5%的双(2-乙基己)胺溶液去抽提经稀释的水解液的办法来除去剩余 HCl，抽提到水层显中性为止；然后取出水层加氯仿反复抽提以除尽剩余的胺，然后将水层真空干燥，最后溶于 1ml 10%异丙醇中。

方法 2：取一定量的蛋白质放在硬质玻璃制成的水解管中，加入重蒸三次的 5.7mol/L HCl，封闭水解管后，于 110℃水解 12～24h。开封以后放在盛有 NaOH 的真空干燥器中去除剩余 HCl。若同时使用红外灯，可加速这一过程。HCl 除尽以后，加入 100μl 甲醇或 10%异丙醇备用。

② 硫酸水解。取大约 10mg 蛋白质，加 10ml 4mol/L H_2SO_4 回流水解 20～24h，然后加入热的饱和 $Ba(OH)_2$ 溶液使水解液 pH 值达到 11 或 11 以上。真空蒸馏去除氨，然后加入 0.5mol/L H_2SO_4（稍稍过量）沉淀 Ba^{2+}。离心去除 $BaSO_4$ 沉淀，保留上清液，同时用少量热水洗涤沉淀，再离心，合并上清液，真空浓缩至干，最后溶于约 1ml 10%异丙醇中。

③ 三氟乙酸水解。酪蛋白、乳白蛋白和麦谷蛋白（wheat gluten）常用此法水解。三氟乙酸的浓度为 80%，回流水解 48h。回流结束后用乙醚抽提去除有机酸，水层真空浓缩至干，最后溶于 1ml 10%异丙醇中备用。

④ $Ba(OH)_2$ 水解。取约含 1.6mg 蛋白样品，加入 10ml 14%的 $Ba(OH)_2$ 溶液，在 125℃回流 18～20h，回流毕，加入少量 0.5mol/L H_2SO_4（稍稍过量）沉淀出 $BaSO_4$，过滤或离心保留清液，同时用加有几滴醋酸的少量热水洗涤沉淀，再离心合并上清液，浓缩，然后放在 $CaCl_2$ 真空干燥器中干燥，最后溶于 1ml 10%异丙醇中。过量的 $Ba(OH)_2$ 也可以向水解液中通 CO_2（干冰）去除。即使在水解液中含有少量 Ba^{2+}，对色谱也没有影响。

（2）组织中游离氨基酸的分离　对动植物等组织中的游离氨基酸分析时，组织中的其他成分要尽可能地去除干净。常用的方法是透析和沉淀法。通常可供使用的沉淀剂有三氯乙酸、钨酸、氢氧化铁、硫酸锌、氢氧化钡（pH=7.2～7.6）、过氯酸、丙酮、乙醇等。一般的方法是在搅切器中加入足够量的乙醇，使乙醇的最终浓度为 80%（体积分数），将组织切碎，过滤或离心去除不溶物，沉淀用 80%乙醇洗涤 1～3 次，合并上清液（滤液）和洗涤液，加入 3 体积氯仿于分液漏斗中振摇抽提若干次，取上层水液浓缩至所需体积备用。沉淀蛋白质的方法很多，可根据具体条件选用。在大量无机离子存在下，要想得到一张很好的色谱图是有困难的，特别是用含酚的溶剂作展开时，对较小分子量的氨基酸影响更大。为了得到满意的结果，样品液必须经过去盐处理。目前常用的方法是透析或通过葡聚糖凝胶（sephadex）G-25 柱去盐，透析液或滤液再经浓缩至所需体积备用。

2. 点样量

要使一张色谱上显出一些清晰的斑点，所需要的氨基酸量受许多因素影响。最重要的当然是显色剂，然而样品点的大小、展层的长度、滤纸的类型、应用的溶剂甚至展开的方式等也都有一定影响。

3. 展开

展开方式可用单向、双向、上行、下行、辐射行等形式，视具体实验条件和需要选定。Whatman No. 1 和 No. 4 是常用的滤纸。Whatman No. 1 滤纸最适用于分离测定大多数氨基酸。如果显色剂是水溶液，应用具有更大吸附能力的 Schleicher & schull No. 598 滤纸为佳。如果欲分离的样品量较多，需用厚滤纸进行，Whatman No. 3 就是比较合适的一种厚滤纸。若没有适当的厚滤纸，可以将几张薄滤纸重叠在一起使用。国产新华滤纸经使用与 Whatman No. 1 滤纸性质相近。实验室须无游离氨，否则影响色谱显色。

4. 显色——定性检定

色谱分离展开后必须检出纸上的色谱。最常用的方法是利用特殊显色剂在纸上喷雾使氨基酸或一些肽类在纸上产生颜色反应，显示出色谱斑点。

（1）茚三酮法

① 将展开完毕除尽溶剂的滤纸垂直挂好，或四角夹住平铺悬空。然后喷洒 0.5%茚三酮的无水丙酮溶液。用热风机充分吹干后，放入 60～70℃烘箱中干燥 20～30min，温度不宜太高，时间也不宜太长。取出后用铅笔将紫色斑点定位一一画边框，然后用均值标尺测量各斑点的 R_f 值，与标准已知样品的色谱对照，就可以定性地知道是何种氨基酸。茚三酮还可以配在不同的溶剂中和配成不同的浓度进行显色。

② 0.3%茚三酮的 95%乙醇溶液，室温暗处显色 18h。

③ 4%茚三酮的吡啶溶液。

④ 酸性溶剂展开后，使用含有 5%三甲基吡啶的 0.1%茚三酮的乙醇溶液。碱性溶剂展开后用含有三甲基吡啶和醋酸的 0.1%茚三酮的乙醇溶液（100ml 乙醇中加 4ml 三甲基吡啶，30ml 醋酸）显色后再喷 1% $Cu(NO_3)_2$ 的乙醇溶液（这是一种稳定剂，可使生成的颜色不易褪掉）。氨基酸呈桃红色，背景为绿色。

⑤ 0.5%茚三酮的饱和水的丁醇溶液。80℃干燥 30min 后，两面喷水再喷稳定剂［100ml 95%乙醇中含 1ml 饱和 $Cu(NO_3)_2$ 和 0.2ml 10% HNO_3］。

⑥ 0.4g 茚三酮，10g 酚、90g 正丁醇的混合液。

（2）个别氨基酸的特殊显色法

① 精氨酸

a．萘酚试剂。A 液：用含有 5%尿素的乙醇配制 0.01% 1-萘酚，临用前再加入 KOH 使其浓度达到 5%。B 液：100μl 5% KOH 中加 0.7ml Br_2。除尽溶剂的滤纸先喷 A 液，在空气中干燥几分钟后，再稍稍喷一点 B 液。这个显色反应可检测到 0.2mg/ml 的样品，斑点红色。

b. 8-羟基喹啉试剂。A 液：0.1% 8-羟基喹啉的丙酮溶液。B 液：在 100ml 0.52mol/L NaOH 溶液中加 0.2ml Br_2。在除尽溶剂干燥的滤纸上先喷 A 液，待干燥后再喷 B 液。显橙红色。

② 瓜氨酸 该氨基酸在双向色谱中很有可能和谷氨酰胺斑点靠得很近，可以用喷洒 1% 对二甲基氨基苯甲醛的 1mol/L HCl 溶液来区别，瓜氨酸呈黄色。

③ 胱氨酸等

a. 碘化铂试剂。按次序将如下试剂 4ml 0.002mol/L 碘化铂、0.25ml 1mol/L KI、0.4ml 2mol/L HCl 和 76ml 丙酮（需加 $KMnO_4$ 和 K_2CO_3 后重蒸馏混合），配制成碘化铂试剂。滤纸上喷此试剂后胱氨酸、半胱氨酸、甲硫氨酸等在红紫色背景中呈白色斑点。用丁醇、醋酸和其他的醇溶剂展开后不需要将纸上的残留溶剂去除就可使用该试剂显色。如果是用酚、二甲基吡啶等作溶剂，必须用乙醚-丙酮（1∶1）、石油醚等除尽纸上残留的痕量溶剂后，才能用该试剂显色。

b. 硝普钠试剂。A 液：1.5g 硝普钠溶于 5ml 2mol/L H_2SO_4 中，然后加 95ml 甲醇和 10ml 23% NH_4OH，过滤去沉淀，滤液置冰箱中储存（需在 2 天之内使用；如欲储存，则先不加 NH_4OH，临用前再加，这样可在冰箱中存放一个月左右）。

B 液：2g 氰化钠溶于 5ml 水中，再用甲醇稀释到 100ml。若有沉淀，使用时摇匀即可。分 A、B 液。半胱氨酸的显色只用 A 液。对胱氨酸则先浸入 A 液，取出稍干但仍然是湿的时候再浸入 B 液。二者同时检定时，可将 A 液和 B 液加倍浓度等量混合后使用，显红色斑点。

5. 定量测定

方法 1：常用的洗脱剂是硫酸铜-乙醇溶液，0.1% $CuSO_4 \cdot 5H_2O$-75%乙醇（体积比=2∶38）。色谱滤纸特殊显色后，剪下比斑点范围稍宽、面积相同的各个斑点，分别放入试管中，各加入 4ml 硫酸铜-乙醇洗脱剂洗脱，30～60min 后取滤液在特定波长（应用比色计或分光光度计）以面积相等的无斑点空白纸作对照进行比色，得到 *OD* 值。从标准曲线上就可查出相应的含量。标准曲线是指已知浓度的氨基酸在和测定样品同样的条件下测到 *OD* 值，再对其相应的浓度作图所得到的一根直线。各种氨基酸浓度对 *OD* 值均应成直线关系，但斜率有所不同。

方法 2：在完全相同的条件下同时进行色谱分离的两张滤纸，即前面提到的平行滤纸法。将未显色的相应的斑点剪下，同时剪下空白滤纸作对照，分别放入试管中，各加缓冲液 2ml，显色剂 1ml，煮沸 15min 显色完全后取出冷却，再加入 2ml 60%乙醇，充分混匀过滤，滤液在 1h 内用波长 570nm 测 *OD* 值（脯氨酸用 420nm）。茚三酮试剂的处理可参照定性部分。

乙二醇甲醚的处理方法：在 500g 乙二醇甲醚中加 5g 硫酸亚铁，振摇 2h，过滤去除沉淀，将滤液放入蒸馏瓶中蒸馏，收集 121～125℃馏分。该馏分应为透明无色液体，用棕色瓶储存。

其他试剂的配制方法如下。

① 0.2mol/L 柠檬酸缓冲液（pH=5.0）。21.008g 含 1 分子结晶水的柠檬酸，溶于 200ml 蒸馏水中，再加入 200ml 1mol/L NaOH 以蒸馏水稀释到 500ml 备用。

② 0.01mol/L KCN。将 0.1628g KCN 溶于水中，再稀释到 250ml 备用。

③ KCN-乙二醇甲醚-茚三酮显色剂。A 液：1.25g 茚三酮溶于 25ml 乙二醇甲醚。B 液：2.5ml 0.01mol/L KCN 溶液用乙二醇甲醚稀释至 125ml，充分混合。然后将 A、B 两液混合均匀，倒入棕色瓶中并放入冰箱 24h 后使用。肉眼观察此显色剂应为微黄色溶液，放置一星期后显色灵敏度会下降。

如果是氨基酸溶液，则取 1ml 待测的氨基酸溶液，加 1ml 缓冲液，再加 1ml 显色剂，以 1ml 水代替氨基酸作空白，其余操作相同。此方法必须在无游离氨的环境中进行操作，所有试剂最好保存在盛草酸的干燥器中。在 pH=5.0 时显色灵敏度最高，如试样溶液的 pH 值与其相差很大，必须改用高离子强度的乙酸缓冲液，2mol/L，pH=5.4，272g $NaAc \cdot 3H_2O$+25ml 冰醋酸，以蒸馏水稀释到 1000ml。

第三节 薄层色谱法

薄层色谱是指将固定相均匀地涂布于玻璃等载板上形成薄层后，再将待分离的混合物点在薄层的一端，置于展开室中，展开剂（流动相）借助于毛细作用从薄层板的点样端展开到另一端，在此过程中不同物质因其理化性质不同而得以分离。其分离的原理与柱色谱相同，依所选定的固定相的不同而异，可分为吸附薄层色谱法、分配薄层色谱法、离子交换薄层色谱法以及凝胶薄层色谱法等。

薄层色谱法是一种新型的快速、微量、操作简便的分离技术，它和柱色谱、纸色谱的基本原理及其操作方法比较相近。柱色谱是把吸附剂或支持剂装在柱中进行色谱分析，纸色谱（PC）是用滤纸作为支持剂进行色谱分析，而薄层色谱则是把吸附剂或支持剂涂布于玻璃板或其他载体上，形成一薄板进行色谱分析。

1956 年，Stahl[21]通过对硅胶的规格、性能以及薄板厚度对薄层色谱影响的系统研究，发明了制备合格的硅胶和涂布合适厚度薄板的工具，并经过两年的努力，将完善的薄层色谱装置在一次展览会上展出，从而使薄层色谱技术得以迅速地发展，并在生物化学、医药卫生、化学工业和农业生产等领域获得广泛应用。

薄层色谱与纸色谱相比具有以下优点：

① 对混合物分离迅速，一般分离时间仅需 15～60min，而纸色谱一般需要几小时或更长时间；

② 需要样品量极少，通常使用的样品量为 5～10mg；

③ 设备简单，操作方便；在鉴定一个物质时只需要大小适中厚度均一的玻璃板、普通色谱缸和喷雾器等物品；

④ 温度和饱和度对薄层色谱的影响较纸色谱小，可以用腐蚀性的显色剂（用淀粉作黏合剂的薄板除外）；

⑤ 灵敏度高，一般比纸色谱高 10 倍，甚至样品中仅含 0.01μg 的物质也可检出。

鉴于以上优点，用它来指导生产（中间物质的检验、合成化合物终点的确定）和鉴定产品的纯度是非常有利的。随着实验装置的改进和扫描仪、面积仪以及极谱仪等仪器的出现，加之色谱条件的严格控制，促使应用薄层色谱进行定量测定的工作日趋完善。Brenner 等[22]曾通过大量的实验研究获得 850 个数据，证实了用薄层色谱得到的 R_f 值和纸色谱的 R_f 值结果一致，二者之间的标准偏差分别为：上行展开，±0.016；水平展开，±0.014；下行展开，±0.018；圆形展开，±0.018。将薄层色谱测定结果进行适当校正，相对偏差甚至可达 0.4%～2.0%[23]。

一、原理与基本理论

薄层色谱的作用机理大致包括吸附、分配和离子交换三种作用，当各种化合物在薄板上进行分离时，这三种作用同时给予不同程度的影响，但是究竟哪种作用为主，需视具体情况而定。在薄层吸附色谱中，吸附剂称作固定相；而在薄层分配色谱中，吸附剂称作支持剂，吸附在支持剂上的溶液称作固定相；在薄层反相色谱中，用聚硅氧烷或烃类（即十一碳烷、十四碳烷和三十碳六烯或高分子量石油）浸过的吸附剂也称作支持剂，有机溶剂则称作固定相。由于“固定相”在不同色谱中所指的物质不同，所以各种色谱的作用机理的侧重面也不同。分配色谱和离子交换色谱的基本原理分别与纸色谱和柱型离子交换色谱的基本原理一致，可参考相关文献，下面着重介绍吸附薄层色谱的基本原理。

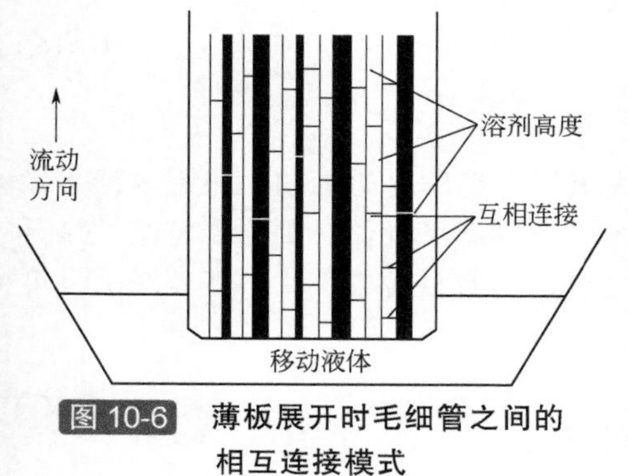

图 10-6　薄板展开时毛细管之间的相互连接模式

1. 基本原理

在吸附色谱中，吸附剂一般为硅胶、氧化铝和磷酸钙等极性化合物。在吸附色谱中，样品的分离基于吸附剂、被分离物质和展开剂的性质不同而有所差异。如图 10-6 所示，当把极性吸附剂涂布的干薄板放入展开剂时，展开剂凭借毛细管效应开始进入由不同直径毛细管相互连接的薄板中，其流动速度与展开剂的表面张力（J）和黏度（η）以及吸附剂的性质有关。

溶剂前沿移动距离（SF）[24]：

$$SF = \sqrt{Kt} \tag{10-13}$$

其中，t 为时间；K 与表面张力 J 成正比，与黏度 η 成反比，在分离条件一定时为常数。

溶剂前沿移动的速度（UF）：

$$UF = \frac{\mathrm{d}SF}{\mathrm{d}t} = \frac{K}{2SF} \tag{10-14}$$

式（10-14）说明溶剂前沿速度与溶剂前沿移动距离成反比，与 K 成正比。

由于展开剂在薄板上沿毛细管移动，点在薄板上的样品就会随展开剂的移动而移动，但是因被分离化合物的极性有差异，故不同化合物与吸附剂和展开剂的亲和力就有差别，进而导致展开时各化合物在薄板上移动的距离不同，即被分离化合物因其极性不同，在同一个吸附剂上吸附力强弱也不同。当适宜的展开剂在薄板上沿毛细管移动时，被分离物质中与吸附剂亲和力强的组分移动速度慢，留在接近开始滴加样品之点（原点），反之，被分离物质中与吸附剂亲和力弱的组分则随着展开剂移动速度快，移动距离远，即越接近展开剂的前沿。实际上，化合物各组分得到分离的过程也是一个吸附、解吸附、再吸附、再解吸附的循环过程。

按照“相似相溶”规律，极性化合物易溶解于极性溶剂中，非极性化合物则易溶解于非极性溶剂中，因此在同一个吸附色谱板上，不同极性化合物的组分在同一个溶剂中的溶解度不一样。在流动相中的溶解度越大，移动的速度越快，反之移动的速度越慢。

此外，用于薄层色谱的吸附剂都可作柱色谱的吸附剂，其基本原理实质上也是吸附、解吸附、再吸附、再解吸附的过程。柱子大小、类型及操作要点与一般葡聚糖、离子交换的柱色谱相似。吸附剂的用量依样品中成分是否易分离而定，通常为被分离样品的 30～50 倍，甚至 100 倍。

2. 塔板理论

在薄层色谱板上，样品斑点内部的样品量按高斯型分布，色谱系统的理论塔板数（N）可表示为：

$$N = 16\left(\frac{L_S}{W_S}\right)^2 - 16\left(\frac{R_f L}{W_S}\right)^2 \tag{10-15}$$

式中，N 为理论塔板数；L 为板的长度；L_S 为物质 S 在板上的移动距离；W_S 为物质 S 的斑点直径；R_f 为物质 S 的比移值。

式（10-15）表示了薄层板效率与迁移距离的关系。为了更合理地衡量薄层色谱的分离效率，可以采用式（10-16）的有效理论塔板数评价分离效果。

$$N_{eff}=16\left(\frac{L_S}{W_S-W_0}\right)^2 \tag{10-16}$$

式中，W_0 为样品原点的峰宽。

在柱色谱中，通常色谱柱均有相当的长度，因而进样引起的色谱峰的扩张不太严重，而薄层色谱样品移动的距离很短，点样引起的峰扩张（即原斑点直径）则不能忽略，展开后斑点扩张的程度应减去原斑点的宽度，其差值与斑点移动的距离成正比。有效塔板高度可表示为：

$$H_{eff}=\frac{L}{N_{eff}} \tag{10-17}$$

普通薄层板（TLC）的板长为 20cm 时，N=103～104，H=10～102μm。高效薄层板（HPTLC）的板长为 10cm，N=104～105，H=1～10μm。

普通展开方法和过压展开方法对普通薄层板和高效薄层板的影响不同，其平均塔板高度与迁移距离之间的关系如图 10-7 所示。

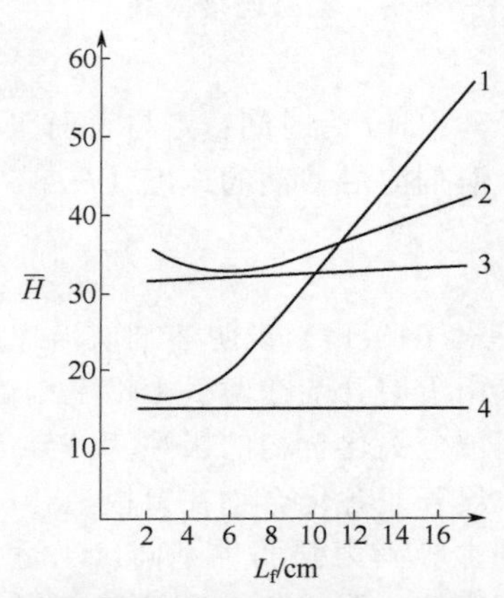

图 10-7 平均塔板高度与迁移距离的关系

1—高效板普通方法展开；2—普通板普通方法展开；3—普通板过压展开；4—高效板过压展开

从图 10-7 中可以看出，在过压展开的条件下，平均塔板高度基本上是常数，塔板数仅随着展开距离的增加有较小的线性减小。不管展开距离多大，高效板都呈现高效率，平均塔板高度为 12μm，如果把展开速度调到最佳，可以获得 8μm 的平均塔板高度，这相当于在普通薄层板上展开 325cm 达到 3 万理论塔板数的极限情况。

3. 分离参数

薄层色谱分离的优劣可采用分离参数评价，分离参数包括分离度、分离数（*SN*）及分离值（*SV*）。

分离度定义为相邻两斑点中心距离之差与两斑点的直径总和一半的比值，即

$$R_S=\frac{L_1-L_2}{(W_1+W_2)/2} \tag{10-18}$$

式中，L_1、L_2 分别为组分斑点 1、2 从斑点中心至原点的距离；W_1、W_2 分别为斑点 1、斑点 2 的直径。R=1.0 时，两斑点基本分开。

容量因子（k）与比移值（R_f）的关系为

$$R_f=\frac{1}{1+K\dfrac{V_S}{V_m}}=\frac{1}{1+k} \tag{10-19}$$

式中，K 为分配系数；V_S 为色谱系统中固定相所占的体积；V_m 为色谱系统中流动相所占的体积。

$$k = \frac{1}{R_f} - 1 \tag{10-20}$$

由式（10-20）可知，R_f=0 的组分，其 $k=\infty$，说明这种组分不溶于流动相，不能被流动相洗脱。以硅胶吸附色谱为例，若某一组分的 R_f=0，首先增加溶剂的极性，若仍不能提高 R_f，说明组分的极性太大，需更换活性低的硅胶板才能增大 R_f 值。

R_f=0.5 的组分，k=1，这种组分分布在固定相和流动相的量相同。

R_f=1 的组分，k=0，说明这种组分不溶解于固定相，或不被固定相所吸附。以硅胶为固定相的吸附色谱法可以采取降低流动相的极性，或增加硅胶的吸附活性的方法来降低 R_f 值。若仍不能达到目的，则需更换色谱填料的类型。

当薄层上相邻两个组分斑点的 R_f 分别为 R_{f1} 和 R_{f2}，并且 $R_{f1}>R_{f2}$ 时，假设 $W_1=W_2$，根据分离度公式可以得到分离度 R_S 与 N、ΔR_f 的关系：

$$R_S = \frac{\sqrt{N}}{4} \times \frac{R_{f1} - R_{f2}}{R_{f1}} = \frac{\sqrt{N}}{4} \times \frac{\Delta R_f}{R_{f1}} \tag{10-21}$$

薄层色谱分离度公式也可写成与 HPLC 非常相似的形式：

$$R_S = \frac{\sqrt{N}}{4} \times \frac{\alpha - 1}{\alpha}(1 - R_{f2}) \tag{10-22}$$

式中，α 为组分 1、2 的分配系数比，$\alpha=K_2/K_1$，$K_2>K_1$、$R_{f1}>R_{f2}$；该式右侧的三项分别称为薄层板板效项、选择性项和容量项。

薄层板板效项：薄层板的理论塔板数 N 主要影响斑点的分散程度。N 越大，斑点越集中，分离度大，否则斑点扩散，分离度降低。

选择性项：当 $K_1=K_2$，$\alpha=1$，$R_S=0$ 时，1、2 两个斑点完全重叠，只有在 $\alpha>1$ 的前提下分离才有可能。提高 α，选择合适的流动相为主要手段。

容量项：R_{f2} 越大，容量项越小，分离度越小；R_{f1} 越小，分离度越大。最佳分离条件为 R_f 在 0.3～0.5 之间，可用范围为 0.2～0.9。调整展开剂极性，可以使被分离组分的 R_f 值落入所需区间。

分离值（separation value，SV）被定义为：

$$SV = \frac{R_S - R'_S}{R'_S} = \frac{R_S}{R'_S} - 1 \tag{10-23}$$

式中，R_S 为 R_f=0 及 R_f=1 两种组分的分离度；R'_S 为相邻两组分的分离度。SV 的含义：在 R_f=0 及 R_f=1 两种组分的色谱峰（斑点）间能容纳分离度为 R_S 的相邻组分的峰数，SV 的数值取决于 R_S 及 R'_S。

若 R_f=0 与 R_f=1 两组分的色谱峰的分离度 R_S=6，两相邻组分色谱峰 R'_S=1.5，则

$$SV = \frac{6}{1.5} - 1 = 3 \tag{10-24}$$

这说明在 R_f=0 与 R_f=1 的色谱峰间能容纳分离度为 1.5 的峰有 3 个。也就是在薄层板上，在原点与前沿斑点间能容纳分离度为 1.5 的斑点有 3 个。

SV 的数值取决于 R_S 及 R'_S，无统一规定，不便于比较。因而在薄层色谱法中多用规定了分离度的 SN 来描述板容量。

分离数（separation number，SN）被定义为

$$SN = \frac{L}{b_0 - b_1} - 1 \quad (10\text{-}25)$$

式中，L 为原点至前沿距离，b_0 为 R_f=0 组分的半峰宽；b_1 为 R_f=1 组分的半峰宽。SN 的含义为：相邻峰的分离度为 1.177 时，在 R_f=0 与 R_f=1 两种组分的色谱峰间能容纳的色谱峰数。SN 是衡量薄层色谱分离条件的主要参数之一。SN 越大，薄层板的容量越大。

当 R=1.177 时，SV=SN。一般薄层板的 SN 在 10 左右，高效薄层板的 SN 大于 10。b_0 及 b_1 经常不能直接由薄层扫描图测得，因前沿与原点斑点的形状一般都不正常，通常都用外推法求算 b_0 及 b_1，因为在一定上样量范围内，半峰宽均与 R_f 成直线关系，因此很容易求出其回归方程式。

二、实验材料与操作技术

一般薄层色谱操作包括薄板的制备、点样、展开、显色、R_f 值的测定和结果分析等步骤。

1. 薄板的制备

以硅胶和氧化铝薄板的制备为例，在制备薄板时，选好适宜的吸附剂或支持剂，并确保薄板的厚度及均一性，因为其对样品的分离效果和 R_f 值的重复性影响极大。例如，从图 10-8 可以看出，当薄板的厚度小于 200μm 时，薄板厚度的变化对母菊兰烯醇（chamazulene alcohol）和母菊兰烯酸的 R_f 值影响显著；当大于 200μm 时，对 R_f 值影响很小，甚至可以忽略不计。因此，普通薄层厚度以 250μm 为宜。用薄层色谱法制备少量的纯物质时，薄层厚度应稍大些，一般为 500～750μm，甚至 1～2mm。

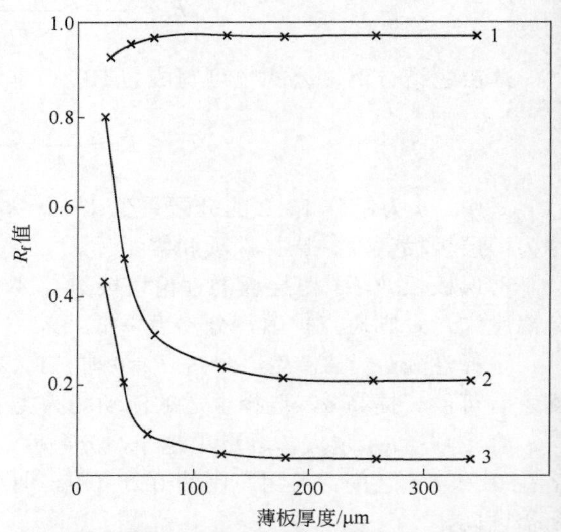

图 10-8 薄板厚度与 R_f 值的关系

1—母菊兰烯；2—母菊兰烯醇；3—母菊兰烯酸

制备方法：先把所用的玻璃板用洗液浸泡或用肥皂水洗净、烘干，并用 95%乙醇拭擦一次，以避免吸附剂脱落。玻璃板大小规格有 5cm×15cm、5cm×20cm、10cm×20cm、20cm×20cm 以及 2.5cm×7.5cm 的载玻片等，其大小视情况而定。准备好玻璃板后，取一定量的吸附剂放入研钵中，加入需要的水或适当的溶剂，研磨时间以调成稀糊状为度。当浓度均一后（即呈胶状物，色泽洁白为最佳），立即倾入玻璃板上，用下面叙述的方法涂布。涂布后还不很均匀时，可以轻轻敲玻璃板，使薄板达到表面平坦、光滑、无水层和无气泡（研磨太快时易产生气泡）状态，置水平台上风干再进行活化。活化前薄板必须已较干燥，湿板一下加热至 60℃，烘出薄板就很酥松，使用效果不好。

吸附剂的浓度要适中，浓度太大，凝结过快，不易均匀；浓度太小，吸附剂易在凝结前下沉，亦不易均匀。下面的实例可供参考。

氧化铝 G 1g，加水 1ml，在 150～160℃活化 4h，其活性相当于Ⅲ～Ⅳ级。

硅胶 G 1g，加水 2～3ml，在 110℃活化 1h。

氧化铝 1g，加 0.5% CMC 水溶液 1.5～2ml，在 110℃活化 30min。

硅胶 1g，加 0.5% CMC 水溶液 2～2.5ml，在 110℃活化 30min。

硅胶 2.85g，加淀粉 0.15g、水 7.5ml，在沸水浴上加热，不停地搅拌，使其呈均匀、黏稠的糊状，铺成薄板。

由于吸附剂制备方法不同，即使制备方法相同，批号不同，所需要的溶剂量也不一样，因此，在使用新批号吸附剂前要预先进行条件摸索、优化。薄板经活化后，需储藏在密闭的干燥器或干燥箱中。

涂布方法如下。

涂布棒：用一根直径 1cm 左右的玻璃管（或玻棒），两端绕几圈胶布，其胶布的圈数视所制薄板的厚度而定。也可在玻璃管两端套上 0.4mm 厚的铜片制成的铜环，以螺母固定距离，因铜片之间距离可调，所以只需一根玻璃管就可制成不同厚度的薄板。将调匀的吸附剂倾注在玻璃板上时，用玻璃管压在玻璃板上，把吸附剂向一个方向推动即成薄板。还可将涂布薄板的玻璃板排成一长条形，两侧放同样厚度的垫片作支持用的玻璃板，垫片厚度与要涂制的薄板厚度相当。在倾入调好的吸附剂后，立即用玻璃棒或有机玻璃板沿着表面均匀地刮推即形成薄层。此法无需特殊装置，简便易行。不足之处在于徒手操作，薄层难以均匀。

涂布器：分为可移动的涂布器和固定的涂布器两种。所谓可移动涂布器是涂布槽移动，玻璃板不动；而固定涂布器则是涂布槽固定，玻璃板以一定的速度移动。但二者的装置是相同的。涂布装置由涂布台和涂布槽两个部分组成。涂布台可用厚玻璃、薄玻璃及木板粘合制成，用作固定待涂玻璃片的位置。涂布槽是一边的下缘留有大小适中的缺口，呈方形或长方形无底的槽子，缺口的高度就是涂布薄层的厚度，当拉动涂布槽时，槽内的吸附剂匀浆就通过条形缝隙均匀地涂布在玻璃板上，这样涂布的薄板比较容易达到均一的要求。涂布槽可用有机玻璃粘成，用铜或不锈钢制作更好。

2. 点样

点样是一项细致操作，适当的点样量和集中的斑点是得到一个好的色谱分离的必要条件。通常样品的浓度以 mg/ml 为单位。根据不同的要求，不仅采用的显色剂及其灵敏度、吸附剂性能与薄板厚度不同，而且点样量也不同。若对纯物质鉴定采用灵敏度高的显色剂时，点样量只需微克或纳克样品；若进行天然物质或中间产物的分离，点样量就需 50μg，甚至几百微克样品；进行制备色谱时，点样量可达 1mg 以上样品。总之，点样量少时，不易检出；点样量多时，易拖尾或扩散，影响分离效果。以化学纯甘氨酸为例，其点样量与 R_f 值的关系见图 10-9。

点样管可用内径约 1mm 且管口平整的毛细管、微量点样管或自动点样管。吸取样品液后，轻轻移至距离薄板一端 2.5cm 处，点成圆形或条状（双向色谱点样位置可参考有关纸色谱），为使原点直径不超过 2～3mm，应该注意以下问题：溶解样品的溶剂最好是挥发性的；点样宜分次点加，即点一次后，用吹风机的冷空气吹干，再点、再吹干，反复进行，直至点完所要求的样液量；点样量的体积要尽可能小些（2～10μl）。

当几个样品点在同一块薄板上时，须在同一起始直线上，它们相互间隔为 1.5cm 左右，见图 10-10。靠边缘的样品点不能距边沿太近，以免边沿效应产生误差。点样最好是在密闭的室中或比较干燥的条件下完成，避免薄板吸水降低活性。若无此条件，点样时间要短，点样完毕后，使斑点干燥，再去展开。

3. 展开

展开就是点样的薄板一端浸入展开剂中，其深度为 0.5cm 左右，千万勿使样品点浸入展开剂中。展开的方式有上行、下行、近水平的上行与下行层（不含黏合剂的硅胶薄板只能用于水平方向展层）。根据展开的次数和方向，又可分为一次展开、多次展开、双向展开和连续展开。展开欲获得满意结果，必须选择适当的展开剂和合理的展开装置。

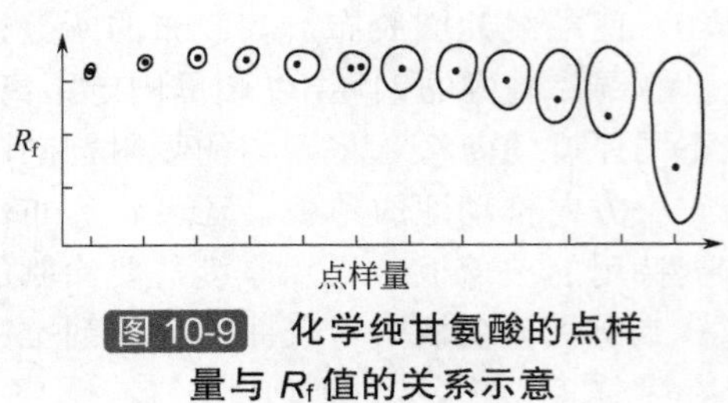

图 10-9 化学纯甘氨酸的点样量与 R_f 值的关系示意

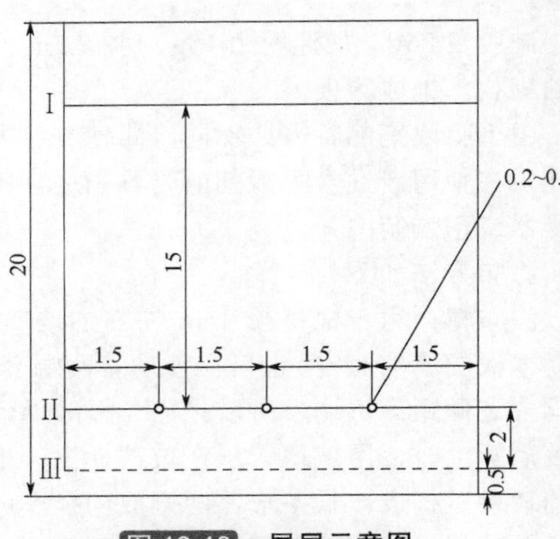

图 10-10 展层示意图

Ⅰ—溶剂前缘；Ⅱ—起始线；Ⅲ—溶剂浸入的深度（图中数字单位均为cm）

展开剂的选择原则是要使物质分离效果好，就需要选择适当的展开系统。展开剂的选择是根据被分离物质的极性及其和展开剂的亲和力来决定的。被分离物质和有机溶剂的极性大小和其分子中官能团的类型、数目及分子中碳链的长短、饱和程度有关。原昭二等[25]曾提出在硅胶或氧化铝薄板上官能团由弱到强的次序是：

$$—CH_3 < —H < —OCH_3 < —NO_2 < —N(CH_3)_2 < —COCH_3 < —OCOCH_3 < —NH_2 < —NHCOCH_3 < —OH < —CONH_2 < —COOH$$

溶剂的极性可以用介电常数和偶极矩来衡量。一般介电常数大或偶极矩大，溶剂的极性也大。溶剂的介电常数见表 10-3。众所周知，在有机化合物中普遍存在着共价键。在共价键中，当两个原子结合成共价键时，成价电子云均匀地分布在两原子间，正负电荷中心相迭，偶极矩等于零。这样的共价键没有极性，叫做非极性共价键，这种分子称为非极性分子。而当两个不同原子以共价键结合时，由于不同原子对电子吸引力不同，因而共用电子对就或多或少地接近吸引电子能力较强的原子，使键的两端成为正负两极，这样形成的共价键是有极性的，叫做极性共价键，这种分子称为极性分子。

表 10-3 常用溶剂的介电常数（15～20℃）

溶　剂	介电常数	溶　剂	介电常数
水	81	乙酸乙酯	6.5
甲醇	35	甲苯	5.8
乙醇	26	氯仿	5.2
丙酮	24	乙醚	4.4
正丁醇	19	二硫化碳	2.6
异戊醇	16	苯	2.3
吡啶	12	四氯化碳	2.2
氯苯	11	己烷	1.9
乙酸	9.7	石油醚	1.8

分子的偶极矩是衡量分子极性大小的物理常数，双原子分子的偶极矩是由两个原子的电负性差引起的。两原子的电负性相差越大，成键时键矩越大，整个分子的偶极矩就越大，这

种分子的极性也就越强。多原子组成分子的偶极矩是分子中各个键矩的总量和，因此由极性键组成的分子不一定是极性分子。在衡量一个有机化合物的极性时，不能孤立地看其偶极矩，而要从化合物组成的结构全面考虑。一般极性官能团的存在可以增加分子的极性。而非极性基团如烷基等的存在则使分子极性降低。非极性碳链增长时，因非极性烷基在整个分子中比例增大，所以极性降低。当碳链长度相同时，随着极性基团数目的增加或极性基团极性的增大和不饱和程度的增加，分子极性增大。

根据展开方式，展开装置可分为立式（a）、卧式（e、f）、S 形（b）、下行（c）和连续展开装置（d）等，如图 10-11 所示。

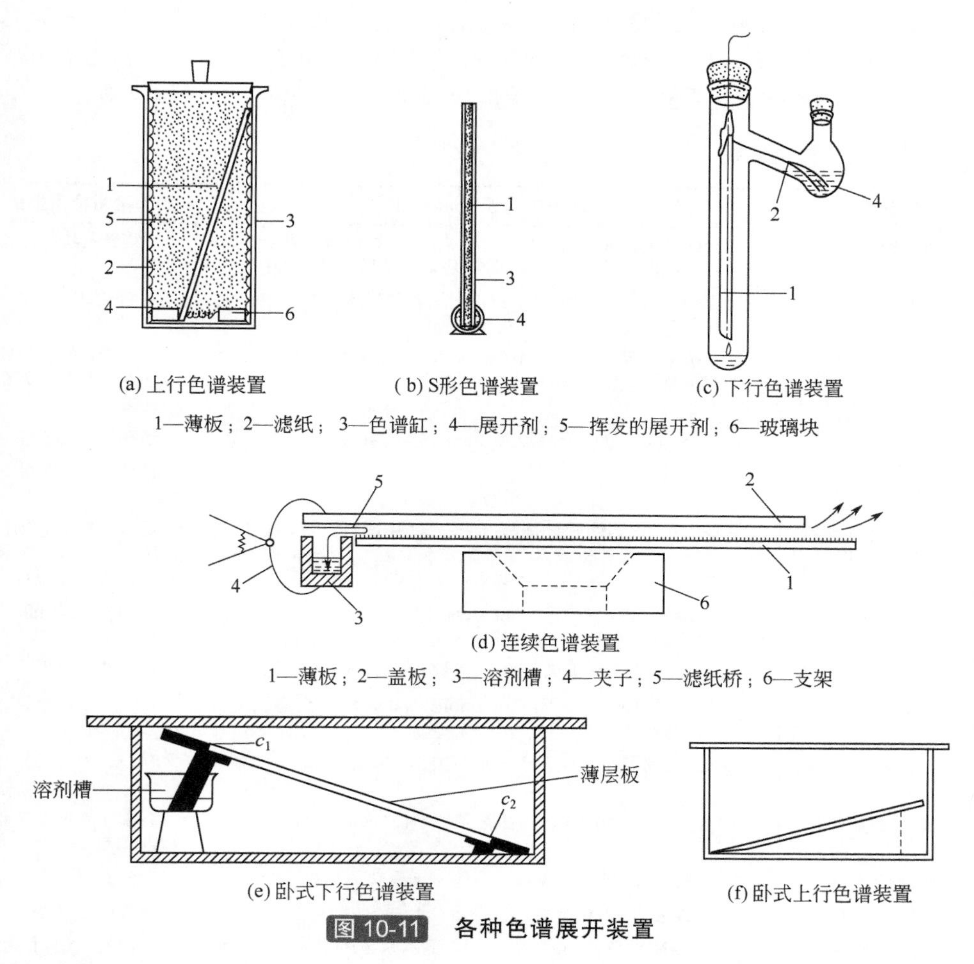

(a) 上行色谱装置　(b) S形色谱装置　(c) 下行色谱装置

1—薄板；2—滤纸；3—色谱缸；4—展开剂；5—挥发的展开剂；6—玻璃块

(d) 连续色谱装置

1—薄板；2—盖板；3—溶剂槽；4—夹子；5—滤纸桥；6—支架

(e) 卧式下行色谱装置　(f) 卧式上行色谱装置

图 10-11　各种色谱展开装置

展开装置的大小依色谱薄板的大小而定。小薄板一定要用小的色谱槽，这样易达饱和，溶剂的饱和度对分离效果影响较大。饱和要比不饱和的情况的展开时间短，分离效果好。用混合溶剂在薄板上展开时，极性较弱的溶剂（它被吸附剂吸附得也较弱）和沸点较低的溶剂（己烷-乙酸溶剂系统中的己烷）在边缘挥发得快，也就是说在边缘部分比中心部分含有更多的极性较大的溶剂，从而使边缘的均值高于中部的值。此现象被称为边缘效应（单一的展开剂无此效应）。用饱和的色谱装置就可消除边缘效应。

展开操作方法：把点好样的薄板浸入 0.5cm 深的适宜展开剂中，展开剂移动至离起点约 10cm 处（约半小时或较长时间）时，将薄板取出放平，用铅笔或小针记下溶剂前缘的位置后，在室温或烘箱内干燥，测其 R_f 值。展开剂移动的距离和 R_f 值有一定的关系。因此，每次的展开距离要固定，以便 R_f 值的重复。

4. 显色

显色是鉴定物质的重要环节。有的物质可在紫外灯下显出荧光斑点，如核苷酸和某些生物碱等；有的物质在展开后即可显出带颜色的斑点，如染料蒽酮类、黄体酮等；有的物质则需用显色剂后才可显出带颜色的斑点。一般应用于纸色谱的显色剂均可用于薄层色谱。由于斑点在薄层色谱板上比纸色谱上集中，所以显色剂的灵敏度相应提高。一些重要类型化合物的常用显色剂参看表 10-4。无机吸附剂的薄板可用腐蚀性的显色剂如硫酸等。另外还可在薄板中加荧光试剂或色谱分离后用荧光试剂喷雾，这样在紫外线照射下，薄板本身显荧光，吸收紫外线的物质在荧光背景下呈暗色，一般可在吸附剂中加入 1.5%硅酸锌和硫化镉粉或在薄板上喷 0.04%荧光钠水溶液、0.5%硫酸奎宁酸溶液和 1%磺基水杨酸的丙酮溶液。

表 10-4 一般常用的显色试剂

序号	试剂名称	配制方法及使用方法	适用检出范围
1	碘化铋钾试剂	425mg 次硝酸铋溶于 20ml 水，加 5ml 冰醋酸，再加 40%碘化钾 10ml，可长期保存，用前须除尽薄层上的碱性溶剂	生物碱及其他含氮物质
2	碘-碘化钾	1g 碘和 10g 碘化钾溶于 50ml 水加热使溶解，加入 2ml 乙酸，然后稀释至 100ml（用法同上）	生物碱
3	硫酸铈-硫酸	0.1g 硫酸铈混悬于 4ml 水中，加入 1g 三氯乙酸煮沸，然后加入浓硫酸直至浑浊消失	生物碱，如喜树碱、马钱子碱、毒扁豆碱、秋水仙碱等
4	三氯化铁-高氯酸	1ml 0.5mol/L 三氯化铁加入 50ml 35%高氯酸	吲哚类生物碱
5	茚三酮	0.5%丙酮溶液	胺类，如麻黄碱、氨基酸
6	三氯化铁、铁氰化钾	等体积的 0.6%铁氰化钾与 0.9%三氯化铁水溶液，临用前混匀。显色后将薄板放入 0.1%盐酸水溶液，洗去多余试剂，再用净水冲洗后，烘干可喷以其他显色剂	还原性物质、酚羟基、鞣质、芳香胺、吲哚、雌激素、含羟基甾醇等
7	乙酸酐-硫酸	5ml 乙酸酐在冰浴上与 5ml 浓硫酸逐滴混匀，将此混合液（在冷却条件下）加入 50ml 无水乙醇，100℃加热 10min	胆甾醇及其酯及某些甾体三萜
8	三氯化铝乙醇液	1%三氯化铝溶于 95%乙醇，在紫外线下显黄色荧光	黄酮苷
9	溴甲酚绿	0.04g 溶于 100ml 乙醇，以 0.1mol/L NaOH 调节至蓝色刚消失，pH<3.6 显黄色	羧基酸
10	3,5-二硝基苯甲酸（Kedde 试剂）	1g 3,5-二硝基苯甲酸溶于 50ml 甲醇，50ml 2mol/L KOH	强心苷
11	2,4-二硝基苯肼	0.2% 2mol/L 盐酸水溶液或配成 0.1% 2mol/L 盐酸-乙醇溶液	醛酮、酮甾体（3-酮或4-烯-3-酮）
12	碱性乙酸铅	25%碱性乙酸铅水溶液在紫外线下观察荧光	黄酮苷
13	碱性高锰酸钾	1%高锰酸钾-5%碳酸钾等体积混合	一般检出试剂
14	硝酸银氨溶液	2.6g $AgNO_3$ 溶于 50ml 水，加入氨水直至所形成的棕色沉淀刚消失为止	还原性物质，醛还原糖

用特制的喷雾器（见图 10-12）（最好用玻璃的）装上显色液后，加压使其通过喷嘴喷出细雾（切勿喷出点或线状的液体），使薄板面均匀湿润。斑点未显出，可加热烘干，再喷一次使其显出。根据被测物质所用试剂和方法的不同，给予不同的处理。另外，喷雾时千万勿太靠近板面，特别是无黏合剂的硅胶板。

溶质（样品）在流动相与固定相中运动的状况，也就是物质移动和流动相移动的关系可用 R_f 值表示。R_f 值在薄板中的重复性为±0.03，要获得好的重复性，必须严格控制条件，如薄板材料的纯度、颗粒大小和均一性、薄板的厚度、展开剂的纯度及固定的配比、展开

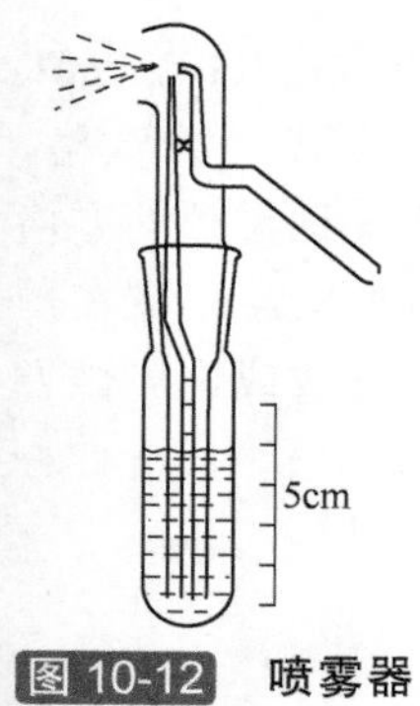

图 10-12　喷雾器

缸中的饱和度和展开的距离等。有时可用某一已知物作参照，求出相对 R_f 值。

对薄层色谱图的分析和纸色谱图类似。对简单样品的鉴定，可根据起始点和溶剂前沿的距离算出 R_f 值，用 R_f 值和斑点的位置与标准样品对照，就能初步确定未知样品的成分和纯度。而对复杂样品的鉴定常常需要数种显色剂或方法才能完成全过程。

三、薄层色谱定量分析

除前面谈到的影响薄层色谱的诸因素可影响到定量分析外，点样量的精确度、展开后面积的规则程度和测定方法的精确度等因素也会对薄层色谱定量分析产生影响，致使定量分析工作处于"半定量"的阶段。近年来，随着对薄层色谱影响因素的认识，促使仪器设备的改进（如：连续薄层色谱装置，它可使样品达到水平方向的浓缩，以减少吸附剂的用量；新型仪器，如气相色谱和扫描仪的推出），这对 R_f 值的重复性和定量分析的精确性都是有帮助的。

薄层色谱定量分析方法基本上分为洗脱后测定和板上测定（即洗脱前测定）两类。

1. 洗脱后测定法

将一个分开的斑点显色，而将与它位置相当的另一个未显色的斑点从薄板上连同吸附剂一起刮下，置入离心管中，用溶剂把样品从吸附剂上抽提出来，离心除去吸附剂后的溶液，可用分光光度法、重量法、滴定法、极谱法、气相色谱法和同位素稀释法等进行定量测定。如果是不加黏合剂的薄板，可采用图 10-13 给出的转移被分离物质区带的方法，将样品和吸附剂从薄板上取下来。图中的（a）是将样品刮到装有洗脱剂的试管中，（b）和（c）是将样品吸集入索氏套管或带有棉塞的管中，用适当的溶剂洗脱、过滤，滤液收集在容器 6 中，进行定量测定。这样取得的面积不易一致，为了取得面积一致性，可将已知物质配成不同浓度的溶液，在薄板上点样，按常规方法展开，显色干燥后，将特制的方格架压在薄板上，含有样品的薄板被切割成等面积的块状，接着分别取出含有样品物质的块状物和空白块状物，用适宜的溶剂抽提，得到的溶液用比色计测定其含量。

抽提后的物质可根据其特性在紫外线下观察或进行显色反应后在可见光下测定。对有荧光的化合物进行薄层色谱分离后，从薄板中取出抽提，接着在荧光光度计上测定含量。注意：化合物中的荧光强度并非与化合物的浓度呈简单的线性关系，因为少量的悬浮物质（如灰尘、硅胶颗粒度等）的存在会使结果产生误差。

2. 板上测定法

板上测定法也可分为直接测定和间接测定两种。前者有透射光密度法、反射法、荧光法、放射性同位素扫描法和求积法等。后者为照相后再测光密度或用放射自显影法测放射性斑点。

采用测定斑点面积定量的方法借鉴纸色谱法。汤费希尔等[26]最早发现物质质量的对数与其斑点面积成正比例关系，接着费洛尔（Fouler）提出物质质量的对数和斑点面积的对数有更普遍的关系，此后珀迪（Purdy）和特拉特（Truter）通过十个化合物在薄板上的实验结果，最终证实斑点面积的平方根（$\sqrt{A}$）与化合物质量的对数（$\lg W$）之间的线性关系最好；而斑点面积的对数值和化合物质量的对数值之间的线性关系次之；斑点面积和化合物质量的对数之间的线性关系最差。

$\lg W$ 与 $\sqrt{A}$ 之间的经验公式为：

$$\sqrt{A}=m\lg W+C \tag{10-26}$$

面积测量法可用面积仪计算，也可用自制的微方格板计算。

微方格板的制作和小方格的计数：用绘图纸画成线条清晰、粗细均匀的小方格（0.25cm×0.25cm），每 5×5 小方格画一粗线大格，大格间的中心处画一个黑点标记，共记 35 个大格，然后再拍摄成照相底片，每拍一张后，把照相机的距离升高一次，这样制成各种尺寸的方格底片，再经复制成透明格子的照片，图 10-14 为其局部示意图。将此测微方格板悬空放在薄板的斑点上，薄板背面用一光源照射，即可在放大镜下数出斑点所占的小方格数或把测微方格直接放在解剖镜的接目镜中，薄板斑点放在接目镜下，数出方格数。

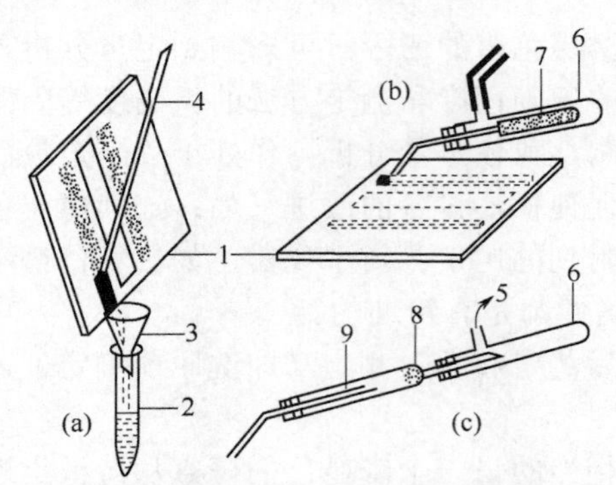

图 10-13 转移被分离物质区带的方法

（a）用刮铲刮下；（b）用真空泵直接吸集；（c）用真空泵间接吸集

1—薄板；2—装有溶剂的试管；3—漏斗；4—刮铲；5—真空泵接嘴；6—收集容器；7—索氏套管；8—棉塞或熔结玻板；9—弯曲玻璃管

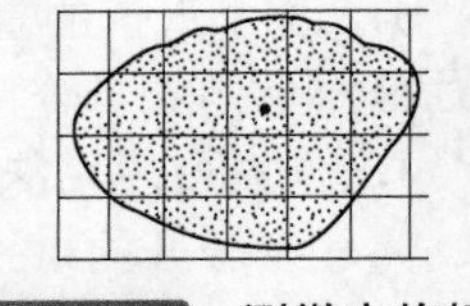

图 10-14 测微方格板

四、应用

这里仅就薄层色谱应用于氨基酸、肽等化合物的分离、鉴定作一概述。

众所周知，氨基酸是亲水性化合物，极性较强，根据溶剂、吸附剂选择规律，对于欲分离的氨基酸化合物，需要选择弱的吸附剂和极性较强的展开剂。Mutschler 首先用缓冲液处理的硅胶薄板（25g 硅胶和 50ml 0.2 mol/L KH_2PO_4 与 0.2 mol/L Na_2HPO_4 的混合铺板），采用单向和双向色谱法，以 70%乙醇-98%乙醇-25%氨水（5∶4∶1）和 96%乙醇-25%氨水-水（7∶1∶2）作为展开剂分离了 14 种氨基酸。Brenner 等先后又以多种展开剂室温下在干燥的硅胶薄板上分离了 36 种氨基酸和 27 种氨基酸的二硝基苯基衍生物。从结果看出，用不同的展开剂展开，得到的 R_f 值不同，即使是氨基酸的异构体也能得到很好的分离。如 α-丙氨酸与 β-丙氨酸经过薄层色谱分离后，其 R_f 值分别为 0.47 和 0.33。Ehrhardt 等用四种展开剂对 31 种氨基酸和肽的苯氧羰基衍生物在硅胶 G 薄板上进行了分离。这充分表明不活化的硅胶薄板可用于分离氨基酸、肽及其衍生物。

氨基酸样品色谱分离时，最好是用 10%正丙醇水溶液配成 1mg/ml 的溶液。难溶的酪氨酸和赖氨酸等可用 0.1mol/L HCl 配制，但点样后，把薄板放在室温下 15～20min，以便除去过剩的 HCl 后再进行展开。

第四节 纸电泳法

纸电泳法的优点包括机械强度大、能持留大量样品和电解质、易于剪裁成各种形状、进行两向电泳和样品洗脱简单等，以及在检测试剂中浸渍或用喷雾法即可进行检测。纸作载体时，电泳图谱干燥后容易作为文献资料保存。另一方面，纸作为载体又有一些缺点，如纸张的不均匀性和多孔性使电泳路径必须加长，在制备性分离中吸附效应增加了样品损失，或者在拖尾严重的情况下（如分离糖蛋白、脂蛋白时）分离根本不能进行。一般采用缩短分离时间、降低温度，同时增加电势梯度的方法可控制因扩散作用所引起的区带扩展。对高分子量的物质采用较低电势梯度的电泳仪就能满足需要；而对低分子量的样品，电势梯度则要求高到 200V/cm。

一、原理与基本理论

纸电泳法以电解质溶液浸湿的纸为支持物，在一定电压下，带电颗粒或离子在纸上受电场影响而做定向移动，其移动的速度与荷电物质的性质有关，通电一段时间后，将混合物中的不同成分得以分离。按纸色谱法的操作，将纸上各组分用适当的试剂显色，即可进行定性和定量测定。

1. 焦耳热效应及消除

纸电泳法因为有电流通过滤纸，能够产生热量，所以要在密闭系统中进行以防止水分蒸发，避免引起缓冲液离子强度的改变，进而影响到电泳结果，甚至由于滤纸变干而不能导电，而且电泳时必须电压稳定才能得到重现结果。

纸电泳法所用的电解质多为缓冲液，其 pH 值对分离有影响，因为物质在一定 pH 缓冲溶液中的迁移率随其质点所带电荷多少而改变，特别是蛋白质、氨基酸之类的化合物，缓冲液的 pH 值对分离的影响很大。缓冲液离子强度的增加会使迁移率变慢，因此最好选用缓冲容量大而离子强度低的溶液。在分离生物碱时也常用有机酸溶液，如稀乙酸等作为导电液。吸附现象是纸电泳法中的一个严重问题，它常使分离物质产生拖尾现象，因此使用滤纸时要选纤维组织均匀、质量较高的滤纸，有时将纸条预先经稀酸处理或用相应的络合剂洗涤，以减少或除去其吸附性能。

在较高电势梯度下，为了消除焦耳热，可采用固定的热交换器。带有液体热交换器的仪器中装有适宜的惰性液体包括甲苯，较高沸点的石油馏分如氟代烃等。用缓冲液浸渍过的纸沉浸在液体内，并用浸入式冷却器冷却。这种装置结构简单，尽管散热效率低，但能获得很整齐的区带运动。

目前在实验室中大多使用无冷却设备的简单下行纸电泳，主要用于分离蛋白质的酶水解物。既能用于分析，也可用于制备。用电导率相当于 1/150mol/L、pH=7.0 的索连森（Sorensen）磷酸盐缓冲液（3.63g KH_2PO_4 和 14.32g $Na_2HPO_4\cdot12H_2O$ 溶于 10L 水中）可取得最佳的分离。要使缓冲液蒸发时，不需增加纸上的离子浓度，使用挥发性缓冲液最为方便。例如，分离肽类时，通常使用 pH=5.6 的吡啶-乙酸缓冲液（4ml 吡啶和 2ml 乙酸加水至 1L），不带电荷的中性物质留在纸中央，即在原始位置形成一个很窄的混合区带，碱性肽类的区带分布在纸的上部，酸性肽类则在纸的下部。

除了由向上的电渗作用补偿缓冲液向下运动之外，蒸发作用使缓冲液从两个电极槽流向纸中的方向。这种逆着区带运动的电解质流动有助于区带的集中。

2. 一些基本参数

迁移率被定义为单位电场强度的质点移动速度，以 u 表示。球形质点在自由溶液中的迁移率可表示为：

$$u=\frac{V}{E}=\frac{dl}{Vt} \tag{10-27}$$

式中，V 为质点迁移速度；E 为电场强度；d 为电泳距离，cm；t 为时间，s 或 h；V 为加于两极的电压，V；l 为两电极间的距离，cm。因此迁移率的单位为 $cm^2/(V \cdot h)$或 $cm^2/(V \cdot s)$。

式（10-27）也可改写为：

$$u = \frac{dS\kappa}{It} \tag{10-28}$$

式中，I 为电流强度；κ为缓冲液的电导率；S 为横切面积。

应用于液体多孔介质例如纸上电泳，则应修改为：

$$u = \frac{d'l'}{Vt} = \frac{d'S_p\kappa}{It} \tag{10-29}$$

式中，d' 为真正的电泳距离；l' 为滤纸中沟道的长度；S_p 为滤纸的横切面积。

与在纸色谱法中用 *RG* 或 *Rg* 表示糖类的移动的意义一样（*RG* 或 *Rg* 值为相对于 2,3,4,6-四甲基葡萄糖为 R_f=1.00 或相对于葡萄糖为 R_f=1.00 时的 *RF* 值），在纸电泳中，常用 *MG* 值来表达糖类及其衍生物的移动，*MG* 值被定义为：

$$MG = \frac{\text{物质的真实移动距离}}{\text{D-葡萄糖的真实移动距离}} \tag{10-30}$$

所谓真实移动距离无非是校正了电渗流的物质的移动。例如，在硼酸盐缓冲液中求糖类及其衍生物电泳的真实移动值，常采用仲裁惰性指示剂 2,3,4,6-四甲基-D-葡萄糖，因它不跟硼酸根离子形成配合物或不会与硼酸盐缓冲液一起移动。*MG* 值反映了这些物质之间的可分离性。

二、实验材料、设备与基本操作

纸电泳的仪器装置包括电泳槽及电源两大部分。电泳槽是进行电泳的装置，其中包括铂电极（直径 0.5～0.8cm）、缓冲液槽、电泳介质的支架和一个透明的罩，常见的电泳槽有水平式和悬架式等。电源是具有稳压器的直流电源，能控制电压和电流的输出。电泳槽内的铂电极经隔离导线穿过槽壁与外接电泳仪电源相连。纸电泳可分为低压电泳和高压电泳两类，低压电泳的电压一般在 100～500V，电流为 0～150mA，高压电泳的电压一般在 500～10000V，电流为 50～400mA。

1. 电泳缓冲液

枸橼酸盐缓冲液（pH=3.0）：取枸橼酸（$C_6H_8O_7 \cdot H_2O$）39.04g 与枸橼酸钠（$C_6H_5Na_3O_7 \cdot 2H_2O$）4.12g，加水 4000ml，使溶解。

2. 滤纸

取色谱滤纸置于 1mol/L 甲酸溶液中浸泡过夜，用水漂洗至洗液的 pH 值不低于 4 后，置于 60℃烘箱中烘干，备用。

可按需要裁成长 27cm、宽 18cm 的滤纸，或根据电泳室的大小裁剪。在距长度方向一端 5～8cm 处划一起始线，并在起始线上每隔 2.5～3cm 处做一记号备点样用。

3. 点样

有湿点法和干点法两种。

湿点法将裁好的滤纸全部浸入枸橼酸盐缓冲液（pH=3.0）中，湿润后取出，用滤纸吸干多余的缓冲液，置电泳槽架上，使起始线靠近阴极端，将滤纸两端浸入缓冲液中，然后用微量注射器精密点加供试品溶液，每点 10μl，共 3 点，并留 2 个空白位置。

干点法将供试品溶液点于滤纸上，吹干、再点，反复数次，直至点完规定量的供试品溶液，然后用喷雾器将滤纸喷湿，点样处最后喷湿，本法适用于稀的供试品溶液。

4. 电泳

于电泳槽中加入适量电泳缓冲液至浸没铂电极，接通电泳仪稳压电源挡，调整电压梯度为 18～20V/cm，电泳约 100min，取出后立即吹干，置于紫外光灯（254nm）下显色，用铅笔划出紫色斑点的位置。

5. 含量测定

剪下供试品斑点和与斑点位置面积相近的空白滤纸，剪成细条，置于不同的试管中，分别加入 0.01mol/L 盐酸溶液 5ml，摇匀，放置 1h 后，用 3 号玻璃漏斗滤过，也可用自然沉降或离心法倾取上清液，按各样品最佳条件测定吸光度，并按吸收系数计算含量。

三、应用

纸电泳设备简单，应用广泛，是最早使用的一种电泳技术。最初用于蛋白质分析，后来也用于氨基酸、核苷酸及一些低分子量样品的分析。纸电泳的优点在于可获取滤纸与色素结合的直接电泳图，或剪下滤纸的任何部分来抽提其中的物质。由于纸电泳具有分离时间长、分辨率较差等缺陷，近年来逐渐为其他快速、简便、分辨率高的电泳技术所取代。

对无机离子进行纸电泳时，选用滤纸包括 Eaton-Dikeman Co. 级 301、Filpac No.046、Eaton-Dikeman Co. 级 320 或 Whatman 纸；电解质溶液或缓冲液为柠檬酸二铵、钨酸铵、氨水、$K_4[Fe(CN)_6]$、盐酸或柠檬酸等。考虑到柠檬酸的影响，在柠檬酸介质中纸电泳谱上各种元素离子定位用显色剂被列于表 10-5 中，浓度均为 0.1%。在浸有不挥发电解质的纸上，用有机试剂定性碱金属非常困难，因此，碱金属行为的追踪可采用放射性同位素方法。

表 10-5 柠檬酸介质中纸电泳谱上各种元素离子定位用的显色剂

离　子	显色剂	区带的颜色
Cs^+	按 ^{137}Cs 的活性	
Cu^{2+}	醌茜素（1,2,5,8-四羟蒽醌）	暗蓝
Ag^+，V^{5+}	8-羟基喹啉	深灰，暗黑
Be^{2+}，Mg^{2+}，Hg^{2+}	8-羟基喹啉	黄
Zn^{2+}，Cd^{2+}	8-羟基喹啉	蓝
Au^{3+}	自身的颜色	黄
Ir^{3+}	自身的颜色	褐
Ca^{2+}	偶氮胂 AE，按 ^{45}Ca 的活性	蓝
Ba^{2+}	2-(2-羧基-苯偶氮)7-(4′-磺基苯偶氮)-1,8-萘二酚-3,6-二磺酸	暗绿
Sr^{2+}	同上试剂，按 ^{89}Sr 的活性	暗绿
Ga^{3+}，In^{3+}，Sc^{3+}，$B_4O_7^{2-}$，Al^{3+}，Pb^{2+}，Zr^{4+}，Hf^{4+}，Ge^{4+}，Sn^{2+}，Sb^{3+}，MoO_4^{2-}，WO_4^{2-}	桑色素	黄
Ti^{4+}	桑色素	褐
Tl^{3+}	红氨酸（二硫乙二酰胺）	黄
Bi^{3+}，稀土，Y^{3+}	偶氮胂III（钍试剂III）	蓝
UO_2^{2+}，Th^{4+}	偶氮胂III	蓝绿
Si^{4+}	钼酸铵，然后联苯胺	黄绿
PO_4^{3-}	钼酸铵，然后联苯胺	黄
Nb^{5+}	邻苯二酚紫	暗淡紫色
Ta^{5+}，As^{3+}	邻苯二酚紫	蓝

第五节 薄层电泳

薄层电泳法（TLE）采用硅胶 G、氧化铝 G、硅藻土等为支持物或吸附剂制成薄层板进行电泳操作，原理与纸电泳法相似，其优点是通过吸附剂的选择能避免纸电泳法中的一些干扰效应。

为了获得疏松薄层，通常采用细颗粒硅胶。微颗粒纤维素薄层可用于生化分离，为了保持薄层的湿度，并使薄层与支持体粘合良好，通常在其中添加一定量的超细葡聚糖凝胶。目前，淀粉已很少使用。对某些类型的制剂，可采用聚乙烯细粉。板的大小通常与标准的 TLC 板（200mm×200mm 或 200mm×100mm）相同。TLE 仪通常允许的电势降高达 60V/cm，功率 0.10～0.15W/cm^2，分离时间随样品和缓冲液不同而异，一般为 20～120min。

薄层干燥后在第二向即在垂直方向上进行 TLC，或者第二次电泳，这样可得到一张谱图，如果在垂直方向进行电泳采用同样的条件(对角线电泳)，则在再次电泳之间可进行化学反应。电泳后迁移率有改变的组分与不改变的组分形成的对角线有偏差。薄层电泳法用于分离各类物质的条件列于表 10-6 中。

表 10-6 薄层电泳法分离各类物质的条件

物质类	缓冲液组成	PH 值		薄层
胺类；氨基酸类	2mol/L 乙酸-0.6mol/L 甲酸（1∶1） 吡啶-乙酸-水（1∶10∶90） 柠檬酸钠缓冲液（0.1 mol/L）	2.0 3.6 3.8	460V 440V	硅胶，硅藻土 氧化铝 G
氨基酸类；DNP-氨基酸类；肽类；血清朊类	0.02mol/L 磷酸盐缓冲液（含有 0.2mol/L NaCl）	7.0		葡聚糖凝胶
氨基酸类；色氨酸；血红素朊和卵白朊的降解产物	吡啶-乙酸-水（20∶9.5∶970）	5.2	60V/cm	硅胶 H 纤维素 MN300
氨基酸类；胺类；肽类；血清朊类；蛋白质水解产物；生物磷酸酯化合物	0.075mol/L 佛罗那（二乙基巴比妥酸）缓冲液	8.6	20V/cm	淀粉纤维素
酯酶类	0.025mol/L 硼酸盐缓冲液	8.55	15V/cm	淀粉凝胶
血清蛋白类；乳酸脱氢酶-同功异构酶类	Tris 缓冲液：9.3g Tris+1.2g Na-EDTA+0.71g 硼酸，溶于 1L 水中	9.0	300V	丙烯酰胺凝胶
血清朊类；血红素朊	0.1mol/L Tris，0.0067mol/L 柠檬酸，0.04mol/L 硼酸，0.016mol/L 氢氧化钠	8.65	4～5V/cm	淀粉凝胶
脱氧核糖核酸单元（碱类，核苷酸类，核苷）	甲酸铵缓冲液（0.05mol/L）	3.4		纤维素 MN300
酚类；酚羧酸类；萘酚类	80ml 乙醇+30ml 水+4g 硼酸+2g 乙酸钠（含结晶水的） 用乙酸调节 pH 值 用氢氧化钠调节 pH 值	4.5 5.5 7.8	20V/cm	硅胶 硅藻土
染料类	用氢氧化钠调节 pH 值	12.0		硅胶 G
无机阳离子及阴离子	0.05mol/L 乳酸 0.01mol/L 氢氧化钠		13～46V/cm 13～45V/cm	硅胶 硅藻土
碘酸盐-过碘酸盐	0.05mol/L 碳酸铵		400V	石膏
焦油染料	0.05mol/L 硼砂	9.18	200V	硅藻土，硅胶，氧化铝

第六节 凝胶电泳

1955 年，出现了一种淀粉凝胶电泳技术，因凝胶具有分子筛作用，所以分辨力比纸上电泳高很多，但天然淀粉通常不容易制备出均一的、重复性高的凝胶。1959 年，聚丙烯酰胺凝胶电泳技术被发展。聚丙烯酰胺凝胶作为一种人工合成的凝胶，由丙烯酰胺单体和交联剂 *N,N'*-亚甲基双丙烯酰胺在催化剂的作用下聚合并交联制得。聚丙烯酰胺凝胶电泳用途广泛，对生物高分子化合物能有效地进行分离、定性和定量分析。

聚丙烯酰胺凝胶具有以下优点：机械强度好；有弹性、透明、化学稳定性好；对 pH 和湿度变化也较稳定；在很多溶剂中不溶；非离子型，没有吸附和电渗作用；可通过调节控制单体浓度或调节单体和交联剂的比例获得孔径大小范围不同的凝胶；制备出凝胶的重复性好。

一、原理

常用的聚丙烯酰胺凝胶电泳按凝胶形状可分为圆盘状（管状）电泳、垂直平板和水平平板电泳。现以不连续的盘状聚丙烯酰胺凝胶电泳为例说明其原理。

将含有样品凝胶（其中含有欲加分离的样品）、浓缩凝胶、分离凝胶的玻管放在 Tris-甘氨酸缓冲液（pH=8.3）的电泳槽内进行电泳。这种电泳系统的胶孔径、pH、缓冲液均是不连续的，并在电场中形成电位梯度的不连续性，从而使样品浓缩成一个极窄的区带，它之所以有很高的分辨力是浓缩效应、电荷效应和分子筛效应所致。

1. 浓缩效应

在样品凝胶和浓缩凝胶中采用 Tris-HCl 缓冲液（pH=6.7），电泳槽缓冲液 pH 值为 8.3，此时，HCl 几乎全部释放出 Cl^-，甘氨酸在此条件下只有极少部分的分子解离成 $NH_2CH_2COO^-$，一般酸性蛋白质在此 pH 值下也解离为带负电荷的离子。加上电场后，三种离子均向正极移动，并按有效迁移率大小次序排列：

$$m_{Cl^-}\alpha_{Cl^-} > m_{蛋白质}\alpha_{蛋白质} > m_{甘氨酸}\alpha_{甘氨酸}$$

式中，m 为迁移率；α为解离度；$m\alpha$为有效迁移率。

根据有效迁移率的大小，走得最快的称为先行离子（或称快离子，此处为 Cl^-），最慢的称为随后离子（或称慢离子，此处为 $NH_2CH_2COO^-$）。为了保持溶液的电中性及一定 pH 值，还需要一个与先行离子和随后离子符号相反的配对离子（此处即 Tris，三羟甲基氨基甲烷）。电泳刚开始时三种凝胶都含有先行离子，只有电泳槽中的电泳缓冲液含随后离子。电泳开始后，由于先行离子的后面形成了一离子浓度低的区域也即低电导区，而电梯度与电导成反比，低电导区有较高的电位梯度。这种高电位梯度使蛋白质和随后离子在先行离子后面加速移动。电位梯度和迁移率乘积彼此相等时，三种离子移动速度相同并在先行与随后离子间形成了一个稳定而又不断向下移动的界面（位于高电位梯度区和低电位梯度区之间），已知样品蛋白质的有效迁移率介于先行和随后离子之间，因此也就聚集于这界面附近被浓缩形成一狭窄的中间区带。

2. 电荷效应

蛋白质混合物在界面处被高度浓缩，堆积成层，形成一狭窄的高浓度的蛋白质区，但由于每种蛋白质分子所载有效电荷不同，因而迁移率也有所不同，蛋白质就以一定顺序形成层次。在进入分离胶中时，此种电荷效应仍起作用。

3. 分子筛效应

当夹在先行离子和随后离子间的蛋白质通过间隔凝胶进入分离凝胶时，pH 和凝胶孔径突然改变，选择分离的 pH 值为 8.9（电泳时实际测量值为 9.5），使接近于甘氨酸的 pK_a 值，导致随后离子的解离度增大，其有效迁移率也增加，超过所有蛋白质的有效迁移率，从而赶上并超过所有的蛋白质分子；这时高电位梯度消失，蛋白质样品在一个均一的电位梯度和 pH 条件下通过一定孔径的分离胶。分子量或构型不同的蛋白质通过一定孔径的分离胶时由于所受摩擦力不同，基于受阻滞的程度表现出不同的迁移率，即所谓的分子筛效应。即使净电荷相似，也就是说自由迁移率相等的蛋白质分子也会由于分子筛效应在分离胶中被分离。

二、实验材料、设备与基本操作

1. 支持介质

支持介质可防止电泳过程中的对流和扩散，以得到最大分辨率的分离。为此，支持介质应具备以下特性：化学惰性；不干扰大分子的电泳过程；化学稳定性好，均匀；重复性好；电内渗小等。

纸、醋酸纤维素薄膜、硅胶、矾土、纤维素等材料可以作为固体支持介质。这些介质化学惰性好，能将对流减到最小。使用这些支持介质进行蛋白质分离与在自由溶液中一样，都是基于 pH 环境中蛋白质的电荷密度进行分离。但在有些情况下，它们也会与样品发生相互作用而参与分离过程。

淀粉、琼脂糖和聚丙烯酰胺凝胶是另一类固体支持介质。这些凝胶不仅能防止对流，把扩散减到最小，而且具有多孔结构，孔径尺寸和生物大分子具有相似的数量级，因而具有分子筛效应。使用这些凝胶进行分离不仅取决于大分子的电荷密度，还取决于其分子尺寸。如具有相同电荷密度和不同尺寸的两种蛋白质，使用纸电泳不可能分离好，而使用梯度凝胶电泳来分离，由于分子筛效应，小分子会比大分子跑得快而使分辨率提高。

1959 年 Raymond 等[27]首次使用聚丙烯酰胺凝胶作为电泳的支持介质，特别是 1964 年 Ornstein[28]和 Davis[29]的开创性工作，使得聚丙烯酰胺凝胶已成为目前生化实验室最常用的支持介质。由于其分辨率高，不仅能分离各种生物大分子，而且可以研究生物大分子的电荷、分子质量、等电点、甚至构象等特性。

聚丙烯酰胺凝胶（polyacrylamide gel，PAG）是由丙烯酰胺和交联试剂 *N,N'*-亚甲基双丙烯酰胺在有引发剂和增速剂的情况下聚合制得。丙烯酰胺单体首先聚合形成长链，再由 *N,N'*-亚甲基双丙烯酰胺的双官能基团与链末端的自由官能基团反应，交联形成三维网状结构。聚丙烯酰胺的力学性能、弹性、透明度、黏着度以及孔径大小等特性均取决于两个重要的参数 T 和 C。T 是两个单体（丙烯酰胺和 *N,N'*-亚甲基双丙烯酰胺）的总百分浓度；C 是与总浓度有关的交联剂的百分浓度。其计算公式分别为[30]：

$$T = \frac{a+b}{V} \times 100\% \tag{10-30}$$

$$C = \frac{b}{a+b} \times 100\% \tag{10-31}$$

式中，a 为丙烯酰胺的质量数，g；b 为 *N,N'*-亚甲基双丙烯酰胺的质量数，g；V 为水或缓冲液的体积，ml。

a 与 b 的比例非常重要。如果 $a/b<10$，凝胶脆、硬，呈乳白色；如果 $a/b>100$，T 为 5% 的凝胶呈糊状。制备富有弹性且完全透明的凝胶，a/b 应在 30 左右，而且其中丙烯酰胺的浓度必须高于 3%。Davis[29]研究过 1.5%～60%浓度范围的丙烯酰胺和 0～0.625%浓度范围的 *N,N'*-亚甲基双丙烯酰胺。他发现在丙烯酰胺浓度低于 2%和 *N,N'*-亚甲基双丙烯酰胺浓度低于 0.5%时，凝胶不可能聚合。丙烯酰胺浓度的增加通常应该伴随 *N,N'*-亚甲基双丙烯酰胺浓度的降低以得到富有弹性的凝胶。

丙烯酰胺聚合常用过硫酸铵、过硫酸钾或核黄素引发，用 *N,N,N',N'*-四甲基乙二胺、3-二甲胺丙腈等作为聚合过程中的增速剂。这种引发-增速的催化系统是一个氧化-还原过程，因为它会产生自由基用于丙烯酰胺凝胶的聚合。常用的催化系统见表 10-7。在系统中即使有少量的 *N,N,N',N'*-四甲基乙二胺的存在，便可催化过硫酸铵产生的自由基的形成，从而加速聚合，3-二甲胺丙腈的作用似乎弱一点。选择过硫酸铵的优点是容易得到高纯度的试剂，在 0℃时相对稳定且释放分子氧的可能性很小。合适的催化系统必须不改变凝胶的缓冲条件、黏度和导电性。

表 10-7　常用的丙烯酰胺聚合的催化系统

引发剂	增速剂
过硫酸铵	*N,N,N',N'*-四甲基乙二胺（TEMED）
过硫酸铵	3-二甲胺丙腈（DMAPN）
过硫酸铵	3-二甲胺丙腈亚硫酸盐
过氧化氢	硫酸铁-抗坏血酸
核黄素	*N,N,N',N'*-四甲基乙二胺（光催化过程用）

丙烯酰胺的聚合过程与引发剂和增速剂的浓度、温度、pH 等因素有关。聚合的初速率和过硫酸铵浓度的平方根成正比[31]；*N,N,N',N'*-四甲基乙二胺浓度的增加可使凝胶的聚合时间缩短。虽然增加过硫酸铵和 *N,N,N',N'*-四甲基乙二胺的浓度可以增加聚合速率，但是过量的过硫酸铵和 *N,N,N',N'*-四甲基乙二胺会引起电泳时的烧胶和蛋白电泳带的畸变。为了得到理想的电泳结果，应该使用合适的配方使聚合过程在 30～60min 内完成[32]。

在酸性 pH 条件下，由于缺少 *N,N,N',N'*-四甲基乙二胺（或 3-二甲氨基丙腈）的游离碱，引发过程会被延迟。在 pH=8.8 时，7.5%的丙烯酰胺溶液在最初几分钟内聚合很慢，接着反应速率迅速增加，聚合基本完成，半小时后速率很快下降。但同样浓度的溶液，在 pH=4.3 时聚合初速率较慢，聚合大约需 90min 才能完成。在制作酸性范围（pH=2.5～4.5）的等电聚焦凝胶时，过硫酸铵-*N,N,N',N'*-四甲基乙二胺系统并不能促使丙烯酰胺的聚合。碱性范围的凝胶虽然容易聚合，但硬且脆，在染色、脱色过程中易破裂，故应尽可能减少过硫酸铵和 *N,N,N',N'*-四甲基乙二胺的用量。

在聚合过程中温度对凝胶的特性有很大的影响。在低温（5℃）时不易聚合，且凝胶会变脆和浑浊，重复性也不好；在 25～35℃时聚合，凝胶会比较透明而有弹性。但高浓度凝胶在聚合时会产生热使气体溶解，导致在凝胶中产生小气泡，此时适当降低温度可以将这种影响降到最小。

氧的存在会阻碍凝胶的化学聚合。对不含 SDS 的凝胶，特别是等电聚焦用凝胶，最好先抽气，再加引发剂。凝胶系统中的不纯物如金属或其他杂质的存在也会影响到凝胶的化学聚合，所以选用高纯的丙烯酰胺和 *N,N'*-亚甲基双丙烯酰胺非常重要。

2. 凝胶电泳仪器

电泳系统虽然只是作为生化分离分析所必需的常规仪器，但它的进展与其他大型仪器设备一样，是非常迅速的。从 1809 年俄国物理化学家 Reuss 的第一次电泳实验所用的雏形装置到 1946 年瑞典物理化学家、诺贝尔奖获得者 Tiselius 教授的第一台商品自由移界电泳系统问世经历了一个多世纪。但此后的 50 多年电泳仪器的发展却极其迅猛，特别是电泳介质由流动相改为凝胶后，各种各样的凝胶电泳装置便层出不穷，以适应各种研究工作和生产实践的需要。

凝胶电泳仪作为生化实验室常用的小型仪器，种类很多。随着技术的不断发展，电泳仪器的分析对象也越来越专一化。按分析对象可分为蛋白质分析用凝胶电泳仪、核酸分析用凝胶电泳仪和细胞分析用凝胶电泳仪；按功能可分为制备型、分析型、转移型、浓缩型等。按形式分，除了早期的自由移动界面电泳使用U形玻璃管以及毛细管电泳外，凝胶电泳按装置的形状可分为圆盘（管状）电泳、垂直平板和水平平板电泳。从垂直管型盘状电泳发展到垂直板状电泳，再发展到半自动和全自动水平平板电泳仪，其分辨率越来越高，操作越来越简单，电泳时间越来越短，功能越来越多。

凝胶电泳系统一般由电泳槽、电源和冷却装置组成。同时配套的有各种灌胶模具、染色用具等。此外还有电泳转移仪、凝胶干燥器和凝胶扫描仪等。

电泳槽是凝胶电泳系统的核心部分。根据电泳的原理，凝胶都是放在两个缓冲腔之间，电场通过凝胶连接两个缓冲腔。缓冲液和凝胶之间的接触可以是直接的液体接触，见图10-15；也可以间接通过滤纸桥、凝胶条或滤纸条，见图10-16。管状凝胶电泳和垂直板状电泳大多采取直接液体接触方式。这种方式可以有效地使用电场，但在装置设计上有一些困难，如液体泄漏、电安全和操作麻烦等。水平板状电泳槽大多通过间接方式，以前用滤纸桥搭接，现在可使用缓冲液制作的凝胶条和滤纸条搭接，即半干技术。

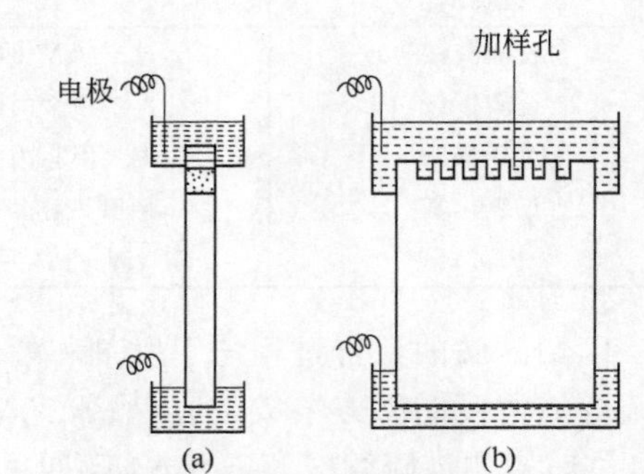

图 10-15 管状凝胶电泳和垂直板状电泳

（缓冲液和凝胶直接接触）

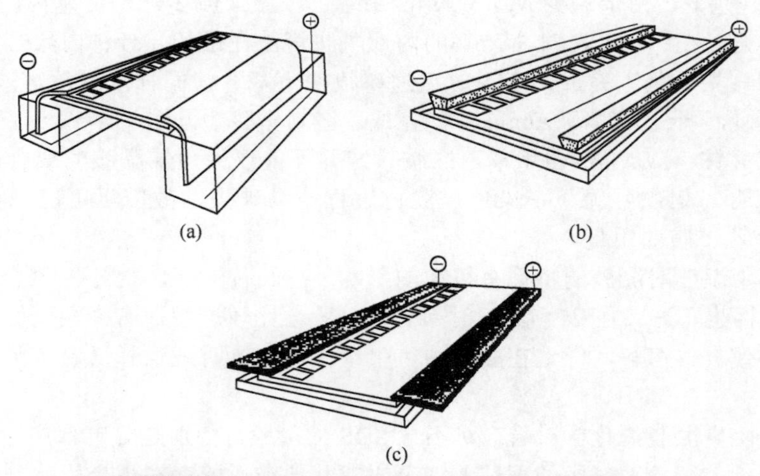

图 10-16 水平电泳时凝胶和缓冲液的接触方式

（a）用滤纸桥；（b）用凝胶条；（c）用滤纸条

凝胶扫描仪主要用来对样品单向电泳分离后的条带和双向电泳后的斑点进行扫描，从而给出定量的结果。凝胶扫描仪的设计原理和结构与分光光度计基本一致。其基本组件包括光源、单色器（或滤光片）、样品室、光电倍增管以及控制和结果显示部分等。放置凝胶的样品台通常由马达控制，并以不同速度移动，使欲扫描的条带或斑点移入光路；也可以固定样品台，通过移动扫描探头进行测试。

凝胶扫描仪因所用光源的不同而具有不同的功能。采用紫外光源（如氘灯）的扫描仪可以用紫外波长扫描不经染色的凝胶。若只有可见光源（如碘钨灯）的扫描仪，则凝胶必须染色后才能扫描。如果用激光光源，通常也只能扫描染色后的凝胶。但由于激光光源强度大、单色性好，可大大提高凝胶扫描的灵敏度和分辨率。采用滤光片作单色器的凝胶扫描仪，只能在滤光片的透过波长范围内使用。如用光栅单色器，则波长可以任选，也就可以扫描各种颜色的凝胶。

凝胶扫描仪所采用的光路结构不同，可以有不同的测定方式。如果是常见的紫外-可见分光光度计的直线结构，则只能作透射方式的测定。如果在此基础上改变光束方向，则可作反射测量。这样便可扫描不透明的电泳转移膜、色谱板等。如果是直角结构，则可作荧光测量，适合于用荧光染料染色的凝胶。由于荧光技术为蛋白质组学研究带来高重复性、高灵敏和高通量的可能，所以各种可用于荧光测量的成像系统应运而生，图 10-17 给出了 GE 公司产 Typhoon 高性能凝胶和印迹成像系统的光路图。

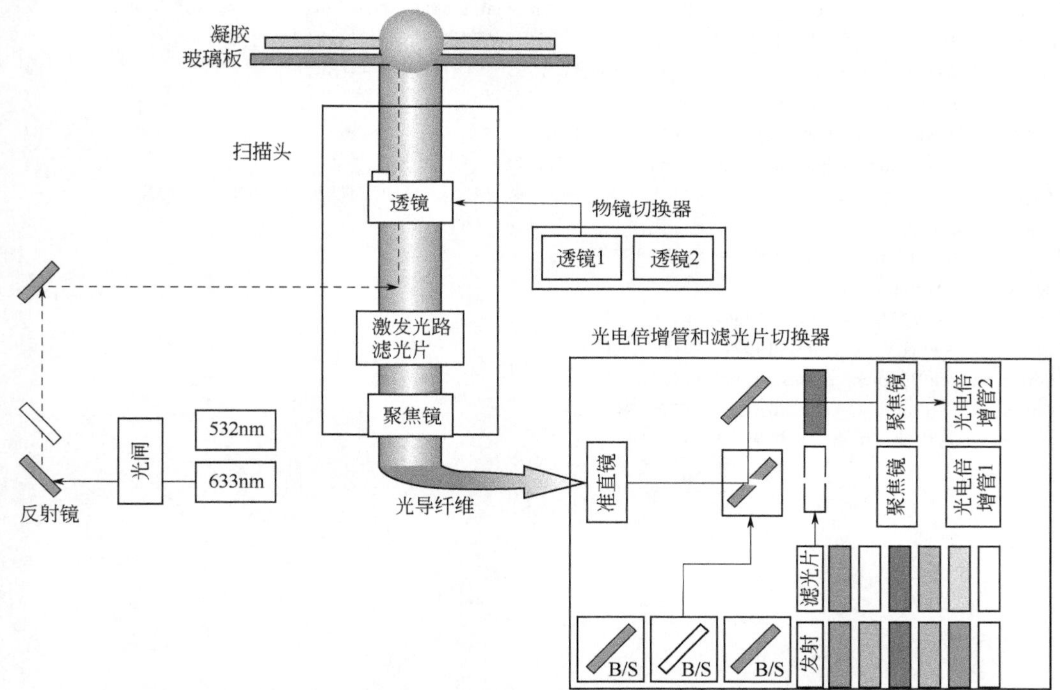

图 10-17 Typhoon 高性能凝胶和印迹成像系统的光路图

凝胶定量分析的另一种装置是用带有电荷耦合装置的摄像系统（CCD camera system）。凝胶图谱被摄制下来后，将信息数字化，并转移到计算机中再进行分析。这种新的凝胶定量测定仪器不但快速、简便而且价格低廉。不但可作蛋白质定量，而且可用于核酸的定序和定量。不但可作透射、反射而且可作荧光和放射自显影测量，是当前各种新技术的交融在电泳定量应用上的结晶。

参 考 文 献

[1] Измайлов Н А,щрайбр М С，фармация. 1938，1(3)：1.
[2] Martin A J P，Synge R L，Biochem J，1941，35：1358.
[3] Consden R，Gorden A H，Martin A J P，Biochem J，1944，38：225.
[4] Izmailov N A，Schraiber M S. Farmatsiys(Solia)，1938，(3)：1.

[5] Kirchner J G，Keller G J. J Am Chem Soc，1950，72：1867.
[6] Kirchner J G，Miller J M，Keller G J，Anal Chem，1951，23：420.
[7] Miller J M，Kirchner J G. Anal Chem，1952，24：1480.
[8] Kirchner J G，Miller J M，Keller G J. J Agric Food Chem，1953，1：512.
[9] Kirchner J G，Miller J M，Rice R G. Ibid，1954，2：1031.
[10] Kirchner J G，Miller J M. Ibid，1957，5：283.
[11] 何丽一. 色谱，1987，5(4)：232.
[12] 周同惠. 纸色谱和薄层色谱. 北京：科学出版社，1989.
[13] 章育中，郭希圣. 薄层层析法和薄层扫描法. 北京：中国医药科技出版社，1990.
[14] 孙毓庆. 薄层扫描法及其在药物分析中的应用. 北京：人民卫生出版社，1990.
[15] 张震南，周振惠. 薄层色谱分析及其最新进展. 昆明：云南科技出版社，1989.
[16] 茨拉脱坎斯 A，卡爱赛 R E 著. 高效薄层色谱法. 林安等译. 上海：上海科学出版社，1984.
[17] Touchstone J C，Sherm J，Eds. Densitometry in Thin-Layer chromatography. New York：Wiley-Interscience，1979.
[18] Fried B，Sherm J，Thin Layer Chromatography，Pracrice and Applications，New York：Dekker，1994.
[19] Kaiser R E，Guenther W，Gunz H，Wulff G. Thin Layer Chromatography，New York：Duesseldorf，1996.
[20] 谢培山. 中华人民共和国药典中药薄层色谱彩色图集. 深圳：广东科技出版社，1993.
[21] Stahl E. Thin-layer Chromatography：General Section A，1965.
[22] Truter E U. Thin Film Chromatography，1963：Part 1-7.
[23] Ebel S，Kubmaul H. Chromatographia，1974，7(4)：197.
[24] Miller J M. Separation methods in chemical analysis，1957：265.
[25] 原昭二：田中治、龙谷昭司：《薄层クロマグラワィー》，第一集，东京南江堂版，鈴木郁生：《薄层クロマトゲワィーの实际》.
[26] Truter E U. Thin Film Chromatography part II，1963：16.
[27] Raymond S，Weintraub L. Science，1959，(130)：711.
[28] Ornstein L，Ann N Y. Acad Sci，1964，(121)：321.
[29] Davis B J，Ann N Y. Acad Sci，1964，(121)：404.
[30] Hjertén S. Arch Biochem Biophys Suppl，1962，1：147.
[31] Watkin J E，Miller R A. Anal Biochem，1970，34：424.
[32] 郭尧君. 生物化学与生物物理进展，1991，(18)：32.

第十一章　样品预处理技术

第一节　概　　述

色谱分析的全过程主要包括四个步骤：样品的采集、样品的制备、色谱分析及数据处理与结果的表达。样品采集包括取样点的选择和样品的收集、样品的运输和储存；样品制备包括将样品中欲测组分与样品基体和干扰组分分离、富集及转化成色谱仪器可分析的形态等操作。色谱分析样品的采集和制备是一个非常重要且复杂的过程，通常将色谱样品的采集和样品的制备统称为色谱分析样品预处理技术。

样品预处理作为色谱分析的重要步骤，建立简单、快速、有效的样品预处理方式以使复杂样品的色谱分析获得较低的检测背景，同时能获得较高灵敏度是色谱分析工作者一直都在追求的目标[1]。由于色谱分析技术涉及样品的种类繁多、组成及其浓度复杂多变、物理形态范围广泛，直接进行分析测定构成的干扰因素特别多，通常需要对样品做一些必要的预处理。

现代色谱仪器对样品分析所用的时间越来越短，但是样品的制备过程所用时间却仍然很长。统计表明，大部分色谱分析实验室中用于色谱分析样品制备过程的时间约占整个分析时间的2/3，而只有10%的时间用于色谱分析，其余时间用于分析测定结果的整理和输出报告等。对提高工作效率而言，改善和优化色谱分析样品制备的方法和技术是一个重要环节。

液相色谱对样品的要求是液体或者是可溶解在某些溶剂中的固体，通常是不挥发或难挥发的样品，而且其中不能含有微小的颗粒物，以免色谱柱发生堵塞。此外，在使用色谱技术进行样品分析时，常常会遇到采集的原始样品不适合于直接进行色谱分析的要求，样品中目标组分的含量很低，特别是原始样品基体干扰大的情况，诸如样品是黏滞的流体、胶体溶液或者固体等，这使得色谱分析的样品制备方法及其技术在现代色谱分析中越来越重要。

迄今为止，除用于已知样品组成与测定范围的流程色谱仪外，色谱仪器还不能做到在现场环境直接收集样品并自动完成样品的选择、分离和测定等步骤，一般需要离线进行样品的采集和处理。

因而，样品预处理要比 HPLC 分离与数据分析花费更多的时间。样品预处理可能是 HPLC 方法建立中最具挑战性的一个环节。样品预处理开始于样品的采集，一直到样品注入 HPLC、上柱，其中包括多步操作，见表 11-1 的总结。HPLC 分析的精密性与准确度往往决定于样品的预处理步骤[2,3]，可见，必须认真对待、仔细设计样品的预处理过程。表 11-2 也依据样品的形态对样品的预处理方法进行了系统的分类。

表 11-1 样品预处理的选择

选 择	评 述
(1) 样品的收集	用符合统计学的程序获得有代表性的样品
(2) 样品的储藏与保存	用适宜的惰性、密封容器；特别小心易挥发、不稳定或活性的物质；如必要，稳定样品；生物样品可能需要冷冻
(3) 样品的初加工	样品形式必须适于有效的样品预处理（如干燥、过筛、碾细等）；细小的离散样品易于溶解或提取
(4) 称重或定容稀释	有必要注意活性、不稳定或生物物质；稀释时，用经校正的容量器皿
(5) 其他的样品加工方法	溶剂替换、除盐、蒸发、冷冻干燥等
(6) 除去微粒	滤过、固相萃取、离心
(7) 样品的提取	液体样品方法，固体样品方法
(8) 衍生化	主要用于增强被测物的检测精度；有时也用于改善分离

表 11-2 样品预处理方法

样品类型	样品预处理的方法	技术原理	评 述
液体	固相萃取	液体流过能选择性地捕集被测物（或干扰物）的固定相；捕集的被测物可用强溶剂洗脱下来；有时，保留干扰物而允许被测物通过固定相，不被保留；机制同 HPLC	用于选择性捕集所需无机、有机和生物被测物的固定相有很多种；也有用于药物、烃类、儿茶酚胺和许多其他种类的化合物、痕量水富集的特殊固定相
	液-液萃取	样品在两种不混溶的液相中分配，应选溶解性差异较大的液相	注意勿形成乳液——加热、加盐可使之破坏；用不同溶剂或影响化学平衡的添加剂（如缓冲剂调节 pH 值、盐改变离子强度、配位试剂、离子对试剂等）改变 K_D 值；有许多连续提取低 K_D 或大体积样品的报道
	稀释	用与 HPLC 流动相相溶的溶剂稀释样品，避免色谱柱超载，或使其浓度在检测器线性范围内	为避免谱峰扩展，溶剂应于 HPLC 流动相中混溶；“稀释即可进样”是简单的液体样品如药物制剂的一般样品制备方法
	蒸发	在大气压下缓缓加热除去液体，可通过气流、惰性气体或真空辅助操作进行	蒸发勿过快；暴沸会损失样品；注意样品在容器壁上的损失；勿过热蒸干；在惰性气体下蒸发较好，如 N_2；最好使用旋转蒸发器；已有自动系统（如 Turbovap）可用
	蒸馏	加热样品至溶剂的沸点，挥发性被测物在蒸气相中浓缩、冷凝和收集	主要用于易挥发的样品；如加热温度太高，样品会分解；低蒸气压化合物可用真空蒸馏；蒸汽蒸馏最高温度为 100℃，相当温和
	微渗析	在两种水溶液之间置一片半透膜，样品溶质依其浓度差，从一溶液转移至另一溶液中	渗析物需用富集技术浓缩，如 SPE；微渗析用于检测活性动植物组织和发酵液中细胞外的化学物质；已与微 LC 柱在线联用；由于高分子量蛋白不能通过滤膜，用分子量截止膜的渗析也能在线用于 HPLC 样品的脱蛋白；同样可用超滤与反渗析法
	冷冻干燥	冷冻水溶液样品，真空下水分被升华除去	有利于非挥发性有机物；可处理大体积样品；可能损失挥发性被测物；能浓缩无机物
混悬液	过滤	液体通过滤纸或滤膜，滤除悬浮颗粒	极力推荐该法以排除反压问题，延长色谱柱寿命；滤膜必须与溶剂相兼容，使其在实验中不致溶解；大孔径（>2μm）滤器可提高流速，小孔径滤器（<0.2μm）可除去细菌
	离心	样品放于锥形离心管中，以高速旋转；倾出上清液	有时从离心管中取出定量固体样品较难；超速离心一般不用于去除简单微粒
	沉降	在沉降容器中静止放置，使样品沉淀；沉降速率取决于 Stoke 半径	为一极慢过程；依照沉淀速率，可在不同水平下人工回收不同粒径的微粒

续表

样品类型	样品预处理的方法	技术原理	评　述
固体	固-液萃取	样品置于具塞容器内，加入溶剂溶解被测物；从固体中滤出溶液（有时亦称“振摇/过滤”法）	有时可煮沸或回流溶剂以提高溶解度；细小分散状态的样品易于浸出；样品可用人工或自动振摇；经过滤、倾析或离心等操作，从不溶性固体中分离出样品
	索氏提取	样品置于活动的多孔容器（套管）中；回流溶剂连续流过该套管，溶解被测物，连续收集到蒸馏瓶中	以纯溶剂提取；样品在溶剂的沸点处必须稳定；缓慢，但提取直至完成不需有人照看；价低；对自由流动粉末最好；回收率很好（可用于其他固相萃取法的参照标准）
	强制流动浸出	样品置于流通管中，并使溶剂从中流过；加热流通管至溶剂的沸点附近	适于颗粒性样品；溶剂能用高压 N_2 注入或推过；所需溶剂体积小于索氏提取；结果相似，速度更快
	均匀化	样品置于混合器中，加入溶剂，使样品均一化成细小离散状态；除去溶剂，进一步混匀	用于动植物组织、食品、环保样品；可用有机及水溶剂；可加干冰或硅藻土增大样品的流动性；对小分散样品的萃取效率较高
	超声	细小的分散样品浸没于装有溶剂的超声容器中，进行超声辐射。也可用超声探头或杯型超声破碎器进行操作	用超声作用辅助溶解；可加热提高萃取速率；安全、快速；最适于粗糙、颗粒状物质；可同时处理多份样品；与溶剂的接触效率高
	溶解	用强溶剂直接溶解试样，使被测物溶入溶液，避免发生化学反应	无机固体可能需加酸或碱达到完全溶解；有机样品往往能直接溶于溶剂中；溶解后，可能需要过滤
	加速溶剂萃取（ASE）	样品置于密封容器中，加热至沸点以上，使容器中的压力上升；自动取出萃取样品，并转移至小瓶中作进一步处理	可大大加快液-固萃取过程；自动化；容器必须能耐高压；萃取的样品较稀，需进一步浓缩；由于使用高压、高温溶剂，需有安全措施
	自动索氏提取	热溶剂浸出与索氏提取的结合；套管中的样品先浸没在沸腾溶剂中，然后升温，进行常规索氏提取/用回流溶剂淋洗，最后浓缩	人工与自动操作均可；所需溶剂量少于传统索氏法；溶剂可回收利用；由于二步操作，可减少提取时间
	超临界流体提取	样品置于流通容器中，超临界流体（如 CO_2）流过样品；降低压力后，提取的样品收集在溶剂中或捕集到吸附剂上，然后再以溶剂淋洗解吸附	人工与自动操作均可；可采用改变超临界流体密度或加入改性剂的方法，改变超临界流体的极性；收集的样品通常较浓，因为 CO_2 在提取结束后即被除去，因此相对无污染；基质影响提取过程；方法建立的时间可能比其他现代方法长
	微波辅助提取	样品置于开口或密闭的容器中，以微波能量加热，使被测物被提取到溶剂中	提取溶剂可分为吸收微波溶剂（MA）和不吸收微波溶剂（NMA）两种；采用 MA，样品置于高压容器中，如加速溶剂萃取（ASE），充分加热至沸点以上；采用 NMA 时，容器可开口操作，无压力升高现象；微波箱中用有机溶剂（MA 或 NMA）与 MA 在高压操作时，需有安全操作规程
	热提取	采用动力学顶空进样形式，但加热样品至很高（可控制）的温度，可高达 350℃	系统必须由熔融石英或熔融硅胶制造，使提取的被测物不至于与热金属表面发生反应；应避免系统局部过冷；适用于蒸气压较低的样品

到目前为止，还没有一种通用的样品预处理方法能够适合于所有样品或者所有待测对象。即使是同一个待测物，由于所处的样品环境和条件不同，可能需要采用的预处理方法也不同。所以对不同样品中的分析对象要具体分析，选择最佳预处理方案。而判断所选择的样品预处理方法是否合理，一般情况下需要遵循以下原则[4]。

① 是否能够最大限度去除影响测定的其他干扰物。这是衡量预处理方法是否有效的重要指标，否则即使方法简单、快速也不能选择该方法。

② 被测组分的回收率是否高。回收率不高通常伴随着测定结果的重复性较差，不但影响方法的灵敏度和准确度，而且最终使低浓度样品无法测定，因为浓度越低，回收率往往也越差。

③ 操作是否简便、省时。预处理方法步骤越多，多次转移引起的样品损失就越大，最终的误差也越大。

④ 成本是否低廉。尽量避免使用昂贵的仪器与试剂。

⑤ 是否影响人体健康及环境。应该尽量少用或者不用污染环境或影响人体健康的试剂，即使不可避免，必须使用时也要回收循环利用，将其危害降低到最低限度。

⑥ 应用范围尽可能广泛。尽量适合各种分析测试方法，甚至联机操作，便于过程自动化。

⑦ 是否适用于野外或现场操作。

第二节 液体样品的预处理

一、液-液萃取

液-液萃取是最常用的液体样品萃取技术之一。液-液萃取常涉及互不相溶的两相溶剂，利用待测物在两相中具有不同的分配系数而达到分离的目的。在液-液萃取操作过程中一相通常为水相，而另一相为有机溶剂。亲水性强的化合物进入极性的水相多，而疏水化合物将主要溶于有机溶剂中。萃取进入有机相的被测物经溶剂挥发容易回收，而提取进入水相中的被测物经常能够直接注入反相 HPLC 色谱柱中分析。图 11-1 概括了 LLE 分离所包含的步骤。

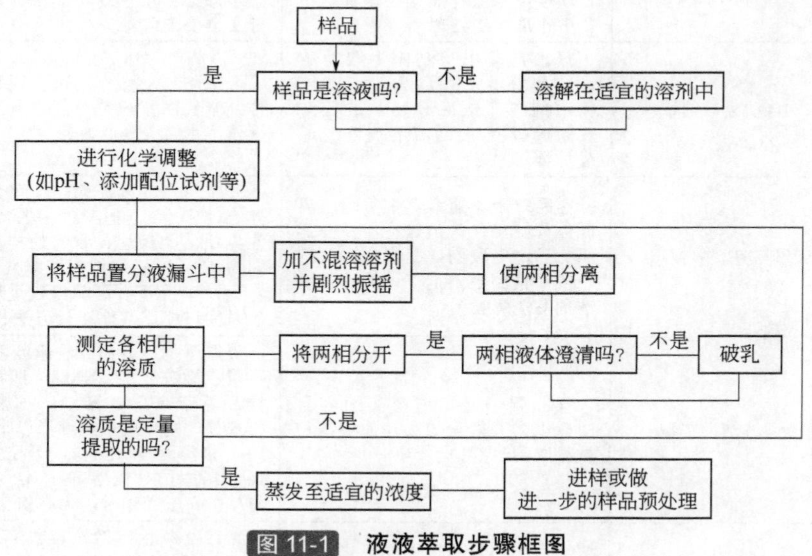

图 11-1 液液萃取步骤框图

由于萃取为一平衡过程，效率有限，两相中仍存在数量可观的被测物。因此可利用包括改变 pH 值、离子对、配位作用等的化学平衡，以提高被测物的回收率，和/或消除干扰。

液-液萃取中采用的有机溶剂有下列特点：①在水中溶解度低（<10%）；②具有挥发性，萃取后易于除去与浓缩；③与用于被测物的 HPLC 检测技术相容（避免使用 UV 吸收强的溶剂）；④极性并可形成氢键，提高有机相中被测物的回收率；⑤纯度高，尽量减少样品污染。

能斯特（Nernst）分配定律说明任何种类溶质在两不互溶的溶剂中都有分配，而且其在两相中的浓度比例维持恒定：

$$K_D = \frac{c_o}{c_{aq}} \tag{11-1}$$

其中，K_D为分配常数；c_o为被测物在有机相中的浓度；c_{aq}为被测物在水相中的浓度。这样被测物被萃取进有机相的分数为：

$$E = \frac{c_o V_o}{c_o V_o + c_{aq} V_{aq}} = \frac{K_D \phi}{1 + K_D \phi} \tag{11-2}$$

其中，V_o为有机相的体积；V_{aq}为水相的体积；ϕ为两相体积的比值（V_o/V_{aq}）。

许多液液萃取操作在分液漏斗中进行，每一相的体积一般都需几十或几百毫升。采用一步提取，由于相比值ϕ必须保持在一实际范围内［如 $0.1 < \phi < 10$ 见式（11-2）］，K_D对定量回收两相之一中的被测物必须足够大（例如 $K_D > 10$）。在大多数分液漏斗液液萃取操作中，定量回收率（>99%）需要两步或多步萃取。对多步萃取，合并每步萃取得到的被测物的总分数 E 为：

$$E = 1 - \left(\frac{1}{1 + K_D \phi} \right) \tag{11-3}$$

其中，n为萃取次数。例如某被测物的 $K_D=5$，两相的体积相等（$\phi=1$），被测物回收率>99%，则需要分三步萃取。增大 K_D 可以采用以下几种方法：

① 改换有机溶剂，以使 K_D 增大；

② 如被测物是离子或可电离，通过抑制其离子化，可加大其在有机相中的溶解度，即增大 K_D；假如被测物可电离，也可在有机相中添加离子对试剂，被测物与其结合形成离子对被萃取进有机相；

③ 可在水相中加入一种惰性的中性盐（例如硫酸钠），用盐析法降低被测物在水相中的浓度。

表 11-3 列出了一些典型的萃取溶剂以及不适于用作萃取（与水混溶的）溶剂的示例。除考虑互溶性外，溶剂极性以及与被测物极性的关系是主要的选择标准，当萃取溶剂的极性与被测物匹配时，其 K_D 值最大，一般需要选择 K_D 值最大的操作条件。

表 11-3 液-液萃取的提取溶剂[5]

水溶剂	与水不混溶的有机溶剂	与水混溶的有机溶剂（不适于 LLE）
纯水	脂肪烃类（己烷、异辛烷、石油醚等）	醇类（低分子量的）
酸溶液	二乙基醚或其他醚	酮类（低分子量的）
碱溶液	二氯甲烷	醛类（低分子量的）
浓盐（盐析作用）	氯仿	羧酸类（低分子量的）
配位试剂（离子交换、螯合、手性等）	乙酸乙酯和其他酯	乙腈
	脂肪酮类（C_6及以上酮）	二甲基亚砜
以上两种或多种混合	脂肪醇类（C_6及以上醇） 甲醛、二甲苯（有 UV 吸收） 以上两种或多种混合	二氧六环

注：第一栏中的溶剂可与第二栏的任一溶剂相匹配；与水混溶的有机溶剂不可与水溶剂一起用于 LLE。

如果被测物的 K_D 不适宜，可能需另外的萃取方法提高回收率［见式（11-3）］。这种情况下，在原样品中重新加入不混溶的溶剂，提取剩余的溶质，最后合并所有的提取液。一般来说，最终提取溶剂的体积一定时，多次萃取比单次萃取的溶质回收率高。也可以用反提法进一步减少干扰物。例如，还是考虑上述有机酸被测物的提取。假如被测物首先在低 pH 值条件下萃取进入有机相，极性干扰物（如亲水中性物、质子化碱）被留在水相中。如果用高 pH 值的新的水缓冲液反提有机相，则离子化有机酸重新转移到水相中，而将非极性的干扰物留于有机相中。于是分两步提取不仅能除去碱性干扰物也能够除去中性干扰物，而一步提取仅能除去这两种干扰物中的一种，不能把两种全除去。

如果 K_D 非常低或所需样品的体积很大，用多步提取定量回收被测物将不实用。萃取的次数太多，萃取液的总体积可能过大［见式（11-3）］。而且，萃取率低，达到平衡需较长的时间。此时可采用连续液-液萃取方法，新溶剂连续不断地循环通过样品水溶液，被测物连续从样品液中提出，直至所有的被测物都从样品中提取干净。这些提取过程可长时间地运行（12～24h）；甚至 K_D 很小时，也能达到定量萃取要求（回收率＞99%）。

在液-液萃取操作过程中经常会碰到样品发生乳化、被测物牢固地吸附于微粒上、被测物与大分子量的化合物结合（如药物与蛋白质）、两相彼此互溶等问题。针对这些问题，可采用下述方法来解决[6]。

① 对于发生乳化问题，如果不破乳，水相与有机相之间会出现清晰的界面，被测物回收率会受到很大影响。可以采取在水相中加盐、加热或冷却萃取容器、用玻璃棉塞滤过、用相分离滤纸滤过、加少量不同的有机溶剂或者离心的方法来解决。

② 如样品中有微粒存在，被测物吸附在微粒上可导致回收率降低。这种情况下，滤过之后用强溶剂洗涤微粒以回收被吸附的被测物，并将洗液合并入 LLE 的被测物相中。回收吸附被测物的强溶剂可能包括改变 pH 值、增加离子强度，或用极性更强的有机溶剂。

③ 处理生物样品时，在液-液萃取中能正常定量回收的化合物可能会与蛋白质结合，回收率下降。蛋白结合在测定体液中的药物与药物代谢物时尤其棘手。可以采用加入洗涤剂、有机溶剂、离液序列高的试剂或强酸，加水稀释，以结合更强的竞争试剂替代等方法破坏样品中蛋白与被测物的结合。

④ 在不互溶的溶剂之间有很小的溶解度，其中互溶的部分可改变两相的相对体积，因此可将各相用另一相预先饱和，以便了解含有被测物相的真实体积，准确、优化测定被测物的回收率。最简单的饱和手段是在分液漏斗中先不加入样品，使两相达到平衡，此时两相相互饱和，均可用于液液萃取。

另外对液-液萃取来说，有机溶剂消耗量大、环境污染较为严重。因而，液相微萃取应运而生，集萃取、净化、浓缩、预分离于一体，具有萃取效率高、消耗有机溶剂少、快速、灵敏的特点。采用这种萃取可以很方便地在容量瓶中进行。选择密度小于水的有机提取溶剂，以便使小体积的有机溶剂聚集在瓶颈处，方便倾出。对定量分析来说，应该使用内标，以对提取结果加以校正。

二、高压冷冻萃取技术

最近，张维冰等[7]提出了一种基于区域熔炼原理的简单高效的绿色环保样品富集预处理技术。通过对水溶液冷冻过程中溶质在水和冰两相间转移特征的分析，说明区域熔炼相当于一种连续萃取过程。该技术同时兼顾水在结冰时体积膨胀，在密闭的容器中产生高压，从而达到在高压下连续萃取的效果。其采用的装置如图 11-2 所示。

将样品水溶液和萃取有机相置于容器中，密封后，放置在冰箱中冷冻。基于水在 4℃以下及凝固成冰过程中体积会膨胀增大的原理，使得耐压容器中的压力增加，以提高萃取时有机杂质在有机溶剂中的溶解度，改进萃取效果。同时，根据区域熔炼原理，水凝结成冰时有机物被挤出，从而进一步提高萃取效率。

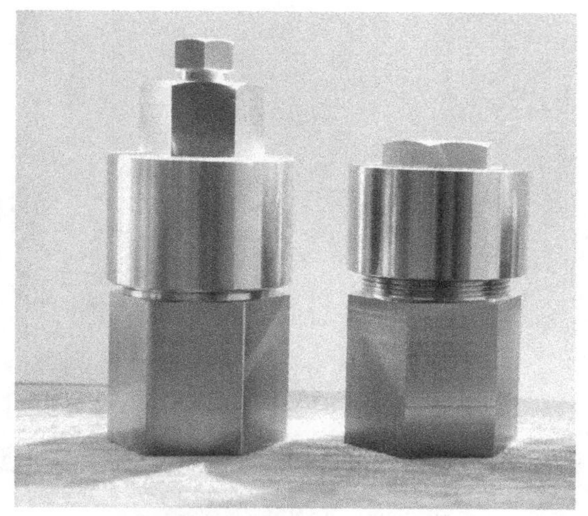

图 11-2　高压熔炼萃取装置

三、固相萃取

自 1970 年发明固相萃取技术以来，其发展非常迅猛，出现了多种形式的萃取装置，包括 SPE 柱（SPE cartridge）、尖形 SPE 管（SPE pipette tip）、SPE 盘（SPE disk）以及 SPE 板（SPE plate）等。

SPE 柱（如图 11-3 所示）的使用最为普遍，简单的 SPE 柱就是一根直径为数毫米的小玻璃柱，或用聚丙烯、聚乙烯、聚四氟乙烯等塑料或不锈钢制成的柱子。柱下端有一孔径为 20μm 的烧结筛板，用以支撑吸附剂。在筛板上填装一定量的吸附剂，然后在吸附剂上再加一块筛板，以防止加样品时破坏柱床。基于对纯度的考虑，一般选用无添加剂且含有微量杂质的医用聚丙烯作为柱体材料，以免在萃取过程中污染试样。为了降低 SPE 空白中的杂质，可选用玻璃、纯聚四氟乙烯作为柱体材料。筛板材料是另一可能的杂质来源，制作筛板的材料有聚丙烯、纯聚四氟乙烯、不锈钢和钛等。金属筛板不含有机杂质，但易受酸的腐蚀。由于柱体、筛板和填料都可能向试样中引进杂质，因此在建立和验证 SPE 方法时，必须做空白萃取实验。

SPE 的另一种形式是 SPE 盘（如图 11-4 所示），外观上与膜过滤器十分相似。盘式萃取器是含有填料的纯聚四氟乙烯圆片，或载有填料的玻璃纤维片。填料占 SPE 盘总量的 60%～90%，盘的厚度约 1mm。SPE 柱和盘式萃取器的主要区别在于床厚度与直径之比，对于等重的填料，盘式萃取的截面积比柱式萃取大 10 倍左右，因而允许液体样品以较高的流量流过。

当所需处理的样品量较大时，如医药中间体的回收等，可采用板式 SPE 的固相萃取装置。图 11-5 给出了 SPE 板的结构，上下两块板上装有多个 SPE 小柱，待处理的液体依靠重力、压力、真空或离心力的作用通过萃取板，同时在收集板上进行样品的收集。

典型的固相萃取一般分为以下五个基本步骤：

① 根据检测量的大小以及待检物质的化学、物理性质，选择合适的吸附柱。

② 活化填料。有利于吸附剂和目标物质相互作用，提高回收率。一般采用甲醇来活化，另外甲醇还能起到除杂的作用。每一活化溶剂的用量为(1～2)ml/100mg 固定相。

③ 进样。使样品流经吸附柱并被吸附。为了保留分析物，尽可能使用最弱的样品溶剂，并允许采用大体积（0.5～1 L）的上样量。

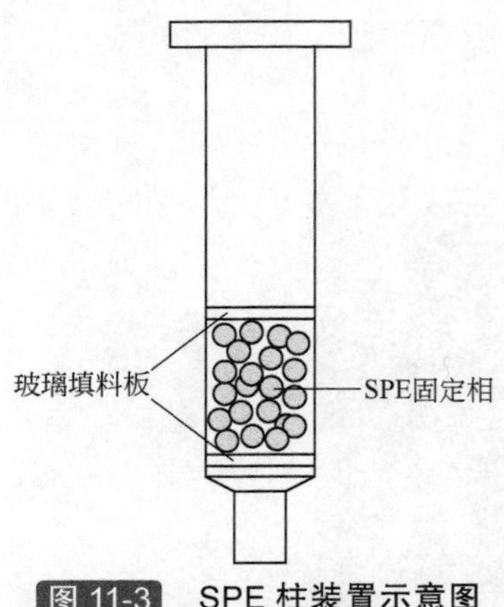

图 11-3 SPE 柱装置示意图

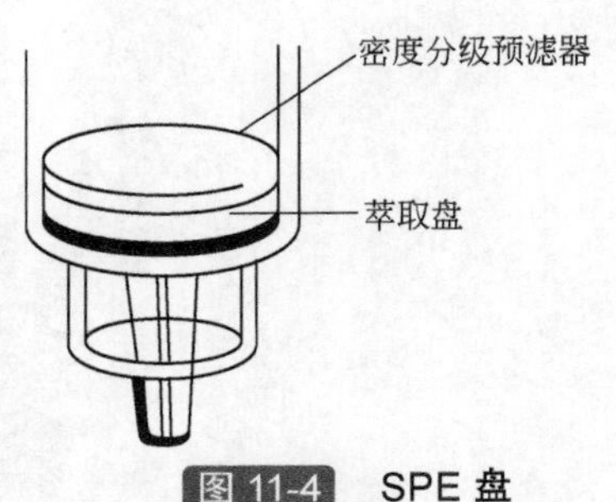

图 11-4 SPE 盘

④ 冲洗。用水或者是适当的缓冲溶液对吸附柱进行冲洗，将杂质冲洗掉。通常冲洗溶剂体积为0.5～0.8ml/100mg 固定相。

⑤ 洗脱。选择适当的洗脱剂进行洗脱，收集洗脱液，然后进行浓缩、检验，或者是直接进行在线检测。洗脱溶剂用量一般为 0.5～0.8ml/100mg 固定相。

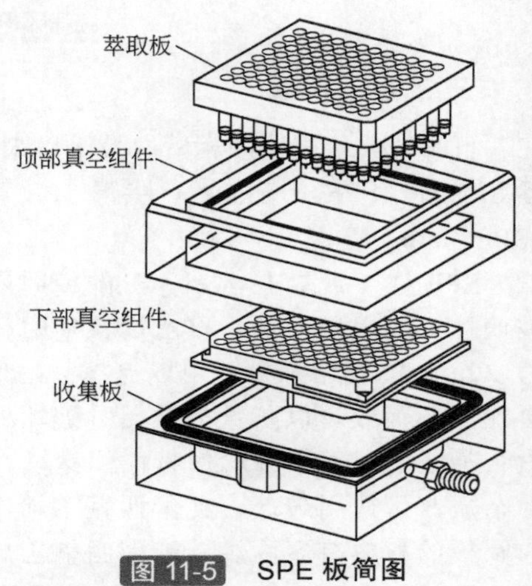

图 11-5 SPE 板简图

固相萃取（solid phase extraction，SPE）是一种由柱色谱发展而来的样品预处理技术，所用的填料粒径（>40μm）大于 HPLC 填料粒径（3～10μm）。SPE 与 HPLC 的差别是柱压低、塔板数少、分离效率较低、一次性使用，因此只能分离保留性质有很大差别的化合物。由于 SPE 实现了选择性的提取、分离、浓缩三位一体的过程，操作时间短、样品量小、干扰物质少，因此可用于挥发性和非挥发性组分的预处理，并具有很好的重现性。

吸附剂是固相萃取的核心，吸附剂选用的好坏直接关系到能否实现萃取操作，以及萃取效率，同时新型吸附剂的研发也是固相萃取技术发展和应用的关键所在。早期的吸附剂多为活性炭、氧化铝等强吸附性材料。常用的固相吸附材料有正相、反相和离子交换吸附剂三种。正相吸附剂主要包括硅酸镁、氨基、氰基、双醇基硅胶、氧化铝等，适用于极性化合物的萃取；反相吸附剂包括键合硅胶 C_{18}、键合硅胶 C_8、芳环氰基等，适用于非极性至一定极性化合物的萃取；离子交换吸附剂包括强阳离子吸附剂（苯磺酸、丙磺酸、丁磺酸等）和强阴离子吸附剂（三甲基丙基胺、氨基、二乙基丙基胺等），适用于阴阳离子型有机物的萃取。目前国内外已经研制出多种复合型吸附剂。聚合二乙烯苯-*N*-乙烯吡咯烷酮及其盐是一类性能独特的反相吸附剂，独有的亲水和亲脂性质保持其在水中湿润，能同时萃取极性物质和非极性物质。以氯甲基化的高分子树脂 PS-DVB（苯乙烯-联苯乙烯共聚物）与二亚乙基三胺反应制成的新型的阴离子交换聚合树脂能同时萃取离子型和非离子型化合物；将碳化吸附剂与 PS-DVB 合用，能同时萃取强极性化合物和离子型化合物；将未封尾的 C_{18} 硅胶与单官能团的 C_{18} 硅胶混合，可以扩大 C18 柱的极性范围。

免疫亲和型吸附剂是基于抗体-抗原相互作用的原理而研制出来的新型固相吸附剂。首先制备一种专属性的抗体，然后将其固定在琼脂糖或硅胶上，当样品通过吸附床层时发生抗原-抗体结合，从而专属性地将目标组分分离出来。这种吸附剂是目前已知选择性最强的固定吸附剂。近年来，这种吸附剂越来越多地被应用于医学、生物学以及环境分析等领域。分子印迹型吸附剂是一类新型的高选择性吸附剂，能从复杂的生物基质中选择性地提取出微量分析物。表 11-4 中给出了常用的 SPE 固定相及应用条件。

表 11-4　SPE 固定相及应用条件

分离机制		典型固定相	结构	被测物类型	装载溶剂	洗脱溶剂
正相	吸附	硅胶，氧化铝，硅酸镁	—SiOH，AlOH，Mg_2SiO_3	弱至中等极性	低 P'（己烷，$CHCl_3$）	高 P'（如甲醇，乙醇）
	极性键合相	氰基，氨基，二醇基	—CN，—NH_2，—CH(OH)—CH(OH)—	中等至强极性	低 P'（己烷，$CHCl_3$）	高 P'（如甲醇，乙醇）
反相	（非极性键合相）疏水强	十八烷基硅氧烷 八烷基硅氧烷	—$(CH_2)_{17}CH_3$ —$(CH_2)_7CH_3$	疏水性强（强非极性）	高 P'（如 H_2O，CH_3OH/H_2O，H_3CN/H_2O）	低 P'（己烷、$CHCl_3$）
	疏水中等	环己基，苯基，联苯基	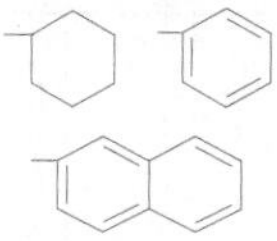	中等非极性	高 P'（如 H_2O，CH_3OH/H_2O，CH_3CN/H_2O	中等 P'（如二氯甲烷，乙酸乙酯）
	疏水弱	丁基，乙基，甲基	—$(CH_2)_3CH_3$，—C_2H_5，—CH_3	弱极性至中等非极性	高 P'（如 H_2O）至中等 P'（如乙酸乙酯）	高 P'（如乙腈，甲醇）
阴离子交换弱		氨基，1′,2′-氨基	$(—CH_2—)_3NH_2$ $(—CH_2—)_3$ $NHCH_2CH_2CH_2$	离子（可电离），酸性	水或缓冲液（$pH=pK_a+2$）	（A）缓冲液（$pH=pK_a-2$） （B）使吸附剂与被测物 pH 为中性 （C）高离子强度的缓冲液
阴离子交换强		季铵	$(—CH_2—)_3N+(CH_3)_3$	离子（可电离），酸性	水或缓冲液（$pH=pK_a+2$）	（A）缓冲液（$pH=pK_a-2$） （B）使被测物 pH 为中性 （C）高离子强度的缓冲液
阳离子交换弱		羧酸	$(—CH_2—)_3COOH$	离子（可电离），碱性	水或缓冲液（$pH=pK_a-2$）	（A）缓冲液（$pH=pK_a+2$） （B）吸附剂与被测物 pH 为中性 （C）高离子强度的缓冲液
阳离子交换强		烷基磺酸，芳磺酸	$(—CH_2—)_3SO_3H$ 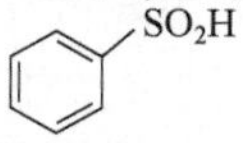 SO_2H	离子（可电离），碱性	水或缓冲液（$pH=pK_a-2$）	（A）缓冲液（$pH=pK_a+2$） （B）使被测物 pH 为中性 （C）高离子强度的缓冲液

在固相萃取中，选择洗脱剂时首先应考虑其对固定相的适应性和对目标物质的溶解度，其次是传质速率的快慢。洗脱正相吸附剂吸附的目标组分时，一般选用非极性有机溶剂（如正己烷、四氯化碳等）；洗脱反相吸附剂吸附的目标物质时，一般选用极性有机溶剂（如甲醇、乙腈、一氯甲烷等）；对于离子交换吸附剂，常采用的洗脱剂是高离子强度的缓冲液。

为了提高回收率，洗脱剂多选用小分子有机溶剂，同时增大洗脱剂用量。这样可使吸附剂上的目标组分尽可能地被洗脱下来，但同时可能会引进一些杂质，给分析带来干扰。值得注意的是，以甲醇为洗脱剂洗脱树脂时，如果甲醇体积过大，则会引起树脂的充分溶胀，目标物质深入到树脂的内部间隙，很难再被洗脱，导致洗脱不完全，回收率降低。

在固相萃取过程中，应当注意以下影响因素。

① 吸附剂的选择：实验时尽量选择与目标化合物极性相似的吸附剂，其用量大小与目标物性质（极性、挥发性）及其在水样中的浓度直接相关；吸附剂最好是多孔、比表面积大的固体颗粒，表面积越大，吸附能力越强，但是相应孔径会减小，应根据实际情况综合考虑；吸附剂必须具有较小的空白值，以减少吸附剂引起的污染和干扰；萃取吸附过程必须可逆并且具有较高的回收率，吸附剂必须能够快速地吸附分析物，并且能够在适当的溶剂条件下快速释放分析物，同时具有恒定的回收率，保证整个分析结果更加可靠、准确；吸附剂必须要具有很好的化学稳定性，具有较强的耐酸碱腐蚀能力，在各种淋洗剂条件下不会发生溶胀作用；吸附剂必须与样品溶液表面有很好的界面接触，只有样品与吸附剂表面充分接触才能够保证定量萃取[8]。

② 溶剂的选择：在固相萃取中，萃取固定相的活化、上样富集、淋洗杂质、分析物洗脱的过程中，都涉及溶剂的选择问题。溶剂选择最重要的是溶剂强度，这是保证固相萃取成功的关键。表 11-5 给出了常见正相型和反相型固相萃取中有机溶剂的极性和强度大小关系。

表 11-5 正相型和反相型固相萃取中常用溶剂的性质

极性	溶剂强度		溶剂	是否溶于水
非极性	强反相	弱正相	正己烷	否
↓	↑	↓	异辛烷	否
			四卤化碳	否
			三卤甲烷	否
			二卤甲烷	否
			四氢呋喃	是
			乙醚	否
			乙酸乙酯	差
			丙酮	是
			乙腈	是
			异丙醇	是
			甲醇	是
			水	是
极性	弱反相	强正相	乙酸	是

对于固定相活化溶剂，一般先使用强的溶剂去除固定相上的杂质，然后选择与上样溶剂强度一致的活化溶剂，以保证样品能够在固定相上充分保留。需注意的是，固定相在活化过程和活化结束后都要保持湿润，否则会使固定相干裂或者进入气泡，导致柱效降低、回收率降低以及重现性变差。

对于上样溶剂的选择，要尽可能选择弱强度的溶剂，保证样品能够充分地保留在固相萃取柱上，还可以采用大量上样方法，提高富集倍数。如果上样溶剂强度过高，样品不能保留或者弱保留，则回收率低。

对于洗脱溶剂，要选择溶剂强度比较大的，保证保留在固定相上的样品洗脱下来，对大多数化合物来说，乙腈是一种比甲醇和乙醇更好的洗脱溶剂。另外，选择的洗脱溶剂要与后续的分析条件相适应。还有就是要选择黏度小、纯度高、毒性小并且不与样品和固定相发生反应以及不会干扰样品后续检测的溶剂。如果单一的洗脱溶剂效果不理想，也可考虑使用混合溶剂进行洗脱。

③ 固定相容量：在上样过程中，要注意样品的含量不要超过萃取柱容量，如果超过萃

取柱容量，过量的样品不会在萃取柱上保留而丢失，导致回收率下降。

④ 流速控制：流速的控制对固相萃取至关重要，流速过大将引起萃取柱的穿漏，流速小则处理速度太慢。萃取柱预处理过程中流速适中，保证溶液充分湿润吸附剂即可，上样和洗脱过程则要求流速尽量慢些，以使分析物尽量保留在柱内或达到完全洗脱，否则会导致分析物流失，影响回收率的大小。尤其是离子交换过程进行比较缓慢，应采用较低的流速（0.5～2.0ml/min）。

四、固相微萃取

固相微萃取（SPME）装置由手柄（holder）和萃取头（fiber）两部分构成（如图 11-6 所示），形状类似于一支色谱注射器，萃取头是一根涂有不同色谱固定相或吸附剂的熔融石英纤维，接不锈钢丝，外套细的不锈钢针管（保护石英纤维不被折断及进样），纤维头可在针管内伸缩，手柄用于安装萃取头，可永久使用。

在样品萃取过程中首先将 SPME 针管穿透样品瓶隔垫，插入瓶中，推手柄杆使纤维头伸出针管，纤维头可以浸入水溶液中（浸入方式）或置于样品上部空间（顶空方式），萃取时间为 2～30min。然后缩回纤维头，再将针管退出样品瓶，迅速将 SPME 针管插入 GC 仪进样口或 HPLC 的接口解吸池。推手柄杆，伸出纤维头，热脱附样品进色谱柱或用溶液洗脱目标分析物，缩回纤维头，移去针管。

由不同固定相所构成的萃取头对物质的萃取吸附能力是不同的，故萃取头是整个 SPME 装置的核心，包括固定相及其厚度的选择两个方面。萃取头的选择由欲萃取组分的分配系数、极性、沸点等参数共同确定。

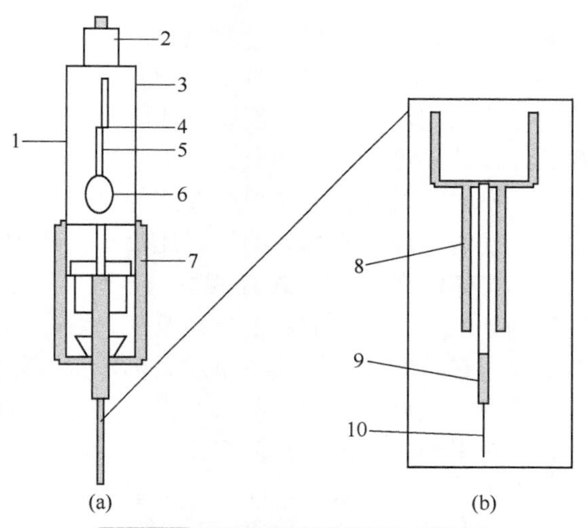

图 11-6 固相微萃取装置示意图

1—手柄；2—活塞；3—外套；4—活塞固定螺杆；5—Z形沟槽；6—观察窗口；7—可调节针头导轨/深度标记；8—隔垫穿孔针头；9—纤维固定管；10—弹性硅纤维涂层

一般而言，纤维头上的膜越厚，萃取的目标组分越多，厚膜可有效地从基质中吸附高沸点组分。但是解吸时间相应要延长，并且被吸附物可能被带入下一个样品萃取分析中，薄膜纤维头被用来确保分析物在热解吸时较高沸点化合物的快速扩散与释放。膜的厚度通常在 10～100μm 之间。

固定相涂层按照聚合物的极性可分为 3 大类：极性涂层、非极性涂层和中等极性混合型涂层。表 11-6 中列出了几种常用萃取头的适用范围及性能。

表 11-6 常用 SPME-GC/MS 萃取头

萃取头类别	具体描述	用　途	极　性	分子量范围
PDMS	100μm，非键合	小分子、挥发性非极性物质	非极性	60～275
	30μm，非键合	半挥发性、非极性物质	非极性	80～500
	7μm，键合	半挥发性、非极性物质	非极性	125～600
PA	85μm，部分交联	极性半挥发性物质，酚类	极性	80～300
PDMS/DVB	65μm，部分交联	极性挥发性物质，胺类，硝基芳香类化合物	中极性	50～300
CAR/PDMS	75μm，部分交联	痕量 VOC（挥发性有机化合物），气体硫化物	中极性	30～225
DVB/CAR/PDMS	50μm/30μm，高度交联	挥发性物质	中极性	C_3～C_{20}
CW/ DVB	85μm，部分交联	极性物质，尤其是醇类	中极性	40～275

注：PDMS——聚二甲基硅氧烷；CW——聚乙二醇；PA——聚丙烯；DVB——二乙烯苯；CAR——碳分子筛。

萃取时间的确定：萃取时间主要是指达到或接近平衡所需要的操作时间。影响萃取时间的主要因素有萃取头的选择、分配系数、样品的扩散系数、顶空体积、样品萃取的温度等。萃取开始时萃取头固定相中物质浓度增加得很快，接近平衡时速度极其缓慢，因此一般的萃取过程不必达到完全平衡，因为平衡之前萃取头涂层中吸附的物质量与其最终浓度就已存在一个比例关系，所以在接近平衡时即可完成萃取操作。视样品的情况不同，萃取时间一般为2～60min。延长萃取时间也无坏处，但要保证样品的稳定性。

萃取温度的确定：萃取温度对吸附采样的影响具有双重性，一方面，温度升高会加快样品分子运动，导致液体蒸气压的增大，有利于吸附过程，尤其是对顶空固相微萃取（HS-SPME）；另一方面，温度升高也会降低萃取头吸附分析组分的能力，使得吸附量下降。实验过程中还要根据样品的性质而定，一般萃取温度为 40～90℃。

样品的搅拌程度：样品经搅拌后可以促进萃取并相应地减少萃取时间，特别是对高分子量和高扩散系数的组分。一般搅拌形式有磁力搅拌、高速匀浆搅拌、超声波搅拌等方式。采取搅拌方式时一定要注意搅拌的均匀性，不均匀的搅拌比没有搅拌的测定精确度更差。

萃取方式、盐浓度和 pH：SPME 的操作方式有两种，一种为顶空萃取方式，另一种为浸入萃取方式，实验中采取何种萃取方式主要取决于样品组分是否存在蒸气压，没有蒸气压的组分只能采用浸入方式来萃取。在萃取前于样品中添加无机盐可以降低极性有机化合物的溶解度，产生盐析，提高分配系数，从而达到增加萃取头固定相对分析组分的吸附的目的。一般添加无机盐用于顶空方式，对于浸入方式，盐分容易损坏萃取头。此外调节样品的 pH 可以降低组分的亲脂性，从而大大提高萃取效率，注意 pH 值不宜过高或过低，否则会影响固定相涂层。

五、膜分离

膜分离技术是 1960 年前后开发、20 世纪 70 年代开始实用化的。随着其用途不断扩大，近年来已迅速发展成为大型化的分离装置，广泛用于海水淡化、洁净水、纯水和超纯水制造、废水处理等众多领域。膜分离是利用固膜或液膜的选择性渗透作用而分离气体或液体混合物的一种方法。固膜分离有超滤、微孔过滤、反渗透、气体渗透分离等。液膜分离则往往是模拟生物膜的结构和功能。膜的分离，简单地说就是筛分，即利用膜表面孔的机械筛分原理，将不同大小的物质分离开，达到分离、纯化、浓缩的目的。膜分离过程具有分离迅速、节约能耗、减少污染、设备简单、连续操作等特点。选择适当的膜分离技术，可以代替传统工艺的蒸馏蒸发、真空过滤、浓缩抽提、离子交换等多种工艺，解决目前某些产品在工业生产过程中传统工艺无法解决的能耗高、质量差、收率低、污染重等难题。与其他样品预处理技术相比，膜分离技术过程中样品或基质成分超载的危险性可以忽略，大多数膜过程在密封流动系统中进行，能降低污染，避免接触有毒或危险的样品，使用有机溶剂量少，流动系统易于实行自动化。同时也具有孔易堵塞、易污染以及效率低的缺点。

膜分离技术实际上是一种借助于膜而实现的各种分离过程。以选择性透过膜为分离介质，在膜两侧施加某种推动力，如压力差、浓度差、电位差等，使样品一侧中的预分离组分选择性地透过膜，低分子溶质通过膜，而大分子溶质被截流，以此来分离溶液中不同分子量的物质，从而达到分离、纯化的目的。膜的种类繁多，大致可按下面几个方面对膜进行分类：①根据膜的材质，从相态上可分为固体膜和液体膜；②从材料来源上可分为天然膜和合成膜，合成膜又分为无机材料膜和有机材料膜，常用膜材料见表 11-7[9]；③根据膜的结构可分为多孔膜和致密膜；④按膜断面的物理形态，固体膜又可分为对称膜、不对称膜和复合模；对称膜又称均质膜，不对称膜具有极薄的表面活性层（或致密层）和其下部的多孔支撑层；复合膜通常用两种不同的膜材料分别制成表面活性层和多孔支撑层；⑤根据膜的功能，可分为离子交换膜、渗透膜、微滤膜、超滤膜、反渗透膜、渗透气化膜和气体分离膜，表 11-8 为常用膜的功能及应用范围[10]；⑥根据固体膜的形状，可分为平板膜、管式膜、中空纤维膜等。不同分离过程使用不同的膜，推动力也不同。根据推动力的不同，膜分离过程分为依靠压力差分离的反渗透、微滤、超滤、气体分离，依靠浓度差分离的渗析、乳化液膜分离、膜萃取，依靠电位差分离的电渗析，依靠温度差分离的膜蒸发、渗透气化。表 11-9 给出了常用膜分离过程的基本特点及其应用范围[11]。

表 11-7 膜材料分类

材料	类别	膜材料举例
有机材料	纤维素衍生物类	醋酸纤维素、硝酸纤维素、乙基纤维素等
	聚砜类	聚砜、聚醚砜、聚芳醚砜、磺化聚砜等
	聚酰（亚）胺类	聚砜酰胺、芳香族聚酰胺、含氟聚酰亚胺等
	聚酯、烯烃类	涤纶、聚碳酸酯、聚乙烯、聚丙烯腈等
	含氟（硅）类	聚四氟乙烯、聚偏氟乙烯、聚二甲基硅氧烷等
	其他	壳聚糖、聚碳酸核径迹膜（核孔膜）、聚电解质
无机材料	致密膜	金属钯、金属银、合金膜、氧化膜
	多孔膜	陶瓷、多孔玻璃等

表 11-8 主要膜的功能及其实用范围

膜的种类	膜的功能	透过物质	分离驱动力	膜的孔径/μm
微滤膜	脱除溶剂中的悬浮物、胶团、微粒子、菌类	水、溶剂和溶解物	压力差	0.1～10
超滤膜	脱除溶液中的胶体、大分子、菌类、病毒、热源、蛋白质等	水、溶剂、离子和小分子	压力差	0.01～0.1
纳滤膜和反渗透膜	脱除溶液中的无机盐、离子、低分子、糖类、氨基酸	水、溶剂	压力差	0.001～0.01
透析膜	脱除溶液中的盐类及低分子物、离子、氨基酸、糖类	离子、低分子、酸和碱	浓度差	0.001～0.01
电渗透离子交换膜	脱除溶剂中的无机、有机离子	离子	电位差	0.001～0.01
渗透气化膜	溶液中的低分子与溶剂间的分离	蒸气	压力差、浓度差	0.0001～0.001
气体分离膜	气体与气体分离、气体与蒸气分离	气体	浓度差	0.0001～0.001

表 11-9 常用膜分离过程的基本特点

分离过程类型	分离过程	透过组分	截流组分	推动力	传递机理	膜类型	样品和透过物的状态
微滤（MF）	溶液脱粒子，气体脱粒子	溶液、气体	0.02～10μm 溶质	压力差（约 100kPa）	筛分	多孔膜	液体或气体
超滤（UF）	溶液脱大分子，大分子溶液脱小分子，大分子分级	小分子溶液	1～20nm 溶质	压力差（100～1000kPa）	筛分	非对称膜	液体
纳滤（NF）	溶剂脱有机组分、高价离子，软化，脱色，浓缩，分离	溶剂、低价小分子溶质	1nm 以上溶质	压力差（500～1500kPa）	溶解-扩散 Donna 效应	非对称膜或复合膜	液体
反渗透（RO）	溶剂脱溶质，含小分子溶质溶液浓缩	溶剂，可被电渗透截流组分	0.1～1nm 小分子溶质	压力差（1000～10000kPa）	优先吸附、毛细管流动、溶解、扩散	非对称膜或复合膜	液体
渗析（D）	大分子溶液脱小分子，小分子溶质溶液脱大分子	小分子溶质或者较小溶质	＞0.02μm 截流，血液渗析中＞0.05μm 截流	浓度差	筛分微孔膜内的受阻扩散	非对称膜或离子交换膜	液体
电渗析（ED）	溶液脱小离子，小离子溶质的浓缩，小离子的分级	小离子组分	同性离子、大离子和水	电化学势、电渗透	反离子羟离子交换膜的迁移	离子交换膜	液体

六、分子印迹法

分子印迹属于超分子研究范畴。它是指制备对某一特定分子（模板分子或印迹分子）具有选择性的聚合物的过程。通常可描述为制造识别“分子钥匙”的人工“锁”技术。如在非共价型印迹中以感兴趣的目标分子充当模板，该分子通过氢键、静电作用、疏水作用等非共价键作用，对可聚合的功能单体进行组装，加入交联剂聚合，然后除去印迹分子，形成分子印迹聚合物。由于除去印迹分子以后在聚合物中留下了功能基团精确排布的孔穴，该孔穴与印迹分子的形状、大小、电荷分布具有互补性，使得分子印迹聚合物具有良好的选择性。分子印迹聚合物具有预定性、识别性和实用性三大特点，人们可以根据目的的不同、模板分子的不同制备不同的分子印迹聚合物，来满足各种不同的需要；它与天然的生物分子识别系统如酶与底物、抗原与抗体、受体以及激素相比，具有耐高温、高压，耐酸碱、耐有机溶剂，有较好的重复性，生产成本较低，易于实现大规模生产等优点。因此，近年来分子印迹技术发展非常迅速。

分子印迹聚合物的制备一般包括如下三个过程：①模板分子与功能单体之间通过共价键或非共价键作用结合，形成主客体配合物；②加入交联单体，在引发剂、热或光引发下，在模板分子——功能单体配合物周围发生聚合反应，聚合物链通过自由基聚合将模板分子和单体的配合物“捕获”到聚合物的立体结构中；③将聚合物中的模板分子洗脱或解离出来，在聚合物中便留下许多与印迹分子形状相似的孔穴，且孔穴内功能基团在空间位置和结合位点上与印迹分子互补，可与印迹分子发生结合作用，从而实现分子识别。

分子印迹聚合物与模板分子之间的结合作用主要是孔穴内固定排列的结合基团与模板分子间的相互作用。在制备分子印迹聚合物的过程中，对结合基团有以下几个要求：第一，模板分子与结合基团间要有足够强的键合作用，以便在聚合过程中把模板分子牢固地固定住，在交联时把结合基团按确定的空间位置固定排列；第二，生成聚合物后，模板分子要尽可能地完全去除，因为残留的模板分子会降低分子印迹聚合物的使用效率；第三，结合基团与模板分子的相互作用要尽可能地快，以便用于快速色谱分离和催化，同时，还要具有很好的可逆性，这样才能多次反复使用。

结合基团和模板分子之间的结合作用主要有：①共价键合作用；②π-π键作用；③氢键作用；④疏水/范德华力作用；⑤（过渡）金属/配基结合作用；⑥冠醚与离子作用；⑦离子键作用。

一种理想的分子印迹聚合物应具以下性质：①聚合物的结构应具有一定的刚性以确保印迹孔穴的空间构型和互补官能团的位置；②其空间结构具有一定的柔韧性以确保亲和动力学能尽快达到平衡；③亲和位点的可接近性；④机械稳定性，以便分子印迹聚合物（MIP）可以在高压下应用；⑤热稳定性。

第三节 固体、半固体样品的预处理

样品必须制成液态才能进行 HPLC 分析。有些不溶固体中含有可溶性被测物，比如固体聚合物中的添加剂、食品中的脂肪、土壤中的多环芳烃。使样品与溶剂相接触，被测物被萃取出，随后经倾倒、滤过或离心将溶剂从固体残渣中分出。如必要，进一步处理滤液，再进行 HPLC 分析。

一、传统萃取方法

1. 溶解

溶解方法就是采用强溶剂直接溶解固体、半固体样品，使被测物溶入溶液，其中会发生或不发生化学变化。无机固体可能需加酸或碱达到完全溶解；有机样品往往能直接溶于溶剂中；溶解后，可能需要滤过。

2. 固-液萃取

固-液萃取就是将样品置于容器内，加入溶剂溶解有关被测物，从固体中滤出溶液（有时亦称“振摇/过滤”法）。有时可煮沸或回馏溶剂以提高溶解度；细小分散状态的样品易于浸出；样品可用人工或自动振摇；经滤过、倾析或离心从不溶性固体中分离出样品。

3. 索氏提取

样品置于活动的多孔容器（套管）中；回馏溶剂不断流过该套管，溶解被测物，连续收集到蒸馏瓶中。以纯溶剂提取；样品在溶剂的沸点处必须稳定；缓慢，但提取直至完成不需有人照看；价低；对自由流动粉末最好；回收率很好。

4. 超声提取

将细小的分散样品浸没于装有溶剂的超声容器中，进行超声辐射。也可用超声探头或杯型超声破碎器。用超声作用辅助溶解；可加热提高萃取速率；安全、快速；最适于粗糙、颗粒状物质；可同时处理多份样品；与溶剂的接触效率高。

5. 均一化

样品置混合器中，加入溶剂，使样品均一化成细小离散状态；除去溶剂，进一步混匀。用于动植物组织、食品、环保样品；可用有机与水溶剂；可加干冰或硅藻土使样品流动性增大；对小分散样品的萃取效率高。

6. 强制流动浸出

样品置于流通管中，并使溶剂从中流过。加热流通管至溶剂的沸点附近。适于颗粒性样品；溶剂能用高压 N_2 注入或推过；溶剂体积小于索氏提取；结果相似，速度更快。

二、新型萃取方法

1. 超临界流体萃取[12]

超临界流体萃取（SCFE）技术作为一项应用广泛的实用性技术，近些年来发展迅速。作为溶剂的超临界流体与被萃取物料接触，使物料中的某些组分（称萃取物）被超临界流体溶解并携带，从而与物料中其他组分（萃余物）分离，之后通过降低压力或调节温度的方法降低超临界流体的密度，从而降低其溶解能力，使超临界流体解析出其所携带的萃取物，达到萃取分离的目的。

当流体的温度和压力处于它的临界温度和临界压力以上时，即使继续加压，也不会液化，只是密度增加而已，它既具有类似液体的某些性质，又保留了气体的某些性能，这种状态的流体称为超临界流体。超临界流体萃取技术就是利用超临界流体在超临界状态下溶解待分离的液体或固体混合物而使萃取物从混合物中分离出来。超临界流体具有若干特殊的性质，超临界流体的密度比气体大数百倍，与液体的密度接近。其黏度则比液体小得多，仍接近气体的黏度。超临界流体既具有液体对物质的高溶解度的特性，又具有气体易于扩散和流动的特性。对萃取和分离更有用的是，在临界点附近温度和压力的微小变化会引起超临界流体密度的显著变化，从而使超临界流体溶解物质的能力发生显著的变化。因此，通过调节温度和压力，人们就可以有选择地将样品中的物质萃取出来。CO_2不仅临界密度（0.448g/cm^3）大、临界温度（31.06℃）低、临界压力（7.39MPa）适中，而且便宜易得、无毒、化学惰性、易与产物分离，因此是目前最常用、最有效的超临界流体。

与一般液体萃取技术相比，SCFE 技术的萃取速率和范围更为理想。萃取过程是通过调节温度和压力来控制与溶质的亲和性而实现分离的。其特点是：①通过调节 P 可提取纯度较高的有效成分或脱出有害成分；②选择适宜的溶剂（如 CO_2）可在较低温度或无氧环境下操作，分离、精制热敏性物质和易氧化物质；③SCFE 具有良好的渗透性和溶解性，能从固体或黏稠的原料中快速提取出有效成分；④降低超临界流体的密度，容易使溶剂从产品中分离，无溶剂污染，且回收溶剂无相变过程，能耗低；⑤兼有萃取和蒸馏的双重功效，可用于有机物的分离、精制。但是，SCFE 也存在缺陷，如萃取率低、选择性不够高。

2. 微波辅助萃取

微波辅助萃取又叫微波萃取，是一种非常具有发展潜力的新的萃取技术，即用微波能加热与样品相接触的溶剂，将所需化合物从样品基体中分离出来并进入溶剂，是在传统萃取工艺的基础上强化传热、传质的一个过程。通过微波强化，其萃取速度、萃取效率及萃取质量均比常规工艺好得多，因此在萃取和分离天然产物的应用中发展迅速。

微波萃取的机理可由以下两方面考虑[13]：一方面微波辐射过程是高频电磁波穿透萃取介质，到达植物物料的内部维管束和腺细胞内，由于物料内的水分大部分是在维管束和腺细胞内，水分吸收微波能后使细胞内部温度迅速上升，而溶剂对微波是透明（或半透明）的，受微波的影响小，温度较低。连续的高温使其内部压力超过细胞壁膨胀的能力，从而导致细胞破裂，细胞内的物质自由流出，萃取介质就能在较低的温度条件下捕获并溶解，通过进一步过滤和分离，便获得萃取物料。另一方面，微波所产生的电磁场可加速被萃取部分向萃取溶剂界面的扩散速率，用水作溶剂时，在微波场下，水分子高速转动成为激发态，这是一种高能量不稳定状态，或者水分子汽化，加强萃取组分的驱动力；或者水分子本身释放能量回到基态，所释放的能量传递给其他物质分子，加速其热运动，缩短萃取组分的分子由物料内部扩散到萃取溶剂界面的时间，从而使萃取速率提高数倍，同时还降低了萃取温度，最大限度地保证萃取的质量。

微波萃取机理的另一种描述为[14]：由于微波的频率与分子转动的频率相关联，所以微波能是一种由离子迁移和偶极子转动引起分子运动的非离子化辐射能。当它作用于分子时，促进了分子的转动运动，若此时分子具有一定的极性，便在微波电磁场作用下产生瞬时极化，

并以 24.5×10^9 次/s 的速度做极性变换运动，从而产生键的振动、撕裂和粒子之间的相互摩擦、碰撞，促进分子活性部分（极性部分）更好地接触和反应，同时迅速生成大量的热能，促使细胞破裂，使细胞液溢出来并扩散到溶剂中。在微波场中，不同物质的介电常数、比热、形状及含水量的不同，会导致各种物质吸收微波能的能力的不同，其产生的热能及传递给周围环境的热能也不同，这种差异使得萃取体系中的某些组分或基体物质的某些区域被选择性加热，从而使被萃取物质从基体或体系中分离出来，进入到介电常数小、微波吸收能力差的萃取剂中。

3. 加速溶剂萃取[15]

1995 年由 Richter 等人提出了一种全新的萃取方法——加速溶剂萃取法。该方法通过提高温度和增加压力来进行有机溶剂的自动萃取，是一种采用常规溶剂、在较高的温度和较大的压力下用溶剂萃取固体或半固体的新颖的样品前处理方法。该方法利用升高的温度和压力，以增加物质溶解度和溶质扩散效率，提高萃取效率。具有溶剂用量少，操作简单，萃取效率高，使用方便灵活，操作安全可靠，萃取残留少，样品回收率高等突出优点，已被美国国家环保局批准为 EPA3545 号标准方法。

当温度升高时，水的溶解度增加，有利于这些微孔的可利用性。温度的提高能极大地减弱由范德华力、氢键、溶质分子和样品基质活性位置的偶极吸引力所引起的溶质与基质之间的很强的相互作用力；能加速溶质分子的解析动力学过程，减小解析过程所需的活化能，使溶质从基质中解吸并快速进入溶剂；能降低溶剂和样品基质之间的表面张力，使溶剂更好地进入样品基质，有利于被萃取物与溶剂的接触。当增加压力时，液体对溶质的溶解能力远大于气体对溶质的溶解能力，而且增加压力也能提高溶剂的沸点，使溶剂在萃取过程中始终保持液态。

同传统的萃取方法相比，加速溶剂萃取具有萃取时间短和溶剂使用量少的特点。在处理时间上，传统的索氏提取需 4～48h，自动索氏提取为 1～4h，超临界流体萃取、微波萃取也需 0.5～1h；而加速溶剂萃取缩短了样品前处理的时间，仅需 12～20min，大大提高了残留检测的效率。在溶剂使用量方面，传统的索氏提取为 200～500ml，自动索氏萃取为 50～100ml，超临界流体萃取为 150～200ml，即使是微波萃取也要消耗 25～50ml；而加速溶剂萃取仅需 15ml，溶剂的消耗量降低 90%以上，不仅减少了残留检测的成本，而且由于溶剂量的减少加快了样品前处理中提纯和浓缩的速度，进一步缩短了分析时间。另外，加速溶剂萃取通过提高温度和增加压力来进行萃取，减少了基质对溶质（被提取物）的影响，增加了溶剂对溶质的溶解能力，使溶质较完全地提取出来，提高了残留检测中的萃取效率和样品的回收率。

4. 亚临界水萃取[16]

亚临界水萃取技术是近 10 年来刚刚发展起来的一种新兴的提取分离技术，具有提取时间短、萃取效率高、环境友好等技术优势，亚临界水萃取技术作为植物有效成分提取分离的新方法近年来得到了迅速发展，是一种很有潜力开发成为工业化生产的绿色提取技术。

萃取原理：在常温常压下，水是极性很大的溶剂，能很好地溶解极性化合物，但对低极性化合物的溶解性很低。在适度的压力下，将水加热到 100℃以上临界温度（374℃）以下的高温，水体仍然保持在液体状态，这种水称为亚临界水，也称之为高温水、超加热水、高压热水或热液态水。亚临界水的物理、化学特性与常温常压下的水有较大差别，随着温度的升高，水的极性、表面张力和黏度都急剧下降，对中极性和非极性化合物的溶解能力会大大增加，其性质更接近于有机溶剂。亚临界水物理、化学特性的改变主要与流体微观结构的氢键、离子水合、离子缔合、簇状结构的变化有关。随着温度的升高，亚临界水的氢键被打开或减弱，水的介电常数很容易降低。水在常温常压下介电常数约为 80，而升温升压至 250℃、5MPa 时，水的介电常数降低到 27，这个值和 25℃、0.1MPa 下的乙醇相同，这表明亚临界水对中极性和非极性化合物具有一定的溶解能力。因此，通过调节亚临界水的温度和压力，使水的极性在较大范围内变化，就可以选择性地萃取无机或有机物质、极性或非极性有机物质。表 11-10 列出几种常用有机溶剂在常温常压下的介电常数以及水在不同温度下的介电常数。由于亚临界水萃取是以价廉、无污染的水作为萃取剂，而且具有较好的渗透与溶解能力，因此亚临界水萃取技术被视为绿色环保、前景广阔的一项变革性技术。

表 11-10 水和有机溶剂的介电常数[17]

溶剂	介电常数ε（常温常压）	温度/℃	水的介电常数ε（5MPa）
正己烷	1.89	50	71
苯	2.27	100	56
二氯甲烷	8.93	150	45
丙酮	20.7	200	35
乙醇	24	250	27
甲醇	33	300	22
水	80	400	8

5. 基质固相分散[18]

基质固相分散技术是 Barker[19]在 1989 年首次提出并给予理论解释的一种快速样品处理技术。该技术的原理是利用分散剂（通常为 C_{18} 或 C_8 键合硅胶）颗粒的机械剪切力将基质分散，C_{18} 键合相破坏脂质的细胞膜，使细胞成分释放在填料中重新分布，样品基质和待测组分按照极性相似相溶的规律分布在填料的表面。小的极性分子与填料表面未被键合的硅烷醇结合或形成氢键，大的弱极性分子则分散在键合相/组织基质形成的两相物质表面。由于待分析组分具有大的比表面积，从而可与洗脱溶剂充分作用，少量的溶剂即可有较高的提取率。其基本过程是将（固态、半固态或液态）样品直接与分散剂按样品与填料的比例大体为 1∶4 一起混合和研磨，制成半固态物质，装柱后用类似固相萃取的方式用洗脱剂淋洗。根据作用原理，样品匀浆和提取在同一过程完成，因而减少了样品预处理步骤，降低了溶剂消耗，使分析速度得到提高，更可适于自动化分析。

影响基质固相分散的因素主要有分散剂种类和淋洗剂的选择。分散剂载体的孔径大小对样品预效果没有明显影响，而载体粒径大小则是相对较重要的影响因素。粒径在 3～20μm 时不易洗脱；粒径太大会使表面积太小，总的吸附能力减弱，净化效果变差，大多数情况下，以使用粒径为 40μm 的载体为宜。目前常用固相载体为反相键合相填料，以 C_{18} 用得最多，也有使用 C_8 和 C_{30} 的，还有采用氨丙基硅胶、正相填料和非键合分散剂（如硅碳镁土、氧化铝和硅胶）、一些惰性的物质（如沙、硅藻土或 Celite）代替正相或反相填料的。除了以上的常规吸附剂外，还有一些专属性强的分散剂，如含碳高分子材料、分子印迹聚合物等。在选择洗脱溶剂时应考虑到该溶剂对目标分析物的提取率及专属性，并能与后续的分析测定方法相适应等因素。洗脱溶剂的选择与分析物和载体键合相的性质密切相关。当分散剂为反相填料时，洗脱剂一般选用乙腈或甲醇；当分散剂为正相填料或非极性物质时，一般选用正己烷、二氯甲烷等。当目标分析物具有中等或高极性时，可选用乙腈、丙酮、乙酸乙酯、甲醇及水-乙醇等。另外，洗脱溶剂应优先考虑选择那些对人体危害小、成本低并对环境污染低的品种。

第四节 柱上富集

柱上富集可以分为液相色谱柱上富集和毛细管电泳柱上富集。液相色谱柱上富集与固相萃取原理基本相同，此处不再作过多讨论，主要介绍毛细管电泳柱上富集。

毛细管电色谱柱上富集可以分为进样过程富集和连续堆积两类。样品溶液与运行缓冲溶液组成存在差别时，可能会导致溶质分子作用力场的改变或溶质形态的变化，造成溶质在两区带中的迁移速率存在差别，使溶质在柱内输运过程中的分布改变，区带被压缩或拉伸。不仅可以通过调节两区带化学组成和操作条件等手段来实现溶质在电色谱柱内的富集，也可以采用改变固定相性质的手段达到使样品在柱内不同区域迁移速率不同，进而达到样品局部堆积的目的。连续堆积技术的原理与进样富集类似，一般可以认为是进样过程富集在整个分离过程中的延续。

根据溶质在电色谱柱中的输运特征，通过调节样品溶液和运行缓冲溶液组成，并选择适宜的操作条件，可以达到较好的柱内富集目的。电色谱柱内富集机制包括自富集、固相微萃取、场增强等多种过程。

1. 场放大作用

当运行缓冲液的离子强度大于样品溶液的离子强度时，作用在后者上的电场强度要大于前者。因此，带电溶质在样品区带内的迁移速率相对较快，而进入流动相区带后速度要降低，从而导致溶质在两区带的界面处发生堆积。

2. 有机调节剂对场强的影响

当样品溶液与流动相中有机调节剂浓度不同时，介电常数也不同，从而会导致两区段场强的差异。与离子强度引起的场增强效应相同，这一作用会导致带电溶质在两区带中的迁移速率不同，从而使样品在两区带界面处发生堆积。

3. 固相微萃取过程

毛细管电色谱与毛细管区带电泳的主要差别为在前者的柱内存在固定相，因此流动相的组成直接影响溶质在两相间的分配。

对于带电溶质，在进样过程中，由于固定相样品容量有限，可以认为在进样完成后，溶质在柱头固定相中达到饱和。这一过程相当于在柱头进行了一次固相微萃取过程。

对于中性溶质，在超长时间进样的情况下，柱头固定相中的溶质可能会达到饱和，产生类似于固相微萃取的溶质堆积现象。

4. 自富集

与高效液相色谱柱头进样过程相似，在毛细管电色谱进样完成后，由于溶质在固定相表面的吸附作用，溶质在柱内并非均匀分布。同毛细管区带电泳相比，溶质吸附导致的堆积使样品区带长度压缩，且分布不均匀，因此不能简单地把这一区带视为楔形进样区带。从统计意义上讲，样品分布变化导致谱带方差改变，使进样谱带相对较窄，一般称之为“自富集”作用。

在场增强进样下，带电溶质在两区带的边界处也存在相似的效应。溶质进入到流动相区带后，速度迅速减慢，随后的迁移过程与一般的毛细管电色谱过程相当。但从进样的角度讲，溶质在固定相与流动相间的分配同样导致“自富集”作用，使溶质在运行区带中的真实进样长度与理论结果相比较短。

5. 样品区带压缩作用

当样品溶液与流动相不同时，在样品区带和流动相区带内溶质在两相间的分配系数不同。尤其在运行缓冲溶液具有较强的洗脱强度时，进样完成后，运行缓冲溶液将保留在固定相上的样品区带迅速洗脱。这一过程与毛细管胶束电动色谱中“扫”的富集作用相同。

6. 溶质形态的改变

利用溶质在样品溶液与运行流动相中形态的不同，可进行样品富集。当不同形态的溶质带电性质差别较大时，其在两区带内的迁移速度差异较大，此时富集作用尤为显著。改变溶质形态的方法有调节两区带的 pH 或络合剂种类和浓度。

第五节 衍生化方法

衍生化是指采用特殊的化学试剂（一般称作标记试剂或衍生化试剂）与待测物发生化学反应以改变其物理、化学性能，从而增强其分析测定的方法。衍生化技术在高效液相色谱分析中得到了广泛的应用。其主要目的包括：提高待分析物质的检测灵敏度或者降低其检测限；将不适于液相色谱分析的物质转变成为易于用液相色谱分析的衍生物；通过改善化合物的物理化学性能以改变其选择性从而改善分离；通过衍生化改善待测物的结构鉴定性能，利于后续结构测定。衍生化最常见的类型是加入发色团/荧光团使不能被检测的被测物能够进行检测，或者提高其检测灵敏度，降低检测限。

目前液相色谱最常配备的检测器有紫外检测器、荧光检测器、电化学检测器等。根据所采用的检测技术不同，可分为紫外衍生化、荧光衍生化、电化学衍生化等。如果根据衍生化场所的不同，则可分为柱前衍生化、柱后衍生化等。目前的液相色谱技术多采用离线的柱前衍生和在线的柱后衍生。

一、基于检测技术的衍生化方法

1. 紫外衍生

在液相色谱分析中，紫外检测器是使用最广泛的检测技术。不具有紫外吸收的物质则不能采用紫外检测器进行检测，因此，采用衍生化是必不可少的。为了使一些没有紫外吸收或紫外吸收很弱的物质能够被紫外检测器所检测，通过衍生化反应在这些物质中引入有强紫外吸收的发色团，从而使得其衍生物可被紫外检测器所检测，即称为紫外衍生化。

紫外衍生化试剂主要包括两部分：第一，用于与待测物反应的活性官能团；第二，产生紫外吸收的发色团。发色团应具有较大的摩尔吸收系数，从而尽可能提高检测灵敏度，降低背景干扰。常用的紫外发色团归纳如表 11-11 所示。

表 11-11 常用紫外发色团

基团名称	结构式	最大吸收波长 λ_{max}/nm	摩尔吸收系数 ε_{254}
2,4-二硝基苯	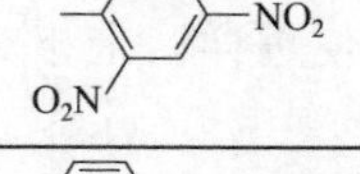 (2,4-二硝基苯基结构式：NO_2、O_2N)	—	$>10^4$
苯甲基	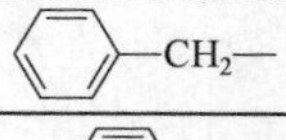 (苯环)—CH_2—	254	200
对硝基苯甲基	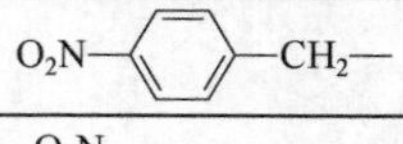 O_2N—(苯环)—CH_2—	265	6200
3,5-二硝基苯甲基	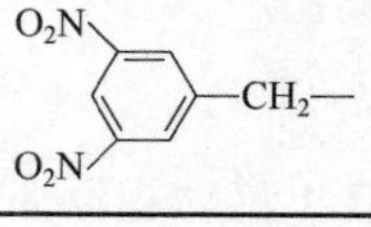 (3,5-二硝基苯甲基结构式：O_2N、O_2N、CH_2—)	—	$>10^4$

续表

基团名称	结构式	最大吸收波长λ_{max}/nm	摩尔吸收系数ε_{254}
苯甲酸酯	C_6H_5—C(=O)—O—	230	<1000
对甲苯酰	H_3C—C_6H_4—C(=O)—	236	5400
对氯苯甲酸酯	Cl—C_6H_4—C(=O)—O—	236	6300
对硝基苯甲酸酯	O_2N—C_6H_4—C(=O)—O—	254	$>10^4$
对甲氧基苯甲酸酯	CH_3O—C_6H_4—C(=O)—O—	262	16000
苯甲酰甲基	C_6H_5—C(=O)—CH_2—	250	约10^4
对溴苯甲酰甲基	Br—C_6H_4—C(=O)—CH_2—	260	18000
α-萘甲酰甲基	$C_{10}H_7$—C(=O)—CH_2—	248	12000
7-硝基-2,1,3-苯并氧杂噁二唑	N, O, N, NO_2	380	37400

除上述表格中描述的紫外衍生基团以外，近年来发展的紫外衍生基团还有对甲氧基苯磺酰基、3,5-二硝基三氟甲苯、对硝基苯、1-二甲氨基萘-5-磺酰基、1-萘异硫氰酸酯、1-甲基喹啉四氟硼酸基、乙酰氨基苯磺酰基等。

紫外衍生化反应往往需要选择反应产率高、重复性较好的反应。如果过量试剂存在会干扰后续的色谱分析，则需要对衍生后样品进行预处理。此外，还要注意反应介质对紫外吸收的影响。

2. 荧光衍生

荧光检测灵敏度比紫外检测器可高 3 个数量级，因此特别适合于痕量样品的分析。荧光检测具有高灵敏度、高选择性以及试剂用量少等特点。但是，绝大多数物质自身不能发射荧光，往往需要荧光衍生化试剂通过化学反应在待测物中引入荧光发色团，从而实现待测物的荧光检测。常见的荧光衍生试剂归纳如表 11-12 所示。

表 11-12　常用荧光衍生化试剂

化学名称	简　称	结构式	应用范围
1-二甲氨基萘-5-磺酰氯	丹磺酰氯（DNS-Cl）	$(H_3C)_2N$—$C_{10}H_6$—SO_2Cl	RNH_2　R_2NH R—CH(NH_2)—COOH

续表

化学名称	简　称	结构式	应用范围
1-二甲氨基萘-5-磺酰肼	丹磺酰肼（DNS-hydrazine）	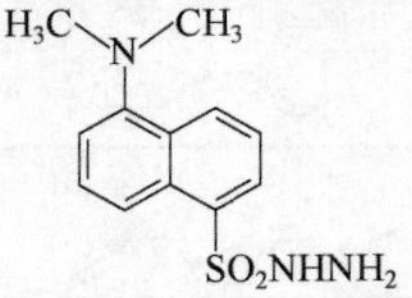 $H_3C-N-CH_3$；SO_2NHNH_2	$R_2C=O$；RCHO
4-苯基螺[呋喃-2(3*H*)-1-酞酰]-3,3′-二酮	荧光胺（fluram）	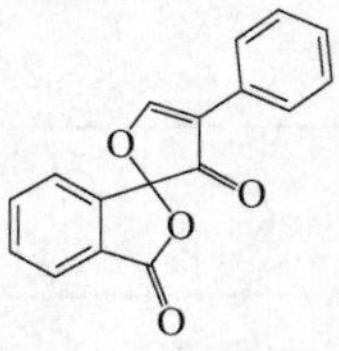 O；O；O	RNH_2；$R-CH(NH_2)-COOH$
邻苯二甲醛	OPA	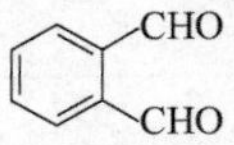 CHO；CHO	$R-CH(NH_2)-COOH$
4-溴甲基-7-甲氧基香豆素	Br-Mmc	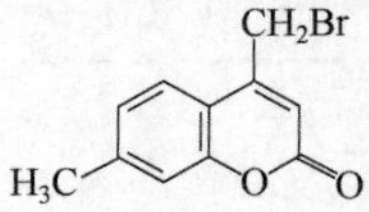 CH_2Br；H_3C；O；O	RCOOH
9-蒽基重氮甲烷	ADAM	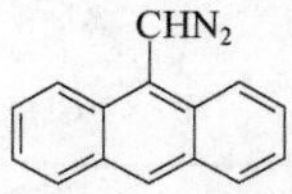 CHN_2	RCOOH
荧光素异硫氰酸酯	FITC	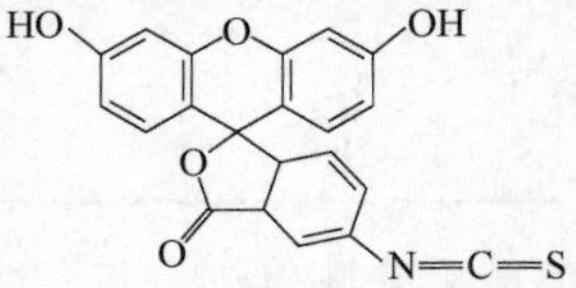 HO；O；OH；O；O；N=C=S	RNH_2；$R-CH(NH_2)-COOH$
N-[*p*-(苯-1,3-氧氮杂茂)-苯]马来酰亚胺	BIPM	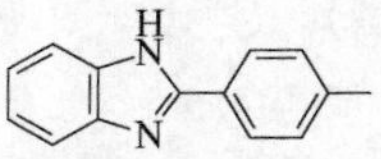 H；N；N	RSH
4-氯对硝基苯一氧二氮杂茂	NBD-Cl	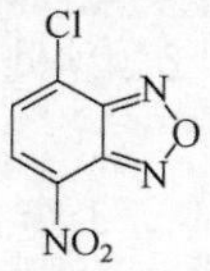 Cl；N；O；N；NO_2	RNH_2；R_2NH
2,3-萘二醛	NDA	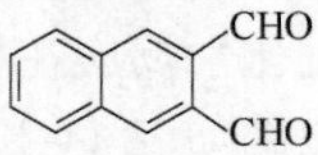 CHO；CHO	$R-CH(NH_2)-COOH$
3-(2-呋喃甲酰基)-喹啉-2-羰醛	FQCA	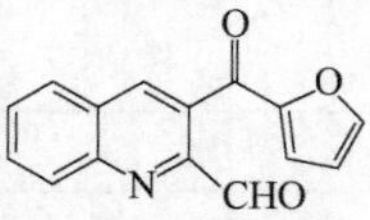 O；O；N；CHO	$R-CH(NH_2)-COOH$
4-氟-7-硝基-2,1,3-苯并氧杂噁二唑	NBD-F	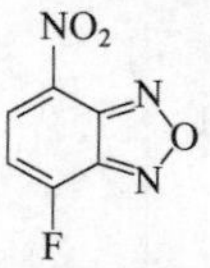 NO_2；N；O；N；F	RNH_2；R_2NH

续表

化学名称	简　称	结构式	应用范围
7-氟-2,1,3-苯并氧杂噁二唑-4-磺酸铵盐	SBD-F	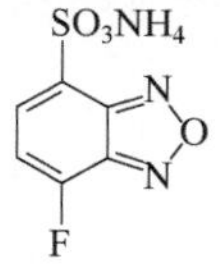 SO_3NH_4, N, O, N, F	RSH
5-碘乙酰胺荧光素	5-IFA	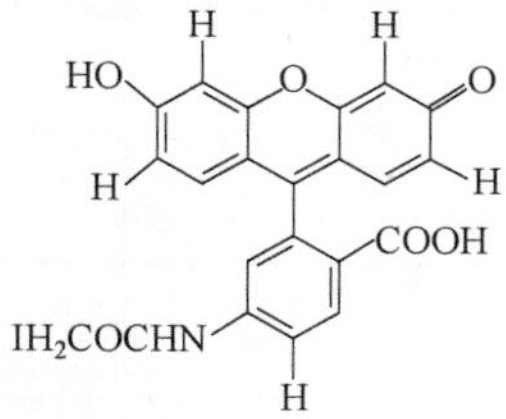 H, H, HO, O, O, H, H, COOH, IH_2COCHN, H	RSH
3*H*-吲哚,1-[(4-羧苯基)甲基]-2-[3-[1-[(4-羧苯基)甲基]-1,3-二氢-3,3-二甲基-5-磺酸基-2*H*-吲哚-2-亚基]-1-丙烯基]-3,3-二甲基-5-磺酸基-(9 氯)的 *N*-羟基琥珀酰亚胺活性酯	Sb-cy3-NHS	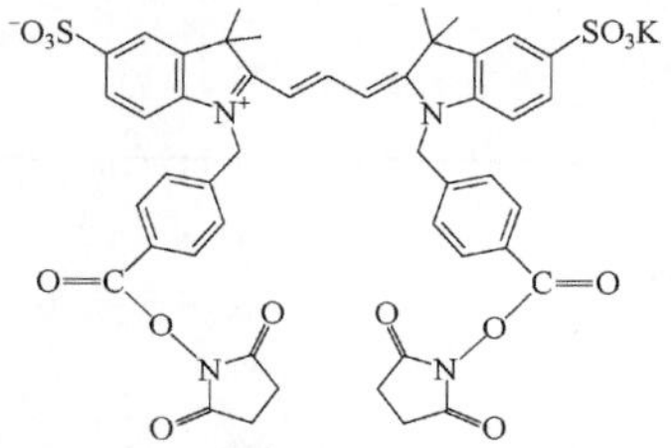 $^{-}O_3S$, N^+, SO_3K, N, O═C, C═O, O, O, N, N, O, O, O, O	RNH_2 R—CH(NH$_2$)—COOH

3. 电化学衍生

液相色谱中的电化学检测具有高灵敏度、高选择性等特点，在分析化学中得到了广泛应用。但是电化学检测器只能检测电化学活性物质，如果待测物不具电化学活性则不能被检测，因此必须采用电化学衍生。电化学衍生化是指待测样品与某些电化学衍生试剂反应从而生成具有电化学活性的衍生物,以使其在电化学检测器上有检测的技术。硝基具有较好的电化学活性，因此，带有硝基的衍生试剂得到广泛应用，并可与活性的羟基、氨基、羧基和羰基等化合物反应，生成电化学活性衍生物，表 11-13 列出了一些常见的电化学衍生试剂。

表 11-13 常用的电化学衍生试剂

试剂结构式	简　称	可反应的化合物
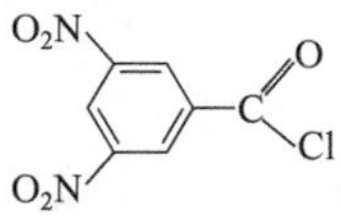 O_2N, O_2N, C(═O)Cl	DNBC	ROH R_2NH
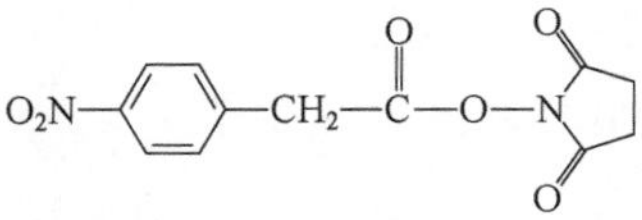 O_2N—C$_6$H$_4$—CH$_2$—C(═O)—O—N(琥珀酰亚胺)	SNPA	R_2NH
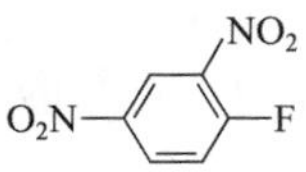 NO_2, O_2N, F	DNFB	R_2NH R—CH(NH$_2$)—COOH

续表

试剂结构式	简　称	可反应的化合物
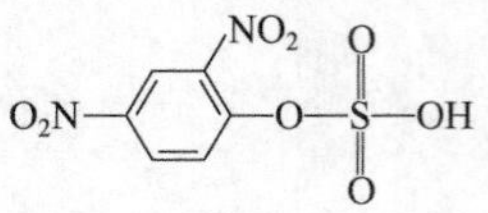 O_2N–(benzene ring, NO_2)–O–$S(=O)_2$–OH	DNBS	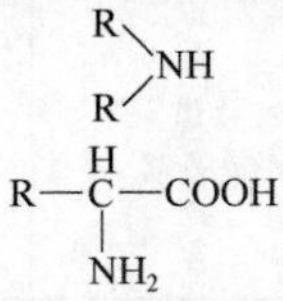 R(R)NH $R-CH(NH_2)-COOH$
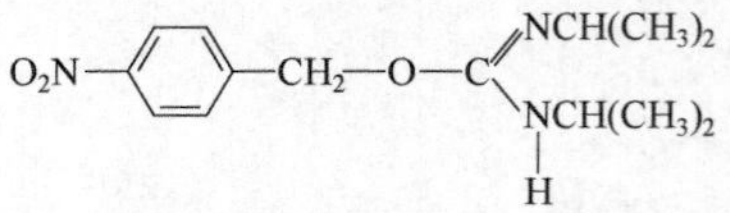 O_2N–(benzene ring)–CH_2–O–C(=$NCH(CH_3)_2$)–$NCH(CH_3)_2$(H)	PNBDI	RCOOH
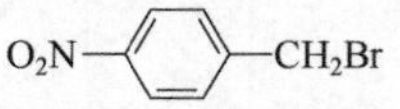 O_2N–(benzene ring)–CH_2Br	PNBB	RCOOH
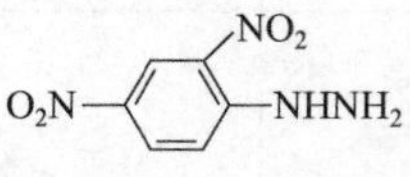 O_2N–(benzene ring, NO_2)–$NHNH_2$	DNPH	RCHO R–C(=O)–R 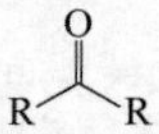

二、衍生化技术

1. 柱前衍生

柱前衍生化是指待测物在液相色谱分离前先经衍生，再根据衍生物的性质进行分离检测的方法。柱前衍生化是目前应用最为广泛的衍生技术。与柱后衍生化相比，柱前衍生具有更大的自由度。

柱前衍生化其优势主要表现在如果所用试剂、待测物及衍生产物均能稳定存在，该方法不受衍生化反应的动力学限制，直至样品衍生反应完全；为了使衍生反应尽可能完全，可以任意选定最优化的衍生化反应条件；其反应的溶剂可不必与色谱分离流动相相匹配，且衍生反应形成的副产物可进行预处理步骤降低或消除。

柱前衍生化的主要缺点在于操作过程较烦琐，有可能导致待测物的损失；衍生形成的副产物有可能会对色谱分离造成较大影响，导致方法的精密度降低；衍生物的降解和可能引入的杂质会造成大量干扰峰，增加了方法的复杂性。

另外柱前衍生化中样品量的控制、试剂的纯度以及衍生产物的储存条件需特别注意。理想的衍生化反应产物在预处理过程中不能发生化学性质的转变，并且在色谱分离过程中化学性质稳定。待测物经柱前衍生后，在色谱分离前往往需要一些必需的预处理步骤：如过量的溶剂可通过冷冻干燥去除，也可通过液液萃取或其他分离步骤来处理；过量的衍生试剂可通过加入其他试剂使之反应而消除。

2. 柱后衍生

柱后衍生化是指待分析样品首先经液相色谱进行分离，再于反应器中与衍生试剂反应实现衍生化，最后进入检测器检测的衍生化技术。柱后衍生化是液相色谱中比较常用的一种方式。

同柱前衍生化相比，柱后衍生化具有的优点是：反应的重现性好，不影响被测物的色谱行为；人为影响较少，利于实现分析的自动化；未被衍生的化合物若有吸收，可同时进行分离检测。

同时柱后衍生化也具有的缺点是衍生化条件的自由度受到限制；通常需要配备特定的反

应装置及附属设备；增加的特定反应装置常会造成峰扩展，导致分离度降低；过量试剂或试剂的降解产物可能造成干扰。

参考文献

[1] 吴建刚. 复杂体系液相色谱分析中样品预处理技术的应用（硕士学位论文）. 长沙：湖南大学，2009.

[2] Majors R E. LC-GC，1991，9(1)：16.

[3] Snyder L R，van der Wal S. Anal Chem，1981，53：877.

[4] 黄俊雄. 环境化学，1994，13：95.

[5] Smith R，James G V. Royal Society of Chemistry，1981.

[6] Snyder L R，Kirkland J J，Glajch J L 著. 实用高效液相色谱法的建立. 张玉奎，王杰，张维冰译. 华文出版社，2001：105.

[7] 张维冰. CN，201120077506. 2013.

[8] 江桂斌等. 环境样品前处理技术. 北京：化学工业出版社，2004.

[9] 王玉宾，孙斌，黄伟. 矿产与地质，2003，17：96.

[10] 吕经烈. 海洋技术，2002，21：73.

[11] 张玉忠，郑领英，高从堦. 液体分离膜技术及应用. 北京：化学工业出版社，2004.

[12] 霍鹏，张青，张滨，郭超英. 河北化工，2010，3：25.

[13] 孙美琴，彭超英. 广州食品工业科技，2003，19（2）：9.

[14] Sparr E C，Bjorklund E. J Chromatogr A，2000，902：227.

[15] 赵保成，王艳玲，孙明山，江德甜. 农业与技术，2009，29：85.

[16] 郑光耀，薄采颖，张景利. 林产化学与工业，2010，30：108.

[17] 吴仁铭. 化学进展，2002，14(1)：3.

[18] 秦锋. 化学通报，2009，2：130.

[19] Barker S A，Long A R，Short C R. J Chromatogr，1989，475：353.

第二篇

谱图选集

第十二章　生物样品

一、蛋白质

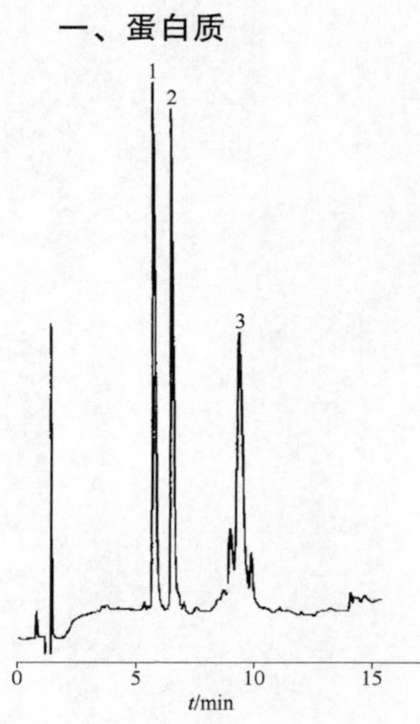

图 12-1　核糖核酸酶 A、细胞色素 c 和伴刀豆球蛋白 A 色谱分离图[1]

色谱峰：1—核糖核酸酶A；2—细胞色素c；3—伴刀豆球蛋白A

色谱柱：BetaBasic C18（150mm×4.6mm，5μm）

流动相：A．0.05%三氟乙酸水溶液；B．0.05%三氟乙酸乙腈溶液

梯　度：0→15min，10%B→90%B

流　速：1.0ml/min

检测器：UV（220nm）

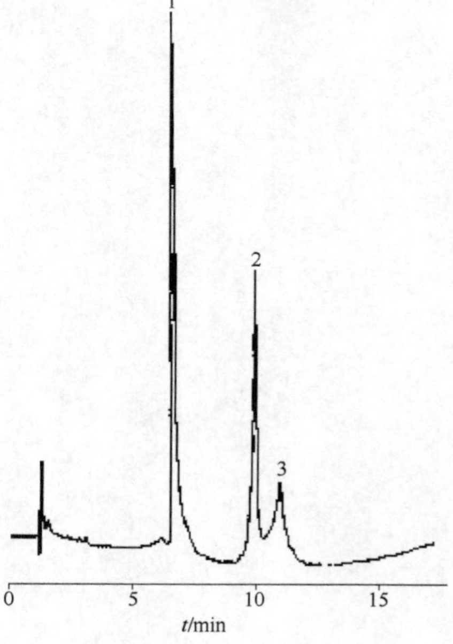

图 12-2　牛血清白蛋白、β-淀粉酶和去铁铁蛋白色谱分离图[1]

色谱峰：1—牛血清白蛋白，66kD；2—β-淀粉酶，200kD；3—去铁铁蛋白，443kD

色谱柱：BioBasic C4（150mm×4.6mm，5μm）

流动相：A．0.1%三氟乙酸水溶液；B．0.1%三氟乙酸乙腈溶液

梯　度：0→30min，25%B→100%B

流　速：1.25ml/min

柱　温：室温

检测器：UV（254nm）

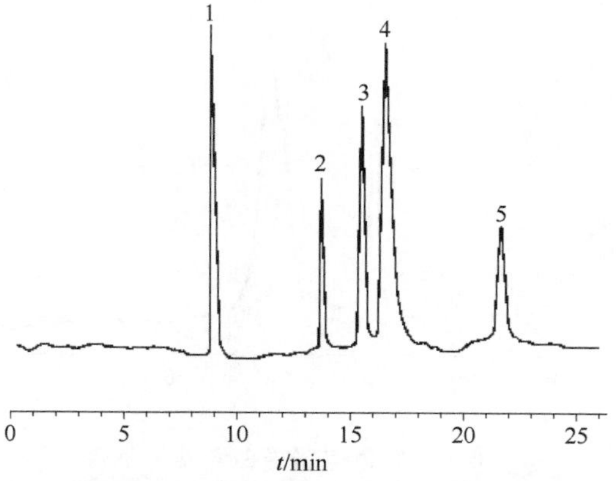

图 12-3 色氨酸、胰岛素、细胞色素、牛血清蛋白和鸡卵白蛋白色谱分离图[1]

色谱峰：1—色氨酸；2—胰岛素；3—细胞色素；4—牛血清蛋白；5—鸡卵白蛋白

色谱柱：Hypersil APS（100mm×4.6mm，5μm）

流动相：A．0.1%三氟乙酸的水溶液；B．0.1%三氟乙酸+1%丙醇

梯　度：0→2.5min→5min→25min，0%B→0%B→10%B→70%B

流　速：1.0ml/min

检测器：UV（280nm）

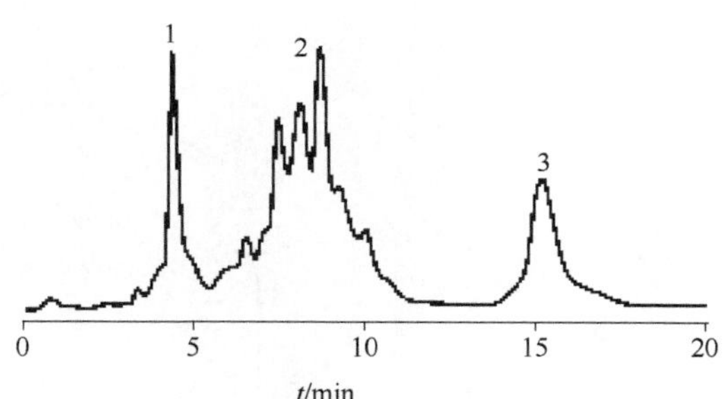

图 12-4 伴清蛋白、卵清蛋白和大豆胰蛋白酶抑制剂色谱分离图[1]

色谱峰：1—伴清蛋白；2—卵清蛋白；3—大豆胰蛋白酶抑制剂

色谱柱：HyperREZ XPSAX（50mm×4.6mm）

流动相：A．10mmol/L Tris HCl，pH=8.0；B．A+0.35mol/L NaCl

梯　度：0→20min，0%B→100%B

流　速：1.0ml/min

检测器：UV（280nm）

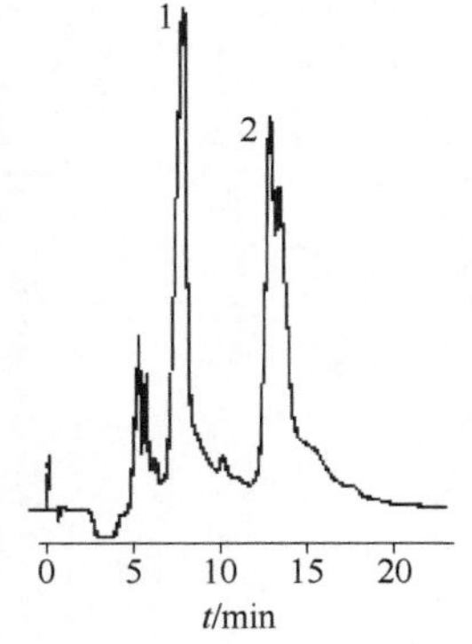

图 12-5 活性蛋白色谱分离图[1]

色谱峰：1—IgG抗体；2—白蛋白

色谱柱：HyperREZ XP SAX（50mm×4.6mm）

流动相：A．0.02mol/L三乙醇胺，pH=7.5；B．0.5mol/L NaCl，pH=7.5

梯　度：0→20min，0%B→80%B

流　速：1.0ml/min

检测器：UV（280nm）

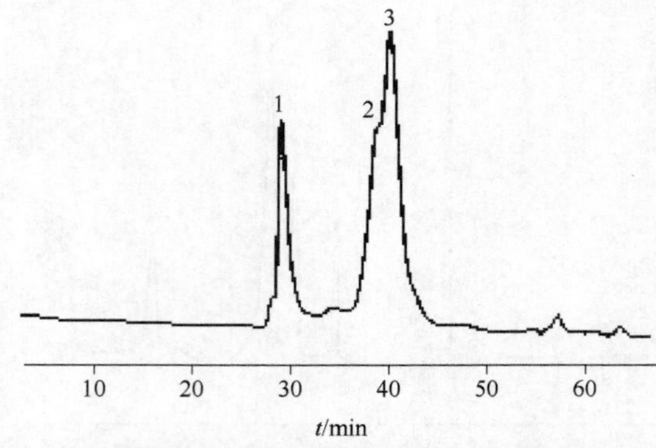

图 12-6 人的免疫球蛋白色谱分离图[2]

色谱峰：1—免疫球蛋白M；2—免疫球蛋白A；3—免疫球蛋白G

色谱柱：YMC-PACK-300+diol 200（500mm×8.0mm）

流动相：0.1mol/L NaH_2PO_4-Na_2HPO_4缓冲剂，含有0.1mol/L硫酸钠，pH=6.8

流　速：0.7ml/min

柱　温：室温（24℃）

检　测：UV（280nm）

进样量：60μl（0.33mg/ml）

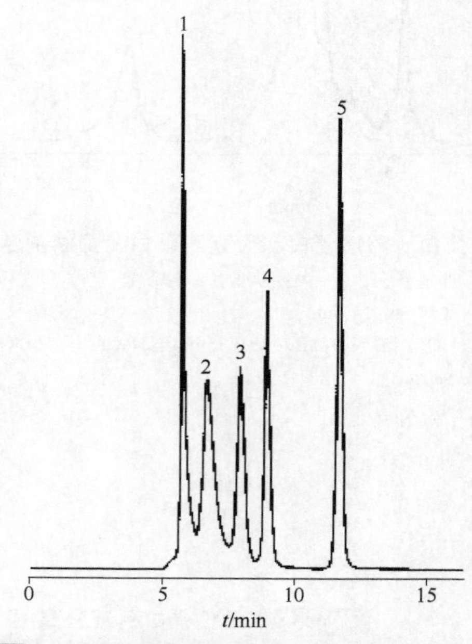

图 12-7 甲状腺球蛋白等的色谱分离图（pH=7.0）[3]

色谱峰：1—甲状腺球蛋白；2—丙种球蛋白；3—卵白蛋白；4—肌红蛋白；5—氰钴维生素

色谱柱：Shodex KW-802.5（300mm×8.0mm）

流动相：50mmol/L磷酸盐缓冲剂+0.3mol/L氯化钠

流　速：1.0ml/min

柱　温：室温

检测器：Shodex UV（280nm）

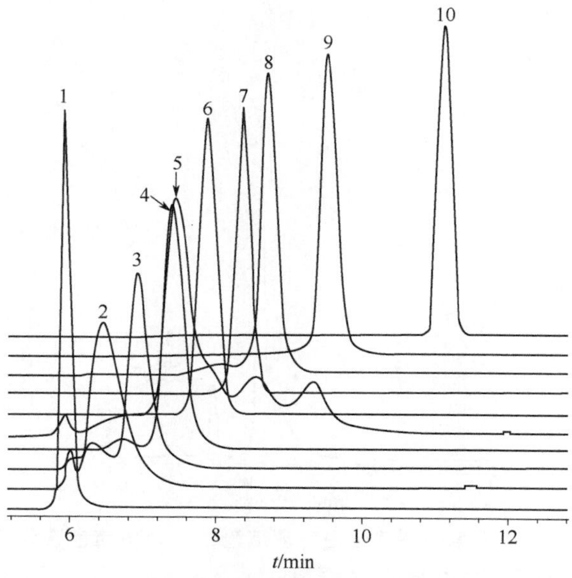

图 12-8 甲状腺球蛋白、醛缩酶、牛黄清蛋和卵清蛋白色谱分离图[3]

色谱峰：1—甲状腺球蛋白；2—醛缩酶；3—牛黄清蛋白；4—卵清蛋白；5—过氧物酶；
6—腺苷酸激酶；7—肌红蛋白；8—核糖核酸酶a；9—抑肽酶；10—维生素B_{12}

色谱柱：Shodex KW-802.5（300mm×8.0mm）

流动相：50mmol/L磷酸盐缓冲剂+0.3mol/L氯化钠

流 速：1.0ml/min

柱 温：室温

检测器：Shodex UV（220nm）

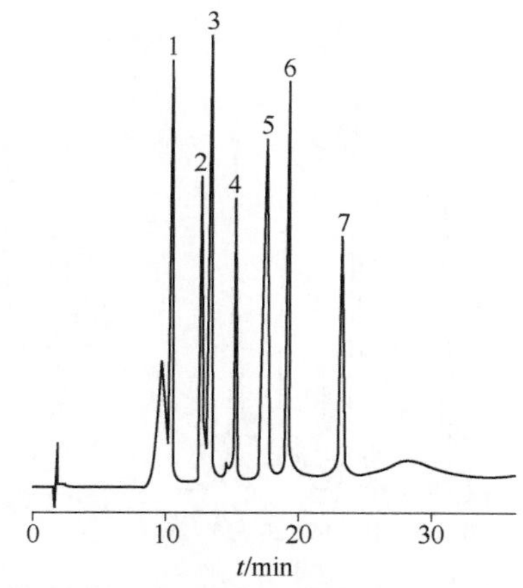

图 12-9 核糖核酸酶 A、胰岛素、细胞色素 c 色谱分离图[3]

色谱峰：1—核糖核酸酶A；2—胰岛素；3—细胞色素c；4—溶菌酶；5—牛血清白蛋白；6—肌红蛋白；7—卵清蛋白

色谱柱：Shodex rspak rp18-415（150mm×4.6mm）

流动相：A．0.1%三氟乙酸溶液-乙腈（体积比=99∶1）；
B．0.1%三氟乙酸溶液-乙腈（体积比=5∶95）

梯 度：0→25min，20%B→60%B

流 速：1.0ml/min

柱 温：室温

检测器：UV（220nm）

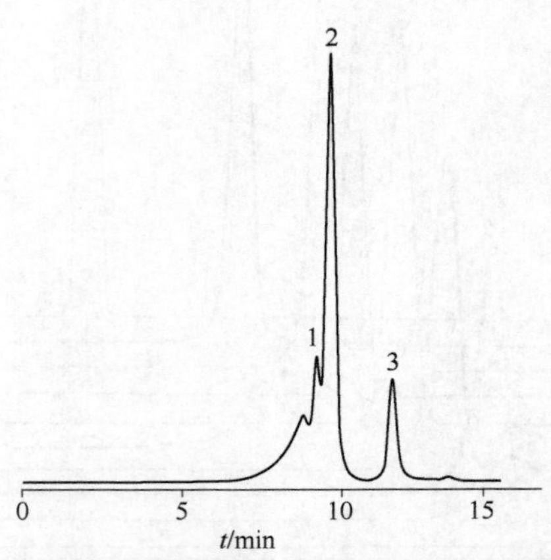

图 12-10 鸡蛋中的伴清蛋白、卵清蛋白、溶菌酶色谱分离图[3]

色谱峰：1—伴清蛋白；2—卵清蛋白；3—溶菌酶

色谱柱：Shodex PROTEIN KW-803（300mm×8.0mm）

流动相：50mmol/L的磷酸钠缓冲液+0.3mol/L NaCl，pH=7.0

流　速：1.0ml/min

柱　温：室温

检测器：UV（280nm）

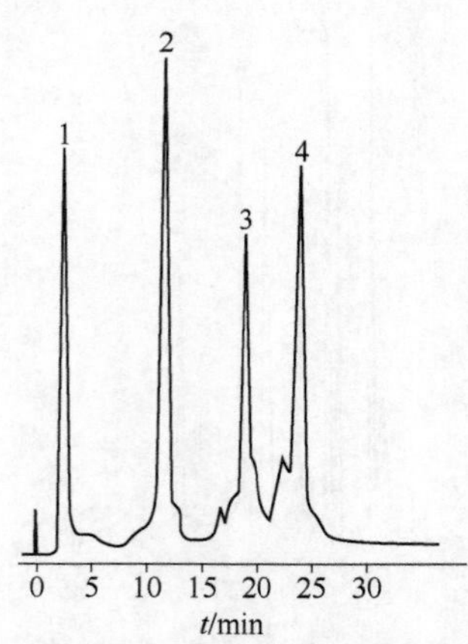

图 12-11 伴清蛋白、转铁蛋白、卵白蛋白和胰蛋白酶抑制剂色谱分离图[3]

色谱峰：1—伴清蛋白；2—转铁蛋白；3—卵白蛋白；4—胰蛋白酶抑制剂

色谱柱：Shodex IEC qa-825（75mm×8.0mm）

流动相：A．20mmol/L哌嗪盐酸缓冲液，pH=6.0；B．A+0.5mmol/L氯化钠

梯　度：在10min内由A→B（线性）

流　速：1.0ml/min

柱　温：室温

检测器：UV（280nm）

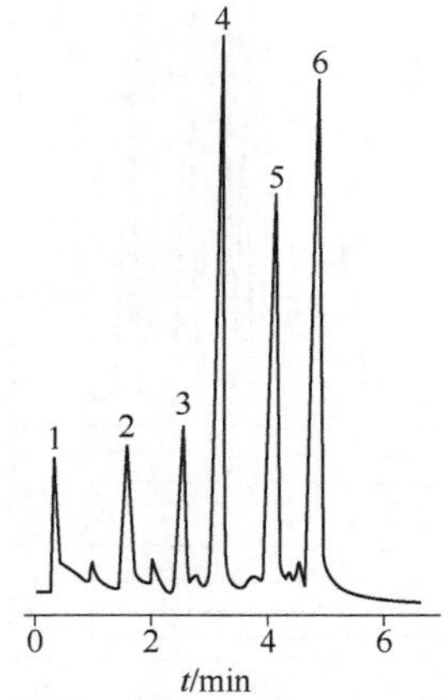

图 12-12　肌红蛋白、胰蛋白酶原等的色谱分离图[3]

色谱峰：1—肌红蛋白；2—胰蛋白酶原；3—核糖核酸酶A；4— α-蛋白酶；5—细胞色素c；6—溶菌酶

色谱柱：Shodex IEC sp-420n（4.6mm×35mm）

流动相：A．20mmol/L的磷酸钠缓冲溶液，pH=7.0；B．A+0.5mmol/L氯化钠

梯　度：由A经10min后改为B

流　速：1.5ml/min

柱　温：室温

检测器：UV（280nm）

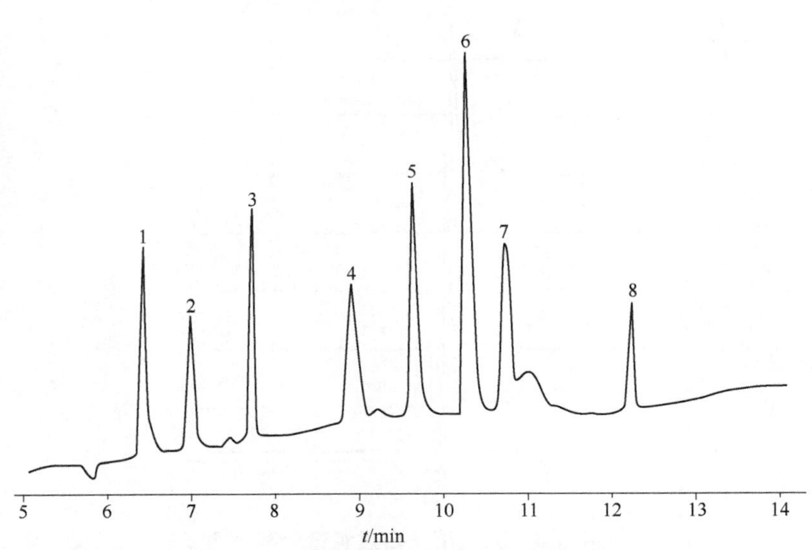

图 12-13　蛋白-十二烷基磺酸钠复合物的毛细管电泳-UV 峰[4]

色谱峰：1—溶菌酶；2—胰蛋白酶抑制剂；3—碳酸酐酶；4—卵清蛋白；5—血清蛋白；6—磷酸化酶；7—β-半乳糖苷；8—肌球蛋白

色谱柱：毛细管（内径50μm，有效长度19 cm，总长度26 cm）

流动相：美国伯乐CE-SDS运行缓冲液

进样浓度：2mg/ml

进样条件：10kV，20s

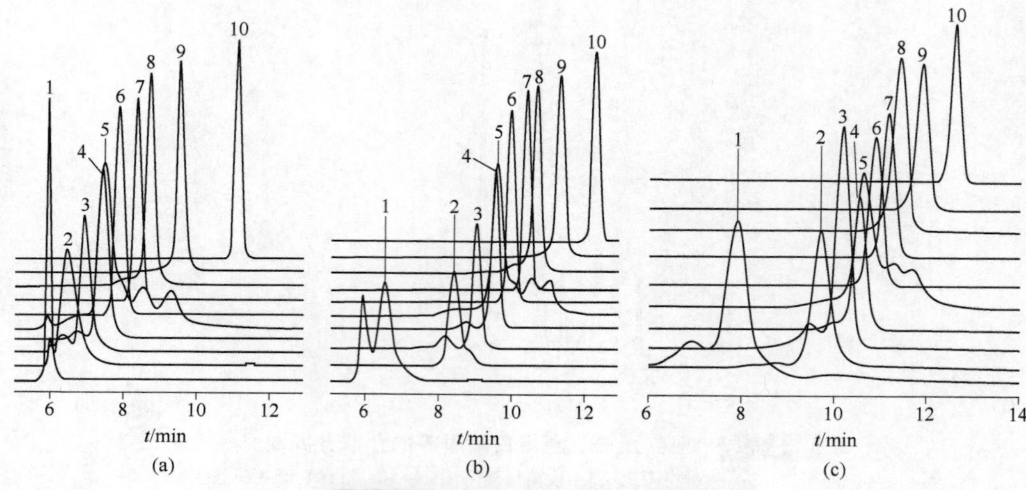

图 12-14 卵清蛋白等色谱分离图

色谱峰：1—甲状腺球蛋白；2—醛缩酶；3—牛血清蛋白；4—卵清蛋白；5—卵清蛋白；6—腺苷酸激酶；7—肌红蛋白；8—核糖核酸酶A；9—抑肽酶；10—氰钴胺素

色谱柱：Shodex PROTEIN KW-802.5（a），KW-803（b），KW-804（c）（300mm×8.0mm）

流动相：50mmol/L的磷酸钠缓冲液+0.3mmol/L NaCl，pH=7.0

流　速：1.0ml/min

柱　温：室温

检测器：UV（220nm）

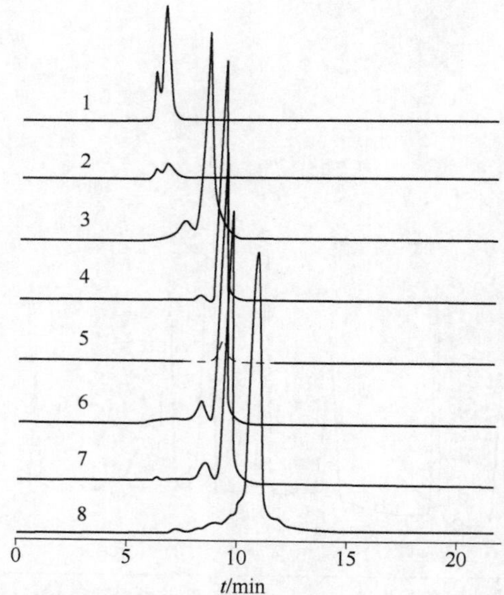

图 12-15 人血清蛋白质色谱分离图[3]

色谱峰：1—纤维蛋白原；2—α2巨球蛋白；3— IgG；4—转铁蛋白；5—纤溶酶原；6—白蛋白；7—抗胰蛋白酶；8—血红蛋白

色谱柱：Shodex PROTEIN KW-803（300mm×8.0mm）

流动相：50mmol/L的磷酸钠缓冲液+0.3mol/L NaCl，pH=7.0

流　速：1.0ml/min

柱　温：室温

检测器：UV（280nm）

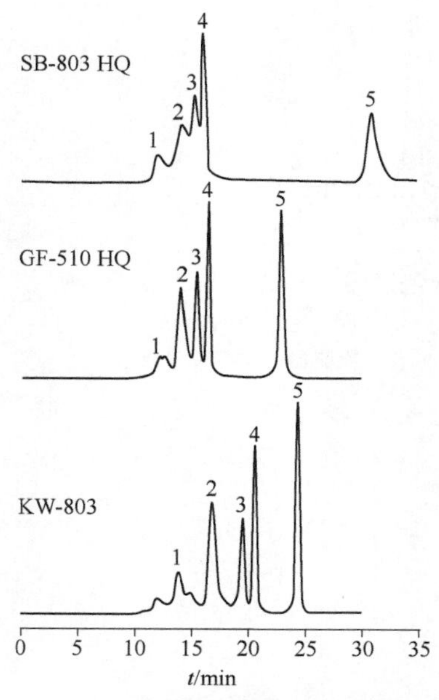

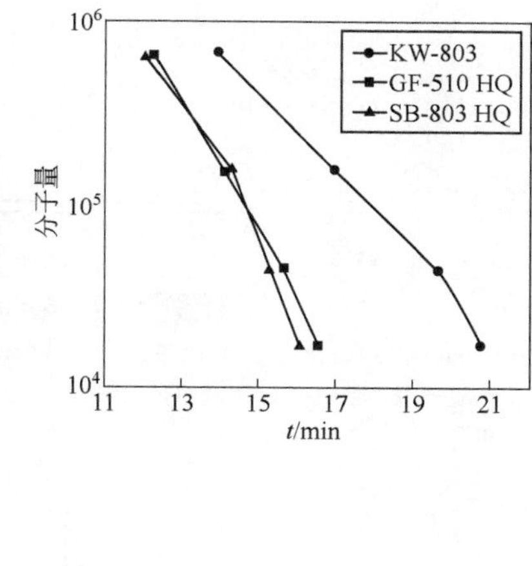

图 12-16　不同色谱柱对蛋白质分析的比较谱图[3]

色谱峰：1—甲状腺球蛋白（牛）；2—γ-球蛋白（牛）；3—卵清蛋白（鸡）；4—肌红蛋白（马）；5—氰钴胺素

色谱柱：Shodex OHpak SB-803 HQ（300mm×8.0mm）；
Shodex Asahipak GF-510 HQ（300mm×7.5mm）；
Shodex PROTEIN KW-803（300mm×8.0mm）

流动相：0.2mol/L磷酸钠缓冲液，pH=6.9

流　速：0.5ml/min

柱　温：30℃

检测器：UV（280nm）

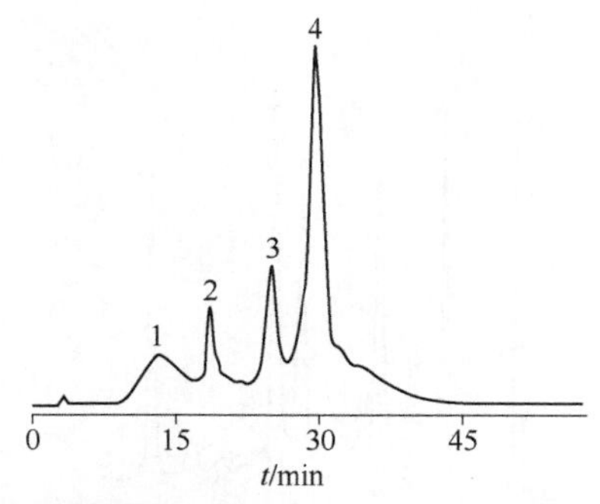

图 12-17　人血清蛋白色谱分离图[3]

色谱峰：1—IgG抗体；2—转铁蛋白；3—（未知）；4—血清白蛋白

色谱柱：Shodex IEC qa-825（75mm×8.0mm）

流动相：A．20mmol/L的Tris-HCl缓冲液（介质）；B．A+0.5mol/L氯化钠

梯　度：0→60min，100%A→50%B

流　速：1.0ml/min

柱　温：室温

检测器：UV（280nm）

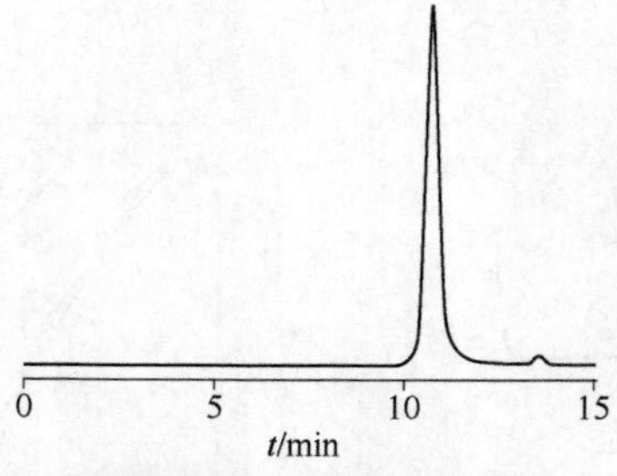

图 12-18 亲和素色谱图[3]

色谱柱：Shodex PROTEIN KW-804（300mm×8.0mm） 流 速：1.0ml/min
流动相：磷酸钠缓冲液+0.3mol/L NaCl，pH=7.0 检测器：UV（254nm）
柱 温：30℃

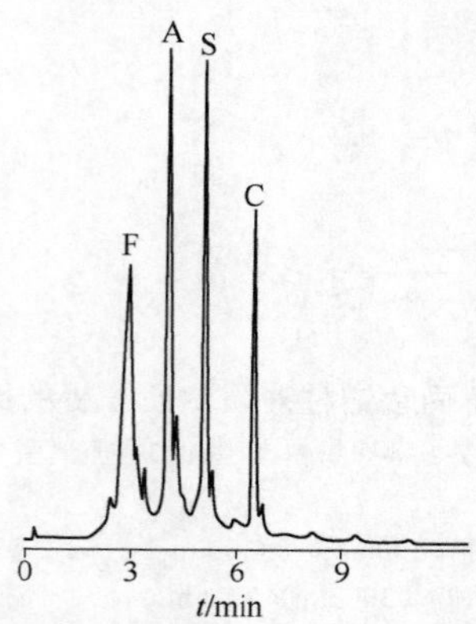

图 12-19 血红蛋白 A、F、S、C 色谱分离图[3]

色谱柱：Shodex IEC sp-420n（35mm×4.6mm） 流 速：1.5ml/min
流动相：A．20mmol/L的MES缓冲液，pH=5.6； 柱 温：室温
B．A+0.5mol/L硫酸钠 检测器：UV（415nm）
梯 度：0→30min，5%B→100%B

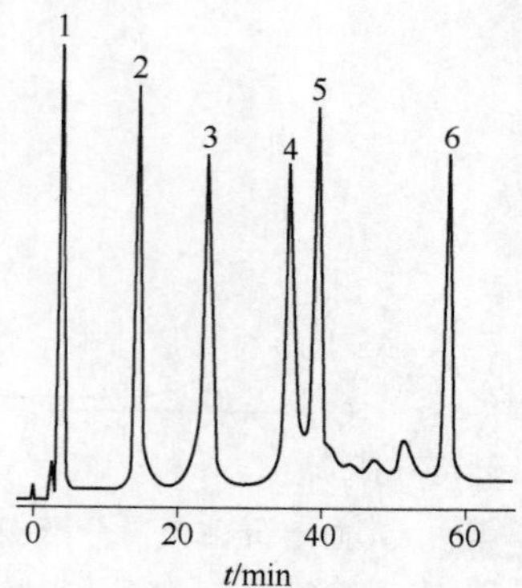

图 12-20 细胞色素、肌红蛋白等的色谱分离图[4]

色谱峰：1—细胞色素c；2—肌红蛋白；3—核糖核酸酶A；4—卵白蛋白；5—溶菌酶；6—α-胰凝乳蛋白

色谱柱：TSK-GEL HIC，pH=8.14（75mm×8.0mm） 柱 温：室温
流动相：A．0.1mol/L 磷酸钠缓冲区，pH=7.0； 流 速：1.0ml/min
B．A+1.8mol/L 硫酸铵 检测器：UV（280nm）
梯 度：0min→60min，5%B→100%B

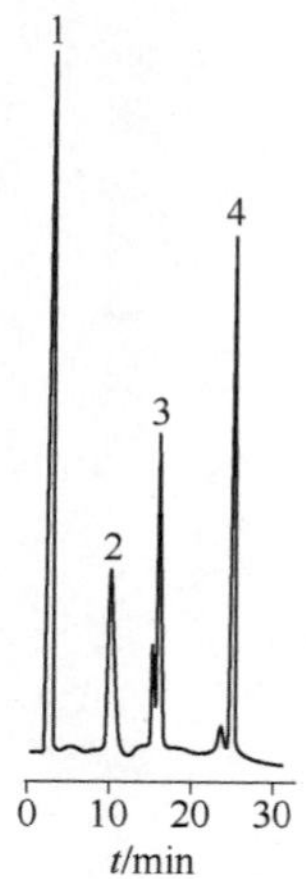

图 12-21　肌红蛋白、核糖核酸酶 A 等的色谱分离图[3]

色谱峰：1—肌红蛋白；2—核糖核酸酶A；3—α-蛋白酶；4—溶菌酶
色谱柱：Shodex Asahipak es-502c 7C（100mm×7.5mm）
流动相：0.05%三氟乙酸
流　速：1.0ml/min
检测器：UV（280nm）

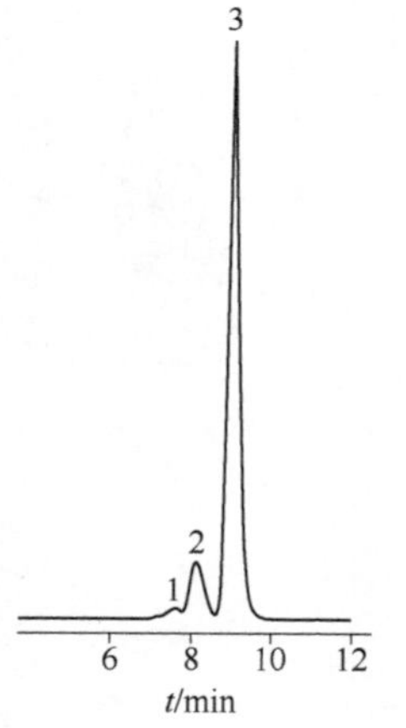

图 12-22　牛血清蛋白单体、二聚体、三聚体色谱分离图[3]

色谱峰：1—牛血清蛋白的三聚体；2—牛血清蛋白的二聚体；3—牛血清蛋白单体
色谱柱：Shodex PROTEIN KW-803（300mm×8.0mm）
流动相：50mmol/L的磷酸钠缓冲液+0.3mol/L NaCl，pH=7.0
流　速：1.0ml/min
柱　温：室温
检测器：UV（280nm）

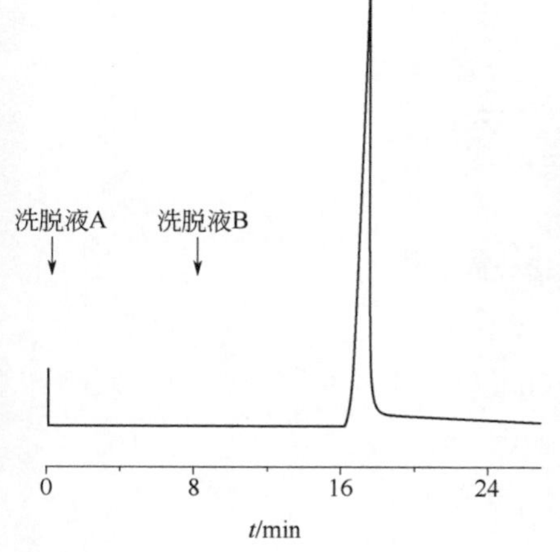

图 12-23　c 反应蛋白色谱分离图[3]

色谱柱：Shodex AFpak APE-894（50mm×8.0mm）
流动相：A．三羟甲基氨基甲烷盐酸缓冲液（pH=7.0）+0.15mol/L氯化钠+1mmol/L氯化钙；
B．A+2.0mol/L磷酸胆碱
梯　度：0min→30min，5%B→100%B
流　速：1.0ml/min
检测器：Shodex UV（280nm）
柱　温：室温

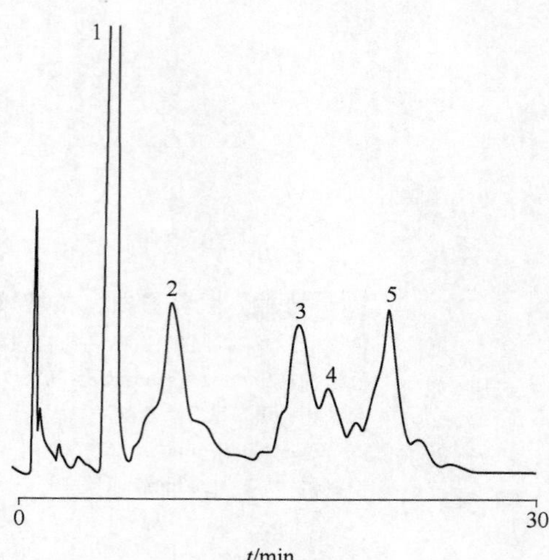

图 12-24 血红蛋白指纹色谱分离图[1]

色谱峰：1—血红素；2—肤氨酸；3—丝氨酸；4—甘氨酸；5—丙氨酸

色谱柱：HyperREZ XP的RP300（50mm×4.6mm，5μm）

流动相：A. 三氟乙酸-乙腈-水（体积比=0.1∶5∶95）

B. 三氟乙酸-乙腈-水（体积比=0.1∶95∶5）

梯　度：0→30min，31%B→48%B

流　速：1.0ml/min

检测器：UV（280nm）

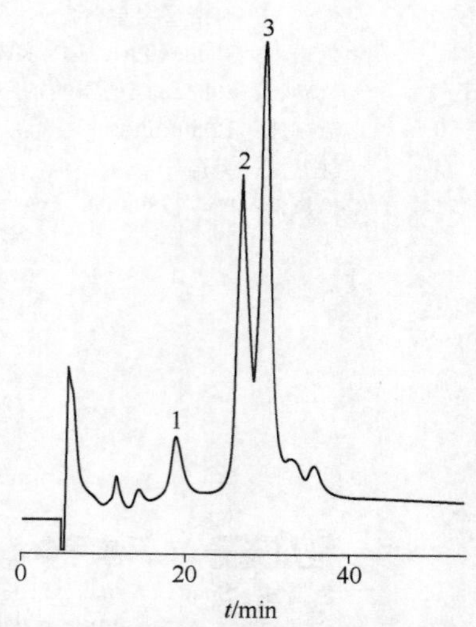

图 12-25 胰岛素和胰蛋白的色谱分离图[3]

色谱峰：1—胰岛素；2—α-胰蛋白；3—β-胰蛋白

色谱柱：Shodex HIC ph-814（75mm×8.0mm）

流动相：A. 1.8mol/L 硫酸铵；B. 0.1mol/L 磷酸钠缓冲液，pH=3.0

梯　度：0→60min，10%B→100%B

流　速：1.0ml/min

柱　温：25℃

检测器：UV（280nm）

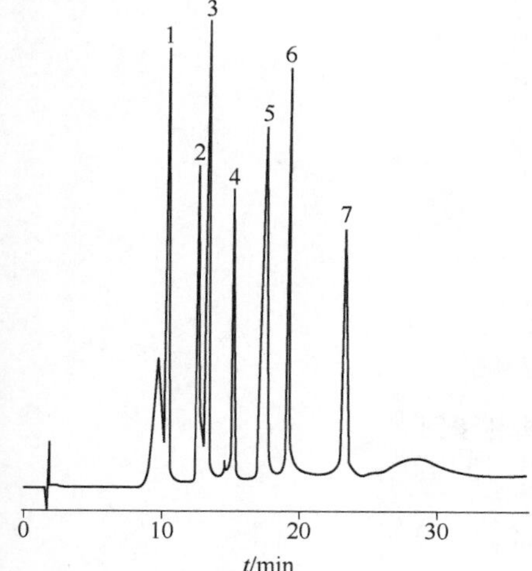

图 12-26　核糖核酸酶、胰岛素等的色谱分离图[3]

色谱峰：1—核糖核酸酶A；2—胰岛素；3—细胞色素C；4—溶菌酶；5—牛血清白蛋白；6—肌红蛋白；7—卵清蛋白

色谱柱：Shodex rspak rp18-415（150mm×4.6mm）

流动相：A．0.1%三氟乙酸溶液-乙腈（体积比=99：1）

　　　　B．0.1%三氟乙酸溶液-乙腈（体积比=5：95）

梯　度：0→25min，20%B→60%B

流　速：1.0ml/min

柱　温：室温

检测器：UV（220nm）

(a)　(b)

(c)　(d)

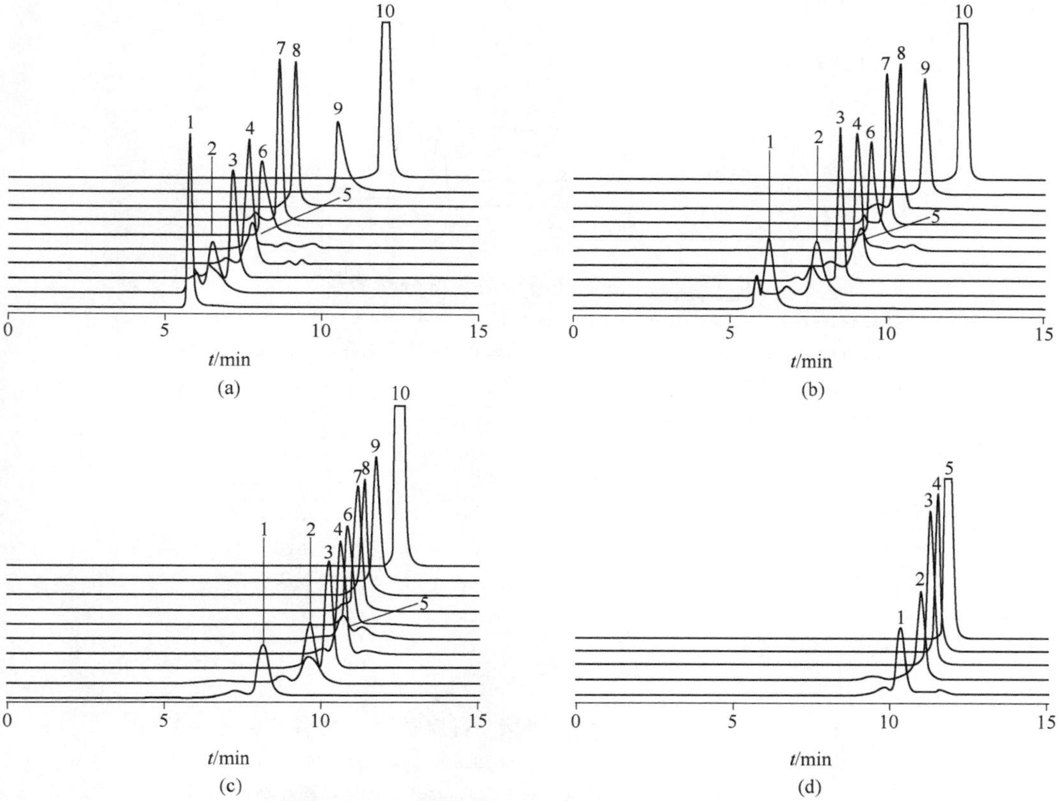

图 12-27　甲状腺球蛋白等标准蛋白质色谱分离图[3]

色谱峰：1—甲状腺球蛋白；2— γ-球蛋白；3—牛血清蛋白；4—卵清蛋白；5—过氧化物酶；6—β-乳球蛋白；7—肌红蛋白；8—核糖核酸酶A；9—抑肽酶；10—氰钴胺素

色谱柱：Shodex KW402.5-4F（a），KW403-4F（b），KW404-4F（c），KW405-4F（d）（300mm×4.6mm）

流动相：50mmol/L的磷酸钠缓冲液+0.3mol/L NaCl，pH=7.0

流　速：1.0ml/min

柱　温：室温

检测器：UV（220nm）

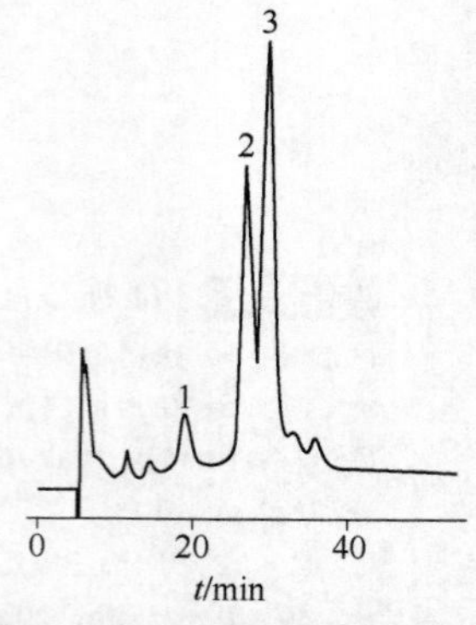

图 12-28 胰岛素和胰蛋白酶分析色谱图[3]

色谱峰：1—胰岛素；2—α-胰蛋白；3—β-胰蛋白

色谱柱：Shodex HIC，pH=8.14（75mm×8.0mm）

流动相：A．1.8mol/L硫酸铵；B．0.1mol/L 磷酸钠缓冲液，pH=3.0

梯　度：0→60min，10%B→100%B

流　速：1.0ml/min

柱　温：25℃

检测器：UV（280nm）

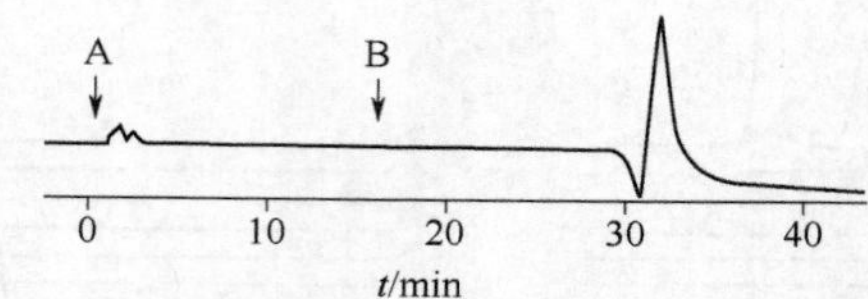

图 12-29 纤维连接蛋白色谱分离图[3]

色谱柱：Shodex AFpak AGE-894（50mm×8.0mm）

流动相：A．50mmol/L三羟甲基氨基甲烷 盐酸缓冲液+0.01mol/L 氯化钠，pH=7.4；
B．A+4mol/L尿素

梯　度：0→40min，10%B→100%B

流　速：0.3ml/min

柱　温：室温

检测器：Shodex UV（280nm）

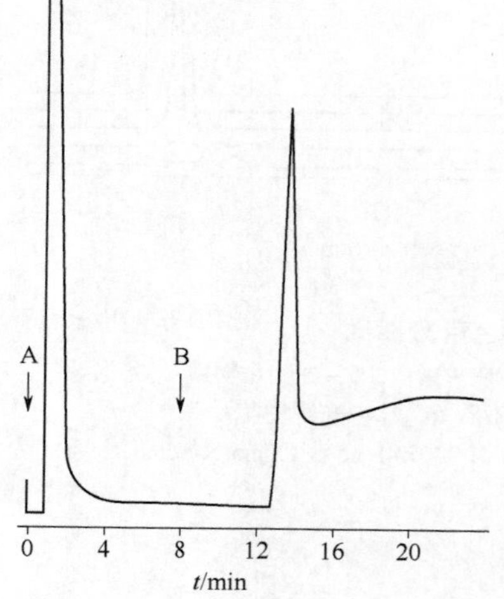

图 12-30 谷胱甘肽 S-转移酶色谱分离图[3]

色谱柱：Shodex AFpak AGT-894（50mm×8.0mm）

流动相：A．22mmol/L 磷酸盐缓冲剂，pH=7.0；
B．50mmol/L三羟甲基氨基甲烷缓冲液+5mmol/L谷胱甘肽，pH=9.6

梯　度：0→8min，A；8→20min，B

流　速：1.0ml/min

柱　温：室温

检测器：UV（260nm）

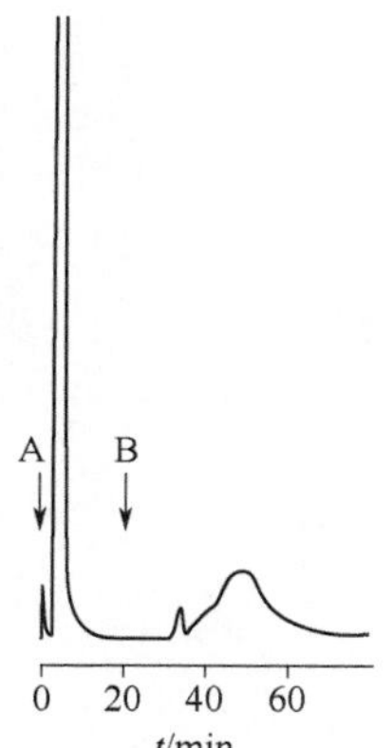

图 12-31　纤维蛋白原色谱分离图[3]

色谱柱：Shodex AFpak AGE-894（50mm×8.0mm）

流动相：A．0.05mol/L 三羟甲基氨基甲烷-盐酸缓冲液+0.15mol/L 氯化钠，pH=8.0；

B．A+0.1mol/L 甲基甘露糖苷

梯　度：0→20min，A；20→60min，B

流　速：0.5ml/min

柱　温：室温

检测器：UV（280nm）

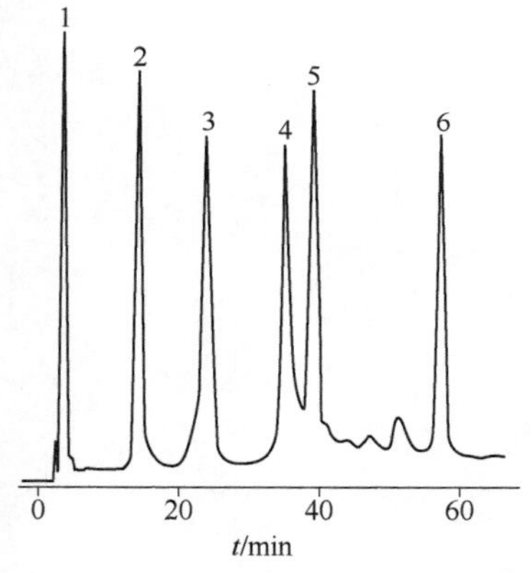

图 12-32　细胞色素、肌红蛋白等的色谱分离图[3]

色谱峰：1—细胞色素C；2—肌红蛋白；3—核糖核酸酶A；4—卵白蛋白；5—溶菌酶；6—α-胰凝乳蛋白酶原

色谱柱：Shodex HIC，pH=8.14（75mm×8.0mm）

流动相：A．B+1.8mol/L硫酸铵；B．0.1mol/L磷酸盐缓冲液，pH=7.0

梯　度：0min→60min，10%B→100%B

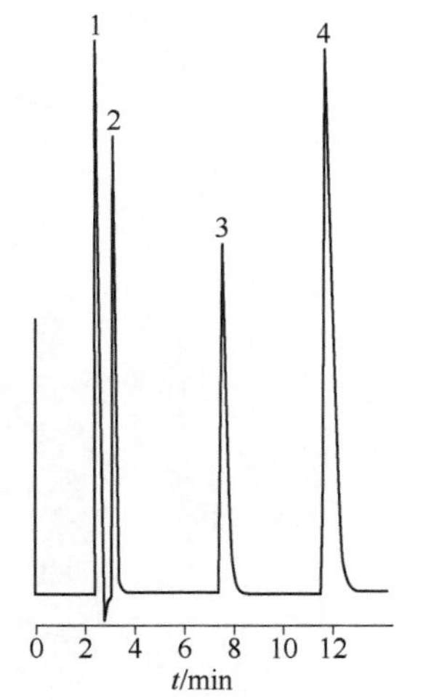

图 12-33　4 种蛋白质的色谱分离图[3]

色谱峰：1—甘氨酸-甘氨酸-丙氨酸；2—甘氨酸-甘氨酸-亮氨酸；3—亮氨酸脑啡肽；4—蛋氨酸脑啡肽

色谱柱：Shodex Asahipak ODP（150mm×6.0mm）

流动相：0.05%三氟乙酸水溶液-乙腈（体积比=80∶20）

流　速：1.0ml/min

柱　温：30℃

检测器：UV（210nm）

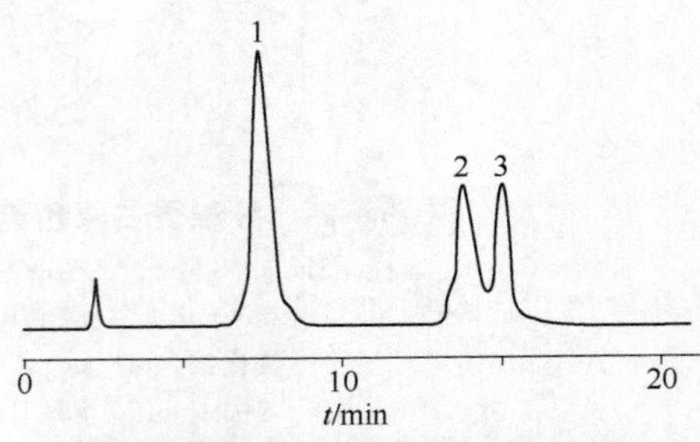

图 12-34 乳清蛋白色谱分离图[3]

色谱峰：1—γ-乳白蛋白；2—β-乳白蛋白A；3—β-乳白蛋白B
色谱柱：Shodex RSpak RP18-415（150mm×4.6mm）
流动相：A．0.1%三氟乙酸水溶液；B．含0.1%三氟乙酸的乙腈溶液
梯　度：0→30min，30%B→50%B
流　速：1.0ml/min
柱　温：室温
检测器：UV（220nm）

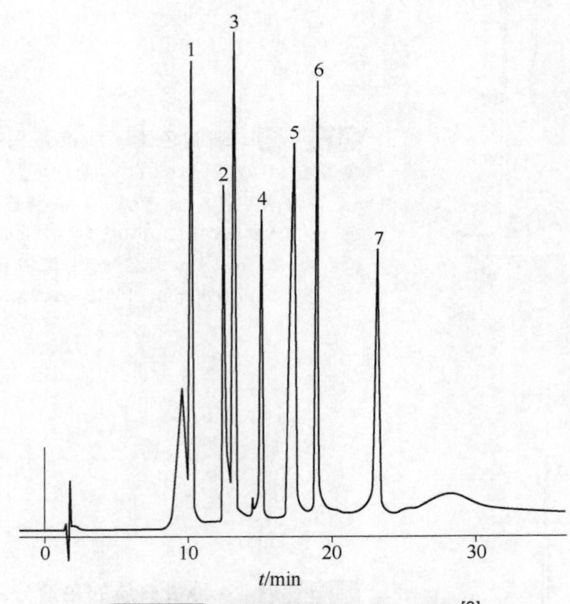

图 12-35 胰岛素等色谱分离图[3]

色谱峰：1—核糖核酸酶a（93%）；2—胰岛素（98%）；3—细胞色素c（100%）；4—溶菌酶（100%）；5—牛血清白蛋白（98%）；6—肌红蛋白（108%）；7—卵清蛋白
色谱柱：Shodex RSpak RP18-415（150mm×4.6mm）
流动相：A．0.1%三氟乙酸-乙腈（体积比=99∶1）；B．0.1%三氟乙酸-乙腈（体积比=5∶95）
梯　度：0→25min，20%B→60%B
流　速：1.0ml/min
柱　温：室温
检测器：UV（220nm）

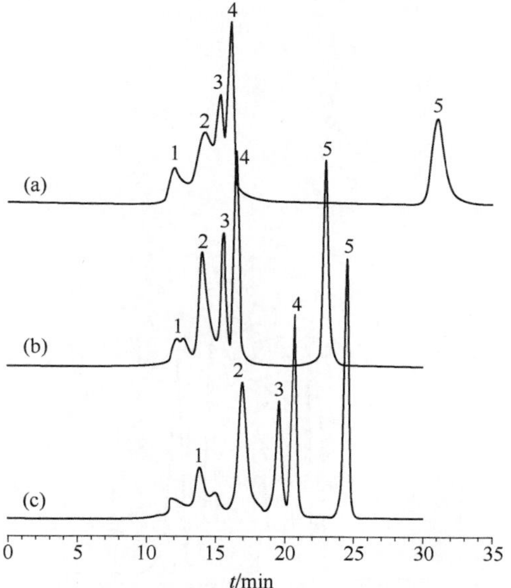

图 12-36　牛、鸡和马的蛋白色谱分离图[3]

色谱峰：1—甲状腺球蛋白（牛）；2—γ-球蛋白（牛）；3—卵白蛋白（鸡）；4—肌红蛋白（马）；5—维生素B_{12}

色谱柱：（a）Shodex OHpak SB-803 HQ（300mm×8.0mm）；（b）Shodex Asahipak GF-510 HQ（300mm×7.6mm）；（c）Shodex KW-803（300mm×8.0mm）

流动相：0.2mol/L磷酸盐缓冲剂

流　速：0.5ml/min

柱　温：30℃

检测器：UV（280nm）

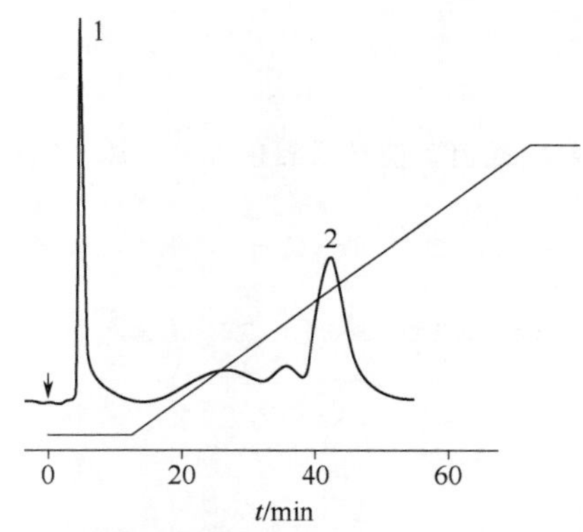

图 12-37　卵白蛋白色谱分离图[3]

色谱峰：1—蛋白质；2—谷胱甘肽

色谱柱：Shodex AFpak ACA-894（50mm×8.0mm）

流动相：A．0.02mol/L 三羟甲基氨基甲烷盐酸缓冲液（pH=7.4）+0.5mol/L氯化钠

B．A+0.05mol/L α-甲基-D（+）-葡萄糖苷

梯　度：0→60min，10%B→100%B

流　速：0.3ml/min

检测器：UV（280nm）

柱　温：室温

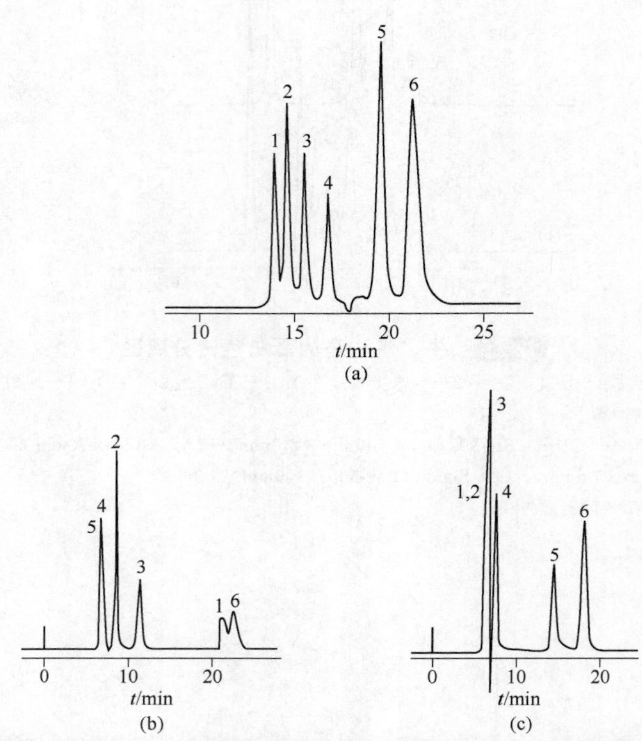

图 12-38 小肽的混合模式色谱柱与反相色谱柱、离子交换色谱柱分离对照[3]

色谱峰：1—缬氨酸-葡萄糖-葡萄糖-丙氨酸-葡萄糖；2—葡萄糖-丙氨酸-葡萄糖；3—丙氨酸-葡萄糖-丝氨酸-葡萄糖；4—精氨酸-冬氨酸；5—甘氨酸-组氨酸-赖氨酸；6—精氨酸-脯氨酸-赖氨酸-脯氨酸

色谱柱：（a）Shodex Asahipak GS-320 HQ（300mm×7.6mm）；
（b）ODS反相柱；
（c）离子交换柱

流动相：50mmol/L乙酸铵缓冲液，pH=6.7

流　速：0.5ml/min

柱　温：30℃

检测器：UV（220nm）

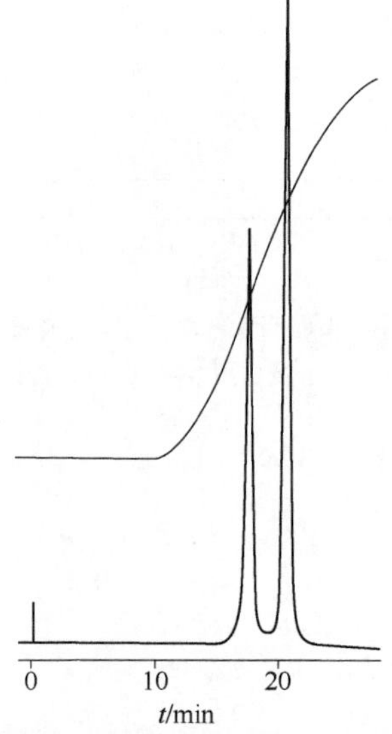

图 12-39　β-乳球蛋白色谱分离图[3]

色谱柱：Shodex Asahipak ES-502N 7C（100mm×7.6mm）

流动相：A．20mmol/L哌嗪，pH=5.0；B．A+300mmol/L氯化钠

梯　度：0→60min，10%B→100%B

流　速：1.0ml/min

柱　温：30℃

检测器：UV（280nm）

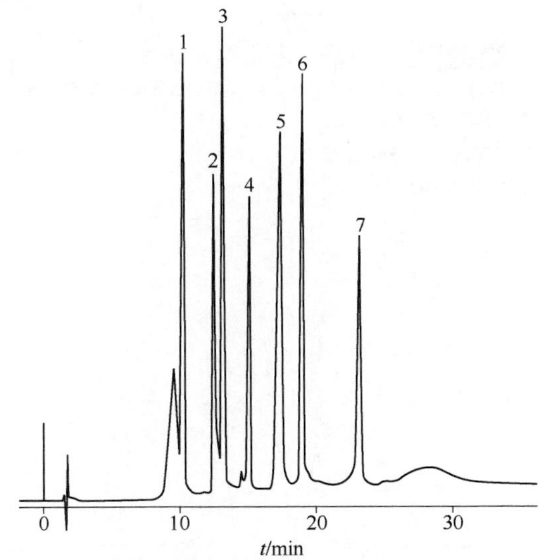

图 12-40　蛋白质回收色谱分离图[3]

色谱峰：1—核糖核酸酶a；2—胰岛素；3—细胞色素c；4—溶菌酶；5—牛血清白蛋白；6—肌红蛋白；7—卵清蛋白

色谱柱：Shodex RSpak RP18-415（150mm×4.6mm）

流动相：A．0.1%三氟乙酸-乙腈（体积比=99：1）；B．0.1%三氟乙酸-乙腈（体积比=5：95）

梯　度：0→25min，20%B→60%B

流　速：1.0ml/min

柱　温：室温

检测器：UV（220nm）

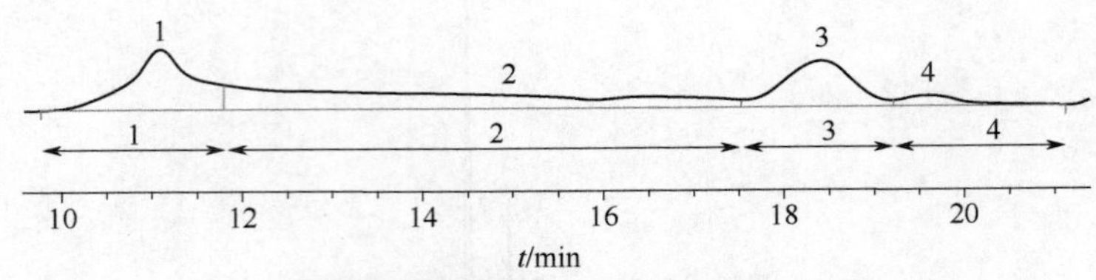

图 12-41 面筋中蛋白色谱图[3]

色谱峰：1—大高分子蛋白；2—小高分子蛋白；3—大的单体蛋白；4—小的单体蛋白

色谱柱：sec-s4000（330mm×7.8mm）

流动相：乙腈-水-三氟乙酸（体积比=50：50：0.1）

进样量：10μl

流　速：0.5ml/min

检测器：UV（210nm）

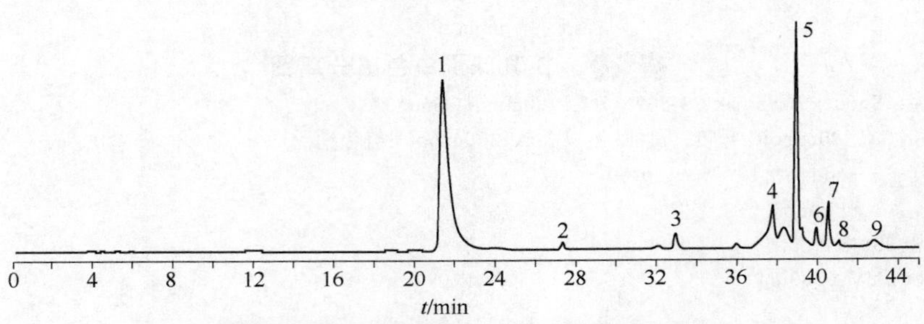

图 12-42 氨基酸未水解样品色谱图[1]

色谱峰：1—苏氨酸；2—谷氨酸；3—甘氨酸；4—丙氨酸；5—半胱氨酸；6—缬氨酸；7—异亮氨酸；8—亮氨酸；9—赖氨酸

色谱柱：Diamonsil C18（250mm×4.6mm，5μm）

流动相：乙腈-水（体积比=80：20）

流　速：1.0ml/min

柱　温：25℃

检测器：UV（254nm）

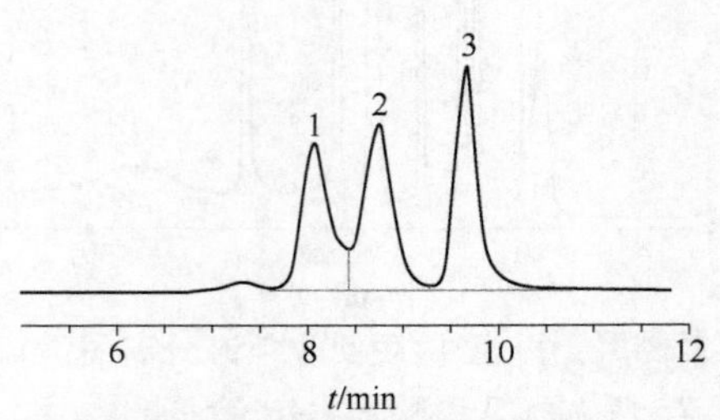

图 12-43 动物白蛋白色谱分离图[5]

色谱峰：1—鸡卵清白蛋白；2—小牛血清白蛋白；3—肌红蛋白

色谱柱：Agilent SEC-5（300mm×7.8mm，5mm）

流动相：0.15mol/L磷酸氢二钠-磷酸二氢钠缓冲液，pH=7.0

流　速：1.0ml/min

柱　温：23℃

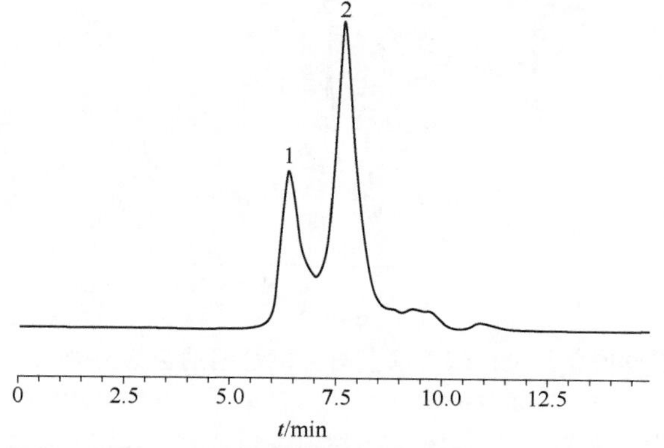

图 12-44 蜂王幼虫水溶性蛋白质凝胶过滤色谱分离图[5]

色谱峰：1—王浆蛋白；2—精氨酸激酶
色谱柱：Agilent ZORBAX SB-C8
流动相：甲醇
流　速：1.0ml/min
检测器：UV（280nm）

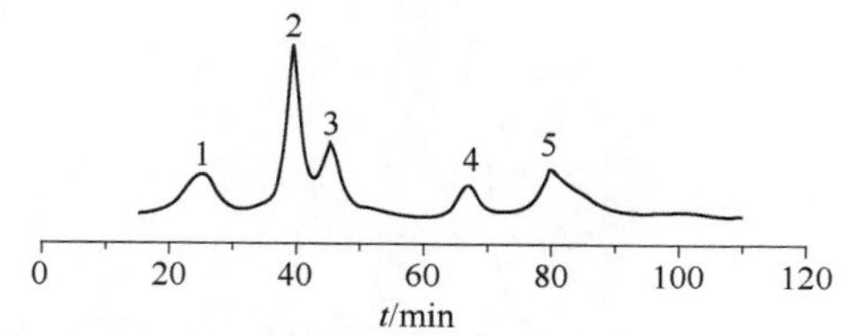

图 12-45 鸡肉蛋白色谱分离图[2]

色谱峰：1—甲状腺球蛋白；2— γ-球蛋白；3—卵清蛋白；4—肌红蛋白；5—核糖核酸酶A
色谱柱：Waters C18
流动相：乙腈
流　速：1.0ml/min
检测器：UV（310nm）

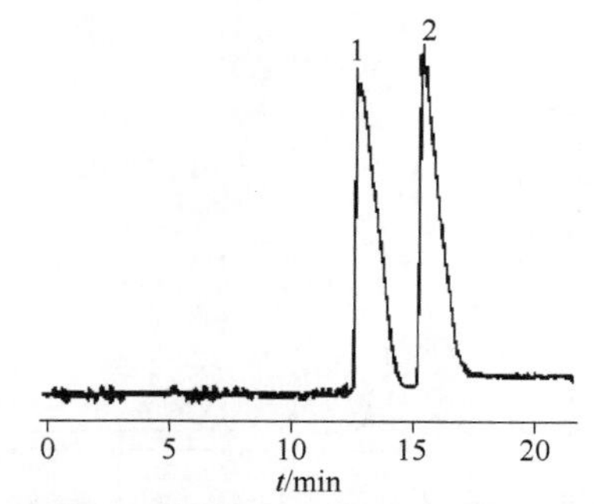

图 12-46 奥普布宁对映体色谱分离图[5]

色谱峰：1—DL-酪氨酸；2—DL-色氨酸
色谱柱：Agilent C18（75μm）
流动相：四氢呋喃
流　速：1.0ml/min
柱　温：室温
检测器：UV（320nm）

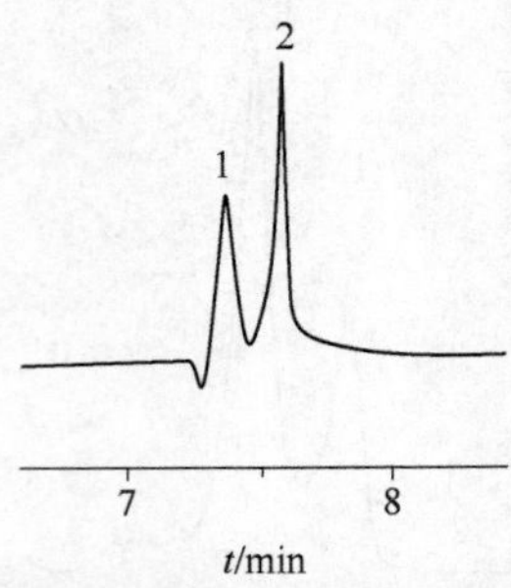

图 12-47 DL-苯丙氨酸与芬氟拉明的色谱分离图[5]

色谱峰：1—DL-苯丙氨酸；2—芬氟拉明

色谱柱：Agilent C18（75μm）

流动相：四氢呋喃

流　速：1.0ml/min

柱　温：室温

检测器：UV（380nm）

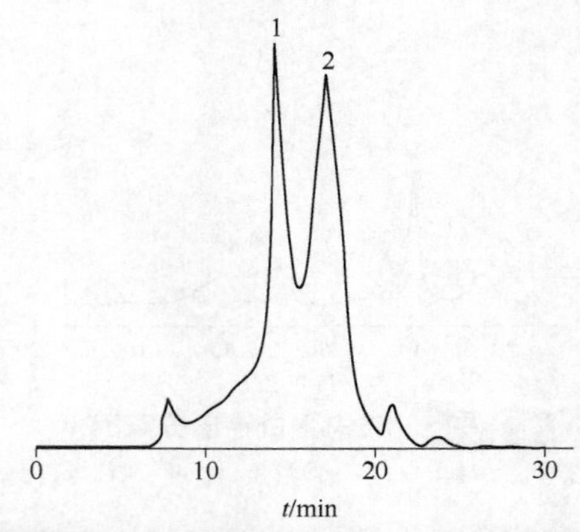

图 12-48 蛋白激酶可溶性组分的色谱分离图[6]

色谱峰：1—杂蛋白；2—可溶性组分

色谱柱：SuperoseTM6IIR（30mm×10mm）

流动相：0.05mol/L磷酸钾溶液，含0.15mol/L氯化钠

流　速：0.2ml/min

检测器：UV（280nm）

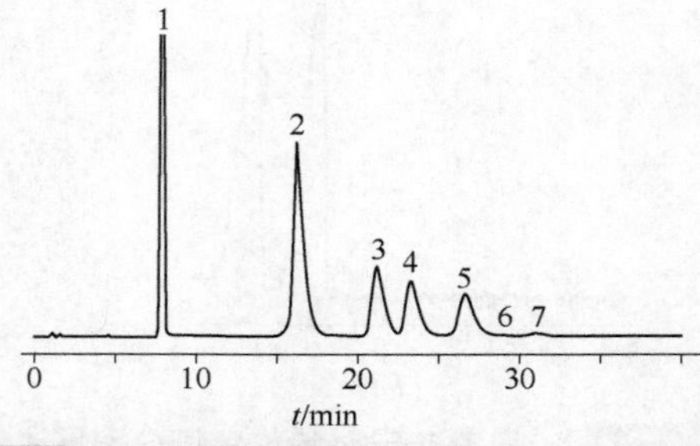

图 12-49 各种胰岛素混合物的 RP-HPLC 峰谱图[6]

色谱峰：1—间甲酚；2—牛胰岛素；3—重组人胰岛素类似物；4—人胰岛素；5—猪胰岛素；6—A21脱氨人胰岛素；7—A21脱氨猪胰岛素

色谱柱：Spherisorb ODS Ⅱ（100mm×4.6mm）

流动相：0.2mol/L硫酸盐缓冲液-乙腈（体积比=75：25），pH=2.3

流　速：0.8ml/min

检测器：UV（280nm）

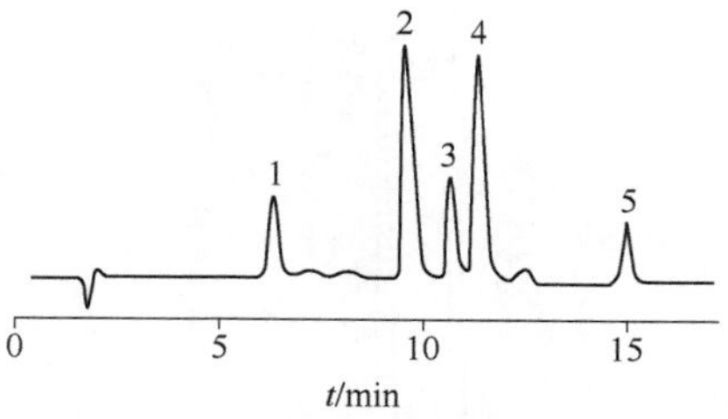

图 12-50　合成聚合物（聚苯乙烯-二乙烯基苯）色谱柱对 5 种肽的分离谱图[6]

色谱峰：1—催产素；2—缓激肽；3—血管紧张素Ⅲ；4—章鱼素；5—神经紧张素

色谱柱：VYDAC 259VHP5415（PS-DVB，150mm×4.6mm，5μm）

流动相：15min内由15%乙腈+0.1%三氟乙酸至30%乙腈+0.1%三氟乙酸

流　速：1.0ml/min

检测器：UV（280nm）

二、氨基酸

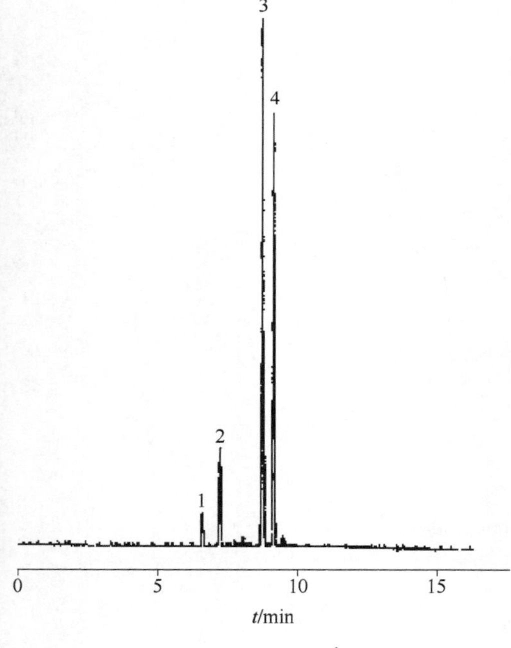

图 12-51　同型半胱氨酸/谷胱甘肽色谱分离图[1]

色谱峰：1—半胱氨酸；2—还原性半胱氨酸；3—同型半胱氨酸；4—还原型谷胱甘肽（GSH）

色谱柱：BetaBasic C18（150mm×4.6mm，5μm）

流动相：乙腈-0.1mol/L磷酸二氢钾溶液（体积比=5∶95），pH=2.1

流　速：1.0ml/min

检测器：荧光（λ_{ex}=385nm，λ_{em}=515nm）

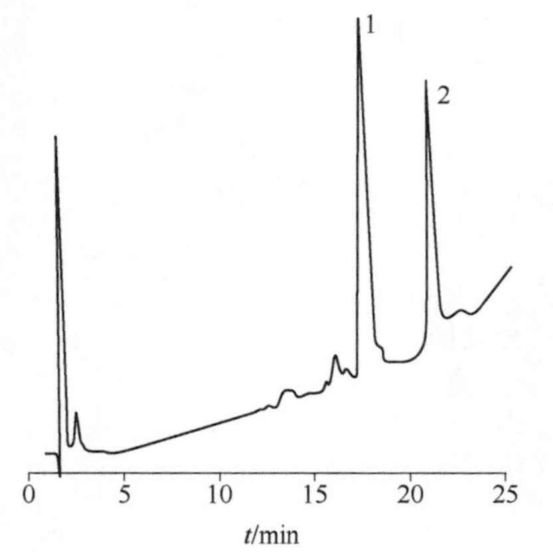

图 12-52　CLIP 和促肾上腺皮质激素色谱分离图[1]

色谱峰：1—CLIP（氨基酸18—39）；2—促肾上腺皮质激素（氨基酸1—39）

色谱柱：Hypersil WP300（100mm×4.6mm，5μm）

流动相：A．0.1%三氟乙酸-水；B．0.1%三氟乙酸-乙腈

梯　度：0→25min，15%B→40%B

流　速：1.0ml/min

检测器：UV（220nm）

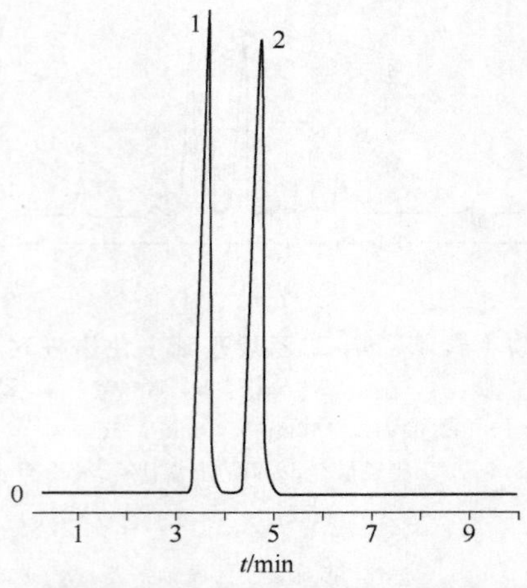

图 12-53 氨基苯甲酸色谱分离图[1]

色谱峰：1—对氨基苯甲酸；2—对氨基马尿酸　　流　速：1.0ml/min
色谱柱：Hypersil Duet C18/SAX（250mm×4.6mm）　　检测器：UV（254nm）
流动相：甲醇-0.1mol/L乙酸缓冲液（体积比=50∶50）

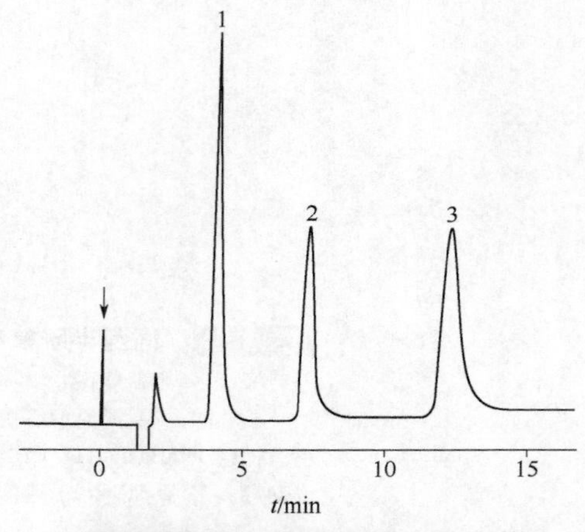

图 12-54 苯丙氨酸色谱分离图[1]

色谱峰：1—苯丙氨酸；2—β-(3-苯并噻吩)丙氨酸；3—L-酪氨酸
色谱柱：Hypercarb（100mm×4.6mm，7μm）
流动相：甲醇-0.05mol/L磷酸盐缓冲液（体积比=65∶35），pH=1.5
流　速：0.6ml/min　　检测器：UV（210nm）

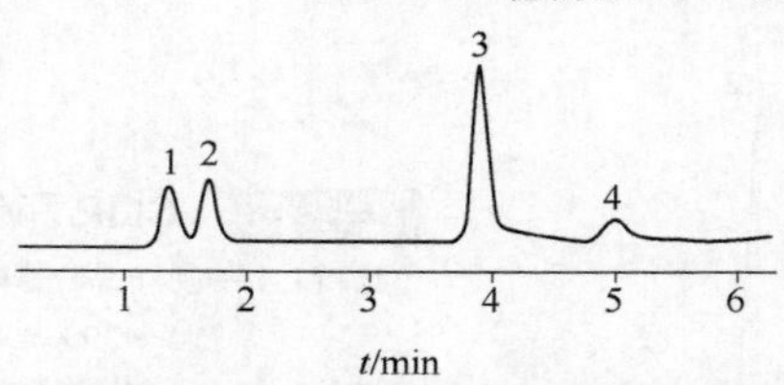

图 12-55 4 种氨基酸的色谱分离图[1]

色谱峰：1—鸟氨酸；2—蛋氨酸；3—苯丙氨酸；4—色氨酸　　流　速：7.0ml/min
检测器：ESI
色谱柱：Hypercarb（100mm×0.3mm，5μm）　　柱　温：400℃
流动相：A．水+0.1%甲酸；B．乙腈-0.1%甲酸　　电　压：4.5kV
梯　度：0→5min，7%B→100%B

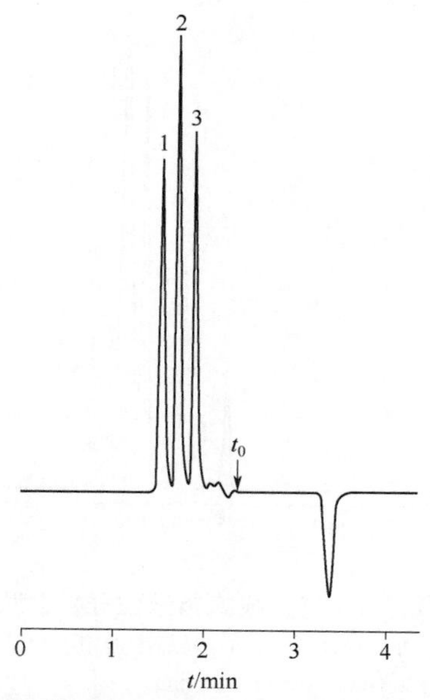

图 12-56 3 种氨基酸的色谱分离图[1]

色谱峰：1—赖氨酸；2—苏氨酸；3—异亮氨酸

色谱柱：HyPURITY™ADVANCE（150mm×4.6mm，5μm）

流动相：0.1%三氟乙酸-甲醇（体积比=98∶2）

流　速：1ml/min

柱　温：25℃

检　测：UV（215nm）

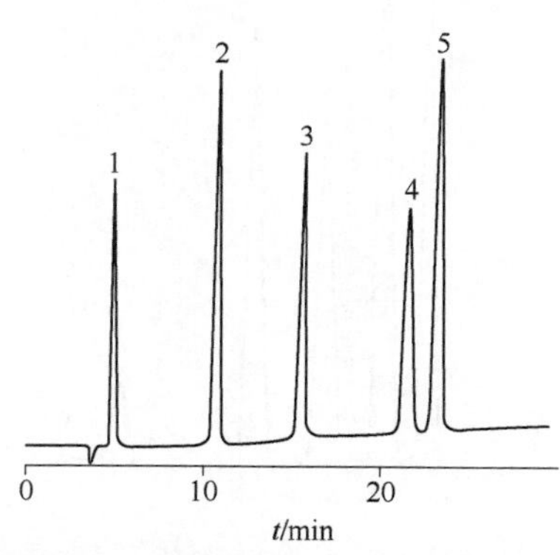

图 12-57 甘氨酸-缬氨酸等二肽色谱分离图[3]

色谱峰：1—甘氨酸-缬氨酸；2—苯丙氨酸-甘氨酸；3—丙氨酸-甘氨酸；4—缬氨酸-苯丙氨酸；5—酪氨酸-亮氨酸

色谱柱：Shodex rspak de-613（150mm×6.0mm）

流动相：A．0.05%的三氟乙酸溶液-乙腈（体积比=96∶4）；
B．0.05%的三氟乙酸溶液-乙腈（体积比=75∶25）

梯　度：0→30min，10%B→100%B

流　速：1.0ml/min

柱　温：30℃

检测器：UV（220nm）

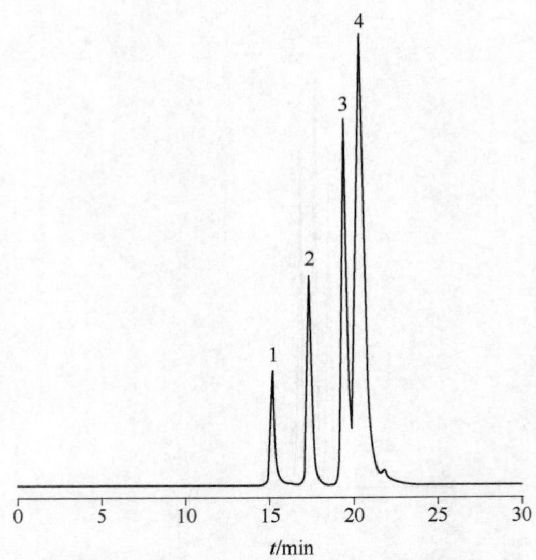

图 12-58 复合模式色谱柱分析多肽[3]

色谱峰：1—谷氨酸；2—精氨酸；3—甘氨酰；4—精氨酸的精赖脯

色谱柱：Shodex Asahipak GS-320 HQ（300mm×7.5mm）

流动相：30mmol/L乙酸铵缓冲液，pH=6.7

流　速：0.5ml/min

柱　温：30℃

检测器：UV（220nm）

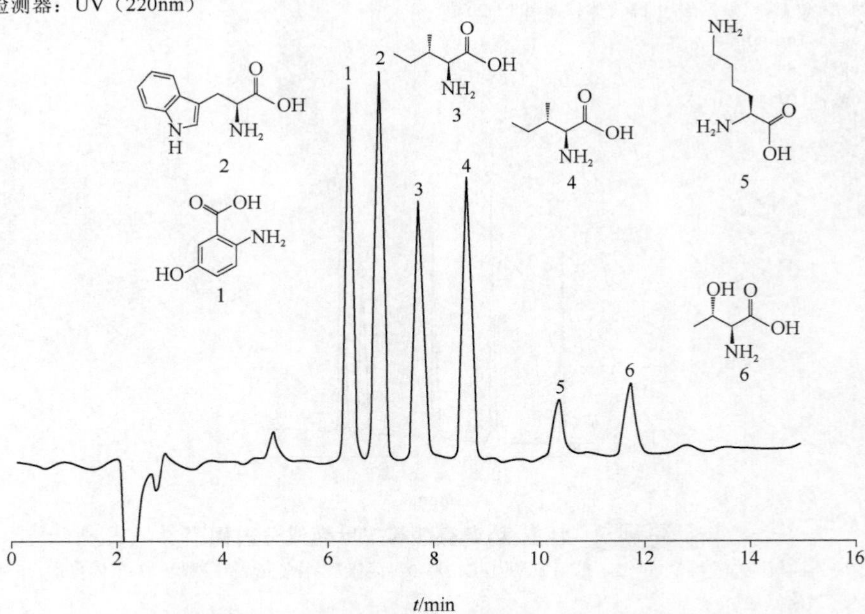

图 12-59 色氨酸、苏氨酸等的色谱分离图[4]

色谱峰：1—2-氨基-5-羟基苯甲酸；2—色氨酸；3—异亮氨酸；4—蛋氨酸；5—苏氨酸；6—苏氨酸

色谱柱：ZIC®-HILIC（150mm×4.6mm，3.5μm）

流动相：80%乙腈+20%乙酸铵水溶液

流　速：0.75ml/min

柱　温：40℃

进样量：50μl

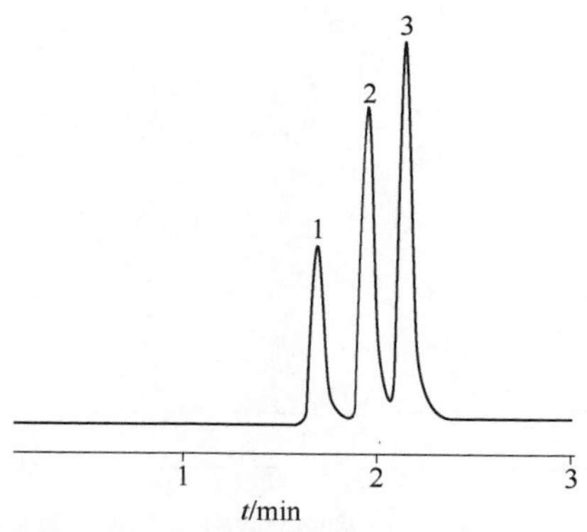

图 12-60 多种氨基酸的色谱分离图[1]

色谱峰：1—天门冬氨酸-丝氨酸-天门冬氨酸-脯氨酸-精氨酸；2—精氨酸-甘氨酸-谷氨酸-丝氨酸；3—苏氨酸-丝氨酸-赖氨酸

色谱柱：Hypercarb（100mm×4.6mm，5μm）

流动相：A．0.1%甲基哌啶水溶液；B．乙腈-0.1%甲基哌啶水溶液

梯　度：0→10min，20%B→100%B

流　速：0.5ml/min

柱　温：30℃

检测器：+ESI MS

探头温度：400℃

电　压：4.5kV

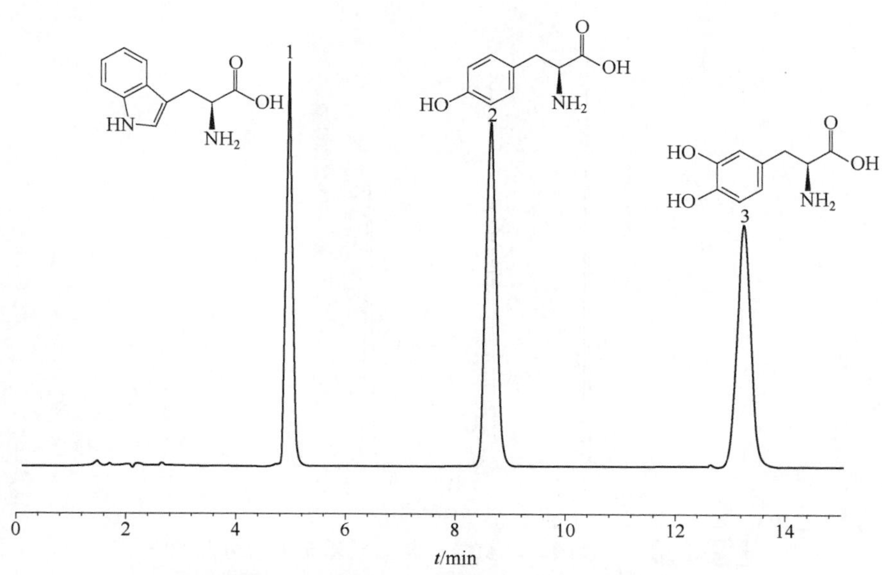

图 12-61 色氨酸、酪氨酸和 L-多巴色谱分离图[4]

色谱峰：1—色氨酸；2—酪氨酸；3—L-多巴

色谱柱：SeQuant® ZIC®-HILIC（3μm，100Å）PEEK（150mm×4.6mm）

流动相：乙腈-25mmol/L乙酸铵缓冲液（体积比=80∶20），pH=6.8

流　速：1.0ml/min

柱　温：23℃

检测器：UV（220nm）

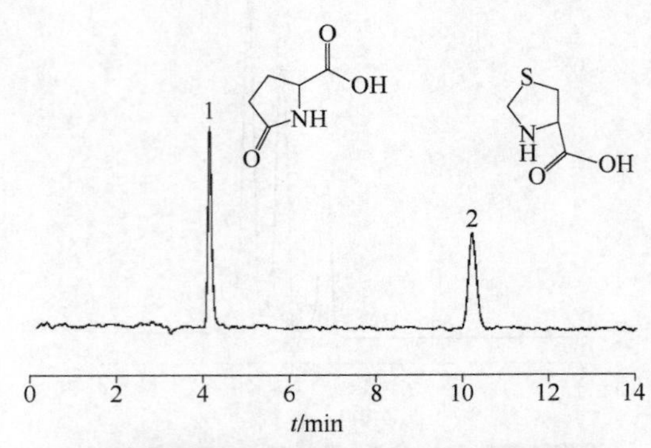

图 12-62 焦谷氨酸色谱分离图[4]

色谱峰：1—焦谷氨酸；2—杂质

色谱柱：SeQuant® ZIC®-HILIC（250mm×4.6mm，5μm，200Å）

流动相：A．10mmol/L磷酸钾，pH=3；B．100%乙腈

梯　度：0→10min→20min→25min，18%A→18%A→40%A→40%A

流　速：1.0ml/min

柱　温：室温

检测器：UV（210nm）

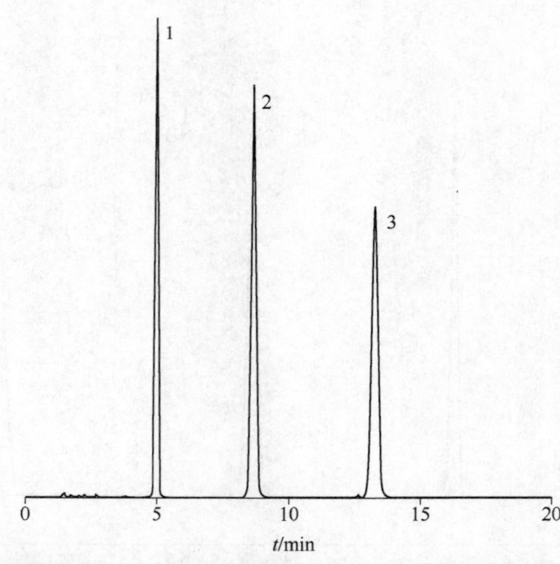

图 12-63 色氨酸、酪氨酸和 4-二羟基苯色谱分离图[4]

色谱峰：1—色氨酸；2—酪氨酸；3— 4-二羟基苯

色谱柱：SeQuant®ZIC®-cHILIC（150mm×4.6mm，1μm）

流动相：乙腈-水（体积比=80：20）

流　速：0.4ml/min

柱　温：23℃

检测器：UV（254nm）

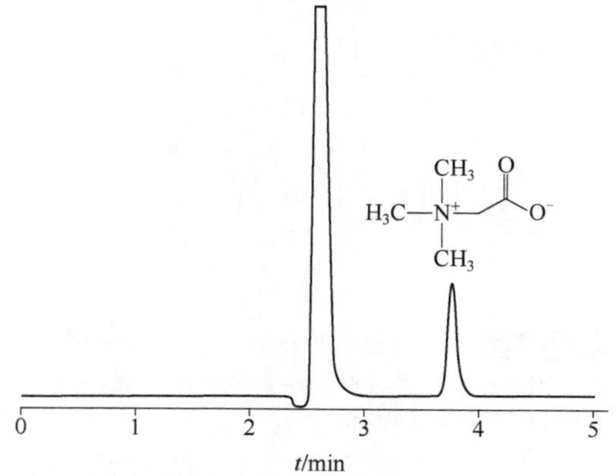

图 12-64　三甲基甘氨酸色谱图[3]

色谱柱：Shodex Asahipak NH_2P-50 4E（250mm×4.6mm）

洗脱液：水-乙腈（体积比=25∶75）

流　速：1.0ml/min

柱　温：40℃

检测器：RI

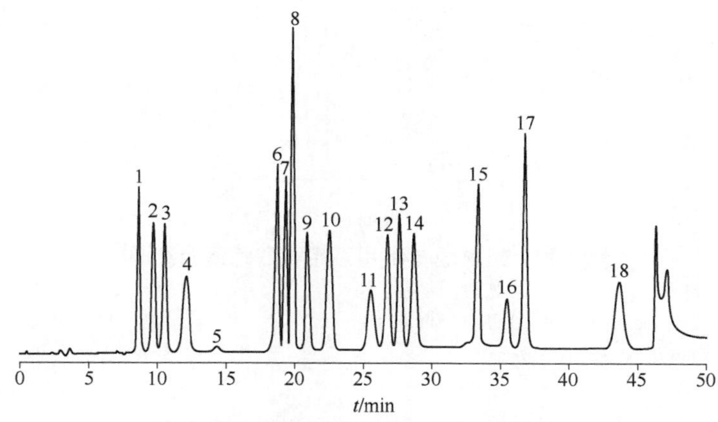

图 12-65　18 种氨基酸的色谱分离图[3]

色谱峰：1—天冬氨酸；2—苏氨酸；3—丝氨酸；4—谷氨酸；5—脯氨酸；6—甘氨酸；7—丙氨酸；8—半胱氨酸；9—缬氨酸；10—蛋氨酸；11—异亮氨酸；12—亮氨酸；13—酪氨酸；14—苯丙氨酸；15—赖氨酸；16—氨；17—组氨酸；18—精氨酸

色谱柱：Shodex cxpak p-421s（150mm×4.6mm）

流动相：A．0.12mol/L柠檬酸钠缓冲液，pH=3.3；

B．0.13mol/L柠檬酸钠缓冲液，pH=3.2；

C．0.11mol/L柠檬酸钠缓冲液，pH=4.0；

D．1.02mol/L柠檬酸钠缓冲液，pH=4.9；

E．0.2mol/L NaOH+10%乙醇（冲洗液）

梯　度：0min，A；1.2min，B；10.0min，C；21.2min，D；40.0min，E

流　速：0.5ml/min

柱　温：63℃

检测器：Vis（570nm）（茚三酮反应；0.35ml/min，120℃）

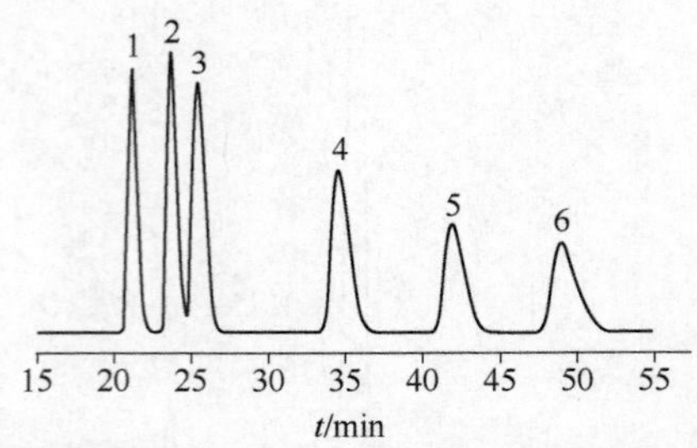

图 12-66 天冬氨酸等氨基酸色谱分离图[3]

色谱峰：1—天冬氨酸；2—甘氨酸；3—丙氨酸；4—缬氨酸；5—蛋氨酸；6—异亮氨酸

色谱柱：Shodex rspak nN-814（250mm×8.0mm）

流动相：40mmol/L磷酸水溶液　　流　速：1.0ml/min

柱　温：40℃　　检测器：RI

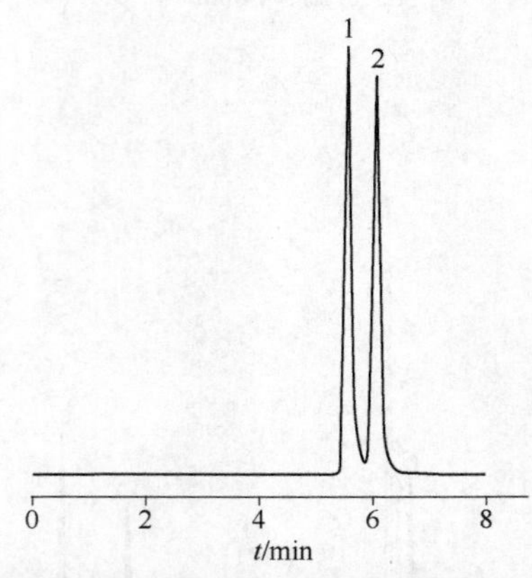

图 12-67 组氨酸与 1-甲基组氨酸色谱分离图[3]

色谱峰：1—组氨酸；2—1-甲基组氨酸　　柱　温：30℃

色谱柱：Shodex Asahipak ODP-50 6D（150mm×6.0mm）　　流　量：0.5ml/min

流动相：10mmol/L Na_2HPO_4溶液　　检测器：UV（210nm）

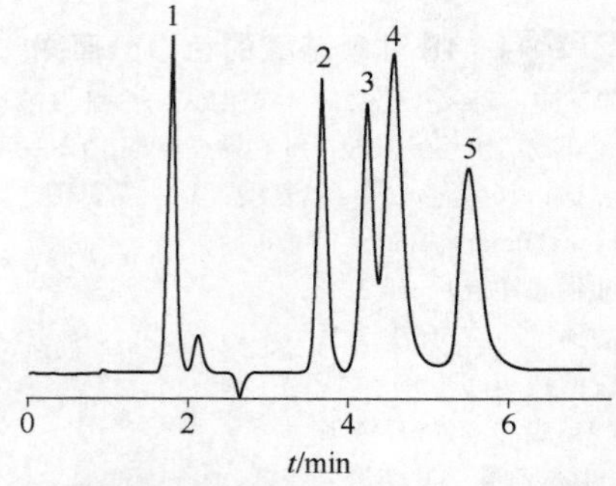

图 12-68 5 种氨基酸的色谱分离图[3]

色谱峰：1—天冬氨酸；2—甘氨酸；3—缬氨酸；4—蛋氨酸；5—异亮氨酸

色谱柱：Shodex IC YS-50（125mm×4.6mm）

流动相：2mmol/L乙酸水溶液　　流　速：1.0ml/min

柱　温：40℃　　检测器：RI

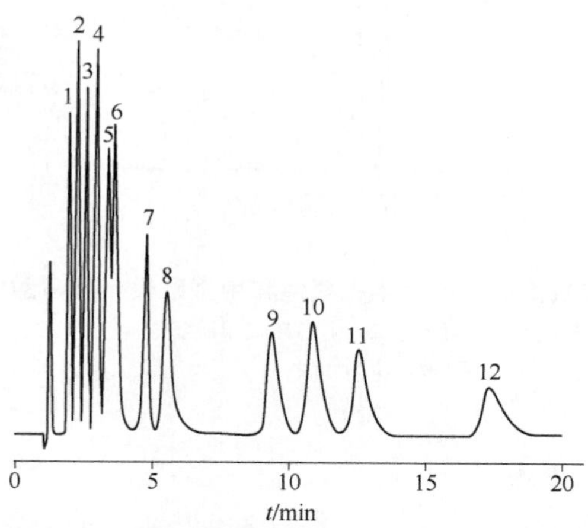

图 12-69 各种氨基酸和γ-氨基丁酸（GABA）色谱分离图[3]

色谱峰：1—天冬氨酸；2—谷氨酸；3—甘氨酸；4—缬氨酸；5—蛋氨酸；6—异亮氨酸；7—γ-氨基丁酸（GABA）；8—苯丙氨酸；9—鸟氨酸；10—组氨酸；11—1-甲基组氨酸；12—精氨酸

色谱柱：Shodex IC YS-50（125mm×4.6mm）

流动相：6mmol/L磷酸水溶液

流 速：1.0ml/min

柱 温：40℃

检测器：RI

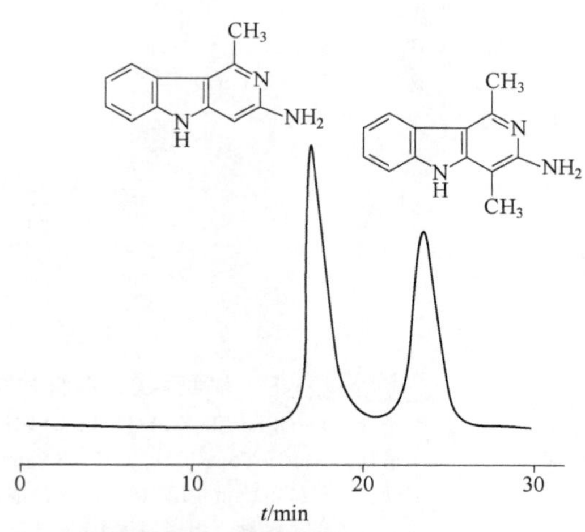

图 12-70 致癌色氨酸热解产物[3]

色谱柱：Shodex Asahipak es-502c 7C（100mm×7.5mm）

流动相：20mmol/L磷酸-乙腈（体积比=90∶10），pH=2.0

流 速：1.0ml/min

柱 温：40℃

检测器：荧光（如266nm，397nm）

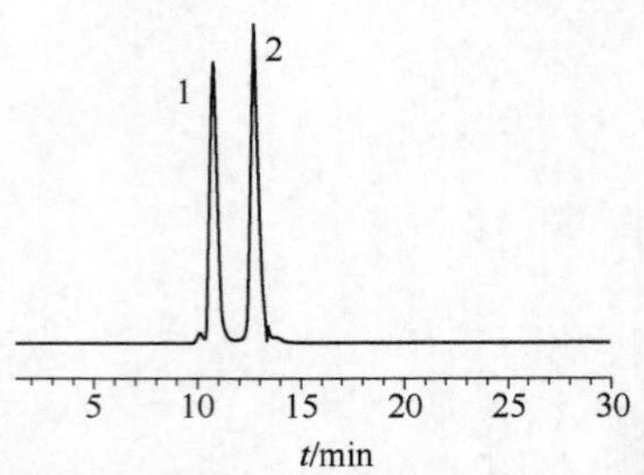

图 12-71 γ-谷酰基甲基硒代半胱氨酸和甲基硒代半胱氨酸色谱分离图[3]

色谱峰：1—γ-谷酰基甲基硒代半胱氨酸；2—甲基硒代半胱氨酸

色谱柱：Shodex GS320A-M5D（150mm×0.5mm）

流动相：50mmol/L乙酸铵缓冲液，pH=6.5

流　速：2.0ml/min

检测器：电感耦合等离子体质谱

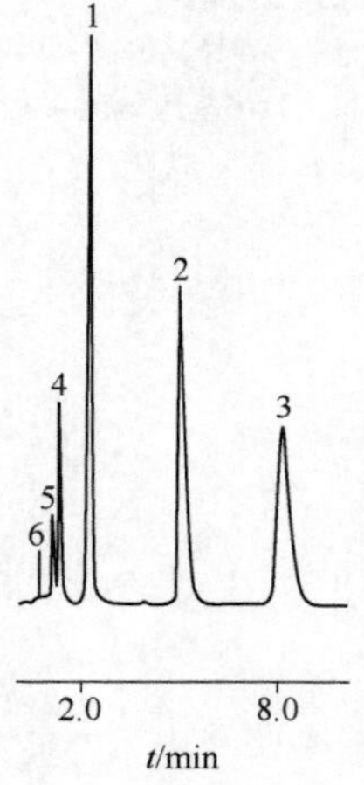

图 12-72 PTH 氨基酸、谷胱甘肽、葡萄糖色谱分离图[2]

色谱峰：1—GSH；2—GSSG；3—Cys-Gly；4—Gly；5—Cys；6—Glu

色谱柱：Waters Nova-Pack® C18（150mm×3.9mm，4μm）

流动相：甲醇-0.05mol/L磷酸二氢钾的溶液（含0.01mol/L庚烷磺酸钠，用磷酸调节pH=3.0）（体积比=3∶97）

流　速：1.0ml/min

进样量：20μl

柱　温：30℃

检测器：UV（210nm）

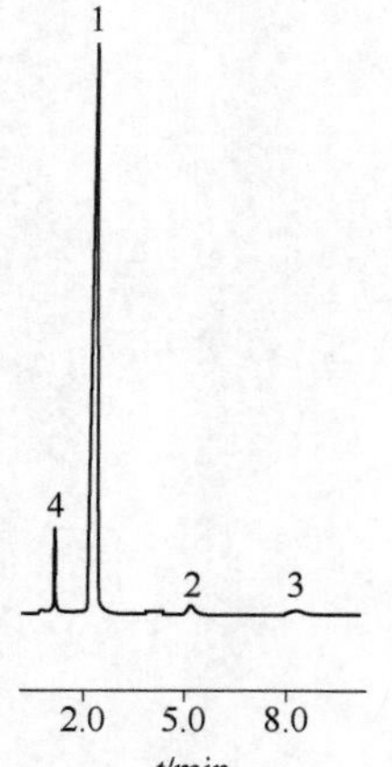

图 12-73 PTH 氨基酸、谷胱甘肽色谱分离图[2]

色谱峰：1—GSH；2—GSSG；3—Cys-Gly；4—Gly

色谱柱：Waters Nova-Pack® C18（3.9mm×150mm，4μm）

流动相：甲醇-0.05mol/L磷酸二氢钾的溶液（含0.01mol/L庚烷磺酸钠，用磷酸调节pH=3.0）（体积比=3∶97）

流　速：1.0ml/min

进样量：20μl

柱　温：30℃

检测器：UV（210nm）

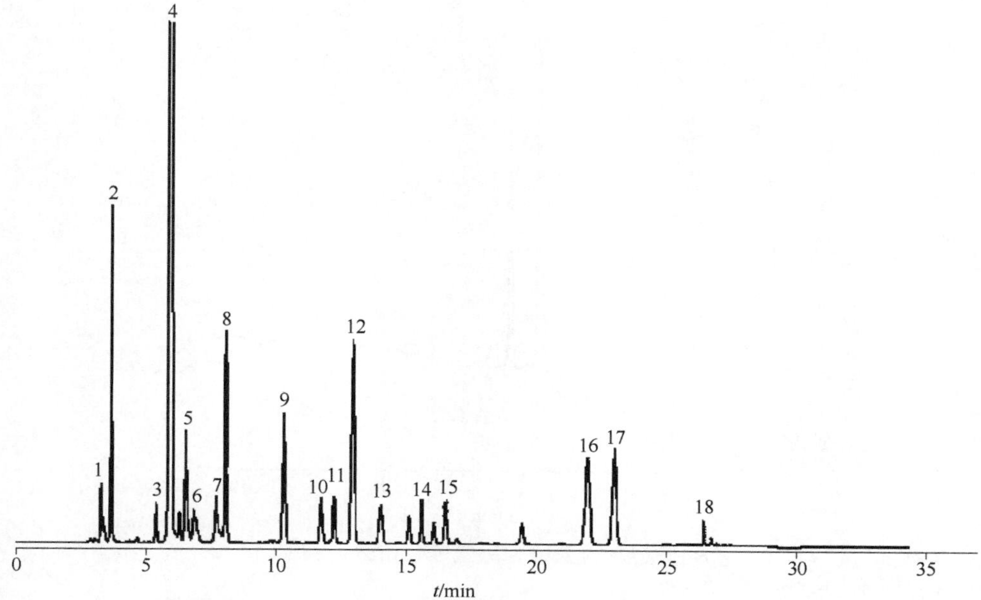

图 12-74　罗仙子抗动脉粥样硬化活性部位水解的氨基酸色谱图[2]

色谱峰：1—Asp；2—Glu；3—Ser；4—DNP-OH；5—Arg；6—Gly；7—Thr；8—Pro；9—Ala；10—Val；11—Met；12—Ile；13—Leu；14—His；15—Phe；16—Lys；17—Tyr；18—Sam

色谱柱：Welch Ultimate XB-C8柱（250mm×4.6mm，5μm）

流动相：乙腈-水-0.05mol/L乙酸钠缓冲液（体积比=8∶1∶1）

流　速：1.0ml/min

柱　温：44℃

进样量：10μl

检测器：UV（360nm）

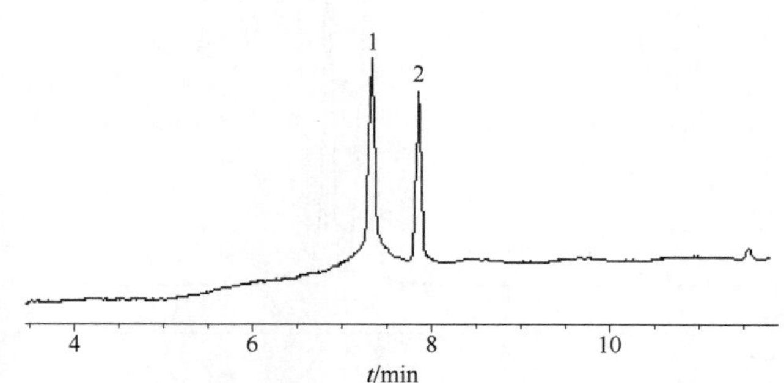

图 12-75　天冬氨酸和苯丙氨酸色谱分离图[5]

色谱峰：1—天冬氨酸；2—苯丙氨酸

色谱柱：Agilent C18（75μm）

流动相：甲醇

流　速：1.0ml/min

柱　温：室温

检测器：UV（220nm）

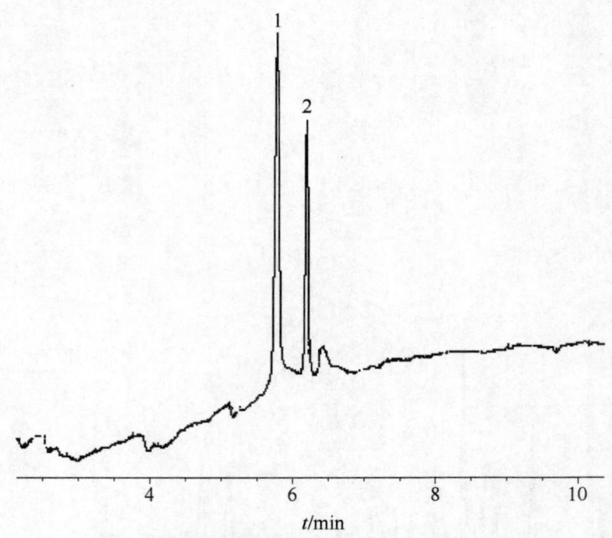

图 12-76 丙氨酸和缬氨酸色谱分离图[2]

色谱峰：1—丙氨酸；2—缬氨酸
色谱柱：Waters C18（75μm）
流动相：甲醇
流　速：1.0ml/min
柱　温：室温
检测器：UV（320nm）

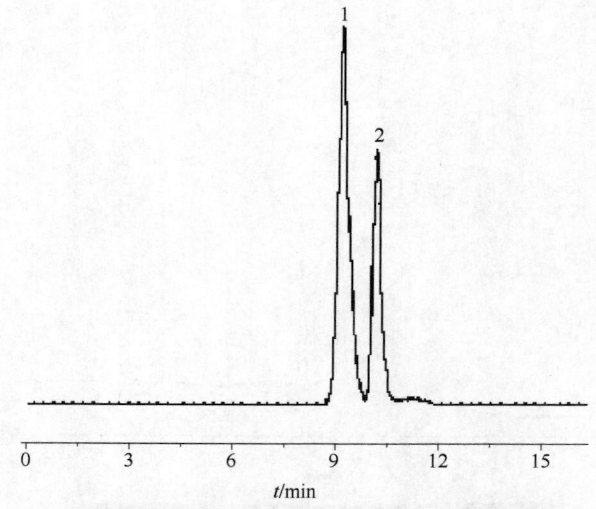

图 12-77 亮氨酸和异亮氨酸色谱分离图[2]

色谱峰：1—亮氨酸；2—异亮氨酸
色谱柱：Waters C18（75μm）
流动相：甲醇
流　速：1.0ml/min
柱　温：室温
检测器：UV（230nm）

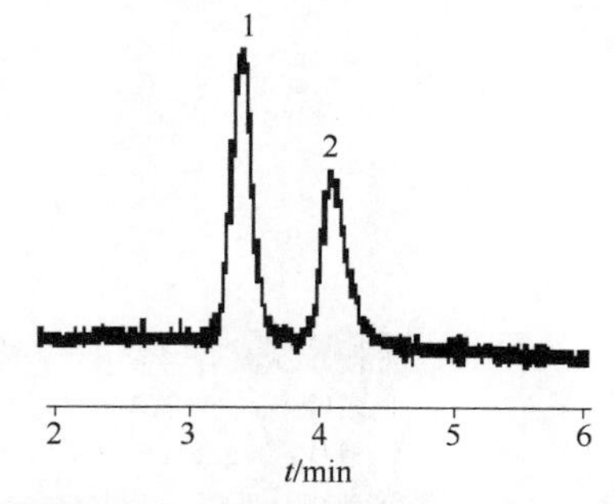

图 12-78　异亮氨酸对映体色谱分离图

色谱峰：1—L-异亮氨酸；2—D-异亮氨酸
色谱柱：Waters C18（75μm）
流动相：甲醇
流　速：1.0ml/min
柱　温：室温
检测器：UV（330nm）

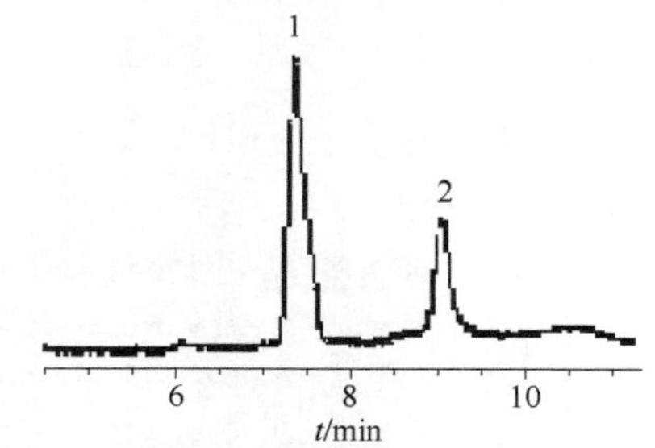

图 12-79　脯氨酸对映体色谱分离图[2]

色谱峰：1—D-脯氨酸；2—L-脯氨酸
色谱柱：Waters C18（75μm）
流动相：甲醇
流　速：1.0ml/min
柱　温：室温
检测器：UV（240nm）

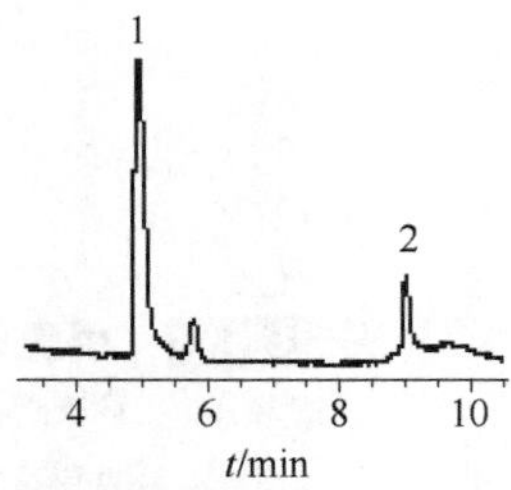

图 12-80　赖氨酸对映体色谱分离图[2]

色谱峰：1—L-赖氨酸；2—D-赖氨酸
色谱柱：Waters C18（75μm）
流动相：四氢呋喃
流　速：1.0ml/min
柱　温：室温
检测器：UV（250nm）

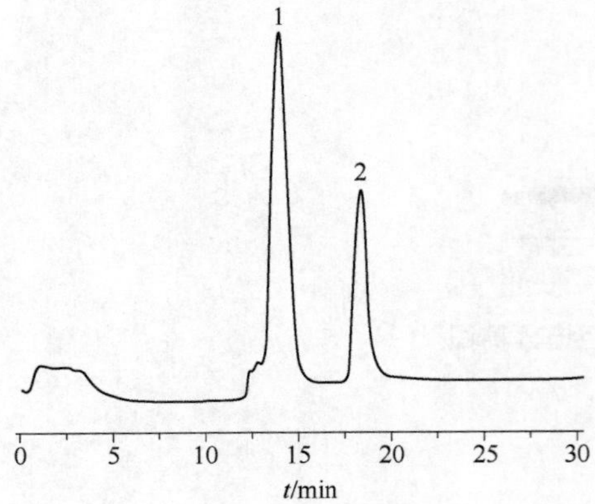

图 12-81 色氨酸和亮氨酸色谱分离图[5]

色谱峰：1—亮氨酸；2—色氨酸
色谱柱：Agilent C18（75μm）
流动相：甲醇
流　速：1.0ml/min
柱　温：室温
检测器：UV（260nm）

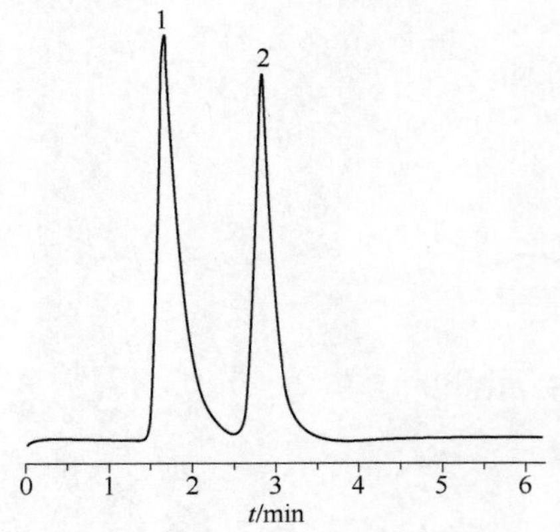

图 12-82 甘氨酸和丝氨酸色谱分离图[5]

色谱峰：1—甘氨酸；2—丝氨酸
色谱柱：Agilent C18（75μm）
流动相：甲醇
流　速：1.0ml/min
柱　温：室温
检测器：UV（220nm）

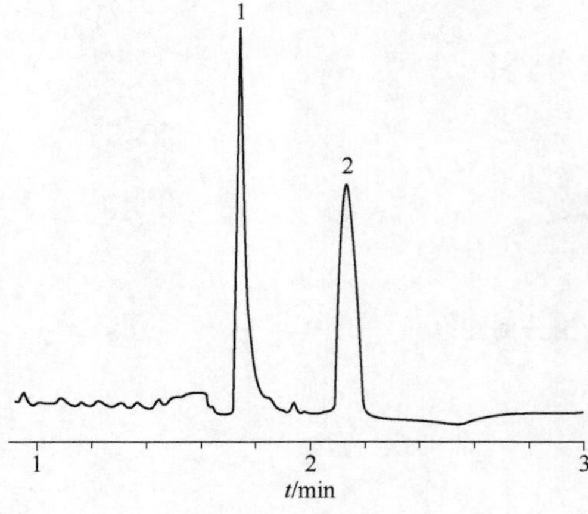

图 12-83 酪氨酸和天冬酰胺色谱分离图[5]

色谱峰：1—酪氨酸；2—天冬酰胺
色谱柱：Agilent C18（75μm）
流动相：四氢呋喃
流　速：1.0ml/min
柱　温：室温
检测器：UV（230nm）

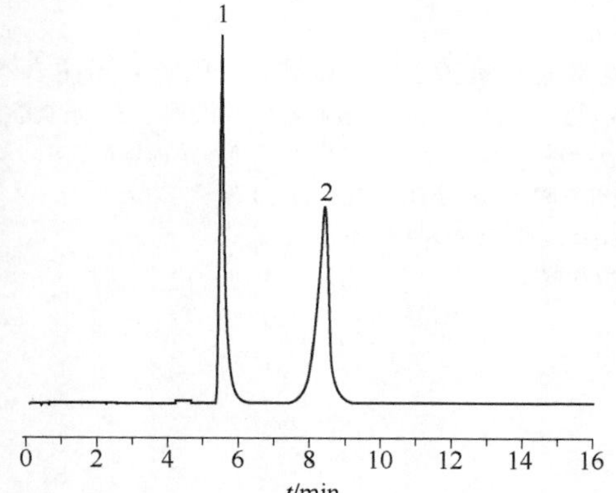

图 12-84　苏氨酸和半胱氨酸色谱分离图[5]

色谱峰：1—酪氨酸；2—天冬酰胺

色谱柱：Agilent C18（75μm）

流动相：乙腈

流　速：1.0ml/min

柱　温：室温

检测器：UV（270nm）

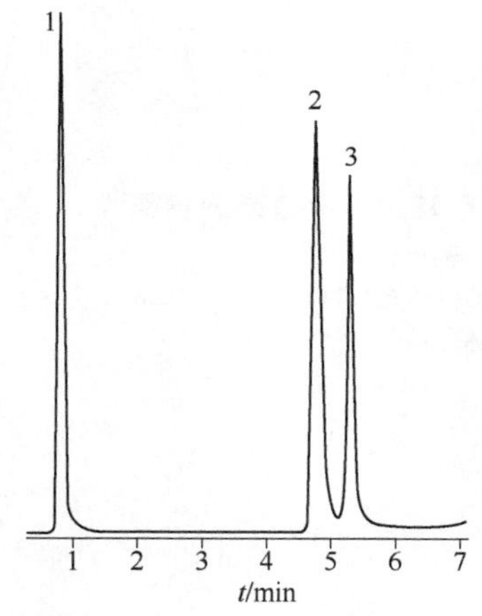

图 12-85　3 种氨基酸的色谱分离图[1]

色谱峰：1—苏氨酸-丝氨酸-赖氨酸；2—精氨酸-甘氨酸-谷氨酸-丝氨酸；3—天门冬氨酸-丝氨酸-精氨酸

色谱柱：Hypercarb（50mm×2.1mm，5μm）

流动相：A．水+0.1% 1-甲基哌啶；B．乙腈+0.1%1-甲基哌啶

梯　度：0→5min，5%B→100%B

流　速：0.3ml/min

检测器：+ESI

探头温度：400℃

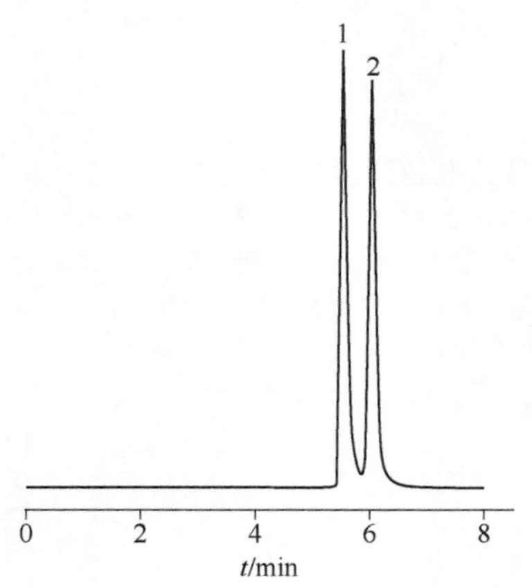

图 12-86　组氨酸与 1-甲基组氨酸色谱分离图[3]

色谱峰：1—组氨酸；2—1-甲基组氨酸

色谱柱：Shodex Asahipak ODP-50 6D（150mm×6.0mm）

流动相：10mmol/L Na_2HPO_4溶液

流　量：0.5ml/min

检测器：UV（210nm）

柱　温：30℃

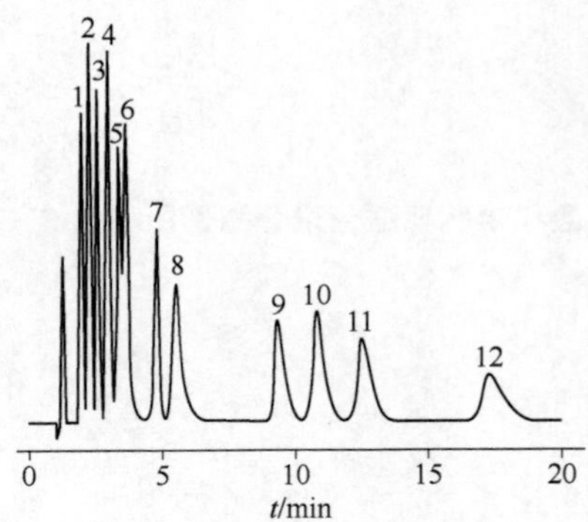

图 12-87 各种氨基酸 γ-氨基丁酸（GABA）色谱分离图[3]

色谱峰：1—天冬氨酸；2—谷氨酸；3—甘氨酸；4—缬氨酸；5—蛋氨酸；6—异亮氨酸；7—γ-氨基丁酸（GABA）；8—苯丙氨酸；9—鸟氨酸；10—组氨酸；11—1-甲基组氨酸；12—精氨酸

色谱柱：Shodex IC YS-50（125mm×4.6mm）

流动相：6mmol/L磷酸水溶液

流　速：1.0ml/min

检测器：RI

柱　温：40℃

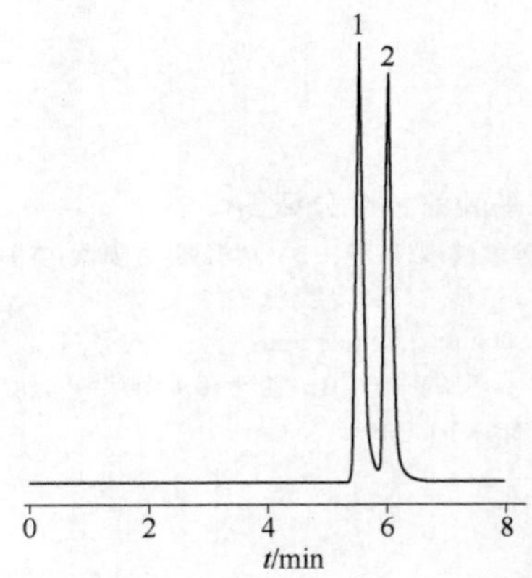

图 12-88 组氨酸与 1-甲基组氨酸色谱分离图[3]

色谱峰：1—组氨酸；2—1-甲基组氨酸

色谱柱：Shodex Asahipak ODP-50 6D（150mm×6.0mm）

流动相：10mmol/L磷酸氢二钠溶液

流　速：0.5ml/min

柱　温：30℃

检测器：UV（210nm）

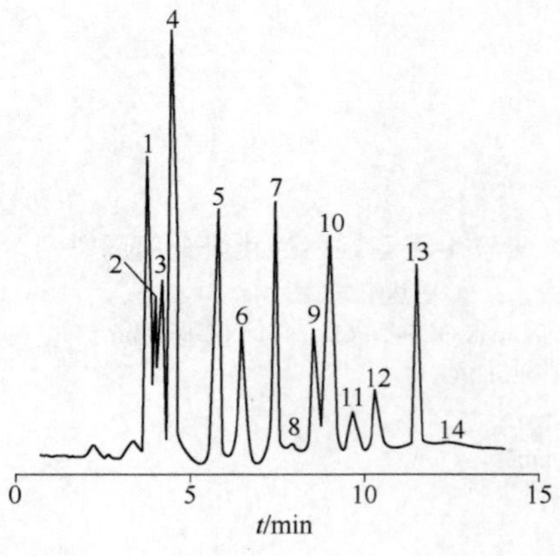

图 12-89 红豆种子氨基酸色谱分离图

色谱峰：1—天门冬氨酸；2—苏氨酸；3—丝氨酸；4—谷氨酸；5—甘氨酸；6—丙氨酸；7—濒氨酸；8—蛋氨酸；9—异亮氨酸；10—亮氨酸；11—酪氨酸；12—苯丙氨酸；13—赖氨酸；14—组氨酸

色谱柱：C18柱（150mm×2.6mm）

流动相：石油醚

流　速：1ml/min

柱　温：53℃

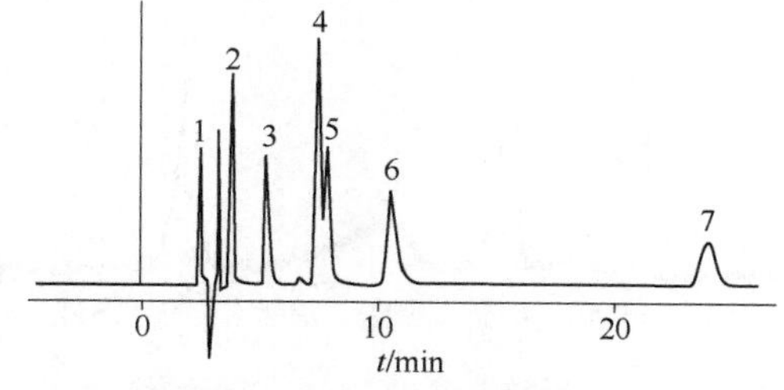

图 12-90　天然产物色谱分离图[3]

色谱峰：1—丝氨酸；2—葡萄糖-甘油-苯丙氨酸；3—中枢神经8—13；4—甲硫氨酸；5—α-多酚；6—精氨酸缓激肽；7—肽物质

色谱柱：Shodex Asahipak ODP-50 6D（150mm×6.0mm）

流动相：0.05%三氟乙酸-乙腈（体积比=80：20）

流　速：1.0ml/min

柱　温：30℃

检测器：UV（220nm）

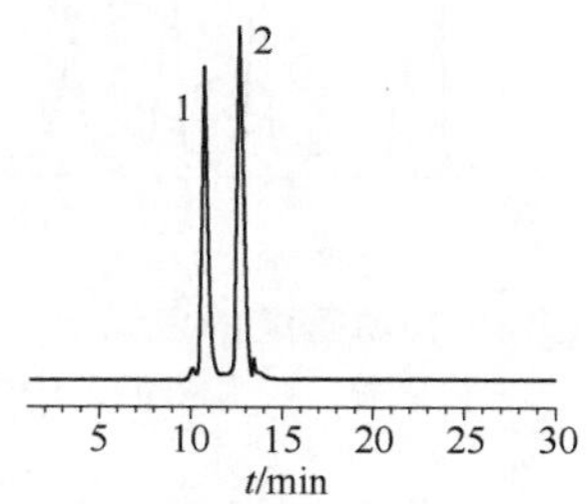

图 12-91　2 种甲基硒代半胱氨酸的色谱分离图[3]

色谱峰：1—γ-谷酰基甲基硒代半胱氨酸；2—甲基硒代半胱氨酸

色谱柱：Shodex GS320A-M5D（150mm×0.5mm）

流动相：50mmol/L乙酸铵缓冲液（pH=6.5）

流　速：2.0ml/min

检测器：电感耦合等离子体质谱

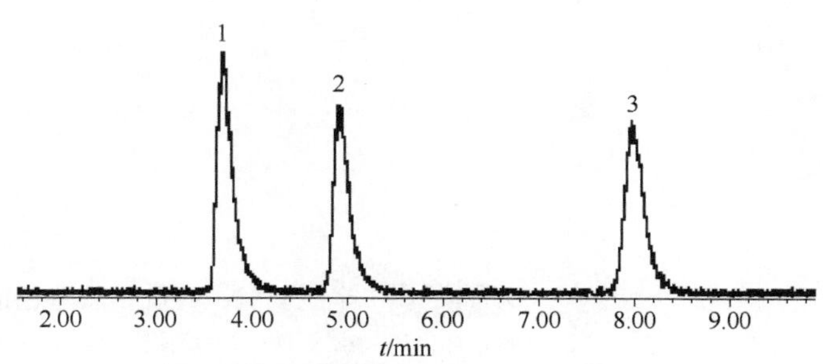

图 12-92　3 种硒代氨基酸的色谱分离图[5]

色谱峰：1—硒代胱氨酸；2—硒代半胱氨酸；3—硒代蛋氨酸

色谱柱：Agilent ZORBAX Rx C8（250mm×4.6mm，5μm）

流动相：2%甲醇-0.1%甲酸水溶液

流　速：0.7ml/min

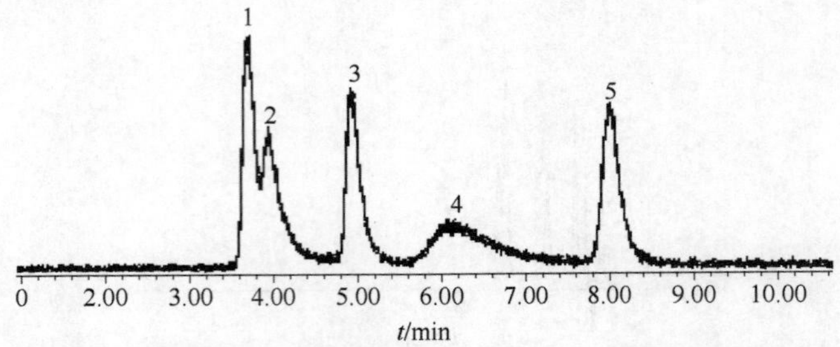

图 12-93 硒代氨基酸与硒酸根色谱分离图[6]

色谱峰：1—硒代胱氨酸；2—亚硒酸根；3—硒代半胱氨酸；4—硒酸根；5—硒代蛋氨酸

色谱柱：ST-PAK-C-18ES（250mm×4.6mm，5μm）

流动相：2%甲醇-0.1%甲酸水溶液

流　速：0.7ml/min

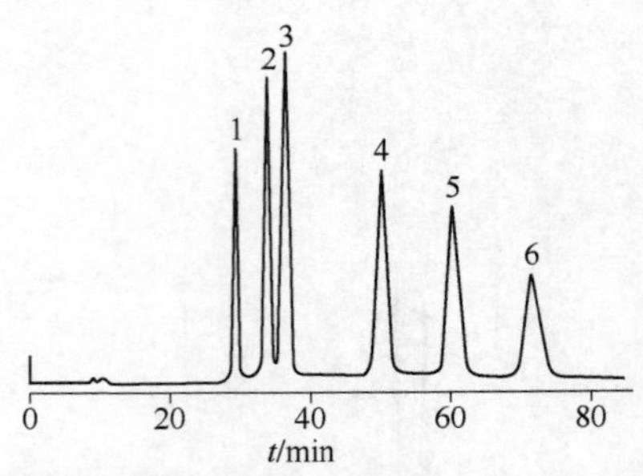

图 12-94 6 种氨基酸的色谱分离图[3]

色谱峰：1—天冬氨酸；2—甘氨酸；3—丙氨酸；4—缬氨酸；5—蛋氨酸；6—异亮氨酸

色谱柱：Shodex RSpak nN-814（250mm×8.0mm）

流动相：40mmol/L磷酸　　柱　温：40℃

流　速：1.0ml/min　　检测器：RI

三、肽

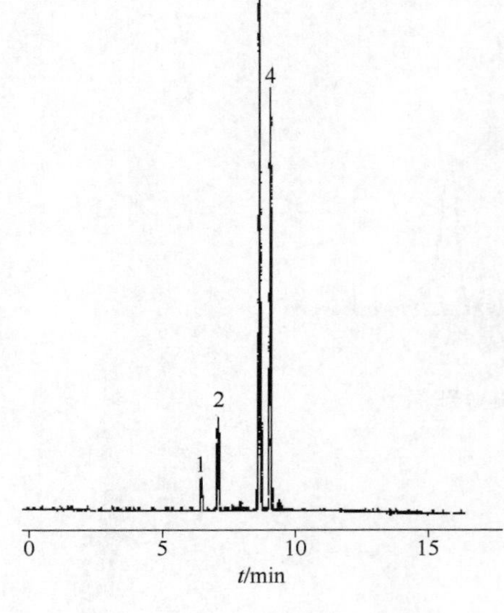

图 12-95 半胱氨酸、谷胱甘肽等色谱分离图[1]

色谱峰：1—半胱氨酸；2—还原性半胱氨酸；3—同型半胱氨酸；4—还原型谷胱甘肽

色谱柱：BetaBasic C18（150mm×4.6mm，5μm）

流动相：乙腈-0.1mol/L磷酸二氢钾（体积比=5∶95），pH=2.1

流　速：1.0ml/min

检测器：荧光（λ_{ex}=385nm，λ_{em}=515nm）

第二篇

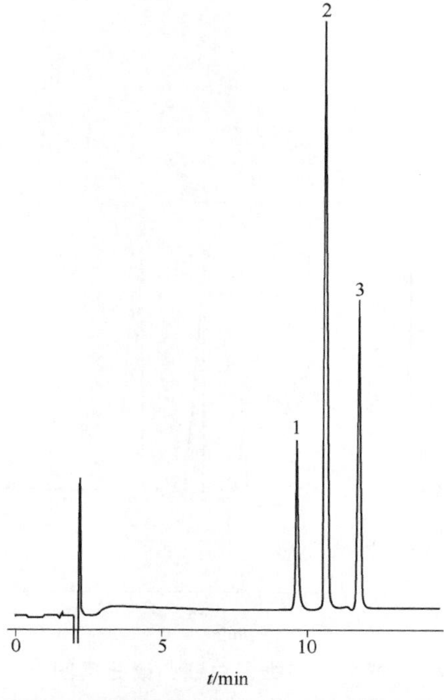

图 12-96　缓激肽、血管紧张素 III 和 II 和血管紧张素 I 色谱分离图

色谱峰：1—缓激肽；2—血管紧张素Ⅲ和Ⅱ；3—血管紧张素Ⅰ

色谱柱：BetaBasic C18（150mm×4.6mm，5μm）

流动相：A．0.05%三氟乙酸水溶液；B．0.05%三氟乙酸乙腈溶液

梯　度：0→20min，10%B→50%B

流　速：1.0ml/min　　检测器：UV（220nm）

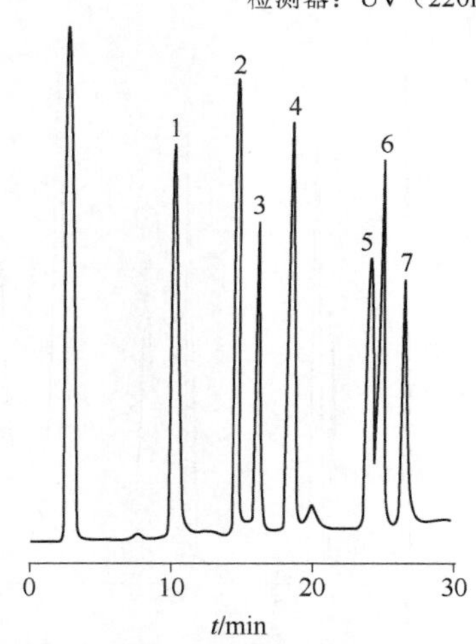

图 12-97　赖氨酸垂体后叶素、催产素等的色谱分离图[1]

色谱峰：1—赖氨酸垂体后叶素；2—催产素；3—胰岛素；4—蛙皮素；5—生长抑素；6—胰岛素；7—高血糖素

色谱柱：Hypersil ODS（100mm×3.0mm，5μm）

流动相：A．0.1mol/L磷酸二氢钠+磷酸，pH=2.1；B．乙腈

梯　度：0→30min，10%B→50%B　　柱　温：室温

流　速：0.5ml/min　　检测器：UV（220nm）

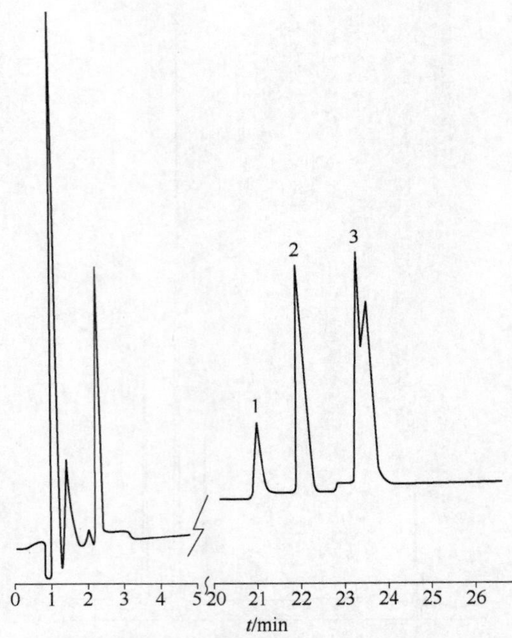

图 12-98 纤维蛋白肽色谱分离图[1]

色谱峰：1—纤维蛋白肽A磷酸盐；2—纤维蛋白肽A；3—纤维蛋白肽B

色谱柱：Hypersil 300A-C4（100mm×4.6mm，5μm）

流动相：A．0.1%三氟乙酸水溶液；B．0.1%三氟乙酸乙腈溶液

梯 度：0→50min，5%B→50%B

流 速：1.5ml/min 检测器：UV（206nm）

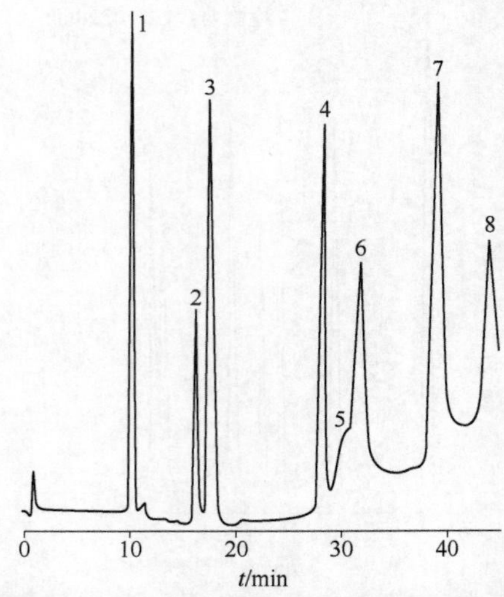

图 12-99 色氨酸和牛血清白蛋白等的色谱分离图[1]

色谱峰：1—L-色氨酸；2—血管紧张素Ⅱ；3—蛙皮素；4—溶菌酶；5—牛血清杂质；6—牛血清白蛋白；7—过氧化氢酶；8—牛发展激素

色谱柱：Hypersil 300A-C4（75mm×4.6mm，5μm）

流动相：A．0.1%三氟乙酸水溶液；B．0.1%三氟乙酸异丙醇溶液

梯 度：0→2.5min，A；2.5min→5min，0→10%B（4%/min）；5min→117min，10%B→90%B（0.75%/min）

流 速：1.0ml/min 检测器：UV（225nm）

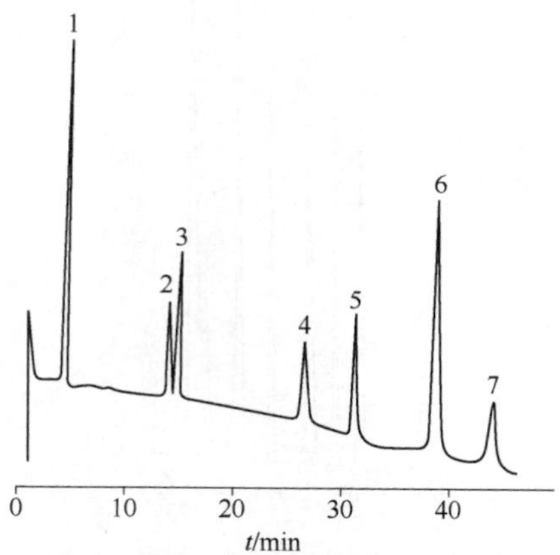

图 12-100　血管紧张素Ⅱ和牛生长激素等的色谱分离图[1]

色谱峰：1—L-色氨酸；2—血管紧张素Ⅱ；3—促肾上腺皮质激素1—24；4—溶菌酶；5—肌红蛋白；6—牛催乳素；7—牛生长激素

色谱柱：Hypersil WP300（75mm×4.6mm，5μm）

流动相：A．0.1%三氟乙酸；B．0.1%三氟乙酸-1%丙醇

梯　度：0→2.5min，0%B；2.5→5min，0→10%B（4%/min）；5→117min，10%B→90%B（0.75%/min）

流　速：1.0ml/min

柱　温：45℃

检测器：UV（280nm）

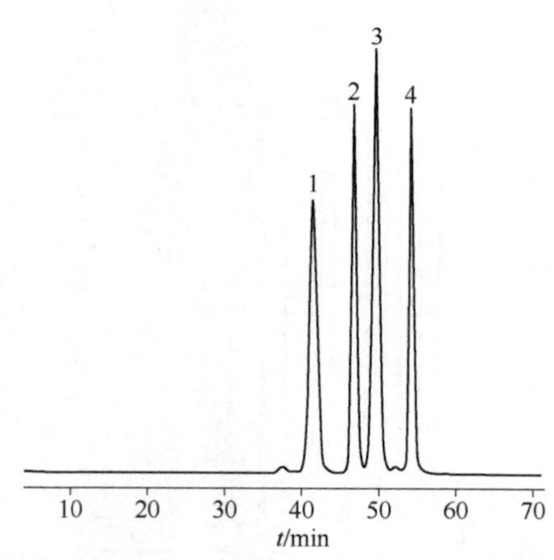

图 12-101　牛胰岛素、神经降压素等的色谱分离图[2]

色谱峰：1—胰岛素（牛）；2—神经降压素；3—血管紧张素Ⅱ；4—甘氨酸

色谱柱：YMC-Pack Diol-120 Diol-60（500mm×8.0mm）

流动相：0.1mol/L KH_2PO_4-K_2HPO_4（pH=7.0，含0.2mol/L NaCl）-乙腈（体积比=70∶30）

流　速：0.7ml/min

柱　温：室温（25℃）

检　测：UV（215nm）

进样量：25μl（0.07～5.3mg/ml）

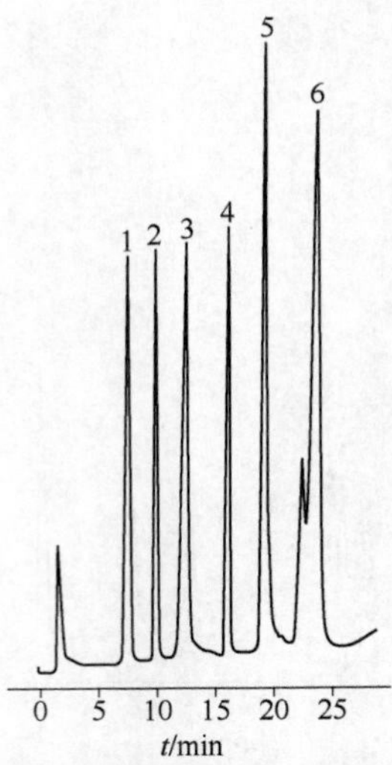

图 12-102 脑啡肽和卵清蛋白等的色谱分离图[2]

色谱峰：1—脑啡肽；2—亮氨酸脑啡肽；3—牛血清白蛋白；4—α-交配因子；5—胰岛素；6—卵清蛋白；

色谱柱：YMC-PackPolymerC18（150mm×4.6mm，6μm）

流动相：A．乙腈-水-三氟乙酸（体积比=20∶80∶0.05）；
B．乙腈-水-三氟乙酸（体积比=45∶55∶0.05）

梯　度：0→30min，0%B→100%B（线性）

流　速：1.0ml/min

检　测：UV（220nm）

柱　温：30℃

进样量：30μl

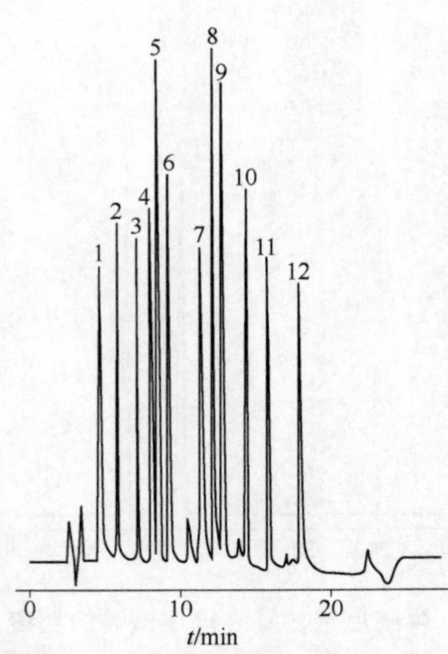

图 12-103 各种氨基酸和多肽色谱分离图[3]

色谱峰：1—赖氨酸缓激肽；2—缓激肽；3—甲硫氨酸脑啡肽；4—神经降压素；5—亮氨酸脑啡肽；6—P物质；7—杆菌肽；8—胰岛素；9—胰岛素B链；10—溶菌酶；11—黄蜂毒素；12—肌红蛋白

色谱柱：Shodex Asahipak ODP-50 6D（150mm×6.0mm）

流动相：0.05%三氟乙酸溶液-乙腈（20min内，体积比由80∶20至50∶50）

流　速：1.0ml/min

柱　温：30℃

检测器：UV（220nm）

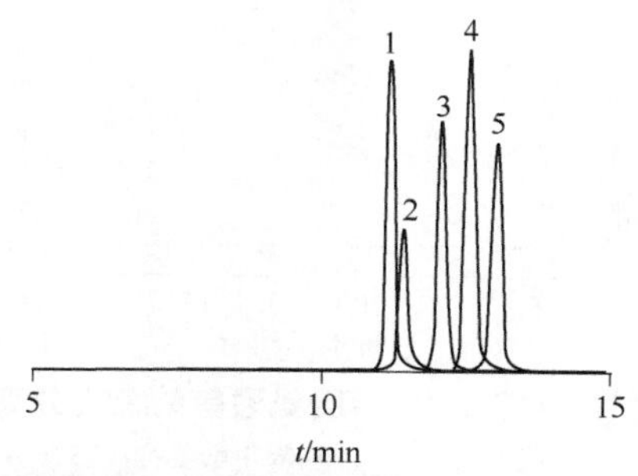

图 12-104 甘氨酰-甘氨酰多肽色谱分离图

色谱峰：1—甘氨酰-甘氨酰组；2—凝血酶受体激活剂肽；3—血管紧张素Ⅱ；4—血管紧张素Ⅰ；5—亮氨酸-脑啡

色谱柱：Shodex KW402.5-4F（4.6mm×300mm）

流动相：50mmol/L的磷酸钠缓冲液-0.3mmol/L NaCl，pH=7.0

流　量：0.33ml/min

柱　温：30℃

检测器：UV（220nm）

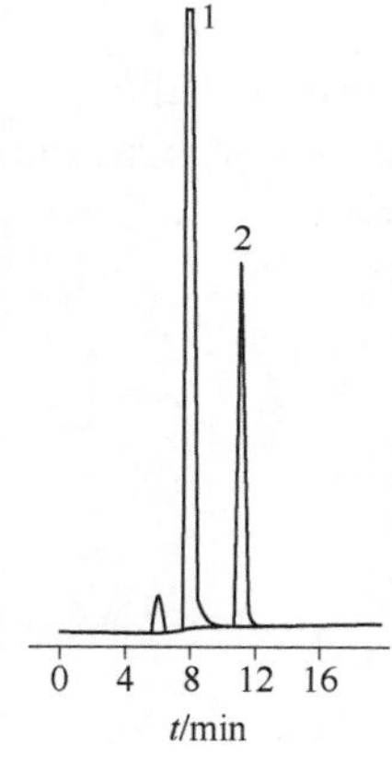

图 12-105 柱后衍生法分析谷胱甘肽的色谱分离图[3]

色谱峰：1—谷胱甘肽；2—谷胱甘肽二硫化物

色谱柱：Shodex Asahipak ODP-50 6E（6.0mm×250mm）

流动相：50mmol/L的磷酸钠缓冲液，pH=2.5

流　速：0.5ml/min（流动相液）；0.3ml/min（试剂）

柱　温：40℃

检测器：荧光（如λ_{ex}=340nm，λ_{em}=420nm）

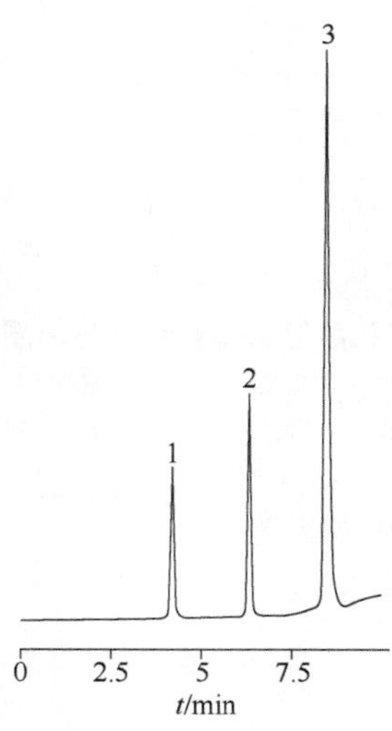

图 12-106 纤维连接蛋白色谱分离图[1]

色谱峰：1—纤维连接蛋白片段1371至1382；2—纤维连接蛋白片段1377—1388；3—纤维连接蛋白片段Ⅲ型连接片段1—25

色谱柱：HyPURITY™ADVANCE（150mm×4.6mm，5μm）

流动相：A．0.1%三氟乙酸；B．甲醇

梯　度：0→10min，10%B→80%B

流　速：1ml/min

柱　温：25℃

检测器：UV（210nm）

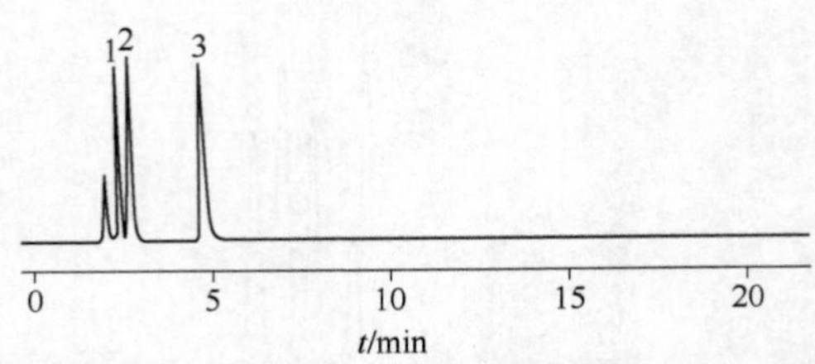

图 12-107 GSH、L-半胱氨酸等的色谱分离图[1]

色谱峰：1— 谷胱甘肽；2—L-半胱氨酸；3—对羟基苯甲酸乙酯（IS）；4—利尿酸甲酯萃取液：正己烷

色谱柱：Hypersil ODS（250mm×4.6mm，5μm）

流动相：磷酸盐-0.05mol/L 乙腈（体积比=53：47），pH=3.0

流　速：1ml/min

检测器：UV（270nm）

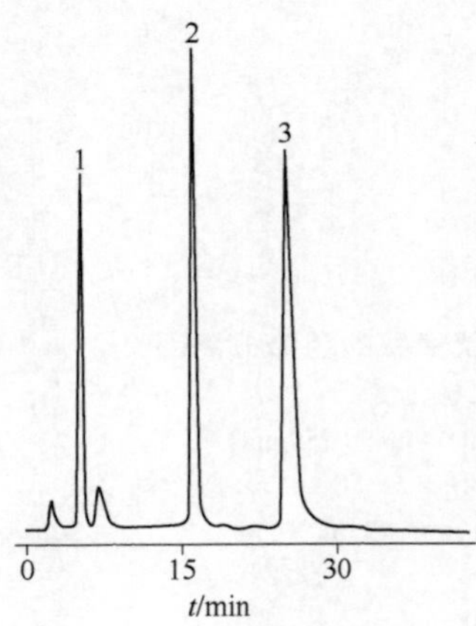

图 12-108 血管紧张素 I、II、III 色谱分离图[3]

色谱峰：1—血管紧张素Ⅰ；2—血管紧张素Ⅱ；3—血管紧张素Ⅲ

色谱柱：Shodex IEC sp-825（8.0mm×75mm）

流动相：A．20mmol/L的磷酸钠缓冲溶液，pH=7.0；
B．A+0.5mmol/L氯化钠

梯　度：0min→60min，10%B→100%B

流　速：1.0ml/min

柱　温：室温

检测器：UV（280nm）

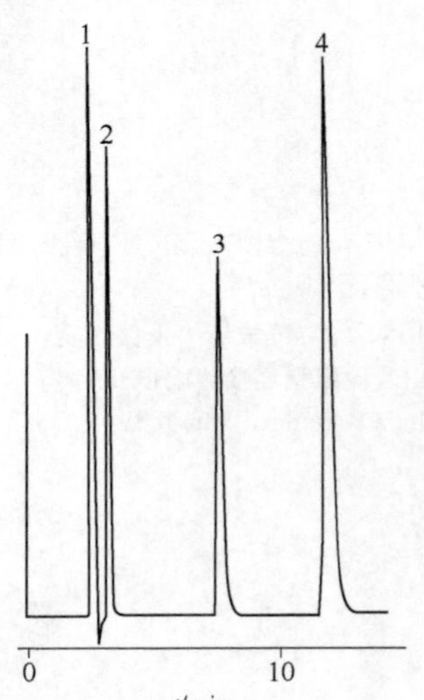

图 12-109 甘氨酸、丙氨酸、亮氨酸等氨基酸色谱分离图[3]

色谱峰：1—甘氨酸-甘氨酸-丙氨酸；2—甘氨酸-甘氨酸-亮氨酸；
3—亮氨酸脑啡肽；4—蛋氨酸脑啡肽

色谱柱：Shodex Asahipak ODP-50 6D（150mm×6.0mm）

流动相：0.05%三氟乙酸-乙腈（体积比=80：20）

流　速：1.0ml/min

柱　温：30℃

检测器：UV（210nm）

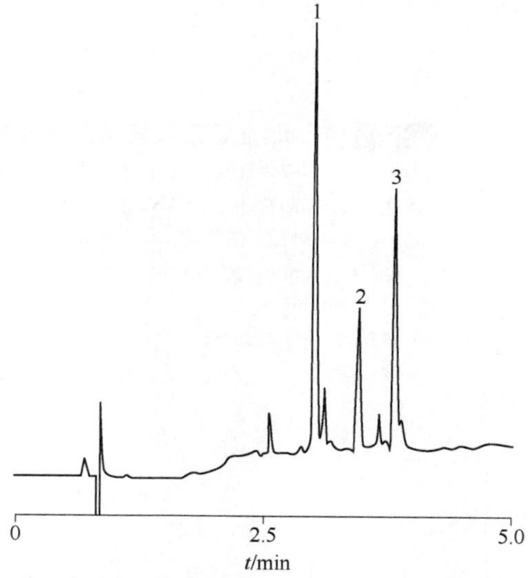

图 12-110　利用整体柱分离 3 种血管紧张素[4]

色谱峰：1—(SAR1，Ala8)-血管紧张素 II；2—(Sar1，Ile8)-血管紧张素 II；3—血管紧张素 I

色谱柱：Chromolith® Performance RP-8 endcapped（100mm×4.6mm）

流动相：A．乙腈-水（体积比=90∶10）+0.1% 三氟乙酸；B．0.1%三氟乙酸水溶液

梯　度：0min→60min，10%B→100%B

流　速：2ml/min

柱　温：室温

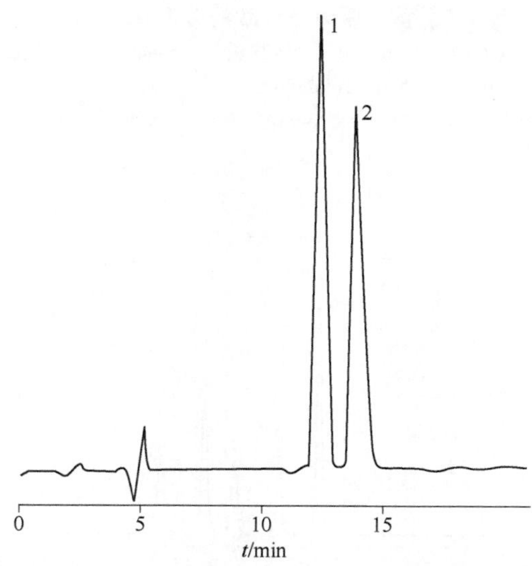

图 12-111　利用 LiChrospher® WP 300 RP-18 分离血管紧张素 I 和 II[4]

色谱峰：1—血管紧张素 II；2—血管紧张素 I

色谱柱：LiChroCART® 250-4 LiChrospher® WP 300 RP-18，5μm

流动相：A．水-0.1%三氟乙酸；B．乙腈-0.1%三氟乙酸

梯　度：0→60min，10%B→100%B

流　速：0.6ml/min

柱　温：室温

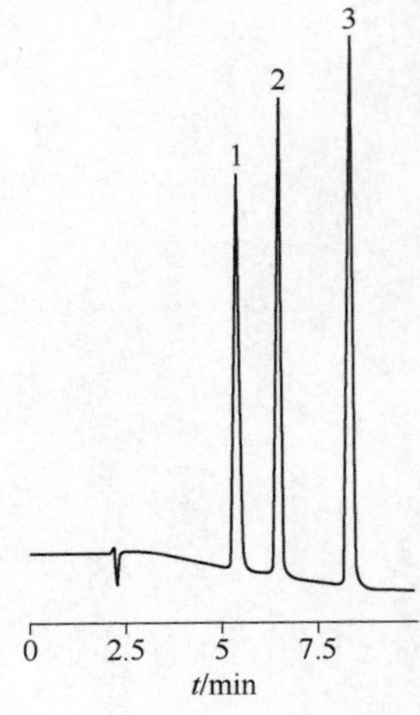

图 12-112 肽-血管紧张素类色谱分离图[1]

色谱峰：1— Ile7血管紧张素III；2—血管紧张素III；3—血管紧张素 I
色谱柱：HyPURITY™ADVANCE（150mm×4.6mm，5μm）
流动相：A．0.1%三氟乙酸；B．甲醇
梯　度：0→10min，5%B→50%B
流　速：1ml/min
检测波长：UV（215nm）
温　度：室温

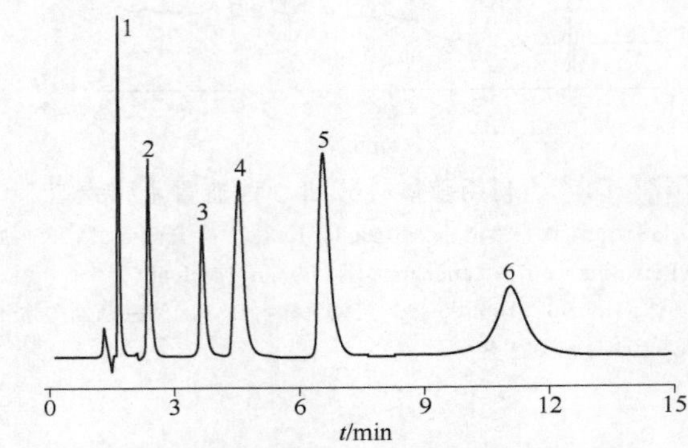

图 12-113 6 种混合肽的分离色谱图[2]

色谱峰：1—FGGF；2—LGG；3—GGG；4—神经降压素；5—GGH；6—缓激肽
色谱柱：ZIC-cHILIC（150mm×4.6mm，5μm/200Å）　流　速：1 ml/min
流动相：乙腈+10mmol/L的铵盐（体积比=60:40），pH=6　检测器：UV（214nm）

四、核酸与核苷酸

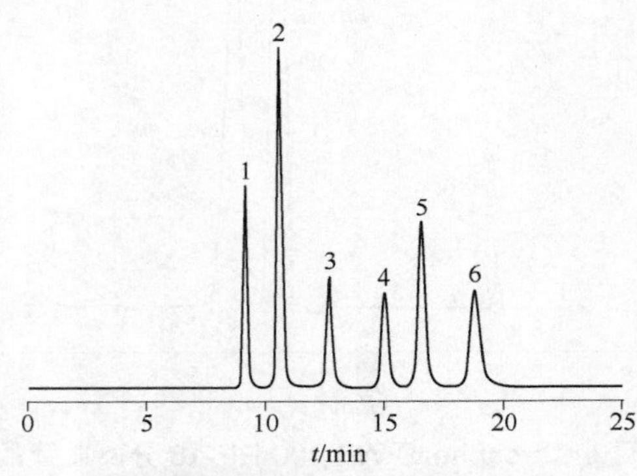

图 12-114 核酸碱基分离谱图[3]

色谱峰：1—胞嘧啶；2—腺嘌呤；3—鸟嘌呤；4—尿嘧啶；5—次黄嘌呤；6—胸腺嘧啶
色谱柱：Shodex Asahipak GS-320 HQ（300mm×7.5mm）
流动相：50mmol/L NaH_2PO_4-50mmol/L H_3PO_4水溶液（体积比=500：380）
流　速：1.0ml/min　柱　温：30℃
检测器：UV（260nm）

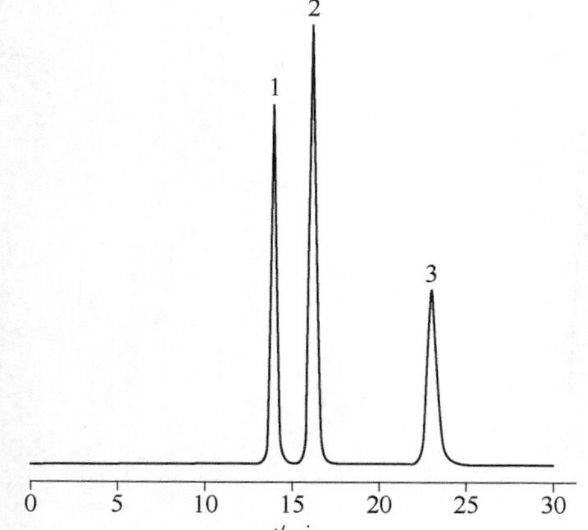

图 12-115 环磷酸腺苷和一磷酸腺苷色谱分离图[3]

色谱峰：1—2′AMP；2—3′AMP；3—cAMP

色谱柱：Shodex Asahipak GS-320 HQ（300mm×7.5mm）

流动相：NaH_2PO_4-Na_2HPO_4水溶液（体积比=500∶15）

流　速：1.0ml/min

柱　温：30℃

检测器：UV（260nm）

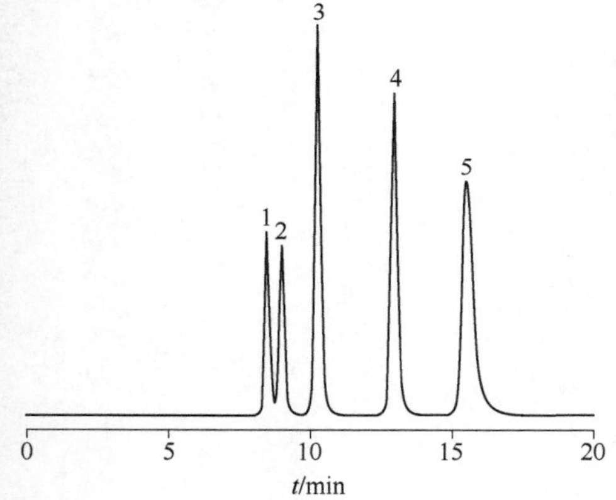

图 12-116 腺嘌呤、腺苷和核苷酸色谱分离图[3]

色谱峰：1—三磷酸腺苷；2—二磷酸腺苷；3—磷酸腺苷；4—腺嘌呤；5—腺苷

色谱柱：Shodex Asahipak GS-320 HQ（300mm×7.5mm）

流动相：200mmol/L NaH_2PO_4-200mmol/L H_3PO_4水溶液（体积比=500∶62）

流　速：1.0ml/min

柱　温：30℃

检测器：UV（260nm）

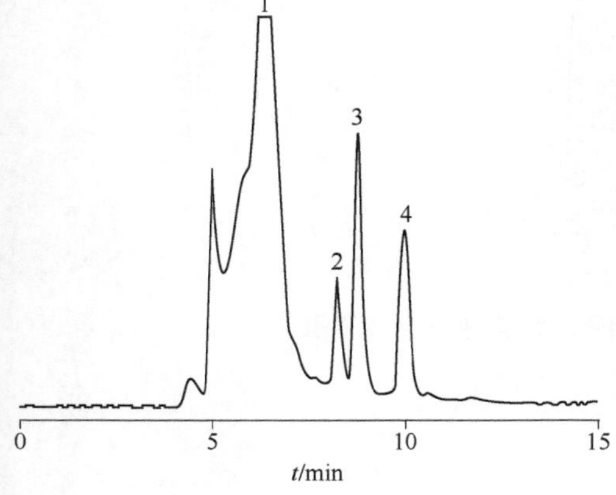

图 12-117 红血球中的腺苷类核苷酸色谱分离峰[3]

色谱峰：1—血红蛋白；2—三磷酸腺苷；3—二磷酸腺苷；4—磷酸腺苷

色谱柱：Shodex Asahipak GS-320 HQ（300mm×7.5mm）

流动相：50mmol/L NaH_2PO_4-50mmol/L Na_2HPO_4-300mmol/L NaCl 水溶液

流　速：1.0ml/min

柱　温：30℃

检测器：UV（260nm）

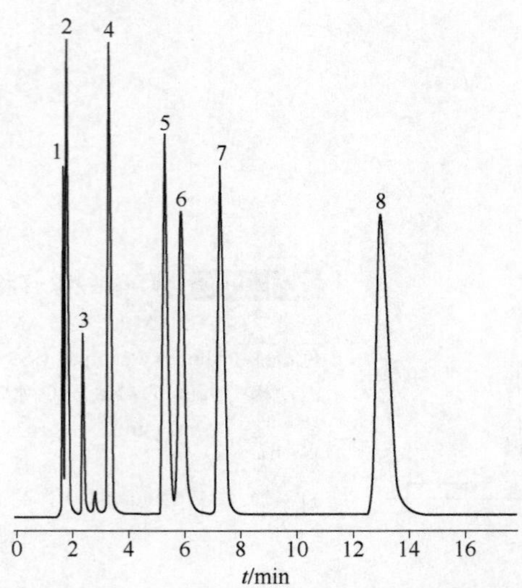

图 12-118 CTP、CDP、CMP 等各种核苷酸色谱分离图[1]

色谱峰：1—5′-CTP；2—5′-CDP；3—5′-CMP；4—5′-GDP；5—5′-GMP；6—5′-ATP；7—5′-ADP；8—5′-AMP

色谱柱：AQUASIL C18（150mm×4.6mm，5μm）

流动相：0.1mol/L KH_2PO_4+KOH溶液，pH=6.0

流　速：1.0ml/min

检测器：UV（260nm）

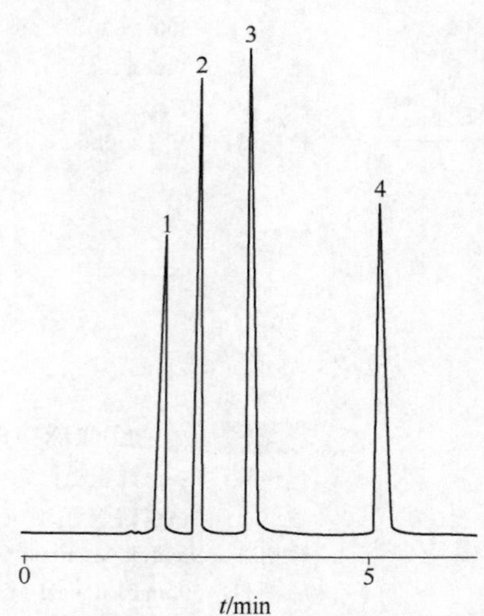

图 12-119 CMP、AMP、UMP 和 GMP 等核苷酸色谱分离图[1]

色谱峰：1—CMP；2—AMP；3—UMP；4—GMP

色谱柱：Hypersil WP300 SAX（150mm×4.6mm，5μm）

流动相：0.05mol/L磷酸盐缓冲液，pH=3.3

流　速：1.0ml/min

检测器：UV（254nm）

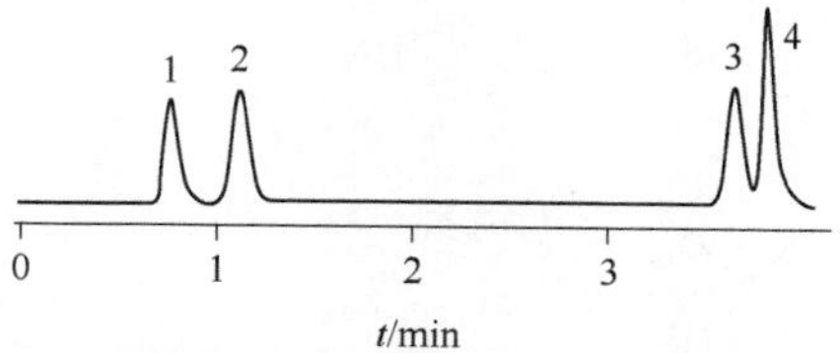

图 12-120 胞苷等核苷色谱分离图[1]

色谱峰：1—胞苷；2—尿苷；3—鸟苷；4—腺苷
色谱柱：Hypercarb（50mm×2.1mm）
流动相：A. 水；B. 乙腈
梯　度：0→2min，15%B→100%B
流　速：0.4ml/min
柱　温：25℃
检测器：ESI

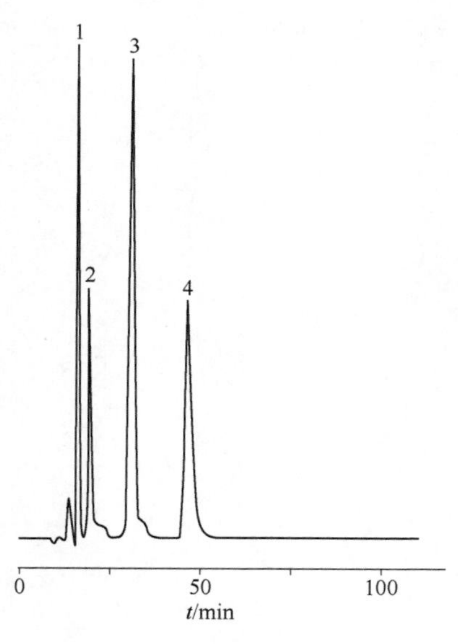

图 12-121 利用LiChrospher® WP300 RP-8分离核苷酸[4]

色谱峰：1— NAD；2—腺苷；3— NADH；4— NADPH
色谱柱：LiChroCART® 250-4 LiChrospher® WP 300 RP-18，5μm
流动相：乙腈-0.05mmol/L磷酸盐缓冲液-0.001mol/L $TBAHSO_4$（体积比=90∶10），pH=6.5
流　速：1.5ml/min
检测器：UV（254nm）

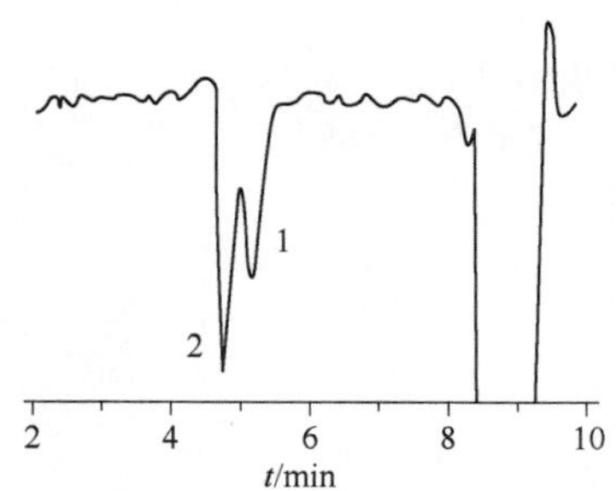

图 12-122 腺苷酸与氨酰腺苷酸色谱分离图[7]

色谱峰：1—腺苷酸；2—氨酰腺苷酸
色谱柱：SE-54 (15m×0.10mm×0.10μm)
流动相：4mmol/L α-羟基丙酸-80μg/ml羟甲基纤维素钠
流　速：1.0ml/min
检测器：UV（260nm）

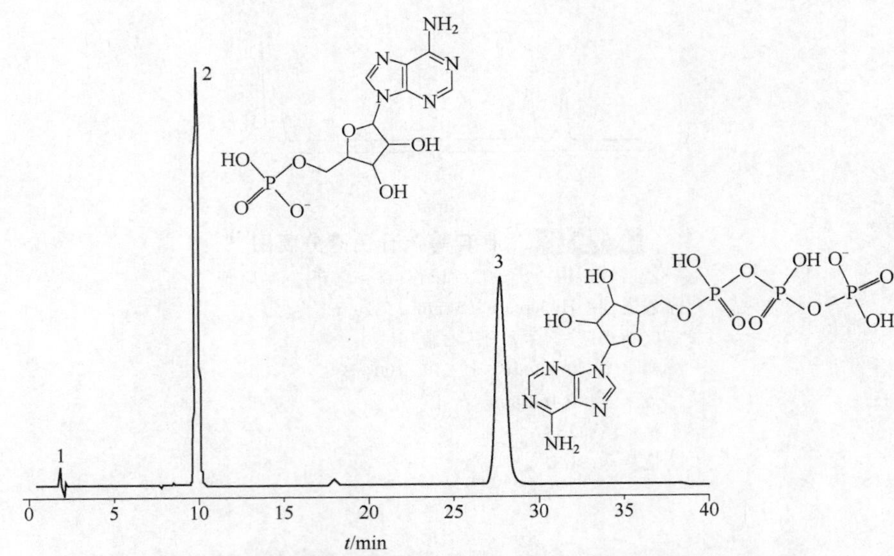

图 12-123 单磷酸腺苷与三磷酸腺苷色谱分离图[2]

色谱峰：1—甲苯；2—单磷酸腺苷；3—三磷酸腺苷

色谱柱：ZIC-cHILIC（100mm×4.6mm，3μm/100Å）

流动相：乙腈-100mmol/L铵盐（体积比=70∶30），pH=4.5

流　速：0.5 ml/min

检测器：UV（254nm）

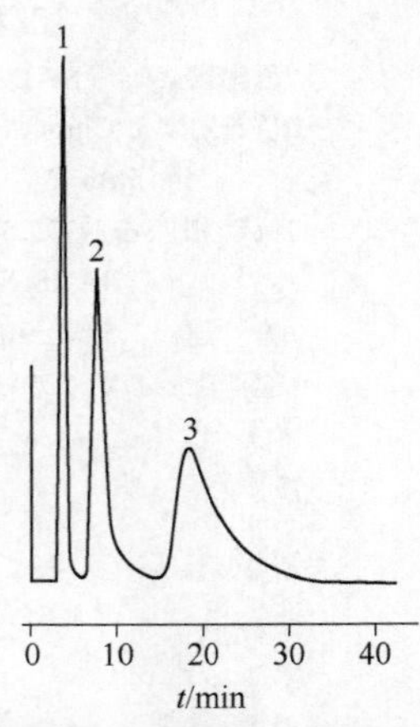

图 12-124 腺苷磷酸色谱分离图[3]

色谱峰：1—腺苷-5-单磷酸；2—腺苷-5-二磷酸；3—腺苷-5-三磷酸

色谱柱：Shodex AFpak AAP-894（50mm×8.0mm）

流动相：0.1mol/L 乙基吗啉酸缓冲液，pH=7.0

流　速：1.0ml/min

柱　温：室温

检测器：UV（260nm）

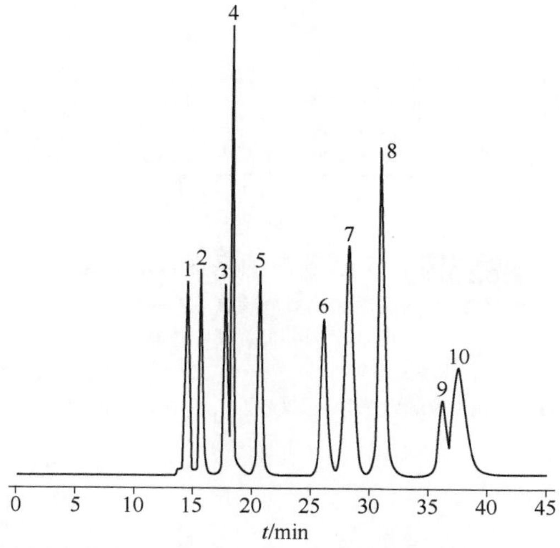

图 12-125 核酸碱基、核苷、核苷酸等色谱分离图[3]

色谱峰：1—三磷酸腺苷；2—二磷酸腺苷；3—5′-肌苷酸二钠；4—未知物；5—5′-鸟苷酸二钠；6—肌苷；7—腺嘌呤；8—次黄嘌呤；9—鸟嘌呤；10—胸腺嘧啶

色谱柱：Shodex Asahipak GS-320 HQ（300mm×7.5mm）

流动相：205mmol/L NaH_2PO_4-205mmol/L H_3PO_4水溶液（体积比=300∶7）

流　速：0.6ml/min

柱　温：30℃

检测器：UV（260nm）

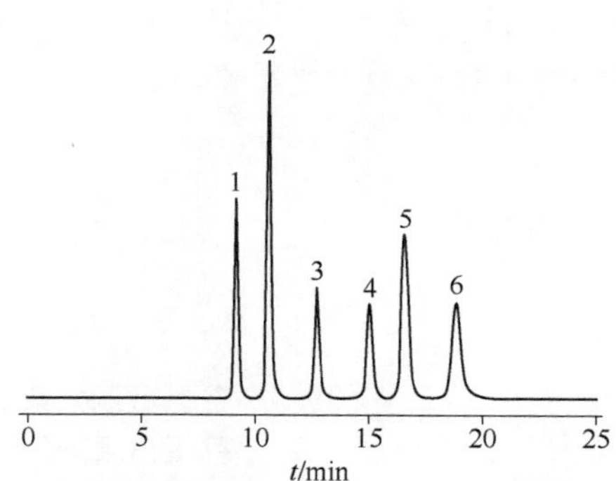

图 12-126 6 种核酸碱基分离谱图[3]

色谱峰：1—胞嘧啶；2—腺嘌呤；3—鸟嘌呤；4—尿嘧啶；5—次黄嘌呤；6—胸腺嘧啶

色谱柱：Shodex Asahipak GS-320 HQ（300mm×7.5mm）

流动相：50mmol/L NaH_2PO_4-50mmol/L H_3PO_4水溶液（体积比=500∶380）

流　速：1.0ml/min

柱　温：30℃

检测器：UV（260nm）

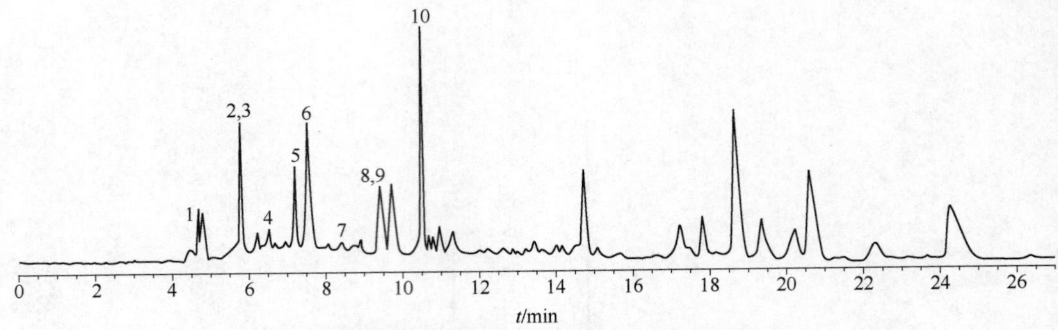

图 12-127 冬虫夏草的毛细管电泳图[8]

色谱峰：1—虫草素；2—腺嘌呤；3—胸腺嘧啶脱氧核苷；4—尿嘧啶；5—内标；6—腺苷；7—次黄嘌呤；8—鸟苷；9—尿苷；10—次黄嘌呤核苷

色谱柱：SE-54（25m×0.20mm，0.33μm）

流动相：6mmol/L硼砂-15mmol/L磷酸氢二钠（pH=9）

流 速：2.0ml/min

检测器：UV（254nm）

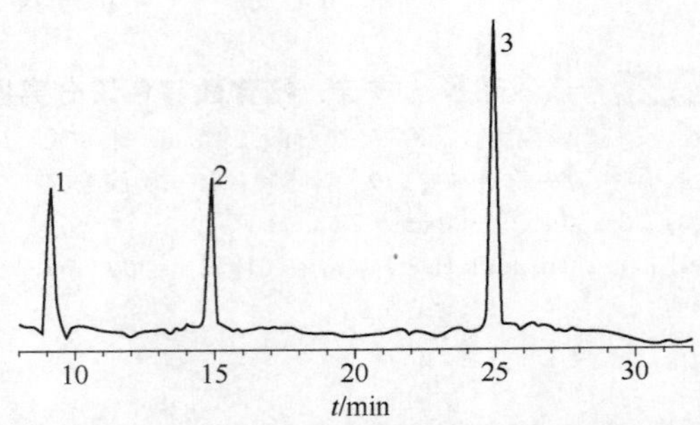

图 12-128 野鸢尾黄素、次野鸢尾黄素和射干苷的毛细管电泳图[9]

色谱峰：1—野鸢尾黄素；2—次野鸢尾黄素；3—射干苷

色谱柱：SE-54（65m×0.20mm，0.75μm）

流动相：50mmol/L硼砂-50mmol/L磷酸氢二钠（pH=9）

流 速：1.0ml/min

检测器：UV（228nm）

五、酶类

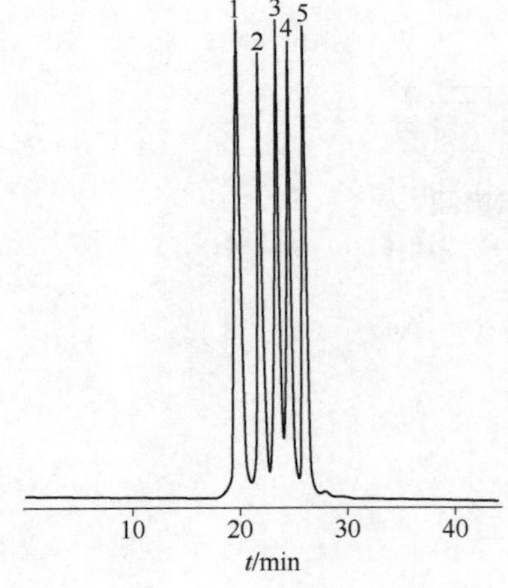

图 12-129 谷氨酸脱氢酶、乳酸脱氢酶和烯醇化酶等蛋白质分子量标记色谱图[2]

色谱峰：1—谷氨酸脱氢酶（分子量290000）；2—乳酸脱氢酶（分子量142000）；3—烯醇化酶（分子量67000）；4—腺苷酸激酶（分子量32000）；5—细胞色素c（分子量12400）；

色谱柱：YMC-Pack Diol-300（500mm×8.0mm）

流动相：0.1mol/L KH_2PO_4-K_2HPO_4+0.2mol/L NaCl，pH=7.0

流 速：0.7ml/min

柱 温：室温

检 测：UV（280nm）

进样量：15μl

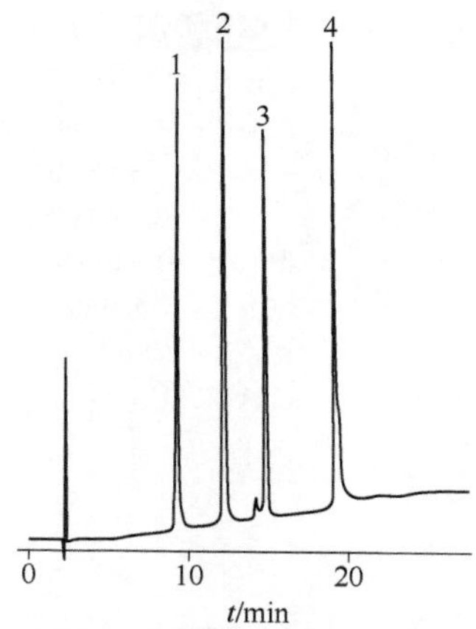

图 12-130 核糖核酸酶 A、细胞色素 c、溶菌酶和肌红蛋白色谱分离图[2]

色谱峰：1—核糖核酸酶A；2—细胞色素c；3—溶菌酶；4—肌红蛋白

色谱柱：YMC- Pack ODS-A（150mm×4.6mm，5μm）

流动相：A．乙腈-水-三氟乙酸（体积比=5∶95∶0.1）；

B．乙腈-水-三氟乙酸（体积比=60∶40∶0.1）

梯　度：0→20min，30%B→90%B（线性）；20min→25min，90%B

流　速：1.0ml/min

柱　温：37℃

检　测：UV（220nm）

进样量：16μl（0.16～0.33mg/ml）

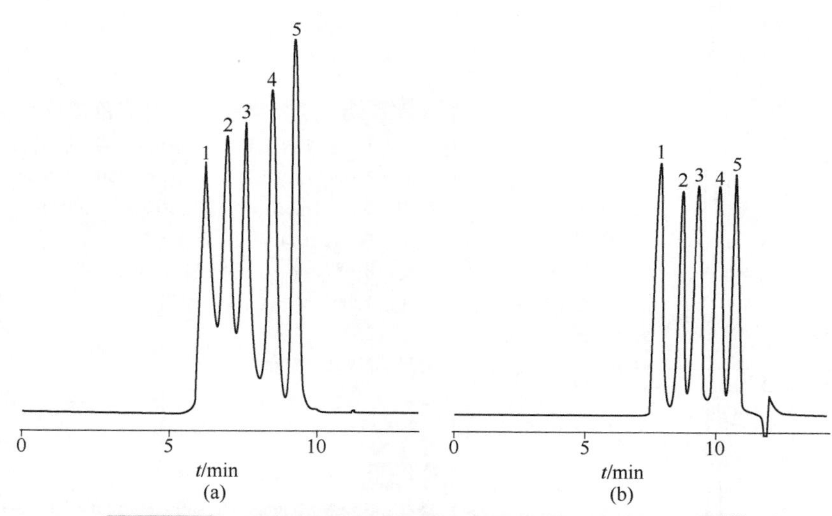

图 12-131 谷氨酸脱氢酶、乳酸脱氢酶等的色谱分离图[3]

色谱峰：1—谷氨酸脱氢酶；2—乳酸脱氢酶；3—烯醇化酶；4—腺苷酸激酶；5—细胞色素c

色谱柱：（a）Shodex PROTEIN KW-802.5（300mm×8.0mm）；

（b）Shodex PROTEIN KW-803（300mm×8.0mm）

流动相：50mmol/L的磷酸钠缓冲液+0.3mol/L NaCl，pH=7.0

流　速：1.0ml/min

柱　温：室温

检测器：UV（280nm）

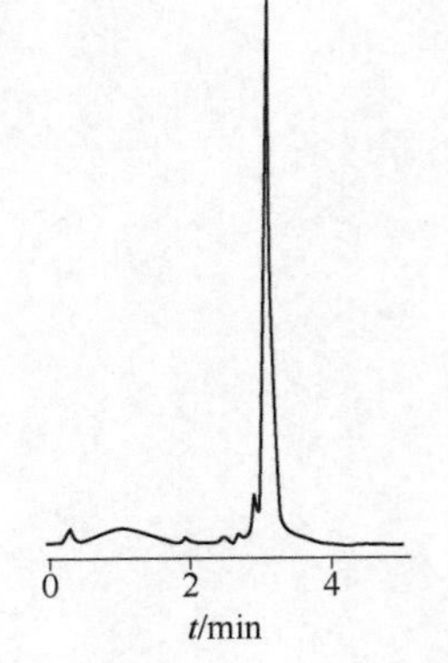

图 12-132 α-胰凝乳蛋白酶原 A 色谱图[3]

色谱柱：Shodex IEC sp-420n（35mm×4.6mm）

流动相：A．20mmol/L的2-(*N*-吗啡啉)乙磺酸缓冲液，pH=6.0；

B．A+0.5mmol/L硫酸钠

梯　度：0→15min，10%B→100%B

流　速：1.5ml/min

柱　温：室温

检测器：UV（415nm）

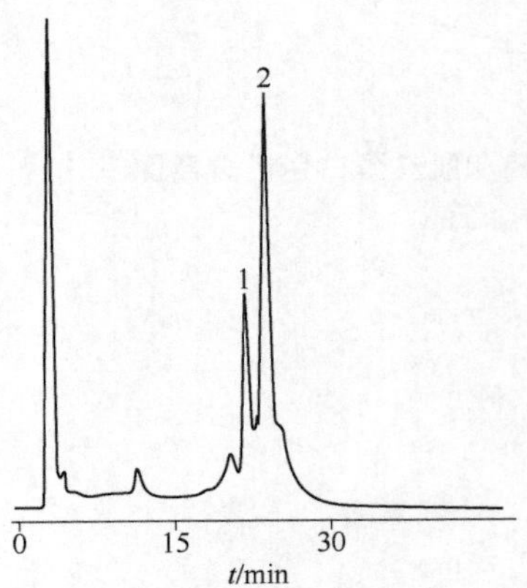

图 12-133 胰岛素、α-胰凝乳蛋白酶色谱分离图[3]

色谱峰：1—胰蛋白酶（0.50%）；2—α-胰凝乳蛋白酶（0.25%）

色谱柱：Shodex IEC cm-825（75mm×8.0mm）

流动相：A．20mmol/L磷酸钠缓冲溶液，pH=7.0；

B．A+0.5mol/L氯化钠

梯　度：0→60min，10%B→100%B

流　速：1.0ml/min

柱　温：室温

检测器：UV（280nm）

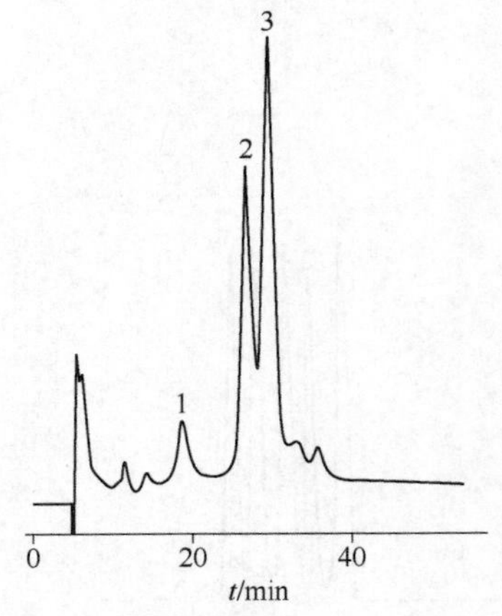

图 12-134 胰岛素和胰蛋白酶色谱分离图[3]

色谱峰：1—胰岛素；2—α-胰蛋白；3—β-胰蛋白

色谱柱：TSK-GEL HIC，pH=8.14（75mm×8.0mm）

流动相：A．0.1mol/L，磷酸钠缓冲区，pH=3.0；

B．A+1.8mol/L，硫酸铵

梯　度：0→60min，10%B→100%B

流　速：1.0ml/min

柱　温：25℃

检测器：UV（280nm）

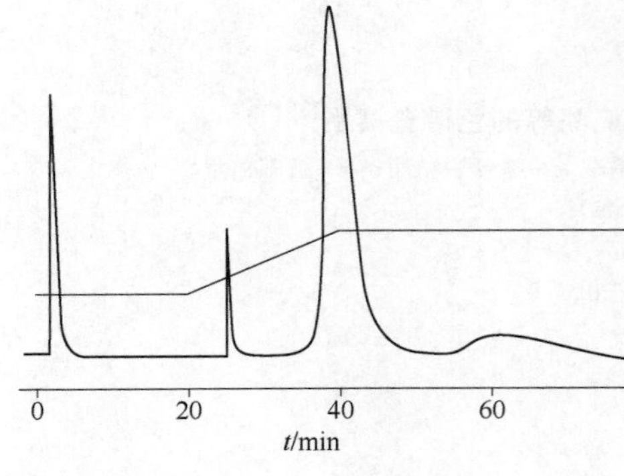

图 12-135 胰凝乳蛋白酶色谱分离图[3]

色谱柱：Shodex AFpak AST-894（50mm×8.0mm）

流动相：A．0.1mol/L乙酸钠缓冲+0.5mol/L氯化钠，pH=7.7

B．0.1mol/L乙酸钠缓冲+0.5mol/L氯化钠，pH=2.8

梯　度：0→20min，A；20min→40min，A→B；后40min，B

流　速：1.0ml/min

柱　温：室温

检测器：UV（230nm）

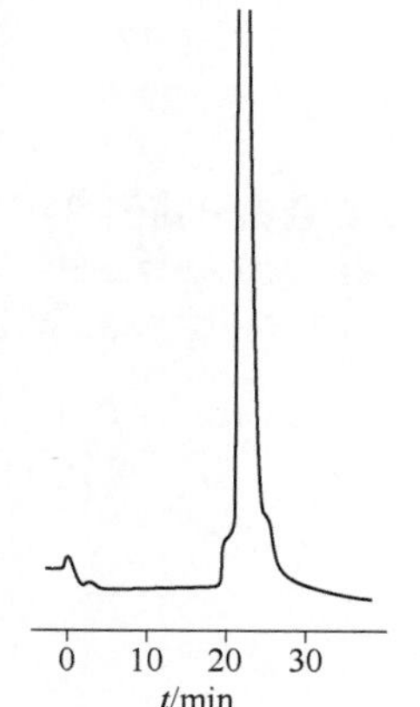

图 12-136　溶菌酶色谱分离图[3]

色谱柱：Shodex AFpak AHR-894（50mm×8.0mm）

流动相：A．0.01mol/L三羟甲基氨基甲烷盐酸缓冲液+0.01mol/L氯化钠，pH=7.5

B．A+0.3mol/L氯化钠

梯　度：0→18min，A；18min后，B

流　速：1.0ml/min

柱　温：室温

检测器：UV（280nm）

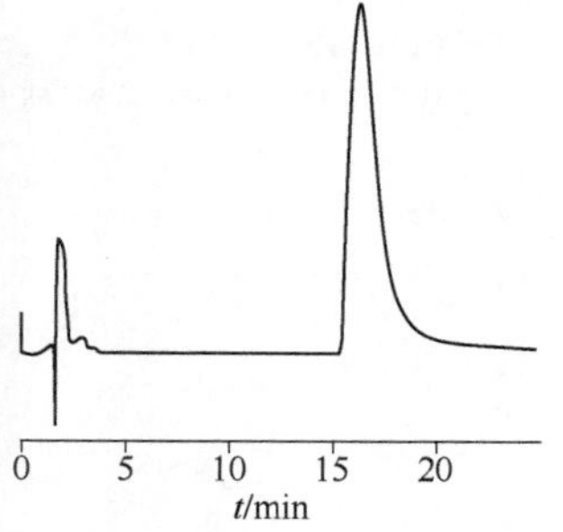

图 12-137　乳酸脱氢酶色谱分离图[3]

色谱柱：Shodex AFpak ANA-894（50mm×8.0mm）

流动相：A．0.01mol/L 磷酸钾缓冲液，pH=7.0

B．A+0.5mol/L 氯化钾

梯　度：0—10min，A；10min之后，B

流　速：1.0ml/min

柱　温：室温

检测器：UV（280nm）

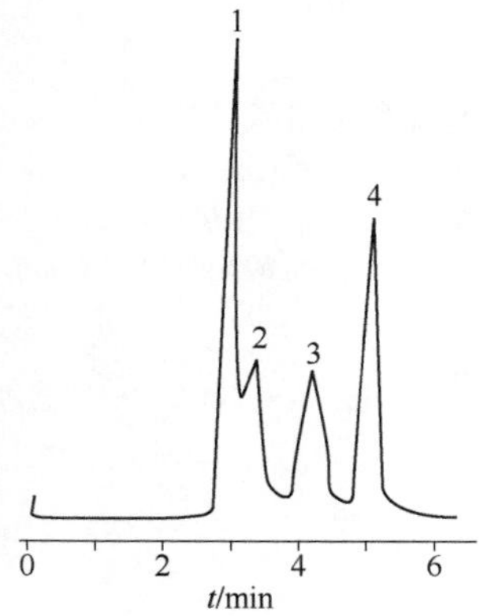

图 12-138　胰凝乳蛋白酶 A 等蛋白质色谱分离图[6]

色谱峰：1—铁蛋白；2—牛血清白蛋白（BSA）；3—胰凝乳蛋白酶A；4—细胞色素c

色谱柱：Hibar RT-250-4 LiChrosorb Diol

流动相：50mmol/L H_3PO_4（pH=7.0）+1%十二烷基磺酸钠（SDS）

流　速：0.2ml/min

柱　温：25℃

检测器：UV（208nm）

进样量：10μl

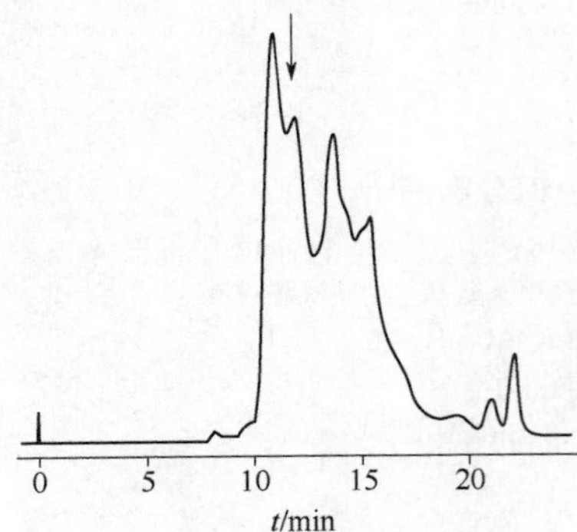

图 12-139 原油链霉蛋白酶 E 色谱分离图[3]

色谱柱：Shodex Asahipak GS-320 7G（500mm×7.6mm）
流动相：1.5mol/L磷酸二氢钾+1.5mol/L 磷酸氢二钠，pH=7.4
流　速：1.0ml/min
柱　温：室温
检测器：UV（210nm）

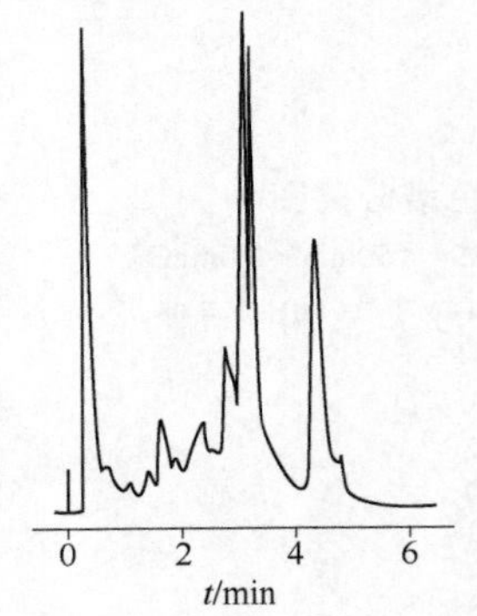

图 12-140 脂肪氧化酶色谱分离图[3]

色谱柱：Shodex IEC DEAE -420N（35mm×4.6mm）
流动相：A．20mmol/L三羟甲基氨基甲烷盐酸缓冲液，pH=8.0；
B．A+0.5mol/L氯化钠
梯　度：0→10min，10%B→100%B
流　速：1.5ml/min
柱　温：室温
检测器：UV（280nm）

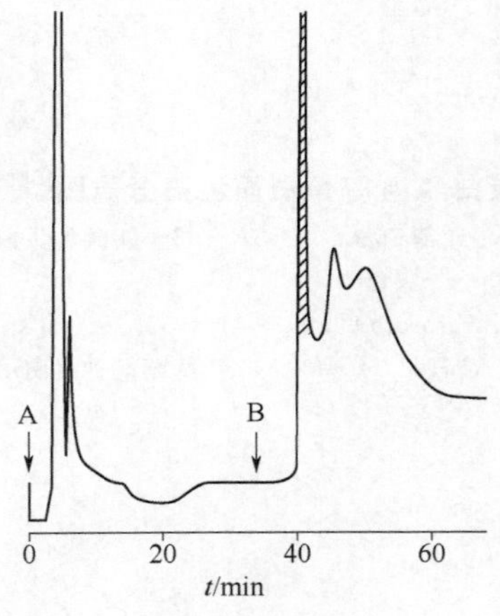

图 12-141 超氧化物歧化酶色谱分离图[3]

色谱柱：Shodex AFpak AIA-894（50mm×8.0mm）
流动相：A．0.1mol/L乙酸钠缓冲+0.5mol/L 氯化钠，pH=7.7；
B．0.05mol/L 三羟甲基氨基甲烷-盐酸缓冲液+0.15mol/L 氯化铵，pH=8.0
梯　度：0—35min，A；35min之后，B
流　速：0.5ml/min
柱　温：室温
检测器：UV（280nm）

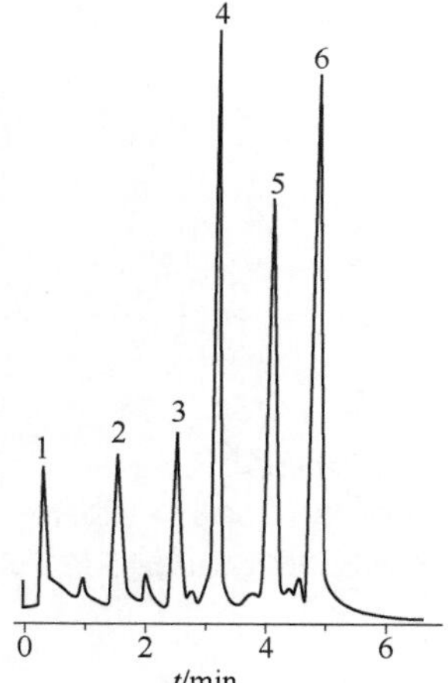

图 12-142 胰蛋白酶色谱分离图[3]

色谱峰：1—肌红蛋白；2—胰蛋白酶原；3—核糖核酸酶A；4—α-胰凝乳蛋白酶原；5—细胞色素c；6—溶菌酶

色谱柱：Shodex IEC SP-420N（35mm×4.6mm）

流动相：A．20mmol/L钠磷酸盐缓冲液，pH=7.0；
B．A+0.5mol氯化钠

梯　度：0→10min，10%B→100%B

流　速：1.5ml/min

柱　温：室温

检测器：UV（280nm）

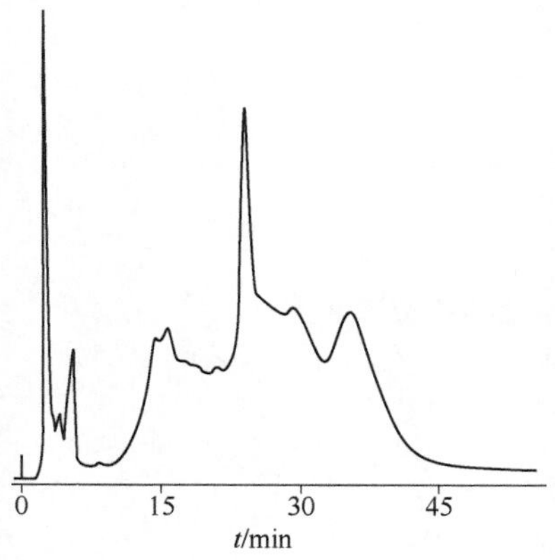

图 12-143 0.5%过氧化氢酶色谱分离图[3]

色谱柱：Shodex IEC QA-825（50mm×8.0mm）

流动相：A．20mmol/L乙醇胺-盐酸缓冲液，pH=9.0；
B．A+0.5mol/L 氯化钠

梯　度：0→60min，10%B→100%B

流　速：1.0ml/min

柱　温：25℃

检测器：UV（220nm）

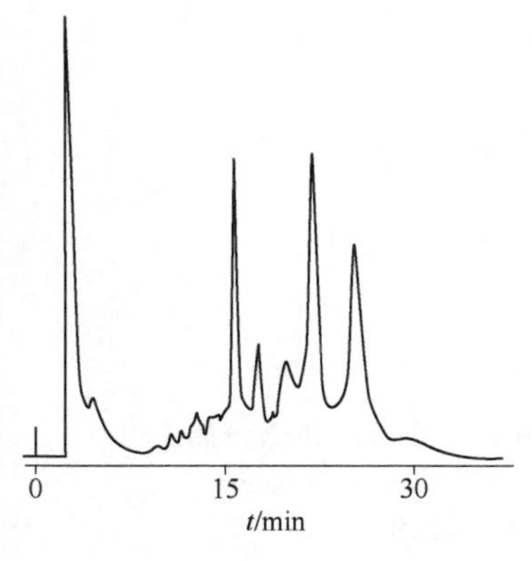

图 12-144 0.5%脂肪氧化酶色谱分离图[3]

色谱柱：Shodex IEC SP-825（75mm×8.0mm）

流动相：A.20mmol/L柠檬酸性氢氧化钠缓冲液，pH=4.3；
B．A+0.5mol/L硫酸钠

梯　度：0→60min，10%B→100%B

流　速：1.0ml/min

柱　温：25℃

检测器：UV（280nm）

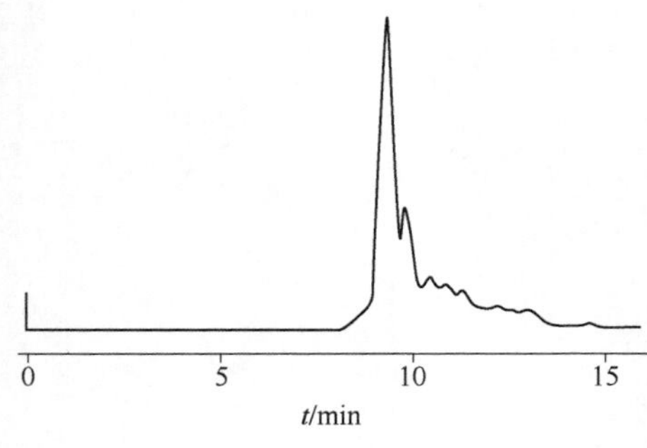

图 12-145 脂肪氧化酶色谱分离图[3]

色谱柱：Shodex KW-803（300mm×8.0mm）

流动相：50mmol/L磷酸盐缓冲液+0.3mol/L氯化钠

流　速：1.0ml/min

柱　温：室温

检测器：UV（280nm）

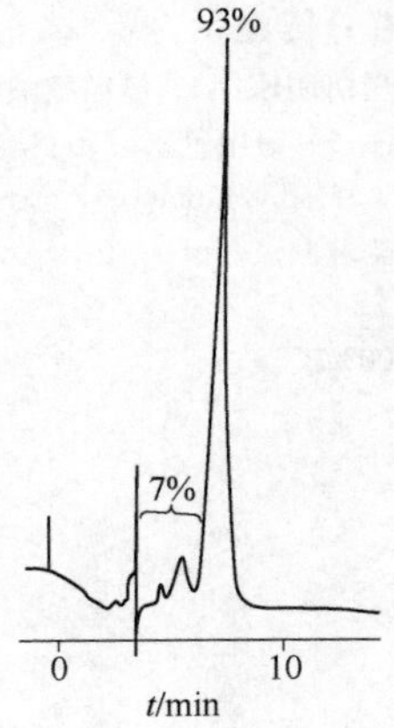

图 12-146 氯化溶菌酶色谱分离图[3]

色谱柱：Shodex Asahipak ES-502C 7C（100mm×7.6mm）
流动相：0.1mmol/L钠磷酸盐缓冲液+300mmol/L氯化钠，pH=7.0
流 速：1.0ml/min
柱 温：30℃
检测器：UV（280nm）

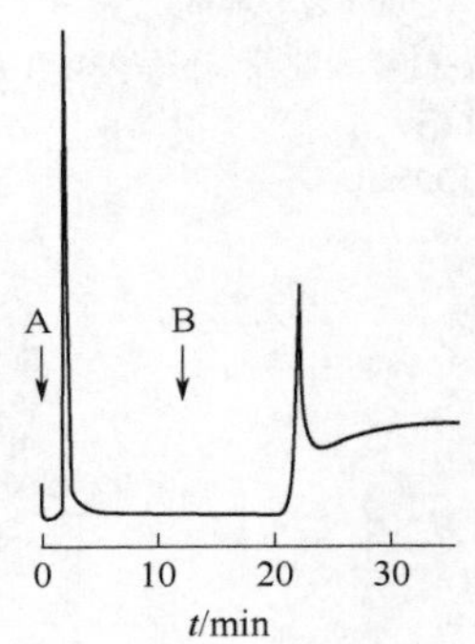

图 12-147 纤溶酶原色谱分离图[3]

色谱柱：Shodex AFpak ALS-894（50mm×8.0mm）
流动相：A．0.1mol/L乙酸钠（pH=7.4）；
B．0.1mol/L乙酸钠+0.2mol/L 6-氨基己酸，pH=4.0
梯 度：0→30min，10%B→100%B
流 速：1.0ml/min
检测器：UV（280nm）
柱 温：室温

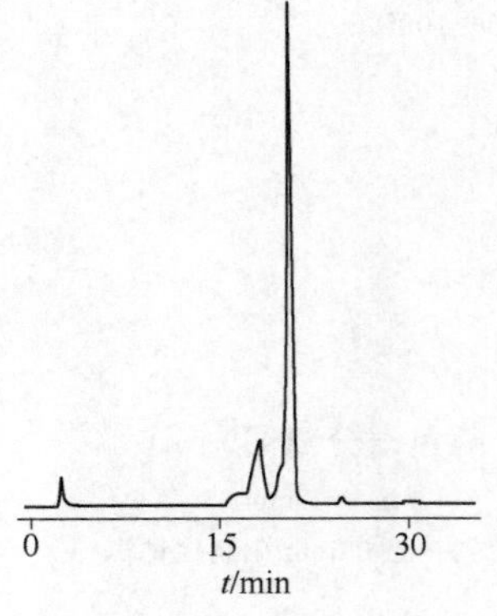

图 12-148 0.5%核糖核酸酶 A 色谱分离图[3]

色谱柱：Shodex IEC CM-825（75mm×8.0mm）
流动相：A．20mmol/L钠磷酸盐缓冲，pH=7.0；
B．A+0.5mol/L 氯化钠
梯 度：0→60min，10%B→100%B
流 速：1.0ml/min
柱 温：25℃
检测器：UV（220nm）

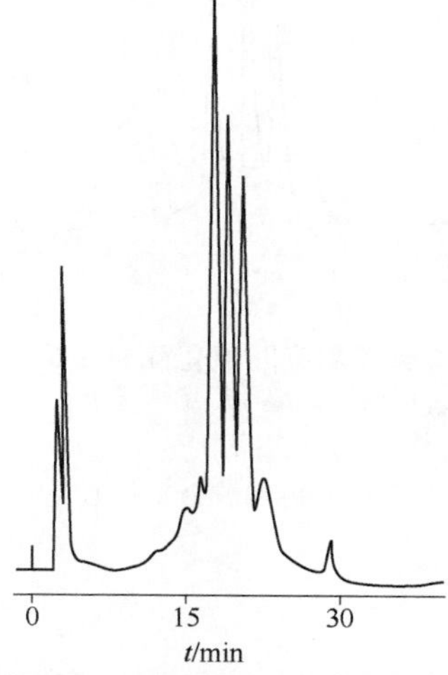

图 12-149 木瓜蛋白酶色谱分离图[3]

色谱柱：Shodex IEC SP-825（75mm×8.0mm）
流动相：A．20mmol/L钠磷酸盐缓冲液，pH=7.0；B．A+0.5mol/L氯化钠
梯　度：0→60min，10%B→100%B
流　速：1.0ml/min
柱　温：25℃
检测器：UV（220nm）

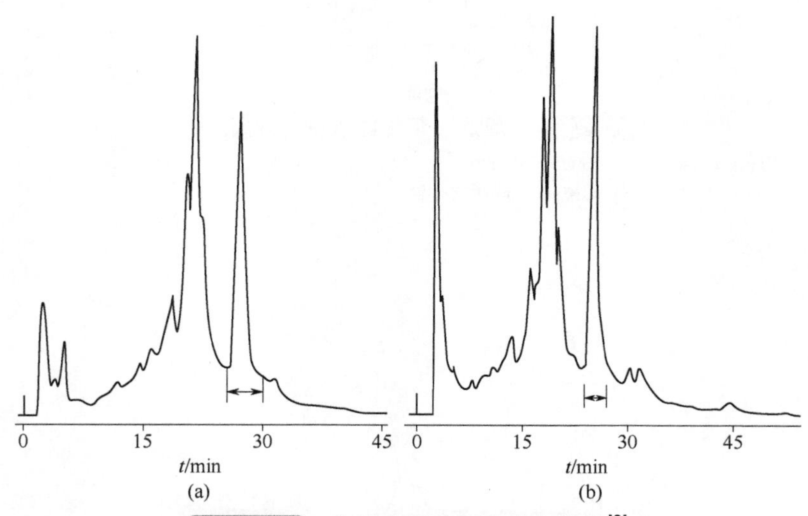

图 12-150 大豆中脂肪氧化酶色谱图[3]

色谱柱：（a）Shodex IEC QA-825（75mm×8.0mm）；
（b）Shodex IEC DEAE-825（75mm×8.0mm）
流动相：（a）A．20mmol/L乙醇胺盐酸缓冲液，pH=9.0；B．A+0.5mol/L氯化钠
（b）A．20mmol/L三羟甲基氨基甲烷-盐酸，pH=8.0；B．A+0.5mol/L氯化钠
梯　度：0→60min，10%B→100%B
流　速：1.0ml/min
柱　温：室温
检测器：UV（280nm）

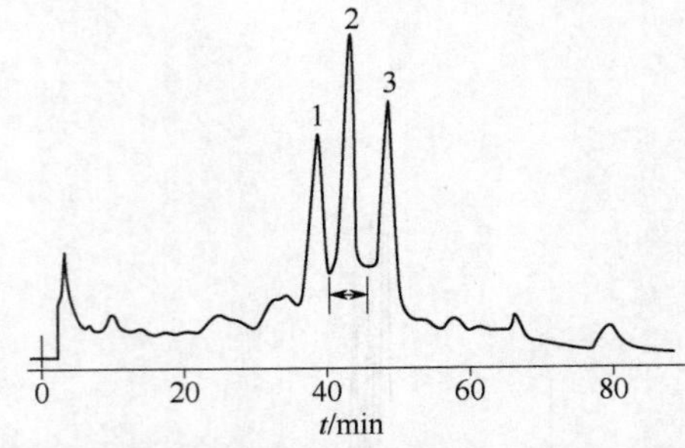

图 12-151 大豆中脂肪氧化酶蛋白色谱分离图[3]

色谱峰：1—大豆蛋白；2—脂肪氧化酶；3—豆奶

色谱柱：Shodex HIC，pH=8.14（75mm×8.0mm）

流动相：A．B+1.8mol/L硫酸铵；B．0.1mol/L磷酸盐缓冲液，pH=7.0

梯　度：0→60min，10%B→100%B

流　速：1.0ml/min

柱　温：25℃

检测器：UV（280nm）

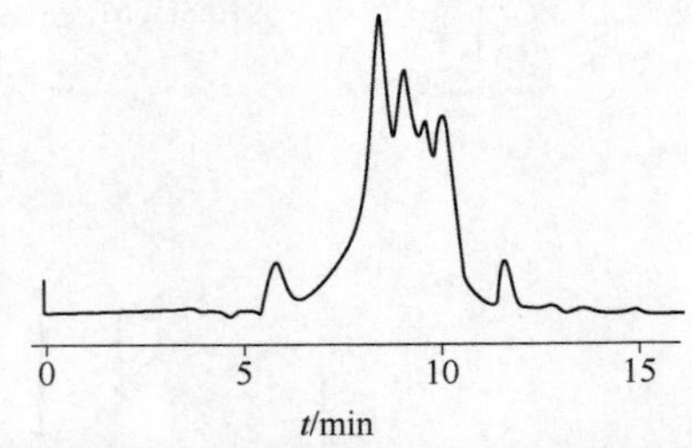

图 12-152 原油过氧化氢酶色谱分离图[3]

色谱柱：Shodex KW-803（300mm×8.0mm）

流动相：50mmol/L磷酸盐缓冲液+0.3mol/L氯化钠

流　速：1.0ml/min

柱　温：室温

检测器：UV（280nm）

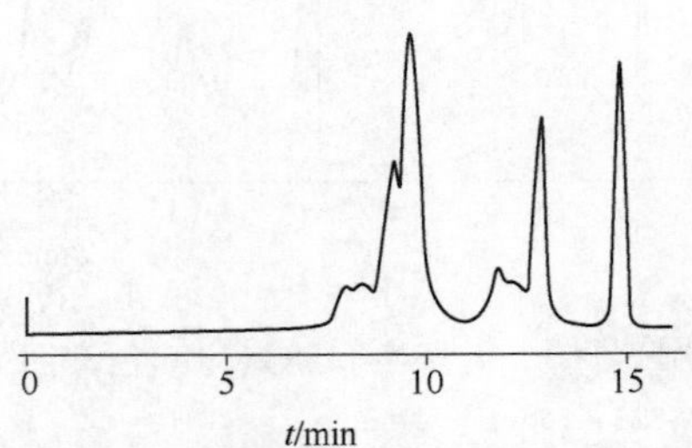

图 12-153 原油己糖激酶色谱分离图（pH=7.0）[3]

色谱柱：Shodex KW-803（300mm×8.0mm）

流动相：50mmol/L磷酸盐缓冲液+0.3mol/L氯化钠

流　速：1.0ml/min

柱　温：室温

检测器：UV（280nm）

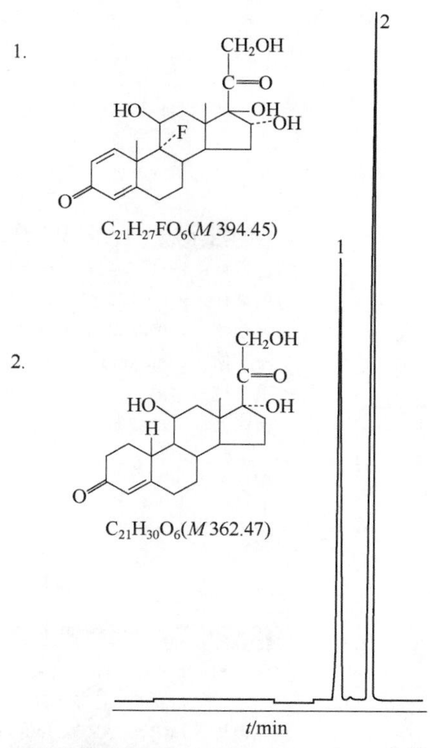

图 12-154　糖皮质激素色谱分离图[1]

色谱峰：1—曲安奈德；2—氢化可的松

色谱柱：BetaBasic C18（15mm×4.6mm，5μm）

流动相：A. 水；B. 乙腈

梯　度：0→25min，0%B→100%B

流　速：1.25μl/min

检测器：UV（254nm）

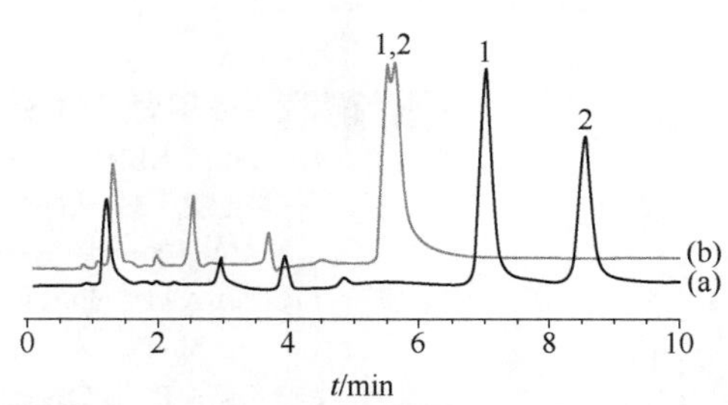

图 12-155　肾上腺素和去甲肾上腺素色谱分离图[4]

色谱峰：1—肾上腺素；2—去甲肾上腺素

色谱柱：(a) ZIC®-HILIC（100mm×2.1mm）；(b) Shiseido PC-HILIC（100mm×4.6mm）

流动相：乙腈-40mmol/L乙酸铵缓冲液（体积比=75:25），pH=6.7

流　速：(a) 0.2ml/min；(b) 1.0ml/min

柱　温：40℃

检测器：UV（270nm）

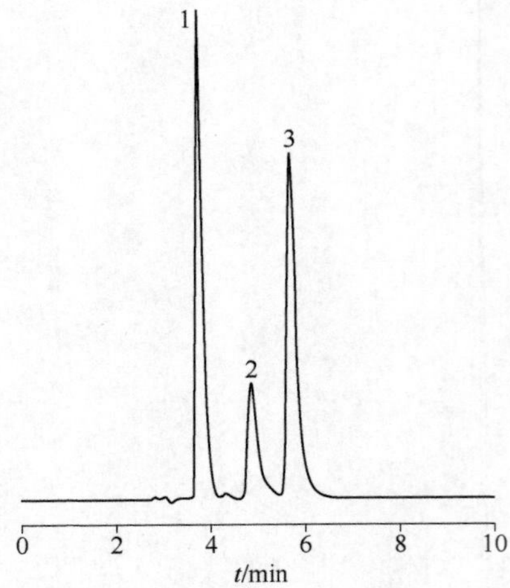

图 12-156 L-多巴、肾上腺素、多巴胺色谱分离图[1]

色谱峰：1—L-多巴；2—肾上腺素；3—多巴胺

色谱柱：HyPURITY™ADVANCE（25mm×4.6mm，5μm）

流动相：100% 20mmol/L磷酸氢二钾溶液，pH=7.5

流　速：1.0ml/min

温　度：室温

检测器：UV（270nm）

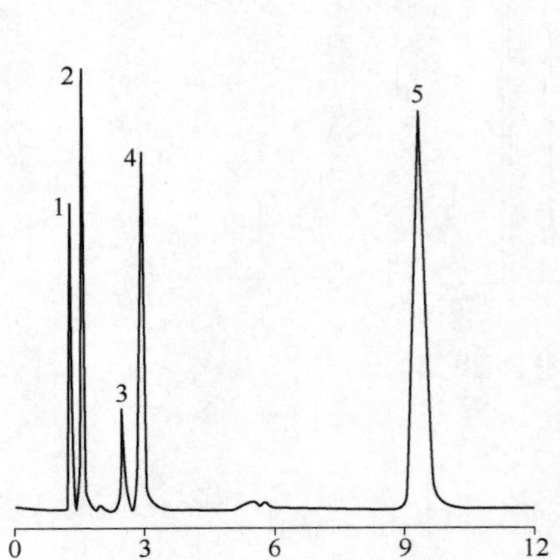

图 12-157 去甲肾上腺素、肾上腺素等的色谱分离图[4]

色谱峰：1—去甲肾上腺素；2—肾上腺素；3—多巴胺；4— L-多巴；5—五羟色胺

色谱柱：LiChroCART® 150-4.6mm Purospher® STAR RP-18E，5μm

流动相：20mmol/L 磷酸钾缓冲液-甲醇（体积比=97∶3），pH=3.0

流　速：1.5ml/min

柱　温：30℃

进样量：10μl

检测器：270nm

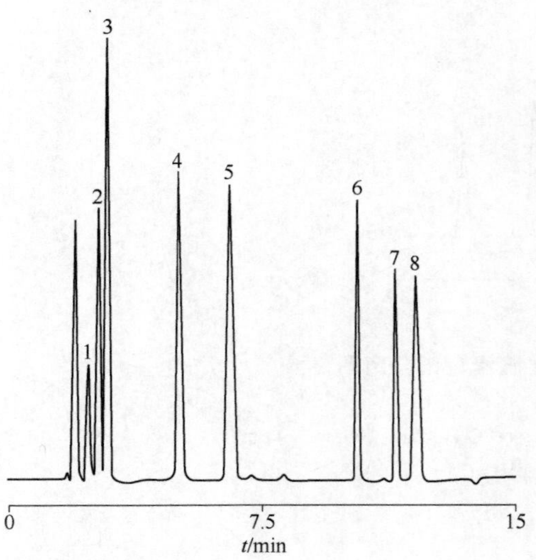

图 12-158 去甲肾上腺素、章鱼胺等的色谱分离图[4]

色谱峰：1—去甲肾上腺素；2—章鱼胺；3—酒石酸肾上腺素；4—多巴胺；5—盐酸多巴胺；6—去甲麻黄碱；7—半水麻黄碱；8—*N*-甲基麻黄碱

色谱柱：LiChroCART® Purospher® STAR RP-18E（150mm×4.6mm，5μm）

流动相：A．乙腈；B．0.1%磷酸

流　速：1ml/min

梯　度：0.0min→15.0min，0%A→30%A

柱　温：30℃

进样量：10μl

检　测：UV（210nm）

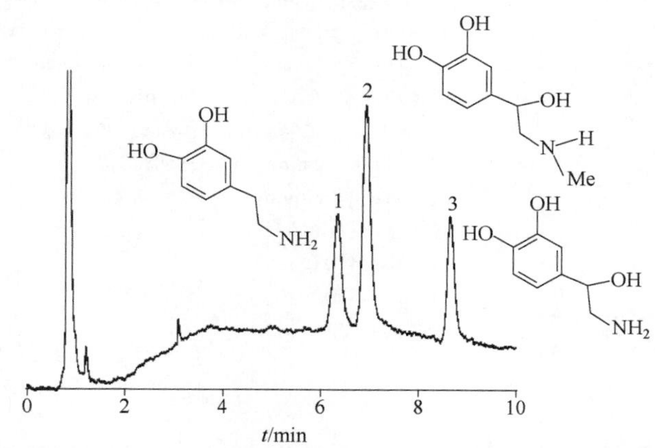

图 12-159　多巴胺和肾上腺素、去甲肾上腺素色谱分离图[4]

色谱峰：1—多巴胺；2—肾上腺素；3—去甲肾上腺素

色谱柱：ZIC®-HILIC（150mm×4.6mm）

流动相：乙腈-甲酸铵缓冲液

流　速：2.0ml/min

柱　温：40℃

检测器：UV（270nm）

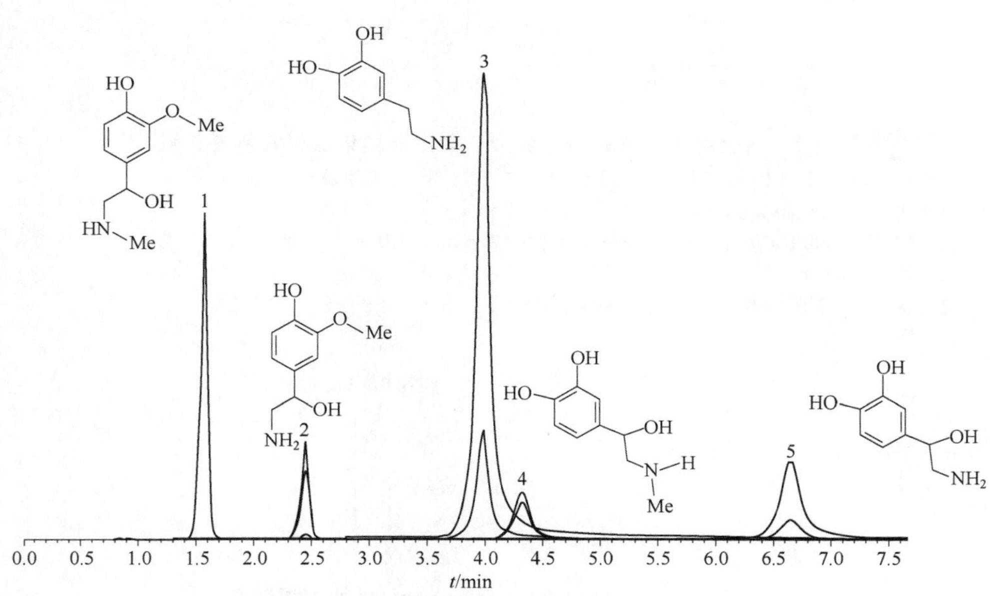

图 12-160　多巴胺、肾上腺素等的色谱分离图[4]

色谱峰：1—甲肾上腺素；2—去甲变肾上腺素；3—多巴胺；4—肾上腺素；5—去甲肾上腺素

色谱柱：SeQuant® ZIC®-HILIC（3μm，100Å）（100mm×2.1mm）

流动相：A．乙腈-25mmol/L甲酸铵（体积比=90∶10），pH=6.3；

B．乙腈-25mmol/L甲酸铵（体积比=80∶20），pH=3

流　速：1.0ml/min

柱　温：50℃

检测器：UV（270nm）

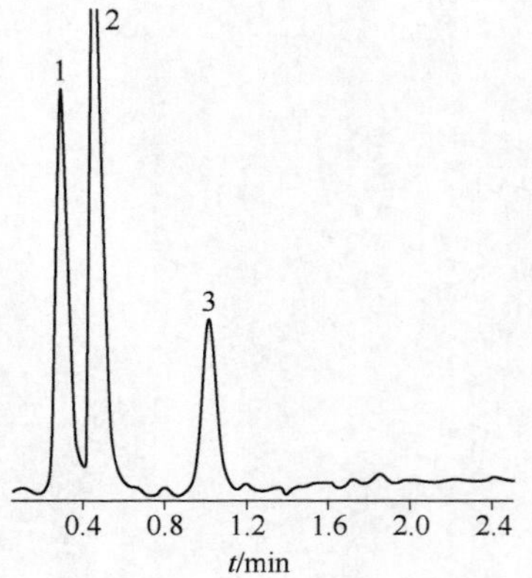

图 12-161　肾上腺素、多巴胺、左旋多巴色谱分离图[1]

色谱峰：1—肾上腺素；2—多巴胺；3—左旋多巴胺
色谱柱：Hypercarb（5mm×2.1mm，5μm）
流动相：A．0.5%甲酸-H_2O，pH=9.0；
　　　　B．乙腈-甲酸（体积比=99.5∶0.5）
梯　度：0→2min，15%B→50%B
流　速：0.4ml/min
温　度：室温
探　头：450℃
电　压：4.5kV
检测器：ESI

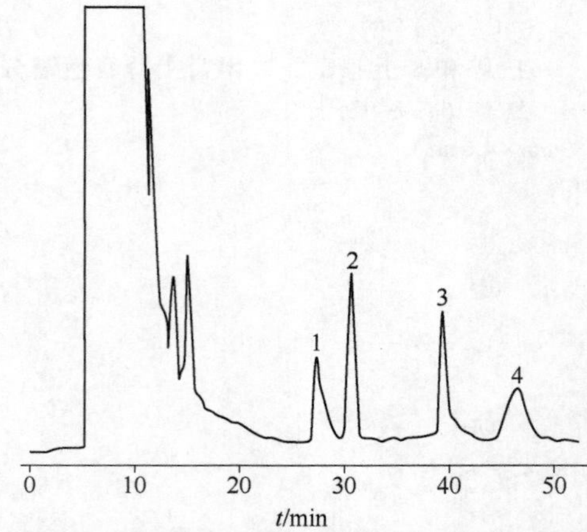

图 12-162　肾上腺素、去甲肾上腺素、多巴胺和猪毛菜碱色谱分离图[3]

色谱峰：1—肾上腺素；2—去甲肾上腺素；3—多巴胺；4—猪毛菜碱
色谱柱：Shodex Asahipak es-502c 7C（100mm×7.5mm）
流动相：25mmol/L硼酸缓冲液+75mmol/L琥珀酸+20mmol/L EDTA（pH=8.0）
流　速：1.0ml/min
检测器：电化学（700mV，参比电极Ag/AgCl电极）
柱　温：40℃

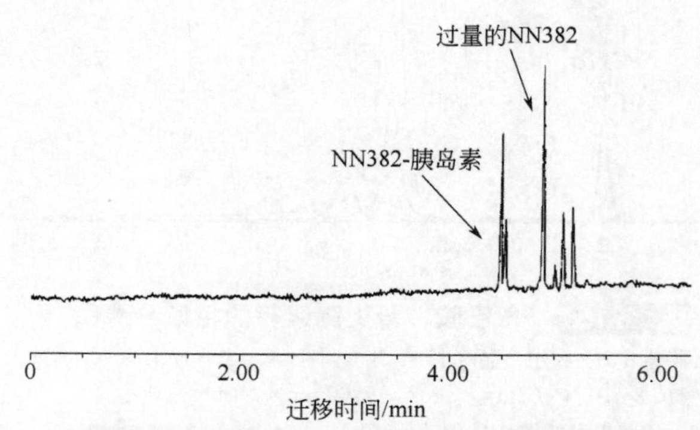

图 12-163　NN382-胰岛素的电泳分离图[6]

色谱柱：毛细管（37cm×350μm）
电　压：25kV（变压时间：4min）
流动相：50mmol/L磷酸盐和25mmol/L硫酸钾缓冲液，pH=7.0
进样时间：5s

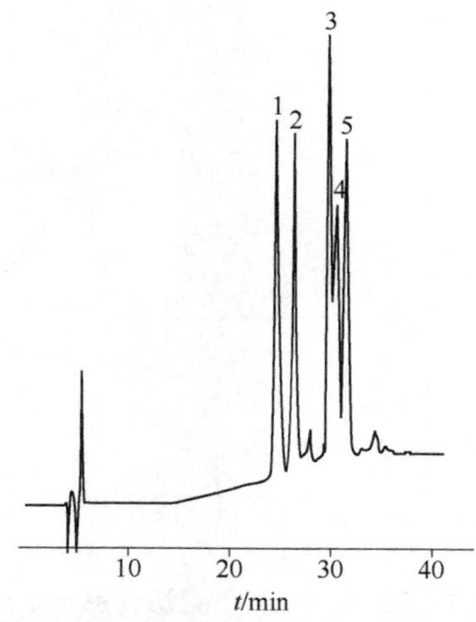

图 12-164　胰岛素的色谱分离图[2]

色谱峰：1—胰岛素（牛）；2—胰岛素（羊）；3—胰岛素（人）；4—胰岛素（猪）；5—胰岛素（马）

色谱柱：YMC Pack ODS-AM（25mm×4.6mm，5μm）

流动相：A．乙腈-水-三氟乙酸（体积比=30∶70∶0.1）；

B．乙腈-水-三氟乙酸（体积比=32∶68∶0.1）

梯　度：0→3min（0%B），3min→25min（0%B→100%B，线性），25min→40min（100%B）

流　速：0.6ml/min

温　度：30℃

进样量：15μl（0.2mg/ml）

检测器：UV（220nm）

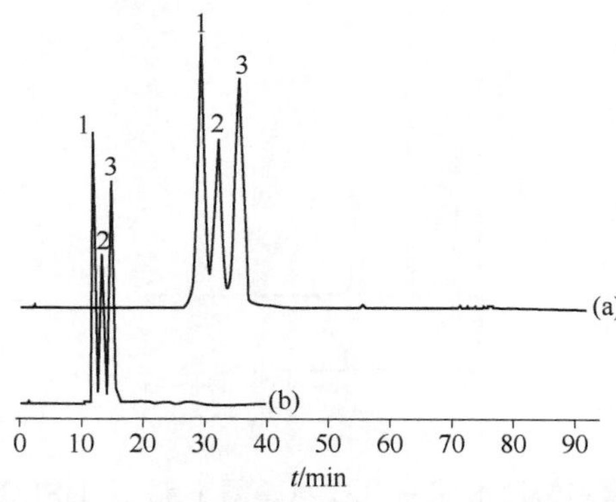

图 12-165　3 种胰岛素标准品混合溶液的 HPLC 色谱图（a）及 UPLC 色谱图（b）[4]

色谱峰：1—重组赖脯胰岛素；2—重组人胰岛素；3—猪胰岛素

色谱柱：（a）Inertsil ODS-SP C18（250mm×4.6mm，5μm）；

（b）Halo C18（150mm×4.6mm，2.7μm）

流动相：A．0.2mol/L pH=2.3的硫酸盐缓冲液-乙腈（82∶18）；

B．0.2mol/L pH=2.3的硫酸盐缓冲液-乙腈（50∶50）

梯　度：0→90min，10%B→100%B

流　速：1.0ml/min

柱　温：40℃

检　测：UV（214nm）

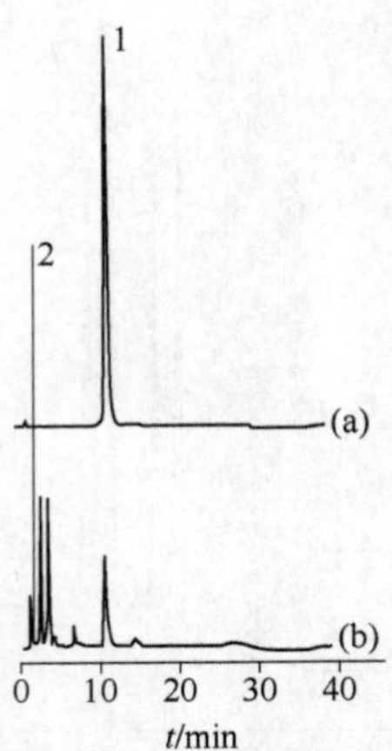

图 12-166 重组赖脯胰岛素（a）和酶切样品（b）UPLC 色谱图[4]

色谱峰：1—重组赖脯胰岛素；2—酶切样品

色谱柱：Halo C18（150mm×4.6mm，2.7μm）

流动相：A．0.2mol/L pH=2.3的硫酸盐缓冲液-乙腈（82∶18）；

B．0.2mol/L pH=2.3的硫酸盐缓冲液-乙腈（50∶50）

梯　度：0→90min，10%B→100%B

流　速：0.5ml/min

柱　温：40℃

检　测：UV（214nm）

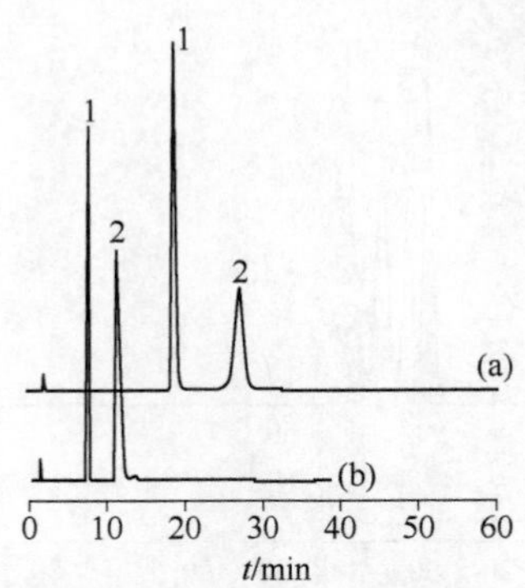

图 12-167 赖脯胰岛素注射液 HPLC 色谱图（a）及 UPLC 色谱图（b）[4]

色谱峰：1—间甲酚；2—赖脯胰岛素

色谱柱：（a）Inertsil ODS-SP C18（250mm×4.6mm，5μm）

（b）Halo C18（150mm×4.6mm，2.7μm）

流动相：A．0.2mol/L pH=2.3的硫酸盐缓冲液-乙腈（82∶18）；

B．0.2mol/L pH=2.3的硫酸盐缓冲液-乙腈（50∶50）

梯　度：0→90min，10%B→100%B

流　速：0.5ml/min

柱　温：40℃

检　测：UV（214nm）

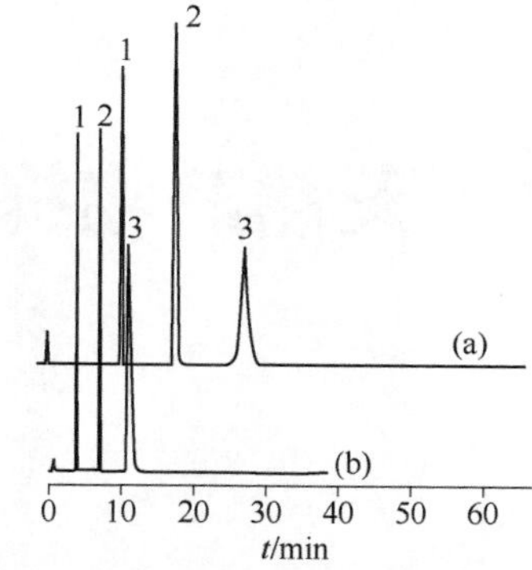

图 12-168 精蛋白锌重组赖脯胰岛素混合注射液 HPLC 色谱图（a）及 UPLC 色谱图（b）[4]

色谱峰：1—苯酚；2—间甲酚；3—赖脯胰岛素

色谱柱：（a）Inertsil ODS-SP C18（250mm×4.6mm，5μm）

（b）Halo C18（150mm×4.6mm，2.7μm）

流动相：A．0.2mol/L pH=2.3的硫酸盐缓冲液-乙腈（82∶18）；

B．0.2mol/L pH=2.3的硫酸盐缓冲液-乙腈（50∶50）

梯 度：0→90min，10%B→100%B

流 速：0.5ml/min

柱 温：40℃

检 测：UV（214nm）

资料来源

[1] 安捷伦科技有限公司.

[2] 德国默克公司.

[3] 昭和电工科学仪器（上海）有限公司.

[4] 赛默飞世尔科技有限公司.

[5] 沃特世科技（上海）有限公司.

[6] 大连依利特分析仪器有限公司.

[7] Sun Y Q, Sun G X, Jin Y.Chromatogr aphy, 2008：160.

[8] Yang Y J, Lan Z P, Jing H E. Laser J, 2010, 31(1) ：61.

[9] Tao R, Jiang X M, Zeng L N, et al. Chinese Traditional Patent Medicine, 2007, 23：146.

第十三章　天然产物样品谱图

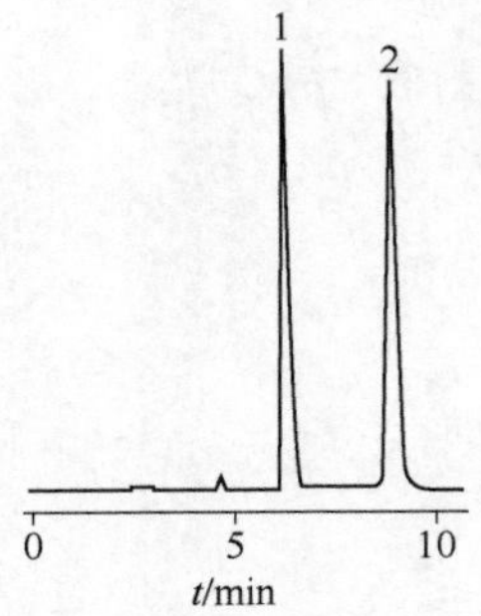

图 13-1　昆虫蜕皮物质色谱分离图[1]

色谱峰：1—β-蜕皮激素；2—α-蜕皮激素

色谱柱：YMC Pack ODS-AM（150mm×4.6mm，5μm）

流动相：乙腈-甲醇-水（体积比=5∶50∶45）

流　速：0.5ml/min

温　度：室温

检　测：UV（254nm）

进样量：5μl（0.04mg/ml）

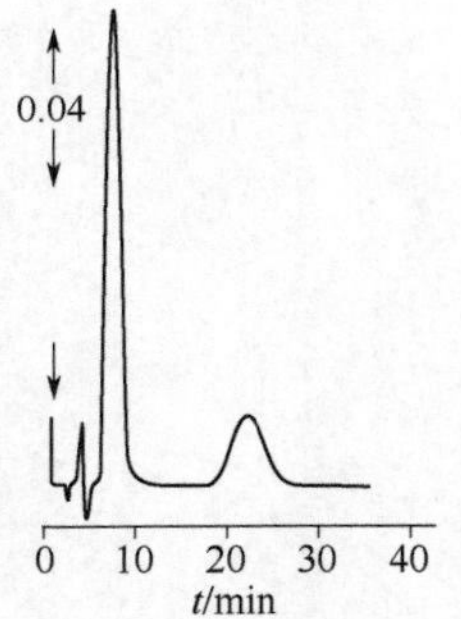

图 13-2　光学异构体的色谱分离图[2]

色谱柱：Hypercarb（100mm×4.6mm，7μm）

流动相：3mmol/L的β-CD+乙腈+0.05mol/L磷酸盐（pH=12）

流　速：1ml/min

检测器：UV（340nm）

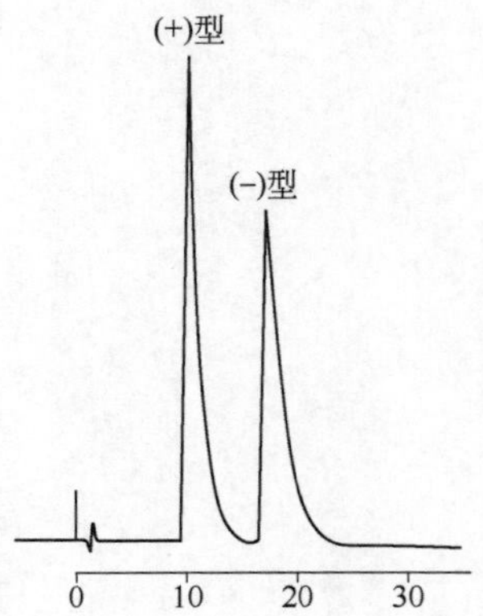

图 13-3　杂环氮对映异构体色谱分离图[2]

色谱柱：Hypercarb（100mm×4.6mm，7μm）

流动相：己烷-异丙醇（体积比=90∶10）

流　速：1.0ml/min

检测器：UV（270nm）

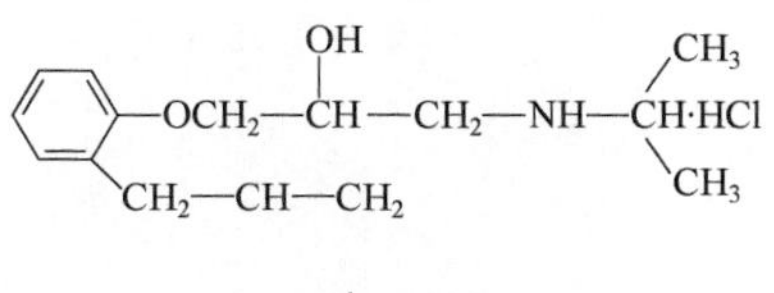

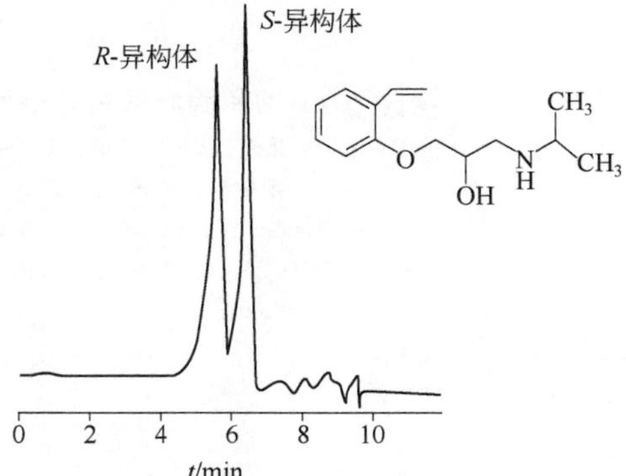

图 13-4　阿普洛尔光学异构体色谱分离图[2]

色谱柱：Hypercarb（100mm×4.6mm，7μm）

流动相：2.50mmol/L苯甲氧羰基甘氨酸-L-脯氨酸，0.40mmol/L二氯甲烷

流　速：1.0ml/min

检测器：UV（278nm）

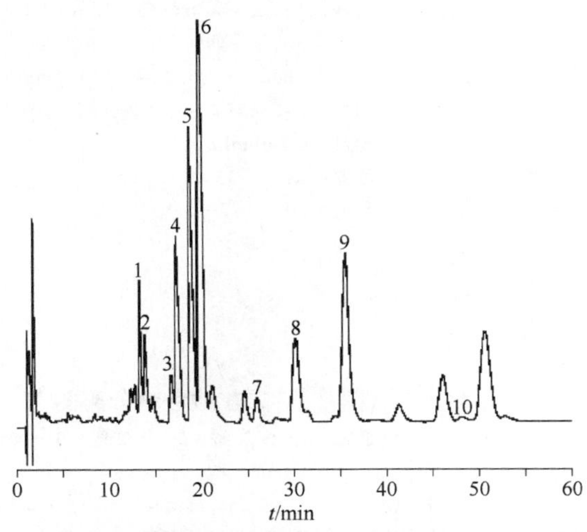

图 13-5　脂肪酸色谱分离图[2]

色谱峰：1—季戊四醇；2—亚麻酸；3—棕榈油；4—己醇；5—花生四烯酸；6—亚油酸；7—棕榈；8—油酸；9—诠释标准；10—硬脂酸

色谱柱：Hypersil C8（150mm×4.6mm，3μm）

流动相：65%乙腈+35%蒸馏水+0.15%冰醋酸

流　速：1ml/min

检测器：UV（210nm）

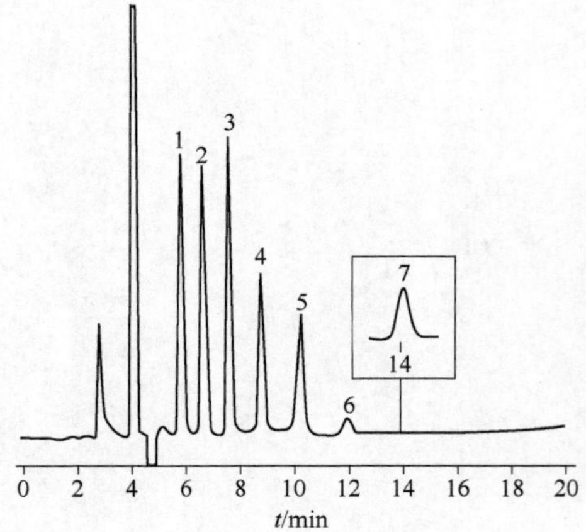

图 13-6 饱和脂肪酸色谱分离图[3]

色谱峰：1—癸酸；2—月桂酸；3—肉豆蔻酸；4—棕榈酸；5—硬脂酸；6—花生酸；7—山嵛酸

色谱柱：Shodex rspak de-413（150mm×4.6mm）

流动相：H_2O-CH_3CN-THF（体积比=35∶45∶20）

流　量：0.5ml/min

检测器：RI

柱　温：40℃

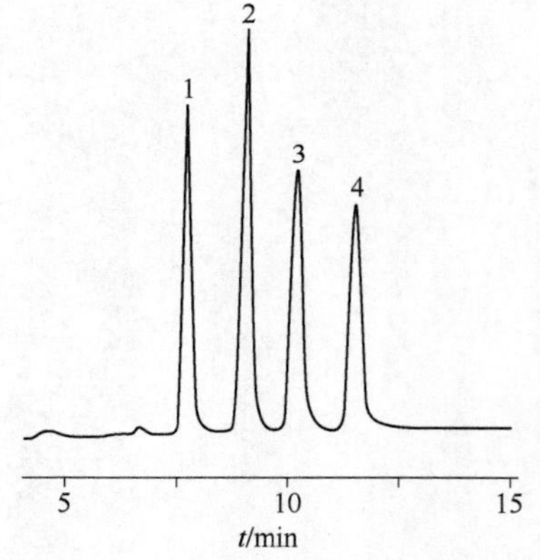

图 13-7 不饱和脂肪酸色谱分离图[3]

色谱峰：1—二十碳五烯酸（EPA）；2—二十二碳六烯酸（DHA）；3—花生四烯酸；4—亚油酸

色谱柱：Shodex odspak f-411（150mm×4.6mm）

流动相：H_2O-CH_3CN（体积比=20∶80）

流　量：0.7ml/min

检测器：RI

柱　温：30℃

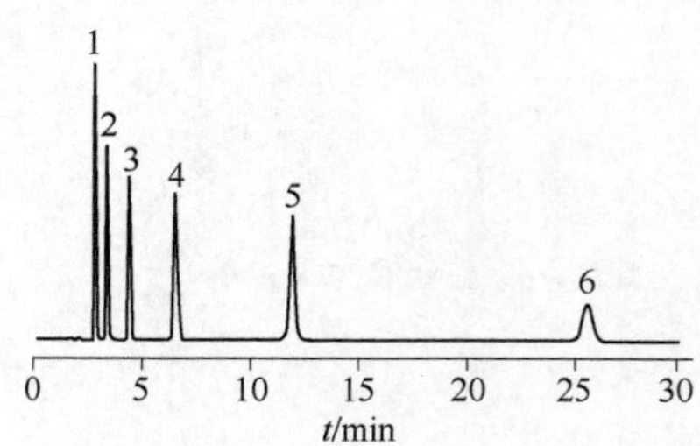

图 13-8 二羧酸色谱分离图[3]

色谱峰：1—丙二酸；2—丁二酸；3—戊二酸；4—己二酸；5—庚二酸；6—辛二酸

色谱柱：Shodex rspak de-413（150mm×4.6mm）

流动相：20mmol/L 磷酸溶液-乙腈（体积比=92∶8）

流　速：1.0ml/min

检测器：UV（210nm）

柱　温：40℃

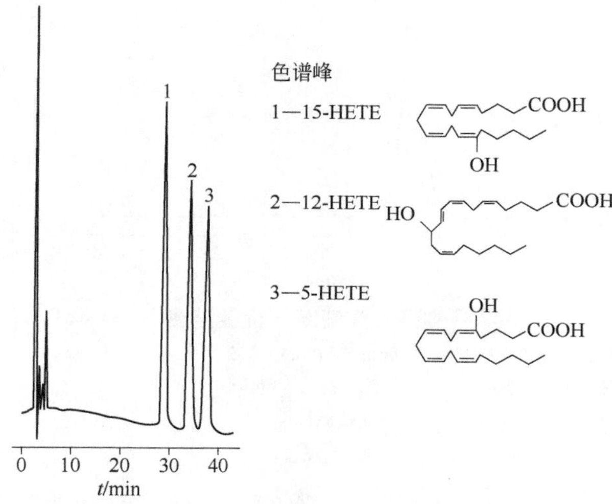

图 13-9 羟基二十碳四烯酸（HETE）色谱分离图[3]

色谱柱：Shodex Asahipak odp-50 6D（150mm×6.0mm）
流动相：水-乙酸-乙腈-甲醇（体积比=50∶0.1∶50∶10）
流　速：1.0ml/min
检测器：UV（235nm）
柱　温：30℃

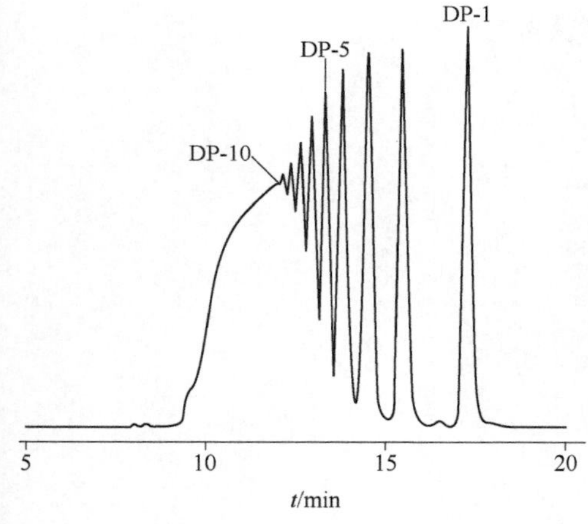

图 13-10 淀粉水解物色谱分离图[3]

色谱柱：Shodex SUGAR KS-802（300mm×8.0mm）×2
流动相：H_2O
流　速：1.0ml/min
检测器：RI
柱　温：80℃

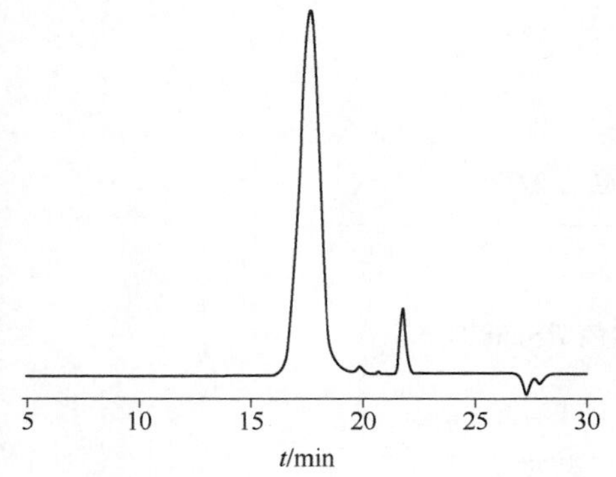

图 13-11 硫酸角质素色谱分离图[3]

色谱柱：Shodex OHpak sb-806mHQ（300mm×8.0mm）×2
流动相：0.1mmol/L硝酸钠水溶液
流　速：1.0ml/min
检测器：RI
柱　温：40℃
流　速：1.0ml/min

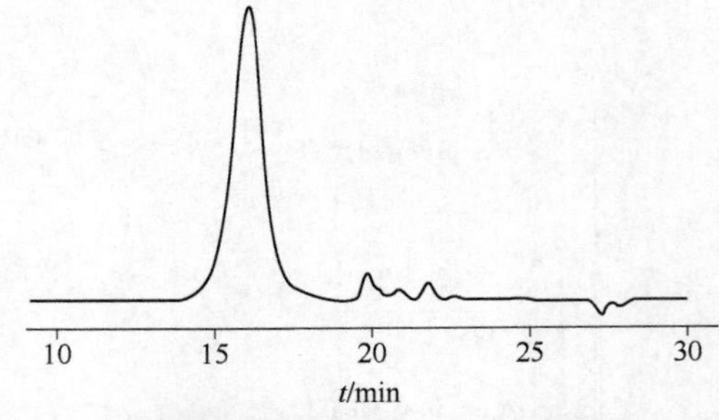

图 13-12 肝糖原分析色谱图[3]

色谱柱：Shodex OHpak sb-806mHQ（300mm×8.0mm）×2

流动相：0.1mol/ L硝酸钠水溶液　　流　速：1.0ml/min

柱　温：40℃　　检测器：RI

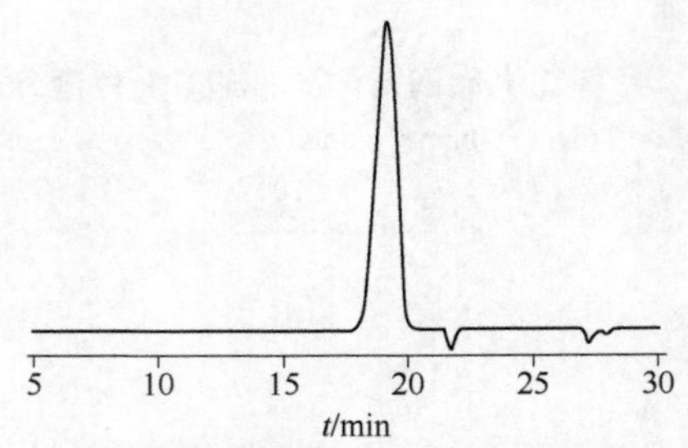

图 13-13 菊粉色谱分离图[3]

色谱柱：Shodex OHpak sb-806mHQ（300mm×8.0mm）×2

流动相：0.1mol/L硝酸钠水溶液　　检测器：RI

流　速：1.0ml/min　　柱　温：40℃

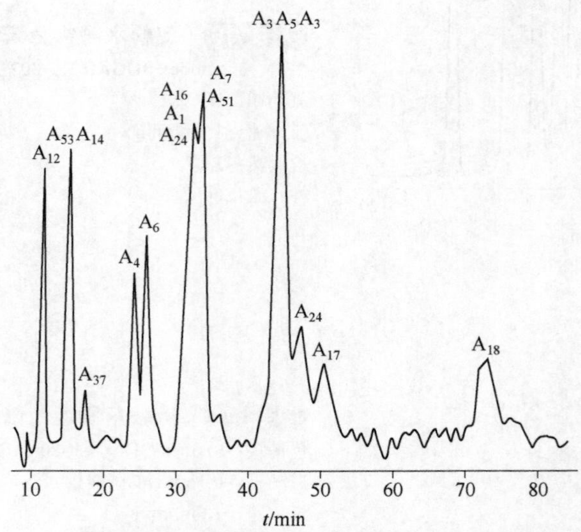

图 13-14 赤霉素同族物色谱分离图[3]

色谱柱：Shodex Asahipak es-502n 7C（100mm×7.5mm）

流动相：乙酸-水-甲醇（体积比=0.1：0.4：99.5）

流　速：1.5ml/min　　检测器：UV（210nm）

柱　温：50℃

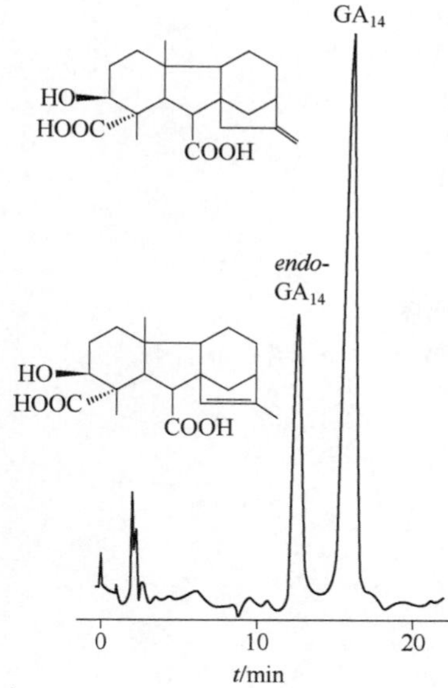

图 13-15 赤霉素异构体色谱分离图[3]

色谱柱：Shodex Asahipak es-502n 7C（100mm×7.5mm）

流动相：乙酸-水-甲醇（体积比=0.1∶0.4∶99.5）

流 速：1.5ml/min

检测器：UV（210nm）

柱 温：50℃

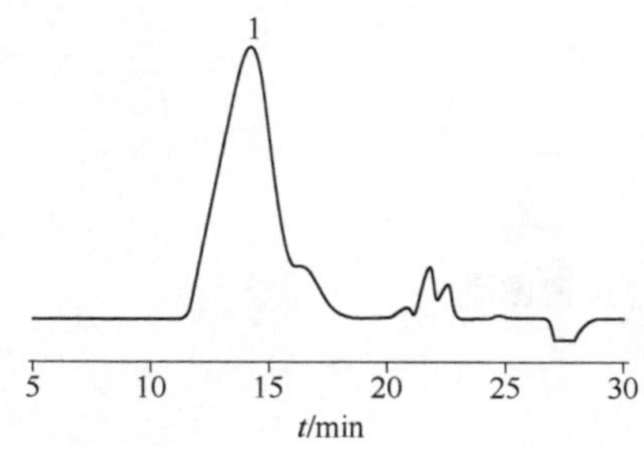

图 13-16 透明质酸色谱图[3]

色谱峰：1—透明质酸

色谱柱：Shodex OHpak sb-806mHQ（8.0mm×300mm）×2

流动相：0.1mol/L硝酸钠水溶液

流 速：1.0ml/min

柱 温：40℃

检测器：RI

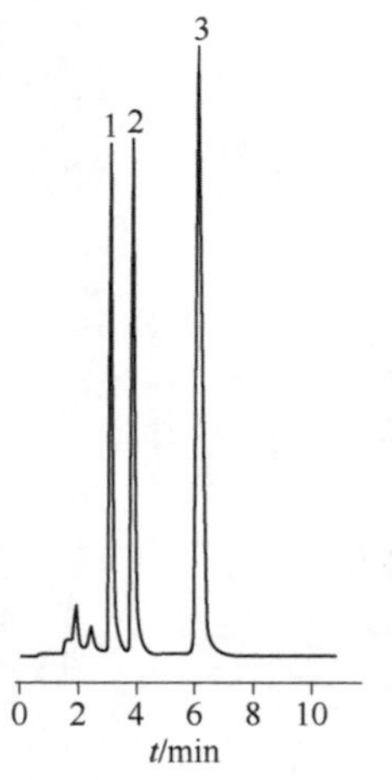

图 13-17 柴胡皂苷色谱分离图[3]

色谱峰：1—柴胡皂苷c；2—柴胡皂苷a；3—柴胡皂苷b

色谱柱：Shodex Asahipak odp-50 6D（150mm×6.0mm）

流动相：H_2O-CH_3CN（体积比=50∶50）

流 速：1.0ml/min

柱 温：30℃

检测器：UV（256nm）

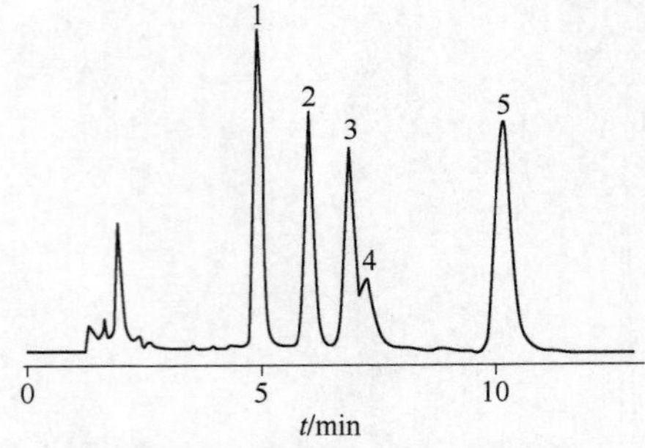

图 13-18 人参皂苷色谱分离图[3]

色谱峰：1—人参皂苷Rb1；2—人参皂苷Rc3；3—人参皂苷Rb2；4—人参皂苷Rb2污染物；5—人参皂苷Rd

色谱柱：Shodex rspak ds-413（150mm×4.6mm）

流动相：10mmol/L磷酸溶液-乙腈（体积比=70：30）

流　速：1.0ml/min

柱　温：40℃

检测器：UV（210nm）

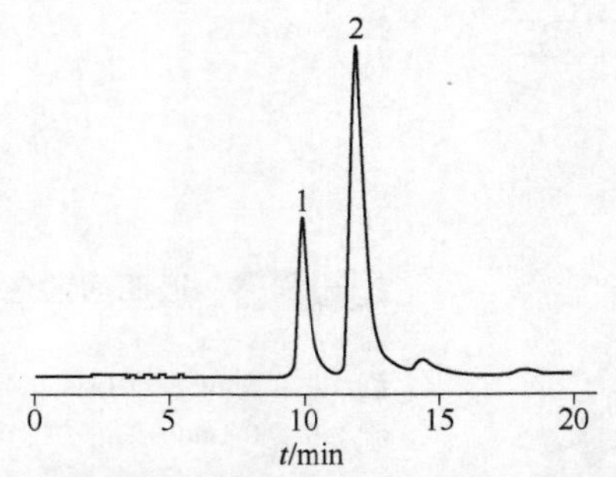

图 13-19 金鸡纳生物碱色谱分离图[3]

色谱峰：1—金鸡纳宁；2—金鸡纳定

色谱柱：Shodex Asahipak odp-50 4E（250mm×4.6mm）

流动相：10mmol/L的磷酸盐缓冲液-乙腈-甲醇（体积比=40：20：40）

流　速：0.8ml/min

柱　温：30℃

检测器：UV（250nm）

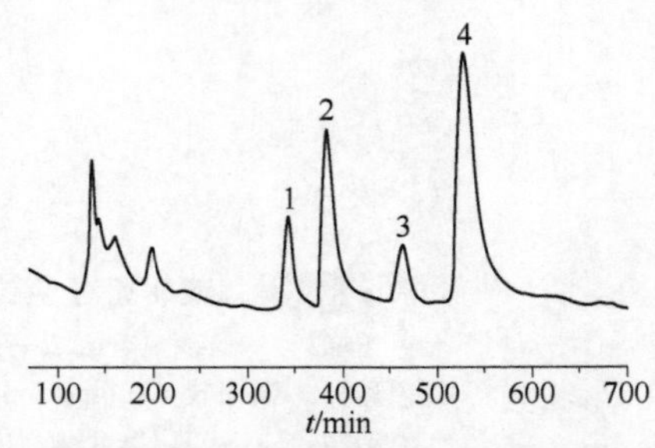

图 13-20 黄连提取液色谱分离图[2]

色谱峰：1—药根城；2—黄连碱；3—巴马打；4—小檗碱

色谱柱：Wondasil C18 WR（250mm×4.6mm，5μm）

流动相：40mmol/L乙酸铵缓冲液-乙腈（体积比=68：32），pH=6.5

流　速：0.6ml/min

柱　温：室温

检　测：UV（280nm）

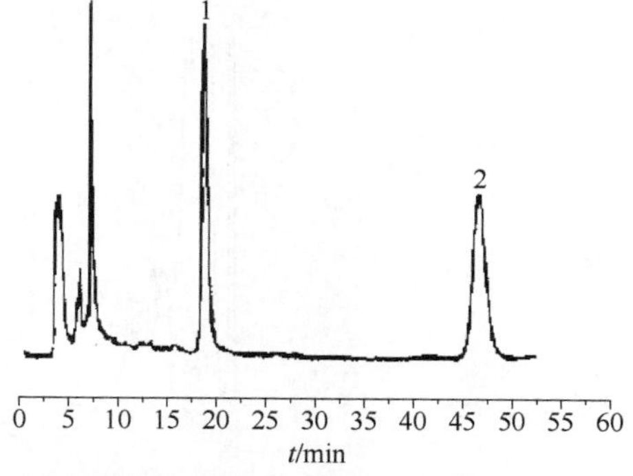

图 13-21　中药汉防己素的色谱图[2]

色谱峰：1—汉防己甲素；2—汉防己乙素

色谱柱：Wondasil C18 WR（250mm×4.6mm，5μm）

流动相：40mmol/L乙酸铵缓冲液-乙腈（体积比=68∶32），pH=6.5

流　速：0.5ml/min

柱　温：室温

检　测：UV（280nm）

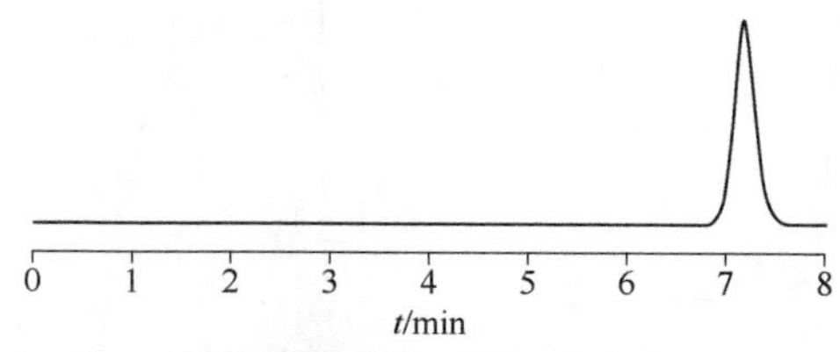

图 13-22　槲皮素色谱图[2]

色谱柱：Shim-Pack VP-ODS（10mm×4.6mm，5μm）

流动相：甲醇-0.2%磷酸（体积比=60∶40）

流　速：1.0ml/min

柱　温：25℃

进样量：20μl

检　测：UV（254nm）

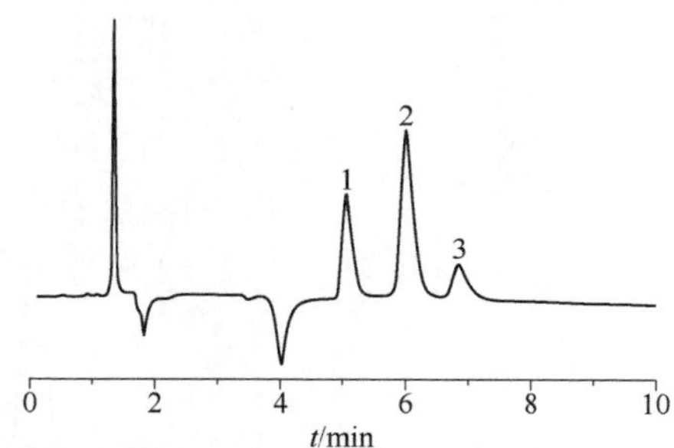

图 13-23　3 种麻黄碱的色谱分离图[3]

色谱峰：1—甲基麻黄碱；2—麻黄碱；3—伪麻黄碱

色谱柱：Pinnacle Cyano column（150mm×4.6mm，5μm ResTEK）

流动相：乙腈-乙酸铵（体积比=95∶5），pH=5.0

流　速：1.5ml/min

柱　温：30℃

进样量：20μl

检　测：UV（208nm）

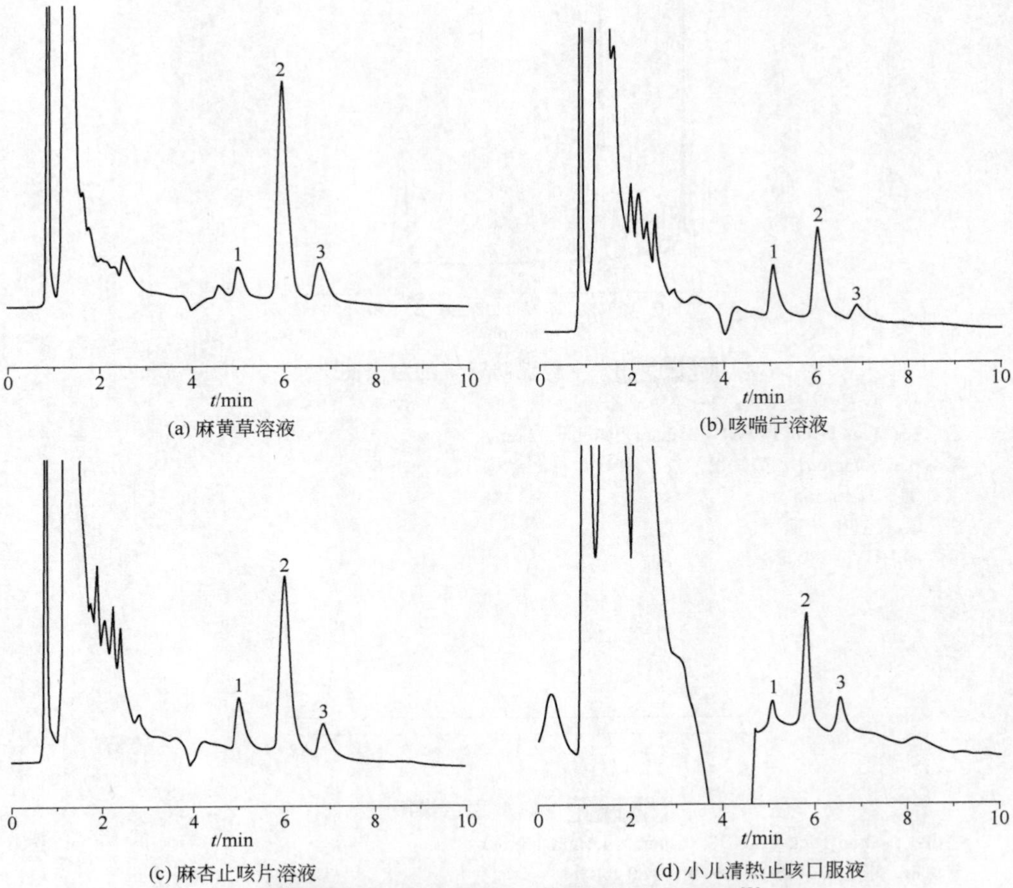

(a) 麻黄草溶液

(b) 咳喘宁溶液

(c) 麻杏止咳片溶液

(d) 小儿清热止咳口服液

图 13-24 几种麻黄碱类药物的色谱分离图[3]

色谱峰：1—甲基麻黄碱；2—麻黄碱；3—伪麻黄碱

色谱柱：Pinnacle Cyano column（150mm×4.6mm，5μm ResTEK）

流动相：乙腈-乙酸铵（体积比=95∶5），pH=5.0

流　速：1.5ml/min

柱　温：30℃

进样量：20μl

检　测：UV（208nm）

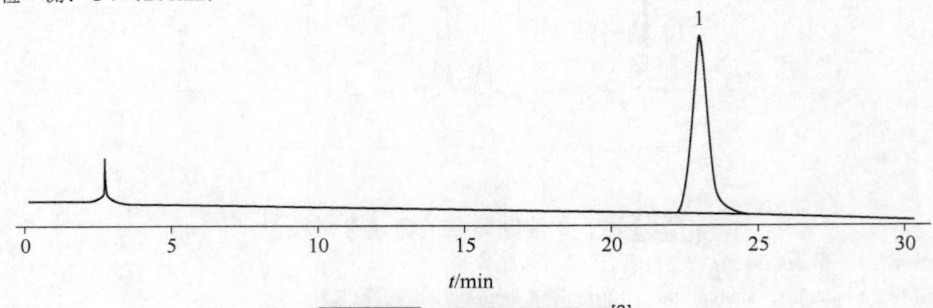

图 13-25 青藤碱色谱图[3]

色谱峰：1—青藤碱

色谱柱：Phenomenex-Luna C18（250mm×4.6mm，5μm）

流动相：甲醇-0.1% 磷酸溶液（体积比=41∶59），pH=3.0

流　速：1.0ml/min　　柱　温：30℃

进样量：20μl　　检　测：UV（265nm）

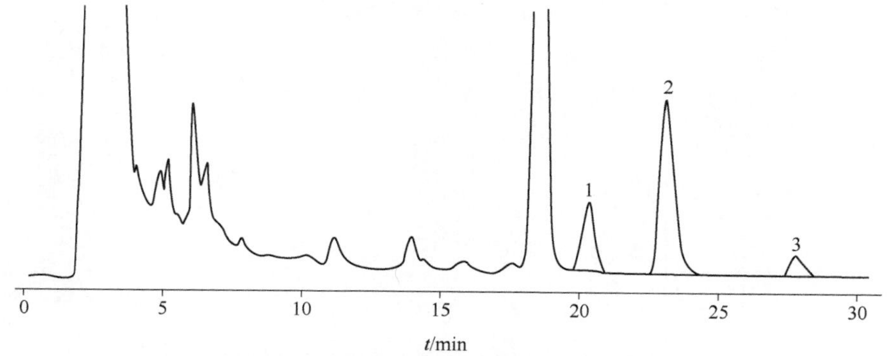

图 13-26　双藤痹痛软膏样品色谱分离图[4]

色谱峰：1—青藤碱；2—双青藤碱；3—四氢表小檗碱
色谱柱：Phenomenex-Luna C18（250mm×4.6mm，5μm）
流动相：甲醇-0.1% 磷酸溶液（体积比=41∶59），pH=3.0
流　速：1.0ml/min
柱　温：30℃
进样量：20μl
检　测：UV（265nm）

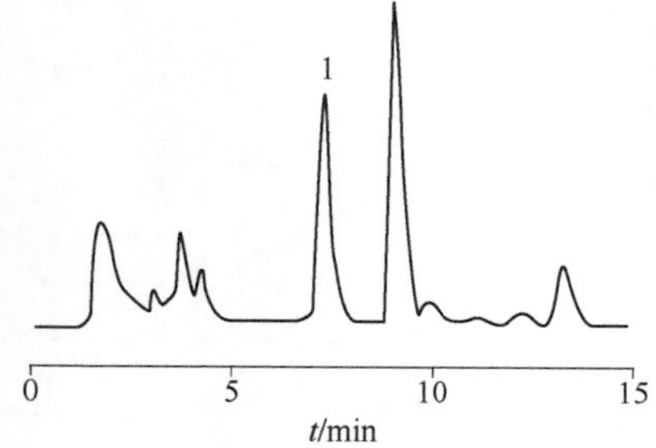

图 13-27　润肺合剂中黄芩苷样品色谱分离图[1]

色谱峰：1—黄芩苷
色谱柱：Zorbax Eclipse plus C18（4.6mm×150mm，5μm）
流动相：甲醇-水-磷酸（体积比=48∶52∶0.15）
流　速：1.0ml/min
柱　温：30℃
进样量：10μl
检　测：UV（280nm）

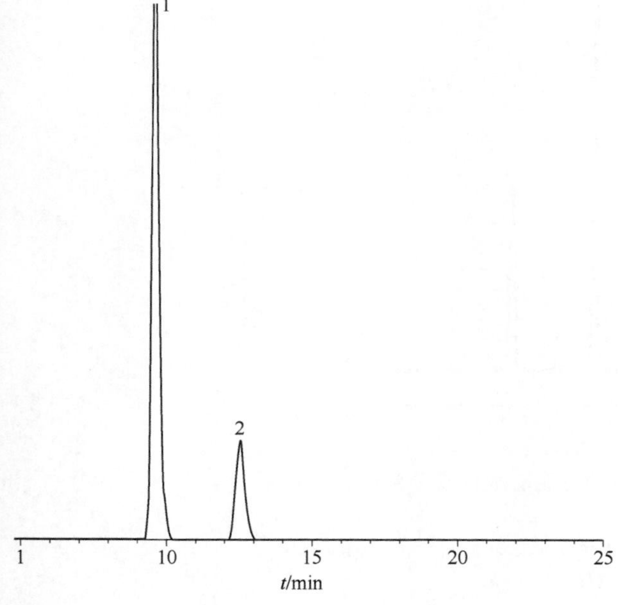

图 13-28　腺苷和虫草素色谱分离图[1]

色谱峰：1—腺苷；2—虫草素
色谱柱：C18柱（250mm×4.6mm，5μm）
流动相：甲醇-水（体积比=15∶85）
流　速：1.0ml/min
柱　温：30℃
进样量：20μl
检　测：UV（260nm）

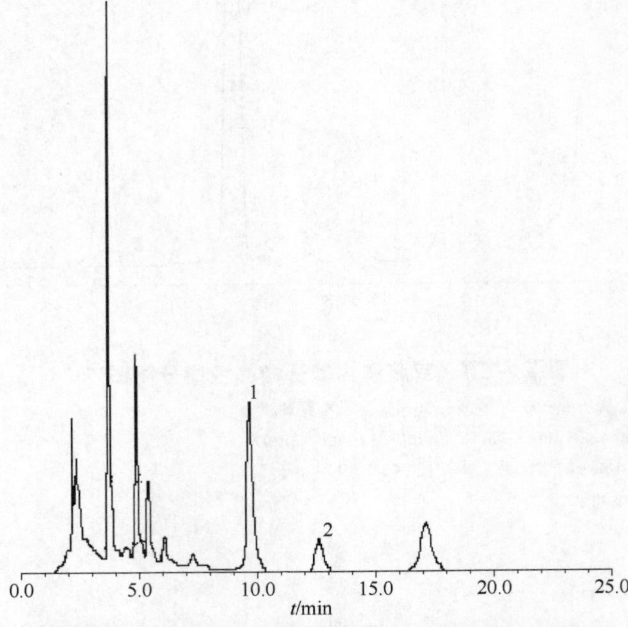

图 13-29 虫草制品中腺苷和虫草素的色谱分离图[1]

色谱峰：1—腺苷；2—虫草素

色谱柱：C18柱（250mm×4.6mm，5μm）

流动相：甲醇-水（体积比=15∶85）

流　速：1.0ml/min　　柱　温：30℃

进样量：20μl　　检　测：UV（260nm）

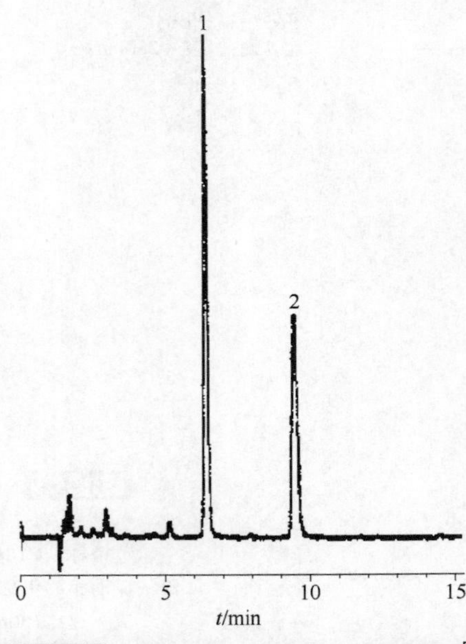

图 13-30 亚麻酸、亚油酸色谱分离图[2]

色谱峰：1—亚麻酸；2—亚油酸

色谱柱：BetaBasic C18（150mm×4.6mm，5μm）

流动相：乙腈-0.05%三氟乙酸的水溶液（体积比=85∶15）

流　速：1.0ml/min

检测器：UV（210nm）

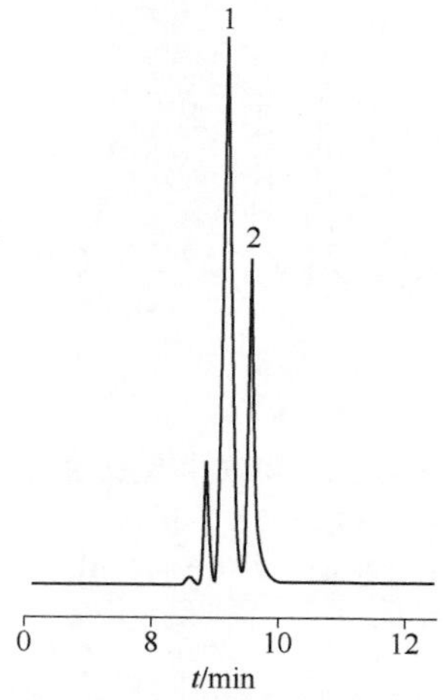

图 13-31　两种顺式视黄酸的色谱分离图[2]

色谱峰：1—13-顺式视黄酸；2—9-顺式视黄酸
色谱柱：Hypercarb（50mm×2.1mm，5μm）
流动相：A．水0.1%二乙胺；B．乙腈-异丙醇（1∶1），0.1%二乙胺
流　速：0.4ml/min
梯　度：0→10min，3%B→100%B
温　度：25°C
检测器：ESI，探头温度500°C，电喷雾电压4.0kV

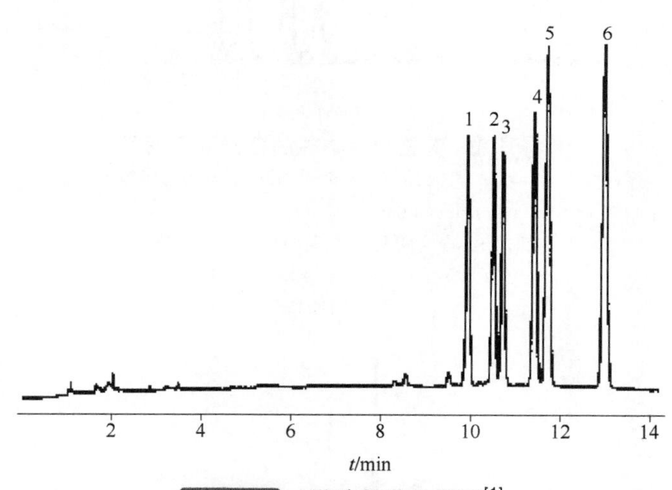

图 13-32　甾醇色谱分离图[1]

色谱峰：1—菜籽甾醇；2—胆固醇；3—岩藻甾醇；4—豆甾醇；5—菜油；6—β-谷甾醇
色谱柱：YMC-Pack • J SphereODS-AL（25mm×4.6mm，5μm）
流动相：甲醇-水（体积比=100∶2）
流　速：0.8ml/min
温　度：37℃
检测器：UV（210nm）
进样量：10μl

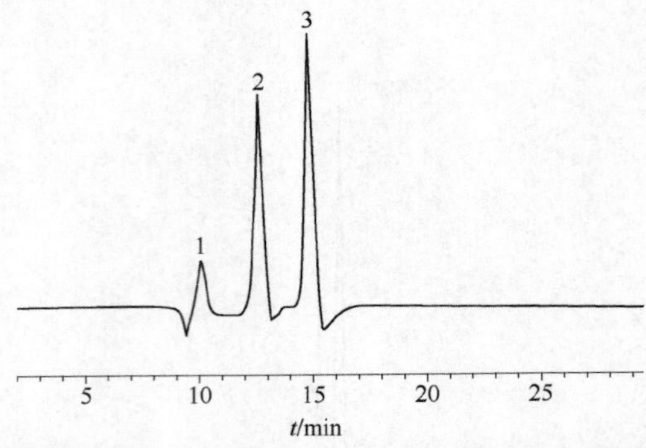

图 13-33 小麦根系分泌物中有机酸的色谱分离图[5]

色谱峰：1—草酸；2—柠檬酸；3—苹果酸
流动相：硫酸-水溶液
色谱柱：Bio-Rad Am inexHPX-87H（300mm×7.8mm）
检测器：UV（210nm）
流 速：0.5ml/min

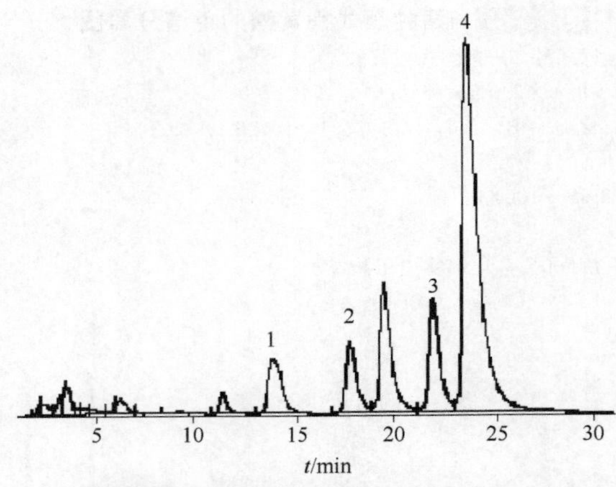

图 13-34 黄连中生物碱的色谱分离图[5]

色谱峰：1—盐酸药根碱；2—盐酸黄连碱；3—盐酸巴马汀；4—盐酸小檗碱
色谱柱：Phenomoil-C18 BDS（250mm×4.6mm，5μm）；
流动相：乙腈-水（体积比=45：55，内含磷酸二氢钾0.34g，十二烷基硫酸钠0.17g）；
流 速：1.0ml/min
柱 温：25℃
进样量：10μl
检测器：345nm

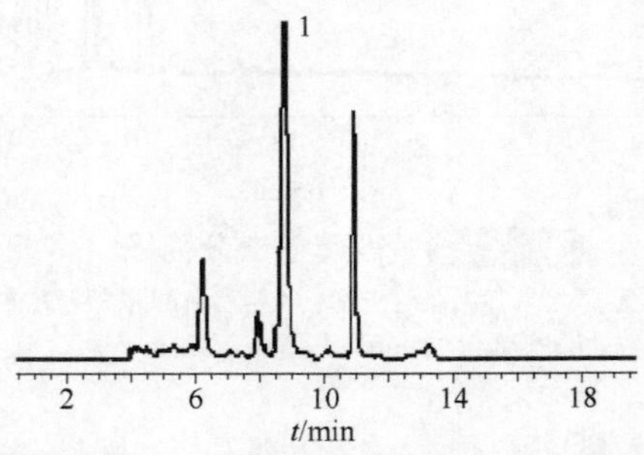

图 13-35 白喉乌头中的氢溴酸高乌甲素的色谱分离图[5]

色谱图：1—氢溴酸高乌甲素
流 速：0.8ml/min
色谱柱：X Bridge C（250mm×4.6mm，5μm）
检测器：252nm
流动相：0.04mol/L乙酸铵-乙腈（体积比=63：37）
柱 温：40℃

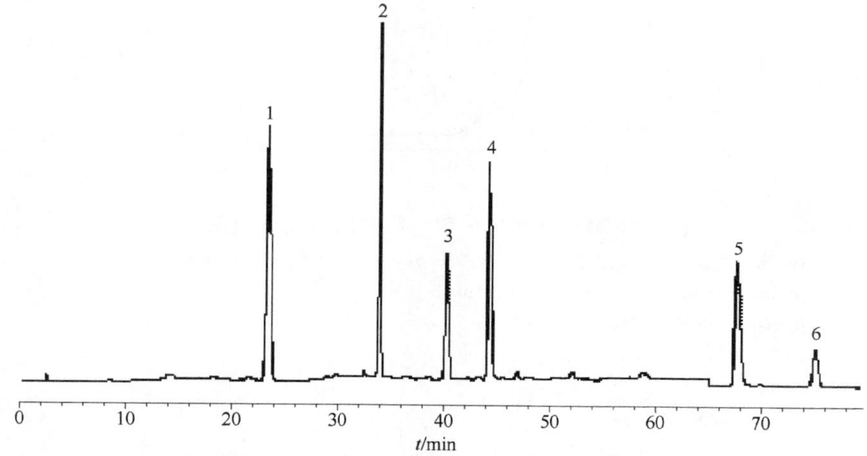

图 13-36 雷公藤药材中 6 种有效成分的色谱分离图

色谱峰：1—雷公藤甲素；2—雷公藤内酯酮；3—雷公藤晋碱；4—雷公藤次碱；5—雷公藤红素；6—雷公藤内酯甲

色谱柱：Agilent ZORBAX SB-C18（250mm×4.6mm，5μm）

流动相：0.1%磷酸-0.2%三乙胺水溶液

柱　温：35℃　　流　速：0.75ml/min

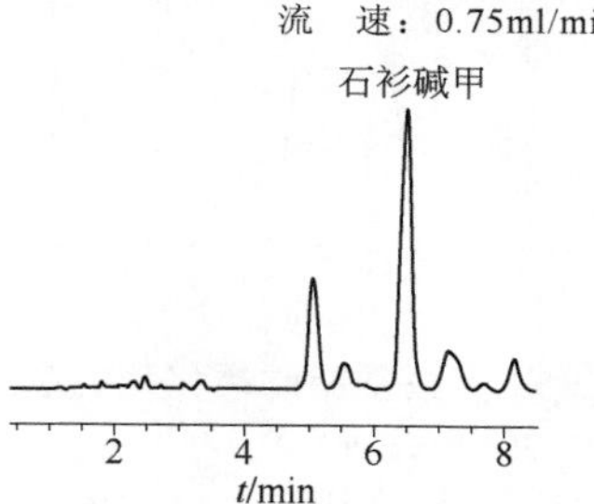

图 13-37 中药千层塔中石杉碱甲的色谱分离图

色谱柱：XCharge C18柱（150mm×4.6mm，5μm）

流动相：A．0.1% 三氟乙酸水溶液；B．0.09%三氟乙酸乙腈

梯　度：0→10min，5%B→8%B　　流　速：2.0ml/min

检测器：UV（310nm）　　柱　温：30℃

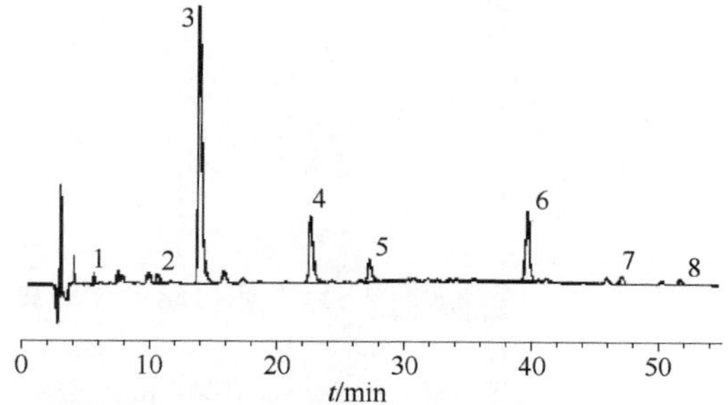

图 13-38 苦豆子中的 8 种生物碱的色谱分离图

色谱图：1—野靛碱；2—苦豆碱；3—槐定碱；4—氧化苦参碱；5—氧化槐果碱；6—苦参碱；7—槐果碱；8—莱曼碱

色谱柱：Diamonsil C18（250mm×4.6mm，5μm）　　柱　温：35℃

流动相：0.05mol/l的磷酸二氢钾+三乙胺，pH=6.45　　进样量：10μl

流　速：1.0ml/min　　检测器：UV（205nm）

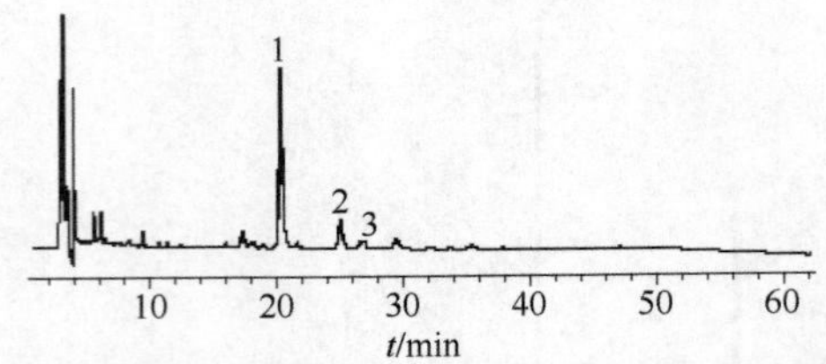

图 13-39 草乌中 3 种生物碱的色谱分离图

色谱峰：1—苯甲酰新乌头原碱；2—苯甲酰乌头原碱；3—苯甲酰次乌头原碱

色谱柱：Dikma kromasil（250mm×4.6mm，5μm）

流动相：乙腈-四氢呋喃（体积比=25∶15）

柱　温：30℃

流　速：0.8ml/min

检验器：UV（235nm）

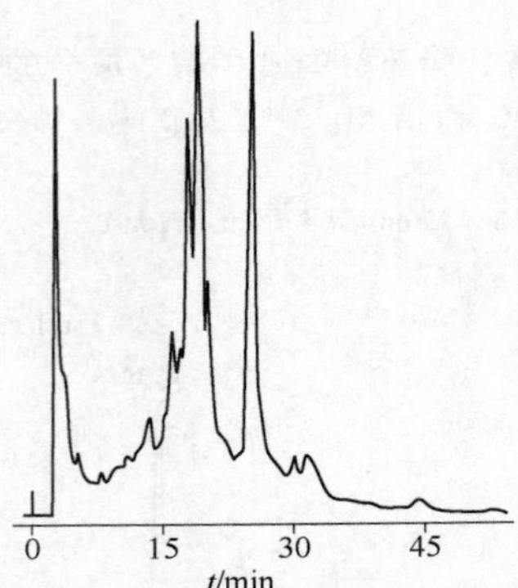

图 13-40 大豆里脂肪氧化酶色谱分离图[3]

色谱柱：Shodex IEC DEAE-825（75mm×8.0mm）

流动相：A．20mmol/L乙醇胺盐酸缓冲液（pH=9.0）+20mmol/L三羟甲基氨基甲烷-盐酸，pH=8.0

　　　　B．A+ 0.5mol/L氯化钠

梯　度：0→60min，A→B

流　速：1.0ml/min

柱　温：室温

检测器：UV（280nm）

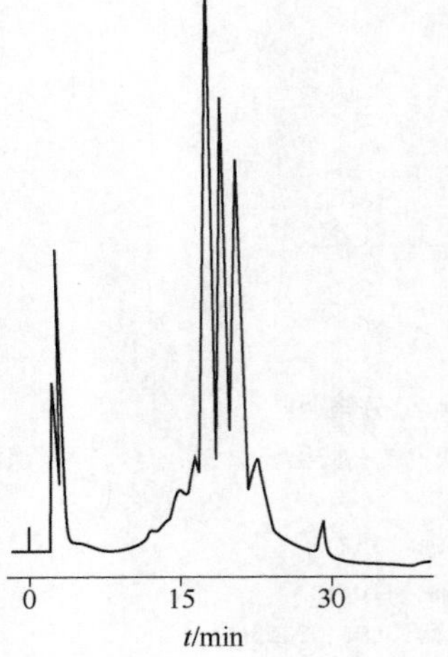

图 13-41 木瓜蛋白酶色谱分离图（pH=7.0）[3]

色谱柱：Shodex IEC SP-825（75mm×8.0mm）

流动相：A．20mmol/L钠磷酸盐缓冲，pH=7.0；

　　　　B．A+0.5mol/L氯化钠

梯　度：0→60min，A→B

流　速：1.0ml/min

柱　温：25℃

检测器：UV（220nm）

资料来源

[1] 沃特世科技（上海）有限公司.
[2] 赛默飞世尔科技有限公司.
[3] 昭和电工科学仪器（上海）有限公司.
[4] 德国默克公司.
[5] 安捷伦科技有限公司.

第十四章　生化医药和手性分子谱图

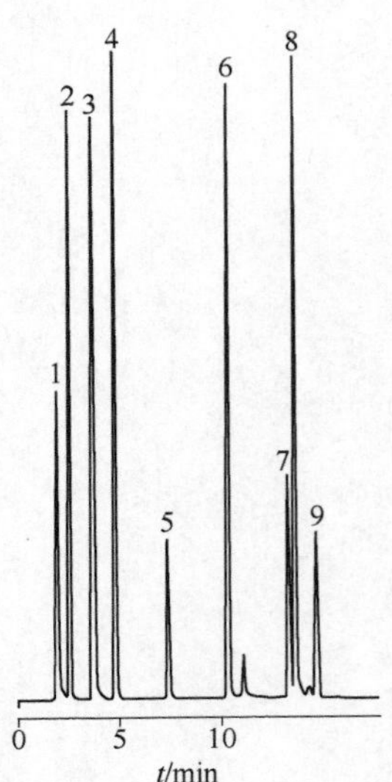

图 14-1　维生素色谱分离图[1]

色谱峰：1—维生素C（抗坏血酸）；2—维生素B_6（吡哆醇）；3—维生素B_1（硫胺素）；4—维生素B_3（烟酰胺）；5—维生素B_5（泛酸）；6—维生素M（叶酸）；7—维生素B_2（核黄素）；8—维生素B_{12}（氰钴胺）；9—维生素H（D-生物素）

色谱柱：BetaBasic C4（15mm×4.6mm，5μm）

流动相：A．0.05mol/L磷酸氢二钾，pH=6.5；

B．0.05mol/L磷酸氢二钾-乙腈（1∶1），pH=3.5

梯　度：0→15min，4%B→40%B

流　量：1.0ml/min

检测器：UV（205nm）

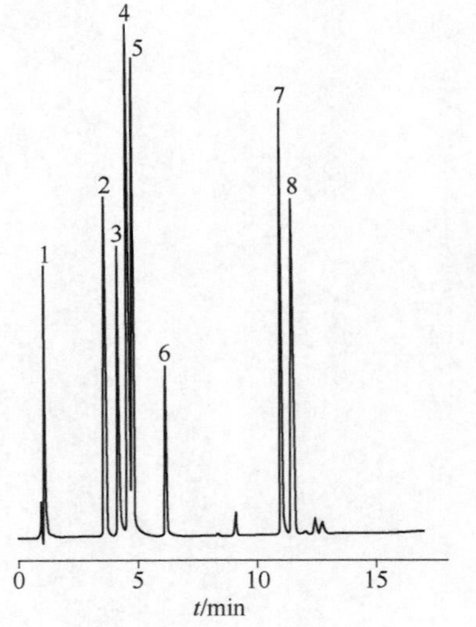

图 14-2　维生素类色谱分离图[1]

色谱峰：1—维生素C（抗坏血酸）；2—维生素B_6；3—维生素B_1；4—叶酸；5—维生素B_3；6—维生素H；7—维生素B_{12}；8—维生素B_2

色谱柱：BETASIL C8（15mm×4.6mm，5μm）

流动相：A．0.05mol/L 磷酸氢二钾，pH=3.5；

B．50% 0.05mol/L磷酸氢二钾-50%乙腈，pH=6.5

梯　度：0→15min，4%B→40%B

流　量：1.0ml/min

检测器：UV（205nm）

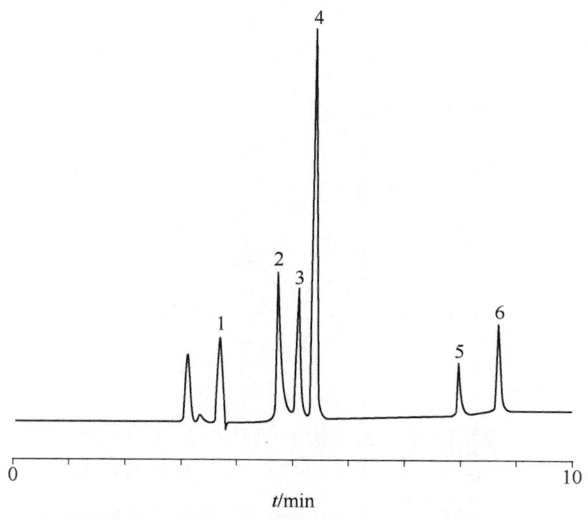

图 14-3　烟酸、硫胺素、叶酸等色谱分离图[1]

色谱峰：1—烟酸；2—硫胺素（B_1）；3—叶酸；4—烟酰胺（B_3）；5—氰钴胺素（B_{12}）；6—核黄素（B_2）

色谱柱：Hypersil BDS C8（250mm×4.6mm，5μm）

流动相：A．0.1mol/L乙酸钠；B．乙腈

流　速：1.0ml/min

梯　度：

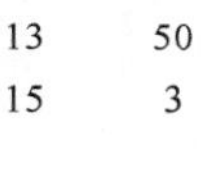

t/min	B/%
0	3
12	30
13	50
15	3

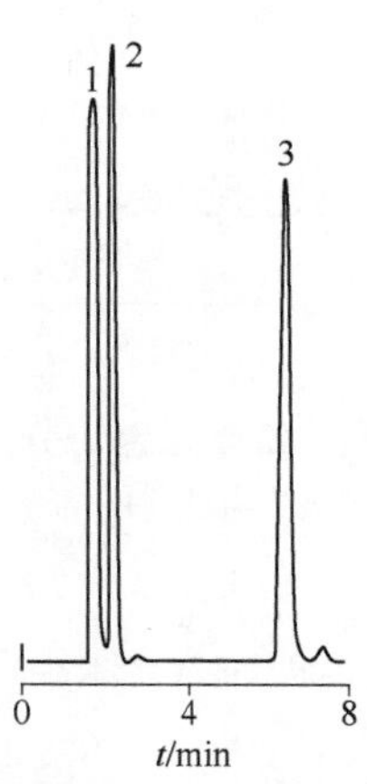

图 14-4　维生素 B 类色谱分离图[1]

色谱峰：1—硫胺素（维生素B_1）；2—烟酰胺（维生素B_3）；3—核黄素（维生素B_2）

色谱柱：Hypersil BDS C18（150mm×4.6mm，5μm）

流动相：甲醇-0.05mol/L磷酸盐缓冲液（体积比=30∶70），pH=3.5

流　速：1.0ml/min

检测器：UV（254nm）

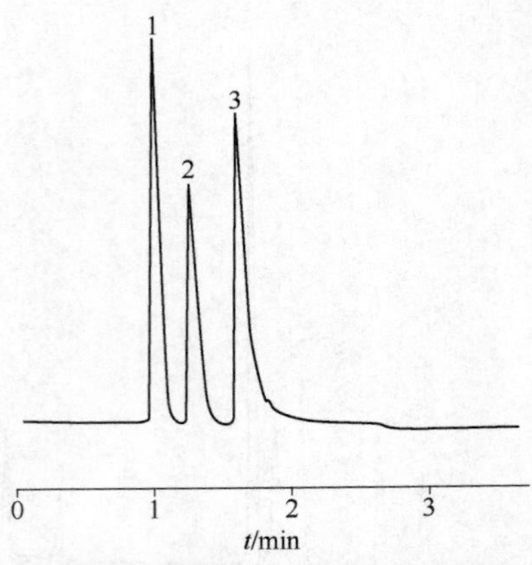

图 14-5 维生素 B 类色谱分离图[1]

色谱峰：1—硫胺素（维生素B_1）；2—吡哆醇（维生素B_6）；3—烟酰胺（维生素B_3）

色谱柱：Hypersil 100 C18（10mm×4.6mm）

流动相：甲醇-0.05mol/L磷酸缓冲液（体积比=20∶80），pH=3.5

流　速：1.0ml/min

检测器：UV（254nm）

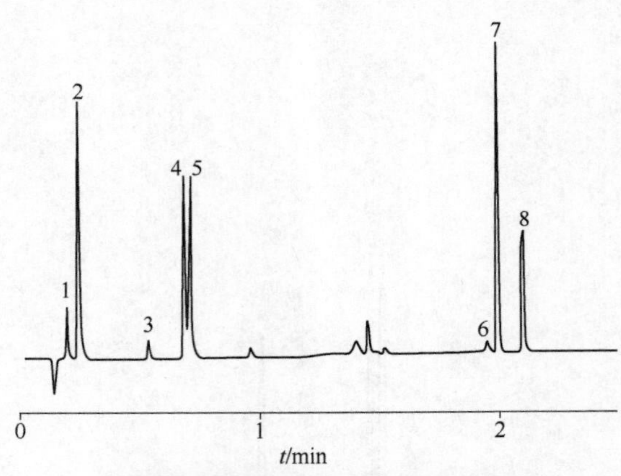

图 14-6 维生素色谱分离图[1]

色谱峰：1—维生素B_5；2—维生素B_3；3—生物素；4—维生素B_{12}；5—维生素B_6；6—维生素A；7—维生素D_3；8—维生素D_2

色谱柱：Hypersil Green PAH（15mm×2.1mm，5μm）

流动相：A．乙酸铵50mmol/L；B．乙腈-异丙醇（体积比=1∶1），pH=6.0；C．四氢呋喃

梯　度：

t/min	A/%	B/%	C/%
0	80	20	0
10	0	100	0
20	0	30	70
30	60	15	25

流　速：1ml/min

温　度：室温

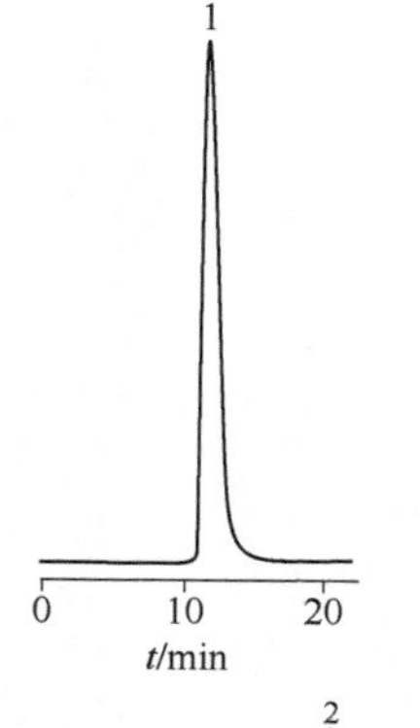

图 14-7 维生素 B_1 色谱图[2]

色谱柱：Shodex rspak DM-614（150mm×6.0mm）
色谱峰：1—维生素B_1
流动相：45mmol/L KH_2PO_4-55mmol/LNa_2HPO_4溶液
试　剂：0.01%的$K_3Fe(CN)_6$+15%的NaOH水溶液
流　量：0.7ml/min（流动相），0.7ml/min（试剂）
柱　温：25℃
检测器：荧光（λ_{ex} 375nm，λ_{em} 450nm）

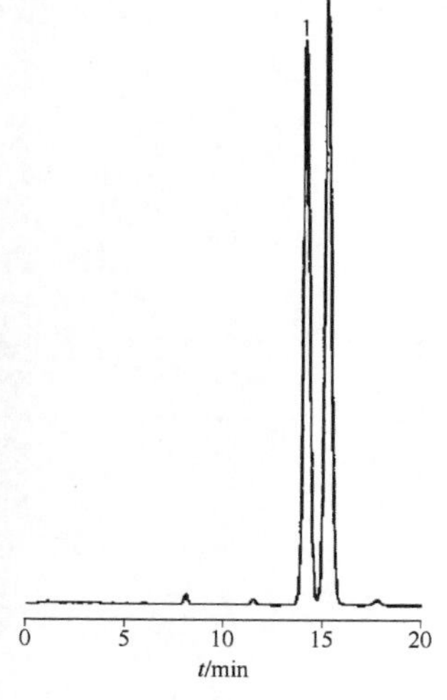

图 14-8 维生素 D 色谱分离图[1]

色谱峰：1—麦角钙化醇（维生素D_2）；2—胆钙化醇（维生素D_3）
色谱柱：BETASIL® C18（15mm×4.6mm，5μm）
流动相：75%乙腈-25%甲醇
流　量：1.0ml/min
检测器：UV（280nm）

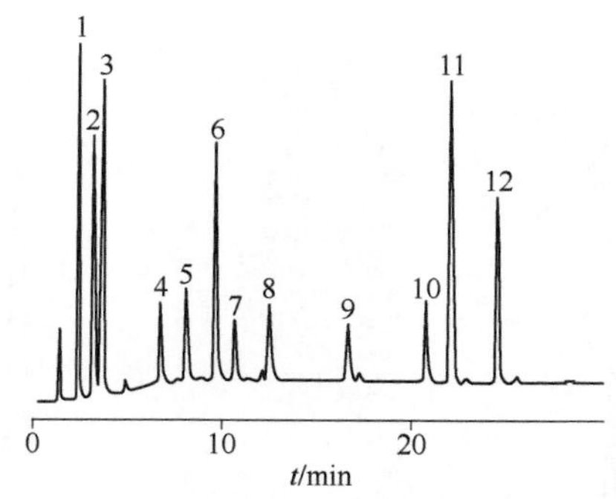

图 14-9 维生素、*N,N*-二乙基苯胺、除草剂成分等的色谱分离图[1]

色谱峰：1—维生素B_{12}；2—维生素B_6；3—苯酚；4—苯乙酮；5— *N*-乙基苯胺；6—*N,N*-二乙基苯胺；7—未知；8—莠灭净；9—西草净；10—维生素A_2；11—维生素D_3；12—维生素D_2
色谱柱：Hypercarb（100mm×4.6mm，5μm）
流动相：A. 水；B. 乙腈-异丙醇（体积比=1∶1）；C. 二氯甲烷
梯　度：

t/min	A/%	B/%	C/%
0	70	30	0
10	0	100	0
25	0	25	75
30	68	25	7

流　速：1ml/min
温　度：室温
检测器：UV（215～275nm）

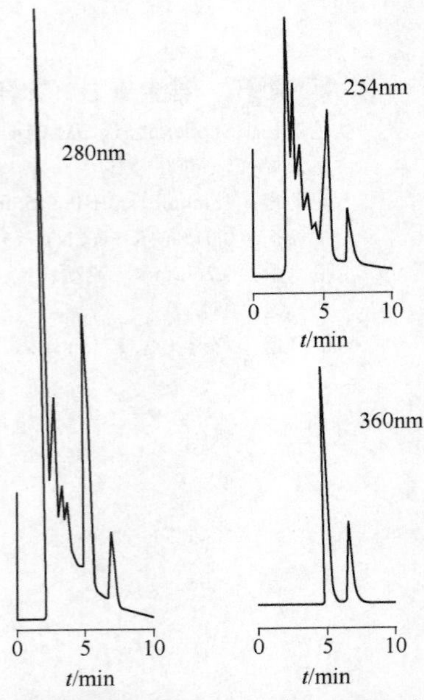

图 14-10 维生素 A 色谱分离图[1]

色谱峰：维生素A

色谱柱：Hypersil ODS（15mm×4.6mm，10μm）

流动相：乙腈-1%乙酸铵（体积比=95∶5）

流　速：1.0ml/min

检测器：UV（254nm，280nm，360nm）

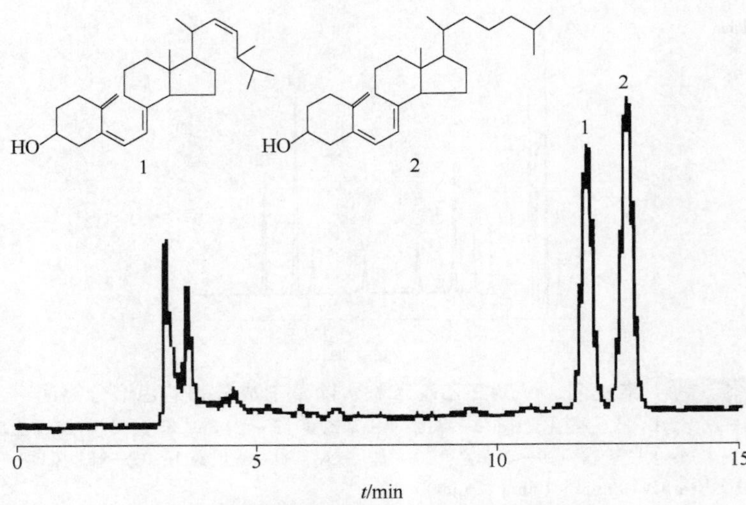

图 14-11 维生素 D 色谱分离图[2]

色谱峰：1—维生素D_2（麦角钙化醇）；2—维生素D_3（胆钙化醇）

色谱柱：Shodex Asahipak odp-50 6D（150mm×6.0mm）

流动相：乙腈-甲醇（体积比=9∶10）

流　速：1.5ml/min

柱　温：27℃

检测器：UV（265nm）

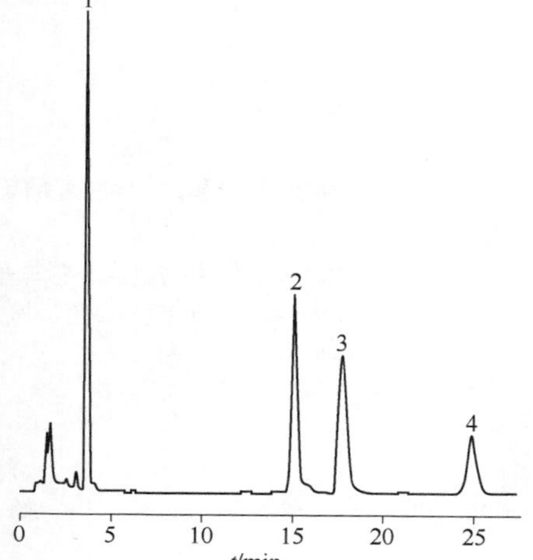

图 14-12 酯溶性维生素色谱分离图[1]

色谱峰：1—A-视黄醇；2—维生素D_3；3—α-生育酚；4—维生素D_2

色谱柱：BETASIL C18（15mm×4.6mm，5μm）

流动相：75%乙腈-25%甲醇

流 量：1.0ml/min

检测器：UV（280nm）

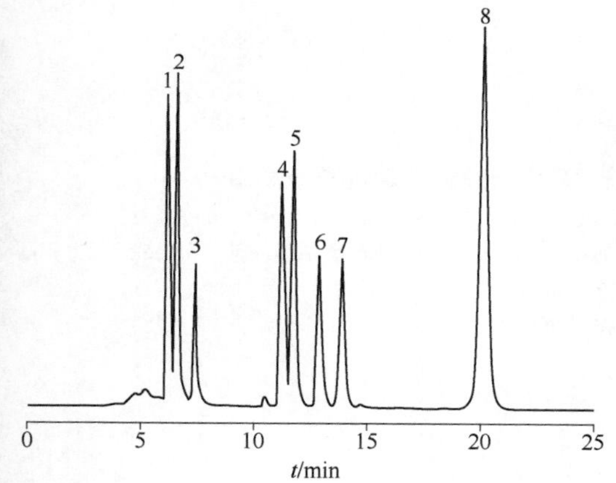

图 14-13 脂溶性维生素色谱分离图[2]

色谱峰：1—维生素K；2—维生素A；3—维生素A乙酸酯；4—维生素D_2；5—维生素D_3；6—维生素E乙酸酯；7—维生素E；8—维生素K_1

色谱柱：Shodex Asahipak odp-50 4E（250mm×4.6mm）

流动相：乙腈-甲醇（体积比=50∶50）

流 速：0.6ml/min

检测器：UV（280nm）

柱 温：30℃

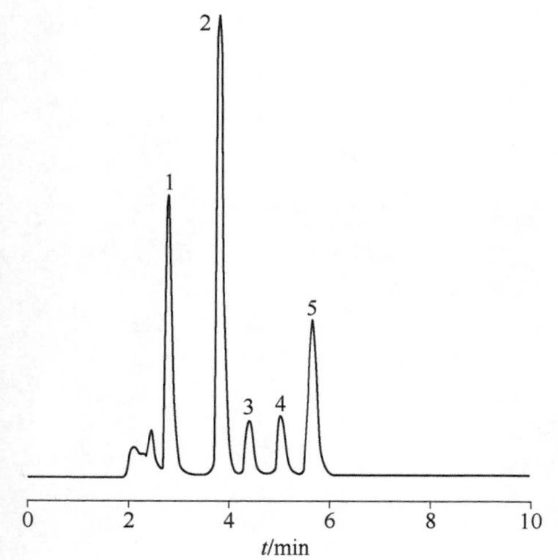

图 14-14 脂溶性维生素色谱分离图[1]

色谱峰：1—维生素A；2—维生素D_3；3—维生素E乙酸酯；4—维生素E；5—维生素K_1

色谱柱：HyPURITY™ADVANCE（15mm×4.6mm，5μm）

流动相：水-甲醇（体积比=10∶90）

流 速：1ml/min

温 度：25℃

检测器：UV（280nm）

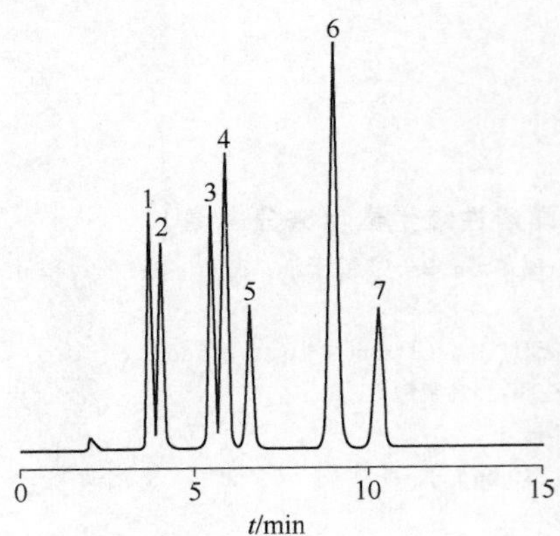

图 14-15 α-生育酚、α-生育三烯酚、β-生育酚等的色谱分离图[2]

色谱峰：1—α-生育酚；2—α-生育三烯酚；3—β-生育酚；4—γ-生育酚；5—γ-生育三烯酚；6—δ-生育酚；7—δ-生育三烯酚

色谱柱：Hypercarb（150mm×4.6mm）

流动相：正己烷-异丙醇-乙酸（体积比=1000∶6∶5）

流　速：1.0ml/min

柱　温：30℃

检测器：荧光（如λ_{ex} 298nm，λ_{em} 325nm）

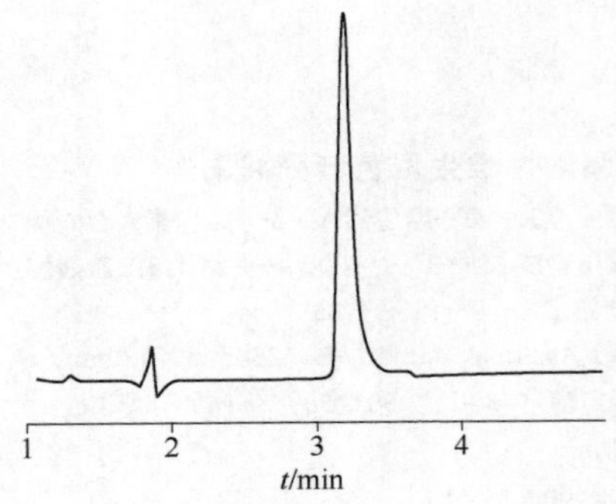

图 14-16 葡萄糖酸氯己定色谱分离图[1]

色谱柱：Hypersil BDS C18（50mm×4.6mm，3μm）

流动相：30%乙腈-70% 0.05mol/L乙酸钠缓冲液，pH=5.5

流　速：1.0ml/min

检测器：UV（260nm）

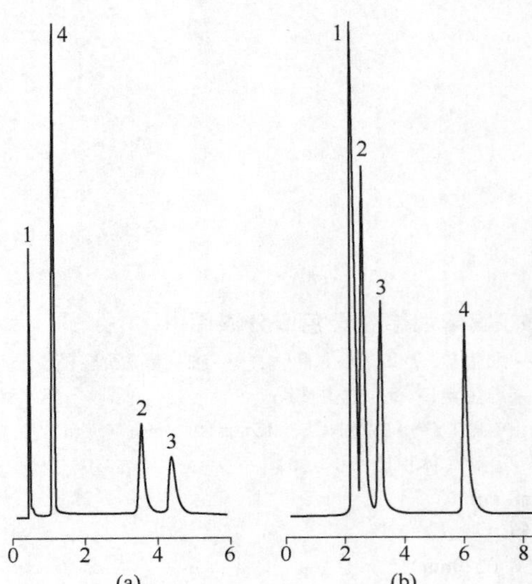

图 14-17 磺胺类化合物色谱分离图[1]

色谱峰：1—对氨基苯磺酸；2—磺胺嘧啶；3—磺胺二甲嘧啶；4—对氨基苯磺酰胺

色谱柱：HyperREZ XP RP100（150mm×4.6mm，5μm）

流动相：（a）硫酸钾-乙腈（体积比=7∶1），pH=2.2；

（b）四硼酸二钠-乙腈（体积比=6∶1），pH=9.2

流　速：1.0ml/min

检测器：UV（254nm）

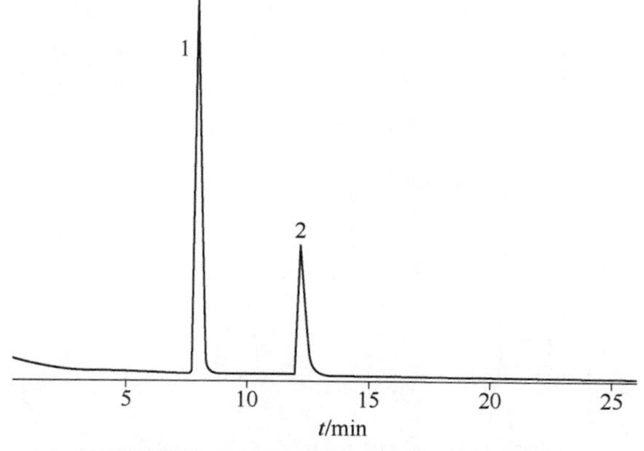

图 14-18　烟酸、异烟酸色谱分离图[1]

色谱峰：1—烟酸；2—异烟酸

色谱柱：Hypersil APS（150mm×4.6mm，3μm）

流动相：水-甲酸（体积比=18∶82）

流　速：1.0ml/min

检测器：DAD（254nm，450nm）

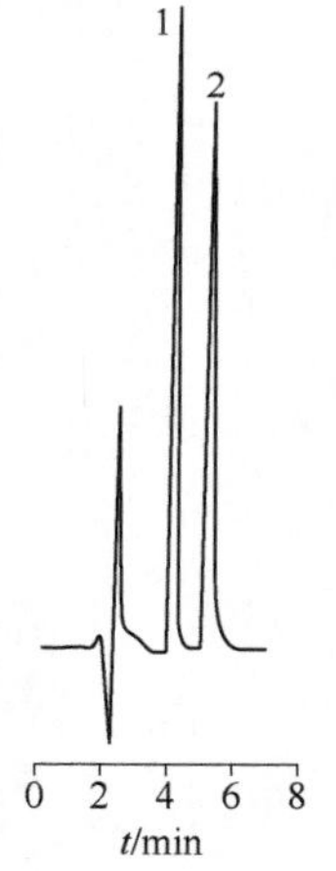

图 14-19　4-乙酰基联苯、康力龙色谱分离图[1]

色谱峰：1— 4-乙酰基联苯；2—康力龙

色谱柱：Hypersil ODS

流动相：甲醇-0.05mol/L磷酸二氢铵（体积比=85∶15）

流　速：1.0ml/min

检测器：UV（230nm）

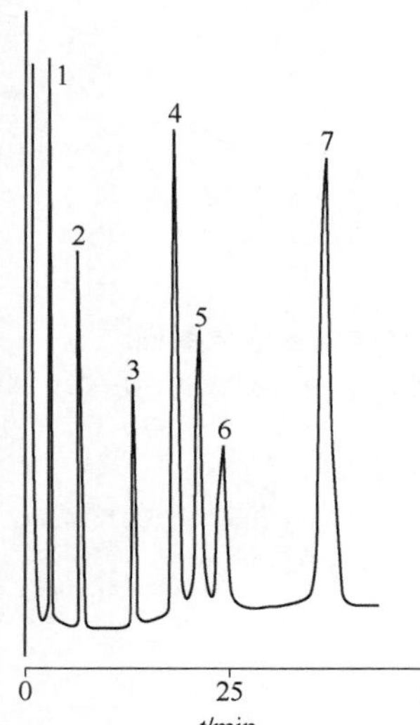

图 14-20　乙酸、4-氯苯基-双胍等的色谱分离图[1]

色谱峰：1—乙酸；2—4 -氯苯基-双胍；3—奎宁；4—氯胍；5—甲苯；6—氯喹；7—氯丙

色谱柱：Hypersil ODS（10mm×2mm）

流动相：乙腈-0.02mol/L磷酸盐缓冲液，pH=2.5（体积比=50∶50），60mmol/L的SLS和10mmol/L的TBA

流　速：1.0ml/min

检测器：UV（254nm）

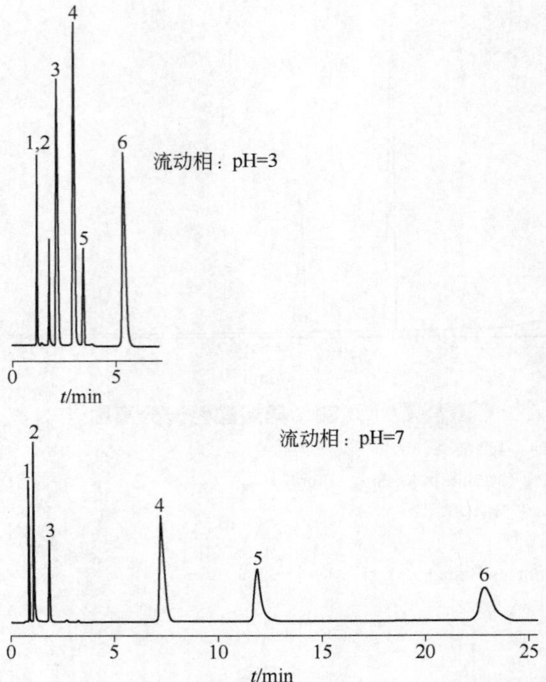

图 14-21 不同 pH 值对马来酸、苯甲酸等分离的影响谱图[1]

色谱峰：1—马来酸；2—尿嘧啶；3—苯甲酸；4—利多卡因；5—扑尔敏；6—多塞平

色谱柱：BetaMaxBase（150mm×4.6mm，5μm）

流动相：35%乙腈-65% 0.05mol/L磷酸二氢钾（pH=3；pH=7）

流　速：1.25ml/min

温　度：室温

检测器：UV（254nm）

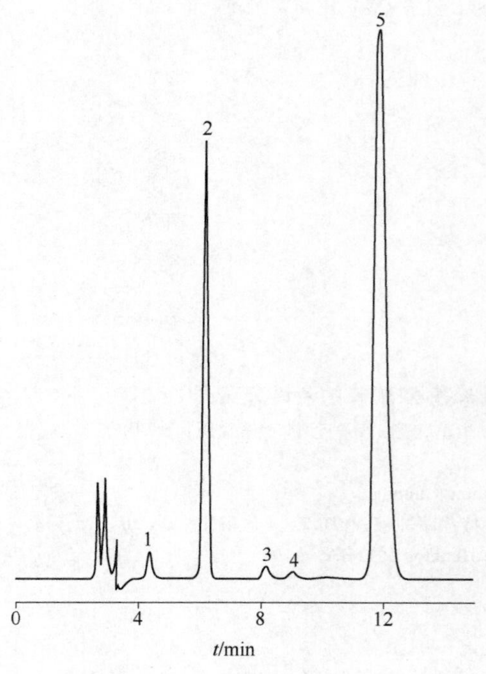

图 14-22 林可霉素与克林霉素色谱分离图[1]

色谱峰：1—林可霉素；2—内标；3—克林霉素-B；4—7-克林霉素；5—克林霉素

色谱柱：AQUASIL C18（25mm×4.6mm，5μm）

梯　度：60%甲醇-40% 4g/L的DL-10-樟脑磺酸，2g/L的乙酸铵，0.2%冰乙酸用HCl或NaOH溶液调节至pH=6

流　速：1.0ml/min

检测器：RI

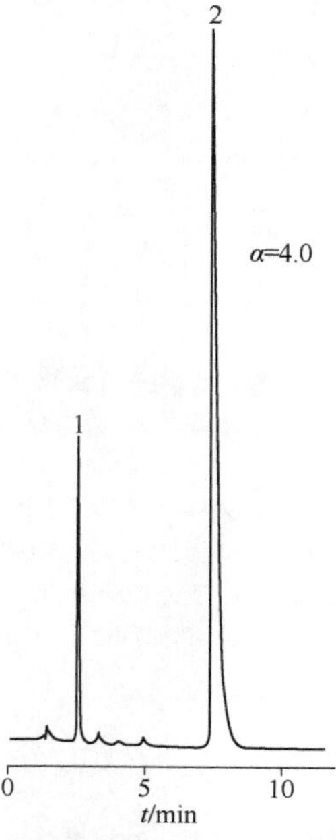

图 14-23　普萘洛尔、阿米替林色谱分离图[1]

色谱峰：1—普萘洛尔；2—阿米替林

色谱柱：BetaBasic C4（15mm×1mm，5μm）

流动相：65%甲醇-35% 0.05mol/L KH_2PO_4，pH=7

流　速：1.0ml/min

检测器：UV（254nm）

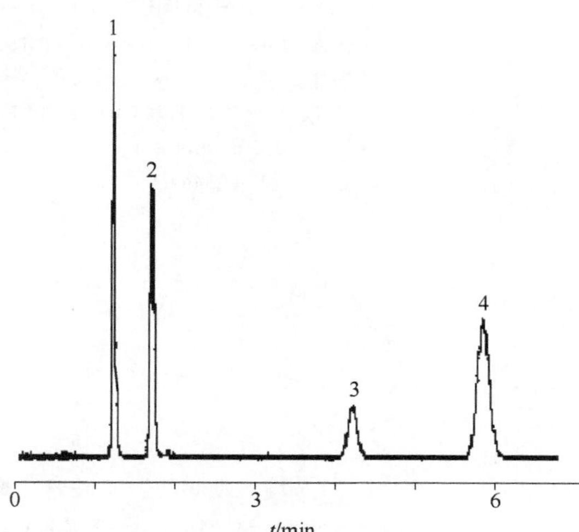

图 14-24　乙酰氨基酚、咖啡因、阿司匹林等的色谱分离图[1]

色谱峰：1—对乙酰氨基酚；2—咖啡因；3—阿司匹林；4—苯甲酸

色谱柱：BetaBasic C18（10mm×4.6mm，5μm）

流动相：69%水-28%甲醇-3%乙酸

流　量：1.2ml/min

检测器：UV（275nm）

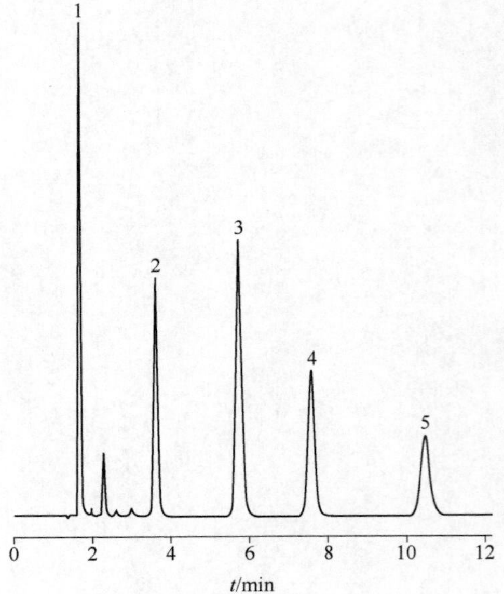

图 14-25 普鲁卡因胺、N-乙酰普鲁卡等药物的色谱分离图[1]

色谱峰：1—尿嘧啶；2—普鲁卡因胺；3—N-乙酰普鲁卡；4—咖啡因；5—N-丙酰基普鲁卡因胺

色谱柱：BETASIL Phenyl（15mm×4.6mm，5μm）

流动相：10%乙腈-90% 0.05mol/L磷酸二氢钾，pH=3.0

流　速：1.0ml/min

检测器：UV（254nm）

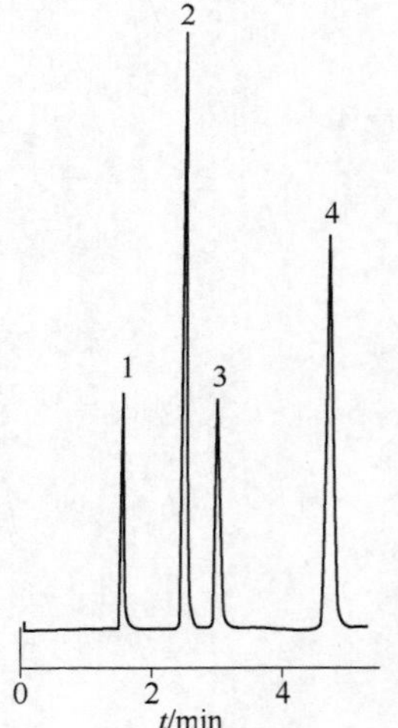

图 14-26 马来酸、普鲁卡因胺、利多卡因和扑尔敏色谱分离图[1]

色谱峰：1—马来酸；2—普鲁卡因胺；3—利多卡因；4—扑尔敏

色谱柱：BETASIL CN（15mm×4.6mm，5μm）

流动相：20%乙腈-80% 0.05mol/L KH_2PO_4，pH=3

流　速：1.25ml/min

检测器：UV（254nm）

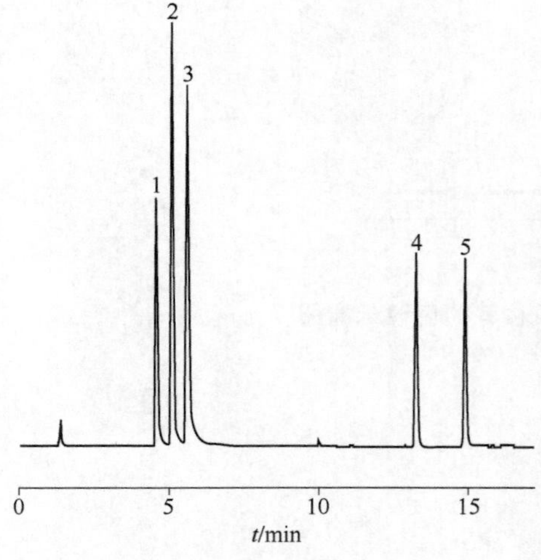

图 14-27 吡哆醇、硫胺素、烟酰胺等的色谱分离图[1]

色谱峰：1—吡哆醇；2—硫胺素；3—烟酰胺；4—氰钴胺；5—核黄素

色谱柱：BETASIL C18（15mm×4.6mm，5μm）

流动相：A. 乙腈；B. 0.05mol/L K_2HPO_4，pH=6.5

梯　度：0→15min，2%B→20%B

流　量：1.0ml/min

检测器：UV（265nm）

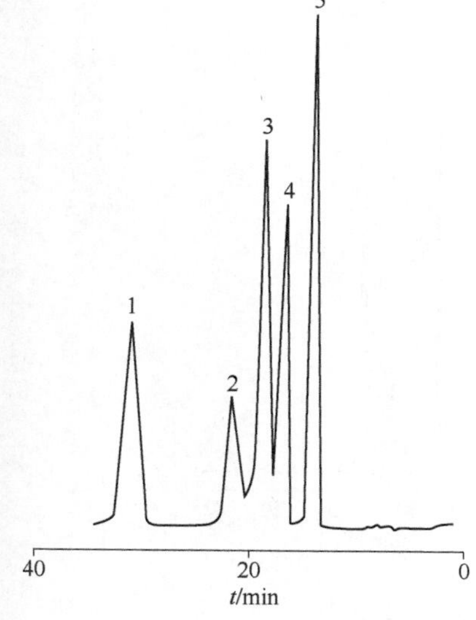

图 14-28　抗疟疾药物色谱分离图[1]

色谱峰：1—氯丙；2—氯喹；3—脱乙基氯喹；4—甲氟喹；5—奎宁

色谱柱：Hypersil ODS（100mm×2mm）

流动相：乙腈-0.02mol/L磷酸盐缓冲液（体积比=45∶55），pH=2.5，90mmol/L SLS和5mmol/L TBA

检测器：UV（254nm）

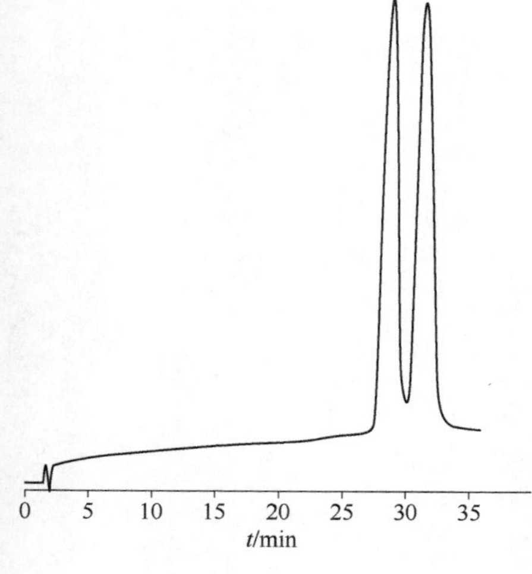

图 14-29　环己巴比妥对映体色谱分离图[1]

色谱柱：Hypersil ODS（100mm×4.6mm，3μm）

流动相：10mmol/L的Na_2HPO_4-MeOH（体积比=80∶20），配5mmol/L β-环糊精，pH=4

流　速：1ml/min

检测器：UV（240nm）

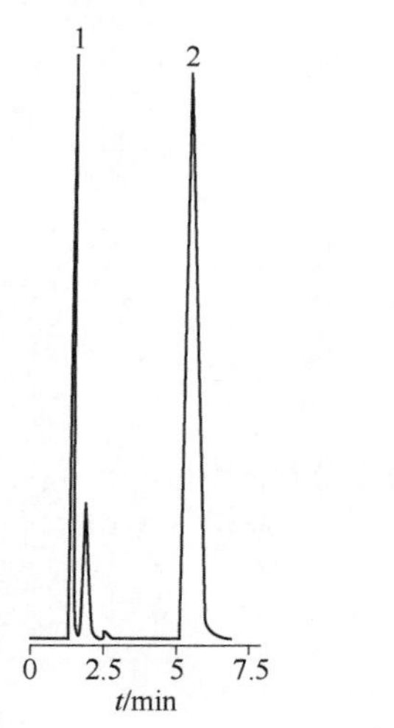

图 14-30　马来酸、扑尔敏色谱分离图[1]

色谱峰：1—马来酸；2—扑尔敏

色谱柱：Hypersil WP辛基（150mm×4.6mm，5μm）

流动相：20%的乙腈-0.05mol/L磷酸二氢钾，pH=3.5

流　速：1.25ml/min

检测器：UV（254nm）

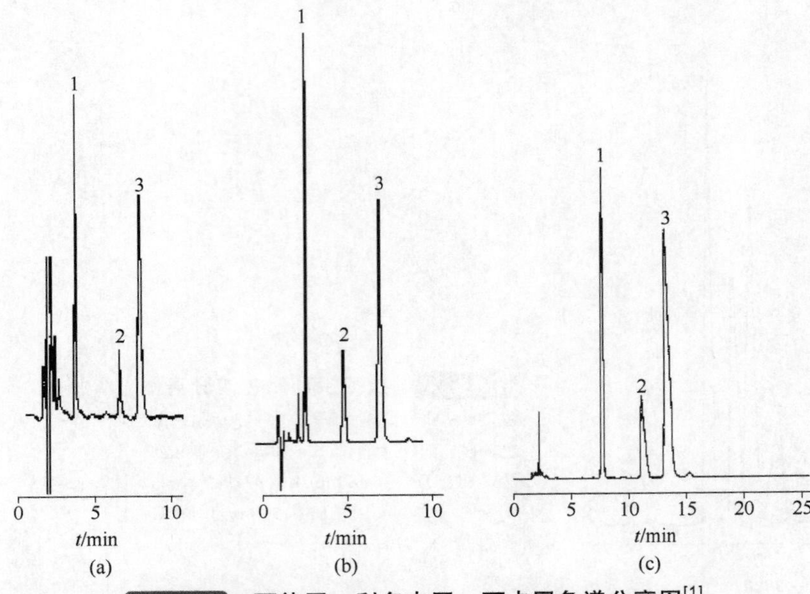

图 14-31 可待因、利多卡因、可卡因色谱分离图[1]

色谱峰：1—可待因；2—利多卡因；3—可卡因

色谱柱：Hypersil BDS C18（150mm×4.6mm）

流动相：（a）30% 0.05mol/L甲酸铵-70%乙腈，pH=3；

（b）30% 0.05mol/L乙酸铵-70%乙腈，pH=4；

（c）20% 0.005mol/L磷酸二氢钾-80%乙腈，pH=4

流　速：1.0ml/min

检测器：UV（230nm）

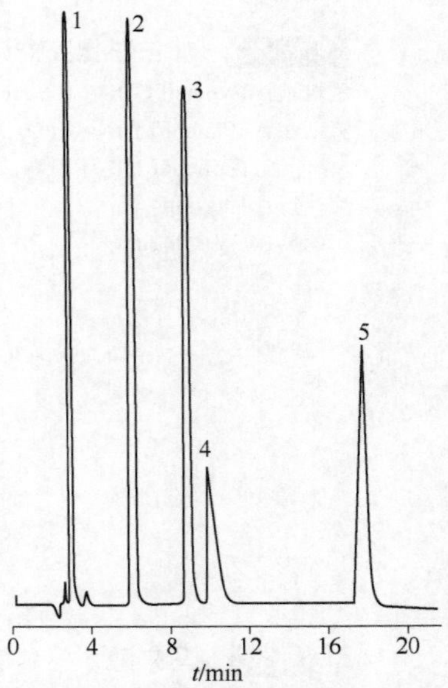

图 14-32 普鲁卡因胺、对乙酰氨基酚等的色谱分离图[1]

色谱峰：1—普鲁卡因胺；2—对乙酰氨基酚；3—*N*-乙酰普鲁卡因胺；4—(+)-伪麻黄碱；5—咖啡因

色谱柱：Hypersil BDS C18（150mm×4.6mm）

流动相：甲醇-0.05mol/L磷酸盐缓冲液（体积比=17∶83），pH=2.16

流　速：0.8ml/min

检测器：UV（254nm）

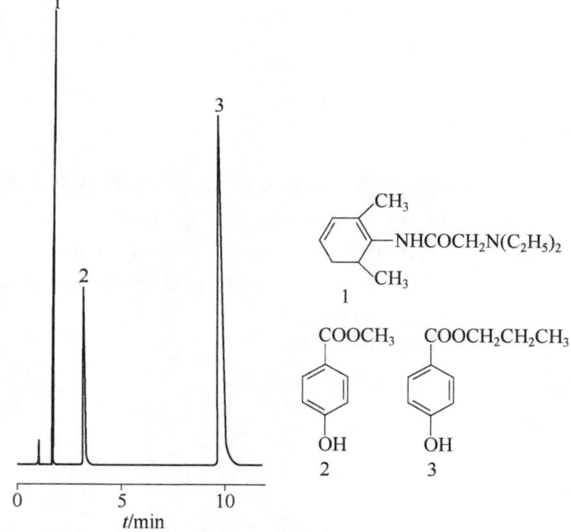

图 14-33　利多卡因和对羟基苯甲酸酯色谱分离图[1]

色谱峰：1—利多卡因；2—对羟基苯甲酸甲酯；3—对羟基苯甲酸丙酯

色谱柱：Hypersil BDS C8（150mm×4.6mm）

流动相：30%乙腈-70% 0.05mol/L磷酸二氢钾，pH=3.5

流　率：1.25ml/min

检测器：UV（254nm）

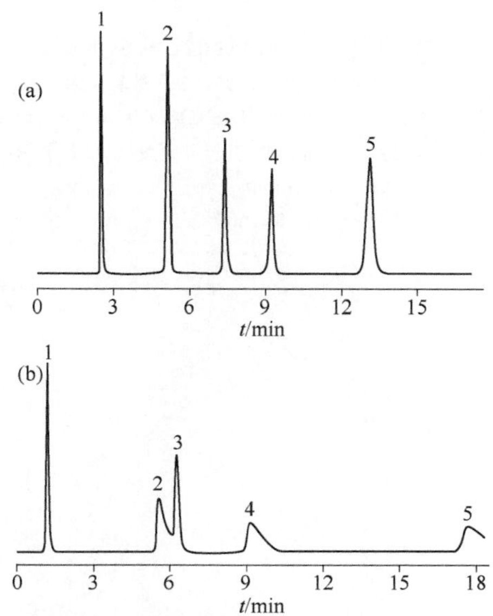

图 14-34　普鲁卡因胺、咖啡因等的色谱分离图[1]

色谱峰：1—尿嘧啶；2—普鲁卡因胺；3—*N*-乙酰普鲁卡因胺；4—咖啡因；5—*N*-丙酰基普鲁卡因胺

色谱柱：（a）Typical Phenyl（150mm×4.6mm，5μm）；（b）BETASIL C18（150mm×4.6mm，5μm）

流动相：（a）乙腈-0.05mol/L磷酸二氢钾（体积比=10∶90），pH=3.5；

（b）乙腈-0.02mol/L磷酸盐缓冲液（体积比=45∶55），pH=2.5

流　速：1.25ml/min

检测器：UV（254nm）

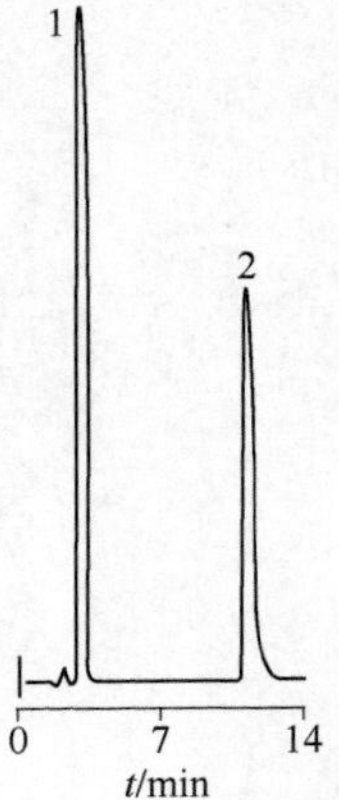

图 14-35 利多卡因和阿米替林色谱分离图[1]

色谱峰：1—利多卡因；2—阿米替林

色谱柱：Hypersil BDS C18（150mm×4.6mm，5μm）

流动相：甲醇-0.05mol/L磷酸盐缓冲液（体积比=30∶70），pH=3.5

流　速：1.0ml/min

检测器：UV（254nm）

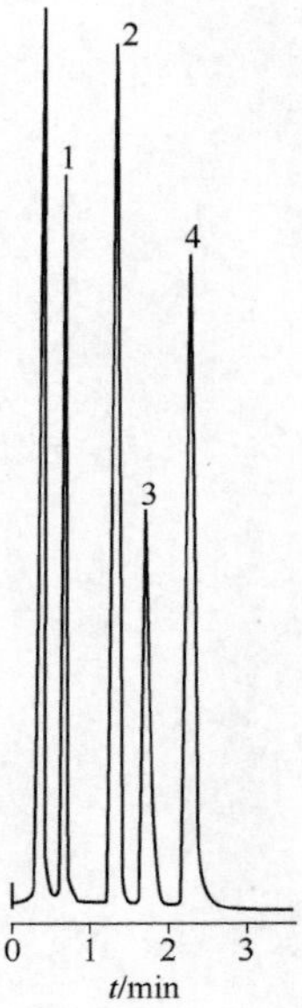

图 14-36 伪麻黄碱、利多卡因、拉明和扑尔敏色谱分离图[1]

色谱峰：1—伪麻黄碱；2—利多卡因；3—拉明；4—扑尔敏

色谱柱：Hypersil BDS C18（100mm×4.6mm，3μm）

流动相：20%乙腈-80% 0.05mol/L KH_2PO_4，pH=2.5

流　速：2.0ml/min

检测器：UV（220nm）

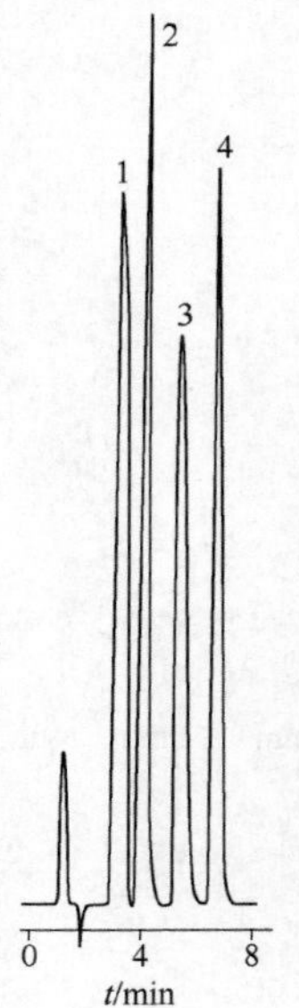

图 14-37 抗抑郁药色谱分离图[1]

色谱峰：1—去甲替林；2—多塞平；3—阿米替林；4—曲米帕明

色谱柱：Hypersil BDS C18（150mm×4.6mm，5μm）

流动相：60%乙腈-40% 0.01mol/L磷酸盐缓冲液，pH=7.0

流　速：1.0ml/min

检测器：UV（254nm）

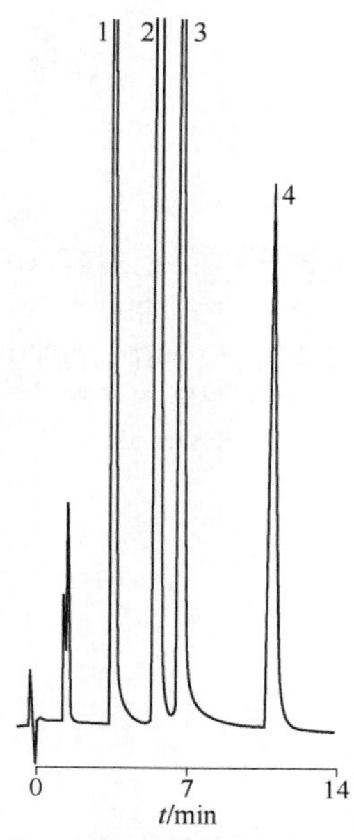

图 14-38　奥沙西洋、去甲西洋、替马西洋等的色谱分离图[1]

色谱峰：1—奥沙西泮；2 —去甲西泮；3—替马西泮；4—地西泮

色谱柱：Hypersil BDS C18（100mm×4.6mm，3μm）

流动相：乙腈-50mmol/L KH_2PO_4（体积比=35∶65），pH=3.5

流　速：1.5ml/min

检测器：UV（240nm）

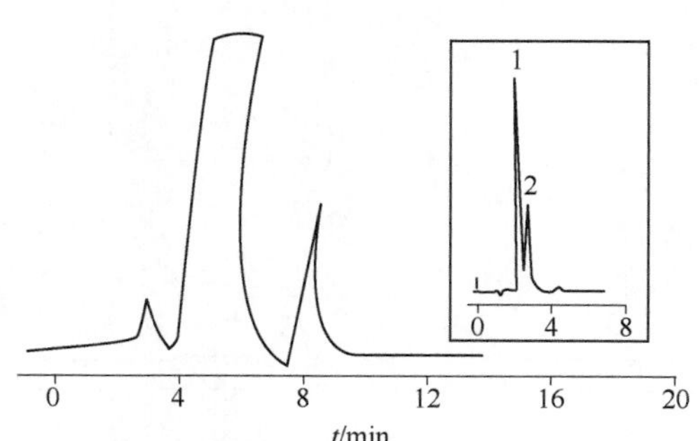

图 14-39　对乙酰氨基酚代谢物色谱分离图[1]

色谱峰：1—对乙酰氨基酚葡糖苷酸；2—对乙酰氨基酚硫酸盐；3—对乙酰氨基酚半胱氨酸；
4—扑热息痛

色谱柱：Hypercarb（100mm×4.6mm，7μm）

流动相：85%乙腈-15% H_3PO_4，pH=1.0

流　速：1.0ml/min

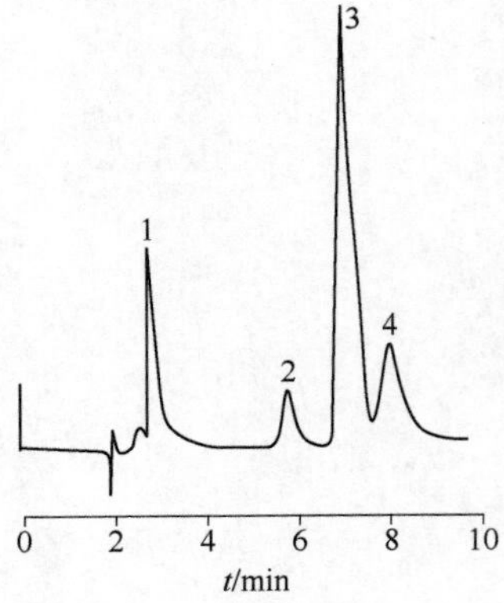

图 14-40 止痛药色谱分离图[1]

色谱峰：1—苯丙氨酸；2—阿司匹林；3—扑热息痛；4—水杨酸

色谱柱：Hypercarb（100mm×4.6mm，7μm）

流动相：甲醇-水-乙酸（体积比=95∶4∶1）

流　速：1.0ml/min

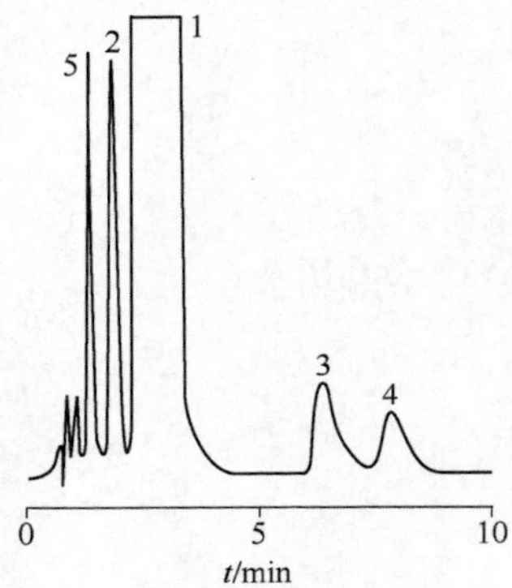

图 14-41 噻康唑色谱分离图[1]

色谱峰：1—噻康唑；2～5—噻康唑杂质

色谱柱：Hypercarb（100mm×3.0mm，7μm）

流动相：四氢呋喃-水-氨水（体积比=70∶30∶1），pH=10

流　速：1.5ml/min

检测器：UV（220nm）

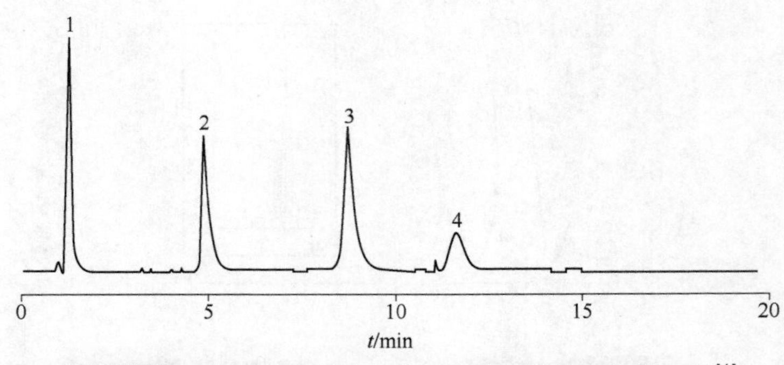

图 14-42 脱氢皮质（甾）醇、地塞米松等色谱分离图[1]

色谱峰：1—尿嘧啶；2—脱氢皮质（甾）醇；3—地塞米松；4—氢化可的松

色谱柱：Hypercarb（100mm×4.6mm，5μm）

流动相：乙腈-0.1%三氟乙酸水溶液（体积比=70∶30）

流　速：1.0ml/min

检测器：UV（254nm）

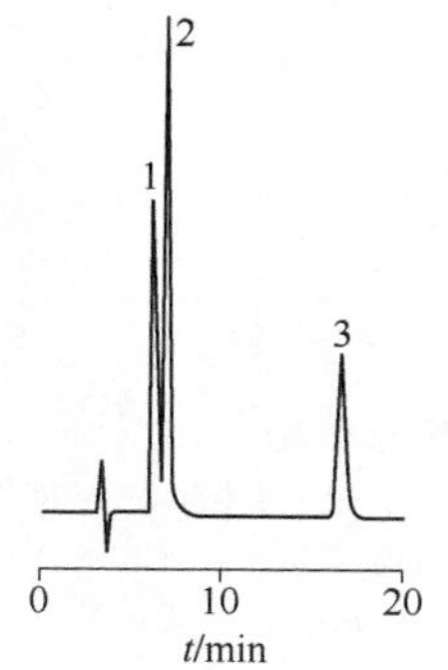

图 14-43　抗惊厥药物色谱分离图[1]

色谱峰：1—苯妥英钠；2—苯巴比妥；3—卡马西平

色谱柱：Hypercarb（100mm×4.6mm，7μm）

流动相：甲醇-乙腈-0.02mol/L磷酸缓冲液（体积比=10∶50∶40），pH=6.4

流　速：1.0ml/min

检测器：UV（215nm）

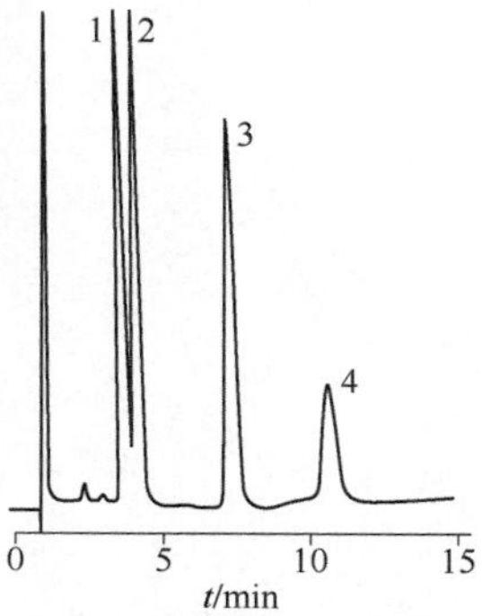

图 14-44　奥沙西泮、替马西泮等的色谱分离图[1]

色谱峰：1—奥沙西泮；2—替马西泮；3—地西泮；4—硝西泮

色谱柱：Hypercarb（100mm×4.6mm，7μm）

流动相：甲醇-水（体积比=85∶15）

温　度：26°C

流　速：1.0ml/min

检测器：UV（235nm）

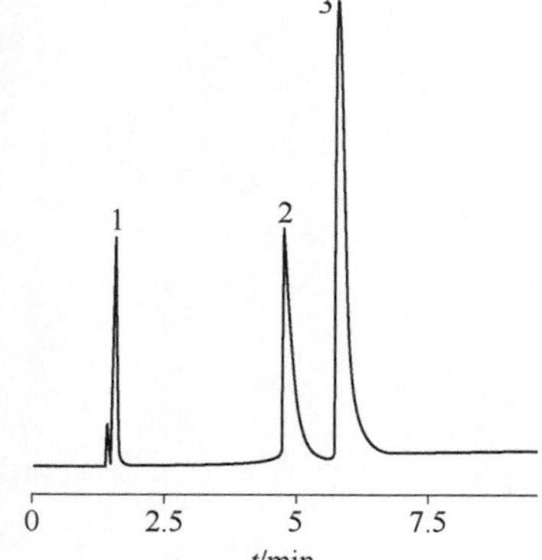

图 14-45　普鲁卡因酰胺色谱分离图[1]

色谱峰：1—普鲁卡因胺；2—*N*-乙酰普鲁卡因胺；3—*N*-丙酰基普鲁卡因胺

色谱柱：Hypercarb（100mm×4.6mm，5μm）

流动相：A．1%三氟乙酸水溶液；B．乙腈-异丙醇（体积比=1∶3）-1%三氟乙酸

流　速：1.0ml/min

梯　度：0→10min，35%B→95%B

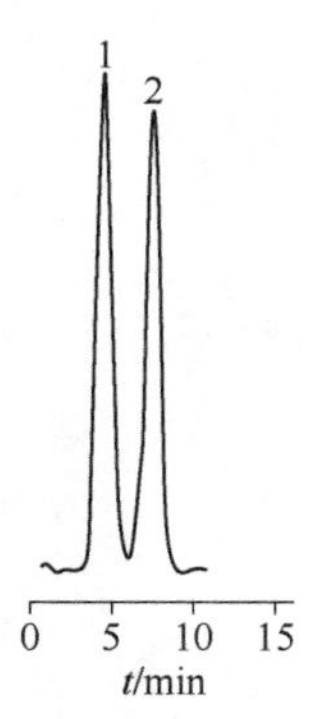

图 14-46　环孢素制剂 C18 色谱分离图[1]

色谱峰：1—环孢霉素A；2—环孢素ü

色谱柱：Hypercarb（10mm×4.6mm，5μm）

流动相：甲醇

流　速：1.5ml/min

温　度：70°C

检　测：UV（206nm）

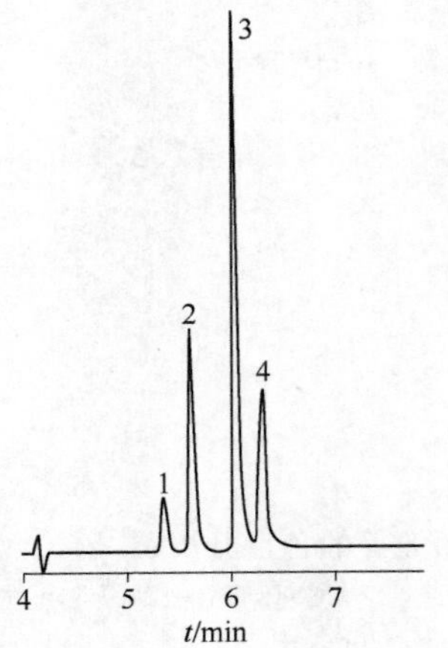

图 14-47　苯二氮平类药物色谱分离图[1]

色谱峰：1—奥沙西泮；2—替马西泮；3—地西泮；4—硝西泮

色谱柱：Hypercarb（3mm×2.1mm，5μm）

流动相：A．50mmol/L乙酸铵溶液，pH=9.0；

　　　　B．乙腈-异丙醇（体积比=1：1）

梯　度：0→3min，2%B→100%B

流　速：0.4ml/min

温　度：500℃

电　压：4.5kV

检测器：ESI

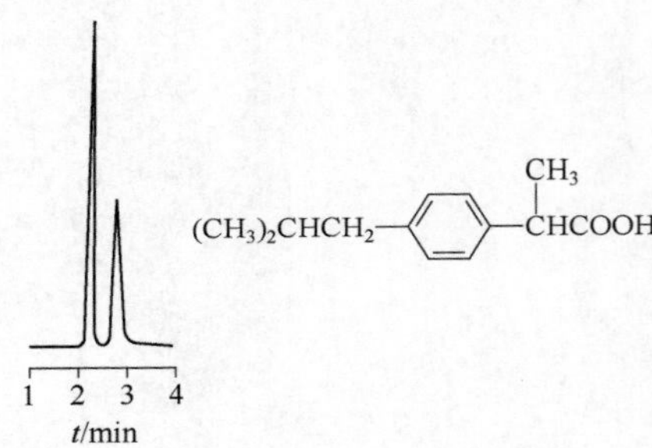

图 14-48　布洛芬色谱分离图[1]

色谱柱：Chiral HSA（15mm×4.6mm）

流动相：10%乙腈在0.05mol/L磷酸盐缓冲液，pH=6.9，4mmol/L辛酸

流　速：0.8ml/min

温　度：23°C

检测器：UV（254nm）

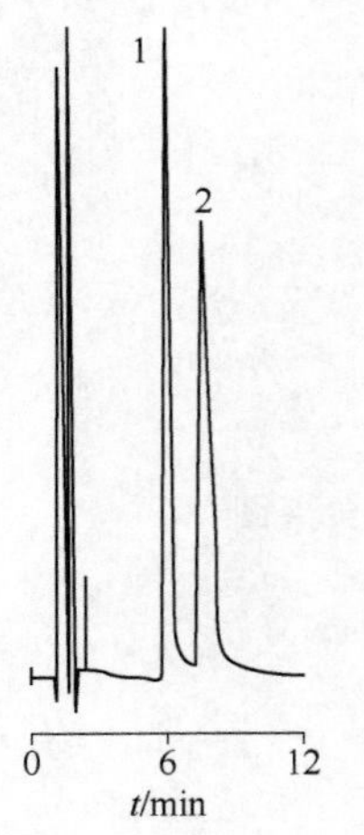

图 14-49　甲氟喹色谱分离图[1]

色谱峰：1—甲氟喹；2—氯喹

色谱柱：萘基脲（250mm×4.6mm）

流动相：己烷-异丙醇-甲醇（体积比=82：4：14）

流　速：1.5ml/min

检测器：UV（254nm）

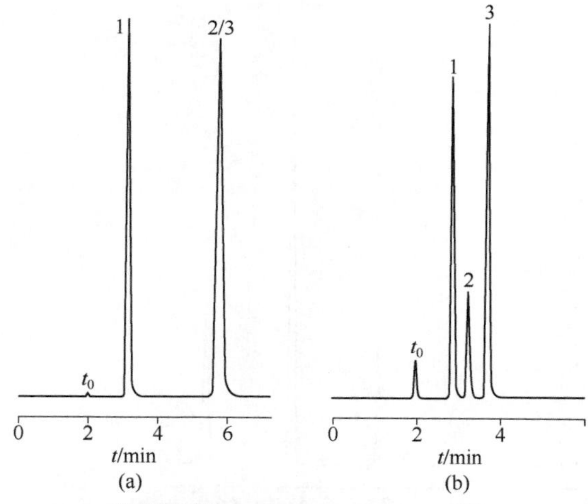

图 14-50 抗菌药色谱分离图[1]

色谱峰：1—呋喃唑酮；2—噁喹酸；3—萘啶酮酸
色谱柱：HyPURITY™ADVANCE（15mm×4.6mm，5μm）
流动相：（a）0.1%磷酸-乙腈（体积比=62∶38）；（b）5%乙酸-乙腈（体积比=40∶60）
流 速：1ml/min
检测器：UV（215nm）
温 度：室温

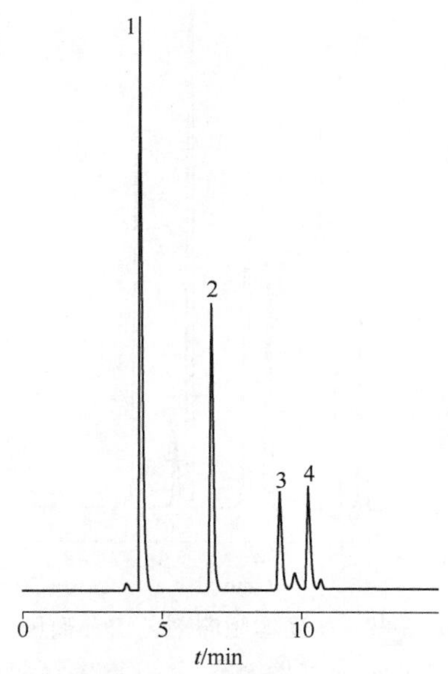

图 14-51 抗高血压利尿剂色谱分离图[1]

色谱峰：1—阿替洛尔；2—咖啡因；3—氢氯噻嗪；4—阿米洛利
色谱柱：HyPURITY™ADVANCE（15mm×4.6mm，5μm）
流动相：25mmol/L磷酸氢二钾-甲醇（体积比=80∶20），pH=7
流 速：1ml/min
温 度：室温
检测器：UV（254nm）

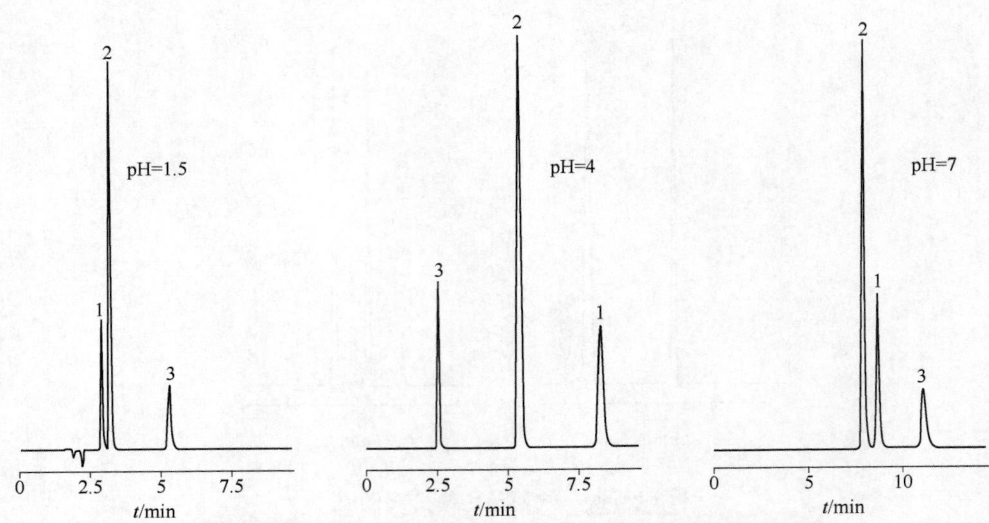

图 14-52 不同 pH 值条件下抗焦虑药物的色谱分离图[1]

色谱峰：1—奥沙西泮；2—利眠宁；3—非多虑平

色谱柱：HyPURITY™ADVANCE（15mm×4.6mm，5μm）

流　速：1ml/min

温　度：室温

检测器：UV（254nm）

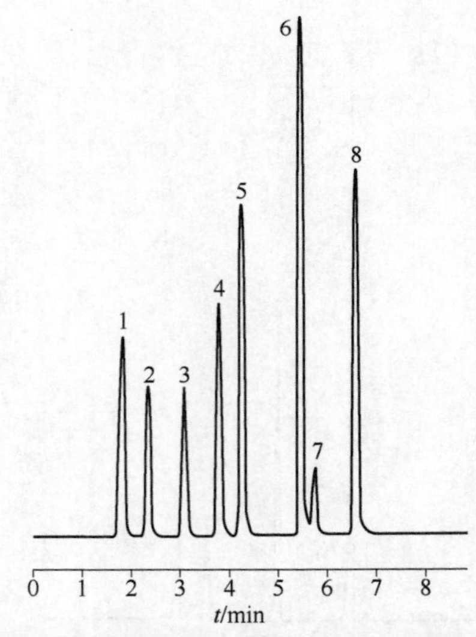

图 14-53 β-受体阻滞剂色谱分离图[1]

色谱峰：1—阿替洛尔；2—纳多洛尔；3—吲哚洛尔；4—噻吗洛尔；5—美托洛尔；6—氧烯洛尔；7—拉贝洛尔；8—普萘洛尔

色谱柱：HyPURITY™ C18（15mm×4.6mm，5μm）

流动相：乙腈-20mmol/L乙酸铵（pH=4.2）

梯　度：0→20min，20%→50%乙腈

流　速：1ml/min

检测器：UV（270nm）

温　度：室温

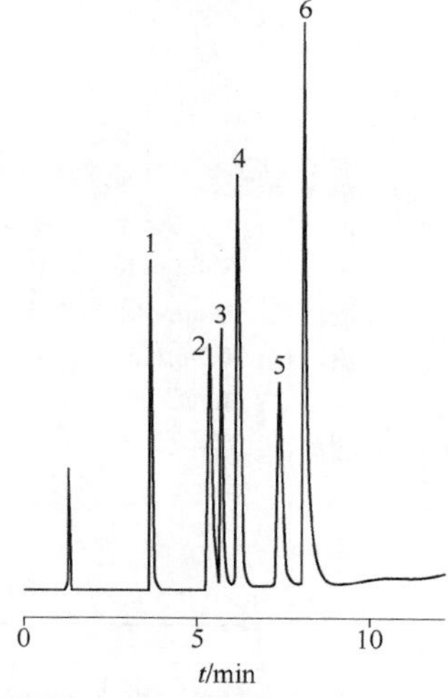

图 14-54　β-受体阻滞剂色谱分离图[1]

色谱峰：1—阿替洛尔；2—纳多洛尔；3—美托洛尔；4—噻吗洛尔；5—心得安；6—吲哚洛尔

色谱柱：Hypercarb（100mm×4.6mm，5μm）

流动相：A．水-0.5%三氟乙酸；B．乙腈-异丙醇（体积比=1∶3）-0.5%三氟乙酸

梯　度：

t/min	A/%	B/%
0	10	90
10	20	80
25	30	70
30	40	60

流　速：1.0ml/min

检测器：UV（270nm）

温　度：40°C

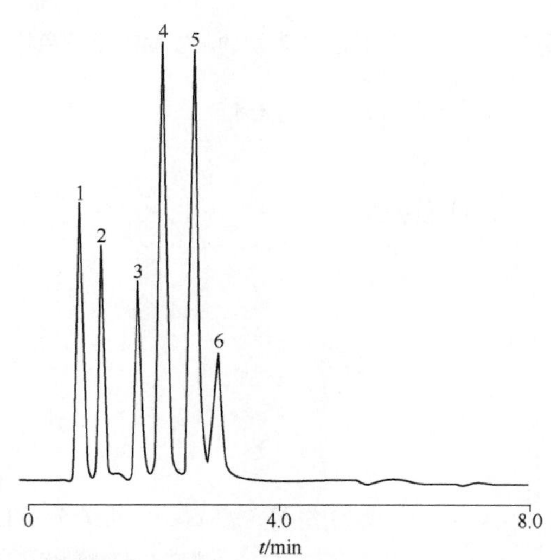

图 14-55　β-受体阻滞剂色谱分离图[3]

色谱峰：1—帕非洛尔；2—塞利洛尔；3—比索洛尔；4—美替洛尔；5—普萘洛尔；6—阿普洛尔

色谱柱：LiChroCART® 55-4 Purospher® STAR RP-18 endcapped，3μm

流动相：甲醇-0.05mol/L磷酸盐缓冲液（体积比=45∶55），pH=3.0

流　速：1.0ml/min

柱　温：30℃

检　测：UV（220nm）

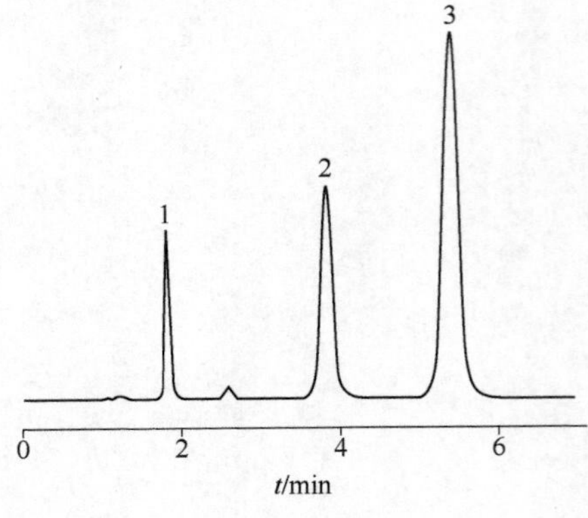

图 14-56 含氮物质的代谢物色谱分离图[2]

色谱峰：1—尿素；2—肌酸；3—肌酐

色谱柱：Shodex IC ys-50（125mm×4.6mm）

流动相：10mmol/L磷酸水溶液

流　速：1.0ml/min

柱　温：40℃

检测器：UV（210nm）

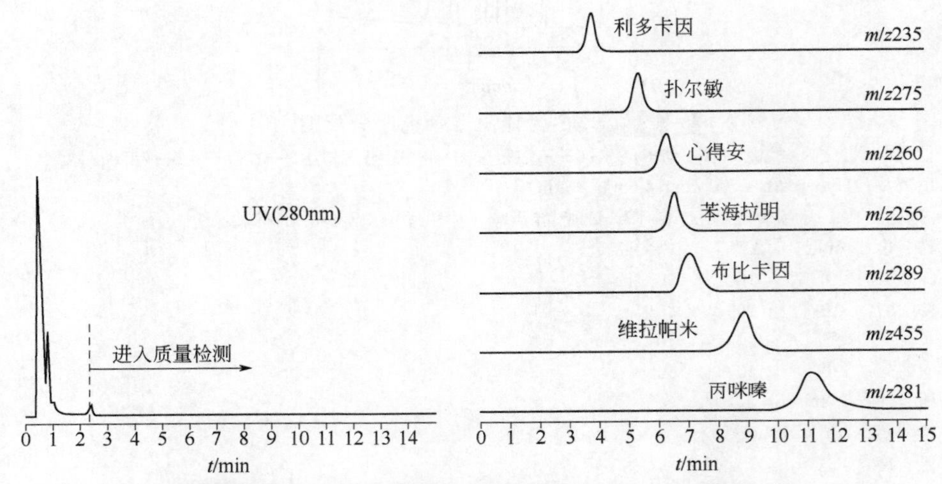

图 14-57 对照血清中各种药物的 LC-MS 分析色谱图[2]

色谱柱：Shodex odp2 hp-2b（50mm×2.0mm）

流动相：10mmol/L乙酸铵溶液-乙腈（体积比=70∶30）

流　量：0.2ml/min

柱　温：40℃

检测器：UV（280nm），ESI-MS（SIM阳性）

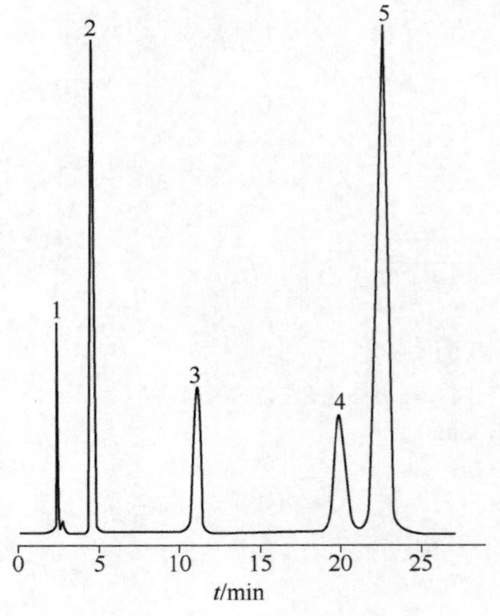

图 14-58 感冒药的组分分析色谱分离图[2]

色谱峰：1—阿司匹林；2—咖啡因；3—水杨酰胺；4—氨基比林；5—非那西丁

色谱柱：Shodex rspak ds-613（150mm×6.0mm）

流动相：15mol/L的磷酸盐缓冲液-乙腈（体积比=75∶25），pH=7.2

流　速：1.0ml/min

柱　温：40℃

检测器：UV（254nm）

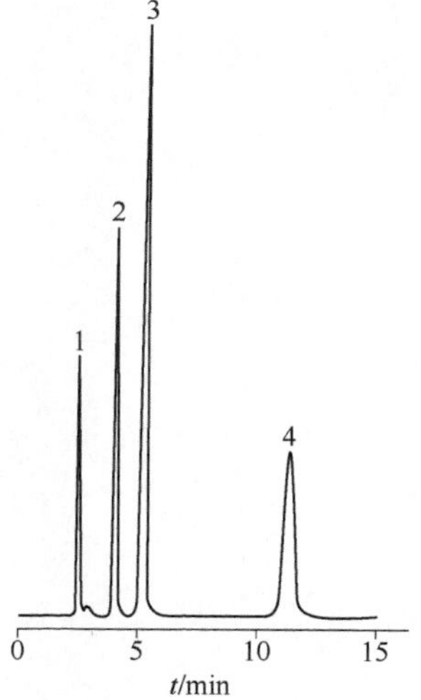

图 14-59 甲基黄嘌呤类色谱分离图[2]

色谱峰：1—黄嘌呤；2—可可碱；3—茶碱；4—咖啡因

色谱柱：Shodex rspak ds-613（150mm×6.0mm）

流动相：水-乙腈（体积比=88∶12）

流　速：1.0ml/min

柱　温：40℃

检测器：UV（254nm）

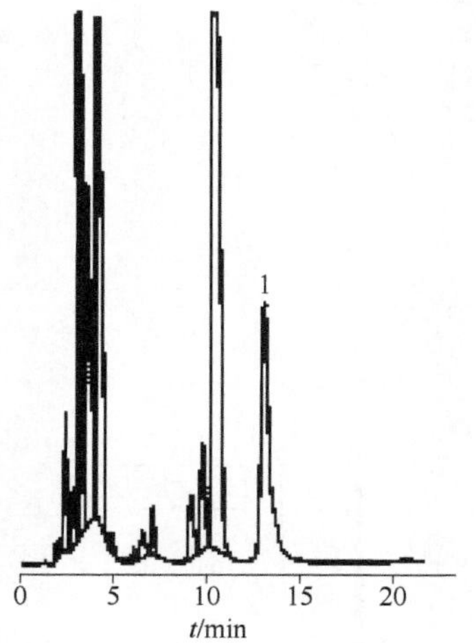

图 14-60 血清中酰氨酚的色谱分离图[2]

色谱峰：1—对乙酰氨基酚

色谱柱：Shodex odp2 hp-4d（150mm×4.6mm）

流动相：0.1%三氟乙酸-乙腈（体积比=93∶7）

流　量：0.5ml/min

柱　温：40℃

检测器：UV（254nm）

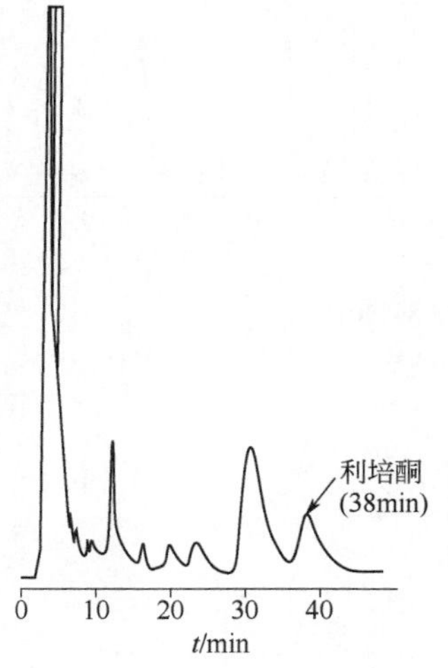

图 14-61 尿液中利培酮的色谱分离图[2]

色谱柱：Shodex odp2 hp-4d（150mm×4.6mm）

流动相：0.1% 三氟乙酸-乙腈（体积比=93∶7）

流　速：0.6ml/min

柱　温：40℃

检测器：UV（215nm）

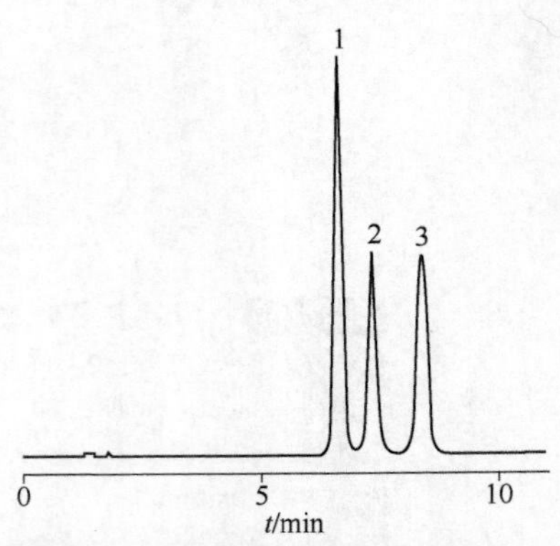

图 14-62 局部麻醉剂色谱分离图[2]

色谱峰：1—苯佐卡因；2—利多卡因；3—丁卡因
色谱柱：Shodex rspak de-413（150mm×4.6mm）
流动相：20mmol/L磷酸钠缓冲液-乙腈（体积比=50：50），pH=9.0
流 速：0.8ml/min
柱 温：40℃
检测器：UV（254nm）

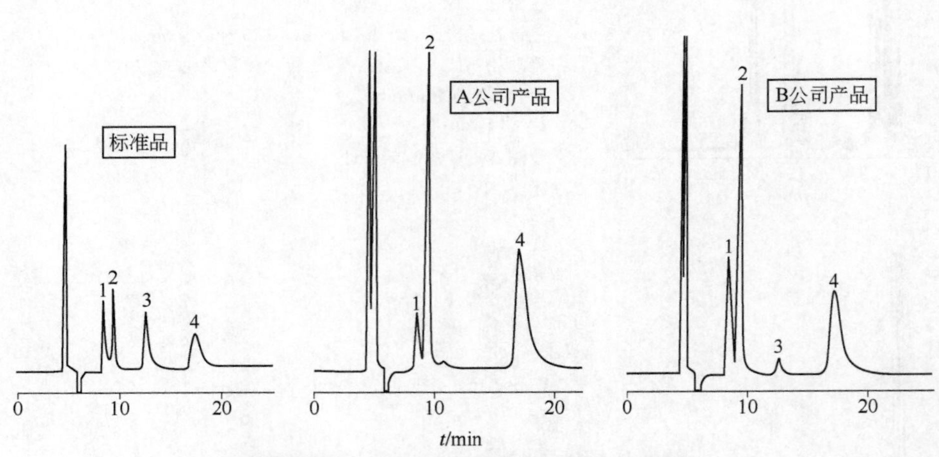

图 14-63 消炎镇痛搽剂的色谱分离图[2]

色谱峰：1—D,L-樟脑；2—左旋薄荷醇；3—百里酚；4—甲基水杨酸酯
色谱柱：Shodex Asahipak odp-50 4E（250mm×4.6mm）
流动相：80%甲醇
流 速：0.6ml/min
柱 温：30℃
检测器：RI

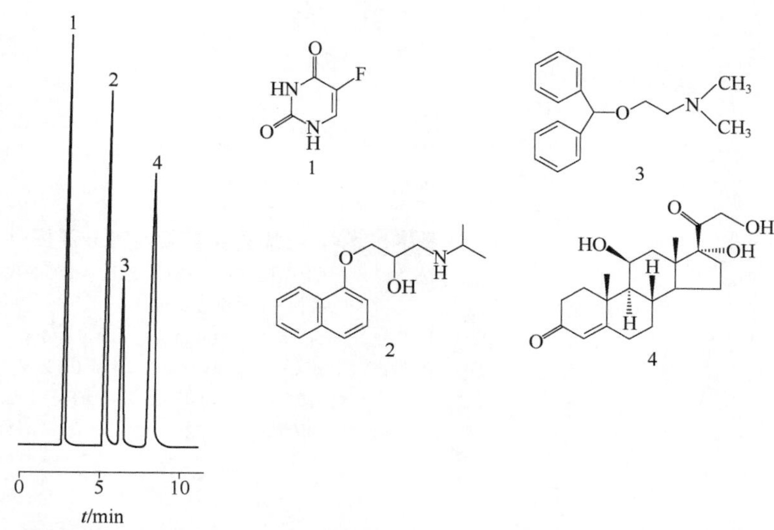

图 14-64 5-氟尿嘧啶、普萘洛尔、盐酸苯海拉明等的色谱分离图[2]

色谱峰：1—5-氟尿嘧啶（5-FU）；2—普萘洛尔；3—盐酸苯海拉明；4—氢化可的松

色谱柱：Shodex Asahipak odp-50 4D（150mm×4.6mm）

流动相：25mmol/L的磷酸钠缓冲液-乙腈（体积比=70∶30），pH=3.0

流　速：0.6ml/min

柱　温：30℃

检测器：UV（254nm）

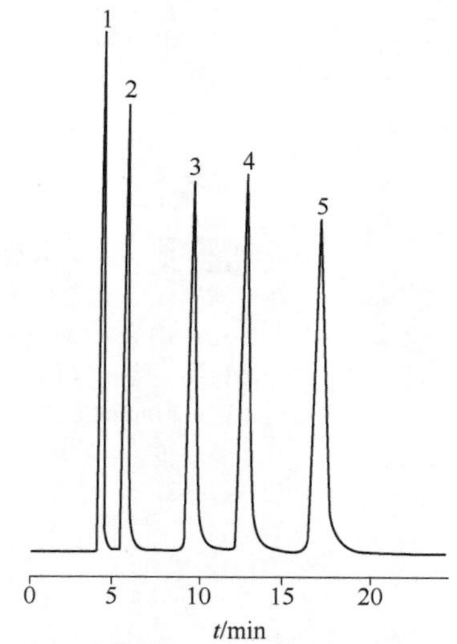

图 14-65 巴比妥类药物色谱分离图[2]

色谱峰：1—巴比妥；2—苯巴比妥；3—环己巴比妥；4—戊巴比妥；5—司可巴比妥

色谱柱：Shodex Asahipak odp-50 4D（150mm×4.6mm）

流动相：50mmol/L的磷酸钠缓冲液-甲醇（体积比=75∶25），pH=11.0

流　速：0.5ml/min

柱　温：30℃

检测器：UV（254nm）

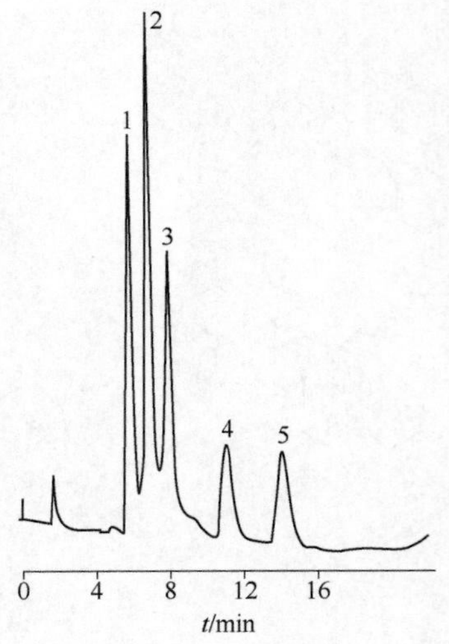

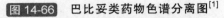

图 14-66 巴比妥类药物色谱分离图[1]

色谱峰：1—丁巴比妥；2—异戊巴比妥；3—戊巴比妥；4—苯巴比妥；5—司可巴比妥

色谱柱：Hypercarb（100mm×4.6mm，7μm）

流动相：甲醇-水（体积比=80∶20），0.1%溴化十六烷基三甲基铵（CTAB）和0.03mol/L KOH

流　速：1.0ml/min

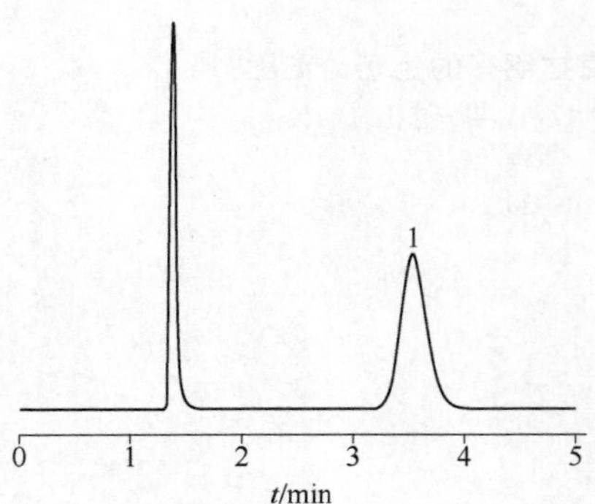

图 14-67 马来酸依纳普利的色谱分离图[2]

色谱峰：1—马来酸依纳普利

色谱柱：Shodex rspak ds-413（150mm×4.6mm）

流动相：20mmol/L磷酸钠缓冲液-乙腈（体积比=80∶20），pH=6.8

流　速：1.0ml/min

柱　温：70℃

检测器：UV（210nm）

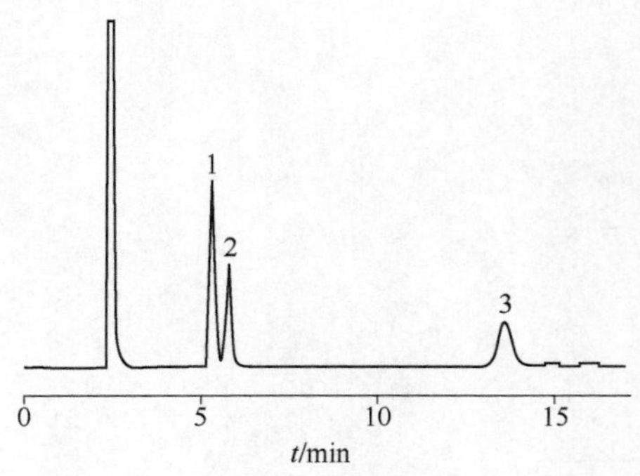

图 14-68 糖尿病药物的色谱分离图[2]

色谱峰：1—米格列醇；2—伏格列波糖；3—阿卡波糖

色谱柱：Shodex Asahipak NH_2P-50 4E（250mm×4.6mm）

流动相：乙腈-水（体积比=70∶30）

流　速：1.0ml/min

柱　温：30℃

检测器：RI

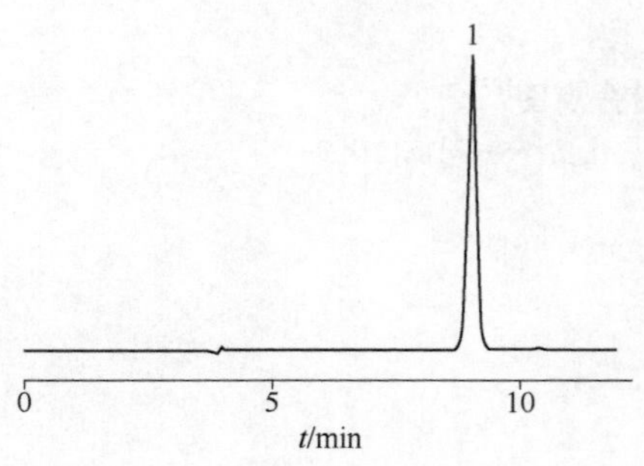

图 14-69 利巴韦林色谱峰[2]

色谱峰：1—利巴韦林

色谱柱：Shodex SUGAR KS-801（300mm×8.0mm）

流动相：H_2O

流　速：1.0ml/min

柱　温：80℃

检测器：UV（207nm）

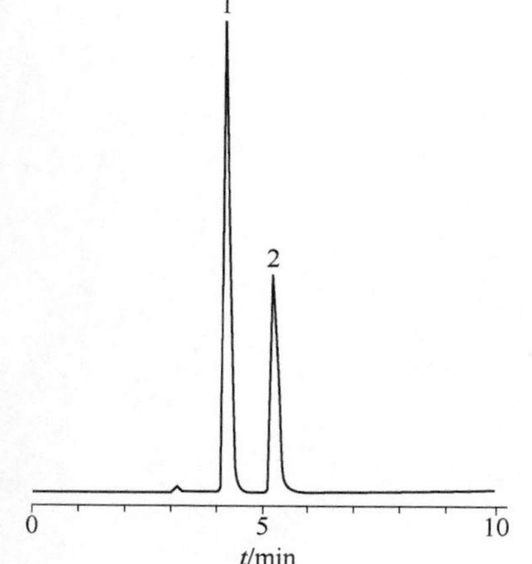

图 14-70　青霉素类抗生素的色谱分离图[2]

色谱峰：1—阿莫西林；2—氨苄青霉素

色谱柱：Shodex rspak de-413（150mm×4.6mm）

流动相：25mmol/L的磷酸钠缓冲液-乙腈（体积比=50∶50），pH=4.5

流　速：0.6ml/min

柱　温：40℃

检测器：UV（254nm）

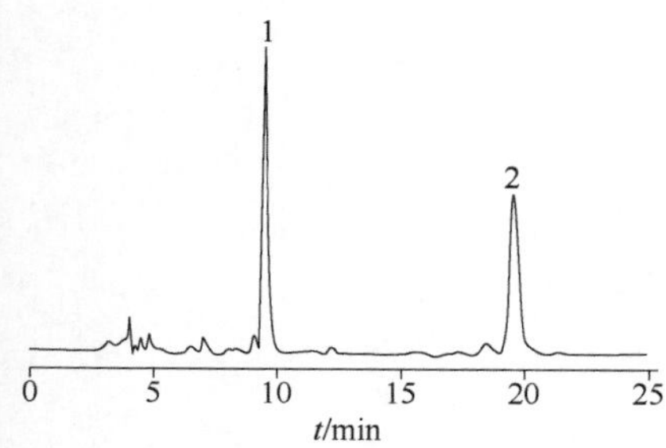

图 14-71　大环内酯类抗生素的色谱分离图[2]

色谱峰：1—红霉素；2—阿奇霉素

色谱柱：Shodex Asahipak odp-40 4E（250mm×4.6mm）

流动相：40mmol/L磷酸钾缓冲液-乙腈（体积比=40∶60），pH=11.0

流　量：0.5ml/min

柱　温：40℃

检测器：UV（223nm）

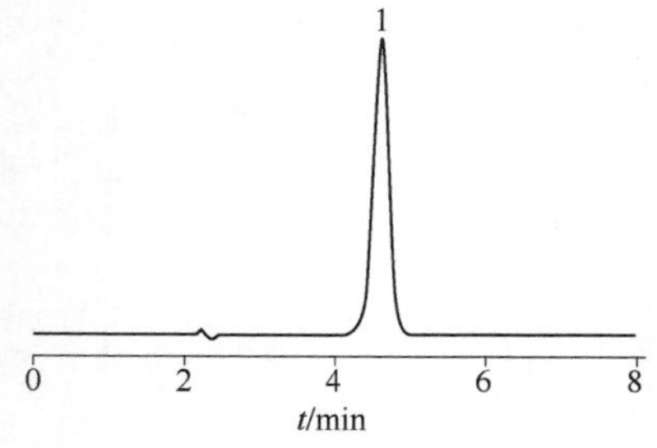

图 14-72　泛影葡胺色谱图[2]

色谱峰：1—泛影葡胺

色谱柱：Shodex rspak n*N*-414（150mm×4.6mm）

流动相：三氟乙酸-甲酸-水（体积比=0.05∶0.3∶100）

流　速：1.0ml/min

柱　温：35℃

检测器：RI

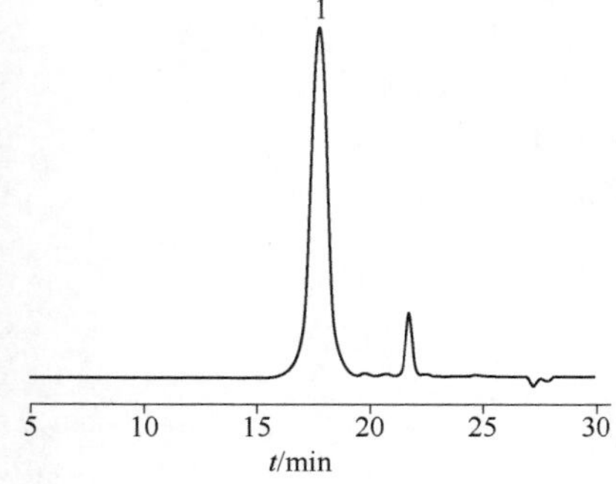

图 14-73　抗凝血药肝磷脂色谱图[3]

色谱峰：1—肝磷脂

色谱柱：Shodex OHpak sb-806mHQ（300mm×8.0mm）×2

流动相：0.1mol/L硝酸钠水溶液

流　速：1.0ml/min

柱　温：40℃

检测器：RI

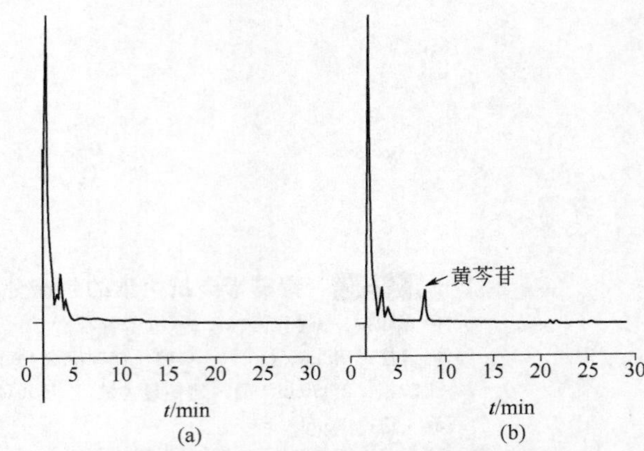

图 14-74 血液中黄芩苷分析色谱分离图[1]

样　品：(a) 空白血样；(b) 空白血浆中加黄芩苷

色谱柱：Krom asil C18（150mm×4.6mm，5μm）

流动相：甲醇-四氢呋喃-50mmol/L磷酸二氢钠缓冲溶液（体积比=40∶5∶60），pH=2.6

流　速：1.0ml/min

进样量：20μl

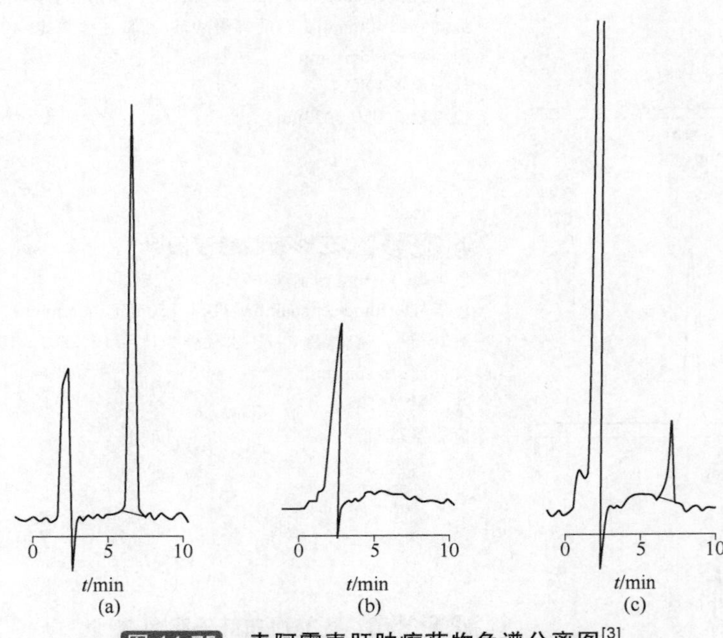

图 14-75 表阿霉素肝肿瘤药物色谱分离图[3]

色谱峰：(a) 标准：4′-注射用盐酸表阿霉素-HCl；肝匀浆的上清液（蛋白质）；(b) 上清肝肿瘤匀浆（蛋白质）；(c) 硬脂酸甲酯

色谱柱：LiChrospher® RP-4 ADS（20mm×4mm），
LiChrospher® 60 RP-select B（250mm×4mm）

流动相：由95%水-5%甲醇转换为30%乙腈-70%水

流　速：1.0ml/min

检测器：荧光（λ_{ex} 445nm，λ_{em} 560nm）

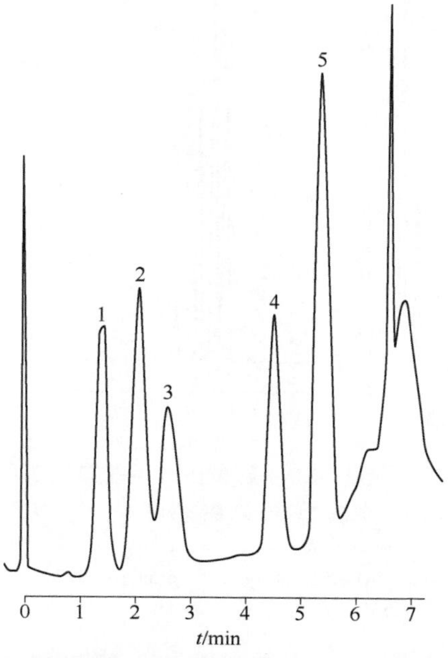

图 14-76　磺胺类药物色谱分离图[3]

色谱峰：1—磺胺嘧啶；2—磺胺甲基嘧啶；3—磺胺异噁唑；4—磺胺吡啶；5—磺胺类（0.1%）

色谱柱：TLC硅胶60

样品量：0.75μl

流动相：乙酸乙酯-甲醇-25%氨水溶液（体积比=60∶20∶2）

检测器：UV（254nm）

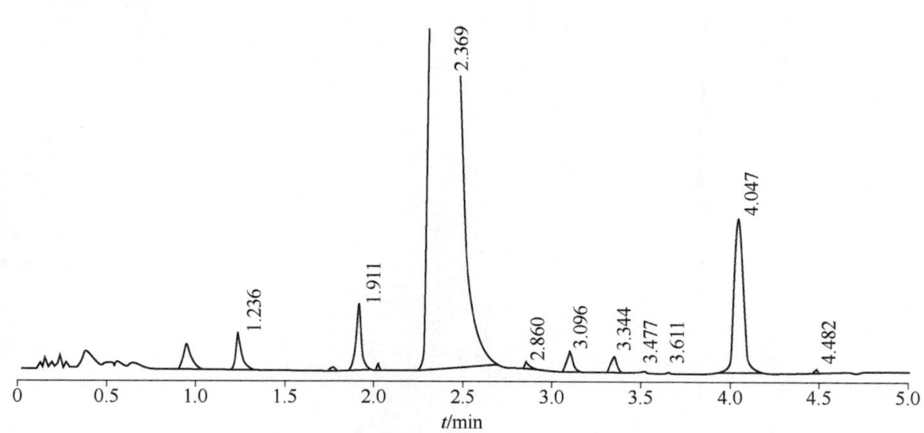

图 14-77　泮托拉唑钠色谱分离图[3]

色谱柱：Purospher® STAR RP-18 endcapped（5mm×2.1mm，2μm）

流动相：A．1.74g磷酸氢二钾+1000ml水，用稀磷酸（330g/L）调节pH=7.0；B．乙腈

流　速：0.6ml/min

梯　度：0→1.5min，20%B→28%B，1.5min→4.0min，28%B→40%B；之后，保持1min

进样量：7μl

柱　温：40℃

检测器：UV（290nm）

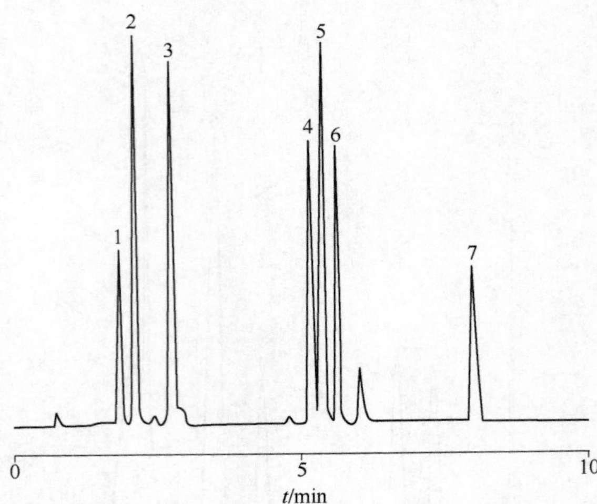

图 14-78 2,4,5-三羟基苯、左旋多巴、甲基多巴等的色谱分离图[3]

色谱峰：1—2,4,5-三羟基苯；2—多巴胺；3—左旋多巴；4—甲基多巴；5—3,4-二羟基苯乙酸；6—卡比多巴；7—3-羟基苯乙酸

色谱柱：Chromolith®PerformanceRP-18E（100mm×4.6mm）

流动相：A．甲醇；B．0.1%三氟乙酸水溶液

流　速：2ml/min

梯　度：0.0min→1.0min，100% B；1.0min→10min，100%B→80%B

柱　温：室温

进样量：5μl

检　测：UV（282nm）

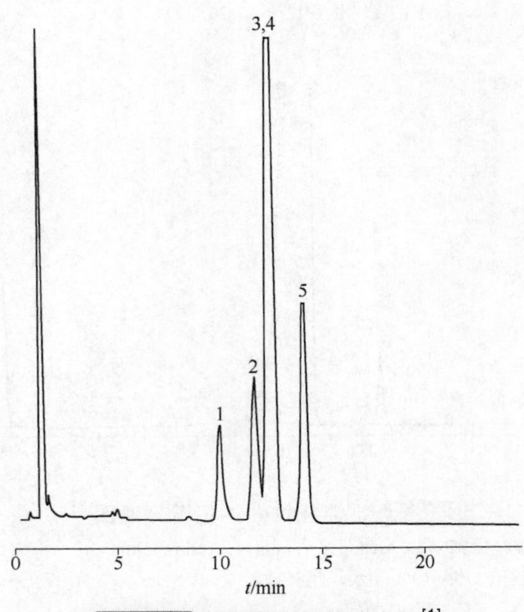

图 14-79 类固醇色谱分离图[1]

色谱峰：1—胆固醇；2—菜油甾醇；3—豆甾醇；4—二氢甾醇；5—β-甾类固醇

色谱柱：BETASIL C8（150mm×4.6mm，5μm）

流动相：90%乙腈-10%水

流　速：1.0ml/min

检测器：UV（200nm）

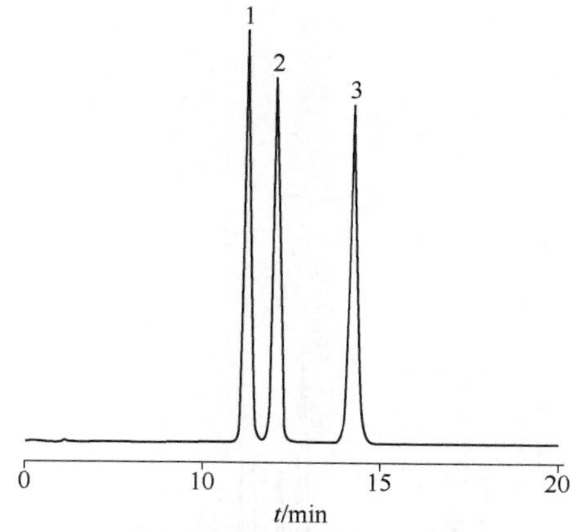

图 14-80　类固醇色谱分离图[2]

色谱峰：1—可的松；2—强的松龙；3—睾酮

色谱柱：Shodex OHpak sb-802.5HQ（300mm×8.0mm）

流动相：水-乙腈（体积比=60∶40）

流　速：1.0ml/min

柱　温：70℃

检测器：UV（240nm）

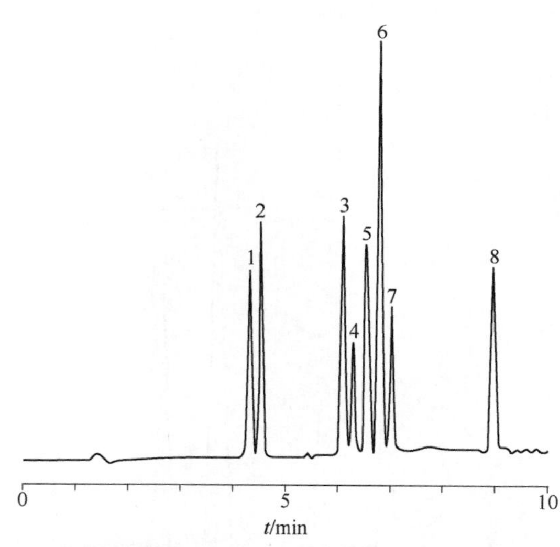

图 14-81　类固醇类药物色谱分离图[3]

色谱峰：1—泼尼松龙；2—可的松；3—甲基多巴；4—去甲睾酮；5—雌二醇；6—睾酮；7—皮质酮；8—雌酮

色谱柱：Chromolith® Performance RP-18 endcapped（2根）

流动相：乙腈-水

梯　度：0→7.0min，80%水→10%水

流　速：3.0ml/min

检测器：UV（220nm）

柱　温：室温

进样量：10μl

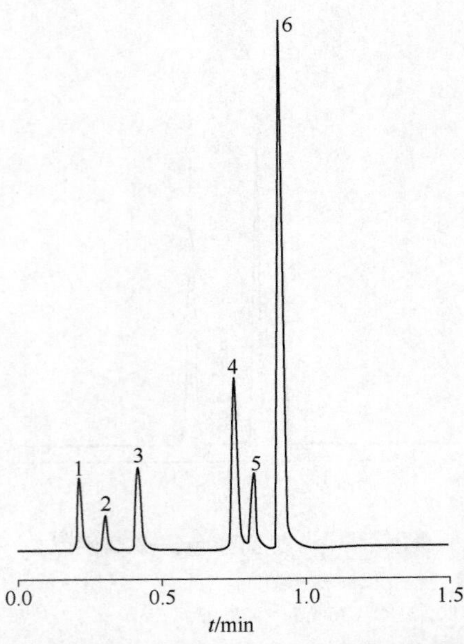

图 14-82 阿替洛尔、吲哚洛尔、美托洛尔等的色谱分离图[3]

色谱峰：1—阿替洛尔；2—吲哚洛尔；3—美托洛尔；4—比索洛尔；5—拉贝洛尔；6—心得安

色谱柱：Chromolith® HighResolution RP-18E（50mm×4.6mm）

流动相：乙腈-0.02mol/L磷酸缓冲液，pH=2.5

流　速：3.5ml/min

梯　度：0.0min，20%乙腈；0.3min，40%乙腈

柱　温：室温

进样量：1μl

检测器：UV（230nm）

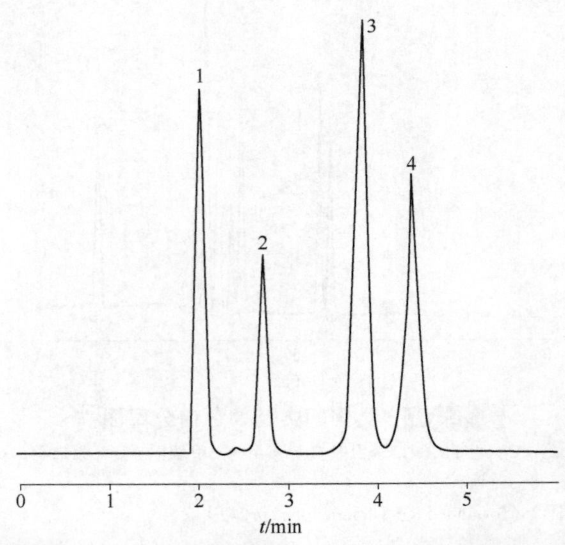

图 14-83 索他洛尔、阿替洛尔、美托洛尔等的色谱分离图[3]

色谱峰：1—索他洛尔；2—阿替洛尔；3—美托洛尔；4—普奈洛尔

色谱柱：LiChroCART® 250-4Aluspher® 100 RP-select B，5μm

流动相：甲醇-0.025mol/L NaOH（体积比=50：50）

柱　温：室温

检测器：UV（220nm）

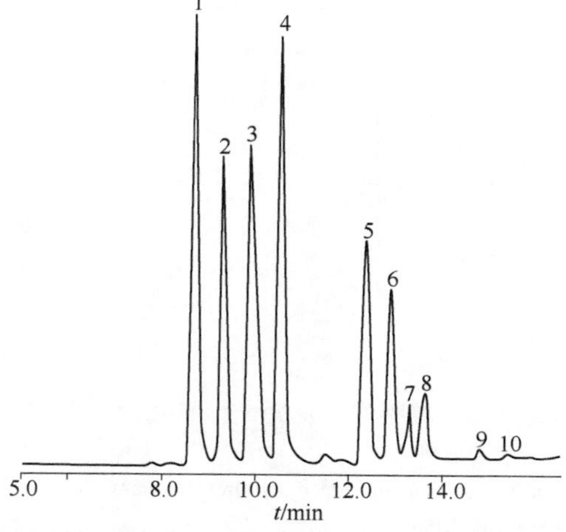

图 14-84 氟甲睾酮、宝丹酮、美雄酮等的色谱分离图[3]

色谱峰：1—氟甲睾酮；2—宝丹酮；3—美雄酮；4—睾酮；5—甲睾酮；6—醋酸宝丹酮；7—醋酸睾酮；8—丙酸诺龙；9—丙酸睾酮；10—苯丙诺龙

色谱柱：Chromolith® CapRod® RP-8e（150mm×0.1mm）

流动相：水-乙腈　　流　速：2μl/min

梯　度：0→3min，12%乙腈→27%乙腈（持续1min），4min→15min，27%乙腈→90%乙腈（持续5min）

进样量：0.01μl　　柱　温：25℃

检测器：UV（290nm）

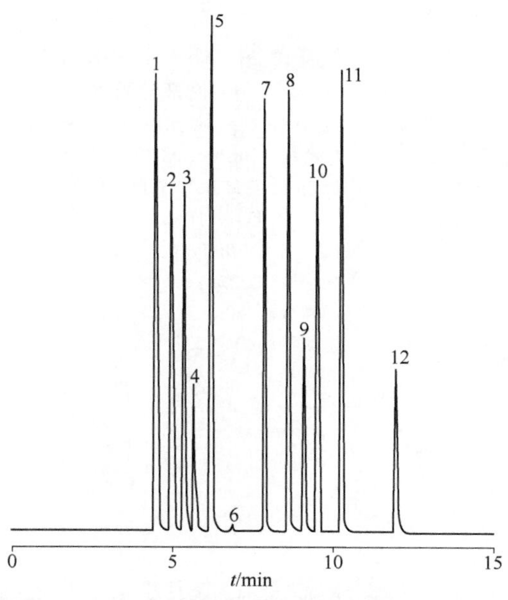

图 14-85 氟甲睾酮、勃地酮、美雄酮等的色谱分离图[3]

色谱峰：1—氟甲睾酮；2—勃地酮；3—美雄酮；4—睾酮；5—甲睾酮；6—勃地酮酯；7—醋酸炔诺酮；8—丙酸诺龙；9—丙酸睾丸酮；10—苯丙诺龙；11—异己酸睾酮；12—丙酸睾酮

色谱柱：Chromolith® HighResolution RP-18e（2×100mm×4.6mm+1×50mm×4.6mm）

流动相：乙腈-水　　流　速：1.0ml/min

梯　度：0→2min，55%乙腈→95%乙腈；2min→15min，保持95%乙腈

柱　温：室温　　进样量：10μl

检测器：UV（240nm）

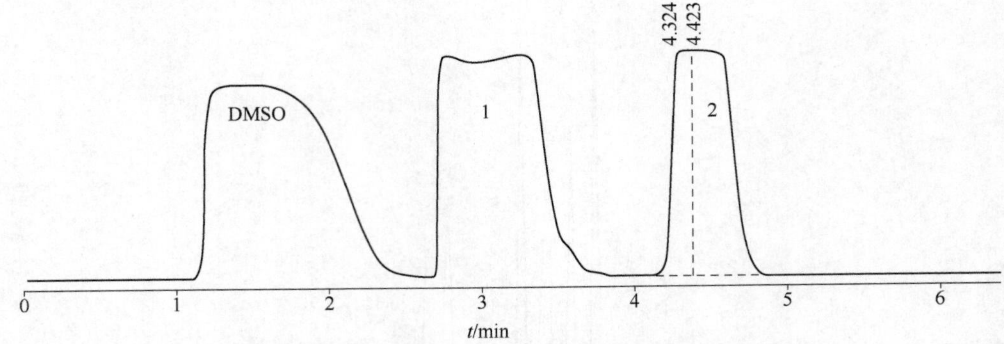

图 14-86 普萘洛尔、硝苯地平色谱分离图[3]

色谱峰：1—普萘洛尔；2—硝苯地平

色谱柱：Chromolith® SemiPrep RP-18 endcapped（100mm×10mm）

流动相：A．水；B．0.05%三氟乙酸

流　速：8ml/min

梯　度：

t/min：	0	1	5	5.2	6.2
A/%：	5	5	90	95	95

检测器：UV（214nm）

进样量：400μl

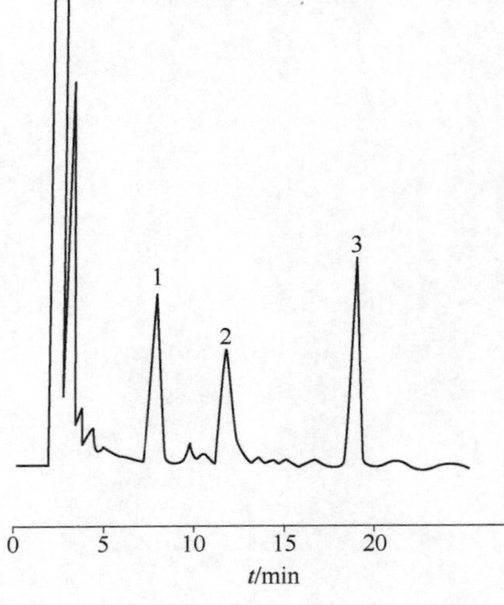

图 14-87 乙酰水杨酸、水杨酸、对羟基苯甲酸乙酯的色谱分离图[3]

色谱峰：1—乙酰水杨酸；2—水杨酸；3—对羟基苯甲酸乙酯

色谱柱：LiChroCART® 250-4 LiChrospher® 100 RP-18，5μm

流动相：0.01mol/L磷酸二氢钠，磷酸-乙腈-甲醇（体积比=70：25：5），pH=2.0

流　速：1.0ml/min

柱　温：室温

进样量：100μl

检测器：UV（237nm）

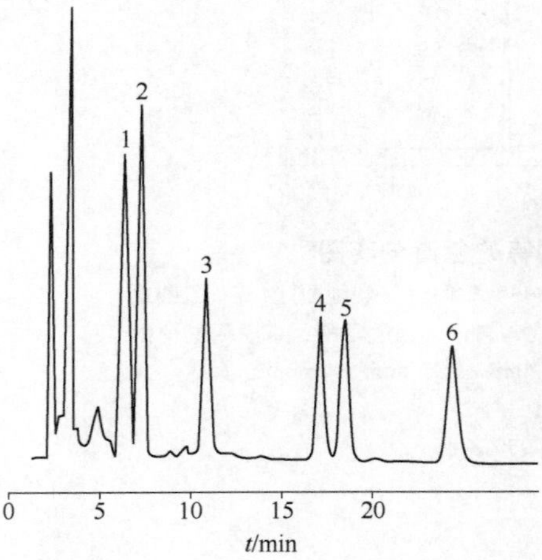

图 14-88 泼尼松龙、可的松、地塞米松的色谱分离图[3]

色谱峰：1—泼尼松龙；2—可的松；3—地塞米松；4—醋酸泼尼松龙；5—醋酸氢化可的松；6—醋酸可的松

色谱柱：LiChroCART® 125-4 LiChrospher® 100 RP-18，5μm

流动相：乙腈-0.5mmol/L乙酸钠缓冲液（体积比=30：70）

流　速：0.8ml/min

柱　温：室温

检测器：UV（235nm）

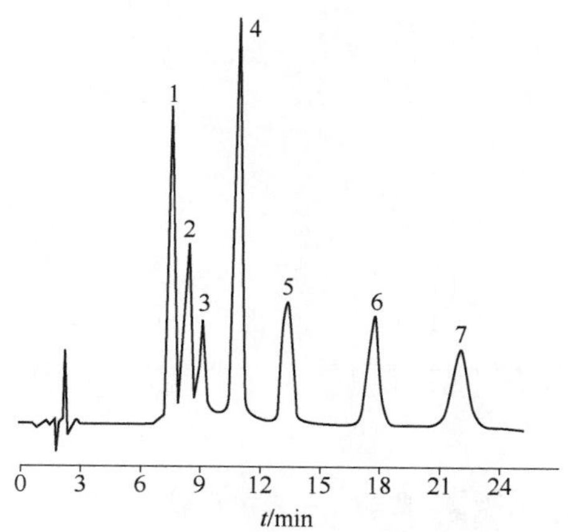

图 14-89　苯基乙丙胺等化合物的色谱分离图[3]

色谱峰：1—苯基乙丙胺；2—PMA；3—丙二醛（MDA）；4—甲基苯丙胺；5— 二亚甲基双氧安非他明（MDMA）；6—乙基苯丙胺；7—*N*-甲基二乙醇胺（MDEA）

色谱柱：LiChroCART® 250-4 Aluspher® 100 RP-select B，5μm

流动相：甲醇-0.025mol/L NaOH（体积比=25：75）

流　速：1.0ml/min

柱　温：室温

检测器：UV（215nm）

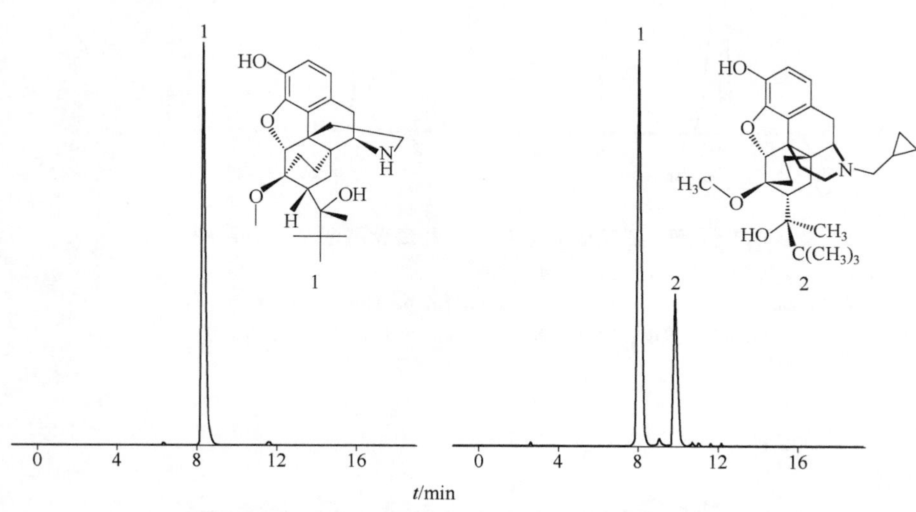

图 14-90　去丁丙诺啡和丁丙诺啡的色谱分离图[3]

色谱峰：1—去丁丙诺啡；2—丁丙诺啡

色谱柱：Purospher® STAR RP-18 endcapped（2μm）Hibar® HR（10mm×2.1mm）

流动相：A．0.1%甲酸的Milli-Q超纯水；B．0.1%甲酸的乙腈溶液

流　速：0.7ml/min

柱　温：40℃

检测器：UV（270nm）

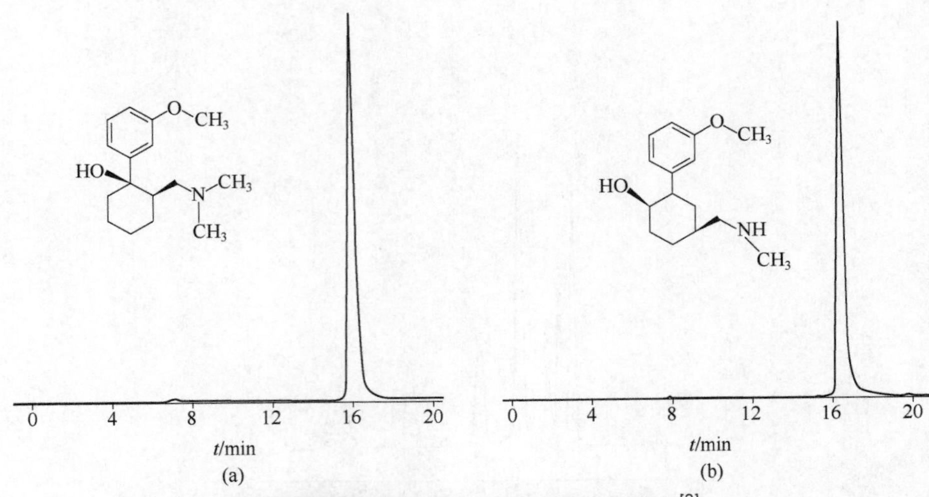

图 14-91 曲马多和去曲马多的色谱图[3]

色谱峰：(a) 曲马多；(b) 去曲马多

色谱柱：Purospher® STAR RP-18 endcapped（2μm）Hibar® HR（5mm×2.1mm）

流动相：A．0.1%甲酸的Milli-Q超纯水；B．0.1%甲酸的乙腈溶液

流　速：0.4ml/min

柱　温：40℃

检测器：UV（270nm）

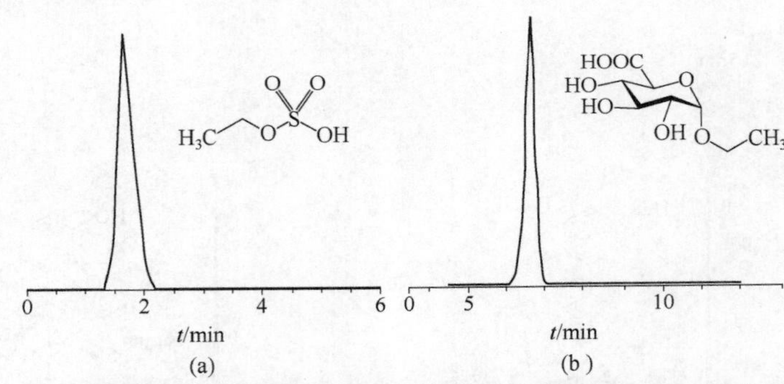

图 14-92 乙基硫酸盐和乙基葡萄糖醛酸色谱分离图[3]

色谱峰：(a) 乙基硫酸盐；(b) 乙基葡萄糖醛酸

色谱柱：SeQuant® ZIC®-HILIC（3μm，200Å）PEEK（15mm×2.1mm）

流动相：乙腈-5mmol/L乙酸铵（体积比=85∶15），pH=6.8

流　速：0.2ml/min

柱　温：25℃

检测器：UV（270nm）

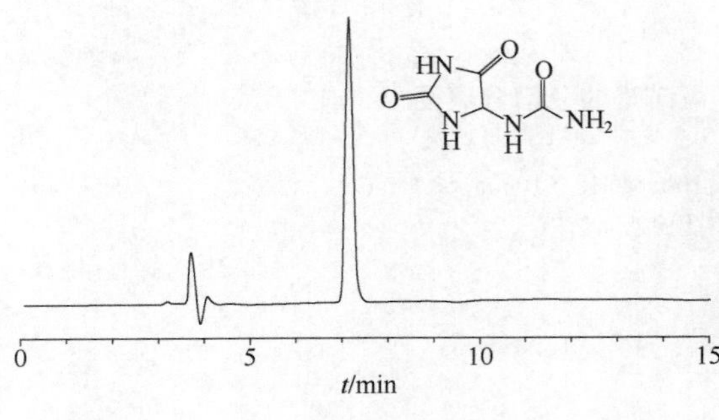

图 14-93 尿囊素色谱分离图[3]

色谱柱：SeQuant® ZIC®-HILIC（150mm×4.6mm，5μm）

流动相：乙腈-甲酸缓冲液（体积比=25∶75），pH=6.8

流　速：0.5ml/min

柱　温：30℃

检测器：UV（210nm）

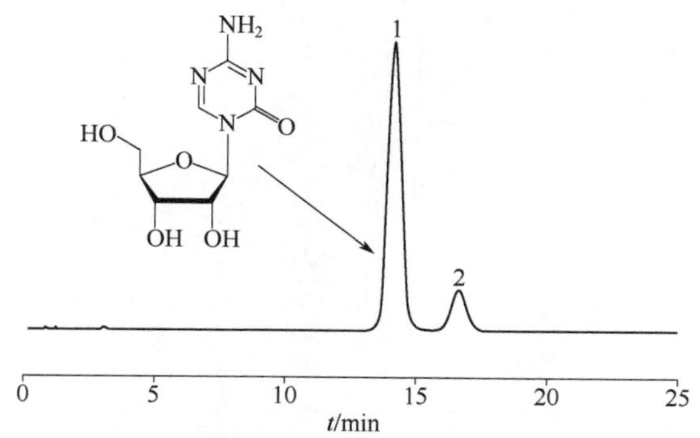

图 14-94 阿扎胞苷的色谱分离图[3]

色谱峰：1—阿扎胞苷；2—杂质

色谱柱：SeQuant® ZIC®-HILIC（5μm，200Å）（150mm×4.6mm）

流动相：乙腈-10mmol/L乙酸铵缓冲液（体积比=10∶90）

流　速：2.0ml/min　　柱　温：25℃

检测器：UV（242nm）

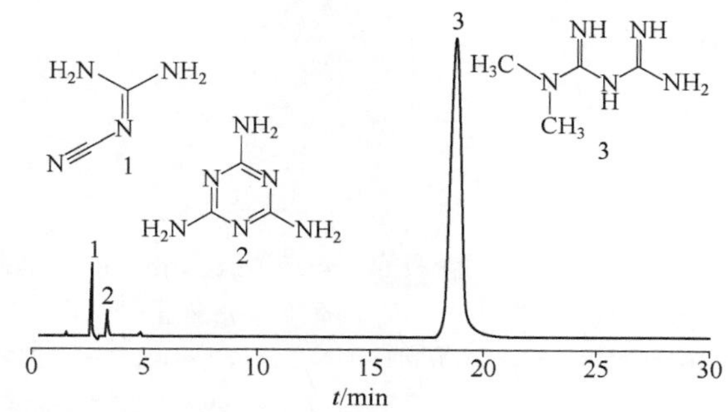

图 14-95 氰基胍、三聚氰胺、二甲双胍色谱分离图[3]

色谱峰：1—氰基胍；2—三聚氰胺；3—二甲双胍

色谱柱：SeQuant® ZIC®-HILIC（250mm×4.6mm，5μm）

流动相：乙腈-10mmol/L乙酸铵缓冲液（体积比=85∶15）

流　速：1.5ml/min　　柱　温：30℃

检测器：UV（218nm）

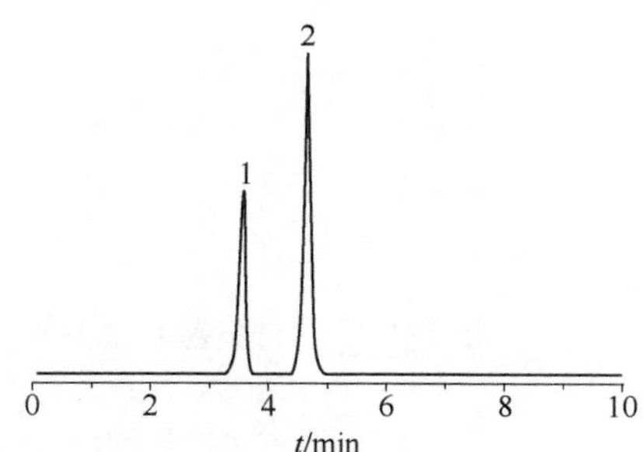

图 14-96 苄基酸和乙嘧啶色谱分离图[3]

色谱峰：1—苄基酸；2—乙嘧啶

色谱柱：SeQuant® ZIC®-HILIC（150mm×4.6mm，5μm）

流动相：乙腈-10mmol/L乙酸铵缓冲液（体积比=90∶10），pH=6.8

流　速：0.5ml/min　　柱　温：40℃

检测器：UV（254nm）

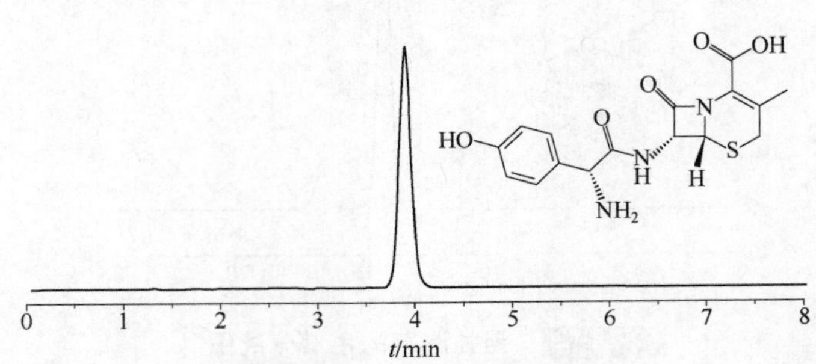

图 14-97 头孢羟氨苄色谱图[3]

色谱峰：头孢羟氨苄

色谱柱：SeQuant® ZIC®-HILIC PEEK（150mm×4.6mm，3μm）

流动相：乙腈-200mmol/L乙酸铵缓冲液（体积比=90∶10），pH=4.5

流　速：1.0ml/min

柱　温：30℃

检测器：UV（254nm）

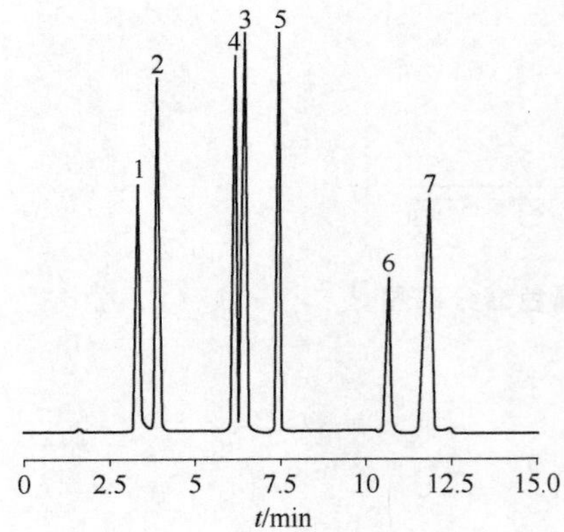

图 14-98 利用 Purospher® STAR RP-18E 分离卡比多巴的色谱分离图[3]

色谱峰：1—1,5-二羟苯丙氨酸；2—左旋多巴；3—甲基多巴；4—多巴胺；5—卡比多巴；6—3,4-二羟基苯乙酸；7—3-甲基卡比多巴

色谱柱：LiChroCART® 150-4.6mm Purospher® STAR RP-18E，5μm

流动相：A．甲醇；B．20mmol/L磷酸二氢钾缓冲溶液，pH=4.3

流　速：1.0ml/min

梯　度：0.0→2.4min，1%A；2.5min→15.0min，1%A→14%A

检　测：UV（282nm）

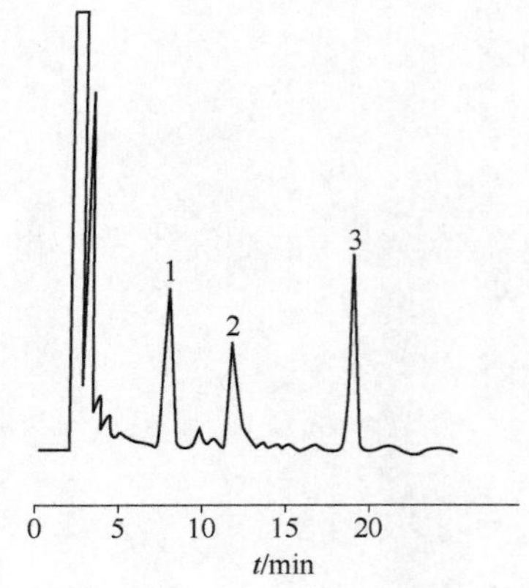

图 14-99 含氧酸色谱分离图[3]

色谱峰：1—丙酮酸；2—2-氧代丁酸；3—缬氨酸

色谱柱：LiChroCART® 250-4mm LiChrospher® 100 RP-18，5μm

流动相：甲醇-水-乙腈（体积比=35∶45∶20）

流　速：1.0ml/min

柱　温：室温

检测器：荧光（λ_{ex} 350nm，λ_{em} 410nm）

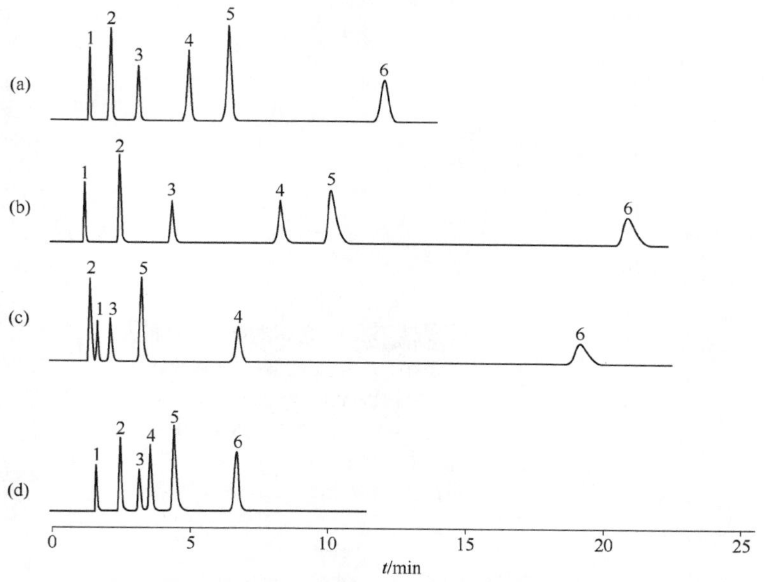

图 14-100　比较不同条件下普鲁卡因胺色谱分离图[1]

色谱峰：1—尿嘧啶；2—普鲁卡因胺；3—*N*-乙酰普鲁卡；4—咖啡因；5— *N*-丙酰基普罗卡因酰；6—苯酚

色谱柱：（a）BetaBasic C18；（b）BetaMax Neutral；（c）BetaMax Acid；（d）BetaMax Base；尺寸均为150mm×4.6mm，5μm

流动相：90%50mmol/L的磷酸二氢钾- 10%乙腈，pH=3.5

流　速：1.25ml/min

检测器：UV（254nm）

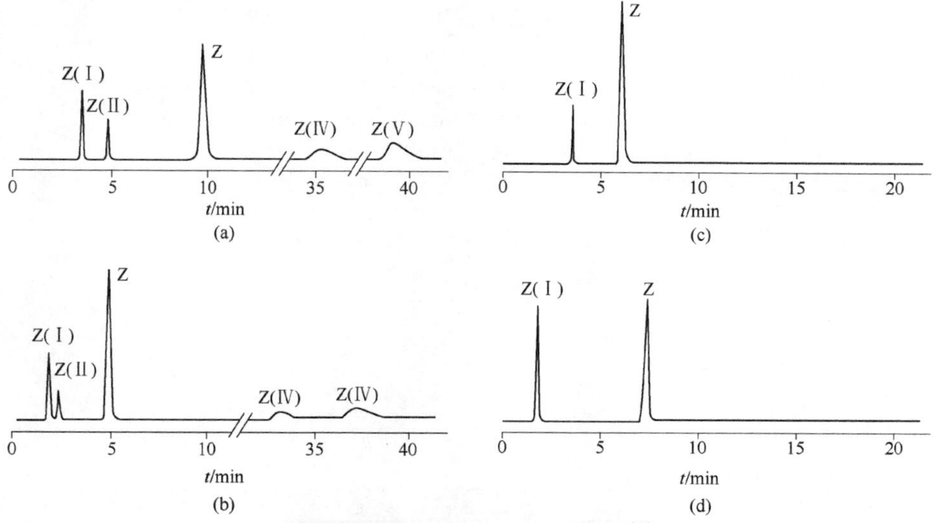

图 14-101　吉哌隆色谱分离图[1]

色谱峰：Z—吉哌隆；Z（Ⅰ）—替米哌隆；Z（Ⅱ）—阿扎哌隆；Z（Ⅳ）—匹泮哌隆；Z（Ⅴ）—哌罗匹隆

色谱柱：Hypersil ODS（15mm×4.6mm，5μm）

流动相：（a）5mmol/L十二烷基硫酸钠+0.05mol/L磷酸二氢钾缓冲液（体积比=30∶70）；

（b）5mmol/L十二烷基硫酸钠+0.05mol/L磷酸二氢钾缓冲液（体积比=50∶50）；

（c）乙腈-水，pH=4.0（体积比=55∶45）；

（d）乙腈水，pH=4.0（体积比=60∶40）

检测器：荧光（λ_{ex} 318nm，λ_{em} 413nm）

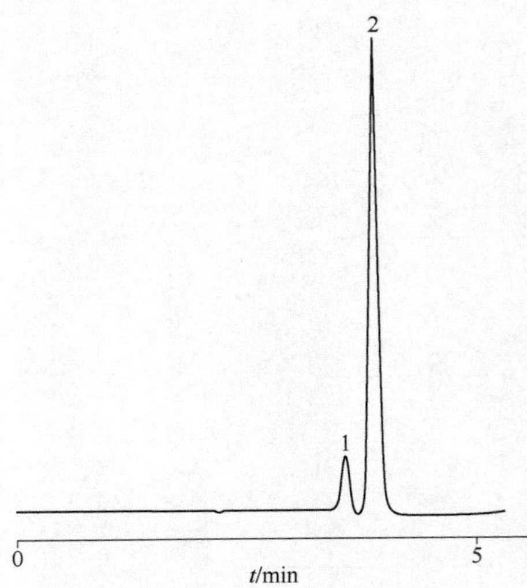

图 14-102 抗坏血酸色谱图[1]

色谱峰：1—抗坏血酸；2—尿嘧啶

色谱柱：BetaMax Acid（150mm×4.6mm，5μm）

流动相：0.01mol/L KH_2PO_4，pH=2.6

流　速：1.0ml/min

检测器：UV（220nm）

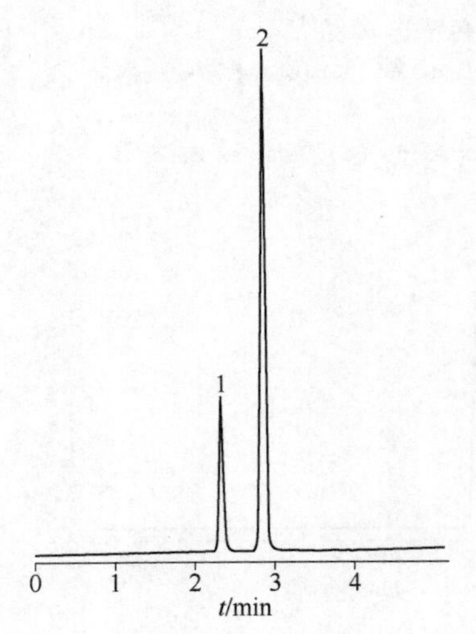

图 14-103 抗坏血酸色谱图[1]

色谱峰：1—抗坏血酸；2—尿嘧啶

色谱柱：YMC Pack ODS-AM（15mm×4.6mm，5μm）

流动相：2%乙腈-98%的5mmol/L甲酸铵，pH=3

流　速：1.0ml/min

检测器：UV（254nm）

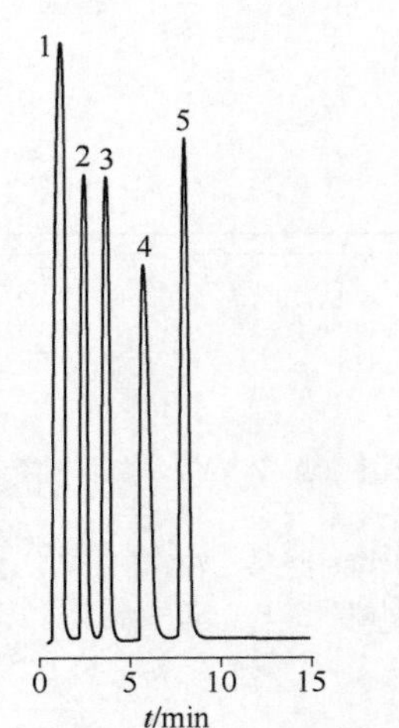

图 14-104 二羟基丙酮、萘心安、甲苯多塞平等的色谱分离图[1]

色谱峰：1—二羟基丙酮；2—萘心安；3—甲苯多塞平；4—邻苯二甲酸二丁酯；5—多西他赛

色谱柱：Hypersil BDS C18（15mm×4.6mm，5μm）

流动相：甲醇-0.05mol/L Na_2HPO_4（体积比=75∶25），pH=7

流　速：1.0ml/min

检测器：UV（254nm）

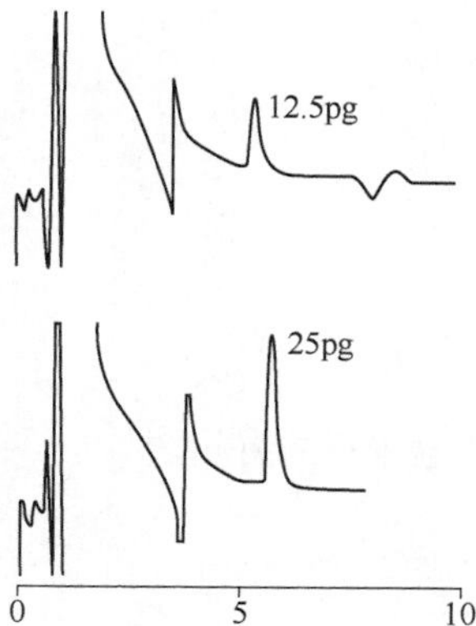

图 14-105 多巴胺的微孔含量色谱分离图[1]

色谱柱：Hypersil BDS C18（10mm×1mm，5μm）

流动相：13%甲醇+87%50mmol/L的磷酸二氢钠，0.1mmol/L EDTA，407mg/L辛磺酸，pH=5.6

流　速：0.8ml/min

检测器：Antec的壁射流流动池，在620mV电极

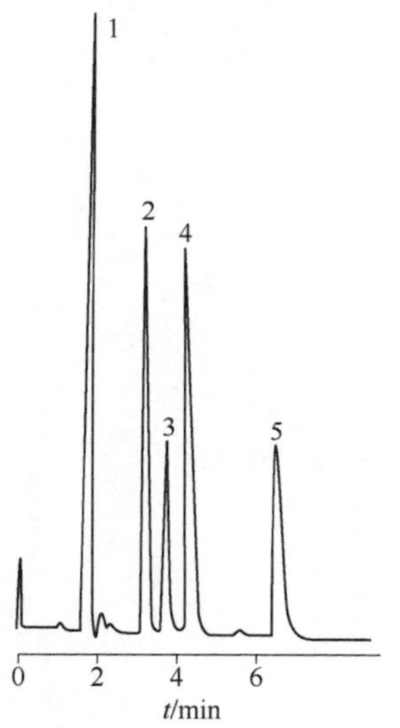

图 14-106 劳拉西泮、硝西泮等的色谱分离图[1]

色谱峰：1—尿嘧啶；2—劳拉西泮；3—硝西泮；4—奥沙西泮；5—地西泮

色谱柱：Hypersil BDS苯基（15mm×4.6mm，5μm）

流动相：40%乙腈-60%水

流　速：1.0ml/min

检测器：UV（254nm）

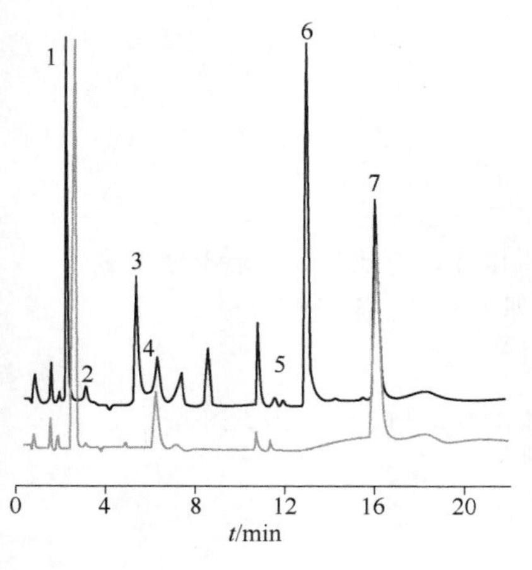

图 14-107 烟酰胺色谱分离图[1]

色谱峰：1—烟酰胺-*N*-氧化物；2—羟基烟酰胺；3—1-甲基-2-吡啶-5-甲酰胺；4—1-甲基-4-吡啶酮-5-甲酰胺；5—1-甲基烟酰胺；6—烟酰胺；7—6-甲基烟酰胺

色谱柱：Hypersil BDS C18（25mm×4.6mm，5μm）

流动相：7mmol/L庚烷磺酸-2mmol/L的三甲胺-5mmol/L的磷酸二氢钾磷酸-5mmol/L的正磷酸

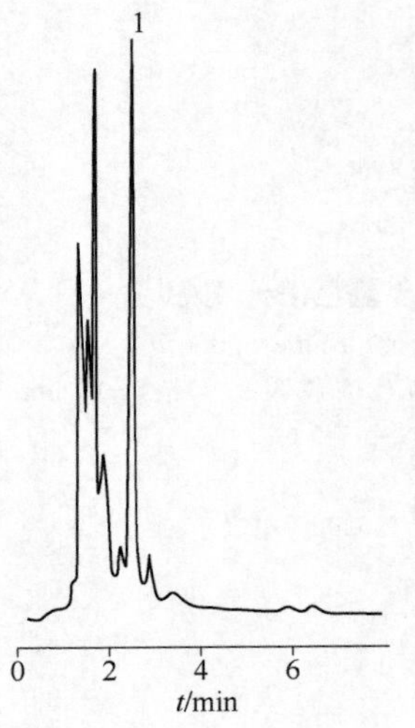

图 14-108 硫戊巴比妥等离子色谱分离图[1]

色谱峰：1—硫戊巴比妥

色谱柱：Hypersil BDS C18（25mm×2mm，5μm）

流动相：85%乙腈-15%水

流　速：0.4ml/min

检测器：UV（280nm）

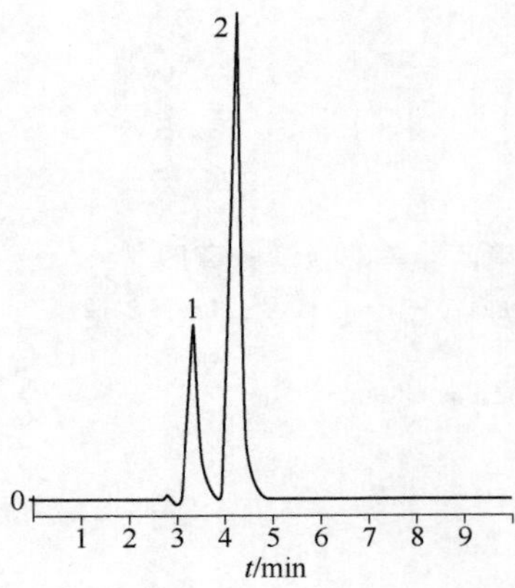

图 14-109 硝基儿茶酚色谱分离图[1]

色谱峰：1—4-硝基儿茶酚；2—对硝基儿茶酚硫酸

色谱柱：Hypersil C18/SAX（25mm×4.6mm）

流动相：甲醇-乙酸溶液（体积比=50∶50），pH=2

流　速：1.0ml/min

检测器：UV（254nm）

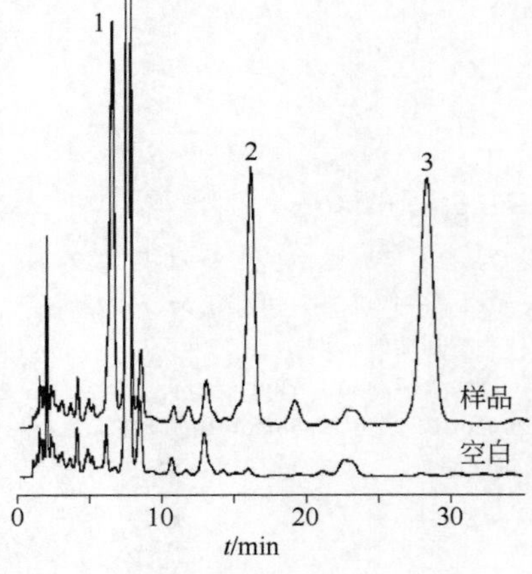

图 14-110 四环素、米诺环素与地美环素色谱分离图[4]

色谱峰：1—米诺环素；2—四环素；3—地美环素

色谱柱：SymmetryShield™RP8

进样量：20μl

流动相：0.1%三氟乙酸-乙腈-甲醇（体积比=91∶7∶2）

流　速：0.9ml/min

检测器：UV（279nm）

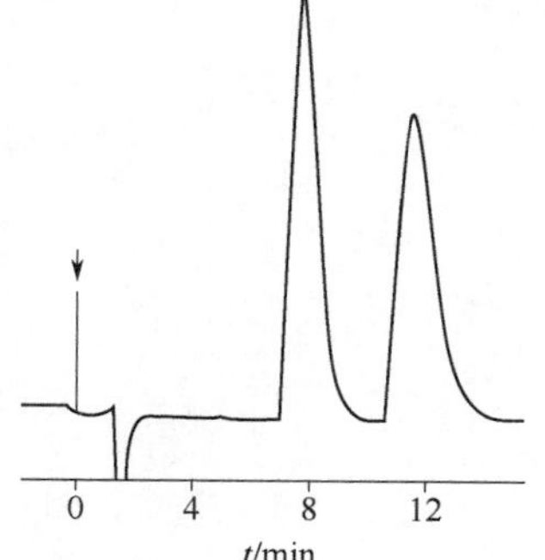

图 14-111　拉贝洛尔对映体色谱分离图[1]

色谱柱：Hypercarb（100mm×4.6mm，7μm）

流动相：甲醇-3mmol/L β-环糊精（体积比=40∶60），pH=1.8

流　速：1.0ml/min

检测器：UV（300nm）

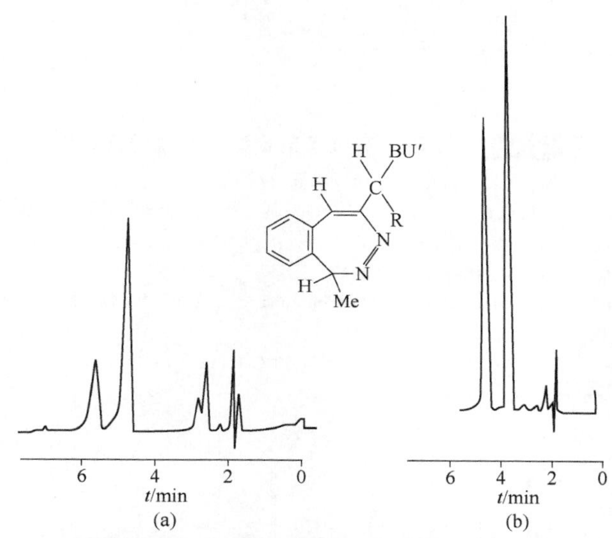

图 14-112　苯二氮非对映异构体色谱分离图[1]

色谱柱：Hypercarb（100mm×4.6mm，7μm）

流动相：（a）二噁烷-乙腈（体积比=2.5∶97.5）；

（b）二噁烷-乙腈（体积比=10∶90）

流　速：1.0ml/min

检测器：UV（254nm）

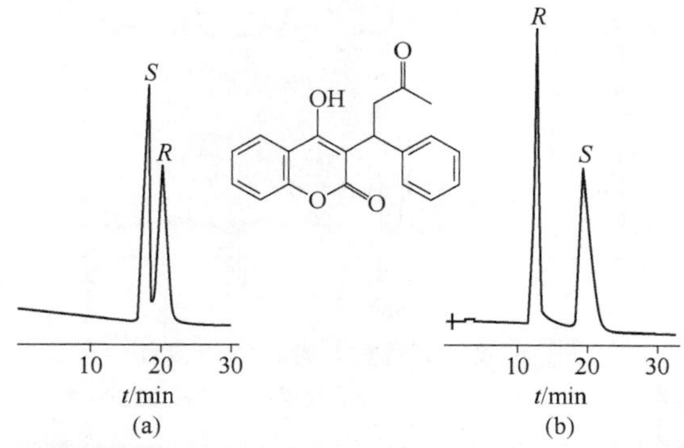

图 14-113　（R）和（S）型华法林色谱分离图[1]

色谱柱：（a）Chiral BSA；（b）Chiral HSA

流动相：（a）50mmol/L的磷酸盐缓冲液-乙腈（体积比=85∶15），pH=7；

（b）50mmol/L的磷酸盐缓冲液-乙腈（体积比=95∶5），pH=7

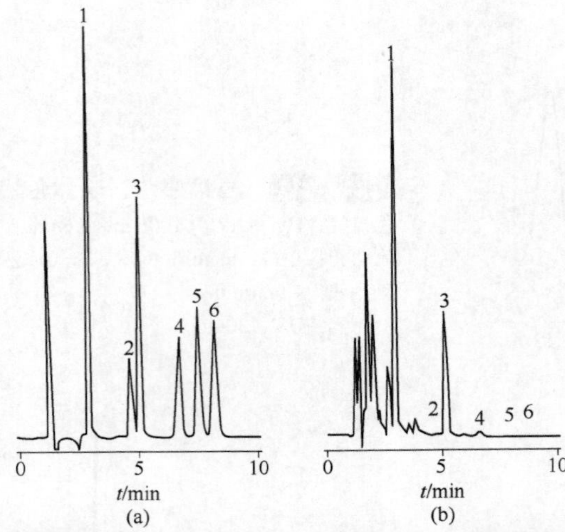

图 14-114 尿液中有机溶剂代谢物色谱分离图[2]

（a）标准品；（b）尿液（100倍稀释）

色谱峰：1—肌酐；2—扁桃酸；3—马尿酸；4—邻甲基马尿酸；5—对甲基马尿酸；6—间甲基马尿酸

色谱柱：Shodex rspak de-413（150mm×4.6mm）

流动相：（20mmol/L磷酸钠-20mol/L β-环糊精-4.5mmol/L十二烷基硫酸钠缓冲液）+乙腈（体积比=5∶1），pH=3.2

流　速：1.0ml/min　　　　柱　温：50°C

检测器：UV（225nm）

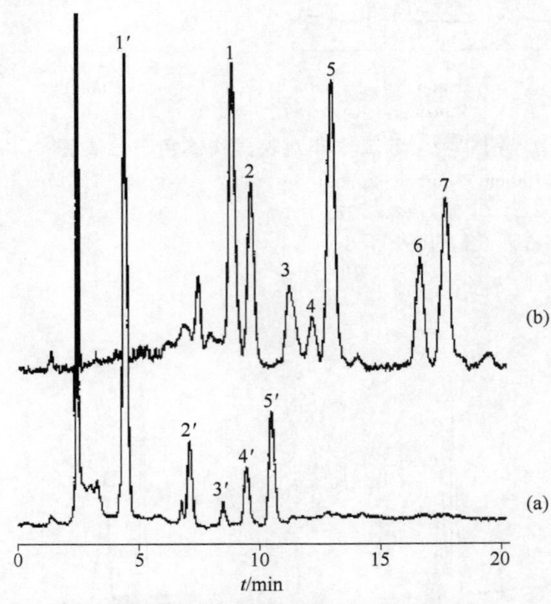

图 14-115 β-胡萝卜素色谱分离图[1]

色谱峰：（a）1—叶黄素；2—玉米黄质；3—4-番茄红素；5—β-隐黄质；6—α-胡萝卜素；7—β-胡萝卜素

（b）1′—视黄醇；2′—母育酚；3′—σ-生育酚；4′—γ-生育酚；5′—α-生育酚

色谱柱：AQUASIL C18（250mm×4.6mm，5μm）

流动相：83%乙腈-16%二氧六环-1%甲醇

流　量：1.5ml/min　　　　检测器：UV（450nm），UV（325/300nm）

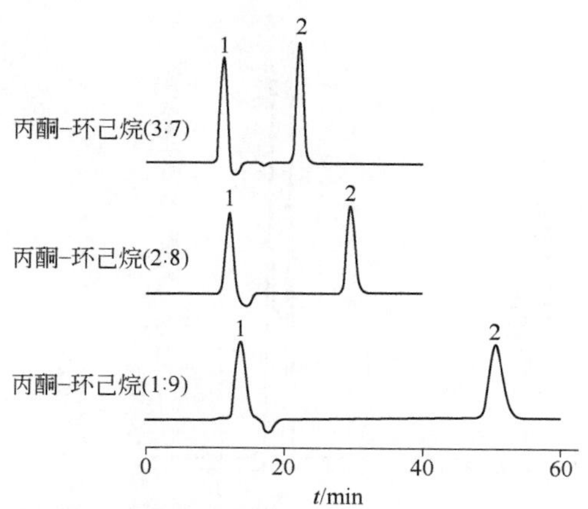

图 14-116　氟丙菊酯、三环唑色谱分离图[2]

色谱峰：1—氟丙菊酯；2—三环唑

色谱柱：Shodex CLNpak EV-G AC（100mm×20.0mm）

流动相：丙酮-环己烷

流　量：5ml/min

柱　温：40℃

检测器：UV（254nm）

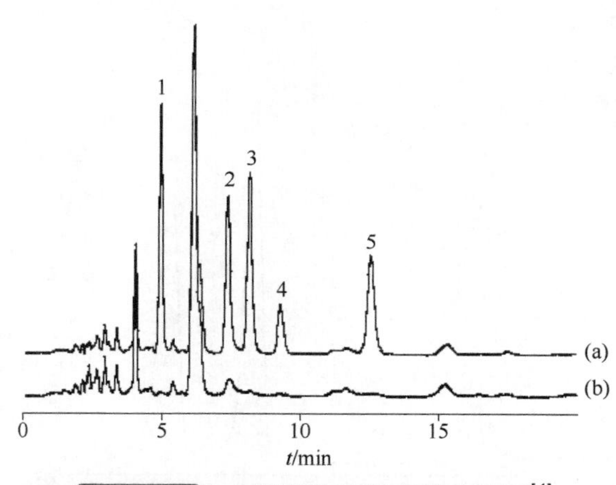

图 14-117　血清提取物的色谱分离图[4]

（a）空白；（b）加标样品

色谱峰：1—可可碱；2—副黄嘌呤；3—茶碱；4—β-环糊精；5—咖啡因

色谱柱：SymmetryShield™RP8（150mm×3mm）

保护柱：3.9mm×20mm

流动相：20mmol/L乙酸铵-乙腈（体积比=95∶5），pH=5

流　速：0.6ml/min

温　度：25℃

检测：UV（273nm）

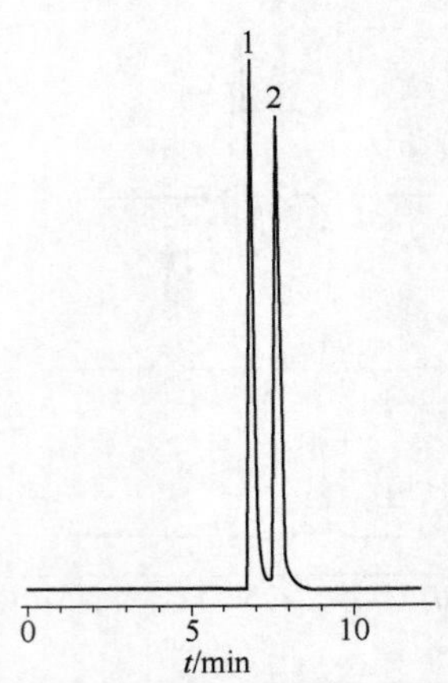

图 14-118 L-抗坏血酸和异抗坏血酸色谱分离图[4]

色谱峰：1— L-抗坏血酸（维生素C）；2—异抗坏血酸
色谱柱：YMC Pack ODS-AM（15mm×4.6mm，5μm）
洗脱液：20mmol/L乙酸铵-5mmol/L 四丁基溴化铵
流　速：1.0ml/min
进样量：5μl（0.05mg/ml）
温　度：30℃
检测器：UV（250nm）

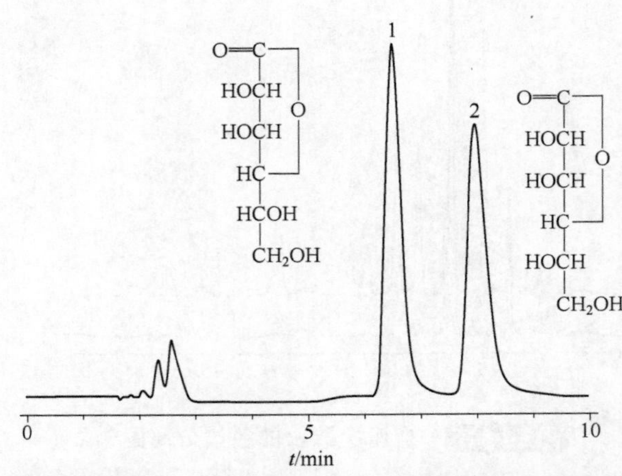

图 14-119 抗坏血酸和异抗坏血酸色谱分离图[2]

色谱峰：1—抗坏血酸；2—异抗坏血酸
色谱柱：Shodex Asahipak NH_2P-50 4E（250mm×4.6mm）
流动相：20mmol/L磷酸二氢钠- 30mmol/L磷酸溶液（20%）+乙腈（80%）
流　速：1.0ml/min
柱　温：35℃

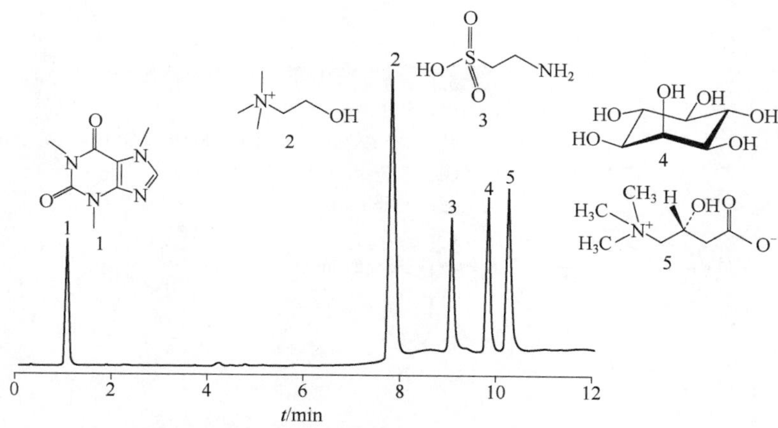

图 14-120　咖啡因、胆碱、牛磺酸的色谱分离图[3]

色谱峰：1—咖啡因；2—胆碱；3—牛磺酸；4—肌糖；5—肉毒碱

色谱柱：SeQuant® ZIC®-HILIC（3.5μm，100Å）（15mm×2.1mm）

流动相：A．乙腈-0.1mol/L乙酸铵缓冲液（体积比=70∶30），pH=4.5；
　　　　B．乙腈-0.1mol/L乙酸铵缓冲液（体积比=90∶10），pH=4.5

流　速：0.4ml/min

梯　度：0→2.0min，100%A；
　　　　2.01min→12min，100%A→60%A；
　　　　12.01min→17min，100%A

柱　温：30℃

检测器：UV（205nm）

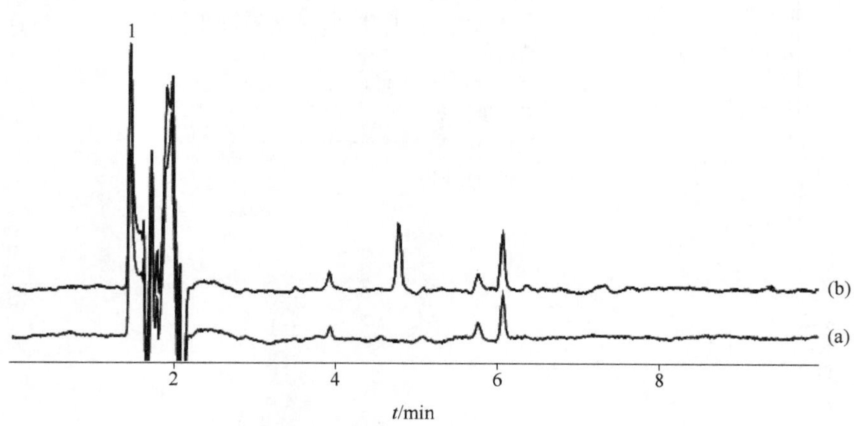

图 14-121　肉中四环素残留的痕量分析

（a）空白样；（b）猪肉成分分析标准物质

色谱峰：1—土霉素

色谱柱：Hypersil BDS（10mm×4mm，5μm）

流动相：A．水，pH=2.1，硫酸调节；B．丙烯腈

梯　度：0→10min 15%B→60%B

流　速：0.5ml/min

柱　温：25℃

检测器：UV-DAD

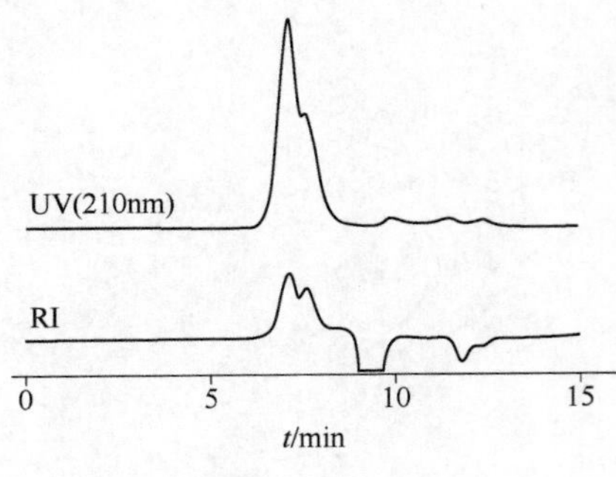

图 14-122 聚山梨酯色谱分离图[2]

色谱峰：聚山梨酯

色谱柱：Shodex Asahipak GF-310 HQ（300mm×7.5mm）

流动相：乙腈-水（体积比=70∶30）

流　速：0.8ml/min

柱　温：40℃

检测器：UV（210nm）；RI

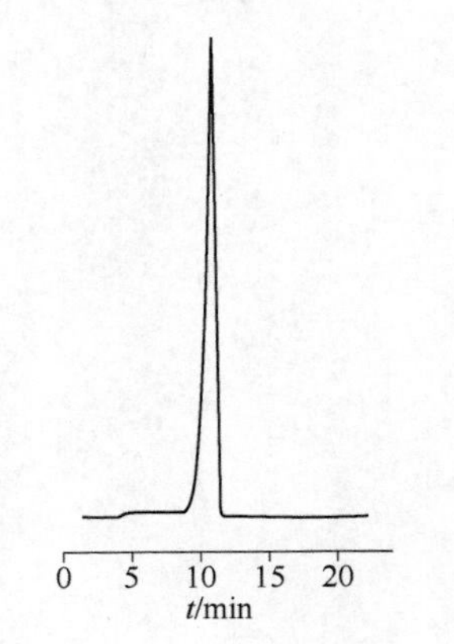

图 14-123 硫酸乙酰肝素色谱图[4]

色谱柱：YMC Pack Diol -300（50mm×8.0mm）

洗脱剂：水

流　速：1.0ml/min

温　度：室温（24℃）

进样量：20μl（5.0mg/ml）

检测器：RI

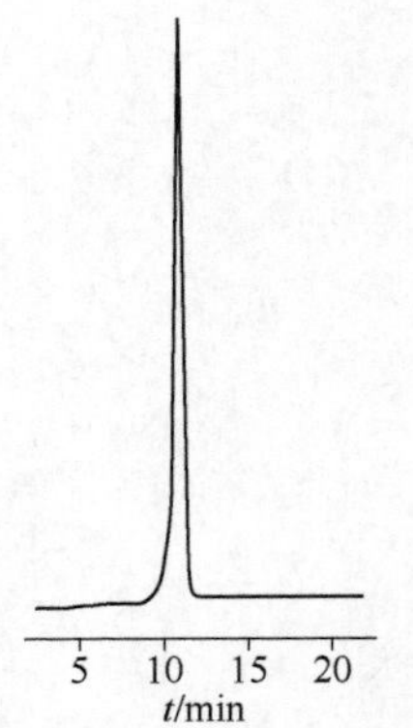

图 14-124 肝素色谱图[4]

色谱柱：YMC Pack Diol-300（50mm×8.0mm）

洗脱剂：水

流　速：1.0ml/min

温　度：室温

进样量：20μl（5.0mg/ml）

检测器：RI

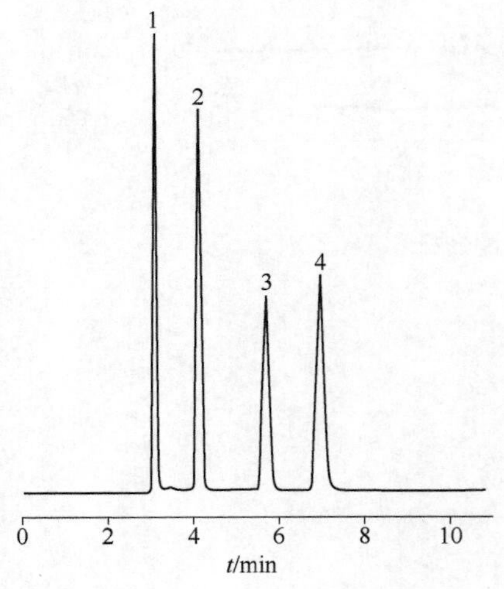

图 14-125 肾上腺素等色谱分离图[1]

色谱峰：1—肾上腺素；2—L-多巴；3—DL-酪氨酸；4—香草扁桃酸

色谱柱：AQUASIL C18（100mm×4.6mm，5μm）

流动相：98% 0.1mol/L KH_2PO_4-H_3PO_4-2%乙腈，pH=3.0

流　速：1.0ml/min

检测器：UV（210nm）

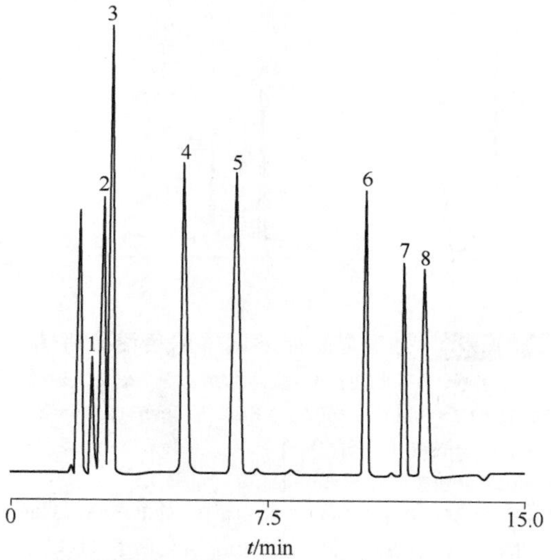

图 14-126　多巴胺等色谱分离图[3]

色谱峰：1—去甲肾上腺素；2—章鱼胺；3—酒石酸肾上腺素；4—多巴胺；5—多巴；6—去甲麻黄碱；7—半水麻黄碱；8— *N*-甲基麻黄碱

色谱柱：LiChroCART® 150-4.6mm Purospher® STAR RP-18E，5μm

流动相：A．乙腈；B．0.1%磷酸

流　速：1ml/min

梯　度：0%A→30%A（15.0min内）

柱　温：30℃

进样量：10μl

检测器：UV（210nm）

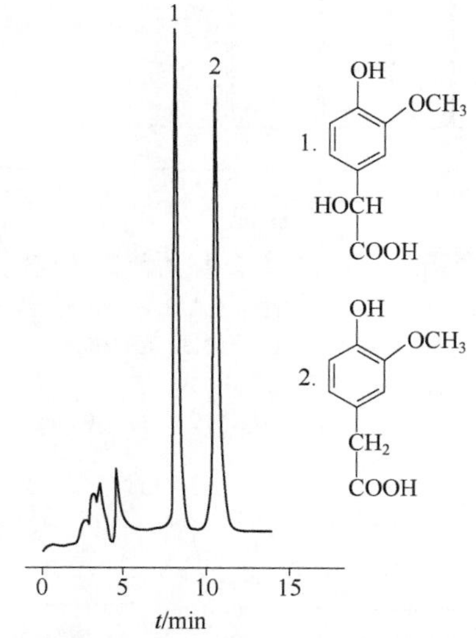

图 14-127　儿茶酚胺代谢物色谱分离图[2]

色谱峰：1—尿香草扁桃酸（VMA）；2—高香草酸（HVA）

色谱柱：Shodex Asahipak es-502n 7C（300mm×8.0mm）

流动相：50mmol/L双三羟甲基氨基甲烷丙烷+200mmol/L NaCl（HCl调节至pH=7.0）

流　速：1.0ml/min

检测器：UV（280nm）

柱　温：30℃

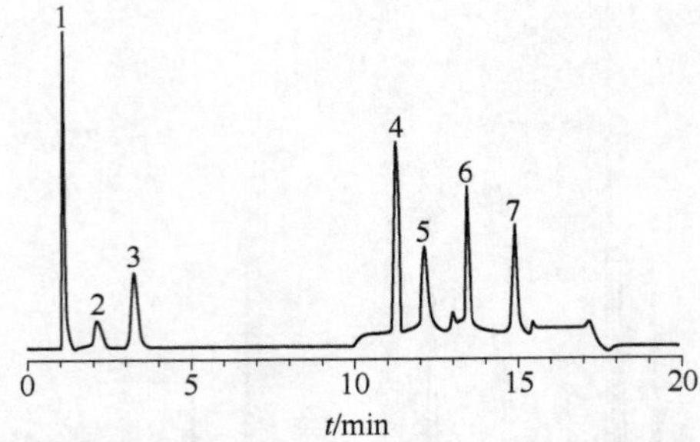

图 14-128 烟酰胺、吡哆醛等的色谱分析图[3]

色谱峰：1—烟酰胺；2—吡哆醛；3—烟酸；4—抗坏血酸；5—硫胺；6—核黄素；7—叶酸

色谱柱：SeQuant® ZIC®-HILIC（3.5μm，100Å）PEEK（15mm×2.1mm）

流动相：A．乙腈-100mmol/L甲酸铵（体积比=90：10），pH=3.5

B．乙腈-100mmol/L甲酸铵（体积比=50：50），pH=3.5

梯　度：1.1min，拖尾因子（USP）1.6；2.1min，拖尾因子（USP）1.6；3.3min，拖尾因子（USP）1.2；11.3min，拖尾因子（USP）1.0；12.2min，拖尾因子（USP）1.3；13.5min，拖尾因子（USP）1.1；14.9min，拖尾因子（USP）1.1

流　速：0.55ml/min　　柱　温：30℃

检测器：UV（254nm）

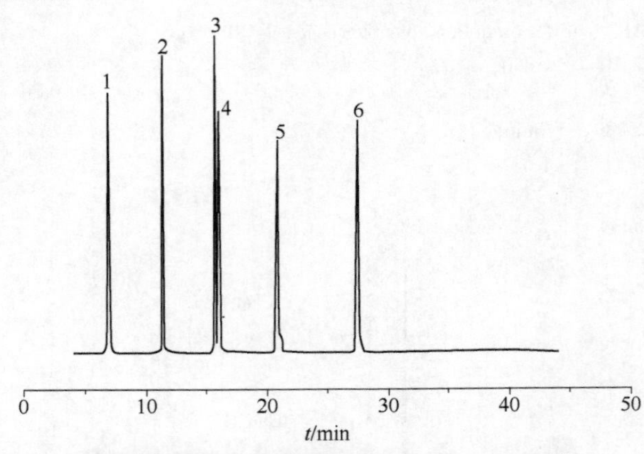

图 14-129 萘普生等药物的色谱分离图[2]

色谱峰：1—溶剂峰；2—非那西丁；3—咖啡因；4—吉非罗齐；5—萘普生；6—双氯芬酸

色谱柱：SeQuant®（15mm×2.1mm）ZIC®-HILIC（3.5μm，100Å）

流动相：乙腈-0.5mmol/L乙酸钠缓冲液（体积比=30：70）

流　速：1.2ml/min　　检　测：UV（50～500nm）

温　度：室温

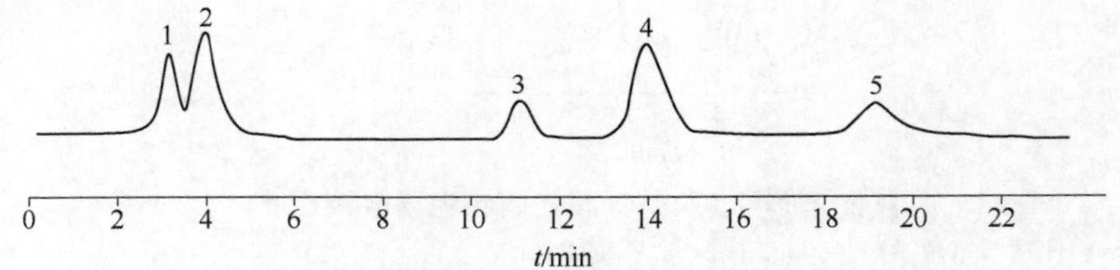

图 14-130 苯二酚类色谱分离图[2]

色谱峰：1—对苯二酚；2—间苯二酚；3—2-氯酚；4—4-氯酚；5—2，4-二氯酚

色谱柱：AQUASIL C18（200mm×4.6mm，5μm）

流动相：乙腈-水（体积比=15：85）　　流　速：1.2ml/min

检　测：UV（228nm）　　温　度：室温

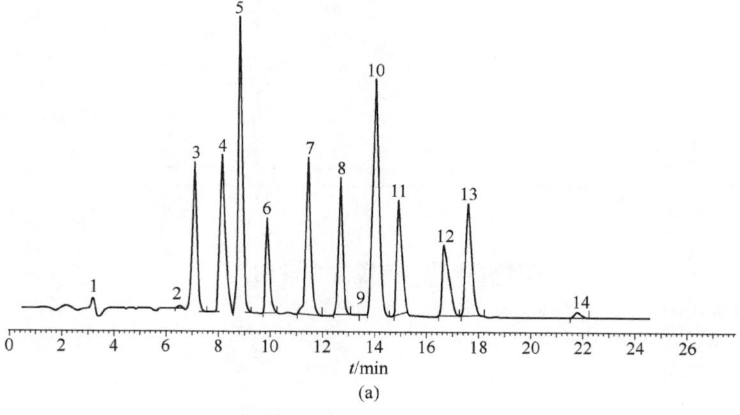

(a)

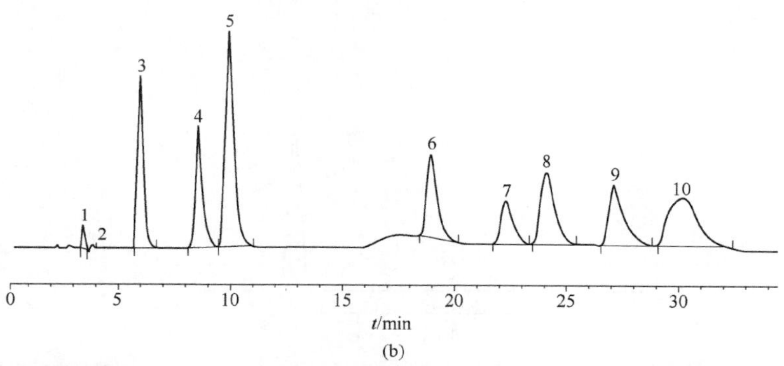

(b)

图 14-131　2 种混合磺胺药标准液（2μg/ml）梯度洗脱色谱图[1]

色谱峰：1—磺胺醋酰；2—磺胺嘧啶；3—磺胺噻唑钠；4—酞磺胺噻唑；5—磺胺噻唑；6—琥珀酰磺胺噻唑；7—磺胺对甲氧嘧啶；8—磺胺间甲氧嘧啶；9—磺胺二甲氧嘧啶；10—磺胺甲噁唑；11—磺胺二甲嘧啶；12—磺胺米隆；13—磺胺脒；14—磺胺二甲异嘧啶

色谱柱：ODS C18（250mm×4.6mm，5μm）

流动相：（a）乙腈-0.3%冰醋酸（体积比=10∶90）；

（b）甲醇-0.3%冰醋酸（体积比=40∶60）

流　速：1.0ml/min　　柱　温：35℃

进样量：20μl　　检　测：UV（240～280nm）

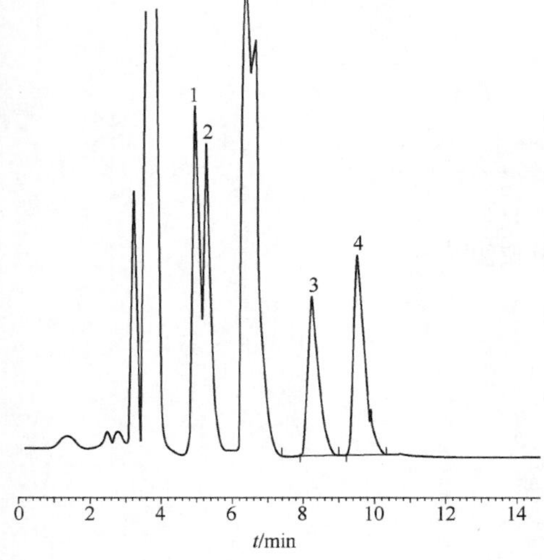

图 14-132　磺胺药混合标准液（2μg/ml）梯度洗脱色谱图[1]

色谱峰：1—磺胺噻唑钠；2—酞磺胺噻唑；3—磺胺噻唑；4—琥珀酰磺胺噻唑

色谱柱：ODS C18（250mm×4.6mm，5μm）

流动相：乙腈-磷酸盐（体积比=30∶70）

流　速：1.0ml/min

柱　温：35℃

进样量：20μl

检　测：UV（240～280nm）

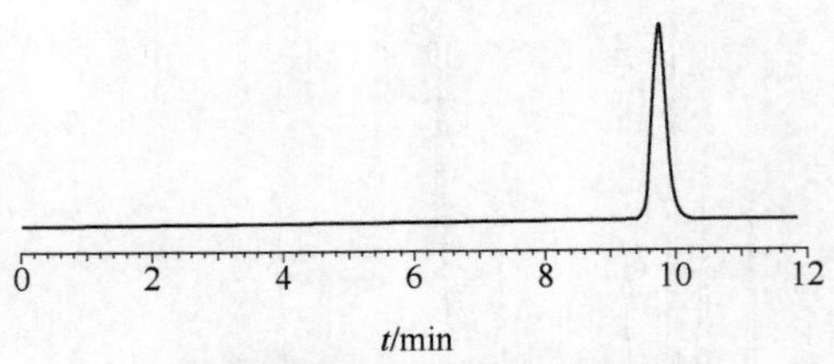

图 14-133 阿魏酸色谱图[1]

色谱柱：Shim-PackVP-ODS（150mm×4.6mm，5μm）
流动相：甲醇-水-冰醋酸（体积比=32：66：2）
流　速：1.0ml/min
柱　温：20℃
进样量：20μl
检　测：UV（323nm）

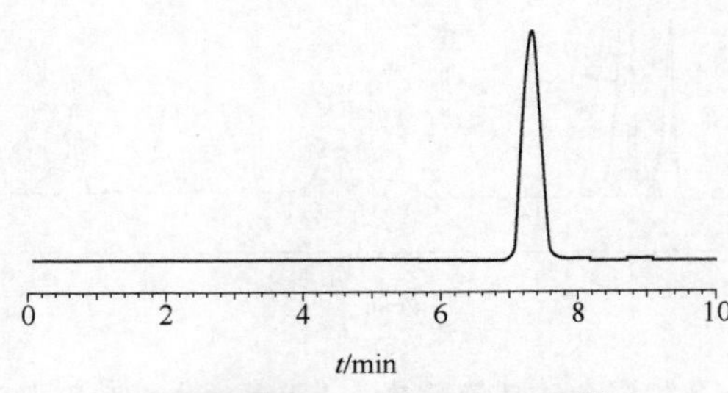

图 14-134 肉桂酸色谱图[1]

色谱柱：Shim-PackVP-ODS（150mm×4.6mm，5μm）
流动相：甲醇-水-冰醋酸（体积比=70：29：1）
流　速：1.0ml/min
柱　温：30℃
进样量：20μl
检　测：UV（280nm）

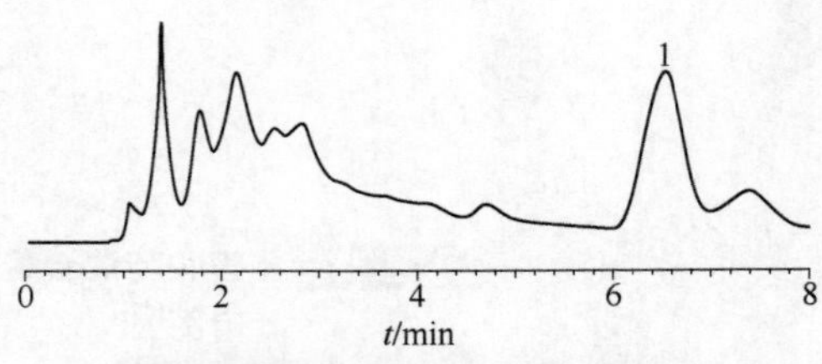

图 14-135 芥麦色谱分离图[1]

色谱峰：1—咖啡酸
色谱柱：Shim-PackVP-ODS（150mm×4.6mm，5μm）
流动相：甲醇-水-甲酸（体积比=35：64：1）
流　速：1.0ml/min
柱　温：25℃
进样量：20μl
检　测：UV（323nm）

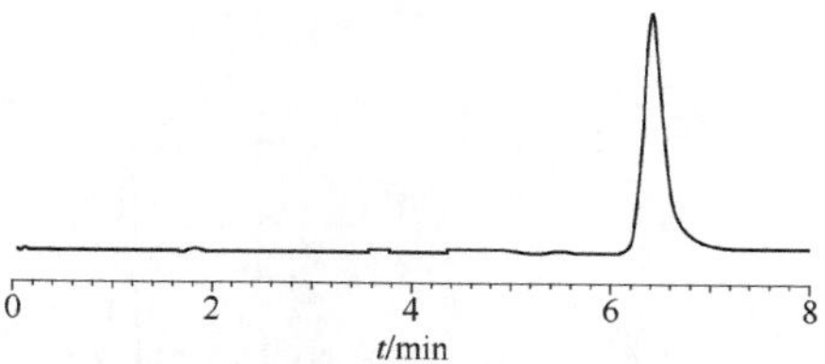

图 14-136　咖啡酸标准溶液色谱图[1]

色谱柱：Shim-PackVP-ODS（150mm×4.6mm，5μm）；
Shim-PackVP-ODS（10mm×4.6mm，5μm）
流动相：甲醇-水-甲酸（体积比=35：64：1）
柱　温：25℃
检　测：UV（323nm）
流　速：1.0ml/min
进样量：20μl

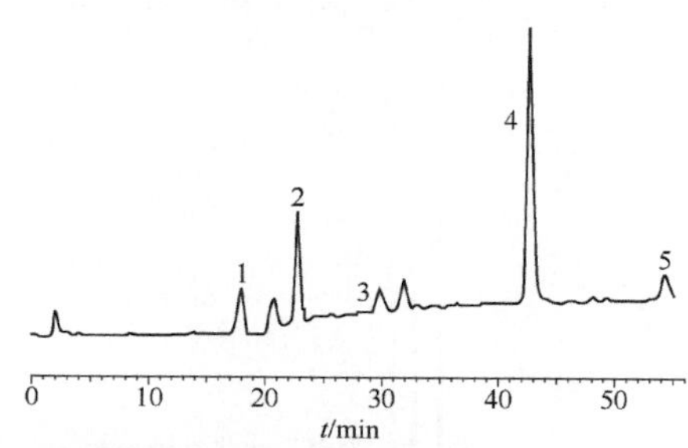

图 14-137　蜂胶片溶液色谱分离图[1]

色谱峰：1—阿魏酸；2—苯甲酸；3—水杨酸；
4—肉桂酐；5—栅皮素
色谱柱：Shim-PackVP-ODS（150mm×4.6mm，5μm）；
Shim-PackVP-ODS（10mm×4.6mm，5μm）
柱　温：30℃
流动相：0→45min，甲醇-磷酸（体积比=27：73）；
45min→60min，甲醇-磷酸（体积比=43：57）；
60min→65min，甲醇-磷酸（体积比=27：73）
流　速：1.0ml/min
进样量：20μl
检　测：0→20min，UV（323nm）；
20min→25min，UV（230nm）；
25min→37min，UV（236nm）；
37min→45min，UV（280nm）；
45min→65min，UV（254nm）

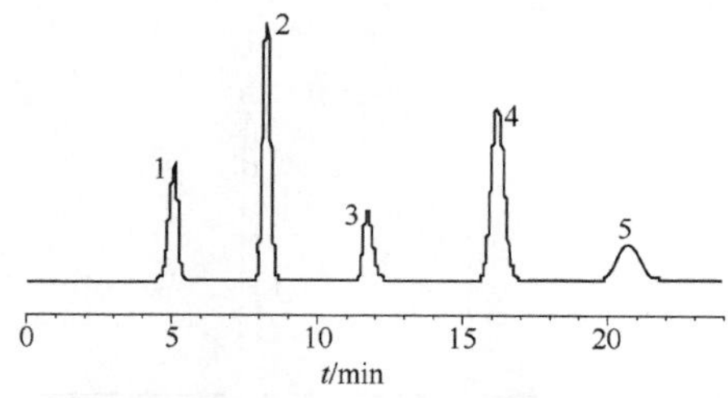

图 14-138　蜂胶片溶液色谱分离图[2]

色谱峰：1—阿魏酸；2—苯甲酸；3—水杨酸；
4—肉桂酣；5—栅皮素
色谱柱：Shim-PackVP-ODS（150mm×4.6mm，5μm）；
Shim-PackVP-ODS（10mm×4.6mm，5μm）
柱　温：25℃
流动相：甲醇-0.2%磷酸（体积比=45：55）
流　速：1.0ml/min
进样量：20μl
检　测：0→7min，UV（323nm）
7min→10min，UV（230nm）
10min→14min，UV（236nm）
14min→18min，UV（280nm）
18min→28min，UV（254nm）

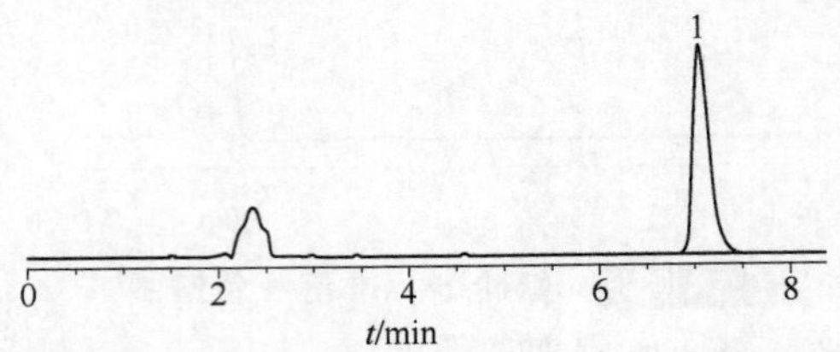

图 14-139 溴芬酸钠滴眼液中苯扎溴铵的色谱图[2]

色谱峰：1—苯扎溴铵

色谱柱：Zorbax C18（250mm×4.6mm，5μm）

流动相：0.003mol/L磷酸氢二铵溶液-乙腈（体积比=40：60），pH=3.0

流　速：1.0ml/min

柱　温：30℃

进样量：20μl

检　测：UV（214nm）

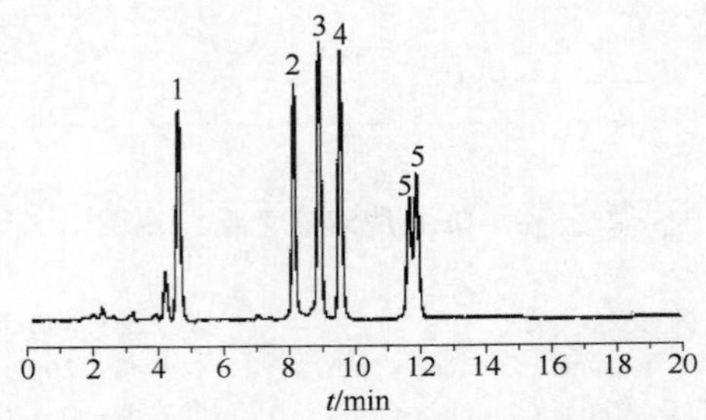

图 14-140 胺菊酯、三氟氯氰菊酯、高效氯氰菊酯等混合液的色谱分离图[2]

色谱峰：1—胺菊酯；2—三氟氯氰菊酯；3—高效氯氰菊酯；4—四氟甲醚菊酯；5—5″-氰戊菊酯

色谱柱：Symmetry ® C18（250mm×4.6mm，5μm）

流动相：甲醇-水（体积比=80：20）

流　速：1.0ml/min

柱　温：30℃

进样量：20μl

检　测：UV（200～300nm）

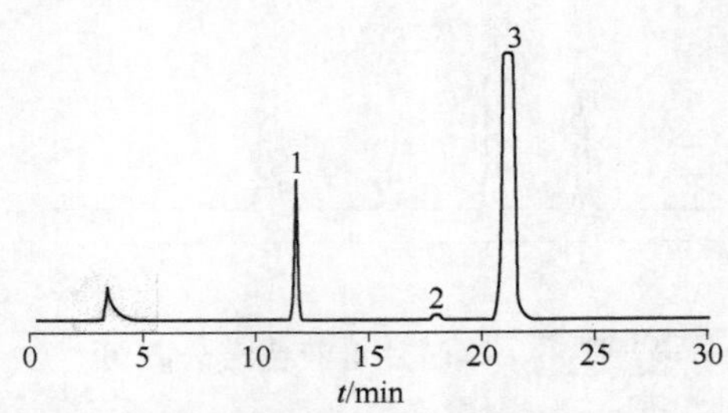

图 14-141 氯霉素羊毛脂软膏色谱峰[4]

色谱峰：1—氯霉素；2—对硝基苯甲醛；3—氯霉素二醇

色谱柱：安捷伦C18（250mm×4.6mm，5μm）

流动相：0.01mol/L 庚烷磺酸钠缓冲液-甲醇（体积比=68：32）

流　速：1.0ml/min

柱　温：30℃

进样量：20μl

检　测：UV（277nm）

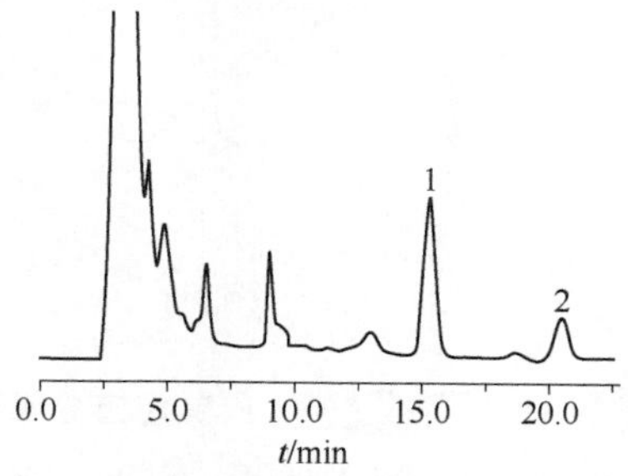

图 14-142 白花前胡甲素和白花前胡乙素色谱分离图[4]

色谱峰：1—白花前胡甲素；2—白花前胡乙素
色谱柱：ULTRON VX-ODS（250mm×4.6mm，5μm）
流动相：甲醇-水（体积比=70∶30）
流　速：1.0ml/min
柱　温：室温
进样量：20μl
检　测：UV（321nm）

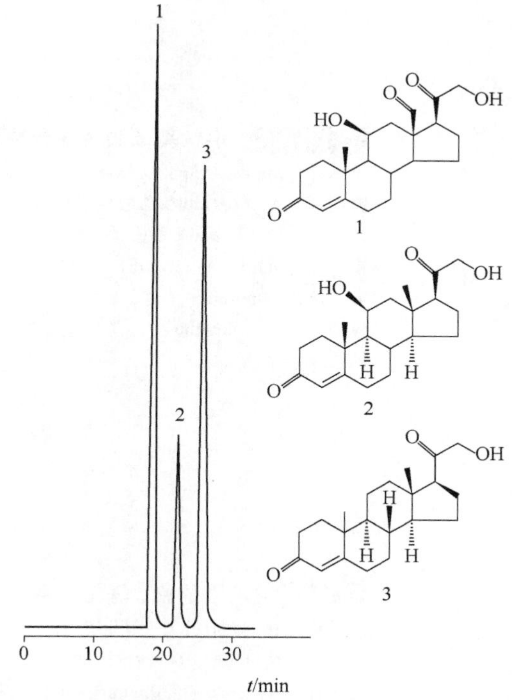

图 14-143 类固醇激素色谱分离图[2]

色谱峰：1—醛固酮；2—皮质酮；3—去氧皮质酮
色谱柱：Shodex Asahipak gf-310HQ（300mm×8.0mm）
流动相：乙-乙腈（体积比=55∶45）
流　量：0.5ml/min
检测器：UV（240nm）
柱　温：30℃

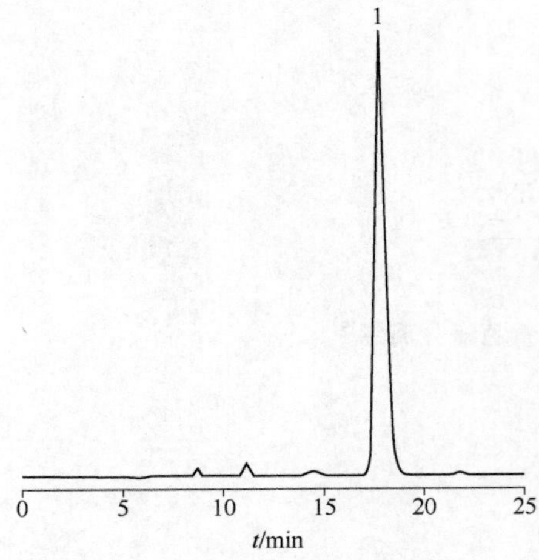

图 14-144 肉碱色谱分离图[2]

色谱峰：1—肉碱

色谱柱：Shodex rspak n*N*-814（250mm×8.0mm）

流动相：0.1mol/L磷酸水溶液

流　速：1.0ml/min

检测器：UV（210）

柱　温：25℃

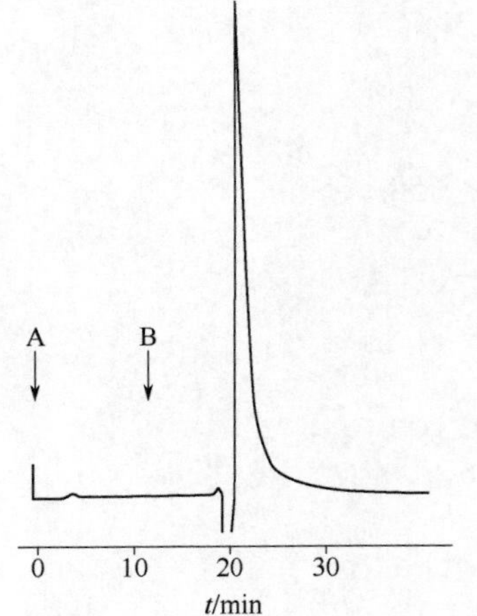

图 14-145 4-氨基苯酸色谱分离图（pH=7.0）[2]

色谱柱：Shodex AFpak AAV-894（50mm×8.0mm）

流动相：A．0.01mol/L乙酸钠缓冲液（pH=7.0）+0.15mol/L NaCl；
B．0.1mol/L乙酸-丙醇（体积比=50∶50）

梯　度：0min，A；13min，B

流　速：1.0ml/min

检测器：UV（260nm）

柱　温：室温

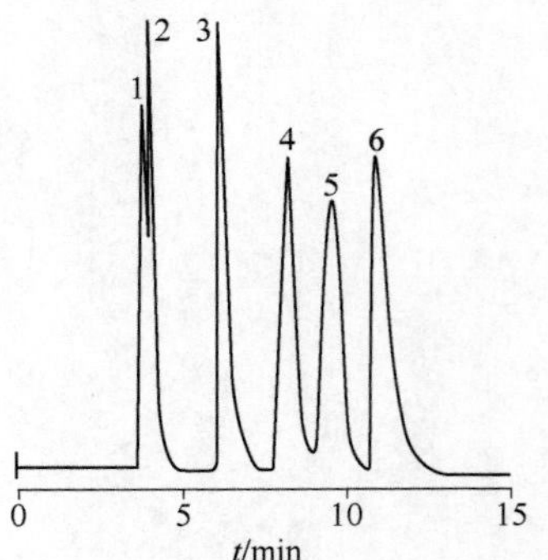

图 14-146 强的松、氢化泼尼、地塞米松等的色谱分离图[1]

色谱峰：1—强的松；2—氢化泼尼松；3—地塞米松；4—倍他米松；5—氢化可的松；6—泼尼松龙

色谱柱：Hypercarb（100mm×4.6mm，7μm）

流动相：水-乙腈（体积比=15∶85）

流　速：1.0ml/min

检测器：UV（240nm）

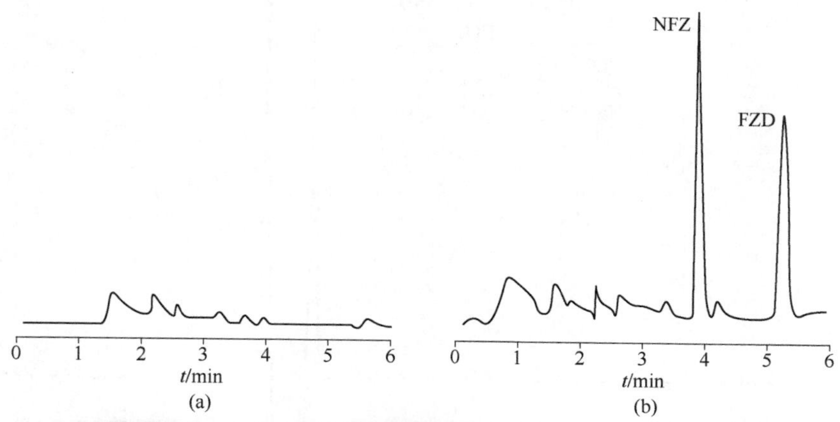

图 14-147　呋喃西林和呋喃唑酮两种消炎药的色谱分离图[1]

色谱峰：NFZ—呋喃西林；FZD—呋喃唑酮
色谱柱：Hypersil ODS（20mm×4.6mm，5μm）
流动相：1%乙腈水溶液-乙酸（体积比=25∶75）
检测器：UV（375nm）
流　速：1ml/min
样　品：（a）虾仁样；（b）加入NFZ和FZD的虾仁样

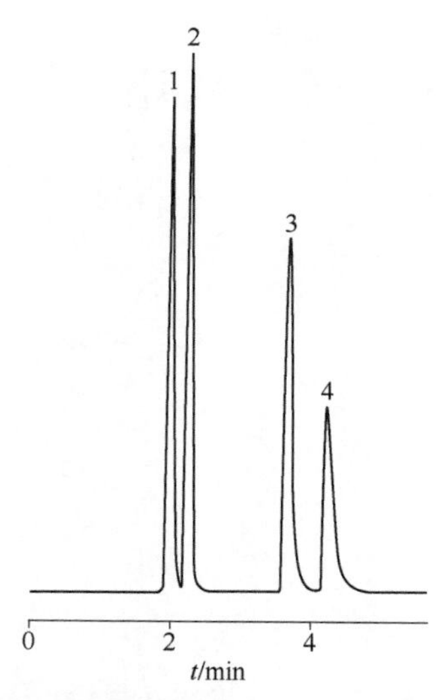

图 14-148　异烟酰胺、烟酰胺、烟酸、异烟酸色谱分离图[1]

色谱峰：1—异烟酰胺；2—烟酰胺；3—烟酸；4—异烟酸
色谱柱：HyPURITY™ADVANCE（150mm×4.6mm，5μm）
流动相：5mmol/L乙酸-甲醇（体积比=98∶2）
流　速：1ml/min
温　度：25℃
检　测：UV（260nm）

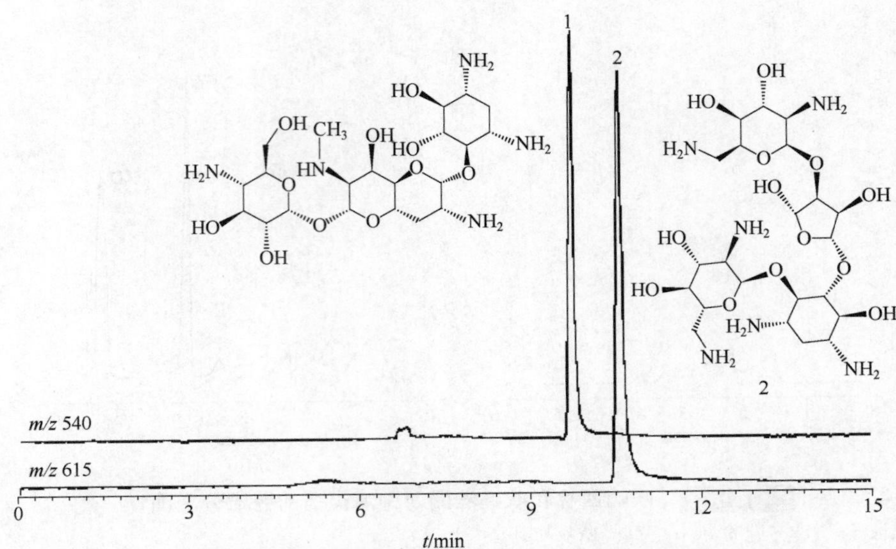

图 14-149 安普霉素与新霉素的色谱分离图[2]

色谱峰：1—安普霉素；2—新霉素
色谱柱：ZIC-cHILIC（150mm×1.2mm×3μm, 100Å）
流动相：A. 乙腈； B. 150mmol/L 铵盐（1.5%甲酸）
梯　度：0→3min，35%B→95%B
流　速：0.25 ml/min
检测器：正离子模式质谱

资料来源

[1] 赛默飞世尔科技有限公司.
[2] 昭和电工科学仪器（上海）有限公司.
[3] 德国默克公司.
[4] 沃特世科技（上海）有限公司.

第十五章　环境与安全样品色谱图

一、水中农药残留

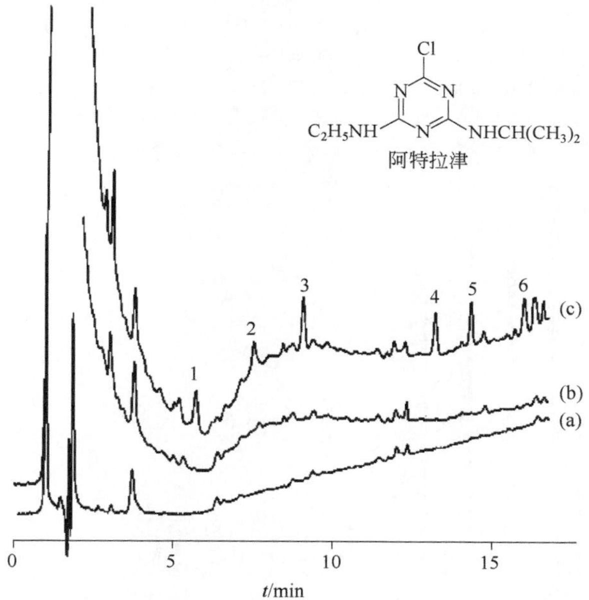

图 15-1　饮用水中三嗪类除草剂色谱分离图[5]

（a）空白柱体；（b）未加料样品；（c）掺杂了井水的样品

色谱峰：1—氟氯氢菊酯；2—羟基莠去津；3—二丁基阿特拉津；4—西玛津（除草剂）；5—草津（除草剂）；6—阿特拉津

色谱柱：SymmetryShield RP8™（150mm×3.9mm）

流动相：A．15%乙腈-磷酸盐缓冲液（5mmol/L），pH=6.7；

B．乙腈

梯　度：0→2min，100%A；2min→27min，线性梯度到70%B

流　速：1.0ml/min

检测器：UV（214nm）

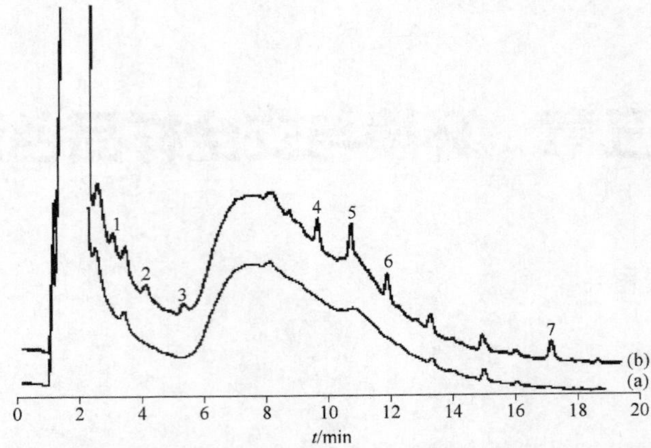

图 15-2 饮用水中阿特拉津及其代谢物色谱分离图[5]

（a）空白样；（b）加料样品

色谱峰：1—氟氯氢菊酯（去异丙基莠去津）；2—2-氯-4,6-二氨基-1,3,5-三嗪；3—2-羟基去乙基莠去津；4—秀去津；5—羟基莠去津；6—二丁基阿特拉津；7—阿特拉津

色谱柱：SymmetryShield™RP18（3.9mm×150mm）

流动相：A．磷酸盐缓冲液（20mmol/L），pH=6.8；B．乙腈

梯　度：2min→20min，95%A→25%A　　流　速：0.8ml/min

检测器：PDA（215nm）　　进样量：80μl

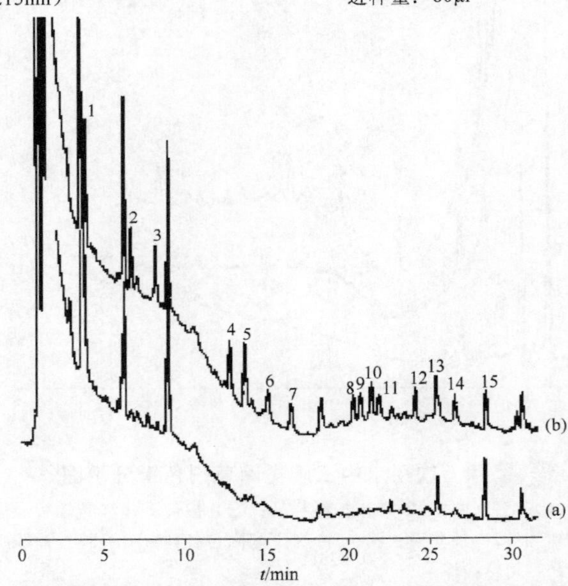

图 15-3 饮用水中酸性除草剂分离色谱分离图[5]

（a）未加料样品；（b）加料饮用水

色谱峰：1—毒莠定；2—麦草畏；3—草灭平；4—硝基苯酚；5—灭草松；6—2,4-二氯苯氧乙酸；7—2-甲基-4-苯氧基乙酸；8—滴丙酸；9—2,4,5-T；10—氯丙酸；11—3,5-二氯二甲酚；12—2,4-DB；13—2,4,5-TP；14—三氟羧草醚；15—地乐酚

色谱柱：SymmetryShield™RP8

流动相：A．磷酸盐缓冲液（13mmol/L），pH=3.4；B．乙腈

梯　度：8min→15min，85%A→70%A；30min→35min，40%B→35%B

流　速：1.0ml/min

检测器：UV（230nm）

进样量：75μl

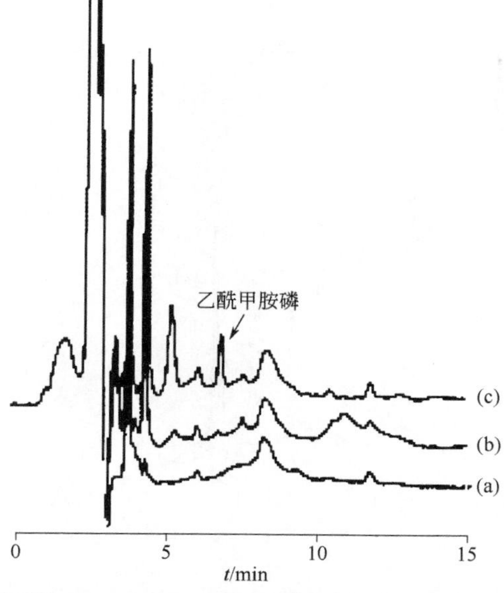

图 15-4　饮用水中杀虫剂乙酰甲胺磷色谱分离图[5]

（a）空白柱体；（b）未加料样品；（c）加料饮用水

色谱柱：SymmetryShield™RP（83.9mm×150mm）

流动相：4%乙腈-水　　流　速：1.0ml/min

检测器：UV（200nm）　　进样量：75μl

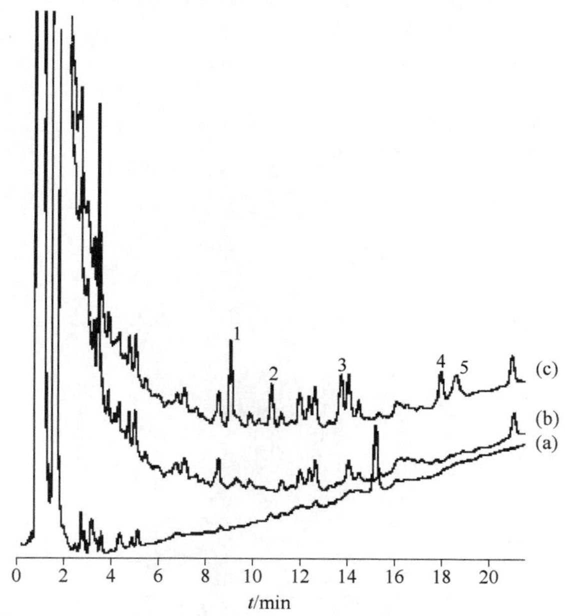

图 15-5　饮用水中酰胺类除草剂及其代谢物的色谱分离图[5]

（a）空白柱体；（b）未加料水样；（c）加料水样

色谱峰：1—异丙甲草胺的代谢产物；2—2-氯-2,6-二乙基乙酰苯胺；3—2,6-二乙基苯胺；4—甲草胺；5—异丙甲草胺

色谱柱：Symmetry® C18

流动相：A．30%乙腈磷酸盐缓冲液（10mmol/L），pH=6.8；B．乙腈

梯　度：0min→20min，100%B→60%B　　流　速：1.2ml/min

检测器：UV（214nm）　　进样量：80μl

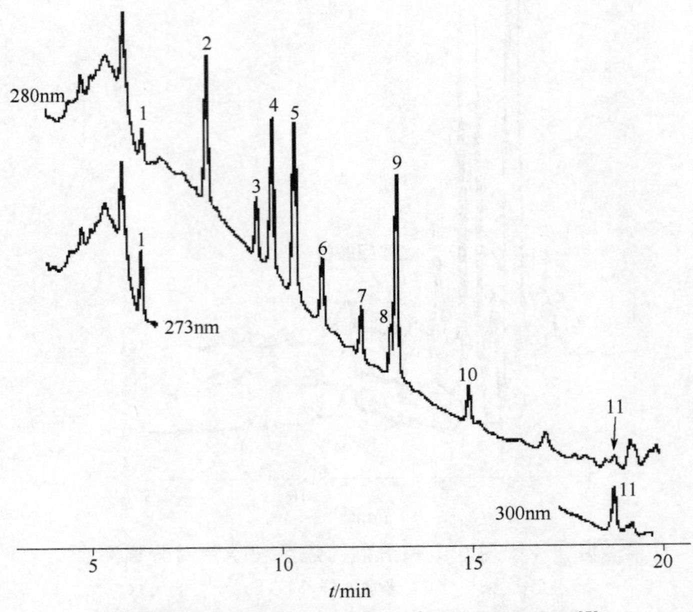

图 15-6 饮用水中酚类化合物色谱分离图[5]

色谱峰：1—苯酚；2—4-硝基苯酚；3—2-氯苯酚；4—2-硝基苯酚；5—2,4-二硝基苯酚；6—2,4-二甲基苯酚；7—4-氯-3-甲基苯酚；8—2,4-二氯苯酚；9—4,6-二硝基-2-甲基苯酚；10—2,4,6-三氯苯酚；11—五氯苯酚（PCP）

色谱柱：C8色谱柱（100mm×2.1mm，3.5μm）

流动相：A．1%乙酸溶液；

B．含1%乙酸的乙腈溶液

梯　度：初始30%B线性渐变到100%B（30min内）

流　速：1.2ml/min

检　测：UV

进样量：70μl

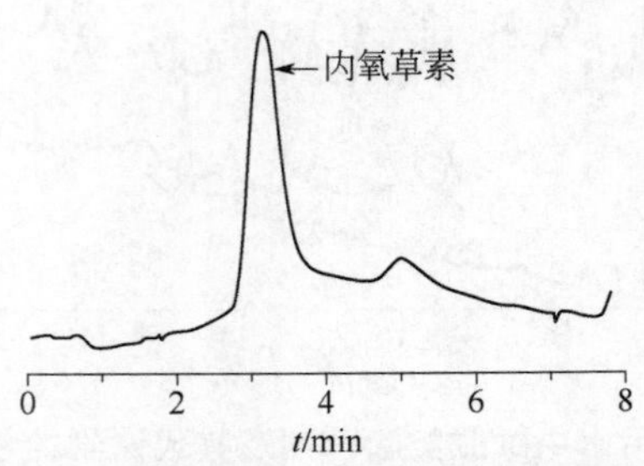

图 15-7 饮用水中包含的土壤细菌的色谱分离图[5]

仪　器：Waters Alliance®LC/MS LC™质谱检测器

色谱柱：SymmetryShield™RP8（100mm×2.1mm，3.5μm）

流动相：5%乙腈-1%甲酸-水

流　速：200μl/min

进样量：75μl

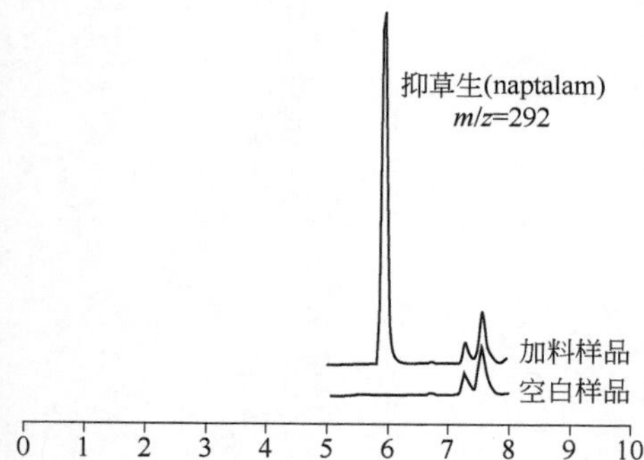

图 15-8 饮用水中的抑草生代谢产物测定的色谱分离图[5]

仪 器：Waters Alliance®分离单元

色谱柱：Waters Xterra®MS C18（100mm×2.1mm）

流动相：乙腈-10mmol/L乙酸铵（体积比=25∶75），6min后体积比改为10∶90，pH=5.5

流 速：200μl/min

进样量：20μl

接 口：正离子（ESI +），多重选择离子记录（SIR）

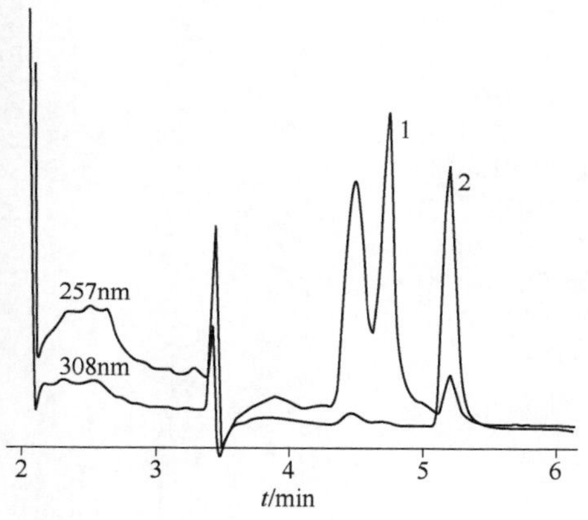

图 15-9 自来水中百草枯和敌草快的色谱分离图[5]

色谱峰：1—百草枯；2—敌草快

色谱柱：对称性®C18（150mm×3.9mm）

流动相：25mmol/L辛烷-甲醇（体积比=45∶55），pH=3.0

流 速：0.75ml/min

检 测：UV（257nm，308nm）

进样量：80μl

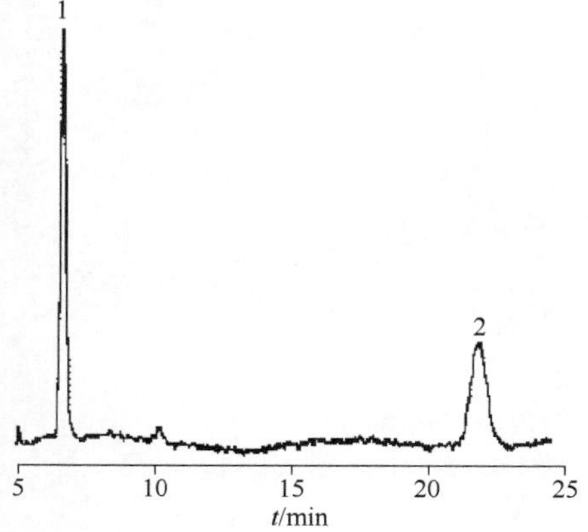

图 15-10 饮用水中草甘膦和 AMPA 的色谱分离图[5]

色谱峰：1—草甘膦；2—AMPA

色谱柱：Waters离子排斥（150mm×7.8mm）

流动相：0.05%磷酸

流 速：1.5ml/min

检 测：邻苯二甲醛柱后衍生/荧光

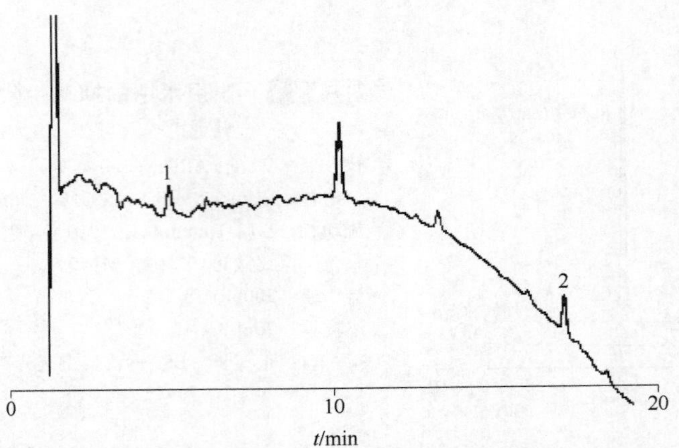

图 15-11 河水中的啶草酯和二氯吡啶酸的 LC/UV 色谱分离图[5]

色谱峰：1—二氯吡啶酸；2—啶草酯

仪 器：Waters Alliance®分离器 996 PDA

色谱柱：Waters Xterra®RP18（100mm×4.6mm，3.5μm）

进样量：50μl

流动相：三氟乙酸-乙腈（体积比=2：1），pH=2.1，20min后体积比=2：8

流 速：1.0ml/min

检测器：PDA（290nm）

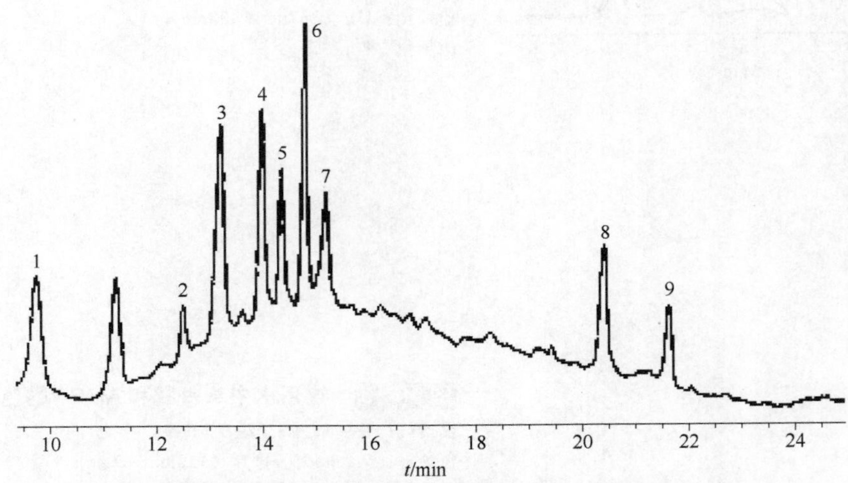

图 15-12 珠江水样中抗生素化合物色谱分离图[2]

色谱峰：1—磺胺嘧啶；2—甲氧苄氨嘧啶；3—磺胺甲嘧啶；4—氧氟沙星；5—环丙沙星；6—洛美沙星；7—磺胺甲噁唑；8—磺胺二甲基嘧啶；9—氯霉素

色谱柱：Agilent Tc-C18（250mm×4.6mm，5μm）

流动相：乙腈-纯水（体积比=60：40）

流 速：0.25ml/min

检测器：280nm

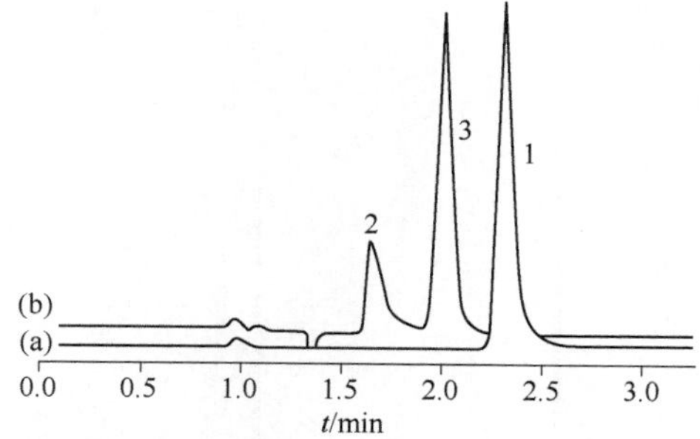

图 15-13　地表水降解产物的色谱分离图[4]

色谱峰：1—1,2,4-苯并三嗪-3-胺-1,4-二氧化物；2,3—地表碱性水解降解产物

色谱柱：Hypersil ODS（15mm×4.6mm，5μm）

样　品：（a）磷酸盐缓冲液；

（b）在100℃ NaOH作用下降解12h的水样

流动相：乙腈-0.1mol/L磷酸盐缓冲液-三乙胺（体积比=92∶8∶0.4），pH=7

流　速：1.5ml/min

检测器：265nm（峰1），200～360nm（峰2和峰3）

流动相：A．水；

B．乙腈-异丙醇（体积比=1∶3）

梯　度：0～40min，A-B（体积比=95∶5）；

40～60min，A-B（体积比=50∶50）

温　度：25°C

检测器：UV（240nm）

二、环境及食品中的农药残留

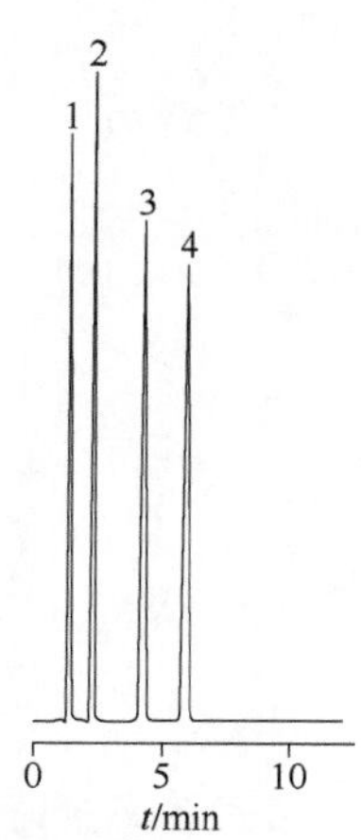

图 15-14　果蔬中保鲜剂色谱分离图[5]

色谱峰：1—噻菌灵；2—安普净；3—抑霉唑；4—联苯

色谱柱：YMC Pack ODS-A（75mm×4.6mm，5μm）

洗脱液：乙腈-20mmol/L $NH_4H_2PO_4$（体积比=70∶30）

流　速：1.0ml/min

温　度：37℃

检　测：UV（230nm）

进样量：10μl（0.02～0.20mg/ml）

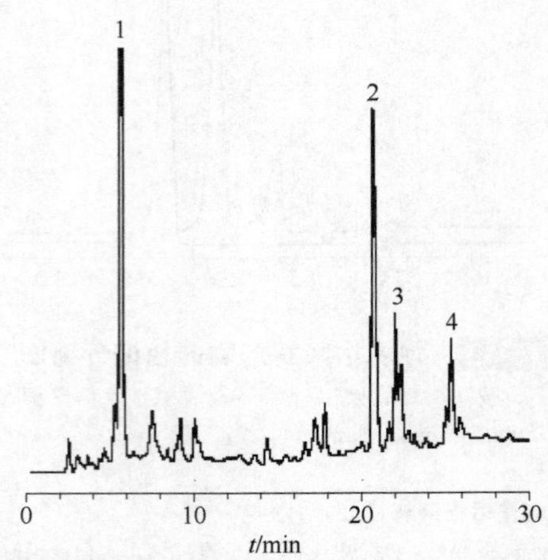

图 15-15 大豆样品中除草剂分离色谱图[2]

色谱峰：1—氯磺隆；2—三氟羧草醚；3—乙氧氟草醚；4—乙羧氟草醚

色谱柱：Phenomenex C18（250mm×4.6mm，5μm）

流动相：乙腈-三乙胺盐酸溶液（300ml超纯水中加入0.05ml三乙胺，用1mol/L盐酸调节pH=3.0）

流 速：0.70ml/min

进样量：20μl

柱 温：35℃

检测器：UV（230nm）

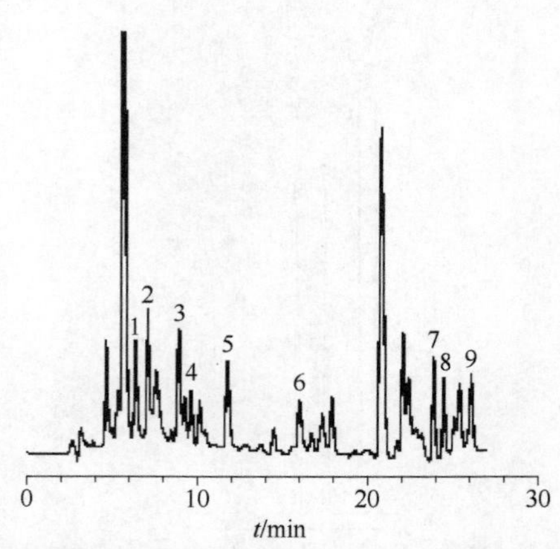

图 15-16 大豆样品中除草剂的色谱分离图[2]

色谱峰：1—甲磺隆；2—氯磺隆；3—苄嘧磺隆；4—苯磺隆；5—吡嘧磺隆；6—三氟羧草醚；7—精噁唑禾草灵；8—乙氧氟草醚；9—乙羧氟草醚

色谱柱：Phenomenex C18（250mm×4.6mm，5μm）

流动相：乙腈-三乙胺盐酸溶液（300ml超纯水中加入0.05ml三乙胺，用1mol/L盐酸调节pH=3.0）

流 速：0.70ml/min

进样量：20μl

柱 温：35℃

检测器：UV（230nm）

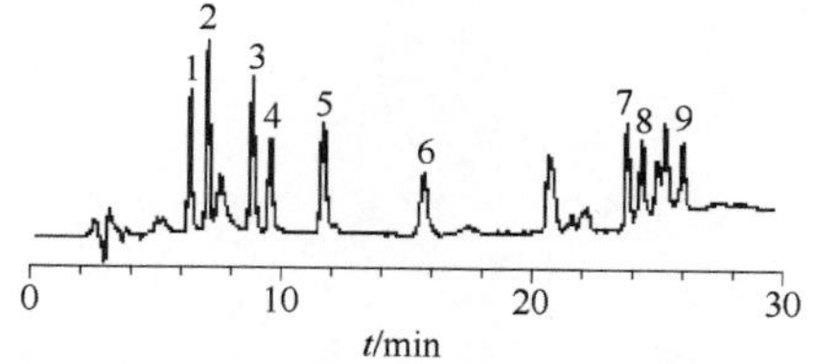

图 15-17　大米样品中农药的色谱分离图[2]

色谱峰：1—甲磺隆；2—氯磺隆；3—苄嘧磺隆；4—苯磺隆；5—吡嘧磺隆；6—三氟羧草醚；7—精噁唑禾草灵；8—乙氧氟草醚；9—乙羧氟草醚

色谱柱：Phenomenex C18（250mm×4.6mm，5μm）

流动相：乙腈-三乙胺盐酸溶液（300ml超纯水中加入0.05ml三乙胺，用1mol/L盐酸调节pH=3.0）

流　速：0.70ml/min

进样量：20μl

柱　温：35℃

检测器：UV（230nm）

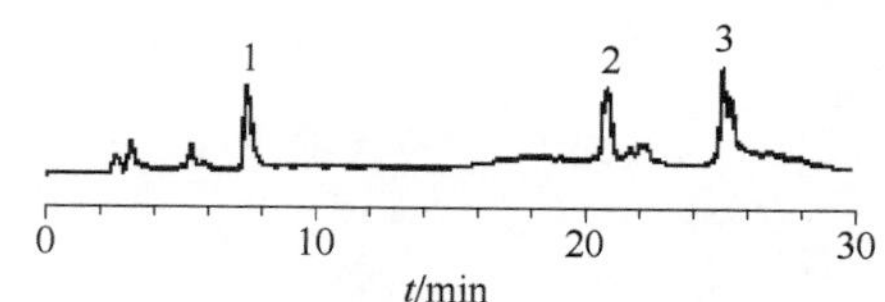

图 15-18　大米样品中除草剂的色谱分离图[2]

色谱峰：1—氯磺隆；2—吡嘧磺隆；3—苯磺隆

色谱柱：Phenomenex C18（250mm×4.6mm，5μm）

流动相：乙腈-三乙胺盐酸溶液（300ml超纯水中加入0.05ml三乙胺，用1mol/L盐酸调节pH=3.0）

流　速：0.70ml/min

进样量：20μl

柱　温：35℃

检测器：UV（230nm）

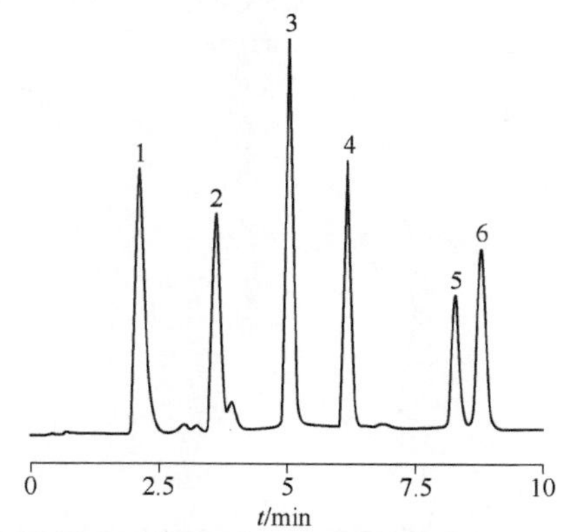

图 15-19　红葡萄酒中酸性除草剂的色谱分离图[5]

色谱峰：1—毒莠定；2—草灭平；3—麦草畏；4—苯达松；5—2,4-二氯苯氧乙酸；6—2-甲基-4-氯-苯氧乙酸

色谱柱：Xterra®MS C18（10mm×2.1mm，3.5μm）

流动相：A．20mmol/L磷酸盐，pH=3；

B．甲醇

梯　度：0min→6min，25%B→60%B

流　速：0.2ml/min

检　测：UV（221nm）

进样量：10μl

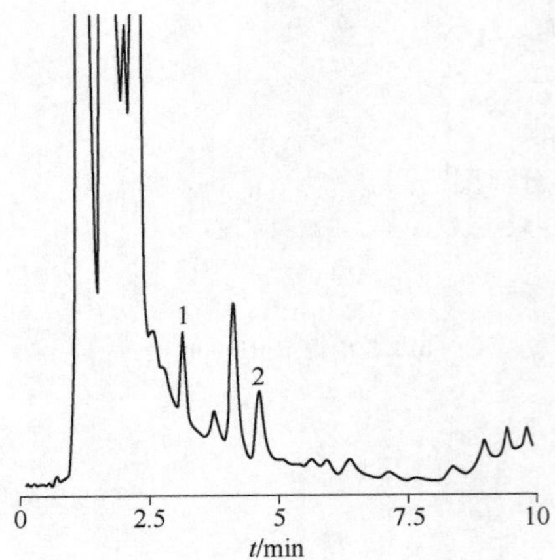

图 15-20 橙汁中杀菌剂多菌灵、噻菌灵的色谱分离图[5]

色谱峰：1—多菌灵；2—噻菌灵

色谱柱：Xterra RP18（100mm×4.6mm，3.5μm）

流动相：72.5%磷酸盐缓冲液（20mmol/L）-27.5%乙腈，pH=6.8

流　速：1.0ml/min

检　测：PDA（288nm）

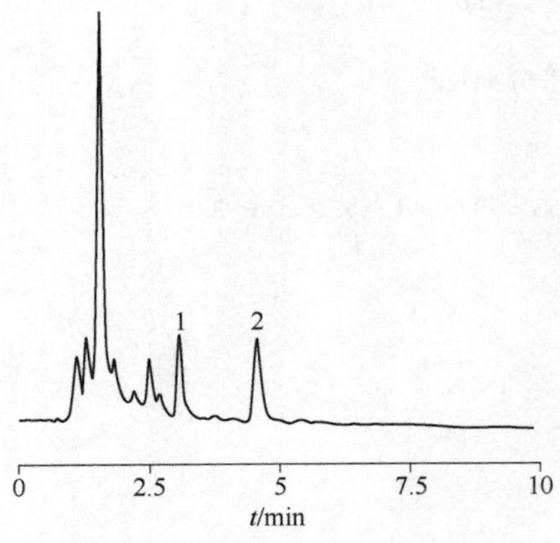

图 15-21 苹果汁中杀菌剂多菌灵、噻菌灵的色谱分离图[5]

色谱峰：1—多菌灵；2—噻菌灵

色谱柱：Xterra RP18（100mm×4.6mm，3.5μm）

流动相：72.5%磷酸盐缓冲液（20mmol/L）-27.5%乙腈，pH=6.8

流　速：1.0ml/min

检　测：PDA（288nm）

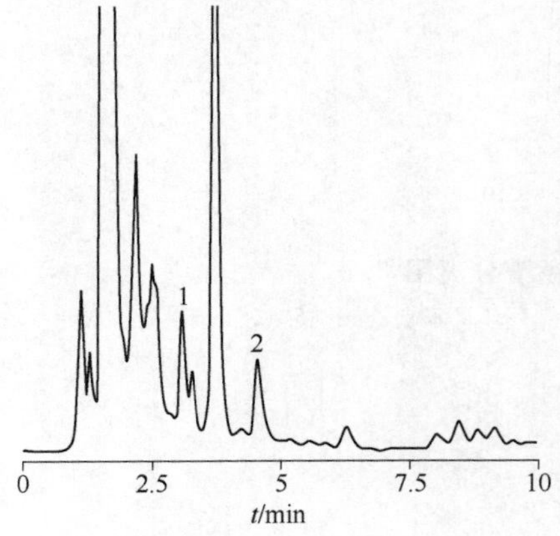

图 15-22 葡萄汁中杀菌剂多菌灵、噻菌灵的色谱分离图[5]

色谱峰：1—多菌灵；2—噻菌灵

色谱柱：Xterra RP18（100mm×4.6mm，3.5μm）

流动相：72.5%磷酸盐缓冲液（20mmol/L）-27.5%乙腈，pH=6.8

流　速：1.0ml/min

检　测：PDA（288nm）

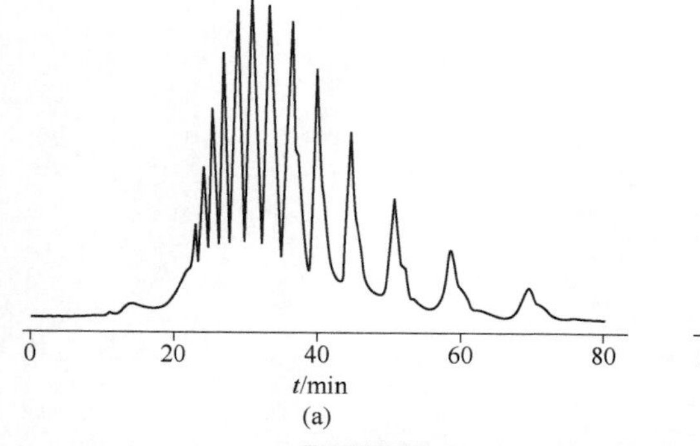

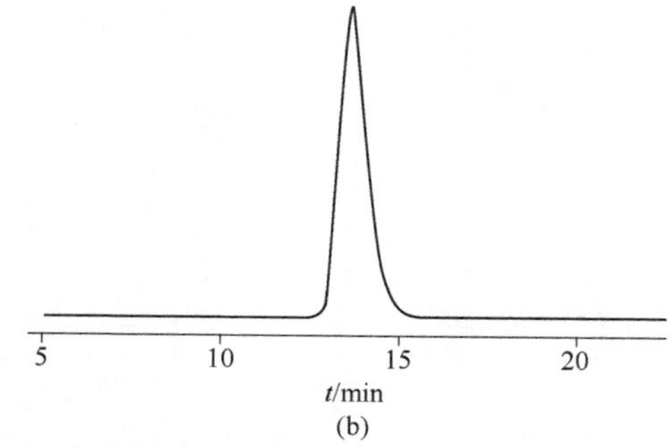

图 15-23　水中壬基酚聚氧乙烯醚的色谱分离图[3]

色谱柱：Shodex Asahipak gf-310HQ（300mm×7.5mm）

流动相：（a）水-乙腈（体积比=70∶30）；（b）乙腈

流　速：0.6ml/min

柱　温：40℃

检测器：UV（220nm）

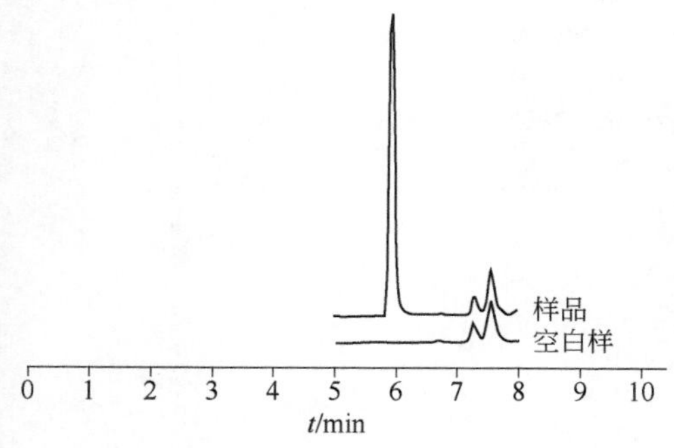

图 15-24　黄瓜中抑草生的色谱分离图[5]

色谱柱：Waters Xterra®MS C18（100mm×2.1mm）

流动相：A．乙腈；B．10mmol/L乙酸铵，pH=5.5

流　速：200μl/min

进样量：20μl

接　口：正离子（ESI +）

梯　度：0→6min，25%B→90%B；6min后保持90%B

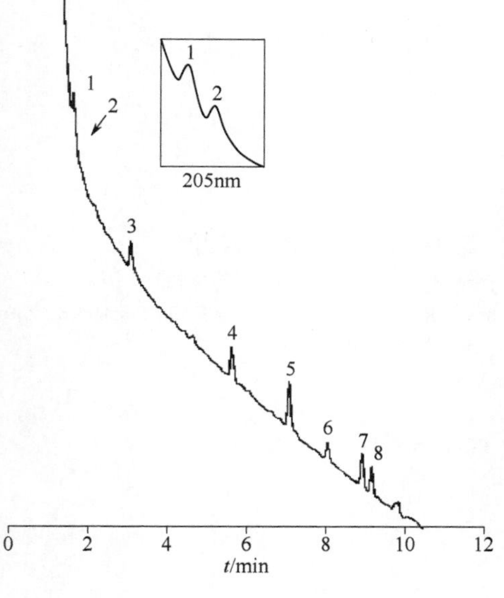

图 15-25　环境样品 LC/PDA 中药物残留的色谱分离图[5]

色谱峰：1—对乙酰氨基酚；2—苯丙醇胺；3—水杨酸；4—苯海拉明；5—氯贝酸；6—乙炔雌二醇；7—他莫昔芬；8—布洛芬

色谱柱：Xterra®MS C18（100mm×4.6mm，3.5um）

流动相：A．15mmol/L乙酸铵，pH=4.0；
　　　　B．甲醇

梯　度：0→10min，100%A→10%A

流　速：1.0ml/min

进样量：40μl

检测器：PDA（230nm）

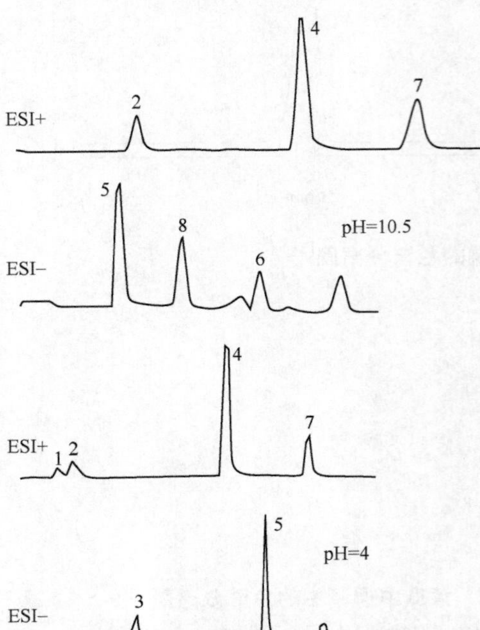

图 15-26 LC-MS 测定环境样品药剂残留色谱分离图[5]

色谱峰：1—对乙酰氨基酚；2—苯丙醇胺；3—水杨酸（3级）；4—苯海拉明；5—氯贝酸；6—炔雌醇；7—他莫昔芬；8—布洛芬

色谱柱：Xterra®MS C18（100mm×4.6mm，3.5μm）

流动相：A.15ml乙酸铵溶液，pH=4.0

B．甲醇

梯 度：0→10min，100%A→10%A

流 速：1.0ml/min

进样量：40μl

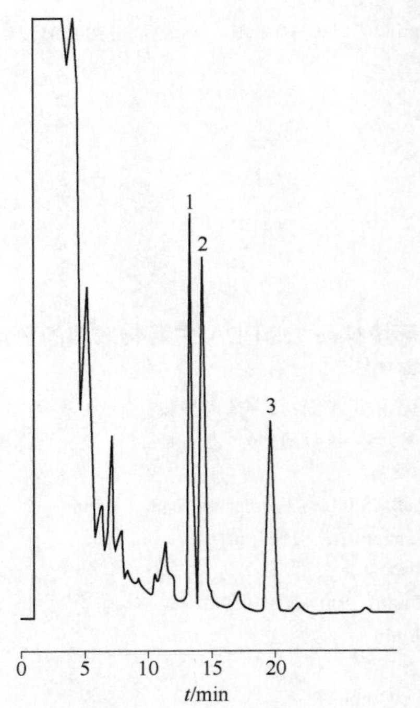

图 15-27 酒中杀菌剂的色谱分离图[5]

色谱峰：1—扑海因；2—腐霉利；3—乙烯菌核利

色谱柱：LiChroCART® 125-4 LiChrospher® 60 RP-select B，5μm

流动相：乙腈-水（体积比=45∶55）

流 速：0.8ml/min

温 度：室温

检测器：UV（215nm）

进样量：50μl

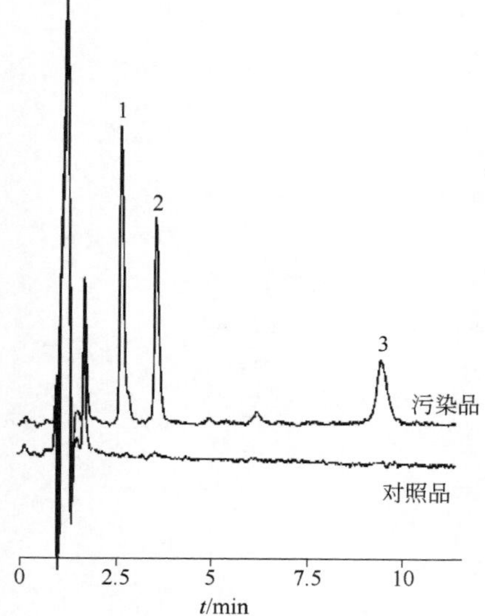

图 15-28 肉类中四环素等的色谱分离图[5]

色谱峰：1—土霉素；2—四环素；3—金霉素

色谱柱：NOVA-PAK®C8

流动相：20%乙腈-草酸-水

流 速：0.8ml/min

检测器：UV（365nm）

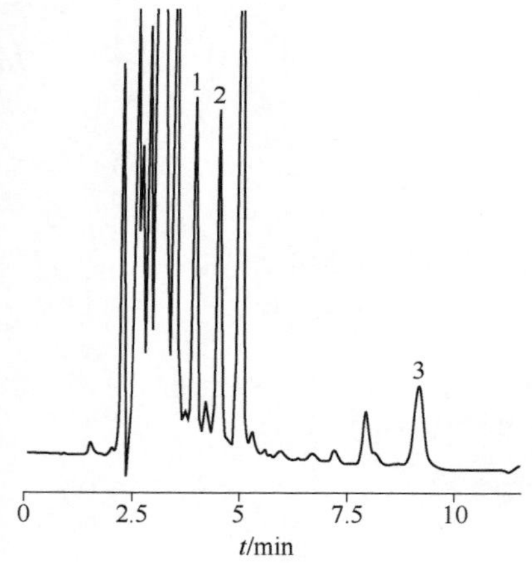

图 15-29 牛奶中四环素类药物的色谱分离图[5]

色谱峰：1—土霉素；2—四环素；3—金霉素

色谱柱：NOVA-PAK®C8

流动相：13%乙腈-13%甲醇-50ml草酸-水

流 速：0.8ml/min

检测器：UV（365nm）

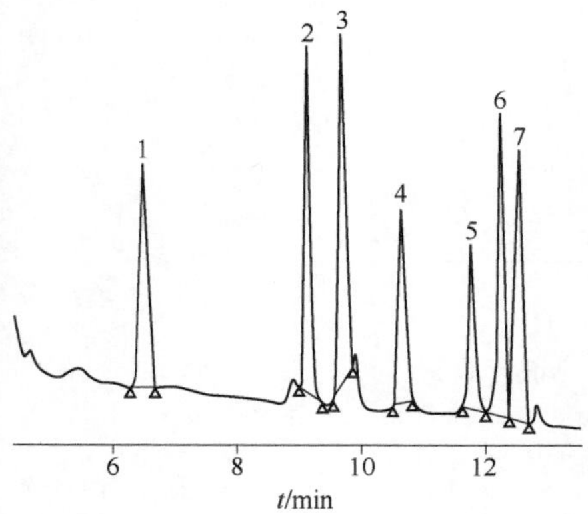

图 15-30 四环素类抗生素色谱分离图[4]

色谱峰：1—米诺环素；2—土霉素；3—四环素；4—去甲基金霉素；5—金霉素；6—甲烯土霉素；7—多西环素

色谱柱：Sun Fire^{TM} C18（250mm×4.6mm，5μm）

流动相：甲酸-乙腈-0.01mol/L草酸，pH=2.0

流 速：1.0ml/min

检测器：UV（255nm）

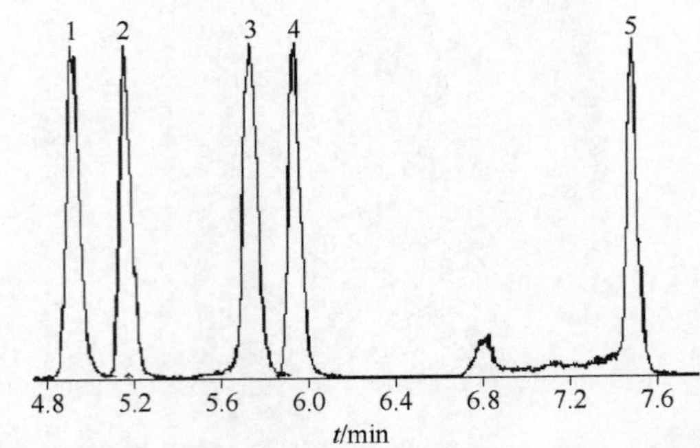

图 15-31 四环素类及氟喹诺酮类药物色谱分离图[4]

色谱峰：1—盐酸四环素；2—盐酸金霉素；3—盐酸土霉素；4—环丙沙星；5—恩诺沙星

色谱柱：ACQUITY UPLC BEH C18（100mm×2.1mm，1.7μm） 流 速：0.2ml/min

进样量：5μl 流动相：甲醇-甲酸-水

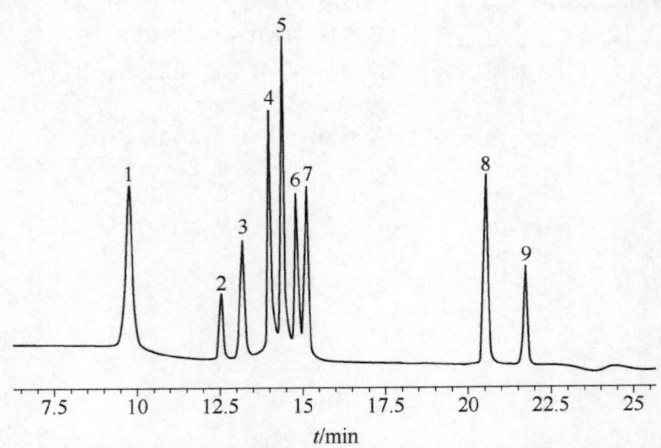

图 15-32 四环素类及氟喹诺酮类抗生素色谱分离图[1]

色谱峰：1—磺胺嘧啶；2—甲氧苄氨嘧啶；3—磺胺甲嘧啶；4—氧氟沙星；5—环丙沙星；6—洛美沙星；7—磺胺甲噁唑；8—磺胺二甲基嘧啶；9—氯霉素

色谱柱：Agilent Tc-C18（250mm×4.6mm，5μm） 流动相：乙腈-纯水（体积比=60∶40）

流 速：0.25ml/min 检测器：280nm

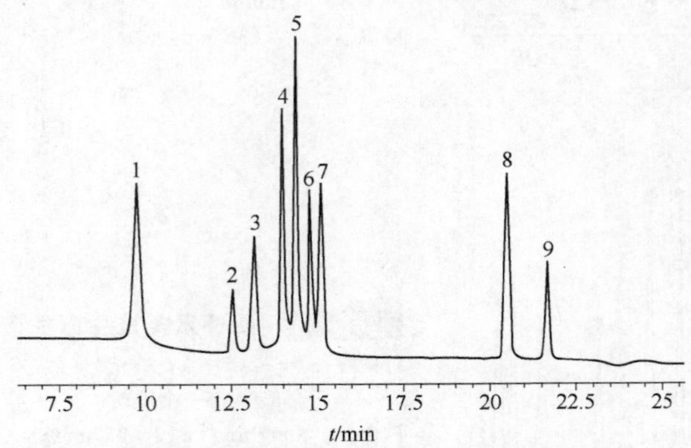

图 15-33 河水中抗生素的色谱分离图[4]

色谱峰：1—磺胺嘧啶；2—甲氧苄氨嘧啶；3—磺胺甲嘧啶；4—氧氟沙星；5—环丙沙星；6—洛美沙星；7—磺胺甲噁唑；8—磺胺二甲基嘧啶；9—氯霉素

色谱柱：Agilent Tc-C18（250mm×4.6mm，5μm） 流动相：乙腈-纯水（体积比=60∶40）

流 速：0.25ml/min 检测器：UV（280nm）

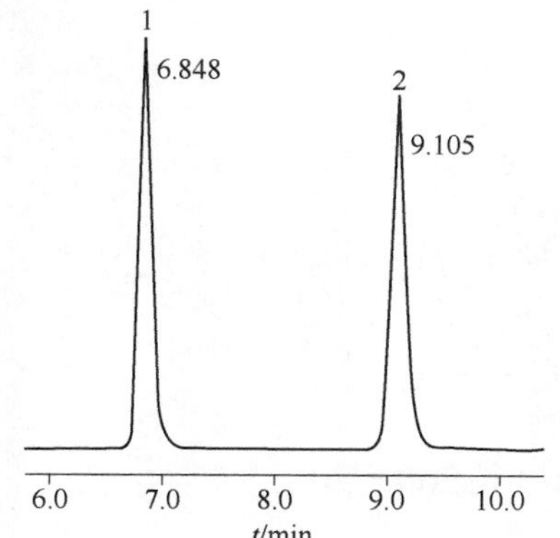

图 15-34　食品中两种杀菌剂的色谱分离图[4]

色谱峰：1—甲基托布津；2—甲霜灵［*N*-(2-甲氧基乙酰基)-*N*-(2,6-二甲苯基)-D,L-丙胺］

色谱柱：Sun Fire^{TM} C18（250mm×4.6mm.，5μm）

流动相：乙腈-水溶液（体积比=60∶40）

流　速：0.6ml/min

柱　温：30℃

检测器：UV（230nm）

进样量：10μl

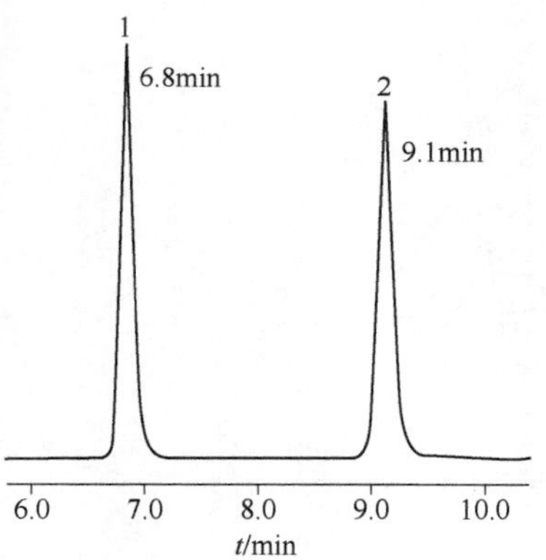

图 15-35　甲基托布津、甲霜灵色谱分析图[2]

色谱峰：1—甲基托布津；2—甲霜灵

色谱柱：Sun Fire^{TM} C18（250mm×4.6mm，5μm）

流动相：乙腈-水溶液（体积比=60∶40）

流　速：0.6ml/min

柱　温：30℃

检测器：UV（230nm）

进样量：10μl

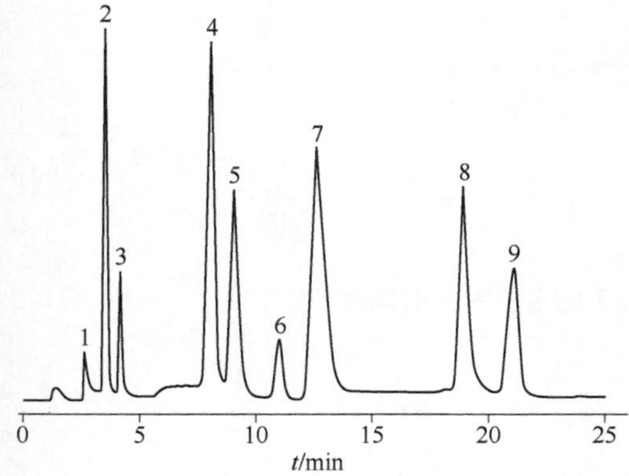

图 15-36　高尔夫球场除草剂成分色谱分离图[3]

色谱峰：1—2-苯并咪唑甲基氨基甲酸酯；2—黄草灵；3—8-羟基喹啉铜；4—氯丙酸；5—甲基硫菌灵；6—秋兰姆；7—环草隆；8—异菌脲；9—地散磷

色谱柱：Shodex Rspak golf-413（150mm×4.6mm）

流动相：50mmol/L的磷酸钾缓冲液-正已腈（体积比=90∶10），pH=3.0

流　速：1.0ml/min

柱　温：40℃

检测器：光电二极管阵列（200～400nm）

三、激素

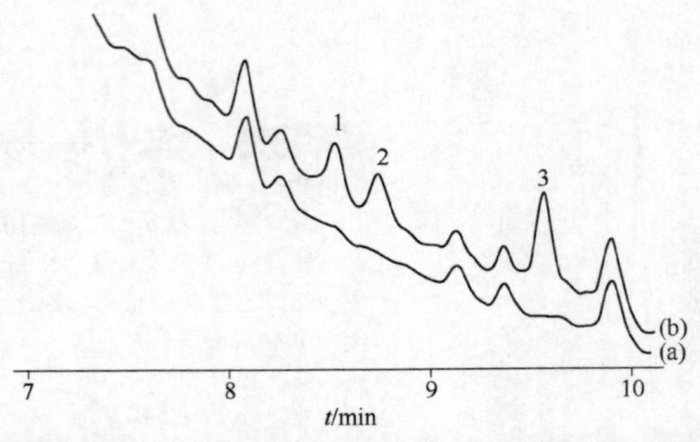

图 15-37 河水中雌激素（内分泌干扰物）的色谱分离图[5]

（a）空白样；（b）样品

色谱峰：1—17β-雌二醇（E2）；2—17α-乙炔基雌二醇；3—己烯雌酚

色谱峰：Xterra RP18（100mm×4.6mm，3.5um）

流动相：A．水；B．甲醇

梯　度：0min→20min，50%B→90%B

流　速：1.0ml/min

检测器：PDA（283nm）

注射液：75μl

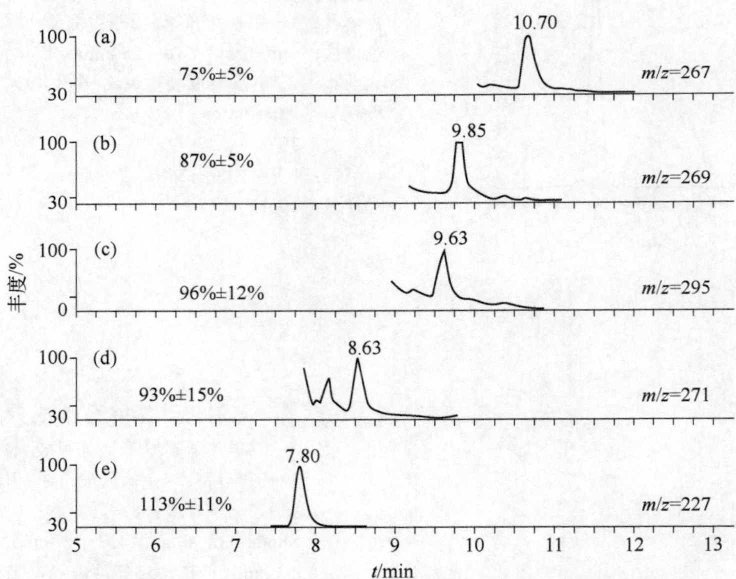

图 15-38 河水中双酚 A 和雌激素等的色质联用分离图[5]

色谱峰：（a）己烯雌酚；（b）雌酮；（c）乙炔基雌二醇；（d）雌二醇；（e）双酚A

仪　器：Waters Alliance®分离单元

色谱柱：Waters Xterra®MS C18（100mm×2.1mm）

进样量：20μl

流动相：A．氨水，pH=10.5；B．乙腈

梯　度：0→8min，30%B→65%B（线性）；之后90%B保持9min

流　速：200μl/min　　　　　　　　　　检测器：ESI-MS

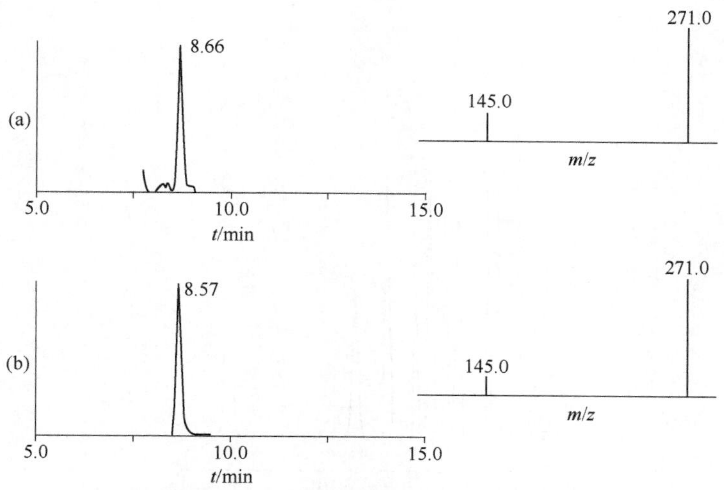

图 15-39　河水中雌二醇的色谱分离图 [5]

（a）河水样品；（b）雌二醇标样

色谱峰：17β-雌二醇

仪　器：Waters Alliance®分离单元

色谱柱：Waters Xterra®MS C18（100mm×2.1mm）

进样量：20μl

流动相：A．氨水，pH=10.5；B．乙腈

梯　度：0→8min，30%B→65%B（线性）；之后90%B保持9min

流　速：200μl/min

四、塑化剂

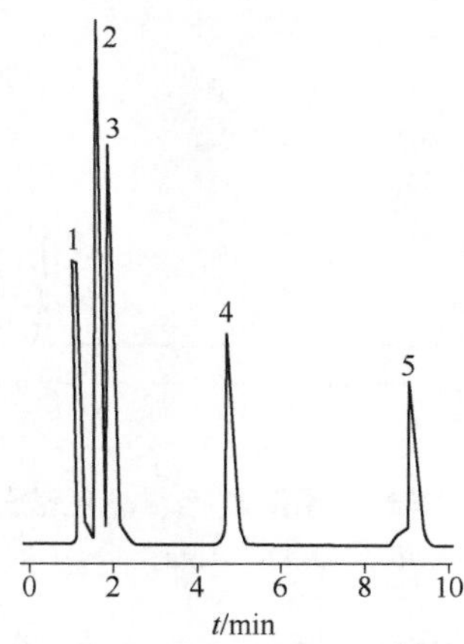

图 15-40　邻苯二甲酸酯类化合物色谱分离图[5]

色谱峰：1—邻苯二甲酸甲酯；2—邻苯二甲酸二乙酯；3—邻苯二甲酸二烯丙酯；4—邻苯二甲酸丁基苄酯；5—邻苯二甲酸二戊酯

色谱柱：Aosor-bosphere C8（150mm×4.6mm，5μm）

流动相：乙腈-水（体积比=70∶30）

流　速：1.5ml/min

检测器：254nm

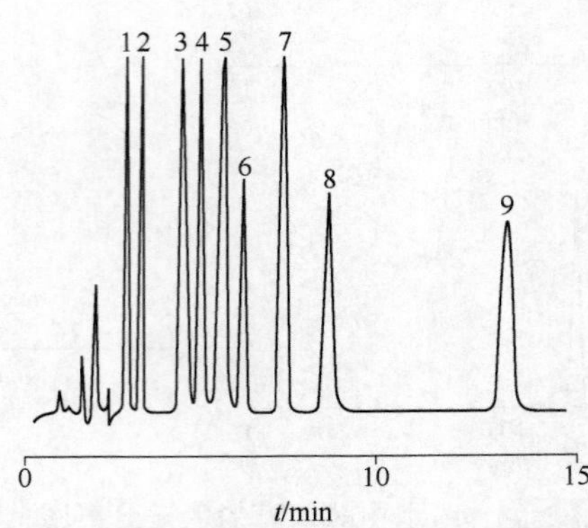

图 15-41 邻苯二甲酸酯和酚类化合物色谱分离图[4]

色谱峰：1—苯甲醇；2—苯酚；3—对甲酚；4—苯甲腈；5—邻苯二甲酸二甲酯；6—3,4-二甲基苯酚；7—2,4-二甲基苯酚；8—苯；9—酞酸二乙酯

色谱柱：Hypersil ODS（125mm×4.6mm，5μm）

流动相：甲醇-乙腈-水（体积比=15∶26.3∶58.7）

流　速：1.0ml/min

检测器：UV（210nm）

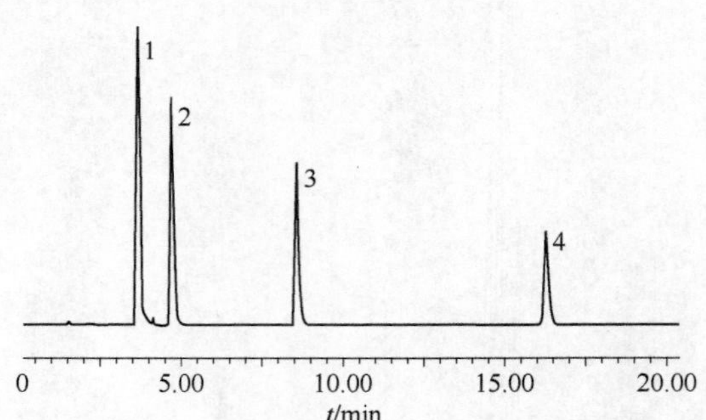

图 15-42 邻苯二甲酸酯标准品色谱分离图[5]

色谱峰：1—邻苯二甲酸二甲酯；2—邻苯二甲酸二乙酯；3—邻苯二甲酸二丁酯；4—邻苯二甲酸二异辛酯

色谱柱：Lichrospher C18（250mm×4.6mm，5μm）

流动相：乙腈-水（体积比=70∶30）

流　速：1.0ml/min

检测器：270nm

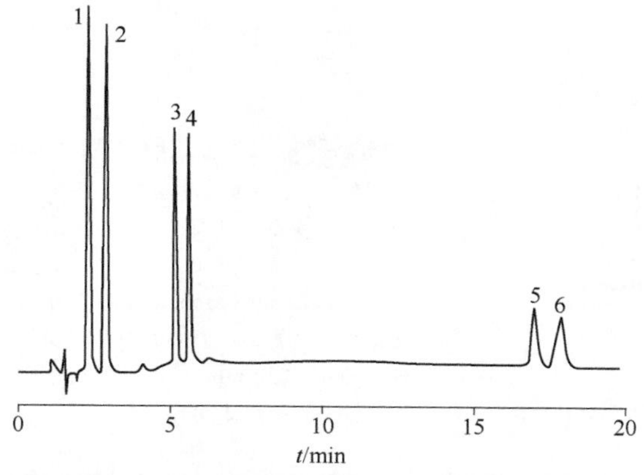

图 15-43 邻苯二甲酸酯类化合物色谱分离图[4]

色谱峰：1—邻苯二甲酸二甲酯；2—邻苯二甲酸二乙酯；3—邻苯二甲酸二丁酯；4—邻苯二甲酸丁基苄基酯；5—邻苯二甲酸双(2-乙基己基)酯；6—邻苯二甲酸戊基异戊酯

色谱柱：Hypersil Green ENV（15mm×4.6mm）

流动相：A．水；B．乙腈

流　速：1.0ml/min

检测器：UV（254nm）

梯　度：起始，72%B；1min时，90%B

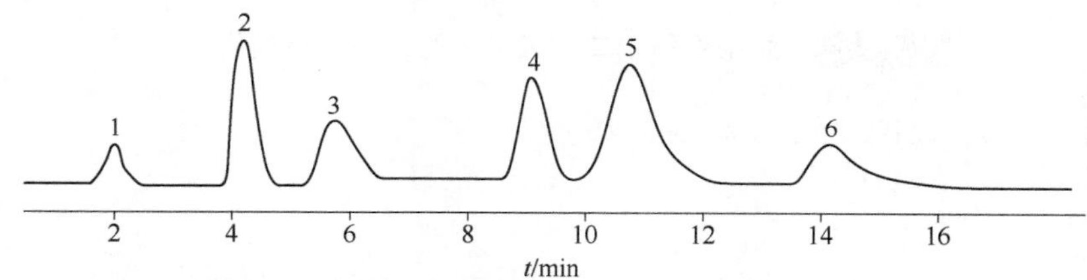

图 15-44 邻苯二甲酸酯类物质化合物色谱分离图[3]

色谱峰：1—溶剂峰；2—邻苯二甲酸二甲酯；3—邻苯二甲酸二戊酯；4—邻苯二甲酸二丁酯；5—邻苯二甲酸二环己酯；6—邻苯二甲酸二辛酯

色谱柱：AQUASIL C18（200mm×4.6mm，5μm）

流动相：十二烷基硫酸钠（SDS）-正丁醇-正壬烷-缓冲溶液（Na_2HPO_4-KH_2PO_4）-亚沸水（体积比=12.0∶1.5∶1.0∶81.5∶1.0），pH=5.0

流　速：1.0ml/min

柱　温：40℃

检　测：UV（224nm）

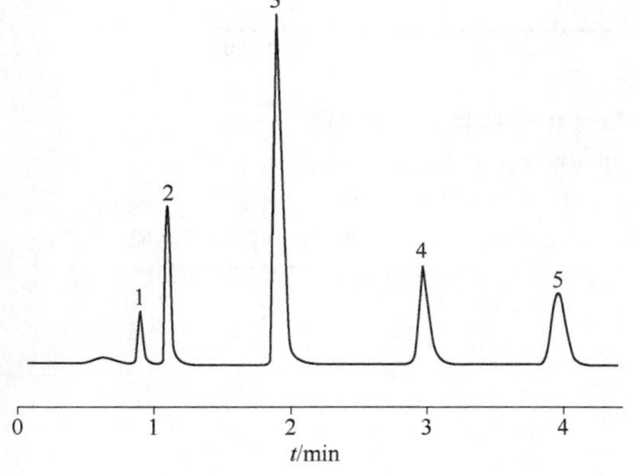

图 15-45 苯甲酰胺、邻苯二甲酸酯等化合物的色谱分离图[4]

色谱峰：1—尿嘧啶；2—苯甲酰胺；3—邻苯二甲酸二甲酯；4—邻苯二甲酸二乙酯；5—二苯甲酮

色谱柱：Hypersil 100 C18（10mm×4.6mm）

流动相：乙腈-水（体积比=60∶40）

流　速：1.0ml/min

检测器：UV（254nm）

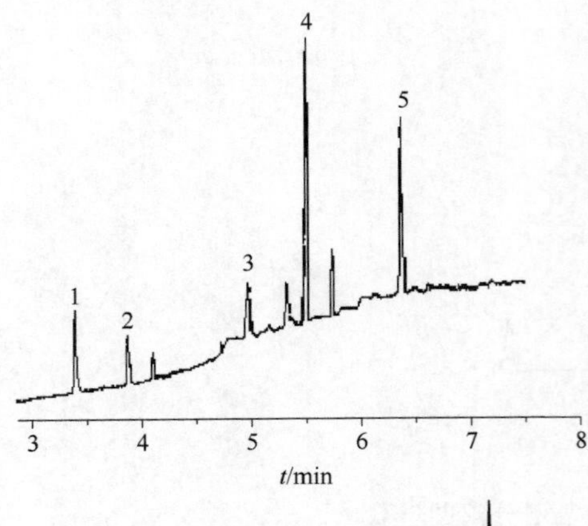

图 15-46 邻苯二甲酸酯类化合物色谱分离图[4]

色谱峰：1—邻苯二甲酸二甲酯；2—邻苯二甲酸二戊酯；3—邻苯二甲酸二丁酯；4—邻苯二甲酸二环己基酯；5—邻苯二甲酸二辛酯

色谱柱：Aosor-bosphere C8（150mm×4.6mm）

流动相：乙腈-水（体积比=70∶30）

流　速：1.0ml/min

检　测：UV（224nm）

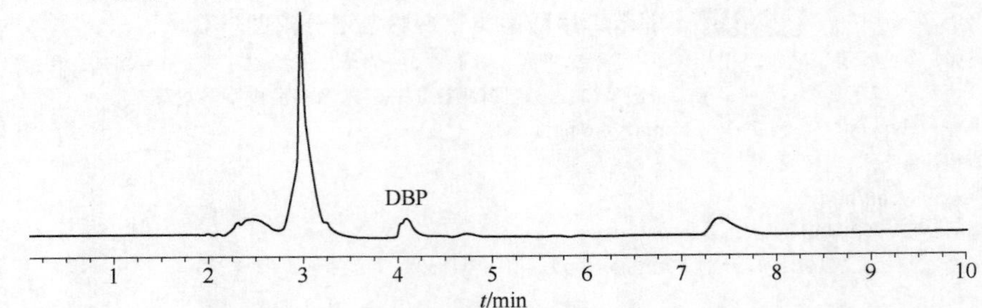

图 15-47 奶茶中邻苯二甲酸二丁酯的色谱分离图[4]

色谱峰：邻苯二甲酸二丁酯（DBP）

色谱柱：Diamonsil C18（250mm×4.6mm，5μm）

流动相：甲醇

流　速：1.0ml/min

柱　温：室温

检　测：UV（275nm）

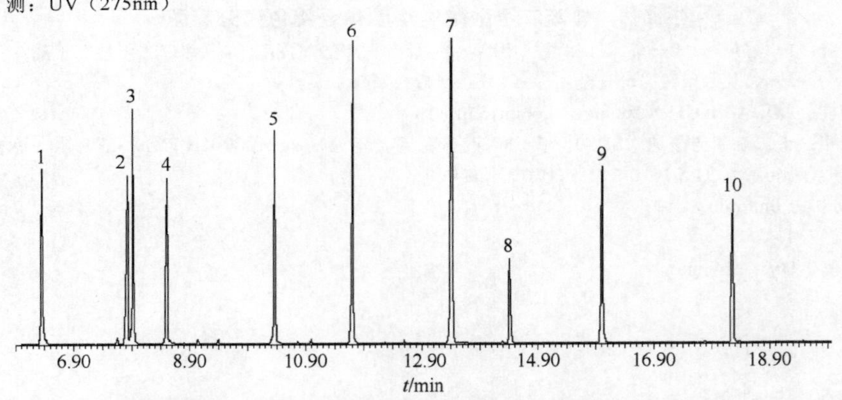

图 15-48 尿液中邻苯二甲酸酯类物质的色谱分离图[4]

色谱峰：1—邻苯二甲酸二甲酯（DMP）；2—邻苯二甲酸单甲酯（MMP）；3—邻苯二甲酸二乙酯（DEP）；4—邻苯二甲酸单乙酯（MEP）；5—邻苯二甲酸单丁酯（MBP）；6—邻苯二甲酸二丁酯（DBP）；7—邻苯二甲酸单(2-乙基己基)酯（MEHP）；8—邻苯二甲酸单苄基酯（MBzP）；9—邻苯二甲酸丁基苄基酯(BBzP)；10—邻苯二甲酸二(2-乙基己基)酯(DEHP)

色谱柱：Diamonsil C18（250mm×4.6mm，5μm）

流动相：甲醇

流　速：1.0ml/min

柱　温：室温

检　测：UV（275nm）

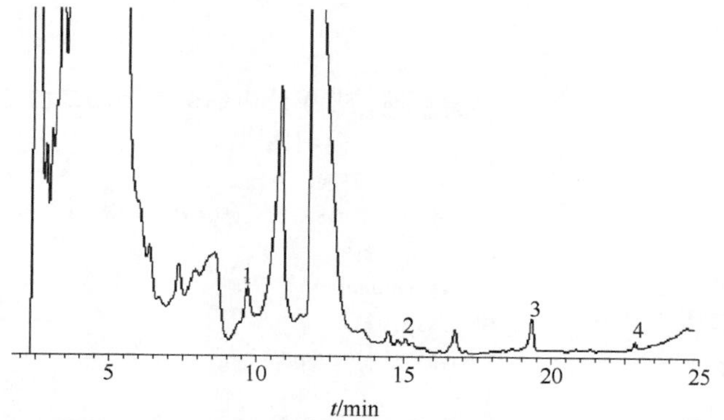

图 15-49　尿液中邻苯二甲酸酯类物质的色谱分离图[4]

色谱峰：1—邻苯二甲酸单乙酯（MEP）；2—邻苯二甲酸单苄基酯（MBzP）；3—邻苯二甲酸二丁酯（DBP）；4—邻苯二甲酸二(2-乙基己基)酯（DEHP）

色谱柱：Diamonsil C18（250mm×4.6mm，5μm）

流动相：甲醇　　流　速：1.0ml/min

柱　温：室温　　检　测：UV（275nm）

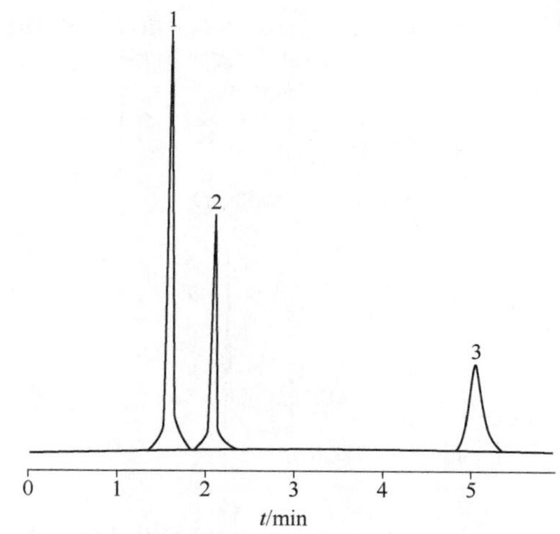

图 15-50　邻苯二甲酸酯标准溶液色谱分离图[4]

色谱峰：1—邻苯二甲酸二甲酯；
2—邻苯二甲酸二丁酯；
3—邻苯二甲酸二辛酯

色谱柱：Zorbax C18（250mm×4.6mm，5μm）

流动相：95%甲醇

柱　温：35℃

流　速：1.0ml/min

检　测：UV（228nm）

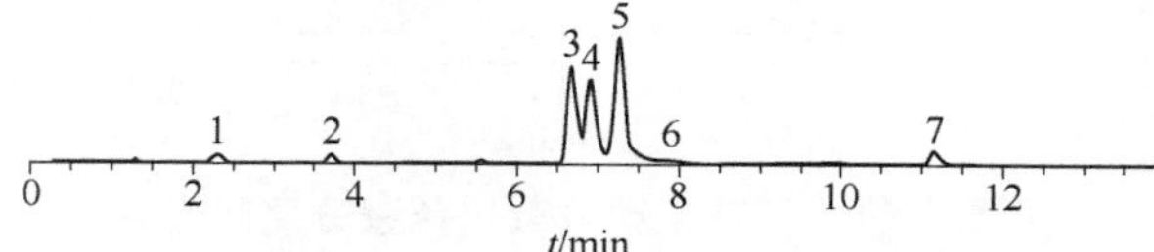

图 15-51　尿液中邻苯二甲酸酯溶液色谱分离图[4]

色谱峰：1—MMP；2—MEP；3—MEHHP；4—MBP；5—MEOHP；6—MBZP；7—MEHP

色谱柱：Agilent Zorbax SB-Phenyl（100mm×2.1mm，3.5μm）

流动相：乙腈　　流　速：0.2ml/min

柱　温：35℃　　检　测：UV（280nm）

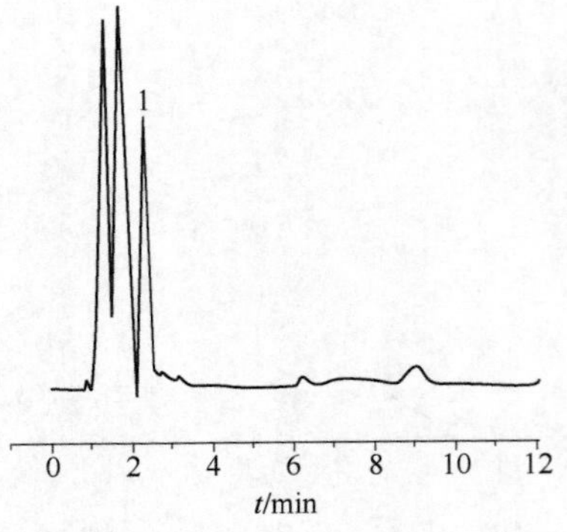

图 15-52 芒果汁中邻苯二甲酸二(2-乙基己基)酯溶液色谱分离图[4]

色谱峰：1—邻苯二甲酸二(2-乙基己)酯

色谱柱：VP-ODS C18（150mm×4.6mm）

流动相：乙腈

流　速：1.0ml/min

柱　温：30℃

检测器：UV（270nm）

五、农药

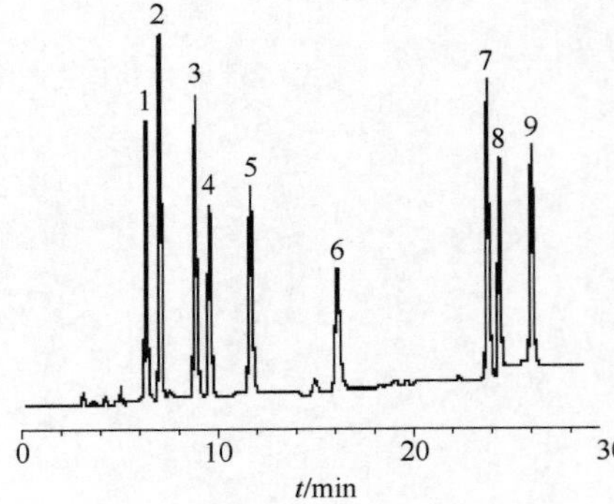

图 15-53 除草剂混合标准溶液色谱分离图[2]

色谱峰：1—甲磺隆；2—氯磺隆；3—苄嘧磺隆；4—苯磺隆；5—吡嘧磺隆；6—三氟羧草醚；7—精噁唑禾草灵；8—乙氧氟草醚；9—乙羧氟草醚

色谱柱：Phenomenex C18柱（250mm×4.6mm，5μm）

流动相：乙腈-三乙胺盐酸溶液(300ml超纯水中加入0.05ml三乙胺，用1mol/L盐酸调节pH=3.0)

流　速：0.70ml/min

进样量：20μl

柱　温：35℃

检测器：UV（230nm）

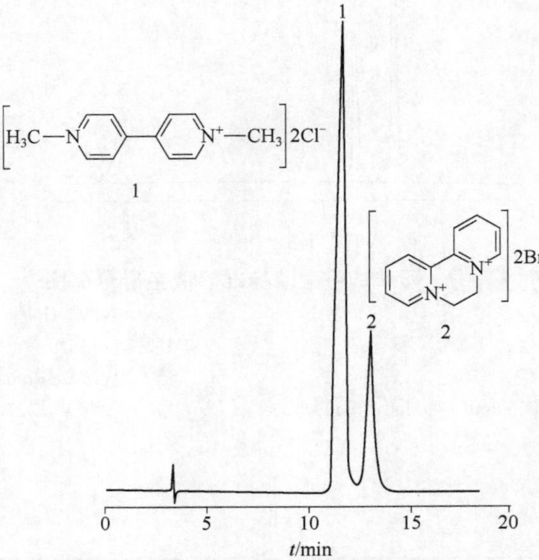

图 15-54 百草枯和敌草快色谱分离图[3]

色谱峰：1—百草枯；2—敌草快

色谱柱：Shodex Asahipak es-502c 7C（100mm×7.5mm）

流动相：50mmol/L的磷酸钠缓冲液-150mmol/L NaCl，pH=7.0

流　速：1.0ml/min

柱　温：30℃

检测器：UV（288nm）

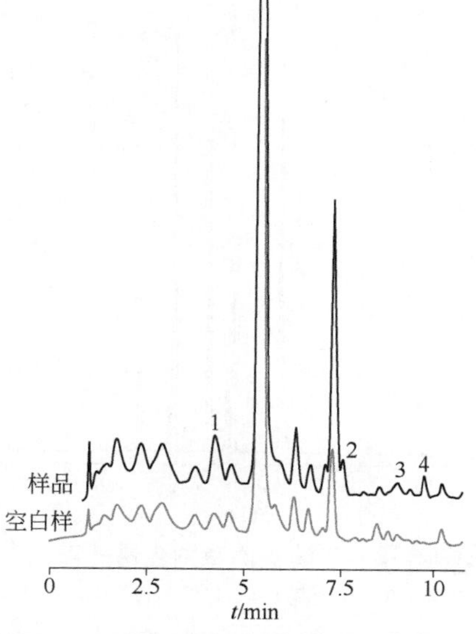

图 15-55　苯菌灵、西维因、阿特拉津和双酚 A 的色谱分离图[5]

色谱峰：1—苯菌灵；2—西维因；3—阿特拉津；4—双酚A

色谱柱：对称性®C18（150mm×3.9mm）

流动相：A．10mmol/L磷酸盐，pH=6.8；

B．甲醇

梯　度：0→20min，40%B→100%B

流　速：1.0ml/min

检测器：PDA（283nm）

进样量：100μl

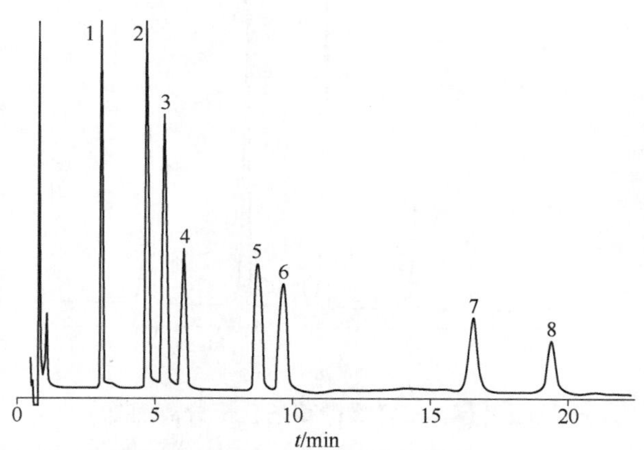

图 15-56　三嗪类除草剂色谱分离图[4]

色谱峰：1—西玛津；2—西草净；3—阿特拉津；4—扑灭通；5—莠灭净；6—扑灭津；7—扑草净；8—特丁净

色谱柱：Hypersil Green ENV（15mm×4.6mm）

流动相：0.1mol/L乙酸钠，pH=6

流　速：1.5ml/min

检测器：UV（220nm）

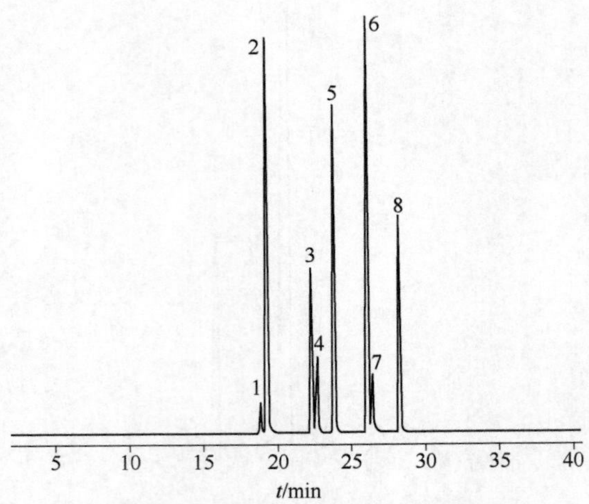

图 15-57 三嗪类除草剂色谱分离图[4]

色谱峰：1—西玛津；2—灭草隆；3—绿麦隆；4—阿特拉津；5—敌草隆；6—苯胺；7—扑灭津；8—利谷隆

色谱柱：Hypersil Green ENV（25mm×4.6mm）

流动相：A．水-乙腈（体积比=90∶10）；B．乙腈

流 速：1.0ml/min

梯 度：0→40min，100%A→20%A

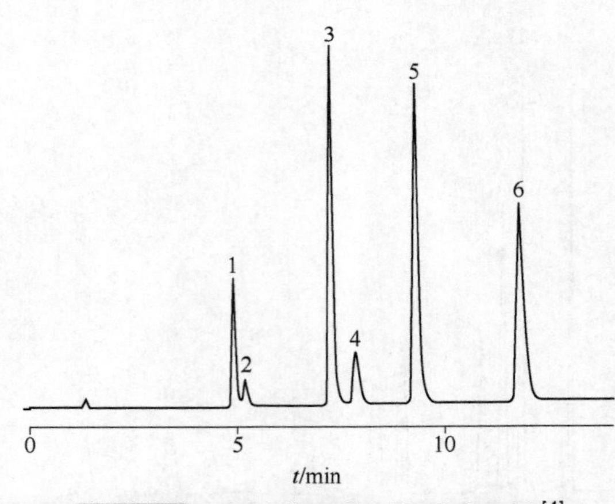

图 15-58 三嗪类除草剂色谱分离图[4]

色谱峰：1—扑灭通；2—扑灭津；3—扑草净；4—西玛津；5—莠灭净；6—西草净

色谱柱：Hypercarb（10mm×4.6mm，5μm）

流动相：A．水；B．乙腈-异丙醇（体积比=1∶3）

流 速：1ml/min

梯 度：1min→10min，35%A→95%B

温 度：25°C

检测器：UV（240nm）

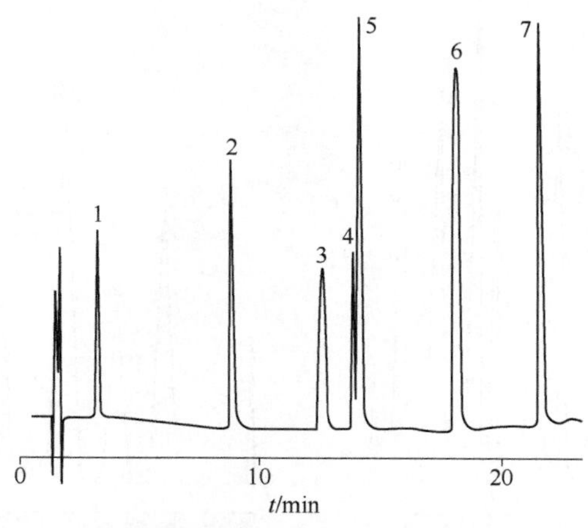

图 15-59 除草剂色谱分离图[4]

色谱峰：1—非草隆；2—灭草隆；3—绿麦隆；4—异丙；5—敌草隆；6—利谷隆；7—草不隆

色谱柱：Hypersil Green ENV（15mm×4.6mm）

流动相：水-乙腈

流 速：1.0ml/min

检测器：UV（240nm）

梯 度：0→20min，20%B；2min→20min，20%B→70%B

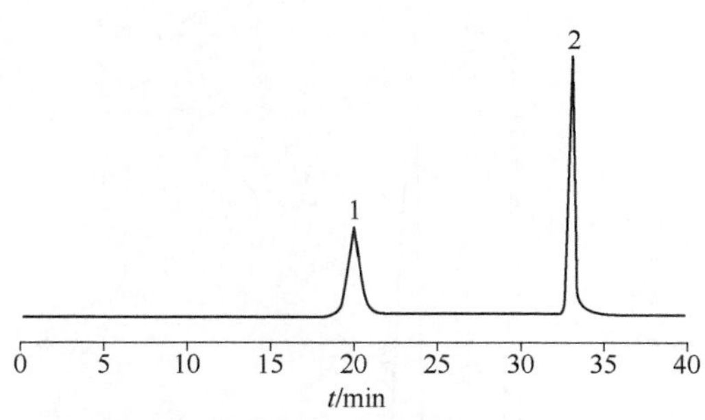

图 15-60 草甘膦和草铵膦色谱分离图[3]

色谱峰：1—草铵膦；2—草甘膦

色谱柱：Shodex IC si-90 4E（250mm×4.0mm）

流动相：A．0.3mmol/L 氢氧化钠；

B．0.3mmol/L氢氧化钠-20mmol/L碳酸钠

梯 度：0→20min，5%B；

20min→30min，5%B→50%B；

30→40min，50%B

流 速：1.0ml/min

柱 温：25℃

检测器：ICP-MS（m/z=31）

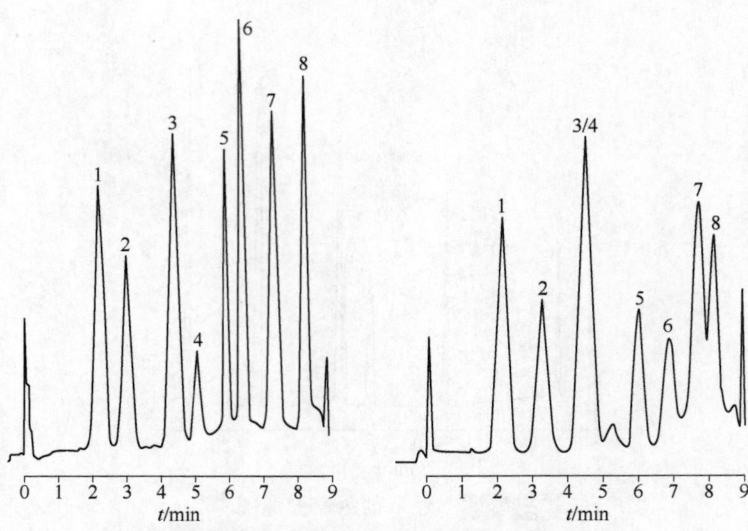

图 15-61 除草剂类药物的色谱分离图[2]

色谱峰：1—环嗪酮；2—甲氧隆；3—灭草隆；4—涕灭威；5—古硫磷；6—扑草净；7—哒草特；8—氟乐灵

样品量：50ml

流动相：石油醚（40～60℃）-丙酮（体积比=70∶80）

检测器：UV（254nm）

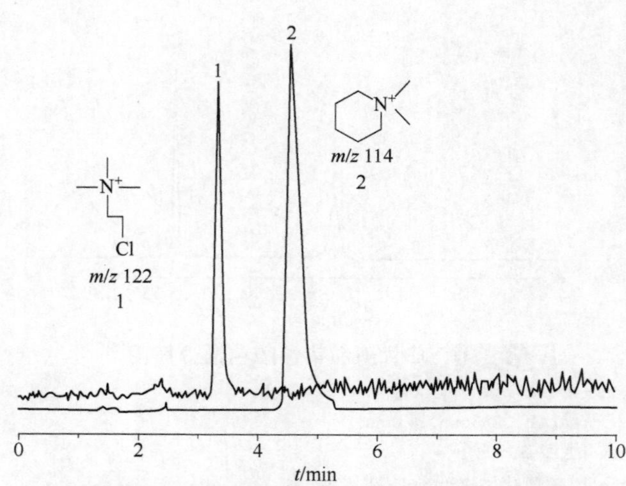

图 15-62 矮壮素和缩节胺农药色谱分离图[2]

色谱峰：1—矮壮素；2—缩节胺

色谱柱：ZIC®-HILIC（100mm×2.1mm，3.5μm），200Å

流动相：80%乙腈-20%乙酸铵（25mmol/L）

流　速：0.2ml/min

检　测：MS（ESI+）

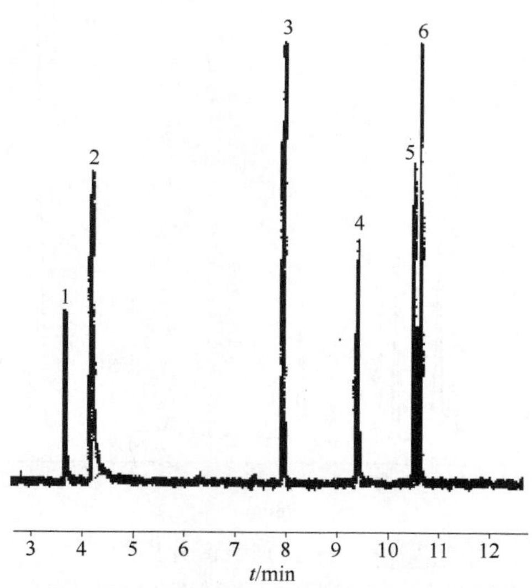

图 15-63　有机磷农药色谱分离图[2]

色谱峰：1—敌百虫；2—甲胺磷；3—甲拌磷；4—乐果；5—毒死蜱；6—杀螟硫磷

色谱柱：50%聚苯基硅氧烷（BD-17）柱（30m×0.53mm，1.0μm）

流动相：纯氮气

流　速：1.0ml/min

进样温度：220℃

检测器温度：300℃

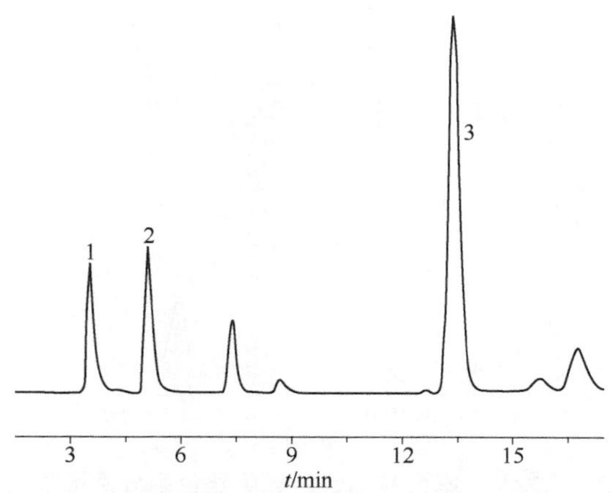

图 15-64　草铵膦和氨甲基膦酸衍生混合溶液色谱分离图[4]

色谱峰：1—氨甲基膦酸衍生物；2—草铵膦衍生物；3—SAMF水解产物

色谱柱：Phenomenex Luna C18（150mm×4.6mm，5μm）

流动相：甲醇-水（磷酸二氢钾溶液）（体积比=58∶42）

流　速：1.0ml/min

检测器：455nm

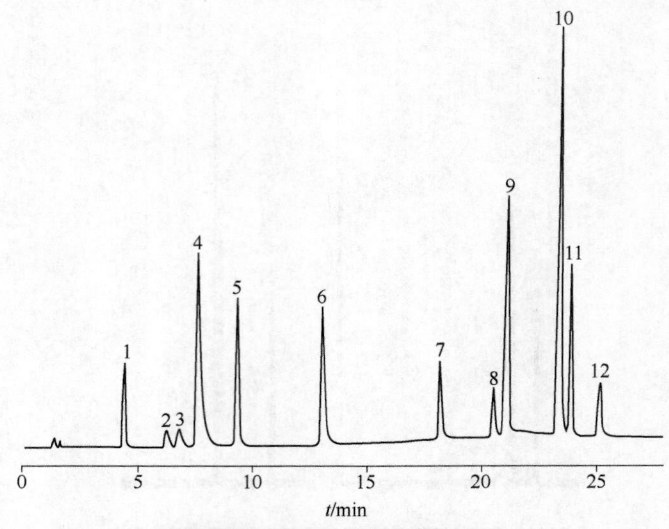

图 15-65 杀虫剂色谱分离图[4]

色谱峰：1—未知；2—涕灭威砜；3—涕灭威亚砜；4—杀线威；5—灭多威；6—3-羟基克百威6519；7—涕灭威；8—残杀威；9—克百威；10—西维因；11—1-萘酚；12—灭虫宁

色谱柱：Hypersil Green Carbamate（250mm×4.6mm）

流动相：甲醇-水

检测器：UV（220nm）

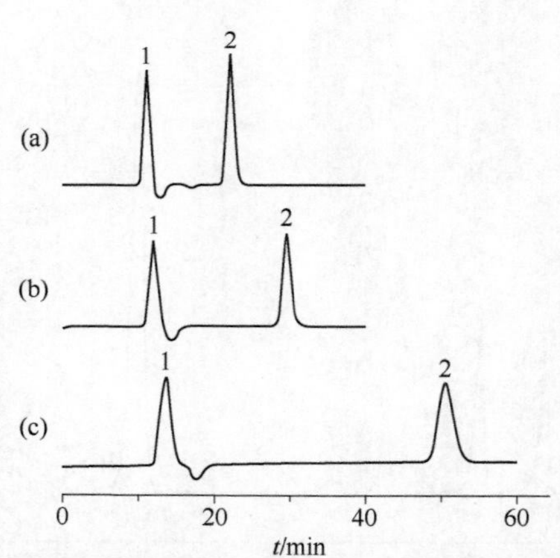

图 15-66 氟丙菊酯、2-三环唑色谱分离图[3]

色谱图：（a）（b）（c）是在不同流动相条件下所测谱图

色谱峰：1—氟丙菊酯；2—三环唑

色谱柱：Shodex CLNpak EV-G AC（100mm×20.0mm）

流动相：丙酮-环己烷，二者的比例为（a）3∶7；（b）1∶4；（c）1∶9

流　量：5ml/min

检测器：UV（254nm）

柱　温：40℃

六、芳香类化合物

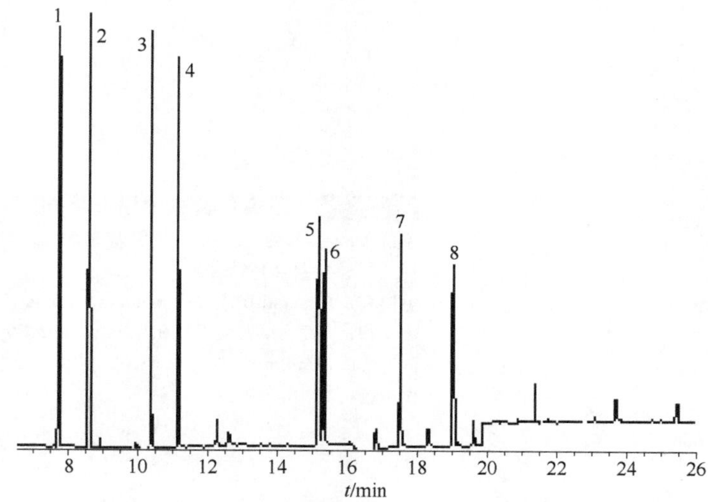

图 15-67 8种硝基酚类的总离子分析色谱分离图[2]

色谱峰：1—2-硝基苯酚；2—2-硝基间苯三酚；3—3-硝基-1,2-苯二酚；4—4,6-二硝基间苯二酚；5—4-硝基苯酚；6—2-硝基间苯二酚；7—2,4,6-三硝基苯酚；8—2,4,6-三硝基间苯二酚

色谱柱：Lichrospher C18（250mm×4.6mm，5μm） 流动相：乙腈-水（体积比=70：30）

流 速：1.0ml/min 检测器：UV（270nm）

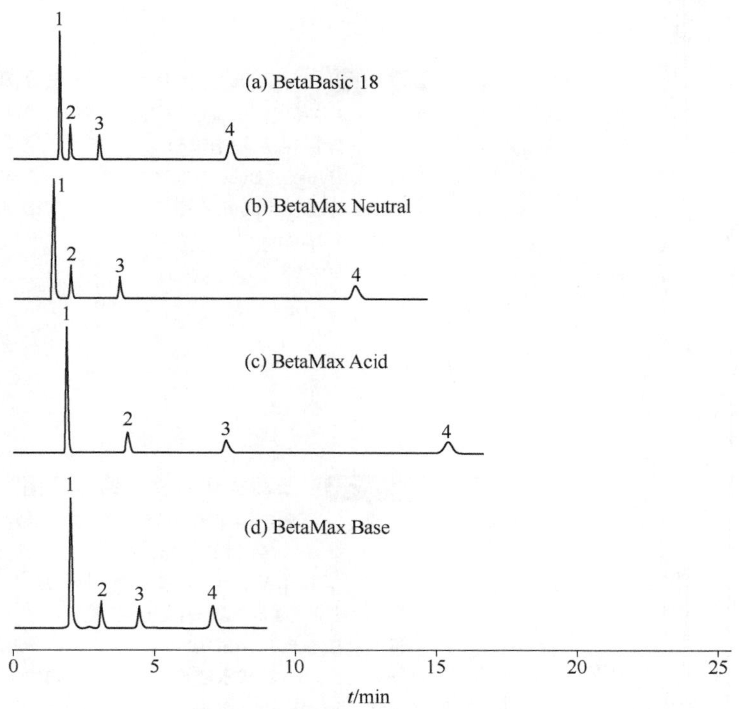

图 15-68 不同色谱柱条件下酚类色谱分离图[4]

色谱峰：1—尿嘧啶；2—间苯三酚；3—间苯二酚；4—苯酚

色谱柱：Hypersil APS（150mm×4.6mm，5μm） 流动相：0.1%甲酸-乙腈（体积比=8：2）

流 速：1.0ml/min 检测器：UV（254nm）

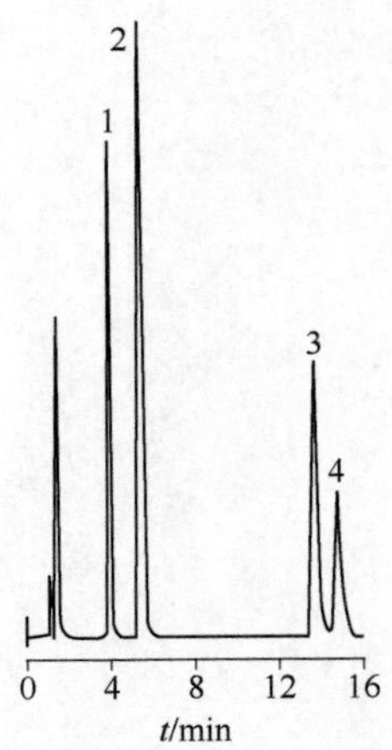

图 15-69 酚类化合物色谱分离图[4]

色谱峰：1—苯酚；2—2,6-二甲基苯酚；3—3,5-二甲基苯酚；4—4-硝基苯酚

色谱柱：Hypersil BDS C18（15mm×4.6mm，5μm）

流动相：甲醇-水-乙酸（体积比=40∶59.3∶0.7）

流　速：1.0ml/min

检测器：254nm

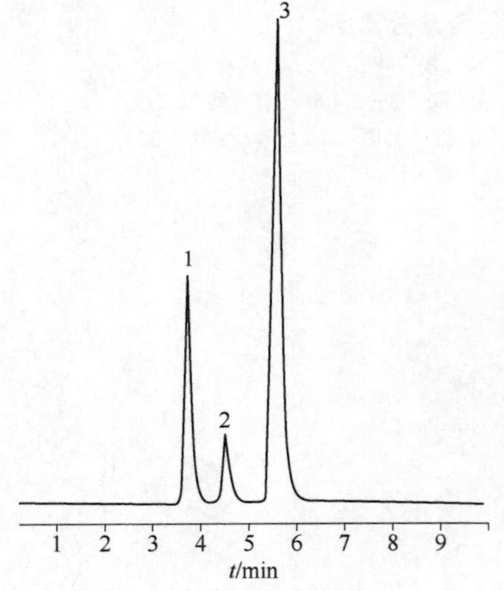

图 15-70 硝基苯酚类化合物色谱分离图[4]

色谱峰：1—对硝基苯基-β-D-葡萄糖醛酸；2—对硝基苯酚硫酸盐；3—4-硝基苯酚

色谱柱：Hypersil Duet C18/SAX（25mm×4.6mm）

流动相：甲醇-0.1mol/L乙酸缓冲液（体积比=40∶60），pH=7

流　速：1.0ml/min

检测器：UV（254nm）

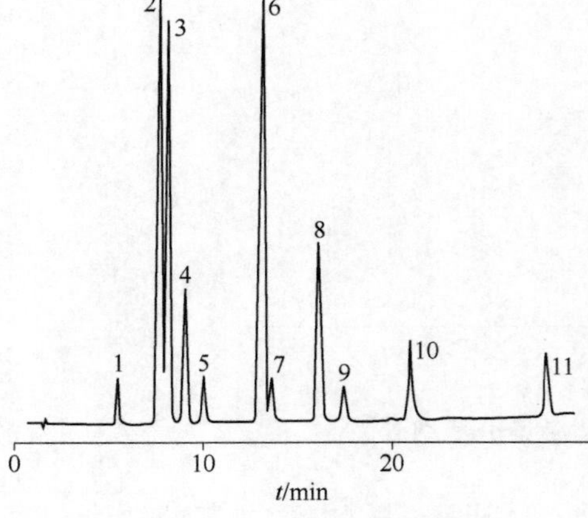

图 15-71 苯酚类化合物色谱分离图[4]

色谱峰：1—苯酚；2—4-硝基苯酚；3—2,4-二硝基苯酚；4—2-硝基苯酚；5—邻氯苯酚；6—4,6-二硝基苯酚；7—2,4-二甲基苯酚；8—4-氯-3-甲基苯酚；9—2,4-二氯酚；10—2,4,6-三氯酚；11—五氯酚

色谱柱：Hypersil Green ENV（15mm×4.6mm，5μm）

流动相：A．1%乙酸水溶液；B．1%乙酸的甲醇溶液

流　速：1.0ml/min

梯　度：0→20min，35%B→100%B

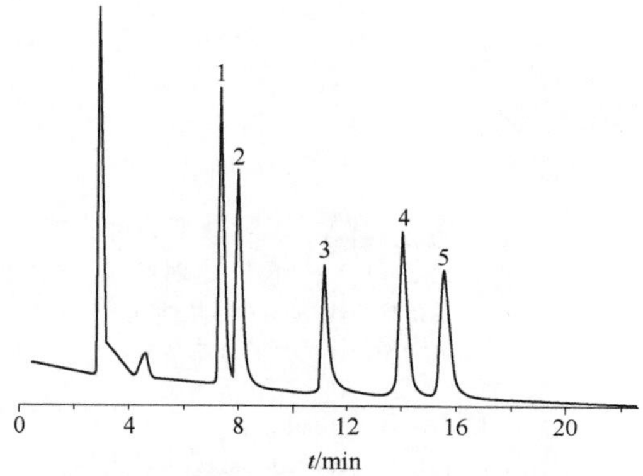

图 15-72　酚类化合物色谱分离图[4]

色谱峰：1—苯酚；2—2-氯酚；3—4-氯酚；4—2,4-二甲基苯酚；5—4-氯-3-甲基苯酚

色谱柱：Hypersil Green ENV（15mm×4.6mm，5μm）

流动相：A．1%乙酸水溶液；

B．1%乙酸甲醇溶液

流　速：1.0ml/min

梯　度：0→20min，35%B→100%B

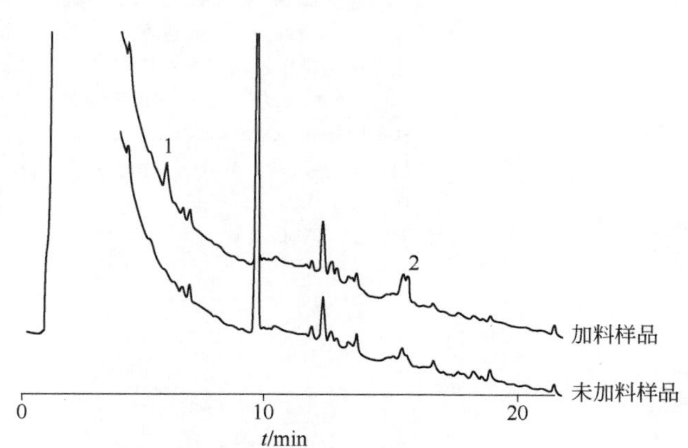

图 15-73　自来水中酚类物质（环境荷尔蒙）的色谱分离图[5]

色谱峰：1—双酚；2—壬基酚

色谱柱：SymmetryShield™RP18

流动相：A．15mmol/L磷酸盐缓冲液，pH=3.0；

B．乙腈

梯　度：初始40%B，20min内线性增加到100%B

流　速：1.0ml/min

检测器：UV（225nm）

注射液：75μl

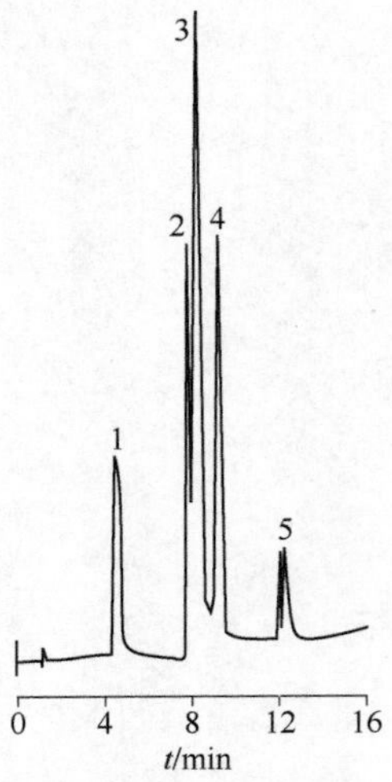

图 15-74 苯酚及苯酚衍生物色谱分离图[4]

色谱峰：1—苯酚；2—间甲酚；3—对甲酚；4—邻甲酚；5—乙基苯酚

色谱柱：Hypercarb（100mm×4.6mm，7μm）

流动相：A. 1%乙酸水溶液；

B. 乙腈

流　速：1.0ml/min

检测器：UV（254nm）

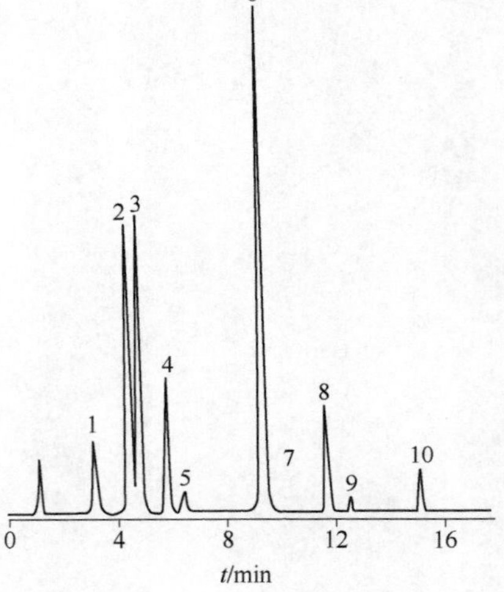

图 15-75 酚类化合物色谱分离图[4]

色谱峰：1—苯酚；2—4-硝基酚；3—2,4-二硝基酚；4—2-氯酚；5—2-甲基-4,6-二硝基酚；6—2,4-二甲基酚；7—4-氯-3-甲基酚；8—2,4-二氯酚；9—2,4,6-三氯酚；10—五氯酚

色谱柱：Hypersil OPS（200mm×2.1mm）

流动相：甲醇-乙酸水溶液（体积比=55∶45）

流　速：1.5ml/min

检测器：UV（260nm）

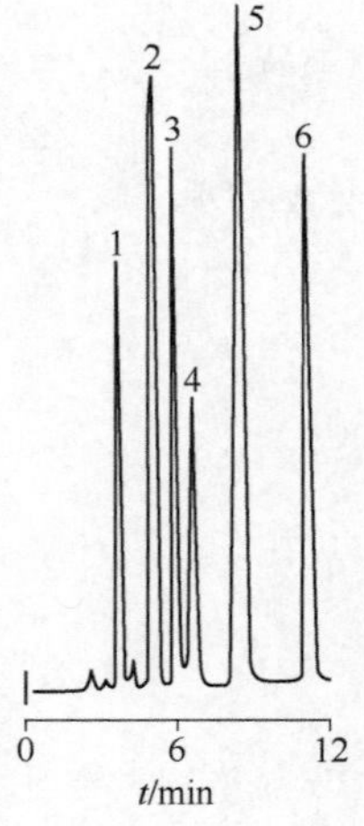

图 15-76 富马酸二甲酯与多环芳烃色谱分离图[4]

色谱峰：1—富马酸二甲酯；2—芴；3—菲；4—蒽；5—芘；6—䓛

色谱柱：Hypersil BDS C18（15mm×4.6mm，5μm）

流动相：乙腈-水（体积比=75∶25）

流　速：1.0ml/min

检测器：UV（254nm）

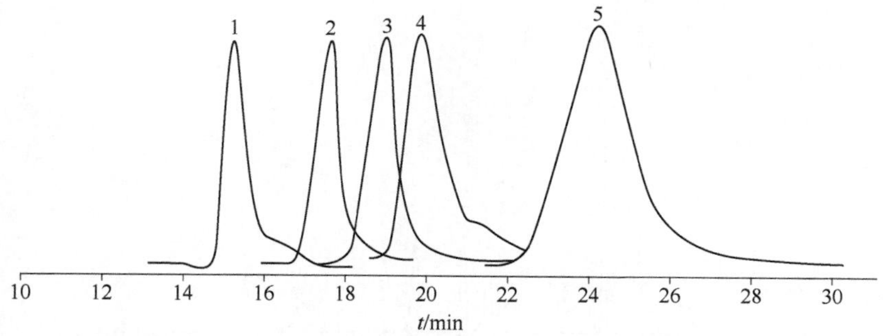

图 15-77　双酚 A、苯并[a]荧蒽、芘的衍生物色谱分离图[3]

色谱峰：1—双酚A；2—苯并[a]荧蒽；3—1,3-二硝基芘；4—苯并[a]芘；5—羟基苯并[a]芘混合物

色谱柱：Shodex clnpak pae-800交流（300mm×8.0mm）

流动相：丙酮　　流　速：0.8ml/min

柱　温：25℃　　检测器：UV（254nm）

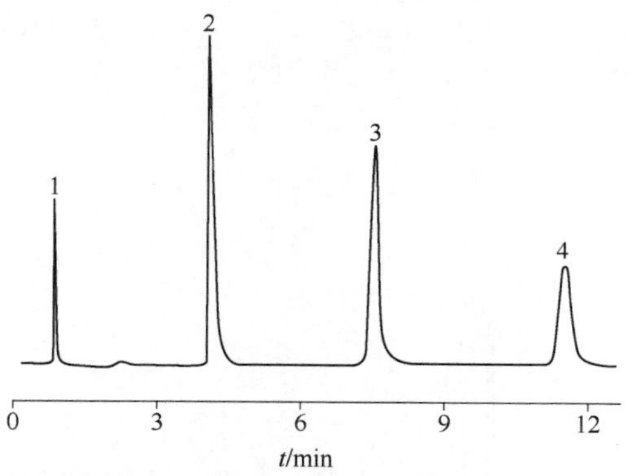

图 15-78　多环芳烃类化合物色谱分离图[4]

色谱峰：1—尿嘧啶；2—甲苯；3—联苯；4—蒽

色谱柱：Hypersil 100 C18（10mm×4.6mm）

流动相：乙腈-水（体积比=40∶60）

流　速：1.0ml/min

检测器：UV（254nm）

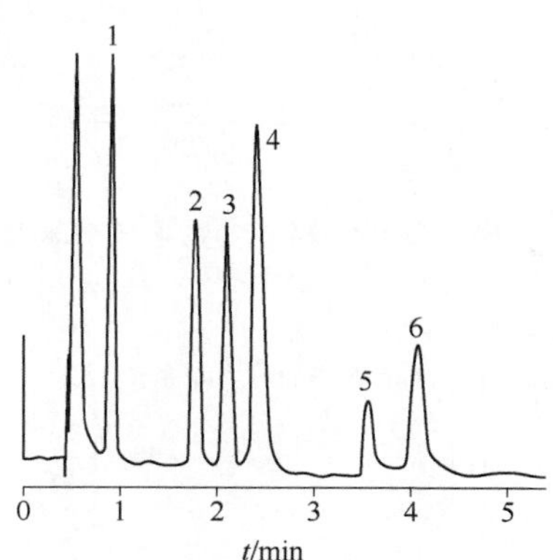

图 15-79　多环芳烃色谱分离图[4]

色谱峰：1—荧蒽；2—苯并[b]荧蒽；3—苯并[k]荧蒽；4—苯并[a]芘；5—苯并[g,h,i]芘；6—茚并[1,2,3-cd]芘

色谱柱：Hypersil Green PAH（3mm×4.6mm）　　流动相：乙腈-水（体积比=80∶20）

检测器：UV（254nm）　　流　速：3ml/min

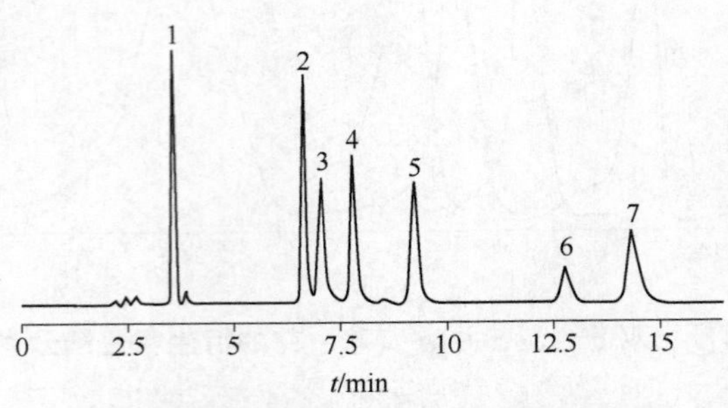

图 15-80 多环芳香烃色谱分离图[2]

色谱峰：1—荧蒽；2—苯并[*a*]蒽；3—苯并[*b*]荧蒽；4—苯并[*k*]荧蒽；5—苯并[*a*]芘；6—苯并[*g,h,i*]苝；7—茚并[1,2,3-*cd*]芘

色谱柱：LiChroCART® 250-3 LiChrospher® PAH，5μm

流动相：乙腈

温　度：25℃

流　速：1.0ml/min

进样量：30μl

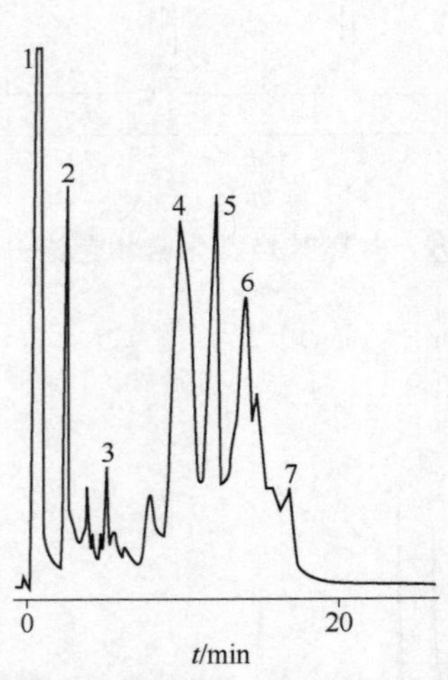

图 15-81 多环芳烃化合物色谱分离图[4]

色谱峰：1—荧蒽；2—苯并［*a*］蒽；3—苯并［*b*］荧蒽；4—苯并［*k*］荧蒽；5—苯并［*a*］芘；6—苯并［*g,h,i*］苝；7—茚并［1,2,3-*cd*］芘

色谱柱：HyperREZ XP SCX1000Å（50mm×4.6mm，8μm）

流动相：A．0.02mol/L KH_2PO_4，pH=6.0；

B．A +0.5mol/L NaCl，pH=6.0

梯　度：0→20min，0→100%B

流　速：1.0ml/min

检测器：UV（260nm）

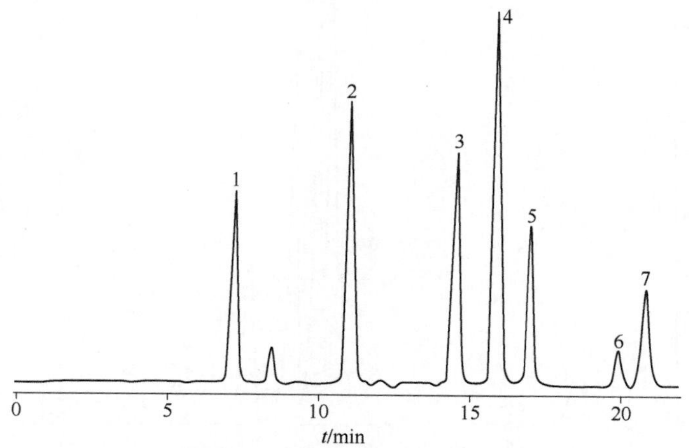

图 15-82 多环芳香烃色谱分离图[4]

色谱峰：1—荧蒽；2—苯并[*a*]蒽；3—苯并[*b*]荧蒽；4—苯并[*k*]荧蒽；5—苯并[*a*]芘；6—苯并[*g*,*h*,*i*]芘；7—茚并[1,2,3-*cd*]芘

色谱柱：Hyper Green PAH（150mm×2.1mm，5μm）

流动相：乙腈-水（20min内体积比由60∶40至100∶0）

流　速：0.5ml/min

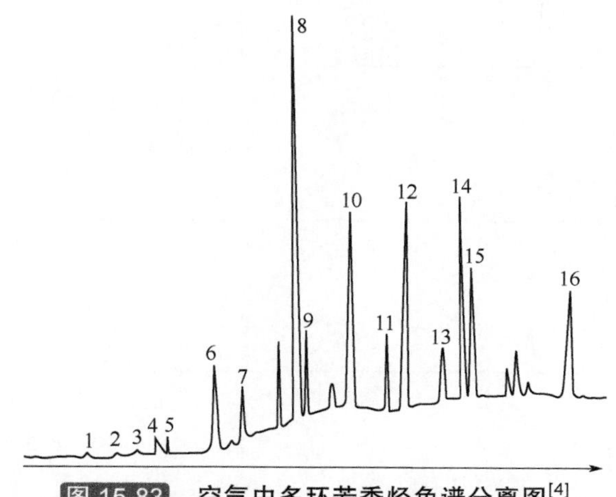

图 15-83 空气中多环芳香烃色谱分离图[4]

色谱峰：1—富马酸二甲酯；2—苊；3—苊；4—芴；5—菲；6—荧蒽；7—荧蒽；8—芘；9—苯并[*a*]蒽；10—□；11—苯并[*b*]荧蒽；12—苯并[*k*]荧蒽；13—苯并[*a*]芘；14—二苯并[*a*，*h*]蒽；15—苯并[*g*,*h*,*i*]芘；16—茚并[1,2,3-*cd*]芘

色谱柱：Hypersil PAH（10mm×4.6mm，3μm）

流动相：A．乙腈-水（体积比=99∶1）；B．乙腈

流　速：2.0ml/min

检测器：UV（254nm）

梯　度：

t/min	0	5	25	27
B/%	50	50	100	50

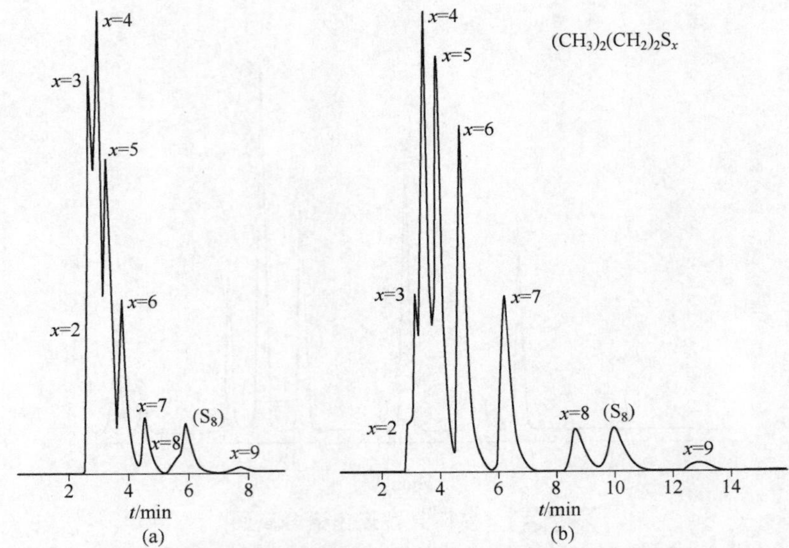

图 15-84 多硫化物多环芳香烃色谱分离图[4]

色谱柱：Hypercarb（10mm×4.6mm，7μm）

流动相：氯化丁基-异戊烷［（a）体积比=40∶60；（b）体积比=5∶95］

流　速：0.5ml/min

检测器：UV（254nm）

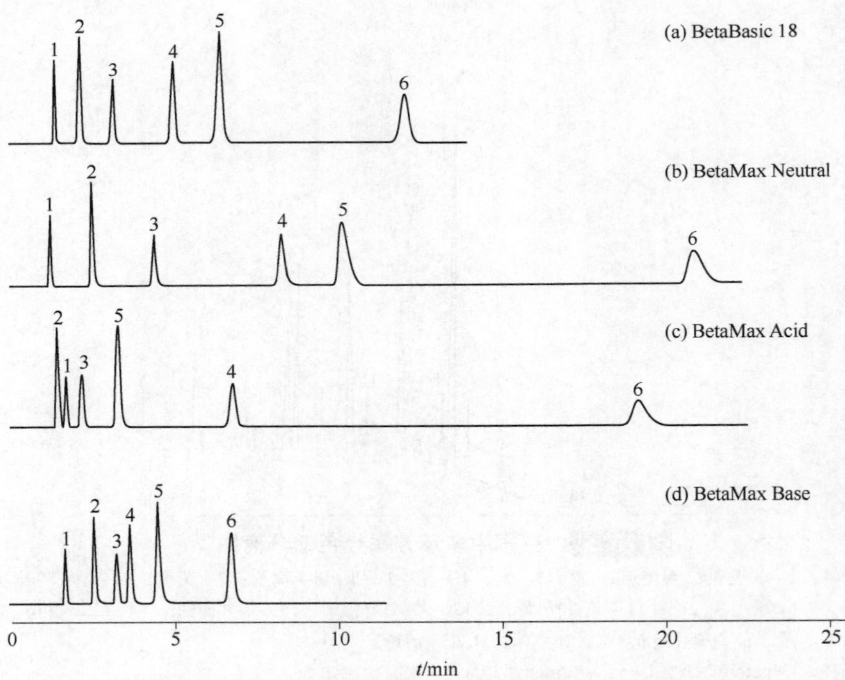

图 15-85 不同色谱柱条件下芳香烃色谱分离图[4]

色谱峰：1—尿嘧啶；2—苯；3—乙苯；4—丙苯；5—丁苯；6—戊苯

色谱柱：Hypersil APS（150mm×4.6mm，5μm）

流动相：水-乙腈（体积比=25∶75）

流　速：1.25ml/min

检测器：UV（254nm）

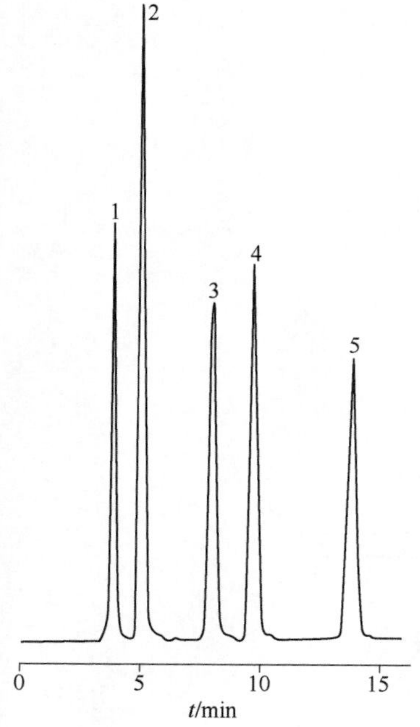

图 15-86 苯衍生物色谱分离图[4]

色谱峰：1—对羟基苯甲醛；2—苯甲醇；3—苯甲酸；
4—硝基苯；5—苯

色谱柱：BETASIL C8（150mm×4.6mm，5μm）

流动相：甲醇-水-磷酸（体积比=60∶40∶0.1）

流　速：1.0ml/min

检测器：二极管阵列（254nm）

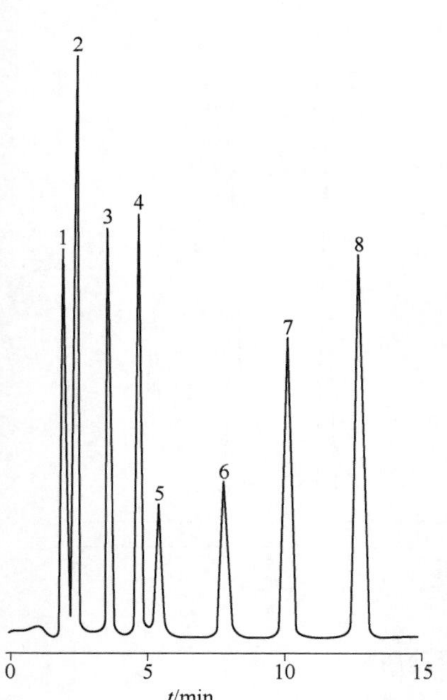

图 15-87 标准芳香酸色谱分离图[4]

色谱峰：1—苯甲酰胺；2—苯甲醇；3—苯乙酸；4—苯甲酸甲酯；
5—苯乙醚；6—富马酸二甲酯；7—二苯甲酮；8—联苯

色谱柱：Hypersil Phenyl（10mm×4.6mm）

流动相：甲醇-水（体积比=60∶40）

流　速：1.0ml/min

检测器：UV（254nm）

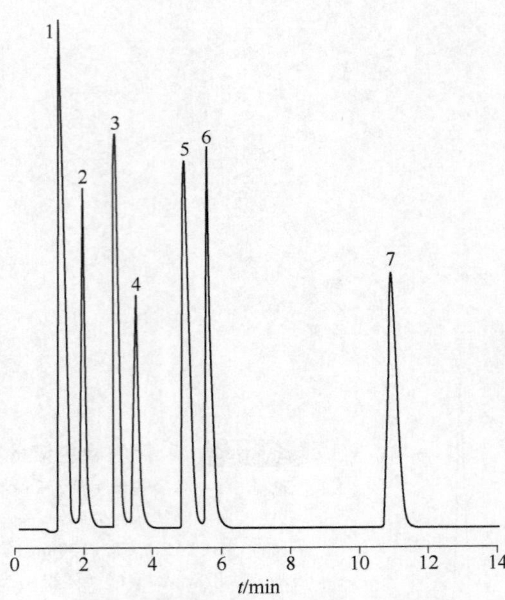

图 15-88 芳烃类色谱分离图[4]

色谱峰：1—尿嘧啶；2—苯胺；3—2-硝基苯胺；4—2,4-二硝基苯胺；5—3,5-二甲苯酚；6—苯甲醚；7—甲苯

色谱柱：Hypersil BDS C18（15mm×4.6mm，5μm）

流动相：甲醇-0.05mol/L磷酸二氢钾溶液（体积比=65∶35），pH=3.5

流　速：1.0ml/min

检测器：UV（254nm）

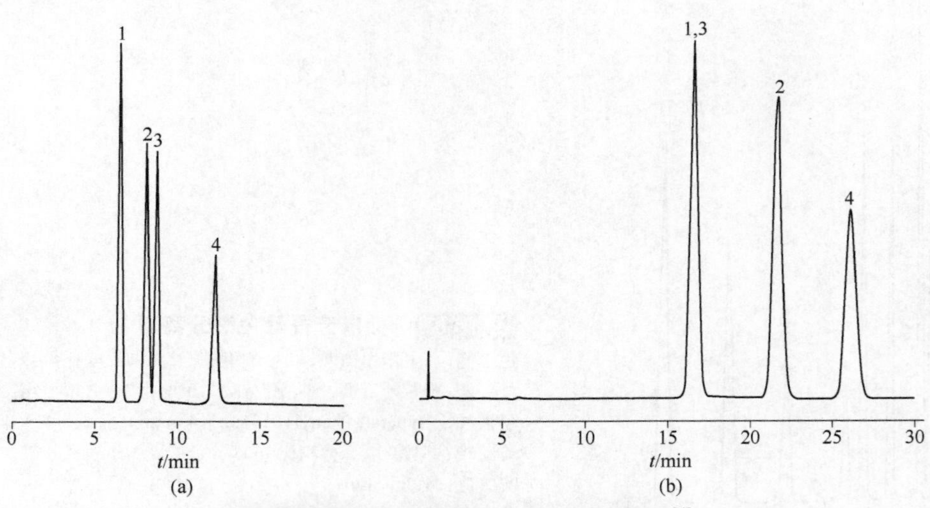

图 15-89 甲苯与硝基芳烃色谱分离图[4]

色谱峰：1—2,4,6-三硝基甲苯；2—2,6-二硝基甲苯；3—甲苯；4—4-硝基甲苯

流动相：（a）水-甲醇（体积比=50∶50）；（b）水-甲醇（体积比=30∶70）

流　速：1.0ml/min

检测器：UV（254nm）

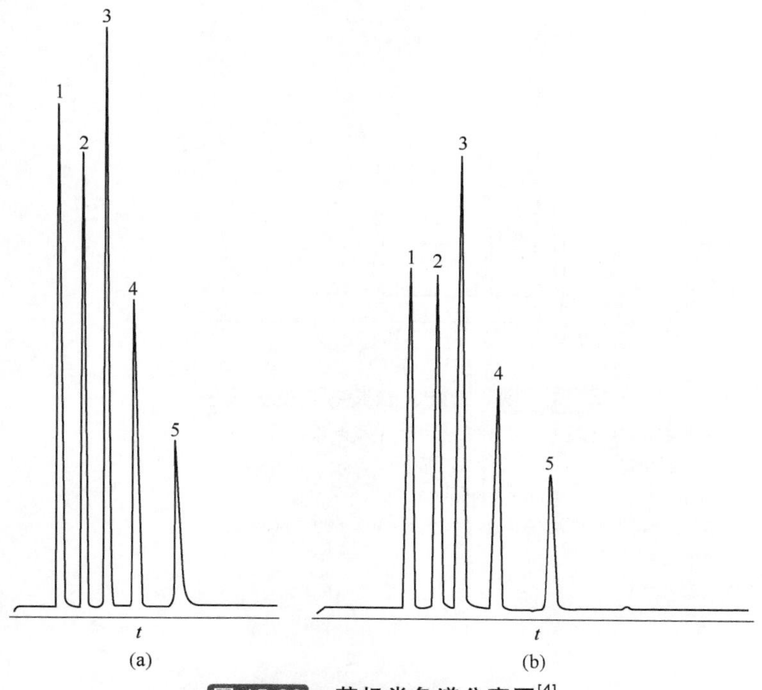

图 15-90　芳烃类色谱分离图[4]

注：文献中未给出色谱图坐标刻度

色谱峰：1—尿嘧啶；2—苯酚；3—硝基苯；4—甲苯；5—联苯

色谱柱：（a）μBondapak；（b）Hyperbond C18

流动相：乙腈-水（体积比=75∶25）

流　速：1.5ml/min

检测器：254nm

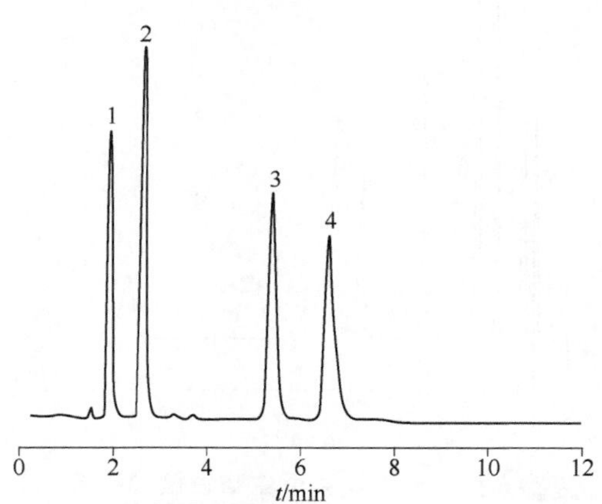

图 15-91　苯基化合物色谱分离图[4]

色谱峰：1—苯甲酰胺；2—苯乙酮；3—二苯甲酮；4—联苯

色谱柱：Hypersil BDS Phenyl（10mm×4.6mm）

流动相：甲醇-水（体积比=60∶40）

流　速：0.8ml/min

检测器：UV（254nm）

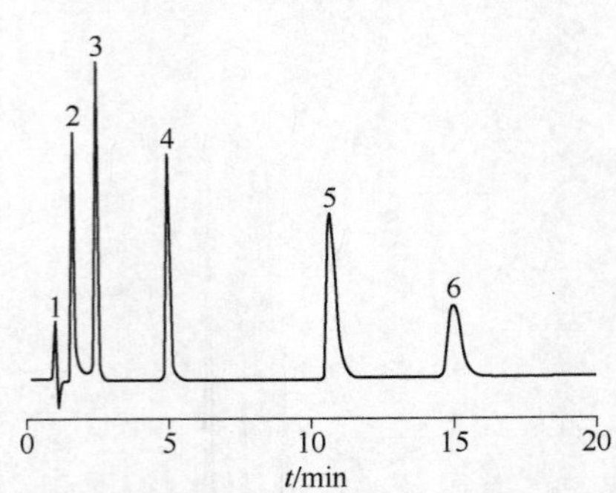

图 15-92 吡啶、苯胺等色谱分离图[4]

色谱峰：1—尿嘧啶；2—吡啶；3—苯胺；4—*N*-甲基苯胺；
5—*N,N*-二甲基苯胺；6—*N,N*-二乙基苯胺

色谱柱：Hypersil 100 C18（10mm×4.6mm）

流动相：乙腈-0.01mol/L乙酸钠缓冲液（体积比=40∶60），pH=4.5

流　速：1.0ml/min

检测器：UV（254nm）

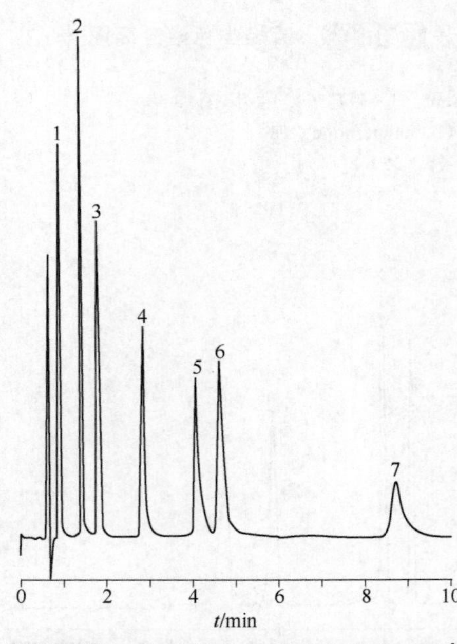

图 15-93 苯胺及其衍生物色谱分离峰[4]

色谱峰：1—苯胺；2—3-乙基苯胺；3—2-乙基苯胺；4—*N*-乙基苯胺；
5—*N,N*-二甲基苯胺；6—*N,N*-二乙基苯胺；7—2,5-二氯苯胺

色谱柱：Hypercarb（100mm×4.6mm，5μm）

流动相：80%甲醇-20%水

流　速：1.0ml/min

检测器：UV（254nm）

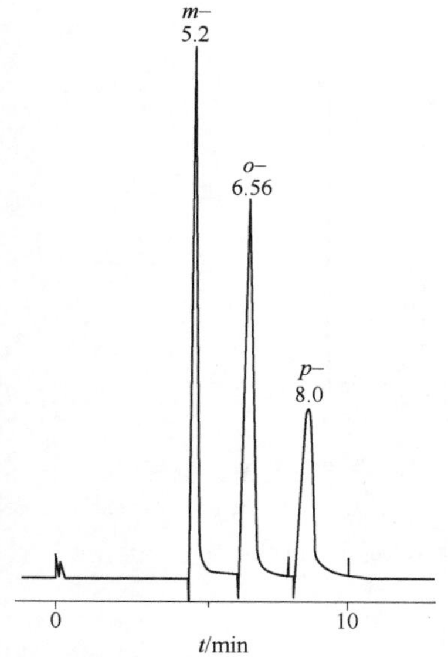

图 15-94　*m*-,*o*-和 *p*-硝基苯胺色谱分离峰[4]

色谱柱：Hypercarb（100mm×4.6mm，7μm）

流动相：乙腈

流　速：0.8ml/min

检测器：UV 254nm

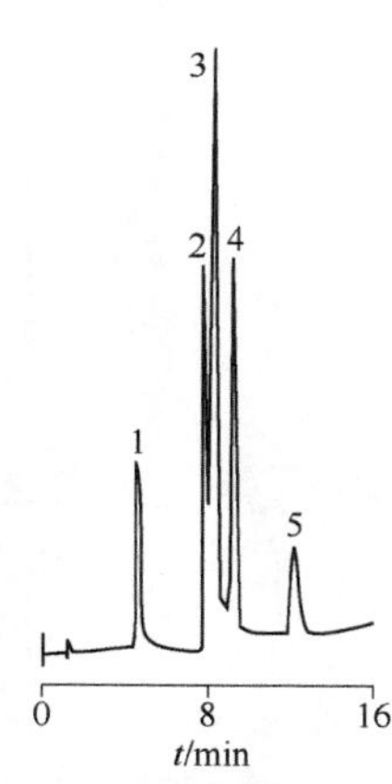

图 15-95　苯及苯酚衍生物色谱分离图[4]

色谱峰：1—苯酚；2—间甲酚；3—对甲酚；4—邻甲酚；5—乙基苯酚

色谱柱：Hypercarb（100mm×4.6mm，7μm）

流动相：1%乙酸的水-乙腈

流　速：1.0ml/min

检测器：UV（254nm）

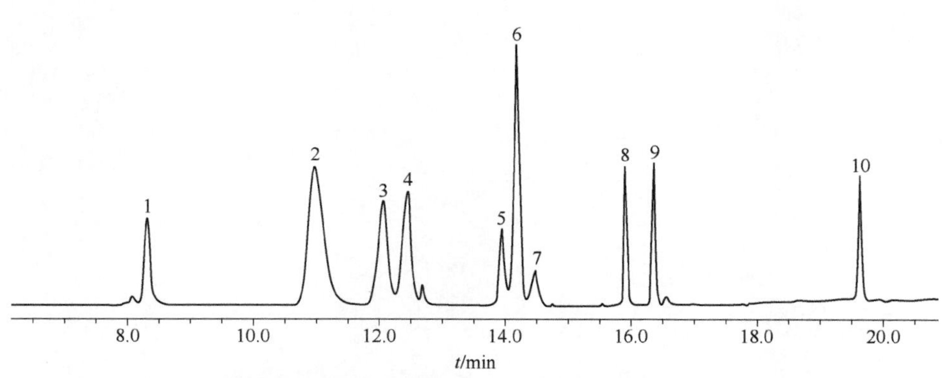

图 15-96　10 种染料成分标准品的色谱分析图[3]

色谱峰：1—间苯二胺；2—对苯二胺盐酸盐；3—对氨基苯酚；4—对苯二胺；5—2-氯-对苯二胺；6—2-硝基-对苯二胺；7—*N*,*N*-二甲基-对苯二胺硫酸盐；8—*N*,*N*-二乙基-对苯二胺硫酸盐；9—*N*,*N*-双(2-羟乙基)-对苯二胺硫酸盐；10—*N*-苯基-对苯二胺盐酸

色谱柱：Discovery RP-Amide C16柱（250mm×4.6mm，5μm）

流动相：25mmol/L磷酸-乙腈缓冲溶液（体积比=60∶40）

流　速：1.0ml/min

柱　温：30℃

检测器：UV（250nm）

进样量：20μl

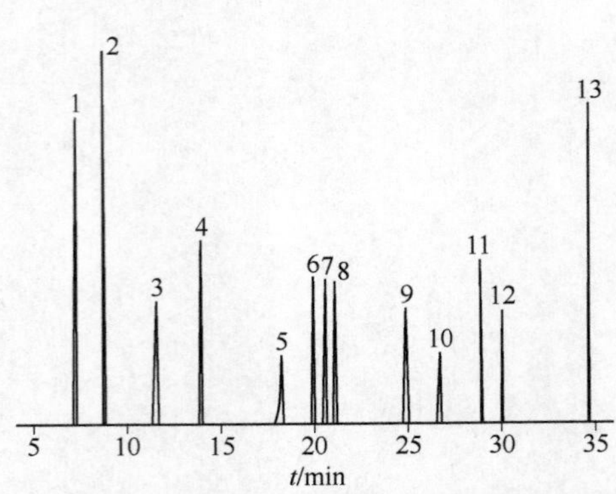

图 15-97 7 种色谱苯系物及 C_9 ~ C_{13} 正构烷烃标准样品色谱分离图[4]

色谱峰：1—正壬烷；2—苯；3—正癸烷；4—甲苯；5—正十一烷；6—乙苯；7—对二甲苯；8—间二甲苯；9—邻二甲苯；10—正十二烷；11—苯乙烯；12—正十三烷；13—二甲亚砜

色谱柱：ZORBAX Eclipse C18（50mm×4.6mm，1.8μm）

流动相：乙腈-水（体积比=95：5）

流　量：0.2ml/min

进样量：5μl

资料来源

[1] 安捷伦科技有限公司.

[2] 德国默克公司.

[3] 昭和电工科学仪器（上海）有限公司.

[4] 赛默飞世尔科技有限公司.

[5] 沃特世科技（上海）有限公司.

[6] 大连依利特分析仪器有限公司.

第十六章　食品及食品添加剂

一、食品添加剂

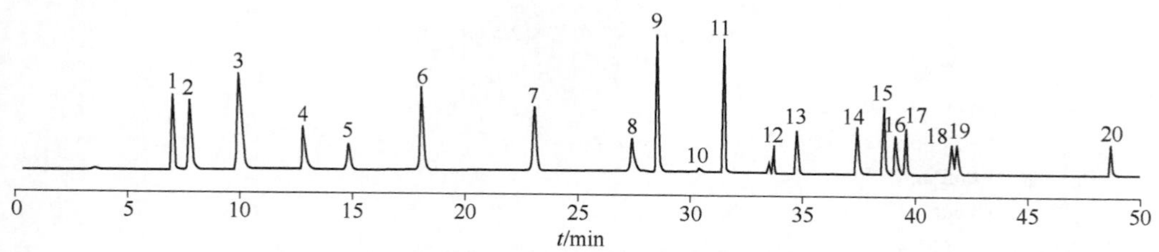

图 16-1　20 种食品添加剂色谱分离图[3]

色谱峰：1—安赛蜜；2—苯甲酸；3—山梨酸；4—糖精钠；5—柠檬黄；6—苋菜红；7—胭脂红；8—咖啡因；9—日落红；10—阿斯巴甜；11—诱惑红；12—亮蓝；13—对羟基苯甲酸甲酯；14—对羟基苯甲酸乙酯；15—赤藓红；16—对羟基苯甲酸正丙酯；17—对羟基苯甲酸异丙酯；18—对羟基苯甲酸正丁酯；19—对羟基苯甲酸异丁酯；20—对羟基苯甲酸正庚酯

色谱柱：ODS-SP色谱柱（250mm×4.6mm，5μm）

流动相：A：0.10mol/L乙酸铵缓冲溶液（pH=7.2）；

B：甲醇-乙腈（体积比=90∶10）

梯　度：

t/min	0	5	20	35	44	49
A/%	8	20	50	70	90	100

流　速：1.0ml/min　　进样量：20μl

柱　温：30℃　　检测器：SPD-M20A（230nm）

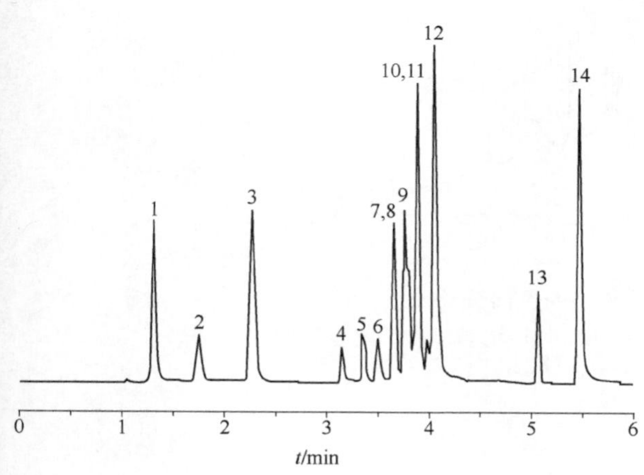

图 16-2　14 种添加剂的多反应监测色谱图[1]

色谱峰：1—安赛蜜；2—苯甲酸；3—山梨酸；4—糖精钠；5—柠檬黄；6—苋菜红；7—胭脂红；8—咖啡因；9—日落红；10—阿斯巴甜；11—诱惑红；12—亮蓝；13—对羟基苯甲酸甲酯；14—对羟基苯甲酸乙酯

色谱柱：Waters C18色谱柱（100mm×2.1mm，1.7mm）

流动相：A．乙腈；

B．1mmol/L甲酸铵-甲酸缓冲液（pH=3.9）

梯　度：

t/min	0	1.5	7.0	10.0
A/%	7	7	90	90

流　速：0.3ml/min　　进样量：2ml

柱　温：35℃　　检测器：UV（230nm）

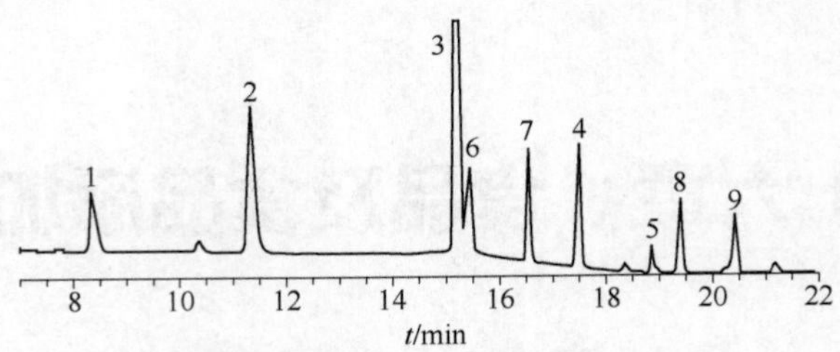

图 16-3 9 种食品添加剂色谱图[1]

色谱峰：1—安赛蜜；2—糖精；3—咖啡因；4—阿斯巴甜；5—苯甲酸；6—山梨酸；7—甜菊糖苷；8—脱氢乙酸；9—纽甜

色谱柱：Agilent C18柱（250mm×4.6mm，5μm）

流动相：A．三氟乙胺（0.01%，体积分数）-乙酸铵（2.5mmol/L）水溶液

B．乙腈

梯　度：

t/min	0	10	15	30
B/%	5	13	41	30

流　速：1.0ml/min

进样量：10.0μl

检测器：UV（210nm）

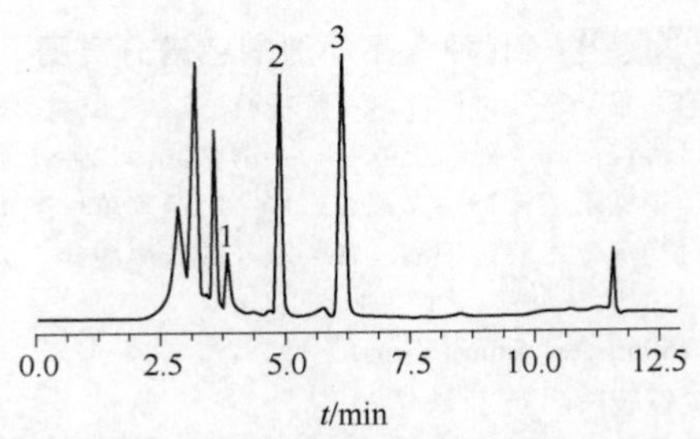

图 16-4 酱菜中防腐剂的色谱分离图[5]

色谱峰：1—糖精钠；2—苯甲酸；3—山梨酸

色谱柱：Eclipse XDB-C18（ZORBAX）（250mm×4.6mm，5μm）

流动相：甲醇-0.02mol/L 的乙酸铵缓冲液（pH=5.77）-乙腈（体积比=90.5∶8.5∶1）

流　速：0.9ml/min

温　度：30°C

检测器：UV（230nm）

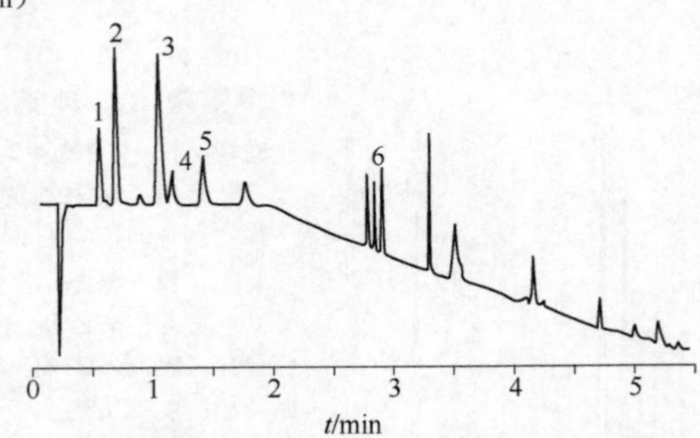

图 16-5 饮料中添加剂的色谱分离图[5]

色谱峰：1－安赛蜜；2－苯甲酸；3－山梨酸；4－糖精钠；5－脱氢乙酸；6－咖啡因

色谱柱：ACQUITY UPLC BEH C18（50mm×2.1mm，1.7μm）

流动相：甲醇-20mmol/L 乙酸铵溶液

流　速：0.6ml/min

温　度：50°C

检测器：UV（230nm）

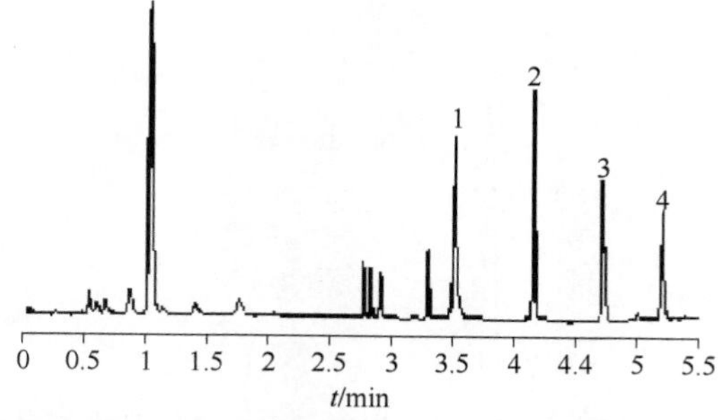

图 16-6　饮料中防腐剂对羟基苯甲酸酯色谱分离图[5]

色谱峰：1—对羟基苯基酸甲酯；2—对羟基苯甲酸乙酯；3—对羟基苯甲酸丙酯；4—对羟基苯甲酸丁酯

色谱柱：ACQUITY UPLC BEH C18（50mm×2.1mm，1.7μm）

流动相：甲醇-20mmol/L 乙酸铵溶液

流　速：0.6ml/min

温　度：50°C

检测器：UV（256nm）

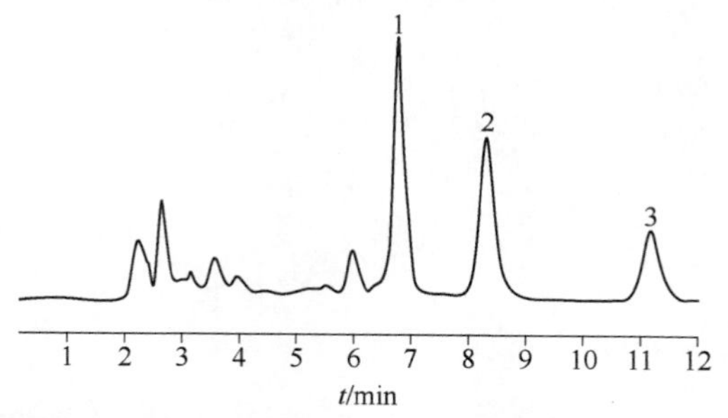

图 16-7　苯甲酸、山梨酸、糖精钠的色谱分离图[5]

色谱峰：1—苯甲酸；2—山梨酸；3—糖精钠

色谱柱：ZORBAX SB C18反相色谱柱（250mm×4.6mm，5μm）

流动相：0.05mol/L乙酸铵-甲醇

流　速：2ml/min

检测器：UV（230nm）

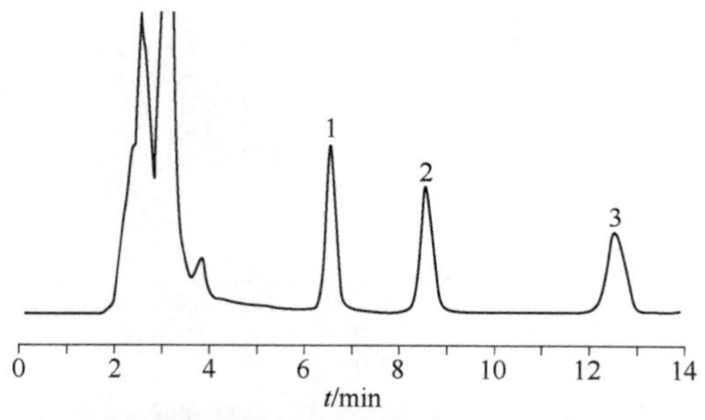

图 16-8　防腐剂色谱分离图[5]

色谱峰：1—对羟基苯基酸甲酯；2—对羟基苯甲酸乙酯；3—对羟基苯甲酸丙酯

色谱柱：ZORBAX SB C18反相色谱柱（250mm×4.6mm，5μm）

流动相：乙酸铵-甲醇（体积比=52∶48）

流　速：1.2ml/min

检测器：UV（254nm）

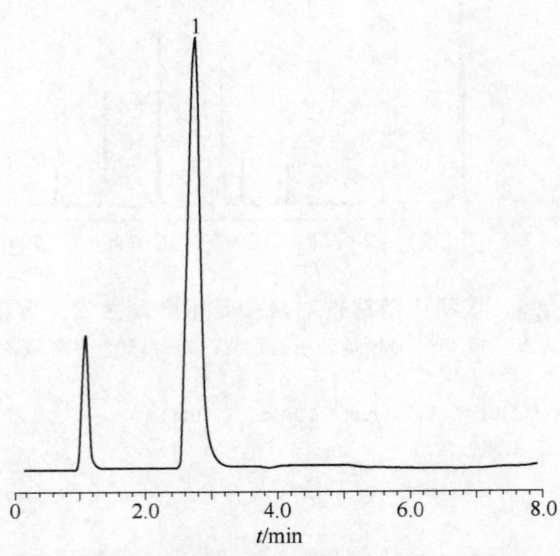

图 16-9 雪碧中苯甲酸的色谱分离图[5]

色谱峰：1—苯甲酸

色谱柱：Nova-PAK C18（150mm×3.9mm）

流动相：甲醇-20mmol/L乙酸铵（体积比=5∶95）

流　速：1ml/min

温　度：22°C

检测器：UV（225nm）

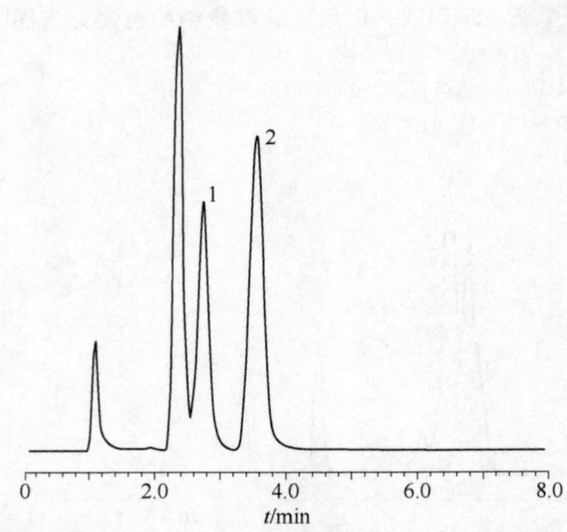

图 16-10 健力宝中苯甲酸、山梨酸的色谱分离图[5]

色谱峰：1—苯甲酸；2—山梨酸

色谱柱：Nova-PAK C18（150mm×3.9mm）

流动相：甲醇-20mmol/L乙酸铵（体积比=5∶95）

流　速：1ml/min

温　度：22°C

检测器：UV（225nm）

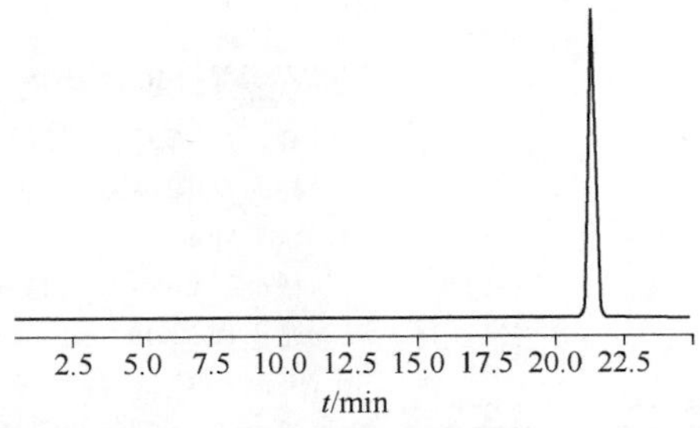

图 16-11 果冻中苯甲酸的色谱分离图[1]

色谱峰：苯甲酸

色谱柱：ZORBAX Eclipse XDB-C18 柱（250mm×4.6mm，5μm）

流动相：20mmol/L 乙酸铵-甲醇

流　速：1ml/min

温　度：30°C

检测器：UV（425nm）

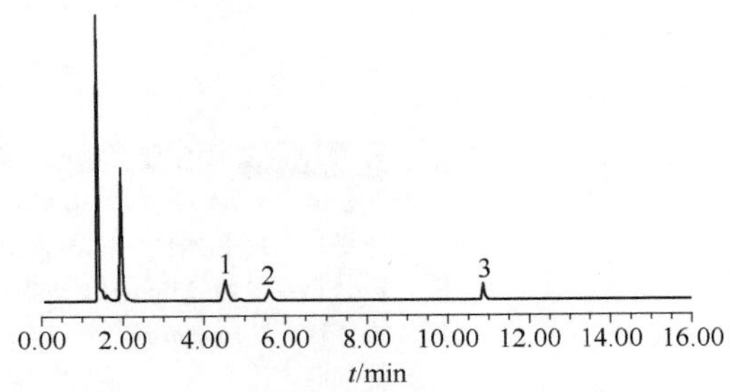

图 16-12 香肠中防腐剂与色素的色谱分离图[5]

色谱峰：1—苯甲酸；2—山梨酸；3—胭脂红

色谱柱：Nova-PAK C18柱（150mm×3.9mm）

流动相：甲醇-0.02mol/L乙酸铵缓冲液（pH=6.8）

流　速：1ml/min

温　度：30°C

检测器：UV（234nm）

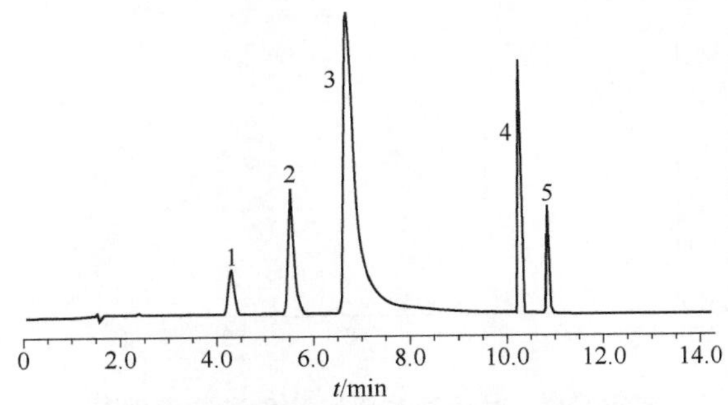

图 16-13 饮料中防腐剂与色素色谱分离图[5]

色谱峰：1—苯甲酸；2—山梨酸；3—脱氢乙酸；4—苋菜红；5—胭脂红

色谱柱：Nova-PAK C18柱（150mm×3.9mm）

流动相：甲醇-0.02mol/L乙酸铵缓冲液（pH=6.8）

流　速：1ml/min

温　度：30°C

检测器：UV（234nm）

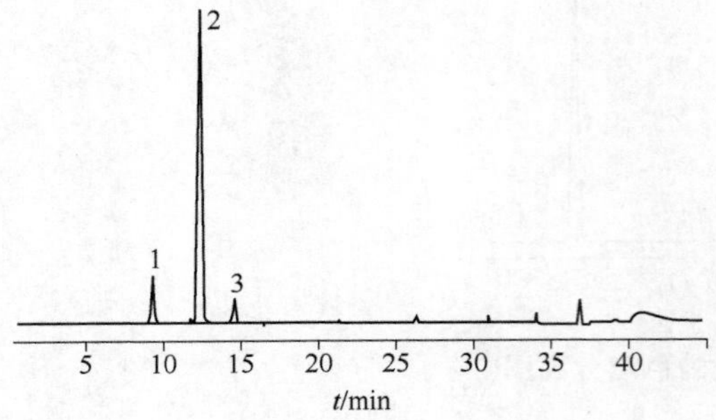

图 16-14 果冻中防腐剂与糖精酸的色谱分离图[1]

色谱峰：1—苯甲酸；2—山梨酸；3—糖精酸

色谱柱：ZORBAX Eclipse XDB-C18 柱（250mm×4.6mm，5μm）

流动相：20mmol/L 乙酸铵-甲醇

流　速：1ml/min

温　度：30°C

检测器：UV（230nm）

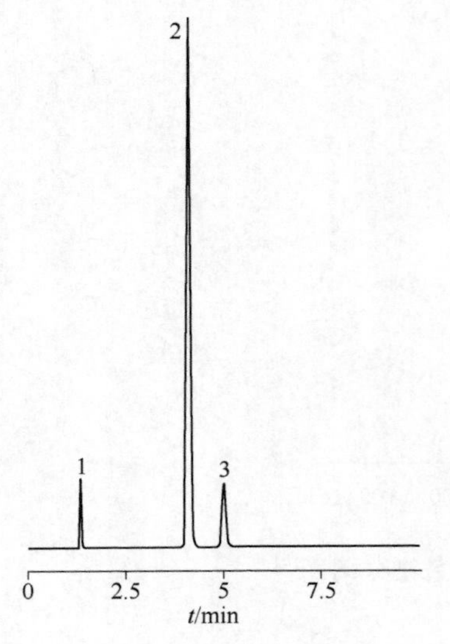

图 16-15 山梨酸和苯甲酸色谱分离图[4]

色谱峰：1—杂质；2—山梨酸；3—苯甲酸

色谱柱：HyPURITY（15mm×4.6mm，5μm）

流动相：乙腈-25mmol/L磷酸钾（体积比=20：80）

流　速：1.0ml/min

柱　温：25℃

检测器：UV（254nm）

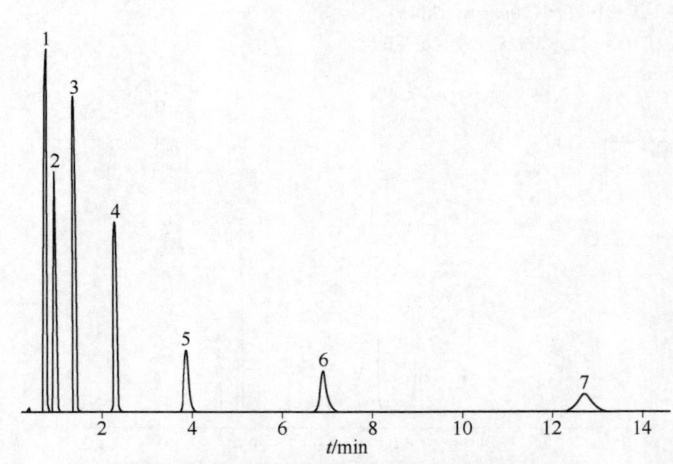

图 16-16 对羟基苯甲酸酯色谱分离图[4]

色谱峰：1—对羟基苯甲酸甲酯；2—对羟基苯甲酸乙酯；3—对羟基苯甲酸丙酯；4—对羟基苯甲酸丁酯；5—对羟基苯甲酸戊酯；6—对羟基苯甲酸己酯；7—对羟基苯甲酸庚酯

色谱柱：Hypersil BDS C18（10mm×4mm，3μm）

流动相：乙腈-磷酸盐缓冲液（体积比=40：60），pH=7

流　速：2.0ml/min

温　度：40℃

检测器：260nm

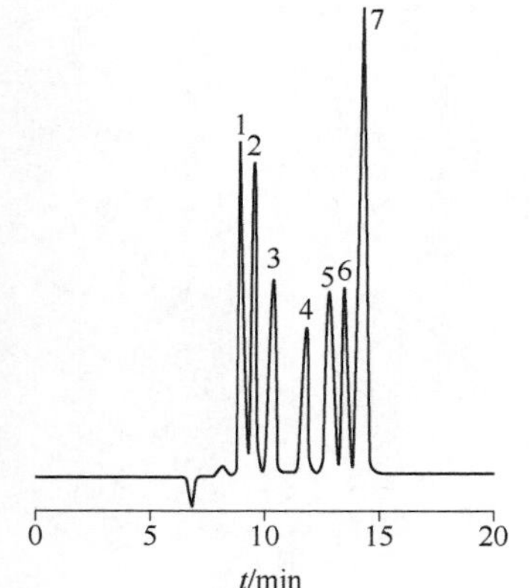

图 16-17　食品防腐剂色谱分离图[4]

色谱峰：1—柠檬酸；2—酒石酸；3—丙酮酸；4—硼酸盐；5—琥珀酸；6—乳酸；7—甲酸
色谱柱：HyperREZ XP Acids（100mm×7.7mm）
流动相：0.001mol/L硫酸
流　速：0.7ml/min
温　度：57°C
检测器：RI

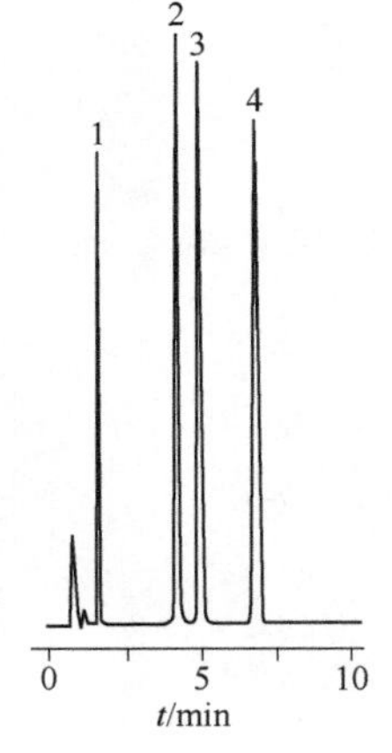

图 16-18　食品中防腐剂的色谱分离图[5]

色谱峰：1—糖精钠；2—脱氢乙酸；3—山梨酸；4—苯甲酸
色谱柱：J'Sphere ODS-H80（75mm×4.6mm，4μm）
流动相：四氢呋喃-水-三氟乙酸（体积比=20∶80∶0.1）
流　速：1.0ml/min
温　度：37℃
检测器：UV（230nm）
进　样：2μl（0.13～0.32mg/ml）

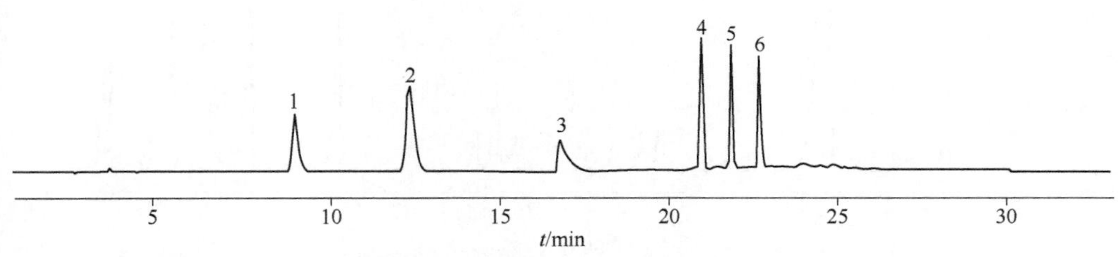

图 16-19　食品中防腐剂的色谱分离图[5]

色谱峰：1—苯甲酸；2—山梨酸；3—脱氢乙酸；4—对羟基苯基酸甲酯；5—对羟基苯甲酸乙酯；6—对羟基苯甲酸丙酯
色谱柱：ZORBAXEclipse XDB-C18（250mm×4.6mm，5μm）
流动相：甲醇（100%）-乙酸铵溶液（0.02mol/L-5%甲醇）
流　速：1ml/min
温　度：20°C
检测器：UV（220nm）

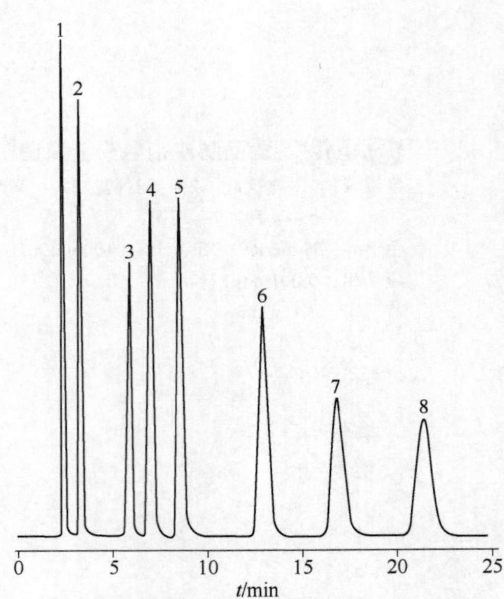

图 16-20 防腐剂色谱分离图[3]

色谱峰：1—糖精钠；2—对羟基苯甲酸；3—山梨酸；4—苯甲酸；5—对羟基苯甲酸甲酯；6—尼泊金乙酯；7—脱氢乙酸；8—对羟基苯甲酸丙酯

色谱柱：Shodex rspak ds-613（150mm×6.0mm）

流动相：（0.05mol/L的磷酸二氢钾-0.1%磷酸溶液）-乙腈（体积比＝60∶40）

流　速：1.0ml/min

柱　温：22℃

检测器：UV（210nm）

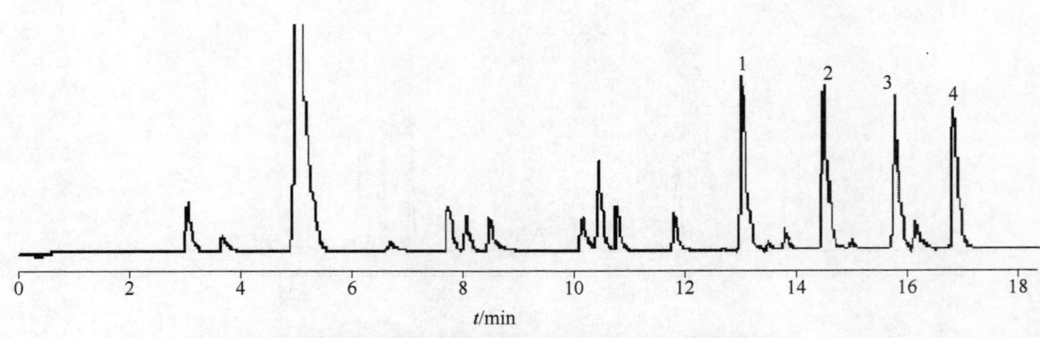

图 16-21 饮料中防腐剂的色谱分离图[1]

色谱峰：1—对羟基苯基酸甲酯；2—对羟基苯甲酸乙酯；3—对羟基苯甲酸丙酯；4—对羟基苯甲酸丁酯

色谱柱：Poroshell 120 EC-C18反向色谱柱（100mm×4.6mm，2.7μm）

流动相：0.04mol/L乙酸铵溶液-甲醇

流　速：1ml/min

温　度：30°C

检测器：UV（254nm）

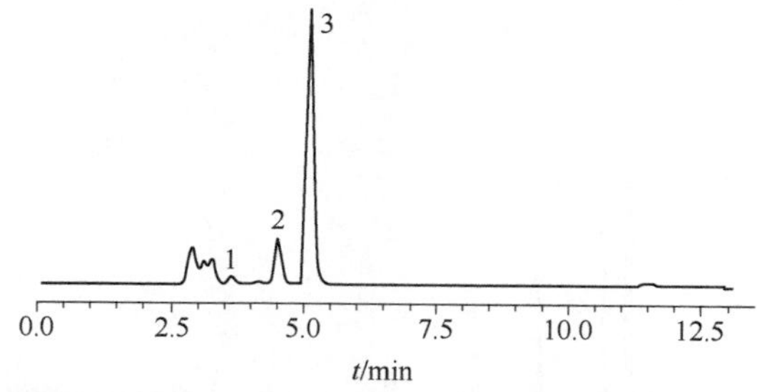

图 16-22　饮料中人工色素和防腐剂的色谱分离图[5]

色谱峰：1—胭脂红；2—日落黄；3—苯甲酸
色谱柱：Eclipse XDB-C18（ZORBAX）（250mm×4.6mm，5μm）
流动相：0.02mmol/L乙酰胺-甲醇
流　速：0.9ml/min
温　度：30°C
检测器：UV（230nm）

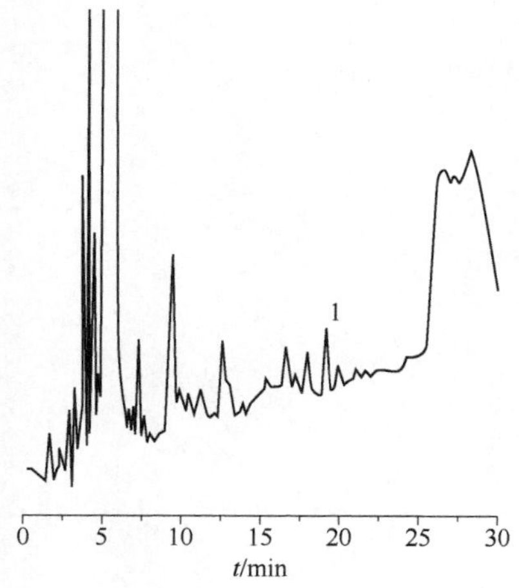

图 16-23　油炸地瓜干中乙二胺四乙酸二钠的色谱分离图[5]

色谱峰：1—乙二胺四乙酸二钠
色谱柱：Waters Funfire C18（250mm×4.6mm，5μm）
流动相：甲醇-缓冲盐（6.45g 四正丁基溴化铵-2.46g无水乙酸钠）
流　速：1ml/min
温　度：32°C
检测器：UV（245nm）

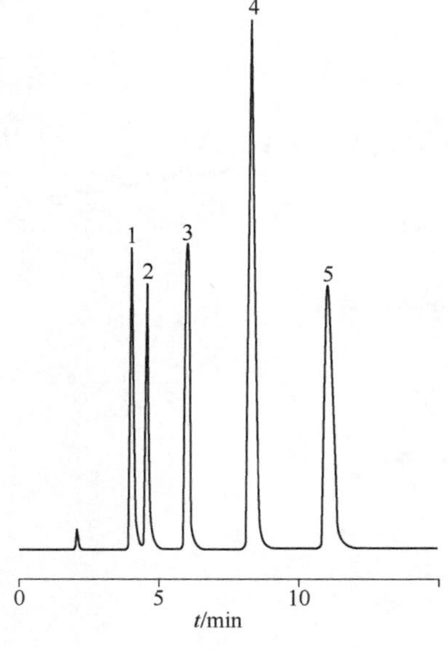

图 16-24　杀真菌剂/防腐剂色谱分离图[4]

色谱峰：1—马来酸；2—邻苯二甲酸；3—4-羟基苯甲酸；
4—间苯二甲酸；5—水杨酸
色谱柱：HYPURITY™ADVANCE（15mm×4.6mm，5μm）
流动相：50mmol/L的磷酸二氢钾（pH=2.1）-甲醇（体积比=40∶60）
流　速：1ml/min
温　度：25℃
检测器：UV（210nm）

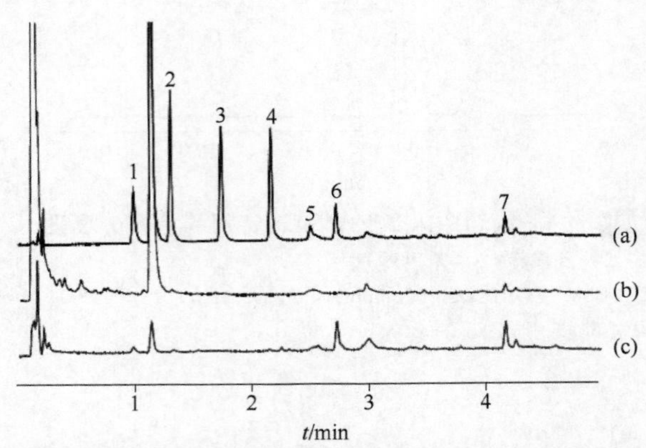

图 16-25 白葡萄酒和沙拉酱中防腐剂的色谱分离图[5]

样品：(a) 标准品；(b) 白葡萄酒；(c) 沙拉酱

色谱峰：1—苯甲酸；2—己二烯酸；3—聚羟基丁酸甲酯；4—聚羟基丁酸乙酯；
5—聚羟基丁酸丙酯；6—丁基羟基茴香醚；7—丁基羟基甲苯

色谱柱：Hypersil BDS（10mm×4mm，5μm）

流动相：A．硫酸-水，pH=2.3；B．丙烯腈

梯　度：

t/min	0	3	4	6	7
B/%	10	60	80	90	10

流　速：2ml/min

柱　室：40℃

检测器：UV-DAD

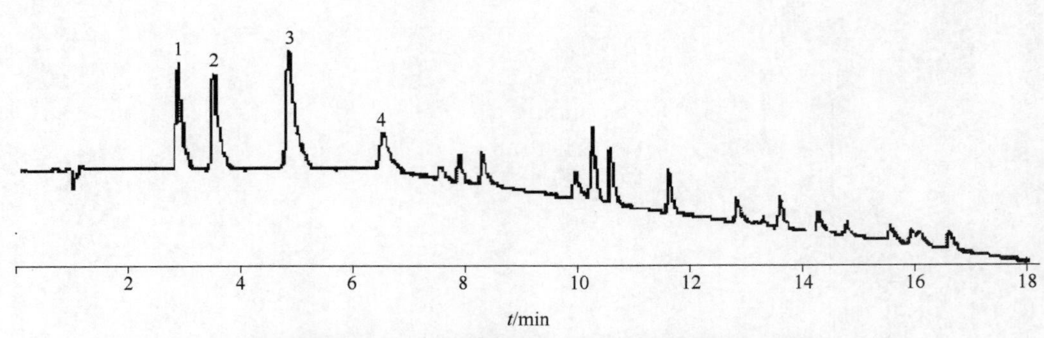

图 16-26 糖果中防腐剂与甜味剂的色谱分离图[1]

色谱峰：1—安赛蜜；2—苯甲酸；3—山梨酸；4—糖精钠

色谱柱：Poroshell 120 EC-C18反向色谱柱（100mm×4.6mm，2.7μm）

流动相：0.04mol/L乙酸铵溶液-甲醇

流　速：1ml/min

温　度：30°C

检测器：UV（230nm）

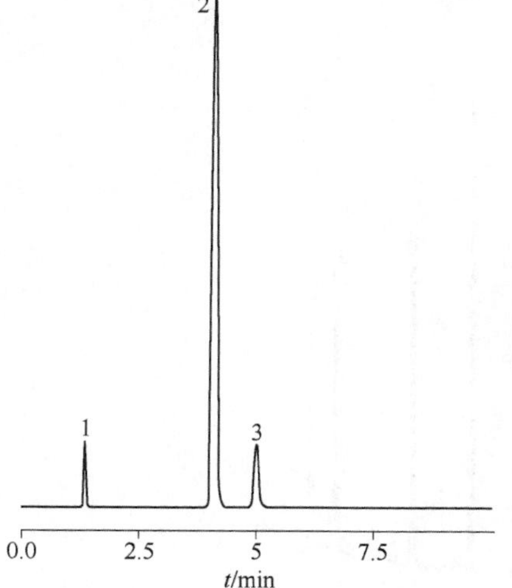

图 16-27　山梨酸和苯甲酸色谱分离图[4]

色谱峰：1—杂质；2—山梨酸；3—苯甲酸
色谱柱：HyPURITY（15mm×4.6mm，5μm）
流动相：乙腈-25mmol/L磷酸钾（体积比=20∶80）
流　速：1.0ml/min
柱　温：25℃

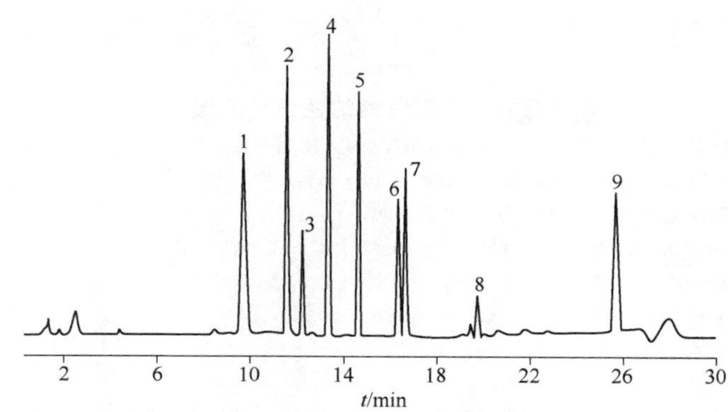

图 16-28　9 种合成色素的色谱分离图[5]

色谱峰：1—柠檬黄；2—靛蓝；3—苋菜红；4—胭脂红；5—日落黄；
6—红 2G；7—诱惑红；8—亮蓝；9—赤藓红
色谱柱：Inertsil ODS C18柱（150mm×4.0mm，5μm）
流动相：甲醇-0.02mol/L 乙酸铵溶液　　流　速：1ml/min
温　度：30°C　　检测器：UV（254nm）

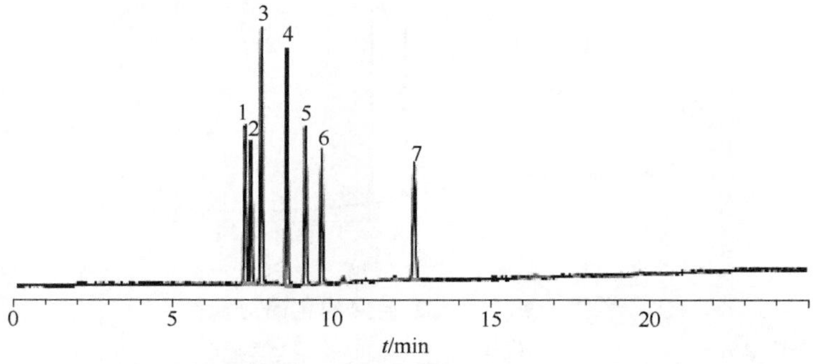

图 16-29　7 种合成色素的色谱分离图[5]

色谱峰：1—柠檬黄；2—新红；3—苋菜红；4—胭脂红；5—日落黄；6—诱惑红；7—赤藓红
色谱柱：Agilent Eclipse Plus C18（250mm×4.6mm,5μm）
流动相：0.02mmol/L乙酰胺-甲醇　　流　速：1ml/min
温　度：30°C　　检测器：UV（254nm）

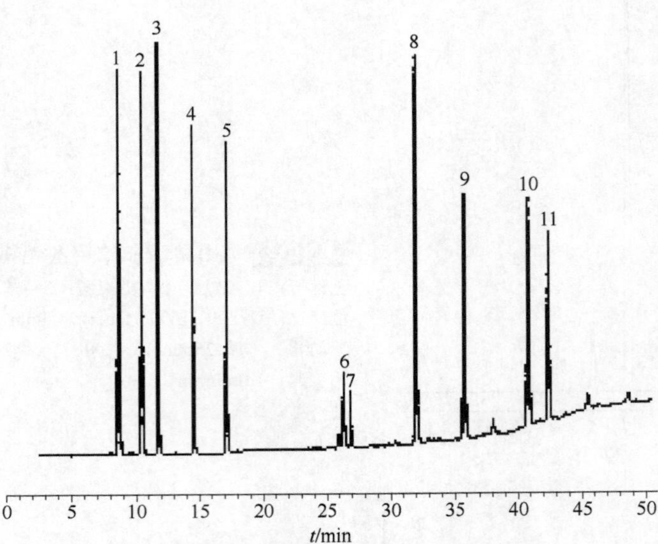

图 16-30 人工色素的色谱分离图[5]

色谱峰：1—柠檬黄；2—苋菜红；3—靛蓝胭脂红；4—新胭脂红；5—日落黄FCF；6—绿FCF；7—亮蓝FCF；8—赤藓红；9—酸性红；10—桃红；11—玫瑰红

色谱柱：YMC Pack ODS-A（15mm×4.6mm，5μm）

流动相：A. 10mmol/L 磷酸氢二铵（pH=6.0）-甲醇（体积比=90∶10）；
B. 10mmol/L 磷酸氢二铵（pH=6.0）-甲醇（体积比=20∶80）

梯　度：0→40min，0%B→100%B（线性）；40min→60min，100%B

流　速：1.0ml/min

温　度：30℃

检测器：UV（254nm）

进　样：100μl

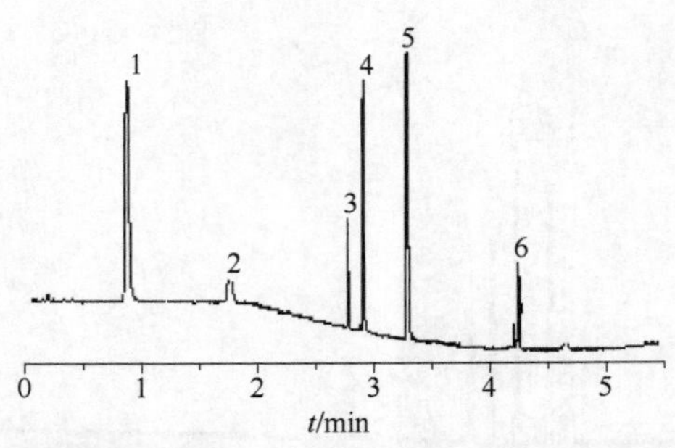

图 16-31 饮料中人工色素的色谱分离图[5]

色谱峰：1—柠檬黄；2—胭脂红；3—苋菜红；4—日落黄；5—诱惑红；6—亮蓝

色谱柱：ACQUITY UPLC BEH C18（50mm×2.1mm，1.7μm）

流动相：甲醇-20mmol/L 乙酸铵溶液

流　速：0.6ml/min

温　度：50°C

检测器：UV（410nm）

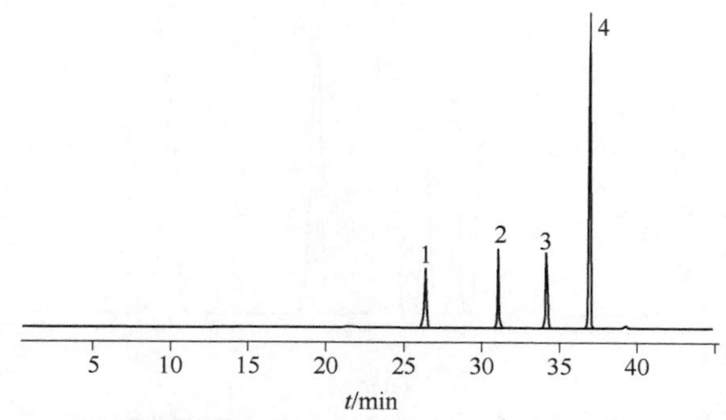

图 16-32　果冻中色素的色谱分离图[1]

色谱峰：1—苋菜红；2—胭脂红；3—日落红；4—诱惑红

色谱柱：ZORBAX Eclipse XDB-C18柱（4.6mm×250mm，5μm）

流动相：20mmol/L乙酸铵-甲醇

流　速：1ml/min

温　度：30°C

检测器：UV（515nm）

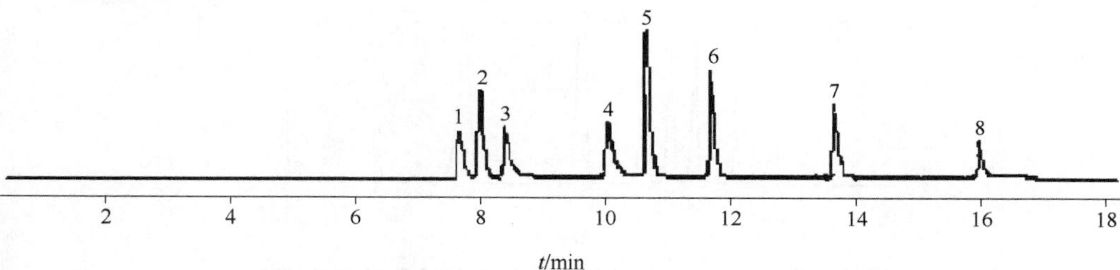

图 16-33　蜜饯中色素的色谱分离图[1]

色谱峰：1—柠檬黄；2—新红；3—苋菜红；4—胭脂红；5—日落黄；6—诱惑红；
7—酸性红；8—赤藓红

色谱柱：Poroshell 120 EC-C18反向色谱柱（100mm×4.6mm，2.7μm）

流动相：0.04mol/L乙酸铵溶液-甲醇

流　速：1ml/min

温　度：30°C

检测器：UV（480nm）

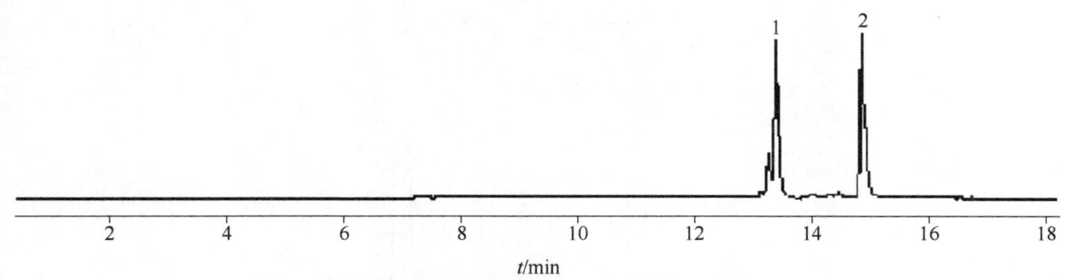

图 16-34　饮料中亮蓝和靛蓝的色谱分离图[1]

色谱峰：1—亮蓝；2—靛蓝

色谱柱：Poroshell 120 EC-C18反向色谱柱（100mm×4.6mm，2.7μm）

流动相：0.04mol/L乙酸铵溶液-甲醇

流　速：1ml/min

温　度：30°C

检测器：UV（630nm）

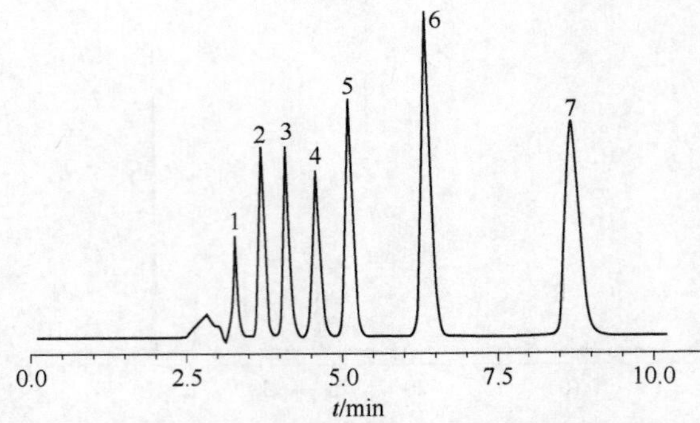

图 16-35 食品中防腐剂与色素的色谱分离图[5]

色谱峰：1—新红；2—胭脂红；3—糖精钠；4—日落黄；5—苯甲酸；6—山梨酸；7—香兰素

色谱柱：Eclipse XDB-C18（ZORBAX）（250mm×4.6mm，5μm）

流动相：乙酸铵-乙腈（体积比=8.25∶1） 流 速：0.9ml/min

温 度：30°C 检测器：UV（230nm）

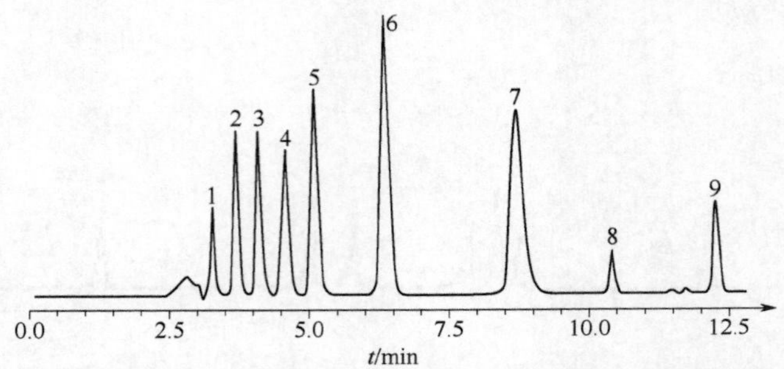

图 16-36 食品中合成色素和防腐剂的色谱分离图[5]

色谱峰：1—新红；2—胭脂红；3—糖精钠；4—日落黄；5—苯甲酸；6—山梨酸；7—香兰素；8—亮蓝；9—赤藓红

色谱柱：Eclipse XDB-C18（ZORBAX）（250mm×4.6mm，5μm）

流动相：甲醇 流 速：0.9ml/min

温 度：30°C 检测器：UV（230nm）

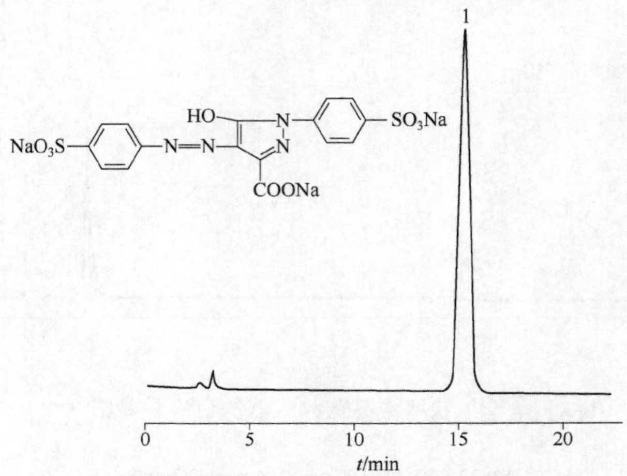

图 16-37 食品黄的色谱分离图[3]

色谱柱：Shodex Asahipak odp-50 4D（150mm×4.6mm）

流动相：$(NH_4)_2HPO_4$ 溶液-甲醇（体积比＝95∶5） 流 速：0.6ml/min

柱 温：40℃ 检测器：UV（254nm）

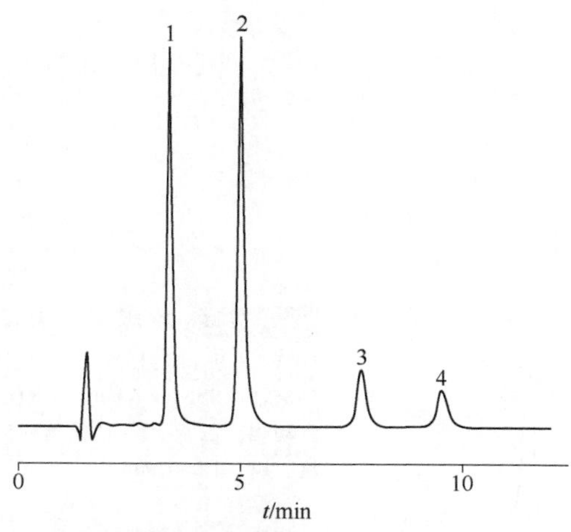

图 16-38　人工色素的色谱分离图[3]

色谱峰：1—苋菜红；2—新胭脂红；3—偶氮玉红；4—专利蓝V

色谱柱：Shodex et-rp1三维（150mm×3.0mm）

流动相：（6mmol/L四丁基溴化铵-25mmol/L乙酸铵水溶液）-乙腈（体积比＝70∶30）

流　速：0.5ml/min

柱　温：70℃

检测器：UV（254nm）

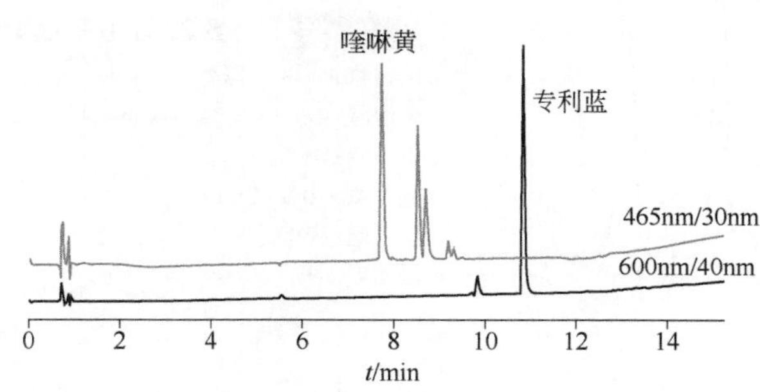

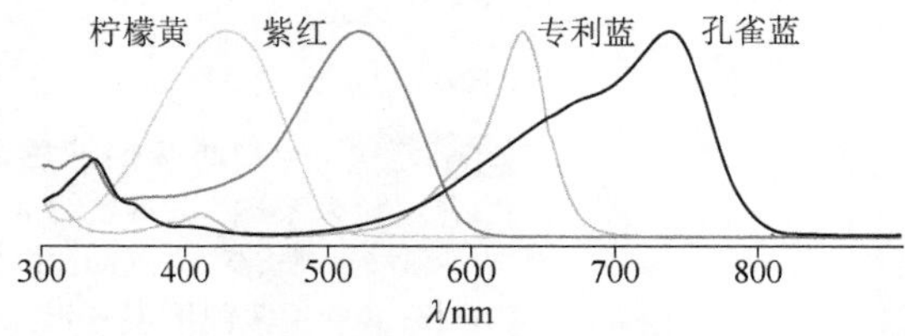

图 16-39　柠檬水中合成色素的色谱分离图（光谱覆盖黄色、红色、蓝色和“黑”颜色）[5]

色谱柱：Hypersil BDS（125mm×3mm）

流动相：A.0.01mol/L磷酸二氢钠-0.001mol/L四丁基磷酸氢铵，pH=4.2；B. 乙腈

梯　度：	t/min	0	10	14	19	20
	B/%	15	40	90	90	15

流　速：0.8ml/min

柱　室：40℃

检测器：UV-DAD

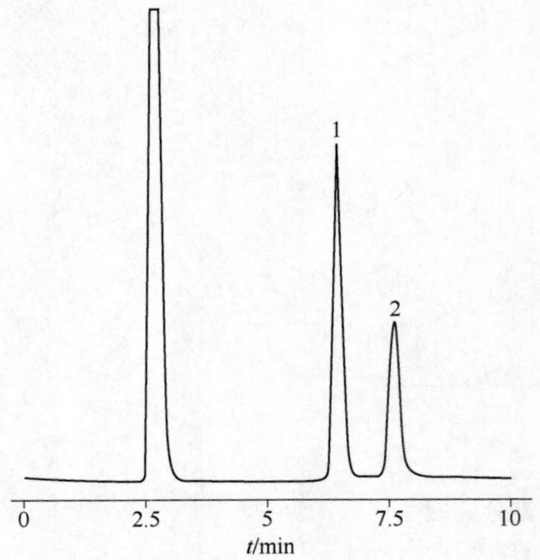

图 16-40 木糖醇与山梨糖醇的色谱分离图[3]

色谱峰：1—木糖醇；2—山梨糖醇

色谱柱：Shodex Asahipak NH_2P-50 4E（250mm×4.6mm）

流动相：乙腈-水（体积比=75：25）

流　速：1.0ml/min

柱　温：30℃

检测器：RI

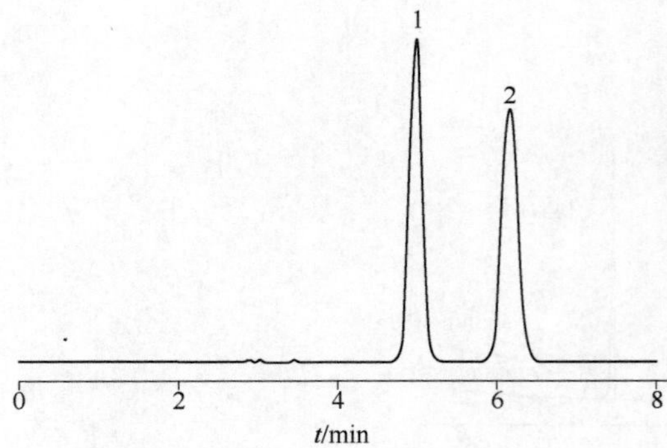

图 16-41 甘露醇与山梨糖醇的色谱分离图[3]

色谱峰：1—甘露醇；2—山梨糖醇

色谱柱：Shodex usppak m*N*-431（250mm×4.0mm）

流动相：水

流　量：0.5ml/min

柱　温：60℃

检测器：RI

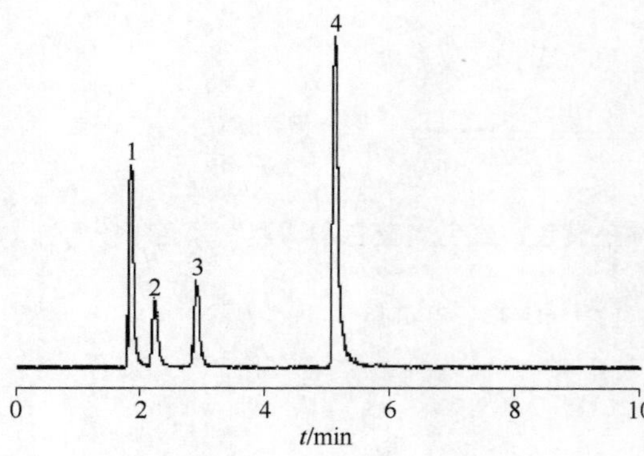

图 16-42 4 种甜味剂的色谱分离图[5]

色谱峰：如图所示1—安赛蜜（1.85min）；2—糖精钠（2.23min）；3—甜蜜素（2.90min）；4—阿斯巴甜（5.11min）

色谱柱：AQUCITY UPLC BEH C18（50mm×2.1mm，1.7μm）

流动相：乙腈

流　速：0.1ml/min

进样量：2μl

柱　温：40℃

检测器：UV（220nm）

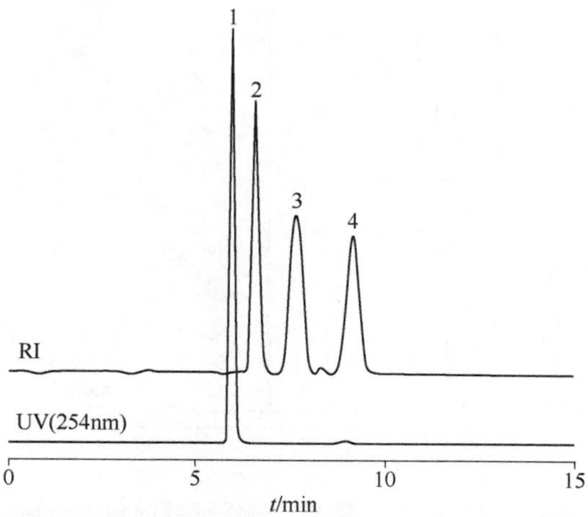

图 16-43　安赛蜜-K、蔗糖等的色谱分离图[3]

色谱峰：1—安赛蜜-K；2—蔗糖；3—葡萄糖；4—果糖

色谱柱：Shodex SUGAR 1011（300mm×8.0mm）

流动相：10mmol/L $CaSO_4$溶液

流　速：1.0ml/min

柱　温：80℃

检测器：RI（254nm）

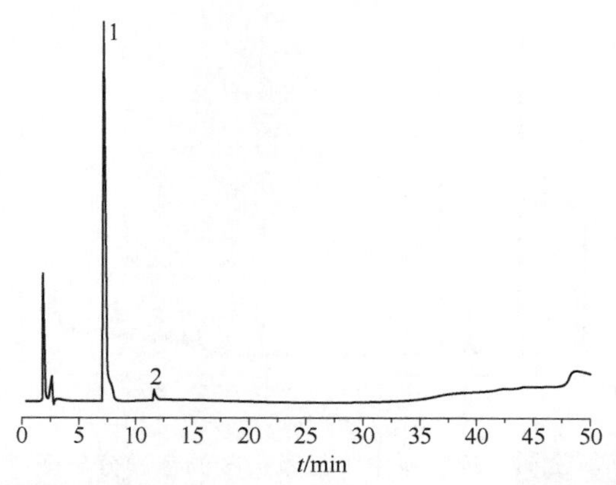

图 16-44　软饮料中苯甲酸和糖精钠的色谱分离图[5]

色谱峰：1—苯甲酸；2—糖精钠

色谱柱：ODS-SP色谱柱（250mm×4.6mm，5μm，GL Science）

流动相：A．0.1mol/L乙酸铵缓冲溶液；

　　　　B．甲醇-乙腈（体积比=90∶10）

流　速：1.0ml/min

柱　温：30℃

检测器：UV（190～700nm）

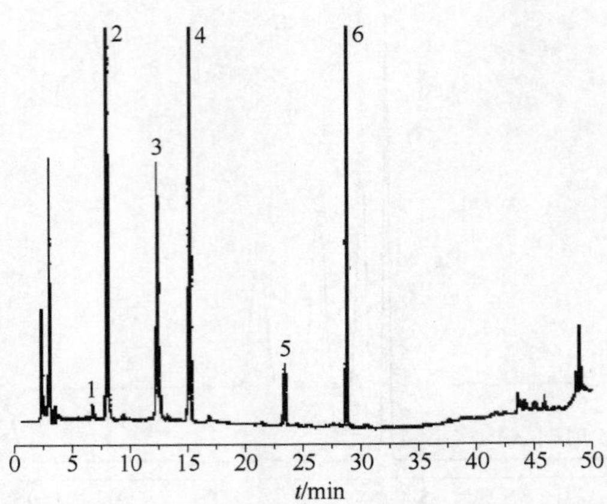

图 16-45 软饮料中安赛蜜、苯甲酸等的色谱分离图[3]

色谱峰：1—安赛蜜；2—苯甲酸；3—糖精钠；4—柠檬黄；5—胭脂红；6—日落黄

色谱柱：ODS-SP色谱柱（250mm×4.6mm，5μm，GL Science）

流动相：A．0.1mol/L乙酸铵缓冲液；

B．甲醇-乙腈（体积比=90∶10）

流 速：1.0ml/min

柱 温：30℃

检测器：UV（190～700nm）

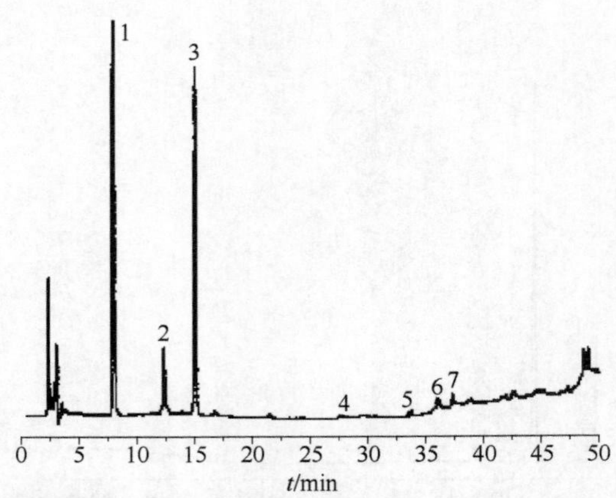

图 16-46 软饮料中食品添加剂的色谱分离图[5]

色谱峰：1—苯甲酸；2—糖精钠；3—柠檬黄；4—咖啡因；5—诱惑红；6—亮蓝；7—赤藓红

色谱柱：ODS-SP色谱柱（250mm×4.6mm，5μm，GL Science）

流动相：A．0.1mol/L 乙酸铵缓冲溶液

B．甲醇-乙腈（体积比=90∶10）

流 速：1.0ml/min

柱 温：30℃

检测器：UV（190～700nm）

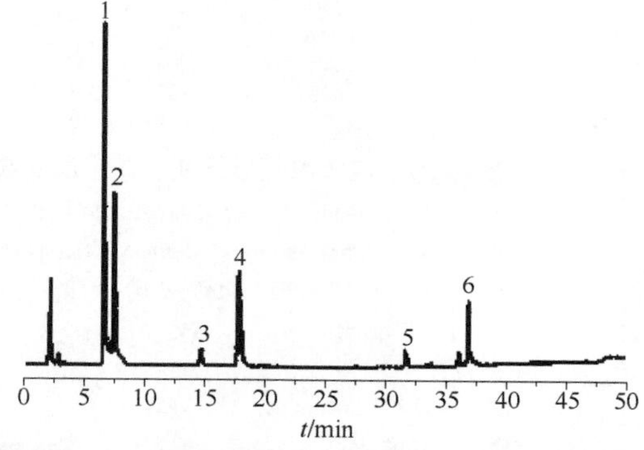

图 16-47 软饮料中安赛蜜、苯甲酸等的色谱分离图[5]

色谱峰：1—安赛蜜；2—苯甲酸；3—柠檬黄；4—苋菜红；5—诱惑红；6—赤藓红
色谱柱：ODS-SP色谱柱（250mm×4.6mm，5μm，GL Science）
流动相：A．0.1mol/L乙酸铵缓冲液；B．甲醇-乙腈（体积比=90∶10）
流　速：1.0ml/min
柱　温：30℃
检测器：UV（254nm）

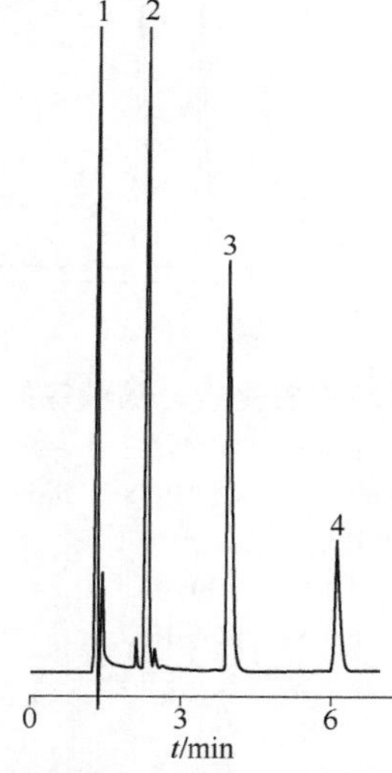

图 16-48 低糖汽水中柠檬酸、咖啡因等的色谱分离图[4]

色谱峰：1—柠檬酸；2—咖啡因；3—阿斯巴甜；4—苯甲酸
流动相：乙腈-0.05mol/L磷酸二氢钾（体积比=10∶90）
流　速：1.25ml/min
检测器：UV（210nm）

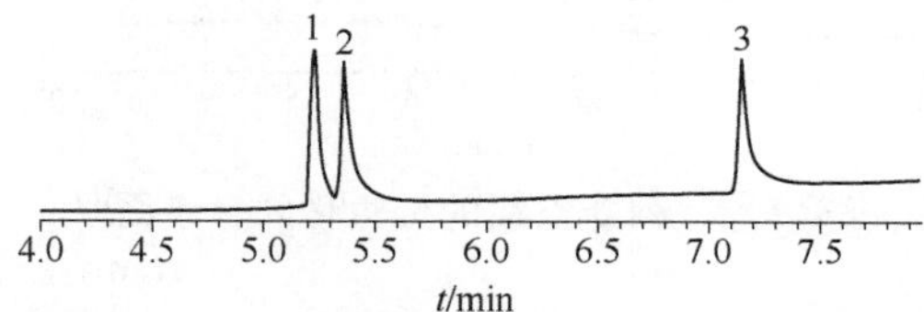

图 16-49 牛奶中三种糖醇类甜味剂的色谱分离图[1]

色谱峰：1—阿拉伯醇；2—木糖醇；3—甘露糖醇
色谱柱：Nova-PAK C18（150mm×3.9mm）
流动相：甲醇-0.02mol/L乙酸铵缓冲液，pH=6.8
流　速：1.2ml/min
检测器：UV（234nm）
温　度：30°C

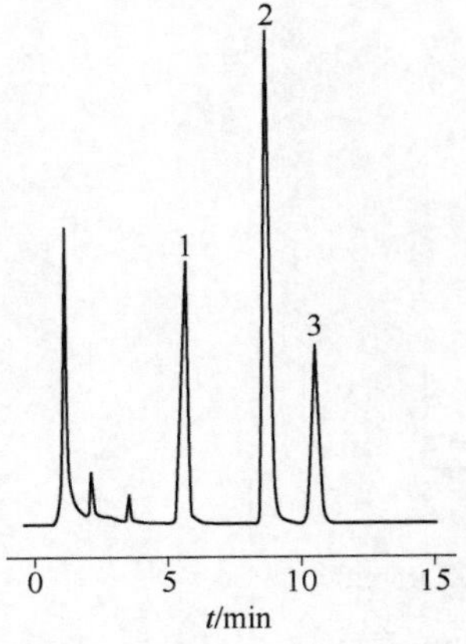

图 16-50　汽水中阿斯巴甜、苯甲酸、咖啡因的色谱分离图[5]

色谱峰：1—苯甲酸；2—咖啡因；3—阿斯巴甜

色谱柱：YMC Pack Phenyl（15mm×4.6mm，5μm）

洗脱液：50mmol/L磷酸二氢钾-乙腈-甲醇（体积比=84∶3∶13）

流　速：1.5ml/min

温　度：30℃

检测器：UV（214nm）

进样量：10μl

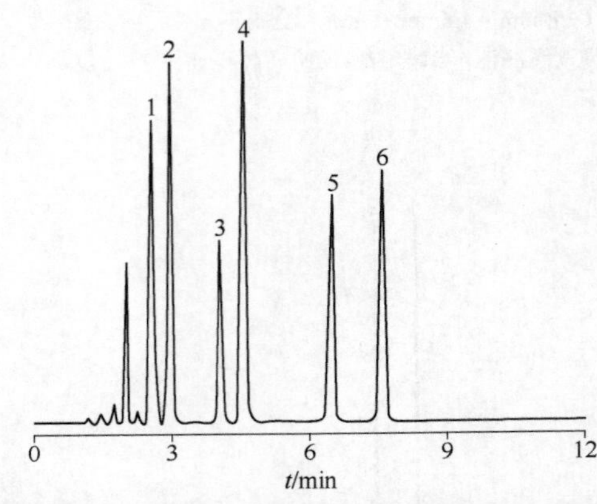

图 16-51　能量饮料中安赛蜜、糖精等的色谱分离图[2]

色谱峰：1—安赛蜜；2—糖精；3—苯甲酸；4—山梨酸；5—咖啡因；6—阿斯巴甜

色谱柱：LiChroCART® 150-4.6 Purospher® STAR RP-18E，5μm

流动相：A．乙腈；B．0.02mol/L磷酸盐缓冲液，pH=5.0

梯　度：0min，15% A；3min，15% A；10min，30% A

流　速：1.0ml/min　　柱　温：30℃

检测器：UV（227nm）　　进样量：10μl

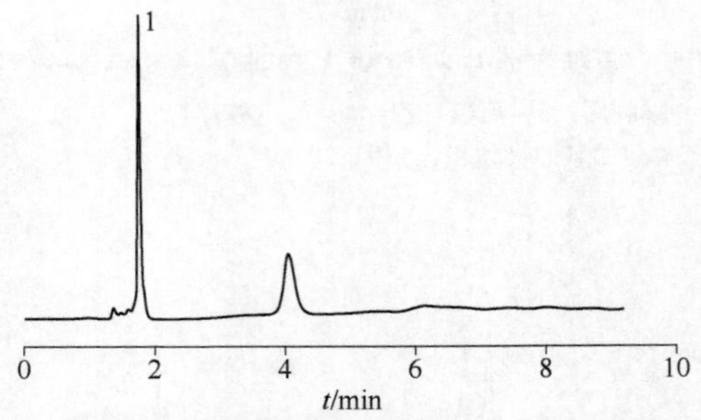

图 16-52　阿斯巴甜的衍生化的色谱图[5]

色谱峰：1—阿斯巴甜

色谱柱：Hypersil ODS（10mm×2.1mm，5μm）

流动相：A．0.01mmol/L乙酸钠；B．甲醇

梯　度：

t/min	0	5	10	13	18	20
B/%	5	25	35	55	80	90

流　速：0.35ml/min

柱　温：40℃

检测器：检测波长260mm/40nm，激发波长230nm，发射波长445nm

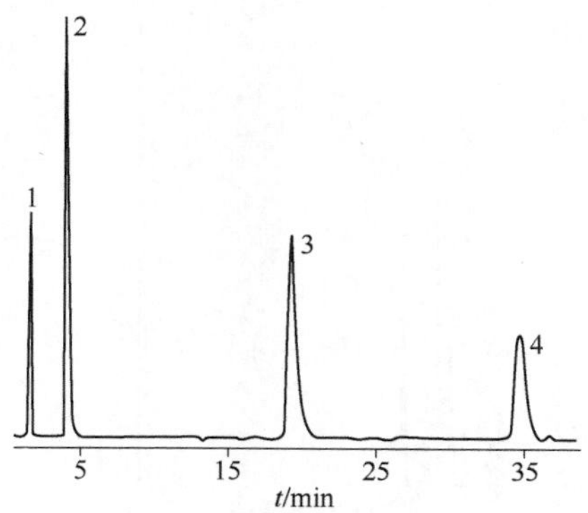

图 16-53 软饮料中 L-抗坏血酸、糖精等的色谱分离图[4]

色谱峰：1—L-抗坏血酸；2—糖精；3—咖啡因；4—水杨酸钠

色谱柱：Hypersil BDS C18（15mm×4.6mm）

流动相：乙酸-水（体积比=6∶94）

流　速：1.0ml/min

检测器：UV（254nm）

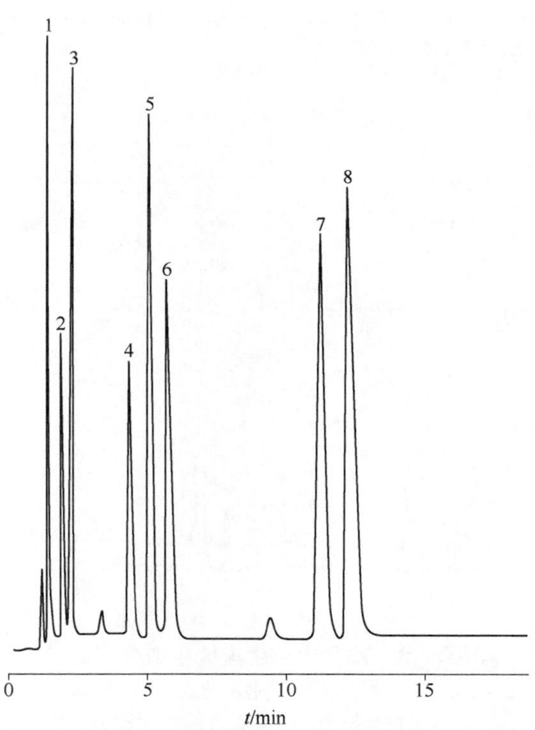

图 16-54 软饮料中抗坏血酸、奎宁等色谱分离图[4]

色谱峰：1—抗坏血酸；2—奎宁；3—咖啡因；4—糖精；5—香兰素；6—阿斯巴甜；
7—山梨酸；8—苯甲酸

色谱柱：Hypersil BDS C8（25mm×4.6mm）

流动相：70% 20mmol/L乙酸铵缓冲液-30%甲醇

流　速：1.5ml/min

检测器：UV（254nm）

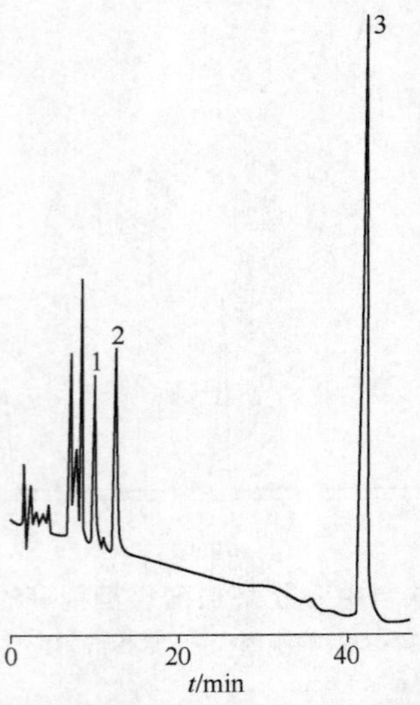

图 16-55 饮料中增香剂的色谱分离图[4]

色谱峰：1—麦芽酚；2—乙基麦芽酚；3—香兰素

色谱柱：Hypercarb（10mm×4.6mm，7μm）

流动相：A．10%乙腈，20mmol/L EDTA；B．50%的乙腈，20mmol/L的EDTA

梯　度：40min内由100%A至100%B（线性）

流　速：1.0ml/min

检测器：UV（276nm）

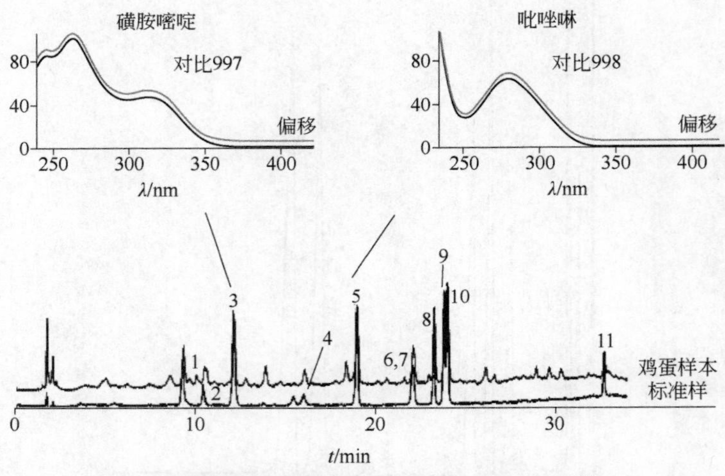

图 16-56 鸡蛋中抗生素的色谱分离图[5]

色谱峰：1—甲硝唑；2—二氯二甲吡啶酚；3—磺胺嘧啶；4—呋喃唑酮；5—吡唑啉；6—异丙硝唑；7—氯霉素；8—N-乙酰代谢物；9—3-乙氧酰胺苯甲酯；10—苯并噻唑基；11—双硝苯脲二甲嘧啶醇

色谱柱：Spherisorb ODS-2（25mm×4.6mm，5μm）

流动相：A．0.02mol/L乙酸钠缓冲剂，pH=2.54；B．丙烯腈-水（体积比=60：40）

梯　度：

t/min	0	5	7	14	16	19	21	26	30	33	43	55
B/%	8	8	20	23	33	40	50	60	80	90	90	8

流　速：1.5ml/min

检测器：UV-DAD

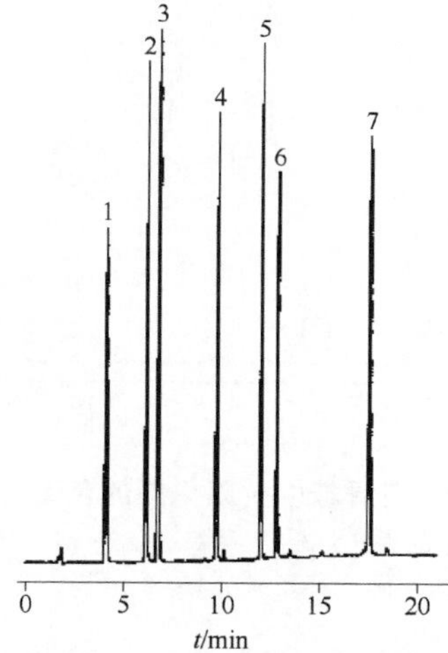

图 16-57 抗氧化剂的色谱分离图[5]

色谱峰：1—N-没食子酸丙酯（PG）；2—2,4,5-三羟基丁酰苯类（THBP）；3—叔丁基对苯二酚（TBHQ）；4—去甲二氢愈创木酸（NDGA）；5—4-羟甲基-2,6-二叔丁基苯酚（HMBP）；6—N-辛基没食子儿茶素没食子酸酯（GCG）；7—N-十二烷基没食子儿茶素没食子酸酯（EGCG）

色谱柱：YMC Pack PRO C18（15mm×46mm，5μm）

洗脱液：A. 乙腈-甲醇-5%乙酸（体积比=20∶20∶60）；

B. 乙腈-甲醇-5%乙酸（体积比=45∶45∶10）

梯 度：0→10min，0→100%B；10min→20min，100%B

流 速：1.0ml/min　　温 度：30℃

检测器：UV（280nm）　　进 样：9μl（0.05～0.6mg/ml）

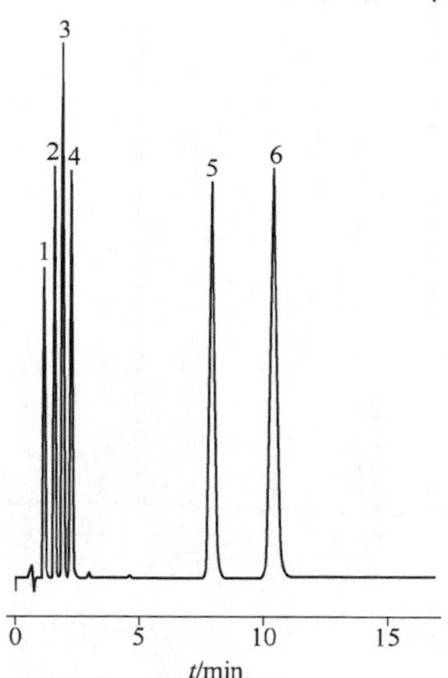

图 16-58 抗氧化剂的色谱分离图[5]

色谱峰：1—去甲二氢愈创木酸（NDGA）；2—3(2)-叔丁基羟基茴香醚（BHA）；3—4羟甲基-2,6-二叔丁基苯酚（HMBP）；4—镓酸盐辛酯（OG）；5—2,6-二叔丁基-4-甲基苯酚；6—N-十二烷基酯（DG）

色谱柱：Hydrosphere C18（50mm×4.6mm，3μm）

洗脱液：乙腈-甲醇-10%乙酸（体积比=35∶35∶30）

流 速：1.0ml/min　　温 度：30℃

检 测：UV（280nm）　　进样量：10μl（0.05～0.5mg/ml）

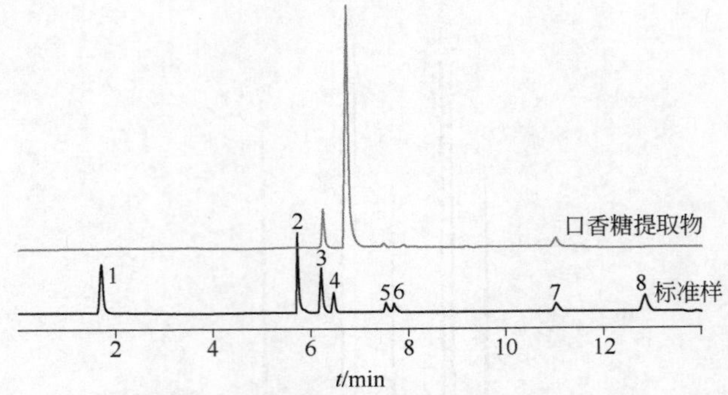

图 16-59 口香糖中抗氧化剂的色谱分离图[5]

色谱峰：1—维生素C；2—没食子酸丙酯；3—三羟基丁酰苯；4—叔丁基对苯二酚；5—丁基羟基茴香醚；6—羟基苯乙酸；7—丁基羟基甲苯；8—酰基-载体蛋白质

色谱柱：BDS（10mm×4mm 3μm）

流动相：A．0.15mol/L H_2SO_4水溶液，pH=2.4；B．丙烯腈

梯　度：*t*/min　0　3　4　11

B/%　10　60　80　90

流　速：0.5ml/min

柱　室：30℃

检测器：UV-DAD（检测波长：260nm/240nm）

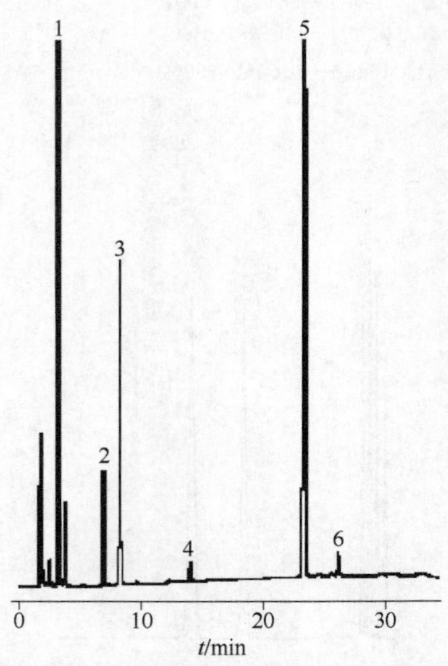

图 16-60 饮料中维生素、烟酰胺等的色谱分离图[5]

色谱峰：1—抗坏血酸（维生素C）；2—盐酸吡哆醇（维生素B_6）；3—烟酰胺；4—泛酰醇；5—咖啡因；6—黄素单核苷酸钠（维生素B_2）

色谱柱：Hydrosphere C18（150mm×4.6mm，5μm）

洗脱液：A. 50mmol/L KH_2PO_4-H_3PO_4（pH=3.5）；

B. 50mmol/L KH_2PO_4-H_3PO_4（pH=3.5）-乙腈（体积比=80：20）

梯　度：0→20min，0→60%B；20min→30min，60%B

流　速：1.0ml/min

柱　温：30℃

检测器：UV（365nm）

二、食品成分分析

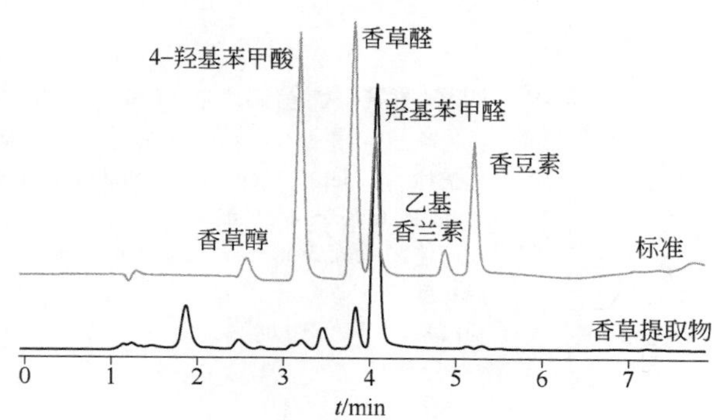

图 16-61　香草提取物的测定[5]

色谱柱：Hypersil BDS（10mm×4mm，3μm）

流动相：A．0.15mol/L H_2SO_4水溶液，pH=2.4；

　　　　B．丙烯腈

梯　度：

t/min	0	3	4	6	7
B/%	10	40	40	80	90

流　速：0.8ml/min

柱　室：30℃

检测器：UV-DAD

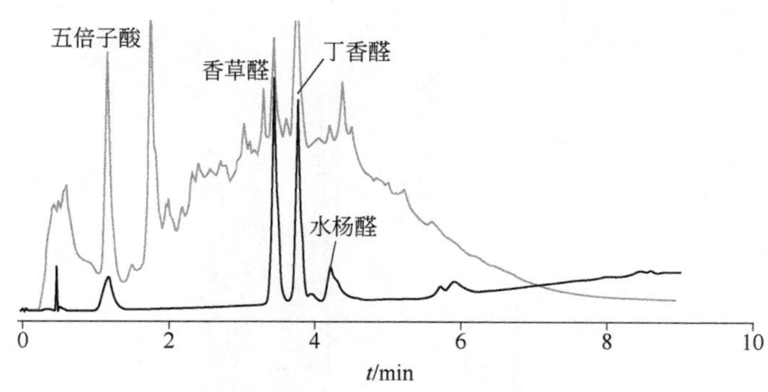

图 16-62　白兰地中五倍子酸、香草醛等的色谱分离图[5]

色谱柱：Hypersil ODS（10mm×2.1mm，5μm）

流动相：A：水-5mmol/L磷酸二氢钠；B. 甲醇

梯　度：0→10min，0%B→70%B

流　速：0.8ml/min

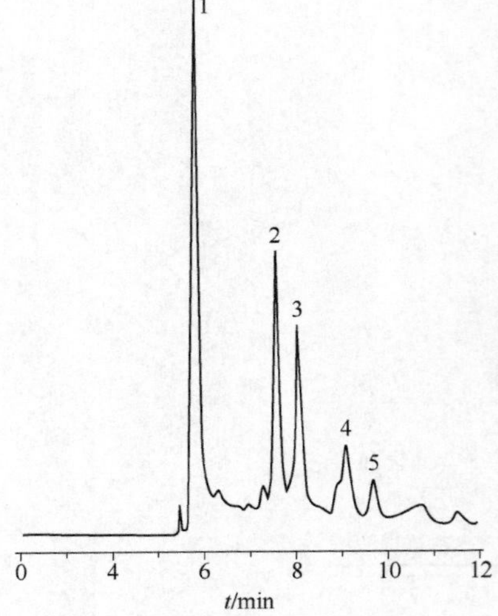

图 16-63 葡萄酒中有机酸的色谱分离图[4]

色谱峰：1—花青素；2—酒石酸；3—苹果酸；4—丁二酸；5—乙酸

色谱柱：HyperREZ XP Carbohydrate H（30mm×7.7mm）

流动相：0.005mol/L硫酸

流　速：0.6ml/min

温　度：65°C

检测器：UV（210nm）

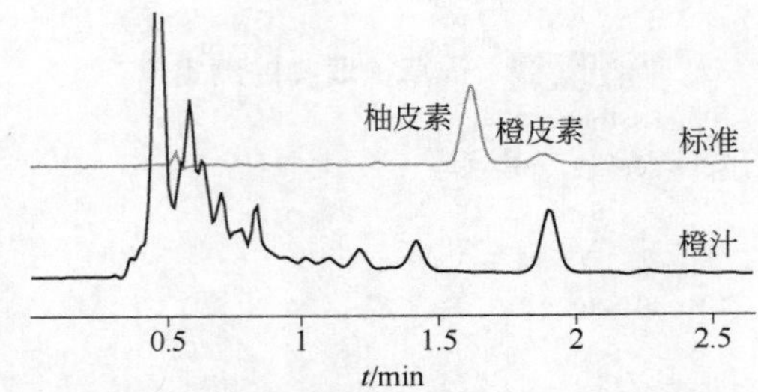

图 16-64 橙汁中柚皮素和橙皮素的色谱分离图

色谱柱：Hypersil BDS（125mm×4mm，5μm）

流动相：A．0.15ml H_2SO_4水溶液，pH=2.4；
B．丙烯腈

梯　度：

t/min	0	3	5	6
B/%	20	20	90	20

流　速：0.8ml/min

柱　温：40℃

检测器：UV-DAD

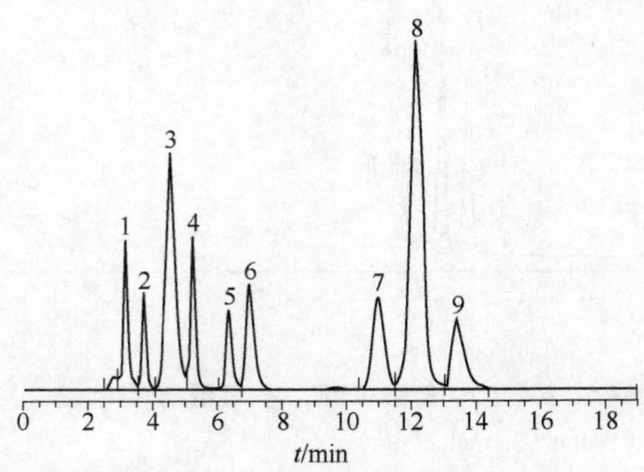

图 16-65 杏酒中有机酸的色谱分离图[5]

色谱峰：1—草酸；2—酒石酸；3—丙酮酸；4—苹果酸；5—乳酸；6—乙酸；
7—柠檬酸；8—富马酸；9—琥珀酸

色谱柱：Agilent HC-C18（250mm×4.6mm）

流动相：2%的甲醇-0.01mol/L磷酸氢二铵（用1mol/L H_3PO_4调节pH值至2.8）

流　速：1ml/min

温　度：30°C

检测器：UV（210nm）

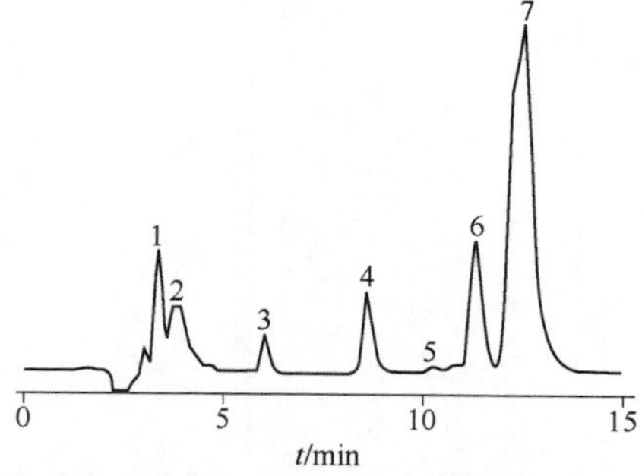

图 16-66　白葡萄酒中酸和酸根的色谱分离图[3]

色谱峰：1—F^-；2—乳酸；3—Cl^-；4—PO_4^{3-}；5—SO_3^{2-}；6—SO_4^{2-}；7—酒石酸，苹果酸

色谱柱：Shodex WINE VH-anionG 4A（10mm×4.6mm）

流动相：97% 5mmol/L Na_2CO_3-$NaHCO_3$缓冲液+3% 12mmol/L丙酮

流　速：0.8ml/min

柱　温：30℃

检测器：抑制电导

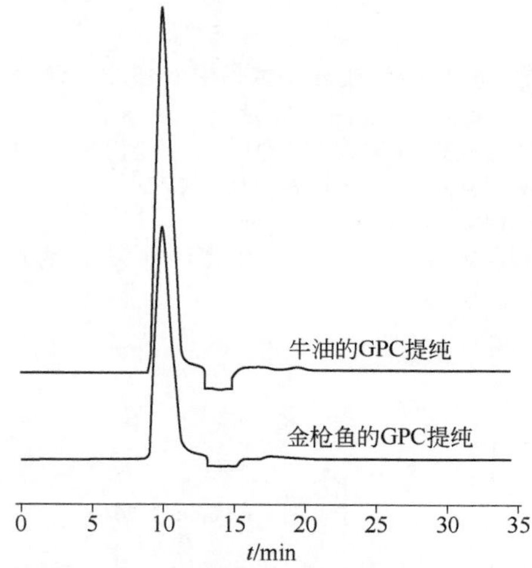

图 16-67　金枪鱼肉和牛脂的 GPC 纯化色谱分离图[3]

色谱柱：Shodex CLNpak EV-G AC（100mm×20mm）+ EV-2000 AC（300mm×20mm）

流动相：丙酮-环己烷（体积比=1∶4）

流　量：5ml/min

柱　温：40℃

检测器：RI（254nm）

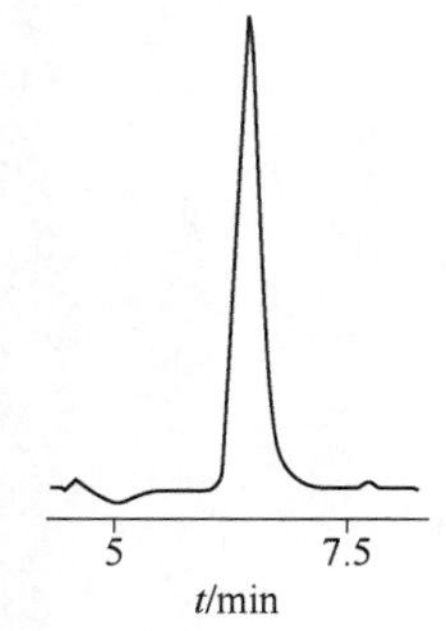

图 16-68　食品中三聚氰胺的色谱图[3]

色谱柱：Shodex Asahipak NH_2P（150mm×2.0mm）

流动相：5mmol/L甲酸铵（用甲酸调节pH=3）-乙腈

梯　度：90% B（0～10min）；20% B（10.01～20min）；
90% B（20.01～35min）

流　速：0.2ml/min

柱　温：40℃

检测器：ESI-MS（m/z=127.1）

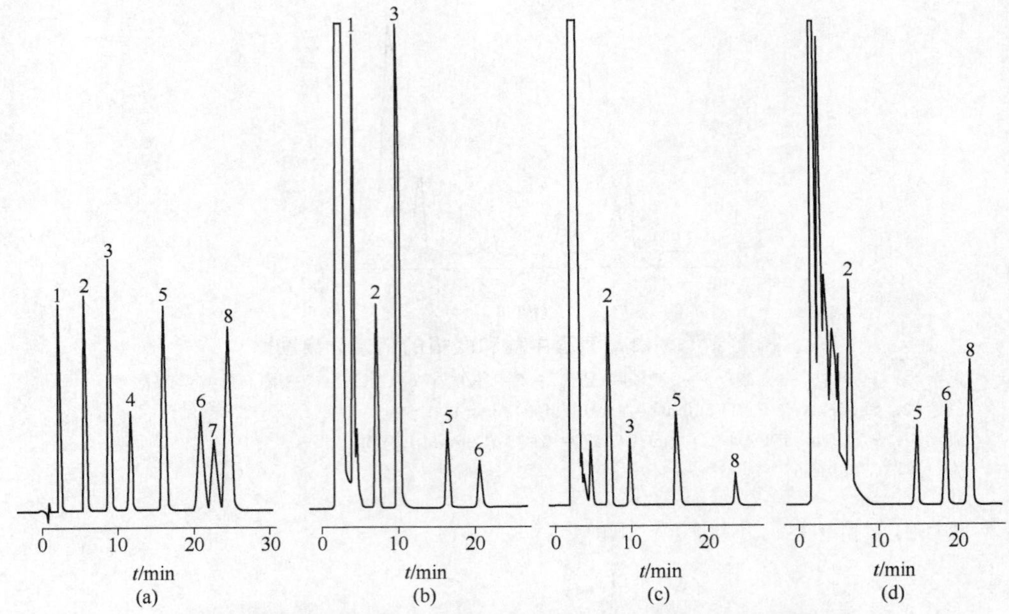

图 16-69 柱后衍生法分析食品中多胺的色谱分离图[3]

样　品：（a）标准品；（b）酱油；（c）味精；（d）纳豆

色谱峰：1—组胺；2—二乙烯三胺；3—酪胺（TYM）；4—1,3-丙二胺（DAP）；5—腐胺（Put）；6—亚精胺（Spd）；7—精胺（Spm）；8—尸胺（CAD）

色谱柱：Shodex Asahipak ODP-50 4D（150mm×4.6mm）

流动相：50mmol/L硼酸盐缓冲液（pH=9.9）-乙腈（体积比=77∶23），含有2mmol/L邻苯二甲醛-*N*-乙酰-L-半胱氨酸

流　速：0.5ml/min

柱　温：40℃

检测器：FLD（λ_{ex} 330nm，λ_{em} 430nm）

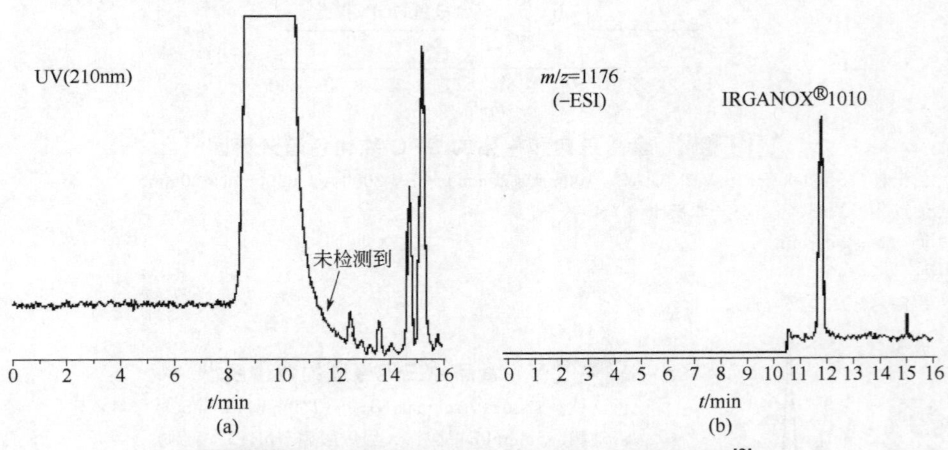

图 16-70 高分子聚合物中添加剂的色谱分离图[3]

样品：（a）高分子聚合物；（b）添加剂标准图

色谱柱：Shodex GPC kf-402hq（250mm×4.6mm）×2

流动相：四氢呋喃

流　速：0.3ml/min

柱　温：40℃

检测器：UV（210nm）

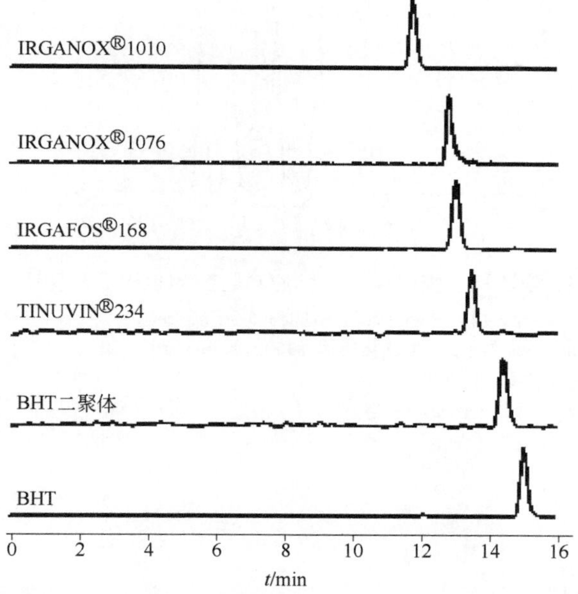

图 16-71　聚苯乙烯中各种高分子添加物的 LC-MS 色谱分离图[3]

色谱柱：Shodex GPC kf-402hq（250mm×4.6mm）×2
流动相：四氢呋喃
柱　温：40℃
流　速：0.3ml/min
检测器：UV（210nm）

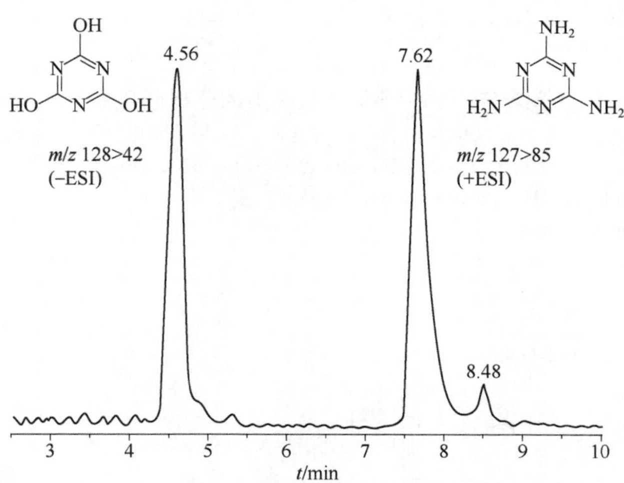

图 16-72　分离食品污染物中的氰尿酸和三聚氰胺色谱分离图[2]

色谱柱：ZIC®-HILIC（150mm×2.1mm，5μm），200Å
流动相：A．95%乙腈-0.1%甲酸水溶液；
B．50%乙腈-20mmol/L乙酸铵
梯　度：0→4.2min，100%B；
4.2min→10min，100%B→0%B
流　速：0.4ml/min
检测器：MS/MS，-ESI 和+ESI
温　度：30℃
进样量：30℃

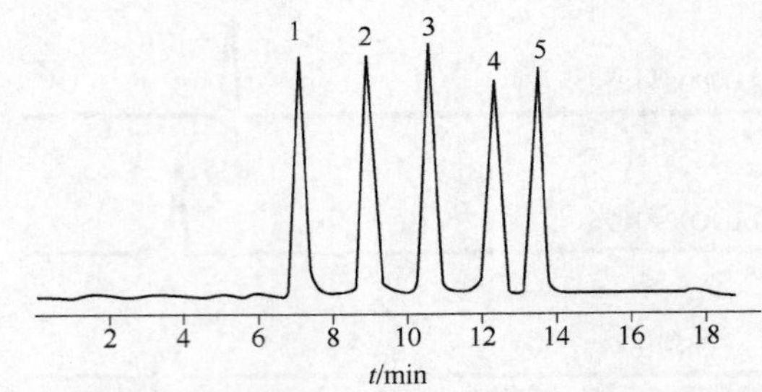

图 16-73 饮料中糖、甘油和乙醇的色谱分离图[5]

色谱峰：1—蔗糖；2—葡萄糖；3—果糖；4—甘油；5—乙醇

色谱柱：Waters Sugar-Pak-1钙型阳离子交换柱（300mm×6.5mm）；
Waters Sep-Pak-C18固相萃取小柱；
Sep-Pak Alμmin Cartridges保护柱

流动相：0.05g/L EDTA钙钠水溶液

流　速：0.5ml/min

温　度：85°C

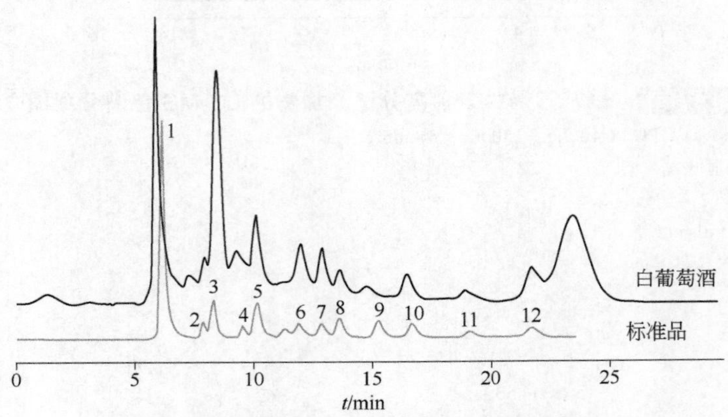

图 16-74 白葡萄酒中酸味剂的分析色谱图[1]

色谱峰：1—草酸；2—柠檬酸；3—酒石酸；4—苹果酸；5—硫三氧化二砷；6—琥珀酸；
7—乳酸；8—丙三醇；9—二甘醇；10—乙酸；11—甲醇；12—乙醇

色谱柱：Bio Rad HPX87-H（30mm×7.8mm，9μm）

流动相：0.0035mol/L H_2SO_4

流　速：0.6ml/min

柱　温：65℃

进样量：10μl

检测器：UV-VWD（192nm或210nm）

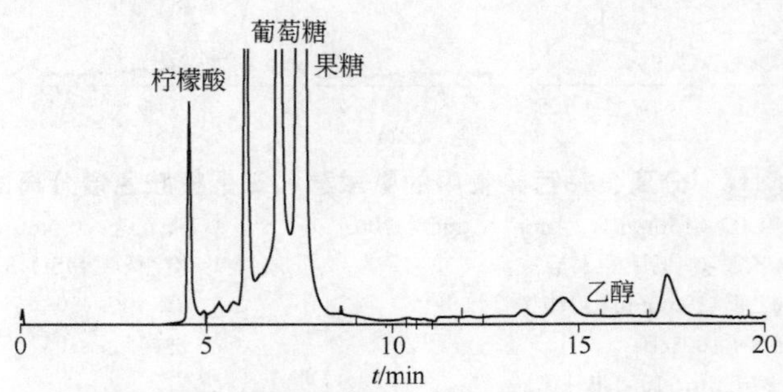

图 16-75 伏特加中柠檬酸的色谱分离图[5]

流动相：0.007mol/L H_2SO_4　　　　检测器：UV-DAD

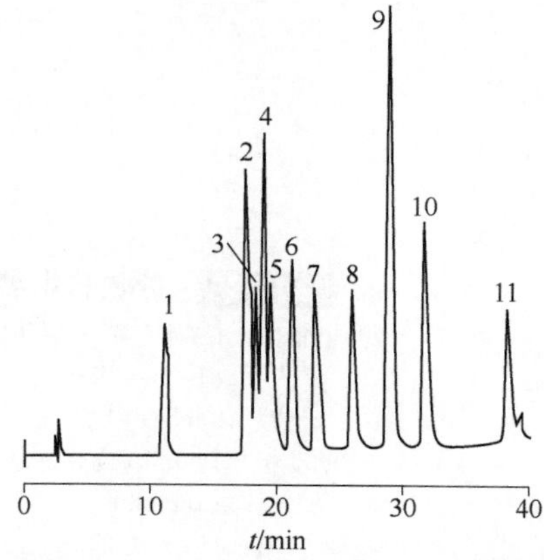

图 16-76 威士忌中酚类化合物的色谱分离图[4]

色谱峰：1—苯酚；2—愈创木酚；3—间甲酚；4—对甲酚；5—邻甲酚；6—4-乙基苯酚；7—2-乙基苯酚；8—3,5-二甲苯酚；9—4-乙基愈创木酚；10—丁香酚；11—内标

色谱柱：Hypercarb（10mm×4.6mm，7μm）

流动相：乙酸-乙腈（体积比=20∶80）

流　速：1.0ml/min

检测器：UV（280nm）

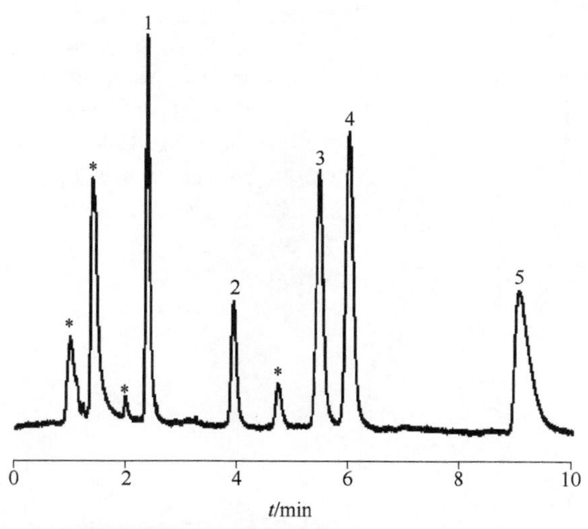

图 16-77 乙酸、琥珀酸等的色谱分离图[2]

色谱峰：1—乙酸（2.4min）；2—琥珀酸（3.9min）；3—苹果酸（5.5min）；4—酒石酸（6.0min）；5—柠檬酸（8.9min）；（*）—标准中的杂质

色谱柱：SeQuant®ZIC®-cHILIC（150mm×2.1mm，5μm），25mmol/L乙酸铵（pH=6.8）

流动相：A．75∶25 的磷酸钾缓冲液（pH=6.0）；B．乙腈

梯　度：

t/min	0	2.4	3.9	5.5	6.0	8.9
B/%	0	5	15	50	75	100

流　速：0.3ml/min

柱　温：30℃

检测器：UV（200nm）

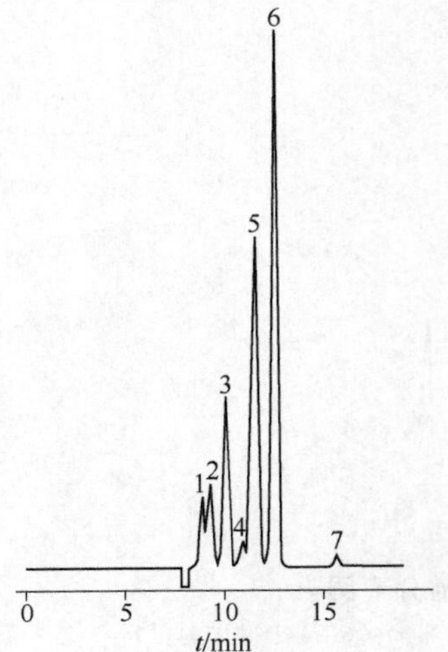

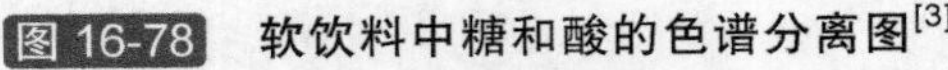
图 16-78 软饮料中糖和酸的色谱分离图[3]

色谱峰：1—水苏糖；2—棉子糖；3—蔗糖；4—柠檬酸；5—葡萄糖；6—果糖；7—丁二酸

色谱柱：Shodex SUGAR sh1011（300mm×8.0mm）

流动相：3mmol/L高氯酸水溶液

流　速：1.0ml/min

柱　温：15℃

检测器：RI

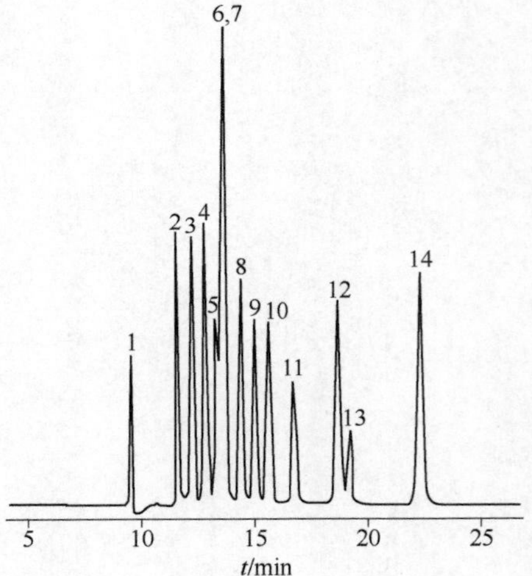

图 16-79 各种酸的色谱分离图[3]

色谱峰：1—阴离子（Cl^-）的化合物；2—草酸；3—柠檬酸；4—酒石酸；5—磷酸；6—苹果酸；7—α-酮戊二酸；8—丙二酸；9—丙酮酸；10—丁二酸；11—乳酸；12—延胡索酸；13—乙酸；14—焦谷氨酸

色谱柱：Shode rspak kc-811（300mm×8.0mm）×2

流动相：50mmol/L高氯酸水溶液

流　速：1.0ml/min

柱　温：50℃

检测器：RI

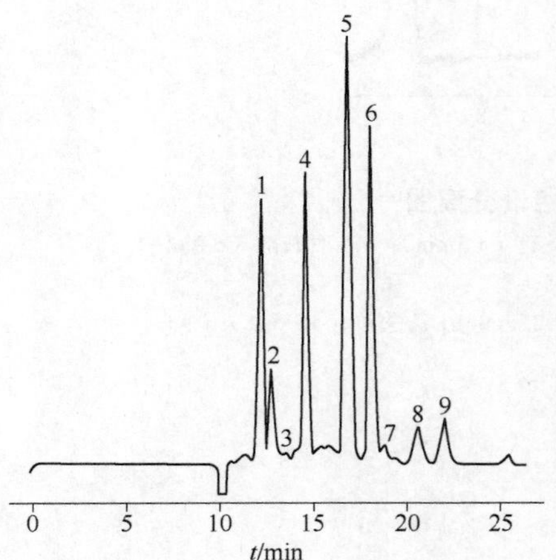

图 16-80 日本酒中酸的色谱分离图[3]

色谱峰：1—磷酸等；2—柠檬酸；3—丙酮酸；4—苹果酸；5—丁二酸；6—乳酸；7—延胡索酸；8—乙酸；9—焦谷氨酸

色谱柱：Shodex rspak kc-lg(50mm×8.0mm)+kc-811 (300mm×8.0mm)×2

流动相：4.8mmol/L高氯酸水溶液

流　速：1.0ml/min

柱　温：63℃

检测器：UV（430nm）

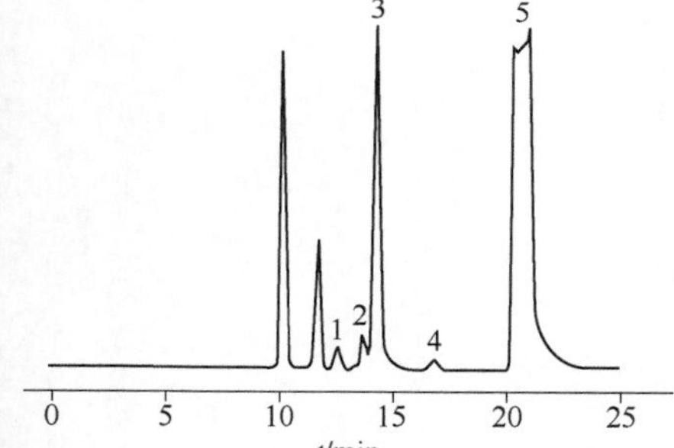

图 16-81　醋中有机酸的色谱分离图[3]

色谱峰：1—柠檬酸；2—酒石酸；3—苹果酸；4—丁二酸；5—乙酸

色谱柱：Shodex rspak kc-lg(50mm×8.0mm)+ kc-811(300mm×8.0mm)×2

流动相：3mmol/L高氯酸水溶液

流　速：1.0ml/min

柱　温：50℃

检测器：UV（430nm）

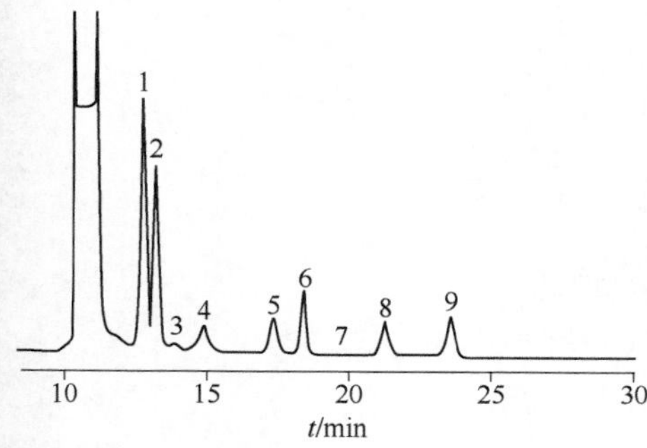

图 16-82　酱油中酸色谱分离图[3]

色谱峰：1—磷酸；2—柠檬酸；3—丙酮酸；4—苹果酸；5—丁二酸；6—乳酸；7—甲酸；8—乙酸；9—焦谷氨酸

色谱柱：Shodex rspak kc-lg(50mm×8.0mm)+kc-811(300mm×8.0mm)×2

流动相：4.8mmol/L高氯酸水溶液

流　速：1.0ml/min

柱　温：50℃

检测器：UV（430nm）

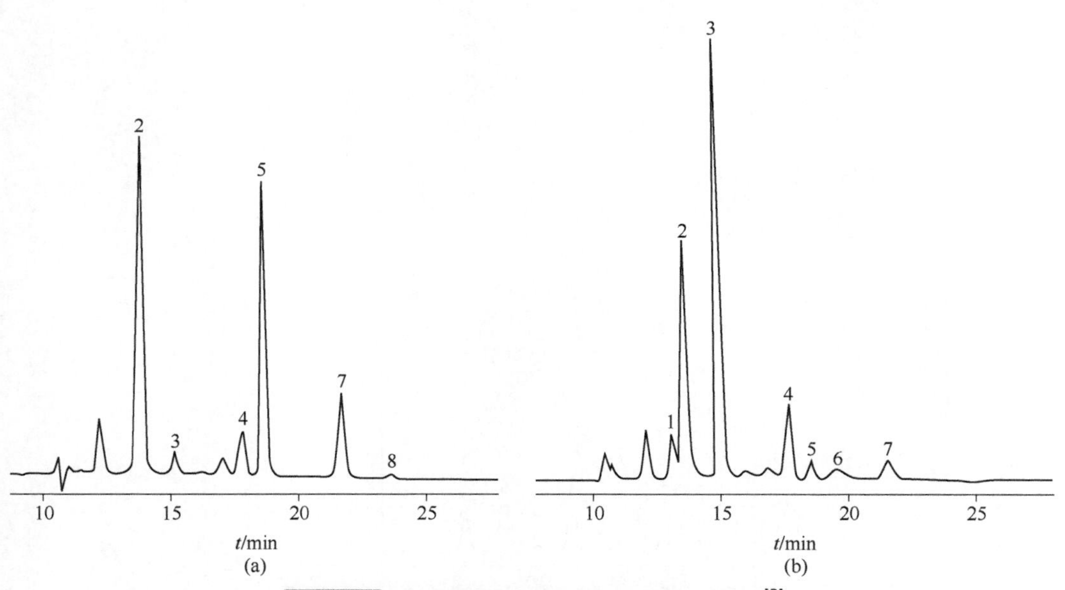

图 16-83　白葡萄酒中有机酸的色谱分离图[3]

样　品：(a) 高级葡萄酒；(b) 佐餐葡萄酒

色谱峰：1—柠檬酸；2—酒石酸；3—苹果酸；4—丁二酸；5—乳酸；6—延胡索酸；7—乙酸；8—焦谷氨酸

色谱柱：Shodex rspak kc-lg（50mm×8.0mm）+ kc-811（300mm×8.0mm）×2

流动相：3mmol/L

流　速：1.0ml/min

柱　温：45℃

检测器：UV（430nm）

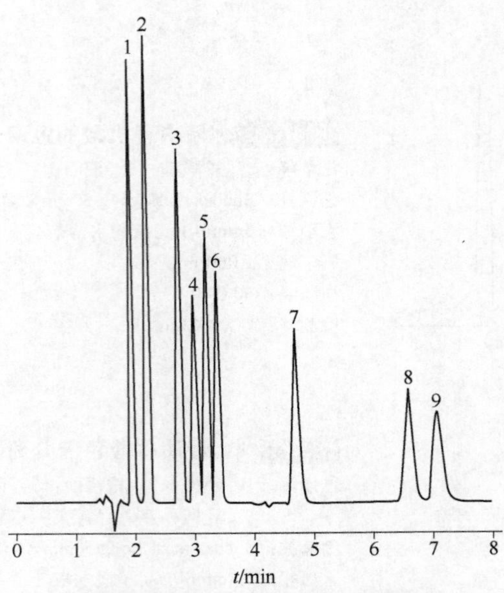

图 16-84 有机酸色谱分离图[3]

色谱峰：1—乙醛酸；2—酒石酸；3—苹果酸；4—乳酸；5—丙二酸；6—乙酸；7—丁二酸；8—乙酰丙酸；9—丙酸

色谱柱：Shodex rspak de-413（140mm×4.6mm）

流动相：10mmol/L磷酸水溶液

流　速：1.0ml/min

检测器：RI

柱　温：50℃

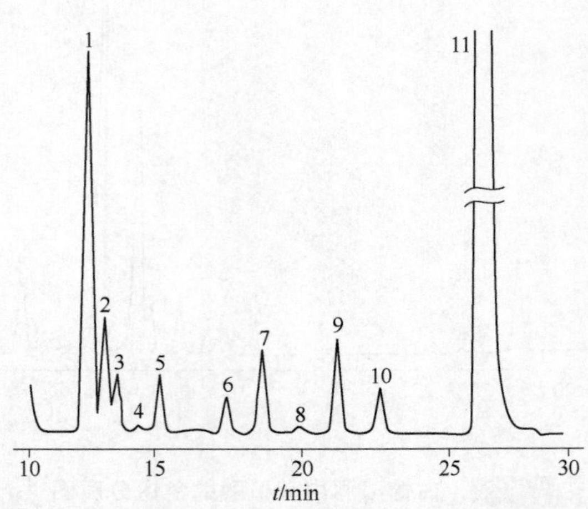

图 16-85 啤酒中酸的色谱分离图[3]

色谱峰：1—磷酸；2—柠檬酸；3—丙酮酸；4—葡萄糖酸；5—苹果酸；6—丁二酸；7—乳酸；8—延胡索酸；9—乙酸；10—焦谷氨酸；11—碳酸

色谱柱：Shodex rspak kc-lg(50mm×8.0mm)+kc-811(300mm×8.0mm)×2

流动相：4.8mmol/L高氯酸水溶液

流　速：1.0ml/min

检测器：UV（430nm）

柱　温：63℃

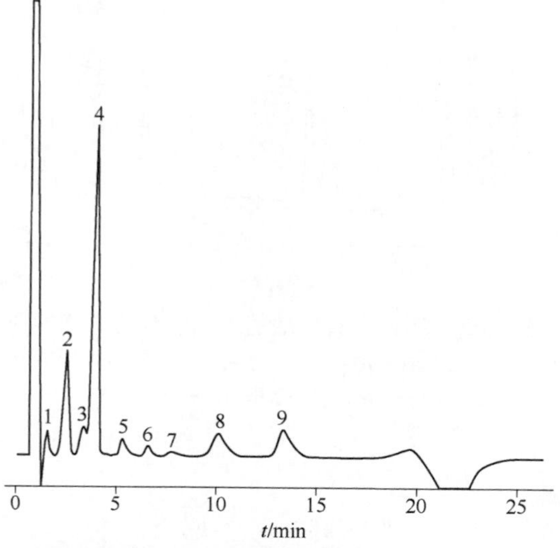

图 16-86 啤酒中有机酸的色谱分离图[3]

色谱峰：1—乙酸；2—H_2PO^{4-}，丁二酸，焦谷氨酸；3—乳酸，丙酮酸；4—Cl^-；5—苹果酸；6—NO^{3-}；7—草酸；8—柠檬酸；9—SO_4^{2-}

色谱柱：Shodex IC i-524a（100mm×4.6mm）

流动相：1.5mmol/L邻苯二甲酸+1.38mmol/L 3-羟甲基氨基甲烷+300mmol/L硼酸

流　量：1.2ml/min

检测器：非抑制型电导

柱　温：40℃

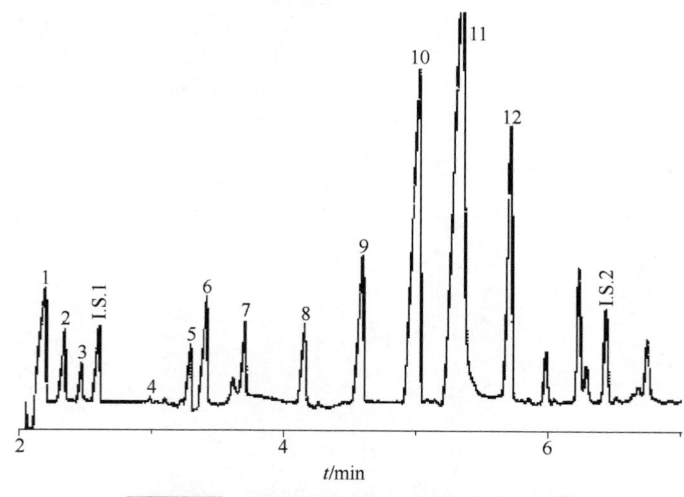

图 16-87 啤酒中有机酸的色谱分离图[7]

色谱峰：1—氯化物；2—硫酸；3—草酸；4—甲酸；5—苹果酸；6—柠檬酸；7—琥珀酸；8—丙酮酸；9—乙酸；10—磷酸盐；11—磷酸；12—焦谷氨酸

工作压力：30kV

检测器：1. Crystal 310 CZE；2.UV（254nm）

缓冲液：0.75mmol/L对氨基苯甲酸（pH=5.75）

离子表面活性剂：0.12mmol/L十四烷基三甲基溴化铵（TTAB）

毛细管柱：长48cm；内径50 μm

备　注：CZE是指毛细管区带电泳

第二篇

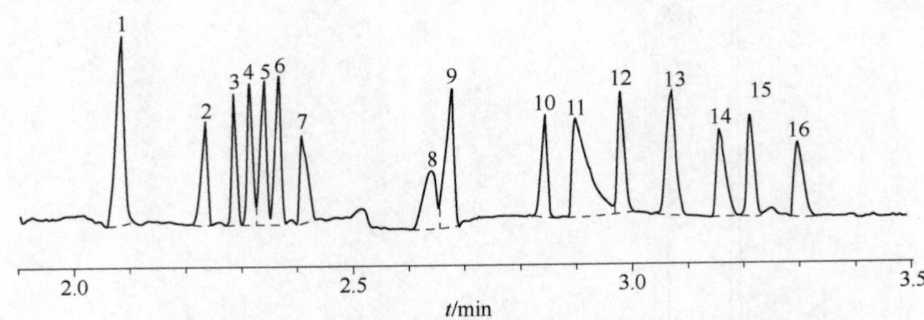

图 16-88 蜂蜜中有机酸的毛细管色谱分离图[8]

色谱峰：1—草酸；2—甲酸；3—酒石酸；4—苹果酸；5—琥珀酸；6—马来酸；7—戊二酸；8—丙酮酸；9—乙酸；10—乳酸；11—丁酸；12—山梨酸；13—柠檬酸；14—苯甲酸；15—抗坏血酸；16—葡萄糖酸

工作压力：–25kV

检测器：UV（185nm）

载体电解质：磷酸盐缓冲液（7.5mmol/L NaH_2PO_4 +2.5mmol/L Na_2HPO_4），2.5mmol/L TTAOH，0.24mmol/L Ca^{2+}

毛细管柱：长60cm，内径75μm，pH=6.4

柱 温：25℃

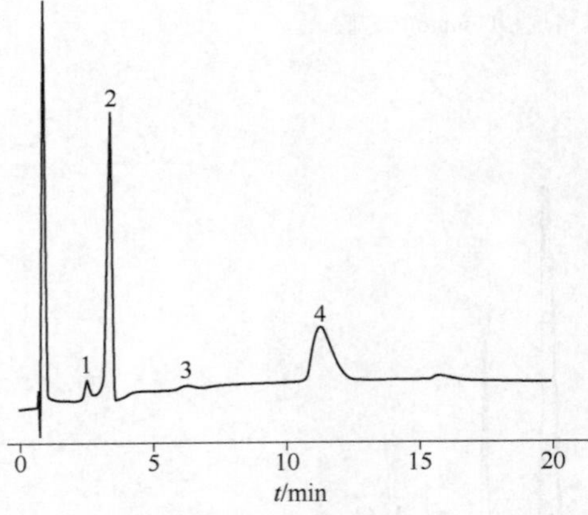

图 16-89 牛奶中无机酸根的色谱分离图[3]

色谱峰：1—HCO^{3-}；2—Cl^-；3—NO^{3-}；4—HPO_4^{2-}

色谱柱：Shodex IC i-524a（100mm×4.6mm）

流动相：1.5mmol/L对羟基苯甲酸-1.7mmol/L *N,N*-二乙基乙醇胺-10%甲醇

流 量：1.2ml/min

检测器：非抑制型电导

柱 温：40℃

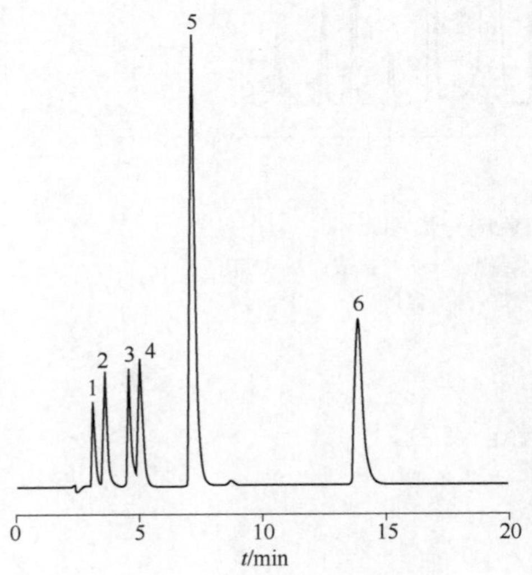

图 16-90 有机酸的色谱分离图[4]

色谱峰：1—乙醇酸；2—苹果酸；3—柠檬酸；4—丙二酸；5—富马酸；6—马来酸

色谱柱：HyPURITY™ADVANCE（150mm×4.6mm，5μm）

流动相：20mmol/L 磷酸二氢钾水溶液，pH=2.8

流 速：0.7ml/min

温 度：25℃

检 测：UV（210nm）

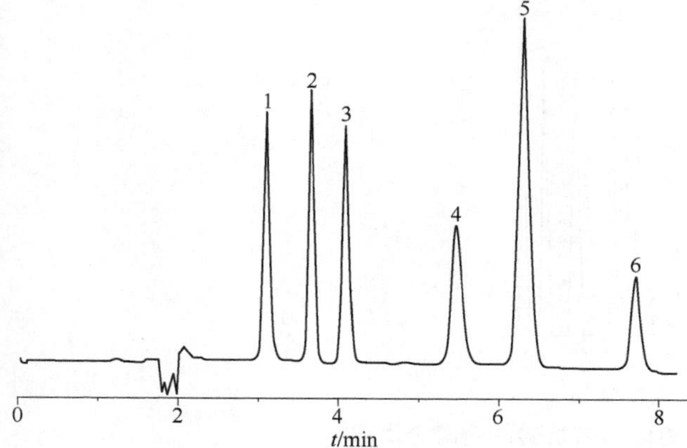

图 16-91 有机酸的色谱分离图[4]

色谱峰：1—苹果酸；2—乳酸；3—乙酸；4—柠檬酸；5—琥珀酸；6—富马酸

色谱柱：AQUASIL C18（250mm×4.6mm，5μm）

流动相：50mmol/L的磷酸二氢钾-磷酸缓冲液+1%乙腈，pH=2.5

流　量：1.6ml/min

检测器：UV（210nm）

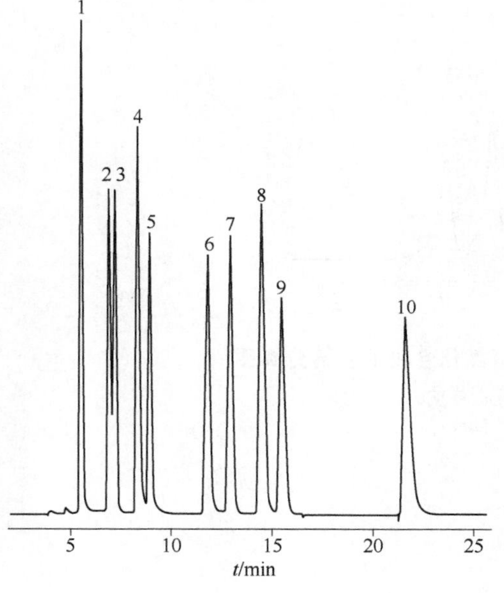

图 16-92 有机酸的色谱分离图[5]

色谱峰：1—乙醇酸；2—L-苹果酸；3—丙二酸；4—乳酸；5—乙酸；6—马来酸；7—柠檬酸；8—富马酸；9—琥珀酸；10—丙酸

色谱柱：YMC-Pack ODS-AQ（25mm×4.6mm，5μm）

洗脱液：20mmol/L H_3PO_4-NaH_2PO_4缓冲液，pH=2.8

流　速：0.7ml/min

温　度：30℃

检测器：UV（220nm）

进样量：10μl（0.007～1.8mg/ml）

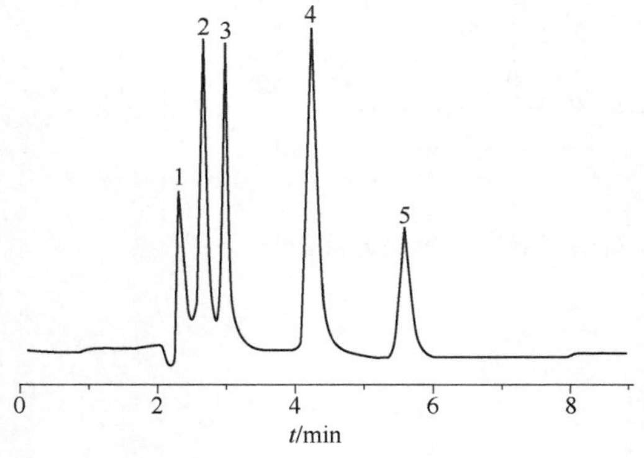

图 16-93 谷氨酸与有机酸的色谱分离图[4]

色谱峰：1—谷氨酸；2—乙醇酸；3—苹果酸；4—柠檬酸；5—富马酸

色谱柱：Hypersil 100 C18（100mm×4.6mm）

流动相：甲醇-0.2mol/L磷酸（体积比=50∶50）

流　速：1.0ml/min

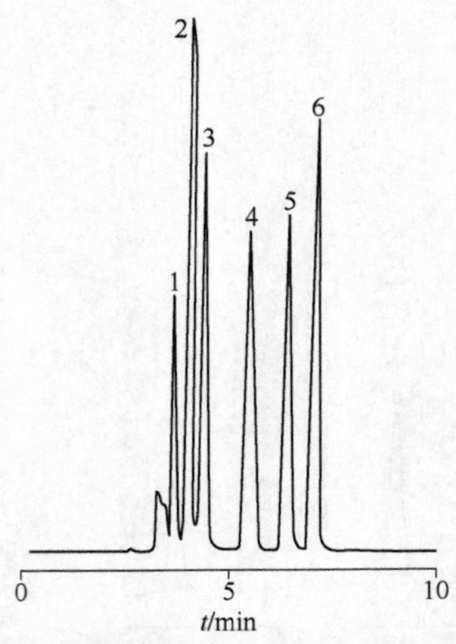

图 16-94 谷氨酸与有机酸的色谱分离图[4]

色谱峰：1—谷氨酸；2—乙醇酸；3—苹果酸；4—柠檬酸；5—丁二酸；6—富马酸

色谱柱：Hypersil BDS C8（25mm×4.6mm，5μm）

流动相：0.2mol/L磷酸-甲醇（体积比=90：10）

流　速：0.8ml/min

检测器：UV（254nm）

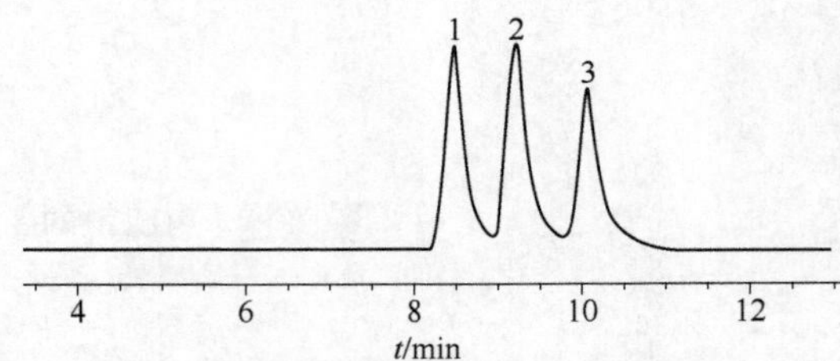

图 16-95 淀粉类食品中姜黄色素类化合物的色谱分离图[5]

色谱峰：1—双去甲基姜黄素；2—去甲基姜黄素；3—姜黄素

色谱柱：YMC Carotenoid 色谱柱（250mm×4. 6mm，5μm）

流动相：甲醇-水（体积比=90：10）

流　速：1ml/min

温　度：30°C

检测器：UV（430nm）

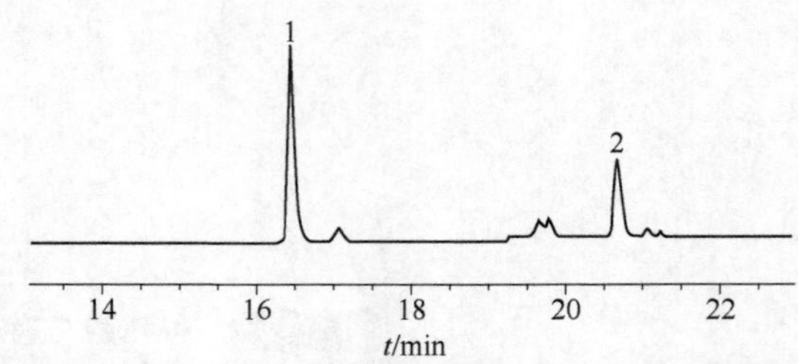

图 16-96 淀粉类食品中叶黄素和类胡萝卜素的色谱分离图[5]

色谱峰：1—叶黄素；2—β-胡萝卜素

色谱柱：YMC Carotenoid 色谱柱（250mm×4.6mm，5μm）

流动相：甲醇-水（体积比=90：10）

流　速：1ml/min

温　度：30°C

检测器：UV（450nm）

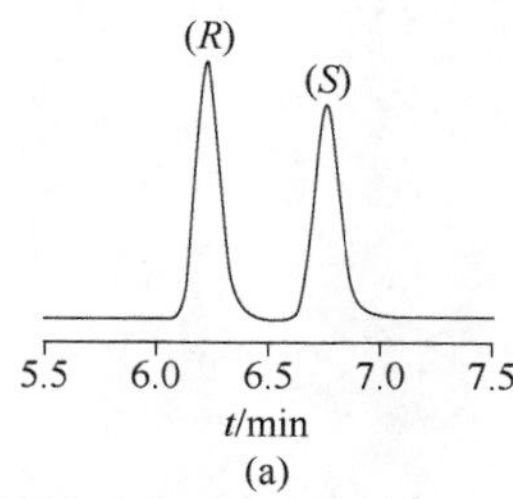

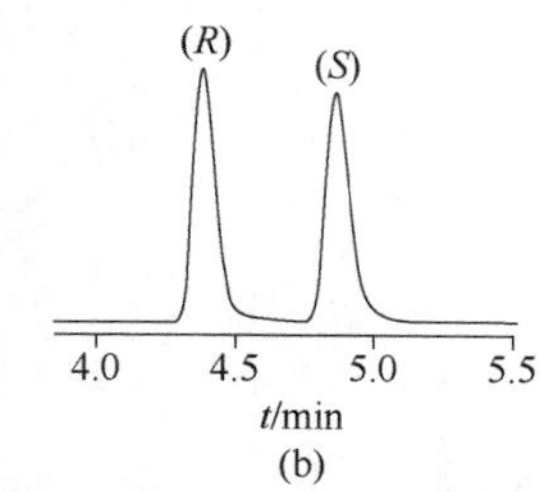

图 16-97　香芹酮（a）和乙酸苏合香酯（b）的拆分色谱图[5]

色谱柱：手性柱Chiralpak AS-H（4.6mm×250mm，5μm）　　柱　温：30℃

流动相：正己烷-异丙醇（体积比=95∶5）　　检测器：UV（240nm）

流　速：1.0ml/min

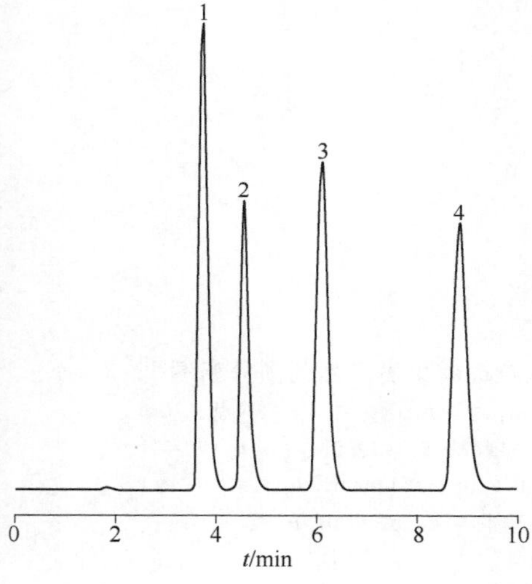

图 16-98　尼泊金酯色谱分离图[4]

色谱峰：1—尼泊金甲酯；2—尼泊金乙酯；3—尼泊金丙酯；4—尼泊金丁酯

色谱柱：HyPURITY™ADVANCE（150mm×4.6mm，5μm）

流动相：水-甲醇（体积比=45∶55）

流　速：1ml/min

温　度：25℃

检　测：UV（254nm）

三、糖分离

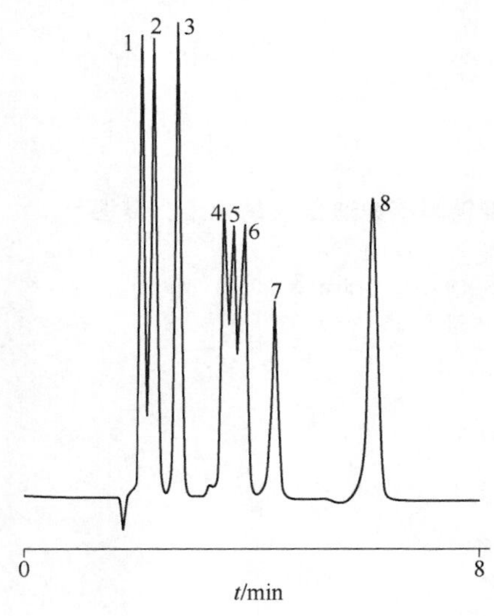

图 16-99　麦芽糖、葡萄糖等的色谱分离图[4]

色谱峰：1—麦芽三糖；2—麦芽糖；3—葡萄糖；4—丁二酸；5—乳酸；6—甘油；7—乙酸；8—乙醇

色谱柱：HyperREZ XP的有机酸（10mm×7.7mm）

流动相：0.001mol/L硫酸

流　速：0.7ml/min

温　度：57°C

检测器：RI

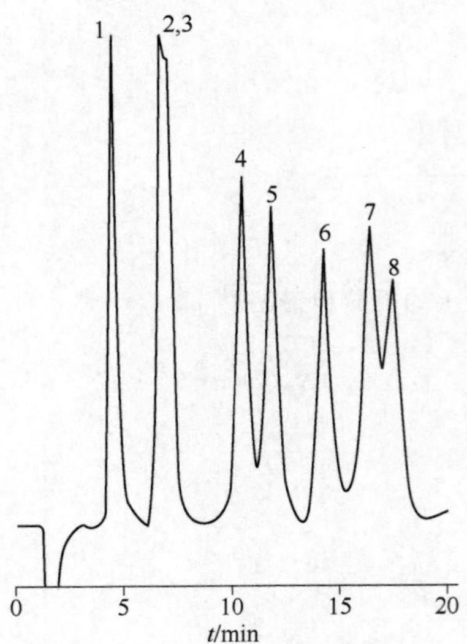

图 16-100 糖醇的色谱分离图[4]

色谱峰：1—季戊四醇；2—赤藓糖醇；3—核糖；4—阿拉伯糖醇；5—甘露醇；6—木糖醇；7—半乳糖醇；8—山梨糖醇

色谱柱：HyperREZ XP糖（25mm×4.0mm）

流动相：10%乙腈水溶液

流　速：0.3ml/min

温　度：60°C

检测器：RI

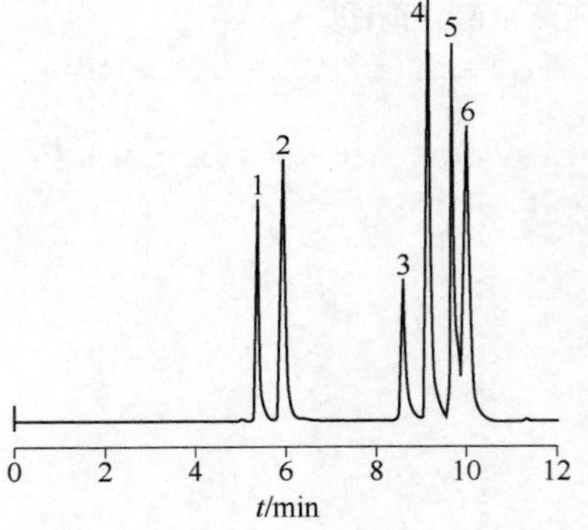

图 16-101 氧杂环糖果类产品色谱分离图[4]

色谱峰：1—DHHM；2—呋喃酮；3—甲基环戊烯醇酮；4—羟甲基糠醛；5—麝香保心丸；6—麦芽酚

色谱柱：Hypercarb（10mm×4.6mm，7μm）

流动相：A．高氯酸水溶液，pH=1.0；B．乙腈

流　速：1.0ml/min

检测器：UV（280nm）

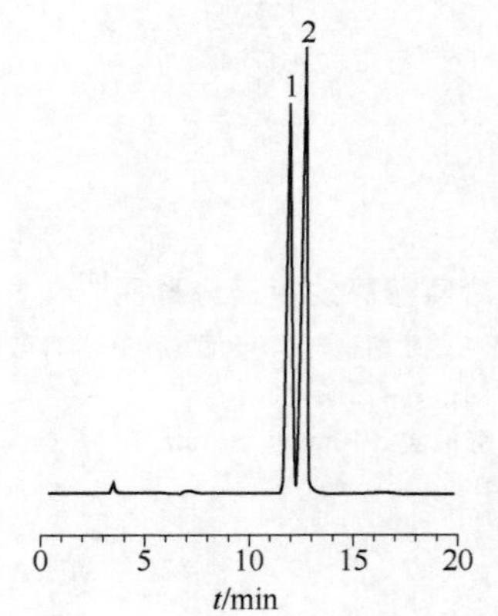

图 16-102 甜菊糖和莱鲍迪苷 A 的色谱分离图[5]

色谱峰：1—甜菊糖；2—莱鲍迪苷A

色谱柱：YMC Pack ODS-AQ（15mm×6.0mm，5μm）

洗脱剂：乙腈-水（体积比=35：65）

流　速：0.5ml/min

温　度：30℃

检测器：UV（205nm）

进　样：7μl

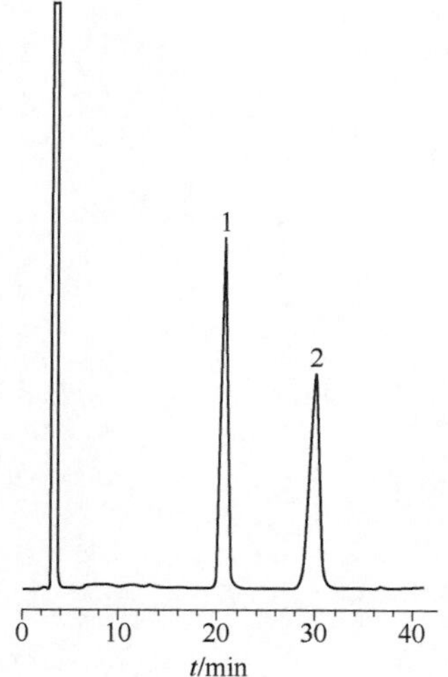

图 16-103 低聚糖的色谱分离图[5]

色谱峰：1—Frufβ2→1Frufβ2→1αGlu（1-蔗果三糖）；
2—Frufβ2→[1Frufβ2]2→1αGlu（蔗果四糖）

色谱柱：YMC-Pack Polyamine II（25mm×4.6mm）

洗脱液：乙腈-水（体积比=70∶30）

流　速：1.0ml/min

温　度：室温（26°C）

检　测：RI

进样量：20μl（4.0mg/ml）

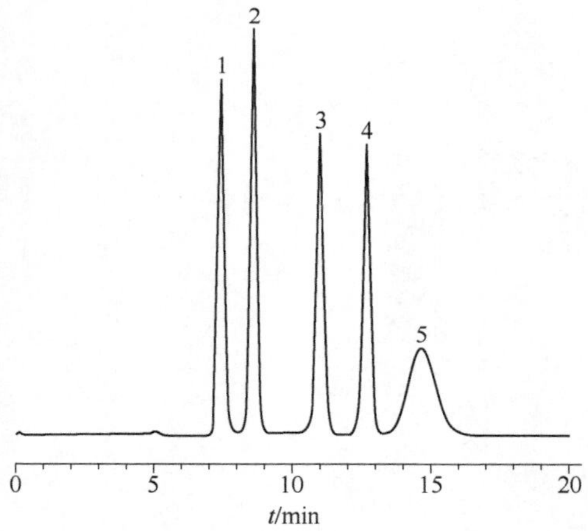

图 16-104 三氯蔗糖的色谱分离图[3]

色谱峰：1—蔗糖；2—葡萄糖；3—果糖；4—赤藓糖醇；
5—三氯蔗糖

色谱柱：Shodex SUGAR sp0810（300mm×8.0mm）

流动相：H_2O

流　速：1.0ml/min

柱　温：80℃

检测器：RI

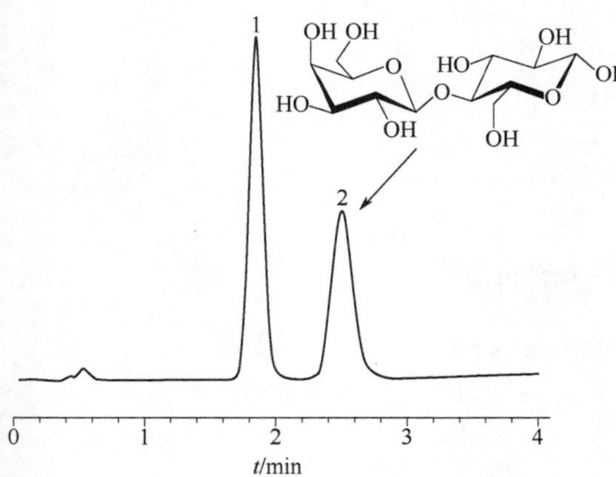

图 16-105 葡萄糖、半乳糖和乳糖的色谱分离图[2]

色谱峰：1—葡萄糖/半乳糖；2—乳糖

色谱柱：SeQuant® ZIC®-HILIC（5μm，200Å）PEEK
（10mm×2.1mm）

流动相：乙腈（1%的氨水）

流　速：0.35ml/min

柱　温：55℃

检测器：UV（254nm）

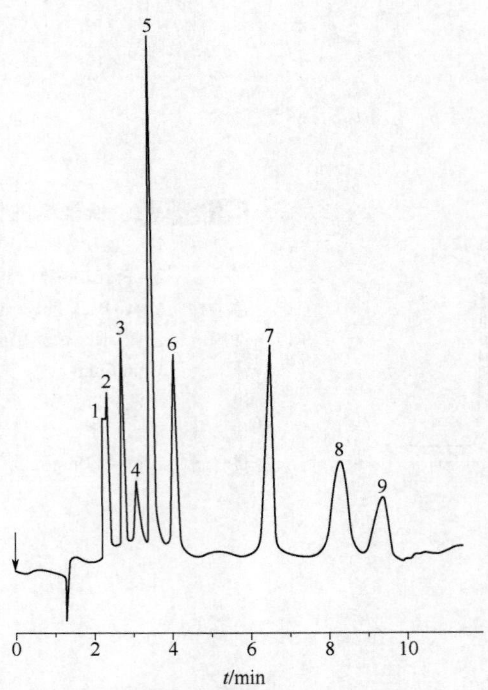

图 16-106 糖色谱分离图[4]

分离峰：1—鼠李糖；2—核糖；3—木糖；4—阿拉伯糖；5—果糖；6—葡萄糖；7—蔗糖；8—麦芽糖；9—乳糖

色谱柱：Hypersil APS（210mm×3.0mm）

流动相：乙腈-水（体积比=80∶20）

流　速：0.5ml/min

检测器：RI

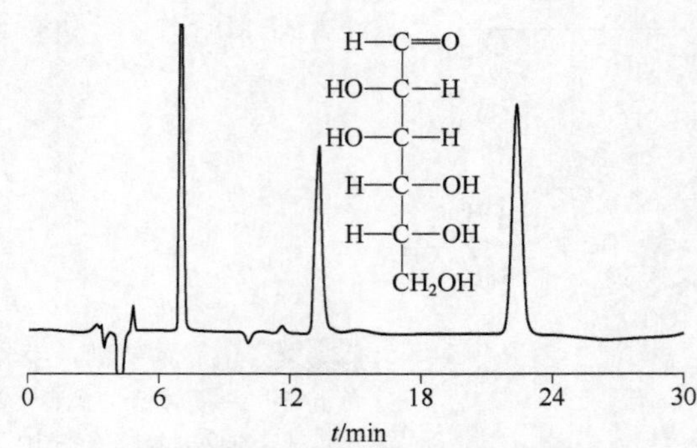

图 16-107 D-甘露糖色谱分离图[2]

色谱峰：D-甘露糖

色谱柱：SeQuant® ZIC®-HILIC（3μm，100Å）PEEK（15mm×4.6mm）

流动相：乙腈-乙酸铵缓冲液（体积比=20∶80）

流　速：0.5ml/min

柱　温：40℃

检测器：UV（220nm）

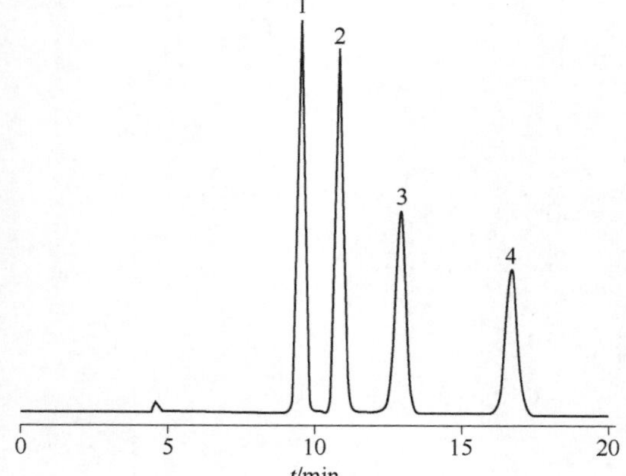

图 16-108　己酮糖色谱分离图[3]

色谱峰：1—山梨糖；2—果糖；3—塔格糖；4—阿洛酮糖

色谱柱：Shodex SUGAR sp0810（300mm×8.0mm）

流动相：H_2O

流　速：1.0ml/min

柱　温：80℃

检测器：RI

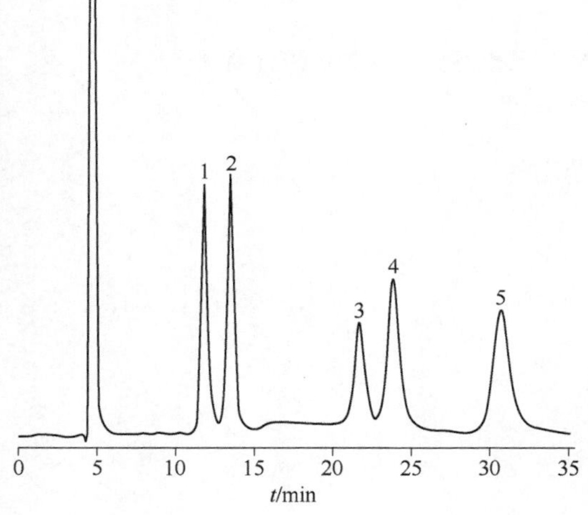

图 16-109　松二糖色谱分离图[3]

色谱峰：1—果糖；2—葡萄糖；3—蔗糖；4—松二糖；5—乳糖

色谱柱：Shodex SUGAR sz5532（150mm×6.0mm）

流动相：乙腈-水（体积比=80∶20）

流　速：0.6ml/min

检测器：RI

柱　温：60℃

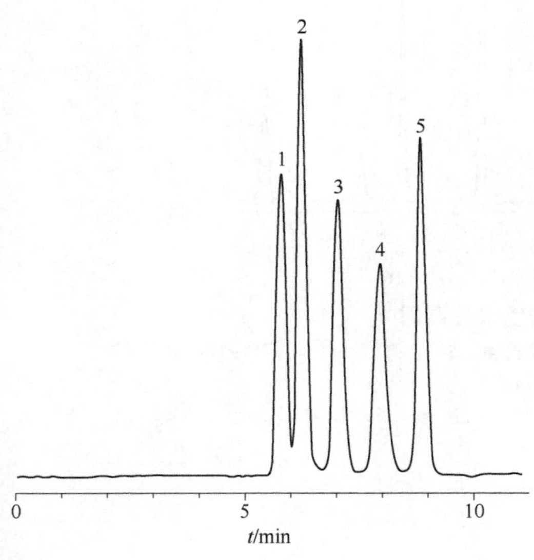

图 16-110　棉子糖合成相关糖的色谱分离图[3]

色谱峰：1—棉子糖；2—蔗糖；3—半乳糖苷；4—半乳糖；5—肌醇

色谱柱：Shodex SUGAR sc1011（300mm×8.0mm）

流动相：H_2O

流　速：1.0ml/min

检测器：RI

柱　温：80℃

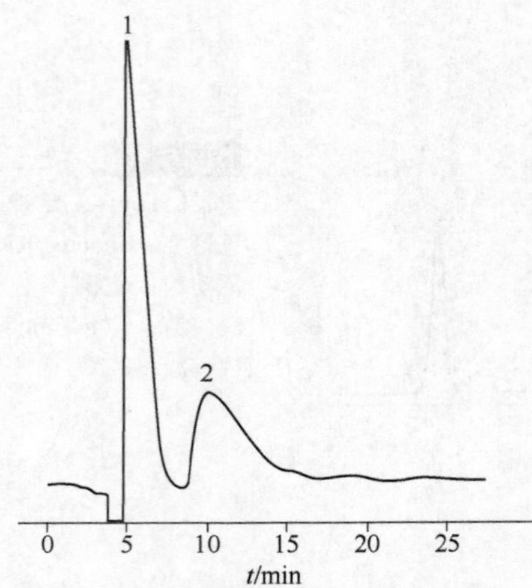

图 16-111 *N*-乙酰-D-氨基葡萄糖和*N*-二乙酰基壳二糖的色谱分离图[3]

色谱峰：1—*N*-乙酰-D-氨基葡萄糖；2—*N*-二乙酰基壳二糖

色谱柱：Shodex AFpak AWG-894（50mm×8.0mm）

流动相：1.15mmol/L磷酸盐缓冲液-0.15mmol/L氯化钠（pH=7.4）

流　量：0.5ml/min

柱　温：室温

检测器：UV（280nm）

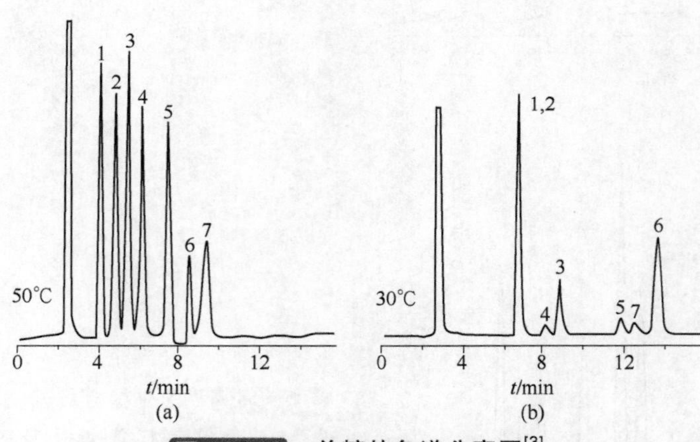

图 16-112 单糖的色谱分离图[3]

色谱峰：1—鼠李糖；2—岩藻糖；3—木糖；4—阿拉伯糖；5—甘露糖；6—葡萄糖；7—半乳糖

色谱柱：Shodex Asahipak NH_2P-50 4E（250mm×4.6mm）

流动相：（a）磷酸-水-乙腈（体积比＝1：19：80）；（b）乙腈-水（体积比=80：20）

流　速：1.0ml/min

柱　温：（a）50℃；（b）30℃

检测器：RI

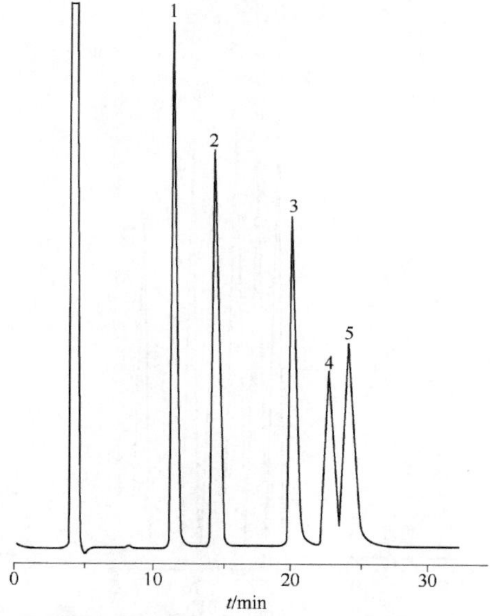

图 16-113　单糖、二糖的色谱分离图[3]

色谱峰：1—果糖；2—葡萄糖；3—蔗糖；4—乳糖；5—麦芽糖

色谱柱：Shodex Asahipak NH_2P-50 4E（250mm×4.6mm）

流动相：乙腈-水（体积比=75∶25）

柱　温：30℃

流　速：0.6ml/min

检测器：RI

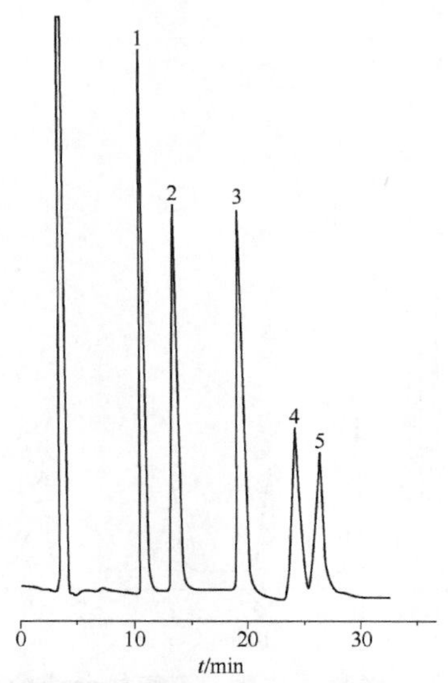

图 16-114　单糖、二糖的色谱分离图[5]

色谱峰：1—果糖；2—葡萄糖；3—蔗糖；4—麦芽糖；5—乳糖

色谱柱：YMC-PACK polyamine II（25mm×4.6mm）

洗脱剂：乙腈-水（体积比=75∶25）

温　度：26℃

进样量：5μl

流　速：1.0ml/min

检　测：RI

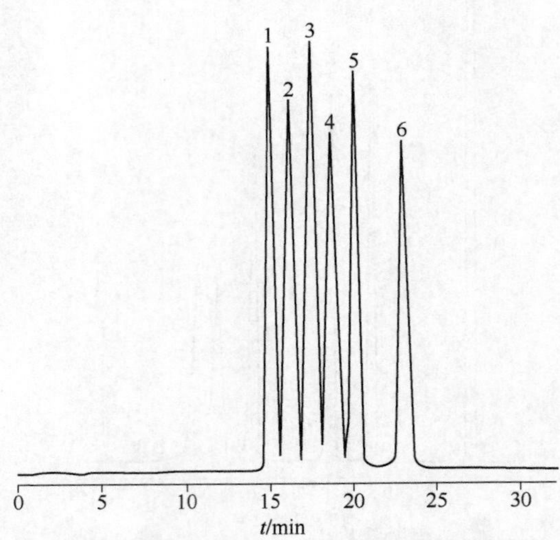

图 16-115 单糖、二糖的色谱分离图[3]

色谱峰：1—蔗糖；2—乳糖；3—葡萄糖；4—乳果糖；5—半乳糖；6—果糖

色谱柱：Shodex Asahipak NH_2P-50 4E（250mm×4.6mm）

流动相：H_2O

流　量：0.5ml/min

柱　温：80℃

检测器：RI

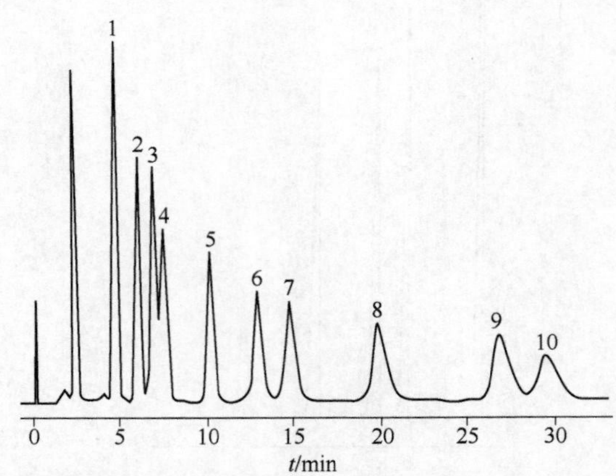

图 16-116 单糖、二糖、三糖的色谱分离图[3]

色谱峰：1—木糖；2—果糖；3—葡萄糖；4—半乳糖；5—蔗糖；6—麦芽糖；7—乳糖；8—蜜二糖；9—麦芽三糖；10—棉子糖

色谱柱：Shodex rspak dc-613（150mm×6.0mm）

流动相：乙腈-水（体积比=75∶25）

流　速：1.5ml/min

柱　温：70℃

检测器：RI

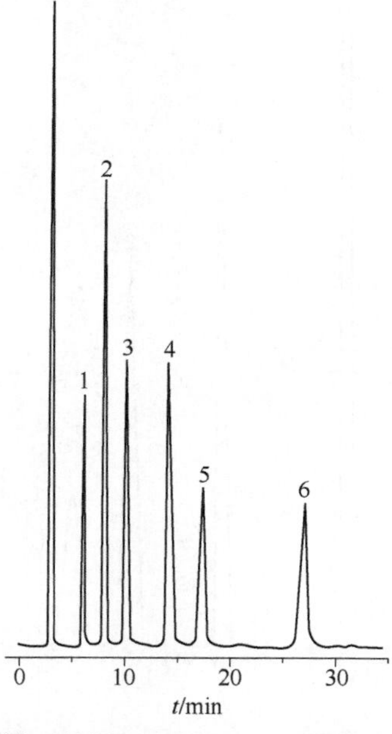

图 16-117 单糖、二糖、三糖的色谱分离图[3]

色谱峰：1—鼠李糖；2—果糖；3—葡萄糖；4—蔗糖；5—麦芽糖；6—棉子糖

色谱柱：Shodex Asahipak NH_2P-50 4E（250mm×4.6mm）

流动相：乙腈-水（体积比=75∶25）

流　速：1.0ml/min

柱　温：30℃

检测器：RI

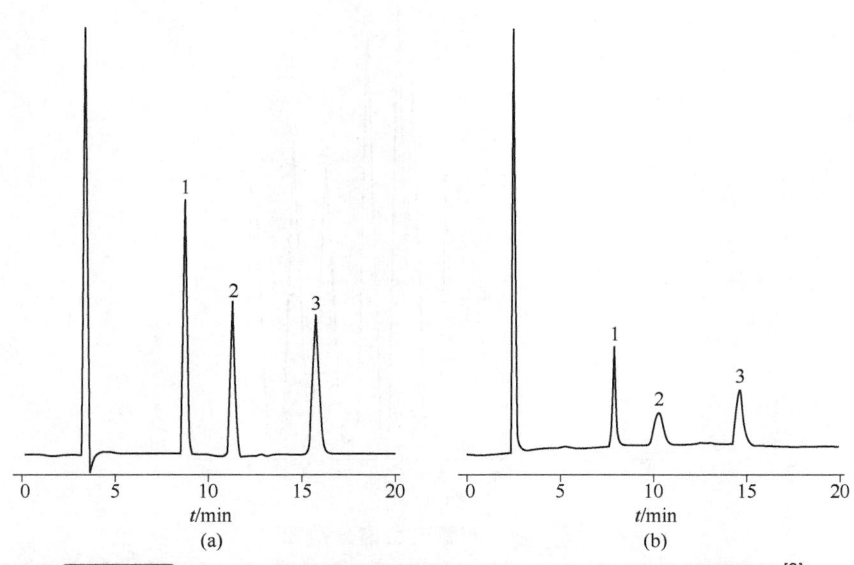

图 16-118 NH_2P-40 3E 和常规品（NH_2P-50 4E）的比较色谱图[3]

色谱峰：1—果糖；2—葡萄糖；3—蔗糖

色谱柱：（a）Shodex Asahipak NH_2P-40 3E（250mm×3.0mm）；

（b）Shodex Asahipak NH_2P-50 4E（250mm×4.6mm）

流动相：乙腈-水（体积比=75∶25）

流　量：0.35ml/min

柱　温：25℃

检测器：RI

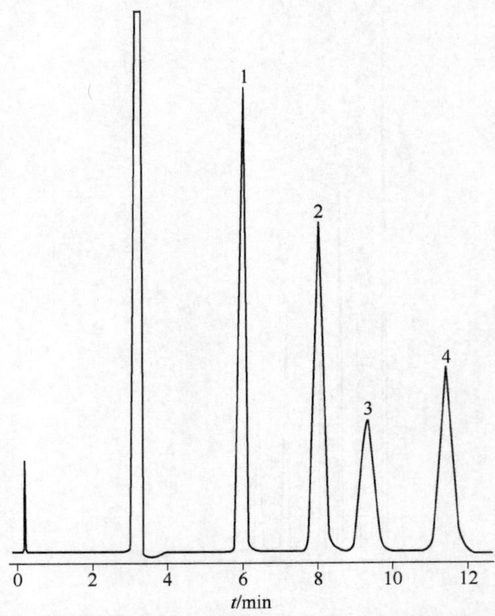

图 16-119 麦芽糖和异麦芽糖的色谱分离图[3]

色谱峰：1—葡萄糖；2—麦芽糖；3—异麦芽糖；4—麦芽三糖

色谱柱：Shodex SUGAR sz5532（150mm×6.0mm）

流动相：乙腈-水（体积比=75∶25）

流　量：0.9ml/min

检测器：RI

柱　温：60℃

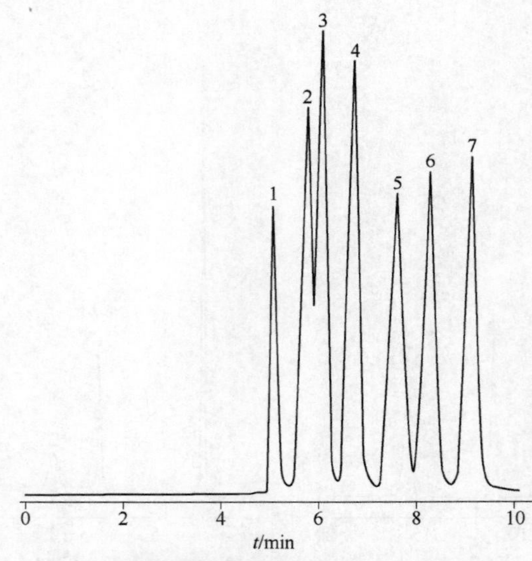

图 16-120 寡糖的色谱分离图[3]

色谱峰：1—葡聚糖；2—水苏糖；3—棉子糖；4—蜜二糖；5—葡萄糖；6—半乳糖；7—阿拉伯糖

色谱柱：Shodex SUGAR sc1011（300mm×8.0mm）

流动相：H_2O

流　速：1.0ml/min

检测器：RI

柱　温：80℃

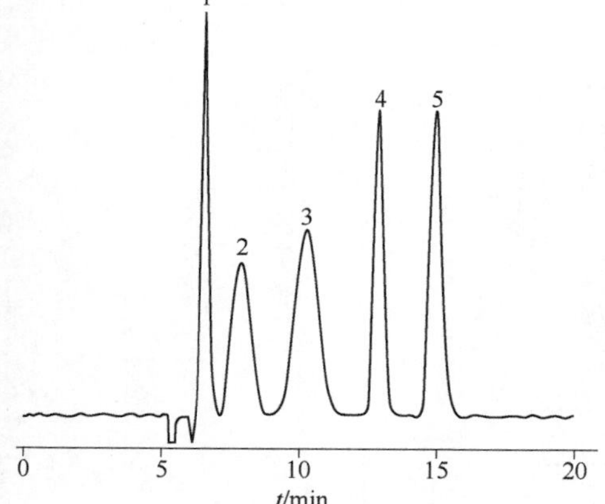

图 16-121 糖和牛磺酸、肌醇色谱分离图[3]

色谱峰：1—蔗糖；2—葡萄糖；3—果糖；4—牛磺酸；5—肌醇
色谱柱：Shodex SUGAR sc1211（250mm×6.0mm）
流动相：乙腈-水（体积比=80∶20）
流　速：0.6ml/min
柱　温：70℃
检测器：RI

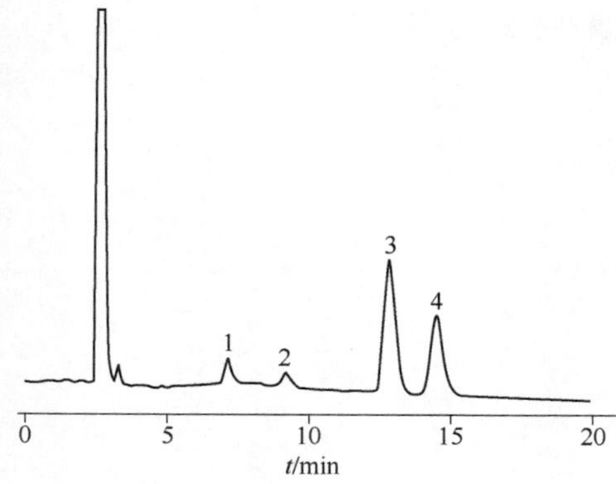

图 16-122 牛奶咖啡中单糖、二糖的色谱分离图[3]

色谱峰：1—果糖；2—葡萄糖；3—蔗糖；4—乳糖
色谱柱：Shodex Asahipak NH_2P-50 4E（250mm×4.6mm）
流动相：水-乙腈（体积比=25∶75）
流　速：1.0ml/min
检测器：RI
柱　温：室温（25℃）

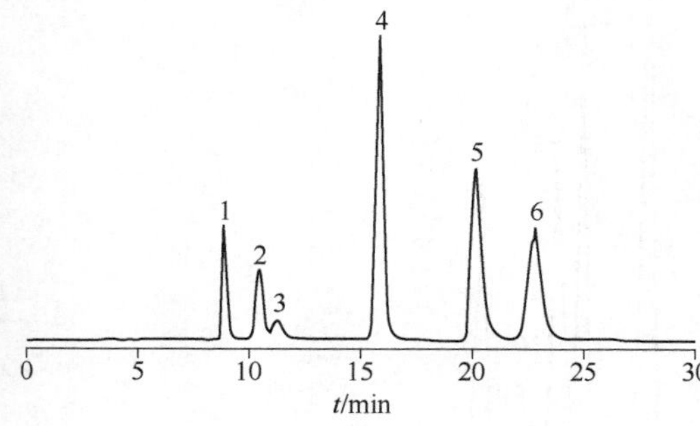

图 16-123 牛奶中糖的色谱分离图[3]

色谱峰：1—果糖；2—葡萄糖；3—半乳糖；4—蔗糖；
5—麦芽糖；6—乳糖
色谱柱：大连依利特Hypersil NH_2柱（250mm×4.6mm，5μm）
流动相：乙腈-水（体积比=75∶25）
流　速：1.0ml/min
柱　温：75℃

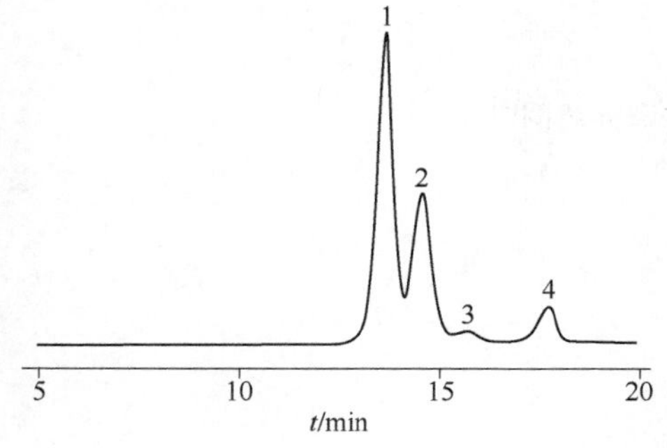

图 16-124 酸奶中糖的色谱分离图[3]

色谱峰：1—蔗糖；2—乳糖；3—葡萄糖；4—半乳糖
色谱柱：Shodex SUGAR sp0810（300mm×8.0mm）
流动相：H_2O
流　速：0.6ml/min
检测器：RI
柱　温：85℃

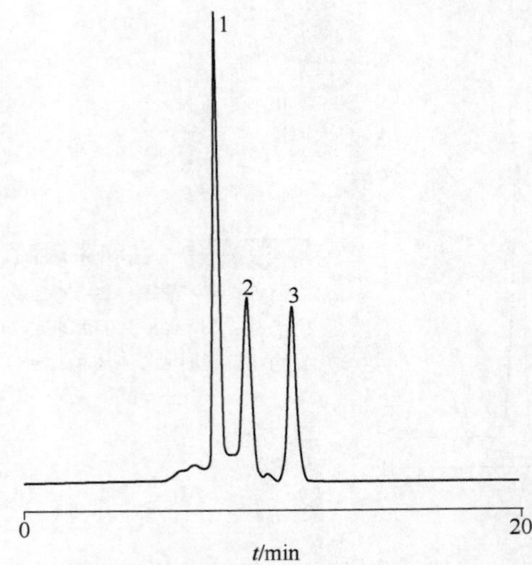

图 16-125 果汁中糖的色谱分离图[4]

色谱峰：1—蔗糖；2—葡萄糖；3—果糖

色谱柱：HyperREZ XP的碳水化合物钙（30mm×7.7mm）

流动相：水

流　速：0.6ml/min

温　度：85°C

检测器：RI

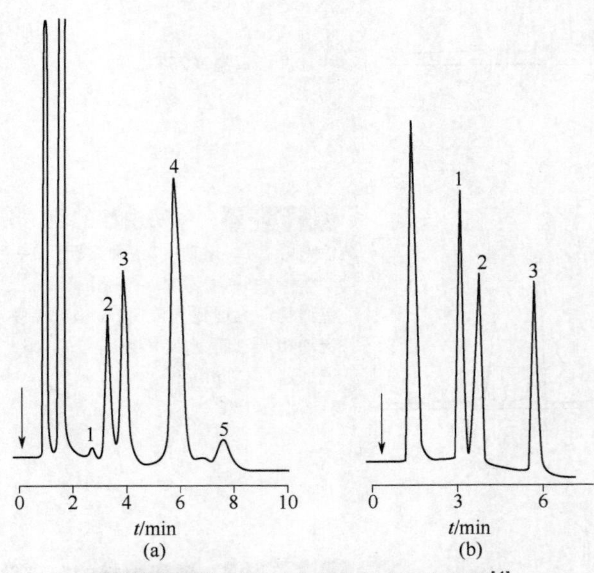

图 16-126 果汁中糖的色谱分离图[4]

色谱峰：（a）1—木糖；2—果糖；3—葡萄糖；4—蔗糖；5—麦芽糖；
（b）1—果糖；2—葡萄糖；3—蔗糖

色谱柱：Hypersil APS（10mm×3.0mm）

流动相：乙腈-水（体积比=80：20）

流　速：（a）0.5ml/min；（b）0.4ml/min

温　度：（a）25℃；（b）30℃

检测器：RI

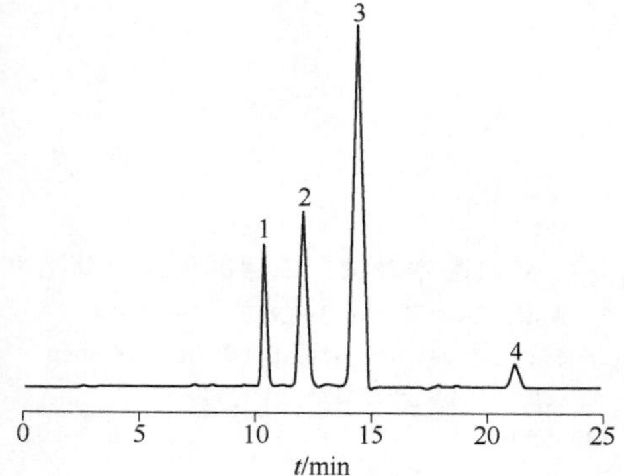

图 16-127　苹果汁中糖的色谱分离图[3]

色谱峰：1—蔗糖；2—葡萄糖；3—果糖；4—山梨糖醇
色谱柱：Shodex SUGAR sc1011（300mm×8.0mm）
流动相：H_2O
流　速：0.6ml/min
柱　温：85℃
检测器：RI

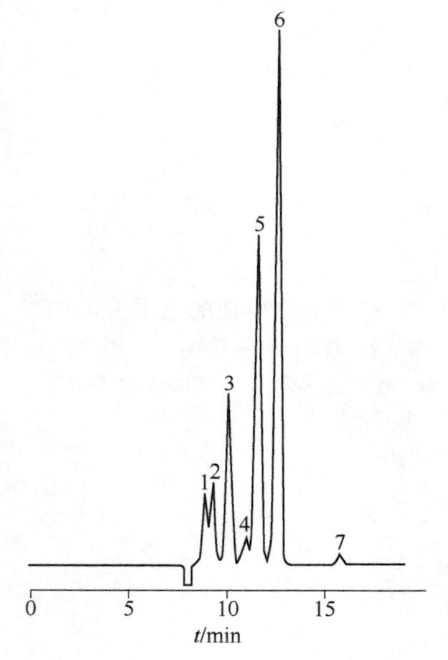

图 16-128　软饮料中糖和酸的色谱分离图[3]

色谱峰：1—水苏糖；2—棉子糖；3—蔗糖；4—柠檬酸；
　　　　5—葡萄糖；6—果糖；7—丁二酸
色谱柱：Shodex SUGAR sh1011（300mm×8.0mm）
流动相：3mmol/L高氯酸水溶液
流　速：1.0ml/min
检测器：RI
柱　温：15℃

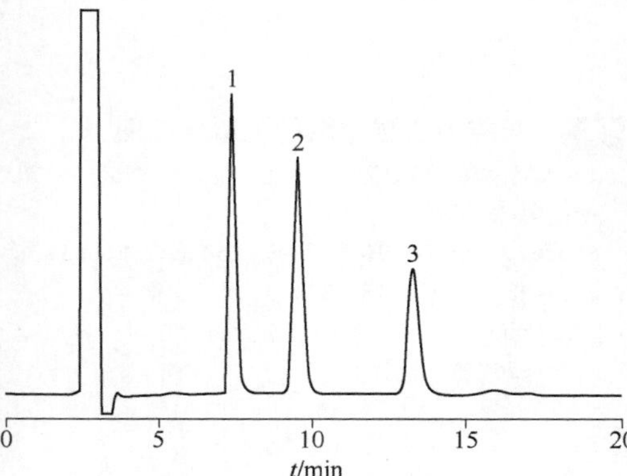

图 16-129　果冻中单糖、二糖的色谱分离图[3]

色谱峰：1—果糖；2—葡萄糖；3—蔗糖
色谱柱：Shodex Asahipak NH_2P-50 4E（250mm×4.6mm）
流动相：水-乙腈（体积比=25∶75）
流　速：1.0ml/min
检测器：RI
柱　温：室温（25℃）

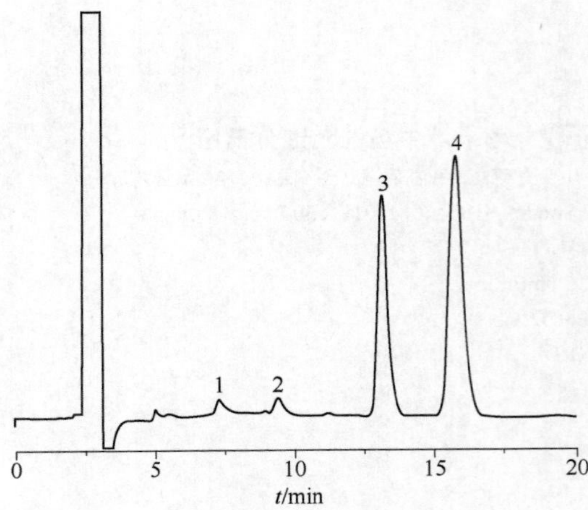

图 16-130 烤红薯中单糖、二糖的色谱分离图[3]

色谱峰：1—果糖；2—葡萄糖；3—蔗糖；4—麦芽糖

色谱柱：Shodex Asahipak NH_2P-50 4E（250mm×4.6mm）

流动相：水-乙腈（体积比=25∶75）

流　速：1.0ml/min

检测器：RI

柱　温：室温（25℃）

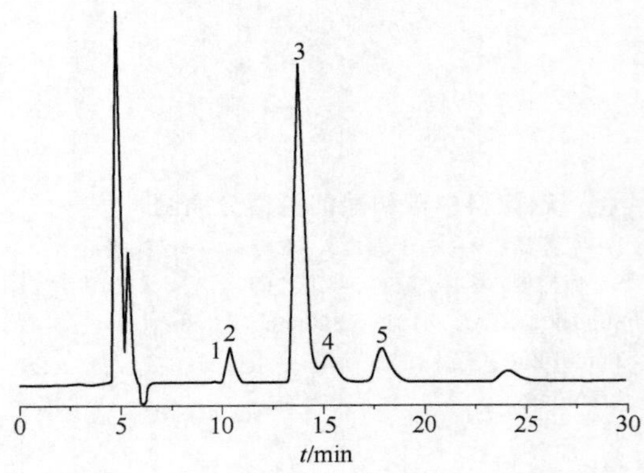

图 16-131 巧克力蛋糕中糖的色谱分离图[3]

色谱峰：1—果糖；2—葡萄糖；3—蔗糖；4—麦芽糖；5—乳糖

色谱柱：Shodex SUGAR sz5532（150mm×6.0mm）

流动相：乙腈-水（体积比=75∶25）

流　速：0.6ml/min

柱　温：60℃

检测器：RI

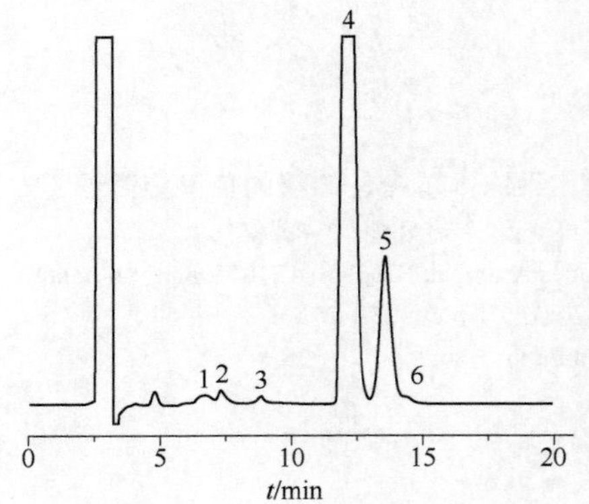

图 16-132 巧克力蛋糕中糖的色谱分离图[3]

色谱峰：1—果糖；2—山梨糖醇；3—葡萄糖；4—蔗糖；5—乳糖；6—麦芽糖

色谱柱：Shodex Asahipak NH_2P-50 4E（250mm×4.6mm）

流动相：乙腈-水（体积比=75∶25）

流　速：1.0ml/min

柱　温：室温（25℃）

检测器：RI

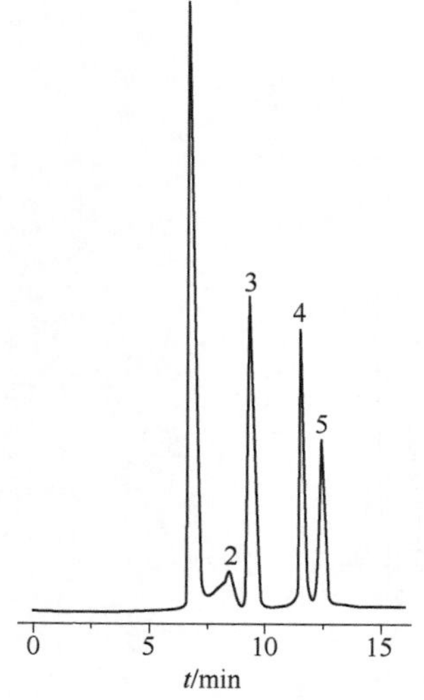

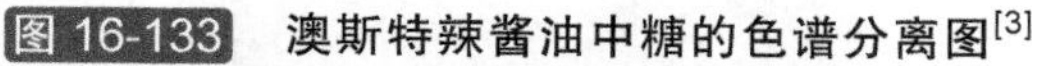

图 16-133　澳斯特辣酱油中糖的色谱分离图[3]

色谱峰：1—阴离子多糖；2—多糖；3—蔗糖；4—葡萄糖；5—果糖

色谱柱：Shodex SUGAR ks-801（300mm×8.0mm）

流动相：H_2O

流　量：0.7ml/min

检测器：RI

柱　温：80℃

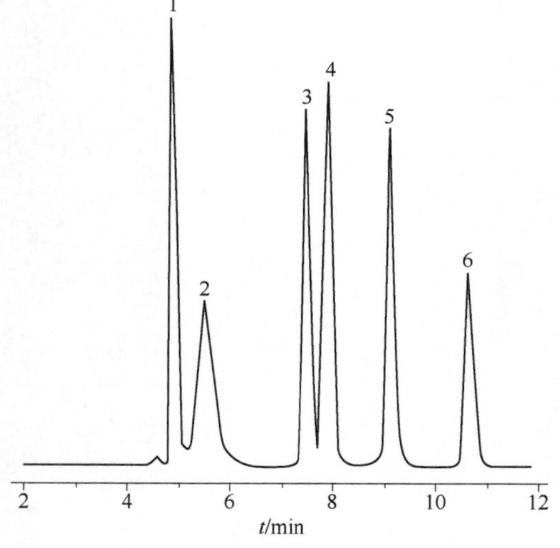

图 16-134　普鲁兰多糖、棉子糖、蔗糖等的色谱分离图[3]

色谱峰：1—普鲁兰多糖；2—葡萄糖；3—棉子糖；4—蔗糖；5—果糖；6—乙醇

色谱柱：Shodex SUGAR ks-802 + ks-801（300mm×8.0mm）

流动相：H_2O

流　速：0.5ml/min

柱　温：85℃

检测器：RI

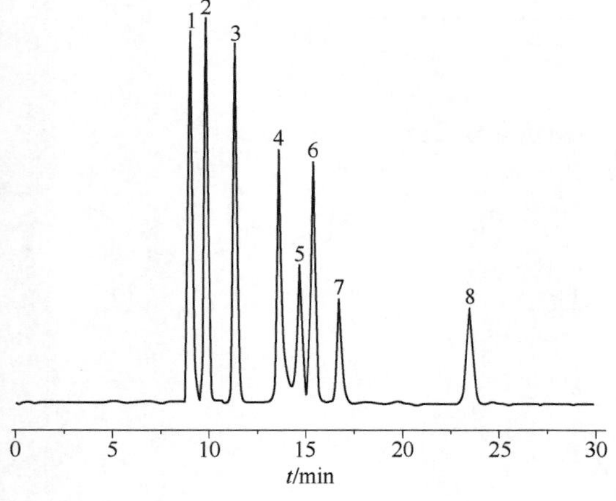

图 16-135　糖、有机酸和醇的色谱分离图[3]

色谱峰：1—麦芽三糖；2—麦芽糖；3—葡萄糖；4—丁二酸；5—乳酸；6—甘油；7—乙酸；8—乙醇

色谱柱：Shodex SUGAR sh1011（300mm×8.0mm）

流动相：5mmol/L高氯酸水溶液

流　速：0.6ml/min

柱　温：60℃

检测器：RI

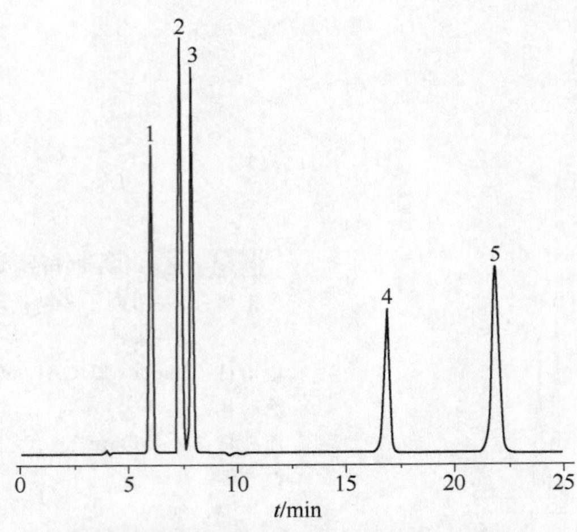

图 16-136 糖和糠醛类色谱分离图[3]

色谱峰：1—蔗糖；2—葡萄糖；3—果糖；4—5-羟甲基糠醛；5—糠醛

色谱柱：Shodex SUGAR ks-801（300mm×8.0mm）

流动相：H_2O

流　速：1.0ml/min

柱　温：80℃

检测器：RI

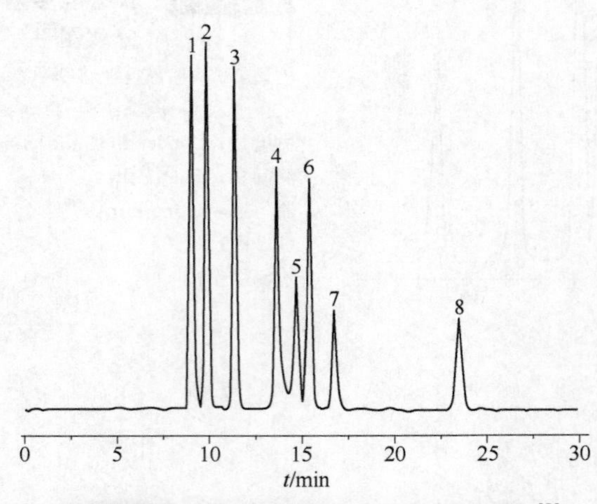

图 16-137 钠盐环境下的糖色谱分离图[3]

色谱峰：1—木糖；2—蔗糖；3—纤维二糖；4—乳糖

色谱柱：Shodex rspak dc-613（150mm×6.0mm）

流动相：（a）1%氯化钠水溶液-乙腈（体积比=50∶50）；

（b）1%硫酸水溶液-乙腈（体积比=50∶50）；

（c）乙腈-水（体积比=50∶50）

流　速：0.8ml/min

柱　温：50℃

检测器：RI

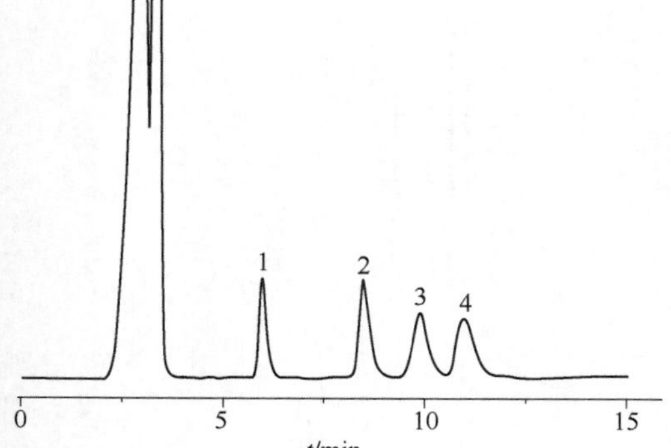

图 16-138 离子溶液中的糖色谱分离图[3]

色谱峰：1—木糖；2—蔗糖；3—纤维二糖；4—乳糖

色谱柱：Shodex rspak dc-613（150mm×6.0mm）

流动相：乙腈-水（体积比=70∶30）

流 速：0.8ml/min

柱 温：50℃

检测器：RI

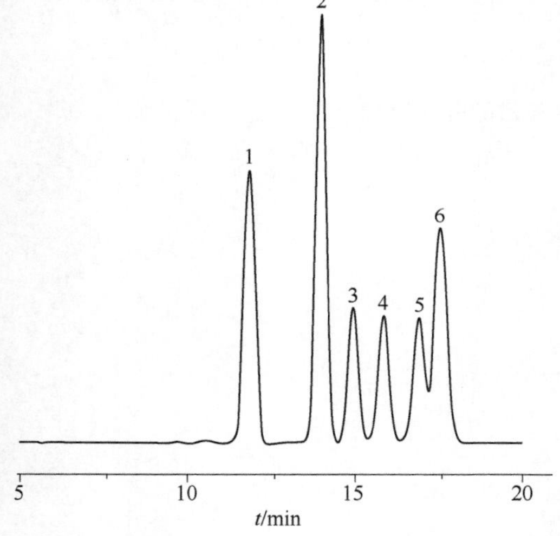

图 16-139 来源于木材的糖的色谱分离图[3]

色谱峰：1—纤维二糖；2—葡萄糖；3—木糖；4—半乳糖；
5—阿拉伯糖；6—甘露糖

色谱柱：Shodex SUGAR sp0810（300mm×8.0mm）

流动相：H_2O

流 速：0.6ml/min

柱 温：85℃

检测器：RI

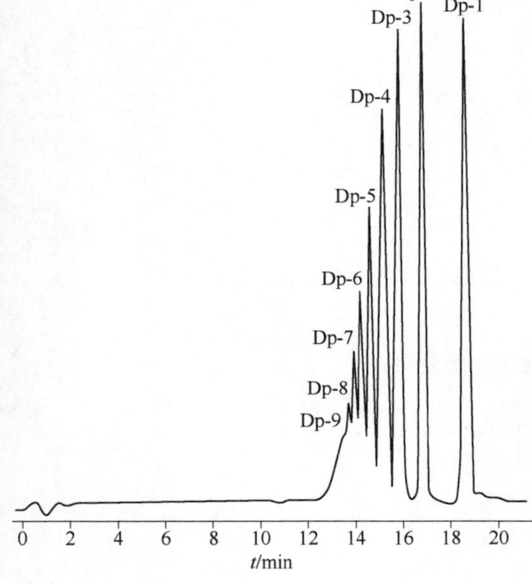

图 16-140 水解葡聚糖的色谱分离图[3]

色谱柱：Shodex SUGAR ks-802(300mm×8.0mm)×2

流动相：H_2O

流 速：1.0ml/min

检测器：RI

柱 温：80℃

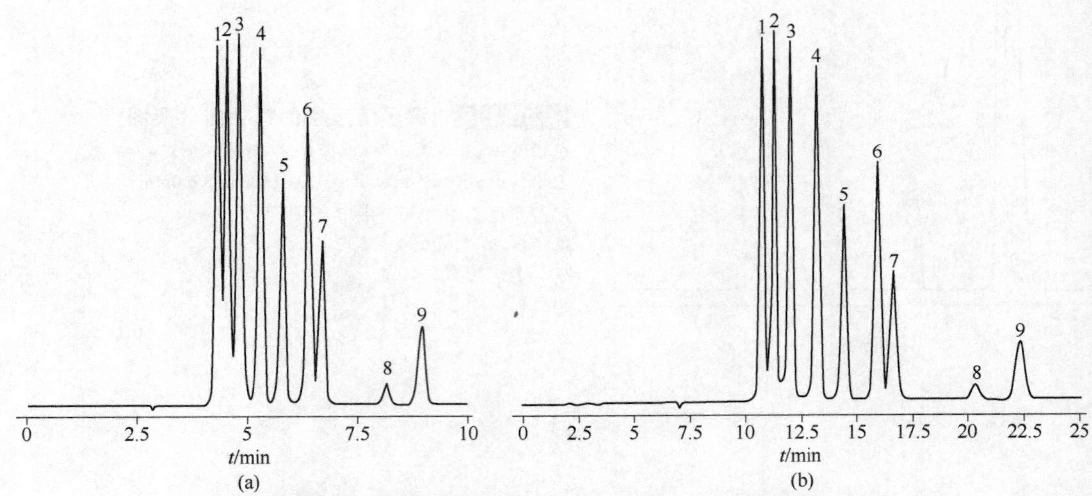

图 16-141 低聚麦芽糖、有机酸和乙醇等色谱分离图[3]

色谱峰：1—麦芽四糖；2—麦芽三糖；3—麦芽糖；4—葡萄糖；5—乳酸；6—甘油；7—乙酸；8—甲醇；9—乙醇

色谱柱：Shodex SUGAR sh1821（300mm×8.0mm）

流动相：0.5mmol/L H_2SO_4水溶液

流　速：（a）1.5ml/min；（b）0.6ml/min

检测器：RI

柱　温：75℃

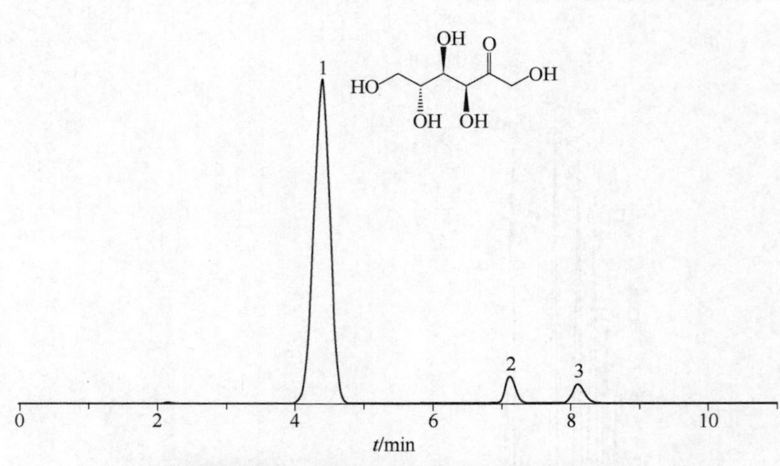

图 16-142 果糖、氯和钠的色谱分离图[2]

色谱峰：1—果糖；2—Cl^-；3—Na^+

色谱柱：SeQuant® ZIC®-HILIC（3μm，100Å）PEEK（15mm×4.6mm）

流动相：乙腈-100mmol/L乙酸铵缓冲液，pH=5（体积比=80：20）

流　速：1.5ml/min

柱　温：40℃

检测器：UV（220nm）

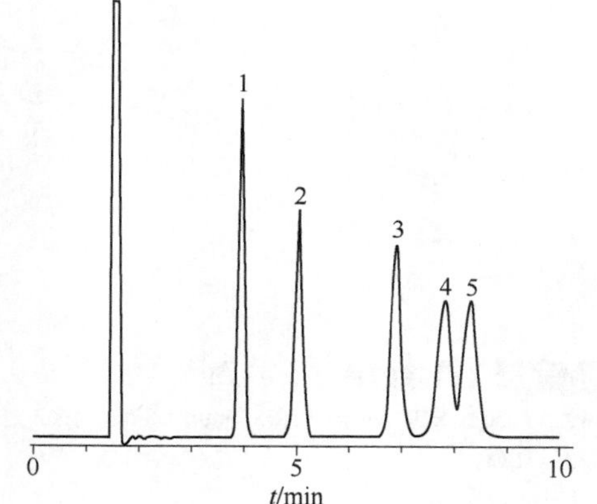

图 16-143　用半微色谱柱进行糖的高灵敏度分析色谱分离图[3]

色谱峰：1—果糖；2—葡萄糖；3—蔗糖；4—乳糖；5—麦芽糖

色谱柱：Shodex Asahipak NH_2P-50 2D（150mm×2.0mm）

流动相：水-乙腈（体积比=25∶75）

流　量：0.2ml/min

检测器：RI（小细胞体积）

柱　温：30℃

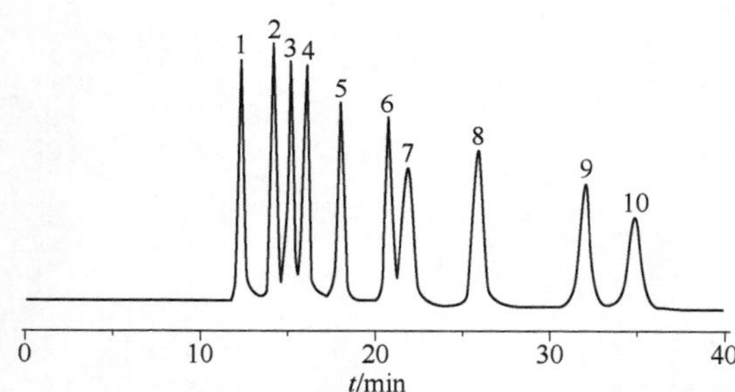

图 16-144　糖和糖醇的色谱分离图[3]

色谱峰：1—蔗糖；2—葡萄糖；3—木糖；4—半乳糖；5—果糖；6—赤藓糖醇；7—乳糖醇；8—甘露醇；9—.木糖醇；10—山梨糖醇

色谱柱：Shodex SUGAR sp0810（300mm×8.0mm）

流动相：H_2O

流　速：0.6ml/min

检测器：RI

柱　温：85℃

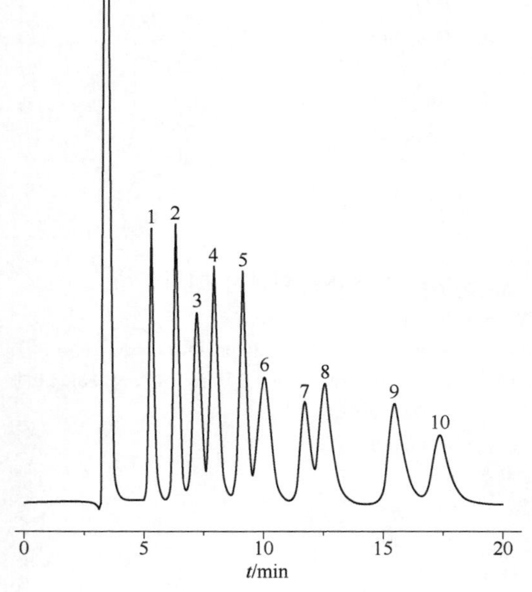

图 16-145　糖和糖醇的色谱分离图[3]

色谱峰：1—鼠李糖；2—木糖；3—阿拉伯糖；4—果糖；5—葡萄糖；6—半乳糖；7—阿拉伯糖醇；8—木糖醇；9—甘露醇；10—山梨糖醇

色谱柱：Shodex SUGAR sz5532（150mm×6.0mm）

流动相：水-乙腈（体积比=20∶80）

流　速：0.8ml/min

检测器：RI

柱　温：65℃

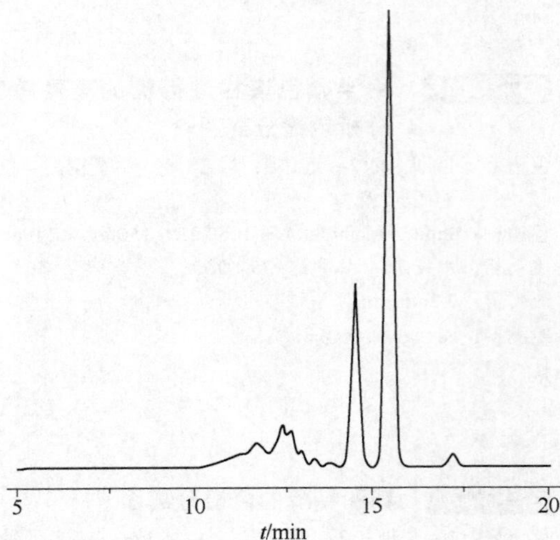

图 16-146 糖浆的色谱分离图[3]

色谱柱：Shodex SUGAR ks-802(300mm×8.0mm)×2
流动相：H_2O
流　速：1.0ml/min
检测器：RI
柱　温：80℃

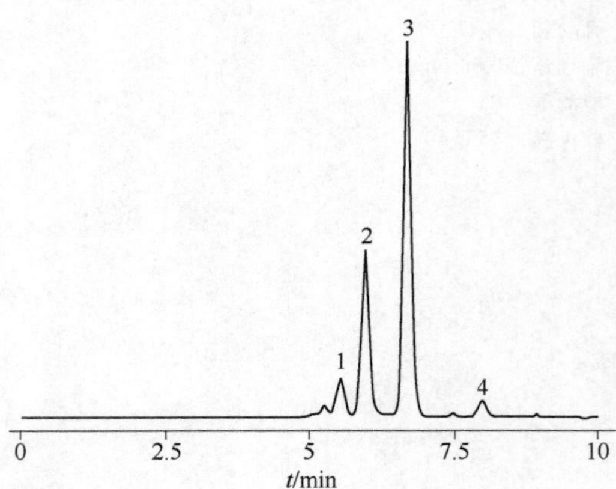

图 16-147 低聚木糖的色谱分离图[3]

色谱峰：1—木四糖；2—木三糖；3—木二糖；4—木糖
色谱柱：Shodex SUGAR ks-801（300mm×8.0mm）
流动相：H_2O
流　速：1.0ml/min
检测器：RI
柱　温：80℃

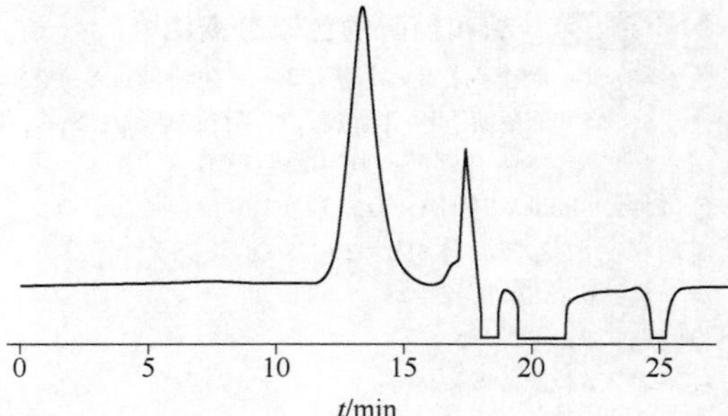

图 16-148 木聚糖的色谱分离图[3]

色谱峰：木聚糖
色谱柱：Shodex GPC lf-804（300mm×8.0mm）
流动相：20mmol/L磷酸-20mmol/L 溴化锂，在80∶20的DMSO-DMF溶剂中
流　速：0.6ml/min
检测器：RI
柱　温：50℃

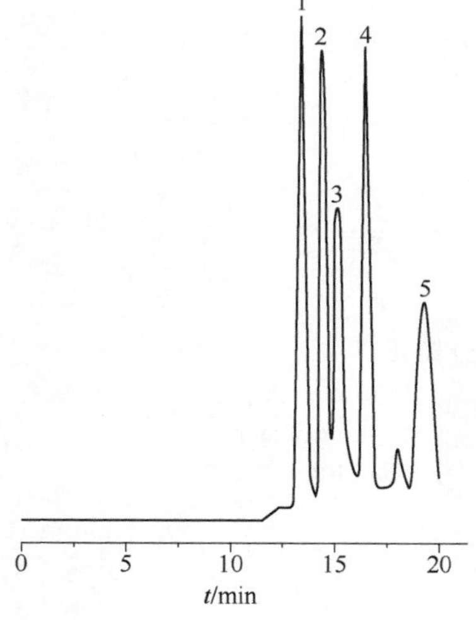

图 16-149 木浆水解产物色谱分离图[4]

色谱峰：1—葡萄糖；2—木糖；3—半乳糖；4—阿拉伯糖；5—鼠李糖

色谱柱：HyperREZ XP（300mm×7.7mm）

流动相：水

温 度：70°C

流 速：0.6ml/min

检测器：RI

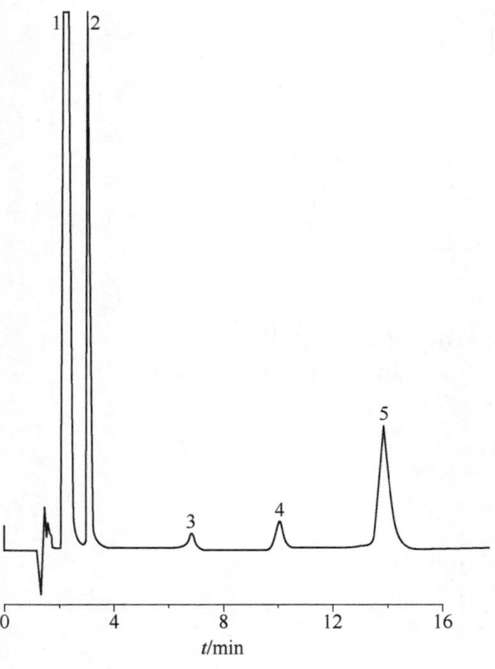

图 16-150 对甲氧基苯胺、半乳糖和甘露糖的色谱分离图[4]

色谱峰：1—对甲氧基苯胺；2,3—半乳糖；4,5—甘露糖

色谱柱：Hypersil Green PAH（150mm×2.1mm，5μm）

流动相：甲醇-水（体积比=95∶5）

流 速：1.0ml/min

检测器：UV（254nm）

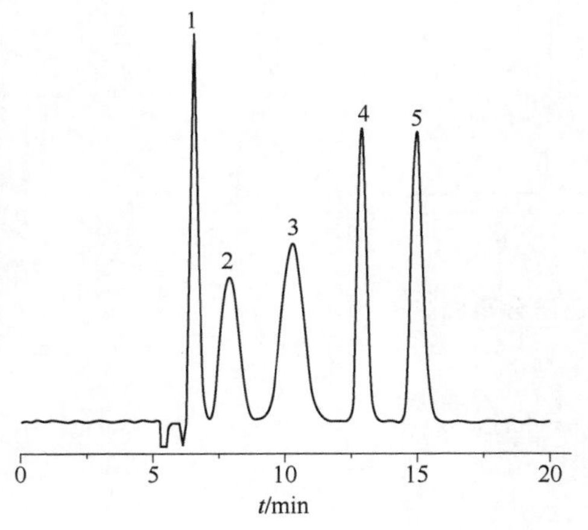

图 16-151 糖类色谱分离图[3]

色谱峰：1—蔗糖；2—葡萄糖；3—果糖；4—牛磺酸；5—肌醇

色谱柱：Shodex SUGAR 1211（250mm×6.0mm）

流动相：水-乙腈（体积比=20∶80）

流 速：0.6ml/min

检测器：RI

柱 温：70℃

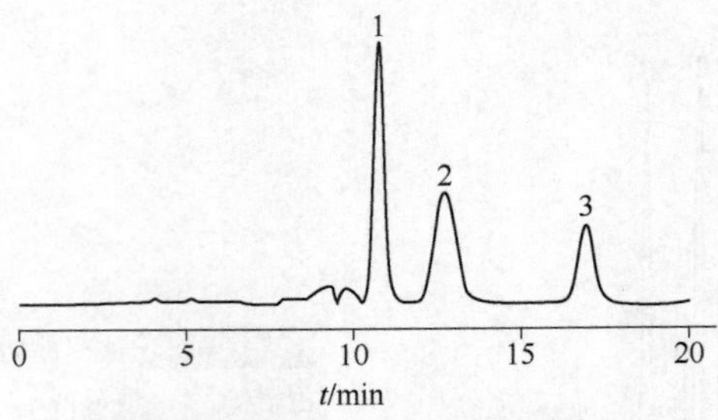

图 16-152 3 种糖的色谱分离图[3]

色谱峰：1—果糖；2—阿洛糖；3—阿洛酮糖
检测器：RI
色谱柱：Shodex SUGAR ks-801（300mm×8.0mm）
流 速：0.6ml/min
流动相：H_2O
柱 温：80℃

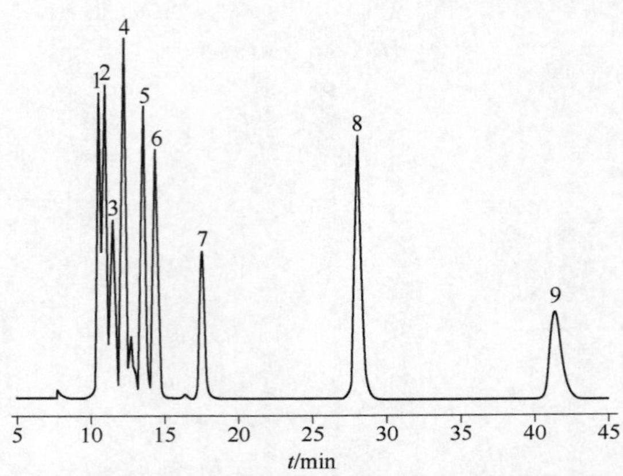

图 16-153 纤维低聚糖和糖醛类的色谱分离图[3]

色谱峰：1—五糖；2—四糖；3—三糖；4—纤维二糖；5—葡萄糖；6—甘油酸；7—乙酸；8—糠醛；9—果糖
色谱柱：Shodex SUGAR sh1821（300mm×8.0mm）
流动相：2mmol/L H_2SO_4水溶液
流 速：0.6ml/min
检测器：RI
柱 温：60℃

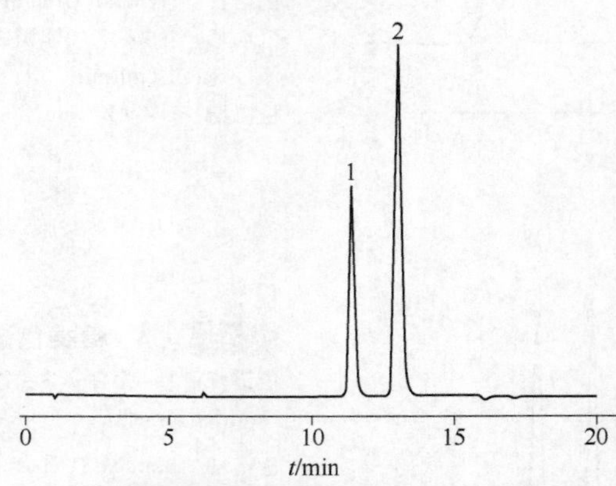

图 16-154 庚糖的色谱分离图[3]

色谱峰：1—甘露庚糖；2—景天庚酮糖
色谱柱：Shodex SUGAR ks-801（300mm×8.0mm）
流动相：H_2O
流 速：0.6ml/min
检测器：RI
柱 温：80℃

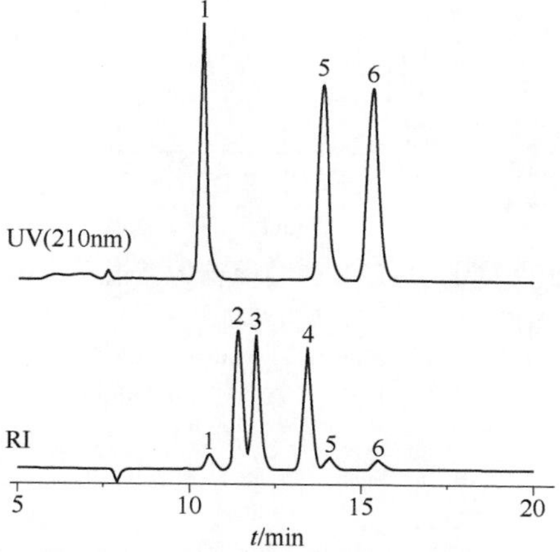

图 16-155 由糖链构成的单糖的色谱分离图[3]

色谱峰：1—*N*-乙酰神经氨酸；2—葡萄糖；3—甘露糖；4—岩藻糖；5—乙酰氨基葡糖；6—*N*-乙酰-D-半乳糖胺

色谱柱：Shodex SUGAR sh1011（300mm×8.0mm）

流动相：5mmol/L 硫酸水溶液

流　速：0.6ml/min

检测器：UV（210nm）；RI

柱　温：60℃

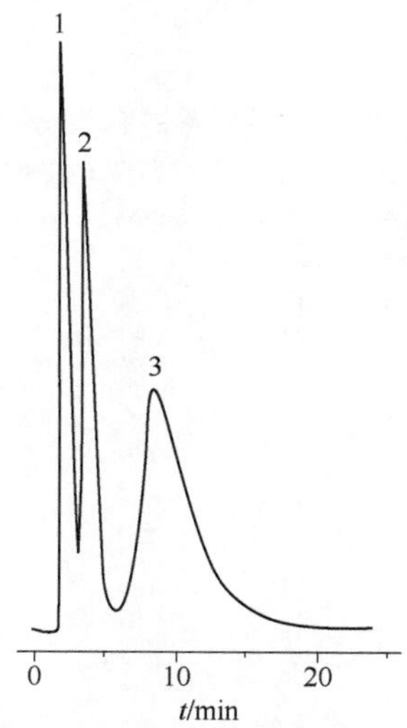

图 16-156 对硝基苯单糖的色谱分离图[3]

色谱峰：1—对硝基苯基-*α*-半乳糖；2—对硝基苯基-*α*-D-葡萄糖；3—对硝基苯基-*α*-单糖

色谱柱：Shodex AFpak ACA-894（50mm×8.0mm）

流动相：0.02mol/L Tris-HCl缓冲液-0.25mol/L NaCl水溶液（pH=7.4）

流　速：1.0ml/min

检测器：UV（280nm）

柱　温：室温

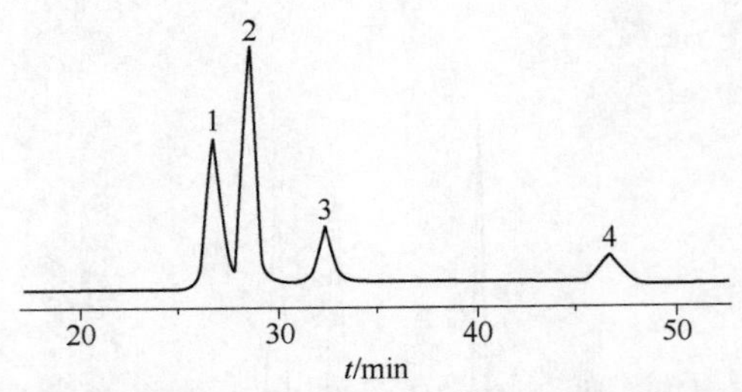

图 16-157 羟乙基化葡萄糖的色谱分离图[3]

色谱峰：1—3-氧羟乙基葡萄糖；2—2-氧羟乙基葡萄糖；3—6-氧羟乙基葡萄糖；4—葡萄糖

色谱柱：Shodex Asahipak NH_2P-50 4E（250mm×4.6mm）

流动相：乙腈-水（体积比=85∶15） 流 速：0.6ml/min

柱 温：30℃ 检测器：RI

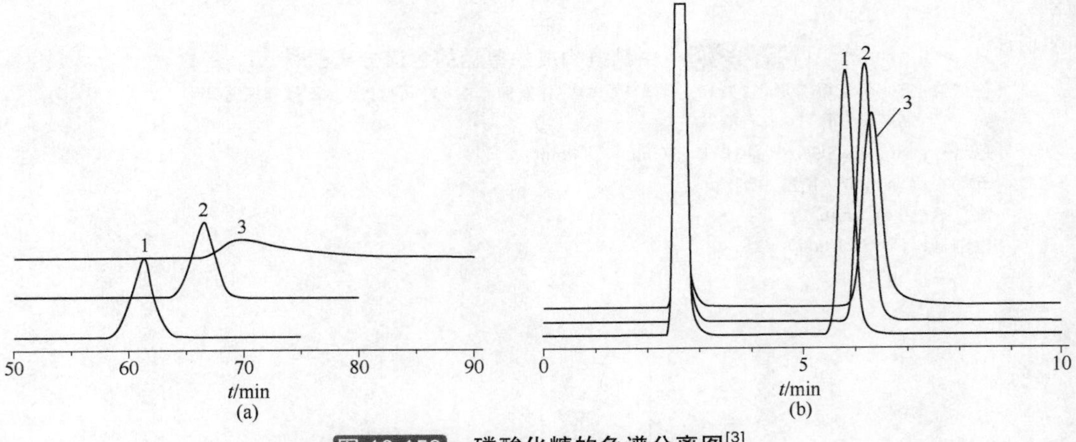

图 16-158 磷酸化糖的色谱分离图[3]

色谱峰：1—葡萄糖-1-磷酸；2—果糖-6-磷酸；3—葡萄糖-6-磷酸

色谱柱：Shodex Asahipak NH_2P-50 4E（250mm×4.6mm）

流动相：（a）10mmol/L磷酸钠缓冲液（pH=4.4）；

（b）150mmol/L磷酸钠缓冲液（pH=4.4）

流 量：1.0ml/min 柱 温：40℃

检测器：RI

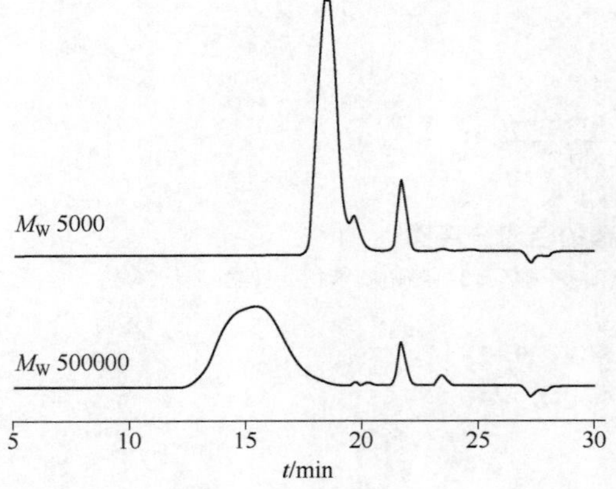

图 16-159 硫酸葡聚糖的色谱分离图[2]

色谱柱：Shodex OHpak sb-806mHQ(300mm×8.0mm)×2

流动相：0.1mol/L NaCl水溶液

流 速：1.0ml/min

检测器：RI

柱 温：40℃

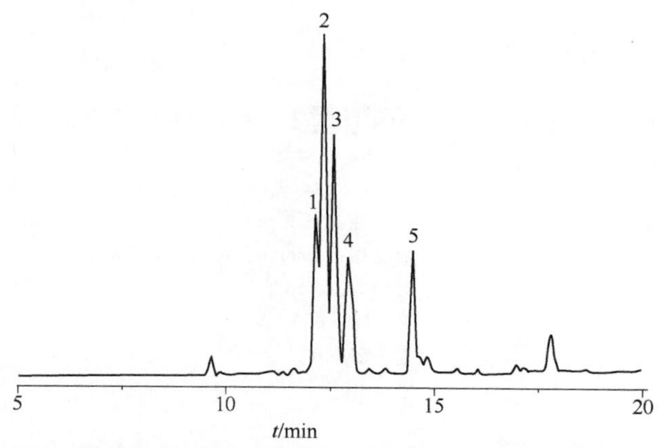

图 16-160 2-氨基苯甲酸衍生糖链的色谱分离图[3]

色谱峰：1—乙酰氨基葡糖；2—甘露糖；3—半乳糖；4—*N*-乙酰神经氨酸；5—岩藻糖

色谱柱：Shodex NH_2P 40-2d（150mm×2.0mm）

流动相：A．甲酸-乙腈（95%/0.1%）；B．甲酸-乙腈（95%/0.1%）

梯 度：0→2.5min，A；2.5min→20min，B

流 速：0.2ml/min

检测器：ESI-TOF MS

柱 温：45℃

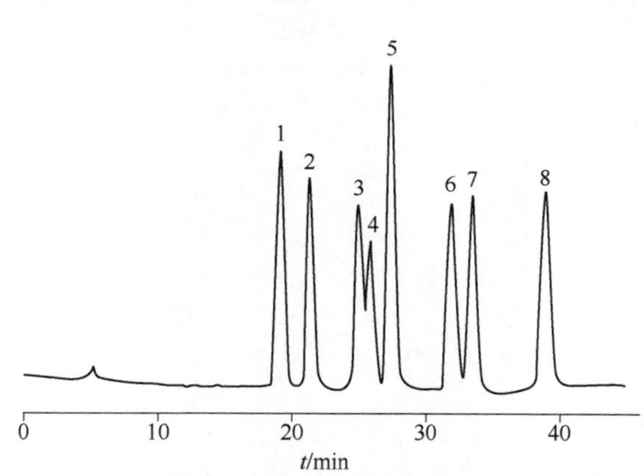

图 16-161 吡啶基聚酰胺糖链[3]

色谱峰：1—PA糖链012；2—PA糖链013；3—PA糖链014；4—PA糖链001；5—PA糖链015；6—PA糖链002；7—PA糖链010；8—PA糖链004

色谱柱：Shodex Asahipak NH_2P-50 4E（250mm×4.6mm）

流动相：A．乙酸-三乙胺缓冲液（200mmol/L，pH=7.3）-乙腈（35∶65）；
B．乙酸-三乙胺缓冲液（200mmol/L，pH=7.3）-乙腈（50∶50）

梯 度：0→60min，A→B

流 量：0.5ml/min

检测器：荧光（λ_{ex} 310nm，λ_{em} 380nm）

柱 温：40℃

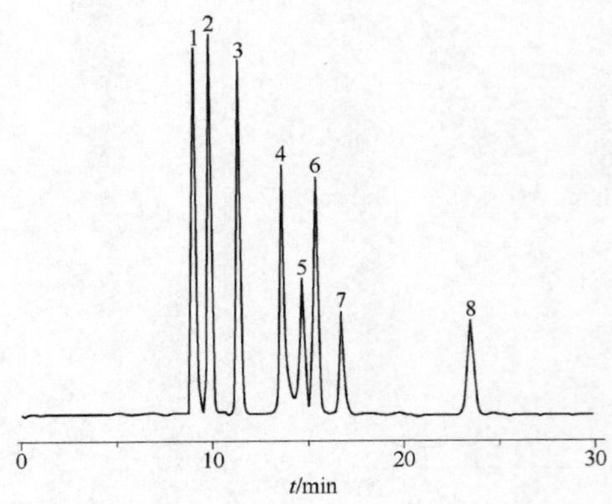

图 16-162 糖和有机酸色谱分离图[3]

色谱峰：1—麦芽三糖；2—麦芽糖；3—葡萄糖；4—丁二酸；5—乳酸；6—甘油；7—乙酸；8—乙醇

色谱柱：Shodex SUGAR SH1011（300mm×8.0mm）

流动相：5mmol/L高氯酸水溶液

流　速：0.6ml/min

柱　温：60℃

检测器：RI

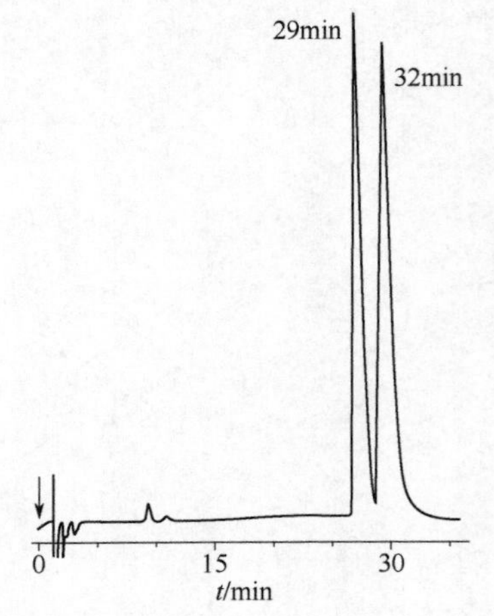

图 16-163 特非那丁对映体 β-环糊精流动相添加剂色谱分离图[4]

色谱柱：Hypersil BDS C18（10mm×4.6mm，5μm）

流动相：10mmol/L磷酸氢二钠-甲醇（体积比=80∶20），5mmol/L β-环糊精

流　速：1.0ml/min

检测器：UV（240nm）

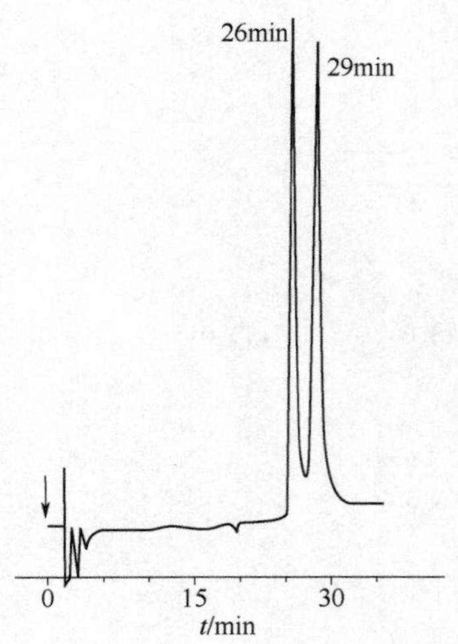

图 16-164 环己巴比妥对映体 β-环糊精流动相添加剂色谱分离图[4]

色谱峰：Hypersil BDS C18（10mm×4.6mm，5μm）

流动相：10mmol/L磷酸氢二钠-甲醇（体积比=80∶20），5mmol/L β-环糊精

流　速：1.0ml/min

检测器：UV（240nm）

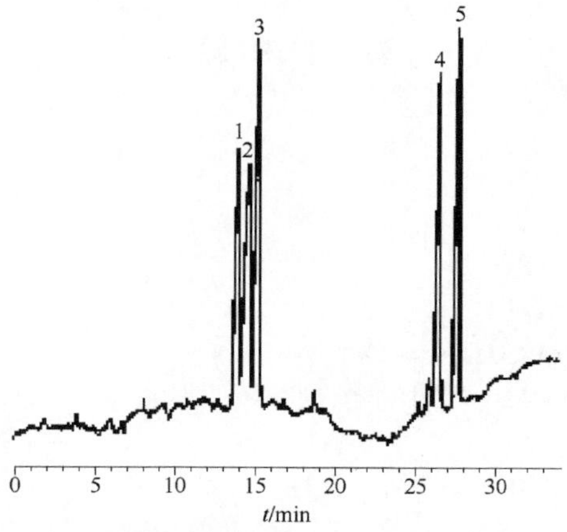

图 16-165　环糊精的色谱分离图[5]

色谱峰：1—γ-环糊精；2—α-环糊精；3—β-环糊精；4—O-二甲基-β-环糊精；5—O-三甲基-β-环糊精

色谱柱：YMC Pack ODS-A（15mm×4.6mm，5μm）

流动相：A．水；B．甲醇

梯　度：t/min　0　5　15　20

　　　　B/%　2　2　30　100

流　速：1.0ml/min

温　度：30℃

检　测：质谱

进　样：200μl（1.5～15mg/ml）

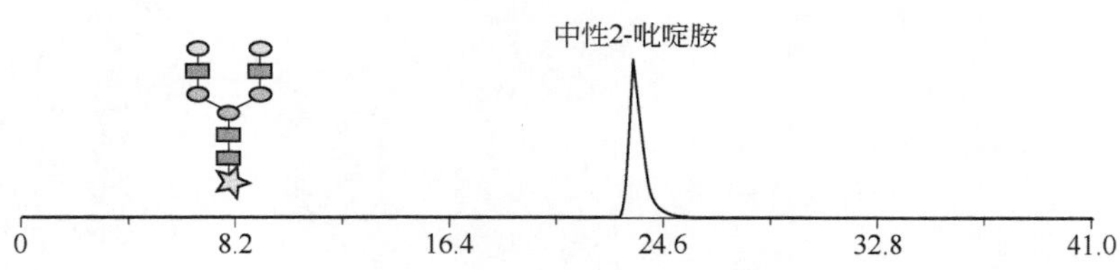

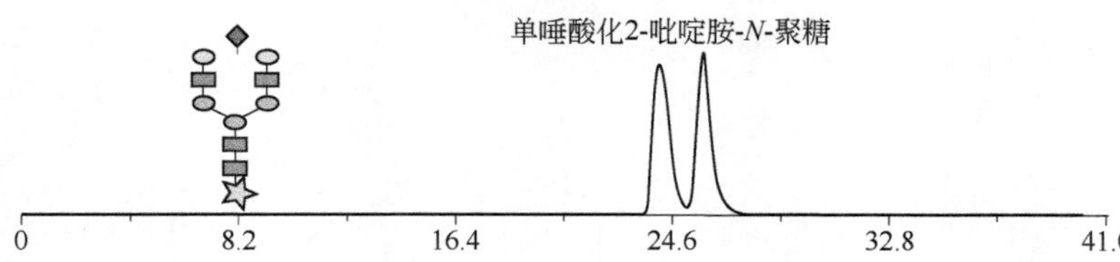

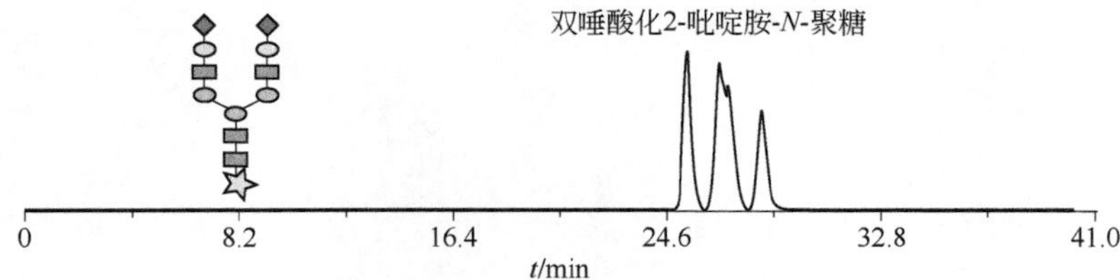

图 16-166　多糖亲水作用色谱分离图[2]

色谱柱：ZIC-HILIC（0.1×35mm）；ZIC-cHILIC（0.1×100mm）

流动相：A．80%乙腈；B．50%乙腈；C．200mmol/L乙酸铵

梯　度：A+B+C（体积比=60∶30∶10）$\xrightarrow{25\text{min}}$ A+B+C（体积比=30∶60∶10）

流　速：250nl/min

资 料 来 源

[1] 安捷伦科技有限公司.

[2] 德国默克公司.

[3] 昭和电工科学仪器（上海）有限公司.

[4] 赛默飞世尔科技有限公司.

[5] 沃特世科技（上海）有限公司.

[6] 大连依利特分析仪器有限公司.

[7] Christian W. Klampfl. J Agric Food Chem, 1999, 47: 987.

[8] Ineäs Mato, Joseä F. Huidobro, et al. J Agric Food Chem, 2006, 54: 1541.

第十七章 其　他

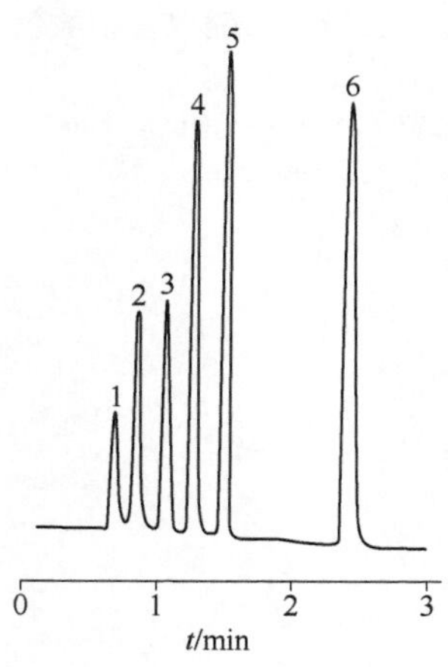

图 17-1　苯系衍生物色谱分离图[4]

色谱峰：1—聚苯乙烯2700k；2—聚苯乙烯20000；3—聚苯乙烯4000；4—苯；5—间二硝基苯；6—苯乙酮

色谱柱：Hypersil Silica（100mm×7mm，6μm）

流动相：二氯甲烷

检测器：UV（254nm）

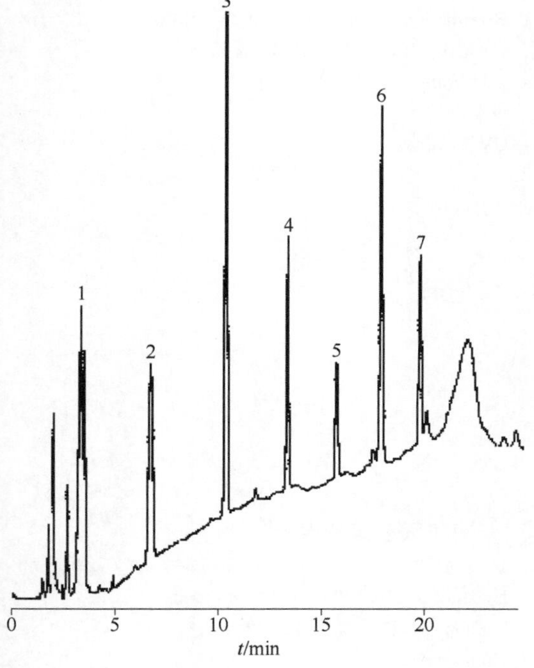

图 17-2　7 种烷基羧酸色谱分离图[4]

色谱峰：1—C_4；2—C_6；3—C_8；4—C_{10}；5—C_{12}；6—C_{14}；7—C_{16}

色谱柱：BETASIL Phenyl（150mm×4.6mm，5μm）

流动相：A. 0.1%磷酸；B. 乙腈

梯　度：20min内由25%B至由75%B

流　速：1.0ml/min

检测器：UV（210nm）

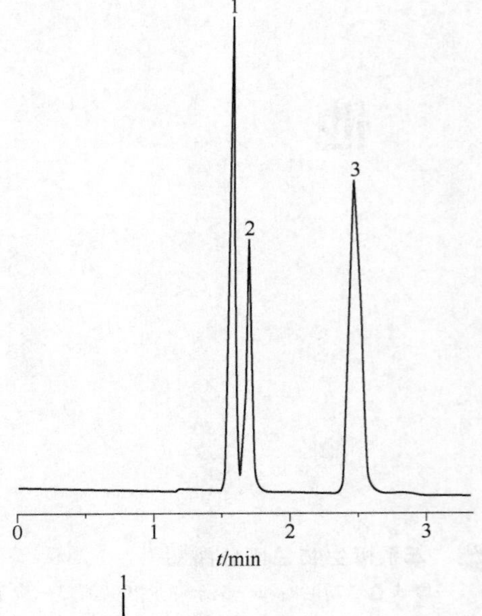

图 17-3 甘油、乙二醇、乙酸混合物的色谱分离图[4]

色谱峰：1—甘油；2—乙二醇；3—乙酸

色谱柱：AQUASIL C18（250mm×4.6mm，5μm）

流动相：甲酸-乙腈（体积比=99：1）

流　速：1.0ml/min

检测器：RI

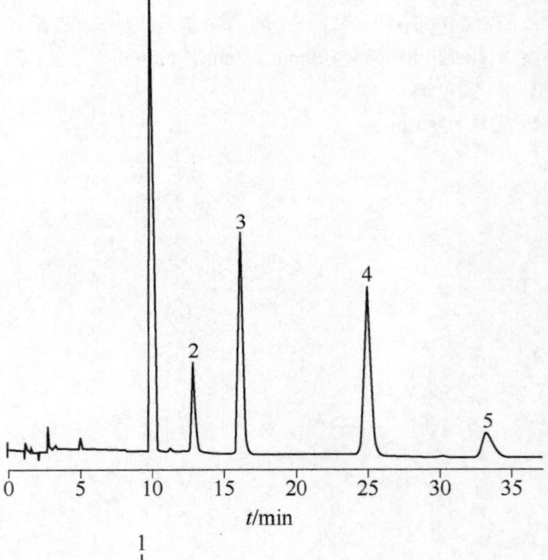

图 17-4 有机酸色谱分离图[4]

色谱峰：1—反-2-戊烯酸；2—戊酸；3—2,4-己二烯酸；
4—反-2-己烯酸；5—己酸

色谱柱：BetaMax Acid（150mm×4.6mm，5μm）

流动相：21%乙腈-79%水（+0.05%三氟乙胺）

流　速：1.0ml/min

温　度：室温

检测器：UV（210nm）

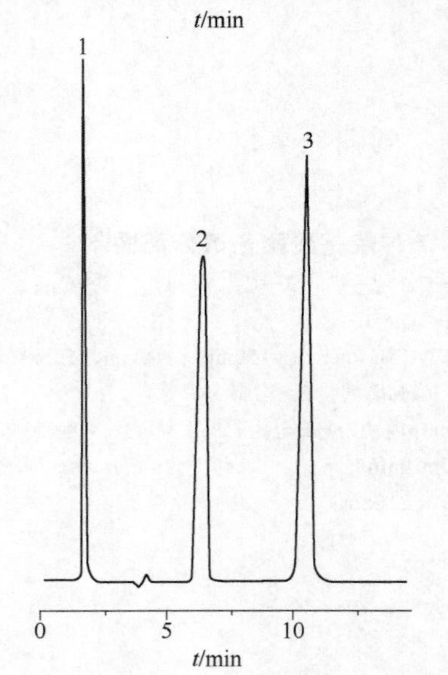

图 17-5 有机酸色谱分离图[4]

色谱峰：1—乙醇酸；2—丁二酸；3—反-丁烯二酸（富马酸）

色谱柱：Hypersil SAX（100mm×4.6mm，5μm）

流动相：0.02mol/L磷酸盐缓冲液，pH=7

流　速：1.0ml/min

检测器：UV（210nm）

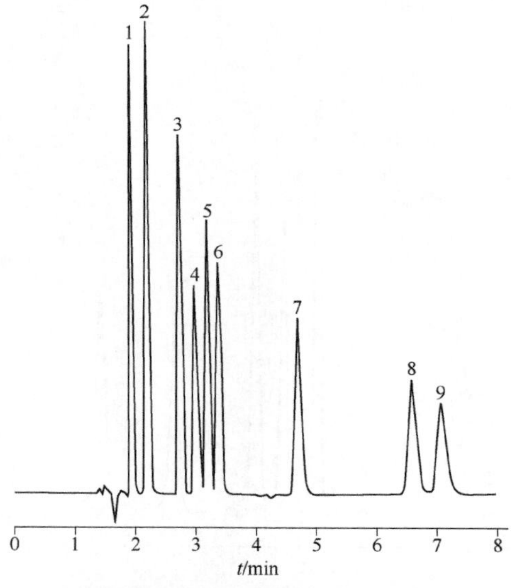

图 17-6 有机酸色谱分离图[3]

色谱峰：1—乙醛酸；2—酒石酸；3—苹果酸；
4—乳酸；5—丙二酸；6—乙酸；
7—丁二酸；8—乙酰丙酸；9—丙酸

色谱柱：Shodex RSpak DE-413（150mm×4.6mm）

流动相：10mmol/L磷酸水溶液

柱 温：50℃

流 速：1.0ml/min

检测器：RI

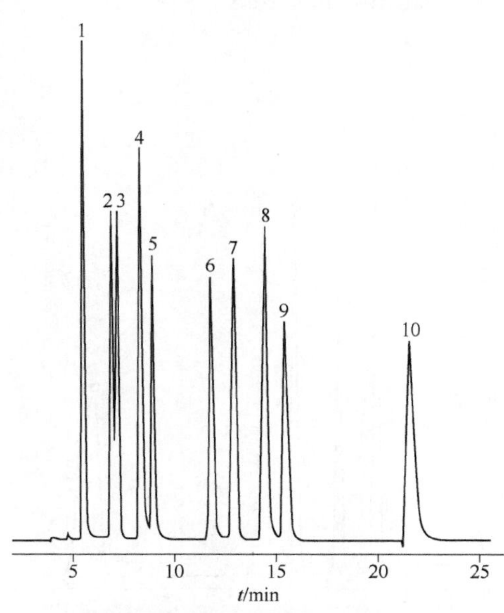

图 17-7 有机酸色谱分离图[5]

色谱峰：1—乙醇酸；2—L-苹果酸；3—丙二酸；4—乳酸；5—乙酸；6—马来酸；
7—柠檬酸；8—富马酸；9—琥珀酸；10—丙酸

色谱柱：YMC-Pack ODS-AQ（25mm×4.6mm，5μm）

洗脱液：20mmol/L H_3PO_4-NaH_2PO_4（pH=2～8）

流 速：0.7ml/min

检测器：UV（220nm）

温 度：30℃

进样量：10μl（0.007～1.8mg/ml）

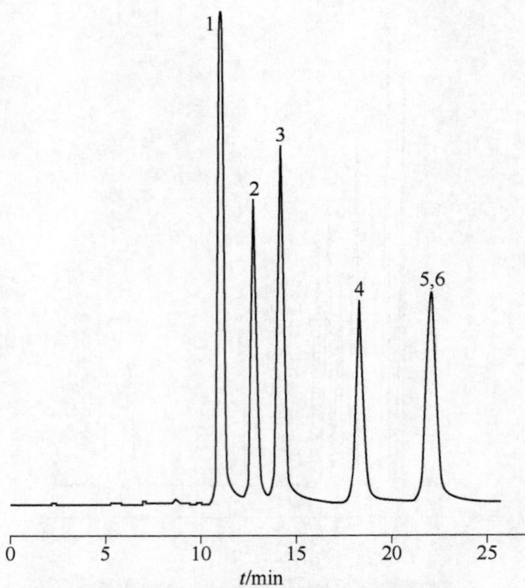

图 17-8 取代苯甲酸类色谱分离图[4]

色谱峰：1—4-氟苯甲酸；2—2-甲基苯甲酸；3—4-甲基苯甲酸；4—2,4,6-三甲基苯甲酸；5—2,5 -二甲基苯甲酸；6—2,4-二甲基苯甲酸

色谱柱：BETASIL CN（150mm×4.6mm，5μm）

流动相：10%乙腈- 90% 0.025mol/L KH_2PO_4，pH=2.5

流　速：1.0ml/min

检测器：UV（230nm）

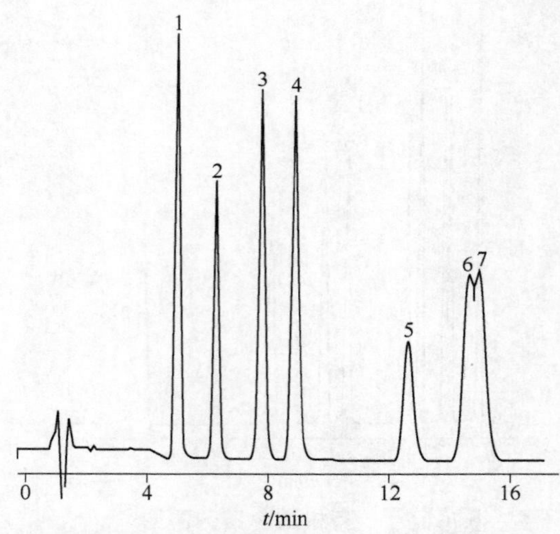

图 17-9 苯甲酸衍生物色谱分离图[4]

色谱峰：1—苯甲酸；2—4-氟苯甲酸；3—2-甲基苯甲酸；4—4-甲基苯甲酸；5—2,4,6-三甲基苯甲酸；6—2,5-二甲基苯甲酸；7—2,4-二甲基苯甲酸

色谱柱：AQUASIL C18（150mm×4.6mm，5μm）

流动相：50%甲醇-50% 0.025mol/L KH_2PO_4，pH=2.5

流　速：1.5ml/min

温　度：(22.0±0.2)℃

检测器：UV（230nm）

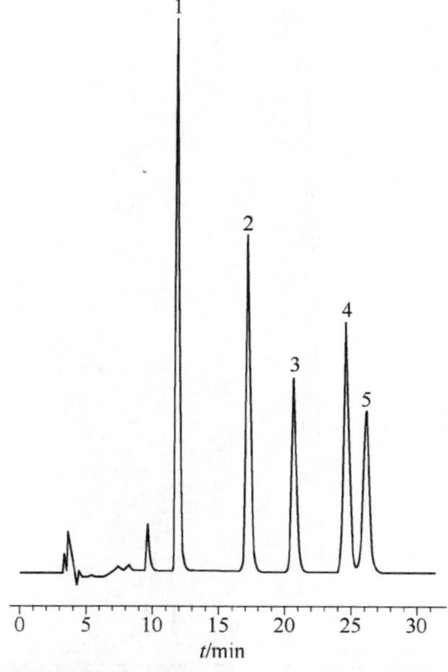

图 17-10 苯甲酸衍生物色谱分离图[5]

色谱峰：1—对乙氧基苯甲酸；2—对丙氧基苯甲酸；3—对异丙基苯甲酸；
4—对甲氧基苯甲酸；5—对叔丁基苯甲酸

色谱柱：J'Sphere ODS-L80（15mm×4.6mm，4μm）

流动相：四氢呋喃-水-乙酸（体积比=40∶60∶1）

流 速：0.5ml/min

温 度：室温（26℃）

检测器：UV（260nm）

进样量：10μl（0.04～0.2mg/ml）

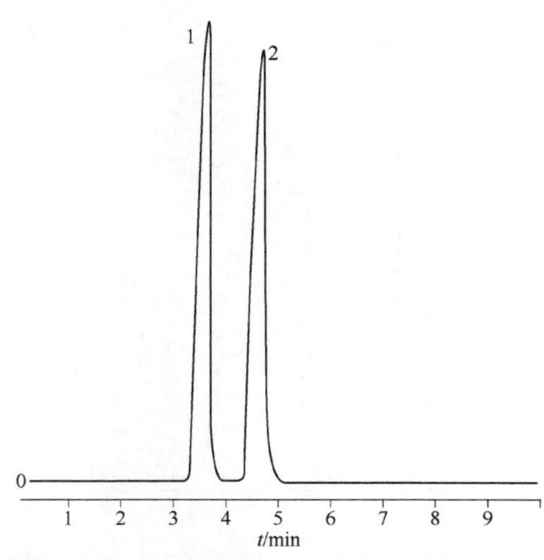

图 17-11 对氨基苯甲酸、对氨基马尿酸色谱分离图[4]

色谱峰：1—对氨基苯甲酸；2—对氨基马尿酸

色谱柱：Hypersil Duet C18/SAX（250mm×4.6mm）

流动相：甲醇-0.1mol/L乙酸缓冲液（体积比=50∶50）

流 速：1.0ml/min

检测器：UV（254nm）

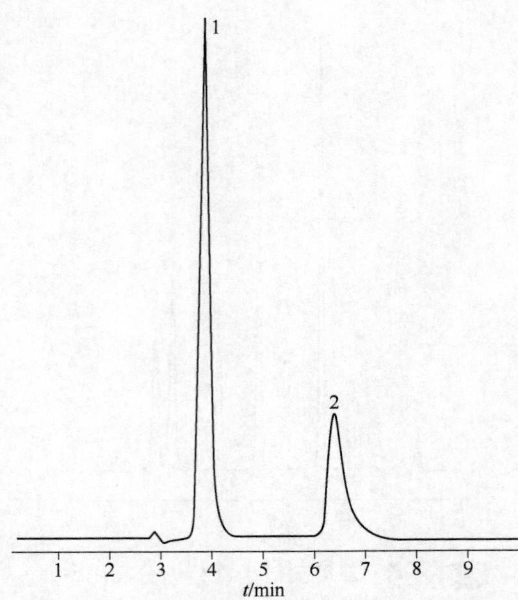

图 17-12 邻羟基马尿酸与水杨酸色谱分离图[4]

色谱峰：1—邻羟基马尿酸；2—水杨酸

色谱柱：Hypersil C18/SAX（250mm×4.6mm）

流动相：甲醇-0.1mol/L乙酸缓冲液（体积比=50∶50）

流　速：1.0ml/min

检测器：UV（254nm）

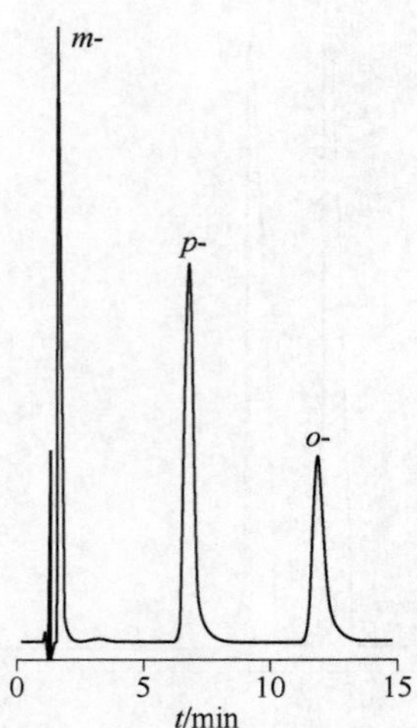

图 17-13 氨基苯甲酸异构体（o-,m-,p-）色谱分离图[4]

色谱柱：Hypercarb（50mm×3.0mm，7μm）

流动相：乙腈-磷酸盐缓冲液（体积比=35∶65），pH=2

流　速：0.5ml/min

温　度：25°C

检测器：UV（254nm）

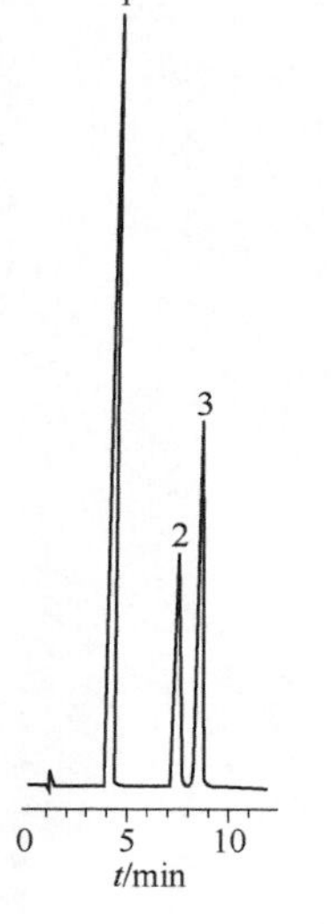

图 17-14　甲氧基苯甲酸异构体分离谱图[5]

色谱峰：1—邻甲氧基苯甲酸；2—对甲氧基苯甲酸；3—间甲氧基苯甲酸

色谱柱：J'Sphere ODS-H80（75mm×4.6mm，4μm）

流动相：乙腈-水-乙酸（体积比=20∶80∶1）

流　速：1.0ml/min

温　度：室温（25℃）

检测器：UV（285nm）

进样量：10μl（0.17mg/ml）

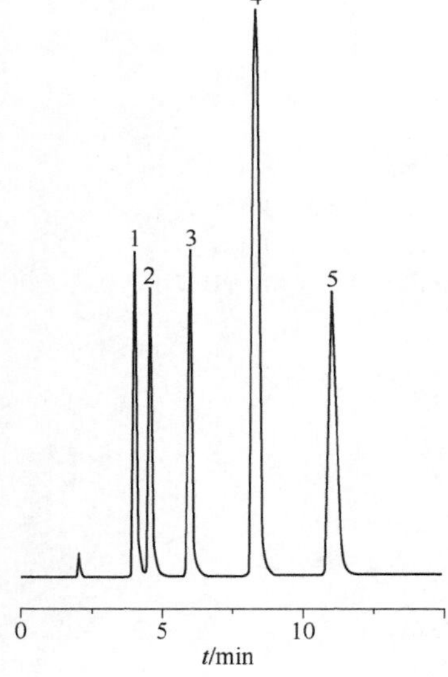

图 17-15　马来酸、邻苯二甲酸、4-羟基苯甲酸等的色谱分离图[4]

色谱峰：1—马来酸；2—邻苯二甲酸；3—4-羟基苯甲酸；4—间苯二甲酸；5—水杨酸

色谱柱：HyPURITY™ADVANCE（15mm×4.6mm，5μm）

流动相：50mmol/L的磷酸二氢钾（pH=2.1）-甲醇（体积比=40∶60）

流　速：1ml/min

温　度：25℃

检测器：UV（210nm）

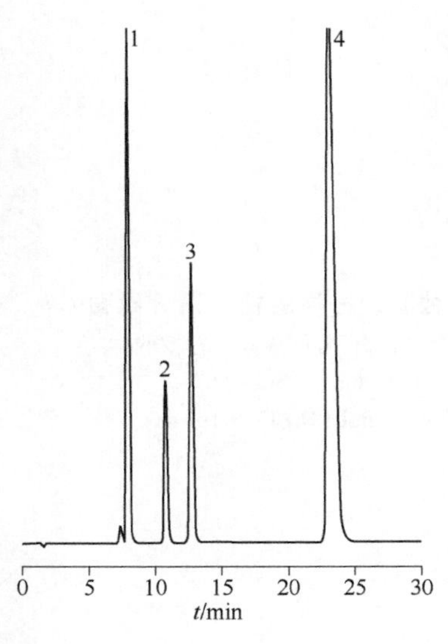

图 17-16　邻苯二甲酸、苯甲酸等的色谱分离图[4]

色谱峰：1—邻苯二甲酸；2—苯甲酸；3—氢化肉桂酸；4—水杨酸

色谱柱：HyPURITY™ADVANCE（150mm×4.6mm，5μm）

流动相：10mmol/L 磷酸二氢钾-甲醇（体积比=80∶20），pH=2.1

流　速：1ml/min

温　度：25℃

检　测：UV（210nm）

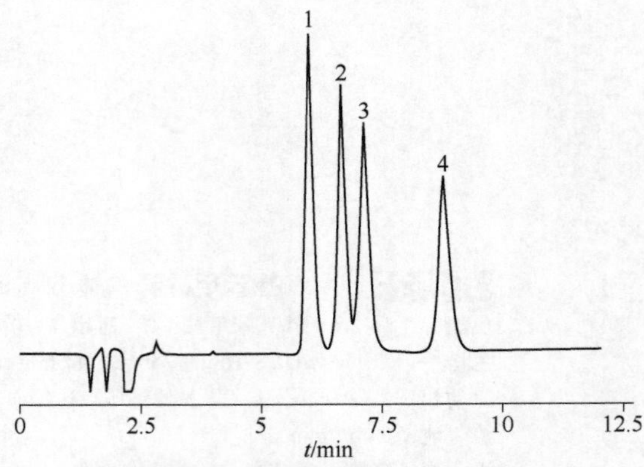

图 17-17 脂肪酸甲酯色谱分离图[3]

色谱峰：1—亚油酸甲酯；2—棕榈酸甲酯；3—油酸甲酯；4—硬脂酸甲酯

色谱柱：Shodex rspak ds-413（150mm×4.6mm）

流动相：乙腈-四氢呋喃-水（体积比=45∶30∶25）

流　速：1.0ml/min

柱　温：40℃

检测器：RI

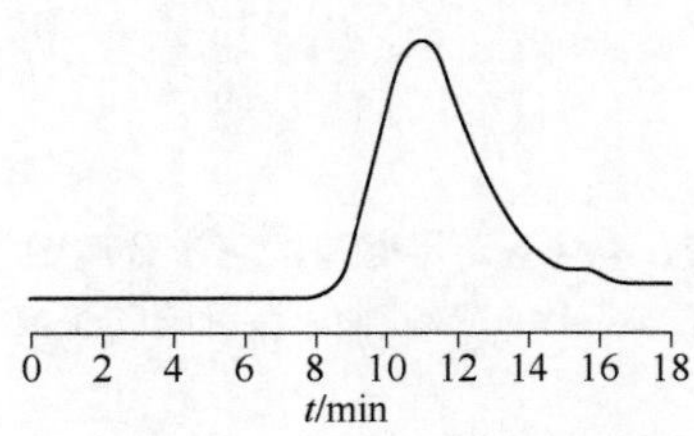

图 17-18 玻尿酸色谱分离图[4]

色谱柱：HyperGEL AP 60（300mm×7.5mm，15μm）；
HyperGEL AP 40（300mm×7.5mm，15μm）

流动相：0.2mol/L硝酸钠-0.01mol/L磷酸二氢钠，pH=7

流　速：1.0ml/min

检测器：RI

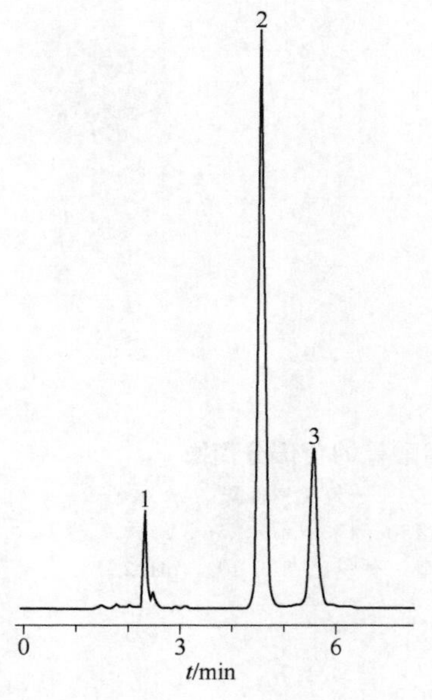

图 17-19 EDTA、谷胱甘肽、柠檬酸盐色谱分离图[4]

色谱峰：1—EDTA；2—谷胱甘肽；3—柠檬酸盐（柠檬酸）

色谱柱：AQUASIL C18（150mm×4.6mm，5μm）

流动相：0.05mol/L磷酸二氢钾-0.03mol/L磷酸，pH=2.4

流　速：1.0ml/min

检测器：UV（210nm）

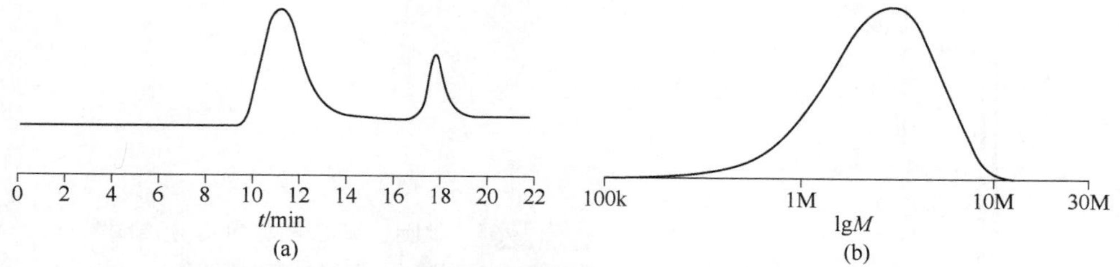

图 17-20 聚丙烯酰胺色谱分离（a）及质量分布图（b）[4]

色谱柱：HyperGEL AP 60（300mm×7.5mm，15μm）；

HyperGEL AP 40（300mm×7.5mm，15μm）

流动相：0.2mol/L硝酸钠-0.01mol/L磷酸二氢钠，pH=7

流　速：1.0ml/min

检测器：RI

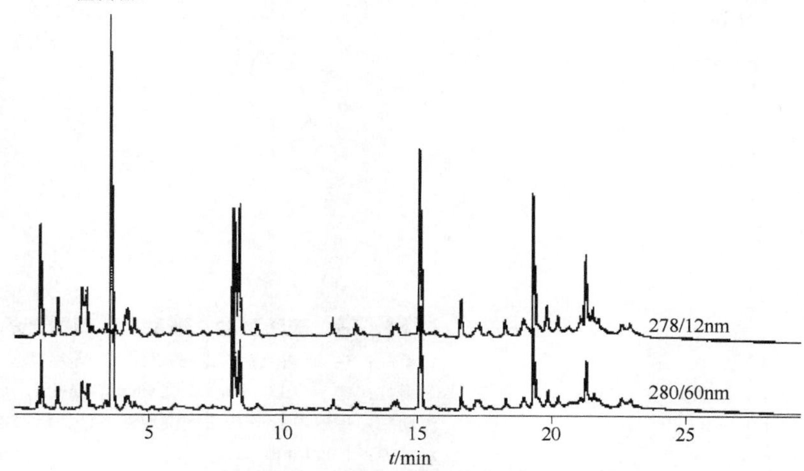

图 17-21 聚丙烯酸酯类色谱分离图[4]

色谱柱：Hypersil ODS（200mm×2.1mm，5μm）

流动相：乙腈-水（体积比=80：20）

流　速：0.6ml/min

进样量：6μl

温　度：60℃

检测器：UV

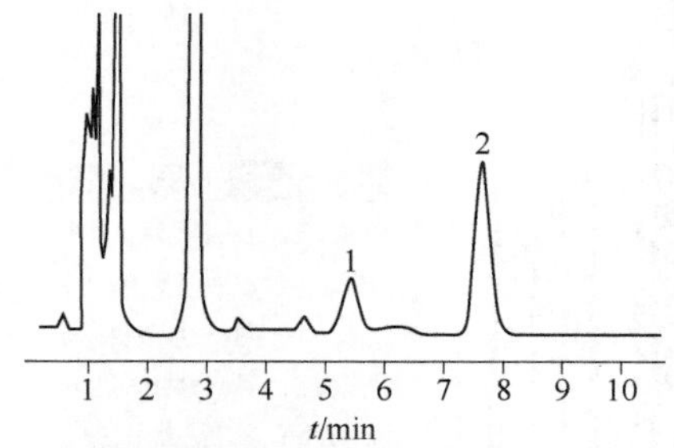

图 17-22 咪鲜胺与蒽色谱分离图[4]

色谱峰：1—咪鲜胺；2—蒽（LC标记）

色谱柱：Hypersil BDS C18（15mm×4.6mm，5μm）

流动相：乙腈-甲醇-水（体积比=33：35：30）

流　速：1.5ml/min

检测器：237nm

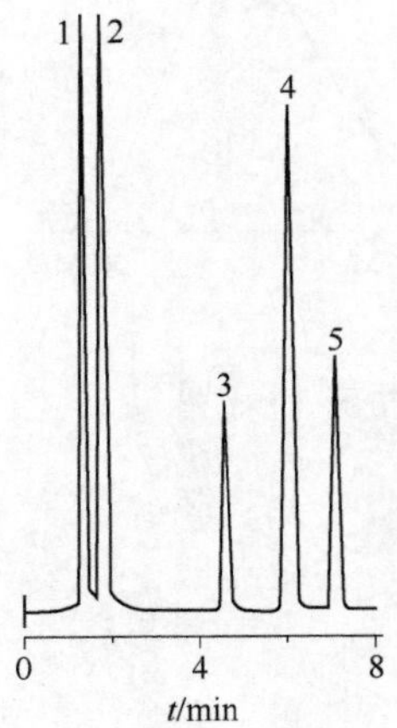

图 17-23 吡啶、苯乙醚等色谱分离图[4]

色谱峰：1—尿嘧啶；2—吡啶；3—苯乙醚；4—*N*,*N*-二甲基苯胺；5—二甲苯

色谱柱：Hypersil BDS C18（15mm×4.6mm，5μm）

流动相：乙腈-0.05mol/L磷酸盐缓冲液（体积比=40：60），pH=4.5

流　速：1.0ml/min

检测器：254nm

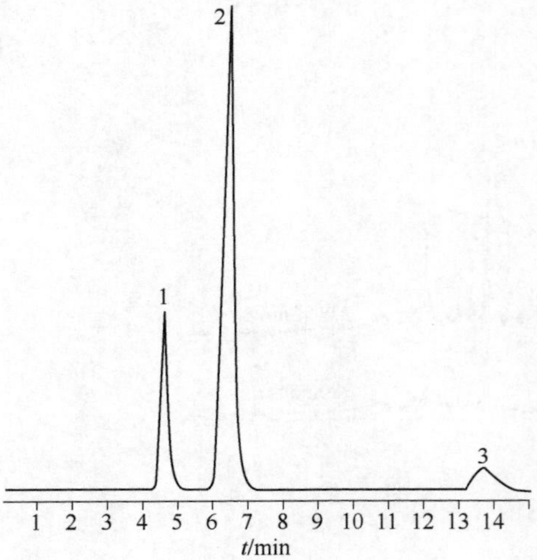

图 17-24 硫酸氢盐、酚酞、葡糖酸苷的色谱分离图[4]

色谱峰：1—硫酸氢盐；2—酚酞；3—葡糖酸苷

色谱柱：Hypersil C18/SAX（25mm×4.6mm）

流动相：甲醇-0.1mol/L乙酸缓冲液（体积比=50：50），pH=6

流　速：1.0ml/min

检测器：UV（254nm）

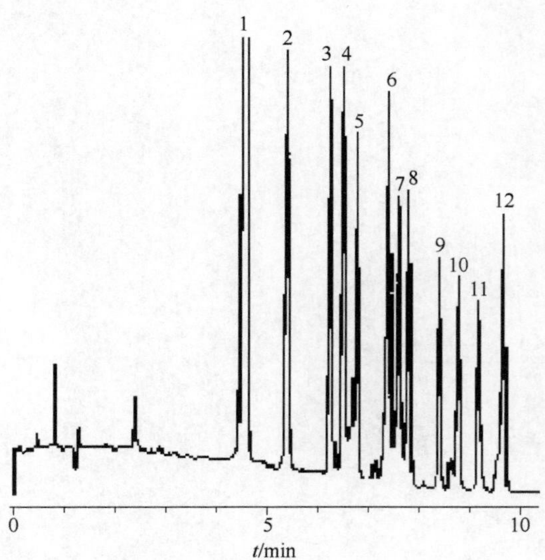

图 17-25 酮、醛类色谱分离图[4]

色谱峰：1—甲醛；2—乙醛；3—丙酮；4—丙烯醛；5—丙醛；6—巴豆醛；7—甲基乙基酮；8—正丁醛；9—苯甲醛；10—戊醛；11—对甲基苯甲醛；12—己醛

色谱柱：Keystone Deltabond AK（150mm×4.6mm，5μm）

流动相：乙腈-水

梯　度：10min内乙腈含量由30%上升至70%

流　速：1.5ml/min

检测器：UV（365nm）

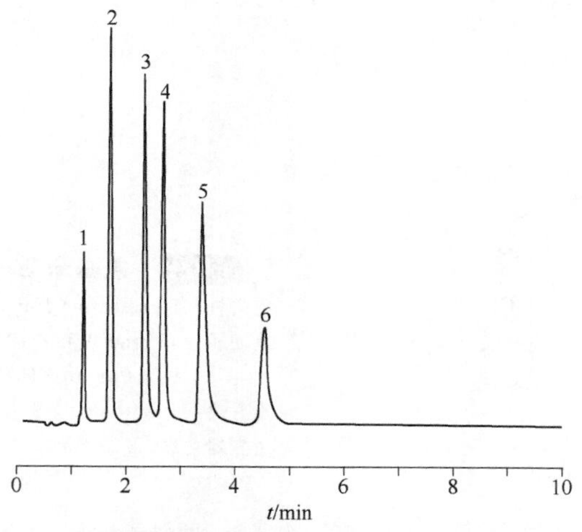

图 17-26 有机混合物色谱分离图[4]

色谱峰：1—丙酮；2—苯酚；3—苯甲醚；4—对甲酚；5—苯乙醚；6—3,5-二甲基苯酚

色谱柱：Hypercarb（100mm×4.6mm，5μm）

流动相：甲醇-水（体积比=95∶5）

流　速：1.0ml/min

检测器：UV（254nm）

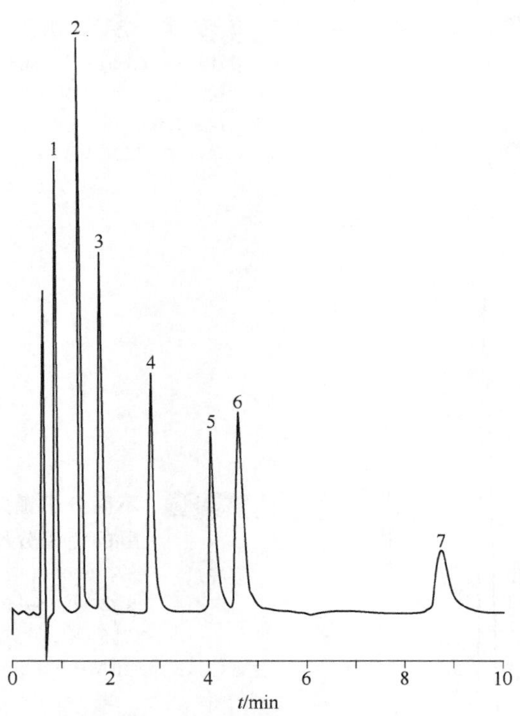

图 17-27 苯胺类化合物色谱分离图[4]

色谱峰：1—苯胺；2—3-乙基苯胺；3—2-乙基苯胺；4—*N*-乙基苯胺；5—*N*,*N*-二甲基苯胺；6—*N*,*N*-二乙基苯胺；7—2,5-二氯苯胺

色谱柱：Hypercarb（100mm×4.6mm，5μm）

流动相：80%甲醇-20%水

流　速：1.0ml/min

检测器：UV（254nm）

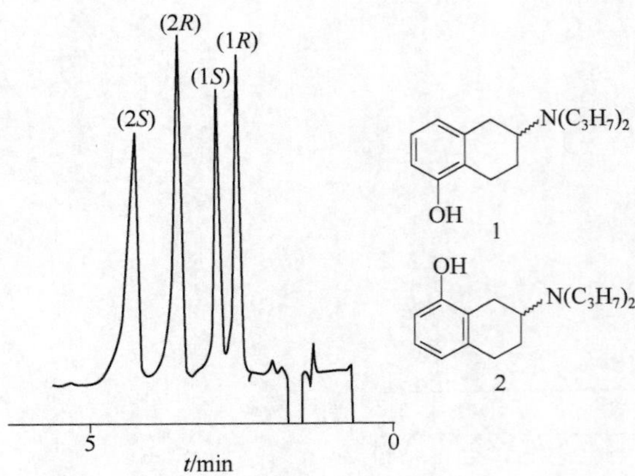

图 17-28 氨基苯酚对映体色谱分离图[4]

色谱柱：Hypercarb（10mm×4.6mm，7μm）

流动相：10mmol/L L-ZGP的二氯甲烷溶液（含80μg/ml的H_2O）

流　速：1.0ml/min

检测器：UV（270nm）

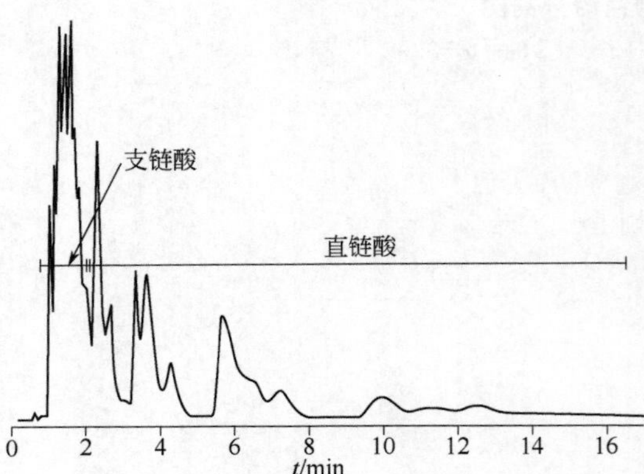

图 17-29 烷基苯磺酸盐色谱分离图[4]

色谱柱：Hypercarb（100mm×4.6mm，7μm）

流动相：乙腈-水（体积比=90：10）+ 2.5g/L钠高氯酸盐水合物

流　速：1.5ml/min

检测器：UV（220nm）

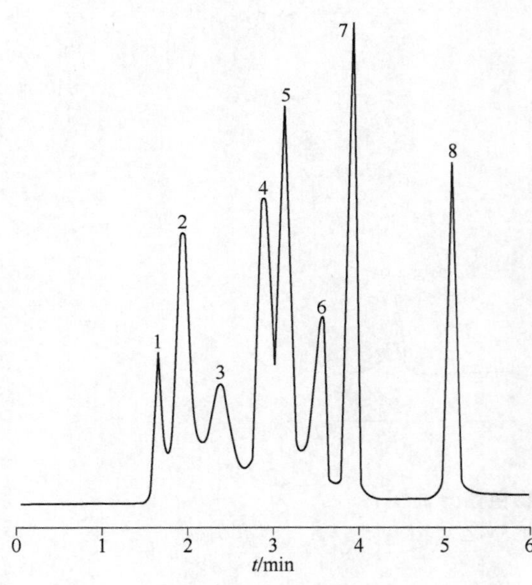

图 17-30 不同分子量聚苯乙烯（PS）与苯、苯乙酮的色谱分离图[4]

色谱峰：1—PS 4700000；2—PS 505000；3—PS 180000；4—PS 76000；5—PS 39000；6—PS 11800；7—苯；8—苯乙酮

色谱柱：Hypersil WP 300 Silica（250mm×4.6mm，5μm）

流动相：二氯甲烷

流　速：1.0ml/min

检测器：UV（254nm）

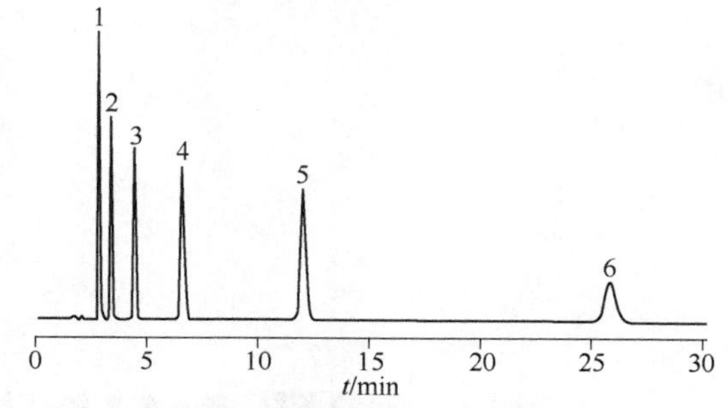

图 17-31　二元羧酸色谱分离图[3]

色谱峰：1—丙二酸；2—丁二酸；3—戊二酸；4—己二酸；5—庚二酸；6—辛二酸

色谱柱：Shodex RSpak DE-413（150mm×4.6mm）

流动相：20mmol/L磷酸溶液-乙腈（体积比=92∶8）

流　速：1.0ml/min

柱　温：40℃

检测器：UV（210nm）

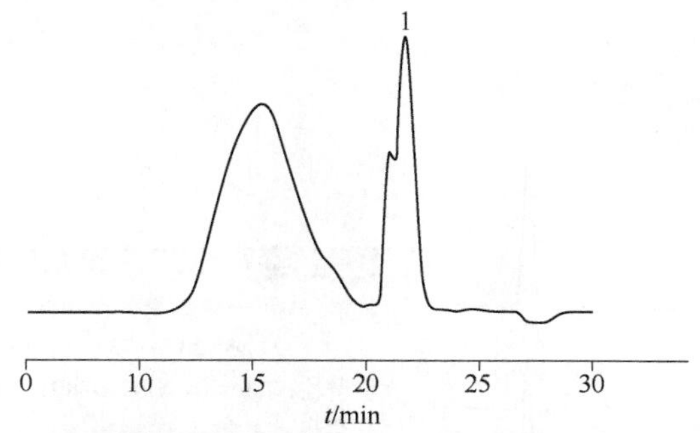

图 17-32　羟乙基纤维素色谱分离图[3]

色谱峰：1—羟乙基纤维素

色谱柱：Shodex OHpakSB-806mHQ(300mm×8.0mm)×2

流动相：0.1mol/L NaCl水溶液

流　速：1.0ml/min

柱　温：40℃

检测器：RI

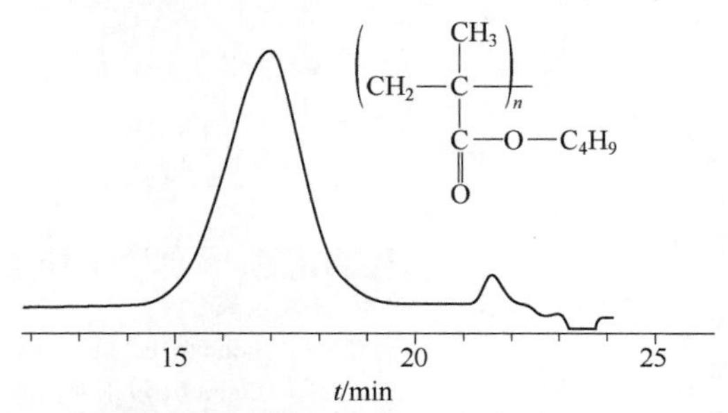

图 17-33　聚甲基丙烯酸丁酯色谱图[3]

色谱柱：Shodex GPC KF-806l（300mm×8.0mm）

流动相：四氢呋喃

流　速：1.0ml/min

柱　温：40℃

检测器：RI

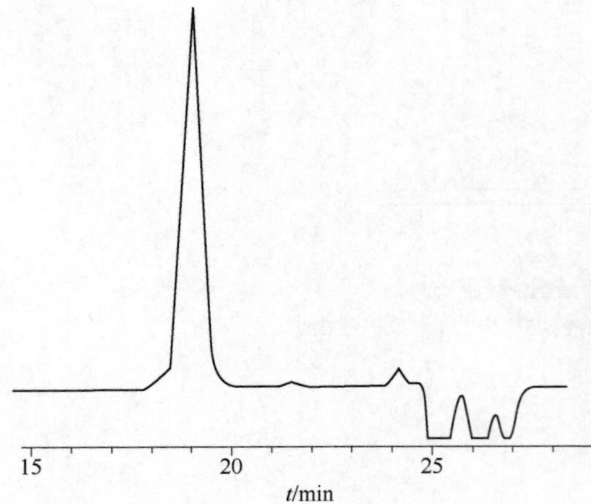

图 17-34 苯乙烯-乙烯-丁烯ABA嵌段共聚物色谱图[3]

色谱柱：Shodex GPC kf-806m（300mm×8.0mm）
流动相：四氢呋喃
流　速：1.0ml/min
柱　温：30℃
检测器：IR

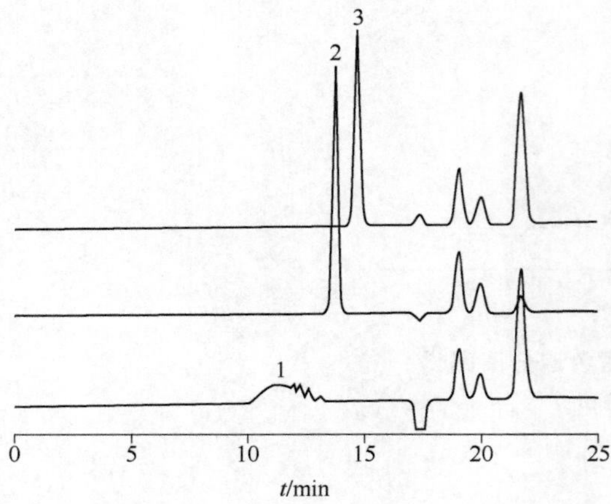

图 17-35 低分子聚二甲基硅氧烷色谱分离图[3]

色谱峰：1—聚二甲基硅氧烷（M_W 770）；2—聚二甲基硅氧烷（M_W 237）；3—六甲基二硅氧烷（M_W 162）
色谱柱：Shodex GPC kf-801（300mm×8.0mm）×2
流动相：氯仿
流　速：1.0ml/min
柱　温：40℃
检测器：RI（极性）

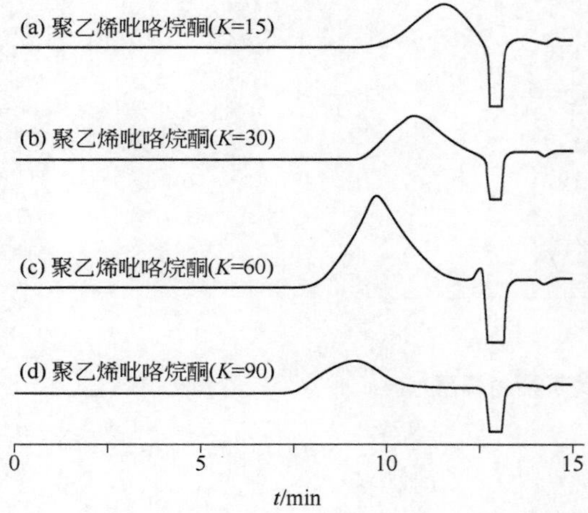

图 17-36 不同聚合度的聚乙烯吡咯烷酮色谱图比较[3]

（图中K表示聚合度）
色谱柱：Shodex GPC kf-606m（150mm×6.0mm）×2
流动相：10mmol/L溴化锂的N-甲基吡咯烷酮溶液
流　量：0.5ml/min
柱　温：60℃
检测器：RI

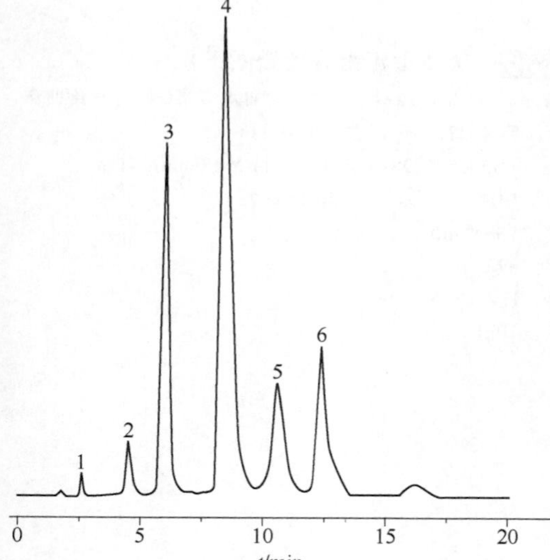

图 17-37 半乳糖醛酸及其低聚体色谱分离图[3]

色谱峰：1—半乳糖醛酸；2—半乳糖醛酸二聚体；3—半乳糖醛酸三聚体；4—半乳糖醛酸四聚体；5—半乳糖醛酸五聚体；6—半乳糖醛酸六聚体

色谱柱：Shodex asahipak NH_2P-50 4E（250mm×4.6mm）

流动相：0.3mol/L磷酸钠缓冲液，pH=4.4

流　速：1.0ml/min

柱　温：40℃

检测器：UV（210nm）

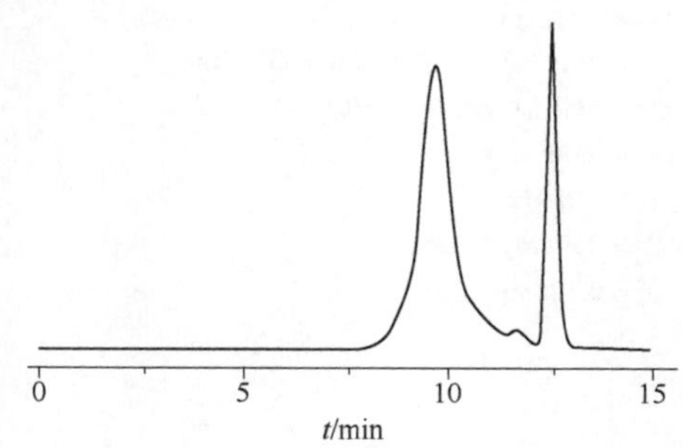

图 17-38 聚赖氨酸分离谱图[3]

色谱柱：Shodex kw-803（300mm×8.0mm）

流动相：50mmol/L磷酸钠缓冲液-0.3mol/L NaCl，pH=7.0

流　速：1.0ml/min

柱　温：30℃

检测器：RI（220nm）

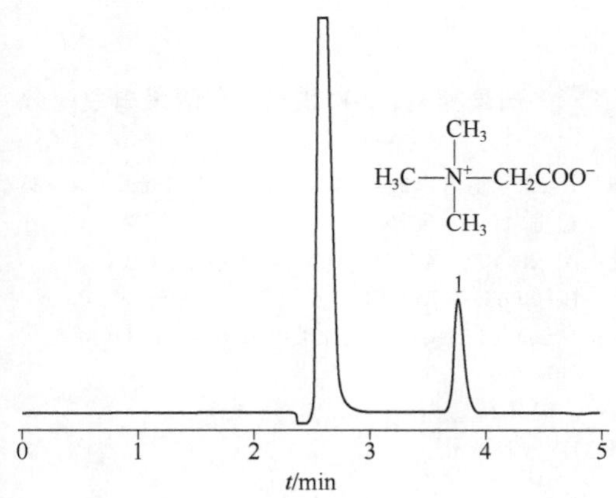

图 17-39 三甲基甘氨酸分离谱图[3]

色谱峰：1—三甲基甘氨酸

色谱柱：Shodex Asahipak NH_2P-50 4E（250mm×4.6mm）

色谱柱：Shodex Asahipak NH_2P-50 4E（250mm×4.6mm）

流动相：水-乙腈（体积比=25：75）

流　速：1.0ml/min

柱　温：40℃

检测器：RI

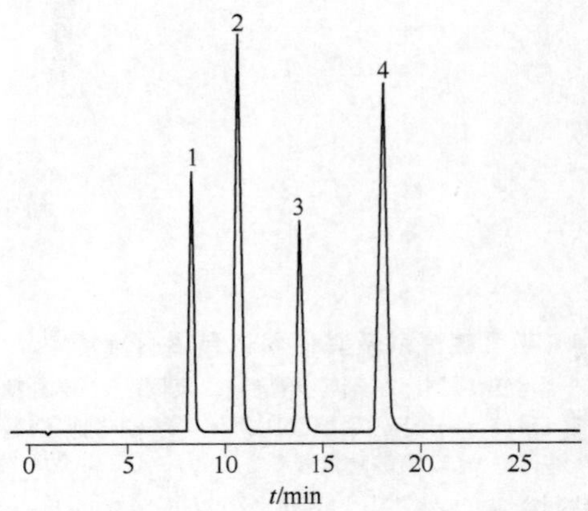

图 17-40 **黄曲霉毒素分离谱图**[5]

色谱峰：1—黄曲霉毒素G2；2—黄曲霉毒素G1；3—黄曲霉毒素B2；4—黄曲霉毒素B1

色谱柱：J'Sphere ODS-M80（150mm×4.6mm，4μm）

洗脱液：甲醇-水（体积比=40∶60）

流　速：1.0ml/min

柱　温：37℃

检测器：UV（365nm）

进样量：10μl

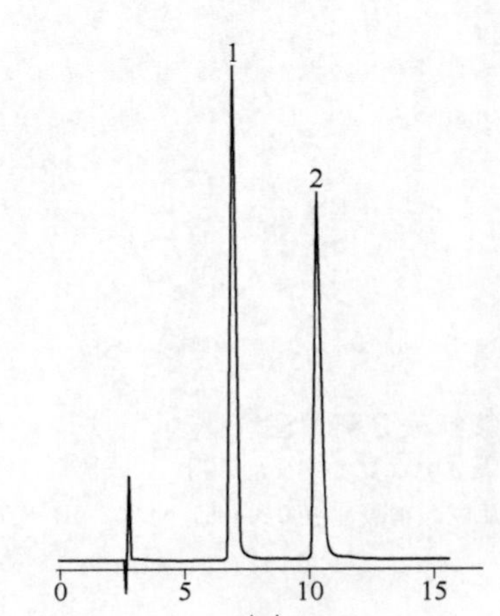

图 17-41 **富勒烯分离谱图**[5]

色谱峰：1—富勒烯（C_{60}）；2—5,6-富勒烯（C_{70}）

色谱柱：YMC-PACK ODS-A（15mm×6.0mm，5μm）

洗脱液：己烷-异丙醇（体积比=70∶30）

流　速：1.0ml/min

温　度：室温（25℃）

检测器：UV（350nm）

进样量：4μl（0.125mg/ml）

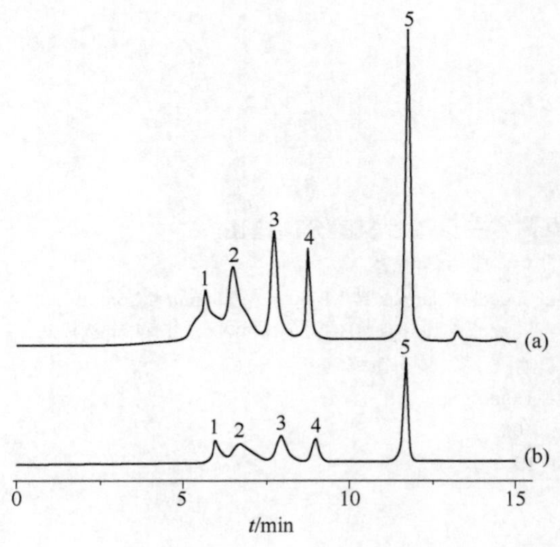

图 17-42 **葡聚糖蓝、γ-球蛋白、卵清蛋白色谱分离图**[3]

色谱峰：1—葡聚糖蓝；2—γ-球蛋白；3—卵清蛋白；4—肌红蛋白；5—尿苷

色谱柱：A．kw402.5-4F（300mm×4.6mm）；
B．Shodex PROTEIN kw-802.5（300mm×8.0mm）

流动相：50mmol/L的磷酸钠缓冲液-0.3mol/L NaCl水溶液（pH=7.0）

柱　温：室温（25℃）

检测器：UV（280nm）

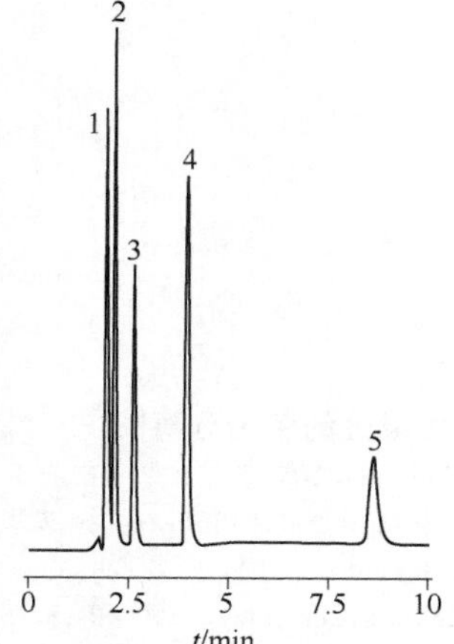

图 17-43　亚硝胺色谱分离图（pH=7）[4]

色谱峰：1—*N*-亚硝基二异丙醇胺；2—*N*-亚硝基二甲胺；3—*N*-亚硝基-二乙胺；4—*N*-正丙胺；5—*N*-亚硝基二苯胺

色谱柱：HyPURITY C18（15mm×4.6mm，5μm）

流动相：10mmol/L磷酸氢二钾-乙腈（体积比=50∶50）

流　速：1ml/min

柱　温：25℃

检测器：UV（230nm）

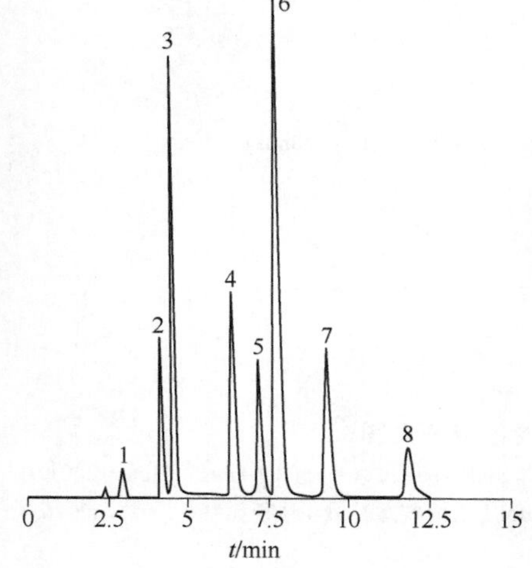

图 17-44　硝酸类炸药成分的色谱分离图[4]

色谱峰：1—环四亚甲基四硝胺（HMX）；2—环三次甲基三硝胺（RDX）；3—乙二醇二硝酸酯（EGDN）；4—硝化甘油（NG）；5—三硝基苯甲硝胺（TETRYL）；6—三硝基甲苯（TNT）；7—二硝基甲苯（DNT）；8—季戊四醇四硝酸酯（PETN）

色谱柱：Hypersil ODS（125mm×4.6mm，5μm）

流动相：甲醇-水（体积比=55∶45）

流　速：1ml/min

检测器：UV（220nm）

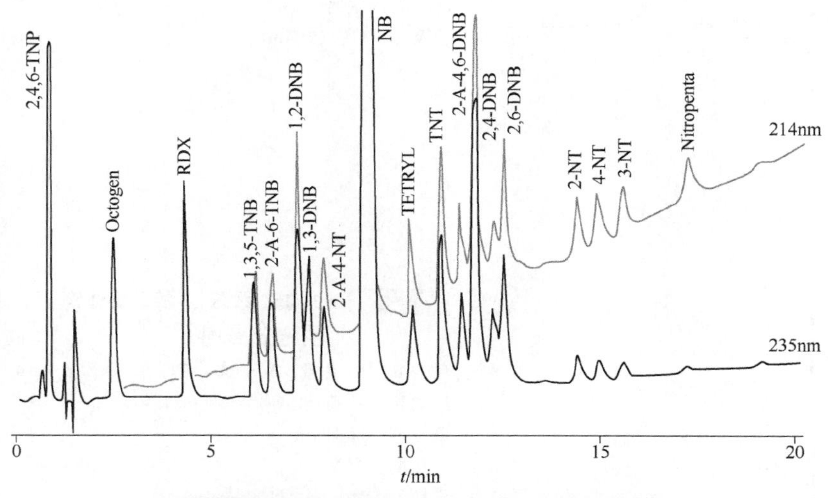

图 17-45　硝酸类炸药成分的色谱分离图[4]

色谱柱：Hypersil BDS C18（10mm×4mm，3μm）

检测器：UV（214nm，235nm）

流动相：水-甲醇

流　速：0.72ml/min

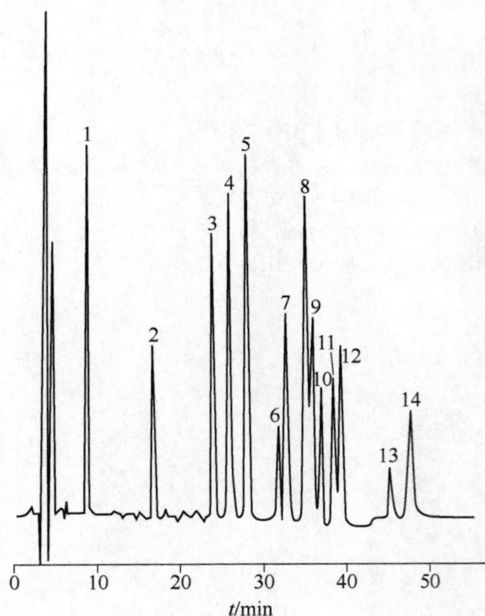

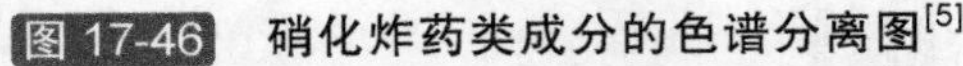

图 17-46 硝化炸药类成分的色谱分离图[5]

色谱峰：1—阿土；2—素精；3—2-氨基-6-硝基甲苯；4—4-氨基-2-硝基甲苯；5—1,3-二硝基甲苯；6—硝基苯；7—炔雌醇；8~14—未知

色谱柱：LiChroCART® 250-3 LiChrospher® 100 RP-18，5μm

流动相：甲醇水溶液

梯　度：0→25min，甲醇26%→48%；25min→55min，保持48%甲醇

流　速：0.4ml/min

进样量：50μl

检测器：二极管阵列检测器（200～320nm）

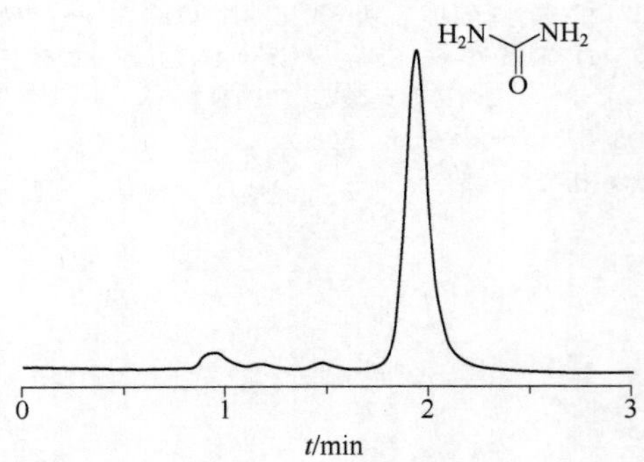

图 17-47 尿素色谱分离图[2]

色谱柱：SeQuant® ZIC®-HILIC（5mm×4.6mm，5μm，200Å）

流动相：乙腈-5mmol/L乙酸铵缓冲液（体积比=90∶10），pH=6.8

流　速：0.5ml/min

柱　温：室温

检测器：UV（204nm）

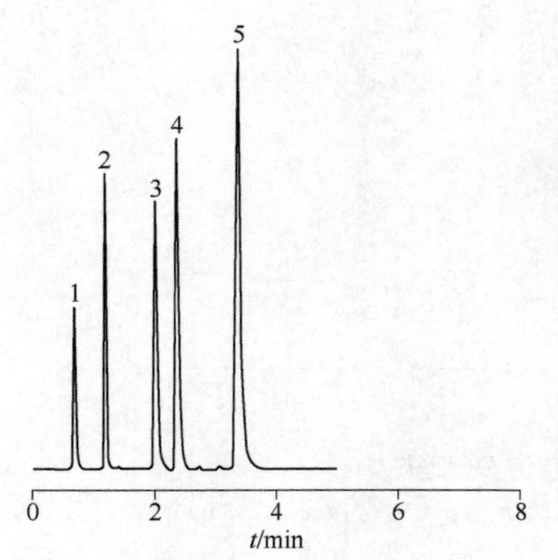

图 17-48 尿素、联苯-2-醇、黄体激素、苯乙酮和蒽的色谱分离图[2]

色谱峰：1—尿素；2—联苯-2-醇；3—黄体激素；4—苯己酮；5—蒽

流动相：乙腈-水（体积比=60∶40）

流　速：2ml/min

温　度：室温

进样量：5μl

检　测：UV（254nm）

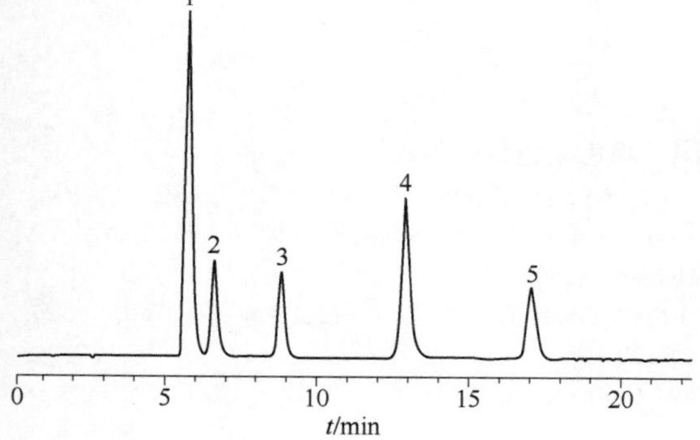

图 17-49　过氧化物混合标准溶液的色谱分离图[1]

色谱峰：1—H_2O_2；2—$HOCH_2OOH$；3—CH_3OOH；
4—$CH_3C(O)OOH$；5—CH_3CH_2OOH

色谱柱：Agilent ZORBAX SB-C（250mm×6mm，5μm）

流动相：1×10^{-3}mol/L磷酸水溶液

流　速：0.5ml/min

检测器：UV（400nm）

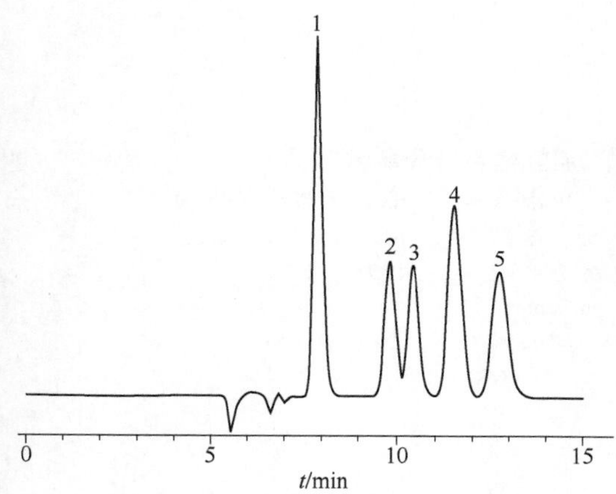

图 17-50　保湿剂的色谱分离图[3]

色谱峰：1—1,3-丙二醇；2—1,2-丙二醇；3—乙二醇；
4—甘油；5—赤藓糖醇

色谱柱：Shodex SUGAR sc1211（250mm×6.0mm）

流动相：水-乙腈（体积比=60：40）

流　速：0.6ml/min

柱　温：40℃

检测器：RI

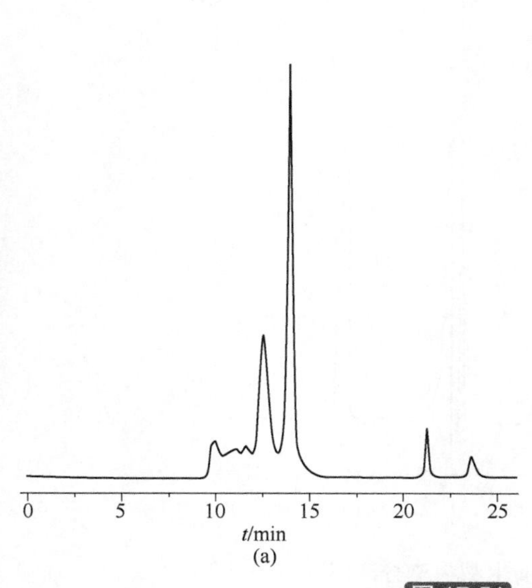

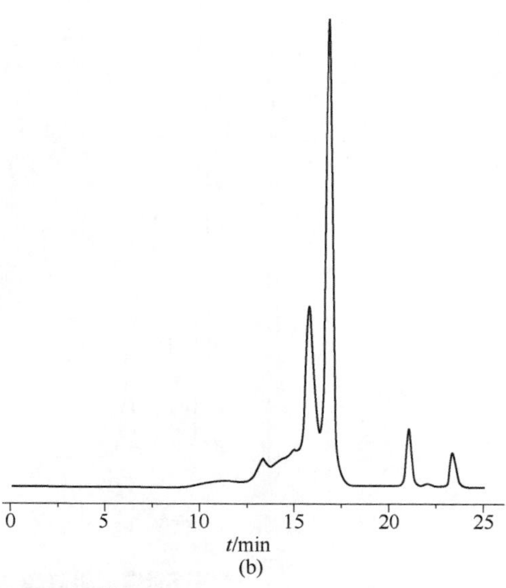

图 17-51　血清色谱图[3]

色谱柱：（a）Shodex kw403-4f（400mm×4.6mm）；（b）Shodex kw404-4f（300mm×4.6mm）

流动相：50mmol/L磷酸钠缓冲液-0.3mol/L NaCl水溶液，pH=7.0

流　速：0.20ml/min

柱　温：25℃

检测器：UV（280nm）

第二篇

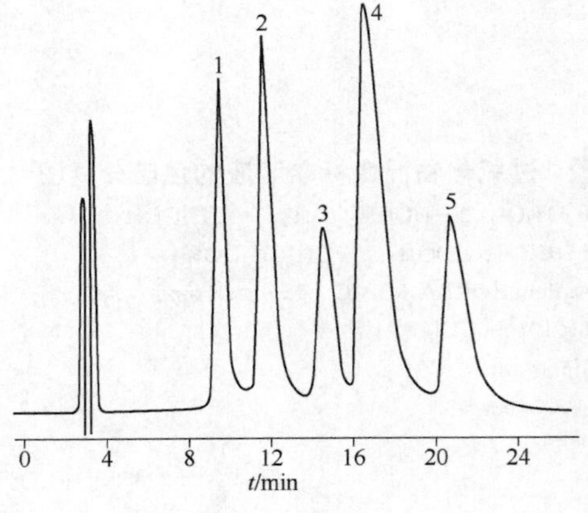

图 17-52 胆色素色谱分离图[4]

色谱峰：1—粪胆（*SS*）；2—半粪胆（*RR*，*SS*）；3—尿胆素（*RR*，*SS*）；4—半粪胆（*RS*，*SR*）；5—尿胆素（*RS*，*SR*）

色谱柱：Hypersil（250mm×5mm）

流动相：正庚烷-乙酸甲酯-甲醇含1%二乙胺（体积比=75：25：2）

流 速：1.0ml/min

检测器：UV（490nm）

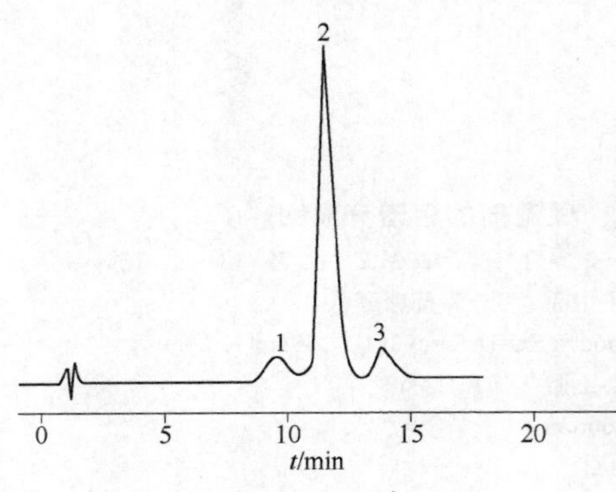

图 17-53 胆红素色谱分离图[4]

色谱峰：1—XIIIα胆红素；2—IXα胆红素；3—IIIα胆红素

色谱柱：Hypersil SAS（100mm×5mm）

流动相：乙腈-二甲亚砜-水（体积比=30：30：40）

流 速：1.0ml/min

检测器：UV（450nm）

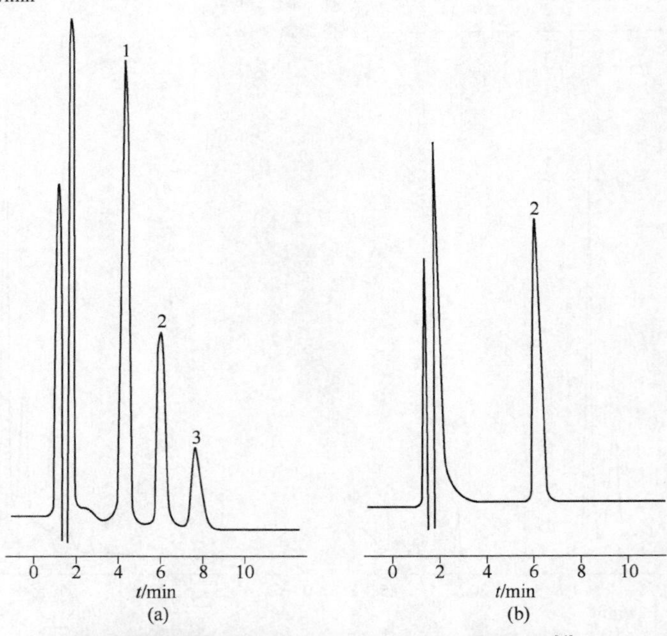

图 17-54 胆红素在血清中的色谱分离图[4]

样 品：(a）病人血清；(b）正常人体血清

色谱峰：1—胆红素单甲酯；2—非共轭的胆红素；3—胆红素二甲酯

色谱柱：Hypersil SAS（100mm×5mm，5μm）

流动相：乙腈-二甲亚砜-水（体积比=34：34：32）

流 速：1.0ml/min

检测器：UV（450nm）

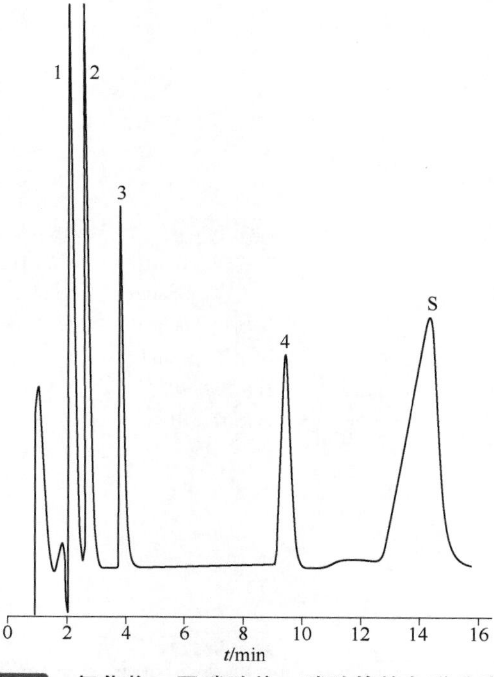

图 17-55　氯化物、亚硝酸盐、硝酸等的色谱分离图[4]

色谱峰：1—氯化物；2—亚硝酸盐；3—硝酸；4—硫酸；S—系统峰值

色谱柱：Hypersil ODS（125mm×4.6mm，5μm）

溶　剂：1mmol/L邻苯二甲酸氢钾+1mmol/L四正丁基氢氧化铵水溶液

流　速：1.0ml/min

检测器：UV（263nm）

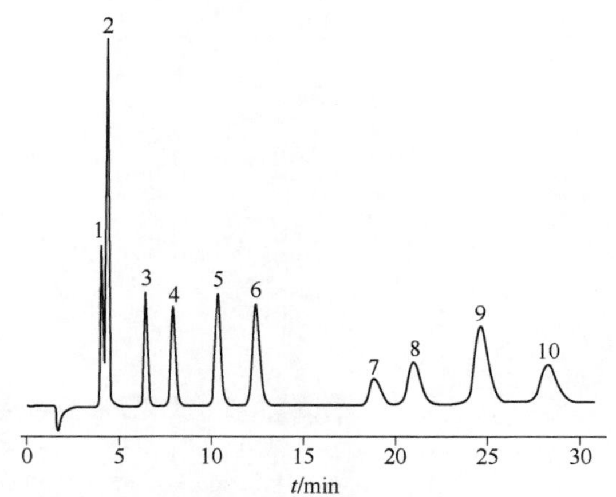

图 17-56　磷酸、亚磷酸、次磷酸钠的色谱分离图[3]

色谱峰：1—F^-；2—HPO_2^{2-}；3—Cl^-；4—NO_2^-；5—Br^-；6—NO_3^-；7—HPO_4^{2-}；8—HPO_3^{2-}；9—SO_4^{2-}；10—甲酸

色谱柱：Shodex IC SI-90 4E（250mm×4.0mm）

流动相：12mmol/L碳酸氢钠

流　速：1.2ml/min

柱　温：25℃

检测器：抑制电导

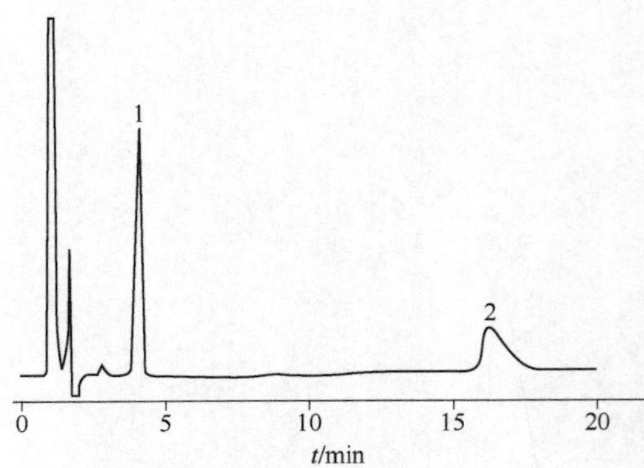

图 17-57 焦磷酸盐、三聚磷酸钠的色谱分离图[3]

色谱峰：1—$H_2P_2O_7^{2-}$；2—$H_3P_3O_{10}^{2-}$

色谱柱：Shodex IC NI-424（100mm×4.6mm）

流动相：8mmol/L H_2SO_4-0.04mmol/L $EDTA_2Na$溶液

流　速：1.0ml/min

柱　温：40℃

检测器：RI

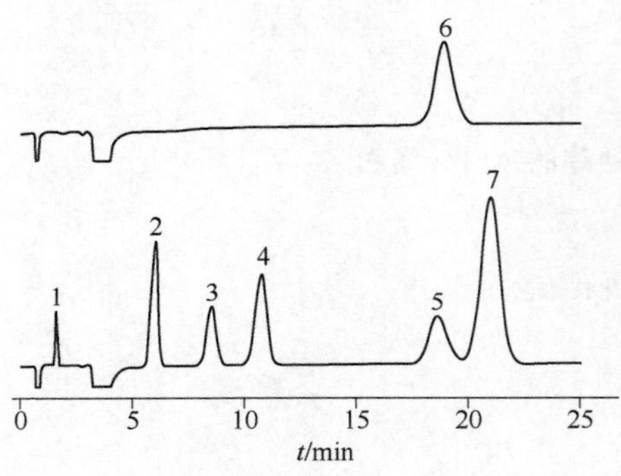

图 17-58 磷酸、次亚磷酸等的色谱分离图[3]

色谱峰：1—乙酸；2—$H_2PO_4^-$；3—$H_2PO_2^-$；4—$H_2PO_3^-$；5—ClO_2^-；；6—BrO_3^-；7—Cl^-

色谱柱：Shodex IC i-524A（100mm×4.6mm）

流动相：1mm酒石酸水溶液

流　速：1.2ml/min

柱　温：40℃

检测器：非抑制型电导

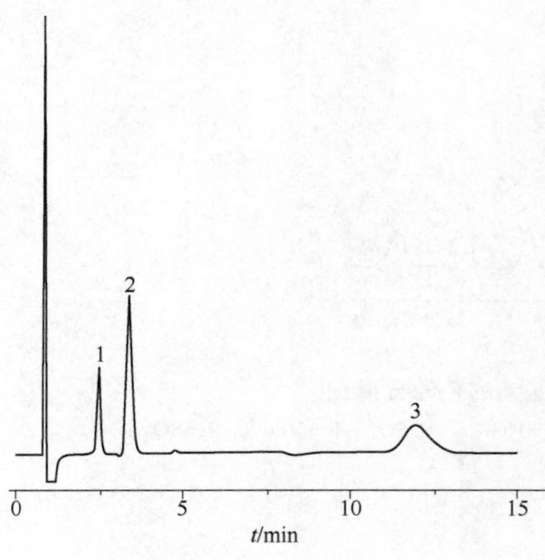

图 17-59 氯离子和叠氮离子的色谱分离图[3]

色谱峰：1—Cl^-；2—N^-_3；3—邻苯二甲酸

色谱柱：Shodex IC i-524a（100mm×4.6mm）

流动相：2.5mmol/L邻苯二甲酸-2.9mmol/L 3-羟甲基氨基甲烷

流　速：1.2ml/min

柱　温：40℃

检测器：非抑制电导

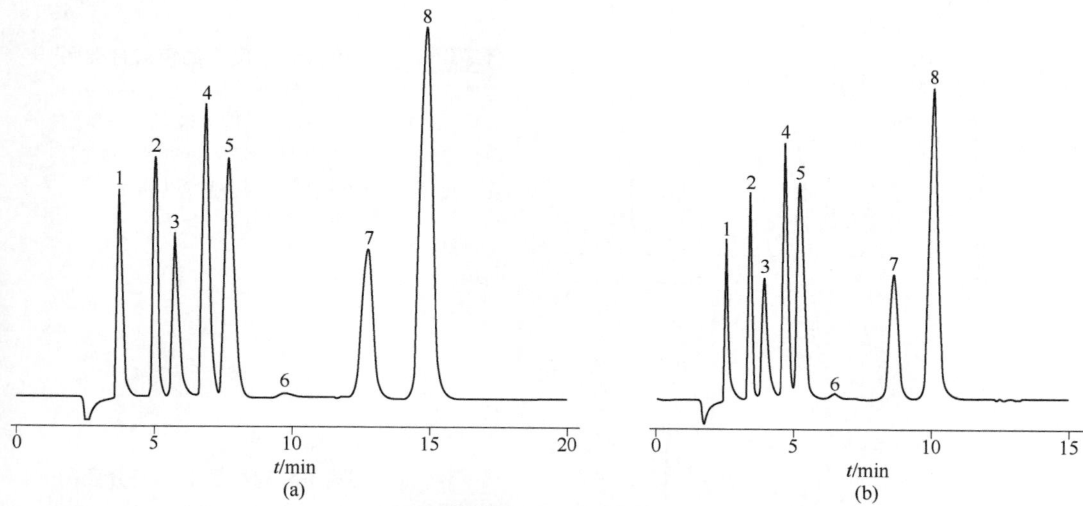

图 17-60 阴离子色谱分离图[3]

色谱峰：1—F^-；2—Cl^-；3—NO_2^-；4—Br^-；5—NO_3^-；6—HCO_3^-；7—PO_4^{3-}；8—SO_4^{2-}

色谱柱：Shodex IC SI-90 4E（250mm×4.0mm）

流动相：1.8mmol/L碳酸钠-1.7mmol/L碳酸氢钠

流　速：（a）1.0ml/min；（b）1.5ml/min

柱　温：25℃

检测器：抑制电导

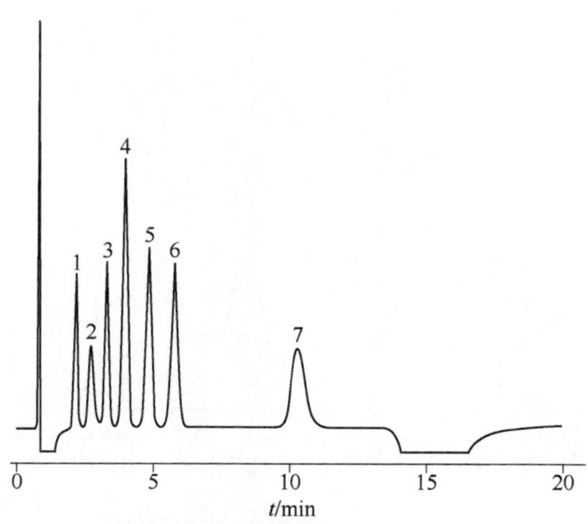

图 17-61 阴离子色谱分离图[3]

色谱峰：1—$H_2PO_4^-$；2—F^-；3—Cl^-；4—NO_2^-；5—Br^-；6—NO_3^-；7—SO_4^{2-}

色谱柱：Shodex IC SI-50 4E（100mm×4.6mm）

流动相：2.0mmol/L邻苯二甲酸-1.84mmol/L 3-羟甲基氨基甲烷-300mmol/L硼酸水溶液

流　速：1.2ml/min

柱　温：40℃

检测器：非抑制型电导

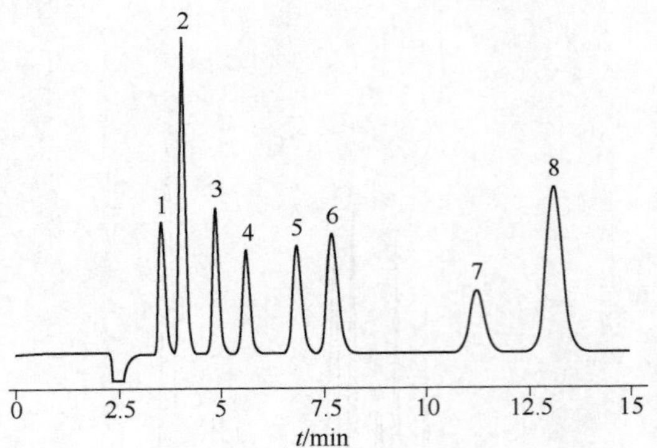

图 17-62 甲磺酸和阴离子的色谱分离图[3]

色谱峰：1—F^-；2—甲磺酸；3—Cl^-；4—NO_2^-；5—Br^-；6—NO_3^-；7—HPO_4^{2-}；8—SO_4^{2-}

色谱柱：Shodex IC SI-90 4E（250mm×4.0mm）

流动相：1.8mmol/L碳酸钠-1.7mmol/L碳酸氢钠

流　速：1.0ml/min

柱　温：25℃

检测器：抑制电导

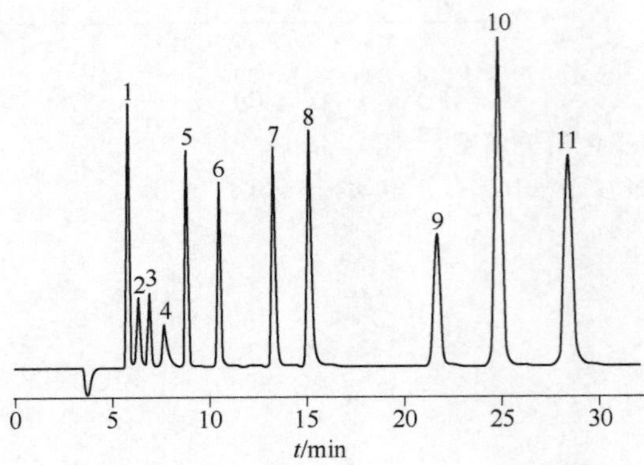

图 17-63 阴离子和有机酸的色谱分离图[3]

色谱峰：1—F^-；2—乙酸；3—甲酸；4—甲基丙烯酸；5—Cl^-；6—NO_2^-；7—Br^-；8—NO_3^-；9—PO_4^{3-}；10—SO_4^{2-}；11—草酸

色谱柱：Shodex IC SI-50 4E（250mm×4.0mm）

流动相：3.2mmol/L碳酸钠-1.0mmol/L碳酸氢钠溶液

流　速：0.7ml/min

柱　温：25℃

检测器：抑制电导

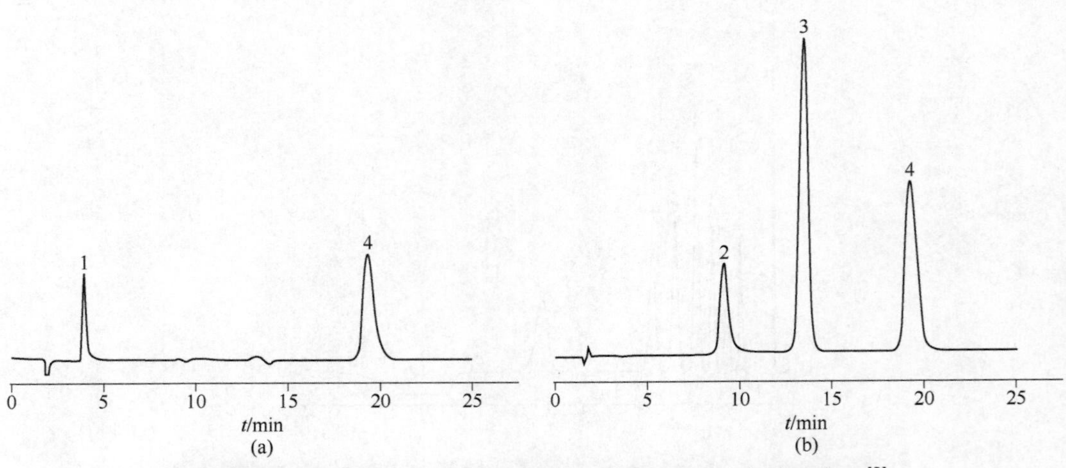

图 17-64 硫化氢、亚硫酸、硫酸、硫代硫酸盐的色谱分离图[3]

色谱峰：1—HS^-；2—SO_3^{2-}；3—SO_4^{2-}；4—$S_2O_3^{2-}$

色谱柱：Shodex IC si-90 4E（250mm×4.0mm）

柱　温：25℃

流动相：1mmol/L碳酸钠-4mmol/L碳酸氢钠5%丙酮溶液

流　速：1.5ml/min

检测器：（a）UV（210nm）；（b）抑制电导

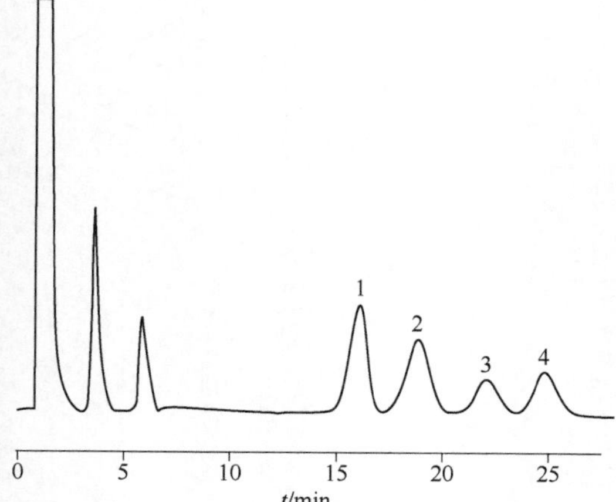

图 17-65 硫酸根、亚硫酸根、硫代硫酸根和硫氰根的色谱分离图[3]

色谱峰：1—SO_4^{2-}；2—SO_3^{2-}；3—$S_2O_3^{2-}$；4—SCN^-

色谱柱：Shodex IC i-524a（100mm×4.6mm）

流动相：0.25mmol/L对羟基苯甲酸-1.2mmol/L *N,N*-二乙基乙醇胺-10% 甲烷

流 速：1.5ml/min

柱 温：50℃

检测器：非抑制型电导

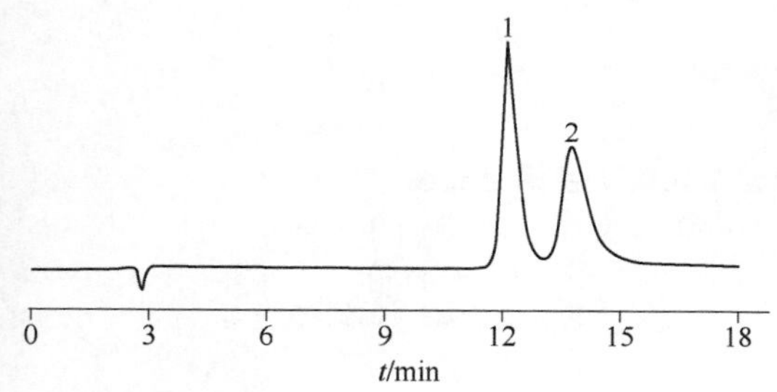

图 17-66 硫化物离子和氰化物离子的色谱分离图[3]

色谱峰：1—HS^-；2—CN^-

色谱柱：Shodex IEC DEAE-825（75mm×8.0mm）

流动相：10mmol/L碳酸钠-1mmol/L乙二胺-10%甲醇

流 速：1.0ml/min

柱 温：25℃

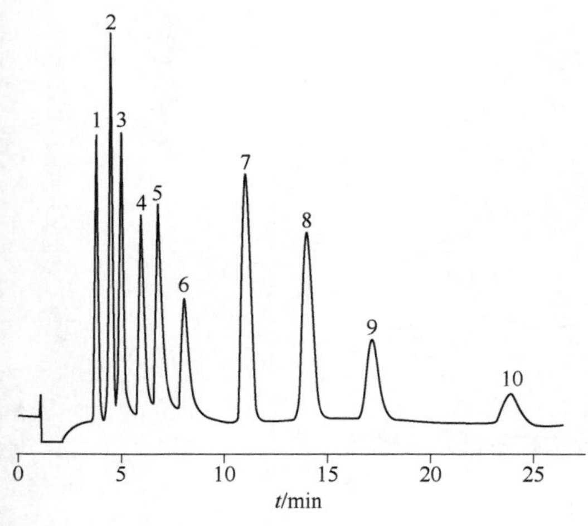

图 17-67 阳离子色谱分离图[3]

色谱峰：1—Li^+；2—Na^+；3—NH_4^+；4—K^+；5—Rb^+；6—Cs^+；7—Ca^{2+}；8—Mg^{2+}；9—Sr^{2+}；10—Ba^{2+}

色谱柱：Shodex IC SI-50 4E（125mm×4.6mm）

流动相：5mmol/L酒石酸-1mmol/L吡啶二羧酸-硼酸水溶液

流 速：1.0ml/min

柱 温：50℃

检测器：非抑制型电导

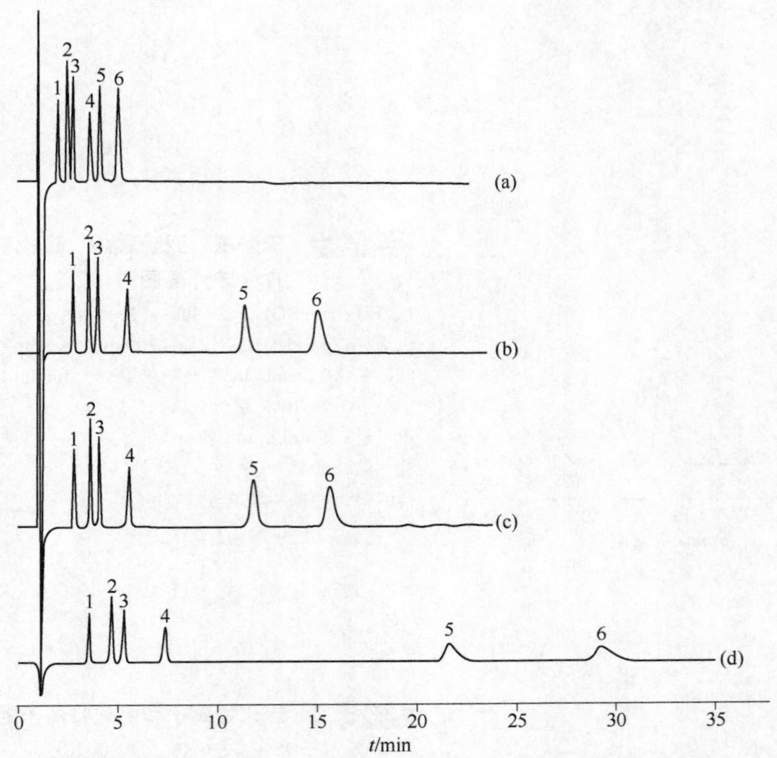

图 17-68 阳离子（不同流动相的图谱比较）色谱分离图[3]

色谱峰：1—Li^+；2—Na^+；3—NH_4^+；4—K^+；5—Mg^{2+}；6—Ca^{2+}

色谱柱：Shodex IC YS-50（125mm×4.6mm）

流动相：（a）4mmol/L硫酸水溶液；

（b）4mmol/L硝酸水溶液；

（c）4mmol/L甲磺酸水溶液；

（d）4mmol/L磷酸水溶液

流　速：1.0ml/min

柱　温：40℃

检测器：非抑制型电导

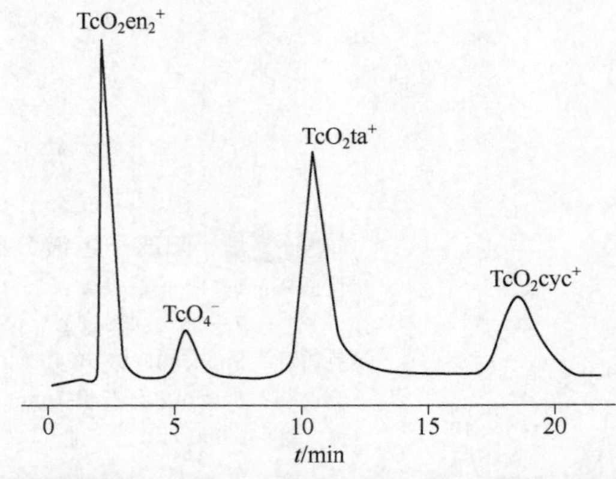

图 17-69 阴离子和阳离子分析物色谱分离图[4]

色谱柱：Hypercarb（100mm×4.6mm，7μm）

流动相：乙腈-三氟乙胺

梯　度：0—14min，乙腈-1%三氟乙胺（体积比=2：98）；

14—20min，乙腈-1%三氟乙胺（体积比=10：90）

流　速：1.0ml/min

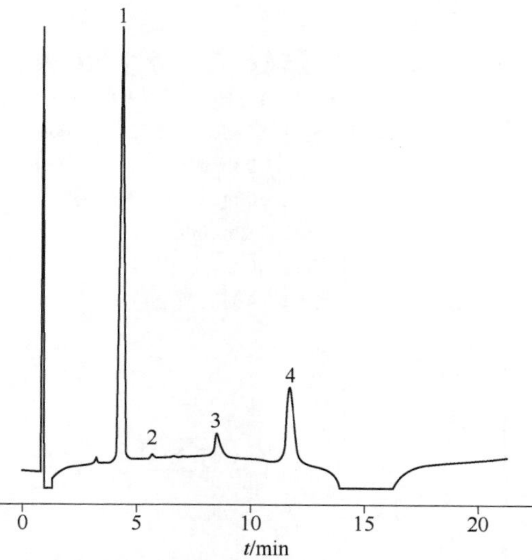

图 17-70　雨水中酸根离子色谱分离图[3]

色谱峰：1—Cl^-；2—NO_2^-；3—NO_3^-；4—SO_4^{2-}

色谱柱：Shodex IC ni-424（100mm×4.6mm）

流动相：8mmol/L 4-羟基苯甲酸-2mmol/L硼酸-5μmol/L环己二胺四乙酸溶液

流　速：1.0ml/min

柱　温：40℃

检测器：非抑制型电导

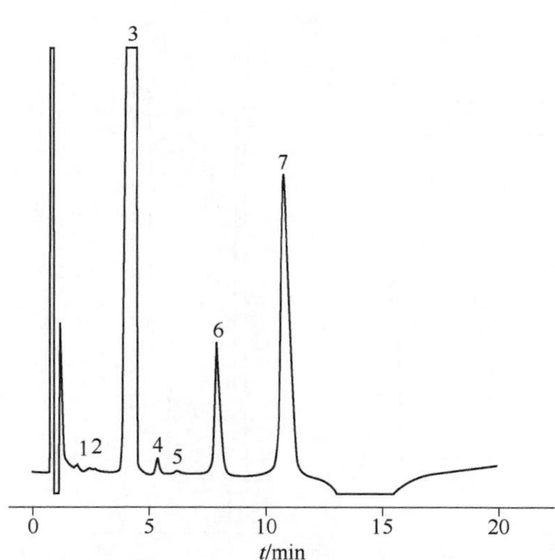

图 17-71　江河水中酸根离子色谱分离图[3]

色谱峰：1—$H_2PO_4^-$；2—F^-；3—Cl^-；4—NO_2^-；5—Br^-；6—NO_3^-；7—SO_4^{2-}

色谱柱：Shodex IC ni-424（100mm×4.6mm）

流动相：8mmol/L 4-羟基苯甲酸-2mmol/L硼酸-5μmol/L环己二胺四乙酸溶液

流　速：1.0ml/min

柱　温：40℃

检测器：非抑制型电导

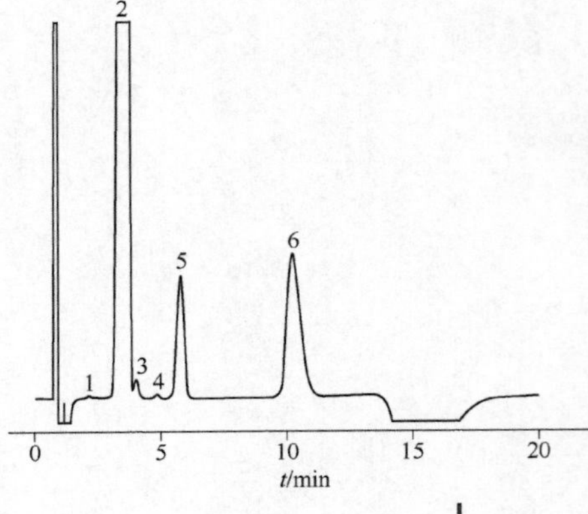

图 17-72　江河水中酸根离子色谱分离图[3]

色谱峰：1—$H_2PO_4^-$；2—Cl^-；3—NO_2^-；4—Br^-；5—NO_3^-；6—SO_4^{2-}

色谱柱：Shodex IC i-524a（100mm×4.6mm）

流动相：2.0mmol/L 邻苯二甲酸-1.84mmol/L 3-羟甲基氨基甲烷-300mmol/L硼酸水溶液

流　速：1.2ml/min

柱　温：40℃

检测器：非抑制型电导

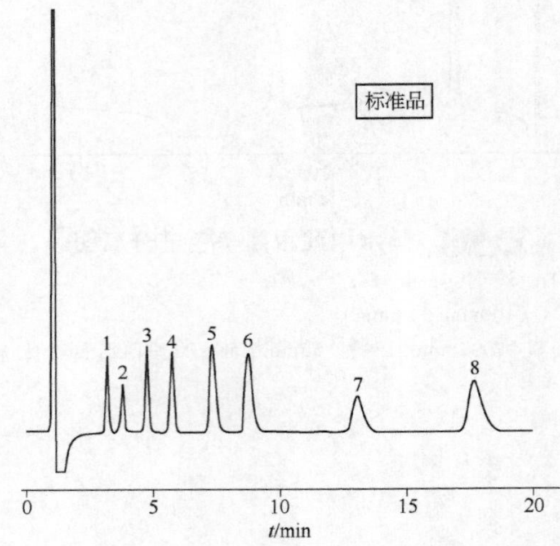

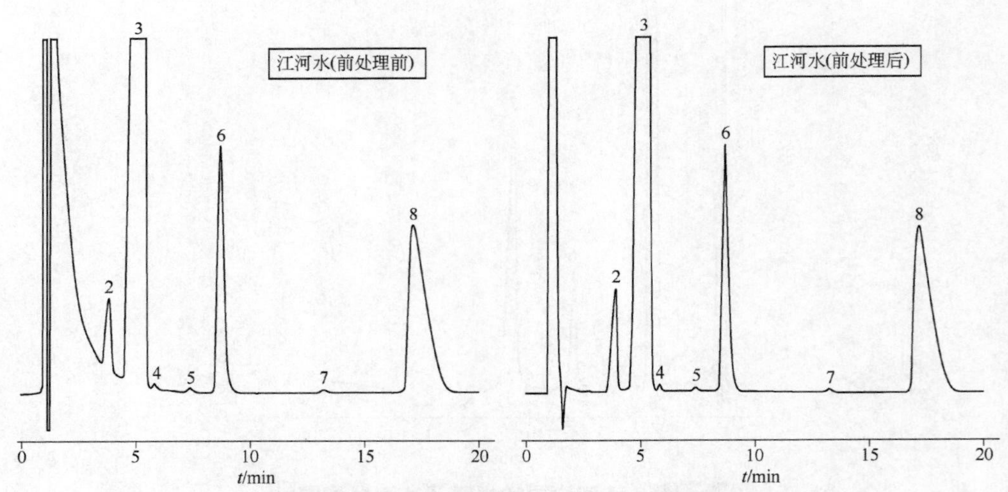

图 17-73　江河水中阴离子色谱分离图[3]

色谱峰：1—F^-；2—HCO_3^-；3—Cl^-；4—NO_2^-；5—Br^-；6—NO_3^-；7—PO_4^{3-}；8—SO_4^{2-}

色谱柱：Shodex IC si-90 4E（100mm×4.6mm）

流动相：5mmol/L苯甲酸+*N*,*N*-二乙基乙醇胺水溶液

流　速：1.0ml/min

柱　温：25℃

检测器：非抑制型电导

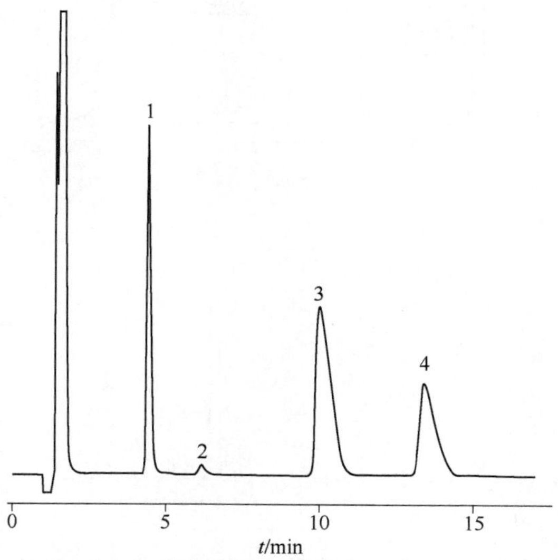

图 17-74 自来水中金属离子色谱分离图[3]

色谱峰：1—Na^+；2—K^+；3—Ca^{2+}；4—Mg^{2+}

色谱柱：Shodex IC yk-421（125mm×4.6mm）

流动相：5mmol/L酒石酸-1mmol/L吡啶二羧酸-硼酸水溶液

流 速：1.0ml/min

柱 温：40℃

检测器：非抑制型电导

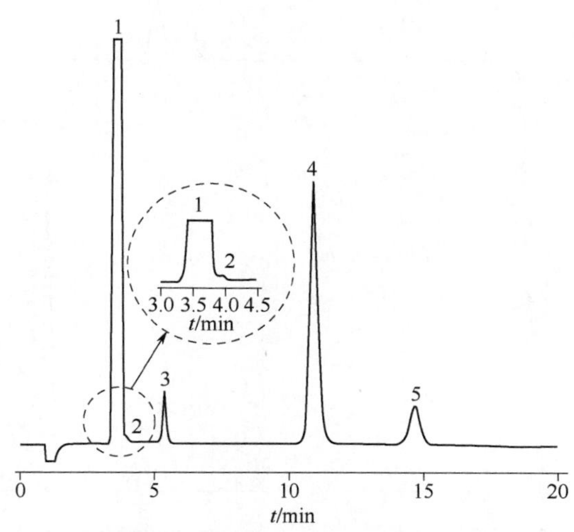

图 17-75 海水中阳离子色谱分离图[3]

色谱峰：1—Na^+；2—NO_4^+；3—K^+；4—Mg^{2+}；5—Ca^{2+}

色谱柱：Shodex IC ys-50（125mm×4.6mm）

流动相：4mmol/L甲磺酸蒽醌

流 速：1.0ml/min

柱 温：40℃

检测器：非抑制型电导

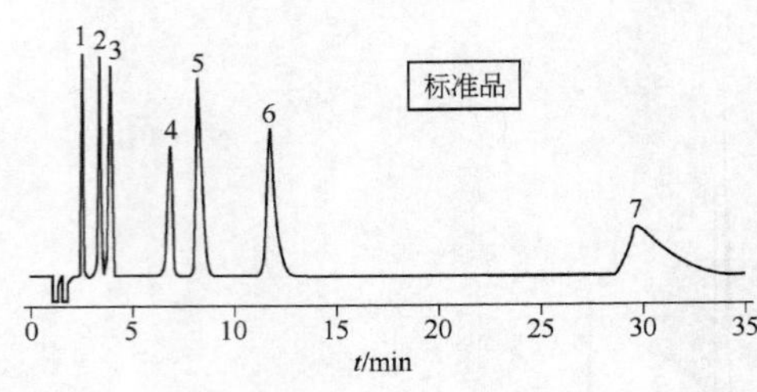

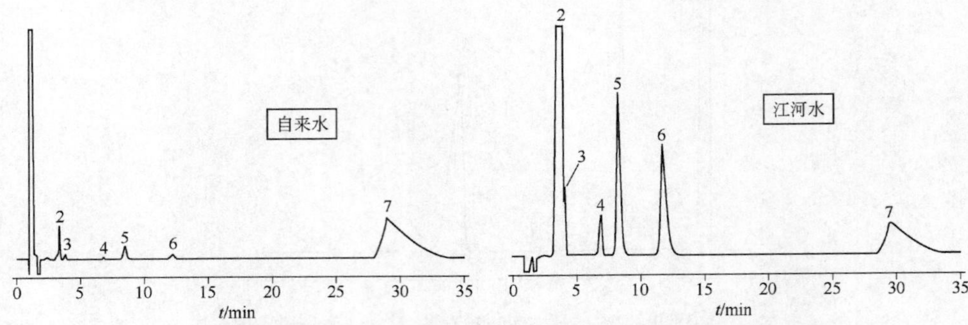

图 17-76 自来水和江河水中阳离子色谱分离图[3]

色谱峰：1—Li^{+}；2—Na^{+}；3—NH_4^{+}；4—K^{+}；5—Mg^{2+}；6—Ca^{2+}；7—乙二胺

色谱柱：Shodex IC ys-50（125mm×4.6mm）

流动相：硝酸-18-冠醚-6

柱　温：40℃

流　速：1.0ml/min

检测器：非抑制型电导

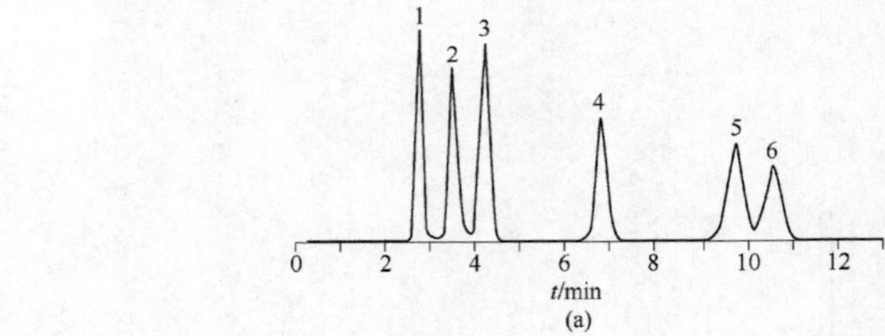

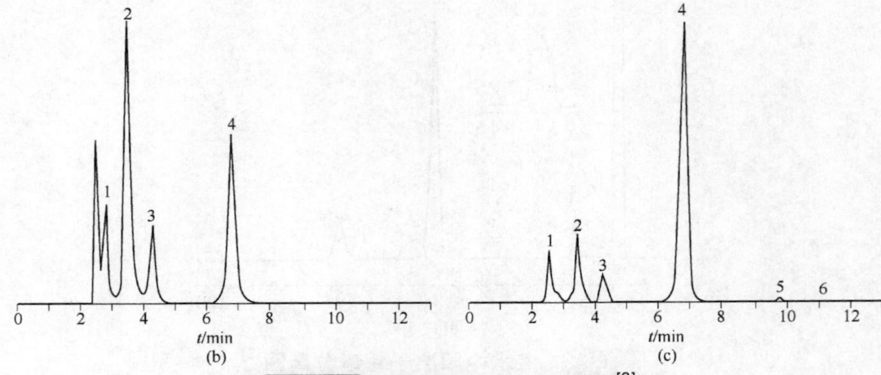

图 17-77 砷化合物色谱分离图[3]

样　品：(a) 砷元素化合物标准品；(b) 砷元素中毒者尿液；(c) 正常人尿液

色谱峰：1—甲基胂酸；2—胂酸；3—二甲基胂酸；4—甜菜碱；5—三甲基胂；6—三甲基胂氧化

色谱柱：Shodex rspak n*N*-614（150mm×6.0mm）

流动相：硝酸-硝酸铵

流　速：0.8ml/min

检测器：离子色谱-电感耦合等离子体质谱

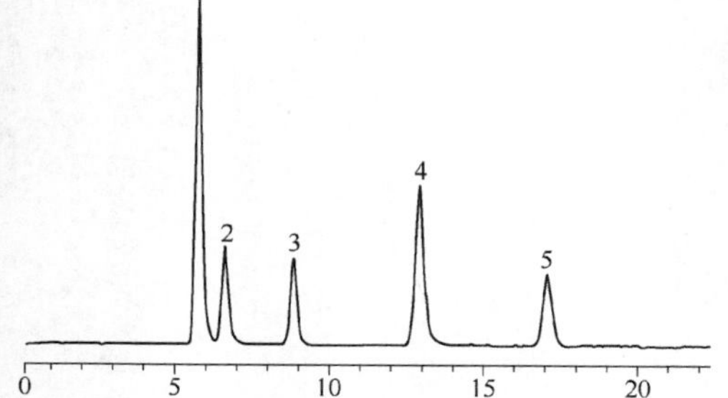

图 17-78 过氧化氢、β-羟基丙酸、乙酸等溶液的色谱分析图[1]

色谱峰：1—过氧化氢；2—β-羟基丙酸；3—过氧乙酸；4—乙酸；5—乙醇

色谱柱：Agilent ZORBAX SB-C（250mm×6mm, 5μm）

流动相：1mmol/L磷酸-水溶液

流　速：0.5ml/min

检测器：UV（400nm）

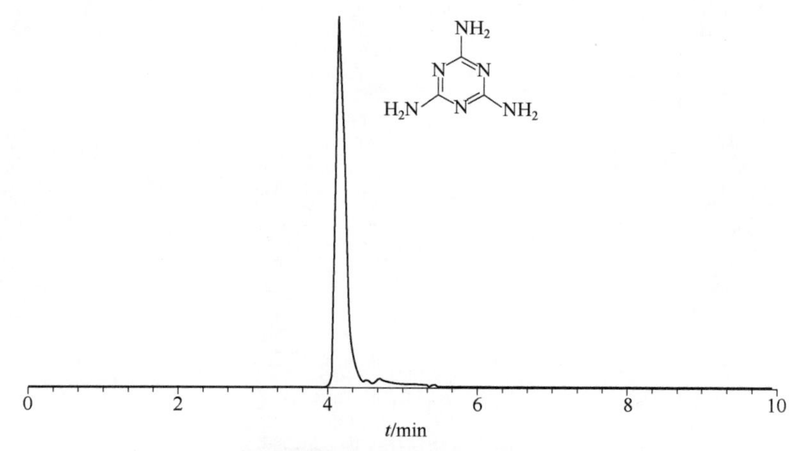

图 17-79 三聚氰胺色谱图[2]

色谱峰：三聚氰胺

色谱柱：ZIC-cHILIC（100mm×2.1mm，3μm，100Å）

流动相：A．乙腈；B．10mmol/L 铵盐（0.1%甲酸）

梯　度：30min内由5%B到50%B

检测器：正离子模式质谱

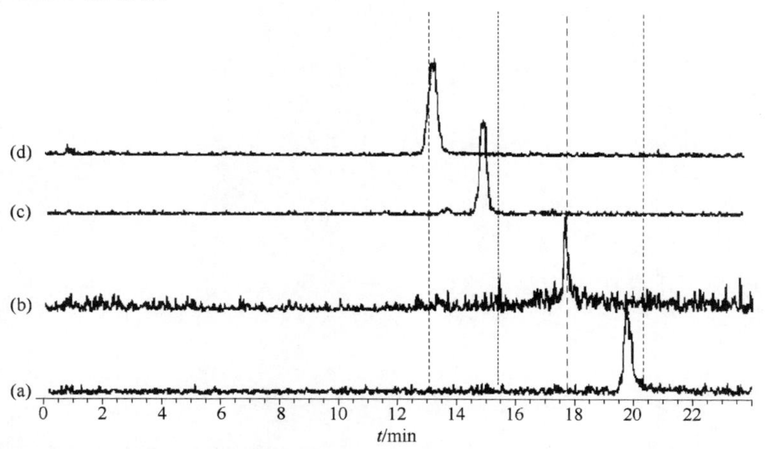

图 17-80 2-脱氧麦根酸与烟酰胺及其镍金属配合物的毛细管色谱分离图[2]

色谱峰：（a）NA（烟酰胺）；（b）DMA（2′-脱氧麦根酸）；（c）NA-Ni；（d）DMA-Ni

梯　度：35min内10mmol/L铵盐-乙腈（体积比=10∶90）至24mmol/L铵盐-乙腈（体积比=59∶41）

检测器：负离子模式电喷雾质谱

毛细管喷雾电压：4.5kV

资料来源

[1] 安捷伦科技（中国）有限公司.
[2] 德国默克公司.
[3] 昭和电工科学仪器（上海）有限公司.
[4] 赛默飞世尔科技有限公司.
[5] 沃特世科技（上海）有限公司.
[6] 大连依利特分析仪器有限公司.

符号与缩略语

2D-LC　二维液相色谱
2D-PAGE　二维凝胶电泳
2D-SCX/RP　二维强阳离子交换反相色谱
AAS　原子吸收光谱仪
AAS　原子吸收光谱
AC　亲和色谱
AC/RP 亲和/反相色谱
ACE　亲和毛细管电泳
AES　原子发射光谱仪
AFC　亲和作用色谱
AIBN 偶氮二异丁腈
AML　*S*-氨氯地平
ANP　*S*-萘普生
APCI　大气压化学离子化
API　大气压离子化
APPI　大气压光离子化
APPI-MS　大气压光离子化质谱
AS　阴离子分析柱
ASE　加速溶剂萃取
Bis　亚甲基双丙烯酰胺
BSA　牛血清白蛋白
CAN　丙烯腈
CD　电导检测器
CE　毛细管电泳
CEC　毛细管电色谱
CEC-ECD　毛细管电色谱-电化学联用
CEC-LIF　毛细管电色谱-激光诱导荧光色谱联用
CEC-MS　毛细管电色谱-质谱联用
CEC-NMR　毛细管电色谱-核磁共振联用
CE-ESI-MS　毛细管电泳-电喷雾电离源质谱联用技术
CE-MS　毛细管电泳-质谱联用技术
CGE　毛细管凝胶电泳
CID　碰撞诱导解析技术
CIEF　毛细管等电聚焦
CIF　碰撞冷却聚焦技术
CIP　环丙沙星
CITP　毛细管等速电泳
CL　化学发光检测
CMC　临界胶束浓度
CN-LC/RP-pCEC　氰基液相色谱-反相加压毛细管电色谱
CS　阳离子分析柱
CSP　手性固定相
CTAB　溴化十六烷基三甲胺
CZE　毛细管区带电泳
D　检测限
DAD　光电二极管阵列检测器
DDT　双二级三极管
DIOL　二醇基
DMA　二甲胺
ECD　电化学检测器
EDMA　乙二醇二甲基丙烯酸酯
ELS　蒸发光散射
ELSD　蒸发光散射检测器
EMIM TFSI　1-乙基-3-甲基咪唑啉双(三氟甲基磺酰基)亚胺
ENR　恩诺沙星
EOF　电渗流
ESI-MS　电喷雾离子源质谱
ESP　电喷雾技术
ESR　电子自旋共振光谱
FAB　快原子轰击
FASS　场放大富集
FEP　聚全氟乙丙烯
FLD　荧光检测器
FTICR-MS　傅里叶变换离子回旋共振质谱
FTIR　傅里叶变换红外光谱
GE　凝胶电泳
GFC　凝胶过滤色谱

GPC 凝胶渗透色谱
GPC/RPLC 凝胶渗透/反相液相色谱
GXP 药品质量管理规范
H 理论塔板高度
HEC 羟乙基纤维素
HIC 疏水作用色谱
HILIC 亲水作用色谱
HPAC 高效亲和色谱
HPLC 高效液相色谱
HPMC 羟丙基甲基纤维素
HRBCL 人血红细胞破碎液
IC 离子色谱
ICP 电感耦合等离子体
ICPAES 电感耦合等离子体原子发射光谱法
ICR 离子回旋共振
IEC 离子交换色谱
IEC/RP 离子交换/反相色谱
IEC/SEC 离子交换/体积排阻色谱
IgG 人免疫球蛋白 G
IMER 固定化酶反应器
IR 离子色谱
ISC 离子抑制色谱
ISE 电位检测
IT-MS 离子阱质谱
k 分配系数
k' 容量因子
KET *S*-酮洛芬
LC-MS 液相色谱-质谱联用技术
LC-TOFMS 液相色谱-飞行时间质谱联用技术
LCW 液芯波导
LEC 配体交换色谱
LIF 激光诱导荧光检测器
LLC 液-液色谱
LLE 液-液萃取
LOD 检测限
LOQ 定量限
LSC 液-固色谱
MA 吸收微波溶剂
MALDI 基质辅助激光解析离子化
MAM 2-甲基丙烯酰丙基甲基丙烯酸酯
MC 甲基纤维素
MEKC 毛细管胶束电动色谱
MEMS 微机电加工技术
MES 脂肪酸甲酯磺酸盐
MMA 甲胺
MRM 多反应监测
MS 质谱
MudPIT 多维蛋白质识别技术
M_V 黏均摩尔质量
N 理论塔板数
NACE 非水毛细管电泳
NARP 非水反向色谱
N_{eff} 有效塔板数
nESI 纳喷雾
NMA 不吸收微波溶剂
NMR 核磁共振
NP 正相色谱
NPLC 正相液相色谱
ODA 丙烯酸十八酯
ODS 十八烷基硅烷
OT-CEC 开管毛细管
P 峰容量
PAG 聚丙烯酰胺凝胶
PAH 多环芳烃
PC 聚碳酸酯
PCB 印制电路板
PCCEC 填充毛细管电色谱
PCEC 加压毛细管电色谱
PCR 聚合酶链反应
PDMS 聚二甲基硅氧烷
PEEK 聚醚醚酮
PETA 季戊四醇三丙烯酸酯
PIC/IPC 离子对色谱
PLA 线型聚丙烯酰胺
PLE 加压液体萃取
PLRP-S 刚性聚合物填料
PMMA 聚甲基丙烯酸甲酯
POCT 即时检验
POSS 多面体低聚倍半硅烷
PS 聚苯乙烯
PS-DVB 聚苯乙烯二-乙烯苯交联聚合物
Q-MS 四极杆质谱

QQQ 三重四极杆
Q-TOF 四极杆飞行时间质谱仪
R 分离度
R_f 比移值
R_h 峰高分离度
$r_{i,s}$ 相对保留值
RID 示差折光检测器
RP 反相色谱
RPLC 反相液相色谱
RP-pCEC/RP-LC-LTQ 反相液相色谱-离子阱质谱
RSD 相对标准偏差
SAX 强阴离子交换色谱
SCFE 超临界流体萃取
SCX 强阳离子交换色谱
S 标准偏差（*SD*），灵敏度
SDS 十二烷基硫酸钠
SEC 体积排阻色谱
SEC/RP 体积排阻/反相色谱
SEM 扫描式电子显微镜
SERS 表面增强拉曼散射
SFC 超临界流体色谱法
SIM 单离子监测
S/N' 信噪比
SPE 固相萃取
SPME 固相微萃取
SRM 选择反应监测
T 拖尾因子
t_0 死时间
t_R 保留时间
t'_R 调整保留时间
TAG 热重分析
TCD 热导检测器
TEOS 四乙基原硅酸盐
TLC 薄层色谱
TMS 三甲基硅烷
TOF-MS 飞行时间质谱
TQ-MS 三重四极杆质谱
TRIM 三羟甲基丙烷三甲基丙烯酸酯
T_z 分离数
UPLC/UHPLC 超高压液相色谱
UV 紫外可见光度检测器
UV-Vis 紫外-可见光检测器
V'_R 调整保留体积
V_0 死体积
$V_{h,max}$ 排阻极限
V_R 保留体积
VUV 真空紫外灯
W 峰宽
$W_{h/2}$ 半高峰宽
α 分离因子
γ-MPS 3-(三甲氧基)丙基甲基丙烯酸酯
ε^0 溶剂强度参数
μ_{eff} 有效淌度
μESI 微喷雾
μTAS 微型全分析系统

主题词索引

（按汉语拼音排序）

E

F

G

H

J

K

L

M

N

P

Q

R

S

T

W

X

Y

Z

表 索 引

谱图索引